Theoretische Physik: Relativitätstheorie und Kosmologie

Eckhard Rebhan

Theoretische Physik: Relativitätstheorie und Kosmologie

Spektrum
AKADEMISCHER VERLAG

Autor
Prof. Dr. Eckhard Rebhan
Institut für Theoretische Physik
Universität Düsseldorf

e-mail: rebhan@thphy.uni-duesseldorf.de

Wichtiger Hinweis für den Benutzer
Der Verlag und der Autor haben alle Sorgfalt walten lassen, um vollständige und akkurate Informationen in diesem Buch zu publizieren. Der Verlag übernimmt weder Garantie noch die juristische Verantwortung oder irgendeine Haftung für die Nutzung dieser Informationen, für deren Wirtschaftlichkeit oder fehlerfreie Funktion für einen bestimmten Zweck. Der Verlag übernimmt keine Gewähr dafür, dass die beschriebenen Verfahren, Programme usw. frei von Schutzrechten Dritter sind. Die Wiedergabe von Gebrauchsnamen, Handelsnamen, Warenbezeichnungen usw. in diesem Buch berechtigt auch ohne besondere Kennzeichnung nicht zu der Annahme, dass solche Namen im Sinne der Warenzeichen- und Markenschutz-Gesetzgebung als frei zu betrachten wären und daher von jedermann benutzt werden dürften.

Bibliografische Information Der Deutschen Nationalbibliothek
Die Deutsche Nationalbibliothek verzeichnet diese Publikation in der Deutschen Nationalbibliografie; detaillierte bibliografische Daten sind im Internet über http://dnb.d-nb.de abrufbar.

Springer ist ein Unternehmen der Springer Science+BusinessMedia
Springer.de

Spektrum Akademischer Verlag ist ein Imprint von Springer

12 13 14 15 1 6 5 4 3 2 1

Planung und Lektorat: Dr. Andreas Rüdinger, Bianca Alton
Satz: Autorensatz
Umschlaggestaltung: SpieszDesign, Neu-Ulm

ISBN 978-3-8274-2314-6

Vorwort

Mit dem hier vorgelegten sechsten Band *Relativitätstheorie und Kosmologie* wird die Ausgabe meines Lehrbuchs der Theoretischen Physik in Einzelbänden abgeschlossen. Die anderen fünf Bände sind • *Mechanik,* • *Elektrodynamik,* • *Quantenmechanik,* • *Relativistische Quantenmechanik, Quantenfeldtheorie und Elementarteilchentheorie* sowie • *Thermodynamik und Statistik.* Bei dem jetzigen Band handelt es sich um eine Überarbeitung und deutliche Erweiterung der Teile *Relativitätstheorie* und *Kosmologie* aus meinem inzwischen vergriffenen zweibändigen Lehrbuch *Theoretische Physik.* In den Bänden *Mechanik* und *Elektrodynamik* wurde von manchen die zugehörige relativistische Theorie vermisst. Diese Lücke wird durch das vorliegende Buch geschlossen, und das ausführlicher und konsistenter, als es in diesen Bänden möglich gewesen wäre.

Mit einem $*$ gekennzeichneten Abschnitte enthalten zum Teil Ergebnisse und Interpretationen des Autors, die seines Wissens noch nicht publiziert und daher von der Physikergemeinschaft noch nicht sanktioniert wurden. Da Irrtümer des Autors nicht ausgeschlossen werden können, sind die entsprechenden Passagen gegebenenfalls als Denkanstöße zu werten. Der Leser möge sie als eine Art Bonus ansehen, von dem er Gebrauch machen kann oder auch nicht. Auch ein gewisser Malus sei an dieser Stelle genannt: In der Kosmologie musste ich aus Platzgründen fast völlig auf die Behandlung von Inhomogenitäten und Strukturbildungsphänomenen verzichten. Das ist ein sehr aktives Forschungsgebiet, auf dem in den letzten Jahren enorme Fortschritte erzielt wurden. Zu einem erfolgreichen Studium dieser nicht ganz einfachen Materie ist ein gründliches Verständnis der Physik des homogenen und isotropen Universums unverzichtbare Voraussetzung, und ich hoffe, dass mein Buch dem Leser in dieser Hinsicht von Nutzen ist. Auch das weite Gebiet der Elementarteilchenphysik des frühen Universums konnte nur skizzenhaft behandelt werden. Für beide Themenkreise gibt es jedoch sehr empfehlenswerte und auch ziemlich aktuelle Monographien, die ich dem Leser besten Gewissens empfehlen kann (siehe besonders die neueren Bücher in Fußnote 1 des Kapitels 21).

Das meiste, was in den Vorworten zu dem ursprünglichen Lehrbuch und den bereits erschienenen Einzelbänden steht, gilt auch für diesen Band und soll hier nicht wiederholt werden.

Zum Gebrauch des Buches sei Folgendes bemerkt: Die Spezielle Relativitätstheorie wird in diesem Buch fast durchgängig mit SRT abgekürzt, die Allgemeine Relativitätstheorie mit ART. Als Maßsystem wird generell das SI-System benutzt. Oft werden in der Relativitätstheorie und der Kosmologie sogenannte natürliche Einheiten benutzt, in denen $\hbar = c = 1$ gesetzt ist und bezüglich der Dimensionen [Länge]=[Zeit]=1/[Energie] =1/[Masse] gilt. Der Leser wird feststellen, dass die Formeln in SI-Einheiten kaum unübersichtlicher werden, hat jedoch den Vorteil, dass die Kontrolle von Rechenergebnissen durch Überprüfen der Dimensionen erheblich wirkungsvoller wird. In Formelzeilen mit mehreren Formeln, aber nur einer Formelnummer werden die Formeln gedanklich von links nach rechts oder von oben nach unten mit a, b, c usw. durchnummeriert und später in diesem Sinne zitiert. Manchmal ergibt es sich aus sprachlichen Gründen, dass Teile der Erklärungen zu einer Formel erst in den auf diese folgenden Sätzen gegeben werden können. Diesem mitunter zu unnötigen Verständnisschwierigkeiten führenden Umstand wird in diesem Lehrbuch durch Vorverweise vorzubeugen versucht: Wo zu einer Formel nach ihrer Ableitung noch erklärende Kommentare kommen, wird das durch $\stackrel{\text{s.u.}}{=}$ gekennzeichnet, wobei „s. u." als Abkürzung für „siehe unten" steht. Da die Anzahl lateinischer und griechischer Buchstaben begrenzt ist und verschiedene Sachgebiete oft für völlig verschiedene Größen den gleichen Buchstaben in Anspruch nehmen, ist die Mehrfachverwendung gleicher Symbole in einem so umfangreichen Lehrbuch wie diesem leider nicht vermeidbar. Aus diesem Grund befindet sich am Ende des Buches ein Symbolverzeichnis, und der Leser ist gut beraten, dieses bei Unklarheiten zu konsultieren.

Anmerkung für Studenten: Einrahmung einer Formel bedeutet nicht, ich sei der Meinung, dass man sich diese merken muss – dafür sind zu viele Formeln eingerahmt. Vielmehr soll angezeigt werden, dass ein Zwischenziel erreicht oder ein Endergebnis erzielt wurde.

Bei meinem Bruder Wolfgang Rebhan bedanke ich mich sehr herzlich dafür, dass er einige Kapitel der Kosmologie Korrektur gelesen, zur Ausmerzung von Flüchtigkeitsfehlern beigetragen und mich auf Verbesserungsmöglichkeiten aufmerksam gemacht hat. Ein aufrichtiger Dank gilt auch meinem ehemaligen Studenten, einem mittlerweile erfahrenen Kosmologen, Thorsten Battefeld für das kritische Durchsehen der letzten Kosmologie-Kapitel und für wertvolle Anregungen. Joachim Wenk danke ich für seine Unterstützung bei Computerproblemen und die Pflege eines mittlerweile veralteten Computers, auf dem als einzigem noch mein gewohntes Zeichenprogramm läuft. Meine Zusammenarbeit mit dem Spektrum-Verlag war wie immer erfreulich, ich danke Bianca Alton und Andreas Rüdinger für Geduld und Unterstützung. Ganz besonders danke ich meiner Frau Ingeborg dafür, dass sie mir den Rücken so freigehalten und die Rahmenbedingungen dafür geschaffen hat, dass ich dieses umfangreiche Buchprojekt zu Ende bringen konnte. Ohne ihre uneingeschränkte Unterstützung wäre mir das nicht möglich gewesen.

Düsseldorf, im September 2011 — Eckhard Rebhan

P.S.

Kurz nachdem ich meine Arbeiten an diesem Buch abgeschlossen hatte, ging eine Sensationsmeldung durch die Weltpresse: Am CERN seien in Zusammenarbeit mit den Labori Nationali de Gran Sasso Neutrinos mit Überlichtgeschwindigkeit gemessen worden. In der Presse wurde daraus vielfach der Schluss gezogen, die Relativitätstheorie sei jetzt infrage gestellt. Weil dadurch auch indirekt ein Buch wie dieses in Zweifel gezogen werden könnte, möchte ich dazu kurz Stellung nehmen.

Die Wissenschaftler vom CERN haben sich zu ihren Ergebnissen viel vorsichtiger geäußert: „Wir unterlassen bewusst den Versuch irgendeiner theoretischen oder phänomenologischen Interpretation der erhaltenen Ergebnisse.“ Da sie für sorgfältiges Arbeiten bekannt sind, ist es unwahrscheinlich, dass sie falsch gemessen haben. Die Auswertung der Messergebnisse, zu der auch die Schlussfolgerung *Überlichtgeschwindigkeit* gehört, muss schon ganz anders bewertet werden. Ein renommierter amerikanischer Physiker hat dazu bemerkt, er sei bereit, fast alles zu verwetten, was ihm teuer ist, dass dieses Resultat eine genaue Prüfung nicht überstehen wird (Süddeutsche Zeitung vom 24.9.2011, Seite 1).

Doch angenommen, Neutrinos hätten tatsächlich Überlichtgeschwindigkeit: Müsste man dann wirklich folgern, die Relativitätstheorie sei falsch? Die in diesem Band beschriebenen Tachyonen liefern ein Beispiel dafür, dass die Relativitätstheorie auch überlichtschnelle Teilchen zulässt. Allerdings könnte man Neutrinos nicht einfach als Tachyonen deuten, weil das im Widerspruch zu anderen Eigenschaften der Neutrinos und experimentellen Ergebnissen stünde. Bevor man jedoch die in den unterschiedlichsten Gebieten mit äußerster Genauigkeit überprüfte Relativitätstheorie infrage stellt, würde es sich anbieten, zuerst die viel weniger überprüfte Theorie der Neutrinos zu überarbeiten. (Ähnlich wie bei den Tachyonen könnten dabei womöglich Überlichtgeschwindigkeiten herauskommen, die mit der Relativitätstheorie verträglich sind. Doch das ist eine reine und aller Voraussicht nach auch überflüssige Spekulation.)

Unabhängig von Ausgang der durch die neuesten Neutrino-Messungen aufgeworfenen Streitfrage bin ich davon überzeugt, dass Einsteins Relativitätstheorie ihre überragende Bedeutung beibehalten wird und auf jeden Fall, womöglich sogar jetzt erst recht, ein gründliches Studium wert ist.

Kurzinhaltsverzeichnis

Inhaltsverzeichnis

I Spezielle Relativitätstheorie

1 Einführung in die SRT

Die Gesetze der klassischen Mechanik sind invariant gegenüber Galilei-Transformationen, die der Elektrodynamik sind es nicht. Umgekehrt sind die letzteren invariant gegenüber Lorentz-Transformationen, nicht jedoch die Gesetze der klassischen Mechanik. Diese Diskrepanz mußte zwangsläufig zu Widersprüchen führen, zumal sich jedes irdische Labor wegen der Eigenrotation und Rotation der Erde um die Sonne nacheinander in Bezugssystemen befindet, die gegeneinander zum Teil nicht unerhebliche Relativgeschwindigkeiten aufweisen. Diese Widersprüche werden durch die Spezielle Relativitätstheorie (SRT) aufgelöst. Dabei korrigiert diese die in der Newtonschen Mechanik benutzten „klassischen" Begriffe von Raum und Zeit, hält aber an der Euklidizität des Raumes fest. Die Korrektur des Raum-Zeit-Begriffs ist von der Art, daß die Elektrodynamik ihre von Maxwell gefundene Form beibehält, während die Newtonsche Mechanik abgeändert werden muß.

Nach einigen historischen Vorbetrachtungen werden als erstes zwei physikalische Prinzipien aufgestellt und kritisch durchleuchtet, auf denen die gesamte SRT basiert (Kapitel 2). Alles, was die SRT an Neuem und Überraschendem bietet, läßt sich logisch auf diese zwei Grundideen zurückführen. Bei der Ausarbeitung der Theorie werden als erstes kinematische Folgen dieser Prinzipien herausgestellt (Kapitel 3). Das bedeutet insbesondere, daß die Lorentz-Transformation abgeleitet wird und deren Konsequenzen untersucht werden.

Nach der Bereitstellung eines geeigneten mathematischen Werkzeugs wird dann eine relativistische Mechanik aufgebaut, die den Forderungen der SRT gerecht wird (Kapitel 4). Auch für diese abgewandelte Mechanik ist eine Lagrangesche und eine Hamiltonsche Formulierung möglich. Als Anwendungen werden Systeme stoßender Teilchen und die Mechanik idealer Flüssigkeiten behandelt, letztere schon in Hinblick darauf, in der Allgemeinen Relativitätstheorie (ART) ein einfaches Materiemodell zur Verfügung zu haben.

Anschließend wird die Maxwell-Theorie des Elektromagnetismus in eine für die Zwecke der SRT geeignetere Form gebracht (Kapitel 5). Beim Problem der Bewegung geladener Massenpunkte kommt es zu einer Verknüpfung von relativistischer Mechanik und Elektrodynamik. Probleme wie die Selbstkraft des Elektrons und die elektromagnetische Erklärung seiner Masse führen an Schwierigkeiten und Lücken heran, die im Rahmen klassischer relativistischer Theorien nicht mehr gelöst werden können, sondern schon auf die Quantenelektrodynamik hinweisen. (In dieser können allerdings auch nicht alle Lücken geschlossen werden.)

Um dem manchmal gehörten Vorurteil vorzubeugen, beschleunigte Bezugssysteme würden über den Rahmen der SRT hinausführen, werden schließlich in Kapitel 6 die relativistische Mechanik und die Elektrodynamik für beschleunigte Bezugssysteme umformuliert, was formal schon ganz nahe an die ART heranführt.

2 Historische Entwicklung und Grundprinzipien der SRT

2.1 Äthertheorie

J.C. Maxwell hat mit den Maxwell-Gleichungen nicht nur der Theorie des Elektromagnetismus ihre heutige Gestalt gegeben (1861), sondern aus diesen auch selbst schon eine elektromagnetische Theorie des Lichts abgeleitet. 1888 gelang H. Hertz deren experimentelle Bestätigung, indem er mit Hilfe eines elektrischen Stromkreises elektromagnetische Wellen erzeugte und zeigte, daß diese die Eigenschaften von Licht aufweisen.

Trotz ihrer Erfolge setzte sich die Maxwellsche Theorie jedoch nur recht langsam durch – zu sehr waren die Physiker noch in mechanischen Vorstellungen verhaftet. Vielfach wurde versucht, die Maxwellsche Theorie durch mechanische Modelle zu deuten, unter anderem auch von L. Boltzmann. Die Vorstellung, daß es sich beim Licht um Schwingungen in einem als „Äther“ bezeichneten elastischen Medium handle, hatte schon 1818 A.J. Fresnel aufgebracht, um die Aberration des Sternenlichtes zu erklären. Nun bot es sich an, die Maxwell-Theorie aus elastischen Eigenschaften dieses Äthers abzuleiten. Maxwell selbst war davon überzeugt, daß es irgendeine Art von Äther geben müsse. In einem Artikel mit dem Titel „Äther“ schrieb er: „Es kann keinen Zweifel daran geben, daß die interplanetaren und interstellaren Räume nicht leer sind. Vielmehr müssen sie von einer materiellen Substanz oder einem Körper ausgefüllt sein, der sicher der größte und wahrscheinlich der gleichmäßigste aller Körper ist, die wir kennen.“ Maxwell selbst versuchte, eine Bremswirkung des Äthers auf die Bewegung der Erde um die Sonne nachzuweisen. Er berechnete auch die Zeit, die das Licht für den Weg von einer Lichtquelle durch den Äther zu einem Spiegel und zurück benötigt, und stellte fest, daß sich ein relativer Laufzeitunterschied von der Größenordnung v^2/c^2 (v = Äthergeschwindigkeit, c = Lichtgeschwindigkeit) ergeben müßte, wenn das Licht einmal parallel und ein zweites Mal senkrecht zur Ätherbewegung läuft. Geht man davon aus, daß sich die Erde bei ihrem Umlauf um die Sonne relativ zum Äther bewegt, so gibt ihre Umlaufgeschwindigkeit $v \approx 30$ km/s ein Maß für die beobachtbare Äthergeschwindigkeit. Mit $c \approx 300\,000$ km/s erforderte der Nachweis der unterschiedlichen Laufzeiten also eine relative Meßgenauigkeit von mindestens 10^{-8}. Maxwell hielt diese Meßgenauigkeit für nicht realisierbar und bemerkte, daß alle rein terrestrischen Experimente zum Nachweis des Äthers diese Genauigkeit erfordern würden. Daher wandte er sich astronomischen Beobachtungen zu, bei denen er durch Messungen von Lichtlaufzeiten zu verschiedenen Punkten der Erdbahn schon Effekte der Ordnung v/c erwarten konnte. Doch Maxwell starb (1879), bevor er Schlüsse aus entsprechenden Daten ziehen konnte.

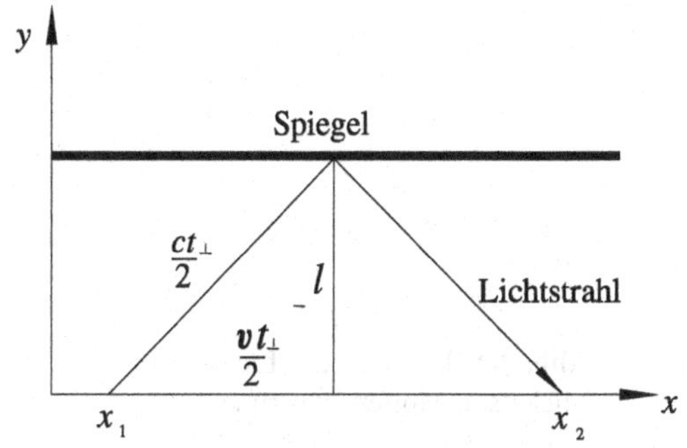

Abb. 2.1: Lichtverlauf senkrecht zur Bewegungsrichtung des Äthers in dessen Ruhesystem.

Im Jahre 1881 stellte A.A. Michelson fest, daß Maxwell die Genauigkeit der Meßmethoden unterschätzt hatte, und versuchte mit einem heute als Michelson-Interferometer bezeichneten Instrument, für das der Laufweg des Lichts in Abb. 2.2 dargestellt ist, Maxwells Effekt zweiter Ordnung nachzuweisen. Der Ausgang des Experimentes war negativ, und Michelson schloß: „Das Ergebnis der Hypothese eines stationären Äthers ist damit als unkorrekt nachgewiesen, und es ergibt sich die notwendige Schlußfolgerung, daß die Hypothese falsch ist". Nachdem Michelson von H.A. Lorentz ein Fehler in seiner theoretischer Deutung des Experiments nachgewiesen worden war, wiederholte er dieses zusammen mit dem Chemiker E.W. Morley, abermals mit negativem Ausgang.

Wegen ihrer großen Bedeutung wollen wir uns die Berechnung der Maxwellschen Laufzeitdifferenz und das Michelson-Morley-Experiment etwas näher ansehen. Bei der Addition und Subtraktion von Geschwindigkeiten legen wir die Regeln der Newtonschen Mechanik (und damit deren Relativitätsprinzip) zugrunde. Läuft ein Lichtstrahl von einer Lichtquelle zu einem im Abstand l befindlichen Spiegel, so beträgt seine Geschwindigkeit bei Ausbreitung parallel zur Äthergeschwindigkeit $c{+}v$, wenn es mit dem Äther, und $c{-}v$, wenn es diesem entgegen läuft. Bei der Reflexion am Spiegel ist daher die Zeit für den Hin- und Rückweg zusammen durch

$$t_\parallel = \frac{l}{c+v} + \frac{l}{c-v} = \frac{2l}{c}\frac{1}{(1-v^2/c^2)} \tag{2.1}$$

gegeben. Die Zeit $t_\perp$ bei einem Lichtverlauf senkrecht zur Bewegungsrichtung des Äthers berechnet man am einfachsten in dem als **Ruhesystem** des Äthers bezeichneten Koordinatensystem, in dem der Äther ruht (Abb. 2.1). Bis das Licht von $y{=}0$ zum Spiegel bei $y{=}l$ und wieder zurück nach $y{=}0$ gelangt ist, hat die Lichtquelle die Strecke vt von x_1 nach x_2 zurückgelegt. Nach Abb. 2.1 gilt

$$\frac{v^2t_\perp^2}{4} + l^2 = \frac{c^2t_\perp^2}{4} \quad \Rightarrow \quad t_\perp = \frac{2l}{c}\frac{1}{\sqrt{1-v^2/c^2}}\,. \tag{2.2}$$

Der relative Zeitunterschied der beiden Messungen beträgt

$$\frac{t_\parallel - t_\perp}{t_\perp} = \frac{1}{\sqrt{1-v^2/c^2}} - 1 \approx \frac{v^2}{2c^2}\,.$$

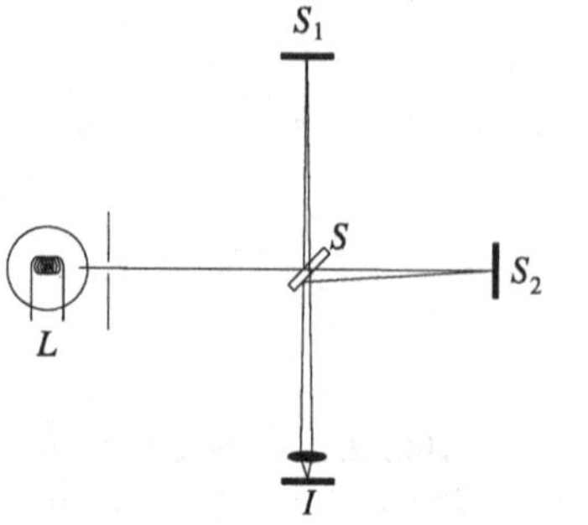

Abb. 2.2: Laufweg des Lichts beim Michelson-Morley-Experiment.

In Abb. 2.2 ist der prinzipielle Aufbau des Michelson-Morley-Experiments dargestellt. Das von einer Lichtquelle L kommende Licht wird an einem halbdurchlässigen Spiegel S teils reflektiert, teils von diesem durchgelassen, an Spiegeln S_1 und S_2 reflektiert und schließlich auf einem Schirm I zur Interferenz gebracht. Bewegt sich die ganze Anordnung relativ zum Äther, so ergibt sich für das an S_1 bzw. S_2 reflektierte Licht ein Laufzeitunterschied. Dieser verändert sich, wenn man die ganze Anordnung relativ zur Richtung der Ätherbewegung dreht, und dabei müßte sich eine Veränderung des Interferenzbildes ergeben. Falls die Geschwindigkeit des Äthers zu einer bestimmten Jahreszeit gerade mit der der Erde übereinstimmen sollte, könnte zu dieser kein Laufzeiteffekt gemessen werden. Dann müßte sich aber zu einer anderen Jahreszeit ein meßbarer Effekt ergeben. Nichts von dem wurde je beobachtet, zu allen Jahreszeiten ergibt sich stets dasselbe negative Ergebnis. Die Idee eines statischen Äthers, der entweder im Planetensystem ruht oder sich gleichförmig gegen diesen bewegt, mußte damit aufgegeben werden. R. Descartes Idee, daß sich die Erde womöglich in einem großen Ätherwirbel überall gerade mit dem Äther mitbewegt, führte zu inakzeptablen Konsequenzen hinsichtlich der astronomischen Beobachtungen.

Der Ausweg, den unabhängig voneinander G.F. Fitzgerald (1889) und H.A. Lorentz (1892) vorschlugen, bestand in der Annahme, daß der Äther die zwischenmolekularen Kräfte beeinflußt. Dabei solle es sich um eine dynamische Beeinflussung handeln, die zu einer Kontraktion aller materiellen Körper in der Richtung parallel zur Ätherbewegung führt. Wir können uns leicht klar machen, wie diese Annahme den negativen Ausgang des Michelson-Morley-Experiments mit der Ätherhypothese in Einklang bringt. Setzen wir in (2.1) und (2.2) $t_\parallel = t_\perp = t$, ersetzen dafür aber in (2.1) l durch $l_\parallel$ und in (2.2) l durch $l_\perp$, so erhalten wir

$$l_\perp = \frac{ct}{2}\sqrt{1-\frac{v^2}{c^2}} \quad \text{und} \quad l_\parallel = \frac{ct}{2}\left(1-\frac{v^2}{c^2}\right) = \sqrt{1-\frac{v^2}{c^2}}\, l_\perp\,. \tag{2.3}$$

Die Verkürzung von $l_\parallel$ gegenüber $l_\perp$ wird heute als **Lorentz-Kontraktion** bezeichnet.

Fitzgeralds Kontraktionshypothese war qualitativer Natur, er sprach nur von einer Kontraktion um einen Betrag, der von v^2/c^2 abhängt. Lorentz gab zunächst den Kontraktionsfaktor $(1-v^2/2c^2)$, also eine Näherung an den exakten Faktor, an. Erst in seinen späteren Arbeiten über die Lorentz-Transformation findet sich der korrekte Wert. Damit kommen wir zu der interessanten Geschichte der Entdeckung der Lorentz-Transformationen.

Die Maxwell-Gleichungen sind invariant gegenüber den Transformationen

$$x' = \kappa \frac{x - vt}{\sqrt{1 - v^2/c^2}}, \quad y' = \kappa y, \quad z' = \kappa z, \quad t' = \kappa \frac{t - vx/c^2}{\sqrt{1 - v^2/c^2}}, \tag{2.4}$$

in denen κ eine beliebige Konstante ist. Wir werden uns in diesem Buch nur für den Fall $\kappa=1$ reziproker Transformationen interessieren, in denen Hin- und Rücktransformation genau dieselbe Form besitzen. Nur er soll gemeint sein, wenn im weiteren von der Lorentz-Transformation gesprochen wird. Der Fall $\kappa \neq 1$ bedeutet nur eine nicht weiter interessante zusätzliche Streckung oder Kürzung der Koordinaten.

1895 gab Lorentz die Transformationsgleichungen

$$x' = x - vt, \quad t' = t - vx/c^2 \tag{2.5}$$

an und zeigte, das sie das elektromagnetische Feld bis zu Termen der Ordnung v/c invariant lassen, wenn man für dieses eine passende Transformation wählt. Setzt man in (2.4) $\kappa=\sqrt{1-v^2/c^2}$, so erhält man (2.5), d. h. bis auf den Skalenfaktor ist (2.5) schon die richtige Lorentz-Transformation. Die von Lorentz angegebenen Feldtransformationen waren allerdings noch nicht korrekt. 1899 gab Lorentz die Transformationsgleichungen (2.4) an und bemerkte dazu, daß sie die von ihm geforderte Kontraktion enthielten. (Der Skalenfaktor κ spielt für diese keine Rolle.) Hinsichtlich des Skalenfaktors meinte er, daß dieser sich „durch ein tieferes Verständnis der Phänomene" bestimmen lassen müsse. Dies gelang ihm schließlich in einem 1904 publizierten Übersichtsartikel, in welchem er den Wert von κ aus den Transformationseigenschaften der Bewegungsgleichungen eines Elektrons in einem äußeren Feld zu eins bestimmte.

Ohne daß Lorentz davon erfahren hatte, war ihm allerdings schon ein anderer zuvorgekommen: In einer Arbeit des Jahres 1898 mit dem Titel „Äther und Materie", die 1900 publiziert wurde, hatte J. Larmor schon die vollständigen Transformationsgleichungen (2.4) (mit $\kappa=1$) aufgestellt.

In seinem Übersichtsartikel des Jahres 1904 bewies Lorentz auch die Invarianz der inhomogenen Maxwell-Gleichungen gegenüber Lorentz-Transformationen bis zu Termen der Ordnung v/c. Daß ihm der vollständige Invarianzbeweis mißlang, ist auf einen Rechenfehler zurückzuführen. 1905 bewies schließlich H. Poincaré in Strenge die Lorentz-Invarianz der Maxwellschen Vakuumgleichungen (d. h. der Maxwell-Gleichungen für den Fall verschwindender Ladungen und Ströme).

Nicht übergangen werden soll hier die Tatsache, daß die Lorentz-Transformationen bis auf den richtigen Skalenfaktor schon 1887 von W. Voigt aufgestellt worden waren. In einer Arbeit, die sich mit Oszillationen eines elastischen, inkompressiblen Mediums befaßt, hatte Voigt gezeigt, daß die Wellengleichung

$$\Delta\Phi - \frac{1}{\omega^2}\frac{\partial^2\Phi}{\partial t^2} = 0 \tag{2.6}$$

gegenüber Transformationen der Form

$$x' = x - vt, \quad y' = \sqrt{1 - \frac{v^2}{\omega^2}}\, y, \quad z' = \sqrt{1 - \frac{v^2}{\omega^2}}\, z, \quad t' = t - \frac{vx}{\omega^2} \tag{2.7}$$

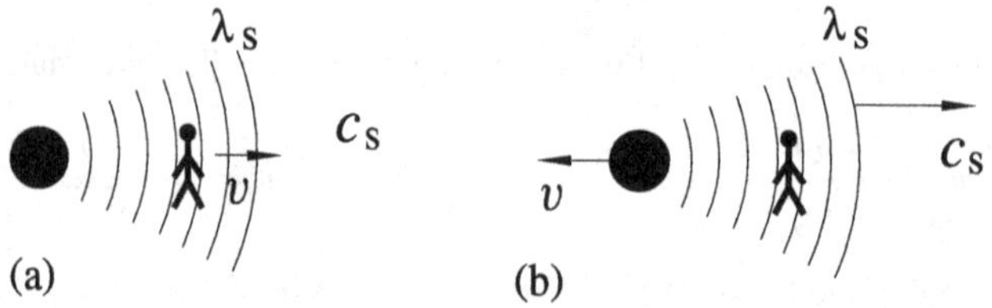

Abb. 2.3: Doppler-Effekt: (a) bewegter Beobachter, (b) bewegte Schallquelle.

invariant ist. Wenn man ω mit der Lichtgeschwindigkeit c identifiziert und in (2.4) für den Skalenfaktor $\kappa=\sqrt{1-v^2/c^2}$ setzt, erhält man aus (2.4) die Voigtschen Transformationsgleichungen. Ihr einziger Schönheitsfehler besteht darin, daß sie nicht reziprok sind. Voigts Ergebnis wurde von seinen Physikerkollegen allerdings völlig ignoriert. Als es später von anderen wiederentdeckt wurde, hatte die Allgemeinheit der Physiker Voigt vergessen. Lorentz selbst machte allerdings in seinem berühmten, 1909 publizierten Buch „Die Theorie des Elektrons“ auf Voigts Verdienste aufmerksam. In einer Fußnote seines Buches steht: „In einer Arbeit ‘Über das Dopplersche Prinzip’ aus dem Jahre 1887 . . . , die in all diesen Jahren leider meiner Aufmerksamkeit entgangen ist, hat Voigt auf Gleichungen der Form . . . eine Transformation angewandt, die den Formeln . . . äquivalent ist. Die Idee der obigen Transformationen hätte daher von Voigt übernommen werden können, und der Beweis, daß sie die Form der Gleichungen für den freien Äther nicht verändern, ist in seiner Arbeit enthalten.“

Es ist interessant, der Frage nachzugehen, wieso man aus den heute als falsch erkannten Äthervorstellungen, die hinter all den bisher besprochenen Arbeiten stehen, dennoch zu den richtigen Transformationsgleichungen gelangen konnte. Um besser einschätzen zu können, wie erstaunlich das ist, wollen wir zunächst das Phänomen des Doppler-Effekts bei Schall und bei Licht vergleichen. Beginnen wir mit dem Doppler-Effekt des Schalls.

Schallwellen breiten sich in Luft als Trägermedium mit der Geschwindigkeit c_s aus. Bewegt sich nun ein Beobachter mit der konstanten Geschwindigkeit v von einer in der Luft ruhenden Schallquelle weg (Abb. 2.3 (a)), so ist seine Relativgeschwindigkeit gegenüber den Schallwellen c_s-v. In der Zeit t kommen an ihm $N=(c_s-v)t/\lambda_s$ Schallwellen vorbei, wenn λ_s die Wellenlänge der Schallwellen angibt, und er hört die Frequenz

$$\nu' = \frac{N}{t} = \frac{c_s - v}{\lambda_s} = \nu\left(1 - \frac{v}{c_s}\right), \qquad (2.8)$$

wobei $\nu=c_s/\lambda_s$ die Frequenz der Schallwellen für einen gegenüber der Luft ruhenden Beobachter ist.

Befindet sich der Beobachter gegenüber der Luft in Ruhe und bewegt sich dagegen die Schallquelle mit der Geschwindigkeit v vom Beobachter weg (Abb. 2.3 (b)), so vergrößert sich die Wellenlänge der Schallwellen auf $\lambda_s'=\lambda_s+v/\nu=(c_s+v)/\nu$. In der Zeit $1/\nu$, die das erste Dichtemaximum zum Durchlaufen der Strecke λ_s benötigt und die bis zur Emission des zweiten Dichtemaximums vergeht, hat sich die Schallquelle um die Strecke v/ν entfernt. Am Beobachter ziehen in der Zeit t jetzt $N=c_st/\lambda_s'$ Schallwellen vorbei, und er hört die Frequenz

$$\nu' = \frac{N}{t} = \frac{\nu}{1 + v/c_s} = \nu \left(1 - \frac{v}{c_s} + \frac{v^2}{{c_s}^2} - \cdots \right) . \tag{2.9}$$

Gegenüber (2.8) besteht also ein Unterschied von der Größenordnung $v^2/{c_s}^2$. Dieser Unterschied spiegelt die physikalische Asymmetrie zwischen den in Abb. 2.3 (a) und (b) dargestellten Situationen wieder. Das Ruhesystem des Trägermediums Luft ist gegenüber allen anderen Inertialsystemen ausgezeichnet, und es kommt auch auf die Relativbewegung von Sender und Empfänger gegenüber diesem an, nicht nur auf ihre gegenseitige Relativbewegung.

Anders als der des Schalls ist der Doppler-Effekt des Lichts im Vakuum unabhängig davon, ob die Lichtquelle ruht und der Beobachter sich bewegt oder umgekehrt. Für beide Fälle liefert die SRT (bzw. die Maxwellsche Theorie) das einheitliche Ergebnis

$$\nu' = \nu \sqrt{\frac{1 - v/c}{1 + v/c}} , \tag{2.10}$$

das in Abschn. 5.9 abgeleitet wird. Gäbe es einen Äther, so müßte man stattdessen zwischen den Situationen der Abb. 2.3 (a) und (b) unterscheiden können und erhielte statt (2.10) die Ergebnisse (2.8) bzw. (2.9) mit $c_s \to c$.

Wie konnte Voigt nun ausgerechnet in einer Arbeit über den Doppler-Effekt die richtigen Transformationsformeln finden? Hier muß man sich zunächst klar machen, daß Gleichung (2.6) nur für den Fall $\omega = c$ im relativistischen Sinn **lorentz-invariant** ist, also bei Lorentz-Transformationen ihre Form beibehält. Wenn man für ω die Schallgeschwindigkeit irgendeines Mediums einsetzt, ist sie weder lorentz- noch galilei-invariant, denn das Ruhesystem des Trägermediums ist vor allen anderen Inertialsystemen ausgezeichnet. Dies bedeutet, daß man in diesem Falle die Gleichungen (2.7) gar nicht als Transformationsgleichungen zwischen Inertialsystemen interpretieren darf, vielmehr besitzen diese dann nur den Charakter von Substitutionen, mit deren Hilfe man bequem von einem Satz Lösungen zu einem anderen gelangen kann. Genau in diesem Sinne wurden sie auch von Voigt selbst interpretiert. Und genau dasselbe gilt auch dann noch, wenn man (2.6) mit $\omega = c$ als Wellengleichung des Lichts benutzt, solange man dieses als Schwingungen eines elastischen Äthers interpretiert. Dementsprechend betrachtete auch Lorentz seine Transformationsgleichungen nur als ein bequemes mathematisches Hilfsmittel.

Die vorangegangene Diskussion macht deutlich, wie physikalisch bedeutsam der Schritt Albert Einsteins war, als er im Jahre 1905 die Lorentz-Transformation nicht als Substitution sondern als reale Transformation zwischen Inertialsystemen auslegte. Interessant ist, daß Einsteins Denken viel weniger vom negativen Ausgang des Michelson-Morley-Experiments beeindruckt wurde – er konnte sich später nicht einmal mehr daran erinnern, ob er davon schon vor dem Verfassen seiner SRT gehört hatte –, als von einem Experiment, das A.H.L. Fizeau schon 1851 durchgeführt hatte.

Abb. 2.4 stellt den prinzipiellen Aufbau des Fizeauschen Experiments dar. Aus einem kohärenten Lichtstrahl werden zwei Teilstrahlen ausgeblendet, von denen einer durch ruhendes, der zweite durch strömendes Wasser geschickt wird. Beide Teilstrahlen

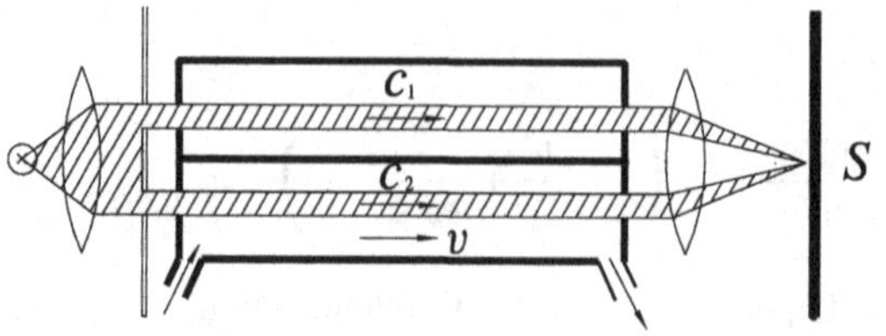

Abb. 2.4: Aufbau des Fizeau- Experiments.

werden anschließend auf einem Schirm S zur Interferenz gebracht. Unterschiede in der Ausbreitungsgeschwindigkeit beider Teilstrahlen können an der Verschiebung der Interferenzstreifen gemessen werden, wenn man die Strömungsgeschwindigkeit von null auf einen endlichen Wert v anwachsen läßt.

Unter Vorgriff auf das relativistische Additionstheorem (3.35) von Geschwindigkeiten,

$$v = \frac{v_1 + v_2}{1 + v_1 v_2/c^2},$$

leiten wir den korrekten Wert von c_2 ab. Die Lichtgeschwindigkeit in einem brechenden Medium ist c/n. Strömt dieses mit der Geschwindigkeit v, so sind $v_1{=}v$ und $v_2{=}c/n$ nach der relativistischen Formel zu addieren, mit dem Ergebnis

$$c_2 = \frac{c/n + v}{1 + vc/(nc^2)} \approx \frac{c}{n} + v\left(1 - \frac{1}{n^2}\right). \tag{2.11}$$

Das genäherte Ergebnis war auch das, was Fizeaus Messungen ergaben. Um es mit der Äthertheorie in Einklang zu bringen, mußte man zu sehr merkwürdigen Vorstellungen greifen: Um die Ausbreitung des Lichts in der Flüssigkeit überhaupt zu verstehen, mußte angenommen werden, daß der Äther die Flüssigkeit durchsetzt. Bliebe der Äther von der Flüssigkeitsbewegung unberührt, so müßte sich $c_2{=}c/n$ ergeben, würde er jedoch von ihr mitgenommen, so hätte man $c_2{=}c/n{+}v$. Die Messung ergibt jedoch eine um den Faktor $(1{-}1/n^2)$ reduzierte „Mitführung" des Äthers, die von dem Brechungsindex n der Flüssigkeit abhängt. Schon A.J. Fresnel hatte eine Ableitung des Näherungsergebnisses für c_2 gegeben. Bei ihm ergab sich der Fresnelsche Faktor $(1{-}1/n^2)$ aus einem Kompromiß zwischen der Tendenz der Flüssigkeit, das Licht mitzunehmen, und der Tendenz des ruhenden Äthers, das Licht zurückzuhalten.

Für Einstein waren die Aberration des Sternenlichtes und die Ergebnisse des Fizeauschen Experiments nach eigenem Bekunden schon ausreichend, um ihn am Ätherkonzept zweifeln zu lassen und für eine neue Theorie zu motivieren.

2.2 Relativitätspostulat und Konstanz der Lichtgeschwindigkeit

Einstein verfaßte seine berühmte Arbeit „Zur Elektrodynamik bewegter Körper" 1905, ohne die Arbeiten von Larmor, Lorentz und Poincaré mit den Transformationsformeln

(2.4) gekannt zu haben. Ihm war natürlich bekannt, daß zwar die Newtonsche Mechanik, nicht jedoch die Maxwell-Theorie galilei-invariant ist.[1] Da alle Naturgesetze vom momentanen Bewegungszustand der Erde unabhängig sind, ergab sich als ein möglicher Ausweg aus dieser Situation, die Maxwell-Theorie als falsch aufzugeben. Dagegen sprach jedoch deren großer Erfolg und die große Präzision, mit der die von ihr vorhergesagten Ergebnisse experimentell bestätigt waren. Diese war viel höher als die Präzision mechanischer Experimente. Eine zweite Alternative bestand in der zur Zeit Einsteins allgemein üblichen Akzeptanz des Äthermodells. Diese implizierte aber ganz zwangsläufig, das Ruhesystem des Äthers als ein Koordinatensystem aufzufassen, das vor allen anderen ausgezeichnet ist. Besonders in Anbetracht des Fizeauschen Mitführungsexperiments lag Einstein diese Haltung überhaupt nicht. Er entschied sich für eine dritte Möglichkeit: Wenn die Gesetze des Elektromagnetismus wegen ihrer hervorragenden experimentellen Bestätigung als richtig aufgefaßt werden müssen, und wenn andererseits die Naturgesetze in allen Inertialsystemen in gleicher Weise gelten sollen, mußte zwangsläufig die Newtonsche Mechanik korrekturbedürftig sein. Abgesehen davon, daß Einstein noch einmal unabhängig die Lorentz-Transformationen abgeleitet und die Invarianz der Maxwell-Gleichungen gegenüber diesen bewiesen hat, bestand seine große Leistung darin, daß er deren physikalischen Inhalt entdeckte, damit den Begriffen Raum und Zeit einen neuen Sinn verlieh, und darüber hinausgehend eine neue, relativistische Mechanik aufstellte.
Einstein leitete die SRT aus den folgenden zwei Grundpostulaten ab:

Relativitätspostulat. *Alle Naturgesetze nehmen in allen Inertialsystemen dieselbe Form an.*

Postulat der Konstanz der Lichtgeschwindigkeit. *Die Vakuumlichtgeschwindigkeit hat in allen Inertialsystemen stets denselben Wert* $c{=}1/\sqrt{\varepsilon_0\mu_0}{\approx}3{\cdot}10^8$ m/s (ε_0 = *Dielektrizitätskonstante des Vakuums,* μ_0 = *Permeabilität des Vakuums).*

Inertialsysteme sind dabei wie in der klassischen Mechanik definiert: S ist ein Inertialsystem, wenn alle kräftefreien Bewegungen, die ein Massenpunkt in ihm ausführt, geradlinig und gleichförmig verlaufen (siehe *Mechanik*, Abschn. 2.2.2). Daß man sich nicht in einem Inertialsystem befindet, macht sich durch das Auftreten von Scheinkräften bemerkbar.

Das Relativitätspostulat ist das wichtigere der beiden Postulate. Das Postulat der Konstanz der Lichtgeschwindigkeit kann auch durch andere Postulate ersetzt werden und wäre überhaupt überflüssig gewesen, wenn man zur Zeit Einsteins schon die relativistische Mechanik gekannt hätte (siehe unten). Die Gesetze der klassischen Mechanik stehen in Einklang mit dem ersten Postulat: Sie lauten in allen Inertialsystemen gleich, wenn eine Galilei-Transformation zugrunde gelegt wird. Auch die Gesetze der Elektrodynamik sind mit dem Relativitätspostulat vereinbar, denn sie sind invariant gegenüber Lorentz-Transformationen. Das Relativitätspostulat fordert aber die Invarianz beider Theorien gegenüber ein und derselben Transformation, und darum muß eine der

1 Ein Beweis dafür wurde im Teil *Elektrodynamik*, Abschn. 3.3.8 angegeben.

beiden abgeändert werden. Die Elektrodynamik hat zusammen mit dem Relativitätspostulat zur Folge, daß die Lichtgeschwindigkeit in allen Inertialsystemen gleich ist. Nach der klassischen Mechanik dagegen unterscheidet sich die Ausbreitungsgeschwindigkeit von Licht in verschiedenen Inertialsystemen um deren Relativgeschwindigkeit. Nur die Elektrodynamik ist daher mit beiden Postulaten verträglich, und die klassische Mechanik muß aufgegeben werden, wenn beide Postulate gelten sollen. Statt der Konstanz der Lichtgeschwindigkeit hätte Einstein auch die Gültigkeit der Elektrodynamik in allen Inertialsystemen fordern können. Er reduzierte diese Forderung auf ein Minimum, indem er aus der ganzen Theorie des Elektromagnetismus nur ein Ergebnis übernahm: In jedem Inertialsystem ergibt sich als Ausbreitungsgeschwindigkeit von Licht im Vakuum immer derselbe Wert c.

Im Zusammenhang mit dem Relativitätspostulat benutzt man heute das Wort **Kovarianz**. Gemeint ist damit Folgendes: Eine physikalische Theorie heißt kovariant, wenn eine Transformation zwischen verschiedenen Koordinatensystemen existiert derart, daß sie in allen betrachteten Systemen – in der SRT handelt es sich dabei um Inertialsysteme – die gleiche Form annimmt.

Die klassische Mechanik ist kovariant, denn sie ist invariant gegenüber Galilei-Transformationen. Die Maxwell-Theorie ist kovariant, denn sie ist lorentz-invariant. Klassische Mechanik und Maxwell-Theorie zusammengenommen sind nicht kovariant, da sie nicht gegenüber derselben Transformation invariant sind. Durch Abänderung der klassischen Mechanik können sie jedoch gemeinsam gegenüber der Lorentz-Transformation invariant gemacht und damit zu einer kovarianten Theorie zusammengefaßt werden. Auch Gleichungen, denen man ihre Invarianz aufgrund einer geeigneten Darstellung unmittelbar ansehen kann, bezeichnet man als **kovariant**, manchmal auch als **manifest kovariant**.

2.3 Raum-Zeit-Struktur der SRT

In der SRT werden über den Raum folgende Annahmen gemacht: *Der Raum ist homogen* (kein Raumpunkt ist vor anderen Raumpunkten ausgezeichnet) *und isotrop* (keine Richtung des Raumes ist gegenüber anderen Richtungen ausgezeichnet). *Die Metrik des Raumes ist euklidisch.* (Die Winkelsumme im Dreieck beträgt 180°, und die kürzeste Verbindung zweier Punkte ist eine Gerade; dabei wird als Gerade jede Raumkurve definiert, die bei allen Rotationen, die zwei Punkte invariant lassen, insgesamt in sich selbst überführt wird.) Erst in der ART muß die Euklidizität des Raumes aufgegeben werden. Abweichungen von der Euklidizität erweisen sich aber im allgemeinen als so klein, daß die Aussagen der SRT auch in der ART für viele Fragen als Näherungen mit hervorragender Genauigkeit gültig bleiben.

Längenmessungen werden in bekannter Weise durch das Aneinanderlegen von Maßstäben durchgeführt. Die Grundlage für diese Meßvorschrift bildet das Relativitätsprinzip in Kombination mit der Homogenität und Isotropie des Raumes: Danach liefern in einem Inertialsystem ruhende Maßstäbe gleicher Bauart unabhängig davon, wo sie sich befinden, dasselbe Meßergebnis.

Auch die Zeit wird in der SRT als homogen angenommen. (Kein Zeitpunkt ist ausgezeichnet.) Außerdem fordern wir die Gültigkeit des folgenden Kausalitätsprinzips.

Kausalitätsprinzip. *Läßt sich von zwei Ereignissen das erste als Ursache des zweiten erklären, so muß das zweite für jeden Beobachter später als das erste stattgefunden haben.*

Plakativ gesagt: Die Henne ist älter als das von ihr gelegte Ei. Etwas wissenschaftlicher ist das folgende Beispiel.

Beispiel 2.1: *Zum Kausalitätsprinzip*

In Abb. 2.5 läuft Licht durch ein Rotfilter auf einen Spiegel zu und wird an diesem reflektiert. Ein Beobachter in der Mitte zwischen Filter und Spiegel sieht sowohl das vom Filter als auch

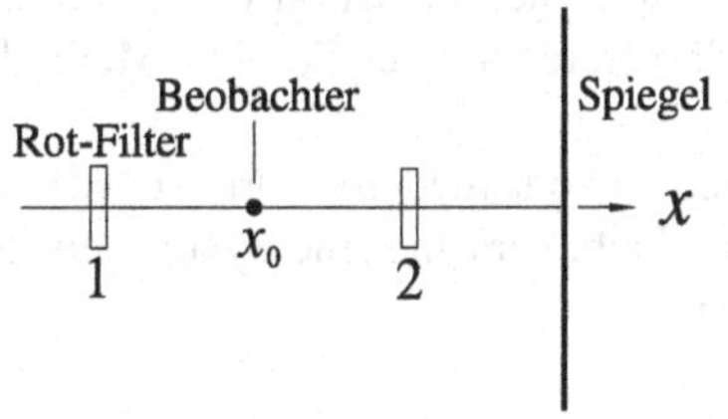

Abb. 2.5: Zum Kausalitätsprinzip.

das vom Spiegel kommende Licht rot verfärbt. Befindet sich das Filter zwischen Beobachter und Spiegel, so sieht der Beobachter nur das von rechts kommende Licht verfärbt. Er urteilt daher, daß die Rotfärbung des von rechts kommenden Lichts im ersten Fall kausal dadurch bedingt ist, daß schon das von links kommende Licht verfärbt war. Der Zeitpunkt, zu dem das von links kommende Licht den Beobachtungsort x_0 passiert, liegt also früher als der Zeitpunkt, zu dem das reflektierte Licht diesen Ort erreicht.

Die hier vorgenommene absolute zeitliche Einordnung von Ereignissen in früher und später wurde nur dadurch möglich, daß diese am gleichen Ort stattfanden. Wir werden sehen, daß die zeitliche Reihenfolge von Ereignissen an verschiedenen Orten von verschiedenen Beobachtern unter Umständen unterschiedlich beurteilt wird.

Haben zwei Experimente denselben Aufbau, sind sie denselben Bedingungen unterworfen und haben sie denselben Anfangszustand, so vergeht in ihnen nach dem Relativitätspostulat bis zum (ersten) Eintreten desselben Folgezustands dieselbe Zeit. Bei periodischen Vorgängen ist die Zeitdauer einer Periode immer gleich. Diese Folge des Relativitätspostulats kann dazu benutzt werden, festzulegen, wie Zeit gemessen werden soll. Man benutzt dazu als Uhren bezeichnete baugleiche Vorrichtungen, in denen periodische Vorgänge ablaufen, sorgt dafür, daß diese bei der Zeitmessung denselben Bedingungen unterworfen sind, und mißt die Zeit durch die Anzahl der durchlaufenen Perioden.

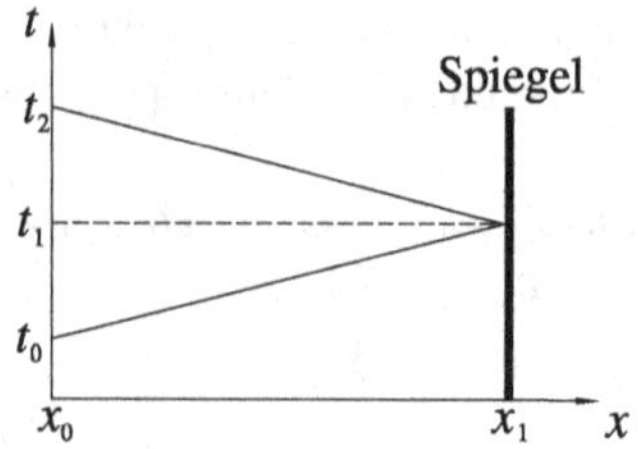

Abb. 2.6: Zur dritten Synchronisationsvorschrift.

2.4 Synchronisation von Uhren

Gleichartig gebaute Uhren weisen am selben Ort stets dieselben Zeitdifferenzen auf, sind aber nicht notwendig synchronisiert. Die Synchronisation gleichartiger Uhren am selben Ort besteht einfach im Angleichen der Zeigerstände. Transportiert man eine der Uhren an einen anderen Ort, so treten notwendig Beschleunigungen auf. Die beschleunigte Uhr ist zeitweise anderen Bedingungen ausgesetzt als die unbeschleunigte, wodurch die Synchronisation verloren gehen kann. Zur Synchronisation von Uhren an verschiedenen Orten benötigt man daher eine zuverlässigere und praktikablere Methode als den Transport der Zeit mit Hilfe einer Uhr.

Einstein benutzte zur Synchronisation von Uhren an verschiedenen Orten das Prinzip der Konstanz der Lichtgeschwindigkeit. Dieses erlaubt verschiedene Synchronisationsvorschriften. Die drei folgenden sind äquivalent.

1. Wird zur Zeit t_0 am Ort $\boldsymbol{r}_0$ ein Lichtblitz gezündet, so ist die Zeit t_1 beim Eintreffen des Lichtblitzes am Ort $\boldsymbol{r}_1$ durch

$$t_1 = t_0 + |\boldsymbol{r}_1 - \boldsymbol{r}_0|/c \tag{2.12}$$

gegeben. Stehen bei $\boldsymbol{r}_0$ und $\boldsymbol{r}_1$ gleichartige Uhren, und wird die Uhr am Ort $\boldsymbol{r}_1$ so eingestellt, daß für alle Zündzeitpunkte t_0 (2.12) gilt, so heißen die beiden Uhren **synchron**.

2. Zur Zeit t_0 werde bei $\boldsymbol{r}_0$ und zur Zeit t_1 bei $\boldsymbol{r}_1$ ein Lichtblitz gezündet. Treffen die beiden Lichtblitze im Mittelpunkt $\boldsymbol{r}_m$ der Verbindungsgeraden zwischen $\boldsymbol{r}_0$ und $\boldsymbol{r}_1$ gleichzeitig ein, und zwar unabhängig vom Zeitpunkt des Zündens der Lichtblitze, so heißen die Uhren bei $\boldsymbol{r}_0$ und $\boldsymbol{r}_1$ synchron, $t_0{=}t_1$.

3. Zur Zeit t_0 werde bei x_0 ein Lichtblitz gezündet, der bei x_1 reflektiert wird und zur Zeit t_2 nach x_0 zurückkommt (Abb. 2.6). Die bei x_1 stehende Uhr, die die Zeit t_1 anzeigt, heißt mit der bei x_0 stehenden Uhr synchron, wenn sie beim Eintreffen von dort kommender Lichtblitze für jeden Zündzeitpunkt t_0 bei Ankunft des Lichtblitzes die Zeit $t_1{=}t_0{+}(t_2{-}t_0)/2$ anzeigt.

Man überzeugt sich leicht davon, daß die drei angegebenen Synchronisationsvorschriften äquivalent sind (Aufgabe 2.3). Einstein benutzte die erste von diesen. Zu Abb. 2.6 sei für spätere Zwecke noch angemerkt, daß für den bei x_0 ruhenden Beobachter $t_1{=}t_0{+}(t_2{-}t_0)/2$ der Reflexionszeitpunkt des Lichtblitzes auch dann ist, wenn sich der Spiegel in Richtung der x-Achse bewegt: Nach dem Prinzip der Konstanz der Lichtgeschwindigkeit bleibt die Ausbreitungsgeschwindigkeit des Lichtes nämlich völlig unbeeinflußt davon, ob es von einer unbewegten oder bewegten Lampe emittiert wird und ob es von einem unbewegten oder bewegten Spiegel reflektiert wird.

Die angegebenen, scheinbar sehr theoretischen Synchronisationsvorschriften werden heute auf der Erde zur Definition der Weltzeit benutzt und sind damit in gängige Technik umgesetzt. Da Atomuhren extrem genau gehen, kann mit ihnen auch sehr genau die Gültigkeit des den Synchronisationsvorschriften zugrunde liegenden Postulats der Konstanz der Lichtgeschwindigkeit nachgewiesen werden.

Mit Atomuhren konnte man auch die Ungültigkeit der Ätherhypothese beweisen. Zum Durchlaufen einer Strecke D bräuchte das Licht je nachdem, ob es mit oder gegen den Äther läuft, die Zeit

$$\Delta t_{\pm} = D/(c \pm v)$$

(v = Äthergeschwindigkeit). Auf der Strecke $D{=}10\,000$ km, die etwa dem Abstand zwischen Deutschland und den USA entspricht, ergäbe sich für $v{\approx}30$ km/s (Bahngeschwindigkeit der Erde beim Umlaufen der Sonne) ein Laufzeitunterschied

$$\Delta t_{-} - \Delta t_{+} = 2Dv/(c^2 - v^2) \approx 2Dv/c^2$$

von ca. 7 μs, und die Meßgenauigkeit von Atomuhren beträgt 0.1 μs. Die Synchronisation von Atomuhren auf der Erde würde demnach gar nicht funktionieren, wenn es einen Äther gäbe.

2.5 Konsequenzen aus der Konstanz der Lichtgeschwindigkeit

2.5.1 Relativität der Gleichzeitigkeit

Das Postulat der Konstanz der Lichtgeschwindigkeit ist mit dem klassischen Zeitbegriff nicht mehr vereinbar. Wie dieser verändert wird, werden wir später quantitativ fassen. Eine einfache Überlegung läßt das aber auch schon qualitativ erkennen.

Hierzu führen wir zunächst den (idealisierenden) Begriff eines **lokalisierten Ereignisses** ein. Damit soll ein Ereignis gemeint sein, das zum Zeitpunkt t an einem Punkt $\boldsymbol{r}$ des Raumes eintritt, z. B. die Aussendung eines Lichtblitzes oder die Ankunft eines Punktteilchens. Bei dieser Idealisierung wird von der endlichen Ausdehnung materieller Körper abgesehen. Ein lokalisiertes Ereignis läßt sich als Punkt in einem vierdimensionalen Raum mit den Koordinatenachsen x, y, z, ct kennzeichnen. Alle lokalisierten Ereignisse, die für einen in diesem Koordinatensystem ruhenden Beobachter gleichzeitig sind, liegen in der Hyperebene $ct{=}$const.

Betrachten wir jetzt zwei Koordinatensysteme S (Koordinaten x, y, z, ct) und S' (Koordinaten x', y', z', ct') mit parallelen x-Achsen, die sich relativ zueinander mit der Geschwindigkeit v in x-Richtung bewegen; genauer sei $\boldsymbol{v}{=}v\boldsymbol{e}_x$ die Geschwindigkeit des Systems S' gegenüber S. Die Koordinatenursprünge beider Systeme sollen zur Zeit $t{=}0$ zusammenfallen, und die Uhr in S' sei so gestellt, daß dann auch $t'{=}0$ gilt. In diesem Moment werde am (gemeinsamen) Koordinatenursprung ein Lichtblitz gezündet,

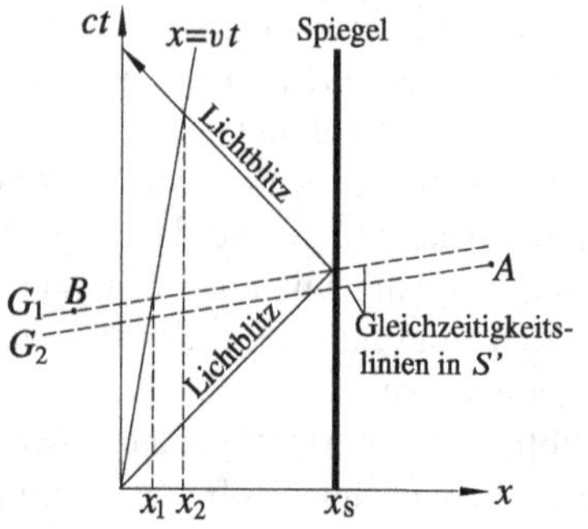

Abb. 2.7: Relativität der Gleichzeitigkeit.

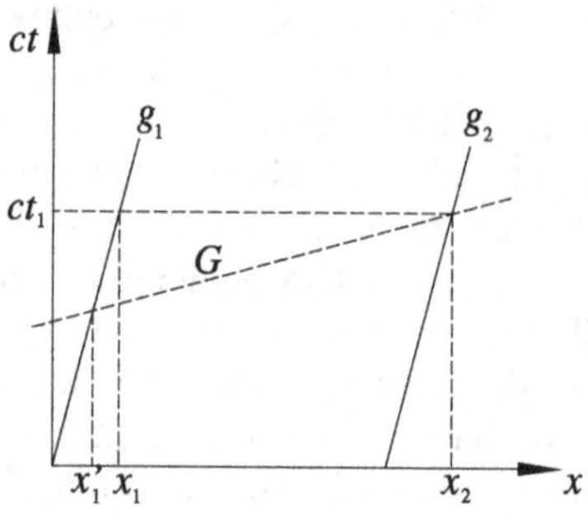

Abb. 2.8: Lorentz-Kontraktion.

der später an einem in S ruhenden Spiegel bei $x=x_s$ reflektiert werden soll. In Abb. 2.7 sind der Weg des Lichtblitzes und die **Weltlinie** $x=vt$ des Koordinatenursprungs von S' im System S, d. h. die Abfolge der Punkte x, ct, die dieser der Reihe nach im System S einnimmt, dargestellt. Befindet sich ein mit dem Koordinatenursprung von S' bewegter (punktueller) Beobachter zur Zeit der Wiederbegegnung mit dem reflektierten Lichtblitz (t_2 in S und t'_2 in S') am Ort x_2, so ist für ihn die Hälfte dieser Zeit vergangen, wenn er die Hälfte der Strecke von $x=0$ bis x_2 zurückgelegt hat, d. h. er befindet sich nach seiner Uhr zur Zeit $t'_2/2$ bei $x_1=x_2/2$. Nach der Synchronisationsvorschrift 3 des letzten Teilabschnitts bewertet er diesen Zeitpunkt wegen $t'_0=0$ als gleichzeitig mit dem Zeitpunkt der Reflexion des Lichtblitzes. Ähnlich kann unter Benutzung anderer Spiegel und anderer Lichtblitze gezeigt werden, daß er sämtliche auf der Geraden G_1 in Abb. 2.7 liegenden lokalisierten Ereignisse als gleichzeitig bewertet. (Für dieses Ergebnis spielen Laufzeitunterschiede keine Rolle, denn diese wurden durch die Synchronisationsvorschrift gerade eliminiert. Außerdem ist es, wie wir schon festgestellt haben, ohne Bedeutung, daß sich der Spiegel relativ zu dem in S' ruhenden Beobachter bewegt.) Analog dazu sind für ihn alle Ereignisse auf der zu G_1 parallelen Geraden G_2 gleichzeitig und finden vor den auf G_1 liegenden Ereignissen statt. Insbesondere liegt für ihn das Ereignis A vor dem Ereignis B, d. h. $t'_A < t'_B$. Für einen in S ruhenden Beobachter ist die zeitliche Reihenfolge offensichtlich gerade umgekehrt, d. h. $t_B < t_A$.

2.5.2 Relativität und Messung von Längen

Längenmessungen an einem gleichförmig bewegten Gegenstand werden so durchgeführt, daß man die Endpunkte der zu vermessenden Strecke gleichzeitig mit einem ruhenden Maßstab zur Deckung bringt. In Abb. 2.8 sind g_1 und g_2 die Weltlinien der Endpunkte eines bewegten Maßstabs. Im System $S|\{x, ct\}$ decken sich dessen Endpunkte zur Zeit t_1 mit den Punkten x_1 und x_2. Für einen mit dem Maßstab bewegten Beobachter sind dagegen alle Ereignisse auf der Geraden G gleichzeitig. Bringt er die Endpunkte des Maßstabes gleichzeitig mit Punkten von S zur Deckung, so benutzt er die Punkte x'_1 und x_2. Die von ihm gemessene Strecke enthält also die aus S gemessene Strecke als Teilstrecke, er mißt eine größere Länge des Maßstabs als ein in S ruhender Beobachter. Dies bedeutet, daß ein in S' ruhender, gegenüber S bewegter Maßstab von S aus als kürzer bewertet wird (**Lorentz-Kontraktion**).

Den Abstand d zweier Punkte A und B des Systems $S|\{x, ct\}$ – definitionsgemäß ruhen diese im S – kann man auch bestimmen, indem man die Laufzeit t_{AB} des Lichts von A nach B mißt und $d{=}ct_{AB}$ setzt.

Aufgaben

2.1 Ein Flugzeug fliegt geradlinig vom Ort A zum Ort B und zurück mit der Geschwindigkeit v gegenüber Luft. Berechnen Sie den klassischen Unterschied der Flugzeiten t_a und t_b, der sich ergibt, wenn ein Wind der Geschwindigkeit u weht: (a) in Richtung der Verbindungslinie von A nach B, und (b) senkrecht zu dieser.

2.2 Berechnen Sie die Frequenzverschiebung beim Doppler-Effekt von Schall, wenn sich sowohl Sender als auch Empfänger gegenüber der Luft bewegen und ihre Geschwindigkeiten entgegengesetzt sind.
Anleitung: Tragen Sie in einem x, t-Diagramm die Weltlinien des Senders, des Empfängers und der vom Sender ausgesandten Signale ein.

2.3 Beweisen Sie die Äquivalenz der drei in Abschn. 2.4 angegebenen Synchronisationsvorschriften für Uhren.

3 Relativistische Kinematik

In diesem Kapitel werden aus den im letzten Kapitel aufgestellten Grundprinzipien der SRT kinematische Konsequenzen abgeleitet, also Folgerungen, die sich aus diesen Prinzipien für die Bewegung von Körpern oder die Ausbreitung von Licht ergeben, ohne daß die dafür relevanten Bewegungsgesetze herangezogen werden. Als erstes interessieren wir uns für die relativistische Transformation zwischen Inertialsystemen, welche an die Stelle der Galilei-Transformation tritt, die *Lorentz-Transformation*. Aus dieser wird anschließend abgeleitet, wie sich Geschwindigkeiten und Beschleunigungen transformieren. Wie wir schon gesehen haben, ergeben sich in der SRT bei der Beurteilung von Zeiten und Längen aus verschiedenen Inertialsystemen heraus Unterschiede, es kommt zu einer Längenkontraktion und einer Zeitdilatation. Diese sollen in diesem Kapitel quantitativ bestimmt werden. Beide Phänomene haben zu einer Reihe scheinbar paradoxer Ergebnisse geführt, von denen einige ausführlich besprochen werden. Den Abschluß dieses Kapitels bildet eine Einführung in die Vektor- und Tensorrechnung der SRT, die uns später eine relativistisch invariante Formulierung der Naturgesetze erlauben wird.

3.1 Lorentz-Transformation

Wir gehen aus von einem Inertialsystem S, in welchem kartesische Koordinaten x, y, z eingeführt sind und die Zeit t mit einer Uhr gemessen wird. Relativ zu diesem bewege sich mit der Geschwindigkeit $\boldsymbol{v}$ ein zweites Inertialsystem S', in welchem die kartesischen Koordinaten x', y', z' benutzt werden und die Zeit t' mit einer Uhr gemessen wird, die mit der in S benutzten baugleich ist.

Zur Vereinfachung der Notation führen wir die Koordinaten

$$x_1 = x\,, \quad x_2 = y\,, \quad x_3 = z\,, \quad x_4 = \mathrm{i}ct \tag{3.1}$$

ein, wobei $\mathrm{i}=\sqrt{-1}$ ist. Die komplexe „Zeitkoordinate“ x_4 erlaubt die besonders symmetrische Beschreibung der Kugelwellenfront $x^2+y^2+z^2-c^2t^2=0$ durch

$$x_1^2 + x_2^2 + x_3^2 + x_4^2 = \sum_{i=1}^{4} x_i^2 = 0\,.$$

Jetzt wollen wir die allgemeine Transformation

$$x_i' = f_i(x)\,, \qquad i = 1, \ldots, 4 \tag{3.2}$$

bestimmen, die mit den beiden Grundpostulaten der SRT im Einklang steht. Dabei haben wir abkürzend $f_i(x)$ für $f_i(x_1, x_2, x_3, x_4)$ geschrieben. Als erstes wird sich zeigen, daß Gleichung (3.2) linear sein muß.

3.1.1 Affinität der Transformation

Es gibt verschiedene Wege, die Linearität der Gleichung (3.2) zu beweisen, von denen wir drei untersuchen wollen.

1. Der Weg, den Einstein beging, benutzt nur die Homogenität von Raum und Zeit. Um ihn nachzuvollziehen, betrachten wir zwei differentiell benachbarte lokalisierte Ereignisse, deren Koordinatendifferenzen

$$\text{in } S \text{ durch } dx_i \qquad \text{in } S' \text{ durch } dx'_i \qquad i = 1, \ldots, 4$$

gegeben seien. Zwischen den gestrichenen und ungestrichenen Differenzen folgt aus (3.2) der Zusammenhang

$$dx'_i = \sum_{k=1}^{4} \frac{\partial f_i}{\partial x_k} dx_k \,. \tag{3.3}$$

Stellen wir uns vor, daß die betrachteten Ereignisse im Verlauf eines Experimentes nacheinander eintreten. Man kann das Experiment an verschiedenen Orten und zu verschiedenen Zeiten durchführen, indem man die experimentelle Anordnung parallel zu sich verschiebt bzw. den Startzeitpunkt des Experiments hinauszögert. Wenn Raum und Zeit homogen sind, müssen sich in allen Fällen dieselben Werte dx_i und dx'_i ergeben. Daher muß für eine beliebige Verschiebung $x_1 \to x_1^*, \ldots, x_4 \to x_4^*$ (kürzer: $x \to x^*$)

$$\sum_{k=1}^{4} \left.\frac{\partial f_i}{\partial x_k}\right|_x dx_k = \sum_{k=1}^{4} \left.\frac{\partial f_i}{\partial x_k}\right|_{x^*} dx_k \quad \Rightarrow \quad \sum_{k=1}^{4} \left(\left.\frac{\partial f_i}{\partial x_k}\right|_{x^*} - \left.\frac{\partial f_i}{\partial x_k}\right|_x \right) dx_k = 0$$

gelten. Da die gewählten Ereignisse beliebig waren, muß dies für jede Wahl der dx_k erfüllt sein, was nur sein kann, wenn der Ausdruck in eckigen Klammern identisch verschwindet. Da aber auch die x_i^* völlig beliebig sind, müssen die Größen

$$\frac{\partial f_i}{\partial x_k} = \alpha_{ik} \tag{3.4}$$

hinsichtlich ihrer Orts- und Zeitabhängigkeit Konstanten sein. (Sie können allerdings noch von der Relativgeschwindigkeit der Koordinatensysteme abhängen, die bei der ganzen Betrachtung als Parameter eingeht.) Aus (3.2) und (3.4) folgt sofort der lineare Zusammenhang

$$x'_i = \sum_{k=1}^{4} \alpha_{ik} x_k + \beta_i \,, \tag{3.5}$$

der eine **affine Koordinatentransformation** darstellt.

2. Ein weiterer Beweisgang benutzt das Postulat der Konstanz der Lichtgeschwindigkeit sowie das Relativitätspostulat, und wir wollen auch diesen nachvollziehen. Dazu betrachten wir die Ausbreitung eines Lichtstrahls von $\boldsymbol{x}$ nach $\boldsymbol{x}+d\boldsymbol{x}$, der in S durch die

Gleichung $|d\boldsymbol{x}/dt|=c$ oder

$$\boxed{ds^2 = dx^2 + dy^2 + dz^2 - c^2dt^2 = \sum_{i=1}^{4} dx_i\, dx_i = 0} \tag{3.6}$$

beschrieben wird. In S' ergibt sich dafür die Gleichung

$$ds'^2 = \sum_{i=1}^{4} dx_i'\, dx_i' \overset{(3.3)}{=} \sum_{i,k,l} \frac{\partial f_i}{\partial x_k}\frac{\partial f_i}{\partial x_l}\, dx_k\, dx_l = 0\,. \tag{3.7}$$

ds^2 und ds'^2 sind beides Polynome zweiten Grades in den dx_i, und verschwindet das eine, so auch das andere, denn (3.6) und (3.7) müssen gleichzeitig erfüllt sein. Da jedes Polynom bis auf einen Faktor eindeutig durch seine Nullstellen festgelegt wird, muß daher $ds'^2{=}\lambda\, ds^2$ gelten. Nach dem Relativitätspostulat sind die beiden Inertialsysteme S und S' gleichwertig, und daher muß auch $ds^2{=}\lambda\, ds'^2$ gelten. Einsetzen dieser beiden Ergebnisse ineinander führt zu $\lambda^2{=}1$ und $\lambda{=}\pm 1$. Ist die Relativgeschwindigkeit zwischen S und S' gleich null, so muß $\lambda{=}{+}1$ sein, was sich aus Stetigkeitsgründen auf alle Relativgeschwindigkeiten überträgt, und wir erhalten schließlich

$$ds'^2 = ds^2\,. \tag{3.8}$$

Dieses Ergebnis ist unabhängig vom Ort, der Richtung und dem Zeitpunkt der Lichtausbreitung, wie auch aufgrund der Homogenität und Isotropie des Raumes sowie der Homogenität der Zeit zu fordern wäre. Mit (3.6) und (3.7) folgt aus ihm

$$\sum_{i,k,l} \frac{\partial f_i}{\partial x_k}\frac{\partial f_i}{\partial x_l}\, dx_k\, dx_l = \sum_{k,l} \delta_{kl}\, dx_k\, dx_l \quad \text{und} \quad \sum_i \frac{\partial f_i}{\partial x_k}\frac{\partial f_i}{\partial x_l} = \delta_{kl}\,, \tag{3.9}$$

wobei δ_{kl} die vierdimensionale Verallgemeinerung des Kronecker-Symbols ist. Aus der letzten Gleichung ergibt sich durch Differentiation nach x_m

$$\sum_i \left(\frac{\partial^2 f_i}{\partial x_k \partial x_m}\frac{\partial f_i}{\partial x_l} + \frac{\partial^2 f_i}{\partial x_l \partial x_m}\frac{\partial f_i}{\partial x_k} \right) = 0\,. \tag{3.10}$$

Durch Vertauschen der Indizes k und m bzw. l und m entstehen hieraus die Gleichungen

$$\sum_i \left(\frac{\partial^2 f_i}{\partial x_m \partial x_k}\frac{\partial f_i}{\partial x_l} + \frac{\partial^2 f_i}{\partial x_k \partial x_l}\frac{\partial f_i}{\partial x_m} \right) = 0\,, \quad \sum_i \left(\frac{\partial^2 f_i}{\partial x_k \partial x_l}\frac{\partial f_i}{\partial x_m} + \frac{\partial^2 f_i}{\partial x_m \partial x_l}\frac{\partial f_i}{\partial x_k} \right) = 0\,.$$

Addiert man diese und zieht davon (3.10) ab, so erhält man

$$2\sum_i \frac{\partial^2 f_i}{\partial x_k \partial x_l}\frac{\partial f_i}{\partial x_m} = 0\,. \tag{3.11}$$

Diese Gleichung multiplizieren wir nun mit $\partial x_m/\partial f_n$ und summieren sie über m. Wegen

$$\sum_m \frac{\partial f_i}{\partial x_m}\frac{\partial x_m}{\partial f_n} = \frac{\partial f_i}{\partial f_n} = \frac{\partial x'_i}{\partial x'_n} = \delta_{in}$$

folgt dann

$$\frac{\partial^2 f_n}{\partial x_k \partial x_l} = 0 \qquad \text{und} \qquad \frac{\partial f_n}{\partial x_l} = \alpha_{nl}$$

mit konstanten α_{nl}. Dies ist wieder das Ergebnis (3.4) mit der Folge (3.5).

3. Schließlich kann man für den Beweis der Affinität der Transformation (3.2) auch noch die Tatsache ausnutzen, daß S und S' Inertialsysteme sind. Dies impliziert, daß eine geradlinige gleichförmige Bewegung in S durch (3.2) in eine geradlinig gleichförmige Bewegung in S' transformiert werden muß, d. h. aus $d\boldsymbol{x}'=\boldsymbol{v}'\,dt'$ muß $d\boldsymbol{x}=\boldsymbol{v}\,dt$ folgen und umgekehrt. Definieren wir vorübergehend $dx_0=\mathrm{i}\,v\,dt$ und $dx'_0=\mathrm{i}\,v'\,dt'$ mit $v=|\boldsymbol{v}|$, so muß infolgedessen auch $\sum_i dx_i\,dx_i=0$ aus $\sum_i dx'_i\,dx'_i=0$ folgen und umgekehrt, was wie in 2. zu der Bedingung

$$\sum_i dx'_i\,dx'_i = \lambda \sum_i dx_i\,dx_i$$

führt. Wir können jetzt allerdings nicht mehr auf $\lambda=1$ schließen, da die Geschwindigkeiten $\boldsymbol{v}$ und $\boldsymbol{v}'$, anders als die Lichtgeschwindigkeit, nicht in beiden Systemen denselben Betrag besitzen und die letzteren daher nicht als gleichwertig aufgefaßt werden dürfen. Benutzen wir jetzt jedoch noch zusätzlich die Homogenität der Raum-Zeit, so folgt, daß λ nicht von $\boldsymbol{x}$ und t abhängen darf (λ wird allerdings von $\boldsymbol{v}$ und $\boldsymbol{v}'$ abhängen). Damit läßt sich aus der Beziehung $\sum_i(\partial f_i/\partial x_k)(\partial f_i/\partial x_l)=\lambda\delta_{kl}$, die hier statt (3.9b) folgt, wieder (3.10) ableiten, und der übrige Beweisgang erfolgt wie unter 2. In Aufgabe 3.1 soll gezeigt werden, daß die Affinität der Transformation (3.2) nicht ohne Zusatzforderungen alleine aus den Inertialeigenschaften der Systeme S und S' gefolgert werden kann.

3.1.2 Standardkonfiguration

Die weitere Behandlung von (3.5) wird besonders einfach, wenn sich die Systeme S und S' zueinander in der **Standardkonfiguration** befinden, die durch die folgenden Bedingungen definiert wird (Abb. 3.1):

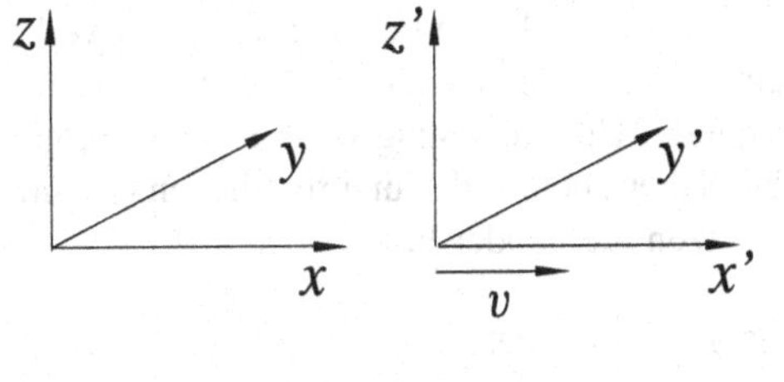

Abb. 3.1: Systeme $S|x,y,z$ und $S'|x',y',z'$ in Standardkonfiguration.

1. Die x'-Achse des Systems S' fällt mit der x-Achse des Systems S zusammen und hat dieselbe Orientierung.
2. Der Ursprung von S' bewegt sich in S längs der x-Achse mit der konstanten Geschwindigkeit $\boldsymbol{v}=v\boldsymbol{e}_x$.
3. Die Ebenen $y'=0$ und $z'=0$ in S' fallen während der ganzen Relativbewegung mit den Ebenen $y=0$ bzw. $z=0$ des Systems S zusammen.
4. Die Uhren in S und S' sind so gestellt, daß sie im Moment der Deckungsgleichheit beider Systeme die Zeiten $t=t'=0$ anzeigen.

Die Bedingungen 2 und 3 sind wegen der Affinität der Transformationen (3.5) erfüllbar, Bedingung 1 und 4 können ohne weiteres erfüllt werden.

3.1.3 Lorentz-Transformation für Systeme in Standardkonfiguration

Wir bestimmen jetzt die Koeffizienten der Transformation (3.5) so, daß die Bedingungen 1 bis 4 für die Standardkonfiguration erfüllt werden.

Nach Forderung 4 fallen zur Zeit $t=t'=0$ die Ursprünge beider Systeme zusammen, was bedeutet, daß die Gleichungen $x_i'=0$ und $x_i=0$ für alle i simultan erfüllt sein müssen. Aus (3.5) folgt hieraus

$$\beta_i = 0\,, \qquad i = 1, \ldots, 4\,. \tag{3.12}$$

Mit $x_1 \to x$, $x_2 \to y$, etc. lautet dann die zweite der Gleichungen (3.5)

$$y' = a_{21}x + a_{22}y + a_{23}z + \mathrm{i}a_{24}ct\,. \tag{3.13}$$

Mit der Forderung 3 für die Standardkonfiguration folgt hieraus, daß für alle x, z und t die Gleichung $a_{21}x+a_{23}z+\mathrm{i}a_{24}ct=0$ erfüllt sein muß, was nur möglich ist, wenn in ihr sämtliche Koeffizienten verschwinden,

$$a_{21} = a_{23} = a_{24} = 0. \tag{3.14}$$

(3.13) reduziert sich damit auf

$$y' = a_{22}\,y\,. \tag{3.15}$$

Zur Berechnung des Koeffizienten a_{22} führen wir jetzt vorübergehend die Umbenennung bzw. Umorientierung $x \to -x$, $x' \to -x'$, $z \to -z$, $z' \to -z'$ der Koordinaten durch. Beide Koordinatensysteme bleiben dabei rechtshändig (Abb. 3.2); die Relativbewegung der Systeme kann jetzt so gedeutet werden, daß sich das System S relativ zu S' mit der Geschwindigkeit v in Richtung der neuen x'-Achse bewegt: System S verhält sich jetzt zu S' wie vor der Umorientierung S' zu S, und nach dem Relativitätspostulat muß daher $y=a_{22}\,y'$ gelten. Macht man nun die Umbenennung wieder rückgängig, so ändert sich nichts an dieser Gleichung, die daher auch in der ursprünglichen Orientierung zusätzlich zu (3.15) gelten muß. Einsetzen ineinander liefert

$$y' = (a_{22})^2\,y'\,, \quad (a_{22})^2 = 1\,, \quad a_{22} = \pm 1\,.$$

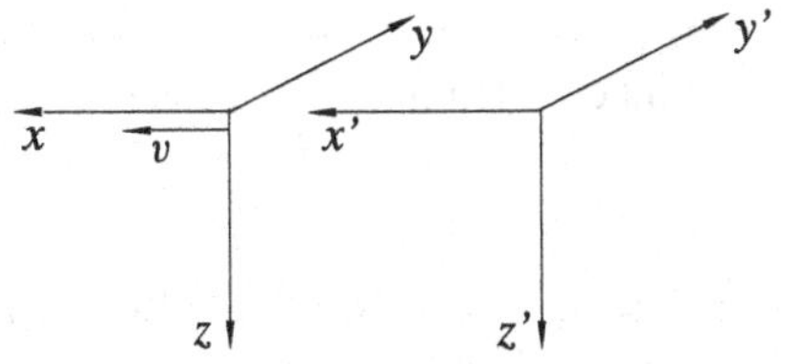

Abb. 3.2: Zum Wechsel der Koordinatensysteme.

Da zur Zeit $t{=}t'{=}0$ Deckungsgleichheit der Systeme bestehen soll (Forderung 4), scheidet das negative Vorzeichen von a_{22} aus, und wir erhalten schließlich

$$y' = y \qquad \text{und völlig analog} \qquad z' = z\,. \tag{3.16}$$

Betrachten wir jetzt die erste der Gleichungen (3.5). Aus historischen Gründen führen wir in dieser die Umbenennung $a_{11}{\to}\gamma$ durch, mit der sie

$$x' = \gamma x + a_{12}y + a_{13}z + \mathrm{i}a_{14}ct \tag{3.17}$$

lautet. Nach der Forderung 2 für die Standardkonfiguration erfüllt der – in der Ebene $x'{=}0$ gelegene – Ursprung $x'{=}y'{=}z'{=}0$ des Systems S' in S die Gleichung

$$x = vt\,. \tag{3.18}$$

(3.18) muß auch in allen übrigen Punkten der Ebene $x'{=}0$ gelten. Diese erscheint nämlich wegen des linearen Zusammenhangs (3.17) auch in S zu jedem festen Zeitpunkt t als Ebene und wäre gegenüber der Ebene (3.18) mit der Normalen $\boldsymbol{e}_x$ geneigt, wenn (3.18) nicht in allen Punkten erfüllt wäre. Durch ihre Normale $\boldsymbol{e}'_x{\neq}\boldsymbol{e}_x$ würde dann eine Richtung ausgezeichnet, die nicht durch die Relativbewegung $\boldsymbol{v}{=}v\boldsymbol{e}_x$ bestimmt wird, und die Forderung der Isotropie des Raumes wäre verletzt. Fordern wir also die Gültigkeit von (3.18) für alle Punkte der Ebene $x'{=}0$ (d. h. alle Werte $y'{=}y$, $z'{=}z$), so folgt aus (3.17) $(\gamma v{+}\mathrm{i}a_{14}c)\,t{+}a_{12}y{+}a_{13}z{=}0$. Damit diese Gleichung für alle y, z und t erfüllt ist, müssen die Beziehungen

$$a_{12} = a_{13} = 0 \quad \text{und} \quad \mathrm{i}a_{14}c = -\gamma v \tag{3.19}$$

gelten. Aus (3.17) ergibt sich damit

$$x' = \gamma\,(x - vt)\,. \tag{3.20}$$

$\gamma{=}a_{11}$ ist ein reeller Parameter, der die Bedingung

$$\gamma > 0 \tag{3.21}$$

erfüllen muß, damit sich aus (3.20) die in 1 geforderte Parallelität der x'- und x-Achsen in Standardkonfiguration ergibt.

Um jetzt die Transformation der Zeit zu bestimmen, bedienen wir uns eines kleinen Tricks, indem wir die zu (3.20) gehörige Rücktransformation ermitteln. Dazu führen wir wieder vorübergehend die Umorientierungen $S \to S_u$ mit $x \to -x$, $z \to -z$ und $S' \to S'_u$ mit $x' \to -x'$, $z' \to -z'$ durch (Abb. 3.2) und erhalten mit diesen aus (3.20)

$$x' = \gamma\,(x + vt)\,. \tag{3.22}$$

S_u bewegt sich relativ zu S'_u wieder wie S' relativ zu S. Nach dem Relativitätspostulat muß daher zwischen S und S' die (3.22) entsprechende Gleichung

$$x = \gamma\,(x' + vt') \tag{3.23}$$

(Gleichung (3.22) mit $x \leftrightarrow x', t \leftrightarrow t'$) gelten, die die gesuchte Umkehrung von (3.20) ist. Lösen wir nun (3.23) nach x' auf und setzen das Ergebnis in (3.20) ein, so erhalten wir

$$t' = \gamma \left[t - \frac{(\gamma^2 - 1)\,x}{\gamma^2 v} \right]. \tag{3.24}$$

Es erweist sich als zweckmäßig, hierin mit

$$V^2 := \frac{\gamma^2 v^2}{\gamma^2 - 1} \tag{3.25}$$

einen neuen Parameter V einzuführen. (Wir werden weiter unten sehen, daß das Kausalitätsprinzip nur positive Werte V^2 zuläßt.) Die Auflösung von (3.25) nach γ liefert mit der Forderung (3.21) den Zusammenhang

$$\gamma = \frac{1}{\sqrt{1 - v^2/V^2}}\,. \tag{3.26}$$

Zusammengenommen ergeben die Gleichungen (3.20), (3.16) und (3.24) unter Verwendung von (3.25) den Satz der Transformationsgleichungen

$$x' = \gamma\,(x - vt)\,, \quad y' = y\,, \quad z' = z\,, \quad t' = \gamma \left(t - \frac{vx}{V^2} \right), \tag{3.27}$$

wobei γ durch (3.26) gegeben ist. Die Transformationen (3.27) werden als **verallgemeinerte Lorentz-Transformationen** für Systeme in Standard-Konfiguration bezeichnet. Mit Hilfe des Prinzips der Konstanz der Lichtgeschwindigkeit findet man sehr schnell, daß $V^2{=}c^2$ sein muß, und erhält damit aus (3.27) sofort die eigentliche Lorentz-Transformation der SRT. Die entsprechende Rechnung werden wir weiter unten durchführen. An dieser Stelle wollen wir uns noch etwas ausführlicher mit der allgemeineren Klasse der Transformationen (3.27) auseinander setzen, zu deren Ableitung nur das Relativitätsprinzip sowie die Homogenität und Isotropie des Raumes benutzt wurden.

Als erstes soll gezeigt werden, daß die durch (3.25) definierte Größe V, die im Prinzip von v abhängen könnte, von v unabhängig ist. Zu diesem Zweck betrachten wir drei Inertialsysteme S, S' und S'', die sich alle relativ zueinander in Standardkonfiguration befinden, wobei sich S' gegenüber S mit der konstanten Geschwindigkeit v und S'' gegenüber S' mit der konstanten Geschwindigkeit u bewegen möge. Die Geschwindigkeit, mit der sich S'' gegenüber S bewegt, bezeichnen wir mit w. Aus dem Relativitätsprinzip sowie der Homogenität und Isotropie des Raumes folgt, daß alle drei

Systeme untereinander durch verallgemeinerte Lorentz- Transformationen verbunden sind, wobei wir allerdings noch die Möglichkeit zulassen müssen, daß der Transformationsparameter V für die verschiedenen Transformationen verschieden ist – wir benutzen für ihn im folgenden die Notationen U, V, und W. Zwischen S' und S gelten demnach die Transformationsgleichungen (3.27), und der nichttriviale Teil der Transformationsgleichungen zwischen S'' und S' bzw. S lautet dementsprechend

$$x'' = \gamma'(x' - ut'), \qquad t'' = \gamma'\left(t' - \frac{ux'}{U^2}\right), \qquad U^2 = \frac{\gamma'^2 u^2}{\gamma'^2 - 1}, \tag{3.28}$$

$$x'' = \gamma''(x - wt), \qquad t'' = \gamma''\left(t - \frac{wx}{W^2}\right), \qquad W^2 = \frac{\gamma''^2 w^2}{\gamma''^2 - 1}. \tag{3.29}$$

Durch Einsetzen der nichttrivialen Gleichungen von (3.27) in (3.28) erhält man

$$x'' = \gamma\gamma'\left(1 + \frac{uv}{V^2}\right)\left(x - \frac{u+v}{1+uv/V^2}\,t\right), \tag{3.30}$$

$$t'' = \gamma\gamma'\left(1 + \frac{uv}{U^2}\right)\left(t - \frac{u/U^2 + v/V^2}{1+uv/U^2}\,x\right), \tag{3.31}$$

und der Vergleich von (3.29) mit (3.30)–(3.31) liefert

$$\gamma\gamma'\left(1 + \frac{uv}{V^2}\right)\left(x - \frac{u+v}{1+uv/V^2}\,t\right) - \gamma''(x - wt) = 0, \tag{3.32}$$

$$\gamma\gamma'\left(1 + \frac{uv}{U^2}\right)\left(t - \frac{u/U^2 + v/V^2}{1+uv/U^2}\,x\right) - \gamma''\left(t - \frac{wx}{W^2}\right) = 0. \tag{3.33}$$

Beide Gleichungen müssen für beliebige Werte von x und t gelten, und daher müssen die Koeffizienten von x und t jeweils für sich verschwinden. Aus (3.32) folgt auf diese Weise

$$\gamma\gamma'\left(1 + \frac{uv}{V^2}\right) = \gamma'' \tag{3.34}$$

sowie

$$\boxed{w = \frac{u+v}{1+uv/V^2}\,.} \tag{3.35}$$

Die letzte Gleichung gibt an, wie sich die Relativgeschwindigkeiten u von S' gegenüber S und v von S'' gegenüber S' im System S addieren (w ist die Relativgeschwindigkeit von S'' gegenüber S), und wird daher als **relativistisches Additionstheorem für Geschwindigkeiten** bezeichnet. Der Koeffizientenvergleich in (3.33) liefert ganz analog

$$\gamma\gamma'\left(1 + \frac{uv}{U^2}\right) = \gamma'', \qquad \frac{u/U^2 + v/V^2}{1+uv/U^2} = \frac{w}{W^2}. \tag{3.36}$$

(3.34) und (3.36a) haben offensichtlich $U^2{=}V^2$ zur Folge. Setzt man das und (3.35) in (3.36b) ein, so ergibt sich schließlich

$$U^2 = V^2 = W^2. \tag{3.37}$$

Das gilt für alle möglichen Werte u, v und w, und daher muß sowohl U von u als auch V von v und W von w unabhängig sein. Insbesondere ist damit unsere Behauptung hinsichtlich der in (3.27) auftretenden Größe V bewiesen.

Unser Beweisgang impliziert zugleich ein weiteres, wichtiges Ergebnis: Werden zwei verallgemeinerte Lorentz-Transformationen $x, t \to x', t'$ und $x', t' \to x'', t''$ hintereinander geschaltet, so ist das Relativitätspostulat nur erfüllt, wenn sie zum selben Transformationsparameter V gehören, und auch die resultierende Transformation ist eine verallgemeinerte Lorentz-Transformation zu diesem. Insbesondere *liefert also die Hintereinanderschaltung zweier eigentlicher Lorentz-Transformationen wieder eine eigentliche Lorentz-Transformation.*

Jetzt wollen wir die noch offen gebliebene Behauptung $V^2 \geq 0$ beweisen. Dazu benutzen wir die aus (3.31) für den Spezialfall $u=v$ am Ort $x=0$ folgende Zeittransformation

$$t'' = \gamma^2\left(1 + \frac{v^2}{V^2}\right)t = \frac{1 + v^2/V^2}{1 - v^2/V^2}\,t\,. \tag{3.38}$$

(Wegen (3.37) durfte nach (3.26) $\gamma' = \gamma = 1/\sqrt{1 - v^2/V^2}$ gesetzt werden.) Das Kausalitätsprinzip verlangt, daß die zeitliche Reihenfolge am gleichen Ort stattfindender Ereignisse unabhängig vom Koordinatensystem ist. Da sich Gleichung (3.38) auf Ereignisse am gleichen Ort $x=0$ bezieht, müssen in ihr daher t'' und t dasselbe Vorzeichen besitzen. Dies bedeutet, daß entweder

$$1 + \frac{v^2}{V^2} \geq 0 \qquad \text{und zugleich} \qquad 1 - \frac{v^2}{V^2} \geq 0 \tag{3.39}$$

oder

$$1 + \frac{v^2}{V^2} \leq 0 \qquad \text{und zugleich} \qquad 1 - \frac{v^2}{V^2} \leq 0 \tag{3.40}$$

gelten muß. Die letzte Möglichkeit kann sofort ausgeschlossen werden, denn die Addition der beiden Ungleichungen führt zu der nicht erfüllbaren Bedingung $2 \leq 0$. (3.39) kann in die Form $-1 \leq v^2/V^2 \leq +1$ umgeschrieben werden und wäre auch mit negativen Werten von V^2 verträglich, wenn alle Relativgeschwindigkeiten von Koordinatensystemen dann die Forderung $v^2 < |V^2|$ befriedigen würden. Das Additionstheorem (3.35) für die Relativgeschwindigkeiten von Koordinatensystemen führt für $V^2 \leq 0$ aber zwangsläufig zu ihrer Verletzung. Um das einzusehen, setzen wir in (3.35) $u=v$ und erhalten

$$w = \frac{2v}{1 - v^2/|V^2|} > 2v\,.$$

Beginnt man mit einem Wert $v < |V|$, so landet man nach einer endlichen Anzahl von Geschwindigkeitsadditionen immer bei einem $w > |V|$, und mit diesem könnte nach (3.38) das Kausalitätsprinzip verletzt werden. Um diese Möglichkeit auszuschließen, muß $V^2 \geq 0$ gefordert werden.

Die Transformationsgleichungen (3.27) beschreiben bei gegebener Relativgeschwindigkeit v eine einparametrige Schar von Transformationen mit dem Scharparameter V. Insbesondere enthalten sie für $V = \infty$ bzw. $\gamma = 1$ die Galilei-Transformation

$x'=x-vt$, $t'=t$. Das war zu erwarten, denn zur Ableitung der allgemeinen Transformationsgleichungen (3.27) wurden nur Tatsachen benutzt, die in Einklang mit dieser stehen: Das Relativitätspostulat, die Homogenität von Raum und Zeit sowie das Kausalitätsprinzip. Die Galilei-Transformation ist übrigens die einzige Transformation (3.27), bei der die Zeit t' nicht vom Ort x abhängt.

3.1.4 Eigentliche Lorentz-Transformation

Durch das Postulat der Konstanz der Lichtgeschwindigkeit wird der bisher noch freie Parameter V^2 in (3.27) eindeutig festgelegt. Ein Lichtblitz, der in S zur Zeit $t=0$ am Ort $x=0$ gezündet wird, befindet sich zur Zeit t am Ort

$$x = ct\,. \tag{3.41}$$

Da die beiden Systeme S und S' zur Zeit $t=t'=0$ zusammenfallen, wird derselbe Lichtblitz in S' durch die Gleichung

$$x' = ct' \tag{3.42}$$

beschrieben. Setzt man (3.41) in die Transformation (3.27) ein, so muß also (3.42) folgen, d. h.

$$\gamma\,(ct - vt) = \gamma\,(x - vt) = x' = ct' = c\gamma\left(t - \frac{vx}{V^2}\right) = \gamma\left(ct - \frac{vc^2t}{V^2}\right).$$

Durch Vergleich der Koeffizienten von t ergibt sich sofort $V^2=c^2$ bzw.

$$\boxed{\gamma = \frac{1}{\sqrt{1 - v^2/c^2}}\,.} \tag{3.43}$$

Damit erhalten wir als **eigentliche Lorentz-Transformation**

$$\boxed{x' = \gamma\,(x - vt)\,, \quad y' = y\,, \quad z' = z\,, \quad t' = \gamma\left(t - \frac{vx}{c^2}\right),} \tag{3.44}$$

wobei γ durch (3.43) gegeben ist. Es sei angemerkt, daß sich bei unserer kurzen Rechnung automatisch $V^2>0$ ergab, d. h. zur Ableitung der eigentlichen Lorentz-Transformation wird das Kausalitätsprinzip gar nicht benötigt, und daher wurde es auch nicht in die Liste der Postulate aufgenommen, aus denen die Spezielle Relativitätstheorie folgt.

Wir wollen die Lorentz-Transformation (3.44) jetzt in eine **koordinatenunabhängige Form** bringen und dabei auch beliebig orientierte Relativgeschwindigkeiten zulassen. Zu diesem Zweck zerlegen wir im System S den Ortsvektor $\boldsymbol{r}$ in einen Anteil

$$\boldsymbol{r}_\parallel = \left(\frac{\boldsymbol{r}\cdot\boldsymbol{v}}{v^2}\right)\boldsymbol{v} \tag{3.45}$$

parallel zur Relativgeschwindigkeit $\boldsymbol{v}$ und einen Anteil

$$\boldsymbol{r}_\perp = \boldsymbol{r} - \boldsymbol{r}_\parallel \tag{3.46}$$

senkrecht zu $\boldsymbol{v}$. Analog verfahren wir mit dem Ortsvektor $\boldsymbol{r}'$ in S'. Die sinngemäße Anwendung der Ortstransformationen (3.44) liefert

$$\boldsymbol{r}'_{\parallel} = \gamma\,(\boldsymbol{r}_{\parallel} - \boldsymbol{v}t)\,, \quad \boldsymbol{r}'_{\perp} = \boldsymbol{r}_{\perp} \quad \text{mit} \quad \gamma = \frac{1}{\sqrt{1 - v^2/c^2}}\,,$$

und die Addition dieser Gleichungen sowie die letzte der Gleichungen (3.44) führen mit (3.45)–(3.46) und $vx = \boldsymbol{v}\cdot\boldsymbol{r}_{\parallel} = \boldsymbol{v}\cdot\boldsymbol{r}$ auf

$$\boxed{\boldsymbol{r}' = \boldsymbol{r} + \boldsymbol{v}\left[(\gamma - 1)\frac{\boldsymbol{v}\cdot\boldsymbol{r}}{v^2} - \gamma t\right], \qquad t' = \gamma\left(t - \frac{\boldsymbol{v}\cdot\boldsymbol{r}}{c^2}\right),} \tag{3.47}$$

wobei $\gamma = 1/(1 - v^2/c^2)$ und $v = |\boldsymbol{v}|$ gilt. Für $t=0$, $\boldsymbol{r}=0$ folgt hieraus $t'=0$, $\boldsymbol{r}'=0$ und umgekehrt, d. h. zur Zeit $t'=t=0$ fallen die Ursprünge der beiden Systeme zusammen.

(3.47) gilt wegen

$$\boldsymbol{r}' = \sum_{i=1}^{3} x'_i \boldsymbol{e}_i = \sum_{i=1}^{3} x^*_i \boldsymbol{e}^*_i \qquad \text{mit} \qquad \boldsymbol{e}^*_i \neq \boldsymbol{e}_i$$

auch für relativ zueinander mit konstanter Geschwindigkeit bewegte Koordinatensysteme S und S^*, deren Koordinatenachsen beliebig, aber zeitunabhängig gegeneinander gedreht sind.

3.1.5 Eigenschaften der Lorentz-Transformation

1. Für $v/c \to 0$ geht nach (3.43) $\gamma \to 1$, und die Transformation (3.47) geht in die Galilei-Transformation $\boldsymbol{r}' = \boldsymbol{r} - \boldsymbol{v}t$, $t' = t$ über. Wann ist dieser nichtrelativistische Grenzfall eine gute Näherung? Radiowellen umrunden die Erde nahe der Oberfläche in einer Sekunde ungefähr 7 mal. Für eine Erdumrundung in einer Sekunde bräuchte man also die Geschwindigkeit $v \approx c/7$. Hierfür wird $\gamma \approx 1/\sqrt{1 - 1/50} \approx 1.01$. Benutzt man also für Geschwindigkeiten $v \le c/7$ die Galilei- statt der Lorentz-Transformation, so begeht man einen Fehler von höchstens etwa 1 Prozent. Erst bei Geschwindigkeiten nahe c wird γ merklich von 1 verschieden,

$$\gamma = 2 \quad \text{für} \quad v/c \approx 0.87\,, \qquad \gamma = 10 \quad \text{für} \quad v/c \approx 0.995\,.$$

2. Wie wir im Anschluß an die Ableitung der verallgemeinerten Lorentz-Transformation gesehen hatten, führt die Kopplung zweier Lorentz-Transformationen zum selben Parameter V wieder auf eine Lorentz-Transformation. Dies bedeutet, daß Lorentz-Transformationen zum selben Parameter V und damit insbesondere die eigentlichen Lorentz-Transformationen eine Gruppe bilden, die sogenannte **Poincaré-Gruppe** (Wir lassen den Zusatz „eigentlich“ im folgenden weg, da wir es im weiteren Verlauf nur noch mit eigentlichen Lorentz-Transformationen zu tun haben werden.)

Dabei sei kurz in Erinnerung gerufen: Eine *Gruppe* $(G, \circ)$ besteht aus einer Menge G, für deren Elemente eine *Verknüpfung* $\circ$ definiert ist. Diese ordnet je zwei Elementen ein drittes zu und besitzt die Eigenschaften

(a) Die Verknüpfung ist *assoziativ*,

$$(a \circ b) \circ c = a \circ (b \circ c) \qquad \text{für alle } a, b, c \in G\,.$$

(b) Es gibt ein *neutrales Element* e, das für alle $a \in G$ die Beziehungen

$$e \circ a = a \circ e = a$$

erfüllt.

(c) Zu jedem $a \in G$ existiert ein *inverses Element* $a^{-1} \in G$ mit

$$a \circ a^{-1} = a^{-1} \circ a = e\,.$$

(d) Gilt außerdem

$$a \circ b = b \circ a \qquad \text{für alle } a, b \in G\,,$$

so heißt die Gruppe *kommutativ* oder *abelsch.*

Wir betrachten jetzt die Lorentz-Transformationen T als Elemente einer Gruppe G. Die Verknüpfung $\circ$ besteht darin, daß zwei Transformationen hintereinander ausgeführt werden. Wir haben gezeigt

$$T \circ T' = T'' \in G.$$

Die Gültigkeit der Eigenschaften (a)–(c) läßt sich leicht allgemein nachweisen. Kommutativität besteht dagegen nur zwischen Systemen in Standardkonfiguration, die allgemeineren Transformationen (3.47) sind nichtkommutativ. (Dasselbe gilt auch schon für Galilei-Transformationen, die mit einer Drehung verbunden sind, bzw. für reine Drehungen, ein Tatbestand, der uns schon aus der klassischen Mechanik bekannt ist.)

3.1.6 *c* als Maximalgeschwindigkeit und Kausalitätsprinzip

Damit die Transformation zwischen Inertialsystemen physikalisch sinnvoll ist, muß γ reell sein. Und damit das der Fall ist, darf die Relativgeschwindigkeit $|\boldsymbol{v}|$ zwischen Inertialsystemen nach (3.43) die Lichtgeschwindigkeit nicht überschreiten. Auch die relativistische Addition zulässiger Geschwindigkeiten $u{\leq}c$ und $v{\leq}c$ gemäß der Additionsformel (3.35), in der wir jetzt $V{=}c$ setzen müssen, führt nicht zu Überlichtgeschwindigkeiten. Aus (3.35) folgt nämlich

$$\frac{\partial w}{\partial u} = \frac{1 - v^2/c^2}{\left(1 + uv/c^2\right)^2}\,, \qquad \frac{\partial w}{\partial v} = \frac{1 - u^2/c^2}{\left(1 + uv/c^2\right)^2}\,,$$

d. h. die Additionsgeschwindigkeit w wächst für zulässige Geschwindigkeiten u und v monoton mit diesen, bis sie für $\partial w/\partial u{=}\partial w/\partial v{=}0$ und daraus folgend $u{=}v{=}c$ ihren Maximalwert $w_{\text{max}}{=}c$ erreicht. Mit der durch die Lorentz-Transformation beschriebenen Kinematik bleiben wir also im Rahmen zulässiger Geschwindigkeiten. Dieselbe

Geschwindigkeitsbegrenzung wird sich auch in der relativistische Mechanik und Elektrodynamik ergeben.

Wir überzeugen uns jetzt davon, daß es zu Widersprüchen mit dem Kausalitätsprinzip käme, wenn sich physikalische Wirkungen in einem Inertialsystem mit Überlichtgeschwindigkeit ausbreiten könnten. Nehmen wir zu diesem Zweck an, daß im System S ein am Ort P_1 ausgesandtes Signal mit der Überlichtgeschwindigkeit $U>c$ zum Ort P_2 übertragen wird. In S können wir die Koordinatenachsen und den Zeitnullpunkt so wählen, daß für die Absendung des Signals (Ort P_1) $x_1=y_1=z_1=ct_1=0$ und für den Empfang des Signals (Ort P_2) $x_2>0$, $y_2=z_2=0$ gilt; außerdem ist dort $ct_2>0$. Nach Voraussetzung ist dann

$$x_2/t_2 = U > c\,. \tag{3.48}$$

Nun betrachten wir denselben Vorgang in einem System S', das sich mit dem System S in Standardkonfiguration befindet. Aus den Transformationsgleichungen (3.44) folgt mit (3.48)

$$t_2' = \gamma\left(t_2 - \frac{vx_2}{c^2}\right) = \gamma\, t_2\left(1 - \frac{vU}{c^2}\right). \tag{3.49}$$

Wegen $U>c$ kann nun ein $v<c$ gefunden werden, für das $(1-vU/c^2)<0$ wird, denn für $v=c$ ist $1-vU/c^2=1-U/c<0$. Für diese Relativgeschwindigkeit v wird t_2' negativ, was bedeutet, daß in S' die Ankunftszeit des Signals bei P_2 vor der Zeit $t_1'=0$ seiner Absendung bei P_1 liegt. Dies verstößt ganz offensichtlich gegen das Kausalitätsprinzip, da die Ankunft des Signals bei P_2 eine kausale Folge seiner Absendung ist. Die Annahme $U>c$ steht somit im Widerspruch zum Kausalitätsprinzip, und wir haben das Ergebnis, daß c die größte mögliche Signalgeschwindigkeit ist.

Die Konsequenzen der Annahme $U>c$ können sogar noch dramatischer als eben illustriert werden. Wir stellen uns dazu vor, daß das Signal nach seinem Empfang bei P_2 nach P_1 zurückgeschickt wird, diesmal mit einer Geschwindigkeit U', die bezüglich des Systems S' größer als c ist. Die Absendezeit bei P_2 ist $t_2'<0$, und wird U' hinreichend groß gewählt, so ist auch die Ankunftszeit t_3' bei P_1 noch kleiner als $t_1'=0$. Auch für die im System S gemessene Ankunftszeit gilt dann nach (3.44d) $t_3=t_3'/\gamma<0$ (wegen $x_1=0$). Dies bedeutet, daß in S die Antwort auf ein Signal früher zurückkommt, als dieses abgesandt wurde. Ein Mensch könnte demnach auf seine eigene Vergangenheit einwirken und an dieser Veränderungen vornehmen, also zum Beispiel schon eingetretene Ereignisse wieder rückgängig machen. Bei Benutzung von Raumschiffen, die mit Überlichtgeschwindigkeit fliegen, könnte er sich selbst in seiner Vergangenheit begegnen.

Unsere Einschränkung $U\leq c$ betrifft ausdrücklich *Signalgeschwindigkeiten*. Es gibt nämlich andere Geschwindigkeiten, mit denen keine Information übertragen wird und die größer als c werden können.

Ein Beispiel bietet die Phasengeschwindigkeit c_n von Licht in brechenden Medien. Zwar gilt meistens $c_n\leq c$, es gibt aber auch die Möglichkeit $c_n>c$. Lichtsignale breiten sich jedoch nicht mit der Phasengeschwindigkeit aus. Wird ein Lichtblitz durch ein brechendes Medium geschickt, so hat dessen Wellenfront Vakuumlichtgeschwindigkeit. Durch die hinter der Wellenfront her laufenden *Vorläufer* werden erst allmählich die Brechungseigenschaften des Mediums (Polarisationszustände) aufgebaut, die dann die Phasengeschwindigkeit größer als c werden lassen.

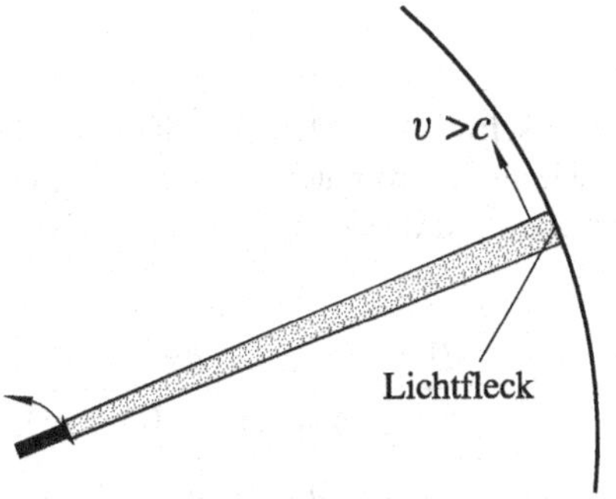

Abb. 3.3: Ein Lichtfleck wandert mit der Geschwindigkeit $v > c$.

Läßt man eine Stablampe rotieren, so kann auch der Lichtfleck, den sie z. B. auf einer Wand erzeugt, Überlichtgeschwindigkeit erreichen (Abb. 3.3). Damit wird aber keine Information zwischen den angeleuchteten Punkten übertragen, diese erhalten nur beinahe gleichzeitig dieselbe Information von der Stablampe.

Auch der Schnittpunkt zweier relativ zueinander bewegter Geraden kann sich mit Überlichtgeschwindigkeit bewegen, wenn die Geraden beinahe parallel sind. Werden die Geraden durch materielle Stangen repräsentiert, so bedeutet dies, daß diese vorher auf ihrer ganzen Länge einheitlich beschleunigt worden sein müssen, um ihre einheitliche Relativgeschwindigkeit zu erhalten. Wieder ist die Übertragung von Signalen nicht möglich. Etwas anderes ist das Schließen einer sehr langen Schere. Hier erfolgt die Beschleunigung lokal und breitet sich mit Schallgeschwindigkeit aus. Die Schere wird dabei verbogen, und der Schließpunkt der Schere wandert weit unter der Lichtgeschwindigkeit.

3.1.7 Transformation von Geschwindigkeiten und Beschleunigungen

Differentiale

Das Transformationsverhalten von Geschwindigkeiten und Beschleunigungen ergibt sich aus dem von Differentialen, das seinerseits unmittelbar aus den Transformationsformeln (3.44) bzw. (3.47) folgt,

$$dx' = \gamma\left(dx - v\,dt\right), \quad dy' = dy, \quad dz' = dz, \quad dt' = \gamma\left(dt - \frac{v\,dx}{c^2}\right) \tag{3.50}$$

bzw.

$$d\boldsymbol{r}' = d\boldsymbol{r} + \boldsymbol{v}\left[(\gamma - 1)\frac{\boldsymbol{v}\cdot d\boldsymbol{r}}{v^2} - \gamma\,dt\right], \qquad dt' = \gamma\left(dt - \frac{\boldsymbol{v}\cdot d\boldsymbol{r}}{c^2}\right). \tag{3.51}$$

Bezüglich der Bedeutung von Differentialen sei auf die in der *Mechanik*, Kapitel 2, Fußnote 2 gegebene Erläuterung verwiesen.

Geschwindigkeiten

Betrachten wir zuerst die Transformation von Geschwindigkeiten zwischen zwei Systemen in Standardkonfiguration. Dazu nehmen wir als Koordinatendifferenzen dx etc. die Werte auf einer Bahn $x(t)$, $y(t)$, $z(t)$ und erhalten mit $dx{=}\dot{x}(t)\,dt{=}u_x dt$, $dy{=}u_y dt$, $dz{=}u_z dt$ und $u'_x{=}dx'/dt'$ etc. aus (3.50)

$$u'_x = \frac{dx'}{dt'} = \frac{\gamma\, dt\,(\dot{x}(t) - v)}{\gamma\, dt\,\left(1 - \dot{x}(t)\, v/c^2\right)}\,, \qquad u'_y = \frac{dy'}{dt'} = \frac{dy}{\gamma\, dt\,\left(1 - \dot{x}(t)\, v/c^2\right)}$$

sowie eine zu u'_y analoge Formel für u'_z. Mit $\dot{x}(t){=}u_x$ und $dy{=}u_y\,dt$ etc. haben wir daher

$$u'_x = \frac{u_x - v}{\left(1 - u_x v/c^2\right)}\,, \quad u'_y = \frac{u_y}{\gamma\,\left(1 - u_x v/c^2\right)}\,, \quad u'_z = \frac{u_z}{\gamma\,\left(1 - u_x v/c^2\right)}\,. \tag{3.52}$$

Die Rücktransformation erhält man durch Auflösen dieser Beziehungen nach u_x, u_y und u_z. Nach dem Relativitätspostulat muß man dieses Ergebnis jedoch auch erhalten, indem man gestrichene und ungestrichene Größen vertauscht und v in $-v$ übergehen läßt,

$$u_x = \frac{u'_x + v}{\left(1 + u'_x v/c^2\right)}\,, \quad u_y = \frac{u'_y}{\gamma\,\left(1 + u'_x v/c^2\right)}\,, \quad u_z = \frac{u'_z}{\gamma\,\left(1 + u'_x v/c^2\right)}\,. \tag{3.53}$$

(Die Annahme, daß sich S' gegenüber S mit der Geschwindigkeit $\boldsymbol{v}{=}v\boldsymbol{e}_x$ bewegt, ist äquivalent der Annahme, daß sich S gegenüber S' mit der Geschwindigkeit $\boldsymbol{v}'{=}{-}v\boldsymbol{e}'_x$ bewegt, und für die letzte Bewegung ergeben sich mit analogen Rechenschritten wie zuvor die Beziehungen (3.53).)

Die Formel für u_x gibt an, wie sich die Geschwindigkeit u'_x in S' beim Übergang nach S zu der Relativgeschwindigkeit v zwischen S' und S addiert. Offensichtlich ist sie mit der Formel (3.35) für die relativistische Addition von Geschwindigkeiten identisch.

Mit $\boldsymbol{u}{=}d\boldsymbol{r}/dt$ und $\boldsymbol{u}'{=}d\boldsymbol{r}'/dt'$ folgt aus (3.51) analog

$$\boxed{\boldsymbol{u}' = \frac{\boldsymbol{u} - \boldsymbol{v}\left[\gamma\,\left(1 - \boldsymbol{u}\cdot\boldsymbol{v}/v^2\right) + \boldsymbol{u}\cdot\boldsymbol{v}/v^2\right]}{\gamma\,\left(1 - \boldsymbol{u}\cdot\boldsymbol{v}/c^2\right)}\,.} \tag{3.54}$$

Die Rücktransformation erhält man durch die Vertauschungen $\boldsymbol{u} \leftrightarrow \boldsymbol{u}'$ und $\boldsymbol{v}{\to}{-}\boldsymbol{v}$ zu

$$\boldsymbol{u} = \frac{\boldsymbol{u}' + \boldsymbol{v}\left[\gamma\,\left(1 + \boldsymbol{u}'\cdot\boldsymbol{v}/v^2\right) - \boldsymbol{u}'\cdot\boldsymbol{v}/v^2\right]}{\gamma\,\left(1 + \boldsymbol{u}'\cdot\boldsymbol{v}/c^2\right)}\,. \tag{3.55}$$

Wir haben für Systeme in Standardkonfiguration schon gezeigt, daß die relativistische Addition von Unterlichtgeschwindigkeiten wieder zu einer Unterlichtgeschwindigkeit führt. Es steht zu erwarten, daß das auch für Systeme gilt, die sich nicht in Standardkonfiguration befinden. Aus (3.55) kann die Beziehung

$$\frac{c^2 - u^2}{c^2} = \frac{(c^2 - u'^2)(c^2 - v^2)}{(c^2 + \boldsymbol{u}'\cdot\boldsymbol{v})^2} \tag{3.56}$$

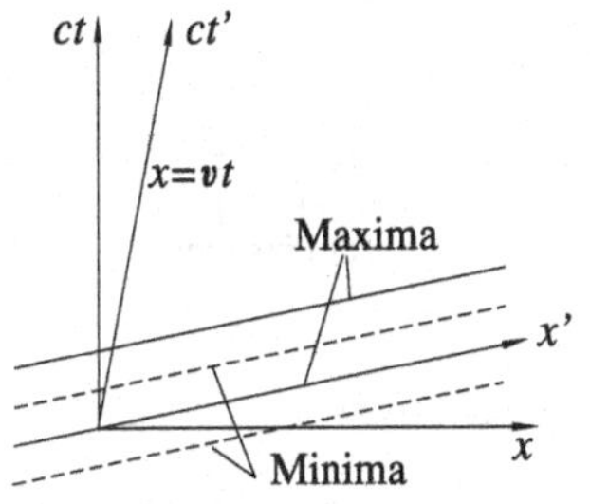

Abb. 3.4: Zur Lichtausbreitung im x, ct-Diagramm.

abgeleitet werden (Aufgabe 3.2). Gilt nun $u'<c$ in S' und ist die Relativgeschwindigkeit $v<c$, so ist die rechte Seite von (3.56) positiv. Daraus folgt sofort, daß in S die aus $\boldsymbol{u}'$ und der Relativgeschwindigkeit $\boldsymbol{v}$ zusammengesetzte Geschwindigkeit $\boldsymbol{u}$ dem Betrage nach kleiner als c ist.

Ausbreitung von Licht bei Wechsel des Bezugssystems

Nach dem Postulat der Konstanz der Lichtgeschwindigkeit sollte sich aus der Formel (3.53a) für die relativistische Addition von Geschwindigkeiten $u_x=c$ ergeben, wenn man $u'_x=c$ einsetzt. Das ist auch tatsächlich der Fall,

$$u_x = \frac{c+v}{1+cv/c^2} = \frac{c\,(1+v/c)}{1+v/c} = c\,.$$

Die Lichtausbreitung erfolgt in beiden Systemen nicht nur mit derselben Geschwindigkeit, sondern auch in derselben Richtung. Das ändert sich, sobald die Lichtausbreitung nicht mehr parallel zur Relativgeschwindigkeit der Systeme, sondern unter einem Winkel gegenüber dieser erfolgt. Wir beschränken unsere Betrachtung dieser Situation auf den Fall, daß sich bei Relativgeschwindigkeit $\boldsymbol{v}=v\boldsymbol{e}_x$ der beiden Systeme in S' eine ebene Welle in Richtung der y'-Achse ausbreitet, und führen die Diskussion mit Unterdrückung der ignorablen Koordinaten z und z' in der x, y-Ebene durch. In S' sind die Orte, an denen Maxima oder Minima der Wellenamplitude auftreten, Parallelen zur x'-Achse. Insbesondere weist die Lichtamplitude auf der x'-Achse selbst überall denselben Wert auf. Abb. 3.4 ist ein x, ct-Diagramm nach Art von Abb. 2.7. Da das Eintreffen eines Wellenmaximums im System S' in allen Punkten der x'-Achse als gleichzeitig aufgefaßt wird, ist die durch den Koordinatenursprung führende Gleichzeitigkeitslinie die x'-Achse. Wir haben die Phase der Welle so gewählt, daß auf ihr zur Zeit $t'=0$ gerade ein Wellenmaximum eintrifft. In der Abbildung ist außerdem die Position weiterer Wellenmaxima und Minima eingezeichnet. Auf der x-Achse des Systems S wechseln sich ersichtlich Maxima und Minima ab. Das kann nur dadurch zustande kommen, daß sich die Welle in S anders als in S' nicht parallel zur y-Achse ausbreitet. Die genauere Analysis der Wellenausbreitung in der x, y-Ebene werden wir später im Rahmen der relativistischen Formulierung der Elektrodynamik durchführen. Deren Richtung in S erhalten wir aber auch schon aus Gleichung (3.55), indem wir in dieser $\boldsymbol{v}=v\boldsymbol{e}_x$ und $\boldsymbol{u}'=c\boldsymbol{e}_y$

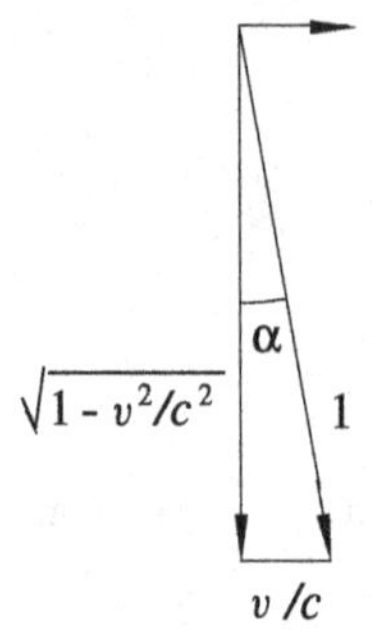

Abb. 3.5: Drehung des Lichtausbreitungswinkels.

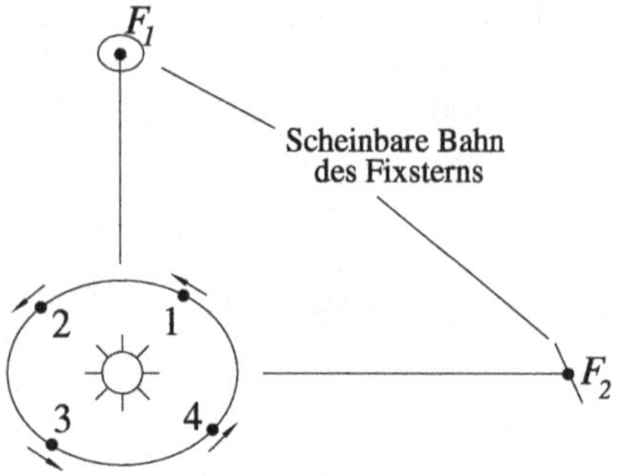

Abb. 3.6: Aberration des Lichts von Fixsternen.

einsetzen. Mit $\boldsymbol{u}' \cdot \boldsymbol{v} = 0$ und (3.43) erhalten wir aus ihr sofort

$$\boldsymbol{u} = c\boldsymbol{e}\,, \qquad \boldsymbol{e} = \frac{v}{c}\,\boldsymbol{e}_x + \sqrt{1 - v^2/c^2}\,\boldsymbol{e}_y\,. \tag{3.57}$$

Da $\boldsymbol{e}$ ein Einheitsvektor ist, ergibt sich als Betrag der Geschwindigkeit, wie zu fordern, wieder c; die Ausbreitung erfolgt in S jedoch unter dem Winkel (Abb. 3.5)

$$\alpha = \arcsin\frac{v}{c}\,. \tag{3.58}$$

Diese Drehung des Lichtausbreitungswinkels führt auch zur **Aberration des Lichts** der Fixsterne. In Abb. 3.6 sind die Bahn der Erde um die Sonne und zwei Fixsterne dargestellt, einer, F_1, am Pol der Ekliptik und ein zweiter, F_2, in der Ebene der Ekliptik. Beide Sterne seien so weit entfernt, daß ihre Verbindungslinien zur Erde durch deren Bewegung um die Sonne keine meßbaren Winkeländerungen erfahren. Da sich die Erde dauernd senkrecht zur Richtung von F_1 bewegt, ist die Einfallsrichtung des Lichts dauernd um den Winkel (3.58) gegen diese gedreht, und da sich der Stern F_1 relativ zur Erde nach hinten bewegt, wenn man in Richtung der Erdbewegung schaut, scheint das Licht von vorne zu kommen. Ein Beobachter muß daher, um den Stern sehen zu können, sein Fernrohr leicht in Richtung der Erdbewegung vorneigen. Da diese im wesentlichen eine Kreisbahn ist, dreht sich die Vorneigung im Laufe eines Jahres einmal im Kreis herum, der Fixstern scheint für den Beobachter auf einer Kreisbahn umzulaufen. Für den Stern F_2 in der Ebene der Ekliptik gibt es zwei Bahnpunkte (P_1 und P_3), in denen die Erdbewegung senkrecht zur Richtung des Fixsterns verläuft, in allen übrigen Bahnpunkten hat die Bewegung eine kleinere Geschwindigkeitskomponente in senkrechter Richtung, die in den Punkten P_2 und P_4 sogar verschwindet. Der Fixstern scheint infolgedessen während eines Jahres auf einer Geraden hin- und herzupendeln. Für Fixsterne zwischen Äquator und Pol erfolgt ein scheinbarer Umlauf auf einer Ellipse. Der Durchmesser des Kreises, die große Halbachse der Ellipsen und die Länge des Geradenstückes erscheinen unter dem Winkel $2\,\alpha \approx 2\arcsin\alpha \approx 2\,v/c \approx 2\cdot 10^{-4}$, der etwa 41 Bogensekunden entspricht.

Beschleunigungen

Wir berechnen jetzt den Zusammenhang zwischen der Beschleunigung $d\boldsymbol{u}/dt$ in S und $d\boldsymbol{u}'/dt'$ in S'. Dazu setzen wir in $d\boldsymbol{u}'/dt'=(d\boldsymbol{u}'/dt)/(dt'/dt)$ nach (3.51b)

$$\frac{dt'}{dt} = \gamma\left(1 - \frac{\dot{\boldsymbol{r}}(t)\cdot\boldsymbol{v}}{c^2}\right) = \gamma\left(1 - \frac{\boldsymbol{u}\cdot\boldsymbol{v}}{c^2}\right)$$

ein, berechnen $d\boldsymbol{u}'/dt$ aus (3.54) und erhalten

$$\frac{d\boldsymbol{u}'}{dt'} = \frac{\dfrac{d\boldsymbol{u}}{dt} + (\gamma - 1)\left(\dfrac{\boldsymbol{v}}{v}\cdot\dfrac{d\boldsymbol{u}}{dt}\right)\dfrac{\boldsymbol{v}}{v}}{\gamma^2\left(1 - \boldsymbol{u}\cdot\boldsymbol{v}/c^2\right)^2} + \left(\frac{\boldsymbol{v}}{c^2}\cdot\frac{d\boldsymbol{u}}{dt}\right)\frac{\boldsymbol{u}'}{\gamma\left(1 - \boldsymbol{u}\cdot\boldsymbol{v}/c^2\right)^2}\,. \tag{3.59}$$

Zur Verkürzung der Formel wurde auf der rechten Seite die Geschwindigkeit $\boldsymbol{u}'$ stehen gelassen, sie kann aber natürlich sofort durch (3.54) ausgedrückt werden.

Der zweite Term der rechten Seite von (3.59) entfällt für den Fall $\boldsymbol{u}'=0$, in welchem S' das momentane Ruhesystem der betrachteten (beschleunigten) Bewegung ist. Aus (3.55) folgt dann $\boldsymbol{u}=\boldsymbol{v}$, was anschaulich klar ist, und mit $\gamma=1/\sqrt{1-u^2/c^2}$ ergibt sich aus (3.59)

$$\left.\frac{d\boldsymbol{u}'}{dt'}\right|_{\boldsymbol{u}'=0} = \frac{\dfrac{d\boldsymbol{u}}{dt} + (\gamma - 1)\left(\dfrac{\boldsymbol{u}}{u}\cdot\dfrac{d\boldsymbol{u}}{dt}\right)\dfrac{\boldsymbol{u}}{u}}{\left(1 - u^2/c^2\right)}\,. \tag{3.60}$$

Weiterhin wird uns später der Spezialfall interessieren, daß die Beschleunigung senkrecht zur Relativbewegung erfolgt. Zur Vereinfachung wählen wir die Relativgeschwindigkeit in x-Richtung und nehmen an, daß in S' keine Bewegung in dieser Richtung stattfindet,

$$\boldsymbol{v} = v\boldsymbol{e}_x\,, \qquad \boldsymbol{u} = v\boldsymbol{e}_x + u_y\boldsymbol{e}_y\,, \qquad \frac{d\boldsymbol{u}}{dt} = \frac{du_y}{dt}\boldsymbol{e}_y\,. \tag{3.61}$$

Mit $\boldsymbol{v}\cdot d\boldsymbol{u}/dt=0$ und $\boldsymbol{u}\cdot\boldsymbol{v}=v^2$ folgt dafür aus (3.59)

$$\frac{d\boldsymbol{u}'}{dt'} = \frac{du'_y}{dt'}\boldsymbol{e}_y\,, \qquad \frac{du'_y}{dt'} = \frac{du_y/dt}{1 - v^2/c^2}\,. \tag{3.62}$$

3.2 Lorentz-Kontraktion

Die in Abschn. 2.5.2 qualitativ festgestellte Kontraktion bewegter Maßstäbe soll jetzt mit Hilfe der Lorentz-Transformation quantitativ berechnet werden. Dazu sei nochmals an die Meßvorschrift erinnert: Die Endpunkte des bewegten Maßstabs werden *gleichzeitig* auf einem ruhenden Maßstab markiert. Zur Rechnung benutzen wir zwei Systeme in Standardkonfiguration, und wir nehmen an, daß der Maßstab in S' ruht.

1. Zuerst behandeln wir den Fall, daß der Maßstab parallel zur x'-Achse ausgelegt ist. Seine Länge in S' ist dann einfach

$$L' = x_2' - x_1' , \tag{3.63}$$

wenn x_1' und x_2' Anfangs- und Endpunkt auf der x'-Achse markieren. Die zugehörigen Meßpunkte auf der x-Achse in S ergeben sich aus (3.44) zu

$$x_1 = \frac{x_1'}{\gamma} + vt_1 , \quad x_2 = \frac{x_2'}{\gamma} + vt_2 ,$$

wobei die Meßvorschrift $t_1{=}t_2$ verlangt. In der Differenz

$$L = x_2 - x_1 = \frac{1}{\gamma}(x_2' - x_1') \tag{3.64}$$

fallen die Zeitterme heraus, und mit (3.63) ergibt sich der Zusammenhang

$$\boxed{L = \frac{L'}{\gamma} = \sqrt{1 - v^2/c^2}\, L' .} \tag{3.65}$$

Wegen $v{<}c$ ist $L{<}L'$, d. h. bewegte Maßstäbe erscheinen kürzer als ruhende. Seine größte Länge, die sogenannte **Eigenlänge**, besitzt jeder Maßstab in seinem Ruhesystem. Die durch (3.65) beschriebene Verkürzung bewegter Maßstäbe wird als **Lorentz-Kontraktion** bezeichnet. Man erhält sie am schnellsten, indem man in der ersten der Beziehungen (3.50) die Meßvorschrift $dt{=}0$ einträgt und nach dx auflöst,

$$\boxed{dx = \frac{dx'}{\gamma} = \sqrt{1 - v^2/c^2}\, dx' .} \tag{3.66}$$

2. Eine Kontraktion ergibt sich jedoch nur, wenn der Maßstab parallel zu sich bewegt wird. Erstreckt er sich in Richtung der y'-Achse oder z'-Achse, so verläuft die Relativbewegung senkrecht zu ihm, aus (3.44) folgt $y_2'{-}y_1'{=}y_2{-}y_1$ bzw. $z_2'{-}z_1'{=}z_2{-}z_1$, und es ergibt sich keine Veränderung der Stablänge.

3. Für einen Quader, dessen Kanten parallel zu den Koordinatenachsen geschnitten sind, ergibt sich aus dem Volumen $V'{=}\Delta x'\Delta y'\Delta z'$ in S' mit $\Delta x{=}\Delta x'/\gamma$, $\Delta y{=}\Delta y'$ und $\Delta z{=}\Delta z'$ als Volumen $V{=}\Delta x\,\Delta y\,\Delta z$ in S

$$\boxed{V = \sqrt{1 - v^2/c^2}\, V' .} \tag{3.67}$$

Da jedes Volumen aus kleinen Quadern zusammengesetzt werden kann, ist (3.67) auch der Zusammenhang für Volumina mit beliebig geformter Berandung: Das Volumen jedes Körpers erscheint infolge der Bewegung kontrahiert.

4. Nach dem Relativitätspostulat ist das Phänomen der Lorentz-Kontraktion bzgl. der Systeme S und S' völlig symmetrisch. Ein in S ruhender Maßstab muß demnach in S' um den Faktor $1/\gamma$ verkürzt erscheinen. Die nach L' aufgelöste Gleichung (3.65) scheint dem zu widersprechen. Man muß sich jedoch klar machen, daß Gleichung (3.65) nur für einen in S' ruhenden Maßstab abgeleitet wurde. Ihre Anwendung auf einen in S ruhenden Maßstab würde unserer Meßvorschrift widersprechen. Um die Länge eines in S ruhenden Maßstabes in S' zu bestimmen, muß man vielmehr in den allgemein gültigen Transformationsformeln

$$t_1' = \gamma\left(t_1 - \frac{vx_1}{c^2}\right), \qquad t_2' = \gamma\left(t_2 - \frac{vx_2}{c^2}\right)$$

die Meßvorschrift $t_1'=t_2'$ einbringen. Diese führt zu dem Zusammenhang

$$t_2 - t_1 = v\frac{x_2 - x_1}{c^2} = v\frac{L}{c^2}\,. \tag{3.68}$$

Die in S' als gleichzeitig bewerteten Ereignisse der Koordinatenmessung erscheinen in S um die Zeitdifferenz (3.68) verschoben. Aus (3.44a) bekommt man die weitere Beziehung $L'=\gamma\left[L-v(t_2-t_1)\right]$, die mit (3.68) schließlich zu dem Ergebnis $L'=(1-v^2/c^2)^{1/2}\,L$ führt. Wie (3.65) ist das eine Kontraktion. Analog erhält man für ein Volumen, das in S ruht,

$$V' = \sqrt{1 - v^2/c^2}\,V\,. \tag{3.69}$$

Diese erneute Ableitung zeigt besonders deutlich, daß die Lorentz-Kontraktion eng mit der Systemabhängigkeit der Zeit zusammenhängt.

3.2.1 Fotografische Momentaufnahmen schnell bewegter Körper

Bei der visuellen Beobachtung schnell bewegter Körper addiert sich zur Lorentz-Kontraktion ein von der Lichtlaufzeit abhängiger Effekt, der diese bei der Beobachtung aus großer Entfernung in gewisser Weise wieder rückgängig macht.

Wir studieren diesen Effekt an einem Quader, der sich parallel zu seiner Längsachse bewegt und Licht abstrahlt (Abb. 3.7). Der Quader ruhe in einem System S', das sich relativ zu einem System S in Standardkonfiguration befindet. Er werde von einem in S ruhenden Beobachter aus so weiter Entfernung beobachtet, daß alle für die Beobachtung benutzten Lichtstrahlen praktisch als parallel aufgefaßt werden können. Außerdem beschränken wir unsere Behandlung auf den Moment, in dem die Verbindungslinie vom Quader zum Beobachter in S gerade senkrecht zur Bewegungsrichtung steht. Das Bild im Auge des Beobachters oder in einem Fotoapparat wird durch Lichtstrahlen erzeugt, die beim Beobachter gleichzeitig ankommen. Da die Punkte der Seitenflächen S_1' und S_2' des Quaders weiter vom Beobachter entfernt sind als die Punkte der Frontfläche F', ist das von diesen zum Bild beitragende Licht früher abgeschickt worden als das von Punkten der Frontfläche. Für den Eckpunkt D' zum Beispiel beträgt der in S gemessene Laufzeitunterschied wegen $l=l'$ (keine Kontraktion senkrecht zur Bewegungsrichtung) $\Delta t=l'/c$. Ist t_0 der Absendezeitpunkt für das von D' zum Bild beitragende Licht, so ist

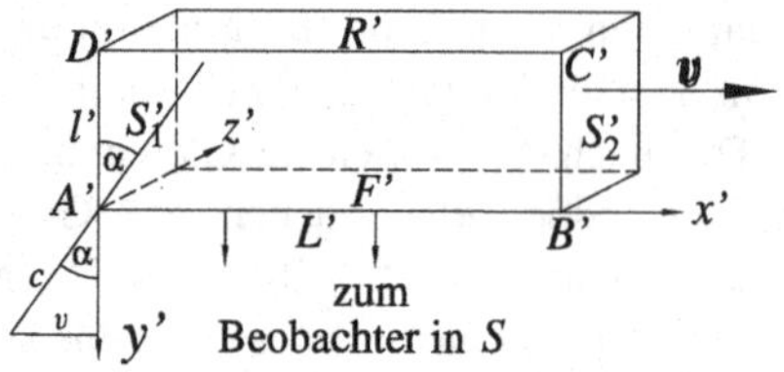

Abb. 3.7: Bewegter Quader.

$t_0{+}l'/c$ der entsprechende Absendezeitpunkt für Licht von der Frontfläche. Da sich der Quader in der Zeit $\Delta t{=}l'/c$ in x-Richtung um die Strecke $\Delta x{=}v\Delta t{=}vl'/c$ verschoben hat, ist

$$x_1 = x_0 + v\,\frac{l'}{c}$$

der Absendeort für das vom Eckpunkt A' kommende Licht, wenn x_0 der entsprechende Ort für D' war. Der Eckpunkt B' sendet sein Licht gleichzeitig mit A' aus und wird vom Beobachter wegen der Lorentz-Kontraktion am Ort

$$x_2 = x_1 + \sqrt{1 - v^2/c^2}\,L'$$

gesehen. Das von der Seitenfläche S_2' und der Rückfläche R' ausgehende Licht wird durch die Frontfläche abgedeckt. Damit entsteht für den Beobachter das in Abb. 3.8 dargestellte Bild des Quaders. Er sieht ein Objekt der Gesamtlänge

$$L = x_2 - x_0 = l'\frac{v}{c} + L'\sqrt{1 - v^2/c^2}\,. \tag{3.70}$$

Für $l'{\to}0$ geht diese gegen die bei reiner Lorentz-Kontraktion erwartete Länge (3.65). Für hinreichend große l' kann aber auch $L{>}L'$ werden, der Effekt der Lorentz-Kontraktion wird dann durch den Laufzeiteffekt sogar überkompensiert.

Der Beitrag $l'\,v/c$ bedeutet, daß man um die Ecke sehen kann. Macht sich die bei x_1 befindliche Kante nicht durch Helligkeitsunterschiede oder eine farbliche Struktur bemerkbar, so sieht man jedenfalls für große l' nicht nur keine Verkürzung, sondern sogar eine Verlängerung des Körpers. Tatsächlich ist das Bild des bewegten Quaders identisch mit dem Bild eines ruhenden Quaders, der mit dem Drehwinkel

$$\alpha = \arcsin\frac{v}{c} \tag{3.71}$$

um die z'-Achse gedreht wurde. Dessen Bild-Projektion auf die x-Achse liefert nach Abb. 3.9 nämlich die Länge

$$L = L'\cos\alpha = L'\sqrt{1 - \sin^2\alpha} = L'\sqrt{1 - v^2/c^2}$$

für die Frontfläche F' und

$$l = l'\sin\alpha = l'\,\frac{v}{c}$$

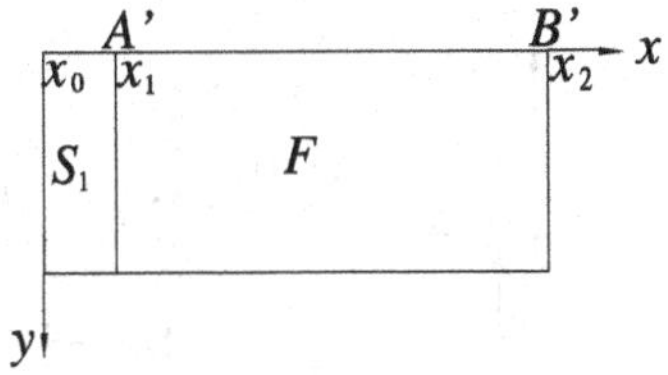

Abb. 3.8: Aufsicht des bewegten Quaders.

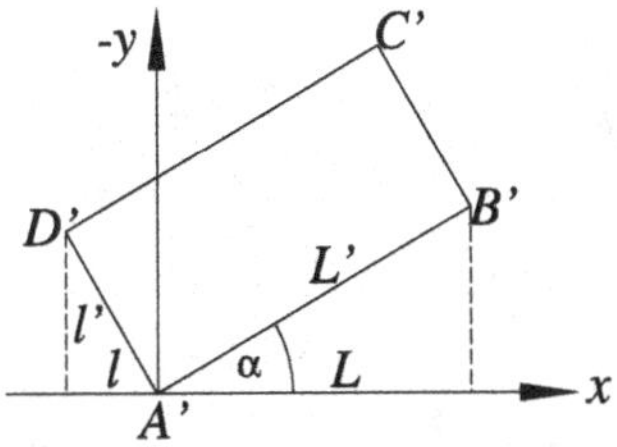

Abb. 3.9: Um α gedrehter Quader.

für die Seitenfläche S_1. Da man jeden irgendwie geformten Körper durch Gefüge kleiner Quader beliebig genau nachbilden kann, da für jeden kleinen Quader genau dieselben Überlegungen gelten, und da bei einer starren Drehung des Gefüges der Quader jeder von diesen um denselben Winkel α gedreht wird, können wir folgern: Das Bild eines weit entfernten, beliebig geformten und bewegten Körpers ist identisch mit dem Bild eines ruhenden Körpers, der mit dem Drehwinkel (3.71) um die z'-Achse gedreht wurde. Insbesondere erscheinen also die Sonne und alle Sterne für einen Raumfahrer, der mit beinahe Lichtgeschwindigkeit an diesen vorbei rast, weiterhin als Kugeln und nicht als Ellipsoide, wie lange Zeit angenommen wurde. Erst 1959 wurde die eben besprochene Drehung von J. Terrell nachgewiesen.

Wir haben bisher alle Lichtwege nur im Beobachtersystem S betrachtet. Jetzt müssen wir das auch noch im Ruhesystem S' des Körpers nachholen, denn es muß sichergestellt sein, daß wir zu unserer Bildkonstruktion nicht Lichtstrahlen benutzt haben, die womöglich in den Körper hineinlaufen und absorbiert werden. Dabei werden wir auf eine sehr natürliche Interpretation der scheinbaren Rotation des Körpers stoßen.

Damit das zur Beobachtung benutzte Licht im System S so, wie in Abb. 3.7 angenommen, in Richtung der y-Achse läuft, muß seine Geschwindigkeit in S' nach (3.54) mit $\boldsymbol{u}=c\boldsymbol{e}_y$, $\boldsymbol{v}=v\boldsymbol{e}_x$ der Gleichung

$$\boldsymbol{u}' = c\boldsymbol{e}\,, \qquad \boldsymbol{e} = -\frac{v}{c}\boldsymbol{e}_x + \sqrt{1 - v^2/c^2}\,\boldsymbol{e}_y$$

genügen. Dies bedeutet, daß das zur Beobachtung benutzte Licht in S' unter dem Winkel

$$\alpha = \arccos\frac{v}{c}$$

abgestrahlt wurde (Abb. 3.7). Der Aberrationseffekt erklärt also, warum der Körper gedreht gesehen wird. Wie wir gleich erkennen werden, erklärt er aber auch, wieso der Beobachter Teile des Körpers zu sehen bekommt, die im Moment der Beobachtung zu dessen Rückseite gehören, warum also Photonen, die scheinbar in den Körper hineinlaufen und absorbiert werden müßten, das nicht tun.

Wenden wir uns zu diesem Zweck dem Problem einer leuchtenden Kugel zu. Da von dieser Licht nur unter Richtungen abgestrahlt wird, die zwischen senkrecht und tangential zu ihrer Oberfläche verlaufen, befindet sich ihre bei entfernter Betrachtung unter dem Winkel α sichtbare Hälfte zwischen den in Abb. 3.10 (b) mit A und B markierten

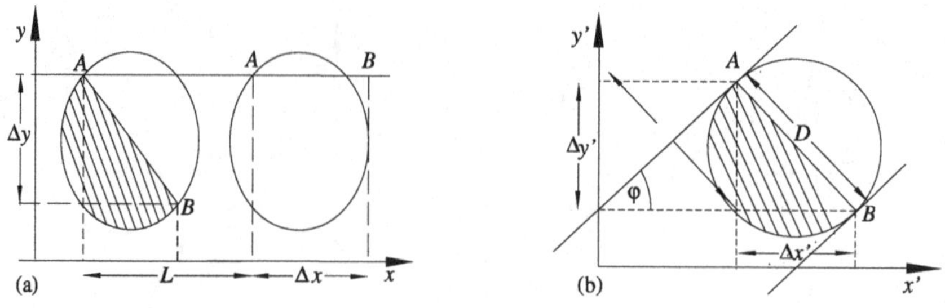

Abb. 3.10: Kugel (a) im System S und (b) im Ruhesystem S'.

Punkten. Deren Projektionen auf die x'- bzw. y'-Achse haben die Abstände

$$\Delta x' = D\cos\left(\frac{\pi}{2} - \alpha\right) = D\sin\alpha = D\sqrt{1 - v^2/c^2}\,, \quad \Delta y' = D\sin\left(\frac{\pi}{2} - \alpha\right) = D\cos\alpha = D\,\frac{v}{c}.$$

Im System S wird die Kugel in der x-Richtung Lorentz-kontrahiert, wie Abb. 3.10 (a) erkennen läßt. Dabei wird der x-Abstand der Punkte A und B in x-Richtung um den Faktor $\sqrt{1-v^2/c^2}$ verkürzt und ergibt nunmehr

$$\Delta x = \Delta x' \sqrt{1 - v^2/c^2} = D\left(1 - \frac{v^2}{c^2}\right).$$

In S läuft der Lichtstrahl, der in S' den Punkt A tangential verläßt, parallel zur y-Achse. Er scheint den Körper zu durchdringen, tut das nach unserer Betrachtung im Ruhesystem S' aber offensichtlich nicht, vielmehr geben die den Weg versperrenden Elemente durch ihre Bewegung in x-Richtung schnell genug den Weg für das Licht frei. Um den Beobachter zum selben Zeitpunkt wie der von B emittierte Lichtstrahl zu erreichen, muß der von A ausgehende Lichtstrahl um die Zeitspanne

$$\Delta t = \frac{\Delta y}{c} = \frac{\Delta y'}{c} = \frac{Dv}{c^2}$$

früher abgeschickt werden. Während dieser wird der Punkt A zusammen mit der Kugel in x-Richtung um die Strecke

$$L = v\,\Delta t = \frac{Dv^2}{c^2}$$

verschoben. Wegen dieses Laufzeiteffektes scheint der Abstand der Begrenzungspunkte A und B der sichtbaren Kugelhälfte für den Beobachter daher

$$L + \Delta x = \frac{Dv^2}{c^2} + D\left(1 - \frac{v^2}{c^2}\right) = D$$

zu sein. Das ist der volle Kugeldurchmesser.

Eine etwas formalere, aber völlig allgemeingültige Ableitung des optischen Erscheinungsbildes weit entfernter Körper geht auf V. F. Weißkopf zurück (1960). Bei dieser werden zunächst alle parallelen Strahlen einer vorgegebenen Ausbreitungsrichtung, die

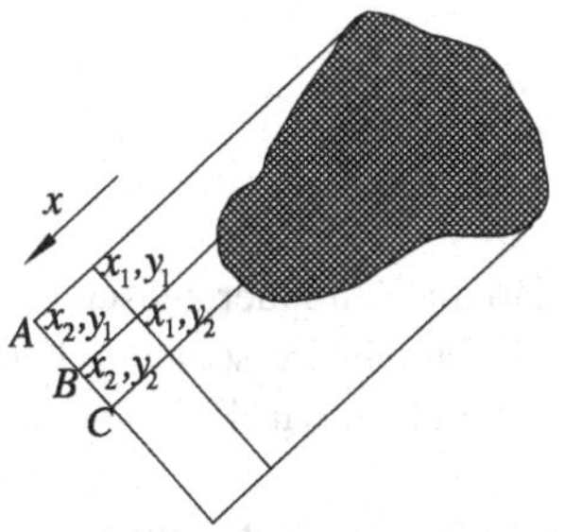

Abb. 3.11: Zum Erscheinungsbild eines beliebig geformten Körpers.

von einem beliebig geformten Körper ausgehen, im Ruhesystem des Körpers betrachtet (Abb. 3.11). Eine zum Strahlengang senkrechte Fläche wandert mit der Lichtgeschwindigkeit, und alle Punkte auf dieser kommen gleichzeitig bei einem weit entfernten, im Ruhesystem des Körpers ruhenden Beobachter an. Das muß dann aber auch in allen Inertialsystemen gelten, die sich relativ zu dem Körper bewegen, d. h. dieselben Punkte spannen eine Ebene auf, die auch in allen anderen Inertialsystemen senkrecht zur Lichtausbreitung verläuft: Die betrachtete Fläche muß nämlich in allen Punkten mit der Phasenfläche einer monochromatischen ebenen Welle Schritt halten, die in dieselbe Richtung abgeschickt wurde; von der Letzteren wissen wir aber aus der *Elektrodynamik*, daß sie in allen Inertialsystemen senkrecht zur Richtung der Lichtausbreitung verläuft. Außerdem bleibt auch der Abstand verschiedener Lichtstrahlen A, B, C etc. in allen Inertialsystemen derselbe. Um das einzusehen, legen wir in zwei relativ zueinander bewegten Inertialsystemen jeweils die x-Achse in Richtung der Wellenausbreitung und betrachten die auf den Strahlen A und B befindlichen Punkte y_1, z_1 und y_2, z_2 der Phasenfläche, die sich zur Zeit t_1 bei x_1 und zur Zeit t_2 bei

$$x_2 = x_1 + c(t_2 - t_1) \tag{3.72}$$

befindet. Durch Integration der Gleichung (3.8), $ds' = ds$, oder Einsetzen der Transformationsgleichungen (3.44) ergibt sich, daß die Größe

$$d = \sqrt{(x_2 - x_1)^2 + (y_2 - y_1)^2 + (z_2 - z_1)^2 - c^2(t_2 - t_1)^2} \tag{3.73}$$

gegenüber allen Lorentz-Transformationen invariant ist. Bei unserem Beispiel reduziert sie sich wegen (3.72) auf den Abstand $d = \sqrt{(y_2 - y_1)^2 + (z_2 - z_1)^2}$ der beiden Lichtstrahlen, dessen Invarianz damit bewiesen ist. Hiermit ist gezeigt, daß das Parallellichtbündel, das ein relativ zum Körper bewegter Beobachter benutzt, dieselbe räumliche Struktur wie ein im Ruhesystem des Körpers benutztes Parallellichtbündel aufweist, es ist gegenüber diesem nur aufgrund der Aberration etwas gedreht. Daher erhält man bei fotografischen Aufnahmen aus großer Entfernung auch stets ein Bild, das man genauso im Ruhesystem des Körpers aufnehmen könnte, allerdings unter einem veränderten Beobachtungswinkel. Eine Kugel erscheint dabei unter jedem Winkel wieder als Kugel.

Hiermit ist unser vorheriges Ergebnis, das auf senkrechte Beobachtung spezialisiert war, nochmals auf andere Weise bewiesen und zugleich auf beliebige Beobachtungswinkel erweitert. Ausdrücklich sei darauf hingewiesen, daß unsere Betrachtung auf die Beobachtung aus sehr großer Entfernung eingeschränkt ist. Bei näherer Beobachtung ergeben sich durch die Lorentz-Kontraktion Verzerrungen.

3.3 Zeitdilatation

3.3.1 Theoretische Ableitung

Qualitativ wissen wir schon aus Abschn. 2.5.1, daß die Zeitdauer zwischen zwei Ereignissen von Beobachtern in verschiedenen Inertialsystemen verschieden beurteilt wird. Zur quantitativen Behandlung dieses Phänomens benutzen wir die Transformationsformeln (3.47).

Auf einer am Ort $\boldsymbol{r}_1$ in S ruhenden Uhr vergeht vom Zeitpunkt t_1 bis zum Zeitpunkt t_2 die Zeit $\Delta t{=}t_2{-}t_1$. Die beiden Ereignisse $\boldsymbol{r}_1$, t_1 und $\boldsymbol{r}_1$, t_2 finden in S' an verschiedenen Orten $\boldsymbol{r}_1'$ und $\boldsymbol{r}_2'$ statt, aus der Ortstransformation (3.47) folgt mit $\Delta\boldsymbol{r}{=}\boldsymbol{r}_2{-}\boldsymbol{r}_1{=}0$ sofort $\Delta\boldsymbol{r}'{=}{-}\gamma\,\boldsymbol{v}\Delta t$, während sich aus der Zeittransformation

$$\Delta t'\big|_{\Delta\boldsymbol{r}'=-\gamma\,\boldsymbol{v}\Delta t} = \gamma\,\Delta t|_{\Delta\boldsymbol{r}=0} = \frac{\Delta\tau}{\sqrt{1-v^2/c^2}}\,. \tag{3.74}$$

ergibt. Dabei wird das Zeitintervall, das von einer ruhenden Uhr angezeigt wird, als **Eigenzeit** $\Delta\tau$ bezeichnet,

$$\Delta\tau = \Delta t|_{\Delta\boldsymbol{r}=0}\,. \tag{3.75}$$

(3.74) bedeutet, daß der Zeitabstand der betrachteten Ereignisse in S' größer beurteilt wird als in S, $\Delta t'{>}\Delta t{=}\Delta\tau$.

Wir überzeugen uns der Vollständigkeit halber davon, daß man ein analoges Ergebnis erhält, wenn die Uhr in S' ruht. Mit $\Delta\boldsymbol{r}'{=}0$ folgen aus (3.47) die Gleichungen

$$\gamma\,\boldsymbol{v}\Delta t = \Delta\boldsymbol{r} + (\gamma-1)\boldsymbol{v}\,\frac{\boldsymbol{v}\cdot\Delta\boldsymbol{r}}{v^2}$$

mit der Folge $\boldsymbol{v}{\cdot}\Delta\boldsymbol{r}{=}v^2\Delta t$ (nach skalarer Multiplikation mit $\boldsymbol{v}$), sowie

$$\Delta t' = \gamma\left(\Delta t - \frac{\boldsymbol{v}\cdot\Delta\boldsymbol{r}}{c^2}\right) = \gamma\,\left(1-v^2/c^2\right)\,\Delta t$$

bzw.

$$\Delta t|_{\Delta\boldsymbol{r}_\parallel=\boldsymbol{v}\Delta t} = \gamma\,\Delta t'\big|_{\Delta\boldsymbol{r}'=0} = \frac{\Delta\tau}{\sqrt{1-v^2/c^2}}\,. \tag{3.76}$$

Als Merkregel läßt sich festhalten: Eine bewegte Uhr geht für einen inertialen Beobachter langsamer als eine mit ihm ruhende Uhr: Für einen derartigen Beobachter benötigt ein bewegtes Objekt zum Vollziehen eines Vorgangs (z. B. einer Pendelbewegung), der im Zustand der Ruhe die Zeit $\Delta\tau$ erfordern würde, die längere Zeitspanne Δt, daher spricht man von einer **Zeitdilatation**. Die im Ruhesystem einer Uhr angezeigte Eigenzeit ist die kürzeste aller Zeiten, die ein inertialer Beobachter für den betrachteten Vorgang auf ihr ablesen kann.

Eine besonders anschauliche und einfache Ableitung liefert die folgende Betrachtung. Ein Raumschiff (System S') fliegt in einem System S, das sich mit S' in Standardkonfiguration befindet, mit der Geschwindigkeit v in Richtung der x-Achse. Zur Zeit $t'{=}t{=}0$ wird in ihm bei $y'{=}0$ ein Lichtstrahl in Richtung der y'-Achse (senkrecht zur

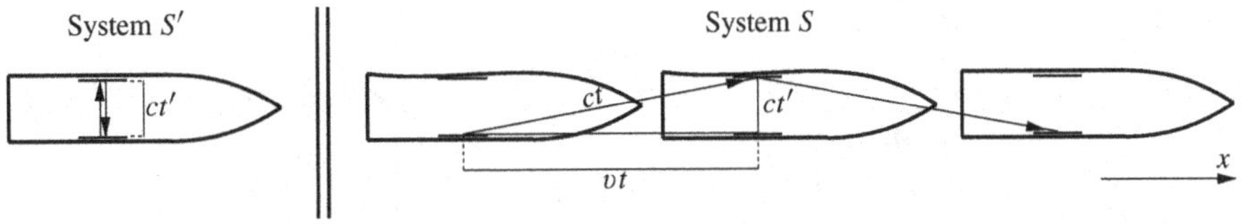

Abb. 3.12: Lichtweg in einem Raumschiff, (a) im Ruhesystem S' des Raumschiffs, (b) im System S, relativ zu dem sich das Raumschiff in x-Richtung mit der Geschwindigkeit v bewegt.

Flugrichtung) losgeschickt und zur Zeit t' an einem in der Ebene $y' \equiv$const liegenden Spiegel zum Ausgangspunkt zurück reflektiert. (Dabei spielt es keine Rolle, ob der Spiegel in S' oder in S ruht.) Die Zeit, die in S' bis zur Rückkunft am Ausgangspunkt vergeht, ist $2t'$. (Die ganze Vorrichtung kann als eine in S' ruhende Uhr angesehen werden.) In S nimmt der Lichtstrahl einen schrägen Verlauf (Abb. 3.12 (b)) und legt daher einen weiteren Weg zurück als in S'. (In diese Schlussfolgerung geht ein, daß senkrecht zur Relativgeschwindigkeit $\boldsymbol{v}=v\boldsymbol{e}_x$ der beiden Systeme S und S' keine Lorentz-Kontraktion stattfindet: Der Abstand zwischen der Ebene $y=0$ der Lichtemission und dem Spiegel ist $y'=ct'$ in S'; in S ist er durch die Strecke gegeben, die das Licht in der gleichen Zeit t' senkrecht zur y-Achse in S zurücklegt, also durch $y=ct'=y'$.) In S wird daher bis zur Rückkunft des Lichtstrahls eine längere Laufzeit des Lichts gemessen als in S'. Quantitativ ergibt sich aus Abb. 3.12 für den Lichtweg bis zur Reflexion am Spiegel

$$c^2t^2 = v^2t^2 + c^2t'^2 \qquad \Rightarrow \qquad t = \frac{t'}{\sqrt{1-v^2/c^2}},$$

also (bis auf Notationsunterschiede) die relativistische Zeitdilatation (3.76).

3.3.2 Experimenteller Nachweis

1. Die kosmische Höhenstrahlung erzeugt bei ihrem Aufprall auf die Erdatmosphäre in etwa 10 km Höhe über dem Erdboden μ-Mesonen, die mit hoher Geschwindigkeit auf die Erdoberfläche zulaufen (Abb. 3.13). μ-Mesonen sind instabil und zerfallen nach einer mittleren Lebensdauer von $\tau \approx 2 \cdot 10^{-6}$ s. (Diese Angabe bezieht sich auf das Ruhesystem der Mesonen). Würden sich die Mesonen nach ihrer Erzeugung mit Lichtgeschwindigkeit auf die Erdoberfläche zu bewegen, so würden sie in der Zeit τ eine Strecke der Länge

$$l = c\tau \approx 6 \cdot 10^{-1} \text{ km}$$

zurücklegen. Alle Mesonen wären also zerfallen, bevor sie nur einen Bruchteil der Strecke zum Erdboden zurückgelegt haben. Tatsächlich kann man mit geeigneten Detektoren nachweisen, daß sie bis zur Erdoberfläche durchdringen. Das ist auf die relativistische Zeitdilatation zurückzuführen. In dem Beinahe-Inertialsystem der ruhenden Erdoberfläche ist die Lebensdauer der μ-Mesonen nämlich

$$\tau' = \frac{\tau}{\sqrt{1-v^2/c^2}},$$

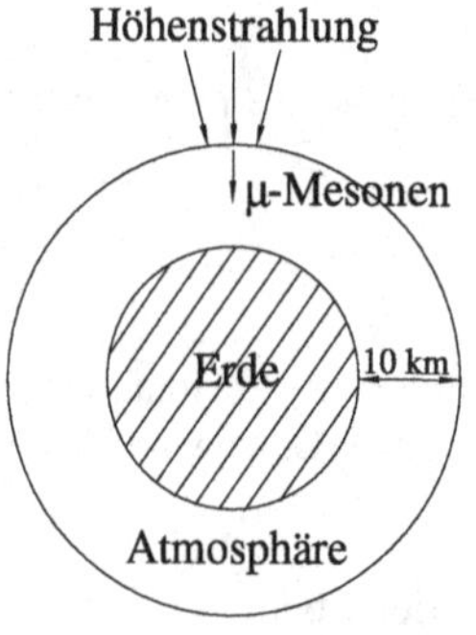

Abb. 3.13: Entstehung von μ-Mesonen in der Erdatmosphäre.

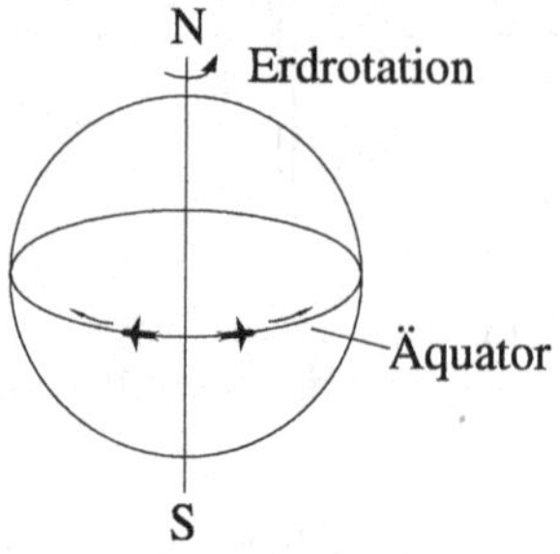

Abb. 3.14: Hafele-Keating Experiment.

und die zurückgelegte Strecke vergrößert sich auf

$$s' = v\tau' = \frac{v\tau}{\sqrt{1 - v^2/c^2}} .$$

Messungen liefern $v \approx 0,9998\, c$, und hierfür ergibt sich $s' \approx 30$ km.

Dasselbe Ergebnis kann natürlich auch im Ruhesystem der Mesonen abgeleitet werden. Hier ist deren Lebensdauer zwar viel kürzer, aber dafür verkürzt sich der Abstand zur Erdoberfläche infolge der Lorentz-Kontraktion (Aufgabe 3.5).

2. Atomuhren gehen so genau, daß man mit ihnen die Zeitdilatation nachweisen kann. Das haben 1971 Hafele und Keating nachgewiesen, indem sie Atomuhren mit an Bord einer Boeing 747 nahmen (Abb. 3.14). Verglichen wurde die von diesen angezeigte Zeit mit der von Uhren, die am Boden zurückblieben. Zur Erhöhung der Meßgenauigkeit wurden jeweils mehrere Uhren benutzt, über deren Zeiten gemittelt wurde. Bei diesem Experiment sind in nichtlinearer Weise Effekte der SRT und ART überlagert, die jedoch beide so schwach sind, daß ihre lineare Superposition eine hinreichend gute Näherung darstellt. Mit dieser Näherung wollen wir das Experiment im folgenden diskutieren.

Wegen des größeren Abstands vom Erdmittelpunkt ist das Schwerefeld (genauer: die Differenz zwischen Schwerefeld und Zentrifugalkraft) an Bord des in 10 km Höhe fliegenden Flugzeugs kleiner als am Boden, und nach der ART gehen Uhren in einem schwächeren Schwerefeld schneller als in einem stärkeren. Quantitativ geht eine Uhr, die sich im Schwerefeld $\boldsymbol{g} = g\boldsymbol{e}_z$ in der Höhe h über dem Erdboden befindet, gegenüber einer Uhr am Boden während der dort gemessenen Flugzeit $t_{\rm A}$ um

$$\Delta t_g = \frac{gh}{c^2}\, t_{\rm A} \tag{3.77}$$

vor (Aufgabe 3.7; eine präzisere Ableitung erfolgt im Abschn. 10.1 der *Allgemeinen Relativitätstheorie*). Gäbe es nur diesen Effekt, so gingen die Uhren an Bord des Flugzeugs also schneller. Diesem Effekt ist jedoch die Zeitdilatation der SRT überlagert, die zu einem langsameren Gang bewegter Uhren führt. Wendet ein am Boden zurückbleibenden Beobachter die Formeln (3.74) und (3.77) an, so findet er, daß sich der SRT- und

ART-Effekt weitgehend gegenseitig kompensieren. Es sieht daher so aus, als könnte man den Ausgang des Experiments nur zum Beweis dieser Kompensation benutzen, sofern man sich schon darüber sicher ist, daß jeder der beiden Effekte wirklich existiert. Hafele und Keating hatten jedoch erkannt, daß diese Berechnungsweise nicht zulässig ist, weil sich der auf dem Erdboden befindliche Beobachter nicht in einem Inertialsystem, sondern dem rotierenden System der Erde befindet. Zu einer gültigen Ergebnis kommt man erst in einem Inertialsystem. Als solches kann man z. B. ein System benutzen, das sich geradlinig mit der momentanen Geschwindigkeit des Umlaufs der Erde um die Sonne bewegt, jedoch nicht rotiert.

Wir berechnen jetzt in einem derartigen System den reinen SRT-Effekt und betrachten dazu den Flug eines Flugzeugs, das von einem Punkt des Erdäquators aus startet und die Erde mit einer Reisegeschwindigkeit von v=800 km/h einmal längs des Äquators umrundet, wofür es etwa die (im Inertialsystem S' gemessene) Zeit t'=50 h benötigt. Der Punkt am Äquator, an dem sich die zurückbleibenden Uhren befinden, bewegt sich gegenüber dem Inertialsystem aufgrund der Erdrotation mit der Geschwindigkeit $v_{\rm A}$=40 000 km/24 h=1667 km/h. Nach (3.74) wird daher am Äquator die Flugzeit

$$t_{\rm A} = t'\sqrt{1 - v_{\rm A}{}^2/c^2} \approx t' - \frac{v_{\rm A}{}^2}{2\,c^2}\,t'$$

gemessen. (Die Uhren ruhen am Start- bzw. Landepunkt und geben die Flugzeit $t_{\rm A}=\Delta t|_{\Delta r=0}$ an, gegenüber dem Inertialsystem S' bewegen sie sich mit der Geschwindigkeit $v_{\rm A}$, daher $t'=\Delta t'|_{\Delta r'=-\gamma\, v_{\rm A}\,\Delta t}$.) Analog mißt man im Flugzeug die Flugzeit

$$t_{\rm F} = t'\sqrt{1 - (v_{\rm A} \pm v)^2/c^2} \approx t' - \frac{(v_{\rm A} \pm v)^2}{2\,c^2}\,t'\,,$$

wobei das obere Vorzeichen für einen Flug in Ost- und das untere für einen Flug in Westrichtung gilt. (Im ersten Fall addiert sich die Fluggeschwindigkeit zur Rotationsgeschwindigkeit des Erdumfangs, im zweiten geht sie davon ab.) Als Differenz der im Flugzeug und auf der Erde gemessenen Flugzeiten ergibt sich daraus

$$\Delta t_{\rm F} = t_{\rm F} - t_{\rm A} = -\frac{v^2 t'}{2\,c^2}\left(1 \pm \frac{2\,v_{\rm A}}{v}\right). \tag{3.78}$$

Fassen wir den SRT- und ART-Effekt zusammen, so erhalten wir für die im Flugzeug gemessene Flugzeit bei einem Flug in östlicher bzw. westlicher Richtung

$$t_{\rm F,O} = t_{\rm A} + \Delta t_g + \Delta t_{\rm F,O} \qquad \text{bzw.} \qquad t_{\rm F,W} = t_{\rm A} + \Delta t_g + \Delta t_{\rm F,W}\,.$$

Hieraus ergibt sich durch Subtraktion unter Benutzung von (3.78) als Ergebnis für den reinen SRT-Effekt

$$\Delta t_{\rm F,O} - \Delta t_{\rm F,W} = -\frac{2\,v_{\rm A} v}{c^2}\,t' = t_{\rm F,O} - t_{\rm F,W} \tag{3.79}$$

und durch Addition unter Benutzung von (3.77) als Ergebnis für den reinen ART-Effekt

$$\Delta t_g = \frac{gh}{c^2}\,t_{\rm A} = \left[\frac{t_{{\rm F},O} + t_{{\rm F},W}}{2t_{\rm A}} - \left(1 - \frac{t'v^2}{2\,t_{\rm A}c^2}\right)\right]t_{\rm A}\,. \tag{3.80}$$

Da sich die im Inertialsystem gemessene Flugzeit t' nur um eine Korrektur im Nanosekundenbereich von der auf dem Erdboden gemessenen Flugzeit t_A unterscheidet, ändern sich unsere Ergebnisse nur unwesentlich, wenn wir in ihnen $t'=t_A$ setzen. Mit den für das Flugzeug und die Erdrotation angegebenen Geschwindigkeiten und der Flughöhe von 10 km erhalten wir aus (3.77) und (3.78) die theoretischen Werte

$$\Delta t_g \approx 196\,\mathrm{ns}\,, \quad \Delta t_{\mathrm{F,O}} \approx -255\,\mathrm{ns}\,, \quad \Delta t_{\mathrm{F,W}} \approx 156\,\mathrm{ns}\,, \quad \Delta t_{\mathrm{F,O}} - \Delta t_{\mathrm{F,W}} = -411\,\mathrm{ns}\,.$$

Diese wurden durch Einsetzen der Meßergebnisse für t_A, $t_{\mathrm{F,O}}$ und $t_{\mathrm{F,W}}$ in (3.79) und (3.80) von Hafele und Keating bis auf einen Fehler von 8 Prozent bestätigt. Mittlerweile konnte die Genauigkeit derartiger Messungen noch erheblich gesteigert werden. Gleichzeitig ist das hier beschriebene Experiment auch ein direkter Nachweis für die Realität des später beschriebenen Zwillingsparadoxons.

3.3.3 Direkt beobachtbare Zeitveränderungen

Ähnlich wie die Lorentz-Kontraktion kann auch die Zeitdilatation im allgemeinen nicht direkt beobachtet werden. Vielmehr stellt sie wie jene eine Größe dar, die sich aus Meßdaten erst rechnerisch durch die Berücksichtigung von Laufzeiteffekten ermitteln läßt.

Wenn man z. B. eine mit der Geschwindigkeit $\boldsymbol{v}$ bewegte Uhr durch ein Fernrohr beobachtet, erhält man ein ganz anderes Ergebnis. Wir nehmen an, daß sich der Beobachter mit dem Fernrohr im System S am Ort $\boldsymbol{r}=0$ befindet, während sich die Uhr in diesem von der Position $\boldsymbol{r}$ zur Zeit t zu der Position $\boldsymbol{r}+\boldsymbol{v}\Delta t$ zur Zeit $t+\Delta t$ bewegt und im System S' ruht. Für die reine Zeitdilatation, die man im System S am Ort der Uhr beobachten würde, können wir das Ergebnis (3.76) heranziehen. Bis der bei $\boldsymbol{r}=0$ stationierte Beobachter die Zeit t' ablesen kann, die die Uhr am Ort $\boldsymbol{r}$ zur Zeit t angezeigt hat, vergeht aber noch die Lichtlaufzeit $|\boldsymbol{r}|/c$, d. h. ihr Zeigerstand t' wird erst zum Zeitpunkt

$$t_1 = t + |\boldsymbol{r}|/c$$

abgelesen, und ihr Zeigerstand $t'+\Delta t'$, den sie im System S zur Zeit $t+\Delta t$ am Ort $\boldsymbol{r}+\boldsymbol{v}\Delta t$ aufweist, erst zum Zeitpunkt

$$t_2 = t + \Delta t + |\boldsymbol{r} + \boldsymbol{v}\Delta t|/c\,.$$

Für den Zusammenhang zwischen der Beobachtungszeit $\Delta t|_B = t_2 - t_1$ am Ort $\boldsymbol{r}=0$ und der im Fernrohr abgelesenen Zeitspanne $\Delta t'$ erhält man daher mit (3.76) und der Linearisierung

$$|\boldsymbol{r} + \boldsymbol{v}\Delta t| - |\boldsymbol{r}| = \sqrt{\boldsymbol{r}^2 + 2\boldsymbol{r}\cdot\boldsymbol{v}\Delta t} - |\boldsymbol{r}| = |\boldsymbol{r}|\Big(\sqrt{1 + 2\boldsymbol{r}\cdot\boldsymbol{v}\Delta t/\boldsymbol{r}^2} - 1\Big) = \boldsymbol{e}_r\cdot\boldsymbol{v}\Delta t$$

das für $\Delta t \ll |\boldsymbol{r}|/v$ gültige Näherungsergebnis

$$\Delta t|_B = \frac{1 + \boldsymbol{e}_r\cdot\boldsymbol{v}/c}{\sqrt{1 - v^2/c^2}}\,\Delta\tau\,, \tag{3.81}$$

wobei wir einen Einheitsvektor $\boldsymbol{e}_r = \boldsymbol{r}/r$ und wieder die Eigenzeit $\Delta\tau = \Delta t'|_{\Delta \boldsymbol{r}'=0}$ eingeführt haben. Für $\boldsymbol{v} \parallel \boldsymbol{e}_r$ bzw. $\boldsymbol{v} \perp \boldsymbol{e}_r$ ergibt dies

$$\Delta t|_{B\parallel} = \sqrt{\frac{1+v/c}{1-v/c}}\,\Delta\tau \qquad \text{bzw.} \qquad \Delta t|_{B\perp} = \frac{\Delta\tau}{\sqrt{1-v^2/c^2}}\,. \tag{3.82}$$

Nur wenn die Uhr senkrecht zu ihrer Bewegungsrichtung beobachtet wird, ergibt sich – allerdings nur näherungsweise – die Zeitdilatation (3.76). Wird sie parallel zu ihrer Bewegungsrichtung beobachtet, so sieht der Beobachter eine noch größere Zeitdilatation, sofern sie sich von ihm weg bewegt ($v>0$), dagegen eine Zeitkontraktion, wenn sie sich auf ihn zu bewegt ($v<0$).

Ist $\Delta\tau$ die Schwingungsperiode der von einem Atom emittierten monochromatischen Strahlung in dessen Ruhesystem und $\omega' = 2\pi\nu' = 2\pi/\Delta\tau$ die zugehörige Kreisfrequenz, so beobachtet man in einem gegenüber dem Atom bewegten System bei Beobachtung in oder senkrecht zur Richtung der Geschwindigkeit des Atoms genähert die Frequenzen

$$\omega_\parallel = \sqrt{\frac{1-v/c}{1+v/c}}\,\omega'_\parallel\,, \qquad \text{bzw.} \qquad \omega_\perp = \sqrt{1-v^2/c^2}\,\omega'_\perp\,. \tag{3.83}$$

Das sind Näherungsergebnisse für den **longitudinalen** bzw. **transversalen Doppler-Effekt** bei Licht.

Wir besprechen noch eine zweite Möglichkeit der direkten Zeitbeobachtung. Ein Beobachter, der in einem Hochgeschwindigkeitszug sitzt, kann an jedem Bahnhof, den er passiert, seine Uhrzeit mit der Bahnhofsuhr vergleichen. Wenn l der Abstand zweier Bahnhöfe ist und der Zug mit der konstanten Geschwindigkeit v fährt, sind die Bahnhofsuhren in der Zeit, die der Zug von einem bis zum nächsten Bahnhof benötigt, um den Zeigerstand $\Delta t = l/v$ vorgerückt. Für unseren Passagier ist jedoch nur die Zeit

$$\Delta t' = \frac{l'}{v} = \sqrt{1-v^2/c^2}\,\frac{l}{v} = \sqrt{1-v^2/c^2}\,\Delta t$$

vergangen, da sich für ihn der Abstand der Bahnhöfe auf $l' = l\sqrt{1-v^2/c^2}$ verkürzt hat. Er beobachtet also, daß die Bahnhofsuhren schneller gehen, d. h. er stellt in dem an ihm vorbeibewegten System S eine Zeitkontraktion fest. Man beachte, daß dieses Ergebnis keineswegs im Widerspruch zu der vorher abgeleiteten Zeitdilatation steht. Diese würde der Zugreisende erhalten, wenn er ein und dieselbe Bahnhofsuhr über längere Zeit mit dem Fernrohr beobachten und dabei rechnerisch Laufzeiteffekte korrigieren würde, und auch die direkt im Fernrohr abgelesene Zeit wäre dilatiert.

3.4 Minkowski-Diagramme

Viele Probleme der SRT lassen sich besonders anschaulich in einem sogenannten **Minkowski-Diagramm** darstellen und interpretieren. Es handelt sich dabei um ein Diagramm nach Art von Abb. 2.7, bei dem man die spezifischen Eigenschaften der Lorentz-

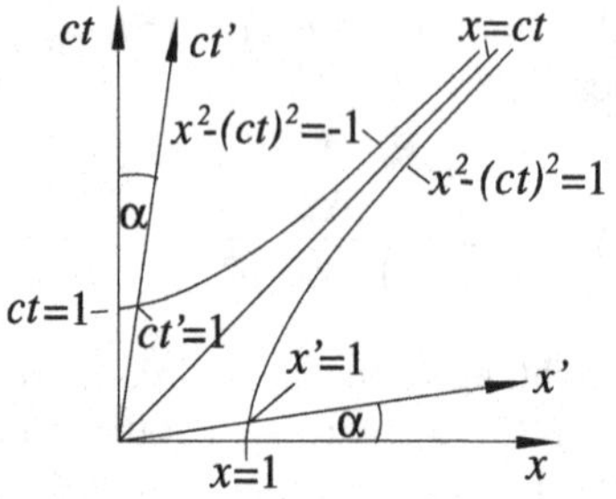

Abb. 3.15: Minkowski-Diagramm.

Transformation zwischen Systemen in Standard-Konfiguration ausnutzt. Abb. 3.15 liefert ein typisches Beispiel. Die Abszisse des Diagramms ist x, die Ordinate ct. Die Gerade $x{=}ct$ gibt den Weg eines von $x{=}0$ auslaufenden Lichtblitzes an. Für ein Koordinatensystem $S'|x', ct'$, das sich mit $S|x, ct$ in Standardkonfiguration befindet, gelten die Gleichungen der Lorentz-Transformation (3.44). Diese haben die Form der Transformationsgleichungen zu einem schiefwinkligen Koordinatensystem, so daß S' in dem Minkowski-Diagramm als schiefwinkliges Koordinatensystem eingetragen werden kann. Die ct'-Achse ($x'{=}0$) hat in S nach (3.44) die Darstellung $x{=}(v/c)\,ct$ und bildet mit der ct-Achse den Winkel $\alpha{=}\arctan(v/c)$. Die x'-Achse ($t'{=}0$) hat die Darstellung $ct{=}(v/c)\,x$ und bildet mit der x-Achse ebenfalls den Winkel $\alpha{=}\arctan(v/c)$. In Abb. 3.15 sind weiterhin die Hyperbeln

$$x^2 - c^2t^2 = \pm 1$$

eingetragen. Diese schneiden die x- bzw. die ct-Achse bei $x{=}\pm 1$ bzw. $ct{=}\pm 1$. Ihre Schnittpunkte mit der x'- bzw. der ct'-Achse sind ebenfalls $x'{=}\pm 1$ und $ct'{=}\pm 1$, da sie wegen der Lorentz-Invarianz des Ausdruckes $x^2{-}c^2t^2$ (vgl. (3.73)) in S' ebenfalls die Darstellung

$$x'^2 - c^2t'^2 = \pm 1$$

haben.

3.4.1 Lorentz-Kontraktion und Zeitdilatation

In einem Minkowski-Diagramm läßt sich die Lorentz-Kontraktion fast unmittelbar ablesen. Dazu sind in Abb. 3.16 die Weltlinien der Enden eines in S ruhenden Einheitsmaßstabes eingezeichnet, der sich vom Ursprung aus in Richtung der x-Achse erstreckt. Die Weltlinie $x{=}0$ des linken Endes geht durch den Punkt $x'{=}0$ der x'-Achse, die Weltlinie $x{=}1$ des rechten Endpunktes durch den Punkt $x'{=}x'_1$ auf dieser. Wegen $x'_1{<}1$ erscheint der in S ruhende Einheitsmaßstab in S' verkürzt.

Jetzt betrachten wir umgekehrt die Weltlinien $x'{=}0$ und $x'{=}1$ der Endpunkte eines in S' ruhenden Einheitsmaßstabes. Nach (3.44) hat die erste in S die Darstellung $x{=}(v/c)\,ct$. Die zweite ist parallel zur ersten und geht durch denselben Punkt der x'-Achse wie die Hyperbel $x^2{=}c^2t^2{+}1$. Diese hat in ihrem Schnittpunkt mit der

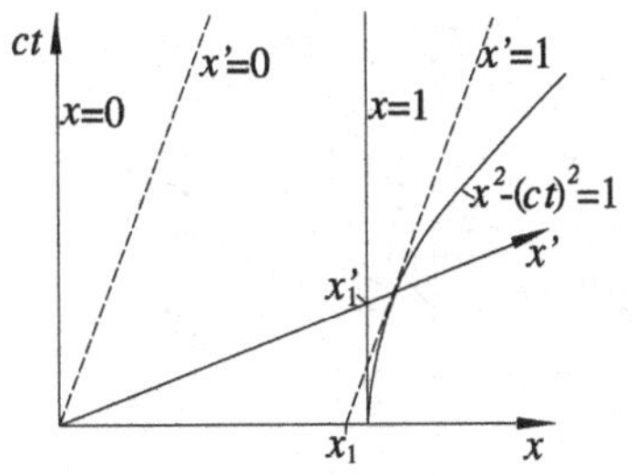

Abb. 3.16: Lorentz-Kontraktion im Minkowski-Diagramm.

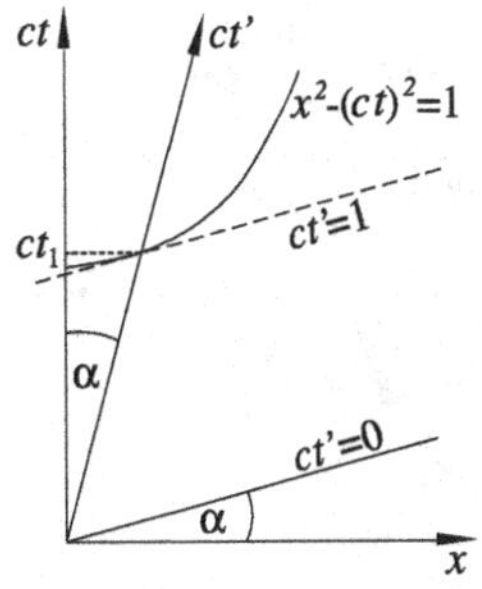

Abb. 3.17: Zeitdilatation im Minkowski-Diagramm.

x'-Achse ($x{=}c^2t/v$) die Steigung

$$\frac{dx}{d\,ct} = \frac{ct}{x} = \frac{v}{c}$$

und wird daher von der Weltlinie $x'{=}1$ (Steigung ebenfalls v/c) gerade berührt. Infolgedessen schneidet letztere die x-Achse bei $x{=}x_1{<}1$, d. h. der in S' ruhende Einheitsmaßstab erscheint in S verkürzt.

Ganz analog läßt sich auch die Zeitdilatation deutlich machen. Betrachten wir zunächst zwei Ereignisse, die in S' am selben Ort $x'{=}0$ zu den Zeitpunkten $ct'{=}0$ und $ct'{=}1$ stattfinden (Abb. 3.17). In S wird für das erste Ereignis die Zeit $ct{=}0$, für das zweite die Zeit ct_1 registriert. Da der die Zeit $ct{=}1$ markierende Hyperbelzweig $x^2{=}c^2t^2{-}1$, der sowohl durch $x'{=}0$, $ct'{=}1$ als auch $x{=}0$, $ct{=}1$ hindurchführt, bei $x{=}0$ offensichtlich unterhalb von ct_1 einläuft, wird in S eine größere Zeitspanne zwischen den betrachteten Ereignissen gemessen als in S', $ct_1{>}1$.

Betrachten wir andererseits zwei Ereignisse, die in S am selben Ort $x{=}0$ zu den Zeitpunkten $ct{=}0$ und $ct{=}1$ stattfinden. Die Gleichzeitigkeitslinien in S' sind parallel zur x'-Achse und schneiden die ct'-Achse bei $ct'{=}0$ und ct'_1. Es gilt $ct'_1{>}1$, da die Hyperbel $x^2{=}c^2t^2{-}1$ im Schnittpunkt mit der ct'-Achse dieselbe Steigung wie die Gleichzeitigkeitslinien von S' aufweist und links davon flacher verläuft. Jetzt wird in S' eine größere Zeitspanne gemessen als in S.

3.4.2 Lichtkegel, Vergangenheit und Zukunft

Die Bewegung von Massenpunkten und die Ausbreitung lokalisierter Signale unterliegt der kinematischen Einschränkung $v{\leq}c$. Dies bedeutet, daß die Steigung der zugehörigen Weltlinie die Bedingung

$$-1 \leq \frac{dx}{d\,ct} \leq +1 \tag{3.84}$$

erfüllen muß. Abb. 3.18 enthält eine Weltlinie $x{=}f(ct)$ bzw. $ct{=}f^{-1}(x){=}ct(x)$, die dieser Ungleichung genügt. Wir wollen uns überlegen, auf welche Punkte der

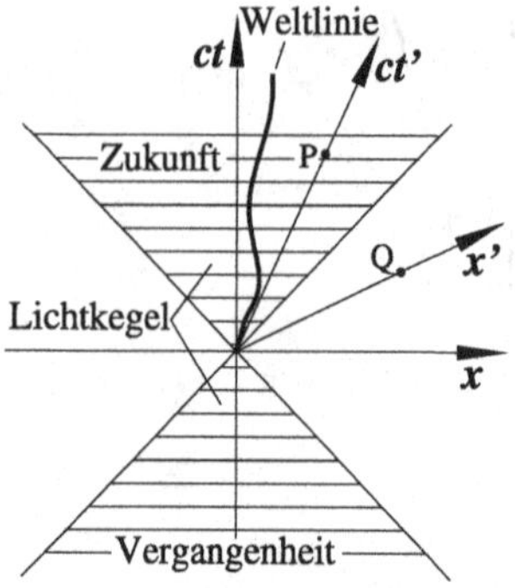

Abb. 3.18: Lichtkegel mit Vergangenheit und Zukunft.

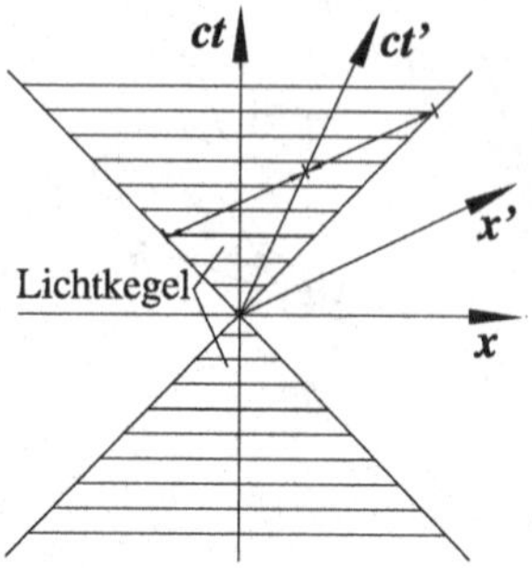

Abb. 3.19: Die ct'-Achse halbiert auch in S' den Lichtkegel.

vierdimensionalen Raumzeit eine Beeinflussung möglich ist, die von dem Punkt $x{=}y{=}z{=}ct{=}0$ ausgeht und durch Massenpunkte oder Signale übertragen wird. Alle von diesem ausgehenden Lichtsignale liegen auf dem **Lichtkegel**

$$x^2 + y^2 + z^2 = c^2t^2 . \tag{3.85}$$

(In Abb. 3.18 ist dessen Projektion auf die Minkowski-Ebene dargestellt.) Aus Abb. 3.19 geht hervor, daß die Projektion des Lichtkegels auch in jedem anderen Inertialsystem S', das sich mit S in Standardkonfiguration befindet, durch die Zeitachse symmetrisch geteilt wird. Alle Weltlinien, die der Ungleichung $v{\le}c$ genügen, verlaufen innerhalb des Lichtkegels (schraffierter Bereich in Abb. 3.18), und daher enthält dessen obere Hälfte die Menge der gesuchten Punkte,

$$x^2 + y^2 + z^2 - c^2t^2 \le 0 , \qquad ct > 0 . \tag{3.86}$$

Alle Ereignisse (3.86) können vom Ursprungsereignis $x{=}y{=}z{=}ct{=}0$ kausal beeinflußt werden und müssen daher auch in jedem anderen Inertialsystem später als dieses stattfinden, wenn das Kausalitätsprinzip nicht verletzt werden soll.

Zu einem formalen Beweis hierfür betrachten wir ein beliebiges System S', das sich mit S in Standardkonfiguration befindet. Das Ursprungsereignis hat in diesem die Koordinaten $x'{=}y'{=}z'{=}ct'{=}0$. Wegen der Invarianz der Lichtausbreitung folgt aus (3.86)

$$x'^2 + y'^2 + z'^2 - c^2t'^2 \le 0 \qquad \text{bzw.} \qquad ct' \ge \sqrt{x'^2 + y'^2 + z'^2} .$$

(Beim Wurzelziehen mußte das „+“ Zeichen gewählt werden, weil Licht auf den Punkten des Lichtkegels zu Zeiten $t'{>}0$ ankommen muß). Für Punkte, die nicht auf dem Lichtkegel liegen, gilt das > Zeichen und daher $t'{>}0$. Alle Ereignisse in der oberen Hälfte des Lichtkegels finden also auch in jedem anderen Inertialsystem später als das Ursprungsereignis statt, und man kann daher sagen: Sie sind absolut später als das Ursprungsereignis. Man bezeichnet das Innere der **Zukunftskegel** genannten oberen Hälfte des Lichtkegels als **Zukunft** des Ursprungs.

Auf analoge Weise kann gezeigt werden, daß eine kausale Beeinflussung des Ursprungs $x{=}y{=}z{=}ct{=}0$ nur durch Punkte erfolgen kann, die innerhalb der unteren

Hälfte des Lichtkegels liegen. (Zu jedem seiner Punkte existiert ein Lichtkegel. Kann der Ursprung durch einen Punkt beeinflußt werden, so muß er in der oberen Hälfte von dessen Lichtkegel liegen.) Da die kausale Abfolge aus allen Inertialsystemen gleich beurteilt wird, liegen alle Ereignisse innerhalb des unteren Lichtkegels, des sogenannten **Vergangenheitskegels**, absolut früher als das Ursprungsereignis. Man bezeichnet sie daher als **Vergangenheit** des Ursprungsereignisses.

Zu jedem inneren Punkt P des Zukunfts- oder Vergangenheitskegels gibt es ein spezielles Inertialsystem S', auf dessen ct'-Achse P liegt. (Hinsichtlich der Ebene x', ct' siehe Abb. 3.18; durch eine Translation kann $y'=z'=0$ erreicht werden.) Die Lage von P wird dann durch eine reine Zeitangabe charakterisiert. Man nennt daher alle Punkte innerhalb des Lichtkegels **zeitartig**. Analog bezeichnet man das aus benachbarten Ereignissen gebildete (invariante) Differential als zeitartig, wenn es die Ungleichung

$$dx^2 + dy^2 + dz^2 - c^2 dt^2 < 0 \tag{3.87}$$

erfüllt.

Alle außerhalb des Lichtkegels gelegenen Punkte (unschraffierter Bereich in Abb. 3.18) werden bezüglich des Ursprungs als **raumartig** bezeichnet. Für raumartige Punkte gilt

$$x^2 + y^2 + z^2 - c^2 t^2 > 0\,. \tag{3.88}$$

Zu jedem raumartigen Punkt Q gibt es ein spezielles Koordinatensystem S'', in welchem er in die Ebene $ct''=0$ zu liegen kommt (Abb. 3.18). Die Koordinatendifferenz zum Ursprungsereignis enthält dann keinen Zeitunterschied und betrifft nur räumliche Koordinaten. Dementsprechend bezeichnet man das aus benachbarten Ereignissen gebildete Differential als raumartig, wenn es die Ungleichung

$$dx^2 + dy^2 + dz^2 - c^2 dt^2 > 0 \tag{3.89}$$

erfüllt.

Wie schon früher dargelegt kann eine Folge kausal unabhängiger lokalisierter Ereignisse so stattfinden, daß sie eine mit Überlichtgeschwindigkeit durchlaufene stetigen „Weltlinie“ bildet. Natürlich sind auch solche Ereignisketten rechnerisch erfaßbar, wobei selbstverständlich die Transformationsgesetze der Relativitätstheorie gelten.

3.5 Kinematische Paradoxa

In diesem Abschnitt betrachten wir eine Reihe von Situationen, die unserem an nichtrelativistische Verhältnisse gewöhnten Denken als paradox erscheinen und daher als relativistische Paradoxa bekannt geworden sind. Alle Widersprüche sind jedoch nur scheinbar und lassen sich bei geeigneter Betrachtungsweise auflösen.

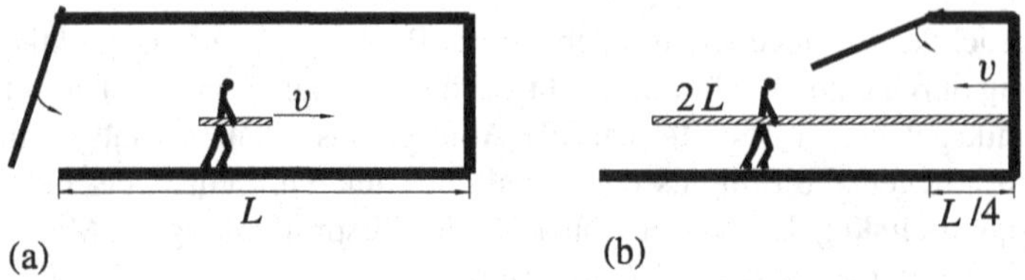

Abb. 3.20: Zum Garagenparadoxon: (a) Ruhesystem der Garage: Die lorentz-kontrahierte Latte paßt in die Garage. (b) Ruhesystem des Läufers: Die Garage kommt verkürzt auf ihn zu.

3.5.1 Garagenparadoxon

Ein Mann trägt eine Latte der Eigenlänge $2L$ und rennt mit dieser in eine Garage der Eigenlänge L. Seine Laufgeschwindigkeit sei so nahe der Lichtgeschwindigkeit, daß die Latte im Ruhesystem der Garage auf $1/4$ ihrer Länge kontrahiert wird und mühelos in die Garage paßt. Nachdem das hintere Ende der Meßlatte in der Garage verschwunden ist, fällt die Garagentür zu, Mann und Latte sind gefangen (Abb. 3.20 (a)). Für den rennenden Mann sieht die Situation ganz anders aus: Für ihn wird die Garage auf $L/4$ verkürzt, die Latte unter seinem Arm behält ihre Länge $2L$ und steht hinten noch weit aus der Garage heraus, wenn ihr vorderes Ende schon die Garagenwand berührt (Abb. 3.20 (b)).

Intuitiv stehen die beiden Schilderungen desselben Vorgangs miteinander im Widerspruch, und man fragt sich: Welche stimmt nun? Die Antwort ist verblüffend: Beide sind richtig! Zur Auflösung des Paradoxons muß man sich also klar machen, daß kein Widerspruch besteht, die Aussage „Der Mann mit der Latte ist in der Garage gefangen" ist nämlich für eine nur zeitweise geschlossene Garage nicht systeminvariant. Wir verfolgen dies in einem Minkowski-Diagramm (Abb. 3.21).

S sei das Ruhesystem der Garage, S' das des rennenden Mannes. Das Garagentor befindet sich bei $x{=}0$ und wird zur Zeit $t{=}0$ geschlossen, die Garagenrückwand befindet sich bei $x{=}L$ und ist dauernd geschlossen. Der Zustand der Absperrung ist in Abb. 3.21 durch die schraffierten Balken symbolisiert. W_1 ist die Weltlinie des hinteren Stabendes, W_2 die des vorderen. Letztere geht zur Zeit $t{=}0$ durch die Garagenmitte. t_1 ist der Zeitpunkt in S, zu dem die Latte an die Garagenwand stößt; im Zeitintervall $0<t<t_1$ ist die Latte für S eingeschlossen, ohne eine der Wände zu berühren.

Im System S' füllt die Latte zu einem gegebenen Zeitpunkt t' dasjenige Stück einer Parallelen zur x'-Achse, das aus dieser von den Weltlinien W_1 und W_2 herausgeschnitten wird. Denn überall, wo im System S ein Punkt x zur Zeit t mit Materie überdeckt ist, muß das auch in S' für den durch Lorentz-Transformation erhaltenen Raum-Zeit-Punkt x', t' gelten. In Abb. 3.21 ist das für den Zeitpunkt t', zu dem die Garagenwand berührt wird, dargestellt. (Der Übersicht halber ist die Zeichnung verzerrt, für den Lorentz-Faktor $1/4$ müßte die Länge in S' noch größer sein.) Das hintere Stabende liegt zu diesem Zeitpunkt bei einem Weltpunkt, der räumlich weit vor der Garage und zeitlich für S früher liegt als der Zeitpunkt, zu dem die Garage geschlossen wird.

Das Ereignis „Stoßen der Latte an die Garagenwand" wird natürlich in beiden Systemen beobachtet. S bewertet als mit diesem Ereignis gleichzeitig einen Zeitpunkt, zu dem die Garagentür schon geschlossen ist, S' einen Zeitpunkt, zu dem diese noch offen

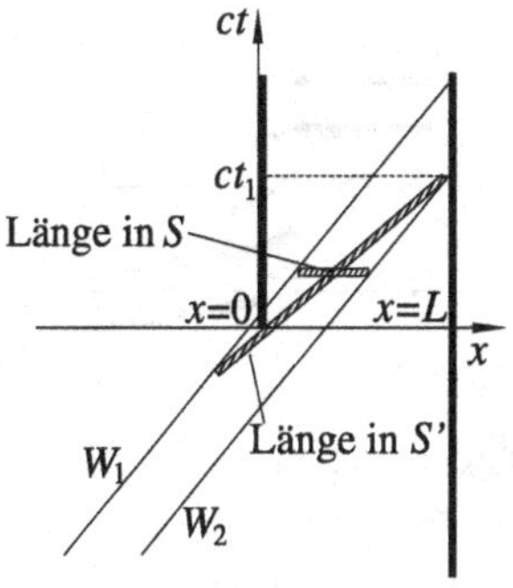

Abb. 3.21: Minkowski-Diagramm des Garagenparadoxons (verzerrt).

steht. Die Aussagen „die Latte ist eingeschlossen" bzw. „sie ist nicht eingeschlossen" sind – entgegen unserem Alltagsempfinden – nicht ausschließlich räumlicher Natur. Sie implizieren, daß Zustände an verschiedenen Orten gleichzeitig vorliegen, und diese Gleichzeitigkeit wird eben von verschiedenen Beobachtern verschieden beurteilt.

Man kann den Sachverhalt kurz auch so charakterisieren: Die Garage ist in der Raumzeit offen; durch Drehen des Koordinatensystems kann erreicht werden, daß sie relativ zu diesem entweder räumlich offen oder geschlossen ist.

Abb. 3.20 gibt übrigens einen deutlichen Beleg dafür, daß man die Lorentz-Kontraktion unter geeigneten Umständen sehr wohl sehen kann. Wird der Läufer von einem mitlaufenden Photographen abgelichtet, so zeigt das Photo eine unverkürzte Latte, die aus einer gedrehten Garage weit heraussteht. Es ist deutlich zu erkennen, daß die Garage kürzer als die Latte ist.

3.5.2 Skifahrerparadoxon

Ein Skifahrer mit Skiern von 2 m Länge fährt auf eine 1 m breite Gletscherspalte zu. Seine Geschwindigkeit ist so groß, daß seine Skier durch die Lorentz-Kontraktion auf 20 cm verkürzt werden (Lorentz-Faktor $1/10$). Infolge der Schwerkraft fällt er in die Gletscherspalte. Abb. 3.22 enthält eine Folge von Momentbildern (Schnappschüssen mit Laufzeitkorrekturen) des Vorgangs aus dem System der Gletscherspalte. Der Skifahrer ist durch ein Lineal ersetzt, das auf einer unterbrochenen Ebene entlanggleitet. Es beginnt in dem Moment zu kippen, wo 50 Prozent seiner Länge über den Spalt hinausragen. Nachdem es die Länge des Spalts durchflogen hat, ist es so weit gefallen, daß es unterhalb der Fortsetzung der Ebene weiterfliegt.

Aus der Perspektive des Skifahrers sieht der Vorgang ganz anders aus. Der Spalt wird durch die Lorentz-Kontraktion auf 10 cm verkürzt. Die Skier haben schon lange, bevor sie zu kippen beginnen, wieder festen Boden unter sich, und der Skifahrer kann

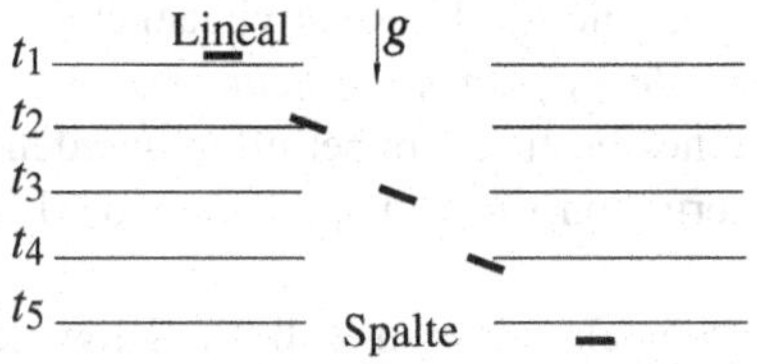

Abb. 3.22: Zum Skifahrerparadoxon: System der Gletscherspalte zu verschiedenen Zeiten $t_1 < t_2 < t_3 < t_4 < t_5$.

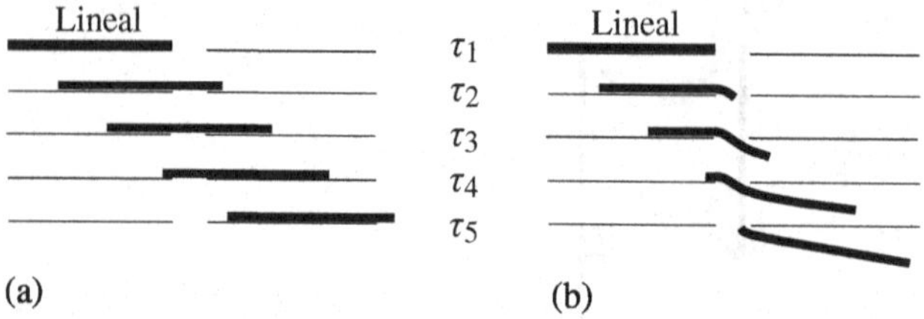

Abb. 3.23: Zum Skifahrerparadoxon: (a) falsche und (b) richtige Darstellung der Sicht des Skifahrers zu Eigenzeiten $\tau_1 < \tau_2 < \tau_3 < \tau_4 < \tau_5$.

weiterfahren, ohne in den Spalt zu stürzen. In Abb. 3.23 (a) ist – mit etwas geänderten Längenverhältnissen – der entsprechende Vorgang für das Lineal dargestellt. Die Feststellung, ob sich ein Gegenstand oberhalb oder unterhalb einer Ebene befindet, kann nun aber nicht vom Bezugssystem abhängen. Nur eine der beiden Darstellungen kann also im Endergebnis richtig sein, und wir müssen herausfinden, welche.

Kommen wir zur Auflösung des Paradoxons: Da der Skifahrer die Distanz des Spaltes wegen seiner extremen Geschwindigkeit sehr schnell durcheilt, muß ein Schwerefeld extremer Stärke wirksam sein, damit dieses überhaupt eine merkliche Versetzung bewirkt. (Wer sich durch ein starkes Schwerefeld wegen möglicher Komplikationen der ART gestört fühlt, möge sich einen elektrisch geladenen Skifahrer in einem elektrischen Feld vorstellen). Außerhalb des Spaltes wird die Kraftwirkung des Feldes durch Reaktionskräfte kompensiert; für alle Teile des Lineals, die über den Spalt hinausragen, führt sie zu einer Beschleunigung nach unten. Da diese Beschleunigung zunächst nur Teile des Lineals erfaßt, kommt es zu einer Verbiegung, die ihrerseits Gegenkräfte hervorruft. Würden diese Gegenkräfte im ganzen Lineal spontan in der Weise erzeugt, daß es unverbogen bleibt, so hätten wir einen ideal starren Körper vor uns. Unsere obige Unterstellung, das Lineal würde erst kippen, nachdem mindestens 50 Prozent seiner Länge über den Spalt hinausragen, beruht auf der Annahme eines ideal starren Körpers und ist falsch. In Wirklichkeit löst die Verformung des Lineals eine Welle aus, die sich mit der Schallgeschwindigkeit c_s ausbreitet. Reaktionskräfte können erst mit der Verzögerung der Laufzeit des Schalls auftreten. Wegen der großen Linealgeschwindigkeit $v \approx c \gg c_s$ kommen sie in der kritischen Zeit des Vorgangs nicht zur Auswirkung, d. h. die über den Spalt hinausragenden Teile des Lineals gehen praktisch unabhängig voneinander in freien Fall über.

Für die in Abb. 3.22 dargestellte Sicht der Dinge hat das nur geringfügige Konsequenzen, statt des verkippten Lineals müßte ein verbogenes eingezeichnet werden. Abb. 3.23 (a) muß man dagegen durch Abb. 3.23 (b) ersetzen: Das Lineal fädelt sich so durch den Spalt hindurch, daß es schließlich an der Unterseite der Ebene weiterläuft.

Dieses Paradoxon und seine Auflösung enthält eine für die Relativitätstheorie sehr wichtige Erkenntnis: *In der Relativitätstheorie gibt es prinzipiell keine starren Körper.* Alle Lageveränderungen, die einen Punkt eines Festkörpers betreffen, werden auf andere Punkte mit der Schallgeschwindigkeit übertragen, die prinzipiell unter der Lichtgeschwindigkeit liegt.

An den durchgeführten Überlegungen könnte noch irritieren, daß die Schwerkraft im System des Skifahrers bei der Überquerung des Spaltes auf jeden Punkt nur $1/10$ der Zeit einwirkt, die im System des Spaltes zur Verfügung steht. (Der Spalt bewegt sich zwar auch mit der Relativgeschwindigkeit v, ist aber auf $1/10$ verkürzt.) Dies wird jedoch dadurch kompensiert, daß nach (3.62) die Beschleunigung 100 mal so groß ist. Die Zeitdilatation sorgt schließlich dafür, daß nach Durchfliegen der Spaltbreite die gleiche Versetzung senkrecht zur Bewegungsrichtung erzielt wird wie im Ruhesystem der Gletscherspalte.

3.5.3 Zwillingsparadoxon

In den Naturwissenschaften geht man heute davon aus, daß alle vitalen Prozesse, z. B. chemische Reaktionen oder physikalische Abläufe wie das Schlagen des Herzens, den Gesetzen der Physik unterworfen sind. Die Geschwindigkeit ihres Zeitablaufs wird deshalb in verschiedenen Bezugssystemen verschieden beurteilt. Ein Mensch, der sich mit sehr hoher Geschwindigkeit ($v \approx c$) gegenüber einem anderen Menschen bewegt, muß diesem daher so erscheinen, als würde er langsamer altern.

Das führt zu dem folgenden Paradoxon: Von zwei Zwillingsbrüdern besteigt einer ein Raumschiff, beschleunigt es auf eine Geschwindigkeit nahe der Lichtgeschwindigkeit und fliegt von der Erde weg, während sein Bruder zurückbleibt. Nachdem auf seiner Uhr die Zeit $T'/2$ vergangen ist, dreht er um und fliegt, wieder beinahe mit Lichtgeschwindigkeit, zur Erde zurück. Während auf seiner (mit ihm im System S' ruhenden) Uhr bei seiner Rückkunft die Zeit T' vergangen ist, erwartet er, daß sein Bruder infolge der Zeitdilatation nur um die Zeit $T = \sqrt{1-v^2/c^2}\, T'$ älter geworden und daher jünger geblieben ist. Dieser hat sich nämlich relativ zu ihm während der ganzen Zeit mit der Geschwindigkeit v bewegt. Für den auf der Erde gebliebenen Zwillingsbruder stellt sich der Vorgang aber genauso dar: Während er selbst (im System S) ruhte, hatte sein Bruder die Relativgeschwindigkeit v. Also dürfte der nur um den Faktor $\sqrt{1-v^2/c^2}$ gealtert sein und müßte als der Jüngere zurückkommen. Wer wirklich jünger geblieben ist, läßt sich nach der Rückkunft objektiv feststellen, und nur einer der beiden kann mit seiner Behauptung recht haben.

Tatsächlich ist der Vorgang nicht so symmetrisch, wie er hier dargestellt wurde. Der Zwillingsbruder im Raumschiff durchläuft mehrere Beschleunigungsphasen und wechselt mehrfach das Inertialsystem, was er am Einwirken starker Kräfte auf ihn feststellt. Der auf der Erde zurückbleibende Zwilling spürt nichts dergleichen und kann seine Argumentation auf ein und dasselbe Inertialsystem beziehen. Da das Phänomen der Zeitdilatation für ein festes Inertialsystem abgeleitet wurde, steht also nur seine Aussage im Einklang mit der abgeleiteten Theorie, die Aussage des Raumfahrers steht dazu im Widerspruch und ist daher falsch. Wir können uns also zurecht auf den Standpunkt des zurückgebliebenen Zwillings stellen und berechnen aus seiner Perspektive, daß der Raumfahrer nach der (auf das System S bezogenen) Flugzeit T nur um die Zeit $\sqrt{1-v^2/c^2}\, T$ älter geworden ist.

Betrachten wir noch die kurzen Beschleunigungsphasen der Rakete. Diese können wir stückweise aus Teilen zusammensetzen, während deren die (zeitabhängige) Geschwindigkeit u der Rakete annähernd konstant ist. Da u kleiner ist als die Reisegeschwindigkeit v, ergibt sich für die Dauer einer ganzen Beschleunigungsphase aus

(3.76) bzw. $dt{=}dt'/\sqrt{1{-}u^2/c^2}$ (die Beschleunigung findet in S an verschiedenen Orten, in S' dagegen am gleichen Ort statt) durch Integration,

$$\Delta t = \int_{t_1'}^{t_2'} \frac{dt'}{\sqrt{1-u^2(t')/c^2}} \leq \int_{t_1'}^{t_2'} \frac{dt'}{\sqrt{1-v^2/c^2}} = \frac{\Delta t'}{\sqrt{1-v^2/c^2}}\,, \tag{3.90}$$

eine kleinere Zeitdilatation als für eine gleich lange Flugphase mit der konstanten Reisegeschwindigkeit v. Lassen wir die Beschleunigung gegen unendlich und die Beschleunigungsdauer $\Delta t'$ gegen null gehen, so geht auch in S die dilatierte Beschleunigungsdauer gegen null, wie das bei den ruckartigen Richtungswechseln in Abb. 3.24 und 3.25 der Fall ist.

Man könnte vermuten, daß dem Effekt der SRT auch noch Effekte der ART überlagert sind. Wie wir später sehen werden, ist das nur der Fall, wenn Schwerefelder involviert sind, ansonsten bleibt die oben angestellte Überlegung richtig.[1] Man kann sich jedoch auch schon ohne genaueres Wissen über ART-Effekte darüber klar werden, daß diese bei einer langen Raumfahrt keine Rolle spielen würden. Um das einzusehen, nehmen wir an, für den Zwilling auf der Erde sei die Dauer einer Beschleunigungsphase Δt, für den im Raumschiff unter Einbeziehung eventueller ART-Effekte $\Delta t'$. Aus der Homogenität der Zeit folgt, daß Δt und $\Delta t'$ nur von der Art der Beschleunigungsprozesse abhängen, nicht aber vom Zeitpunkt ihrer Durchführung. Die Raumfahrt enthält vier gleichartige Beschleunigungsprozesse (die Geschwindigkeit des Raumschiffes vollzieht die Übergänge $0{\to}v{\to}0{\to}{-}v{\to}0$.) Damit ergibt sich als Altersunterschied der Zwillinge

$$D = (T - T') + 4(\Delta t - \Delta t')\,.$$

Der Anteil $T{-}T'$ wächst mit der Dauer der Raumfahrt, während der Anteil $4(\Delta t{-}\Delta t')$ konstant ist. Er kann durch ein Differenzexperiment zum Verschwinden gebracht werden; in einem Einzelexperiment wird er vernachlässigbar, wenn die Raumfahrt hinreichend lange dauert.

Man kann sich auch vorstellen, daß der raumfahrende Zwilling zu Beginn der Reise schon mit voller Geschwindigkeit an seinem Bruder vorbeifliegt und im Moment des Vorbeifliegens als Startzeit die auf dessen Uhr abgelesene Zeit übernimmt. Am vorgesehenen Umkehrpunkt seiner Reise übergibt er dann seine Zeit an einen Klon seiner Person, der mit einer identischen Kopie seiner Uhr ausgestattet ist, mit der gleichen Geschwindigkeit wie er in umgekehrter Richtung fliegt und ihm am Umkehrpunkt begegnet. Der Klon übergibt seine Zeit schließlich beim Erreichen der Erde im Vorbeiflug an den zurückgebliebenen Zwilling. Bei dieser (gleichwertigen) Betrachtung sind alle Beschleunigungen vermieden.

Wir wollen uns den ganzen Vorgang jetzt noch etwas detaillierter ansehen, indem wir beide Zwillinge mit einem Fernrohr ausstatten. Jeder von ihnen soll mit diesem während des ganzen Fluges das Altern seines Bruders beobachten. (*Ausdrücklich sei darauf hingewiesen, daß unsere Rechnung im Inertialsystem des zurückbleibenden Zwillings schon vollständig war.* Wenn wir im folgenden dasselbe Ergebnis noch auf andere

---

1 Den Fall extrem hoher Beschleunigungen, die so große Treibstoffvorräte voraussetzen, daß deren Gravitationsfeld nicht mehr vernachlässigt werden darf, schließen wir aus.

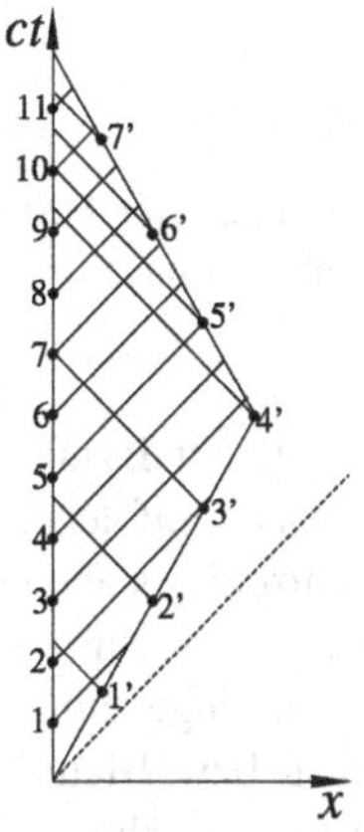

Abb. 3.24: Gegenseitige Beobachtung von Uhren.

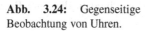

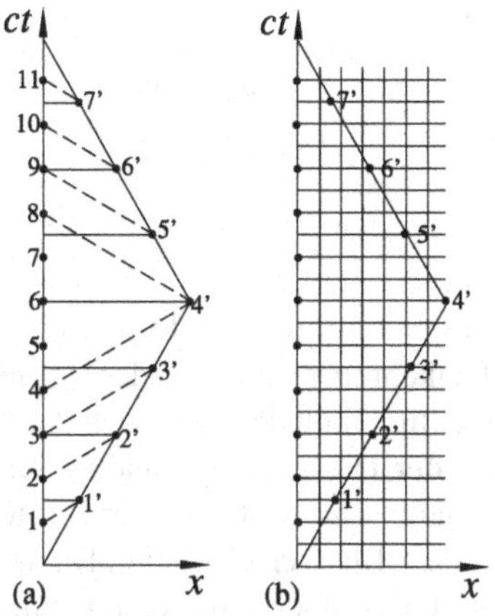

Abb. 3.25: (a) Vergleich mit Uhr auf der Erde. (b) Vergleich mit ausgelegten Uhren.

Weise ableiten, geschieht das nur aus psychologischen Gründen, also, um das Ergebnis intuitiv einsichtiger zu machen.) In einem Minkowski-Diagramm tragen wir als Stellvertreter der permanenten gegenseitigen Beobachtung die Weltlinien von Lichtsignalen ein, die nach einer fest vorgegebenen Zahl von Herzschlägen jeweils von einem zum anderen Zwilling abgesandt und von diesem beobachtet werden (Abb. 3.24). $x=0$ gibt den Standort des zurückgebliebenen Zwillings an. Auf seiner Weltlinie werden die mit 1–11 markierten Lichtsignale abgesandt. Der Bruder im Raumschiff befindet sich auf der Weltlinie, von der die mit $1'$–$7'$ markierten Lichtsignale nach links laufen. Er empfängt auf der ersten Hälfte seiner Reise nur zwei Signale, während er selbst vier abgesandt hat, was bedeutet, daß er den Bruder im Fernrohr wesentlich langsamer altern sieht. Im Moment des Umkehrens ändert sich schlagartig die beobachtete Taktfolge, die Geschwindigkeit, mit der er seinen Bruder altern sieht, erleidet eine Diskontinuität. Trotzdem sieht er noch eine ganze Weile das Bild eines jüngeren Bruders. Beim Absenden seines fünften Signals ist der Zeitpunkt erreicht, zu dem ihm sein Bruder gleich alt erscheint, für den Rest der Reise sieht er sich von diesem im Alter überholt. Umgekehrt sieht der Zwilling auf der Erde seinen Bruder bis zum Empfang von dessen viertem Signal sehr viel langsamer altern, er selbst hat bis dahin schon neun Signale abgegeben. Dann sieht er den Bruder umkehren und beobachtet an ihm eine abrupte Beschleunigung des Alterungsprozesses. Der Bruder altert jetzt schneller als er, ist aber jünger und bleibt das auch bis zu seiner Rückkunft.

Besonders einleuchtend ist die folgende Variante der eben durchgeführten Betrachtung.[2] Die Zwillinge werden statt mit Fernrohren mit baugleichen Lampen ausgestattet, die monochromatisches Licht abstrahlen. Während der Reise leuchten sie sich gegenseitig an und beobachten das vom Bruder kommende Licht. Jeder der Zwillinge sieht während des ersten Teils der Reise rotverschobenes Licht und während des zweiten blauverschobenes. Der Zwilling im Raumschiff kehrt im Wellenfeld des von der Erde

2 Erstpublikation: E. Rebhan, Eur. J. Phys. **6** (1985), 197

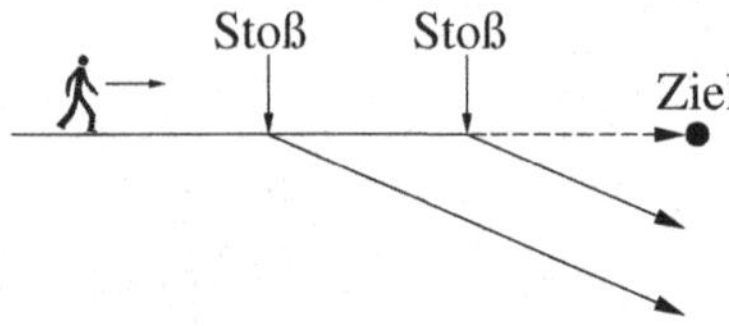

Abb. 3.26: Kumulativer Effekt einer Winkelablenkung.

kommenden Lichts um und erlebt den Übergang von der Rot- zur Blauverschiebung sofort beim Umkehren, exakt nach der Hälfte seiner Reisezeit. Der auf der Erde zurückgebliebene Zwilling muß dagegen nach der Umkehr des Raumschiffes noch warten, bis das erste nach der Umkehr abgesandte Licht den Weg bis zur Erde zurückgelegt hat, und sieht erst dann, also weit nach der Hälfte der von seiner Uhr angezeigten Reisezeit, den Umschlag zur Blauverschiebung. Da das Ausmaß der Rot- bzw. Blauverschiebung aber aus Symmetriegründen für beide Brüder gleich ist, entsteht ein Unterschied in der Anzahl der beobachteten Wellenmaxima, der einem Unterschied in der vom Bruder erlebten Zahl von Herzschlägen entspricht.

Die hier geschilderten gegenseitigen Beobachtungen enthalten Laufzeiteffekte des Lichts. Einen Uhrenvergleich, bei dem diese eliminiert sind, führen wir an Hand der Abb. 3.25 (a) durch. Die Gleichzeitigkeitslinien des Bruders auf der Erde sind Parallelen zur x-Achse. Sie lassen eine ganz gleichmäßige Verzögerung der Uhr im Raumschiff erkennen. Die Gleichzeitigkeitslinien des Bruders im Raumschiff sind gestrichelt. Für ihn sind die Absendung des vierten und achten Signals auf der Erde gleichzeitig. Alle Ereignisse dazwischen sind für ihn auf einen einzigen Moment zusammengedrängt. (Bei einem kontinuierlichen Beschleunigungsmanöver würden sie auf ein endliches Zeitintervall $\Delta t'$ auseinandergezogen, und eine dichtere Folge – gestrichelter – Gleichzeitigkeitslinien des Systems S' würde das Dreieck mit den Eckpunkten 4, 8 und 4' fächerartig ausfüllen). Während der unbeschleunigten Phasen seiner Fahrt mißt er eine Zeitdilatation der Uhr auf der Erde, während der Umkehrphase dagegen eine extreme Zeitkompression. Bei der letzteren handelt es sich um einen **kumulativen Effekt**: Je weiter der Umkehrpunkt von der Erde entfernt ist, desto mehr Zeit wird in der Umkehrphase komprimiert. Zum besseren Verständnis dieses Sachverhalts sei ein einfaches Beispiel angeführt, bei dem ein ähnlicher kumulativer Effekt unmittelbar einsichtig ist: Ein Wanderer läuft geradlinig auf einen Ort zu. In einiger Entfernung von diesem bekommt er einen seitlichen Stoß, der dazu führt, dass seine Bahn um einen kleinen Winkel abgelenkt wird. Wenn er nach dem Stoß geradlinig weiterläuft, führt sein Weg am Zielort vorbei. Je früher er gestoßen wird, desto größer ist der Abstand, unter dem er an diesem vorbeiläuft (Abb3.26). Dabei ist vorausgesetzt, daß der Stoß in allen Fällen gleich stark ist und daher die gleiche Winkelablenkung hervorruft.

Interessant ist auch, welche Zeit der raumfahrende Zwilling auf Uhren abliest, die längs seines Weges im Ruhesystem der Erde ausgelegt und mit der Uhr des zurückbleibenden Bruders synchronisiert sind. Die Weltlinie jeder dieser Uhren verläuft von unten nach oben parallel zur ct-Achse und trägt dieselbe Zeitskala wie diese (Abb. 3.25 (b)). Die fraglichen Zeiten ergeben sich aus dem Schnitt dieser Weltlinien mit der Weltlinie des Raumschiffs. Offensichtlich vergeht die so abgelesene Zeit ganz gleichmäßig schneller als die Zeit im Raumschiff. Das ist kein Widerspruch zur Zeitdilatation: Jede einzelne dieser Uhren würde sich bei der Bewertung der auf ihr vergangenen Zeit gegenüber der Uhr im Raumschiff als langsamer erweisen. Der scheinbar schnellere Gang der ausgelegten Uhren kommt dadurch zustande, daß zum Zeitvergleich ständig wechselnde Uhren herangezogen werden.

Das niedrigere Alter des raumfahrenden Zwillings nach seiner Rückkunft ist nicht nur theoretisch, sondern durch das in Abschn. 3.3.2 besprochene Hafele-Keating-Experiment *auch experimentell bewiesen.*

Mißverständnisse. Für viele stellt die Akzeptanz unserer Ergebnisse ein Problem dar, und immer wieder wird versucht, diese zu widerlegen. Daher sei hier kurz auf einige Mißverständnisse hingewiesen.

1. Es wird eingewendet, der ganze Vorgang sei bezüglich beider Zwillinge völlig symmetrisch. Tatsächlich enthält dieser symmetrische Anteile, nämlich die Phasen, in denen sich der raumfahrende Zwilling mit konstanter Geschwindigkeit bewegt. Diese Symmetrie äußert sich z. B. darin, daß beide Zwillinge das gleiche Ausmaß an Rot- bzw. Blauverschiebung des vom Bruder emittierten Lichts feststellen. Unsymmetrisch sind jedoch die Beschleunigungsphasen, in denen nur der raumfahrende Zwilling Beschleunigungskräften ausgesetzt ist. Eine andere Unsymmetrie besteht darin, daß nur der zurückbleibende Zwilling in seinem Ruhesystem ruhende Uhren auslegen kann (Abb. 3.25 (b)), bei dem raumfahrenden Zwilling würde sich die Hälfte der von ihm ausgelegten Uhren ihm gegenüber mit der doppelten Reisegeschwindigkeit bewegen.

2. Es wird – manchmal selbst von Physikern – behauptet, die Beschleunigungsphasen des raumfahrenden Zwillings ließen sich nur mit Hilfe der ART behandeln. Da die ART die SRT als Spezialfall enthält, ist es klar, daß sich das Zwillingsparadoxon auch mit ihr behandeln läßt, und sie ermöglicht sogar eine besonders elegante Behandlung (siehe Abschn. 10.1.2). Das bedeutet jedoch nicht, daß sie herangezogen werden muß, was auch dadurch augenfällig wird, dass das von ihr gelieferte Ergebnis (10.37) identisch ist mit dem der SRT (Gleichung (3.90a) bzw. die äquivalente, aus $dt'{=}\sqrt{1{-}u^2(t)/c^2}\,dt$ durch Integration folgende Gleichung $\Delta t'{=}\int_{t_1}^{t_2}\sqrt{1{-}u^2(t)/c^2}\,dt$).

Selbstverständlich können auch in der SRT Beschleunigungsprozesse behandelt werden. Im Inertialsystem des zurückbleibenden Zwillings sind dafür die Gleichungen (4.21) bzw. (4.26) zuständig. Das Problem kann sogar im Ruhesystem des raumfahrenden Zwillings speziellrelativistisch behandelt werden, obwohl dieses vorübergehend kein Inertialsystem ist: Wie die Newtonsche Mechanik läßt sich auch die SRT-Mechanik in beschleunigten Bezugssystemen formulieren (siehe Kapitel 6). Das muß auch so sein, damit sie im Grenzfall gegen null gehender Geschwindigkeiten in die Newtonsche Mechanik übergeht. Wie in der letzteren treten dann Scheinkräfte auf. Daß diese im Rahmen der ART als Gravitationskräfte gedeutet werden können, bedeutet nicht, daß dadurch eine ART-Behandlung notwendig würde.

3. Raumfahrt ist keine Verjüngungskur. Der von seiner Raumfahrt zurückkehrende Zwilling ist bei der Rückkunft zwar jünger als sein Bruder, hat deshalb aber kein längeres Leben, als wenn er zuhause geblieben wäre. Seine vitalen Prozesse wie Stoffwechsel, Atmen oder Herzschlag werden nach seiner Uhr durch die Raumfahrt kein bißchen verlangsamt.

3.6 Vektoren und Tensoren in der vierdimensionalen Raum-Zeit

Von einer im Sinne der SRT korrekten Theorie muß verlangt werden, daß sie das Relativitätsprinzip und das Postulat der Konstanz der Lichtgeschwindigkeit erfüllt. Das hat zur Folge: Sie muß in eine Form gebracht werden können, die in Bezug auf Lorentz-Transsformationen kovariant ist. Es wird sich herausstellen, daß die Elektrodynamik diese Eigenschaft schon von Haus aus besitzt, während die Newtonsche Mechanik hierzu noch abgeändert werden muß. Um das Eine beweisen und das Andere durchführen zu können, machen wir uns in diesem Kapitel mit einer vierdimensionalen Vektor- und Tensorrechnung vertraut.

Deren Fundament bildet die Zusammenfassung einer (reellen) „Zeitkoordinate" ct mit den drei kartesischen Raumkoordinaten x, y, z zu einer vierdimensionalen **Raum-Zeit** mit den Koordinaten

$$x^0 = ct\,, \quad x^1 = x\,, \quad x^2 = y\,, \quad x^3 = z\,, \tag{3.91}$$

die durch den engen Zusammenhang zwischen der Lorentz-Kontraktion und der Zeitdilatation bzw. die enge Verknüpfung räumlicher Koordinaten mit ct in der Lorentz-Transformation nahegelegt wird. H. Minkowski, der die in Abschn. 3.1 benutzte imaginäre Zeitkoordinate $x_4{=}ict$ eingeführt hatte und die im folgenden entwickelte Vektorrechnung noch nicht kannte, war der erste, der auf die enge Verknüpfung und die Gleichwertigkeit räumlicher und zeitlicher Koordinaten hinwies. 1908 äußerte er auf der Tagung der Gesellschaft Deutscher Naturforscher und Ärzte: „Von Stund an sollen Raum für sich und Zeit für sich völlig zu Schatten herabsinken, und nur noch eine Art Union der beiden soll Selbständigkeit bewahren."

Über der Raum-Zeit konstruieren wir jetzt einen vierdimensionalen Vektorraum, indem wir einheitlich, d. h. unabhängig von dem betrachteten Punkt der Raum-Zeit, vier linear unabhängige Einheitsvektoren $\boldsymbol{e}_0$, $\boldsymbol{e}_1$, $\boldsymbol{e}_2$ und $\boldsymbol{e}_3$ einführen und einen beliebigen Vektor $\boldsymbol{a}$ als Linearkombination

$$\boldsymbol{a} = a^0\boldsymbol{e}_0 + a^1\boldsymbol{e}_1 + a^2\boldsymbol{e}_2 + a^3\boldsymbol{e}_3 \tag{3.92}$$

definieren. Die vier Zahlen a^0, a^1, a^2, a^3 sind die **Komponenten des Vierervektors $\boldsymbol{a}$**. Hängen sie vom Ort und der Zeit ab, so definiert (3.92) ein Vektorfeld.

3.6.1 Koordinatenabhängige Definition von Tensoren

Damit Vektoren von der Wahl des Koordinatensystems und der Basisvektoren $\boldsymbol{e}_i$ unabhängig sind, müssen ihre Komponenten bei einem Wechsel der Basisvektoren ein ganz bestimmtes Transformationsverhalten aufweisen. Für viele Zwecke der Physik hat es sich als nützlich herausgestellt, schon das Quadrupel der Vektorkomponenten a^α als Vektor zu bezeichnen. Diese Definition ist vom Koordinatensystem abhängig, und damit sich das richtige Transformationsverhalten der Vektorkomponenten ergibt, muß sie dieses mit umfassen. Ist ein Quadrupel von Zahlen nur in einem Koordinatensystem definiert, so kann man es zu einem Vektor ergänzen, indem man es in allen anderen Inertialsystemen mit Hilfe der richtigen Transformationen definiert. Dieser koordinatenabhängige Vektorbegriff hat den Vorteil, daß man nebeneinander Zahlenquadrupel betrachten kann, die Vektoren, und solche, die keine sind.

Wir verfolgen zunächst nur die koordinatenabhängige Definition, den Zusammenhang mit der koordinatenunabhängigen Definition werden wir in einem späteren Abschnitt herstellen (Exkurs. 3.1). Die Klasse der Transformationen, die wir dabei zugrunde legen, ist die Klasse der Lorentz-Transformationen zwischen Inertialsystemen.

Für zwei beliebige Inertialsysteme $S|x$ und $S'|x'$ – hierbei steht x wie in $f(x)$ abkürzend für x^0, x^1, x^2, x^3 –, die sich relativ zueinander mit der Geschwindigkeit $\boldsymbol{v}$ bewegen, haben die Gleichungen der um ein raum-zeitliche Verschiebung erweiterten Lorentz-Transformation nach (3.44) die Form

$$x'^{\alpha} \overset{\text{s.u.}}{=} \Lambda^{\alpha}{}_{\beta}(\boldsymbol{v})\,x^{\beta} + b^{\alpha} \qquad \text{bzw.} \qquad x^{\alpha} = \bar{\Lambda}^{\alpha}{}_{\beta}(\boldsymbol{v})\,x'^{\beta} + \bar{b}^{\alpha}\,. \tag{3.93}$$

b^{α} und $\bar{b}^{\alpha}$ sind hierin Konstanten, während die Matrizen $\Lambda^{\alpha}{}_{\beta}$ und $\bar{\Lambda}^{\alpha}{}_{\beta}$ zwar noch von der Relativgeschwindigkeit $\boldsymbol{v}$ abhängen, hinsichtlich der Koordinaten aber konstant sind. Die Gleichungen (3.93) gelten mit dem Verständnis, daß die folgende Summenkonvention benutzt wird:

Einsteinsche Summenkonvention. *Über jeden griechischen Index, der in einem Summanden einer Summe einmal unten und einmal oben auftaucht, wird von 0 bis 3 summiert. Soll einmal ausnahmsweise nicht summiert werden, so wird das besonders gekennzeichnet, z. B. durch Unterstreichen der Indizes. Wenn man nur die räumlichen Komponenten betrachten will, benutzt man lateinische Indizes. Über jeden lateinischen Index, der in einem Summanden einmal unten und einmal oben auftaucht, wird nur von 1 bis 3 summiert.*

Um bei Produkten von Summen nicht in Konflikt mit diesen Regeln zu kommen, muß man manchmal Indizes umbenennen, z. B.

$$\Big(\sum a_{\alpha}x^{\alpha}\Big)\Big(\sum a_{\alpha}x^{\alpha}\Big) \to a_{\alpha}x^{\alpha}a_{\beta}x^{\beta}\,.$$

Wenn in (3.93) alle Größen b^{α} bzw. $\bar{b}^{\alpha}$ verschwinden, spricht man von einer homogenen Lorentz-Transformation, andernfalls von einer inhomogenen. Für Systeme in Standardkonfiguration ergeben sich aus (3.44) bzw.

$$x'^0 = \gamma\left(x^0 - \frac{v}{c}x^1\right), \quad x'^1 = \gamma\left(x^1 - \frac{v}{c}x^0\right), \quad x'^2 = x^2\,, \quad x'^3 = x^3$$

die besonders einfachen Transformationsmatrizen

$$\Lambda^{\alpha}{}_{\beta} = \begin{pmatrix} \gamma & -\gamma\dfrac{v}{c} & 0 & 0 \\ -\gamma\dfrac{v}{c} & \gamma & 0 & 0 \\ 0 & 0 & 1 & 0 \\ 0 & 0 & 0 & 1 \end{pmatrix}, \qquad \bar{\Lambda}^{\alpha}{}_{\beta} = \begin{pmatrix} \gamma & \gamma\dfrac{v}{c} & 0 & 0 \\ \gamma\dfrac{v}{c} & \gamma & 0 & 0 \\ 0 & 0 & 1 & 0 \\ 0 & 0 & 0 & 1 \end{pmatrix} \tag{3.94}$$

und $b^\alpha = \bar{b}^\alpha = 0$. Für die allgemeine homogene Lorentz-Transformation zwischen Systemen mit parallelen Achsen findet man mit Hilfe von (3.47) leicht

$$\Lambda^\alpha{}_\beta = \left(\begin{array}{c|ccc} \gamma & -\gamma\frac{v_x}{c} & -\gamma\frac{v_y}{c} & -\gamma\frac{v_z}{c} \\ \hline -\gamma\frac{v_x}{c} & & & \\ -\gamma\frac{v_y}{c} & & \delta_{ij} + (\gamma-1)\frac{v_i v_j}{v^2} & \\ -\gamma\frac{v_z}{c} & & & \end{array}\right), \quad \bar{\Lambda}^\alpha{}_\beta = \left(\begin{array}{c|ccc} \gamma & \gamma\frac{v_x}{c} & \gamma\frac{v_y}{c} & \gamma\frac{v_z}{c} \\ \hline \gamma\frac{v_x}{c} & & & \\ \gamma\frac{v_y}{c} & & \delta_{ij} + (\gamma-1)\frac{v_i v_j}{v^2} & \\ \gamma\frac{v_z}{c} & & & \end{array}\right). \tag{3.95}$$

mit $\gamma = 1/\sqrt{1-v^2/c^2}$ und wiederum $b^\alpha = \bar{b}^\alpha = 0$. Die Transformationen (3.95) werden häufig als **Boosts** (engl. *boost* = Schubs) bezeichnet. Wie wir in Abschn. 3.6.3 sehen werden, erhält man die allgemeine homogene Lorentz-Transformation, mit der keine Raumspiegelung und/oder Zeitumkehr verbunden ist, indem man das Koordinatensystem erst dreht und dann einem Boost unterwirft. Diese Transformationen bezeichnet man als eigentliche Lorentz-Transformationen. Mit uneigentlichen Lorentz-Transformationen, bei denen also entweder räumlich oder zeitlich gespiegelt wird oder beides zusammen, werden wir im Rahmen der Relativitätstheorie nichts mehr zu tun haben.

Für alle Lorentz-Transformationen folgen aus (3.93) die Beziehungen

$$dx'^\alpha = \Lambda^\alpha{}_\beta \, dx^\beta \qquad \text{bzw.} \qquad dx^\alpha = \bar{\Lambda}^\alpha{}_\beta \, dx'^\beta \tag{3.96}$$

für die Koordinatendifferentiale. Durch wechselseitiges Einsetzen erhält man daraus

$$\delta^\alpha{}_\gamma \, dx'^\gamma = dx'^\alpha = \Lambda^\alpha{}_\beta \bar{\Lambda}^\beta{}_\gamma \, dx'^\gamma \,, \qquad \delta^\alpha{}_\gamma \, dx^\gamma = dx^\alpha = \bar{\Lambda}^\alpha{}_\beta \Lambda^\beta{}_\gamma \, dx^\gamma \,,$$

worin $\delta^\alpha{}_\beta$ das vierdimensionale Kronecker-Symbol ist. Durch Vergleich der Koeffizienten der unabhängigen Differentiale dx^γ bzw. dx'^γ folgen daraus die wichtigen Beziehungen

$$\bar{\Lambda}^\alpha{}_\beta \Lambda^\beta{}_\gamma = \delta^\alpha{}_\gamma \,, \qquad \Lambda^\alpha{}_\beta \bar{\Lambda}^\beta{}_\gamma = \delta^\alpha{}_\gamma \tag{3.97}$$

zwischen den Matrizen für die Hin- und Rücktransformation. Man überzeugt sich leicht davon, daß diese natürlich von den Boosts (3.94) und (3.95) erfüllt werden.

Kommen wir jetzt zu unserer Definition des Vektorbegriffs. Als erstes definieren wir für die differentiell benachbarten Ereignisse x^0, x^1, x^2, x^3 und x^0+dx^0, x^1+dx^1, x^2+dx^2, x^3+dx^3 den **differentiellen Abstandsvektor**

$$\{dx^\alpha\} = \{dx^0, \ dx^1, \ dx^2, \ dx^3\} .$$

Sein Transformationsverhalten ist (3.96a) zu entnehmen. Allgemeiner bezeichnen wir jedes Quadrupel $\{a^\alpha\}$ reeller Zahlen, das in jedem Inertialsystem definiert ist, als **kontravarianten Vektor**, wenn es sich wie das Differential des Ortsvektors transformiert, also gemäß

$$\boxed{a'^\alpha = \Lambda^\alpha{}_\beta \, a^\beta \,, \qquad a^\alpha = \bar{\Lambda}^\alpha{}_\beta \, a'^\beta \,.} \tag{3.98}$$

Für Systeme in Standardkonfiguration ergeben sich aus dieser Definition mit (3.94) die Transformationsgleichungen

$$a'^0 = \gamma\left(a^0 - \frac{v}{c}a^1\right), \quad a'^1 = \gamma\left(-\frac{v}{c}a^0 + a^1\right), \quad a'^2 = a^2, \quad a'^3 = a^3 \qquad (3.99)$$

bzw.

$$a^0 = \gamma\left(a'^0 + \frac{v}{c}a'^1\right), \quad a^1 = \gamma\left(\frac{v}{c}a'^0 + a'^1\right), \quad a^2 = a'^2, \quad a^3 = a'^3. \qquad (3.100)$$

Die vier Größen a^α sind die Komponenten des kontravarianten Vierervektors $\{a^\alpha\}$, wir werden aber nicht sehr strikt zwischen den Komponenten und dem Vektor unterscheiden, sondern einfach auch a^α als Vierervektor bezeichnen. Sinngemäß dasselbe gilt für kovariante Vierervektoren und Tensoren höherer Stufe, die später eingeführt werden.

Eine einwertige Funktion der Koordinaten $x^0, \ldots, x^3$ wird als **Skalarfeld**, kürzer **Skalar**, bezeichnet, wenn sie sich bei Wechsel des Koordinatensystems nicht ändert,

$$\varphi'(x') = \varphi'(x'^0, \ldots, x'^3) = \varphi(x^0, \ldots, x^3) = \varphi(x). \qquad (3.101)$$

Offensichtlich sind die einzelnen Komponenten eines Vektors keine Skalare, aber auch Größen wie die kinetische Energie eines Teilchens ändern sich beim Wechsel des Bezugssystems.

Für den Gradienten eines Skalars folgen mit (3.93) sofort die Transformationsgleichungen

$$\frac{\partial\varphi'}{\partial x'^\alpha} = \frac{\partial\varphi}{\partial x^\beta}\frac{\partial x^\beta}{\partial x'^\alpha} = \frac{\partial\varphi}{\partial x^\beta}\bar{\Lambda}^\beta{}_\alpha, \qquad \frac{\partial\varphi}{\partial x^\alpha} = \frac{\partial\varphi'}{\partial x'^\beta}\frac{\partial x'^\beta}{\partial x^\alpha} = \frac{\partial\varphi'}{\partial x'^\beta}\Lambda^\beta{}_\alpha. \qquad (3.102)$$

Jedes Quadrupel $\{a_\alpha\}$ von Zahlen, das in allen Inertialsystemen erklärt ist und sich wie der Gradient eines Skalars transformiert,

$$\boxed{a'_\alpha = a_\beta\bar{\Lambda}^\beta{}_\alpha, \qquad a_\alpha = a'_\beta\Lambda^\beta{}_\alpha,} \qquad (3.103)$$

bezeichnen wir als **kovarianten Vektor**. Man beachte, daß die Lage der Indizes (unten oder oben) bei den ko- und kontravarianten Vektoren sowie den Transformationsmatrizen der Lage der Indizes in den Ableitungen bzw. Differentialen angepaßt ist (siehe (3.96), (3.102) und (3.93) mit der Folge $\Lambda^\alpha{}_\beta = \partial x'^\alpha/\partial x^\beta$.) Für Systeme in Standardkonfiguration folgt aus (3.103) mit (3.94)

$$a'_0 = \gamma\left(a_0 + \frac{v}{c}a_1\right), \quad a'_1 = \gamma\left(\frac{v}{c}a_0 + a_1\right), \quad a'_2 = a_2, \quad a'_3 = a_3 \qquad (3.104)$$

bzw.

$$a_0 = \gamma\left(a'_0 - \frac{v}{c}a'_1\right), \quad a_1 = \gamma\left(-\frac{v}{c}a'_0 + a'_1\right), \quad a'_2 = a_2, \quad a'_3 = a_3. \qquad (3.105)$$

16-komponentige Größen wie $a^\alpha b_\beta$ oder $a^\alpha b^\beta$, die man durch die gewöhnliche Multiplikation der Komponenten von Vektoren – deren **direktes Produkt** – erhält, werden als **Tensoren** bezeichnet. Ihr Transformationsverhalten wird durch das der zugehörigen Vektoren festgelegt, z. B.

$$a'^\alpha b'^\beta = \Lambda^\alpha{}_\mu\Lambda^\beta{}_\nu a^\mu b^\nu, \qquad a'_\alpha b'^\beta = \bar{\Lambda}^\mu{}_\alpha\Lambda^\beta{}_\nu a_\mu b^\nu.$$

Natürlich können auf ähnliche Weise Größen gebildet werden, die noch viel mehr Komponenten besitzen. Ganz allgemein wird eine Größe $T^{\kappa\lambda\mu\dots}_{\rho\sigma\tau\dots}$, die in allen Inertialsystemen definiert ist und sich gemäß

$$\boxed{T'^{\alpha\beta\dots}_{\gamma\delta\dots} = \Lambda^\alpha{}_\kappa \Lambda^\beta{}_\lambda \dots \bar{\Lambda}^\rho{}_\gamma \bar{\Lambda}^\sigma{}_\delta \dots T^{\kappa\lambda\dots}_{\rho\sigma\dots}} \tag{3.106}$$

transformiert, als ein in den Indizes $\rho, \sigma, \dots$ kovarianter und in den Indizes $\kappa, \lambda, \dots$ kontravarianter Tensor bezeichnet. Die Anzahl der oberen und unteren Indizes kann verschieden sein, es können z. B. auch nur obere oder nur untere Indizes auftreten. Skalare und Vektoren sind Tensoren nullter bzw. erster Stufe (kein bzw. ein Index).

Das vierdimensionale Kronecker-Symbol $\delta^\alpha{}_\beta$ ist ein Tensor, der in allen Inertialsystemen dieselben Komponenten besitzt. Wird $\delta^\alpha{}_\beta$ nämlich gemäß (3.106) transformiert, so ergibt sich unter Benutzung der Identität $\bar{\Lambda}^\beta{}_\gamma = \delta^\beta{}_\sigma \bar{\Lambda}^\sigma{}_\gamma$

$$\delta'^\alpha{}_\gamma = \Lambda^\alpha{}_\beta \delta^\beta{}_\sigma \bar{\Lambda}^\sigma{}_\gamma = \Lambda^\alpha{}_\beta \bar{\Lambda}^\beta{}_\gamma \stackrel{(3.97b)}{=} \delta^\alpha{}_\gamma \,. \tag{3.107}$$

Für das Rechnen mit Vektoren und Tensoren lassen sich auf einfache Weise die folgenden Rechenregeln beweisen.

Rechenregeln. *Durch Addition von Tensoren gleichen Ranges (gleiche Anzahl oberer und unterer Indizes) erhält man wieder einen Tensor gleichen Ranges. Die Multiplikation eines Vektors oder Tensors mit einem Skalar oder die Division durch einen Skalar erzeugt wieder einen Vektor oder Tensor desselben Typs. Durch (äußere) Multiplikation von Tensoren erhält man höherrangige Tensoren. So ist z. B. die Größe* $a_\alpha b_\beta c^\gamma$ *ein Tensor, wenn* a_α, b_β *und* c^γ *Vektoren sind.*

Setzt man in einem Tensor einen oberen und unteren Index gleich und summiert darüber – mit der Einsteinschen Summenkonvention geschieht das Letztere ganz automatisch – so bezeichnet man diese Operation als **Verjüngung** oder **Kontraktion**, der Tensor wird **verjüngt** oder **kontrahiert**. Dabei entsteht ein Tensor niedrigerer Stufe. Aus (3.106) folgt nämlich z. B. durch Verjüngung nach dem ersten Index mit (3.97)

$$\begin{aligned} T'^{\gamma\beta\dots}_{\gamma\delta\dots} &= \Lambda^\gamma{}_\kappa \bar{\Lambda}^\rho{}_\gamma \dots \Lambda^\beta{}_\lambda \dots \bar{\Lambda}^\sigma{}_\delta \dots T^{\kappa\lambda\dots}_{\rho\sigma\dots} \stackrel{(3.97)}{=} \delta^\rho{}_\kappa \Lambda^\beta{}_\lambda \dots \bar{\Lambda}^\sigma{}_\delta \dots T^{\kappa\lambda\dots}_{\rho\sigma\dots} \\ &= \Lambda^\beta{}_\lambda \dots \bar{\Lambda}^\sigma{}_\delta \dots T^{\rho\lambda\dots}_{\rho\sigma\dots} \,. \end{aligned}$$

Das ist das Transformationsgesetz für einen Tensor niedrigerer Stufe.

3.6.2 Metrik, Skalarprodukt, Heben und Senken von Indizes

Will man, daß alle Möglichkeiten, die wir vom Rechnen mit Dreiervektoren gewohnt sind, auch bei Vierervektoren bestehen, so muß man für sie Längen und Zwischenwinkel bzw. ein Skalarprodukt definieren, also eine Metrik einführen. Um brauchbar zu sein, muß das Skalarprodukt die Transformationseigenschaften eines Skalars besitzen. Auf der Suche nach einer geeigneten Definition für dieses erinnern wir uns daran, daß nach (3.6) und (3.8) die Größe

$$ds^2 = c^2dt^2 - dx^2 - dy^2 - dz^2 \tag{3.108}$$

(man beachte das veränderte Vorzeichen von ds^2 gegenüber unserer früheren Definition!) invariant ist. Mit (3.91) und der Definition

$$\boxed{\eta_{\alpha\beta} = \eta_{\beta\alpha} = \begin{pmatrix} 1 & 0 & 0 & 0 \\ 0 & -1 & 0 & 0 \\ 0 & 0 & -1 & 0 \\ 0 & 0 & 0 & -1 \end{pmatrix}} \tag{3.109}$$

können wir diese auch in der Form

$$\boxed{ds^2 = \eta_{\alpha\beta}dx^\alpha dx^\beta} \tag{3.110}$$

schreiben. Aus ihrer Invarianz folgt mit (3.96)

$$\begin{aligned} \eta_{\mu\nu}\Lambda^\mu{}_\alpha\Lambda^\nu{}_\beta\, dx^\alpha dx^\beta &= \eta_{\mu\nu}\, dx'^\mu dx'^\nu = ds'^2 = ds^2 = \eta_{\alpha\beta}\, dx^\alpha dx^\beta \\ &= \eta_{\alpha\beta}\bar{\Lambda}^\alpha{}_\mu\bar{\Lambda}^\beta{}_\nu dx'^\mu dx'^\nu , \end{aligned}$$

woraus sich durch Koeffizientenvergleich

$$\eta_{\alpha\beta} = \Lambda^\mu{}_\alpha\Lambda^\nu{}_\beta\eta_{\mu\nu} \qquad \text{bzw.} \qquad \eta_{\mu\nu} = \bar{\Lambda}^\alpha{}_\mu\bar{\Lambda}^\beta{}_\nu\eta_{\alpha\beta} \tag{3.111}$$

ergibt. Nach (3.106) bedeutet die letzte Gleichung, daß $\eta_{\alpha\beta}$ ein zweifach kovarianter Tensor ist, der in allen Inertialsystemen dieselben Koeffizienten besitzt. Er wird als **metrischer Tensor** bezeichnet,[3] und seine Komponenten haben – wie in einer euklidischen Metrik – den Betrag 1. Da ds^2 aber negativ werden kann, nennt man die durch $\eta_{\alpha\beta}$ definierte Metrik **pseudo-euklidisch**. Wir bezeichnen jetzt die durch (3.110) definierte Größe als **Skalarprodukt** des Vektors dx^α mit sich selbst und definieren allgemeiner das Skalarprodukt zweier Vektoren a^μ und b^μ durch

$$p(a^\mu, b^\mu) = \eta_{\alpha\beta}a^\alpha b^\beta . \tag{3.112}$$

Als Verjüngung des Tensors $\eta_{\alpha\beta}a^\mu b^\nu$ ist es ein Tensor nullter Stufe und daher invariant gegenüber Lorentz-Transformationen.

Kovariante und kontravariante Vektoren sind bisher ohne jeden Bezug aufeinander nur durch ihr Transformationsverhalten erklärt worden. Wir stellen jetzt eine Verknüpfung her, indem wir

$$\boxed{a_\alpha = \eta_{\alpha\beta}a^\beta} \tag{3.113}$$

3 Beim Konsultieren anderer Bücher über Relativitätstheorie empfiehlt es sich, zu überprüfen, ob derselbe metrische Tensor wie hier benutzt wird. Verschiedentlich wird $-\eta_{\alpha\beta}$ statt $\eta_{\alpha\beta}$ verwendet; außerdem wird bisweilen auch $\{dX^\alpha\}=\{d\boldsymbol{x}\,, d(ct)\}$ definiert, was wieder eine andere Definition der Metrik notwendig macht; schließlich werden die Komponenten mitunter anders gezählt, $\{a^\alpha\}=\{a^1, a^2, a^3, a^4\}$. Die Folge solcher Definitionsunterschiede kann sein, daß äquivalente Ergebnisse anders aussehen.

als zu dem kontravarianten Vektor a^α zugehörigen kovarianten Vektor definieren. Als Verjüngung eines Produktes von Tensoren transformiert sich a_α wie ein kovarianter Vektor. Die Größe

$$a := \sqrt{a^\alpha a_\alpha} = \sqrt{\eta_{\alpha\beta} a^\alpha a^\beta} \tag{3.114}$$

wird als **Länge des Vektors** a^α bzw. a_α bezeichnet.

Nach Abschn. 3.4.2 ist der Abstandsvektor dx^α zweier Ereignisse für

$$\boxed{ds^2 \begin{cases} > 0 \text{ zeitartig}\,, \\ < 0 \text{ raumartig}\,. \end{cases}} \tag{3.115}$$

In Analogie dazu bezeichnet man einen Vektor a_α, für den $a^\alpha a_\alpha > 0$ gilt, als **zeitartig**, und einen, für den $a^\alpha a_\alpha < 0$ gilt, als **raumartig**.

In der SRT besteht kein wesentlicher Unterschied zwischen kovarianten und kontravarianten Vektoren. Mit der Metrik (3.109) bekommt man nämlich

$$a_0 = \eta_{00} a^0 = a^0\,, \quad a_1 = \eta_{11} a^1 = -a^1\,, \ldots\,, \quad a_3 = \eta_{33} a^3 = -a^3 \tag{3.116}$$

oder kürzer

$$\{a_\alpha\} = \{a_0,\, a_1,\, a_2,\, a_3\} = \{a^0, -a^1, -a^2, -a^3\}\,, \tag{3.117}$$

d. h. die ko- und kontravarianten Komponenten eines Vektors stimmen bis aufs Vorzeichen überein. In der ART wird die Metrik $\eta_{\alpha\beta}$ jedoch durch eine orts- und zeitabhängige Metrik $g_{\alpha\beta}$ ersetzt; ko- und kontravariante Vektorkomponenten werden damit wesentlich voneinander verschieden.

Ähnlich wie bei Vektoren lassen sich auch ko- und kontravariante Tensorkomponenten einander zuordnen. Wir behandeln ausführlicher nur den Fall zweistufiger Tensoren. Zu dem zweifach kontravarianten Tensor $T^{\alpha\beta}$ definieren wir den einfach kovarianten, einfach kontravarianten Tensor

$$T^\alpha{}_\beta = T^{\alpha\rho} \eta_{\rho\beta}\,, \tag{3.118}$$

und zu diesem den zweifach kovarianten Tensor

$$T_{\alpha\beta} = \eta_{\alpha\rho} T^\rho{}_\beta\,. \tag{3.119}$$

Diese Definitionen sind so getroffen, daß durch verjüngende Multiplikation mit $\eta_{\alpha\beta}$ jeweils ein Index **gesenkt** oder, wie man auch sagt, **heruntergezogen** wird. (Den Prozeß *Multiplikation eines Tensors mit einem zweiten und anschließende Verjüngung* bezeichnet man auch als **Überschieben**.) Aus der Identität

$$\eta_{\alpha\beta} = \eta_{\alpha\rho} \delta^\rho{}_\beta$$

folgt durch Vergleich mit (3.119), daß $\eta_{\alpha\beta}$ aus $\delta^\rho{}_\beta$ durch Herunterziehen des oberen Index entsteht, so daß man auch

$$\boxed{\eta^\alpha{}_\beta = \delta^\alpha{}_\beta} \tag{3.120}$$

schreiben kann. Der Tensor $\eta^{\alpha\beta}$ ist nach (3.118) durch

$$\eta^{\alpha}{}_{\beta} = \eta^{\alpha\rho}\eta_{\rho\beta} \overset{(3.120)}{=} \delta^{\alpha}{}_{\beta} \qquad (\Rightarrow \quad \eta^{\alpha\beta}\eta_{\beta\alpha} = \eta^{\alpha\beta}\eta_{\alpha\beta} = 1\,) \tag{3.121}$$

definiert. (Hier wird ein Index von $\eta_{\alpha\beta}$ durch Überschieben mit $\eta^{\alpha\beta}$ **gehoben** bzw. **heraufgezogen**.) (3.121) wird nach (3.109) und (3.120) erfüllt, wenn in jedem Koordinatensystem zahlenmäßig

$$\eta^{\alpha\beta} = \eta^{\beta\alpha} = \eta_{\alpha\beta} \tag{3.122}$$

gilt. Die hierdurch definierte Größe $\eta^{\alpha\beta}$ ist ein zweifach kontravarianter Tensor. Wegen $dx_0{=}dx^0$, $dx_1{=}-dx^1, \ldots, dx_3{=}-dx^3$ gilt nämlich

$$\begin{aligned} \eta^{\alpha\beta}dx_\alpha dx_\beta &= (dx_0)^2 - (dx_1)^2 - (dx_2)^2 - (dx_3)^2 \\ &= (dx^0)^2 - (dx^1)^2 - (dx^2)^2 - (dx^3)^2\,, \end{aligned}$$

und aus der Invarianz dieser Größe gegenüber Lorentz-Transformationen folgt in Analogie zu (3.111) unter Verwendung von (3.103b)

$$\eta^{\alpha\beta} = \Lambda^{\alpha}{}_{\kappa}\Lambda^{\beta}{}_{\lambda}\,\eta^{\kappa\lambda}\,. \tag{3.123}$$

Mit dem Tensor $\eta^{\alpha\beta}$ können Indizes von unten nach oben gezogen werden, denn aus (3.113) folgt durch Multiplikation mit $\eta^{\lambda\alpha}$ und unter Benutzung von (3.121) und (3.120)

$$\boxed{a^{\lambda} = \eta^{\lambda\alpha}a_\alpha\,,} \tag{3.124}$$

und ähnlich folgt aus (3.118) bzw. (3.119)

$$T^{\alpha\lambda} = T^{\alpha}{}_{\beta}\,\eta^{\beta\lambda}\,, \qquad T^{\lambda}{}_{\beta} = \eta^{\lambda\alpha}T_{\alpha\beta}\,. \tag{3.125}$$

3.6.3 Sätze über Tensoren und Lorentz-Transformation

Wir beweisen in diesem Abschnitt einige Sätze, die für unsere späteren Anwendungen der Tensorrechnung besonders wichtig sind.

Satz 1. *Gilt in einem Inertialsystem S eine Gleichung*

$$U^{\kappa\lambda\ldots}_{\rho\sigma\ldots} = T^{\kappa\lambda\ldots}_{\rho\sigma\ldots}$$

zwischen Tensoren gleicher Stufe (jeder der Tensoren kann auf unterschiedliche Weise durch Summe, Differenz, Produkt oder Verjüngung aus anderen Tensoren aufgebaut sein), so hat sie in allen anderen Inertialsystemen genau dieselbe Form.

Beweis: Mit der Definition

$$D^{\kappa\lambda\dots}_{\rho\sigma\dots} = T^{\kappa\lambda\dots}_{\rho\sigma\dots} - U^{\kappa\lambda\dots}_{\rho\sigma\dots}$$

lautet die untersuchte Gleichung

$$D^{\kappa\lambda\dots}_{\rho\sigma\dots} = 0\,,$$

und aus dem Transformationsgesetz (3.106) für Tensoren folgt

$$T'^{\alpha\beta\dots}_{\gamma\delta\dots} - U'^{\alpha\beta\dots}_{\gamma\delta\dots} = D'^{\alpha\beta\dots}_{\gamma\delta\dots} = \Lambda^{\alpha}_{\kappa}\Lambda^{\beta}_{\lambda}\dots\bar{\Lambda}^{\rho}_{\gamma}\bar{\Lambda}^{\sigma}_{\delta}\dots D^{\kappa\lambda\dots}_{\rho\sigma\dots} = 0\,.$$ □

Dieser Beweis liefert zugleich den Beweis für die folgende Variante des Satzes.

Satz 2. *Gibt es ein System S, in dem sämtliche Komponenten eines Tensors verschwinden, so tun sie das auch in allen anderen Koordinatensystemen S′, die aus S durch eine Lorentz-Transformation hervorgehen.*

Aus diesen Sätzen ergibt sich eine wichtige Konsequenz für den Aufbau **lorentz-invarianter Theorien**: Gilt in einem speziellen Inertialsystem S zwischen n-Tupeln von Zahlen eine Gleichung, die formal wie eine Tensorgleichung geschrieben ist, so kann man aus ihr eine **lorentz-invariante Gleichung** machen, indem man die in S definierten n-Tupel in allen übrigen Inertialsystemen S' mit Hilfe des Transformationsgesetzes für Tensoren berechnet und damit als Tensoren definiert. Hiermit ist ein sehr wirkungsvoller Weg gefunden, das Relativitätspostulat in die Sprache der Mathematik zu übersetzen.

Wir haben mittlerweile die Gleichungen zur Verfügung, mit deren Hilfe der folgende, schon früher angedeutete Satz bewiesen werden kann.

Satz 3. *Jede eigentliche Lorentz-Transformation setzt sich aus einer rein räumlichen Rotation und einem Boost zusammen.*

Beweis: Die Transformationsmatrix $\Lambda^{\alpha}{}_{\kappa}$ der Lorentz-Transformationen muß die 16 nichtlinearen inhomogenen Gleichungen (3.123) erfüllen. Wegen der Symmetrie $\eta^{\alpha\beta}{=}\eta^{\beta\alpha}$ sind von diesen allerdings nur diejenigen 10 voneinander unabhängig, die man für $\alpha{\le}\beta$ erhält. Dies bedeutet, daß von den 16 Größen $\Lambda^{\alpha}{}_{\kappa}$ mindestens 10 festgelegt werden bzw. umgekehrt höchstens 6 frei gewählt werden können.

Nun sind unter den Lorentz-Transformationen als Spezialfall alle räumlichen Drehungen des Koordinatensystems um feste Winkel enthalten. Da um jede Achse des Koordinatensystems gedreht werden kann, bedeutet dies, daß drei Drehwinkel frei wählbar sind. Hierdurch werden drei der Größen $\Lambda^{\alpha}{}_{\beta}$ festgelegt.

Nachdem das Koordinatensystem gedreht wurde, kann es noch in eine beliebige Relativgeschwindigkeit gegenüber dem Ausgangssystem versetzt werden, d. h. auch der Vektor $\boldsymbol{v}$ ist frei wählbar. Hierdurch werden drei weitere $\Lambda^{\alpha}{}_{\beta}$ festgelegt. Damit ist die Zahl der frei vorgebbaren $\Lambda^{\alpha}{}_{\mu}$ aber ausgeschöpft. □

Da zur Ableitung der Gleichungen für die Lorentz-Transformation nur die Invarianz von $ds^2{=}c^2dt^2{-}dx^2{-}dy^2{-}dz^2$ benutzt wurde, an der sich durch den Übergang $t{\to}{-}t$, oder $x, y, z{\to}{-}x, -y, -z$ nichts ändert, sind auch die räumliche Spiegelung (die eine uneigentliche Drehung darstellt) und die Zeitspiegelung unter den

Lorentz-Transformationen enthalten. Aus $\det(\eta^{\alpha\beta}) = -1$, (3.123) und dem Produktsatz für Determinanten folgt $\det^2(\Lambda^\alpha{}_\beta) = 1$ und $\det(\Lambda^\alpha{}_\beta) = \pm 1$. Weiterhin folgt aus (3.123) für $\alpha = \beta = 0$ mit $\eta^{00} = 1$

$$(\Lambda^0{}_0)^2 = 1 + \sum_{i=1}^{3} (\Lambda^0{}_i)^2 , \qquad \Lambda^0{}_0 = \pm\Big(1 + \sum_{i=1}^{3} (\Lambda^0{}_i)^2\Big)^{1/2} ,$$

d. h. wir haben entweder $\Lambda^0{}_0 \leq -1$ oder $\Lambda^0{}_0 \geq +1$. Da für die identische Transformation $\Lambda^\alpha{}_\beta = \delta^\alpha{}_\beta$ gilt, diese also

$$\det(\Lambda^\alpha{}_\beta) = 1 , \qquad \Lambda^0{}_0 \geq 1 \tag{3.126}$$

erfüllt, und da jede eigentliche Lorentz-Transformation durch stetige Veränderung der Transformationsparameter kontinuierlich in die identische Transformation überführt werden kann, muß (3.126) auch für alle eigentlichen Lorentz-Transformationen gelten. (Andernfalls würde $\det(\Lambda^\alpha{}_\beta)$ und/oder $\Lambda^0{}_0$ nämlich diskontinuierlich springen, was aus Stetigkeitsgründen nicht möglich ist.)

Satz 4. *Verschwindet eine spezielle Komponente eines Vektors a^α in allen Inertialsystemen, so ist der Vektor identisch null.*

Beweis:

1. Nehmen wir zuerst an, es sei die Nullkomponente des Vektors, die in allen Koordinatensystemen verschwindet. Wäre nun eine der räumlichen Komponenten $\neq 0$, dann ließe sich durch eine reine Drehung, die ja in der Klasse der Lorentz-Transformationen enthalten ist, erreichen, daß $a^1 \neq 0$ wird. In einem System S', das mit dem System S, in welchem $a^1 \neq 0$ wird, durch eine Lorentz-Transformation verbunden ist, ergäbe sich dann aus (3.99) im Widerspruch zu der eingangs gemachten Annahme $a'^0 = -\gamma \frac{v}{c} a^1 \neq 0$.

2. Jetzt nehmen wir an, daß eine der räumlichen Komponenten in allen Koordinatensystemen verschwindet, z. B. die i-te. Wäre dann eine andere räumliche Komponente von null verschieden, so könnte man durch eine räumliche Drehung $a^i \neq 0$ erreichen und käme zu einem Widerspruch. Damit ist gezeigt, daß alle räumlichen Komponenten des Vektors verschwinden müssen. Wäre noch $a^0 \neq 0$, so erhielte man aus (3.99) im Widerspruch zu dem eben erhaltenen Ergebnis $a'^1 = -\gamma \frac{v}{c} a^0 \neq 0$.

3. Die obigen Beweisschritte lassen sich noch kürzer so zusammenfassen: Die allgemeine Lorentz-Transformation läßt sich nach Satz 3 aus einer rein räumlichen Rotation und einem Boost zusammensetzen. Für jeden von null verschiedenen Vektor kann durch eine geeignete Kombination der beiden erreicht werden, daß eine vorgegebene Komponente nicht verschwindet. Der Vektor kann daher nur der Nullvektor sein. □

Exkurs 3.1: Zusammenhang zwischen koordinatenab- und unabhängiger Formulierung der Tensorrechnung

In diesem Exkurs wird der Zusammenhang zwischen der koordinatenabhängigen Darstellung von Vektoren und Tensoren durch Komponenten und deren koordinaten- sowie basisunabhängigen Darstellung durch indexfreie Größen hergestellt.

Die Zerlegung (3.92) des Vektors $\boldsymbol{a}$ nach Basisvektoren $\boldsymbol{e}_\alpha$ können wir kürzer in der Form $\boldsymbol{a}{=}a^\alpha \boldsymbol{e}_\alpha$ schreiben, indem wir auch hier die Einsteinsche Summenkonvention benutzen. Die $\boldsymbol{e}_\alpha$ werden als **kontravariante Basisvektoren** bezeichnet, a^α sind (wie früher) die **kontravarianten Komponenten** des Vektors $\boldsymbol{a}$. Es ist offensichtlich, daß die Einheitsvektoren $\boldsymbol{e}_\alpha$ die Komponenten

$$\boldsymbol{e}_0 = \{1, 0, 0, 0\}\,, \quad \boldsymbol{e}_1 = \{0, 1, 0, 0\}\,, \quad \boldsymbol{e}_2 = \{0, 0, 1, 0\}\,, \quad \boldsymbol{e}_3 = \{0, 0, 0, 1\} \tag{3.127}$$

besitzen. Ein Skalarprodukt $\boldsymbol{a}{\cdot}\boldsymbol{b}$ wird durch

$$\boldsymbol{a}\cdot\boldsymbol{b} = a^\alpha b^\beta\, \boldsymbol{e}_\alpha\cdot\boldsymbol{e}_\beta \qquad \text{mit} \qquad \boldsymbol{e}_\alpha\cdot\boldsymbol{e}_\beta = \eta_{\alpha\beta} \tag{3.128}$$

definiert, wobei die $\eta_{\alpha\beta}$ durch (3.109) gegeben sind. Im Unterschied zur koordinatenabhängigen Vektordefinition sind jetzt die Komponenten eines Vektors $\boldsymbol{a}$ wegen

$$a^\alpha \boldsymbol{e}_\alpha = \boldsymbol{a} = a'^\beta \boldsymbol{e}'_\beta \tag{3.129}$$

automatisch in Bezug auf jede beliebige Basis definiert, wobei wir die Produkte der Basisvektoren $\boldsymbol{e}'_\alpha$ mit

$$\boldsymbol{e}'_\alpha\cdot\boldsymbol{e}'_\beta = \eta'_{\alpha\beta} \tag{3.130}$$

bezeichnen und verlangen, daß $\eta'_{\alpha\beta}$ aus $\eta_{\alpha\beta}$ durch eine Transformationsgleichung (3.106) hervorgeht. Damit der durch die Lorentz-Transformation (3.93) beschriebene Übergang zwischen Inertialsystemen S und S' das Transformationsgesetz (3.98) für die Vektorkomponenten a^α liefert, muß nach (3.129) $a^\alpha(\boldsymbol{e}_\alpha{-}\boldsymbol{e}'_\beta\Lambda^\beta{}_\alpha){=}0$ gelten. Das muß für beliebige Vektoren der Fall sein, was zur Folge hat, daß der Klammerausdruck neben a^α verschwindet. Auf diese Weise erhalten wir für die Einheitsvektoren das Transformationsgesetz

$$\boldsymbol{e}_\alpha = \Lambda^\beta{}_\alpha \boldsymbol{e}'_\beta \qquad \text{und ähnlich} \qquad \boldsymbol{e}'_\alpha = \bar{\Lambda}^\beta{}_\alpha \boldsymbol{e}_\beta\,. \tag{3.131}$$

Aus diesem folgt

$$\boldsymbol{e}'_\alpha\cdot\boldsymbol{e}'_\beta = \bar{\Lambda}^\gamma{}_\alpha\, \boldsymbol{e}_\gamma\cdot\boldsymbol{e}_\delta\, \bar{\Lambda}^\delta{}_\beta \overset{(3.128b)}{=} \bar{\Lambda}^\gamma{}_\alpha \bar{\Lambda}^\delta{}_\beta\, \eta_{\gamma\delta} \overset{(3.106)}{=} \eta_{\alpha\beta} = \boldsymbol{e}_\alpha\cdot\boldsymbol{e}_\beta\,, \tag{3.132}$$

d. h. das Skalarprodukt (3.130) ist lorentz-invariant.

Neben den $\boldsymbol{e}_\alpha$ führt man nun eine zweite Sorte von Basisvektoren $\boldsymbol{e}^\alpha$ ein, die die invarianten Bedingungen

$$\boldsymbol{e}^\alpha\cdot\boldsymbol{e}_\beta = \delta^\alpha{}_\beta = \boldsymbol{e}'^\alpha\cdot\boldsymbol{e}'_\beta \tag{3.133}$$

erfüllen sollen. Jeder Vektor $\boldsymbol{e}^\alpha$ muß sich durch die Basis $\boldsymbol{e}_\alpha$ darstellen lassen, $\boldsymbol{e}^\alpha{=}T^{\alpha\lambda}\boldsymbol{e}_\lambda$. Durch Einsetzen dieser Beziehung in (3.133) erhält man mit (3.128) $T^{\alpha\lambda}\eta_{\lambda\beta}{=}\delta^\alpha{}_\beta$. Multipliziert man diese Gleichung mit $\eta^{\beta\rho}$, so erhält man mit (3.120)–(3.121) $T^{\alpha\rho}{=}\eta^{\alpha\rho}$ und damit

$$\boldsymbol{e}^\alpha = \eta^{\alpha\lambda}\boldsymbol{e}_\lambda\,. \tag{3.134}$$

Die $\boldsymbol{e}^\alpha$ werden als **kovariante Basisvektoren** bezeichnet. Mit (3.122) und (3.109) folgt aus (3.134)

$$\boldsymbol{e}^0 = \boldsymbol{e}_0\,, \quad \boldsymbol{e}^1 = -\boldsymbol{e}_1\,, \quad \boldsymbol{e}^2 = -\boldsymbol{e}_2\,, \quad \boldsymbol{e}^3 = -\boldsymbol{e}_3\,. \tag{3.135}$$

Jeder Vektor $\boldsymbol{a}$ läßt sich natürlich auch nach der Basis $\boldsymbol{e}^\alpha$ zerlegen,

$$\boldsymbol{a} = a_\alpha \boldsymbol{e}^\alpha\,, \tag{3.136}$$

wobei die a_α als **kovarianten Komponenten** des Vektors $\boldsymbol{a}$ bezeichnet werden. Da jeder Vektor $\boldsymbol{a}$ sowohl nach ko- als auch nach kontravarianten Basisvektoren zerlegt werden kann, ist jetzt von Haus aus ein Zusammenhang zwischen ko- und kontravarianten Vektorkomponenten gegeben. Multipliziert man nämlich die Gleichung $a_\alpha \boldsymbol{e}^\alpha = \boldsymbol{a} = a^\alpha \boldsymbol{e}_\alpha$ skalar mit $\boldsymbol{e}_\beta$, so erhält man unter Benutzung von (3.128) und (3.133)

$$a_\beta = \eta_{\beta\alpha} a^\alpha\,,$$

also gerade den früheren Zusammenhang (3.113).

Um das Transformationsverhalten der kovarianten Einheitsvektoren zu bestimmen, machen wir den Ansatz $\boldsymbol{e}^\alpha = T^\alpha{}_\rho\, \boldsymbol{e}'^\rho$ und erhalten mit (3.131a)

$$\delta^\alpha{}_\beta = \boldsymbol{e}^\alpha \cdot \boldsymbol{e}_\beta = T^\alpha{}_\rho \Lambda^\sigma{}_\beta\, \boldsymbol{e}'^\rho \cdot \boldsymbol{e}'_\sigma \overset{(3.133)}{=} T^\alpha{}_\sigma \Lambda^\sigma{}_\beta\,.$$

Multipliziert man diese Gleichung mit $\bar{\Lambda}^\beta{}_\gamma$ und benutzt (3.97b), so folgt $T^\alpha{}_\gamma = \bar{\Lambda}^\alpha{}_\gamma$ und

$$\boldsymbol{e}^\alpha = \bar{\Lambda}^\alpha{}_\rho \boldsymbol{e}'^\rho\,. \tag{3.137}$$

Aus $\boldsymbol{a} = a_\alpha \boldsymbol{e}^\alpha = a_\alpha \bar{\Lambda}^\alpha{}_\rho \boldsymbol{e}'^\rho = a'_\rho \boldsymbol{e}'^\rho$ folgt schließlich die Transformationsgleichung (3.103a) für kovariante Vektorkomponenten.

Hinsichtlich der koordinatenfreien Einführung von Tensoren wollen wir uns hier ganz kurz fassen und nur exemplarisch den Fall von Tensoren zweiter Stufe behandeln. Zunächst definiert man eine **Basis von Tensoren**, die alle geordnete Paare $\boldsymbol{e}_\alpha \otimes \boldsymbol{e}_\beta$ oder $\boldsymbol{e}_\alpha \otimes \boldsymbol{e}^\beta$ oder $\boldsymbol{e}^\alpha \otimes \boldsymbol{e}_\beta$ oder $\boldsymbol{e}^\alpha \otimes \boldsymbol{e}^\beta$ von Vektoren enthält, verlangt, daß diese Paare bilineare Funktionen ihrer Argumente sind, und erhält für deren Transformation z. B. mit (3.131)

$$\boldsymbol{e}_\alpha \otimes \boldsymbol{e}_\beta = (\Lambda^\gamma{}_\alpha \boldsymbol{e}'_\gamma) \otimes (\Lambda^\delta{}_\beta \boldsymbol{e}'_\delta) = \Lambda^\gamma{}_\alpha \Lambda^\delta{}_\beta\, \boldsymbol{e}'_\gamma \otimes \boldsymbol{e}'_\delta\,. \tag{3.138}$$

Als allgemeinen Tensor zweiter Stufe definiert man dann die Größe

$$\mathsf{T} := T^{\alpha\beta}\, \boldsymbol{e}_\alpha \otimes \boldsymbol{e}_\beta = T^\alpha{}_\beta\, \boldsymbol{e}_\alpha \otimes \boldsymbol{e}^\beta = T_\alpha{}^\beta\, \boldsymbol{e}^\alpha \otimes \boldsymbol{e}_\beta = T_{\alpha\beta}\, \boldsymbol{e}^\alpha \otimes \boldsymbol{e}^\beta\,, \tag{3.139}$$

wobei $T^{\alpha\beta}$, $T^\alpha{}_\beta$ etc. als **Komponenten des Tensors T** bezeichnet werden. Aus (3.139) erhält man z. B.

$$T^{\alpha\sigma}\, \boldsymbol{e}_\alpha \otimes \boldsymbol{e}_\sigma = T^\alpha{}_\beta\, \boldsymbol{e}_\alpha \otimes \boldsymbol{e}^\beta \overset{(3.134)}{=} T^\alpha{}_\beta\, \eta^{\beta\sigma}\, \boldsymbol{e}_\alpha \otimes \boldsymbol{e}_\sigma \qquad \text{und} \qquad T^{\alpha\sigma} = T^\alpha{}_\beta\, \eta^{\beta\sigma}\,,$$

d. h. die Komponenten verschiedener Darstellungen desselben Tensors lassen sich in der gewohnten Weise aufeinander zurückführen. Das Transformationsverhalten der Tensorkomponenten folgt aus dem der Basisvektoren, der Basistensoren (z. B. (3.138)) sowie aus der Invarianz von T und führt wieder zu (3.106). Als Skalarprodukt eines Tensors mit einem Vektor definiert man zunächst

$$(\boldsymbol{e}_\alpha \otimes \boldsymbol{e}_\beta) \cdot \boldsymbol{e}_\gamma := \boldsymbol{e}_\alpha\, (\boldsymbol{e}_\beta \cdot \boldsymbol{e}_\gamma) = \eta_{\beta\gamma}\, \boldsymbol{e}_\alpha\,,$$

$$\boldsymbol{e}_\gamma \cdot (\boldsymbol{e}_\alpha \otimes \boldsymbol{e}_\beta) := (\boldsymbol{e}_\gamma \cdot \boldsymbol{e}_\alpha)\, \boldsymbol{e}_\beta = \eta_{\gamma\alpha}\, \boldsymbol{e}_\beta\,,$$

$$(\boldsymbol{e}_\alpha \otimes \boldsymbol{e}^\beta) \cdot \boldsymbol{e}_\gamma := \boldsymbol{e}_\alpha\, (\boldsymbol{e}^\beta \cdot \boldsymbol{e}_\gamma) = \delta^\beta{}_\gamma\, \boldsymbol{e}_\alpha$$

usw., allgemeiner

$$
\begin{aligned}
\mathsf{T}\cdot\boldsymbol{v} &= T^{\alpha\beta}\,(\boldsymbol{e}_\alpha\otimes\boldsymbol{e}_\beta)\,v^\gamma\cdot\boldsymbol{e}_\gamma = \eta_{\beta\gamma}\,v^\gamma\,T^{\alpha\beta}\,\boldsymbol{e}_\alpha = \boldsymbol{e}_\alpha\,T^{\alpha\beta}v_\beta \\
&= T^\alpha{}_\beta\,(\boldsymbol{e}_\alpha\otimes\boldsymbol{e}^\beta)\,v^\gamma\cdot\boldsymbol{e}_\gamma = \delta^\beta{}_\gamma\,v^\gamma\,T^\alpha{}_\beta\,\boldsymbol{e}_\alpha = \boldsymbol{e}_\alpha\,T^\alpha{}_\beta v^\beta
\end{aligned}
\tag{3.140}
$$

etc. Man erkennt, daß die Bildung des Skalarproduktes einer Verjüngung der Tensorkomponenten entspricht.

Hinweis: Die hier präsentierte Einführung von Vektoren und Tensoren ist die in vielen Teilgebieten der Physik übliche. Die den Punkten der Raum-Zeit zugeordneten Vektoren liegen in einem Vektorraum, der mit der Raum-Zeit identifiziert werden kann, was auch üblicherweise geschieht. Hierdurch ergeben sich Vereinfachungen, die dazu führen, daß der Vektor- und Tensorbegriff auf die besonderen Gegebenheiten euklidischer bzw. pseudo-euklidischer Räume zugeschnitten und im allgemeinen nicht auf die Raum-Zeiten der ART übertragbar ist. Wir werden uns daher im Rahmen der ART (Exkurs 9.1) mit einem moderneren Vektor- und Tensorbegriff vertraut machen, der in der Differentialgeometrie nichteuklidischer Räume entwickelt wurde. Natürlich ist dieser auch auf euklidische Räume bzw. den pseudo-euklidischen Raum der SRT anwendbar.

Aufgaben

3.1 Beweisen Sie: Die Forderung, daß jede gleichförmige geradlinige Bewegung durch die Transformation (3.2) in eine ebensolche überführt werden muß, ist ohne weitere Zusatzforderungen nicht ausreichend für den Beweis von deren Linearität.
Anleitung: Zum Beweis genügt es, die Transformation $x'=f(x,t)$, $y'=y$, $z'=z$, $t'=g(x,t)$ und eine Bewegung längs der x-Achse, $x=vt$ bzw. $x'=v't'$, zu betrachten. Leiten Sie eine Differentialgleichung für die Hilfsgröße $w(x,y):=v'g(x,y)-f(x,y)$ ab und lösen Sie diese!

3.2 Zeigen Sie, daß (3.56) aus (3.55) folgt.

3.3 Ein Stab, der im Zustand der Ruhe die Länge l' besitzt, fliegt an Ihnen mit der Geschwindigkeit v in Richtung seiner Ausdehnung vorbei.
(a) Wie lange dauert es, bis er an Ihnen vorbei ist?
(b) Wie lange dauert dieser Vorgang in seinem Ruhesystem?
(c) Vergleichen Sie die beiden Zeiten!
(d) Ist das Ergebnis verträglich mit der Zeitdilatation, und wenn ja, wieso?
(e) Berechnen Sie die im System S gemessene Lorentz-Kontraktion eines in S' ruhenden Maßstabs der Länge $\Delta l'$, der gegenüber der Relativgeschwindigkeit $\pm\boldsymbol{v}$ der beiden Systeme um den Winkel α gedreht ist.

3.4 Berechnen Sie die Rotverschiebung $(\lambda'-\lambda)/\lambda$ des Lichtes einer Galaxie, die sich von uns mit der Geschwindigkeit $v=0.95c$ entfernt.

3.5 Leiten Sie das in Abschn. 3.3.2 erhaltene Ergebnis für die Strecke, welche die in der Erdatmosphäre erzeugten μ-Mesonen während ihrer Lebensdauer zurücklegen, im deren Ruhesystem ab!

3.6 *Variante des Zwillingsparadoxons.* Beim Zwillingsparadoxon möchte der zurückbleibende Zwilling zum Überprüfen des Jüngerbleibens seines Bruders nicht warten, bis dieser zurückgekehrt ist, sondern reist diesem nach einiger Zeit mit (konstanter) höherer Geschwindigkeit nach. Da er schneller reist als dieser, altert er während seiner Reise langsamer als dieser, dafür ist seine Reisezeit bis zum Einholen des Bruders aber auch kürzer. Welcher der beiden Brüder ist beim Wiedersehen älter?

3.7 Zeigen Sie, daß eine Atomuhr, die sich im Schwerefeld $\boldsymbol{g}=g\boldsymbol{e}_z$ (mit $g=\text{const}$) in der Höhe h über dem Erdboden befindet, gegenüber einer Uhr am Boden in der dort gemessenen Zeit t um $\Delta t=(gh/c^2)\,t$ vorgeht. Unter Vernachlässigung von ART-Effekten kann Δt aus der Energieerhöhung berechnet werden, die ein Photon der Energie $h\nu$ beim „Anheben" um die Höhe h im Schwerefeld erfährt.

3.8 Welche Rotverschiebung erfährt die Schwingungsfrequenz eines Schwerependels im System des Aufhängepunktes gegenüber einem mit der Pendelmasse schwingenden Beobachters bei kleiner Pendelamplitude $l_\varphi \ll l$? Wieviele Schwingungen muß ein Pendel von 1 m Länge im Schwerefeld der Erde ausführen, bis für die beiden Beobachter ein Zeitunterschied von 1 ns ensteht?

3.9 Ein „Einstein-Zug" fährt beinahe mit Lichtgeschwindigkeit von A nach B und von dort zurück nach A. In allen seinen Wagen befinden sich Uhren, die auf dem Weg von A nach B im Ruhesystem des Zuges synchronisiert waren. Die Umkehr vollzieht sich derart, daß die Lokomotive bei B spontan umkehrt ($v\to -v$). Auch die Wagen sollen spontan umkehren ($v\to -v$), aber erst, nachdem sie durch ein von der Lokomotive ausgehendes Lichtsignal von deren Umkehr erfahren haben. Erörtern sie an Hand eines Minkowski-Diagramms, welche Zeiten ein am Punkt A zurückgebliebener Beobachter auf den Uhren in den Wagen des Zuges bei deren Rückkunft abliest.

3.10 Berechnen Sie aus der Transformationsgleichung $dx'^\alpha = \Lambda^\alpha{}_\beta\, dx^\beta$ die Koeffizienten $\Lambda^\alpha{}_0$, indem Sie die Bewegung eines Teilchens, das im System S ruht, in S' betrachten.

3.11 Leiten Sie die Invarianz des Volumenelementes d^4X aus den Gleichungen $dX'^\alpha = \Lambda^\alpha{}_\beta\, dX^\beta$ und $\eta_{\mu\nu} = \Lambda^\alpha{}_\mu \Lambda^\beta{}_\nu\, \eta_{\alpha\beta}$ mit Hilfe des Produktsatzes für Determinanten ab!

3.12 Berechnen Sie die Zeitdilatation eines Systems, das sich mit der Geschwindigkeit $\boldsymbol{v}=v\boldsymbol{e}_x$ in Richtung der x-Achse bewegt und durch die konstante Beschleunigung $\boldsymbol{b}=-g\boldsymbol{e}$ so lange abgebremst wird, bis sich seine Geschwindigkeit umgedreht hat.

4 Relativistische Mechanik

Die Newtonsche Mechanik ist galilei-invariant, d. h. es gilt (3.27) mit $V=\infty$; sie kann daher nicht lorentz-invariant sein, weil dazu (3.27) mit $V=c$ gelten müßte. Wir haben uns Einsteins Überlegungen folgend auf den Standpunkt gestellt, daß die Maxwell-Theorie des Elektromagnetismus genauer auf ihre Richtigkeit überprüft ist als die Mechanik, und werden später sehen, daß sie lorentz-invariant ist. Um das alle Naturgesetze umfassende Relativitätspostulat erfüllen zu können, fordern wir daher im Rahmen der SRT, daß alle Naturgesetze lorentz-invariant sein müssen. Dies bedeutet, daß die Mechanik abgeändert werden muß.

Die Newtonsche Mechanik kann aber nicht völlig falsch sein. Für mechanische Vorgänge des täglichen Lebens liefert sie Ergebnisse hervorragender Genauigkeit. So verläßt man sich z. B. völlig auf sie, wenn man die Bahnen von Satelliten berechnet. Das bedeutet, daß sie für kleine Geschwindigkeiten eine hervorragende Näherung an eine relativistische Mechanik darstellen muß. Diese Tatsache benutzen wir bei deren Ableitung als wesentlichen Gesichtspunkt: Ist $\boldsymbol{u}$ die momentane Geschwindigkeit eines durch Krafteinwirkungen beschleunigten Massenpunktes, so verlangen wir, daß die Bewegungsgleichung der SRT im Grenzfall $|\boldsymbol{u}|/c\to 0$ in die Newtonsche Bewegungsgleichung übergeht. Wie sich herausstellen wird, genügt eine entsprechend abgewandelte Forderung auch, um in eindeutiger Weise zu einer relativistischen Mechanik von Systemen mehrerer Massenpunkte zu gelangen. Diese Forderungen stehen im Einklang damit, daß die Lorentz-Transformation für kleine Relativgeschwindigkeiten näherungsweise in die Galilei-Transformation übergeht.

Bevor wir die Bewegungsgleichung der SRT aus der oben genannten Forderung und den beiden Grundpostulaten der SRT herleiten, können wir uns einige ihrer wesentlichen Merkmale schon an Hand einer einfachen Plausibilitätsbetrachtung klar machen.

4.1 Vorbetrachtungen

4.1.1 Zur Geschwindigkeitsabhängigkeit der Masse

Ein Massenpunkt habe im System S zur Zeit $t=0$ die Geschwindigkeit $\boldsymbol{u}(0)=u_y(0)\boldsymbol{e}_y$. Ab $t=0$ wirke auf ihn eine Kraft $\boldsymbol{f}=f\boldsymbol{e}_x$, welche die x-Komponente seiner Geschwindigkeit bis zur Zeit t auf den Wert $u_x=v(t)$ bringt (Abb. 4.1). In einem System S', das parallel zur x-Achse mit dem Teilchen beschleunigt wird (es befinde sich mit S in Standardkonfiguration), wirkt nach der Newtonschen Theorie in y-Richtung keine Kraftkomponente. Dies macht die Annahme

$$u'_y(t') = u'_y(0) \qquad \text{für alle } t'$$

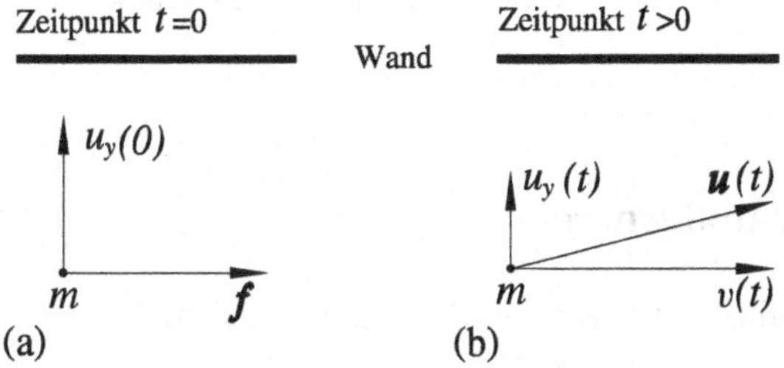

Abb. 4.1: Änderung von u_y bei Beschleunigung in x-Richtung.

äußerst plausibel. S' bewegt sich zur Zeit t relativ zu S mit der Geschwindigkeit $\boldsymbol{v}=v(t)\boldsymbol{e}_x$. Mit $u'_x=0$ und $u_x=v$ erhalten wir für diesen Zeitpunkt aus (3.53b)

$$u_y(t) = \sqrt{1-\frac{v^2(t)}{c^2}}\,u'_y(t') = \sqrt{1-\frac{v^2(t)}{c^2}}\,u'_y(0) = \sqrt{1-\frac{v^2(t)}{c^2}}\,u_y(0)\,, \tag{4.1}$$

wobei das letzte Gleichheitszeichen deshalb gilt, weil sich die beiden Systeme S und S' zur Zeit $t=t'=0$ relativ zueinander in Ruhe befinden. In S wird also eine Veränderung der Geschwindigkeit u_y beobachtet, obwohl die Kraft f nur in x-Richtung gewirkt hat. (Wir werden in Abschn. 4.3 allerdings erkennen, daß (4.1) nur unmittelbar zu Beginn der Beschleunigungsphase völlig korrekt ist.)

Versuchen wir nun, dieses paradoxe Ergebnis zu interpretieren. Dazu nehmen wir an, die y-Bewegung des Teilchens werde dadurch gebremst, daß dieses auf eine Wand trifft und ein Loch in diese schlägt. Nach der Newtonschen Mechanik bildet dessen Tiefe ein Maß für die Größe des Impulses, und es ist plausibel, daß das auch in der Mechanik der SRT so sein muß. Da in y-Richtung keine Lorentz-Kontraktion erfolgt, wird die Tiefe des Loches in S und S' gleich beurteilt. Infolgedessen können wir annehmen, daß die y-Komponente des Teilchenimpulses in S und S' gleich ist,

$$mu_y(t) = m'u'_y(t') = m'u'_y(0) = m'u_y(0) = m^0u_y(0)\,.$$

Dabei bezeichnet $m^0=m'$ die Masse des Teilchens in einem System, in welchem es sich nur in Richtung der y-Achse mit der Geschwindigkeit $u_y(0)$ bewegt, also die Masse, die es zur Zeit $t=0$ in S und zu allen Zeiten t' in S' besitzt. Aus der zuletzt abgeleiteten Beziehung folgt mit (4.1), daß die Masse von der Zeit t in der Form $m(t)=m^0/\sqrt{1-v^2(t)/c^2}$ abhängen muß. Wir können dieses Ergebnis auch als eine reine Geschwindigkeitsabhängigkeit der Masse interpretieren, müssen aus ihm aber konsequenterweise schließen, daß m^0 noch von $u_y(0)$ abhängen muß. Von der damit verbundenen Unbestimmtheit können wir uns befreien, indem wir jetzt noch $u_y(0)\to 0$ gehen lassen, und erhalten für diesen Grenzfall mit der Definition $m_0=\lim_{u_y(0)\to 0} m^0$ schließlich

$$m = \frac{m_0}{\sqrt{1-v^2/c^2}}\,. \tag{4.2}$$

Dabei ist m_0 die im Zustand völliger Ruhe ($\boldsymbol{u}=0$) gemessene Masse. Obwohl unsere auf der Newtonschen Theorie basierende Betrachtung nur für kleine Geschwindigkeiten v korrekt ist, wird sich das Ergebnis (4.2) als allgemein gültig herausstellen. Die

Masse des Teilchens wächst demnach monoton mit der Teilchengeschwindigkeit und geht für $v \to c$ gegen Unendlich.

4.1.2 Äquivalenz von Masse und Energie

Entwickeln wir (4.2) nach v/c, so erhalten wir für $v/c \ll 1$ mit guter Näherung

$$m \approx m_0 + \frac{m_0 v^2}{2} / c^2 . \tag{4.3}$$

Außerdem ist für kleine Geschwindigkeiten mit guter Näherung die Newtonsche Theorie gültig, so daß wir $m_0 v^2/2 = E_{\mathrm{kin}}$ setzen dürfen. Die Massenzunahme des Teilchens bei einer Beschleunigung von der Geschwindigkeit 0 auf v ist nach (4.3) also

$$\Delta m = m - m_0 = \frac{E_{\mathrm{kin}}}{c^2} . \tag{4.4}$$

Man kann dieses Ergebnis dahingehend auslegen, daß die kinetische Energie zur Masse des Teilchens beiträgt. Umgekehrt ergibt sich aus der Massenzunahme Δm der Beitrag $E_{\mathrm{kin}} = \Delta m\, c^2$ zur Energie des Teilchens. Dieses Ergebnis werden wir später zu der berühmten Einsteinschen Formel $E = mc^2$ erweitern.

4.2 Vierervektoren der Geschwindigkeit, Beschleunigung und Kraft

Wir werden die relativistischen Bewegungsgleichungen unter Benutzung des in Abschn. 3.6 entwickelten Kalküls für Vierervektoren aufstellen. Um die letzteren besser von den in der Newtonschen Mechanik benutzten Dreiervektoren unterscheiden zu können, werden wir im folgenden für Dreiervektoren kleine und für Vierervektoren große Buchstaben verwenden. Dementsprechend bezeichnen wir die Lagekoordinaten in der vierdimensionalen Raumzeit, allerdings nur vorübergehend im Rahmen der SRT, mit X^α , $\alpha = 0, 1, 2, 3$. Als erstes konstruieren wir Vierervektoren, die sich als relativistische Verallgemeinerungen der Dreiervektoren für die Geschwindigkeit und die Beschleunigung von Massenpunkten auffassen lassen.

In der Newtonschen Mechanik erhält man den Vektor der Dreiergeschwindigkeit, indem man den Abstandsvektor $d\boldsymbol{r}$ zwischen benachbarten Bahnpunkten durch die Zeit dt teilt, die zum Durchlaufen von $d\boldsymbol{r}$ benötigt wird. Ist $X^\alpha(s)$ eine Parameterdarstellung der Weltlinie eines Massenpunktes in der vierdimensionalen Raum-Zeit, so ist $dX^\alpha = \dot{X}^\alpha(s)\, ds$ der vierdimensionale Abstandsvektor benachbarter Bahnpunkte. Die zum Durchlaufen des Weltlinienstückes benötigte Zeit dt ist wegen der Zeitdilatation $dt' = \gamma\, dt$ keine Lorentz-Invariante, und infolgedessen ist auch die Größe dX^α/dt kein

Vierervektor. Dagegen ist die Größe

$$d\tau = ds/c \qquad \text{mit} \qquad \begin{cases} ds = \sqrt{\eta_{\alpha\beta} dX^\alpha dX^\beta}\,, \\ c = \text{Vakuum-Lichtgeschwindigkeit} \end{cases} \tag{4.5}$$

ganz offensichtlich lorentz-invariant. Auf der Weltlinie eines Punktteilchens gilt $dx^2+dy^2+dz^2=(\dot{x}^2+\dot{y}^2+\dot{z}^2)\,dt^2=u^2dt^2$, und unter Benutzung von (3.108) folgt daher $ds^2=(c^2-u^2)\,dt^2$ und

$$d\tau = \sqrt{1-u^2/c^2}\,dt\,. \tag{4.6}$$

Im momentanen Ruhesystem des Teilchens ($\boldsymbol{u}$=0) gilt $d\tau=dt$, d. h. $d\tau$ ist die Zeit, die im Ruhesystem des Teilchens zwischen den Ereignissen X^α und $X^\alpha+dX^\alpha$ auf der Weltlinie vergeht. Eine ideale Uhr, die das Teilchen begleitet und alle Geschwindigkeitsveränderungen des Teilchens mitmacht, sollte bei geeigneter Wahl des Zeitnullpunktes theoretisch die Zeit $\tau=\int_{\tau_0}^{\tau} d\tau'$ anzeigen. In Übereinstimmung mit (3.75) wird diese als **Eigenzeit** des Teilchens bezeichnet.

Teilt man nun den Vierervektor dX^α durch das lorentz-invariante Eigenzeitintervall $d\tau$, das zum Durchlaufen von dX^α benötigt wird, so erhält man die **Vierergeschwindigkeit**

$$U^\alpha = \frac{dX^\alpha}{d\tau} = \frac{1}{\sqrt{1-u^2/c^2}}\frac{dX^\alpha}{dt}\,. \tag{4.7}$$

Da sich mit $d\tau$ auch $1/d\tau$ wie ein Skalar transformiert, bildet U^α als Produkt eines Tensors nullter mit einem Tensor erster Stufe nach den Regeln von Abschn. 3.6.1 wieder einen Tensor, d. h. U^α ist ein Vierervektor. Mit $dX^0/dt=c$ und $dX^i/dt=u^i$ (i=1, 2, 3) ergibt (4.7)

$$U^0 = \frac{c}{\sqrt{1-u^2/c^2}}\,, \qquad U^i = \frac{u^i}{\sqrt{1-u^2/c^2}}\,, \qquad i=1,2,3\,,$$

wofür wir kürzer

$$\{U^\alpha\} = \frac{1}{\sqrt{1-u^2/c^2}}\{c\,,\boldsymbol{u}\}\,. \tag{4.8}$$

schreiben. Als Quadrat der „Länge" des Vektors $\{U^\alpha\}$ ergibt sich nach (3.114) der invariante Wert $\eta_{\alpha\beta}U^\alpha U^\beta=(c^2-u^2)/(1-u^2/c^2)=c^2$, wofür wir mit (3.113) kürzer

$$U^2 := U_\alpha U^\alpha = c^2 \tag{4.9}$$

schreiben können. Nach der im Zusammenhang mit (3.115) eingeführten Nomenklatur ist $\{U^\alpha\}$ ein zeitartiger Vektor. Für kleine Teilchengeschwindigkeiten $u\ll c$ gilt näherungsweise

$$\{U^\alpha\} \approx \{c\,,\boldsymbol{u}\}\,,$$

die 1, 2, 3 Komponenten von U^α gehen also für $u\to 0$ in die Komponenten des Dreiervektors der Geschwindigkeit über.

Mit U^α ist auch dU^α ein Vierervektor. Dividiert man dU^α durch den Skalar $d\tau$, so erhält man daher als einen weiteren Vierervektor die **Viererbeschleunigung**

$$A^\alpha = \frac{dU^\alpha}{d\tau} = \frac{d^2X^\alpha}{d\tau^2} = \frac{1}{\sqrt{1-u^2/c^2}}\frac{d}{dt}\left(\frac{1}{\sqrt{1-u^2/c^2}}\frac{dX^\alpha}{dt}\right). \tag{4.10}$$

In Komponenten gilt mit $(1-u^2/c^2)^{-1/2}=\gamma$, $\boldsymbol{a}=d\boldsymbol{u}/dt$ und $d\gamma/dt=\gamma^3\boldsymbol{u}\cdot\boldsymbol{a}/c^2$

$$\{A^\alpha\} = \gamma\left\{\frac{d}{dt}(\gamma c), \frac{d}{dt}(\gamma\boldsymbol{u})\right\} = \left\{\frac{\gamma^4}{c}\boldsymbol{u}\cdot\boldsymbol{a}, \gamma^2\boldsymbol{a} + \frac{\gamma^4}{c^2}\boldsymbol{u}\cdot\boldsymbol{a}\,\boldsymbol{u}\right\}, \tag{4.11}$$

und im Ruhesystem des Teilchens ergibt sich daraus der Vektor

$$\{A^\alpha\} = \{0, \boldsymbol{a}\}, \tag{4.12}$$

der als 1, 2, 3-Komponenten die gewöhnliche Beschleunigung $\boldsymbol{a}$ enthält. Sein Längenquadrat ist

$$\boldsymbol{A}^2 = -\left(\frac{d\boldsymbol{u}}{dt}\right)^2 = -\boldsymbol{a}^2. \tag{4.13}$$

Da $\boldsymbol{A}^2$ als invariante Größe in allen Systemen negativ ist, ist $\{A^\alpha\}$ ein raumartiger Vektor. Differenziert man (4.9) nach τ, so folgt mit (4.10)

$$\boldsymbol{U}\cdot\boldsymbol{A} := U^\alpha A_\alpha = 0, \tag{4.14}$$

die Vektoren $\{U^\alpha\}$ und $\{A^\alpha\}$ „stehen aufeinander senkrecht".

Wir suchen jetzt eine vierdimensionale Verallgemeinerung des dreidimensionalen Vektors der Kraft. Hierzu gehen wir von der schon zu Beginn diese Kapitels erläuterten Forderung aus, daß die Newtonschen Bewegungsgleichungen für einen Massenpunkt in dessen momentanem Ruhesystem auch relativistisch gültig bleiben sollen. Demnach gibt die im momentanen Ruhesystem des Teilchens in üblicher Weise gemessene Dreierkraft $\boldsymbol{f}_0$ in diesem System auch den richtigen relativistischen Wert an. Die zunächst nur im Ruhesystem S' des Teilchens definierte Vierergröße

$$\{F'^\alpha\} = \{0, \boldsymbol{f}_0\} \tag{4.15}$$

erweitern wir nun durch die Transformationsvorschrift $F^\alpha = \bar{\Lambda}^\alpha{}_\beta F'^\beta$ (vgl. (3.98) und die zu Beginn von Abschn. 3.6.1 gemachten Ausführungen) zu einem Vierervektor, den wir als Vierervektor der Kraft bezeichnen. (Daß wir seine Nullkomponente im Ruhesystem des Teilchens zu null angesetzt haben, wird dadurch motiviert, daß dort nach (4.12) auch die Nullkomponente des Beschleunigungsvektors verschwindet.) Da sich $\{F^\alpha\}=\{F^0, \boldsymbol{f}\}$ wie $\{dX^\alpha\}=\{d\,ct, d\boldsymbol{r}\}$ transformiert, können wir die Transformationsgleichungen (3.51) benutzen, wobei die Ersetzungen $d\,ct\to F^0$, $d\boldsymbol{r}\to\boldsymbol{f}$, $d\,ct'\to F'^0=0$, $d\boldsymbol{r}'\to\boldsymbol{f}_0$ vorzunehmen sind. Indem wir noch benutzen, daß die Relativgeschwindigkeit zwischen dem Ruhesystem S' des Teilchens und dem System S gleich der Teilchengeschwindigkeit ist, also $\boldsymbol{v}=\boldsymbol{u}$, erhalten wir aus ihnen

$$0 = F'^0 = \gamma \left(F^0 - \frac{\boldsymbol{f} \cdot \boldsymbol{u}}{c} \right) , \qquad \boldsymbol{f}_0 = \boldsymbol{f}' = \boldsymbol{f} + \boldsymbol{u} \left[(\gamma - 1) \frac{\boldsymbol{f} \cdot \boldsymbol{u}}{u^2} - \gamma \frac{F^0}{c} \right] .$$

Aus der ersten dieser Gleichungen folgt $F^0 = \boldsymbol{f} \cdot \boldsymbol{u}/c$, d. h. in einem System S, in welchem sich das Teilchen mit der Geschwindigkeit $\boldsymbol{u}$ bewegt, besitzt F^α die Komponenten

$$\{F^\alpha\} = \left\{ \frac{\boldsymbol{f} \cdot \boldsymbol{u}}{c} , \boldsymbol{f} \right\} , \tag{4.16}$$

und aus der zweiten folgt mit $F^0 = \boldsymbol{f} \cdot \boldsymbol{u}/c$ nach einfacher Rechnung

$$\boldsymbol{f} \cdot \boldsymbol{u} = \gamma \, \boldsymbol{f}_0 \cdot \boldsymbol{u} \qquad \text{und} \qquad \boldsymbol{f} = \boldsymbol{f}_0 + (\gamma - 1) \frac{\boldsymbol{f}_0 \cdot \boldsymbol{u}}{u^2} \boldsymbol{u} . \tag{4.17}$$

Damit können wir F^α aus der im Ruhesystem gemessenen Kraft $\boldsymbol{f}_0$ durch

$$\boxed{\{F^\alpha\} = \left\{ \gamma \frac{\boldsymbol{f}_0 \cdot \boldsymbol{u}}{c} , \boldsymbol{f}_0 + (\gamma - 1) \frac{\boldsymbol{f}_0 \cdot \boldsymbol{u}}{u^2} \boldsymbol{u} \right\}} \tag{4.18}$$

ausdrücken. Aus (4.8) und (4.16) folgt, daß für alle Viererkräfte die Beziehung

$$F^\alpha U_\alpha = 0 \tag{4.19}$$

erfüllt ist.

4.3 Relativistische Bewegungsgleichung eines einzelnen Massenpunktes

Bei der Formulierung der relativistischen Bewegungsgleichung für einen Massenpunkt besteht die Aufgabe darin, eine lorentz-invariante Gleichung zu finden, die im Ruhesystem des betrachteten Massenpunktes in die Newtonsche Bewegungsgleichung übergeht. Ergänzen wir unsere Definitionen (4.8) und (4.11) noch dadurch, daß wir in Analogie zur Eigenzeit einen Massenskalar m_0 definieren, der durch die Masse des Teilchens in dessen Ruhesystem gegeben ist,

$$m_0 = \text{Ruhemasse} , \tag{4.20}$$

so besitzt die Gleichung

$$\boxed{m_0 \frac{d^2 X^\alpha}{d\tau^2} = m_0 \frac{dU^\alpha}{d\tau} = F^\alpha} \tag{4.21}$$

alle gewünschten Eigenschaften. Links steht ein Vierervektor, da das Produkt eines Skalars mit einem Vektor wieder einen Vektor ergibt, und rechts steht ein Vierervektor. Als Gleichung zwischen Vierervektoren ist (4.21) aber lorentz-invariant. Im Ruhesystem des Teilchens reduziert sie sich mit (4.10), (4.12) und (4.15) auf

$$m_0 \left\{0\,, \frac{d\boldsymbol{u}}{dt}\right\} = \{0\,, \boldsymbol{f}_0\}\,,$$

was gerade die Newtonsche Bewegungsgleichung ist. Definieren wir jetzt durch

$$\boxed{m = \frac{m_0}{\sqrt{1-u^2/c^2}}} \tag{4.22}$$

eine **bewegte Masse** m (siehe Exkurs 4.1), so erhalten wir mit (4.11) und (4.16) für die Komponenten der Bewegungsgleichung (4.21)

$$\frac{d(mc)}{dt} = \frac{\sqrt{1-u^2/c^2}\;\boldsymbol{f}\cdot\boldsymbol{u}}{c}\,, \qquad \frac{d(m\boldsymbol{u})}{dt} = \sqrt{1-u^2/c^2}\;\boldsymbol{f}\,. \tag{4.23}$$

Es ist auch in der Relativitätstheorie bequem, die Zeitableitung der Größe $m\boldsymbol{u}$ als Kraft zu interpretierten. Das führt dazu, die Größe

$$\boldsymbol{k} = \sqrt{1-u^2/c^2}\;\boldsymbol{f} \overset{(4.17)}{=} \frac{1}{\gamma}\boldsymbol{f}_0 + \frac{\gamma-1}{\gamma}\frac{\boldsymbol{f}_0\cdot\boldsymbol{u}}{u^2}\,\boldsymbol{u} \tag{4.24}$$

als Kraft zu bezeichnen. (Man beachte aber, daß $\boldsymbol{k}$ nicht die räumlichen Komponenten eines Vierervektors darstellt!) Der Zusammenhang zwischen $\boldsymbol{k}$ und der Viererkraft F^α ist nach (4.16)

$$\{F^\alpha\} = \gamma\left\{\frac{\boldsymbol{k}\cdot\boldsymbol{u}}{c}\,, \boldsymbol{k}\right\}. \tag{4.25}$$

Unter Benutzung der Kraft $\boldsymbol{k}$ lauten die Komponenten der **relativistischen Bewegungsgleichung** (4.23)

$$\boxed{\frac{d}{dt}(m\boldsymbol{u}) = \boldsymbol{k}\,, \qquad \frac{d}{dt}(mc^2) = \boldsymbol{k}\cdot\boldsymbol{u}\,.} \tag{4.26}$$

Der wesentliche Unterschied zwischen der Newtonschen Bewegungsgleichung und (4.26) besteht in der durch (4.22) ausgedrückten Geschwindigkeitsabhängigkeit der Masse. Die zweite der Gleichungen (4.26) ist eine Folge der ersten und enthält daher keine zusätzliche Information. Aus der ersten folgt nämlich

$$\boldsymbol{k}\cdot\boldsymbol{u} = \boldsymbol{u}\cdot\frac{d}{dt}(m\boldsymbol{u}) = u^2\frac{dm}{dt} + m\frac{d}{dt}\frac{u^2}{2}\,,$$

nach (4.22) ist $(c^2-u^2)\,dm/dt = m\,d(u^2/2)/dt$, und damit folgt die zweite.

So zwingend die Forderungen, die uns zur Ableitung der Bewegungsgleichungen (4.21) bzw. (4.26) sowie der Massenformel (4.22) geführt haben, auch theoretisch erscheinen mögen, bedürfen die letzteren doch der Bestätigung durch das Experiment. Tatsächlich wurde deren Gültigkeit durch eine Fülle verschiedenartiger Experimente mit hervorragender Genauigkeit verifiziert, insbesondere auch die Geschwindigkeitsabhängigkeit der Masse.

In Analogie zur Newtonschen Mechanik können wir auch einen Viererimpulsvektor definieren. Ist $F^\alpha=0$, so kann (4.21) einmal integriert werden und liefert $m_0 dX^\alpha/d\tau=m_0 U^\alpha=\text{const}$. Man bezeichnet die Größe

$$\boxed{\{P^\alpha\} = \{m_0 U^\alpha\} = \{mc\,,\, \boldsymbol{p}\}\,,} \tag{4.27}$$

in der $\boldsymbol{p}=m\boldsymbol{u}$ den relativistischen Dreierimpuls bezeichnet, als **Viererimpuls**. Für $u^2/c^2 \ll 1$ gilt näherungsweise $P^\alpha=\{m_0 c\,,\, m_0\boldsymbol{u}\}$, d. h. die 1, 2, 3-Komponenten von $\boldsymbol{P}$ sind näherungsweise gleich den Komponenten des Newtonschen Impulses. Für den Betrag von P^α ergibt sich aus (4.27) und (4.9)

$$\boldsymbol{P}^2 = m^2c^2 - p^2 = m_0^2c^2\,. \tag{4.28}$$

Hieraus folgt

$$p^2 = (m^2 - m_0^2)c^2\,. \tag{4.29}$$

Mit (4.27) lassen sich die relativistischen Bewegungsgleichungen (4.21) in der Form

$$\boxed{\frac{dP^\alpha}{d\tau} = F^\alpha} \tag{4.30}$$

schreiben.

Wir diskutieren noch einige Besonderheiten der relativistischen Bewegungsgleichungen. Aus (4.26a) folgt

$$\frac{d\boldsymbol{u}}{dt} = \frac{1}{m}\left(\boldsymbol{k} - \boldsymbol{u}\frac{dm}{dt}\right) \overset{(4.26b)}{=} \frac{1}{m}\left(\boldsymbol{k} - \frac{\boldsymbol{k}\cdot\boldsymbol{u}}{c^2}\boldsymbol{u}\right)\,. \tag{4.31}$$

Dies bedeutet, daß die Beschleunigung im allgemeinen nicht in Richtung der Kraft $\boldsymbol{k}$ erfolgt. Insbesondere verifiziert das unser plausibles Ergebnis (4.1), nach welchem eine Beschleunigung in y-Richtung erfolgen kann, wenn nur eine Kraft in x-Richtung einwirkt. Für manche Zwecke ist es nützlich, $\boldsymbol{k}$ in eine zu $\boldsymbol{u}$ parallele und eine zu $\boldsymbol{u}$ senkrechte Komponente zu zerlegen,

$$\boldsymbol{k} = \boldsymbol{k}_\parallel + \boldsymbol{k}_\perp \qquad \text{mit} \qquad \boldsymbol{k}_\parallel = \boldsymbol{u}\,\boldsymbol{k}\cdot\boldsymbol{u}/u^2\,.$$

Damit schreibt sich (4.31)

$$m\frac{d\boldsymbol{u}}{dt} = \left(1 - \frac{u^2}{c^2}\right)\frac{\boldsymbol{k}\cdot\boldsymbol{u}}{u^2}\boldsymbol{u} + \boldsymbol{k}_\perp\,. \tag{4.32}$$

Es gibt nur zwei Fälle, in denen die Beschleunigung $d\boldsymbol{u}/dt$ in Richtung von $\boldsymbol{k}$ erfolgt:

1. $\boldsymbol{k}$ steht senkrecht auf $\boldsymbol{u}$: Wegen $\boldsymbol{k}\cdot\boldsymbol{u}=0$ gilt dann

$$m\frac{d\boldsymbol{u}}{dt} = \boldsymbol{k}_\perp .$$

2. $\boldsymbol{k}$ hat die Richtung von $\boldsymbol{u}$, $\boldsymbol{k}_\perp=0$: Aus (4.32) ergibt sich in diesem Fall

$$\frac{m}{1-u^2/c^2}\frac{d\boldsymbol{u}}{dt} = \boldsymbol{k}_\parallel .$$

Historisch führten diese beiden Fälle dazu, zwischen einer longitudinalen Masse $m_\parallel=m/(1-u^2/c^2)$ und einer transversalen Masse $m_\perp=m$ zu unterscheiden. Diese Begriffe erwiesen sich jedoch nicht als fruchtbar, und wir werden sie nicht weiter verwenden.

4.4 Relativistische Bewegungsgleichungen für Systeme von Massenpunkten

In der klassischen Mechanik wird ein System von Punktteilchen so behandelt, daß man für jedes Teilchen eine Newtonsche Bewegungsgleichung anschreibt, die neben äußeren Kräften noch von den anderen Teilchen herrührende Wechselwirkungskräfte enthält. Die letzteren sind Fernwirkungskräfte und erfüllen das Prinzip *actio = reactio*.

Im Gegensatz dazu verbietet die Relativitätstheorie die Existenz von Fernwirkungskräften, weil damit unendliche Signalgeschwindigkeiten verbunden wären. Außerdem würde das Konzept von Fernwirkungskräften in Verbindung mit dem Reaktionsprinzip einen absoluten Zeitbegriff voraussetzen: Ist F_{ij} die Kraft des i-ten auf das j-te Teilchen, so verbindet das Reaktionsprinzip $F_{ij}=-F_{ji}$ Größen miteinander, die im allgemeinen zeitabhängig sind und in verschiedenen Inertialsystemen an verschiedenen Orten definiert sind. Sinnvoll wäre die Gleichung $F_{ij}=-F_{ji}$ nur, wenn es einen für beide Teilchen gleichen Zeitpunkt gäbe, zu dem sie erfüllt ist; in der Relativitätstheorie wird Zeitgleichheit an verschiedenen Orten aber in verschiedenen Inertialsystemen unterschiedlich beurteilt.

Ein Beispiel dafür, wie in der Relativitätstheorie Kräfte übertragen werden, bietet die elektromagnetische Wechselwirkung. Bei ihr werden Kräfte von einem auf ein anderes geladenes Teilchen durch ein elektromagnetisches Feld übertragen, das seine eigene Dynamik besitzt. Auch bei allen anderen bekannten Wechselwirkungen konnte man für die Übertragung von Kräften Felder verantwortlich machen. Diese Felder besitzen selbst Energie und Impuls. Ihre Einwirkung auf ein Teilchen erfolgt direkt an dessen Ort, und daher treten die für Fernwirkungskräfte geschilderten Schwierigkeiten gar nicht auf. Das Wechselwirkungsproblem wird aber insgesamt viel komplizierter, da zur Teilchendynamik zusätzlich die Felddynamik berechnet werden muß. Das macht die relativistische Behandlung von Teilchensystemen zu einem wesentlich komplizierteren

Problem, dessen Formulierung nur im Zusammenhang mit der Formulierung der Felddynamik sinnvoll ist. Wir werden das für die elektromagnetische Wechselwirkung im Rahmen der Elektrodynamik tun (Abschn. 5.6 und 5.11).

4.4.1 Zweierstöße

Das (idealisierende) Konzept einer stoßartigen Wechselwirkung zwischen Teilchen, die zunächst ohne alle Wechselwirkungen geradlinig durch den Raum fliegen und nur bei unmittelbarer Berührung aufeinander Stoßkräfte ausüben, umgeht alle angeführten Schwierigkeiten. Da es sich beim Stoß um eine Nahwirkung handelt, können wir dabei auch relativistisch die Gültigkeit des Prinzips *actio* = *reactio* fordern. Für den Fall eines Stoßes zwischen zwei Teilchen mit den Massen und Dreiergeschwindigkeiten m_i, $\boldsymbol{u}_i$ $(i{=}1,2)$ setzen wir mit (4.26)

$$\frac{d}{dt}(m_1\boldsymbol{u}_1) = \begin{cases} \boldsymbol{k}_{12} & \text{beim Stoß}\,, \\ 0 & \text{sonst} \end{cases} \qquad \frac{d}{dt}(m_2\boldsymbol{u}_2) = \begin{cases} \boldsymbol{k}_{21} & \text{beim Stoß}\,, \\ 0 & \text{sonst} \end{cases}$$

und verlangen $\boldsymbol{k}_{12}{=}-\boldsymbol{k}_{21}$. Durch Addition der Bewegungsgleichungen ergibt sich $d(m_1\boldsymbol{u}_1{+}m_2\boldsymbol{u}_2)/dt{=}0$ und daraus durch Integration über die Zeit

$$m_1\boldsymbol{u}_1 + m_2\boldsymbol{u}_2 = \widetilde{m}_1\widetilde{\boldsymbol{u}}_1 + \widetilde{m}_2\widetilde{\boldsymbol{u}}_2\,,$$

wobei die Buchstaben ohne Schlange Größen vor dem Stoß und die mit Schlange Größen nach dem Stoß kennzeichnen. Die letzte Gleichung wurde für ein beliebiges Inertialsystem abgeleitet und gilt daher in jedem. Da $m\boldsymbol{u}$ die drei räumlichen Komponenten des Vierervektors P^α zusammenfaßt, hat sie zur Folge, daß die drei räumlichen Komponenten des Vierervektors $P_1^\alpha + P_2^\alpha - \widetilde{P}_1^\alpha - \widetilde{P}_2^\alpha$ in jedem beliebigen Inertialsystem verschwinden. Nach Satz 2 von Abschn. 3.6.3 folgt hieraus, daß dieser insgesamt verschwinden muß, d. h. der **relativistischen Erhaltungssatz für den Zweierstoß** lautet

$$\boxed{P_1^\alpha + P_2^\alpha = \widetilde{P}_1^\alpha + \widetilde{P}_2^\alpha} \tag{4.33}$$

in invarianter Schreibweise und

$$\boxed{\begin{aligned} m_1 + m_2 &= \widetilde{m}_1 + \widetilde{m}_2\,, \\ m_1\boldsymbol{u}_1 + m_2\boldsymbol{u}_2 &= \widetilde{m}_1\widetilde{\boldsymbol{u}}_1 + \widetilde{m}_2\widetilde{\boldsymbol{u}}_2 \end{aligned}} \tag{4.34}$$

in Komponenten, wobei in der Gleichung für die Nullkomponente ein gemeinsamer Faktors c herausgekürzt wurde. In einem festen Bezugssystem ist die letztere anders, als das bei den Bewegungsgleichungen (4.26) der Fall war, keine Folge der Gleichungen für die drei räumlichen Komponenten und muß daher separat berücksichtigt werden. Der Grund dafür ist, daß beim Übergang von den die Kraft $\boldsymbol{k}_{12}$ enthaltenden Einzelteilchengleichungen zu (4.33) aus sechs ursprünglichen nur vier Folgegleichungen gebildet wurden, wobei Information verloren ging. (Tatsächlich ist es möglich, die Gleichung für die Nullkomponente aus den sechs ursprünglichen Gleichungen abzuleiten.) Die vier Stoßgleichungen (4.33) bzw. (4.34) müssen sowohl für elastische als auch für inelastische Stöße gelten, denn bei ihrer Herleitung wurden an keiner Stelle spezifische Eigenschaften der Art des Stoßes benutzt.

Aus den Energiesätzen (4.26b) für die Einzelteilchen, die bei der Ableitung der Stoßgleichungen nicht benutzt wurden, ergibt sich mit $\boldsymbol{k}_{12}=-\boldsymbol{k}_{21}$

$$\frac{d}{dt}(m_1+m_2)c^2 = \boldsymbol{k}_{12}\cdot(\boldsymbol{u}_1-\boldsymbol{u}_2)\,,$$

und hieraus mit (4.34a)

$$\int \boldsymbol{k}_{12}\cdot(\boldsymbol{u}_1-\boldsymbol{u}_2)\,dt = 0\,. \tag{4.35}$$

Das ist eine Zusatzforderung an die Wechselwirkungskraft, um die wir uns bei der Behandlung von Stoßprozessen aber nicht kümmern müssen, da $\boldsymbol{k}_{12}$ in den Stoßgleichungen (4.33) nicht mehr vorkommt. (Im Grenzfall der klassischen Mechanik und bei Wechselwirkungskräften kurzer Reichweite ist diese Forderung erfüllt, wenn f_{12} ein vom Abstand abhängiges Potential besitzt, weil dann

$$\begin{aligned}\int_{t_1}^{t_2} \boldsymbol{k}_{12}\cdot(\boldsymbol{u}_1-\boldsymbol{u}_2)\,dt &= -\int_{\text{vor}}^{\text{nach}} \frac{\partial V(|\boldsymbol{r}_1-\boldsymbol{r}_2|)}{\partial(\boldsymbol{r}_1-\boldsymbol{r}_2)}\cdot d(\boldsymbol{r}_1-\boldsymbol{r}_2)\\ &= V\big(|\boldsymbol{r}_1-\boldsymbol{r}_2|_{\text{nach}}\big)-V\big(|\boldsymbol{r}_1-\boldsymbol{r}_2|_{\text{vor}}\big)=0\end{aligned}$$

für $|\boldsymbol{r}_1-\boldsymbol{r}_2|_{\text{vor}}=|\boldsymbol{r}_1-\boldsymbol{r}_2|_{\text{nach}}$ gilt.)

Wie in der klassischen muß auch in der relativistischen Mechanik zwischen elastischen und inelastischen Stößen unterschieden werden. Um diese Unterscheidung treffen zu können, betrachten wir den klassischen Grenzfall unserer relativistischen Stoßgleichungen(4.34). Die zweite von ihnen behält auch im klassischen Grenzfall die Form

$$\boldsymbol{p}_1+\boldsymbol{p}_2=\widetilde{\boldsymbol{p}}_1+\widetilde{\boldsymbol{p}}_2 \tag{4.36}$$

bei. Multiplizieren wir dagegen die erste mit c^2 und entwickeln darin unter Benutzung von (4.22)

$$mc^2 = m_0c^2\left(1+\frac{1}{2}\frac{u^2}{c^2}+\cdots\right),$$

so erhalten wir im klassischen Grenzfall ($u/c\to 0$)

$$m_{01}\frac{{u_1}^2}{2}+m_{02}\frac{{u_2}^2}{2}=\widetilde{m}_{01}\frac{{\widetilde{u}_1}^2}{2}+\widetilde{m}_{02}\frac{{\widetilde{u}_2}^2}{2}+(\widetilde{m}_{01}-m_{01})c^2+(\widetilde{m}_{02}-m_{02})c^2\,. \tag{4.37}$$

Elastischer Stoß

Nach der Newtonschen Mechanik werden elastische Stöße durch die Erhaltung des Impulses, (4.36), und die Erhaltung der kinetischen Energie,

$$m_{01}\frac{u_1^2}{2}+m_{02}\frac{u_2^2}{2}=m_{01}\frac{\widetilde{u}_1{}^2}{2}+m_{02}\frac{\widetilde{u}_2{}^2}{2}\,, \tag{4.38}$$

beschrieben. Hierbei ist implizit enthalten, daß sich die Massen beim Stoß nicht verändern. Man könnte meinen, daß sich geringfügige Veränderungen der Ruhemassen im Energiesatz auch nur geringfügig auswirken. Der klassische Grenzfall (4.37) des relativistischen Energiesatzes zeigt aber, daß sie zu den Zusatztermen $(\widetilde{m}_{0i}-m_{0i})c^2$ mit dem riesigen Multiplikator c^2 führen, der selbst bei winzigen Ruhemassenveränderungen dafür sorgt, daß die kinetische Energie auch nicht mehr näherungsweise erhalten bliebe. Wir können daher folgern, daß die Ruhemassen beim elastischen Stoß klassisch exakt erhalten bleiben müssen.

Dann müssen wir aber auch unsere relativistischen Stoßgleichungen (4.33) für den Fall elastischer Stöße durch die Forderung ergänzen, daß die Ruhemassen erhalten bleiben, d. h. zu den Erhaltungssätzen (4.33) bzw. (4.34) treten noch die Gleichungen

$$m_{0i}=\widetilde{m}_{0i}\,,\qquad i=1,2 \tag{4.39}$$

hinzu.

Inelastischer Stoß

Bei inelastischen Stößen wird in der klassischen Mechanik nur die Gültigkeit der klassischen Variante des Impulssatzes (4.36) gefordert, welche die Erhaltung der Massen m_{0i} impliziert; der Energiesatz wird zunächst einfach fallen gelassen. Die Lösung des Impulssatzes läßt dann eine Größe unbestimmt, die als freier Parameter aufgefaßt wird und das Maß der Inelastizität des Stoßes charakterisiert (Aufgabe 4.8). Setzt man die für einen vorgegebenen Wert dieses Parameters erhaltenen Geschwindigkeiten in den Energiesatz (4.38) ein, so findet man, daß dieser verletzt wird: beim Stoß verändert sich die kinetische Gesamtenergie. Diese Veränderung erklärt man dadurch, daß beim inelastischen Stoß kinetische Energie in Wärme überführt wird, und verlangt, daß die aus kinetischer Energie und Wärme zusammengesetzte Gesamtenergie erhalten bleibt,

$$\Delta Q=\left(m_{01}\frac{u_1{}^2}{2}+m_{02}\frac{u_2{}^2}{2}\right)-\left(m_{01}\frac{\widetilde{u}_1{}^2}{2}+m_{02}\frac{\widetilde{u}_2{}^2}{2}\right). \tag{4.40}$$

Dieser Erhaltungssatz für die Gesamtenergie liefert einen eindeutigen Zusammenhang zwischen dem frei gebliebenen Parameter und der beim Stoß erzeugten Wärme ΔQ. Damit nicht der zweite Hauptsatz der Thermodynamik verletzt wird, muß der Variabilitätsbereich des Parameters noch so eingeschränkt werden, daß sich nur positive ΔQ ergeben können – andernfalls würde Wärme vollständig in gerichtete Energie überführt.

Wenden wir uns jetzt der relativistischen Beschreibung inelastischer Stöße zu. Im Gegensatz zum klassischen Fall ist unter den für diese gültigen Stoßgleichungen auch ein Energiesatz enthalten, der im klassischen Grenzfall in (4.37) übergeht. Würden wir nun, wie beim elastischen Stoß, die Erhaltung der Ruhemassen fordern, so kämen wir (im klassischen Grenzfall) wieder zu (4.38) zurück und hätten in Wirklichkeit einen elastischen Stoß. Dies bedeutet, daß wir bei inelastischen Stößen eine Veränderung der Ruhemassen zulassen müssen. In Analogie zu (4.40) muß dann

$$\Delta Q = \left(m_{01}\frac{u_1{}^2}{2} + m_{02}\frac{u_2{}^2}{2}\right) - \left(\widetilde{m}_{01}\frac{\widetilde{u}_1{}^2}{2} + \widetilde{m}_{02}\frac{\widetilde{u}_2{}^2}{2}\right)$$

als Wärme interpretiert werden, und mit (4.37) ergibt sich hieraus der Zusammenhang

$$\Delta Q_i = (\widetilde{m}_{0i} - m_{0i})c^2\,, \qquad i = 1, 2 \tag{4.41}$$

zwischen der Massenzunahme der Teilchen beim Stoß und der erzeugten Wärme; dabei haben wir die Gesamtwärme ΔQ in separate Anteile ΔQ_i zerlegt, um die sich jedes Teilchen erwärmt, und beim Vergleich Übereinstimmung der Einzelterme verlangt. Letzteres findet seine Begründung darin, daß (4.41) jedenfalls dann gelten muß, wenn beim Stoß nur in einem der Teilchen Wärme erzeugt wird. Wenn dasselbe Teilchen nun bei gleicher Wärmezufuhr einen anderen inelastischen Stoß erleidet, bei dem auch im zweiten Teilchen Wärme erzeugt wird, kann sich der Zusammenhang (4.41) dadurch nicht ändern. Die Zunahme der Ruhemasse von Teilchen bei Erwärmung wird durch die mikroskopische kinetische Theorie in Verbindung mit (4.22) verständlich: Bei der Erwärmung eines makroskopischen Teilchens wird die Wärmebewegung der Atome und Moleküle, aus denen es zusammengesetzt ist, schneller, diese gewinnen an Masse, und damit vergrößert sich seine aus der Summe aller seiner Konstituenten zusammengesetzte Gesamtmasse.

4.4.2 Inelastische Stöße mit Teilchenerzeugung und -vernichtung

In modernen Teilchenbeschleunigern werden Teilchen auf extrem hohe Geschwindigkeiten nahe der Lichtgeschwindigkeit beschleunigt und dann mit anderen Teilchen zur Kollision gebracht. Dabei beobachtet man häufig, daß neue Teilchen entstehen. Diese können zu den schon vorher vorhandenen Teilchen hinzukommen, aber auch an deren Stelle treten. Wir nehmen an, daß vor dem Stoß zwei Teilchen mit den Viererimpulsen P_1^a und P_2^a existieren. Nachdem diese zusammengestoßen sind, soll es n Teilchen mit den Impulsen $\widetilde{P}_1^a, \widetilde{P}_2^a, \ldots, \widetilde{P}_n^a$ geben, wobei $\widetilde{P}_1^a$ und $\widetilde{P}_2^a$ die Impulse der Teilchen 1 und 2 nach dem Stoß sind. Wird eines von diesen oder werden beide beim Stoß vernichtet, so kann man die Numerierung beibehalten und die entsprechenden Impulse gleich null setzen. Es ist naheliegend, anzunehmen, daß derartige Stoßprozesse in Verallgemeinerung von (4.33) durch

$$\boxed{P_1^a + P_2^a = \sum_{i=1}^{n} \widetilde{P}_i^a} \tag{4.42}$$

beschrieben werden. Die Erzeugung und Vernichtung von Teilchen besitzt kein unmittelbares klassisches Analogon, und daher kann Gleichung (4.42) auch nicht als relativistische Verallgemeinerung einer klassischen Gleichung angesehen werden, auf die sie sich im klassischen Grenzfall reduzieren müßte. Man könnte sich daher auf einen heuristischen Standpunkt zurückziehen und feststellen, daß ihre Gültigkeit letztlich nur durch das Experiment überprüft werden kann – was übrigens mit hervorragender Präzision geschehen ist.

Dennoch sollen einige theoretische Gesichtspunkte zu ihrer Stützung angeführt werden. Ein Teilchen, dem Wärme zugeführt wird, befindet sich in einem „höheren Anregungszustand" und besitzt eine größere Ruhemasse. Es kann von einem weniger angeregten Teilchen eindeutig unterschieden und daher als anderes Teilchen aufgefaßt werden. Man könnte den im letzten Abschnitt untersuchten inelastischen Stoß, bei dem den Teilchen Wärme zugeführt wird, daher auch so beschreiben, als würden durch die Wärmezufuhr Teilchen eines niedrigeren Anregungszustandes vernichtet und Teilchen eines höheren erzeugt. Diese Interpretation kann dadurch zum Ausdruck gebracht werden, daß man in (4.33) z. B. die Umbenennungen $\widetilde{P}_1^\alpha \to \widetilde{P}_3^\alpha$ und $\widetilde{P}_2^\alpha \to \widetilde{P}_4^\alpha$ vornimmt, womit sich $P_1^\alpha + P_2^\alpha = \widetilde{P}_3^\alpha + \widetilde{P}_4^\alpha$, also ein Spezialfall von (4.42), ergibt.

Im Falle, daß nach dem Stoß mehr als zwei Teilchen auftreten, können wir uns formal auf den Standpunkt stellen, daß wir einen Vielteilchenstoß vor uns haben, der sich durch die Gleichungen

$$\frac{d}{dt}(m_i \boldsymbol{u}_i) = \sum_{\substack{k=1 \\ k \neq i}}^{n} \boldsymbol{k}_{ik} , \qquad i = 1, \ldots, n \tag{4.43}$$

mit $\boldsymbol{k}_{ik} = -\boldsymbol{k}_{ki}$ beschreiben läßt. Durch Aufsummieren über alle Teilchen ergibt sich mit $\sum_{i \neq k} \boldsymbol{k}_{ik} = 0$ nach Integration über die Zeit $\sum m_i \boldsymbol{u}_i = \sum \widetilde{m}_i \widetilde{\boldsymbol{u}}_i$. Hieraus folgt in derselben Weise, wie (4.33) aus (4.34) erhalten wurde,

$$\sum_{i=1}^{n} P_i^\alpha = \sum_{i=1}^{n} \widetilde{P}_i^\alpha . \tag{4.44}$$

Da vor dem Stoß nur die Teilchen 1 und 2 existieren, müssen wir für die Ruhemassen aller übrigen Teilchen vor dem Stoß $m_{0i} = 0$ und dementsprechend nach (4.27) $P_i^\alpha = 0$ setzen. Damit sind wir auch schon bei Gleichung (4.42) angelangt. Einzig merkwürdig erscheint bei dieser Ableitung, daß wir in (4.43) die Wechselwirkung zwischen Teilchen, die gerade noch existieren, mit solchen, die gerade noch nicht existieren, beschrieben haben. Dies bedeutet aber nur, daß wir eine klassische Formulierung für Vorgänge benutzt haben, die eigentlich nur quantenmechanisch beschrieben werden können.[1]

Wir werden im nächsten Abschnitt einen relativistischen Ausdruck für die kinetische Energie ableiten und sehen, daß diese im allgemeinen nur bei Stößen erhalten bleibt, bei denen auch alle Ruhemassen erhalten bleiben. Da das bei den durch (4.42)

---

1 Eine Analogie mit klassischen Stößen herzustellen, bei denen Teilchen durch den Stoß in mehrere Bruchstücke zerbrochen werden, wäre nicht zutreffend, da bei den hier geschilderten Stoßprozessen Teilchen entstehen, die sich in keiner Weise als Bruchstücke von Stoßpartnern deuten lassen.

beschriebenen Stößen mit Teilchenerzeugung natürlich nicht der Fall sein kann, werden auch sie als inelastische Stöße bezeichnet.

4.5 Relativistische kinetische Energie und Energie-Masse-Äquivalenz

In der klassischen Mechanik erhält man den Energiesatz, indem man den Impulssatz skalar mit $\boldsymbol{u}$ multipliziert. Da Gleichung (4.26b) genau auf diese Weise zustande kommt, ist es sinnvoll, sie als Energiesatz zu interpretieren. Besitzt die Kraft $\boldsymbol{k}$ ein Potential, $\boldsymbol{k}=-\nabla V(\boldsymbol{r})$, dann ist $\boldsymbol{k}\cdot\boldsymbol{u}=-(\partial V/\partial \boldsymbol{r})\cdot d\boldsymbol{r}/dt=-dV/dt$, und die damit entstehende Gleichung $d(mc^2+V)/dt=0$ kann zu

$$(m-m_0)c^2+E_0+V(\boldsymbol{r})-V(\boldsymbol{r}_0)=E \tag{4.45}$$

integriert werden. Wenn die – hier in mehrere Anteile m_0c^2, E_0, $V(\boldsymbol{r}_0)$ und E zerlegte – Integrationskonstante so gewählt wird, daß sich das Teilchen am Ort $\boldsymbol{r}_0$ im Zustand der Ruhe befindet, gilt $E=E_0$, und man bezeichnet E_0 als **Ruheenergie** des Teilchens. Wir werden deren soweit noch unbestimmten Wert gleich ermitteln. Der Anteil

$$\boxed{T=(m-m_0)c^2} \tag{4.46}$$

in (4.45) wächst mit zunehmender Teilchengeschwindigkeit und geht nach (4.3) für $u/c\to 0$ in die klassische kinetische Energie $T_{\text{klass}}=m_0u^2/2$ über. Außerdem erfüllt er nach (4.26) den auch in der klassischen Mechanik gültigen Zusammenhang $dT/dt=\boldsymbol{k}\cdot\boldsymbol{u}=\boldsymbol{u}\cdot d(m\boldsymbol{u})/dt$. Es ist daher sinnvoll, T als **relativistische kinetische Energie** zu bezeichnen. Der Energieerhaltungssatz (4.45) beschreibt offensichtlich die Umwandlung von kinetischer in potentielle Energie und vice versa, genau so, wie das der entsprechende klassische Energieerhaltungssatz tut.

Mit (4.46) läßt sich die Nullkomponente der Stoßgleichung (4.42) in die Form

$$T_1+T_2=\sum_{i=1}^{N}\widetilde{T}_i+(\widetilde{m}_{01}-m_{01})\,c^2+(\widetilde{m}_{02}-m_{02})\,c^2+\sum_{i=3}^{N}\widetilde{m}_{0i}c^2 \tag{4.47}$$

bringen. Hieraus folgt die Erhaltung der kinetischen Energie, $T_1+T_2=\sum_{i=1}^{N}\widetilde{T}_i$, bei Stößen, für welche die Bedingung

$$(\widetilde{m}_{01}-m_{01})+(\widetilde{m}_{02}-m_{02})+\sum_{i=3}^{N}\widetilde{m}_{0i}c^2=0$$

erfüllt ist. Das ist bei elastischen Zweierstößen der Fall, ansonsten im allgemeinen jedoch nicht.

Wir wollen jetzt der Frage nachgehen, welchen Wert die Ruheenergie E_0 besitzt. Die Bewegungsgleichungen (4.26) selbst bieten keine Möglichkeit, diesen zu bestimmen, hierzu muß man vielmehr Vorgänge betrachten, bei denen E_0 selbst eine Rolle spielt. Das ist bei Teilchenstößen der Fall, denn (4.41) zeigt, daß die Zufuhr von Wärme die Ruhemasse eines Teilchens vergrößert. In dem – nur als Gedankenmodell sinnvollen – Grenzfall von Stößen mit extrem hoher Wärmeerzeugung ($\Delta Q \gg m_0 c^2$) ist die Ruhemasse der Teilchen nach dem Stoß fast ausschließlich auf die erfahrene Wärmezufuhr zurückzuführen, z. B.

$$\widetilde{m}_0 = m_0 + \frac{\Delta Q}{c^2} \approx \frac{\Delta Q}{c^2} \,.$$

Das Teilchen enthält also eine Ruheenergie $E_0 = \Delta Q$, die mit der Ruhemasse $\widetilde{m}_0$ durch die Beziehung $E_0 = \widetilde{m}_0 c^2$ verknüpft ist. Es erscheint sinnvoll, anzunehmen, daß dieser Zusammenhang unabhängig davon ist, in welcher Form die bei der Bildung des Teilchens aufgewandte Energie E_0 in dem Teilchen steckt, und allgemein

$$E_0 = m_0 c^2 \tag{4.48}$$

zu setzen. Das ist derselbe Zusammenhang zwischen Energie und Masse, der nach (4.46) auch zwischen einer Massenzunahme Δm und einer Erhöhung der kinetischen Energie eines Teilchens besteht, $\Delta T = \Delta m\, c^2$. Gleichung (4.45) erhält mit (4.46) und (4.48) die Form

$$E = mc^2 + V(\boldsymbol{r}) - V(\boldsymbol{r}_0) = m_0 c^2 + T + V(\boldsymbol{r}) - V(\boldsymbol{r}_0)\,, \tag{4.49}$$

und bei Abwesenheit eines Potentialfeldes $V(\boldsymbol{r})$ reduziert sie sich auf

$$\boxed{E = mc^2 \,.} \tag{4.50}$$

Das ist die berühmte **Energie-Masse-Äquivalenz**, die Einstein 1905 in seiner Arbeit „Ist die Trägheit eines Körpers von seinem Energieinhalt abhängig?“ angegeben hat. Sie bedeutet, daß jede Masse m mit der Energie mc^2 und jede Energie E mit der Masse E/c^2 verbunden ist. Aus (4.46) kann geschlossen werden, daß die bei einer Abbremsung eines Teilchens abgegebene Masse einer Energie $\Delta m\, c^2$ äquivalent ist, die nicht verloren ging, sondern z. B. dazu dienen kann, die Energie anderer Teilchen zu erhöhen oder neue Teilchen zu bilden.

Unsere Ableitung von Gleichung (4.50) betraf nur Teilchen endlicher Ruhemasse und die bei Stößen umgesetzte Energie. Einstein forderte die universelle Gültigkeit der Gleichung für alle Formen von Energie, also auch der des elektromagnetischen Feldes bzw. der Photonen, und er erbrachte bei einer Reihe von Beispielen dafür auch den Beweis. Die universelle Äquivalenz von Masse und Energie wird durch die moderne Elementarteilchenphysik glänzend bestätigt und bildet die Grundlage für die Erzeugung von Elementarteilchen in den modernen Teilchenbeschleunigern.

Daß die nach (4.50) in materiellen Teilchen steckende Energie inklusive der Ruheenergie auch nutzbar gemacht werden kann, ist eine Folgerung, die nicht aus unserer Ableitung gezogen werden kann und sich im Rahmen der SRT auch nicht beweisen läßt – das wird erst in relativistischen Quantenfeldtheorien der Materie möglich. Im folgenden rufen wir uns einige der bekanntesten Beispiele in Erinnerung, bei denen die Ruheenergie E_0 von Teilchen verfügbar gemacht wird:

1. Bei der Spaltung von Urankernen ist die Gesamtruhemasse aller Spaltprodukte kleiner als die Ruhemasse der ungespaltenen Kerne. Der **Massendefekt** der Ruhemassen findet sich in der kinetischen Energie der Spaltprodukte wieder. Teilt man diese durch c^2, so ergibt sie gerade den Massendefekt.
2. Bei der Fusion von Wasserstoffkernen zu Helium entsteht ein Massendefekt. Auch dieser findet sich in der kinetischen Energie der bei der Fusion entstandenen Heliumkerne und Protonen oder Neutronen wieder.
3. Geht ein Atomkern aus einem angeregten Zustand unter Emission von Lichtquanten in den Grundzustand über, so verringert sich mit seiner Energie gleichzeitig auch seine Masse. Der Massendefekt des Atoms findet sich in der Energie der emittierten Photonen und einer eventuellen kinetischen Energie des Atoms wieder, die auf den Rückstoß der emittierten Photonen zurückzuführen ist.
4. Bei der Paarvernichtung eines Elektrons und Positrons wird deren gesamte Ruheenergie als Strahlungsenergie verfügbar.

Als Faustregel können wir uns merken: *Energie hat Masse und Masse hat Energie.* Diese Interpretation der Formel $E{=}mc^2$ ist sicher treffender als die manchmal gehörte Deutung, daß man Masse in Energie und Energie in Masse umwandeln könne.

Auch für unsere Stoßgleichung (4.42) hat (4.50) theoretisch sehr befriedigende Konsequenzen. Wenn wir (4.50) nämlich in der Nullkomponente von (4.42) einsetzen, erhalten wir

$$E_1 + E_2 = \sum_{i=1}^{N} \widetilde{E}_i\,, \tag{4.51}$$

d. h. die durch (4.50) definierte *Energie wird beim Stoß von Teilchen zu einer Erhaltungsgröße.*

4.6 Photonenmasse

Nach der klassischen Theorie ist Licht eine Wellenerscheinung, und Lichtwellen breiten sich mit Lichtgeschwindigkeit aus. Nach der Quantentheorie ist das elektromagnetische Feld quantisiert, und die Quanten des Feldes, die Photonen, bewegen sich mit der Lichtgeschwindigkeit. In der Näherung der geometrischen Optik bewegen sie sich kinematisch gesehen wie klassische Teilchen. Damit auch ihre Dynamik mit den Gesetzen der Mechanik beschrieben werden kann, muß man annehmen, daß ihre Ruhemasse verschwindet. Andernfalls würde nämlich ihre bewegte Masse nach (4.22) unendlich. Es ist auch nicht möglich, zur Bestimmung ihrer bewegten Masse in (4.22) gleichzeitig $m_0{\to}0$ und $u{\to}c$ gehen zu lassen. Hierbei ergibt sich nämlich ein Ausdruck $0/0$, der für m beliebige Werte zuläßt. Man kann daraus nur den Schluß ziehen, daß die Existenz von Photonen beliebiger Masse bzw. Energie möglich sein sollte.

Mit Hilfe der Quantenbeziehung

$$E = h\nu\,, \tag{4.52}$$

die die Energie eines Photons mit seiner Frequenz ν in Beziehung setzt, und der Äquivalenzrelation (4.50) können wir die (bewegte) Masse eines Photons der Frequenz ν berechnen,

$$m = \frac{h\nu}{c^2}\,. \tag{4.53}$$

Dieses Ergebnis bietet eine hervorragende Möglichkeit, die Äquivalenz von Masse und Energie zu überprüfen. Mit der Masse (4.53) ist nämlich auch ein Impuls

$$p = mc = \frac{h\nu}{c} = \frac{E}{c} \tag{4.54}$$

des Photons verbunden. (Dieser Zusammenhang zwischen Energie und Impuls folgt auch mit $m_0{=}0$ aus (4.28) sowie aus der klassischen Elektrodynamik – siehe *Elektrodynamik*, Gleichung (16.205).) Ist $\boldsymbol{k}$ der Wellenvektor der das Photon beschreibenden Welle, so kann (4.54) mit $k{=}2\pi\nu/c$ und $\hbar{=}h/2\pi$ in die Vektorform

$$\boldsymbol{p} = \hbar\boldsymbol{k} \tag{4.55}$$

gebracht werden, wobei noch mit eingebracht wurde, daß der Impuls des Photons die Richtung der Wellenausbreitung besitzt. Da bei Stößen zwischen Photonen und anderen Teilchen Impulserhaltung gelten muß, kann die Gültigkeit von (4.55) direkt mit Hilfe von Stoßexperimenten überprüft werden. Diese haben (4.55) voll bestätigt.

4.7 Äquivalenz von träger und schwerer Masse

In der klassischen Mechanik sind träge und schwere Masse gleich. In der Relativitätstheorie haben wir uns bisher nur mit der Trägheit der Masse beschäftigt. Da die relativistische Mechanik für kleine Teilchengeschwindigkeiten in die klassische Mechanik übergeht, ist es naheliegend, auch in der Relativitätstheorie die Äquivalenz von träger und schwerer Masse zu postulieren. (Andernfalls müßte die Masse in verschiedene Bestandteile aufgeteilt werden, was theoretisch sehr unbefriedigend wäre). Konsequenzen dieses Postulats lassen sich experimentell überprüfen und haben sich als richtig erwiesen. Es bildet die Grundsäule der ART und wird in diesem Zusammenhang noch ausführlich besprochen werden. Als Konsequenzen dieses Postulats seien genannt:

1. Da der Energieinhalt ausgedehnter Körper von ihrer Temperatur abhängt, werden diese durch Abkühlung leichter und durch Erwärmung schwerer.
2. Lichtquanten werden im Schwerefeld abgelenkt.

Der zweite Effekt ist experimentell nachweisbar und kann beobachtet werden, wenn das von einem Fixstern kommende Licht knapp an der Sonne vorbei zu einem Beobachter auf der Erde gelangt. Man beobachtet eine scheinbare Verzögerung bzw. Beschleunigung der Relativbewegung des Fixsterns gegenüber der rotierenden Erde, die schematisch in Abb. 4.2 dargestellt ist.

Die experimentell beobachtete Lichtablenkung ist etwa doppelt so groß wie die aus der SRT berechnete. Der Grund dafür ist, daß die Masse der Sonne eine erst durch die

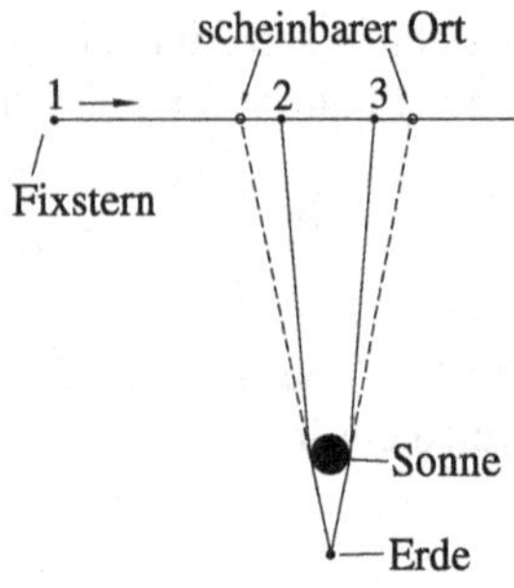

Abb. 4.2: Scheinbare Verzögerung bzw. Beschleunigung der Relativbewegung eines Fixsterns.

ART erklärbare Krümmung der Raum-Zeit in der Umgebung der Sonne bewirkt, die zu einer zusätzlichen Ablenkung führt.

Die Äquivalenz von Energie und Masse auf der einen sowie träger und schwerer Masse auf der anderen Seite kann zu der Aussage zusammengefaßt werden: *Energie wiegt.*

4.8 Tachyonen

Die Formel $m{=}m_0/\sqrt{1{-}u^2/c^2}$ liefert auch dann eine reelle Teilchenmasse m, wenn $u{>}c$ bzw. $\sqrt{1{-}u^2/c^2}{=}\mathrm{i}\sqrt{u^2/c^2{-}1}$ imaginär und gleichzeitig die Ruhemasse $m_0{=}\mathrm{i}\mu_0$ imaginär ist. In diesem Fall stellt $u{=}c$ eine untere Grenze für die Teilchengeschwindigkeit dar, bei der m unendlich wird, und eine Abbremsung des Teilchens auf $\boldsymbol{u}{=}0$ wird unmöglich. Wenn aber der Fall der Ruhe sowieso nie eintreten kann, erscheint es unproblematisch, eine imaginäre Ruhemasse anzusetzen. Die Existenz von Teilchen imaginärer Ruhemasse ist bisher eine rein theoretische Hypothese, experimentell konnten solche Teilchen bisher nicht nachgewiesen werden. Man hat für sie den Namen Tachyonen eingeführt, weil sie so schnell sind (altgriech. *tachys* = schnell).

Die Energie eines Tachyons ist durch

$$E = mc^2 = \frac{\mu_0 c^2}{\sqrt{u^2/c^2 - 1}}$$

gegeben. Sie geht für $u{\to}\infty$ nach null und ist für $u{=}c$ am größten. Dies bedeutet, daß Tachyonen durch Energieabgabe beschleunigt werden.

Gäbe es elektrisch geladene Tachyonen, so müßten diese wie jedes geladene Teilchen, das sich in einem Medium mit Überlichtgeschwindigkeit bewegt, eine Čerenkov-Strahlung abgeben. Ein geladenes Teilchen würde dabei an jedes emittierte Photon eine Energie $h\nu$ abgeben und nach dem vorher Gesagten immer schneller werden. Alle geladenen Tachyonen, die nicht erst soeben entstanden sind, müßten daher eine praktisch unendlich hohe Geschwindigkeit bei vernachlässigbarer Energie aufweisen, sodaß ihr Nachweis mit Hilfe der von ihnen emittierten Čerenkov-Strahlung unmöglich wäre. Den experimentellen Nachweis eventuell existierender geladener Tachyonen extrem hoher

Geschwindigkeit könnte man sich so vorstellen, daß man ihnen durch ein elektrisches Feld Energie zuführt, sie dadurch langsamer macht, sie dann frei laufen läßt und die von ihnen emittierte Čerenkov-Strahlung beobachtet.

4.9 Energie-Impuls-Tensor

Die Bewegungsgleichungen für ein System von Massenpunkten können in eine besonders für die ART sehr nützliche Form gebracht werden, wenn man zu ihrer Formulierung einen Energie-Impuls-Tensor benutzt, der aus den Teilchenenergien und den mit den Teilchenbewegungen verbundenen Flüssen mu_iu_k der Impulskomponenten aufgebaut ist. Zur Lösung von Bewegungsproblemen bietet diese Form keine Vorteile. Als sehr nützlich wird sie sich jedoch in der ART erweisen. Wir behandeln als Vorbereitung zuerst den Fall eines einzelnen Massenpunktes.

4.9.1 Einzelner Massenpunkt

Sind m_0 und P^α die Ruhemasse und der Viererimpuls des betrachteten Massenpunktes, so ist $P^\alpha P^\beta/m_0$ ein Tensor mit den gewünschten Eigenschaften: Seine Komponenten sind in der Matrix auf der rechten Seite von Gleichung (4.60) angegeben und enthalten die Flüsse mu_iu_k.

Für spätere Zwecke benötigen wir noch eine tensorielle Dichte $T^{\alpha\beta}(X)$, die angibt, wie die Energie und der Impuls des Teilchens in der Raum-Zeit lokalisiert sind. Ist $X_0^\alpha(\tau)$ die durch die Eigenzeit τ parametrisierte Weltlinie des Massenpunktes, so definiert die Größe

$$T^{\alpha\beta}(X) = \frac{c}{m_0}\int_{\tau_1}^{\tau_2} P^\alpha(\tau)P^\beta(\tau)\,\delta^4(X - X_0(\tau))\,d\tau = T^{\beta\alpha}\,, \tag{4.56}$$

in der das Integrationsintervall $[\tau_1, \tau_2]$ die Zeitpunkte, für die man sich interessiert, überdecken muß, einen symmetrisches Tensorfeld. $P^\alpha P^\beta$ ist nämlich ein Tensor, während die Deltafunktion in vier Dimensionen, $\delta^4(X-Y)$ bzw. in ausführlicherer Notation $\delta^4(X^0-Y^0, \ldots, X^3-Y^3)$, sowie die Größen c, m_0 und $d\tau$ Skalare sind. Die Skalareigenschaft der δ^4-Funktion folgt aus der Invarianz

$$d^4X' = c\,dt'\,d^3x' \overset{(3.69),(3.74)}{=} c\,\gamma\,dt\,\frac{1}{\gamma}\,d^3x = c\,dt\,d^3x = d^4X \tag{4.57}$$

des vierdimensionalen Volumenelements. Für jede beliebige Skalarfunktion $f(X)$ gilt nämlich

$$\int \delta^4(X-Y)f(X)\,d^4X = f(Y) = f'(Y') = \int \delta'^4(X'-Y')f'(X')\,d^4X'$$
$$= \int \delta'^4(X'-Y')f(X)\,d^4X$$

und daher

$$\delta^4(X-Y) = \delta'^4(X'-Y'). \tag{4.58}$$

Zur Berechnung der Tensorkomponenten $T^{\alpha\beta}$ in einem speziellen System S gehen wir mit

$$\frac{c}{m_0} P^\alpha \, d\tau \overset{(4.27)}{=} c \frac{dX^\alpha}{d\tau} \, d\tau = c \, dX^\alpha = \frac{dX^\alpha}{dt'} \, d(ct')$$

von der Eigenzeit zur Zeit t des Systems S über, die mit t' bezeichnet wird, wenn sie als Integrationsvariable fungiert, und zerlegen $\delta^4(X-X_0(t'))=\delta^3(\boldsymbol{x}-\boldsymbol{x}_0(t'))\,\delta(ct-ct')$. Nach Ausführung der ct'-Integration erhalten wir

$$T^{\alpha\beta}(\boldsymbol{x},t) = \frac{dX^\alpha}{dt} \, P^\beta \delta^3(\boldsymbol{x}-\boldsymbol{x}_0(t)). \tag{4.59}$$

$T^{\alpha\beta}(\boldsymbol{x},t)$ verschwindet überall bis auf den momentanen Ort des Teilchens und besitzt die Komponenten

$$T^{\alpha\beta}(\boldsymbol{x},t) = \begin{pmatrix} mc^2 & mcu_x & mcu_y & mcu_z \\ mcu_x & mu_x^2 & mu_xu_y & mu_xu_z \\ mcu_y & mu_yu_x & mu_y^2 & mu_yu_z \\ mcu_z & mu_zu_x & mu_zu_y & mu_z^2 \end{pmatrix} \delta^3(\boldsymbol{x}-\boldsymbol{x}_0(t)). \tag{4.60}$$

Die Bewegungsgleichung (4.21) kann man mit Hilfe des als **Energie-Impuls-Tensor** bezeichneten Tensors $T^{\alpha\beta}$ ausdrücken, indem man dessen Divergenz bildet: Mit

$$\frac{d}{d\tau}\delta^4(X-X_0(\tau)) = \frac{\partial\,\delta^4(X-X_0)}{\partial X_0^\beta}\frac{dX_0^\beta}{d\tau} = -\frac{P^\beta}{m_0}\frac{\partial\,\delta^4(X-X_0)}{\partial X^\beta}$$

und der Abkürzung

$$\partial_\beta := \frac{\partial}{\partial X^\beta} \tag{4.61}$$

erhält man aus (4.56)

$$\begin{aligned} \partial_\beta T^{\alpha\beta}(X) &= c\int_{\tau_1}^{\tau_2} \frac{P^\alpha P^\beta}{m_0}\,\partial_\beta\delta^4(X-X_0(\tau))\,d\tau = -c\int_{\tau_1}^{\tau_2} P^\alpha\,\frac{d}{d\tau}\delta^4(X-X_0(\tau))\,d\tau \\ &= c\int_{\tau_1}^{\tau_2} \frac{dP^\alpha}{d\tau}\,\delta^4(X-X_0(\tau))\,d\tau . \end{aligned}$$

Dabei wurde beachtet, daß die Ableitung von $T^{\alpha\beta}(X)$ nach $X^0{=}ct$ im Integranden nur auf X und nicht auf τ wirkt, weil $T^{\alpha\beta}$ nicht von der Integrationsvariablen τ abhängt; weiterhin wurde eine partielle Integration durchgeführt und die Annahme $P^\alpha(\tau_1)\,\delta^4(X-X_0(\tau_1))=P^\alpha(\tau_2)\,\delta^4(X-X_0(\tau_2))=0$ gemacht. Durch diese wird die Gültigkeit des Ergebnisses auf ein Gebiet der Raum-Zeit eingeschränkt, für das $X \neq X_0(\tau_1)$ und $X \neq X_0(\tau_2)$ ist. Durch Einsetzen der Bewegungsgleichung (4.30) in unser letztes Ergebnis erhält diese die Form

$$\partial_\beta T^{\alpha\beta} = c\int F^\alpha(X_0(\tau))\,\delta^4(X-X_0(\tau))\,d\tau . \tag{4.62}$$

4.9.2 System von Massenpunkten

Die Verallgemeinerung von (4.62) auf ein System von Massenpunkten bereitet keinerlei Schwierigkeiten – es muß nur berücksichtigt werden, daß jedes Teilchen seine eigene Eigenzeit besitzt. Ist $X_n^\alpha(\tau_n)$ die durch die Eigenzeit τ_n parameterisierte Weltlinie des n-ten von N Massenpunkten, so definiert jetzt die Verallgemeinerung

$$\boxed{T^{\alpha\beta} = c\sum_{n=1}^{N} \frac{1}{m_{0n}} \int P_n^\alpha(\tau_n) P_n^\beta(\tau_n)\, \delta^4(X - X_n(\tau_n))\, d\tau_n = T^{\beta\alpha}} \tag{4.63}$$

mit

$$d\tau_n = \sqrt{1 - u_n^2/c^2}\, dt \tag{4.64}$$

von (4.56) einen Tensor. Jeder Summenterm kann einzeln in die Form (4.59) überführt werden, d. h. in einem speziellen System S mit der Zeit t haben wir

$$T^{\alpha\beta} = \sum_n \frac{dX_n^\alpha}{dt} P_n^\beta \delta^3(\boldsymbol{x} - \boldsymbol{x}_n(t))\,. \tag{4.65}$$

Für jeden einzelnen Summanden kann auch (4.62) abgeleitet werden, und daher gilt

$$\partial_\beta T^{\alpha\beta} = c\sum_n \int F_n^\alpha(X_n(\tau_n))\, \delta^4(X - X_n(\tau_n))\, d\tau_n\,. \tag{4.66}$$

Formal ist in diesem Ergebnis auch der Fall wechselwirkender Teilchen enthalten, denn $F_n(X_n(\tau_n))$ ist die Kraft, die auf das n-te Teilchen zu seiner Eigenzeit τ_n am Bahnpunkt $X_n(\tau_n)$ einwirkt, und diese kann natürlich von den anderen Teilchen herrühren. Allerdings ist in (4.66) vorausgesetzt, daß diese Kraft bekannt ist.

In (4.63) kann übrigens wegen

$$\frac{1}{m_{0n}} P_n^\alpha\, d\tau_n = \frac{dX_n^\alpha}{d\tau_n}\, d\tau_n = dX_n^\alpha$$

noch eine beliebige gemeinsame Integrationsvariable σ eingeführt werden, indem $dX_n^\alpha{=}(dX_n^\alpha/d\sigma)d\sigma$ gesetzt wird, und man erhält damit die (4.63) äquivalente Darstellung

$$T^{\alpha\beta} = c\sum_{n=1}^{N} \int \frac{dX_n^\alpha}{d\sigma} P_n^\beta(\sigma)\, \delta^4(X - X_n(\sigma))\, d\sigma\,. \tag{4.67}$$

Insbesondere kann für σ eine Transformationsinvariante gewählt werden, z. B. die Eigenzeit eines herausgegriffenen Teilchens oder eines geeignet gewählten Bezugspunktes.

Exkurs 4.1: Plädoyer für die bewegte Masse

Es gibt vehemente Verfechter der Ansicht, der Begriff Masse solle nur für die Ruhemasse m_0 verwendet werden, und der Autor dieses Lehrbuchs wurde scharf angegriffen, weil er außer dieser auch die bewegte Masse $m=m_0/\sqrt{1-v^2/c^2}$ benutzt (siehe Abschn. 4.3 und Gleichung (4.22)). [2]

Wie die Energie ist natürlich auch die Masse $m=E/c^2$, im Gegensatz zur Ruhemasse, keine invariante Größe – es handelt sich um die 0-0-Komponente des durch c^2 dividierten Energie-Impuls-Tensors $T^{\alpha\beta}$ (siehe (4.60) und (10.95)). Dies bedeutet, daß in allen kovarianten Gleichungen die Ruhemasse benutzt werden muß. Aber ist das ein hinreichender Grund dafür, die bewegte Masse gänzlich aus dem Sprachgebrauch zu verbannen? Dasselbe müßte dann ja auch für die Energie gelten. Hier sollen einige Gründe dafür angegeben werden, warum der Begriff der bewegten Masse nach wie vor als sinnvoll erscheint. (In diesem Exkurs, der wegen seines direkten Bezugs auf die letzten Abschnitte an dieser Stelle steht, muß leider an mehreren Stellen auf Sachverhalte zugegriffen werden, die in diesem Lehrbuch erst später behandelt werden.)

Zunächst einmal besitzt die bewegte Masse sämtliche Eigenschaften einer Masse:

- Sie ist einer Energie äquivalent,
- sie ist träge
- und sie besitzt aktive sowie passive Schwere.

Am besten werden diese Eigenschaften durch ein Teilchen der Ruhemasse null wie das Photon illustriert. Die bewegte Masse eines Photons ist $h\nu/c^2$. Die Äquivalenz zu einer Energie ist trivial, die Trägheit wird durch den Compton-Effekt demonstriert, und die passive Schwere durch die Tatsache, daß die Ablenkung von Sternenlicht am Sonnenrand zu 50 Prozent auf die Schwere der Photonen zurückzuführen ist (siehe Abschn. 11.3.2 und Gleichung (11.73)) – eine Tatbestand, der leicht in Vergessenheit gerät. Die Eigenschaft der aktiven Schwere wird schließlich besonders klar durch die Existenz eines reinen, allein durch die Schwere der Photonen zusammengehaltenen Strahlungskosmos herausgestellt (siehe Abschn. 19.4.1).

Bei einem ruhenden makroskopischen Körper endlicher Temperatur besteht, wie in Abschn. 4.4.1 dargelegt, ein – wenn auch nur sehr kleiner – Bruchteil der Ruhemasse aus bewegter Masse seiner mikroskopischen Konstituenten: Deren statistisch verteilte kinetische Energien der Wärmebewegung tragen mit zur Ruhemasse bei, und wird der Körper auf eine höhere Temperatur erhitzt, so erhöht die zugeführte Wärme ΔQ seine Ruhemasse um $\Delta Q/c^2$. Es wäre unsinnig, die Ruhemasse eines makroskopischen Körpers als Summe der Ruhemassen seiner Konstituenten zu erklären und dann zusätzliche kinetische Energien der Konstituenten hinzuzufügen, um seine Trägheit und Schwere zu erklären. Besonders wichtig ist das Beispiel von Atomen und Molekülen, deren Ruhemassen ebenfalls kleine Bruchteile an kinetischer Energie der Elektronen und Kerne enthalten. Auch die Ruhedichte relativistischer Fluide (Flüssigkeit, Gas oder Plasma, siehe Abschn. 10.2.6) muß aus den bewegten Massen der das Fluid konstituierenden Teilchen berechnet werden, wenn auch unter der Nebenbedingung, daß die mittlere Teilchengeschwindigkeit verschwindet.

Fällt ein Körper in ein schwarzes Loch, so nimmt dessen Masse zu. Kein Körper erreicht das schwarze Loch jedoch im Zustand der Ruhe, und niemand kann behaupten, daß die bewegte Masse des im schwarzen Loch verschwindenden Körpers bei diesem Prozeß in Ruhemasse umgewandelt würde.

Schließlich kann man noch die Frage stellen: Was ist üblich? In der Elementarteilchentheorie

---

2 In einer Besprechung dieses Lehrbuchs (N. Dragon, Physikalische Blätter **56**, Heft 9 (2000), S. 77) war in Bezug auf die Benutzung dieses Begriffs zu lesen: „Muß man wirklich, frei nach Planck, auf das Aussterben nicht des antiquierten Wortgebrauchs, sondern der Personen, die die Worte so gebrauchen, warten?“

werden Massen gerne durch ihr Energieäquivalent ausgedrückt; umgekehrt werden in der modernen Kosmologie Energien oft durch die ihnen äquivalenten Massen ausgedrückt, z.B. in Vielfachen der Planck-Masse. In beiden Fällen bildet die Basis dafür **die Beziehung $E{=}mc^2$**, die keineswegs auf Ruhemassen beschränkt ist. **Ihre universelle und auch von Einstein so vorgesehene Gültigkeit erlangt diese erst dadurch, daß in ihr für m auch bewegte Massen zugelassen werden.** (Bei der ausschließlichen Benutzung von Ruhemassen kommt es beim Zusammenhang zwischen Masse und Energie zu so unschönen Formulierungen wie der, daß Energie in Masse oder Masse in Energie umgewandelt wird. Dies wird der Beziehung $E{=}mc^2$ in keiner Weise gerecht, die besagt: Energie hat Masse, und Masse hat Energie.) Auch ein in der relativistischen Quantenmechanik auftretender Masseoperator $\hat{m}{=}\hat{H}/c^2$ (siehe *Relativistische Quantenmechanik, Quantenfeldtheorie und Elementarteilchentheorie*, Abschn. 2.3, Gleichung (2.68)) bezieht sich auf die bewegte Masse.

Mit den angeführten Argumenten soll natürlich nichts gegen die unbestrittene Nützlichkeit der Ruhemasse gesagt werden. Deren wichtige Bedeutung als relativistische Invariante und ihre Unverzichtbarkeit bei der kovarianten Formulierung sei hier nochmals klar herausgestellt. Vielmehr geht es darum, zu zeigen, daß die bewegte Masse nicht nur aus didaktischen, sondern auch aus physikalischen Gründen nach wie vor ihre Berechtigung hat. Es wäre auch nicht besonders hilfreich, wenn die kostenlose Werbung, welche die Physik seit Jahrzehnten auf unzähligen T-Shirts durch die Formel $E{=}mc^2$ erfährt, auf die Ruhemasse m_0 umgeschrieben und dadurch ihrer viel weiter reichenden Bedeutung beraubt würde.

4.10 Lagrange- und Hamilton-Formulierung der Bewegungsgleichung

Auch die relativistischen Bewegungsgleichungen lassen sich in die Form Lagrangescher oder Hamiltonscher Bewegungsgleichungen überführen. Wir beschränken uns dabei auf die Bewegung eines einzelnen Punktteilchens in einem äußeren Kraftfeld.

4.10.1 Systemabhängige Formulierung

Damit die Bewegungsgleichung für ein Punktteilchen in die Form einer Lagrangeschen Bewegungsgleichung gebracht werden kann, müssen wir wie in der klassischen Mechanik (Fall ohne Zwangsbedingungen) annehmen, daß die Kraft $\boldsymbol{k}$ ein Potential V besitzt, $\boldsymbol{k}{=}-\nabla V(\boldsymbol{r},t)$. Hiermit und mit (4.22) lautet (4.26a)

$$\frac{d}{dt}\frac{m_0\boldsymbol{u}}{\sqrt{1-u^2/c^2}}=-\frac{\partial V}{\partial \boldsymbol{r}}\,, \qquad (4.68)$$

und wir suchen eine Lagrange-Funktion L, mit deren Hilfe diese Gleichung in die Form

$$\boxed{\frac{d}{dt}\frac{\partial L}{\partial \boldsymbol{u}}=\frac{\partial L}{\partial \boldsymbol{r}}} \qquad (4.69)$$

gebracht werden kann. Dazu genügt es, die Gleichungen

$$\frac{\partial L}{\partial \boldsymbol{u}} = \frac{m_0 \boldsymbol{u}}{\sqrt{1-u^2/c^2}}\,, \qquad \frac{\partial L}{\partial \boldsymbol{r}} = -\frac{\partial V}{\partial \boldsymbol{r}}$$

zu erfüllen, deren Lösung man leicht zu

$$\boxed{L = -m_0 c^2 \sqrt{1-u^2/c^2} - V(\boldsymbol{r}, t)} \tag{4.70}$$

findet. Das zu den Euler-Gleichungen (4.69) gehörige Variationsprinzip lautet mit $\boldsymbol{u}=\dot{\boldsymbol{r}}(t)$

$$\delta \int_{t_1}^{t_2} L(\boldsymbol{r}(t), \dot{\boldsymbol{r}}(t), t)\, dt = 0\,, \tag{4.71}$$

wobei die Zeit generell und die Bahn $\boldsymbol{r}(t)$ an den Endpunkten nicht variiert wird.

Für den Übergang zu einer Hamiltonschen Formulierung definieren wir einen kanonischen Impuls $\boldsymbol{p}$ durch

$$\boldsymbol{p} = \frac{\partial L}{\partial \boldsymbol{u}} \overset{(4.70)}{=} m\boldsymbol{u}\,. \tag{4.72}$$

Dann führen wir, wie in der klassischen Mechanik, eine Hamilton-Funktion

$$H = \boldsymbol{p} \cdot \dot{\boldsymbol{r}} - L \tag{4.73}$$

ein. Mit (4.70) und (4.72) ergibt sich für sie

$$H = mu^2 + m_0 c^2 \sqrt{1-u^2/c^2} + V \overset{(4.22)}{=} mc^2 + V\,,$$

d. h. sie ist gleich der relativistischen Energie, (4.49) mit $V(\boldsymbol{r}_0)=0$. Zur Aufstellung kanonischer Bewegungsgleichungen muß nun $\boldsymbol{u}$ durch $\boldsymbol{p}$ ausgedrückt werden. Aus (4.28) folgt $m^2c^2=p^2+{m_0}^2c^2$ und damit

$$\boxed{H = c\sqrt{p^2 + {m_0}^2 c^2} + V\,.} \tag{4.74}$$

Die kanonischen Bewegungsgleichungen

$$\dot{\boldsymbol{r}} = \frac{\partial H}{\partial \boldsymbol{p}}\,, \qquad \dot{\boldsymbol{p}} = -\frac{\partial H}{\partial \boldsymbol{r}} \tag{4.75}$$

sind (4.68) äquivalent, denn mit (4.74) lauten sie ausführlicher

$$\dot{\boldsymbol{r}} = \frac{c\boldsymbol{p}}{\sqrt{p^2 + m_0^2 c^2}}\,, \qquad \dot{\boldsymbol{p}} = -\frac{\partial V}{\partial \boldsymbol{r}}\,.$$

Aus der ersten dieser Gleichungen erhält man mit $\dot{\boldsymbol{r}}=\boldsymbol{u}$ nach Quadrieren

$$p^2 = \frac{{m_0}^2 u^2}{1-u^2/c^2} = m^2 u^2 \qquad \text{und} \qquad \boldsymbol{p} = m\boldsymbol{u}\,,$$

und Einsetzen dieses Ergebnisses in die zweite Gleichung führt zu (4.68) zurück.

4.10.2 Invariante Formulierung

Sowohl die Lagrangesche Bewegungsgleichung (4.69) als auch die Hamiltonschen Bewegungsgleichungen (4.75) wurden in einem speziellen Koordinatensystem abgeleitet und sind nicht lorentz-invariant. Eine invariante Formulierung ist auch nicht ohne weiteres möglich, denn dazu müßte das auf das Teilchen einwirkende Kraftfeld selbst aus einer lorentz-invarianten Theorie stammen.

Wie schon zu Beginn von Abschn. 4.4 festgestellt wurde, darf es in einer relativistischen Theorie ganz allgemein keine Fernwirkungskräfte geben. In der Relativitätstheorie werden Wechselwirkungen durch Felder vermittelt, die sich mit endlicher Geschwindigkeit $u \leq c$ ausbreiten. Durch das elektromagnetische Feld werden Kräfte übertragen, die alle gewünschten Eigenschaften besitzen. Die invariante Formulierung der Bewegungsgleichung eines geladenen Massenpunktes im elektromagnetischen Feld muß allerdings noch etwas zurückgestellt werden, bis wir eine kovariante Formulierung der Theorie elektromagnetischer Felder zur Verfügung haben.

Wir wollen hier den Spezialfall zu einer invarianten Theorie ausbauen, bei dem die Kraft $\boldsymbol{k}$ im momentanen Ruhesystem des Teilchens ein zeitunabhängiges Potential besitzt. In anderen Koordinatensystemen definieren wir die Kraft so, daß ein lorentz-invariantes Kraftgesetz entsteht. Gesucht wird also eine lorentz-invariante Form der Bewegungsgleichung (4.69), die sich im Ruhesystem S' des Teilchens auf

$$m_0 \frac{d\boldsymbol{u}'}{dt'} = -\boldsymbol{\nabla}' V_0(\boldsymbol{r}') \tag{4.76}$$

reduziert. Am einfachsten ist es, das (4.69) äquivalente Variationsprinzip (4.71) in eine invariante Form zu bringen. Als erstes transformieren wir dazu das Zeitintervall dt mit $dt = \gamma\, d\tau$ auf das invariante Eigenzeitintervall $d\tau$ und erhalten

$$\delta \int_{\tau_1}^{\tau_2} \overline{L}\, d\tau = 0 \qquad \text{mit} \qquad \overline{L} = \gamma\, L\,. \tag{4.77}$$

Im kraftfreien Fall ($V \equiv 0$) bekommt man für $\overline{L}$ aus (4.70) in allen Systemen den invarianten Wert $\overline{L} = -m_0 c^2$. Bei Einwirkung der Kraft $-\boldsymbol{\nabla}' V_0(\boldsymbol{r}')$ erhalten wir im Ruhesystem S' des Teilchens ($\gamma' = 1$) aus (4.70)

$$\overline{L} = -m_0 c^2 - V_0(\boldsymbol{r}')\,. \tag{4.78}$$

Hierin muß der Anteil $-m_0 c^2$ beim Übergang auf andere Inertialsysteme für sich genommen invariant bleiben, damit sich im Grenzfall $V_0 \to 0$ das richtige Transformationsverhalten von $\overline{L}$ ergibt. Da der Term $-m_0 c^2$ invariant ist, wird diese Forderung erfüllt, wenn er belassen wird; allerdings kann er dann nicht in das Transformationsgesetz für V_0 mit einbezogen werden, nach dem wir jetzt suchen. Nach (4.49) bzw. $mc = [E + V(\boldsymbol{r}_0) - V(\boldsymbol{r})]/c = P^0$ transformiert sich $[E - V(\boldsymbol{r}_0) - V(\boldsymbol{r})]/c$ wie die Nullkomponente eines Vierervektors. Das legt es nahe, ein Viererpotential

$$\{A^\alpha\} = \left\{\frac{V}{c}\,,\, \boldsymbol{a}\right\} \tag{4.79}$$

einzuführen, das sich im Ruhesystem S' des Teilchens auf

$$A'^{\alpha} = \{V_0/c\,, 0\} \tag{4.80}$$

reduziert. Mit (4.8) gilt in diesem $U'_{\alpha}A'^{\alpha}{=}V_0{=}U'^{\alpha}A'_{\alpha}$. Setzen wir daher

$$\overline{L} = -m_0c^2 - A_{\alpha}U^{\alpha}\,, \tag{4.81}$$

so haben wir eine invariante Darstellung für den Skalar $\overline{L}$, die im Ruhesystem des Teilchens in (4.78) übergeht.

Aus (3.100) erhalten wir für den Übergang vom Ruhesystem S' zu einem System S, das sich mit S' in Standardkonfiguration befindet, unter Verwendung von (4.80) den Zusammenhang

$$\frac{V}{c} = A^0 = \gamma\, A'^0 = \gamma\,\frac{V_0}{c}\,, \quad a_x \overset{(4.79)}{=} A^1 = \gamma\,\frac{v}{c}A'^0 = \gamma\,\frac{v}{c^2}V_0\,, \quad a_y = a_z = 0$$

mit $v{=}u_x$. Hieraus ergibt sich in naheliegender Verallgemeinerung auf eine beliebige Teilchengeschwindigkeit $\boldsymbol{u}$ im System S

$$\{A^{\alpha}\} = \left\{\gamma\,\frac{V_0}{c}\,,\,\gamma\,V_0\frac{\boldsymbol{u}}{c^2}\right\} = \left\{\frac{V}{c}\,,\,\boldsymbol{a} = V\frac{\boldsymbol{u}}{c^2}\right\}. \tag{4.82}$$

Führt man die im Variationsprinzip (4.77) vorgeschriebenen Variationen aus, so ist zu beachten, daß die Komponenten δU^{α} wegen der Identität (4.9) nicht voneinander unabhängig sind. (Gleichung (4.9) gilt für die unvariierten und variierten Geschwindigkeiten, $U^{\alpha}U_{\alpha}{=}(U^{\alpha}{+}\delta U^{\alpha})(U_{\alpha}{+}\delta U_{\alpha}){=}c^2$. Mit der aus (4.10) und (4.14) folgenden Beziehung $U_{\alpha}\delta U^{\alpha}{=}0$ ergibt sich daher $\eta_{\alpha\beta}\delta U^{\alpha}\delta U^{\beta}{=}0$.) (4.9) muß infolgedessen als Nebenbedingung berücksichtigt werden, was mit Hilfe eines Lagrangeschen Multiplikators λ möglich ist. In dem auf diese Weise erhaltenen Variationsprinzip

$$\delta\int_{\tau_1}^{\tau_2}\Big[-m_0c^2 + \lambda\left(\eta_{\alpha\beta}U^{\alpha}U^{\beta} - c^2\right) - A_{\alpha}U^{\alpha}\Big]\,d\tau = 0 \tag{4.83}$$

dürfen die U^{α} dann unabhängig voneinander variiert werden. Der konstante Term $-(m_0{+}\lambda)c^2$ liefert bei der Variation keinen Beitrag und darf weggelassen werden. Die bei der Variation konstant zu haltende Größe λ muß nach der Variation so festgelegt werden, daß sich für $\boldsymbol{u}{\to}0$ die Bewegungsgleichung (4.76) ergibt. Unter Vorwegnahme des Ergebnisses $\lambda{=}{-}m_0/2$ dieser Festlegung (Aufgabe 4.7) erhält man das lorentzinvariante Variationsprinzip

$$\boxed{\delta\int_{\tau_1}^{\tau_2} L^*d\tau = 0 \qquad \text{mit} \qquad L^* = \frac{m_0}{2}\eta_{\alpha\beta}U^{\alpha}U^{\beta} + A_{\alpha}U^{\alpha}\,.} \tag{4.84}$$

Lagrangesche Bewegungsgleichungen

Zu dem Variationsprinzip (4.84) gehören als lorentz-invariante Eulergleichungen die **relativistischen Lagrange-Gleichungen**

$$\boxed{\frac{d}{d\tau}\frac{\partial L^*}{\partial U^\alpha} = \frac{\partial L^*}{\partial X^\alpha}\,.} \tag{4.85}$$

Mit

$$\frac{\partial L^*}{\partial U^\alpha} = m_0 U_\alpha + A_\alpha\,, \qquad \frac{\partial L^*}{\partial X^\alpha} = U^\beta \partial_\alpha A_\beta\,, \qquad \frac{dA_\alpha}{d\tau} = \frac{\partial A_\alpha}{\partial X^\beta}\frac{dX^\beta}{d\tau} = U^\beta \partial_\beta A_\alpha \tag{4.86}$$

ergibt sich aus diesen

$$m_0 \frac{dU_\alpha}{d\tau} = U^\beta \left(\partial_\alpha A_\beta - \partial_\beta A_\alpha\right)\,. \tag{4.87}$$

Gleichung (4.87) ist die gesuchte relativistische Verallgemeinerung von (4.76). Um das zu erkennen, berechnen wir ihre Komponenten in einem speziellen System S. Für die linke Seite benutzen wir (4.10)–(4.11) sowie (4.22) und erhalten mit (3.117)

$$m_0 \left\{\frac{dU_\alpha}{d\tau}\right\} = \gamma\, \frac{d}{dt}\{mc\,, -m\boldsymbol{u}\}\,.$$

Für die Terme der rechten Seite bekommen wir mit (4.8) und (4.82b)

$$\{U^\beta \partial_\alpha A_\beta\} = \gamma\, \partial_\alpha (V - \boldsymbol{u}\cdot\boldsymbol{a})\,, \qquad U^\beta \partial_\beta \{A_\alpha\} = \gamma\, (\partial_t + \boldsymbol{u}\cdot\nabla)\big\{V/c\,, -\boldsymbol{a}\big\}\,.$$

Nach Herauskürzen des Faktors γ ergibt sich damit für die räumliche Komponente von (4.87)

$$\frac{d}{dt}(m\boldsymbol{u}) = -\Big[\nabla(V - \boldsymbol{u}\cdot\boldsymbol{a}) + (\partial_t + \boldsymbol{u}\cdot\nabla)\,\boldsymbol{a}\Big]\,. \tag{4.88}$$

Dabei ist nach (4.82) $V{=}\gamma\, V_0$ und $\boldsymbol{a}{=}V\boldsymbol{u}/c^2$. Für $\boldsymbol{u}{\to}0$ geht (4.88) wie gefordert in (4.76) über.

Der Fall elektromagnetischer Kräfte ist übrigens mit $V_0{\to}q\phi_0\,, \boldsymbol{a}{\to}q\boldsymbol{A}$ in Gleichung (4.88) mit enthalten, deren rechte Seite dann das Lorentzsche Kraftgesetz liefert. Setzt man nämlich in $q(\boldsymbol{E}{+}\boldsymbol{v}{\times}\boldsymbol{B})$ mit $\boldsymbol{E}{=}{-}\nabla\phi{-}\partial_t\boldsymbol{A}$, $\boldsymbol{B}{=}\operatorname{rot}\boldsymbol{A}$ die Potentiale $\boldsymbol{A}$ und ϕ ein, so erhält man gerade die rechte Seite von (4.88) mit den angegebenen Modifikationen. Obwohl unsere Ableitung nur für ein Feld durchgeführt wurde, das in einem speziellen Inertialsystem ein statisches Potential der Form $A'^\alpha{=}\{V_0/c\,, 0\}$ besitzt, wird sich bei der Behandlung der relativistischen Elektrodynamik herausstellen, daß das Ergebnis (4.88) den allgemeinen elektromagnetischen Fall richtig beschreibt. Dementsprechend ist (4.84) mit $A_\alpha{\to}qA_\alpha$ auch das für die Bewegung geladener Teilchen im elektromagnetischen Feld gültige Variationsprinzip.

Hamiltonsche Bewegungsgleichungen

Von den Lagrangeschen Bewegungsgleichungen (4.85) kann man im wesentlichen wie in der klassischen Mechanik zu Hamiltonschen Bewegungsgleichungen übergehen. Das tun wir gleich für den Fall elektromagnetischer Felder, indem wir, wie am Ende des letzten Abschnitts angegeben, A_α durch qA_α ersetzen und die Lagrange-Funktion

$$L^* = \frac{m_0}{2}\eta_{\alpha\beta}U^\alpha U^\beta + \eta_{\alpha\beta}qU^\alpha A^\beta$$

betrachten (man beachte $U^\alpha = \dot{X}^\alpha = dX^\alpha/d\tau$). Mit

$$P_\gamma := \frac{\partial L^*}{\partial U^\gamma} \tag{4.89}$$

führen wir kanonische Viererimpulse P_γ ein und erhalten für diese

$$\begin{aligned} P_\gamma &= \frac{m_0}{2}\eta_{\alpha\beta}\left(\delta^\alpha{}_\gamma U^\beta + U^\alpha \delta^\beta{}_\gamma\right) + \eta_{\alpha\beta}\delta^\alpha{}_\gamma\, qA^\beta \\ &= \frac{m_0}{2}\left(\eta_{\gamma\beta}U^\beta + \eta_{\alpha\gamma}U^\alpha\right) + \eta_{\gamma\beta}\, qA^\beta = m_0 U_\gamma + qA_\gamma \end{aligned}$$

bzw.

$$U_\gamma = \frac{P_\gamma - qA_\gamma}{m_0} \qquad \text{oder} \qquad U^\gamma = \frac{P^\gamma - qA^\gamma}{m_0}\,.$$

Wie üblich definieren wir jetzt eine Hamilton-Funktion $H(X, P)$ durch

$$\begin{aligned} H &= \dot{X}_\alpha P^\alpha - L^* = \eta_{\alpha\beta}U^\alpha P^\beta - L^* \\ &= \eta_{\alpha\beta}\left[\frac{1}{m_0}(P^\alpha - qA^\alpha)P^\beta - \frac{1}{2m_0}(P^\alpha - qA^\alpha)(P^\beta - qA^\beta) - \frac{q}{m_0}(P^\alpha - qA^\alpha)A^\beta\right] \end{aligned}$$

bzw.

$$\boxed{H(X,P) = \frac{\eta_{\alpha\beta}}{2m_0}\left(P^\alpha - qA^\alpha(X)\right)\left(P^\beta - qA^\beta(X)\right)}$$

Die zu H gehörigen **relativistischen Hamiltonschen Bewegungsgleichungen**

$$\boxed{\dot{X}_\alpha(\tau) = \frac{\partial H}{\partial P^\alpha}\,, \qquad \dot{P}_\alpha(\tau) = -\frac{\partial H}{\partial X^\alpha}} \tag{4.90}$$

führen mit $\eta_{\alpha\beta}(\partial_\gamma A^\alpha)(P^\beta - qA^\beta) \overset{\alpha\leftrightarrow\beta}{=} \eta_{\beta\alpha}(\partial_\gamma A^\beta)(P^\alpha - qA^\alpha)$ und $\eta_{\alpha\beta} = \eta_{\beta\alpha}$ auf

$$\dot{X}_\alpha = \frac{\eta_{\alpha\beta}}{m_0}(P^\beta - qA^\beta)\,, \qquad \dot{P}_\gamma = \frac{\eta_{\alpha\beta}}{m_0}(P^\alpha - qA^\alpha)\, q\partial_\gamma A^\beta$$

bzw.

$$m_0\dot{X}_\alpha = P_\alpha - qA_\alpha\,, \qquad \dot{P}_\alpha = q\dot{X}_\beta \partial_\alpha A^\beta.$$

Die Zeitableitung der ersten dieser Gleichungen liefert mit $U_\alpha = \dot{X}_\alpha$, der zweiten Gleichung und (4.86c)

$$m_0\frac{dU_\alpha}{dt} = \dot{P}_\alpha - q\dot{A}_\alpha = q\left(U_\beta \partial_\alpha A^\beta - U^\beta \partial_\beta A_\alpha\right) = qU^\beta\left(\partial_\alpha A_\beta - \partial_\beta A_\alpha\right)\,,$$

also wieder (4.87) mit $A_\alpha \to qA_\alpha$. Die Hamiltonschen Bewegungsgleichungen (4.90) sind also den Lagrangeschen äquivalent.

4.11 Spezielle Probleme

4.11.1 Relativistische Weltraumfahrt

Die Grenze des bekannten Universums befindet sich in einer Entfernung von etwa 10^{10} Lichtjahren von uns. Würde man in einem Raumschiff fast mit Lichtgeschwindigkeit fliegen, so käme man in einem mit 70 Jahren angesetzten Menschenleben bei naiver Rechnung nur knapp 70 Lichtjahre weit. Der im Raumschiff sitzende Raumfahrer sieht jedoch eine Lorentz-Kontraktion der vor im liegenden Strecke und kann beliebig weit kommen, wenn seine Geschwindigkeit nur nahe genug bei der Lichtgeschwindigkeit liegt. Auch ein auf der Erde zurückbleibender Beobachter kommt bei richtiger Betrachtungsweise zur selben Schlußfolgerung. Der Rand des bekannten Universums liegt zwar viel weiter als 70 Lichtjahre entfernt, aber der Beobachter weiß, daß die Uhren in dem davonfliegenden Raumschiff langsamer laufen, mit $v \to c$ sogar beliebig langsam, so daß der Raumfahrer genügend Zeit hat, um die große Entfernung bis zum „Rande" des Universums zurückzulegen.

Ein Problem blieb bei dieser Betrachtung jedoch offen: Das Raumschiff muß erst einmal sehr lange beschleunigt werden, bis es beinahe die Lichtgeschwindigkeit erreicht. Wir gehen davon aus, daß ein Raumfahrer auf Dauer keine höhere Beschleunigung als die gewohnte irdische Schwerebeschleunigung verträgt, also $g \approx 10\ \mathrm{m/s^2}$. Bei rein klassischer Rechnung gilt $v = gt$, und die Zeit bis zum Erreichen der Lichtgeschwindigkeit c ist

$$t = \frac{c}{g} \approx \frac{300\,000\ \mathrm{km\,s^2}}{10^{-2}\quad \mathrm{s\,km}} = 3 \cdot 10^7\ \mathrm{s} \approx 1\ \mathrm{Jahr}\,.$$

Korrekterweise muß hier jedoch relativistisch gerechnet werden, wobei zu berücksichtigen ist, daß die Beschleunigung von der Erde und vom momentanen Ruhesystem des Raumfahrers aus verschieden beurteilt wird.

Aus (3.60) ergibt sich bei Parallelität von Geschwindigkeit und Beschleunigung

$$\frac{du}{dt} = \left(1 - \frac{u^2}{c^2}\right)^{3/2} \frac{du'}{dt'}\,, \tag{4.91}$$

d. h. bei konstanter Beschleunigung $du'/dt' = g$ im Ruhesystem S' des Raumfahrers beobachtet man von der Erde aus mit zunehmender Geschwindigkeit u eine stetige Abnahme der Beschleunigung du/dt. Die Integration von (4.91) liefert in diesem Fall

$$gt = \int_0^u \frac{dv}{\left(1 - v^2/c^2\right)^{3/2}} = \frac{u}{\sqrt{1 - u^2/c^2}}\,. \tag{4.92}$$

Die Auflösung dieser Beziehung nach u ergibt schließlich

$$u = \frac{gt}{\sqrt{1 + g^2t^2/c^2}}\,. \tag{4.93}$$

Aufgrund dieser Formel werden nach einem Jahr etwa 75 Prozent und nach 2 Jahren etwa 95 Prozent der Lichtgeschwindigkeit erreicht.

Die nach der Zeit t zurückgelegte Strecke x berechnet sich mit

$$x = \int_0^t u(\alpha)\,d\alpha = g\int_0^t \frac{\alpha\,d\alpha}{\sqrt{1+g^2\alpha^2/c^2}}$$

zu

$$x = \frac{c^2}{g}\left(\sqrt{1+\frac{g^2t^2}{c^2}}-1\right), \tag{4.94}$$

und die im Raumschiff bis zum Zeitpunkt t vergangene Eigenzeit τ ist nach (3.74)

$$\tau = \int_0^t \sqrt{1-\frac{u^2(\alpha)}{c^2}}\,d\alpha\,.$$

Setzt man hierin (4.93) mit $t{=}\alpha$ ein, so erhält man nach der Integration

$$\tau = \frac{c}{g}\ln\left(\frac{gt}{c}+\sqrt{1+\frac{g^2t^2}{c^2}}\right) \qquad \text{bzw.} \qquad t = \frac{c}{g}\sinh\frac{g\tau}{c}\,. \tag{4.95}$$

Mit dem letzten Ergebnis liefert (4.94) schließlich

$$x = \frac{c^2}{g}\left[\cosh\left(\frac{g\tau}{c}\right)-1\right]. \tag{4.96}$$

Die quantitative Auswertung dieser Formel ergibt, daß der Raumfahrer bei der angenommenen gleichmäßigen Beschleunigung g die Grenze des bekannten Universums nach etwa 25 Jahren seiner Zeit erreichen würde. Auf der Erde wären dann allerdings schon etwa 10 Milliarden Jahre vergangen.

Raketenmotoren erhalten ihren Antrieb durch den Rückstoß nach hinten ausgestoßener Massen. Fragen wir jetzt danach, wie lange ein Raketenmotor die Beschleunigung g aufrechthalten kann und welche Endgeschwindigkeit dabei erreicht wird. Im momentanen Ruhesystem S' der Rakete ist deren Impuls gleich null. Wird die Masse $-\Delta M'{>}0$ mit der konstanten Geschwindigkeit U' nach hinten ausgestoßen und erhöht sich dabei die Geschwindigkeit der verbliebenen Masse $M'{+}\Delta M'$ des Raumschiffs von null auf $\Delta u'$, so liefert der Impulserhaltungssatz den Zusammenhang

$$0 = U'\Delta M' + (M'+\Delta M')\Delta u'$$

oder nach Übergang zu Differentialen

$$du' = -U'\frac{dM'}{M'}\,. \tag{4.97}$$

(Beim Grenzübergang zu Differentialen dürfen quadratische Terme vernachlässigt werden.) Die von der Erde aus gesehene Geschwindigkeitserhöhung beträgt nach (4.91) mit $dt{=}dt'/\sqrt{1{-}u^2/c^2}$

$$du = \left(1-\frac{u^2}{c^2}\right)du'\,, \tag{4.98}$$

und aus (4.97) ergibt sich damit

$$\frac{du}{1-u^2/c^2} = -U' \frac{dM'}{M'} .$$

Mit

$$\int \frac{du}{1-u^2/c^2} = \frac{c}{2} \ln \frac{1+u/c}{1-u/c} , \qquad \int \frac{dM'}{M'} = \ln \frac{M'}{M'_0}$$

und U'=const (siehe oben) erhält man schließlich als Endgeschwindigkeit der Rakete

$$u_{\max} = c \, \frac{1-(M'_1/M'_0)^{2U'/c}}{1+(M'_1/M'_0)^{2U'/c}} . \tag{4.99}$$

Dabei ist M'_0 die Ruhemasse des Raumschiffs beim Start und M'_1 seine Ruhemasse, nachdem der gesamte Treibstoff verbraucht wurde, d. h. $\Delta M'=M'_1-M'_0$ ist die Ruhemasse des Treibstoffs. M'_1 setzt sich aus der Nutzlast, der Masse des Raketenmotors und den für den technischen Betrieb notwendigen Massen zusammen. Für M'_1/M'_0 ist $1/10$ ein realistischer Wert.

Würde man zum Antrieb einen Uranspaltungsreaktor benutzen, so würde etwa 1 Promille der Ruhemasse des als Treibstoff benutzten Urans in Antriebsenergie umgewandelt, und man bekäme unter der idealisierenden Annahme, daß die gesamte frei werdende Energie in kinetische Energie übergeht, aus (4.50)

$$10^{-3} \Delta M'_0 \, c^2 \approx \frac{\Delta M'_0}{2} U'^2 \qquad \Rightarrow \qquad U' \approx 13\,500\,\text{km/s} .$$

Damit und mit $M'_1/M'_0=1/10$ ergäbe sich aus (4.99) $u_{\max}\approx c/10$. Bei dieser Geschwindigkeit sind relativistische Effekte praktisch zu vernachlässigen. Mit einem Fusionsreaktor erhielte man $U'\approx c/10$ und $u_{\max}\approx c/5$, und auch hier sind die relativistischen Effekte noch vernachlässigbar klein.

Könnte man einen „Photonenmotor" bauen, der die Zerstrahlung von Materie und Antimaterie in Licht benutzt, so hätte man $U'=c$ und $u_{\max}\approx 0.98c$. Bei der Beschleunigung g würde es nach (4.92) etwa 5 Jahre dauern, bis diese Geschwindigkeit erreicht und die Rakete ausgebrannt ist. Für den Raumfahrer, der sich zu diesem Zeitpunkt etwa 4 Lichtjahre weit von der Erde entfernt hat, wären dann nach (4.95) erst etwas mehr als 2 Jahre vergangen. Wäre er bei seiner Geburt losgeflogen, so würden in den ihm verbleibenden 68 Jahren auf der Erde etwa 340 Jahre vergehen, in denen er noch um gut 330 Lichtjahre vorankäme. Am Ende seines Lebens hätte er – mit einer manövrierunfähigen Rakete – gerade einige Promille der Milchstraße durchquert.

4.11.2 Lösung der Gleichungen für den elastischen Stoß

Wir wollen jetzt die Bewegungsgleichungen (4.34) und (4.39) für den elastischen Stoß lösen. Unser Ziel ist es, zu berechnen, wieviel Energie ein Teilchen 1, das mit der kinetischen Energie T_1 auf ein ruhendes Teilchen 2 stößt, in Abhängigkeit von seinem Ablenkungswinkel Θ an das letztere abgibt bzw. wie groß seine Energie $\widetilde{T}_1$ nach dem Stoß ist. Da die Rechnungen etwas mühsam sind, überlegen wir uns zuerst die einzelnen Schritte der Vorgehensweise. Um diese Überlegungen möglichst durchsichtig zu gestalten, benutzen wir für sie die Kurznotation $P=\{P_1^\alpha, P_2^\alpha\}$.

1. Es erweist sich als zweckmäßig, das Problem zuerst im Schwerpunktsystem S' zu lösen, wo es besonders einfach ist. Die Lösung hat die Form
$$\widetilde{P}' = f(P', \Theta'),$$
wobei Θ' der Ablenkungswinkel von Teilchen 1 ist und als freier Parameter in das Problem eingeht.
2. Als nächstes berechnen wir die Relativgeschwindigkeit v_s und den dazugehörigen Transformationsfaktor $\gamma_s{=}\sqrt{1-v_s{}^2/c^2}$ zwischen S' und dem Laborsystem S. Dieses soll sich mit S' in Standardkonfiguration befinden und wird dadurch definiert, daß das Teilchen 2 in ihm vor dem Stoß ruht.
3. Sodann wird der Zusammenhang zwischen den Teilchenparametern im System S und S' in der Form
$$P' = \Lambda\, P\,, \qquad \widetilde{P} = \Lambda^{-1}\widetilde{P}'$$
bestimmt, wobei Λ der Operator der Lorentz-Transformation ist.
4. Werden nun die Ergebnisse des dritten Schritts mit der im ersten Schritt erhaltene Lösung kombiniert, so erhält man die Lösung der Stoßgleichungen im Laborsystem in der Form
$$\widetilde{P} = \Lambda^{-1} f(\Lambda\, P, \Theta').$$
5. Im fünften Schritt berechnen wir aus dem Ergebnis des vierten den Energieübertrag bzw. das Verhältnis $\widetilde{T}_1/T_1$ und bestimmen dessen Minimalwert.
6. Mit Hilfe der Ergebnisse des dritten Schritts kann schließlich der Zusammenhang zwischen dem Ablenkungswinkel Θ im Laborsystem und Θ' im Schwerpunktsystem bestimmt werden.

Im Verlauf unserer Rechnungen werden wir die bewegten Teilchenmassen mit Hilfe von (4.50) oder (4.29) durch die Energie oder die Ruhemassen und Impulse ausdrücken,

$$m = E/c^2 = \sqrt{\boldsymbol{p}^2/c^2 + m_0^2} \qquad \Rightarrow \qquad E^2 - p^2c^2 = m_0{}^2c^4\,, \tag{4.100}$$

und dementsprechend den Viererimpuls in der Form

$$\{P^\alpha\} = \big\{E/c\,, \boldsymbol{p}\big\}\,. \tag{4.101}$$

schreiben.

1. Als Schwerpunktsystem S' der Stoßpartner wird auch in der relativistischen Mechanik das System definiert, in dem der Gesamtimpuls verschwindet, $\boldsymbol{p}_1'{+}\boldsymbol{p}_2'{=}0$. Aus den räumlichen Komponenten der Stoßgleichungen (4.34) folgt damit

$$\boldsymbol{p}_1' = -\boldsymbol{p}_2'\,, \qquad \tilde{\boldsymbol{p}}_1' = -\tilde{\boldsymbol{p}}_2'\,. \tag{4.102}$$

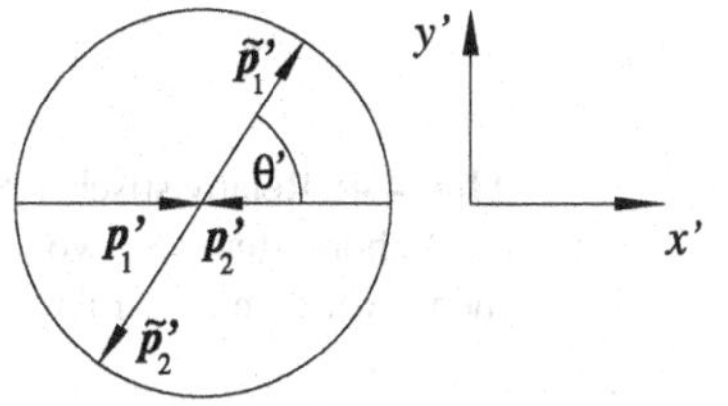

Abb. 4.3: Zweierstoß im Schwerpunktsystem S'.

Die erste der Gleichungen (4.34) (Massenerhaltung) kann mit Hilfe von (4.39) und (4.100a) in die Form

$$\sqrt{\frac{p_1'^2}{c^2}+m_{01}^2}+\sqrt{\frac{p_2'^2}{c^2}+m_{02}^2}=\sqrt{\frac{\tilde{p}_1'^2}{c^2}+m_{01}^2}+\sqrt{\frac{\tilde{p}_2'^2}{c^2}+m_{02}^2} \qquad (4.103)$$

gebracht werden. Unter Benutzung von Gleichung (4.102) erhält sie die Struktur $f(p_1'^2)=f(\tilde{p}_1'^2)$ oder $f(p_2'^2)=f(\tilde{p}_2'^2)$ mit einer monotonen Funktion $f(p^2)$. Als einzige Lösung ergibt sich daraus wie in der klassischen Mechanik

$$p_1'^2=\tilde{p}_1'^2\,, \qquad p_2'^2=\tilde{p}_2'^2\,. \qquad (4.104)$$

Die Ergebnisse (4.102) und (4.104) sind graphisch in Abb. 4.3 dargestellt. Die Bewegung beider Teilchen verläuft in einer Ebene, die durch den Anfangs- und Endimpuls eines der Teilchen festgelegt wird, und für die wir die x', y'-Ebene wählen. Gilt vor dem Stoß

$$\boldsymbol{p}_1'=-\boldsymbol{p}_2'=p_1'\boldsymbol{e}_x'\,,$$

so erlaubt (4.104) für die Impulse nach dem Stoß verschiedene Möglichkeiten, und es gilt

$$\begin{aligned}\tilde{p}_{1x}'&=-\tilde{p}_{2x}'=p_1'\cos\Theta'\,, \qquad \widetilde{E}_1'=E_1'\,,\\ \tilde{p}_{1y}'&=-\tilde{p}_{2y}'=p_1'\sin\Theta'\,, \qquad \widetilde{E}_2'=E_2'\,,\end{aligned} \qquad (4.105)$$

wobei die Energiegleichungen aus (4.100), (4.104) und (4.39) folgen; der Winkel Θ' (Abb. 4.3) ist ein durch die Stoßgleichungen (4.33) und (4.39) nicht festgelegter freier Parameter. Sind nämlich alle Größen vor dem Stoß gegeben, so bilden diese ein System von sechs Gleichungen für die acht Unbekannten $\tilde{\boldsymbol{p}}_1'$, $\tilde{\boldsymbol{p}}_2'$ und $\widetilde{m}_{01}$, $\widetilde{m}_{02}$, und die Lösung enthält sogar zwei freie Parameter. Einer von diesen ist Θ', während der zweite die Orientierung der Ebene der Teilchenablenkung festlegt und aufgrund unserer Koordinatenwahl nicht mehr explizit in der Lösung (4.105) auftaucht.

2. Jetzt berechnen wir die Relativgeschwindigkeit v_s zwischen S' und dem Laborsystem S. Da der Impuls des Teilchens 1 in S' nur eine x-Komponente besitzt und Teilchen 2 in S vor dem Stoß ruht (Abb. 4.4), haben wir

$$\boldsymbol{p}_1=p_1\boldsymbol{e}_x\,, \quad E_1=m_1c^2\,, \qquad \boldsymbol{p}_2=0\,, \quad E_2=m_{02}c^2\,. \qquad (4.106)$$

Für den Gesamtdreierimpuls $\boldsymbol{p}=\boldsymbol{p}_1+\boldsymbol{p}_2$ und die Gesamtenergie $E=E_1+E_2$ erhalten wir damit

$$\boldsymbol{p}=p\boldsymbol{e}_x=p_1\boldsymbol{e}_x\,, \quad E=E_1+m_{02}c^2\,. \qquad (4.107)$$

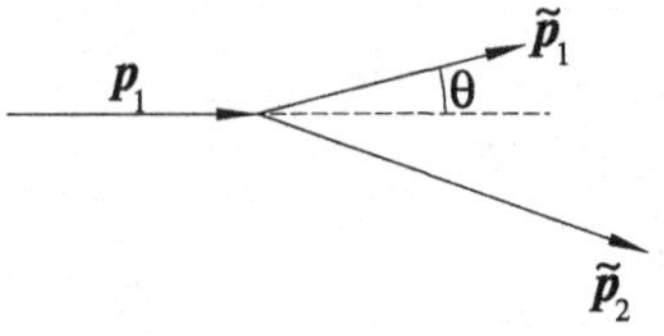

Abb. 4.4: Relativistischer Stoß im Laborsystem S, wo Teilchen 2 vor dem Stoß ruht.

Für die weitere Rechnung erweist es sich als nützlich, dem Viererverktor des Gesamtimpulses in S,

$$\{P^\alpha\} = \{P_1^\alpha + P_2^\alpha\} = \{(m_1{+}m_2)c\,,\ \boldsymbol{p}_1{+}\boldsymbol{p}_2\} = \{E/c, \boldsymbol{p}\}$$

in Anlehnung an (4.28) durch

$$\boldsymbol{P}^2 = P_\alpha P^\alpha = (m_1+m_2)^2c^2 - (\boldsymbol{p}_1+\boldsymbol{p}_2)^2 =: M_0{}^2c^2 \tag{4.108}$$

(vorübergehend) eine invariante Ruhemasse M_0 zuzuweisen.

Aus den Transformationsgleichungen (3.99) folgt nun für die x-Komponente des Gesamtviererimpulses $P'^1{=}\gamma\,(P^1{-}vP^0/c){=}\gamma\,(p{-}vE/c^2)$, und da im Schwerpunktsystem $P'^1{=}0$ gilt, erhalten wir daraus für dessen Relativgeschwindigkeit zu S, die wir mit v_s bezeichnen,

$$v_s = \frac{p}{m} = \frac{pc^2}{E} \overset{(4.107)}{=} \frac{p_1c^2}{E_1+m_{02}c^2}\,. \tag{4.109}$$

Mit (4.101) und (4.108) folgt daraus $1{-}v_s^2/c^2{=}(E^2{-}p^2c^2)/E^2{=}\boldsymbol{P}^2c^2/E^2{=}M_0{}^2c^4/E^2$ und

$$\gamma_s = \frac{E}{M_0c^2} \overset{(4.107)}{=} \frac{E_1+m_{02}c^2}{M_0c^2}\,, \tag{4.110}$$

wobei M_0 nach (4.108) mit (4.106), $m_2{=}m_{02}$ und (4.28) durch

$$M_0{}^2c^2 = m_1^2c^2 - p_1^2 + m_{02}^2c^2 + 2m_{02}E_1 = m_{01}^2c^2 + m_{02}^2c^2 + 2m_{02}E_1 \tag{4.111}$$

gegeben ist.

3. Aus (3.99) folgt nun

$$\frac{E_1'}{c} = P_1'^0 = \gamma_s\left(P_1^0 - \frac{v_sP_1^1}{c}\right) = \gamma_s\left(\frac{E_1}{c} - \frac{v_sp_1}{c}\right), \quad p_1' = P_1'^1 = \gamma_s\left(-\frac{v_sE_1}{c^2} + p_1\right),$$

was mit (4.109)–(4.110) sowie (4.100)

$$E_1' = \frac{1}{M_0}(m_{01}^2c^2 + E_1m_{02})\,, \quad p_1' = \frac{m_{02}p_1}{M_0} \tag{4.112}$$

ergibt, und entsprechend folgt aus (3.100)

$$\widetilde{E}_1 = \gamma_s(\widetilde{E}_1' + v_s\tilde{p}_{1x}')\,, \quad \tilde{p}_{1x} = \gamma_s\left(\frac{v_s}{c}\frac{\widetilde{E}_1'}{c} + \tilde{p}_{1x}'\right), \quad \tilde{p}_{1y} = \tilde{p}_{1y}'\,. \tag{4.113}$$

4. Durch Einsetzen von (4.105), (4.109)–(4.110) und (4.112) in die erste der Gleichungen (4.113) erhalten wir

$$\widetilde{E}_1 = \frac{E_1 + m_{02}c^2}{M_0^2 c^2}(m_{01}^2 c^2 + E_1 m_{02}) + \frac{p_1}{M_0}\frac{m_{02}p_1}{M_0}\cos\Theta'$$

$$= \frac{E_1}{M_0^2 c^2}\left[m_{01}^2 c^2 + m_{02}^2 c^2 + m_{02}\left(E_1 + \frac{m_{01}^2 c^4 + p_1^2 c^2}{E_1}\right)\right] + \frac{m_{02}p_1^2}{M_0^2}(\cos\Theta' - 1)\,.$$

Wegen $m_{01}^2 c^4 + p_1^2 c^2 \overset{(4.100b)}{=} E_1^2$ und (4.111) ergibt die eckige Klammer gerade $M_0^2 c^2$, und damit vereinfacht sich dieses Ergebnis zu

$$\widetilde{E}_1 = E_1 + \frac{m_{02}p_1^2}{M_0^2}(\cos\Theta' - 1)\,. \tag{4.114}$$

Aus der zweiten und dritten der Gleichungen (4.113) ergibt sich auf ähnliche Weise

$$\tilde{p}_{1x} = \frac{p_1}{M_0^2 c^2}(m_{01}^2 c^2 + m_{02}E_1) + \frac{E_1 + m_{02}c^2}{M_0^2 c^2}\, m_{02}\, p_1 \cos\Theta'$$

$$= \frac{p_1}{M_0^2 c^2}(m_{01}^2 c^2 + m_{02}^2 c^2 + 2m_{02}E_1) + \frac{E_1 + m_{02}c^2}{M_0^2 c^2}\, m_{02}\, p_1(\cos\Theta' - 1)$$

$$\overset{(4.111)}{=} p_1 + \frac{E_1 + m_{02}c^2}{M_0^2 c^2}\, m_{02}\, p_1(\cos\Theta' - 1)\,, \tag{4.115}$$

$$\tilde{p}_{1y} = \frac{m_{02}\, p_1}{M_0}\sin\Theta'\,. \tag{4.116}$$

Die entsprechenden Größen des zweiten Teilchens lassen sich mit Hilfe der Stoßgesetze, (4.34a) mit $E{=}mc^2$ und (4.36), aus denen des ersten Teilchens berechnen,

$$\widetilde{E}_2 = E_1 + m_{02}c^2 - \widetilde{E}_1\,, \quad \tilde{p}_{2x} = p_1 - \tilde{p}_{1x}\,, \quad \tilde{p}_{2y} = -\tilde{p}_{1y}\,. \tag{4.117}$$

Damit ist die gesuchte Form der Lösung der Stoßgleichungen im Laborsystem gefunden.

5. Mit (4.46) bzw.

$$E_1 = m_{01}c^2 + T_1\,, \qquad \widetilde{E}_1 = \widetilde{m}_{01}c^2 + \widetilde{T}_1 \tag{4.118}$$

gehen wir jetzt von den Gesamtenergien auf die kinetischen Energien über und drücken mit Hilfe von (4.29) auch noch p_1^2 durch diese aus,

$$p_1^2 = \frac{(m_{01}c^2 + T_1)^2}{c^2} - m_{01}^2 c^2 = T_1\left(2\,m_{01} + \frac{T_1}{c^2}\right)\,. \tag{4.119}$$

Dann erhalten wir aus (4.114) mit (4.39), $\widetilde{m}_{01}{=}m_{01}$

$$\widetilde{T}_1 = T_1\left[1 + \frac{m_{02}}{M_0^2}\left(2\,m_{01} + \frac{T_1}{c^2}\right)(\cos\Theta' - 1)\right],$$

oder, indem wir M_0^2 durch (4.111) ausdrücken und auch hierbei (4.118) benutzen,

$$\frac{\widetilde{T}_1}{T_1} = \frac{(m_{01}+m_{02})^2 + 2m_{02}\,T_1/c^2 + m_{02}(2m_{01}+T_1/c^2)(\cos\Theta' - 1)}{(m_{01}+m_{02})^2 + 2m_{02}\,T_1/c^2}\,.$$

Wie zu erwarten ist $\widetilde{T}_1 \leq T_1$. Am meisten Energie wird von dem stoßenden Teilchen 1 beim Stoß abgegeben und auf Teilchen 2 übertragen, wenn $\widetilde{T}_1/T_1$ so klein wie möglich wird, was bei gegebener Energie T_1 des stoßenden Teilchens dann der Fall ist, wenn $\cos\Theta' = -1$ wird, d. h.

$$\min(\widetilde{T}_1/T_1) = \frac{(1-m_{02}/m_{01})^2}{(1+m_{02}/m_{01})^2 + 2(m_{02}/m_{01})\,T_1/(m_{01}c^2)}\,. \tag{4.120}$$

Betrachten wir zuerst den klassischen Grenzfall $T_1/(m_{01}c^2) \to 0$, in dem

$$\min(\widetilde{T}_1/T_1) \;\to\; \frac{(1-m_{02}/m_{01})^2}{(1+m_{02}/m_{01})^2}\,. \tag{4.121}$$

gilt. Besteht zwischen den beiden Stoßpartnern ein großer Massenunterschied (entweder $m_{02}/m_{01} \gg 1$ oder $m_{02}/m_{01} \ll 1$), dann geht $(\widetilde{T}_1/T_1)_{\min} \to 1$, d. h. das stoßende Teilchen kann nur ganz wenig von seiner Energie auf das Targetteilchen übertragen.

Das ändert sich ganz drastisch beim Übergang zum stark relativistischen Fall. Ist $(m_{02}/m_{01})\,T_1/(m_{01}c^2) \gg (1+m_{02}/m_{01})^2 \geq (1-m_{02}/m_{01})^2$, so folgt aus (4.120)

$$\min(\widetilde{T}_1/T_1) \approx \frac{(1-m_{02}m_{01})^2}{2(m_{02}/m_{01})\,T_1/(m_{01}c^2)} \ll 1\,,$$

d. h. das stoßende Teilchen kann auch bei großem Massenunterschied wesentliche Teile seiner Energie übertragen.

6. Die Ergebnisse (4.115) und (4.116) für den Impuls erlauben es, einen Zusammenhang zwischen dem Streuwinkel Θ im Laborsystem S (Abb. 4.4) und Θ' im Schwerpunktsystem S' (Abb. 4.3) abzuleiten. Offensichtlich gilt

$$\tan\Theta = \frac{\tilde{p}_{1y}}{\tilde{p}_{1x}} = \frac{\sin\Theta'}{\dfrac{M_0}{m_{02}} + \dfrac{E_1+m_{02}c^2}{M_0c^2}(\cos\Theta' - 1)}\,.$$

Mit (4.110), (4.111) und (4.118) kann das in die Form

$$\tan\Theta = \frac{\sin\Theta'}{\gamma_s(\cos\Theta' + g)} \tag{4.122}$$

gebracht werden, wobei g durch

$$g = \frac{M_0^2c^2 - m_{02}^2c^2 - m_{02}E_1}{m_{02}(E_1+m_{02}c^2)} \overset{(4.111)}{=} \frac{m_{01}^2c^2 + m_{02}E_1}{m_{02}E_1 + m_{02}^2c^2}$$

oder nach Einsetzen von (4.118) durch

$$g = \frac{m_{01}}{m_{02}} \frac{(m_{01} + m_{02})c^2 + (m_{02}/m_{01})T_1}{(m_{01} + m_{02})c^2 + T_1} \tag{4.123}$$

gegeben ist. Im klassischen Grenzfall wird $g = m_{01}/m_{02}$, im stark relativistischen, $T_1 \gg (m_{01} + m_{02})c^2$, geht $g \to 1$. Da der Faktor g im Ergebnis (4.122) additiv ist, hat er – bis auf extreme Massenverhältnisse – keinen sehr wesentlichen Einfluß auf dieses. Wesentlich ist jedoch der multiplikative Faktor $1/\gamma_s = (1 - v_s^2/c^2)^{1/2}$, der zwischen dem klassischen Wert 1 und dem extrem relativistischen Wert 0 variiert. Er führt dazu, daß der relativistische Winkel Θ gegenüber dem klassischen Winkel verkleinert wird. Relativistische Effekte führen also dazu, *daß die Teilchen stärker nach vorwärts gestreut werden, als das klassisch der Fall wäre.*

Eine nützliche Beziehung für den Streuwinkel Θ, die nur Größen des Laborsystems S miteinander verknüpft, soll zum Abschluß abgeleitet werden. Wieder gehen wir zunächst in das Schwerpunktsystem S'. In diesem folgt aus (4.102) und (4.105)

$$\widetilde{P}_2'^{\alpha} P_{1\alpha}' = \frac{\widetilde{E}_2' E_1'}{c^2} - \tilde{\boldsymbol{p}}_2' \cdot \boldsymbol{p}_1' = \frac{E_2' \widetilde{E}_1'}{c^2} - \tilde{\boldsymbol{p}}_1' \cdot \boldsymbol{p}_2' = P_2'^{\alpha} \widetilde{P}_{1\alpha}' .$$

Diese Beziehung ist relativistisch invariant und gilt daher auch im Laborsystem,

$$\widetilde{P}_2^{\alpha} P_{1\alpha} = P_2^{\alpha} \widetilde{P}_{1\alpha} . \tag{4.124}$$

Setzen wir sie in die Gleichung ein, die durch Multiplikation von (4.33) mit $P_{1\alpha}$ entsteht, so erhalten wir

$$\widetilde{P}_1^{\alpha} P_{1\alpha} = P_1^{\alpha} P_{1\alpha} + P_2^{\alpha}(P_{1\alpha} - \widetilde{P}_{1\alpha}) , \tag{4.125}$$

oder in Komponenten

$$\frac{\widetilde{E}_1 E_1}{c^2} - \tilde{\boldsymbol{p}}_1 \cdot \boldsymbol{p}_1 = \frac{E_1^2}{c^2} - p_1^2 + \frac{E_2}{c^2}(E_1 - \widetilde{E}_1) - \boldsymbol{p}_2 \cdot (\boldsymbol{p}_1 - \tilde{\boldsymbol{p}}_1) . \tag{4.126}$$

Da die Vektoren $\boldsymbol{p}_1$ und $\tilde{\boldsymbol{p}}_1$ den Winkel Θ einschließen, ergibt sich hieraus für die mit (4.106) getroffene Wahl des Koordinatensystems unter Benutzung von $E_1^2/c^2 - p_1^2 = m_{01}^2 c^2$, $E_2 = m_{02}c^2$ und $\boldsymbol{p}_2 = 0$

$$p_1 \tilde{p}_1 \cos\Theta = E_1 \widetilde{E}_1/c^2 + m_{02}(\widetilde{E}_1 - E_1) - m_{01}^2 c^2 . \tag{4.127}$$

Beispiel 4.1: *Compton-Streuung eines Photons*

Als nützliche Anwendung des zuletzt erhaltenen Ergebnisses betrachten wir die Compton-Streuung eines Photons: Teilchen 1 sei ein Photon mit den Anfangsdaten

$$E_1 = h\nu , \qquad p_1 = \frac{h\nu}{c} ,$$

das an einem anfänglich ruhenden Elektron (Teilchen 2, Ruhemasse m_e) mit den Anfangsdaten

$$E_2 = m_e c^2 \,, \qquad p_2 = 0$$

gestreut wird. Die Ruhemasse des Photons verschwindet, und aus (4.127) folgt

$$\frac{h^2}{c^2}\nu\tilde{\nu}\cos\Theta = \frac{h^2}{c^2}\nu\tilde{\nu} + h\,m_e\,(\tilde{\nu} - \nu)\,.$$

Nach Division durch $h\,m_e\,\nu\tilde{\nu}/c$ ergibt sich hieraus mit $c/\nu{=}\lambda$

$$\tilde{\lambda} - \lambda = \lambda_C(1 - \cos\Theta)\,, \tag{4.128}$$

wobei $\lambda_C{=}h/(m_e c)$ die **Compton-Wellenlänge** ist. (4.128) ist die Formel für die **Compton-Streuung** eines Photons. Beim Stoß ändert sich die Frequenz des Photons, und zwar um so mehr, je stärker es abgelenkt wird.

4.11.3 Schwellenenergie bei inelastischen Stößen

Unter den inelastischen Stößen sind diejenigen, die mit der Erzeugung und Vernichtung von Teilchen verbunden sind, besonderes interessant. Die Theorie derartiger Stoßprozesse hat für die moderne Hochenergiephysik eine überragende Bedeutung gewonnen und ist dementsprechend ausführlich ausgearbeitet worden. Aus Platzgründen können wir uns hier nur mit einem speziellen Aspekt beschäftigen, dem der sogenannten **Schwellenenergie**. Gemeint ist damit die Mindestmenge an kinetischer Energie, die dem stoßenden Teilchen mitgegeben werden muß, damit die von dem Stoß erwarteten Teilchenerzeugungen überhaupt stattfinden können.

Es ist illustrativ, diese Frage zunächst im Laborsystem S zu untersuchen, von dem wir, wie beim elastischen Stoß, annehmen, daß es vor dem Stoß das Ruhesystem des Teilchens 2 bildet ($\boldsymbol{p}_2{=}0$ mit Folge $T_2{=}0$). Der Energiesatz (4.47) kann mit der aus (4.29) und (4.46) folgenden und für alle $\widetilde{T}_n$ gültigen Beziehung

$$T = \sqrt{m_0{}^2c^4 + p^2c^2} - m_0c^2 \tag{4.129}$$

in der Form

$$T_1 = \sum_n \left[\sqrt{\widetilde{m}_{0n}^2c^4 + \tilde{p}_n^2c^2} - m_{0n}c^2\right] + Q\,. \tag{4.130}$$

geschrieben werden, wobei

$$Q/c^2 = \sum_n \widetilde{m}_{0n} - (m_{01} + m_{02}) \tag{4.131}$$

die durch den Stoß hervorgerufene Änderung der gesamten Ruhemassen ist und positiv oder negativ sein kann. Je kleiner die Impulse $\tilde{p}_n$, umso kleinere Werte von T_1 sind möglich. Wegen der aus (4.42) mit $\boldsymbol{p}_2{=}0$ folgenden Erhaltungsgleichung $\boldsymbol{p}_1{=}\sum_n \tilde{\boldsymbol{p}}_n$ für den Dreierimpuls können aber nicht alle $\tilde{p}_n$ beliebig klein werden. Der kleinste Wert, den T_1 unter Einhaltung des Impulssatzes annehmen kann, wird als **Schwellenenergie** T_1^* bezeichnet. Für $T_1{<}T_1^*$ kann die erwünschte Reaktion nicht stattfinden.

Das hiermit aufgeworfene Extremwertproblem kann am einfachsten im Schwerpunktsystem S' gelöst werden. In diesem ergeben die räumlichen Komponenten von (4.42)

$$\sum_n \tilde{p}'_n = p'_1 + p'_2 = 0\,, \tag{4.132}$$

und daher bekommt man für das Quadrat des gesamten Viererimpulses $P^\alpha = P_1^\alpha + P_2^\alpha$ bzw. $\widetilde{P}^\alpha = \sum_n \widetilde{P}_n^\alpha$ mit $E = m_0c^2 + T \overset{(4.129)}{=} \sqrt{m_0{}^2c^4 + p^2c^2}$ aus (4.42)

$$P'_\alpha P'^\alpha = \widetilde{P}'_\alpha \widetilde{P}'^\alpha = \frac{1}{c^2}\Big(\sum_n \widetilde{E}'_n\Big)^2 = \frac{1}{c^2}\Big(\sum_n \sqrt{\widetilde{m}_{0n}^2 c^4 + \tilde{p}'^2_n c^2}\,\Big)^2 . \tag{4.133}$$

$P'_\alpha P'^\alpha$ ist eine LorentzInvariante, deren Wert in S durch (4.108) und (4.111) gegeben ist, d. h. wir haben

$$(m_{01} + m_{02})^2c^2 + 2m_{02}(E_1 - m_{01}c^2) = \frac{1}{c^2}\Big(\sum_n \sqrt{\widetilde{m}_{0n}^2 c^4 + \tilde{p}'^2_n c^2}\,\Big)^2$$

oder (mit $E_1 = m_{01}c^2 + T_1$)

$$c\sqrt{(m_{01} + m_{02})^2c^2 + 2m_{02}T_1} = \sum_n \sqrt{\widetilde{m}_{0n}^2 c^4 + \tilde{p}'^2_n c^2}\,. \tag{4.134}$$

Nach (4.133) ist das die im Schwerpunktsystem verfügbare Energie $\sum_n \widetilde{E}'_n$. Erstaunlich ist, daß sie nur mit der Wurzel von T_1 wächst. Da die linke Seite eine monotone Funktion von T_1 ist, kann der gesuchte Schwellenwert von T_1 durch Minimalisieren der rechten Seite gewonnen werden, wobei jetzt (4.132) als Nebenbedingung zu stellen ist. Offensichtlich wird T_1 am kleinsten, wenn alle Reaktionsprodukte in S' ruhen, denn dann sind alle $\tilde{p}'_n = 0$, und auch die Nebenbedingung wird erfüllt. Damit erhalten wir für T_1^* (nach Quadrieren) die Gleichung

$$(m_{01} + m_{02})^2c^2 + 2m_{02}T_1^* = \Big(\sum_n \widetilde{m}_{0n}\Big)^2 c^2\,, \tag{4.135}$$

und als deren Lösung ergibt sich mit der aus (4.131) folgenden Beziehung

$$\Big(\sum_n \widetilde{m}_{0n}\Big)^2 - (m_{01} + m_{02})^2 = \frac{Q}{c^2}\left[\frac{Q}{c^2} + 2(m_{01} + m_{02})\right]$$

schließlich

$$T_1^* = \frac{Q\,[Q/c^2 + 2(m_{01} + m_{02})]}{2m_{02}}\,. \tag{4.136}$$

Beispiel 4.2: *Proton-Proton-Streuung*

Als Anwendungsbeispiel betrachten wir die Reaktion

$$p + p \to p + p + p + \bar{p}\,,$$

bei der ein Proton p an einem Proton gestreut und ein Proton-Antiproton-Paar $p + \bar{p}$ erzeugt wird. Bezeichnet m_p die Ruhemasse des Protons (das Antiproton besitzt dieselbe Ruhemasse), so wird nach (4.131) $Q/c^2 = 4m_\mathrm{p} - 2m_\mathrm{p} = 2m_\mathrm{p}$, und aus (4.136) folgt

$$T_1^* = 6m_\mathrm{p}c^2\,. \tag{4.137}$$

T_1^* muß also mindestens dreimal so groß sein wie die Ruheenergie der erzeugten Teilchen.

Wenn das Target-Proton nicht ruht, sondern in S mit dem Impuls $p_2{=}-p_1$ einläuft, ist S das Schwerpunktsystem. Aus dem Energiesatz (4.47) erhält man dann für den günstigsten Fall, daß alle Reaktionsprodukte ruhen ($\sum \widetilde{T}_i{=}0$),

$$T_1^* + T_2^* = \Big[\sum_1^4 (\widetilde{m}_{0i}) - (m_{01} + m_{02})\Big]c^2 = 2m_\mathrm{p}c^2\,,$$

d. h. die für beide Stoßpartner zusammen benötigte Schwellenenergie ist gerade gleich der Ruheenergie der erzeugten Teilchen. Rein energetisch gesehen ist es also wesentlich günstiger, zwei Teilchenstrahlen gegeneinander zu schießen, als einen Teilchenstrahl auf ein ruhendes Target.

Es bleibt anzumerken, daß dieses Resultat ein klassisches Analogon besitzt. Stoßen zwei gleich schwere Teilchen mit entgegengesetzt gleichen Geschwindigkeiten aufeinander, so kann ihre gesamte kinetische Energie in Wärme umgewandelt werden. Ruht dagegen eines der beiden Teilchen, so zeigt eine einfache Rechnung, daß das höchstens mit der Hälfte der kinetischen Energie des anderen Teilchens geschehen kann.

4.12 Mechanik idealer Flüssigkeiten

In der ART wird die Erzeugung von Schwerefeldern durch Materie und deren Rückwirkung auf die Materie untersucht. Um hier einigermaßen überschaubare Verhältnisse zu bekommen, benutzt man möglichst einfache makroskopische Materiemodelle. Für viele Zwecke brauchbar erweist sich das Modell idealer Flüssigkeiten. Besonders einfach wird die Situation dann, wenn auch noch der Flüssigkeitsdruck vernachlässigt werden darf. Um solche Modelle in der ART einführen zu können, muß man schon eine speziell-relativistische Formulierung zur Verfügung haben. Diese soll in diesem Abschnitt bereitgestellt werden.

4.12.1 Druckfreie Flüssigkeiten

In idealen Flüssigkeiten mit dem Druck $p{=}0$ gelten für die Massendichte $\varrho(\boldsymbol{r},t)$ und die Dreiergeschwindigkeit $\boldsymbol{u}(\boldsymbol{r},t)$ die klassischen Erhaltungssätze

$$\frac{\partial\varrho}{\partial t} + \frac{\partial}{\partial X^k}(\varrho u^k) = 0\,, \qquad \frac{\partial}{\partial t}(\varrho u^i) + \frac{\partial}{\partial X^k}(\varrho u^i u^k) = 0 \qquad i = 1,2,3\,. \tag{4.138}$$

(Summation über k von 1 bis 3!). Um diese Gleichungen relativistisch zu verallgemeinern, müssen wir Tensorgleichungen finden, die für $u^2/c^2{\ll}1$ in die obigen Gleichungen übergehen. In diesen treten die Komponenten des Tensors

$$\boxed{T^{\mu\nu} = T^{\nu\mu} := \varrho_0 U^\mu U^\nu} \tag{4.139}$$

in nichtrelativistischer Näherung auf, wobei $\varrho_0{=}m_0/V_0$ (mit $V_0{=}$ Ruhevolumen) die **Ruhemassendichte** der Flüssigkeit ist. Als relativistische Verallgemeinerung von (4.138) stellt sich

$$\boxed{\partial_\nu T^{\mu\nu} = 0} \tag{4.140}$$

heraus. Aus der in dem Volumenelement $\Delta V = \Delta V_0 \sqrt{1-u^2/c^2}$ enthaltenen Masse $\Delta m = \Delta m_0 / \sqrt{1-u^2/c^2}$ ergibt sich nämlich die Massendichte ϱ zu

$$\varrho = \frac{\Delta m}{\Delta V} = \frac{\varrho_0}{1 - u^2/c^2}, \tag{4.141}$$

und (4.140) liefert in Komponenten

$$\begin{aligned}
\frac{\partial}{\partial X^0} T^{00} + \frac{\partial}{\partial X^k} T^{0k} &\overset{(4.8)}{=} \frac{1}{c}\frac{\partial}{\partial t} \frac{\varrho_0 c^2}{1-u^2/c^2} + \frac{\partial}{\partial X^k} \frac{\varrho_0 c u^k}{1-u^2/c^2} \\
&= c\left[\frac{\partial \varrho}{\partial t} + \frac{\partial}{\partial X^k}(\varrho u^k)\right] = 0, \\
\frac{\partial}{\partial X^0} T^{i0} + \frac{\partial}{\partial X^k} T^{ik} &= \frac{1}{c}\frac{\partial}{\partial t} \frac{\varrho_0 c u^i}{1-u^2/c^2} + \frac{\partial}{\partial X^k} \frac{\varrho_0 u^i u^k}{1-u^2/c^2} \\
&= \frac{\partial}{\partial t}(\varrho u^i) + \frac{\partial}{\partial X^k}(\varrho u^i u^k) = 0,
\end{aligned}$$

Gleichungen, die mit (4.138) generell übereinstimmen, insbesondere für $u^2/c^2 \to 0$.

Teilt man die klassische Gleichung (4.138a) durch die – klassisch konstante – Teilchenmasse m, so erhält man für die Teilchendichte $n = \varrho/m$ den klassischen **Teilchenerhaltungssatz**

$$\boxed{\frac{\partial n}{\partial t} + \mathrm{div}(n\boldsymbol{u}) = 0,} \tag{4.142}$$

der sich auch als relativistisch gültig erweisen wird. Er ist bis auf einen konstanten Faktor mit der Kontinuitätsgleichung für die Masse identisch. Auch relativistisch hängt die Massendichte ϱ mit der Teilchendichte n über die Beziehung

$$\varrho = mn \tag{4.143}$$

zusammen. Mit (4.141), $m = m_0/\sqrt{1-u^2/c^2}$ und der **Ruheteilchendichte** $n_0 = \varrho_0/m_0$ ergibt sich hieraus

$$n = n_0 / \sqrt{1 - u^2/c^2}. \tag{4.144}$$

Aus der Kontinuitätsgleichung (4.138a), die, wie wir gesehen haben, auch relativistisch gilt, folgt mit (4.143) nun $m\,(\partial n/\partial t + \mathrm{div}\, n\boldsymbol{u}) + n\,(\partial m/\partial t + \boldsymbol{u} \cdot \nabla m) = 0$. Wegen $m = \varrho(\boldsymbol{r}, t)/n(\boldsymbol{r}, t)$ muß m als Funktion von $\boldsymbol{r}$ und t aufgefaßt werden, und $dm/dt = \partial m/\partial t + \boldsymbol{u} \cdot \nabla m$ ist die Änderung der Masse, die man beobachtet, wenn man den Teilchen folgt. Dabei handelt es sich aber um die Massenänderung der Teilchen in deren Ruhesystem, die im Falle $p=0$ (mit der Folge Temperatur $T=0$) offensichtlich gleich null ist. Damit erhalten wir das Ergebnis, daß die Erhaltung der Teilchenzahl auch relativistisch durch (4.142) ausgedrückt wird und für druckfreie Flüssigkeiten auch relativistisch eine Konsequenz der Massenerhaltung ist.

4.12.2 Flüssigkeiten mit isotropem Druck

Für ideale Flüssigkeiten mit isotropem Druck gelten die klassischen Erhaltungssätze

$$c\left[\frac{\partial \varrho}{\partial t}+\frac{\partial}{\partial X^k}(\varrho u^k)\right]=0\,, \qquad \frac{\partial}{\partial t}(\varrho u^i)+\frac{\partial}{\partial X^k}(\varrho u^i u^k)=\partial^i p\,, \tag{4.145}$$

wobei die aus $\{\partial_\alpha p\}=\{\partial_t p/c, \nabla p\}$ unter Benutzung von (3.117) folgende Beziehung $\{\partial^\alpha p\}=\{\partial_t p/c, -\nabla p\}$ eingegangen ist. Nach Abschn. 4.12.1 geht $\partial_\nu T^{\mu\nu}$ für den in (4.139) definierten Tensor $T^{\mu\nu}$ in die linken Seiten dieser Gleichungen über. Jetzt suchen wir einen Tensor $S^{\mu\nu}$, dessen Divergenz für $\boldsymbol{u}^2/c^2 \ll 1$ die rechten Seiten liefert. (Da im folgenden u^2 die zweite räumliche Geschwindigkeitskomponente bezeichnet, schreiben wir in diesem Abschnitt zur Vermeidung von Verwechslungen für das Quadrat des Geschwindigkeitsvektors $\boldsymbol{u}^2$.) Diese können als Divergenz des Tensors

$$(\tilde{S}^{\mu\nu})=p\begin{pmatrix}0&0&0&0\\0&-1&0&0\\0&0&-1&0\\0&0&0&-1\end{pmatrix} \tag{4.146}$$

geschrieben werden, denn zum einen ist $\partial_\nu \tilde{S}^{0\nu}=0$ wegen $\tilde{S}^{0\nu}=0$, und zum anderen gilt wegen $\tilde{S}^{i\nu}=p\eta^{i\nu}$ für $i\geq 1$ (siehe (3.109) und (3.122))

$$\partial_\nu \tilde{S}^{i\nu}=\partial_\nu(p\eta^{i\nu})=\eta^{i\nu}\partial_\nu p=\partial^i p\,.$$

Wir versuchen nun, den gesuchten Tensor $S^{\mu\nu}$ durch eine Linearkombination

$$S^{\mu\nu}=a\,U^\mu U^\nu+b\,\eta^{\mu\nu}$$

der Tensoren $U^\mu U^\nu$ und $\eta^{\mu\nu}$ darzustellen, und bestimmen die Faktoren a und b so, daß

$$S^{\mu\nu}\overset{(3.122)}{\underset{(3.109),(4.8)}{=}}\frac{a}{1-\boldsymbol{u}^2/c^2}\begin{pmatrix}c^2&cu^1&cu^2&cu^3\\cu^1&u^1u^1&u^1u^2&u^1u^3\\cu^2&u^2u^1&u^2u^2&u^2u^3\\cu^3&u^3u^1&u^3u^2&u^3u^3\end{pmatrix}+b\begin{pmatrix}1&0&0&0\\0&-1&0&0\\0&0&-1&0\\0&0&0&-1\end{pmatrix}$$

für $\boldsymbol{u}^2/c^2 \ll 1$ die Form (4.146) annimmt. Vernachlässigen wir dementsprechend die Terme cu^i, u^iu^k und $\boldsymbol{u}^2$ gegen c^2, so geht unser Ansatz in

$$S^{\mu\nu}\approx a\begin{pmatrix}c^2&0&0&0\\0&0&0&0\\0&0&0&0\\0&0&0&0\end{pmatrix}+b\begin{pmatrix}1&0&0&0\\0&-1&0&0\\0&0&-1&0\\0&0&0&-1\end{pmatrix}$$

über. Damit das mit (4.146) übereinstimmt, muß $ac^2+b=0$, $b=p$ und damit $a=-p/c^2$ sein. Die Größe

$$S^{\mu\nu}=-pU^\mu U^\nu/c^2+p\,\eta^{\mu\nu}\,,$$

in der p ein Skalar sein muß, damit sie Tensorcharakter aufweist, besitzt also die gewünschte Eigenschaft, und wir erhalten

$$\partial_\nu T^{\mu\nu} = \partial_\nu \left(-pU^\mu U^\nu/c^2 + p\,\eta^{\mu\nu}\right)$$

als relativistische Verallgemeinerung der Erhaltungssätze (4.145). Definieren wir jetzt noch einen neuen Tensor $T^{\mu\nu}$ durch

$$\boxed{T^{\mu\nu} := \left(\varrho_0 + \frac{p}{c^2}\right) U^\mu U^\nu - p\eta^{\mu\nu} = T^{\nu\mu}\,,} \tag{4.147}$$

so lauten der Massen- und Impulserhaltungssatz für ideale Flüssigkeiten mit isotropem Druck

$$\boxed{\partial_\nu T^{\mu\nu} = 0\,.} \tag{4.148}$$

In Komponenten ergibt das die Gleichungen

$$\partial_t \left(\frac{\varrho_0 + p/c^2}{1 - \boldsymbol{u}^2/c^2} - \frac{p}{c^2}\right) + \operatorname{div}\left(\frac{\varrho_0 + p/c^2}{1 - \boldsymbol{u}^2/c^2}\,\boldsymbol{u}\right) = 0\,, \tag{4.149}$$

$$\partial_t \left(\frac{\varrho_0 + p/c^2}{1 - \boldsymbol{u}^2/c^2}\,\boldsymbol{u}\right) + \partial_k \left(\frac{\varrho_0 + p/c^2}{1 - \boldsymbol{u}^2/c^2}\,u^k \boldsymbol{u}\right) + \nabla p = 0\,. \tag{4.150}$$

Dabei ist als Ruhemassendichte jetzt

$$\varrho_0 = n_0(m_0 + e_0/c^2) \tag{4.151}$$

einzusetzen, wobei e_0 die – temperatur- und druckabhängige – thermische Energie pro Teilchen im Ruhesystem ist. Gegenüber den druckfreien Flüssigkeiten ist der Druck als zusätzliche Variable ins Spiel gekommen, so daß zur Beschreibung der Flüssigkeitsdynamik jetzt offensichtlich eine Gleichung fehlt. Da die Masse jetzt aber über die innere Energie vom Druck abhängt, ist die Erhaltung der Teilchenzahl keine Folge der Masseerhaltung mehr und muß daher separat gefordert werden. Bezeichnet n_0 die Teilchendichte im Ruhesystem, so ist

$$\boxed{\partial_\alpha (n_0 U^\alpha) = 0} \tag{4.152}$$

dafür die richtige lorentz-invariante Form, da ihr klassischer Grenzfall gerade (4.142) ergibt.

Aufgaben

4.1 Wieviel kostet 1 g elektrischer Energie bei einem Strompreis von 0,20 Euro pro kWh?

4.2 Die Strahlungsleistung der Sonne beträgt $4 \cdot 10^{16}$ W. Wieviel Masse verliert sie dadurch pro Sekunde, pro Tag, pro Jahr? Finden Sie geeignete Vergleichsmassen für die berechneten Verluste. Wie lange würde es bei der heutigen Strahlungsleistung dauern, bis die Sonne ihre gesamte Masse abgestrahlt hat?

4.3 Konstruieren Sie mit Hilfe des Ansatzes $\{U^\alpha\}=a\,\{b\,,\boldsymbol{u}\}$ aus dem gewöhnlichen Geschwindigkeitsvektor $\boldsymbol{u}$ einen Vierervektor U^α. Bestimmen Sie die Größen a und b aus folgenden Forderungen:

(a) $U^\alpha U_\alpha$ ist lorentz-invariant.
(b) U^α muß die Transformationsgleichungen zwischen Inertialsystemen in Standardkonfiguration erfüllen.
(c) Die relativistischen Transformationsgleichungen für die Komponenten u_x, u_y, u_z müssen erfüllt sein.

4.4 Beweisen Sie die Gültigkeit der Beziehung $F^\alpha=\{\boldsymbol{f}\cdot\boldsymbol{u}/c\,,\,\boldsymbol{f}\}$ mit Hilfe der Invarianz des Skalarprodukts $F^\alpha U_\alpha$.

4.5 Bei welcher Geschwindigkeit wird die kinetische Energie eines Teilchens gleich seiner Ruheenergie?

4.6 Lösen Sie die Bewegungsgleichung des relativistischen harmonischen Oszillators, bestimmen Sie seine Schwingungsperiode und überprüfen Sie, ob sich im klassischen Grenzfall das klassische Ergebnis ergibt.
Anleitung: Benutzen Sie den Energiesatz! Für die Auslenkung x empfiehlt sich der Ansatz $x=x_0 \sin\varphi(t)$. Das Ergebnis ist eine implizite Gleichung für $\varphi(t)$.

4.7 Bestimmen Sie den Lagrangeschen Multiplikator λ in dem Variationsprinzip (4.83) so, daß sich für $\boldsymbol{u}\to 0$ die Bewegungsgleichung (4.76) ergibt!

4.8 Zeigen Sie, daß bei der Lösung der Gleichungen $m_1\boldsymbol{u}_1+m_2\boldsymbol{u}_2=\widetilde{m}_1\widetilde{\boldsymbol{u}}_1+\widetilde{m}_2\widetilde{\boldsymbol{u}}_2$ für den klassischen elastischen Stoß genau ein Parameter unbestimmt bleibt, wenn m_1, m_2, $\boldsymbol{u}_1$ und $\boldsymbol{u}_2$ vorgegeben werden.
Anleitung: Benutzen Sie das Schwerpunktsystem!

4.9 Teilchen der Geschwindigkeit $v_x=0.95c$ werden in einem Teilchenbeschleuniger gegen Teilchen der Geschwindigkeit $v_x=-0.95c$ geschossen. Welche Relativgeschwindigkeit besitzen die Teilchen?

4.10 Zwei Teilchen derselben Ruhemasse m_0 stoßen zentral zusammen und bilden ein neues Teilchen. Das eine hat vor dem Stoß die Geschwindigkeit $v=0.8c$, das andere $v=0.95c$. Welche Ruhemasse besitzt das neue Teilchen, und wie schnell fliegt es?

4.11 Zeigen Sie, daß die Mindestgeschwindigkeit, die ein Proton besitzen muß, um beim Zusammenstoß mit einem ruhendem Proton ein Proton-Antiproton-Paar zu erzeugen, $v=\sqrt{48/49}\,c$ beträgt.

4.12 Stellen Sie die relativistischen Gleichungen für den Zerfall eines Teilchens in zwei Teilchen auf und diskutieren Sie deren Lösung.

4.13 Was ergibt sich in Aufgabe 4.12

(a) für den Fall, daß eines der beiden Teilchen ein Photon ist?
(b) Was, wenn beide Photonen sind?
(c) Mit welcher Geschwindigkeit fliegt ein H-Atom davon, nachdem es im Zustand der Ruhe den Übergang vom ersten angeregten zum Grundzustand gemacht hat?
(d) Kann ein frei fliegendes Elektron ein Photon emittieren?

4.14 Ein ruhendes Teilchen der Masse m_0 zerfällt in zwei Teilchen gleicher Ruhemassen.

(a) Welcher Anteil der Ruheenergie kann im günstigsten Fall in kinetische Energie umgewandelt werden?
(b) Welche Maximalgeschwindigkeit können die Zerfallsprodukte erreichen?
(c) Welche Impulse haben sie dabei?

4.15 Ein Raumfahrer wird mit einer Kraft beschleunigt, die in einem Inertialsystem S den konstanten Wert $\boldsymbol{F}$ besitzt und beim Start dem Betrage nach gleich der auf der Erde auf ihn einwirkenden Schwerkraft ist.

(a) Wie lange dauert es, bis sich die Masse des Raumfahrers verdoppelt hat?
(b) Wann erreicht er den der Sonne am nächsten gelegenen Stern Alpha Centauri (Abstand zur Sonne ca. 4 Lichtjahre)?
(c) Wieviel Zeit ist für den Raumfahrer in beiden Fällen vergangen?
(d) Wie beurteilt der Raumfahrer die Beschleunigung, die er erfährt?

4.16 Wie lange braucht eine Rakete (gemessen in Erdzeit und in Eigenzeit) mindestens für den Weg von der Erde zur nächsten Galaxie (ca. $2 \cdot 10^6$ Lichtjahre) und zurück, wenn ihre Beschleunigung in ihrem Ruhesystem höchstens $g = 10\,\mathrm{m/s^2}$ betragen soll. Wie schwer muß sie beim Start sein, wenn sie mit Photonenantrieb fliegt und der von ihr transportierte Raumfahrer 80 kg Ruhemasse besitzt?

4.17 Bestimmen Sie eine lorentz-invariante Gleichung, die für $u/c \to 0$ übergeht in $\partial_t \varrho_0 + \operatorname{div}(\varrho_0 \boldsymbol{u}) = 0$. Zeigen Sie, daß diese der Gleichung $\partial_\nu T^{0\nu} = 0$ äquivalent ist, wenn die Erhaltung der Ruhemassen vorausgesetzt wird.

4.18 Welche Konsequenzen ergeben sich in druckfreien Flüssigkeiten für das Geschwindigkeitsfeld daraus, daß neben den Impulsgleichungen $\partial_\nu T^{\mu\nu} = 0$ noch die Erhaltungsgleichung $\partial_\nu (n_0 U^\nu) = 0$ für die Teilchendichte gelten muß? Bedeuten diese Konsequenzen eine Einschränkung an die Impulsgleichungen?

5 Relativistische Formulierung der Elektrodynamik

Eine der wesentlichen Grundlagen der SRT ist das Postulat der Konstanz der Lichtgeschwindigkeit. Die Ausbreitung von Licht im Vakuum ist eine spezielle Anwendung der Maxwell-Theorie, und wir können daher zu Recht erwarten, daß die diesen Vorgang beschreibende Wellengleichung lorentz-invariant ist. Daraus folgt aber nicht zwangsläufig die Kovarianz der ganzen Maxwell-Theorie. Wir werden im folgenden sehen, daß diese tatsächlich besteht. Nach dem ersten der in Abschn. 3.6.3 bewiesenen Sätze wäre dafür ausreichend, daß die Maxwell-Gleichungen als Beziehungen zwischen Vierervektoren oder Tensoren formuliert werden können. Davon, daß das möglich ist, überzeugen wir uns zunächst anhand des Falles reiner Vakuumfelder (Abschn. 5.1 und 5.2); anschließend befassen wir uns mit der relativistischen Formulierung der Maxwell-Gleichungen in homogener und isotroper Materie (Abschn. 5.3). Desweiteren untersuchen wir in diesem Kapitel die Abstrahlung elektromagnetischer Wellen durch geladene Punktteilchen und die relativistische Bewegung geladener Teilchen in elektromagnetischen Feldern. Das wird uns auf das Problem der Strahlungsdämpfung der Bewegung beschleunigter Ladungen führen, mit dem sich Abschn. 5.10 und Abschn. 5.11 (Lorentz-Dirac-Gleichung) befassen.

5.1 Kovariante Formulierung der Maxwell-Gleichungen

Eine besonders einfache Darstellung der Maxwell-Gleichungen

$$\begin{aligned} \operatorname{div}(\varepsilon_0 \boldsymbol{E}) &= \varrho_{\mathrm{el}}\,, & \operatorname{div}\boldsymbol{B} &= 0\,, \\ \operatorname{rot}\boldsymbol{E} &= -\partial\boldsymbol{B}/\partial t\,, & \operatorname{rot}\boldsymbol{H} &= \boldsymbol{j} + \partial\boldsymbol{D}/\partial t \end{aligned} \tag{5.1}$$

für Ladungen und Ströme im Vakuum erhält man bei Benutzung der Potentiale $\boldsymbol{A}$ und ϕ. Diese sind mit den Feldern $\boldsymbol{E}$ und $\boldsymbol{B}$ durch die Gleichungen

$$\boldsymbol{B} = \operatorname{rot}\boldsymbol{A}\,, \qquad \boldsymbol{E} = -\nabla\phi - \frac{\partial \boldsymbol{A}}{\partial t} \tag{5.2}$$

verknüpft. Benutzt man zur Festlegung der Potentiale die Lorenz-Eichung

$$\frac{1}{c^2}\frac{\partial\phi}{\partial t} + \operatorname{div}\boldsymbol{A} = 0\,, \tag{5.3}$$

dann sind die Maxwell-Gleichungen den Gleichungen

$$\Box\phi = \varrho_{\mathrm{el}}/\varepsilon_0\,, \qquad \Box\boldsymbol{A} = \mu_0\boldsymbol{j} \tag{5.4}$$

äquivalent (siehe *Elektrodynamik*, Kap. 7, wobei $\Box$ der manchmal als **Quabla-Operator** bezeichnete Operator

$$\Box := \frac{1}{c^2}\frac{\partial^2}{\partial t^2} - \Delta = \eta^{\alpha\beta}\frac{\partial}{\partial X^\alpha}\frac{\partial}{\partial X^\beta}$$

ist. Offensichtlich handelt es sich um einen lorentz-invarianten skalaren Operator, denn ähnlich wie $\eta_{\alpha\beta}dX'^\alpha dX'^\beta \overset{(3.8)}{=} \eta_{\alpha\beta}dX^\alpha dX^\beta$ beweist man, daß

$$\eta^{\alpha\beta}\frac{\partial}{\partial X'^\alpha}\frac{\partial}{\partial X'^\beta} = \eta^{\alpha\beta}\frac{\partial}{\partial X^\alpha}\frac{\partial}{\partial X^\beta}$$

gilt. Unter Benutzung der Operatoren $\partial_\alpha{=}\partial/\partial X^\alpha$ und $\partial^\alpha{=}\eta^{\alpha\beta}\partial_\beta$ bekommen wir auch die Darstellung

$$\Box = \partial^\alpha\partial_\alpha\,. \tag{5.5}$$

Die relativistische Verallgemeinerung der Gleichungen (5.4) ist naheliegend. Definiert man durch

$$A^\alpha = \{-\phi/c\,,\ -\boldsymbol{A}\}\,, \qquad J^\alpha = \{\varrho_{\mathrm{el}}c\,,\ \boldsymbol{j}\} \tag{5.6}$$

ein **Viererpotential** A^α (man beachte, daß $\boldsymbol{A}$ hier nicht den Vierervektor A^α, sondern nur dessen räumlichen Anteil bezeichnet!) und einen **Viererstrom** J^α, so lauten sie

$$\boxed{\Box A^\alpha = -\mu_0 J^\alpha\,.} \tag{5.7}$$

(Dabei wurde $c{=}1/\sqrt{\varepsilon_0\mu_0}$ benutzt). Durch die Forderung, daß A^α und J^α Vierervektoren sowie ε_0 und μ_0 Skalare sind, wird (5.7) zu einer lorentz-invarianten Gleichung. Die relativistische Schreibweise der **Lorenz-Eichung** (5.3) ist

$$\boxed{\partial_\alpha A^\alpha = \partial^\alpha A_\alpha = 0\,.} \tag{5.8}$$

Aus (5.7)–(5.8) folgt mit $\partial_\alpha\Box{=}\Box\partial_\alpha$ sofort die **Kontinuitätsgleichung**

$$\boxed{\partial_\alpha J^\alpha = 0\,.} \tag{5.9}$$

Jetzt wollen wir von den Potentialen zu den Feldern übergehen und für diese lorentz-invariante Gleichungen aufstellen. Zunächst stellen wir fest, daß der Vektor $A_\alpha{=}\eta_{\alpha\beta}A^\beta$ nach (3.116) die Komponenten $\{-\phi/c\,,\ \boldsymbol{A}\}$ besitzt. Aus (5.2) folgt damit $B_x{=}\partial_2 A_3{-}\partial_3 A_2$ und $E_x{=}c\,(\partial_1 A_0{-}\partial_0 A_1)$ etc. Diese Zusammenhänge legen es nahe, den antisymmetrischen Tensor

$$F_{\alpha\beta} = \partial_\alpha A_\beta - \partial_\beta A_\alpha = -F_{\alpha\beta} \tag{5.10}$$

zu betrachten. Er wird als **elektromagnetischer Feldstärketensor** bezeichnet und besitzt die Komponenten

$$F_{\alpha\beta} = \begin{pmatrix} 0 & -E_x/c & -E_y/c & -E_z/c \\ E_x/c & 0 & B_z & -B_y \\ E_y/c & -B_z & 0 & B_x \\ E_z/c & B_y & -B_x & 0 \end{pmatrix}, \tag{5.11}$$

was sich auch kürzer durch die Notation

$$\begin{aligned} \{F_{01}, F_{02}, F_{03}, F_{23}, F_{31}, F_{12}\} &= \{-E_x/c, -E_y/c, -E_z/c, B_x, B_y, B_z\} \\ &= \{-\boldsymbol{E}/c\,, \boldsymbol{B}\} \end{aligned} \tag{5.12}$$

ausdrücken läßt. Den dazu gehörigen Tensor $F^{\alpha\beta}{=}\eta^{\alpha\lambda}F_{\lambda\mu}\eta^{\mu\beta}{=}{-}F^{\beta\alpha}$ erhält man aus $F_{\alpha\beta}$, indem man $\boldsymbol{E}{\to}{-}\boldsymbol{E}$ ersetzt, ausführlicher

$$\{F^{01}, F^{02}, F^{03}, F^{23}, F^{31}, F^{12}\} = \{\boldsymbol{E}/c\,, \boldsymbol{B}\}\,. \tag{5.13}$$

Unter Benutzung der Notation $E_1{:=}E_x$ etc. ist dies gleichbedeutend mit

$$E_i = cF^{0i}\,, \qquad B_k = \varepsilon_{ijk}F^{ij}/2\,, \tag{5.14}$$

wobei ε_{ijk} der ε-Tensor ist (siehe *Elektrodynamik*, Kap. 5, Gleichung (5.41)). Für die Divergenz von $F_{\alpha\beta}$ ergibt sich mit (5.8)

$$\partial^\alpha F_{\alpha\beta} = \partial^\alpha\partial_\alpha A_\beta - \partial_\beta\partial^\alpha A_\alpha = \Box A_\beta\,.$$

Setzt man das in Gleichung (5.7) (mit heruntergezogenen Indizes) ein, so erhält man die invariante Beziehung

$$\partial^\alpha F_{\alpha\beta} = -\mu_0 J_\beta\,. \tag{5.15}$$

Das sind vier Gleichungen, die die ersten Ableitungen der Felder $\boldsymbol{E}$ und $\boldsymbol{B}$ mit der Ladungsdichte ϱ_{el} und der Stromdichte $\boldsymbol{j}$ verknüpfen, d. h. es handelt sich um die kovariante Formulierung der **inhomogenen Maxwell-Gleichungen**. Aus (5.15) folgt übrigens durch Schieben der Indizes $\partial_\alpha F^{\alpha\beta}{=}{-}\partial_\alpha F^{\beta\alpha}{=}{-}\mu_0 J^\beta$ und damit

$$\boxed{\partial_\beta F^{\alpha\beta} = \mu_0 J^\alpha} \tag{5.16}$$

als andere Schreibweise der Gleichung (5.15).

Von den homogenen Maxwell-Gleichungen lautet eine div $\boldsymbol{B}{=}0$. Mit Hilfe des Tensors $F_{\alpha\beta}$ kann diese in der Form $\partial_1 F_{23}{+}\partial_2 F_{31}{+}\partial_3 F_{12}{=}0$ geschrieben werden. Hierdurch wird als invariante Form der **homogenen Maxwell-Gleichungen**

$$\boxed{\partial_\alpha F_{\beta\gamma} + \partial_\beta F_{\gamma\alpha} + \partial_\gamma F_{\alpha\beta} = 0} \tag{5.17}$$

nahegelegt. Ihre Gültigkeit ergibt sich sofort durch Einsetzen der Definition (5.10), je zwei Terme heben sich gegenseitig weg. Sind in (5.17) zwei Indizes gleich, so ergibt sich 0=0. Daher sind von den 64 Gleichungen (5.17) nur vier, die den Indexkombinationen $\{\alpha, \beta, \gamma\}{=}\{0, 1, 2\}, \{0, 1, 3\}, \{0, 2, 3\}, \{1, 2, 3\}$ entsprechen, nichttrivial, also gerade so viele, wie es homogene Maxwell-Gleichungen gibt.

5.2 Transformation der elektromagnetischen Feldgrößen

5.2.1 Transformation von $\boldsymbol{E}$, $\boldsymbol{B}$, ϱ_{el} und $\boldsymbol{j}$

Der Feldstärketensor $F^{\alpha\beta}$ transformiert sich nach (3.106) gemäß der Transformationsgleichung $F'^{\alpha\beta}=\Lambda^{\alpha}{}_{\kappa}\Lambda^{\beta}{}_{\lambda}F^{\kappa\lambda}$. Mit (3.94), (5.11) und (5.13) erhalten wir daraus für Systeme in Standardkonfiguration

$$\begin{pmatrix} 0 & E'_x/c & E'_y/c & E'_z/c \\ -E'_x/c & 0 & B'_z & -B'_y \\ -E'_y/c & -B'_z & 0 & B'_x \\ -E'_z/c & B'_y & -B'_x & 0 \end{pmatrix} =$$

$$= \begin{pmatrix} \gamma & -\gamma\frac{v}{c} & 0 & 0 \\ -\gamma\frac{v}{c} & \gamma & 0 & 0 \\ 0 & 0 & 1 & 0 \\ 0 & 0 & 0 & 1 \end{pmatrix} \cdot \begin{pmatrix} 0 & E_x/c & E_y/c & E_z/c \\ -E_x/c & 0 & B_z & -B_y \\ -E_y/c & -B_z & 0 & B_x \\ -E_z/c & B_y & -B_x & 0 \end{pmatrix} \cdot \begin{pmatrix} \gamma & -\gamma\frac{v}{c} & 0 & 0 \\ -\gamma\frac{v}{c} & \gamma & 0 & 0 \\ 0 & 0 & 1 & 0 \\ 0 & 0 & 0 & 1 \end{pmatrix}$$

$$= \begin{pmatrix} 0 & E_x/c & \frac{\gamma}{c}\left(E_y - vB_z\right) & \frac{\gamma}{c}\left(E_z + vB_y\right) \\ -E_x/c & 0 & \gamma\left(B_z - \frac{v}{c^2}E_y\right) & -\gamma\left(B_y + \frac{v}{c^2}E_z\right) \\ -\frac{\gamma}{c}\left(E_y - vB_z\right) & -\gamma\left(B_z - \frac{v}{c^2}E_y\right) & 0 & B_x \\ -\frac{\gamma}{c}\left(E_z + vB_y\right) & \gamma\left(B_y + \frac{v}{c^2}E_z\right) & -B_x & 0 \end{pmatrix}.$$

Durch Vergleich ergibt sich hieraus

$$E'_x = E_x\,, \quad E'_y = \gamma\left(E_y - vB_z\right), \quad E'_z = \gamma\left(E_z + vB_y\right),$$
$$B'_x = B_x\,, \quad B'_y = \gamma\left(B_y + \frac{v}{c^2}E_z\right), \quad B'_z = \gamma\left(B_z - \frac{v}{c^2}E_y\right),$$

oder vektoriell

$$\boldsymbol{E}'_{\parallel} = \boldsymbol{E}_{\parallel}\,, \quad \boldsymbol{E}'_{\perp} = \gamma\left(\boldsymbol{E} + \boldsymbol{v}\times\boldsymbol{B}\right)_{\perp},$$
$$\boldsymbol{B}'_{\parallel} = \boldsymbol{B}_{\parallel}\,, \quad \boldsymbol{B}'_{\perp} = \gamma\left(\boldsymbol{B} - \frac{\boldsymbol{v}\times\boldsymbol{E}}{c^2}\right)_{\perp},$$

wobei die Bedeutung der Symbole „$\parallel$“ und „$\perp$“ dieselbe wie in (3.45) und (3.46) ist. Die Addition der Gleichungen für $\boldsymbol{E}'_{\parallel}$ und $\boldsymbol{E}'_{\perp}$ liefert wegen $(\boldsymbol{v}\times\boldsymbol{B})_{\parallel}=0$

$$\boldsymbol{E}' = \gamma\left(\boldsymbol{E} + \boldsymbol{v}\times\boldsymbol{B}\right) + (1-\gamma)\boldsymbol{E}_{\parallel}\,,$$

und mit

$$(1-\gamma)\boldsymbol{E}_{\parallel} = \frac{1-\gamma^2}{1+\gamma}(\boldsymbol{E}\cdot\boldsymbol{v})\frac{\boldsymbol{v}}{v^2} = -\frac{\gamma^2 v^2/c^2}{1+\gamma}(\boldsymbol{E}\cdot\boldsymbol{v})\frac{\boldsymbol{v}}{v^2}$$

ergibt sich daraus schließlich das in (5.18a) angegebene Ergebnis. Analog erhält man das Ergebnis (5.18b) für $\boldsymbol{B}$.

Das Transformationsgesetz für den Strom und die Ladung erhält man aus dem Transformationsgesetz für den Vierervektor $J^\alpha = \{\varrho_{\text{el}} c\,, \boldsymbol{j}\}$, der sich wie der Vektor $\{c\,dt\,, d\boldsymbol{r}\}$ transformiert. Aus (3.99) mit $c\,dt \to \varrho_{\text{el}} c\,, d\boldsymbol{r} \to \boldsymbol{j}$ sowie mit

$$\frac{\gamma - 1}{v^2} = \frac{\gamma^2 - 1}{(\gamma + 1)v^2} = \frac{\gamma^2}{(\gamma + 1)c^2}$$

ergeben sich die Transformationsgleichungen (5.18c–d). Damit haben wir beim Wechsel des Bezugssystems für die Transformation der Felder, Ladungs- und Stromdichte zusammengefaßt die Beziehungen

$$\boxed{\begin{aligned} \boldsymbol{E}'(\boldsymbol{r}', t') &= \left[\gamma\Big(\boldsymbol{E} + \boldsymbol{v} \times \boldsymbol{B}\Big) - \frac{\gamma^2 \boldsymbol{v}\cdot\boldsymbol{E}}{1+\gamma}\,\frac{\boldsymbol{v}}{c^2}\right]\Bigg|_{\boldsymbol{r},t}, \\ \boldsymbol{B}'(\boldsymbol{r}', t') &= \left[\gamma\left(\boldsymbol{B} - \frac{\boldsymbol{v} \times \boldsymbol{E}}{c^2}\right) - \frac{\gamma^2 \boldsymbol{v}\cdot\boldsymbol{B}}{1+\gamma}\,\frac{\boldsymbol{v}}{c^2}\right]\Bigg|_{\boldsymbol{r},t}, \\ \varrho'_{\text{el}}(\boldsymbol{r}', t') &= \gamma\left(\varrho_{\text{el}} - \frac{\boldsymbol{j}\cdot\boldsymbol{v}}{c^2}\right)\Bigg|_{\boldsymbol{r},t}, \\ \boldsymbol{j}'(\boldsymbol{r}', t') &= \left[\boldsymbol{j} + \gamma\Big(\frac{\gamma}{\gamma+1}\,\frac{\boldsymbol{j}\cdot\boldsymbol{v}}{c^2} - \varrho_{\text{el}}\Big)\boldsymbol{v}\right]\Bigg|_{\boldsymbol{r},t}, \end{aligned}} \tag{5.18}$$

wobei $\boldsymbol{r}$, t und $\boldsymbol{r}'$, t' miteinander durch die Lorentz-Transformation (3.47) verbunden sind.

5.2.2 Transformationsinvarianten

Unter den Transformationen (5.18a–b) sind die beiden Größen

$$2\left(B^2 - E^2/c^2\right) = F_{\alpha\beta} F^{\alpha\beta} \qquad \text{und} \qquad \boldsymbol{E}\cdot\boldsymbol{B} \tag{5.19}$$

invariant. Die Invarianz der ersten folgt unmittelbar aus ihrer tensoriellen Darstellung, kann aber natürlich auch mit Hilfe der Gleichungen (5.18a–b) überprüft werden. Die Invarianz der zweiten folgt aus

$$\begin{aligned} \boldsymbol{E}'\cdot\boldsymbol{B}' &= \boldsymbol{E}'_\parallel\cdot\boldsymbol{B}'_\parallel + \boldsymbol{E}'_\perp\cdot\boldsymbol{B}'_\perp = \boldsymbol{E}_\parallel\cdot\boldsymbol{B}_\parallel + \gamma^2\left[\boldsymbol{E}_\perp\cdot\boldsymbol{B}_\perp - \frac{1}{c^2}(\boldsymbol{v}\times\boldsymbol{B})\cdot(\boldsymbol{v}\times\boldsymbol{E})\right] \\ &= \boldsymbol{E}_\parallel\cdot\boldsymbol{B}_\parallel + \boldsymbol{E}_\perp\cdot\boldsymbol{B}_\perp = \boldsymbol{E}\cdot\boldsymbol{B}\,. \end{aligned}$$

Wir untersuchen noch das Verhalten der Gesamtladung bei einem Wechsel des Koordinatensystems. Aus der Kontinuitätsgleichung (5.9) folgt durch Integration über ein

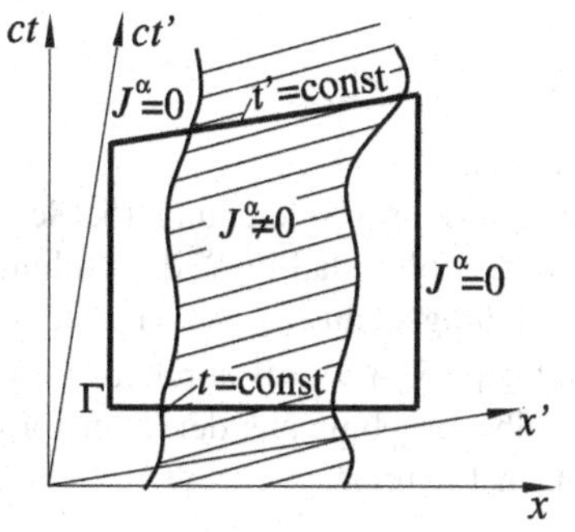

Abb. 5.1: Integrationsgebiet beim Beweis der Ladungsinvarianz. Dabei ist t die Zeit in S und t' die Zeit in S'.

Gebiet G der Raum-Zeit unter Vorwegnahme der Integration $\int dX^\alpha$ über die jeweilige Ableitungsvariable von J^α (bei jedem Summanden eine andere)

$$0 = \int_G \partial_\alpha J^\alpha \, d^4X \stackrel{\text{s.u.}}{=} \sum_{\underline{\alpha}} \int_{G_{\underline{\alpha}}} \frac{d^4X}{dX^{\underline{\alpha}}} \left(\int_1^2 \partial_{\underline{\alpha}} J^{\underline{\alpha}} \, dX^{\underline{\alpha}} \right) = \int_{G_{\underline{\alpha}}} \left(J^\alpha\big|_2 - J^\alpha\big|_1 \right) \frac{d^4X}{dX^\alpha} .$$

Dabei bezeichnet 1 und 2 die Grenzen des Integrationsgebietes $X_1^\alpha \le X^\alpha \le X_2^\alpha$ bei der X^α-Integration und $G_{\underline{\alpha}}$ die Projektion des Integrationsgebietes G auf den Unterraum der drei verbliebenen Variablen. $\{d^4X/dX^\alpha\}=\{dX^1dX^2dX^3, dX^0dX^2dX^3, \ldots\}$ transformiert sich wegen der Invarianz des vierdimensionalen Volumenelements d^4X (siehe (4.57)) wie $\partial\varphi/\partial X^\alpha$ und ist daher ein kovarianter Vektor. Definieren wir auf der Fläche 2, auf der $dX^\alpha>0$ aus dem Integrationsgebiet herausführt, als Oberflächenelement $df_\alpha=d^4X/dX^\alpha$ und auf der Fläche 1, auf der $dX^\alpha>0$ in dieses hineinführt, als Oberflächenelement $df_\alpha=-d^4X/dX^\alpha$, so bildet auch df_α einen kovarianten Vektor. Unser Integrationsergebnis lautet damit

$$\int_\Gamma J^\alpha \, df_\alpha = 0 , \tag{5.20}$$

wobei Γ die Oberfläche des Gebietes G ist.

Jetzt wählen wir in (5.20) für Γ eine Hyperfläche in der Raum-Zeit, die oben von einem Teilgebiet Γ_2 der Fläche t'=const, unten von einem Teilgebiet Γ_1 der Fläche t=const gebildet und seitlich durch Hyperflächenstücke geschlossen wird, die außerhalb des Gebietes liegen, in dem der Vektor J^α von Null verschieden ist (Abb. 5.1). Dann bekommen wir zum Integral nur Beiträge von Γ_1 und Γ_2. Auf Γ_1 ist $df_1=df_2=df_3=0$ wegen $c\,dt$=0, und mit $df_0=-d^4X/dX^0=-dV$ ergibt sich

$$\int_{\Gamma_1} J^\alpha \, df_\alpha = \int_V J^0 \, df_0 = -c \int_V \varrho_{\text{el}} \, dV = -c\, Q(t) .$$

Zur Auswertung des Integrals über Γ_2 gehen wir in das System S' und erhalten analog

$$\int_{\Gamma_2} J^\alpha \, df_\alpha = \int_{V'} J'^\alpha \, df'_\alpha = \int_{V'} J'^0 \, df'_0 = c \int_V \varrho'_{\text{el}} \, dV' = c\, Q'(t') .$$

In beiden Systemen S und S' folgt aus der Kontinuitätsgleichung die zeitliche Erhaltung der Gesamtladung, weshalb Q und Q' zeitunabhängig sind. Mit (5.20) folgt daher schließlich

$$Q' = Q\,, \tag{5.21}$$

die Gesamtladung ist eine relativistische Invariante.

Dieses Ergebnis mag angesichts der Transformationsgleichung (5.18c) für die Ladungsdichte etwas überraschen, denn aus dieser folgt, daß in S' die Ladungsdichte $\varrho'_{\rm el}=-\gamma\,\boldsymbol{j}\cdot\boldsymbol{v}/c^2$ induziert wird, wenn in S die Ladungsdichte $\varrho_{\rm el}$ verschwindet und nur Ströme fließen, was mit $\boldsymbol{j}=\varrho^+_{\rm el}\boldsymbol{v}_+ + \varrho^-_{\rm el}\boldsymbol{v}_-$ und $\varrho_{\rm el}=\varrho^+_{\rm el}+\varrho^-_{\rm el}=0$ durchaus möglich ist. Wir wollen uns daher ansehen, wie man dasselbe Ergebnis aus der Transformationsgleichung (5.18c) erhält. Nach dieser gilt zunächst einmal

$$Q' = \int \varrho'_{\rm el}\,dV' = \int \gamma\left(\varrho_{\rm el} - \boldsymbol{j}\cdot\frac{\boldsymbol{v}}{c^2}\right)dV' = \int \varrho_{\rm el}\,dV - \frac{\boldsymbol{v}}{c^2}\cdot\int \boldsymbol{j}\,dV\,.$$

Beim Übergang von dV' zu dV wurde beachtet, daß das Integrationsgebiet die Hyperfläche $t'=\gamma\,(t-vx/c^2)$=const ist, so daß $dt'=0$ und nach (3.69) $dV'=dV/\gamma$ gilt. Bei der Integration $\int \varrho_{\rm el}\,dV$ in S muß wegen t'=const für jeden Ort x ein anderer Integrationszeitpunkt gewählt werden, so daß nicht $\int \varrho_{\rm el}\,dV=Q$ gilt.

Nur bei stationären Ladungs- und Stromverteilungen spielt der zuletzt angeführte Umstand keine Rolle, und man kann stattdessen auch über t=const integrieren. In der Elektrodynamik wurde gezeigt, daß für stationäre Stromverteilungen $\int \boldsymbol{j}\,d\tau=0$ gilt (siehe *Elektrodynamik*, Kap. 5, Gleichung (5.30)). Damit ist für diesen Fall das Ergebnis (5.21) reproduziert. Der Beweis für instationäre Stromverteilungen wird dem Leser als Übung überlassen (Aufgabe 5.1).

5.3 Maxwell-Gleichungen und Ohmsches Gesetz in Materie

Die Maxwell-Gleichungen für Ladungen und Ströme im Vakuum erwiesen sich als lorentz-invariant und gelten in allen relativ zueinander bewegten Inertialsystemen. In der *Elektrodynamik*, Abschn. 7.8.1, haben wir aus ihnen die Maxwell-Gleichungen in Materie,

$$\begin{aligned} \operatorname{div}\boldsymbol{D} &= \varrho_{\rm el}\,, & \operatorname{div}\boldsymbol{B} &= 0\,, \\ \operatorname{rot}\boldsymbol{E} &= -\partial\boldsymbol{B}/\partial t\,, & \operatorname{rot}\boldsymbol{B}/\mu_0 &= \boldsymbol{j} + \varepsilon_0\partial\boldsymbol{E}/\partial t\,, \end{aligned} \tag{5.22}$$

abgeleitet und dabei nur Mittelungen durchgeführt bzw. Eigenschaften der Materie benutzt, die auch in der Relativitätstheorie gültig bleiben. Wir können daher davon ausgehen, daß auch die Gleichungen (5.22) sowohl in ruhender als auch in bewegter Materie richtig sind. Dies folgt auch daraus, daß sie als kovariante Gleichungen zwischen Tensoren geschrieben werden können. Bei den beiden homogenen Gleichungen, die nur $\boldsymbol{E}$ und $\boldsymbol{B}$ enthalten, sind das die Gleichungen (5.17) mit (5.11) bzw. (5.12). Zur relativistischen Formulierung der beiden inhomogenen Gleichungen definieren wir einen antisymmetrischen Feldtensor $H^{\alpha\beta}=-H^{\beta\alpha}$ mit den Komponenten

$$\{H^{01}, H^{02}, H^{03}, H^{23}, H^{31}, H^{12}\} = \{\boldsymbol{D}/\varepsilon_0 c\,, \mu_0\boldsymbol{H}\}\,, \tag{5.23}$$

der aus dem in (5.13) definierten Tensor $F^{\alpha\beta}$ durch die Ersetzungen $\varepsilon_0\boldsymbol{E}\to\boldsymbol{D}$ und $\boldsymbol{B}/\mu_0\to\boldsymbol{H}$ hervorgeht. Da mit diesen aus (5.1) die Gleichungen (5.22) entstehen, muß $H^{\alpha\beta}$ den (5.1) äquivalenten Gleichungen (5.16) mit $F^{\alpha\beta}\to H^{\alpha\beta}$ genügen, also

$$\partial_\beta H^{\alpha\beta} = \mu_0 J^\alpha \,. \tag{5.24}$$

Anders ist die Situation bezüglich der Lorentz-Invarianz bei dem Zusammenhang zwischen den Feldern $\boldsymbol{E}$ und $\boldsymbol{D}$ bzw. $\boldsymbol{B}$ und $\boldsymbol{H}$. Wir betrachten hier nur den Fall eines linearen, isotropen Mediums, für das im momentanen Ruhesystem S' der Materie die bekannten Zusammenhänge

$$\boldsymbol{D}' = \varepsilon\boldsymbol{E}' \,, \qquad \boldsymbol{B}' = \mu\boldsymbol{H}' \,, \qquad \boldsymbol{j}' = \sigma\boldsymbol{E}' \tag{5.25}$$

gelten. Aus der Invarianz der Gleichungen (5.22) folgt, wie diese Zusammenhänge in bewegter Materie lauten müssen. Es wird dem Leser als Übung empfohlen (Aufgabe 5.3), zu zeigen, daß daraus in einem Medium, das sich mit der lokalen Geschwindigkeit $\boldsymbol{v}$ bewegt, die auch vom Ort und der Zeit abhängen darf, die Beziehungen

$$\boldsymbol{D}_\parallel = \varepsilon\boldsymbol{E}_\parallel \,, \qquad \boldsymbol{B}_\parallel = \mu\boldsymbol{H}_\parallel \tag{5.26}$$

$$\left(1-\frac{\varepsilon\mu}{\varepsilon_0\mu_0}\frac{v^2}{c^2}\right)\left\{\begin{matrix}\boldsymbol{D}_\perp\\ \boldsymbol{B}_\perp\end{matrix}\right\} = \left\{\begin{matrix}\varepsilon\,(1-v^2/c^2)\,\boldsymbol{E}_\perp + (\varepsilon\mu-\varepsilon_0\mu_0)\,\boldsymbol{v}\times\boldsymbol{H}\\ \mu\,(1-v^2/c^2)\,\boldsymbol{H}_\perp + (\varepsilon_0\mu_0-\varepsilon\mu)\,\boldsymbol{v}\times\boldsymbol{E}\end{matrix}\right\} \tag{5.27}$$

und

$$\boldsymbol{j} = \varrho_{\rm el}\boldsymbol{v} + \frac{\sigma}{\sqrt{1-v^2/c^2}}\left[\boldsymbol{E}+\boldsymbol{v}\times\boldsymbol{B} - \frac{(\boldsymbol{E}+\boldsymbol{v}\times\boldsymbol{B})\cdot\boldsymbol{v}}{c^2}\,\boldsymbol{v}\right] \tag{5.28}$$

folgen. Diese lauten in invarianter Form (Aufgabe 5.4)

$$H^{\alpha\beta}U_\beta = (\varepsilon/\varepsilon_0)\,F^{\alpha\beta}U_\beta \,, \tag{5.29}$$

$$(F_{\alpha\beta}U_\gamma + F_{\beta\gamma}U_\alpha + F_{\gamma\alpha}U_\beta) = (\mu/\mu_0)\,(H_{\alpha\beta}U_\gamma + H_{\beta\gamma}U_\alpha + H_{\gamma\alpha}U_\beta) \,, \tag{5.30}$$

$$J^\alpha - (J_\beta U^\beta/c^2)\,U^\alpha = -\sigma\,F^\alpha{}_\beta U^\beta \,, \tag{5.31}$$

wobei U^α der zu $\boldsymbol{v}$ gehörige Vektor der Vierergeschwindigkeit ist. Die Gleichungen (5.29)–(5.31) entsprechen den Beziehungen $\boldsymbol{D}{=}\varepsilon\boldsymbol{E}$, $\boldsymbol{B}{=}\mu\boldsymbol{H}$ und $\boldsymbol{j}{=}\sigma\boldsymbol{E}$.

5.4 Kovariante Darstellung avancierter und retardierter Potentiale

Wir haben in der Elektrodynamik als spezielle Lösungen der zeitabhängigen Maxwell-Gleichungen die avancierten und retardierten Potentiale

$$\phi = \frac{1}{4\pi\varepsilon_0}\int\frac{\varrho_{\rm el}(\boldsymbol{r}', t\mp|\boldsymbol{r}-\boldsymbol{r}'|/c)}{|\boldsymbol{r}-\boldsymbol{r}'|}\,d^3x' \,, \qquad \boldsymbol{A} = \frac{\mu_0}{4\pi}\int\frac{\boldsymbol{j}(\boldsymbol{r}', t\mp|\boldsymbol{r}-\boldsymbol{r}'|/c)}{|\boldsymbol{r}-\boldsymbol{r}'|}\,d^3x'$$

gefunden (siehe *Elektrodynamik*, Abschn. 7.2, Gleichung (7.30)–(7.31)). Dabei gilt das obere Vorzeichen für die retardierten Potentiale, die vor dem Einschalten der felderzeugenden Ursachen $\varrho_{\rm el}$, $\boldsymbol{j}$ verschwinden, und das untere für die avancierten Potentiale, die nach deren Ausschalten verschwinden. Mit den Definitionen (5.6) und $\varepsilon_0\mu_0=1/c^2$ können diese Ergebnisse zu

$$A^\alpha = -\frac{\mu_0}{4\pi}\int \frac{J^\alpha(\boldsymbol{r}',\, t \mp |\boldsymbol{r}-\boldsymbol{r}'|/c)}{|\boldsymbol{r}-\boldsymbol{r}'|}\, d^3\boldsymbol{x}' \tag{5.32}$$

zusammengefaßt werden, was allerdings noch keine kovariante Darstellung ist. Zu einer solchen kommen wir, indem wir einen Vierervektor

$$R^\lambda := X^\lambda - X'^\lambda \tag{5.33}$$

definieren und einen weiteren Vierervektor n^λ, der in dem System $S|\{ct, \boldsymbol{r}\}$, in welchem (5.32) angeschrieben ist, die Komponenten

$$n^\lambda = \{1\,,0\,,0\,,0\} \tag{5.34}$$

besitzt. Wegen $n^\lambda n_\lambda=1$ ist n^λ ein zeitartiger Vektor. Damit können wir (5.32) in der kovarianten Form

$$\boxed{A^\alpha = -\frac{\mu_0}{4\pi}\int J^\alpha(X')\,\delta(R_\lambda R^\lambda)\left(1 \pm \frac{n^\lambda R_\lambda}{|n^\lambda R_\lambda|}\right) d^4X'\,.} \tag{5.35}$$

(„+“ Zeichen für retardiertes, „−“ Zeichen für avanciertes Potential) darstellen.

Beweis: Die Kovarianz ist offensichtlich, da A^α nur aus Vektoren und Skalaren aufgebaut ist. Zum Beweis von (5.35) genügt es daher, die Übereinstimmung mit (5.32) im System S zu zeigen. Dort ist

$$n^\lambda R_\lambda = -(ct' - ct)\,, \qquad R^\lambda R_\lambda = (ct'-ct)^2 - |\boldsymbol{r}'-\boldsymbol{r}|^2$$

und

$$d^4X' = d^3\boldsymbol{x}'\,d(ct') = d^3\boldsymbol{x}'\,d(ct'-ct)\,,$$

da der Aufpunkt $\{ct\,,\boldsymbol{r}\}$ bei der Integration in (5.35) festgehalten wird. Indem wir $y{:=}ct'{-}ct$ sowie $x'{:=}|\boldsymbol{r}'{-}\boldsymbol{r}|$ setzen und für $\delta(R^\lambda R_\lambda){=}\delta(y^2{-}x'^2)$ die in der *Elektrodynamik*, Gleichung (2.43), abgeleitete Beziehung

$$\delta(y^2 - x'^2) = \frac{1}{2x'}\Big[\,\delta(y-x') + \delta(y+x')\,\Big]$$

benutzen, erhalten wir aus (5.35)

$$A^\alpha = -\frac{\mu_0}{4\pi}\int \frac{J^\alpha(X')\,(1 \mp y/|y|)}{2x'}\Big[\,\delta(y-x') + \delta(y+x')\,\Big]\,dy\,d\tau'\,.$$

Wegen $x'{>}0$ ist $1{\mp}y/|y|{=}1{\mp}1$ für $y{-}x'{=}0$ und $1{\mp}y/|y|{=}1{\pm}1$ für $y{+}x'{=}0$, und damit ergibt sich

$$\frac{4\pi}{\mu_0}A^\alpha = -\int \frac{(1{\mp}1)J^\alpha(X'_+) + (1{\pm}1)J^\alpha(X'_-)}{2x'}\,d\tau' = -\int \frac{1}{x'}\begin{Bmatrix} J^\alpha(X'_-) \\ J^\alpha(X'_+) \end{Bmatrix} d\tau'\,,$$

wobei $X'_\pm{=}X'|_{y\,=\,\pm x'}$ gesetzt wurde. Da $y{=}{\mp}x'$ ausführlicher $t'{=}t{\mp}|\boldsymbol{r}{-}\boldsymbol{r}'|/c$ bedeutet, erhalten wir damit gerade (5.32). □

5.5 Potentiale und Felder einer beschleunigten Punktladung

Für die Potentiale ϕ und $\boldsymbol{A}$ einer auf der Bahn $\boldsymbol{r}_0(t)$ bewegten Punktladung q, die **Lienard-Wiechert-Potentiale**, wurden in der *Elektrodynamik*, Abschn. 7.4 die Ergebnisse (7.39),

$$\phi(\boldsymbol{r},t) = \frac{q}{4\pi\varepsilon_0}\frac{1}{R \mp \boldsymbol{R}\cdot\boldsymbol{u}(t')/c}, \qquad \boldsymbol{A}(\boldsymbol{r},t) = \frac{\mu_0 q}{4\pi}\frac{\boldsymbol{u}(t')}{R \mp \boldsymbol{R}\cdot\boldsymbol{u}(t')/c}$$

(„–" Zeichen für retardiertes, „+" Zeichen für avanciertes Potential) mit

$$\boldsymbol{R} = \boldsymbol{r} - \boldsymbol{r}_0(t'), \quad \boldsymbol{u}(t') = \frac{d\boldsymbol{r}_0(t')}{dt'}, \quad t' = t \mp \frac{|\boldsymbol{r} - \boldsymbol{r}_0(t')|}{c}, \tag{5.36}$$

abgeleitet. Dabei ist t' der Zeitpunkt der Feldemission am Teilchenort, für den (5.36c) eine implizite Gleichung mit der formalen Lösung $t'{=}t(\boldsymbol{r},t)$ darstellt. Ist

$$\{X_0^\alpha(\tau)\} = \{ct_0(\tau)\,,\boldsymbol{r}_0(\tau)\}$$

die durch die Eigenzeit τ parametrisierte Bahnkurve des Teilchens, dann wird $t'{=}t_0(\tau)$, nach (4.7)–(4.8) gilt

$$\frac{1}{\sqrt{1-u^2(t')/c^2}}\{c\,,\boldsymbol{u}(t')\} = \{U^\alpha(\tau)\} = \{\dot{X}_0^\alpha(\tau)\}\,,$$

und unter Benutzung von (5.6) können ϕ und $\boldsymbol{A}$ zu dem Viererpotential

$$\{A^\alpha(X)\} = -\frac{\mu_0 q}{4\pi}\frac{1}{R{\mp}\boldsymbol{R}{\cdot}\boldsymbol{u}(t')/c}\{c\,,\boldsymbol{u}(t')\} = -\frac{\mu_0 q}{4\pi}\frac{\sqrt{1{-}u^2(t')/c^2}}{R{\mp}\boldsymbol{R}{\cdot}\boldsymbol{u}(t')/c}\{U^\alpha\} \tag{5.37}$$

zusammengefaßt werden. Mit der Definition

$$\{R^\alpha\} = \{X^\alpha - X_0^\alpha(\tau)\} = \{R^0, \boldsymbol{R}\}, \tag{5.38}$$

mit $t'{=}t_0(\tau)$ und $\boldsymbol{r}_0(t'){=}\boldsymbol{r}_0(t_0(\tau)){=}\tilde{\boldsymbol{r}}_0(\tau){\to}\boldsymbol{r}_0(\tau)$ lautet (5.36c)

$$\begin{aligned} R^0 &= c[t{-}t_0(\tau)] = \;\;|\boldsymbol{r}{-}\boldsymbol{r}_0(\tau)| = \;\;|\boldsymbol{R}| = \;\;R \quad \text{für } A^\alpha_{\text{ret}}(X)\,,\\ R^0 &= c[t{-}t_0(\tau)] = -|\boldsymbol{r}{-}\boldsymbol{r}_0(\tau)| = -|\boldsymbol{R}| = -R \quad \text{für } A^\alpha_{\text{av}}(X)\,, \end{aligned} \tag{5.39}$$

was für (5.38a) die Folge

$$\{R^\alpha_{\text{ret}}\} = \{R\,,\boldsymbol{R}\}, \qquad \{R^\alpha_{\text{av}}\} = \{-R\,,\boldsymbol{R}\} \tag{5.40}$$

hat. Mit der weiteren Definition lorentz-invarianter Skalare

$$\begin{aligned} \rho_{\text{ret}}(X,\tau) :&= -\frac{U_\lambda(\tau)\,R^\lambda_{\text{ret}}(X,X_0(\tau))}{c} = -\left.\frac{R - \boldsymbol{R}{\cdot}\boldsymbol{u}(t')/c}{\sqrt{1-u^2(t')/c^2}}\right|_{t'=t_0(\tau)}\\ \rho_{\text{av}}(X,\tau) :&= \frac{U_\lambda(\tau)\,R^\lambda_{\text{av}}(X,X_0(\tau))}{c} = -\left.\frac{R + \boldsymbol{R}{\cdot}\boldsymbol{u}(t')/c}{\sqrt{1-u^2(t')/c^2}}\right|_{t'=t_0(\tau)} \end{aligned} \tag{5.41}$$

erhalten wir aus (5.37) schließlich für A^α die invariante Darstellung

$$\boxed{A^\alpha(X) = \frac{\mu_0 q}{4\pi}\frac{U^\alpha(\tau)}{\rho}\,,} \tag{5.42}$$

wobei ρ eine der in (5.41) angegebenen Alternativen ist und τ nach (5.39) als Lösung der Gleichung $t{=}t_0(\tau)\pm|\boldsymbol{r}-\boldsymbol{r}_0(\tau)|/c$ durch $\boldsymbol{r}$, t bzw. X auszudrücken ist, $\tau{=}\tau(X)$.

Um aus (5.42) den Feldstärketensor (5.10) zu bestimmen, müssen wir A_α nach X^β differenzieren und $\tau{=}\tau(X)$ berücksichtigen,

$$\frac{4\pi}{\mu_0 q}A_{\alpha,\beta} = \frac{\dot{U}_\alpha}{\rho}\tau_{,\beta} - \frac{U_\alpha}{\rho^2}\left(\tau_{,\beta}\partial_\tau\rho + \rho_{,\beta}\right). \tag{5.43}$$

Dabei haben wir die in der ART übliche Kurznotation $\tau_{,\beta}{:=}\partial_\beta\tau$ benutzt. Aus beiden, die retardierte und avancierte Eigenzeit definierenden Gleichungen (5.39) folgt $R_\lambda R^\lambda{=}(R^0)^2{-}\boldsymbol{R}^2{=}0$, woraus sich

$$dR_\lambda R^\lambda{+}R_\lambda dR^\lambda = 2R_\lambda dR^\lambda \overset{(5.38a)}{=} 2R_\lambda(dX^\lambda - dX_0^\lambda(\tau)) = 2R_\lambda(dX^\lambda - U^\lambda d\tau) = 0$$

mit der Folge $d\tau{=}R_\lambda dX^\lambda/(R_\alpha U^\alpha)$ und

$$\tau_{,\beta} \overset{(5.41)}{=} \mp\frac{R_\beta}{\rho c}$$

ergibt. Aus (5.41) folgt mit $\partial_\tau R^\lambda{=}{-}\dot{X}_0^\lambda(\tau){=}{-}U^\lambda$ gemäß (5.38a) weiterhin

$$c\,\partial_\tau\rho = \mp\left(\dot{U}_\lambda R^\lambda + U_\lambda\partial_\tau R^\lambda\right) = \mp\left(\dot{U}_\lambda R^\lambda - U_\lambda U^\lambda\right) \overset{(4.9)}{=} \mp\left(\dot{U}_\lambda R^\lambda - c^2\right),$$
$$c\,\rho_{,\beta} = \mp U_\lambda R^\lambda{}_{,\beta} \overset{(5.38a)}{=} \mp U_\lambda X^\lambda{}_{,\beta} = \mp U_\lambda \delta^\lambda{}_\beta = \mp U_\beta\,.$$

Um Verwechslungen mit dem Viererpotential A_α zu vermeiden, benutzen wir für den Vierervektor der Beschleunigung ab jetzt den kleinen Buchstaben $a_\alpha{=}\dot{U}_\alpha$ und erhalten durch Einsetzen der erhaltenen Ergebnisse in (5.43)

$$\frac{4\pi}{\mu_0 q}A_{\alpha,\beta} = \frac{1}{\rho^2}\left(\pm\frac{U_\alpha U_\beta}{c} + \frac{U_\alpha R_\beta}{\rho}\right) - \frac{1}{\rho}\left(\pm\frac{a_\alpha R_\beta}{c\rho} + \frac{a_\lambda R^\lambda U_\alpha R_\beta}{c^2\rho^2}\right).$$

Für den Feldstärkentensor $F_{\alpha\beta}{=}A_{\beta,\alpha}{-}A_{\alpha,\beta}$ ergibt sich damit schließlich

$$\frac{4\pi}{\mu_0 q}F_{\alpha\beta} = \frac{1}{\rho^2}\left(\frac{U_\beta R_\alpha{-}U_\alpha R_\beta}{\rho}\right) - \frac{1}{\rho}\left[\pm\frac{(a_\beta R_\alpha{-}a_\alpha R_\beta)}{c\rho} + \frac{a_\lambda R^\lambda(U_\beta R_\alpha{-}U_\alpha R_\beta)}{c^2\rho^2}\right]. \tag{5.44}$$

Hierin sind für die retardierten bzw. avancierten Felder das obere bzw. untere Vorzeichen sowie für R^α und ρ die entsprechenden Ausdrücke (5.40) und (5.41) einzusetzen. Der zu $1/\rho^2$ proportionale erste Term – man beachte $R_\alpha/\rho{=}\mathcal{O}(1)$ – repräsentiert das Coulomb-Feld, der zu $1/\rho$ proportionale zweite das Strahlungsfeld.

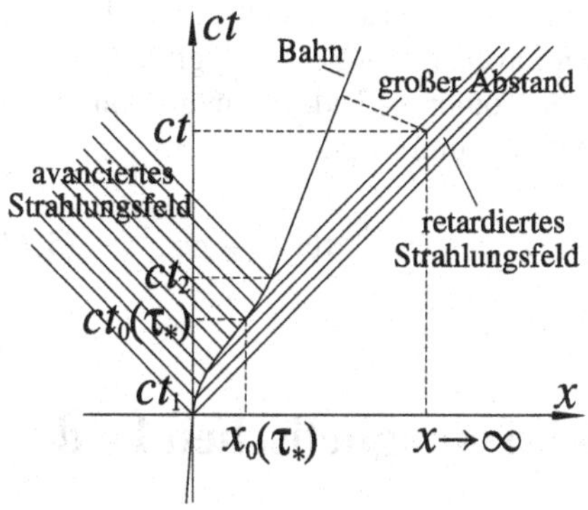

Abb. 5.2: Feld einer Punktladung, die nur im Zeitintervall $t_1 \leq t \leq t_2$ beschleunigt wird und außerhalb von diesem mit konstanter Geschwindigkeit fliegt. Der Bereich, in dem das retardierte Feld von null verschieden ist, wurde von links unten nach rechts oben verlaufend schraffiert, der entsprechende Bereich des avancierten Feldes von links oben nach rechts unten verlaufend.

Für spätere Zwecke führen wir noch das Feld

$$F^{-}_{\alpha\beta} = \frac{1}{2}\Big(F^{\text{ret}}_{\alpha\beta} - F^{\text{av}}_{\alpha\beta}\Big) \tag{5.45}$$

ein. Wertet man $F^{\text{ret}}_{\alpha\beta}$ und $F^{\text{av}}_{\alpha\beta}$ in der unmittelbaren Umgebung eines Bahnpunktes $X_0(\tau)$ aus, indem man alle Größen nach kleinen Werten von ρ entwickelt, so findet man, daß $F^{-}_{\alpha\beta}$ am Teilchenort, also für $\rho \to 0$, regulär bleibt und gegen den Grenzwert

$$\lim_{\rho \to 0} F^{-}_{\alpha\beta} = \frac{\mu_0 q}{6\pi c^3}\Big(U_\alpha \dot{a}_\beta(\tau) - U_\beta \dot{a}_\alpha(\tau)\Big) \tag{5.46}$$

konvergiert. Die etwas mühsame Ableitung dieses Ergebnisses wird hier übergangen.[1] Dessen Regularität ist aber unmittelbar einsichtig, denn die Felder $F^{\text{ret}}_{\alpha\beta}$ und $F^{\text{av}}_{\alpha\beta}$ werden beide von denselben Ladungen und Strömen erzeugt, und daher muß ihre Differenz eine Lösung der homogenen Maxwell-Gleichungen sein. $F^{-}_{\alpha\beta}$ ist deshalb ein reines Strahlungsfeld, das allerdings in großen Bereichen der Raum-Zeit aus einem retardierten und einem avancierten Bestandteil zusammengesetzt ist.

Wie wir in Abschn. 5.11.2 sehen werden, kann ein Teilchen nicht unendlich lang beschleunigt werden, d. h. die Teilchenbewegung muß für $\tau \to \pm\infty$ in eine Bewegung konstanter Geschwindigkeit übergehen, deren zugehöriges Feld nach (5.44) wie $1/\rho^2$ abfällt und daher kein Strahlungsfeld ist. Für den in Abb. 5.2 dargestellten Fall, bei dem die Geschwindigkeit für $t<t_1$ und $t>t_2$ konstant wird, hat das zur Folge, daß in $F^{-}_{\alpha\beta}$ der Strahlungsanteil des avancierten Feldes für $t>t_2$ verschwunden ist, weshalb in sich selbst erklärender Schreibweise

$$F^{-}_{\alpha\beta} = \frac{1}{2}\Big(F^{\text{ret,Coul}}_{\alpha\beta} + F^{\text{ret,Str}}_{\alpha\beta}\Big) - \frac{1}{2}F^{\text{av,Coul}}_{\alpha\beta} \qquad \text{für } t > t_2$$

gilt. Betrachten wir jetzt zu einem festgehaltenem Bahnpunkt $\{ct_0(\tau^*), \boldsymbol{r}_0(\tau^*)\}$ einen Punkt $\{ct, \boldsymbol{r}\}$, der die Gleichung (5.39) für das retardierte Feld erfüllt, im Grenzfall $t \to \infty$ und $|\boldsymbol{r}| \to \infty$. Nach (5.41) geht dann auch $|\rho_{\text{ret}}| \to \infty$, was nach (5.44) bedeutet, daß das Feld $F^{\text{ret}}_{\alpha\beta}$ durch den Strahlungsanteil dominiert wird. Da der betrachtete

1 Eine Ableitung findet sich in F. Rohrlich: *Classical Charged Particles*, Addison-Wesley, 1965, Kap. 5-6.

Punkt $\{ct, \boldsymbol{r}\}$ sehr weit von der Teilchenbahn entfernt ist, wird die rechte Seite der zweiten der Gleichungen (5.39) stark negativ, d. h. im avancierten Feld $F^{\mathrm{av}}_{\alpha\beta}$ gilt $t_0(\tau)\to\infty$, $|\boldsymbol{r}_0(\tau)|\to\infty$ und daher ebenfalls $|\rho_{\mathrm{av}}|\to\infty$. Beide Coulomb-Felder können damit gegen das retardierte Strahlungsfeld vernachlässigt werden, und es gilt

$$F^{-}_{\alpha\beta} \to \frac{1}{2} F^{\mathrm{ret,Str}}_{\alpha\beta} \qquad \text{oder} \qquad F^{\mathrm{ret,Str}}_{\alpha\beta} \to 2F^{-}_{\alpha\beta} \qquad \text{für } t \to \infty\,. \tag{5.47}$$

5.6 Teilchenbewegung im elektromagnetischen Feld

Wir stellen in diesem Abschnitt zunächst die relativistische Bewegungsgleichung für ein einzelnes geladenes Punktteilchen in elektromagnetischen Feldern auf und überführen sie in eine Hamiltonsche Form. Anschließend wenden wir uns den Bewegungsgleichungen für ein System geladener Punktteilchen zu, die elektromagnetisch miteinander wechselwirken und zusätzlich externen elektromagnetischen Feldern ausgesetzt sein können.

Zur Ableitung der **Bewegungsgleichung für das Einzelteilchen** schreiben wir nach bewährtem Vorgehen zuerst die klassische Gleichung im momentanen Ruhesystem S' des Teilchens an und transformieren diese dann unter Benutzung von Vektoren und Tensoren auf ein bewegtes Bezugssystem. In S' lautet diese wegen $\boldsymbol{u}'=0$ und $\boldsymbol{u}'\times\boldsymbol{B}'=0$ einfach nur

$$m_0 \frac{d\boldsymbol{u}'}{dt'} = q\boldsymbol{E}'\,. \tag{5.48}$$

Da in S'

$$\{F'_{00}\,, F'_{10}\,, F'_{20}\,, F'_{30}\} \overset{(5.11)}{=} \{0\,, \boldsymbol{E}'/c\} \qquad \text{und} \qquad U'^{\alpha} = \{c\,, 0\}\,.$$

gilt, besitzt der Vierervektor $F'_{\alpha\beta}U'^{\beta}$ dort die Komponenten

$$F'_{\alpha\beta}U'^{\beta} = F'_{\alpha 0}U'^{0} = \{0\,, \boldsymbol{E}'\}\,.$$

In Analogie zu (4.12) reduziert sich der Vektor $m_0 dU_\alpha/d\tau$ in S' auf

$$m_0 \left\{\frac{dU'_\alpha}{d\tau}\right\} = \left\{0\,, -m_0 \frac{d\boldsymbol{u}'}{dt'}\right\}\,.$$

Damit ist

$$m_0 \frac{dU_\alpha}{d\tau} = -q F_{\alpha\beta} U^{\beta} \tag{5.49}$$

eine relativistische invariante Bewegungsgleichung, die sich in S' auf die Bewegungsgleichung (5.48) reduziert. Mit (4.8), (4.11) und (5.11) ergibt sich für ihre Komponenten nach etwas Rechnung

$$\frac{d}{dt}(mc^2) = q\boldsymbol{u}\cdot\boldsymbol{E}\,, \qquad \frac{d}{dt}(m\boldsymbol{u}) = q(\boldsymbol{E}+\boldsymbol{u}\times\boldsymbol{B})\,, \tag{5.50}$$

was bedeutet, daß die Lorentz-Kraft $q(\boldsymbol{E}+\boldsymbol{u}\times\boldsymbol{B})$ auch relativistisch korrekt bleibt.

Die Untersuchungen von Abschn. 4.10.2 lassen erwarten, daß (4.84) mit $A_\alpha \to qA_\alpha$ ein den Bewegungsgleichungen (5.49) bzw. (5.50) äquivalentes lorentz-invariantes Variationsprinzip darstellt, wobei A^α durch (5.6) gegeben ist. (Im Ruhesystem des Teilchens ist hier $V_0 = q\phi_0$.) Daß diese Erwartung zutreffend ist, läßt sich einfach zeigen, indem man die Übereinstimmung der dem Variationsprinzip äquivalenten Euler-Gleichungen (4.85) mit (5.50) beweist. Einen indirekten Beweis liefert auch die folgende Betrachtung.

Die Hamiltonsche Form der Impulsgleichung (5.50b) läßt sich leicht aus ihrer klassischen Variante erraten. Die Hamilton-Funktion für die Bewegung eines geladenen Teilchens im elektromagnetischen Feld, (*Mechanik* Gleichung (7.10)), erhält man klassisch aus der für ein Teilchen im Potential V, indem man die Ersetzungen $V \to q\phi$ und $\boldsymbol{p} \to (\boldsymbol{p} - q\boldsymbol{A})$ vornimmt. Führt man in (4.74) dieselben Ersetzungen durch, so erhält man die Hamilton-Funktion

$$\boxed{H = q\phi + c\sqrt{m_0{}^2c^2 + (\boldsymbol{p} - q\boldsymbol{A})^2}\,.} \tag{5.51}$$

Die zugehörigen Hamiltonschen Bewegungsgleichungen sind

$$\frac{\partial H}{\partial \boldsymbol{p}} = \frac{c\,(\boldsymbol{p} - q\boldsymbol{A})}{\sqrt{m_0{}^2c^2 + (\boldsymbol{p} - q\boldsymbol{A})^2}} = \dot{\boldsymbol{r}} = \boldsymbol{u}\,,$$

$$\frac{\partial H}{\partial \boldsymbol{r}} = \frac{c\partial(\boldsymbol{p} - q\boldsymbol{A})^2/\partial\boldsymbol{r}}{2\sqrt{m_0{}^2c^2 + (\boldsymbol{p} - q\boldsymbol{A})^2}} + q\frac{\partial\phi}{\partial\boldsymbol{r}} = -q\frac{\partial}{\partial\boldsymbol{r}}(\boldsymbol{u}\cdot\boldsymbol{A}) + q\frac{\partial\phi}{\partial\boldsymbol{r}} = -\dot{\boldsymbol{p}}\,,$$

wobei $\boldsymbol{u}$ in $\partial(\boldsymbol{u}\cdot\boldsymbol{A})/\partial\boldsymbol{r}$ undifferenziert bleibt. Aus der ersten dieser Gleichungen folgt nach Quadrieren durch Auflösen nach $(\boldsymbol{p} - q\boldsymbol{A})^2$

$$(\boldsymbol{p} - q\boldsymbol{A})^2 = m_0{}^2u^2/(1 - u^2/c^2) = (m\boldsymbol{u})^2\,,$$

woraus sich mit nochmaliger Benutzung der ersten Gleichung zur Festlegung des Vorzeichens

$$\boldsymbol{p} = q\boldsymbol{A} + m\boldsymbol{u} \tag{5.52}$$

ergibt. Mit der hieraus folgenden Beziehung $\dot{\boldsymbol{p}} = d(m\boldsymbol{u})/dt + q\,(\partial\boldsymbol{A}/\partial t + \boldsymbol{u}\cdot\nabla\boldsymbol{A})$ liefert die zweite Hamilton-Gleichung

$$\frac{d}{dt}(m\boldsymbol{u}) + q\frac{\partial\phi}{\partial\boldsymbol{r}} + q\left[\frac{\partial\boldsymbol{A}}{\partial t} + \boldsymbol{u}\cdot\nabla\boldsymbol{A} - \frac{\partial}{\partial\boldsymbol{r}}(\boldsymbol{u}\cdot\boldsymbol{A})\right] = 0\,.$$

Nun gilt $\boldsymbol{u}\times\boldsymbol{B} = \boldsymbol{u}\times(\nabla\times\boldsymbol{A}) = \nabla(\boldsymbol{u}\cdot\boldsymbol{A}) - \boldsymbol{u}\cdot\nabla\boldsymbol{A}$, und mit (5.2) erhält man schließlich die Impulsgleichung (5.50b). Die Energiegleichung (5.50) ist, wie wir schon wissen, eine Folge von dieser.

Wenden wir uns jetzt einem **System elektromagnetisch wechselwirkender Punktladungen** zu. Nach (5.49) ist die auf die n-te Ladung einwirkende Kraft

$$F_n^\alpha = -q_n F^\alpha{}_\beta U_n^\beta\,.$$

Dabei soll $F^\alpha{}_\beta$ das elektromagnetische Feld sämtlicher Punktladungen und zuzüglich eventuell vorhandene externe Felder in sich vereinigen. Den Ausdruck für F_n^α setzen wir nun in die Beziehung (4.66) für den mechanischen Energie-Impuls-Tensor $T^{\alpha\beta}$ ein, und mit $U_n^\beta\, d\tau_n = (dX_n^\beta/d\tau_n)\, d\tau_n = (dX_n^\beta/dt')\, dt'$ erhalten wir

$$\begin{aligned}
\partial_\beta T^{\alpha\beta} &= -c\sum_n q_n \int F^\alpha{}_\beta\,(X_n(\tau_n))\, U_n^\beta(\tau_n)\, \delta^4\,(X - X_n(\tau_n))\, d\tau_n \\
&= -\sum_n q_n \int F^\alpha{}_\beta\,(X_n(\tau_n))\, \frac{dX_n^\beta}{dt'}\, \delta^3\left(\boldsymbol{x} - \boldsymbol{x}_n(t')\right)\, \delta(ct - ct')\, d\,ct' \\
&= -\sum_n q_n F^\alpha{}_\beta\,(\boldsymbol{x}_n(t), t)\, \frac{dX_n^\beta}{dt}\, \delta^3\,(\boldsymbol{x} - \boldsymbol{x}_n(t)) \\
&= -F^\alpha{}_\beta(\boldsymbol{x}, t) \sum_n q_n \frac{dX_n^\beta}{dt}\, \delta^3\,(\boldsymbol{x} - \boldsymbol{x}_n(t))\;.
\end{aligned} \tag{5.53}$$

Dabei durfte im Feld $F^\alpha{}_\beta$ das Argument $\boldsymbol{x}_n(t)$ durch $\boldsymbol{x}$ ersetzt werden, weil es wegen der Multiplikation mit der Deltafunktion nur an der Stelle $\boldsymbol{x} = \boldsymbol{x}_n(t)$ beiträgt.

$$\{J^\beta(\boldsymbol{x}, t)\} = \left\{\sum_n q_n \frac{dX_n^\beta}{dt}\, \delta^3\,(\boldsymbol{x} - \boldsymbol{x}_n(t))\right\} = \sum_n q_n \delta^3\,(\boldsymbol{x} - \boldsymbol{x}_n(t))\left\{c, \frac{d\boldsymbol{x}_n}{dt}\right\} = \{\varrho_{\mathrm{el}} c, \boldsymbol{j}\}$$

ist der Vierervektor der durch die Ladungen q_n erzeugten Stromdichte, und die Rückverfolgung unserer Rechenschritte zeigt, daß er in der Form

$$\boxed{J^\beta(X) = c\sum_n q_n \int \frac{dX_n^\beta}{d\tau_n}\, \delta^4\,(X - X_n(\tau_n))\, d\tau_n = c\sum_n q_n \int \delta^4(X - X_n)\, dX_n^\beta} \tag{5.54}$$

geschrieben werden kann. Aus (5.53) erhalten wir damit als **Bewegungsgleichungen für ein System elektromagnetisch wechselwirkender geladener Punktteilchen**

$$\boxed{\partial_\beta T^{\alpha\beta} = -F^\alpha{}_\beta J^\beta\,.} \tag{5.55}$$

Um diese zu lösen, muß man auf der linken Seite (4.67), auf der rechten (5.54) einsetzen und für die zeitliche Entwicklung des Tensors $F^\alpha{}_\beta$ die Maxwell-Gleichungen (5.16)–(5.17) hinzunehmen.

Nach (5.55) muß $-F^\alpha{}_\beta J^\beta$ die Divergenz eines Tensors sein, und man würde noch eine Integrabilitätsbedingung an das elektromagnetische Feld erhalten, wenn diese nicht schon von Haus aus erfüllt wäre. Das ist aber tatsächlich der Fall, denn der Tensor $F^\alpha{}_\beta = \eta^{\alpha\rho} F_{\rho\beta}$ besitzt die Komponenten $F^0{}_\beta = \eta^{0\rho} F_{\rho\beta} = \eta^{00} F_{0\beta} = F_{0\beta}$ sowie $F^i{}_\beta = \eta^{i\rho} F_{\rho\beta} = \eta^{\underline{i}\,\underline{i}} F_{i\beta} = -F_{\underline{i}\beta}$, und seine Multiplikation mit J^β führt zu

$$-F^\alpha{}_\beta J^\beta = \begin{pmatrix} -F_{0\beta} J^\beta \\ F_{i\beta} J^\beta \end{pmatrix} \overset{\substack{(5.6b)\\(5.11)}}{=} \begin{pmatrix} \boldsymbol{j}\cdot\boldsymbol{E}/c \\ \varrho_{\mathrm{el}}\boldsymbol{E} + \boldsymbol{j}\times\boldsymbol{B} \end{pmatrix}. \tag{5.56}$$

Nach der *Elektrodynamik*, Gleichung (7.174) und (7.198), gilt

$$\frac{\boldsymbol{j}\cdot\boldsymbol{E}}{c} = -\frac{1}{\partial\, ct}\left(\frac{\varepsilon_0 E^2}{2}+\frac{B^2}{2\mu_0}\right)-\frac{\operatorname{div}\boldsymbol{S}}{c}, \qquad \varrho_{\rm el}\boldsymbol{E}+\boldsymbol{j}\times\boldsymbol{B} = -\boldsymbol{\nabla}\cdot\mathsf{T}-\frac{\partial}{\partial\, ct}\frac{\boldsymbol{S}}{c}, \tag{5.57}$$

mit

$$\boldsymbol{S} = \frac{\boldsymbol{E}\times\boldsymbol{B}}{\mu_0}, \qquad T_{ik} = \delta_{ik}\left(\frac{\varepsilon_0 E^2}{2}+\frac{B^2}{2\mu_0}\right)-\varepsilon_0 E_i E_k-\frac{1}{\mu_0}B_i B_k \tag{5.58}$$

(S = **Poynting-Vektor**, T_{ik} = **Maxwellscher Spannungstensor**). Dies läßt schon erkennen, daß $-F^\alpha{}_\beta J^\beta$ die Divergenz eines Tensors ist, den wir jetzt bestimmen wollen. Mit (5.16) und den abkürzenden Notationen $A^\beta{}_{,\alpha}=\partial_\alpha A^\beta$, $A^{\beta,\alpha}=\partial^\alpha A^\beta$ ergibt sich zunächst

$$-F^\alpha{}_\beta J^\beta = -\frac{1}{\mu_0}F^\alpha{}_\beta F^{\beta\gamma}{}_{,\gamma} = -\frac{1}{\mu_0}\Big[\big(F^\alpha{}_\beta F^{\beta\gamma}\big)_{,\gamma} - F^{\beta\gamma}F^\alpha{}_{\beta,\gamma}\Big].$$

Nun ist

$$\begin{aligned}F^{\beta\gamma}F^\alpha{}_{\beta,\gamma} &= \eta^{\alpha\delta}F^{\beta\gamma}F_{\delta\beta,\gamma} \overset{\gamma\leftrightarrow\delta}{=} \eta^{\alpha\gamma}F^{\beta\delta}F_{\gamma\beta,\delta} \overset{\beta\leftrightarrow\delta}{=} \frac{\eta^{\alpha\gamma}}{2}\big(F^{\beta\delta}F_{\gamma\beta,\delta}+F^{\delta\beta}F_{\gamma\delta,\beta}\big)\\ &= \frac{\eta^{\alpha\gamma}}{2}F^{\beta\delta}\big(F_{\gamma\beta,\delta}+F_{\delta\gamma,\beta}\big) \overset{(5.17)}{=} -\frac{\eta^{\alpha\gamma}}{2}F^{\beta\delta}F_{\beta\delta,\gamma} = -\frac{\eta^{\alpha\gamma}}{4}\big(F^{\beta\delta}F_{\beta\delta}\big)_{,\gamma},\end{aligned}$$

wobei der vierte Term als halbe Summe von zwei gleichen Ausdrücken gebildet, die Symmetrien $F^{\delta\beta}=-F^{\beta\delta}$, $F_{\gamma\delta}=-F_{\delta\gamma}$ ausgenutzt und unter Verwendung von $\eta^{\beta\rho}=\eta^{\rho\beta}$ zuletzt die Umformung

$$\frac{F^{\beta\delta}F_{\beta\delta,\gamma}}{2} = \frac{\eta^{\beta\rho}\eta^{\delta\sigma}F_{\rho\sigma}F_{\beta\delta,\gamma}}{2} \overset{\rho\leftrightarrow\beta,\ \sigma\leftrightarrow\delta}{=} \frac{\eta^{\beta\rho}\eta^{\delta\sigma}F_{\beta\delta}F_{\rho\sigma,\gamma}}{2} = \frac{F^{\beta\delta}{}_{,\gamma}F_{\beta\delta}}{2} = \frac{1}{4}\big(F^{\beta\delta}F_{\beta\delta}\big)_{,\gamma}$$

gemacht wurde. Damit erhalten wir schließlich

$$-F^\alpha{}_\beta J^\beta = -\frac{1}{\mu_0}\left(F^\alpha{}_\beta F^{\beta\gamma}+\frac{1}{4}\eta^{\alpha\gamma}F^{\beta\delta}F_{\beta\delta}\right)_{,\gamma}. \tag{5.59}$$

Der Tensor

$$\boxed{T^{\alpha\beta}_{\rm em} = \frac{1}{\mu_0}\left(F^\alpha{}_\rho F^{\rho\beta}+\frac{1}{4}\eta^{\alpha\beta}F_{\rho\sigma}F^{\rho\sigma}\right) = T^{\beta\alpha}_{\rm em},} \tag{5.60}$$

dessen Komponenten sich aus (5.11), (5.13), (5.19a) und mit $F^\alpha{}_\rho=\eta^{\alpha\sigma}F_{\sigma\rho}$ zu

$$T^{\alpha\beta}_{\rm em} = \left(\begin{array}{c|ccc} \dfrac{\varepsilon_0 E^2}{2}+\dfrac{B^2}{2\mu_0} & \dfrac{S_x}{c} & \dfrac{S_y}{c} & \dfrac{S_z}{c} \\ \hline S_x/c & & & \\ S_y/c & & T_{ik} & \\ S_z/c & & & \end{array}\right) \tag{5.61}$$

ergeben, wird als **elektromagnetischer Energie-Impuls-Tensor** bezeichnet. Mit dem Ergebnis (5.59) und der Definition (5.61) lassen sich die **Bewegungsgleichungen** (5.55) in der Form

$$\boxed{\left(T^{\alpha\beta}+T_{\text{em}}^{\alpha\beta}\right)_{,\beta}=0} \tag{5.62}$$

schreiben. Umgekehrt folgt mit (5.55) auch, daß $T_{\text{em}}^{\alpha\beta}$ die Gleichung

$$T_{\text{em}}^{\alpha\beta}{}_{,\beta}=F^{\alpha}{}_{\beta}J^{\beta} \tag{5.63}$$

erfüllt.

Der elektromagnetische Energie-Impuls-Tensor (5.60) bzw. (5.61) enthält als Komponente T_{em}^{00} die Energiedichte $w_{\text{em}}=\varepsilon_0 E^2/2+B^2/(2\mu_0)$ des elektromagnetischen Feldes. Wegen $m=E/c^2$ ist mit dieser eine Massendichte verbunden. Wir erkennen daraus, daß sich die Massendichte – anders als die Ladungs- oder Teilchendichte – nicht wie die Komponente eines Vierervektors, sondern eines Tensors transformiert. Das wird in der ART wichtige Konsequenzen für die Bestimmung des Gravitationsfeldes haben.

5.7 Energie- und Impulserhaltung

Mit der Abkürzung $\Theta^{\alpha\beta}=T^{\alpha\beta}+T_{\text{em}}^{\alpha\beta}$ lautet Gleichung (5.62) ausführlicher

$$\partial_\beta\Theta^{\alpha\beta}=\partial_0\Theta^{\alpha 0}+\partial_l\Theta^{\alpha l}=\frac{1}{c}\partial_t\Theta^{\alpha 0}+\partial_l\Theta^{\alpha l}=0\,. \tag{5.64}$$

Sie hat die typische Form eines lokalen Erhaltungssatzes. Integriert man sie über ein räumliches Volumen V (Oberfläche ∂V), so erhält man mit Hilfe des Gaußschen Satzes

$$\frac{d}{dt}\int_V \Theta^{\alpha 0}\,d^3\boldsymbol{x}=-c\int_{\partial V}\Theta^{\alpha m}\,df_m\,. \tag{5.65}$$

Anmerkung: Gemäß den Richtungsvorschriften bei der Ableitung des Gaußschen Satzes muß die Flächennormale n_m des Oberflächenelements $df_m=n_m\,df$ aus dem Integrationsgebiet des Volumenintegrals der linken Seite herausweisen. Ist dieses z. B. eine Kugel $|\boldsymbol{x}|=r\le R$, dann muß also $n_m=\partial_m r|_R=\partial_m(-\eta_{ij}x^ix^j)^{1/2}|_R=-x_m/R$ gelten. □

Für den einfachen Fall, daß der mechanische Energie-Impuls-Tensor nur ein in V befindliches Einzelteilchen beschreibt, ergibt sich unter der Annahme, daß sich das Teilchen zum Zeitpunkt der Integration nicht auf dem Rand ∂V befindet, nach (4.60) und (5.61)

$$\int\Theta^{00}\,d^3\boldsymbol{x}=mc^2+\int_V\left(\frac{\varepsilon_0E^2}{2}+\frac{B^2}{2\mu_0}\right)d^3\boldsymbol{x}\,,\quad c\int_{\partial V}\Theta^{0m}\,df_m=\int_{\partial V}\boldsymbol{S}\cdot d\boldsymbol{f}\,,$$

$$\frac{1}{c}\int\Theta^{l0}\,d^3\boldsymbol{x}=mu_l+\int_V\frac{S_l}{c^2}\,d^3\boldsymbol{x}\,,\qquad \int_{\partial V}\Theta^{lm}\,df_m=\int_{\partial V}\left(\sum_m T_{lm}\,df_m\right).$$

(Dabei ist für m die „nackte Masse“ des Teilchens einzusetzen, d. h. eine Masse, die um die im elektromagnetischen Feld gemäß $m = E/c^2$ steckende Masse reduziert wurde – siehe dazu Abschn. 5.8.) Dies bedeutet, daß (5.64) und (5.65) für $\alpha=0$ den lokalen bzw. globalen Energiesatz und für $\alpha=l$ den lokalen bzw. globalen Impulssatz darstellen. Wählt man als Integrationsgebiet den ganzen Raum, so folgt für den Fall, daß die Felder $\boldsymbol{E}$ und $\boldsymbol{B}$ für $|\boldsymbol{r}| \to \infty$ hinreichend schnell verschwinden, der **Erhaltungssatz für Energie und Impuls**

$$\frac{1}{c} \int \Theta^{\alpha 0} \, d^3\boldsymbol{x} = P^\alpha \tag{5.66}$$

mit konstanten Werten P^α. Man beachte, daß P^α kein Vierervektor ist – ein solcher wird im nächsten Abschnitt für den globalen Feldimpuls eines bewegten Elektrons konstruiert.

5.8 Elektromagnetische Theorie des Elektrons

Bei den Elektronen läßt sich sowohl der Zusammenhang zwischen Energie und Masse als auch die Geschwindigkeitsabhängigkeit der bewegten Masse aus der Elektrodynamik ableiten, allerdings nur für den Anteil, der sich durch das elektromagnetische Feld erklären läßt. Dazu benutzen wir ein Modell, das von allen Quanteneffekten absieht und das Elektron als gleichförmig geladene Kugel (Gesamtladung e) vom Radius a beschreibt. In seinem Ruhesystem S' erzeugt dieses das elektrische Feld

$$\boldsymbol{E}' = \begin{cases} \dfrac{er'}{4\pi\varepsilon_0 a^3} \dfrac{\boldsymbol{r}'}{r'} & \text{für } r' \leq a \\[2ex] \dfrac{e}{4\pi\varepsilon_0 r'^2} \dfrac{\boldsymbol{r}'}{r'} & \text{für } r' \geq a \end{cases}$$

und kein Magnetfeld. Die Gesamtenergie dieses Feldes („Selbstenergie“ des Elektrons) ist

$$W_{\text{selbst}} = \frac{\varepsilon_0}{2} \int_{\mathbb{R}^3} E'^2 \, d^3\boldsymbol{x}' = W_{\text{selbst}}^{(\text{i})} + W_{\text{selbst}}^{(\text{a})} \tag{5.67}$$

mit

$$W_{\text{selbst}}^{(\text{i})} = \frac{e^2}{8\pi\varepsilon_0} \int_0^a \frac{r'^4}{a^6} \, dr' = \frac{e^2}{40\pi\varepsilon_0 a}, \qquad W_{\text{selbst}}^{(\text{a})} = \frac{e^2}{8\pi\varepsilon_0} \int_a^\infty \frac{dr'}{r'^2} = \frac{e^2}{8\pi\varepsilon_0 a}.$$

Indem wir durch c^2 teilen, erhalten wir daraus für die im elektromagnetischen (hier genauer: im rein elektrischen) Feld „gespeicherte“ Ruhemasse insgesamt

$$m_{\text{em}} = \frac{3e^2}{20\pi\varepsilon_0 a c^2}, \tag{5.68}$$

wobei auf das Feld außerhalb des Elektrons der Anteil

$$m_{\text{em}}^{(\text{a})} = \frac{e^2}{8\pi\varepsilon_0 a c^2} \tag{5.69}$$

entfällt. (Bei einem Teilchenmodell mit Oberflächenladungen wäre (5.69) die gesamte elektromagnetische Masse.)

Um nun den Viererimpuls des Außenfeldes zu finden, verbinden wir zunächst in rein heuristischer Vorgehensweise mit der diesem Feld zugeordneten Masse $m_{\rm em}^{(a)}$ im Ruhesystem S' des Elektrons gemäß (4.27) mit (4.8) den Viererimpuls

$$\begin{aligned}\{P_{\rm em}'^{\alpha}\} &= \left\{m_{\rm em}^{(a)}c\,,0,0,0\right\} = \left\{\frac{1}{c}\int_A \frac{\varepsilon_0 E'^2}{2}\,d^3\boldsymbol{x}'\,,0,0,0\right\} \\ &\overset{(5.61)}{=} \frac{1}{c^2}\left\{\int_A T_{\rm em}'^{00}U_0'\,d^3\boldsymbol{x}'\,,0,0,0\right\}.\end{aligned}$$

Dabei muß das Integral über den durch $r'>a$ definierten Außenraum A erstreckt werden. Die Größe

$$P_{\rm em}^{\alpha} = \frac{1}{c^2}\int_A T_{\rm em}^{\alpha\beta}U_\beta\frac{d^4X}{c\,d\tau} \overset{(3.74)}{=} \frac{1}{c^2}\int_A T_{\rm em}^{\alpha\beta}U_\beta\frac{d^3\boldsymbol{x}}{\sqrt{1-u^2/c^2}} \tag{5.70}$$

ist wegen der Invarianz von d^4X und $d\tau$ ein Vierervektor und stimmt im Ruhesystem S' gerade mit $P_{\rm em}'^{\alpha}$ überein. Nunmehr vergessen wir, wie wir auf sie kamen, und werten sie zu ihrer physikalischen Interpretation aus. Mit (5.61) und $\{U_\alpha\}=\{c,\,-\boldsymbol{u}\}/\sqrt{1-u^2/c^2}$ ergibt sich für ihre Komponenten

$$\{P_{\rm em}^{\alpha}\} = \frac{1}{\sqrt{1-u^2/c^2}}\left\{\frac{1}{c^2}\int_A \frac{w_{\rm em}c-\boldsymbol{S}\cdot\boldsymbol{u}/c}{\sqrt{1-u^2/c^2}}\,d^3\boldsymbol{x}\,,\ \frac{1}{c^2}\int_A \frac{\boldsymbol{S}-\mathsf{T}\cdot\boldsymbol{u}}{\sqrt{1-u^2/c^2}}\,d^3\boldsymbol{x}\right\}, \tag{5.71}$$

wobei $w_{\rm em}=\varepsilon_0E^2/2+B^2/(2\mu_0)$ und $\boldsymbol{S}=\boldsymbol{E}\times\boldsymbol{B}/\mu_0$ ist, während für T der 3×3-Tensor mit den in (5.58) angegebenen Komponenten eingesetzt werden muß. Durch Auswertung der Integrale kann dieses Ergebnis noch in

$$\{P_{\rm em}^{\alpha}\} = \frac{m_{\rm em}^{(a)}}{\sqrt{1-u^2/c^2}}\{c,\boldsymbol{u}\} \tag{5.72}$$

überführt werden (siehe Aufgabe 5.5 und weiter unten). Hieraus folgt, daß sich $P_{\rm em}^{\alpha}$ wie ein Impuls transformiert, dem eine Masse zugeordnet ist, die sich ihrerseits bei Koordinatentransformationen wie eine relativistische Masse verhält. Der Zusammenhang der Ruhemasse mit der Feldenergie ist dabei durch $m_{\rm em}^{(a)}=W_{\rm selbst}^{(a)}/c^2$ gegeben, also $m=E/c^2$. Die Übereinstimmung der Darstellungen (5.71) und (5.72) für $P_{\rm em}^{\alpha}$ ergibt sich übrigens sehr einfach auch daraus, daß beides Vierervektoren sind, die im Ruhesystem S' in $P_{\rm em}'^{\alpha}$ übergehen.

Da sich die homogen verteilten negativen Ladungen im Inneren der das Elektron bildenden Kugel gegenseitig abstoßen, liefert unser Modell ein Teilchen ohne inneren Zusammenhalt. Es muß daher angenommen werden, daß es noch weitere Kräfte gibt, die das Elektron zusammenhalten. Auch deren Felder besitzen Energie. Der Impuls, der zu allen im Inneren des Elektrons wirkenden Feldern gehört, muß sich ebenfalls zu einem kovarianten Viererimpuls $P_{\rm int}^{\alpha}$ zusammenfassen lassen, und die Gesamtmasse ist dann durch

$$m_0U^\alpha = P_{\rm em}^{\alpha} + P_{\rm int}^{\alpha}$$

definiert. Im Grenzfall punktförmiger geladener Teilchen, $a \to 0$, geht die elektromagnetische Masse des Außenfeldes gegen unendlich, und das Teilchen kann nur dann eine endliche Masse besitzen, wenn gleichzeitig die innere Masse gegen $-\infty$ geht.

Trägt man in (5.69) die bekannten Werte von e und m_0 des Elektrons ein, so erhält man $a \approx 2 \cdot 10^{-13}$ cm. Dieser Wert ist sicher zu groß. Außerdem könnte man versuchen, die Masse des Protons auf ähnliche Weise zu erklären und erhielte dann wegen der größeren Masse des Protons einen kleineren Protonen- als Elektronenradius, im Gegensatz zu aller Erfahrung. Außerdem kann unser Modell weder den Spin noch das magnetische Moment des Elektrons erklären. All das weist daraufhin, daß es eine Näherung darstellt, die nur ein qualitatives Verständnis vermitteln kann. Als sicher darf man jedoch annehmen, daß die elektromagnetische Feldenergie wesentlich zur Masse des Elektrons beiträgt.

5.9 Doppler-Verschiebung und Aberration

Da die Elektrodynamik von Haus aus eine relativistisch invariante Theorie ist, steht nicht zu erwarten, daß aus ihrer lorentz-invarianten Formulierung wesentliche neue Erkenntnisse erwachsen. Insbesondere darf man nicht, wie bei der Mechanik, spektakuläre relativistische Effekte erwarten, allenfalls gibt es beim Übergang zwischen verschiedenen Inertialsystemen im Transformationsverhalten der Felder unerwartete Phänomene. Wir wollen hier nur nochmals den Doppler-Effekt besprechen.

Die Lichtausbreitung im Vakuum wird durch (5.7) mit $J^\alpha = 0$ beschrieben, also

$$\partial_\beta \partial^\beta A^\alpha = 0.$$

Wie man leicht bestätigt, wird diese Gleichung durch

$$A^\alpha(X) = F^\alpha(k_\mu X^\mu) \qquad \text{mit} \qquad k_\beta = \text{const}_\beta\,, \quad k_\beta k^\beta = 0 \tag{5.73}$$

gelöst. Einen Spezialfall dieser Lösung bilden die monochromatischen ebenen Wellen

$$A^\alpha = C^\alpha e^{ik_\mu X^\mu} = C^\alpha e^{i\eta_{\mu\nu} k^\mu X^\nu} = C^\alpha e^{i(\omega t - \boldsymbol{k}\cdot\boldsymbol{r})} \qquad \text{mit} \qquad k^\mu = \{\omega/c\,,\, \boldsymbol{k}\}\,. \tag{5.74}$$

Wir untersuchen das Transformationsverhalten einer ebenen Welle, die sich im System S' senkrecht zur z'-Achse ausbreitet und unter dem Winkel Θ' auf die x'-Achse zukommt (Abb. 5.3 (a)). Nach (3.100) erhalten wir in einem System S, das sich mit S' in Standardkonfiguration befindet,

$$\frac{\omega}{c} = \gamma\left(\frac{\omega'}{c} + \frac{v}{c}k'_x\right), \quad k_x = \gamma\left(\frac{v\omega'}{c^2} + k'_x\right), \quad k_y = k'_y\,, \quad k_z = k'_z\,. \tag{5.75}$$

Mit

$$k'_x = -k'\cos\Theta'\,, \qquad k'_y = -k'\sin\Theta'\,,$$

der aus (5.73c) folgenden Beziehung $k' = \omega'/c$ und (3.43) ergibt sich aus der ersten Transformationsgleichung sofort

$$\omega = \frac{1 - (v/c)\cos\Theta'}{\sqrt{1 - v^2/c^2}}\,\omega'\,. \tag{5.76}$$

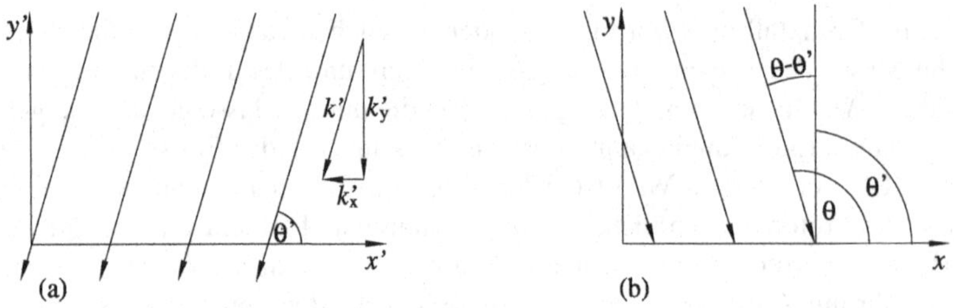

Abb. 5.3: (a) Lichtausbreitung unter dem Winkel Θ' zur x'-Achse, (b) Aberrationswinkel $\Theta-\Theta'$ für $\Theta'=\pi/2$.

Aus den drei weiteren folgt mit $\boldsymbol{v}=v\boldsymbol{e}_x$ und $\boldsymbol{k}_\parallel=k_x\boldsymbol{e}_x$

$$\boldsymbol{k}_\parallel=\gamma\left(\frac{\omega'}{c^2}+\frac{\boldsymbol{k}'\cdot\boldsymbol{v}}{v^2}\right)\boldsymbol{v}\,,\qquad \boldsymbol{k}_\perp=\boldsymbol{k}'_\perp=\boldsymbol{k}'-\boldsymbol{k}'_\parallel$$

$$\boldsymbol{k}=\boldsymbol{k}_\parallel+\boldsymbol{k}_\perp=\gamma\left(\frac{\omega'}{c^2}+\frac{\boldsymbol{k}'\cdot\boldsymbol{v}}{v^2}\right)\boldsymbol{v}+\boldsymbol{k}'-\frac{\boldsymbol{k}'\cdot\boldsymbol{v}}{v^2}\,\boldsymbol{v}$$

und daraus mit $\boldsymbol{k}'\cdot\boldsymbol{v}=-k'v\cos\Theta'=-\omega'(v/c)\cos\Theta'$

$$\boldsymbol{k}=\boldsymbol{k}'+\frac{\gamma\,\omega'}{c^2}\left(1-\frac{(\gamma-1)\cos\Theta'}{\gamma\,v/c}\right)\boldsymbol{v}\,. \tag{5.77}$$

Hieraus und aus (5.76) läßt sich der Zusammenhang zwischen dem Emissionswinkel Θ' in S' und dem Empfangswinkel Θ in S berechnen. Noch einfacher erhält man diesen aus den ursprünglichen Transformationsgleichungen (5.75). Mit $\omega'=k'c=-k'_x c/\cos\Theta'$ ergibt sich

$$\tan\Theta=\frac{k_y}{k_x}=\frac{k'_y}{\gamma\left(\frac{v}{c^2}\omega'+k'_x\right)}=\frac{k'_y}{\gamma\left(1-\frac{v}{c\cos\Theta'}\right)k'_x}$$

und schließlich

$$\tan\Theta=\frac{\sqrt{1-v^2/c^2}\,\sin\Theta'}{\cos\Theta'-v/c}\,. \tag{5.78}$$

Für $\Theta'=0$ wird auch $\Theta=0$, und (5.76) liefert die uns schon bekannte Formel (3.83a),

$$\boxed{\omega_\parallel=\sqrt{\frac{1-v/c}{1+v/c}}\;\omega'_\parallel}$$

(mit $\omega'_\parallel$ = emittierte und $\omega_\parallel$ = empfangene Frequenz), für den **longitudinalen Doppler-Effekt**, der bei zunehmender Entfernung des Systems S', also für $v>0$ eine Rotverschiebung der Frequenz bewirkt ($\omega<\omega'$). Bei senkrechter Beobachtung ($\Theta=\pi/2$, $\tan\Theta=\infty$)

folgt aus (5.78) cos $\Theta'=v/c$, und (5.76) liefert die der reinen Zeitdilatation (3.76) entsprechende Rotverschiebung (3.83b),

$$\boxed{\omega_\perp = \sqrt{1 - v^2/c^2}\,\omega'_{\Theta'=\arccos(v/c)}\,,}$$

des **transversalen Doppler-Effekts**. Bei Lichtemission senkrecht zur x'-Achse, also für $\Theta'=\pi/2$, erhalten wir aus (5.78) die in Abb. 5.3 (b) dargestellte **Aberration**

$$\Theta - \Theta' = -\arctan\sqrt{c^2/v^2 - 1} - \pi/2\,. \tag{5.79}$$

5.10 Strahlungsprobleme bei der Bewegung geladener Teilchen

Wir sind es gewohnt, in der Bewegungsgleichung (5.50b) für geladene Massenpunkte auf der rechten Seite nur das von außen auf diese einwirkende Feld einzutragen. Mit dieser Vorgehensweise erhalten wir für die Bewegung einer Punktladung in einem homogenen Magnetfeld mit $\boldsymbol{E}=0$ aus (5.50a) m=const, und (5.50b) vereinfacht sich zu

$$m\frac{d\boldsymbol{u}}{dt} = q\boldsymbol{u} \times \boldsymbol{B}\,.$$

Die Lösung dieser Gleichung liefert wie im nichtrelativistischen Fall eine Kreisbahn, die mit konstanter Geschwindigkeit $\boldsymbol{u}$ durchlaufen wird.

Nun wissen wir aus der Elektrodynamik, daß jede beschleunigte Bewegung einer Ladung mit der Emission von Strahlung verbunden ist, in diesem Fall von Zyklotronstrahlung. Diese mag bei nichtrelativistischen Geschwindigkeiten vernachlässigbar sein, ist es aber bei relativistischen Geschwindigkeiten auf keinen Fall mehr. Die Emission von Strahlung muß der Bewegung des Teilchens Energie entziehen, ein Effekt, der bei unserer Handhabung der Bewegungsgleichung nicht auftritt. Die einzige Möglichkeit, diese Diskrepanz im Rahmen der Elektrodynamik aufzulösen, besteht darin, daß man das von der Ladung emittierte Strahlungsfeld wegen des mit ihm verbundenen $\boldsymbol{E}$-Feldes als krafterzeugende Ursache mit einbezieht – nur dieses kann nämlich der Teilchenbewegung Energie entziehen. Abraham und Lorentz haben dieses Konzept für ausgedehnte Ladungskugeln ausgearbeitet. Die endliche Ausdehnung macht es hierbei möglich, daß Teile der Ladung mit dem Strahlungsfeld in Wechselwirkung treten, das an anderen Orten der Ladungsverteilung erzeugt wurde. Bei diesem Ladungsträgerkonzept muß man allerdings die Existenz von Zusatzkräften annehmen, die das Auseinanderfliegen der Ladungen aufgrund ihrer Selbstabstoßung verhindern. Abraham und Lorentz erhielten eine Gleichung der Form

$$\frac{d}{dt}\left(\frac{4W_{\text{selbst}}\boldsymbol{u}}{3c^2\sqrt{1 - u^2/c^2}}\right) = \boldsymbol{f}_{\text{ext}} + \frac{\mu_0 q^2}{6\pi c}\dot{\boldsymbol{a}} \tag{5.80}$$

($\boldsymbol{a}$ = Dreierbeschleunigung, W_{selbst} wie in (5.67)), in der auf der rechten Seite eine Summe der Form

$$\sum_{n=2}^{\infty} \alpha_n \left(\frac{r}{c}\right)^{n-1} \frac{d^n \boldsymbol{a}}{dt^n}$$

vernachlässigt ist. Die Koeffizienten α_n hängen von der Struktur der bis zum Radius r reichenden Ladungsverteilung ab, und r/c ist die Zeit, die das Licht zum Durchqueren der Ladungsverteilung benötigt. Beim Grenzübergang $r \to 0$ verschwindet zwar die vernachlässigte Reihe, aber dafür divergiert W_{selbst}. Andererseits sind die vernachlässigten Terme bei endlichem Radius der Ladungsverteilung nur dann klein, wenn keine starken Änderungen der Beschleunigung auftreten, was z. B. auf Teilchenstöße nicht zutrifft. Wenn man die linke Seite von (5.80) in Analogie zu (5.67)–(5.72) mit der Impulsänderung des Teilchens identifiziert, erhält man die Bewegungsgleichung

$$\dot{\boldsymbol{p}} = \boldsymbol{f}_{\text{ext}} + \frac{\mu_0 q^2}{6\pi c}\dot{\boldsymbol{a}}\,.$$

Abraham gelang schon im Entdeckungsjahr der SRT eine relativistische Verallgemeinerung der Reaktionskraft $\mu_0 q^2 \dot{\boldsymbol{a}}/(6\pi c)$, auf die auch wir kommen werden. Schließlich entwickelte Dirac im Jahre 1938 eine Theorie, in der die oben geschilderten Mängel beseitigt sind: Die Ladung ist punktförmig, d. h. es müssen keine Annahmen über die Struktur der Ladungsverteilung gemacht werden; außerdem werden keine Terme vernachlässigt und es gibt keine Divergenzen. Diese Theorie ist allerdings sehr aufwendig, so daß wir auf ihre ausführliche Darstellung verzichten.[2]

Wir schlagen zur Ableitung der Bewegungsgleichung mit Strahlungsdämpfung einen einfacheren Weg ein, der allerdings den Nachteil hat, nicht völlig eindeutig zu sein. (Trotzdem gelangen wir zu dem Ergebnis von Dirac bzw. Abraham und Lorentz.) Anschließend sollen die Grundzüge der Diracschen Gedankengänge wenigstens skizziert werden.

Zu unserer Ableitung benötigen wir einen kovarianten Ausdruck für den Impuls und die Energie, die ein Teilchen durch sein Strahlungsfeld pro Zeiteinheit verliert. Diesen leiten wir im folgenden Abschnitt ab.

5.10.1 Energie- und Impulsabgabe eines strahlenden Teilchens

Nach (5.47) kann das von einem geladenen Teilchen zu einem retardierten Zeitpunkt t' emittierte Strahlungsfeld bei $\boldsymbol{r}$, t für $|\boldsymbol{r}| \to \infty$, $t \to \infty$ durch

$$F^{\alpha\beta}_{\text{ret}}(t, \boldsymbol{r}) = 2F^{\alpha\beta}_{-}(t, \boldsymbol{r})$$

dargestellt werden. $F^{\alpha\beta}_{-}(t, \boldsymbol{r})$ ist als reines Strahlungsfeld überall quellen- bzw. singularitätenfrei, und daher erfüllt der mit ihm berechnete elektromagnetische Energie-Impuls-Tensor (5.60) nach (5.63) die Gleichung

$$T^{\alpha\beta}_{-}{}_{,\beta} = 0\,.$$

2 Eine solche findet sich in F. Rohrlich: *Classical Charged Particles*, Addison-Wesley, 1965, Kap. 6. Die dort benutzten metrischen Koeffizienten $\eta_{\mu\nu}$ sich von den hier benutzten um den Faktor -1!

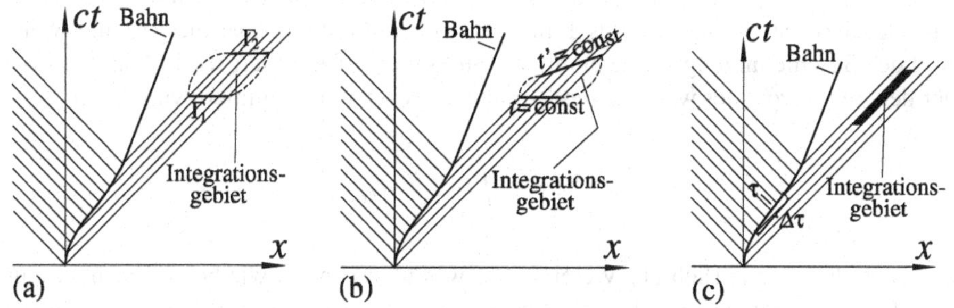

Abb. 5.4: Integrationsgebiet für P^α. (a) Die Begrenzungsflächen Γ_1 und Γ_2 entsprechen $t{=}t_1{=}$const und $t{=}t_2{=}$const und (b) Die Begrenzungsflächen Γ_1 und Γ_2 entsprechen $t{=}$const und $t'{=}$const. (c) Integrationsgebiet für ΔP^α (geschwärzt).

(Der entsprechende Tensor des Strahlungsfeldes ist $4T_-^{\alpha\beta}$.) Durch Integration $\int d^4X\ldots$ erhalten wir daraus mit dem Gaußschen Satz analog zu (5.20)

$$\int_\Gamma T_-^{\alpha\beta}\,df_\beta = 0\,,$$

wobei Γ eine dreidimensionale Fläche in der Raum-Zeit ist. Das Integrationsgebiet wählen wir im Bereich $|\boldsymbol{r}|{\to}\infty\,, t{\to}\infty$ des retardierten Strahlungsfeldes so, daß es einen Teil von diesem umfaßt, dort, wo $T_-^{\alpha\beta}{\neq}0$ ist, raumartige Begrenzungsflächen Γ_1 und Γ_2 besitzt (auf beiden Flächen gilt dann überall $df^\alpha df_\alpha{<}0$) und im umgebenden feldfreien Gebiet geschlossen wird (Abb. 5.4 (a)). Dann erhalten wir aus dem letzten Ergebnis mit der vor Gleichung (5.20) angegebenen Definition von df_β

$$P^\alpha := \frac{4}{c}\int_{\Gamma_1} T_-^{\alpha\beta}\,df_\beta = \frac{4}{c}\int_{\Gamma_2} T_-^{\alpha\beta}\,df_\beta\,. \tag{5.81}$$

Werden für Γ_1 und Γ_2 zunächst die Flächen $t{=}t_1{=}$const und $t{=}t_2{=}$const genommen, so folgt hieraus ähnlich wie bei der Ladungserhaltung in Abschn. 5.2.2 die zeitliche Erhaltung der durch (5.81) definierten Größe P^α,

$$P^\alpha(t_2) = P^\alpha(t_1) = \text{const}^\alpha\,. \tag{5.82}$$

Wenn $\Gamma_1{=}\Gamma$ wie eben und $\Gamma_2{=}\Gamma'$ anders als Fläche $t'{=}$const eines Systems S' gewählt wird, das aus S durch die Lorentz-Transformation $\Lambda^\alpha{}_\beta$ hervorgeht (Abb. 5.4 (b)), gilt nach (3.98)

$$P'^\alpha(t') = \int\limits_{t'=\text{const}} \frac{4T_-'^{\alpha\beta}\,df'_\beta}{c} \overset{(3.98)}{=} \Lambda^\alpha{}_\gamma \int\limits_{t'=\text{const}} \frac{4T_-^{\gamma\beta}df_\beta}{c} \overset{(5.81)}{=} \Lambda^\alpha{}_\gamma \int\limits_{t=\text{const}} \frac{4T_-^{\gamma\beta}\,df_\beta}{c} = \Lambda^\alpha{}_\gamma P^\gamma(t)\,,$$

da sich $T_-^{\alpha\beta}df_\alpha$ wegen des Tensorcharakters von $T_-^{\alpha\beta}$ und df_α (siehe vor (5.20)) wie ein Vierervektor transformiert. Damit ist auch noch gezeigt, daß $P^\alpha(t)$ ein Vierervektor ist.

Die Integrale (5.81) enthalten aufgrund der Wahl der Flächen Γ_1 und Γ_2 nur noch das retardierte Strahlungsfeld des Teilchens, wobei allerdings über die gesamte, während der Beschleunigungsphase emittierte Strahlung aufsummiert wird (Abb. 5.4 (a)). Für den Teil davon, der während des Zeitintervalls $\Delta\tau$ um τ emittiert wurde, gilt

$$\Delta P^\alpha := \frac{4}{c}\int_{\Delta\Gamma} T_-^{\alpha\beta}\, df_\beta\,,$$

und auch das ist natürlich ein Vierervektor, was man ähnlich wie bei P^α sieht, wenn man $T_-^{\alpha\beta}{}_{,\beta}=0$ über das in Abb. 5.4 (c) geschwärzte Gebiet integriert. In dem speziellen Koordinatensystem, in welchem

$$df_\alpha = \{df_0\,,\,0\,,0\,,0\} = \{dx^1dx^2dx^3\,,\,0\,,0\,,0\} = \{d^3\boldsymbol{x}\,,\,0\,,0\,,0\}$$

ist, erhalten wir mit $T_{\text{Str}}^{\alpha\beta}=T_-^{\alpha\beta}$

$$\{\Delta P^\alpha\} = \frac{4}{c}\left\{\int_{\Delta\Gamma} T_-^{00}\, d^3\boldsymbol{x}\,,\,\int_{\Delta\Gamma} T_-^{l0}\, d^3\boldsymbol{x}\right\} \overset{(5.61)}{=} \left\{\int_{\Delta\Gamma} \frac{w_{\text{em}}}{c}\, d^3\boldsymbol{x}\,,\,\int_{\Delta\Gamma} \frac{\boldsymbol{S}}{c^2}\, d^3\boldsymbol{x}\right\}.$$

Da die drei räumlichen Komponenten von ΔP^α den Dreierimpuls des Strahlungsfeldes bilden (siehe *Elektrodynamik*, Kap. 7), können wir ΔP^α als Viererimpuls des Strahlungsfeldes bezeichnen. Wir haben in der *Elektrodynamik* (Kapitel 7, Gleichung (7.188) und (7.206)) gesehen, daß eine beschleunigte Punktladung durch die Oberfläche einer sehr großen Kugel hindurch während des Zeitintervalls Δt um den Zeitpunkt t die Energie

$$-\Delta\int w_{\text{em}}\, d^3\boldsymbol{x} = \lambda\boldsymbol{a}^2\,\Delta t \qquad \text{mit} \quad \lambda = \frac{\mu_0 q^2}{6\pi c} \tag{5.83}$$

und keinen Impuls abgibt, wenn sie zum retardierten Zeitpunkt $t'=t-R/c$ mit $\boldsymbol{a}(t')=d\boldsymbol{u}/dt|_{t'}$ beschleunigt wurde und die Geschwindigkeit $\boldsymbol{u}(t')=0$ besaß. In dem zum Zeitpunkt t' gehörigen Ruhesystem des Teilchens gilt also

$$dP^\alpha/dt = \{-\lambda\boldsymbol{a}^2/c\,,\,0\,,0\,,0\}\,. \tag{5.84}$$

Da dP^α, wie oben gezeigt, ein Vierervektor ist, kann dieses Ergebnis auf beliebige Bezugssysteme übertragen werden, und seine kovariante Verallgemeinerung lautet

$$\boxed{\frac{dP^\alpha}{d\tau} = \lambda\frac{a_\beta a^\beta U^\alpha}{c^2} \qquad \text{mit} \qquad \lambda = \frac{\mu_0 q^2}{6\pi c}\,,} \tag{5.85}$$

da im Ruhesystem des Teilchens nach (4.12) mit $A^\alpha\to a^\alpha$ die Beziehungen $a_\beta a^\beta=-\boldsymbol{a}^2$ und $\{U^\alpha\}=\{c,\boldsymbol{u}=0\}$ gelten.

5.11 Lorentz-Dirac-Gleichung

5.11.1 Heuristische Ableitung

Für die Bewegungsgleichung einer Punktladung, die von der externen Kraft F^α beschleunigt wird, machen wir jetzt den Ansatz

$$m_0 a^\alpha = F^\alpha + \Gamma^\alpha\,, \tag{5.86}$$

wobei Γ^α die Rückwirkung des Strahlungsfeldes auf die Punktladung repräsentieren soll. Wenn F^α eine beliebige Kraft ist, die auch auf ungeladene Teilchen wirken könnte, muß die Bedingung (4.19), $F^\alpha U_\alpha{=}0$, gestellt werden. Handelt es sich dagegen um eine von externen Quellen herrührende elektromagnetische Kraft,

$$F^\alpha \overset{(5.49)}{=} -q\,F_{\text{ext}}^{\alpha\beta} U_\beta\,,$$

so ist diese Bedingung wegen der Antisymmetrie von $F_{\text{ext}}^{\alpha\beta}$ schon von Haus aus erfüllt,

$$F^\alpha U_\alpha = -q\,F_{\text{ext}}^{\alpha\beta} U_\alpha U_\beta = q\,F_{\text{ext}}^{\beta\alpha} U_\alpha U_\beta \overset{\alpha\leftrightarrow\beta}{=} q\,F_{\text{ext}}^{\alpha\beta} U_\beta U_\alpha = q\,F_{\text{ext}}^{\alpha\beta} U_\alpha U_\beta = 0\,.$$

(Eine Größe, die gleich ihrem Negativem ist, muß verschwinden.) Hiermit und mit (4.14), $U_\alpha a^\alpha{=}0$, folgt aus (5.86) für Γ^α die Forderung

$$U_\alpha \Gamma^\alpha = 0\,. \tag{5.87}$$

Der naheliegende Ansatz, Γ^α mit $dP^\alpha/d\tau$ aus (5.85) zu identifizieren, führt offensichtlich nicht zum Ziel, da Gleichung (5.87) dann $a^\beta{=}0$ zur Folge hätte bzw. mit $a^\beta \neq 0$ nicht erfüllt werden könnte. Wir stellen daher vorerst die schwächere Forderung, daß die Erzeugung von Strahlungsenergie wenigstens bei nichtrelativistischen Teilchengeschwindigkeiten durch die Abnahme der kinetischen Energie des Teilchens und die Arbeit der äußeren Kräfte gedeckt werden soll. Bei nichtrelativistischen Geschwindigkeiten liefert unser Ansatz (5.86) die dreikomponentige Bewegungsgleichung

$$m_0\, d\boldsymbol{u}/dt = \boldsymbol{f} + \boldsymbol{\gamma} \tag{5.88}$$

und den aus dieser folgenden Energiesatz

$$\frac{d}{dt}\left(m_0 \frac{u^2}{2}\right) = \boldsymbol{f}\cdot\boldsymbol{u} + \boldsymbol{\gamma}\cdot\boldsymbol{u}\,. \tag{5.89}$$

Mit dem letzteren und (5.83) lautet unsere Forderung

$$\lambda a^2 = \boldsymbol{f}\cdot\boldsymbol{u} - \frac{d}{dt}\left(m_0 \frac{u^2}{2}\right) = -\boldsymbol{\gamma}\cdot\boldsymbol{u}\,. \tag{5.90}$$

Die relativistische Verallgemeinerung hiervon ist die Gleichung $\lambda a^\alpha a_\alpha{=}-\Gamma^\alpha U_\alpha$, die mit der aus $a^\alpha U_\alpha{=}0$ durch Ableitung nach der Eigenzeit τ folgenden Identität

$$a^\alpha a_\alpha = -\dot{a}^\alpha U_\alpha \tag{5.91}$$

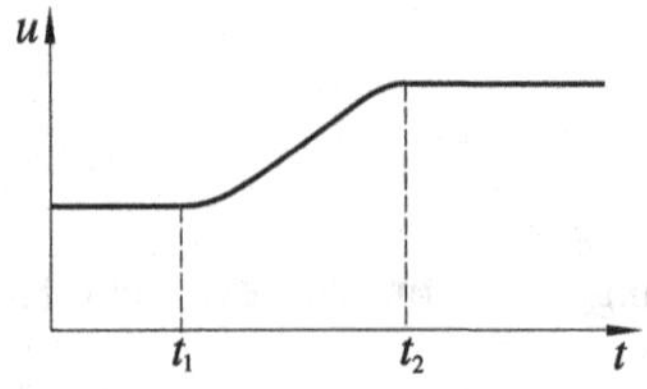

Abb. 5.5: Geschwindigkeit u bei zeitlich begrenzter Beschleunigungsphase.

die Form $\Gamma^\alpha U_\alpha = \lambda \dot{a}^\alpha U_\alpha$ annimmt und mit

$$\Gamma^\alpha = \lambda \dot{a}^\alpha \tag{5.92}$$

befriedigt wird. Leider wird hierdurch Gleichung (5.87) wieder nicht erfüllt. Der tiefere Grund dafür ist, daß die aus dem Fernfeld berechneten Strahlungsverluste (5.85) auf einen späteren Zeitpunkt als den der Strahlungserzeugung bezogen sind, während unser Ansatz dafür einen instantanen Ausgleich in Rechnung stellt. Das versuchen wir jetzt dadurch zu berücksichtigen, daß wir unsere Forderung nur für Bewegungen mit einer Beschleunigungsphase endlicher Dauer stellen, vor und nach der die Geschwindigkeit konstant ist (Abb. 5.5). Da Strahlungsenergie dann nur in der Beschleunigungsphase erzeugt wird, können wir ihren späteren Wert eindeutig der letzteren zuordnen.

Zur Erfüllung der Bedingung (5.87) ergänzen wir unseren letzten Ansatz (5.92) durch einen Zusatzterm, der offensichtlich von U^α abhängen muß. Als einfachste Möglichkeit bietet sich

$$\Gamma^\alpha = \lambda \dot{a}^\alpha + \delta U^\alpha$$

an, und (5.87) wird befriedigt, wenn wir

$$\delta = -\lambda \dot{a}^\beta U_\beta / (U^\alpha U_\alpha) \overset{(5.91)}{=} \lambda a^\beta a_\beta / (U^\alpha U_\alpha) \overset{(4.9)}{=} \lambda a^\beta a_\beta / c^2$$

setzen. Damit ergibt sich schließlich die Reaktionskraft

$$\Gamma^\alpha = \lambda \left(\dot{a}^\alpha + \frac{a_\beta a^\beta}{c^2} U^\alpha \right) , \tag{5.93}$$

die auch Abraham gefunden hat. Mit ihr und mit (5.83b) erhalten wir aus (5.86) die **Lorentz-Dirac-Gleichung**

$$\boxed{m_0 \frac{dU^\alpha}{d\tau} = F^\alpha + \frac{\mu_0 q^2}{6\pi c} \left(\dot{a}^\alpha + \frac{a_\beta a^\beta}{c^2} U^\alpha \right) .} \tag{5.94}$$

Für $u \ll c$ kann der letzte Term der rechten Seite vernachlässigt werden, und (5.88) mit $\boldsymbol{\gamma} = \lambda \dot{\boldsymbol{a}}$ liefert den Raumanteil der Näherungsgleichung,

$$m_0 \, d\boldsymbol{u}/dt = \boldsymbol{f} + \lambda \dot{\boldsymbol{a}} , \tag{5.95}$$

ein Ergebnis, das schon in der *Elektrodynamik* (Gleichung (7.194)) erhalten wurde. Der zugehörige Energiesatz (5.89) lautet

$$\frac{d}{dt}\left(m_0 \frac{u^2}{2} \right) - \boldsymbol{f} \cdot \boldsymbol{u} = \lambda \dot{\boldsymbol{a}} \cdot \boldsymbol{u} = \frac{d}{dt}(\lambda \boldsymbol{a} \cdot \boldsymbol{u}) - \lambda \boldsymbol{a}^2 . \tag{5.96}$$

Im Fall einer nur vorübergehenden Beschleunigung kann er zu

$$\lambda \int_{t_1}^{t_2} a^2\,dt = \int_{t_1}^{t_2} \boldsymbol{f}\cdot\boldsymbol{u}\,dt - \Delta\left(\frac{m_0}{2}u^2\right) \tag{5.97}$$

integriert werden, da $\boldsymbol{a}\cdot\boldsymbol{u}$ an den Integrationsgrenzen verschwindet. Damit ist gezeigt, daß unsere Forderung an die Strahlung, wenn auch nicht in der instantanen Form (5.90), so doch wenigstens integral erfüllt wird.

Exkurs 5.1: Skizze der Diracschen Ableitung

Diracs Ableitung geht von einem Punktteilchen der „nackten Ruhemasse" m_0^* und der Ladung q aus, und sie legt die Bewegungsgleichung (5.62) zugrunde. Mit (4.62) folgt aus dieser durch Integration über $d^4X/(c\,d\tau)$

$$\int F^\alpha\,(X_0(\tau))\,\delta^4\,(X - X_0(\tau))\,d^4X = F^\alpha\,(X_0(\tau)) = -\frac{1}{c\,d\tau}\int \partial_\beta T_{\text{em}}^{\alpha\beta}\,d^4X\,.$$

Die Anwendung des Gaußschen Satzes und die Benutzung von (4.21) führen weiterhin zu

$$m_0^*\frac{dU^\alpha}{d\tau} = -\frac{1}{c\,d\tau}\int T_{\text{em}}^{\alpha\beta}\,df_\beta\,. \tag{5.98}$$

Das Integral $\int T_{\text{em}}^{\alpha\beta}\,df_\beta$ erstrecken wir über eine enge und kurze zeitartige Röhre, die die Weltlinie $X_0^\alpha(\tau)$ des Punktteilchens im Zeitintervall $[\tau,\,\tau{+}d\tau]$ umgibt, mit raumartigen Deckeln. (Damit bleibt sichergestellt, daß auch das Integral auf der linken Seite unserer Ausgangsgleichung, das über dasselbe Gebiet erstreckt werden mußte, den Punkt $X{=}X_0(\tau)$ enthält und richtig ausgewertet wurde.) $T_{\text{em}}^{\alpha\beta}$ ist durch (5.60) definiert, außerdem können wir $F^{\alpha\beta}$ in einen von den externen Feldern und einen von dem Teilchen herrührenden Anteil aufspalten,

$$F^{\alpha\beta} = F_{\text{ext}}^{\alpha\beta} + F_{\text{ret}}^{\alpha\beta}\,.$$

Nun zerlegen wir

$$F^{\alpha\beta} = \overline{F}^{\alpha\beta} + F_+^{\alpha\beta} \qquad \text{mit} \tag{5.99}$$

$$\overline{F}^{\alpha\beta} = F_{\text{ext}}^{\alpha\beta} + F_-^{\alpha\beta}\,, \quad F_-^{\alpha\beta} = \frac{1}{2}\left(F_{\text{ret}}^{\alpha\beta} - F_{\text{av}}^{\alpha\beta}\right), \quad F_+^{\alpha\beta} = \frac{1}{2}\left(F_{\text{ret}}^{\alpha\beta} + F_{\text{av}}^{\alpha\beta}\right),$$

woraus sich für den in $F^{\alpha\beta}$ quadratischen Tensor $T_{\text{em}}^{\alpha\beta}$ in sich selbst erklärender Notation die Zerlegung

$$T_{\text{em}}^{\alpha\beta} = T_{\text{em}}^{\alpha\beta}(F_+, F_+) + T_{\text{em}}^{\alpha\beta}(F_+, \overline{F}) + T_{\text{em}}^{\alpha\beta}(\overline{F}, \overline{F}) \tag{5.100}$$

ergibt. Geht man die Schritte, die von (5.55) zu (5.62) geführt haben, rückwärts, so findet man, daß $T_{\text{em}}^{\alpha\beta}(\overline{F}, \overline{F})$ wegen der Quellenfreiheit bzw. Regularität von $F_{\text{ext}}^{\alpha\beta}$ sowie $F_-^{\alpha\beta}$ und damit $\overline{F}^{\alpha\beta}$ am Teilchenort keinen Beitrag zur Bewegungsgleichung (5.98) liefert – aus $\partial_\beta T_{\text{em}}^{\alpha\beta}(\overline{F}, \overline{F}){=}0$ folgt $\int T_{\text{em}}^{\alpha\beta}(\overline{F}, \overline{F})\,df_\beta{=}0$ –, während sich

$$-\frac{1}{c\,d\tau}\int T_{\text{em}}^{\alpha\beta}(F_+, \overline{F})\,df_\beta = -q\overline{F}^{\alpha\beta}U_\beta \tag{5.101}$$

ergibt. Wird in (5.60) die aus (5.44) für kleine ρ folgende Entwicklung von F_+ eingesetzt, so findet man, daß nur das zu $1/\rho^2$ proportionale Coulomb-Feld einen Beitrag liefert, und erhält nach einiger Rechnung[3]

$$\frac{1}{c}\int T^{\alpha\beta}_{\text{em}}(F_+, F_+)\,df_\beta = d\,P^\alpha_{\text{em}}\,,$$

wobei P^α_{em} durch (5.72) mit (5.69) (a = Radius der Röhre um die Weltlinie) definiert ist. Ein Beitrag von Änderungen des im Coulomb-Feld steckenden Impulses P^α_{em} war zu erwarten. Wir können diesen wegen $P^\alpha_{\text{em}}{\sim}U^\alpha$ mit dem Impuls der nackten Masse m_0^* zu

$$m_0^* dU^\alpha/d\tau + d\,P^\alpha_{\text{em}}/d\tau = m_0 dU^\alpha/d\tau \qquad \text{mit} \qquad m_0 = m_0^* + m^{(a)}_{\text{em}} \tag{5.102}$$

zusammenfassen und erhalten aus (5.98) schließlich

$$\begin{aligned} m_0\frac{dU^\alpha}{d\tau} &\overset{(5.101)}{=} -q\overline{F}^{\alpha\beta}U_\beta \overset{(5.99)}{=} -q\left(F^{\alpha\beta}_{\text{ext}} + F^{\alpha\beta}_-\right)U_\beta \\ &\overset{(5.46)}{=} -q F^{\alpha\beta}_{\text{ext}}U_\beta - \frac{q^2\mu_0}{6\pi c^3}\left(U^\alpha \dot{a}^\beta - U^\beta \dot{a}^\alpha\right)U_\beta\,. \end{aligned}$$

Wegen $U^\beta U_\beta{=}c^2$ und (5.91) stimmt das mit Gleichung (5.94) überein. Der Unterschied zur Ableitung im vorangegangenen Abschnitt besteht genau genommen nur darin, daß dort die Abstrahlung ins Unendliche herangezogen wurde, während hier die Strahlungsverluste in unmittelbarer Teilchenumgebung berechnet wurden. Die Nah- und Fernverluste können jedoch voneinander abweichen: Strahlung, die das Teilchen emittiert, muß nicht bis ins Unendliche gelangen, denn wenn sich der Impuls des Coulomb-Feldes ändert, muß das durch das Strahlungsfeld ausgeglichen werden. Es ist dieser Unterschied, der im letzten Abschnitt den ad hoc Term δU^α in Γ^α notwendig machte.

Man beachte übrigens, daß die Diracsche Ableitung von einer Gleichung ausgeht, die nur retardierte Felder benutzt! Die im nächsten Abschnitt festgestellte Akausalität der Lorentz-Dirac-Gleichung kommt also nicht etwa dadurch zustande, daß zusätzlich avancierte Felder mit einbezogen worden wären, diese kamen nur durch eine Zerlegung der retardierten Felder mit ins Spiel.

5.11.2 Eigenschaften der Lorentz-Dirac-Gleichung

Zeitliche Randbedingungen an die Beschleunigung. Mit $U^\alpha{=}\dot{X}^\alpha$, $a^\alpha{=}\ddot{X}^\alpha$ und $\dot{a}^\alpha{=}\dddot{X}^\alpha$ ist Gleichung (5.94) eine Differentialgleichung dritter Ordnung für $X^\alpha(\tau)$, d. h. ihre Lösungen werden erst eindeutig festgelegt, wenn man Anfangswerte für den Ort, die Geschwindigkeit und die Beschleunigung vorgibt. Um zu erkennen, welche Bedingung an die letztere gestellt werden muß, betrachten wir den Spezialfall verschwindender äußerer Kräfte, in dem sich (5.94) auf

$$a^\alpha = \tau_0\left(\dot{a}^\alpha + \frac{a_\beta a^\beta}{c^2}U^\alpha\right) \qquad \text{mit} \quad \tau_0 = \frac{\mu_0 q^2}{6\pi c\, m_0} \tag{5.103}$$

3 Diese Rechnung wird, wenn auch nicht sehr ausführlich, in dem in Fußnote 2 auf S. 142 angegebenen Buch durchgeführt.

reduziert. Hierin ist τ_0 eine Zeit, die für ein Elektron den phantastisch kleinen Wert von etwa $6 \cdot 10^{-24}$ Sekunden besitzt.

Neben $a^\alpha \equiv 0\,, U^\alpha \equiv \text{const}$ hat (5.103) noch Lösungen mit ständig wachsender Geschwindigkeit und Beschleunigung, z. B.

$$\{U^\alpha\} = \left\{\cosh \mathrm{e}^{\tau/\tau_0}\,, \sinh \mathrm{e}^{\tau/\tau_0}\,, 0\,, 0\right\} \qquad \Rightarrow \tag{5.104}$$

$$\{a^\alpha\} = \frac{\mathrm{e}^{\tau/\tau_0}}{\tau_0}\left\{\sinh \mathrm{e}^{\tau/\tau_0}\,,\ \cosh \mathrm{e}^{\tau/\tau_0}\,, 0\,, 0\right\}, \tag{5.105}$$

wie leicht durch Einsetzen verifiziert werden kann. Wenn derartige Lösungen physikalisch ernst zu nehmen wären, hätte man ein perpetuum mobile erster Art, da man mit ihnen ohne Arbeitsaufwand Strahlungsenergie erzeugen könnte. Sie müssen daher aus physikalischen Gründen ausgeschieden werden, und eine schwache Forderung, mit der das erreicht wird, ist die asymptotische Bedingung

$$\lim_{|\tau|\to\infty} a^\alpha(\tau) = 0\,. \tag{5.106}$$

Mit $dU^\alpha/d\tau = a^\alpha$ und (5.103b) erhält die Lorentz-Dirac-Gleichung die Form

$$m_0 a^\alpha = F^\alpha + m_0\tau_0\left(\dot{a}^\alpha + \frac{a_\beta a^\beta}{c^2}U^\alpha\right), \tag{5.107}$$

und weil der $m_0\tau_0$-Term für $|\tau|\to\infty$ unter der Bedingung (5.106) nur einen unwesentlichen Beitrag liefert, ergibt sich aus ihr noch die Bedingung

$$\lim_{|\tau|\to\infty} F^\alpha(\tau) = 0 \tag{5.108}$$

an die externen Kräfte. Hierdurch werden insbesondere auch periodische Kräfte ausgeschlossen, die häufig in der klassischen Mechanik betrachtet werden, ohne dort zu inakzeptablen Konsequenzen zu führen. Hier stellt sich heraus, daß es sich dabei um eine Idealisierung handelt, deren Zulässigkeit in der Relativitätstheorie verlorengeht: Eine durch periodische Kräfte beschleunigte Ladung würde nämlich permanent elektromagnetische Energie abstrahlen, die von der externen Kraft nur aus einem unendlich großen Energiereservoir nachgespeist werden könnte. Außerdem werden auch gebundene Bewegungen unendlich langer Dauer ausgeschieden, die es aber bei geladenen Teilchen schon deshalb nicht geben kann, weil ihre kinetische Energie aufgrund von Abstrahlung so lange erniedrigt wird, bis die Bewegung zum Stillstand kommt. Diese Beispiele machen klar, daß (5.106) die physikalisch adäquate Bedingung ist, obwohl die Lösungen (5.105) offensichtlich auch schon durch die schwächere Forderung

$$\lim_{|\tau|\to\infty}\left(\mathrm{e}^{-\tau/\tau_0}a^\alpha(\tau)\right) = 0 \tag{5.109}$$

eliminiert werden könnten, die mit (5.106) natürlich automatisch erfüllt wird.

Akausalität der Lorentz-Dirac-Gleichung. Unter Ausnutzung der asymptotischen Bedingung (5.106) kann die Lorentz-Dirac-Gleichung in eine Form gebracht werden, die größere Ähnlichkeit zur Newtonschen Form der Bewegungsgleichung aufweist. Wir setzen zunächst

$$\widetilde{F}^\alpha = F^\alpha + \frac{m_0\tau_0}{c^2} a_\beta a^\beta U^\alpha$$

und erhalten damit aus (5.107)

$$m_0\,(a^\alpha - \tau_0 \dot{a}^\alpha) = \widetilde{F}^\alpha(\tau) \quad\Rightarrow\quad -\frac{d}{d\tau}\left(\mathrm{e}^{-\tau/\tau_0} a^\alpha\right) = \frac{1}{m_0\tau_0}\mathrm{e}^{-\tau/\tau_0}\widetilde{F}^\alpha \,. \tag{5.110}$$

Durch Integration über $d\tau$ von τ bis ∞ erhält man aus der letzten Beziehung

$$m_0 a^\alpha(\tau) = \frac{1}{\tau_0}\int_\tau^\infty \mathrm{e}^{-(\tau'-\tau)/\tau_0}\widetilde{F}^\alpha(\tau')\,d\tau' = \int_0^\infty \mathrm{e}^{-\sigma}\,\widetilde{F}^\alpha(\tau+\tau_0\sigma)\,d\sigma \,. \tag{5.111}$$

Dabei wurde die aus (5.106) folgende Bedingung (5.109) benutzt. (5.111) ist eine Integrodifferentialgleichung zweiter Ordnung zur Bestimmung von $X^\alpha(\tau)$. Durch Reihenentwicklung nach dem kleinen Parameter τ_0 ergibt sich aus ihr

$$m_0 a^\alpha(\tau) = \sum_{n=0}^\infty \frac{\tau_0^n}{n!}\frac{d^n\widetilde{F}^\alpha(\tau)}{d\tau^n}\int_0^\infty \sigma^n \mathrm{e}^{-\sigma}\,d\sigma = \sum_{n=0}^\infty \tau_0^n \frac{d^n}{d\tau^n}\widetilde{F}^\alpha(\tau)\,,$$

wobei die Darstellung $\Gamma(x+1) = \int_0^\infty \mathrm{e}^{-t} t^x\,dt$ der Γ-Funktion und $\Gamma(n+1) = n!$ für ganze Zahlen n benutzt wurde. Wegen der Kleinheit von τ_0 gilt mit guter Näherung

$$m_0 a^\alpha(\tau) \approx \widetilde{F}^\alpha(\tau) + \tau_0\, d\widetilde{F}^\alpha/d\tau \approx \widetilde{F}^\alpha(\tau+\tau_0)\,. \tag{5.112}$$

Diese Näherung läßt – wie übrigens auch (5.111) – eine bemerkenswerte Eigenschaft der Lorentz-Dirac-Gleichung erkennen: *Die Beschleunigung zur Eigenzeit τ wird durch die Krafteinwirkung zu der etwas späteren Eigenzeit $\tau+\tau_0$ bestimmt.* In diesem Sinne – die Wirkung kommt vor der Ursache – ist die Lorentz-Dirac-Gleichung **akausal** bzw. **zeitlich nichtlokal**. Gleichung (5.112) kann so interpretiert werden, daß der Massenschwerpunkt, auf den die Beschleunigung einwirkt, dem Ort der Krafteinwirkung (= Ort der Ladung) etwas vorauseilt.

Die Diracsche Ableitung zeigt, daß für die geschilderte „Akausalität" keine Überlichtgeschwindigkeiten verantwortlich sind, und die Lorentz-Invarianz von (5.94) garantiert, daß keine Bewegungen mit Überlichtgeschwindigkeit auftreten können. Außerdem sind „Akausalitäten" auf die Form (5.111) bzw. (5.112) der Bewegungsgleichung eingeschränkt. In der Form (5.94) wirkt die Kraft instantan, dafür besteht allerdings eine andere kausale Verknüpfung mit den Anfangswerten, da neben dem Ort und der Geschwindigkeit auch die Beschleunigung vorgegeben werden muß. Dagegen wird der Bewegungsablauf nach (5.112) wie bei der Newtonschen Bewegungsgleichung durch die Anfangslage und -geschwindigkeit festgelegt.

Ursächlich für die – wegen der Kleinheit von τ_0 allerdings extrem schwache – Akausalität der Lorentz-Dirac-Gleichung (5.110a) ist der sogenannte **Schott-Term** $m_0\tau_0\dot{a}^\alpha$, denn setzt man ihn gleich null, so erhält man die kausale Gleichung $m_0 a^\alpha(\tau) = \widetilde{F}^\alpha(\tau)$. Ohne ihn bestünde die Reaktion des Teilchens auf die Beschleunigung nur in der in

$\widetilde{F}^\alpha$ enthaltenen Strahlungsdämpfung der Bewegung. Die Diracsche Ableitung von (5.94) läßt genauer erkennen, wie es zum Schott-Term kommt: Während die Strahlungsdämpfung $m_0\tau_0 a_\beta a^\beta U^\alpha/c^2$ nach Abschn. 5.11.1 durch das volle Strahlungsfeld $2F_-^{\alpha\beta}=F_{\text{ret}}^{\alpha\beta}-F_{\text{av}}^{\alpha\beta}$ bewirkt wird (siehe (5.47b)) und die in größerem Teilchenabstand gültigen Verhältnisse berücksichtigt, ist an dem spontanen Impuls- und Energieverlust am Teilchenort nach (5.99)–(5.101) nur das halbe Strahlungsfeld $F_-^{\alpha\beta}=(F_{\text{ret}}^{\alpha\beta}-F_{\text{av}}^{\alpha\beta})/2$ beteiligt. Das weist auf eine *inhärente räumliche Nichtlokalität* geladener Teilchen hin, obwohl diese in der Lorentz-Dirac-Gleichung als Punktteilchen behandelt werden. Bei der Diracschen Ableitung wurde das dadurch explizit zum Ausdruck gebracht, daß dem Trägheitsterm $dP^\alpha/d\tau$ ein aus dem Coulomb-Feld des Teilchens stammender Anteil hinzugeschlagen wurde. *Ein Teil der Teilchenmasse, $m_0-m_0^*$, sitzt daher nicht am Ort der Punktladung, sondern ist um diesen herum im elektromagnetischen Feld des Teilchens verteilt.* Externe Kräfte (mit Ausnahme der Gravitationskraft – siehe dazu Abschn. 10.5) wirken nur am Ort der Punktladung. Wenn diese eine Geschwindigkeitsänderung erfährt, wird das erst mit einer durch die Laufzeit des Lichts bedingten Verzögerung auf die im Raum verteilte elektromagnetische Masse übertragen. Die geschilderte Akausalität tritt nur auf, wenn das Teilchen entgegen diesem Tatbestand einer diffusen Massenverteilung als Punktteilchen behandelt wird. Wird stattdessen Gleichung (5.98) mit den Maxwell-Gleichungen (zur Berechnung von $T_{\text{em}}^{\alpha\beta}$) kombiniert, so erhält man eine nichtlokale Beschreibung, die in sämtlichen Eigenschaften die übliche kausale Struktur aufweist. (Die quantenmechanische Variante von (5.98) ist auch der Ausgangspunkt zur Behandlung der Bewegung einer beschleunigten Punktladung in der Quantenelektrodynamik, weshalb bei dieser die Strahlungsdämpfung automatisch mit enthalten ist.)

Strahlung und Strahlungsreaktion. Aus der ursprünglichen Form (5.94) der Lorentz-Dirac-Gleichung folgt, *daß es momentan sowohl eine „Strahlungsreaktion"* $\Gamma^\alpha\neq 0$ (siehe (5.93)) *ohne Strahlung* ($a^\alpha=0$, siehe (5.85a)) *als auch Strahlung ($a^\alpha\neq 0$) ohne „Strahlungsreaktion"*,

$$\Gamma^\alpha = m_0\tau_0\left(\dot{a}^\alpha + \frac{a_\beta a^\beta}{c^2}U^\alpha\right) = 0\,, \tag{5.113}$$

geben kann. Daß die zweite Alternative sogar über einen längeren Zeitraum hinweg möglich ist, wird im nächsten Abschnitt gezeigt.

5.11.3 Lösung mit Strahlung und ohne Strahlungsreaktion

Um zu erkennen, daß Strahlung ohne Strahlungsreaktion über einen längeren Zeitraum hinweg möglich ist, lösen wir die aus (5.113) folgende Gleichung

$$\dot{a}^\alpha = -\frac{a_\beta a^\beta}{c^2}U^\alpha\,, \tag{5.114}$$

die durch Multiplikation mit a_α unter Verwendung von $U^\alpha a_\alpha=0$ zunächst zu

$$\dot{a}^\alpha a_\alpha = \frac{1}{2}\frac{d}{d\tau}\left(a^\alpha a_\alpha\right) = 0\,, \quad a^\alpha a_\alpha = \text{const} \overset{\text{s.u.}}{=:} -\beta^2 c^2 \tag{5.115}$$

führt, wobei benutzt wurde, daß $a^\alpha a_\alpha$ nach (4.13) negativ ist. Hiermit und mit $a^\alpha = dU^\alpha/d\tau$ lautet (5.114)

$$\frac{d^2U^\alpha}{d\tau^2} = \beta^2 U^\alpha \qquad \Rightarrow \qquad U^\alpha(\tau) = C^\alpha \mathrm{e}^{\beta\tau} + D^\alpha \mathrm{e}^{-\beta\tau}\,, \tag{5.116}$$

wobei C^α und D^α konstante Vierervektoren sind. Damit (4.9) gilt, also

$$C_\alpha C^\alpha \mathrm{e}^{2\beta\tau} + 2C_\alpha D^\alpha + D_\alpha D^\alpha \mathrm{e}^{-2\beta\tau} = c^2\,,$$

müssen C^α und D^α die Bedingungen

$$C_\alpha C^\alpha = 0\,, \qquad D_\alpha D^\alpha = 0\,, \qquad C_\alpha D^\alpha = c^2/2 \tag{5.117}$$

erfüllen. Aus (5.116b) ergibt sich durch Differentiation bzw. Integration

$$a^\alpha(\tau) = \beta\left(C^\alpha \mathrm{e}^{\beta\tau} - D^\alpha \mathrm{e}^{-\beta\tau}\right), \quad X^\alpha(\tau) = X_0^\alpha + \frac{1}{\beta}\left(C^\alpha \mathrm{e}^{\beta\tau} - D^\alpha \mathrm{e}^{-\beta\tau}\right). \tag{5.118}$$

Hieraus folgt mit (5.117)

$$a_\alpha a^\alpha = -2C_\alpha D^\alpha \beta^2 = -\beta^2 c^2\,,$$

d. h. die Bedingung (5.115b) wird von der erhaltenen Lösung erfüllt.

Wir überzeugen uns davon, daß (5.113) bzw. (5.114) den Fall einer im Ruhesystem zeitlich konstanten Beschleunigung darstellt, den wir schon in Abschn. 4.11.1 bei der Behandlung der relativistischen Weltraumfahrt untersucht haben. Aus (4.11b) ergibt sich durch Ableitung nach τ zunächst ganz allgemein die Gleichung

$$\{\dot{a}^\alpha(\tau)\} = \left\{\dot{a}^0(\tau)\,,\, \gamma^3\frac{d\boldsymbol{a}}{dt} + \frac{3\gamma^5}{c^2}\boldsymbol{u}\cdot\boldsymbol{a}\,\boldsymbol{a} + \frac{1}{c}\dot{a}^0(\tau)\boldsymbol{u}\right\}$$

mit $\dot{a}^0(\tau) = 4\gamma^7(\boldsymbol{u}\cdot\boldsymbol{a})^2/c^3 + (\gamma^5/c)[\boldsymbol{a}^2 + \boldsymbol{u}\cdot(d\boldsymbol{a}/dt)]$, die sich im Ruhesystem mit der Forderung $d\boldsymbol{a}/dt = 0$ auf

$$\{\dot{a}^\alpha(\tau)\} = \{\boldsymbol{a}^2/c\,,\, 0, 0, 0\} \tag{5.119}$$

reduziert. Andererseits gilt im Ruhesystem $\{a^\alpha\} = \{0\,,\boldsymbol{a}\}$, $a_\alpha a^\alpha = -\boldsymbol{a}^2$, $U_\alpha U^\alpha = c^2$ und damit

$$-(a_\beta a^\beta/c^2)\{U^\alpha\} = \{\boldsymbol{a}^2/c\,,\, 0, 0, 0\}\,. \tag{5.120}$$

$\dot{a}^\alpha$ und $-(a_\beta a^\beta/c^2)U^\alpha$ stimmen also im Ruhesystem überein, und da es sich um Vierervektoren handelt, gilt die Übereinstimmung generell. Die bei der Weltraumfahrt erhaltene Lösung (4.96) erweist sich damit als Spezialfall der Lösung (5.118b) (Aufgabe 5.8). In Aufgabe 5.10 wird hergeleitet, daß die Kraft, die eine im Ruhesystem gleichmäßige Beschleunigung bewirkt, konstant ist, wenn sie parallel zur Geschwindigkeit liegt. Z.B. ein durch ein zeitlich konstantes und homogenes elektrisches Feld beschleunigtes Punktteilchen führt eine derartige Bewegung aus.

Mit (5.113) reduziert sich die Bewegungsgleichung (5.94) auf

$$m_0\frac{dU^\alpha}{d\tau} = F^\alpha\,.$$

Die von der äußeren Kraft geleistete Arbeit geht unmittelbar und ausschließlich in kinetische Energie des Teilchens über, und die Strahlungsdämpfung $m_0\tau_0 a_\beta a^\beta U^\alpha/c^2$ wird voll durch den Schott-Term $m_0\tau_0\dot{a}^\alpha$ kompensiert. Nach (5.85) ergibt sich jedoch eine anhaltende Emission von Strahlungsimpuls und -energie, für die demnach keine Arbeit aufgewandt werden muß. Das ist der Fall am stärksten ausgeprägter „Akausalität", der für deren experimentellen Nachweis deshalb auch am geeignetsten wäre. Allerdings konnte diese bisher selbst bei hohen Beschleunigungen nicht nachgewiesen werden, da die Strahlungsleistung $m_0\tau_0\boldsymbol{a}^2$ dafür zu klein ist.

Auch der Fall konstanter Beschleunigung im Ruhesystem scheint ein perpetuum mobile erster Art abzugeben, denn man erhält Strahlungsenergie scheinbar aus dem Nichts. Das wird jedoch durch die asymptotische Forderung (5.106) verhindert, nach der eine endliche Beschleunigung nicht über unendlich lange Zeit aufrecht erhalten werden kann. Wenn die Beschleunigung (ähnlich wie in Abb. 5.5) zur Zeit τ_1 beginnt und zur Zeit τ_2 endet – die Gleichförmigkeit der Beschleunigung beginnt dann etwas später und endet etwas früher –, erhält man aus (5.94) durch Integration nach der Eigenzeit τ mit $\int_{\tau_1}^{\tau_2}\dot{a}^\alpha\,d\tau = a^\alpha(\tau_2) - a^\alpha(\tau_1) = 0$ (im Ruhesystem gilt $\boldsymbol{a}(\tau_1) = \boldsymbol{a}(\tau_1) = 0$, Folge $a^\alpha(\tau_1) = a^\alpha(\tau_2) = 0$) und mit $P_\mathrm{T}^\alpha = m_0 U^\alpha$

$$\Delta P_\mathrm{T}^\alpha - \int_{\tau_1}^{\tau_2} F^\alpha d\tau = \frac{\mu_0 q^2}{6\pi c^3}\int_{\tau_1}^{\tau_2} a_\beta a^\beta U^\alpha\,d\tau \overset{(5.85)\text{ mit } P^\alpha \to P^\alpha_\mathrm{Str}}{=} \Delta P^\alpha_\mathrm{Str}\,.$$

Insgesamt, d. h. integral müssen Impuls und Energie der Strahlung also doch von den äußeren Kräften aufgebracht werden. Bei ihrer kostenfreien Lieferung während der Phase konstanter Beschleunigung handelt es sich also nur um das Aufzehren eines Kredits, der beim anfänglichen Hochfahren der Beschleunigung ausgezahlt wurde und nach Abschluß der Beschleunigungsphase wieder – wenn auch zinsfrei – zurückgezahlt werden muß.

Nichtlokale Betrachtung. Bei der Beschleunigung eines geladenes Teilchens muß klar zwischen zwei Fällen unterschieden werden.
1. Die Beschleunigung wird durch ein Schwerefeld bewirkt. Die (Schwer-) Kraft wirkt dann auf alle massebehafteten Elemente des Teilchens, insbesondere auch die Energiedichte seines elektromagnetischen Feldes. Das bleibt nicht ohne Wirkung auf das Feld des Teilchens und ist z. B. in der Strahlungsformel (5.85) nicht berücksichtigt. Dieser Fall wird in den Abschnitten 8.3.4 und 10.5 sowie dem Beispiel 10.3 der ART ausführlich untersucht und soll hier nicht weiter verfolgt werden.
2. Die Beschleunigung erfolgt nicht durch ein Gravitationsfeld, sondern z. B. elektromagnetisch, so daß die Kraft nur auf die Ladung des Teilchens wirkt. Bei einem Punktteilchen wird dann beim Einsetzen der Kraft zunächst nur die am Ort der Ladung sitzende Masse m^* beschleunigt. Die Ladung nimmt zwar ihr elektrisches Feld mit, aber nicht instantan, sondern retardiert, also an jedem Ort um die Laufzeit des Lichts von der Ladung bis zu dem betreffenden Ort verzögert. Die elektromagnetischen Massenelemente werden daher umso später beschleunigt, je weiter sie von der Ladung entfernt sind. Das ist die Situation, die der Ableitung der Lorentz-Dirac-Gleichung zugrundeliegt, und sie ist nach dem oben Gesagten nicht gleichwertig mit der Situation eines in einem Schwerefeld fixierten Teilchens (siehe Beispiel 10.3), mit der sie manchmal

verglichen wird.

Bei einer Beschleunigung, die über eine längere Zeitspanne hinweg im Ruhesystem des Teilchens konstant ist, stellen sich nach einiger Zeit in dessen Nachbarschaft im wesentlichen stationäre Verhältnisse ein. Die Beschleunigung wirkt dort dann ähnlich, wie wenn sich das Teilchen in einem zeitunabhängigen homogenen Schwerefeld befinden würde, was erklärt, warum es in dieser Phase keine Strahlungsreaktion des Teilchens gibt. Das gilt jedoch nur für die nähere Umgebung des Teilchens. Die vollständige Stationarität in der Beschreibung durch die Lorentz-Dirac-Gleichung erklärt sich dadurch, daß zu unterschiedlichen Zeiten im Feld der Ladung stattfindende Prozesse mit einer mittleren Zeitverschiebung auf den Ort der Ladung „projiziert" werden. Tatsächlich dauert es bei einer von null auf einen konstanten Wert hochgefahrenen Beschleunigung unendlich lange, bis auch die entferntesten Massenelemente der Ladung von der Beschleunigung erfaßt werden. Bei einem Beschleunigungsprozeß endlicher Dauer (Abb. 5.5) ist die Situation daher in Wirklichkeit nie stationär.

Die exakte nichtlokale Behandlung ist kompliziert, weil nur Zylindersymmetrie vorausgesetzt werden kann. Bei ihr kommt es jedoch zu keinerlei Akausalitäten, insbesondere gibt es keine Aufnahme eines Energiekredits zu Beginn und dessen Rückzahlung am Ende der Beschleunigung. Es wird vielmehr permanent, jedoch an unterschiedlichen Orten abgestrahlt, was sich an einem festen Beobachtungsort durch unterschiedliche Laufzeitverzögerungen bemerkbar macht. Diese führen dazu, daß die Strahlung dort nicht so gleichmäßig ankommt, wie sie nach Gleichung (5.85) und (5.119) ($dP^0/d\tau = -\lambda \boldsymbol{a}^2/c$) emittiert wird. Auf diese Weise können sie den Anschein erwecken, es würde erst ein Energiekredit aufgenommen und später zurückgezahlt.

Aufgaben

5.1 Beweisen Sie die Invarianz der Gesamtladung Q für zeitabhängige Ladungsdichten mit Hilfe der Transformationsgleichung $\varrho'_{\mathrm{el}}|_{\boldsymbol{r}',t'}=\gamma\ (\varrho_{\mathrm{el}}-\boldsymbol{j}\cdot\boldsymbol{v}/c^2)|_{\boldsymbol{r},t}$.
Anleitung: Es genügt, den Beweis für eine infinitesimale Lorentz-Transformation zu erbringen. Entwickeln Sie nach v/c und integrieren Sie die Transformationsgleichung über $d^3\boldsymbol{x}'$ für t'=const!

5.2 Erarbeiten Sie einen anschaulichen Beweis der Transformationsgleichung $\varrho'_{\mathrm{el}}|_{\boldsymbol{r}',t'}=\gamma\ (\varrho_{\mathrm{el}}-\boldsymbol{j}\cdot\boldsymbol{v}/c^2)|_{\boldsymbol{r},t}$ für den Fall $\varrho_{\mathrm{el}}\equiv 0$, indem Sie folgende Situation betrachten: In S ruhen N gleichmäßig verteilte Punktladungen $q_n^+=q>0$, gegenüber denen sich N gleichmäßig verteilte Punktladungen $q_n^-=-q$ mit der Geschwindigkeit $\boldsymbol{v}$ bewegen.

5.3 Zeigen Sie, daß aus (5.25) die Zusammenhänge (5.26)–(5.28) folgen.
Anleitung: Es kann ähnlich vorgegangen werden wie bei der Ableitung der Transformationsformeln (5.18).

5.4 Beweisen Sie die Beziehungen (5.29)–(5.31).
Anleitung: Es genügt, das im Ruhesystem der Materie zu tun.

5.5 Beweisen Sie die Identität von (5.71) und (5.72).
Hinweis: Die Rechnung vereinfacht sich, wenn man in $\boldsymbol{S}$ und $\mathbf{T}$ die Felder $\boldsymbol{E}$ und $\boldsymbol{B}$ mit (5.18a)–(5.18b) ($\boldsymbol{v}\to-\boldsymbol{u}$, Vertauschen gestrichener und ungestrichener Größen) durch das elektrische Feld $\boldsymbol{E}'$ im Ruhesystem S' ausdrückt und auch in diesem integriert ($d^3\boldsymbol{x}=(1-u^2/c^2)^{1/2}\,d^3\boldsymbol{x}'$).

5.6 Aufbauend auf Arbeiten von Abraham entwickelte Lorentz ein Modell des Elektrons – unter dem Begriff Elektron verstand er sowohl negativ als auch positiv geladene Teilchen – in welchem er die Energie wie wir durch (5.67), den Impuls aber, motiviert durch die erfolgreiche Anwendung dieser Definition auf Strahlungsprobleme, durch $\boldsymbol{p}=\int(\boldsymbol{S}/c^2)\,d^3\boldsymbol{x}$ definierte. Man zeige, daß sich hieraus als „Viererimpuls" $P^\mu=m_{\text{em}}\{c\,,4\boldsymbol{u}/3\}$ ergibt. Warum erhält man keinen echten Vierervektor?

5.7 Wie lautet der relativistisch exakte Energiesatz der Lorentz-Dirac-Gleichung? Benutzen Sie als Zeit die Laborzeit t!

5.8 Zeigen Sie, daß die bei der Untersuchung der Weltraumfahrt erhaltene Lösung (4.96) unter den Lösungen (5.118) enthalten ist!

5.9 (a) Wie schnell müssen zwei gleich schnelle, parallele, als gerade Linien idealisierte Elektronenstrahlen laufen, damit sich die magnetische Anziehung und die elektrische Abstoßung gerade kompensieren?
(b) Wie ist das erhaltene Ergebnis mit der Tatsache verträglich, daß sich die beiden Elektronenstrahlen in ihrem Ruhesystem gegenseitig abstoßen?
Anleitung zu (b): Transformieren Sie die im Ruhesystem erhaltene Abstoßungskraft auf das Laborsystem!

5.10 *Zur konstanten Beschleunigung im Ruhesystem.* Beweisen Sie:
(a) Aus der Beziehung $\dot{a}^\alpha(\tau)+(a_\beta a^\beta/c^2)U^\alpha=0$, welche eine im Ruhesystem konstante Beschleunigung von Massenpunkten definiert, folgt für die räumlichen Komponenten mit $\boldsymbol{a}=d\boldsymbol{u}/dt$

$$d\boldsymbol{a}/dt+(3\gamma^2/c^2)\,\boldsymbol{u}\cdot\boldsymbol{a}\,\boldsymbol{a}=0\,.$$

(b) Diese Gleichung besitzt die Lösung $\gamma^3\boldsymbol{a}=\mathbf{const}$.
(c) Die Kraft $\boldsymbol{f}=d(m\boldsymbol{u})/dt$, die benötigt wird, um eine im Ruhesystem konstante Beschleunigung zu bewirken, ist konstant, wenn sie in Richtung der Geschwindigkeit $\boldsymbol{u}$ wirkt.
Anleitung: Zum Beweis der in (a) angegebenen Beziehung wird auch die Zeitkomponente der Definitionsgleichung benötigt.

6 Beschleunigte Bezugssysteme in der SRT

Man liest manchmal die Behauptung, das Zwillingsparadoxon könne nicht im Rahmen der SRT behandelt werden, da deren Gültigkeit auf Inertialsysteme eingeschränkt sei und der langsamer alternde Zwilling sich vorübergehend in beschleunigten Bezugssystemen aufhalte. Dieser Ansicht liegt ein doppelter Irrtum zu Grunde. Einmal kann das Zwillingsparadoxon vollständig im Inertialsystem des zurückbleibenden Zwillings diskutiert werden. Außerdem gibt es keinen Grund dafür, warum man die SRT nicht auch auf beliebige und insbesondere beschleunigte Koordinaten umschreiben können sollte. Man kann die Newtonsche Mechanik z. B. in einem rotierenden Bezugssystem, aber auch in jedem beliebigen anderen Koordinatensystem formulieren, und dabei ändert sich nichts an deren physikalischem Inhalt. Dasselbe gilt natürlich auch für die SRT. Dabei muß man allerdings darauf achten, daß sich die gewählten Koordinaten möglicherweise nicht als Längen und Zeiten deuten oder mit Markierungen auf bewegten Körpern identifizieren lassen.[1]

Um dies zu verdeutlichen, wollen wir die Bewegungsgleichungen (4.21) eines Massenpunktes im Kraftfeld $\widetilde{F}^\alpha$ auf beliebige Koordinaten umschreiben. (Eine Tilde soll die Komponenten in einem Inertialsystem kennzeichnen.) Von den pseudo-euklidischen Koordinaten X^α gehen wir mit der Transformation

$$X^\alpha = X^\alpha(x^0, x^1, x^2, x^3) \tag{6.1}$$

auf beliebige Koordinaten x^0, x^1, x^2, x^3 über. Darin ist sowohl der Übergang auf krummlinige Koordinaten als auch der auf die Koordinaten eines beschleunigten Bezugssystems enthalten. Mit

$$\frac{dX^\alpha}{d\tau} = \frac{\partial X^\alpha}{\partial x^\mu}\frac{dx^\mu}{d\tau}$$

und entsprechender Berechnung der zweiten Ableitung geht die im Inertialsystem gültige Bewegungsgleichung in

$$m_0\frac{d^2X^\alpha}{d\tau^2} = m_0\left(\frac{\partial^2 X^\alpha}{\partial x^\mu \partial x^\nu}\frac{dx^\mu}{d\tau}\frac{dx^\nu}{d\tau} + \frac{\partial X^\alpha}{\partial x^\mu}\frac{d^2x^\mu}{d\tau^2}\right) = \widetilde{F}^\alpha \tag{6.2}$$

---

1 Wie in diesem Fall zu messen wäre, wird später in der ART diskutiert, obwohl das auch an dieser Stelle schon geschehen könnte. Grundlage dieser Diskussion bildet die Gleichung

$$ds^2 = \eta_{\alpha\beta}\, dX^\alpha dX^\beta = \eta_{\alpha\beta}\frac{\partial X^\alpha}{\partial x^\mu}\frac{\partial X^\beta}{\partial x^\nu}\, dx^\mu dx^\nu\,,$$

welche den räumlichen ($ds^2 < 0$) bzw. zeitlichen Abstand ($ds^2 > 0$) mit den Veränderungen dx^μ beliebiger Koordinaten x^μ verknüpft.

über. Multiplizieren wir diese Gleichung mit $\partial x^\lambda / \partial X^\alpha$, berücksichtigen

$$\frac{\partial x^\lambda}{\partial X^\alpha}\frac{\partial X^\alpha}{\partial x^\mu} = \frac{\partial x^\lambda}{\partial x^\mu} = \delta^\lambda{}_\mu$$

und definieren

$$\Gamma^\lambda_{\mu\nu} := \frac{\partial x^\lambda}{\partial X^\alpha}\frac{\partial^2 X^\alpha}{\partial x^\mu \partial x^\nu}\,, \qquad F^\lambda := \frac{\partial x^\lambda}{\partial X^\alpha}\widetilde{F}^\alpha \tag{6.3}$$

– die $\Gamma^\lambda_{\mu\nu}$ werden als **Christoffel-Symbole** bezeichnet –, so erhalten wir schließlich als Bewegungsgleichung in den Koordinaten x^μ

$$m_0\left(\frac{d^2x^\lambda}{d\tau^2} + \Gamma^\lambda_{\mu\nu}\frac{dx^\mu}{d\tau}\frac{dx^\nu}{d\tau}\right) = F^\lambda\,. \tag{6.4}$$

Ist (6.4) gelöst, so kann man mit (6.1) auf die Koordinaten X^α zurückgehen und erhält dasselbe Ergebnis, das man durch Lösen der Bewegungsgleichungen (4.21) im ursprünglichen Inertialsystem erhalten hätte.

Wir werden später sehen, daß die Bewegungsgleichungen der ART mit (6.4) formal übereinstimmen. Dennoch besteht ein wesentlicher Unterschied: Bei Anwesenheit eines Gravitationsfeldes ist die Metrik der Raum-Zeit nicht mehr pseudo-euklidisch. Dies hat zur Folge, daß der Zusammenhang zwischen Längen, Zeiten, der Kraft und den Koordinaten ein anderer ist als in der SRT. Insbesondere wird sich herausstellen, daß die $\Gamma^\lambda_{\mu\nu}$ so von den Koordinaten x^μ abhängen, daß Gleichung (6.4) nur noch lokal, aber nicht mehr global in die einfache Form (6.2) zurücktransformiert werden kann.

Was über die Mechanik gesagt wurde, gilt genauso auch für die Elektrodynamik. Um an dieser Stelle kompliziertere Rechnungen zu vermeiden, soll dieser Tatbestand nur am Beispiel der Lorenz-Eichung $\widetilde{A}^\alpha{}_{,\alpha}=0$ demonstriert werden. (Wir kennzeichnen das Viererpotential im Inertialsystem wieder durch eine Tilde.) Indem wir in Analogie zu (6.3b) ein Potential

$$A^\lambda = \frac{\partial x^\lambda}{\partial X^\alpha}\widetilde{A}^\alpha$$

definieren, diese Gleichung mit $\partial X^\beta / \partial x^\lambda$ multiplizieren und die hierbei erhaltene Gleichung

$$\widetilde{A}^\beta = \frac{\partial X^\beta}{\partial x^\lambda}A^\lambda$$

nach X_β differenzieren, erhalten wir mit $\lambda \to \alpha$

$$0 = \widetilde{A}^\beta{}_{,\beta} = \frac{\partial x^\gamma}{\partial X^\beta}\frac{\partial}{\partial x^\gamma}\left(\frac{\partial X^\beta}{\partial x^\alpha}A^\alpha\right) = \frac{\partial x^\gamma}{\partial X^\beta}\frac{\partial X^\beta}{\partial x^\alpha}A^\alpha{}_{,\gamma} + \frac{\partial x^\gamma}{\partial X^\beta}\frac{\partial^2 X^\beta}{\partial x^\alpha \partial x^\gamma}A^\alpha\,.$$

Mit (6.3) ergibt das die Gleichung

$$A^\gamma{}_{,\gamma} + \Gamma^\gamma_{\alpha\gamma}A^\alpha = 0\,. \tag{6.5}$$

Auch dies ist formal schon die Lorenz-Eichung der ART. Genauer handelt es sich um die Eichbedingung, welche die ART für den Spezialfall einer pseudoeuklidischen Raum-Zeit liefert.

II Allgemeine Relativitätstheorie

7 Einführung in die ART

Nachdem die SRT das Transformationsverhalten fast aller physikalischen Theorien auf eine einheitliche Basis gestellt hat und in ihren weitreichenden Konsequenzen so hervorragend durch das Experiment bestätigt worden ist, stellt sich am Beginn ihrer Ersetzung durch eine Allgemeine Relativitätstheorie natürlich die Frage: Warum bedarf es jetzt nochmals einer neuen Theorie? Auf keinen Fall kann es sich nur darum handeln, die SRT auf beschleunigte Bezugssysteme zu übertragen. Daß dies möglich ist, ohne den Rahmen der Ideen zu verlassen, die der SRT zugrunde liegen, wurde bereits in Kapitel 6 der *Speziellen Relativitätstheorie* gezeigt. Tatsächlich wird die ART in ganz allgemeinen, insbesondere also auch beschleunigten Bezugssystemen formuliert. Aber es geht bei ihr um weit mehr als das, denn gleichzeitig werden in sie ein Äquivalenzprinzip und ein gegenüber der SRT verallgemeinertes Relativitätspostulat integriert, so daß sich ihre Gleichungen in ihrem physikalischen Inhalt auch von den in beliebigen Koordinaten formulierten Gleichungen der SRT unterscheiden.

Eine der physikalischen Theorien, um deren relativistische Verallgemeinerung wir uns bislang noch nicht gekümmert haben, ist die Gravitationstheorie. Zunächst ist nicht unmittelbar einsichtig, warum man zu deren relativistischer Verallgemeinerung über die SRT hinausgehen sollte. Dementsprechend gab es eine Reihe von Bemühungen, die Gravitationstheorie mit in die SRT einzubeziehen. Die Aufgabe bestünde darin, lorentz-invariante Gleichungen zu finden, die im klassischen Grenzfall in die Newtonsche Bewegungsgleichung für einen Massenpunkt im Gravitationspotential Φ und in das Φ festlegende Newtonsche Gravitationsgesetz übergehen,

$$\frac{d^2\boldsymbol{r}}{dt^2} = -\nabla\Phi\,, \qquad \Delta\Phi = 4\pi G\varrho\,. \tag{7.1}$$

Dabei ist

$$G = 6{,}673(10)\cdot 10^{-11}\ \mathrm{N\,m^2/kg^2} \tag{7.2}$$

die Gravitationskonstante und ϱ die Massendichte. In (7.1a) taucht keine Masse auf, da die Äquivalenz von träger und schwerer Masse angenommen wurde.

Naheliegend wäre der Versuch, in Anlehnung an die Elektrodynamik ein Viererpotential $\{A^\mu\} = \{\Phi/c, \boldsymbol{A}\}$ mit einem zugehörigen Stromvektor $\{j^\mu\} = \{\varrho/c, \boldsymbol{j}\}$ einzuführen und diese miteinander ähnlich wie die entsprechenden Größen der Elektrodynamik zu verknüpfen. Dies hat schon Maxwell versucht, und schon er hat die dabei auftauchende wesentliche Schwierigkeit bemerkt: Während sich in der Elektrodynamik gleichnamige Ladungen abstoßen, gibt es bei der Gravitation nur die Anziehung von Massen, was zu einer negativen Energie des Gravitationsfeldes führt (siehe (10.121)). 1912 zeigte M. Abraham, daß ein gravitierender Oszillator keine Strahlungsdämpfung erfahren würde, sondern daß seine Schwingungen durch Abstrahlung von Gravitationswellen sogar noch angefacht würden. Dies war natürlich unhaltbar.

Abraham selbst schlug daraufhin eine Gravitationstheorie mit einem skalaren Potential Φ vor, in der (7.1) durch die relativistischen Gleichungen

$$\frac{dU_\mu}{d\tau} = \frac{\partial \Phi}{\partial X^\mu}, \qquad \Box \Phi = -4\pi G \varrho \tag{7.3}$$

ersetzt wird. Diese Theorie ist aber nur scheinbar lorentz-invariant: Aus (7.3a) und (4.9), $U_\mu U^\mu = c^2$, erhält man für die Ableitung von Φ nach der Eigenzeit längs einer Weltlinie $X^\mu(\tau)$

$$\frac{d\Phi}{d\tau} = U^\mu \frac{\partial \Phi}{\partial X^\mu} = U^\mu \frac{dU_\mu}{d\tau} = \frac{d}{d\tau}\frac{c^2}{2} \qquad \Rightarrow \qquad \Phi - \frac{c^2}{2} = \text{const}. \tag{7.4}$$

Die Lichtgeschwindigkeit müßte in einem Gravitationsfeld also variabel sein, und damit ist (7.3b) keine lorentz-invariante Gleichung mehr. ($\Box = (1/c^2)\,\partial_t{}^2 - \Delta$ ist nur lorentz -invariant, wenn c der konstante Vakuumwert der Lichtgeschwindigkeit ist). Nimmt man dagegen $c = \text{const}$ an, so führt dies bei ortsabhängigem $\Phi = \Phi(\boldsymbol{r})$ zu einem Widerspruch mit (7.4b).

Um dieselbe Zeit entwickelte der finnische Physiker G. Nordström eine andere Gravitationstheorie mit skalarem Potential, in der (7.1b) durch die Gleichungen

$$\eta^{\alpha\beta}\Phi_{,\alpha,\beta} = -4\pi G\, \eta^{\alpha\beta} T_{\alpha\beta}, \qquad g_{\alpha\beta} = \eta_{\alpha\beta}\Phi^2 \tag{7.5}$$

ersetzt wird. $T_{\alpha\beta}$ ist der Energie-Impuls-Tensor und $g_{\alpha\beta}$ eine neue Metrik, die der Metrik $\eta_{\alpha\beta}$ der SRT „übergestülpt" wird. Diese Theorie besitzt schon den Vorteil, daß die Quelle des Gravitationsfeldes der Energie-Impuls-Tensor ist. Im Hinblick auf das Transformationsverhalten der Energiedichte des elektromagnetischen Feldes und den Zusammenhang zwischen Energie und Masse ist das letztlich eine unabdingbare Forderung. Aber abgesehen davon, daß die Konsequenzen dieser Theorie nicht mit der Realität zusammen passen – sie liefert keine Ablenkung des Lichts im Schwerefeld und gibt die falsche Richtung für die Periheldrehung des Merkur – enthält sie auch schwerwiegende konzeptionelle Mängel: Der neue metrische Tensor $g_{\alpha\beta}$ enthält nur den einen Freiheitsgrad, der durch das skalare Potential Φ ins Spiel gebracht wird, ansonsten wird er a priori durch die Metrik $\eta_{\alpha\beta}$ festgelegt. Eine derartige a-priori-Geometrie könnte prinzipiell durch Messungen festgestellt werden und besäße absoluten Charakter, wäre also nicht, wie in der Einsteinschen Gravitationstheorie, durch die Verteilung der Materie in der Raum-Zeit bestimmt. Daß dies aber eine sinnvolle Forderung an Gravitationsgleichungen darstellt, werden wir später sehen.

Nachdem Einstein seine ART veröffentlicht hatte (1916), wurde deren Notwendigkeit immer wieder angezweifelt, und es wurde versucht, Tensortheorien der Gravitation im Rahmen der SRT zu entwickeln. (A.N. Whitehead 1922, G. Birkhoff 1944 und andere. Für Einzelheiten wird auf die Literatur verwiesen.[1]) Diese Theorien konnten – zum Teil durch Anpassung freier Parameter – mit einer Reihe von Meßergebnissen in Einklang gebracht werden, keine jedoch mit allen, wie das bei der ART Einsteins der

---

1 Siehe z. B. J. L. Anderson: *Principles of Relativity Physics*, Academic Press, New York, London, 1967; C. W. Misner, K. S. Thorne, J. A. Wheeler: *Gravitation*, W. H. Freeman and Company, San Francisco, 1973.

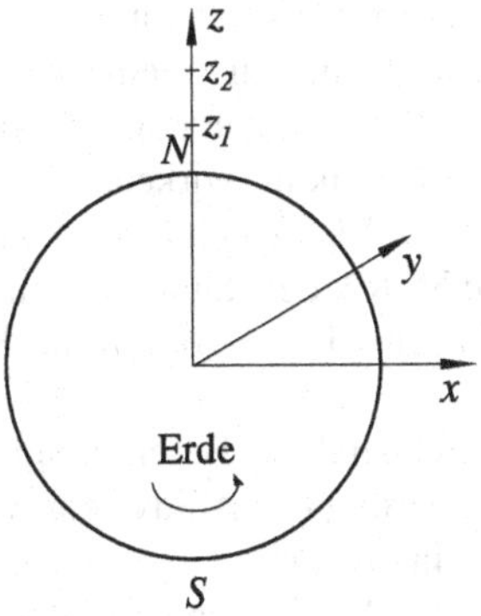

Abb. 7.1: Im Zentrum der Erde fixiertes Inertialsystem.

Fall ist. Außerdem leiden diese Theorien alle wieder unter konzeptionellen Mängeln. In der Whiteheadschen Theorie gibt es z. B. eine Ablenkung von Licht im Schwerefeld, aber Gravitationswellen folgen den Geodäten einer flachen Hintergrundmetrik $\eta_{\alpha\beta}$ und offenbaren damit wieder Elemente einer absoluten a priori Geometrie. Andere – und sogar bessere – Theorien enthalten Widersprüche der Art, daß aus den Feldgleichungen die Ungültigkeit der vorausgesetzten Bewegungsgleichungen für Teilchen folgt. Es wurde versucht, diese Inkonsistenzen durch Korrekturen zu beheben (W.E. Thirring, R. Feynman, S. Weinberg und andere). Dies ist auch tatsächlich gelungen, aber was heraus kam, war schließlich wieder exakt die Einsteinsche Theorie.

Einstein war nach kurzen eigenen Versuchen, die Gravitationstheorie in die SRT einzubeziehen, sehr bald zu der Überzeugung gelangt, daß dies nicht möglich ist. Maßgeblich dafür war für ihn die schon aus der SRT folgende Erkenntnis, daß Licht im Schwerefeld abgelenkt wird (siehe *Spezielle Relativitätstheorie*, Abschn. 4.7 und Aufgabe 3.7) und eine gravitative Doppler-Verschiebung erleidet. Wir wollen uns ansehen, wie aus der letzteren eine Veränderung der Metrik durch das Schwerefeld folgt. Dazu denken wir uns im Zentrum der Erde ein Inertialsystem S verankert (also ein System, das nicht mit rotiert, siehe Abb. 7.1) und betrachten einen Lichtstrahl, der von Norden auf die Erde einfällt. In der Höhe z_2 sei die Energie der Photonen $E_2 = h\nu_2$. Wegen ihrer Masse $h\nu_2/c^2$ verlieren sie, bis sie zur Höhe z_1 durchgedrungen sind, in dem Potentialgefälle $\Delta\Phi \approx g(z_2 - z_1)$ in etwa die potentielle Energie $h\nu_2\Delta\Phi/c^2$, und bei Erhaltung der Gesamtenergie muß die in den Photonen gespeicherte Energie um denselben Betrag angestiegen sein, d. h. diese haben bei z_1 ungefähr die (innere) Energie $E_1 = h\nu_1 = h\nu_2(1 + \Delta\Phi/c^2)$. (Bei dieser Rechnung wurde nicht berücksichtigt, daß sich die Masse des Photons kontinuierlich verändert – siehe Aufgabe 7.1). Hieraus folgt die Doppler-Verschiebung[2]

$$\nu_1 = \nu_2 \left(1 + \Delta\Phi/c^2\right) . \tag{7.6}$$

Dieses Ergebnis bedeutet, daß Beobachter, die sich im selben Inertialsystem an verschiedenen Stellen eines Schwerefeldes befinden, die Zeitabstände zwischen den

2 Einstein vermied – wo immer er es konnte – den Rückgriff auf die Quantentheorie und leitete das Ergebnis (7.6) durch raffinierte Benutzung dreier verschiedener Koordinatensysteme ab. (Siehe A. Pais: *Subtle is the Lord*, Oxford University Press, Oxford, 1982, S. 180ff.)

Schwingungen eines Atoms verschieden beurteilen. Dies kann nur bedeuten, daß das Schwerefeld die Metrik der Zeit verändert. Und da sich in einem zweiten Inertialsystem S', das sich relativ zu S mit konstanter Geschwindigkeit bewegt, Änderungen der zeitlichen Metrik von S auch auf die räumliche Metrik auswirken, können wir schließen, daß sich das Gravitationsfeld in der Metrik der Raum-Zeit bemerkbar macht. Etwa ab 1912 war Einstein davon überzeugt, daß die Metrik der Raum-Zeit ein dynamisches Feld ist, das die Gravitation beschreibt. Er brauchte bis 1916, um die Konsequenzen dieser Idee auszuarbeiten.

Die tragenden Säulen der Einsteinschen ART sind die Beschreibung des Gravitationsfeldes durch die Metrik, eine Verallgemeinerung der Äquivalenz von träger und schwerer Masse im sogenannten Äquivalenzprinzip sowie ein damit im Zusammenhang stehendes verallgemeinertes Relativitätspostulat. Ein entscheidender konzeptioneller Vorzug der ART Einsteins gegenüber allen anderen Versuchen einer Gravitationstheorie besteht in einer durchgreifenden Realisierung des Prinzips *actio = reactio*. Denn eine ihrer Folgen ist, daß nicht nur alle physikalischen Felder über ihren Energie- bzw. Masseninhalt Gravitation erzeugen, sondern daß die letztere über die Metrik der Raum-Zeit auf die Felder zurückwirkt. Insbesondere ist über diesen Mechanismus eine Rückwirkung des Gravitationsfeldes auf sich selbst inbegriffen, was in der Nichtlinearität der Einsteinschen Feldgleichungen zum Ausdruck kommt.

Ähnliche Konsequenzen ergeben sich auch hinsichtlich des Phänomens der Trägheit. Sowohl in der Newtonschen Mechanik als auch in der Mechanik der SRT hat die Trägheit, mit der ein materieller Körper auf eine von anderen physikalischen Objekten ausgehende Beschleunigungskraft reagiert, nichts mit jenen zu tun, sondern ist nur eine Reaktion auf seine eigene Existenz im Raum und in der Zeit, oder, anders gesagt, eine Aktion der Raum-Zeit auf diesen Körper; es gibt jedoch keine Reaktion, mit der der träge Körper auf den Raum zurückwirken würde. In der ART werden die Eigenschaften der Raum-Zeit dagegen durch die in ihr befindlichen Körper hervorgerufen und beeinflußt.

Aufgaben

7.1 In einem Inertialsystem der SRT (Metrik $\eta_{\mu\nu}$) befinde sich ein schwaches Gravitationsfeld $\boldsymbol{g}=-g\boldsymbol{e}_z$. Wie lautet der exakte Zusammenhang zwischen den Frequenzen ν_1 und ν_2 an zwei verschiedenen Orten im Gravitationspotential Φ, bei dem die kontinuierliche Änderung der Photonenenergie $h\nu$ mit Φ berücksichtigt ist, und unter welcher Bedingung gilt die Näherung (7.6)?

8 Geometrische und physikalische Grundlagen der ART

In diesem Kapitel verschaffen wir uns einen Überblick über die Grundideen, die der ART zugrunde liegen, teilweise mit einem kurzen Blick auf die historische Entwicklung dieser Ideen. Diese erfolgte zum Teil schon lange, bevor Einstein seine ART formulierte. Es war das Verdienst Einsteins, den Zusammenhang der verschiedenen Entwicklungslinien erkannt und sie in einer einheitlichen Theorie zusammengefaßt zu haben. Schon in diesem Kapitel werden wir aus diesen Ideen qualitativ eine Reihe physikalischer Konsequenzen ableiten können. Im nächsten Kapitel werden wir dann die mathematischen Grundlagen für die ART bereitstellen.

8.1 Geometrische Grundlagen

Wir wissen heute, daß es neben der Euklidischen Geometrie auch andere, logisch widerspruchsfreie Geometrien gibt. Es hat lange gedauert, bis man zu dieser Erkenntnis durchgedrungen ist. C.F. Gauß (1777–1855) war wohl der erste, der eine nichteuklidische Geometrie eingeführt hat.

Wenn es mehrere mögliche Geometrien gibt, stellt sich natürlich die Frage: Wie stellt man fest, durch welche Geometrie der uns umgebende Raum am besten beschrieben wird? Dies ist eine komplizierte physikalische Frage, deren Beantwortung wir solange zurückstellen, bis uns mehr geometrische Grundlagen zur Verfügung stehen. Eine Geometrie ist primär ein rein mathematisches Gedankengebäude, in dem durch ein Axiomensystem Beziehungen zwischen den Elementen einer Punktmannigfaltigkeit postuliert werden. Diese Axiome müssen widerspruchsfrei und vollständig sein. Um geometrische Probleme behandeln zu können, müssen diese keinerlei Beziehung zu einem real existierenden Raum aufweisen. Hierdurch wird natürlich nicht ausgeschlossen, daß bei der spezifischen Auswahl von Axiomen für eine bestimmte Geometrie Gesichtspunkte der Anwendbarkeit auf physikalische Probleme eine Rolle gespielt haben.

Für die Euklidische Geometrie besteht das Axiomensystem aus fünf Gruppen: es gibt Axiome der Verknüpfung, der Anordnung, der Kongruenz, der Stetigkeit sowie das Parallelenaxiom.[1] Man hat lange gemeint, daß das Parallelenaxiom überflüssig sei, und versucht, es aus den übrigen der genannten Axiome herzuleiten. Ein Weg, der dabei

1 Da wir die hier angeführten Begriffe und deren Bedeutung nicht benötigen, sei für Einzelheiten auf die mathematische Literatur verwiesen.

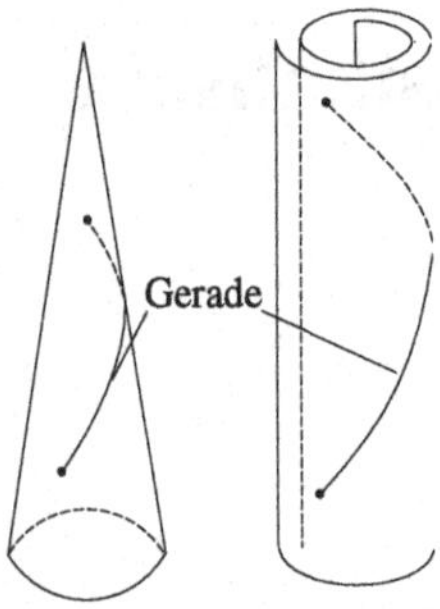

Abb. 8.1: Zu einem Zylinder oder Kegel aufgerollte Ebene.

beschritten wurde, bestand darin, das Parallelenaxiom durch ein anderes Axiom zu ersetzen (G.G. Saccheri 1733), in der Hoffnung, hieraus einen Widerspruch herleiten zu können. Was dabei herauskam, war jedoch eine neue Geometrie (was von Saccheri selbst nicht erkannt wurde).

Erst Gauß war es, der bewußt eine nichteuklidische Geometrie mit allen Konsequenzen einführte. Er beschränkte sich dabei allerdings auf zweidimensionale Räume. Da diese Geometrie – trotz des Nachteils der Einschränkung auf zwei Dimensionen – einen sehr anschaulichen Begriff nichteuklidischer Geometrien vermittelt, wollen wir uns im folgenden kurz mit ihr befassen.

8.1.1 Gaußsche Geometrie gekrümmter Flächen

Wir betrachten als erstes eine euklidische Ebene. Die kürzeste Verbindung zweier in ihr gelegener Punkte ist eine Gerade. Man nennt die Linien, für die der Abstand zweier Punkte extremal wird, auch **geodätische Linien**. Die geodätischen Linien der euklidischen Ebene sind demnach Geraden. Eine Ebene im dreidimensionalen Raum kann einer Reihe von Verformungen unterworfen werden, ohne daß sich dabei die Abstände zwischen ihren Punkten verändern: Man kann sie z. B. zu einem Zylinder oder zu einem Kegel aufrollen (Abb. 8.1). Allgemeiner bleiben die Abstände von Punkten bei allen Verbiegungen der Ebene unverändert, die diese nirgends dehnen oder stauchen. Dies bedeutet insbesondere, daß bei all diesen Verbiegungen geodätische Linien erhalten bleiben.

Gauß führte als ein wesentlich neues Konzept **innere Eigenschaften** in die Geometrie ein: Dabei handelt es sich um Eigenschaften, die allein aus den Abstandsrelationen innerhalb der Fläche folgen und festgestellt werden können, ohne deren Einbettung[2] in einen höherdimensionalen Raum heranzuziehen.

Gäbe es zweidimensionale Lebewesen, die an die von uns betrachtete Fläche gebunden sind, so könnten diese alle Abstände zwischen deren Punkten bestimmen. Da sich diese Abstände bei den oben betrachteten Verbiegungen aber nicht ändern, würden solche Lebewesen nicht feststellen können, ob ihre Fläche im dreidimensionalen Raum verbogen ist oder nicht, durch ihre Einschränkung auf zwei Dimensionen hätten sie

2 „Einbettung" bedeutet: die Fläche bildet eine niedrigerdimensionale Untermannigfaltigkeit von Punkten in einer höherdimensionalen Punktmannigfaltigkeit.

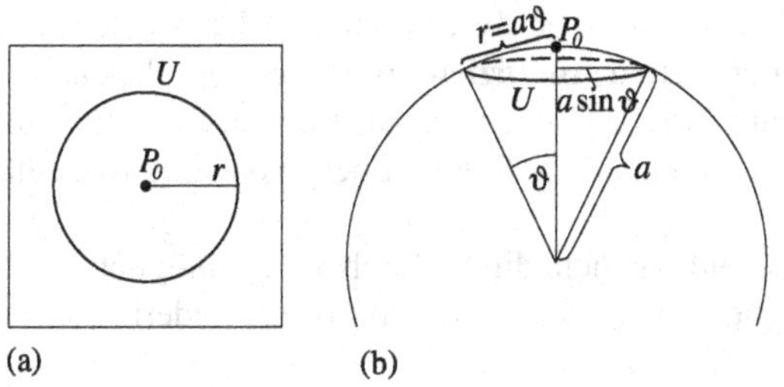

Abb. 8.2: Umfang U und Radius r eines Kreises (a) in der Ebene, (b) auf der Kugel.

keine Möglichkeit, etwas über die Einbettung in drei Dimensionen in Erfahrung zu bringen.

Nun gibt es sehr wohl Flächen, die sich durch innere Eigenschaften unterscheiden, und diese Eigenschaften könnten auch von unseren „Planlebewesen" festgestellt werden. Wir betrachten zur Illustration dieses Tatbestands eine Ebene und eine Kugelfläche, die beide in einen dreidimensionalen euklidischen Raum eingebettet sind. Auf beiden Flächen ist ein Kreis definiert als Gesamtheit aller Punkte, die von einem gegebenen Punkt P_0 den konstanten Abstand r aufweisen. In der Ebene erfüllt der Kreisumfang U die Beziehung $U/r = 2\pi$, auf der Kugel ist der Umfang des Kreises $U = 2\pi a \sin\vartheta$ (Abb. 8.2). Mit $r = a\vartheta$ haben wir daher

$$\frac{U}{r} = 2\pi \frac{\sin\vartheta}{\vartheta} . \tag{8.1}$$

Dies ist für $0 < \vartheta < 2\pi$ kleiner als 2π. Der Quotient U/r enthält nur die inneren Flächengrößen U und r und kann daher von einem „Planlebewesen" bestimmt werden. Dieses kann daher durch Vergleich der Werte von U/r den Unterschied zwischen einer Ebene und einer Kugelfläche feststellen, ohne bei der Kugel etwas von dem Winkel ϑ zu wissen.

Wie schon bemerkt können alle inneren Flächeneigenschaften durch Punktabstände ausgedrückt werden. Für den Abstand zweier infinitesimal benachbarter Punkte im dreidimensionalen euklidischen Raum gilt

$$ds^2 = dx^2 + dy^2 + dz^2 .$$

Besitzt die betrachtete Fläche die Parameterdarstellung

$$x = x(u, v) , \qquad y = y(u, v) , \qquad z = z(u, v) ,$$

so gilt mit $x_u = \partial x/\partial u$ etc.

$$dx = x_u du + x_v dv , \qquad dy = y_u du + y_v dv , \qquad dz = z_u du + z_v dv ,$$

und für den Abstand zweier Flächenpunkte $\boldsymbol{r}(u, v)$ und $\boldsymbol{r}(u + du , v + dv)$ erhalten wir

$$ds^2 = g_{11}(u, v)\, du^2 + g_{22}(u, v)\, dv^2 + 2\, g_{12}(u, v)\, du\, dv \tag{8.2}$$

mit

$$g_{11}(u, v) = x_u^2 + y_u^2 + z_u^2 , \qquad g_{22}(u, v) = x_v^2 + y_v^2 + z_v^2 .$$

$$g_{12}(u, v) = x_u x_v + y_u y_v + z_u z_v ,$$

Da jede endliche Länge durch Integration über ds erhalten werden kann, sind alle Längen berechenbar, sobald die **metrischen Koeffizienten** g_{11}, g_{12}, g_{22} bekannt sind. Damit muß es möglich sein, aus den $g_{ik}(u, v)$ Größen zu konstruieren, die in eindeutiger Weise den Typ der Fläche charakterisieren, also z. B. eine Ebene von einer Kugelfläche unterscheiden lassen.

Offensichtlich ist diese Unterscheidung nicht direkt durch die g_{ik} möglich, da diese von der Parametrisierung der Fläche abhängen und sich mit dieser ändern. Geht man z. B. mit

$$u = u(u', v'), \qquad v = v(u', v')$$

zu neuen Flächenkoordinaten u', v' über, so gilt

$$ds^2 = g'_{11}(u', v')\, du'^2 + g'_{22}(u', v')\, dv'^2 + 2\, g'_{12}(u', v')\, du'\, dv', \tag{8.3}$$

wobei

$$g'_{11}(u', v') = g_{11} u_{u'}^2 + g_{22} v_{u'}^2 + 2\, g_{12} u_{u'} v_{u'} \tag{8.4}$$

etc. gilt. Für eine Ebene gilt z. B. in kartesischen Koordinaten

$$ds^2 = dx^2 + dy^2,$$

d. h. $g_{11} = 1$, $g_{12} = 0$, $g_{22} = 1$, in Polarkoordinaten dagegen

$$ds^2 = dr^2 + r^2 d\varphi^2,$$

d. h. $g_{11} = 1$, $g_{12} = 0$, $g_{22} = r^2$.

Die Eigenschaften, die den Typ der Fläche charakterisieren, müssen invariant gegenüber Transformationen der Flächenkoordinaten sein. Gauß fand, daß sich zweidimensionale Geometrien durch eine einzige Größe charakterisieren lassen, die heute als **Gaußsche Krümmung** bezeichnet wird und sich aus Ableitungen der g_{ik} berechnen läßt. Wir verzichten hier auf die Angabe und Ableitung der allgemeinen Formel (siehe Lehrbücher über Differentialgeometrie) – später werden wir allerdings allgemeine Formeln ableiten, die eine invariante Charakterisierung der Geometrie unserer vierdimensionalen Raum-Zeit erlauben – und geben nur an, daß sie für die Krümmung der Kugelfläche den Wert

$$K = 1/a^2 \tag{8.5}$$

(a = Kugelradius) liefert. Für den Umfang eines Kreises auf der Kugel hatten wir (Abb. 8.2)

$$U = 2\pi a \sin\vartheta = 2\pi a \sin(r/a).$$

Bei kleinen Radien $r \ll a$ folgt daraus durch Reihenentwicklung

$$U \approx 2\pi a \left(\frac{r}{a} - \frac{1}{6}\frac{r^3}{a^3}\right) = 2\pi r - \frac{\pi}{3}\frac{r^3}{a^2} \quad \text{oder} \quad \frac{\pi}{3}\frac{r^3}{a^2} \approx 2\pi r - U.$$

Hieraus ergibt sich

$$K = \frac{3}{\pi} \lim_{r\to 0} \frac{2\pi r - U}{r^3}, \tag{8.6}$$

ein Ergebnis, das als **Formel von Bertrand und Pusseux** bezeichnet wird. Es erlaubt, in einfacher Weise die Gaußsche Krümmung (8.5) aus inneren Messungen zu bestimmen. Seine Anwendung auf die Ebene liefert sofort $K = 0$.

Es ist möglich, die Geometrie zweidimensionaler Mannigfaltigkeiten unabhängig davon zu untersuchen, ob sich diese als in den $\mathbb{R}^3$ eingebettete Flächen interpretieren lassen. So läßt sich z. B. auch ein Feld $g_{ik}(u, v)$ metrischer Koeffizienten angeben, für das sich als Gaußsche Krümmung der überall konstante negative Wert

$$K = -1/a^2$$

ergibt. Für diesen Fall hat Hilbert das folgende Theorem bewiesen: Eine vollständige geometrische Fläche konstanter negativer Gauß-Krümmung kann nicht global isometrisch in den $\mathbb{R}^3$ eingebettet werden.[3]

8.1.2 Riemannsche Geometrie

Es ist naheliegend, die von Gauß in der Geometrie zweidimensionaler Mannigfaltigkeiten eingeführten Gesichtspunkte auf mehr als zwei Dimensionen zu verallgemeinern. Wir werden später sehen, daß sich die invarianten Eigenschaften einer Geometrie in mehr als zwei Dimensionen nicht mehr durch eine einzige Größe K charakterisieren lassen, sondern daß dafür mehrere Größen benötigt werden. Deshalb ist diese Verallgemeinerung keine triviale Angelegenheit, und es dauerte noch eine Weile, bis dieser Schritt schließlich von G.F.B. Riemann – noch zu Lebzeiten des alten Gauß – vollzogen wurde.

Immerhin muß Gauß die Existenz nichteuklidischer dreidimensionaler Geometrien als Möglichkeit gesehen haben, denn es ist historisch belegt, daß er sehr genau die Winkelsumme eines Dreiecks vermessen hat, das durch die Spitze dreier Berge im Harz definiert wird. Eine Abweichung der Winkelsumme von 180° wäre ein Beleg dafür gewesen, daß die Geometrie des Raumes, in dem wir leben, nichteuklidisch ist. Das Ergebnis der Gaußschen Messungen erwies sich im Rahmen der Meßgenauigkeit allerdings als negativ.

Riemann verallgemeinerte die Flächengeometrie von Gauß auf nichteuklidische Räume höherer Dimension. Der betrachtete Raum ist eine n-dimensionale differenzierbare Punktmannigfaltigkeit, was impliziert, daß zu jedem Punkt eine endliche Umgebung existiert, die durch n Parameter parametrisiert werden kann. Etwas anders ausgedrückt bedeutet dies, daß die Umgebung durch eine homöomorphe Abbildung auf eine offene Umgebung im n-dimensionalen euklidischen Raum $\mathbb{R}^n$ (Karte) abgebildet werden kann. Die Parameter bzw. die den Punkten der Umgebung zugeordneten Bildpunkte im Raum $\mathbb{R}^n$ können als Koordinaten der Mannigfaltigkeit benutzt werden. Zu verschiedenen Punkten der Mannigfaltigkeit können verschiedene Umgebungen mit voneinander verschiedenen Koordinaten gehören, und es kann Gebiete geben, in denen sich die verschiedenen Koordinatensysteme überlappen. Zwischen den Koordinaten x^i

---

3 Siehe z. B. Manfredo P. do Carmo: *Differentialgeometrie von Kurven und Flächen*, Vieweg, Braunschweig, 1992.

und x'^i verschiedener Systeme besteht dann ein Zusammenhang

$$x'^i = f_i(x^k)\,, \qquad x^i = f_i^{-1}(x'^k)\,.$$

Differenzierbarkeit der Mannigfaltigkeit bedeutet, daß diese Funktionen (unendlich oft) differenzierbar sind. Eine gleichwertige Definition von Differenzierbarkeit ist, daß auf der Mannigfaltigkeit ein Skalarfeld Φ eingeführt werden kann, das in jedem Punkt (unendlich oft) differenzierbar ist. Kurz gesagt weist eine differenzierbare Mannigfaltigkeit lokal dieselben topologischen Eigenschaften wie ein euklidischer Raum auf.

Für den Abstand ds differentiell benachbarter Punkte mit den Koordinaten x^i und $x^i + dx^i$ $(i = 1, 2, 3)$ kann man z. B. im Fall von drei Dimensionen

$$ds^2 = g_{ik}(x^1, x^2, x^3)\, dx^i\, dx^k \tag{8.7}$$

mit beliebig gegebenen Funktionen $g_{ik}(x^1, x^2, x^3)$ ansetzen ($dx^i\, dx^k$ ist das gewöhnliche kommutative Produkt, Summation bei lateinischen Indizes von 1 bis 3). Wegen $dx^i\, dx^k = dx^k\, dx^i$ kann dabei angenommen werden, daß die Matrix g_{ik} symmetrisch ist (Beweis wie nach (8.23)). Eine Geometrie, in der das Quadrat des Abstandes differentiell benachbarter Punkte gemäß (8.7) als quadratische Form der Koordinatendifferentiale dx^i gegeben ist, wird als **Riemannsche Geometrie** bezeichnet. Wie in zwei Dimensionen ändern sich die g_{ik} beim Übergang

$$x^i \to x'^i = x'^i(x^1, x^2, x^3)$$

zu neuen Koordinaten x'^i, und offensichtlich erhält man auch in den neuen Koordinaten wieder

$$ds^2 = g'_{ik}(x'^1, x'^2, x'^3)\, dx'^i\, dx'^k\,. \tag{8.8}$$

Es ist eine wesentliche Aufgabe der Riemannschen Geometrie, aus den koordinatenabhängigen metrischen Koeffizienten g_{ik} invariante (koordinatenunabhängige) Größen abzuleiten, die die typische Struktur des betrachteten Raumes kennzeichnen. Wir werden uns mit diesem Problem ausführlich im nächsten Kapitel beschäftigen.

Offensichtlich ist mit

$$g_{ik} = \delta_{ik} \tag{8.9}$$

die Euklidische Geometrie in der Riemannschen Geometrie als Spezialfall enthalten. Natürlich ist (8.9) nicht notwendig dafür, daß die Geometrie euklidisch ist, denn man kann durch Koordinatentransformationen in einem euklidischen Raum zu einer Vielfalt anderer g_{ik} übergehen, denen man die euklidische Natur der Geometrie auf Anhieb in keiner Weise mehr ansieht.

Für gewisse riemannsche Räume von drei Dimensionen wird es möglich sein, diese als Hyperflächen in einem euklidischen Raum höherer Dimensionszahl anzusehen. Dies mag in manchen Fällen für die Anschauung nützlich sein, notwendig ist es jedoch nicht.

8.1.3 Finsler-Geometrie

Die Riemannsche Geometrie ist die direkte Verallgemeinerung der inneren Geometrie von Flächen im euklidischen Raum auf Räume höherer Dimensionszahl, da ds^2 entsprechend (8.2) als quadratische Form in den dx^i angesetzt wurde. Ist $x^i(t)$ eine Kurve in einem dreidimensionalen Raum riemannscher Metrik, so ergibt sich mit

$$dx^i = \dot{x}^i(t)\,dt$$

für die Ableitung der Bogenlänge nach dem Scharparameter t

$$\frac{ds}{dt} = \sqrt{g_{ik}(x^1, x^2, x^3)\,\dot{x}^i\,\dot{x}^k}\,. \tag{8.10}$$

Diese für die Riemannsche Geometrie spezifische Form von ds/dt ist natürlich sehr speziell.

Man erhält eine allgemeinere Geometrie, wenn man annimmt, daß ds/dt eine im wesentlichen beliebige Funktion des betrachteten Kurvenpunktes und der Kurvenrichtung in diesem Punkt ist,

$$\frac{ds}{dt} = F(x^i, \dot{x}^i)\,. \tag{8.11}$$

An F ist allerdings die Forderung zu stellen, daß die Länge ds von der Wahl des Parameters t unabhängig ist, daß also für zwei verschiedene Parameterdarstellungen $x^i(t)$ und $x^i(\tau)$ derselben Kurve

$$ds = F\left(x^i, dx^i/dt\right) dt = F\left(x^i, dx^i/d\tau\right) d\tau$$

gilt. Mit $\lambda = dt/d\tau$ geben nämlich $\dot{x}^i(t)$ und $\dot{x}^i(\tau) = \lambda\dot{x}^i(t)$ dieselbe Richtung an, und die Kurvenlänge ds muß um den Faktor $1/\lambda$ kleiner werden, wenn der Parameterabstand um diesen Faktor verkleinert wird ($d\tau = dt/\lambda$). Aus der letzten Gleichung folgt damit unmittelbar

$$F\big(x^i, \lambda\dot{x}^i(t)\big) = \lambda F\big(x^i, \dot{x}^i(t)\big)\,, \tag{8.12}$$

insbesondere also $ds = F(x^i, \dot{x}^i)\,dt = F(x^i, \dot{x}^i\,dt) = F(x^i, dx^i)$ für $\lambda = dt$. Eine Metrik mit der Eigenschaften (8.12) wird als **Finsler-Metrik** bezeichnet. Kurz zusammengefaßt ist sie durch die Forderungen

$$ds = F(x^i, dx^i) > 0\,, \qquad F(x^i, \lambda\,dx^i) = \lambda F(x^i, dx^i) \tag{8.13}$$

charakterisiert. Offensichtlich ist die Riemann-Metrik ein Spezialfall der Finsler-Metrik.

Die ART benutzt aus Gründen, die wir noch besprechen werden, eine **pseudoriemannsche Metrik** (siehe unten und Abschn. 8.4.1). Wir wollen darum kurz der Frage nachgehen, wodurch die Riemann-Metrik in der Klasse der Finsler-Metriken ausgezeichnet ist. Eine Eigenschaft liefert der folgende Satz.

Satz 1. *In Räumen mit einer positiv definiten Riemann-Metrik existiert zu jedem Punkt ein punktal euklidisches Koordinatensystem, und umgekehrt ist die Metrik eines Raumes riemannsch, wenn in jedem Punkt ein punktal euklidisches Koordinatensystem existiert.*

Beweis:

1. Der betrachtete Raum habe eine Riemann-Metrik. Geht man von den Koordinaten x^i zu Koordinaten $x'^i = x'^i(x)$ über, so gilt

$$ds^2 = g_{ik}(x)\,dx^i dx^k = g_{ik}(x)\,\frac{\partial x^i}{\partial x'^l}\frac{\partial x^k}{\partial x'^m}\,dx'^l\,dx'^m =: g'_{lm}(x')\,dx'^l\,dx'^m\,.$$

Jetzt wählen wir einen beliebigen Punkt P_0 mit Koordinaten x_0^i aus und schreiben für diesen

$$ds^2 = \left[g_{ik}(x_0)\, a^i{}_l\, a^k{}_m\right] dx'^l\, dx'^m \qquad \text{mit} \qquad a^i{}_l = \left.\frac{\partial x^i}{\partial x'^l}\right|_{x_0}.$$

$g_{ik}(x_0)$ sind die Koeffizienten einer reellen symmetrischen Matrix $\mathbf{g}(x_0)$, $a^i{}_l$ die Koeffizienten einer reellen Matrix a. Wir nehmen an, daß die Koordinatentransformation $x'^i \leftrightarrow x^i$ eindeutig umkehrbar ist, was bedeutet, daß die Matrix a nichtsingulär ist. Bezeichnen wir die zu a transponierte Matrix mit a^t, so erhalten wir für den in Klammern stehenden Ausdruck in Matrixnotation

$$a^i{}_l\, g_{ik}(x_0)\, a^k{}_m = \mathsf{a}^t \cdot \mathbf{g}(x_0) \cdot \mathsf{a}\,,$$

wobei man sagt, daß die Matrix $\mathsf{a}^t \cdot \mathbf{g}(x_0) \cdot \mathsf{a}$ aus der Matrix $\mathbf{g}(x_0)$ durch eine **Kongruenztransformation** hervorgeht. Eine spezielle Unterklasse der Kongruenztransformationen von $\mathbf{g}(x_0)$ bilden die **orthogonalen Transformationen** (d. h. Transformationen mit orthogonalen Matrizen, $\mathsf{O} = \mathsf{O}^t$), und nach den Sätzen der Matrizentheorie läßt sich unter diesen zu der reellen symmetrischen Matrix $\mathbf{g}(x_0)$ immer eine finden, für die $\mathsf{O}^t \cdot \mathbf{g}(x_0) \cdot \mathsf{O}$ Diagonalform annimmt,

$$\mathsf{O}^t \cdot \mathbf{g}(x_0) \cdot \mathsf{O} = \mathsf{D} \qquad \text{mit} \quad D_{ik} = g_{\underline{i}}\, \delta_{\underline{i}k}\,,$$

wobei δ_{ik} die Einheitsmatrix und g_i die Eigenwerte der Matrix $\mathbf{g}(x_0)$ sind. Die anschließende Kongruenztransformation $\mathsf{b}^t \cdot \mathsf{D} \cdot \mathsf{b}$ mit

$$b_{ik} = \begin{cases} \delta_{\underline{i}k}/\sqrt{|g_{\underline{i}}|} & \text{für } g_i \neq 0\,, \\ 1 & \text{für } g_i = 0 \end{cases}$$

überführt D in die Matrix

$$\mathsf{d} = \mathsf{b}^t \cdot \mathsf{D} \cdot \mathsf{b} = \begin{pmatrix} d_1 & 0 & 0 \\ 0 & d_2 & 0 \\ 0 & 0 & d_3 \end{pmatrix} \qquad \text{mit} \quad d_i = \begin{cases} g_i/|g_i| & \text{für } g_i \neq 0\,, \\ 0 & \text{für } g_i = 0\,, \end{cases} \tag{8.14}$$

in der jedes d_i einen der drei Werte 0, +1 oder −1 besitzt. (Natürlich kann die Wirkung der aufeinanderfolgenden Transformationen O und b durch eine einzige Transformation $\mathsf{a} = \mathsf{O} \cdot \mathsf{b}$ erreicht werden.) Nach dem **Trägheitsgesetz von Sylvester**[4] ist die Anzahl der positiven, negativen und verschwindenden Diagonalelemente unabhängig von der speziellen Transformation $\mathsf{a} = \mathsf{O} \cdot \mathsf{b}$, die zur Diagonalform führt.

Jetzt benutzen wir noch unsere Forderung nach positiver Definitheit der Metrik. Diese stellen wir, damit sich zu je zwei voneinander verschiedenen Punkten ein von null verschiedener positiver Abstand ergibt. Aus unserer Darstellung von ds^2 durch die dx'^i folgt mit ihr sofort $d_i > 0$ ($i = 1, 2, 3$), d. h. für die d_i kommt nur noch der Wert +1 in Frage. Damit haben wir schließlich die Metrik

$$ds^2 = g'_{lm}(x')\, dx'^l\, dx'^m \qquad \text{mit} \qquad g'_{lm}(x'_0) = \delta_{lm}\,, \tag{8.15}$$

wobei $x_0'^l$ die neuen Koordinaten des Punktes P_0 sind. Diese Metrik bezeichnet man als **punktal euklidisch**.

4 Siehe z. B. R. Zurmühl, *Matrizen und ihre technischen Anwendungen*, Springer-Verlag, Berlin, Heidelberg, 1964.

2. Der Beweis der Umkehrung ist beinahe trivial. Die x^i seien beliebige Koordinaten, die im ganzen Raum definiert sind. Wenn zu jedem beliebigen Punkt P_0 Koordinaten x'^i existieren, in denen (8.15) gilt, ergibt sich daraus durch Übergang zu den Koordinaten x^i

$$ds^2\Big|_{P_0} = \delta_{ik} \frac{\partial x'^i}{\partial x^l} \frac{\partial x'^l}{\partial x^m} \, dx^l \, dx^m \, .$$

Dies kann für jeden Raumpunkt (mit jeweils anderen Koordinaten x'^i) durchgeführt werden, immer ergibt sich für ds^2 eine quadratische Form in den Differentialen der globalen Koordinaten x^i. □

Satz 2. *Riemann-Räume sind die einzigen Finsler-Räume, die punktal isotrop sind.*

Damit ist folgendes gemeint: Durch die Werte der Metrik in einem Raumpunkt wird trotz ihrer weitgehenden Beliebigkeit keine Richtung vor einer anderen ausgezeichnet. Dies schließt nicht aus, daß es in einem riemannschen Raum bevorzugte Richtungen geben könnte, der Raum kann zum Beispiel in einer Richtung gekrümmt und in einer anderen ungekrümmt sein (Beispiel in zwei Dimensionen: Zylinderfläche). Das hat dann aber mit den Werten der $g_{\mu\nu}$ in Nachbarpunkten bzw. mit Ableitungen der $g_{\mu\nu}$ zu tun, aus denen sich die Raumkrümmung berechnet.

Beweis: Es ist unmittelbar evident, daß euklidische Räume punktal isotrop sind, und daher sind nach dem vorausgegangenen Satz alle riemannschen Räume punktal isotrop. Für den Beweis der Umkehrung wird auf Lehrbücher der Differentialgeometrie verwiesen.[5] □

Was hier für einen dreidimensionalen Raum mit riemannscher Metrik gezeigt wurde, läßt sich mühelos auf eine vierdimensionale Raum-Zeit mit einer **pseudo-riemannschen Metrik** erweitern, in der ds^2 die Form

$$ds^2 = g_{\mu\nu} \, dx^\mu \, dx^\nu$$

besitzt, jedoch nicht positiv definit ist, sondern in Anlehnung an die SRT je nachdem, ob dx^μ ein zeitartiger oder raumartiger Vektor ist, positives oder negatives Vorzeichen aufweist. Die entsprechenden Sätze lauten:

Satz 3. *In einer Raum-Zeit mit einer geeigneten pseudo-riemannschen Metrik existiert in jedem Punkt ein punktal pseudo-euklidisches Koordinatensystem, und umgekehrt ist die Metrik einer Raum-Zeit pseudo-riemannsch, wenn in jedem Punkt ein punktal pseudo-euklidisches Koordinatensystem existiert.*

Satz 4. *Die pseudo-riemannsche Raum-Zeit ist die einzige Raum-Zeit, die räumlich und zeitlich punktal isotrop ist.*

5 Siehe z. B. D. Laugwitz: *Differentialgeometrie*, B. G. Teubner, Stuttgart, 1960.

8.2 Geometrie und physikalische Raum-Zeit

8.2.1 Eigenschaften der Raum-Zeit

Die ART behandelt die Raum-Zeit, in der sich alle physikalischen Prozesse abspielen, als eine vierdimensionale Punktmannigfaltigkeit. Ein Punkt dieser Mannigfaltigkeit gibt an, wo und wann ein lokalisiertes Ereignis wie z. B. der Zusammenstoß zweier Teilchen stattfindet, und es ist eine Erfahrungstatsache, daß dies durch die Angabe von vier Größen möglich ist. Die Raum-Zeit ist die Gesamtheit aller verschiedenen Raum-Zeit-Punkte. Diese Gesamtheit besitzt bestimmte Eigenschaften: Erfahrungsgemäß können lokale Umgebungen der Raum-Zeit eineindeutig auf lokale Umgebungen einer pseudo-euklidischen Raum-Zeit abgebildet werden, und daher bildet die Raum-Zeit wie jene eine differenzierbare Mannigfaltigkeit. Die globalen topologischen Eigenschaften, z. B. ob es sich um eine vierdimensionale Kugelfläche, Torusfläche oder Ebene handelt, sind nicht von vornherein gegeben, auf sie kann nur theoretisch aufgrund von Beobachtungen geschlossen werden.

Es ist durchaus möglich, daß die vierdimensionale Struktur der Raum-Zeit nur eine – wenn auch sehr gute – Näherung darstellt. Schon Nordström hat 1914 versucht, seine Gravitationstheorie und die Theorie des Elektromagnetismus einheitlich aus einer fünfdimensionalen Erweiterung der Maxwell-Theorie abzuleiten. Hier blieb es natürlich bei den schon geschilderten Problemen seiner Gravitationstheorie. Später gelang T.F.E. Kaluza eine einheitliche Theorie des Elektromagnetismus und der Gravitation in fünf Dimensionen mit Hilfe der ART. Heute weiß man, daß es neben den elektromagnetischen und den Gravitationskräften noch weitere fundamentale Wechselwirkungskräfte gibt. Wenn man nach einer einheitlichen Theorie sucht, die alle Kräfte als Spezialfälle enthält, kommt man zu Theorien, die sich in Räumen noch höherer Dimensionszahl abspielen. Im Rahmen sogenannter „*Stringtheorien*" hat sich dabei herausgestellt, daß man bei elf Dimensionen die eleganteste und konsistenteste Formulierung erhält. Wie erklärt man aber, daß bei elf Dimensionen sieben bisher offensichtlich verborgen geblieben sind? Man stellt sich vor, daß diese sieben Dimensionen „aufgerollt" sind, daß in ihnen nur sehr kurze Längen zur Verfügung stehen, und daß es aus quantenmechanischen Gründen extrem hoher Energien bedürfte, um sie sichtbar zu machen. Diese Andeutungen sollen nur als Hinweis darauf dienen, daß die vier Dimensionen der ART unter Umständen nur eine Näherung darstellen, ein Modell, das eine womöglich viel kompliziertere Wirklichkeit approximiert.

Die Annahme, daß die Raum-Zeit eine vierdimensionale differenzierbare Mannigfaltigkeit bildet, macht es möglich, ihre Punkte durch die Koordinaten eines pseudo-euklidischen Raumes zu parametrisieren. Dazu weist man jedem ihrer Punkte die vier Koordinaten x^μ ($\mu = 0, 1, 2, 3$) des Punktes im pseudo-euklidischen Raum zu, der ihm auf einer Abbildungskarte entspricht. Eine solche Koordinatenüberdeckung muß nicht notwendig global möglich sein, es kann auch notwendig werden, Koordinatenüberdeckungen aneinanderzustückeln. Solche Koordinatenüberdeckungen sind natürlich nicht eindeutig, und man kann von einer Koordinatenüberdeckung x^μ zu einer zweiten x'^μ übergehen. Wir werden annehmen, daß zwischen zwei verschiedenen Koordinatenüberdeckungen x^μ und x'^μ ein eineindeutiger, differenzierbarer Zusammenhang

$$x'^\mu = x'^\mu(x)$$

mit von null verschiedener Jacobi-Determinante (Funktionaldeterminante) besteht. Dabei haben wir, wie schon in der SRT, für $x'^{\mu}(x_0, x_1, x_2, x_3)$ die abkürzende Notation $x'^{\mu}(x)$ benutzt, die wir von jetzt an im allgemeinen der ausführlicheren vorziehen werden. Außerdem wählen wir in der ART für die Zeit- und Ortskoordinaten kleine Buchstaben x^{μ} – die Verwendung großer Buchstaben in der SRT geschah unter didaktischen Gesichtspunkten und erscheint hier nicht mehr nötig.

8.2.2 Realisierung räumlicher und zeitlicher Koordinaten

Wir wenden uns jetzt der Frage zu, wie das abstrakte Konzept einer Geometrie mit den realen Gegebenheiten der physikalischen Raum-Zeit in Verbindung gebracht werden kann.

Physikalische Realisierung von Raumkoordinaten und Längenmessung

Dazu müssen im Raum für zwei geometrische Begriffe physikalische Realisierungen gefunden werden: die Raumkoordinaten und den Abstand von Punkten. **Koordinaten im Raum** können physikalisch durch ein „Gerüst" realisiert werden, das z. B. aus einem System gespannter Fäden oder Drähte besteht (Abb. 8.3). Da durch dieses die Bewegung ausgedehnter Objekte behindert würde, kann man sich statt dessen auch ein System von Lichtstrahlen vorstellen. (Man ist dann allerdings auf eine ganz spezielle Form der Koordinatenlinien festgelegt.)

Die Position eines physikalischen Objekts wird durch seine Lage relativ zu diesem Gerüst beschrieben, wobei diese Beschreibung prinzipiell nur in der Koordinatenangabe endlich vieler Punkte bestehen kann. Sie wird sich im allgemeinen mit der Zeit ändern, und die zeitliche Änderung kann sowohl auf den Bewegungszustand des Objekts als auch auf den unseres Gerüstes zurückzuführen sein. Dabei ist durchaus zugelassen, daß sich Teile des Gerüstes relativ zueinander bewegen. (Die richtige Aufteilung dieser Ursachen setzt schon den Begriff der Längenmessung voraus.) Nach unseren Erkenntnissen aus der SRT wird die Positionsbeschreibung außerdem auch noch vom Bewegungszustand des Beobachters (und somit davon, was dieser für gleichzeitig hält) abhängen.

Bei der physikalischen Realisierung eines Koordinatensystems kann eine Reihe von Forderungen nur näherungsweise erfüllt werden, die in der mathematischen Theorie ideal realisiert sind. Zum einen kann man physikalisch prinzipiell nur eine endliche Anzahl von Stellen im Raum markieren. Dabei wurde bewußt das Wort „Stelle" statt „Punkt" benutzt, da die Kreuzung dreier Fäden (Lichtstrahlen) ein Gebiet endlicher Ausdehnung definiert. Zum anderen besitzt das Gerüst eine endliche Masse und übt damit eine endliche wenn auch möglicherweise nur kleine Rückwirkung auf die Geometrie des Raumes aus.

Die **Messung von Längen** denken wir uns mit Hilfe einer Kette gleichartiger aneinandergelegter Maßstäbe vorgenommen, die im Rahmen der durch die SRT gegebenen Möglichkeiten so starr wie möglich sind. Gleichartig heißt dabei folgendes: Die Maßstäbe wurden von derselben Maschine unter gleichen Bedingungen aus demselben

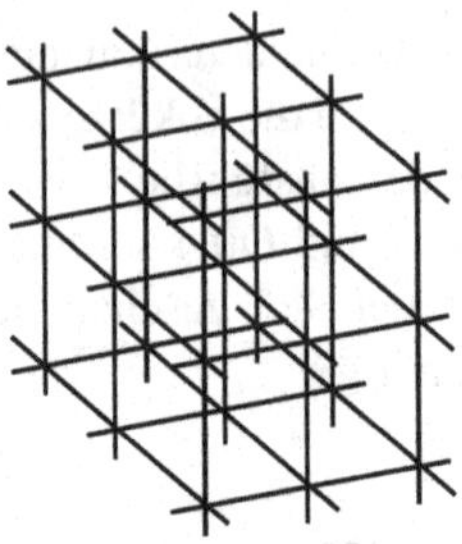

Abb. 8.3: Realisierung von Raumkoordinaten.

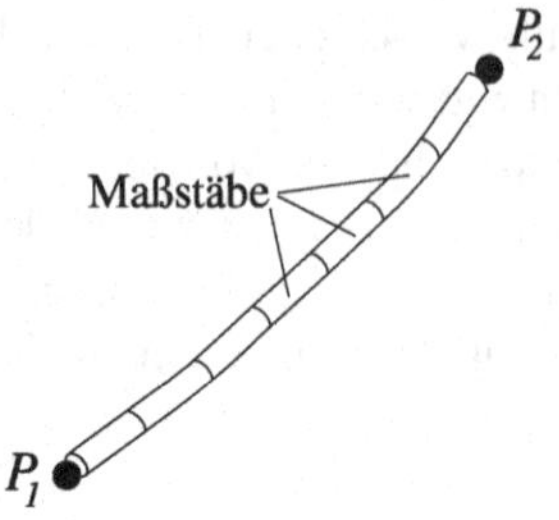

Abb. 8.4: Längenmessung.

Material gefertigt. Am besten erfolgt die Fertigung in einem der Systeme, die wir später als lokale Inertialsysteme der ART identifizieren werden.

Wir nehmen zunächst einmal an, daß wir ein statisches Koordinatengerüst vor uns haben. Dies soll bedeuten, daß sich die Abstände aller Schnittstellen des Gerüstes als zeitunabhängig herausstellen. Zur Bestimmung des Abstands zweier herausgegriffener Stellen P_1 und P_2 verbindet man diese durch eine lückenlose Kette unserer Maßstäbe (Abb. 8.4). Die Zahl der benutzten Maßstäbe definiert man als Länge der Kette. Beide Stellen können natürlich auf viele verschiedene Weisen durch eine Kette verbunden werden, wobei sich ganz unterschiedliche Kettenlängen ergeben. Die Länge der Kette mit der kleinsten Anzahl von Maßstäben definiert den Abstand der Stellen P_1 und P_2. Man findet experimentell, daß der so definierte Abstand unabhängig von der Länge und Form der benutzten Maßstäbe ist, wenn die Länge der einzelnen Maßstäbe klein gegenüber dem Abstand der Stellen P_1 und P_2 ist. Damit nun Abstände verschiedener Punktepaare miteinander vergleichbar werden, muß man dafür sorgen, daß die Längenmessungen unter gleichen Bedingungen vorgenommen werden. Wie das zu geschehen hat, werden wir später untersuchen (siehe Abschn. 10.1).

Die geschilderte Einführung von Koordinaten und Längen ist völlig unabhängig von der Geometrie des untersuchten Raumes. Man kann nun durch Messungen im Raum nicht logisch deduzieren, daß der Raum exakt die Eigenschaften einer gewissen Geometrie besitzt. Dazu enthält das beschriebene Verfahren einerseits zu viele Ungenauigkeiten, und andererseits kann ein Experimentator immer nur eine endliche Anzahl von Messungen durchführen.

Was man jedoch kann, ist, durch Messungen dieser Art Widersprüche zu theoretischen Aussagen geometrischer Natur aufzuspüren. Hätte z. B. Gauß für die Winkelsumme im Dreieck bei Berücksichtigung aller Fehlergrenzen einen Wert gefunden, der im Widerspruch zu den von der euklidischen Geometrie geforderten 180° steht, so hätte er daraus eindeutig die Nichteuklidizität der Geometrie des physikalischen Raumes folgern können. Die Relation zwischen Theorie und Experiment ist hier wie in anderen Gebieten der Physik so zu sehen: Es werden gewisse Grundannahmen postuliert, an die man die Forderung stellt, daß sie einerseits möglichst einfach sein und andererseits nicht im Widerspruch zu experimentellen Meßergebnissen stehen sollen. Bei der Formulierung der Grundaxiome geht als leitendes Motiv ein gewisser Erfahrungsschatz aus einer begrenzten Zahl von Experimenten ein, aus dem die Axiome aber in keiner Weise zwin-

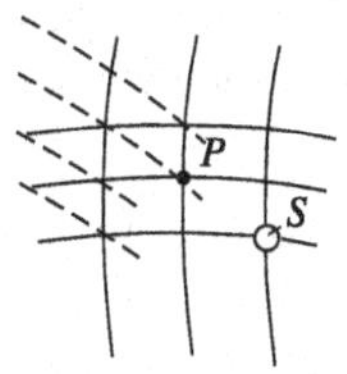

Abb. 8.5: Realisierung der Zeitkoordinate.

gend folgen. Aus der Theorie ergibt sich dann eine Fülle von Konsequenzen, die meist weit über den ursprünglichen Erfahrungsrahmen hinausgehen, und die – wenigstens im Prinzip – wiederum durch das Experiment überprüft werden können. Die Qualität einer Theorie erweist sich dann darin, wie viele dieser Konsequenzen durch das Experiment bestätigt werden und wie gut diese Bestätigung ist.

Physikalische Realisierung der Zeitkoordinate und Zeitmessung

In diesem Abschnitt wollen wir der Frage nachgehen, wie sich eine **Zeitkoordinate** physikalisch realisieren läßt. Ähnlich wie bei der Einführung von Ortskoordinaten gibt es hierfür verschiedene Möglichkeiten, und wir werden hier nur eine ganz spezielle zur Illustration herausgreifen.
An eine Zeitkoordinate müssen zwei Forderungen gestellt werden:

1. Man muß an jedem Ort und zu jedem Zeitpunkt eindeutig zwischen Zukunft und Vergangenheit unterscheiden können.
2. Die Zeitkoordinate muß zusammen mit den drei Raumkoordinaten eine kontinuierliche vierdimensionale Punktmannigfaltigkeit definieren. Dies bedeutet, daß sich die Zeitangaben benachbarter Uhren zu allen Zeiten umso weniger unterscheiden dürfen, je näher sie beisammen liegen. (Der Uhrenvergleich kann durch Lichtsignale durchgeführt werden.)

Zur Realisierung der Zeitkoordinate stellen wir an irgendeiner Kreuzungsstelle unseres räumlichen Gerüstes eine Standarduhr S auf, also z. B. ein Atom, das Licht einer gegebenen Frequenz abstrahlt (Abb. 8.5). Für einen Zeitpunkt t_0 am Ort der Standarduhr bestimmen wir die Abstände zu allen anderen Kreuzungsstellen des Gerüstes. Dann definieren wir als Zeit t im Punkt P die von einem Lichtsignal von S nach P übermittelte Zeit, vermindert um den Quotienten aus dem Abstand SP und dem aus der SRT bekannten Wert der Lichtgeschwindigkeit. Diese Vorschrift entspricht der Synchronisation von Uhren in der SRT. In der ART kann zum einen bei zeitlich veränderlichem Gravitationsfeld der Abstand SP zeitlich variieren, außerdem kann die Lichtgeschwindigkeit räumlichen und zeitlichen Schwankungen unterworfen sein. Daher ist der von der Signalzeit abgezogene Quotient nicht notwendig gleich der Laufzeit des Lichts. Unabhängig davon erfüllt die so definierte Zeitkoordinate aber die oben aufgestellten Forderungen 1 und 2.

Die Metrik der Zeitmessung bestimmt man mit Standarduhren, die alle von derselben Maschine aus den gleichen Materialien in einem lokalen Inertialsystem hergestellt wurden. Damit die mit diesen Uhren an verschieden Orten vorgenommenen Zeitmessungen vergleichbar sind, muß man dafür sorgen, daß sie unter gleichen Bedingungen vorgenommen werden. Wie dies zu geschehen hat, werden wir später untersuchen (Abschn. 10.1).

Dimension beliebiger Koordinaten

In der ART werden die physikalischen Gesetze so formuliert, daß sie in beliebigen Koordinaten gelten. Dies bedeutet auch, daß deren physikalische Dimensionen beliebig sein können. Insbesondere können sogar die Koordinaten x^0, x^1, x^2 und x^3 eines Koordinatensatzes unterschiedliche Dimensionen besitzen, wie das z. B. bei räumlichen Polarkoordinaten r, ϑ und φ der Fall ist (r hat die Dimension einer Länge, die beiden Winkelkoordinaten sind dimensionslos.) Hieraus folgt, daß die Komponenten vektorieller oder tensorieller Größen der ART im allgemeinen nicht die übliche physikalische Bedeutung haben. (In Abschn. 10.2.2 wird das am Beispiel der Geschwindigkeit und des Impulses dargelegt.) Im Quadrat $ds^2 = g_{\mu\nu}dx^\mu dx^\nu$ des Linienelements haben die einzelnen Summenterme dagegen alle die Dimension des Quadrats einer Länge. (Im Linienelement $ds^2 = \eta_{\mu\nu}dx^\mu dx^\nu$ der SRT folgt dagegen aus der Dimensionslosigkeit von $\eta_{\mu\nu}$, daß alle dx^μ die Dimension einer Länge besitzen.)

8.3 Relativitätsprinzipien, Machsches Prinzip und Äquivalenzprinzip

8.3.1 Relativitätsprinzip der Newtonschen Theorie

In der Newtonschen Mechanik wird angenommen, daß der physikalische Raum euklidisch ist. Die Newtonschen Bewegungsgleichungen werden in Inertialsystemen formuliert. Diese sind dadurch gekennzeichnet, daß jeder Körper, auf den keine Kraft einwirkt, eine gleichförmige geradlinige Bewegung ausführt. Es gilt ein Relativitätsprinzip, welches besagt:

> **Relativitätsprinzip.** *Zwischen den verschiedenen Inertialsystemen existieren Transformationen (Galilei-Transformationen), die die Newtonschen Bewegungsgleichungen invariant lassen.*

In der Newtonschen Theorie ist die Geschwindigkeit ein relativer Begriff, ihre Angabe ist nur in Bezug auf ein bestimmtes Inertialsystem sinnvoll. Dagegen ist die Beschleunigung ein absoluter Begriff, sie ist in jedem Inertialsystem dieselbe und zeichnet hierdurch die Klasse der Inertialsysteme vor allen anderen Systemen aus. Newton postulierte die Existenz eines absoluten Raumes, der durch die Inertialsysteme definiert wird: Jede Beschleunigung bedeutet eine Beschleunigung gegen den absoluten Raum.

Zur Illustration betrachten wir Newtons berühmtes **Eimer-Experiment**: Ein mit Wasser gefüllter Eimer rotiert in einem Inertialsystem um seine Symmetrieachse

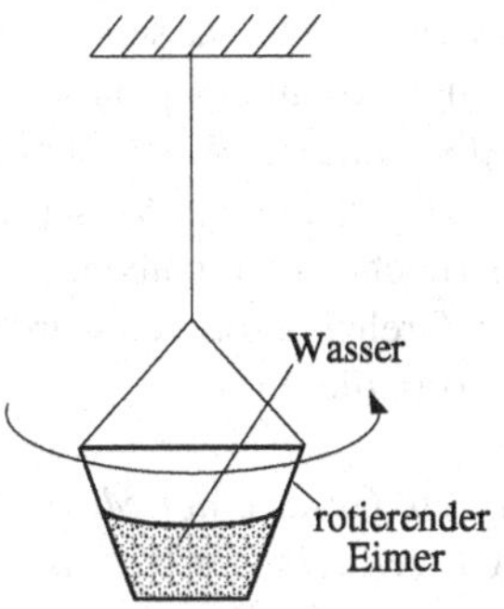

Abb. 8.6: Newtons Eimer-Experiment.

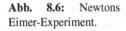

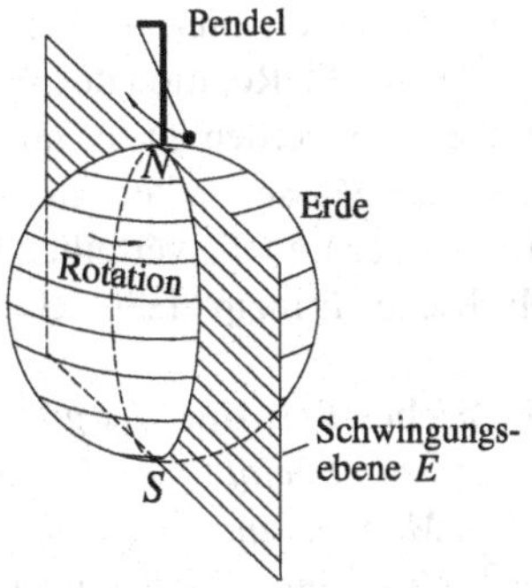

Abb. 8.7: Foucault-Pendel.

(Abb. 8.6). Infolge der Rotation wirken auf das Wasser Zentrifugalkräfte, die zur Wölbung seiner Oberfläche führen. Diese Wölbung ist das Indiz für die Rotation, und nach Newton erfolgt diese gegenüber dem absoluten Raum. Natürlich erhebt sich die Frage, wodurch dieser absolute Raum physikalisch festgelegt wird. Newton konnte hierauf keine Antwort geben und empfand das Postulat der Existenz eines absoluten Raumes selbst als unbefriedigendes Element seiner Theorie.

8.3.2 Relativitätsprinzip der SRT

Im Maxwellschen Äther glaubte man, endlich den absoluten Raum gefunden zu haben. Die Äthertheorie wurde jedoch durch die SRT beseitigt.

Wie die Newtonsche Theorie nimmt auch die SRT die Existenz eines euklidischen physikalischen Raumes an. Sie zeichnet wie jene Inertialsysteme aus, und auch in ihr gilt ein Relativitätsprinzip.

Relativitätsprinzip. *Zwischen den verschiedenen Inertialsystemen existieren Transformationen (Lorentz-Transformationen), die alle Gesetze der Physik (Mechanik, Elektrodynamik, Quantenmechanik, usw.) mit Ausnahme des Gravitationsgesetzes invariant lassen.*

Dieses Relativitätsprinzip ist umfassender als das der Newtonschen Mechanik, da es fast alle Naturgesetze einbezieht. Es ist jedoch qualitativ von gleicher Art und wie das Newtonsche Relativitätsprinzip mit dem Makel behaftet, daß es Inertialsysteme auszeichnet und damit wieder das Postulat der Existenz eines absoluten Raumes benötigt.

8.3.3 Machsches Prinzip

E. Mach (1836–1916) lehnte den absoluten Raum Newtons ab. Seine Interpretation des Newtonschen Eimer-Experiments ist folgende: Die aufgrund der Rotation des Wassers entstehenden Zentrifugalkräfte werden durch die Relativbewegung des Wassers gegenüber der Gesamtheit aller im Weltall verteilten Massen erzeugt. Könnte man diese entfernen, so wäre die Rotation des Wassers nicht mehr feststellbar, und die Wasseroberfläche müßte eben werden. Da es nur auf die Relativbewegung zwischen dem Wasser und den verteilten Massen ankommt, müßte sich die Wasseroberfläche auch wölben, wenn der Eimer ruhen und die verteilten Massen mit umgekehrtem Drehsinn rotieren würden. Ein Machsches Prinzip[6] läßt sich etwa in folgender Weise formulieren.

Machsches Prinzip. *Es gibt keinen absoluten Raum. Die Gesetze der Mechanik müssen so abgefaßt werden, daß nur die Relativbewegungen aller im Weltall verteilten Massen eine Rolle spielen. Die Trägheit einer Masse ist die Reaktion auf die Wechselwirkung mit allen übrigen Massen des Universums.*

Das Machsche Prinzip beseitigt einen wesentlichen Mangel der Newtonschen Theorie: Bei Newton reagiert die Masse auf eine Beschleunigung gegenüber dem absoluten Raum mit Trägheit, auf diesen gibt es jedoch keine Rückwirkung. Da bei Mach die Beschleunigung zu einer relativen Größe wird, ist dagegen eine Rückwirkung auf die für die Trägheit verantwortlichen Massen mit inbegriffen.

Physikalische Konsequenzen des Machschen Prinzips

Trotz ihres qualitativen Charakters lassen sich aus Machs Ideen interessante physikalische Konsequenzen ableiten. Einige von ihnen sollen im folgenden skizziert werden.

1. Wir betrachten ein über dem Nordpol aufgehängtes Foucault-Pendel. Es schwingt in einer gegenüber dem Fixsternhimmel fixierten Ebene E, während sich die Erde unter ihm wegdreht (Abb. 8.7). Nun stellen wir uns als Gedankenexperiment vor, daß alle im Weltall verteilten Massen mit Ausnahme der Erde entfernt werden. Nach Newton dürfte sich hierdurch am Verhalten des Pendels nichts ändern. Nach Mach müßte es jetzt jedoch die Drehung der Erde mitmachen: Seine Trägheit, die es in der Schwingungsebene E festhält, wird ja durch die im Weltall verteilten Massen erzeugt und müßte mit diesen wegfallen. Dies bedeutet de facto, daß die Erde für sich genommen auf das Pendel eine Kraft ausübt, welche die Pendelebene mitdreht. Diese „Mitführungskraft" der Erde müßte auch dann vorhanden sein, wenn alle Massen im Weltall verteilt sind, sie wird nur durch deren Mitführungskraft – die Coriolis-Kraft – weit überkompensiert; im Prinzip sollte sie jedoch meßbar sein.

2. Betrachten wir jetzt die Rotation der Erde um die Sonne (Abb. 8.8 (a)): Die Erde folgt nicht deren Anziehungskraft $\boldsymbol{F}$ ins Sonnenzentrum hinein, weil diese von einer gleich großen und entgegengesetzt gerichteten Zentrifugalkraft $\boldsymbol{Z}$ kompensiert wird. Die Zentrifugalkraft ist eine Trägheitskraft, die nach Mach wieder auf die Wechselwirkung mit den im Weltall verteilten Massen zurückzuführen ist. Sie müßte genauso vorhanden

6 E. Mach selbst hat nie explizit ein Machsches Prinzip formuliert. Heute werden mit dem Begriff Machsches Prinzip zum Teil recht unterschiedliche Vorstellungen verbunden.

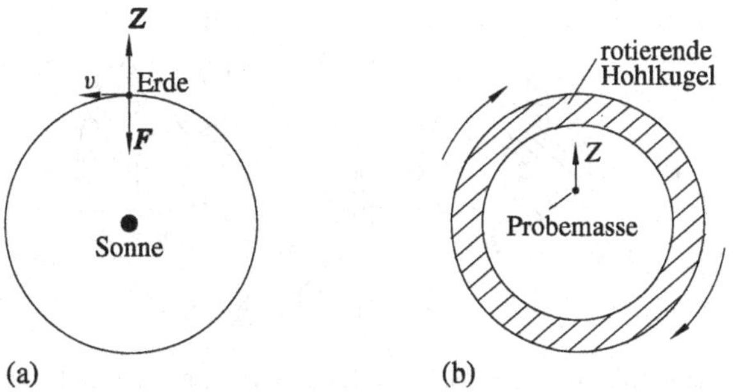

Abb. 8.8: (a) Rotation der Erde E um die Sonne S, (b) „Induktion" einer Zentrifugalkraft $\mathbf{Z}$ in einer rotierenden Hohlkugel.

sein, wenn die Erde ruhen und die Massen des Weltalls um die Sonne rotieren würden. In Analogie dazu sollte auch eine rotierende Hohlkugel in ihrem Inneren eine – wenn auch kleine – Kraft $\mathbf{Z}$ „induzieren" (Abb. 8.8 (b)).

3. Als letztes Beispiel betrachten wir eine elektrisch geladene Kugel. Ruht diese in einem Inertialsystem, so erzeugt sie ein elektrostatisches Feld. Rotiert sie um eine Drehachse, so bilden die rotierenden Ladungen einen Kreisstrom, der ein zusätzliches Magnetfeld erzeugt (Abb. 8.9 (a)). Nach Mach bedeutet die Rotation eine Relativbewegung gegenüber den im Weltall verteilten Massen. Das Magnetfeld müßte also auch erzeugt werden, wenn die Kugel ruht und die Massen des Universums rotieren. Analog dazu müßte eine elektrisch neutrale rotierende Hohlkugel in einer in ihrem Inneren ruhenden Ladung elektrische Ströme und ein Magnetfeld induzieren (Abb. 8.9 (b)). Da die Wirkung der rotierenden Kugelschale gravitativer Art ist, bedeutet dies, daß das Gravitationsfeld auch Auswirkungen auf das elektromagnetische Feld besitzen müßte.

Die hier aufgezeigten Konsequenzen des Machschen Prinzips wurden experimentell bisher noch nicht bestätigt. Größenordnungsmäßige Abschätzungen zeigen, daß es sich um Effekte handelt, die jenseits der heutigen Meßmöglichkeiten liegen.

Das von uns formulierte Machsche Prinzip ist rein qualitativer Natur, und Mach drang nicht bis zu quantitativen Konsequenzen vor. Dies gelang erst Einstein, der nach eigenen Angaben stark durch die Ideen Machs beeinflußt worden war. Wir werden allerdings sehen, daß die Einsteinsche Theorie nicht alle Forderungen des Machschen Prinzips erfüllt. (Tatsächlich ist bis heute noch nicht vollständig geklärt, inwieweit Übereinstimmung besteht, und wo die Unterschiede beginnen.) Bei Mach hat der Raum keinerlei eigenständige Bedeutung, es kommt nur auf Relativbewegungen der Materie an. In Einsteins Theorie hat der Raum eine von der Materie unabhängige Existenz: Es gibt in ihr materiefreie Lösungen der Feldgleichungen, und das Machsche Prinzip könnte nur noch dadurch erfüllt werden, daß es physikalische Gesichtspunkte dafür gibt, diese Lösungen auszuschließen. Die von Mach geforderte Rückwirkung der Materie auf die Ursache ihrer Trägheitskräfte ist jedoch auch in Einsteins Theorie enthalten, und zwar in der Form, daß die Struktur der Raum-Zeit von der Materie beeinflußt wird.

In den modernen Quantenfeldtheorien ist der leere Raum nicht ohne Eigenschaf-

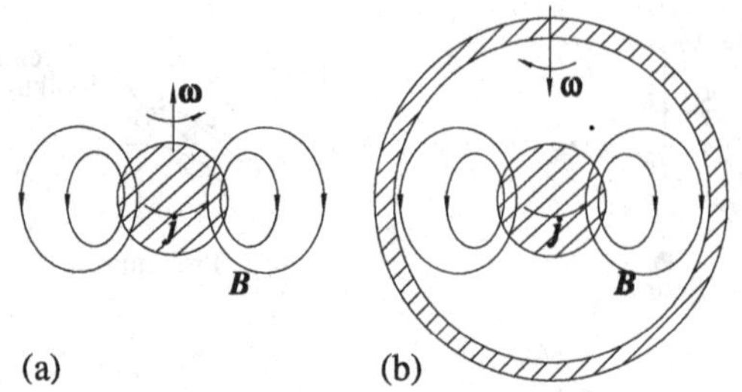

Abb. 8.9: Induktion eines Magnetfelds (a) durch Rotation einer geladenen Kugel, (b) durch Rotation einer neutralen Kugelschale um eine ruhende geladene Kugel.

ten. Er ist angefüllt mit unendlich vielen virtuellen Teilchen vielerlei Sorten, die in sogenannten „Vakuumfluktuationen" zu einer sehr kurzlebigen reellen Existenz gelangen können. Dies legt es nahe, den Raum als selbstständiges physikalisches Objekt zu betrachten, wie das in der Einsteinschen Theorie auch getan wird. Es wäre allerdings auch möglich, daß die Eigenschaften des Vakuums nicht spontan und unveränderlich vorhanden sind, sondern durch materielle Vorgänge geprägt werden und wurden, also möglicherweise eine historische Dimension besitzen. Eine frühere Theorie von Heisenberg und Mitarbeitern zielte in diese Richtung. Sollte eine derartige Theorie wieder zur Geltung gelangen, so könnte das auch die Machschen Ideen erneut aufleben lassen, zumindest soweit es die Entstehung dieser Eigenschaften angeht.

8.3.4 Äquivalenzprinzip

Eine wesentliche Grundlage der ART Einsteins ist das *Äquivalenzprinzip.* Bevor wir uns seiner endgültigen Formulierung zuwenden, wollen wir diese in einigen Schritten vorbereiten.

Äquivalenz von träger und schwerer Masse

Galilei entdeckte, daß alle Körper im Schwerefeld unabhängig von ihrer Masse gleich schnell fallen. Wenden wir die Newtonsche Bewegungsgleichung auf den freien Fall eine Körpers im Schwerefeld an, so schreiben wir gewöhnlich

$$m\dot{\boldsymbol{v}} = m\boldsymbol{g} \qquad \Rightarrow \qquad \dot{\boldsymbol{v}} = \boldsymbol{g}\,.$$

Hierin kommt die Unabhängigkeit der Fallgeschwindigkeit von der Masse zum Ausdruck. Sehen wir uns die Fallgesetze genauer an, so müßten wir eigentlich

$$\dot{\boldsymbol{v}} = \boldsymbol{F}/m_{\text{tr}}\,, \qquad \boldsymbol{F} = m_{\text{s}}\boldsymbol{g}$$

(m_{tr} = träge Masse, m_{s} = schwere Masse) schreiben, d. h. die Beschleunigung ist der einwirkenden Kraft proportional, und die Kraft im Schwerefeld ist proportional zu dessen Stärke. In beiden Gesetzen ist der Proportionalitätsfaktor bei gegebener Substanzsorte eine lineare Funktion der Substanzmenge. Dies bedeutet, daß der Quotient $m_{\text{s}}/m_{\text{tr}}$

bei gegebener Substanzsorte konstant ist. Gäbe es nur Substanzen ein und derselben Sorte, so könnte man die Einheiten für m_s und m_tr so wählen, daß $m_\mathrm{s}/m_\mathrm{tr} = 1$ ist. Tatsächlich gibt es aber viele verschiedene Substanzsorten, und diese sind auch aus verschiedenen Elementarteilchen zusammengesetzt. Das Erstaunliche ist nun, daß unabhängig von der Substanzsorte für den Quotienten $m_\mathrm{s}/m_\mathrm{tr}$ stets derselbe Wert gefunden wird. Bei geeigneter Wahl der Einheiten kann man daher generell

$$m_\mathrm{s} = m_\mathrm{tr} \tag{8.16}$$

setzen. Es war übrigens schon Newton klar, daß die allgemeine Gültigkeit dieser Beziehung nicht selbstverständlich ist, und wir haben in der *Mechanik*, Abschn. 2.4 gesehen, daß ihre Gültigkeit sehr genau überprüft worden ist. Als Konsequenz dieser experimentellen Ergebnisse geht die Einsteinsche ART davon aus, daß für alle Substanzen träge und schwere Masse exakt gleich sind. Diese Forderung wird sich als eine ganz wesentliche Grundlage der ART herausstellen.

Newtonsche Mechanik in frei fallendem System

Wir betrachten jetzt ein nichtrelativistisches System von N Punktteilchen, zwischen denen die – nichtrelativistischen – Wechselwirkungskräfte

$$\boldsymbol{F}_{ik} = -\boldsymbol{F}_{ki} = \boldsymbol{F}_{ik}(|\boldsymbol{x}_i - \boldsymbol{x}_k|)$$

bestehen und auf die ein homogenes zeitunabhängiges Schwerefeld $\boldsymbol{g}$ einwirkt. Dazu machen wir die folgenden Annahmen: Der physikalische Raum ist euklidisch und es gilt die exakte Gleichheit von träger und schwerer Masse.

Da die Teilchengeschwindigkeiten nichtrelativistisch sein sollen, gelten die Newtonschen Bewegungsgleichungen. In einem Inertialsystem lauten diese

$$m_i \ddot{\boldsymbol{x}}_i = m_i \boldsymbol{g} + \sum_{k \neq i} \boldsymbol{F}_{ik}(|\boldsymbol{x}_i - \boldsymbol{x}_k|)\,, \qquad i = 1, \ldots, N\,. \tag{8.17}$$

Nun transformieren wir die Bewegungsgleichungen mit

$$\boldsymbol{x}' = \boldsymbol{x} - \frac{1}{2}\boldsymbol{g}t^2\,, \qquad t' = t$$

auf ein beschleunigtes Bezugssystem S'. (Der beschleunigte Punkt $\boldsymbol{x} = \boldsymbol{g}t^2/2$ hat in ihm die feste Koordinate $\boldsymbol{x}' = 0$.) Wegen $d^2\boldsymbol{x}'/dt'^2 = d^2\boldsymbol{x}/dt^2 - \boldsymbol{g}$ lauten sie in diesem

$$m_i \frac{d^2\boldsymbol{x}_i'}{dt'^2} = \sum_{k \neq i} \boldsymbol{F}_{ik}(|\boldsymbol{x}_i' - \boldsymbol{x}_k'|)\,.$$

Hier wurde ein die träge Masse enthaltender Term $m_i\boldsymbol{g}$ auf der linken Seite gegen den die schwere Masse enthaltenden Term $m_i\boldsymbol{g}$ auf der rechten Seite weggehoben, d. h. die Äquivalenz von träger und schwerer Masse ging ganz wesentlich in das Ergebnis ein.

Das System S' folgt der Schwerkraft wie ein frei fallendes Teilchen, und man nennt es deshalb **frei fallendes System**. In ihm ist die Wirkung der Schwerkraft völlig wegtransformiert, die Bewegungsgleichungen lauten genau wie in einem Inertialsystem ohne Schwerefeld. Das Letztere ist in dem frei fallenden System also durch nichts mehr feststellbar.

Hat man umgekehrt N Teilchen in einem Inertialsystem ohne Schwerkraft, – die Bewegungsgleichungen lauten darin

$$m_i \ddot{\boldsymbol{x}}_i = \sum_{k \neq i} \boldsymbol{F}_{ik}(|\boldsymbol{x}_i - \boldsymbol{x}_k|)$$

– und geht man mit

$$\boldsymbol{x}' = \boldsymbol{x} - \frac{1}{2}\boldsymbol{a}t^2, \qquad t' = t$$

auf ein mit der Beschleunigung $\boldsymbol{a}$ beschleunigtes Bezugssystem über, so erhält man in diesem die Bewegungsgleichungen

$$m_i \frac{d^2\boldsymbol{x}_i'}{dt'^2} = -m_i\boldsymbol{a} + \sum_{k \neq i} \boldsymbol{F}_{ik}(|\boldsymbol{x}_i' - \boldsymbol{x}_k'|). \tag{8.18}$$

Dieses System ist bezüglich der mechanischen Bewegungen durch nichts von einem System zu unterscheiden, auf das ein konstantes Schwerefeld $\boldsymbol{g} = -\boldsymbol{a}$ einwirkt. (In einem anfahrenden Auto wird man gegen die Rücklehne des Sitzes gedrückt, wie wenn eine horizontale Schwerkraft $m\boldsymbol{g} = -m\boldsymbol{a}$ wirken würde.)

Unsere Betrachtungen waren soweit auf statische homogene Schwerefelder spezialisiert. Sie lassen sich – wenigstens näherungsweise – auf zeitabhängige inhomogene Schwerefelder $\boldsymbol{g}(\boldsymbol{x}, t)$ übertragen, wenn man sie auf ein hinreichend kleines Raumgebiet $\Delta^3 x$ um einen beliebigen Punkt $\boldsymbol{x}_0$ und auf ein hinreichend kleines Zeitintervall Δt um einen beliebigen Zeitpunkt t_0 einschränkt. Transformieren wir von den Koordinaten $\boldsymbol{x}, t$ auf ein System S' mit den Koordinaten

$$\boldsymbol{x}' = \boldsymbol{x} - \frac{1}{2}\boldsymbol{g}(\boldsymbol{x}_0, t_0)\, t^2, \qquad t' = t,$$

so wird das Schwerefeld $\boldsymbol{g}(\boldsymbol{x}, t)$ im Punkt $\boldsymbol{x}_0$ zur Zeit t_0 exakt wegtransformiert, in den übrigen Punkten des betrachteten Raum-Zeit-Intervalls näherungsweise, wobei die Näherung umso besser ist, je kleiner $\Delta^3 x$ und Δt gewählt werden. Abhängig vom Grad der Inhomogenität und der Zeitabhängigkeit können $\Delta^3 x$ und Δt stets so klein gewählt werden, daß die Umgebung $\Delta^3 x$ von $\boldsymbol{x}_0$ im Zeitintervall Δt um t_0 von einem schwerefreien Inertialsystem praktisch nicht zu unterscheiden ist. (Das Innere eines die Erde umkreisenden Raumschiffs besitzt z. B. diese Eigenschaft und läßt erkennen, wie gut diese Näherung im allgemeinen ist.) Wir bezeichnen daher die unmittelbare Umgebung des Raum-Zeit-Punktes $\boldsymbol{x}_0$, t_0 in S' als **lokales Inertialsystem** (ohne Schwerkraft). In Abschn. 8.4.1 wird sich herausstellen, daß die durch Inhomogenitäten des Schwerefelds verursachten Abweichungen von einem idealen Inertialsystem im Rahmen der ART sogar noch geringer sind, als es unsere einfache Modellrechnung mit Hilfe der Newtonschen Gravitationstheorie erwarten läßt.

Formulierung und Diskussion des Äquivalenzprinzips

Als Resümee halten wir fest: In Bezug auf mechanische Bewegungen kann jedes Schwerefeld lokal durch eine entsprechende Beschleunigung ersetzt werden. Umgekehrt kann jedes Schwerefeld durch Übergang auf ein lokal freifallendes Bezugssystem lokal wegtransformiert werden. Obwohl es sich dabei um ein beschleunigtes Bezugssystem handelt, ist dieses bezüglich der mechanischen Bewegungen in nichts von einem Inertialsystem zu unterscheiden.

Einstein folgerte hieraus die völlige Äquivalenz von Trägheit und Schwere und postulierte, daß jedes lokal frei fallende System *sämtliche* Eigenschaften eines Inertialsystems ohne Schwerkraft besitzt. Mit dem Wort „sämtliche" ist dabei gemeint, daß das System für alle physikalischen Vorgänge ein Inertialsystem bildet. In etwas anderer Form fassen wir Einsteins Folgerungen zu einem Äquivalenzprinzip zusammen.[7]

Äquivalenzprinzip. *In jedem Schwerefeld existiert zu jedem Raum-Zeit-Punkt ein lokales Inertialsystem, in welchem sämtliche Naturgesetze lokal – d. h. in einer hinreichend kleinen Umgebung des Punktes – dieselbe Form wie in einem unbeschleunigten gravitationsfreien System annehmen – sofern bekannt also die Form der SRT in einem Inertialsystem. Jede Form von Energie trägt gemäß der Beziehung* $m = E/c^2$ *in gleichem Maße zur trägen und schweren Masse bei.*

Der letzten Aussage muß in den Einsteinschen Feldgleichungen durch explizite Berücksichtigung der Energien im Energie-Impuls-Tensor Gültigkeit verschafft werden. *Die einzige Ausnahme hiervon bildet die Energie des Gravitationsfeldes*, bei der das durch die Struktur der Feldgleichungen automatisch geschieht (siehe Abschn. 10.7).

Es sieht fast so aus, als hätten wir das Äquivalenzprinzip abgeleitet. Dieses geht jedoch in zwei Punkten ganz wesentlich über die vorher durchgeführten Betrachtungen hinaus. Erstens betrafen diese nur die mechanische Bewegung von Massenpunkten, während das Äquivalenzprinzip Phänomene wie den Elektromagnetismus mit einbezieht. Zweitens haben wir oben angenommen, daß sich jedes Schwerefeld durch ein Vektorfeld $\boldsymbol{g}(\boldsymbol{x}, t)$ darstellen läßt, was sich später nur als Näherung mit eingeschränkter Gültigkeit herausstellen wird – unsere „Ableitung" besitzt also nur heuristischen Wert. Das Äquivalenzprinzip bildet demnach eine zwar plausible, aber im Grunde unbewiesene Hypothese, über deren Gültigkeit und Nutzen letztlich die aus ihr abgeleiteten Konsequenzen und deren experimentelle Bestätigung entscheiden.

Auf indirekte Weise trägt das Äquivalenzprinzip einem der beiden Probleme Rechnung, deren Lösung in der Einleitung als wesentlicher Vorteil der ART hervorgehoben wurde. Wir hatten festgestellt, daß nach dem Prinzip *actio = reactio* eine Rückwirkung des Gravitationsfeldes auf Felder wie das elektromagnetische Feld zu erwarten ist. Wie diese genau auszusehen hat, kann an dieser Stelle noch nicht gesagt werden, aber qualitativ läßt sich erkennen, wie sie zustande kommt. In einem frei fallenden Inertialsystem entfallen wegen des Fehlens der Schwerkraft auch deren Auswirkungen, weshalb die physikalischen Gesetze in ihm die Form der SRT annehmen. Die Transformation auf

---

7 Auf S. 193 wird eine präzisierte Formulierung und eine nützliche Variante des Äquivalenzprinzips vorgestellt.

ein System mit Schwerefeld läßt die Naturgesetze vom Schwerefeld abhängig werden. Ausdrücklich sei darauf hingewiesen, daß es hierbei zu einer erheblichen Einengung des Begriffes Inertialsystem kommt, denn nur noch Systeme, in denen keine Schwerkraft wirkt, werden als Inertialsysteme zugelassen. (In der Newtonschen Theorie können in einem Inertialsystem beliebige Kräfte wirken, insbesondere auch die Schwerkraft.) Es wird sich später herausstellen, daß diese indirekte Berücksichtigung der Rückwirkung im wesentlichen schon dazu genügt, um deren Struktur angeben zu können. Zu ihrer Quantifizierung bedarf es allerdings noch weiterer Annahmen (Abschn. 10.6–10.7).

In der Literatur wird gelegentlich zwischen einem **schwachen**, einem **mittelstarken**, einem **starken** und einem **superstarken Äquivalenzprinzip** unterschieden. Das schwache ist auf die Mechanik eingeschränkt, beim starken werden sämtliche Naturgesetze bis auf das Gravitationsgesetz mit einbezogen, während das von uns benutzte superstarke Äquivalenzprinzip schließlich auch noch für dieses gelten soll. Im mittelstarken Äquivalenzprinzip wird gegenüber dem superstarken die Einschränkung gemacht, daß die in die Naturgesetze eingehenden Konstanten wie h (Plancksches Wirkungsquantum), c (Lichtgeschwindigkeit) und G (Gravitationskonstante) räumlich und zeitlich variieren können. Eine zeitliche Variation von G wurde z. B. von P. Jordan angenommen, um die Kontinentalverschiebung auf der Erde zu erklären. Für diese gibt es heute jedoch viel einfachere Erklärungen (Konvektionsströmungen im Erdmantel). Unter allen Äquivalenzprinzipien kommen für eine vernünftige Theorie eigentlich zwangsläufig nur das mittelstarke und das superstarke in Frage, da nur sie die für eine vollständige Äquivalenz erforderliche exakte und generelle Gleichheit von träger und schwerer Masse garantieren.

Das Äquivalenzprinzip würde übrigens schon für eine einzelne Substanz zusammenbrechen, wenn die gravitative Bindungsenergie in unterschiedlicher Weise zur trägen und schweren Masse beitrüge: Eine Massenkugel konstanter Dichte vom Radius R, d. h. $\varrho = \varrho_s$ für $r \leq R$ und $\varrho = 0$ für $r > R$ sowie (aktive) schwere Masse $M_s = 4\pi R^3 \varrho_s/3$, besitzt nach der Newtonschen Gravitationstheorie (siehe *Mechanik*, Kapitel 2, Gleichung (2.46)) das Potential

$$\Phi = \begin{cases} \dfrac{GM}{2R}\left(\dfrac{r^2}{R^2} - 3\right) & \text{für} \quad r \leq R\,, \\[2ex] -\dfrac{GM}{r} & \text{für} \quad r > R\,. \end{cases} \tag{8.19}$$

und die **Bindungsenergie**

$$B \overset{\text{s.u.}}{=} -W_g = -\frac{1}{2}\int_0^\infty \varrho\Phi\, d\tau = -2\pi\int_0^R \varrho_s \Phi\, r^2\, dr = \frac{\varrho_s 4\pi R^3 G M_s}{5R} = \frac{3GM_s^2}{5R}\,. \tag{8.20}$$

Da die (positive) Bindungsenergie B bei der Bindung freigesetzt wird, ist die **Gravitationsfeldenergie** W_g, durch die sie in dem System der gebundenen Masse M repräsentiert wird, negativ. Würde W_g z. B. nur zur schweren und überhaupt nicht zur trägen Masse beitragen, so bekäme man mit $M_{tr} = M_s - W_g/c^2$ für das Verhältnis von träger und schwerer Masse

$$\frac{M_{tr}}{M_s} = 1 + \frac{3Gm_s}{5c^2}\,.$$

Der Quotient wäre also von der Gesamtmasse abhängig und nicht einmal für die gleiche Substanzsorte konstant. Dieser Effekt wäre allerdings sehr klein, denn selbst für die Masse der Erde besitzt der M_s-abhängige Term nur einen Wert von etwa 10^{-10}. Schon hier sei jedoch ausdrücklich darauf hingewiesen, daß die Energie des Gravitationsfeldes bzw. die dieser äquivalente Masse bei der Berechnung des Schwerefelds in der ART nicht explizit berücksichtigt werden muß bzw. darf (siehe dazu Abschn. 10.7).

Abschließend sei bemerkt, daß die vollständige Äquivalenz von träger und schwerer Masse auch ganz klar durch das Machsche Prinzip nahegelegt wird: Die Bewegung der Erde um die Sonne wird durch die Trägheit der Erde und die Anziehungskraft der Sonne bestimmt. Die letzte ist ein gravitativer Effekt der Sonne, die erste ein gravitativer Induktionseffekt der im Weltall verteilten Massen – beides sind also gravitative Effekte. Es wäre nur schwer vorstellbar, daß einer der beiden Effekte z. B. alle die Erdmasse aufbauenden Komponenten betreffen sollte, der andere aber nur einen Teil von diesen.

Anwendung des Äquivalenzprinzips auf geladene Teilchen

Nach dem Äquivalenzprinzip sollten ungeladene und geladene Teilchen in einem statischen und homogenen Schwerefeld unter gleichen Startbedingungen gleich schnell fallen. Im allgemeinen läßt sich das Äquivalenzprinzip allerdings nicht unmittelbar auf geladene (Punkt-) Teilchen anwenden, weil es sich auf die direkte Nachbarschaft eines Raum-Zeit-Punktes bezieht, während ein Teil der Masse geladener Teilchen nach Abschn. 5.11.2 im ganzen Raum verteilt ist. In einem statischen und homogenen Schwerefeld ist die Umgebung aller Raum-Zeit-Punkte jedoch gleichartig, alle im Raum verteilten Massenelemente fallen daher gleich schnell, und das Äquivalenzprinzip kann so angewandt werden, als wäre die gesamte Masse am Ort der Ladung konzentriert.

In Systemen, die im Schwerefeld ohne Rotation frei fallen, ist das (homogene) Schwerefeld wegtransformiert, diese bilden Inertialsysteme, in denen die Gesetze der SRT gelten. Unter ihnen befindet sich auch eines, in dem ein geladenes und ein ungeladenes Teilchen ruhen, wenn sie gleichzeitig fallengelassen wurden. Für einen im Schwerefeld fixierten Beobachter fallen beide dann gleich schnell. Da sie für ihn eine – mit konstanter Kraft – beschleunigte Bewegung ausführen, würde das geladene Teilchen nach (5.85) durch Strahlung Energie und Impuls abgeben. Dem ist jedoch nicht so, denn wir hatten am Ende von Abschn. 5.11.3 festgestellt, daß Gleichung (5.85) nicht für Beschleunigungen durch das Schwerefeld gilt. Nach der – eigentlich ebenfalls nicht anwendbaren[8] – Lorentz-Dirac-Gleichung würde das geladene Teilchen auch nicht durch Strahlungsemission gebremst, denn nach Abschn. 5.11.2 bewirkt sein freier Fall in seinem Ruhesystem eine gleichmäßige Beschleunigung, für welche die Strahlungsdämpfung gerade entfällt. Diese Akausalität der Lorentz-Dirac-Gleichung kann sogar als eine gewisse Unterstützung des Äquivalenzprinzips angesehen werden.

Einschränkend muß gesagt werden, daß die vorausgesetzte Homogenität und Zeitunabhängigkeit des Schwerefelds nur von – für die jetzigen Zwecke ausreichendem – theoretischem Wert, praktisch aber nicht realisierbar ist: In der ART müssen bei der

8 Auch die Lorentz-Dirac-Gleichung gilt nicht für die Beschleunigung durch ein Schwerefeld und auch nicht für die damit verbundene zeitlich unbegrenzte Beschleunigung.

Behandlung von Schwerefeldern auch immer deren Quellen mit erfaßt werden und daher im Endlichen liegen, während ein homogenes Schwerefeld seine Quellen im Unendlichen hat. *Infolgedessen muß man bei der Behandlung des freien Falls geladener Teilchen im Schwerefeld dieses immer als inhomogen voraussetzen.* Selbstverständlich kann dieses kompliziertere Problem im Rahmen der ART behandelt werden, indem man unser Äquivalenzprinzip auf die unmittelbare Nachbarschaft aller Raum-Zeit-Punkte anwendet und dabei auch alle elektromagnetischen Massenelemente des Teilchens erfaßt. Eine lokale Behandlung mit Hilfe einer auf die ART übertragenen Lorentz-Dirac-Gleichung ist ebenfalls möglich – sie wird in Abschn. 10.5 skizziert –, jedoch außerordentlich schwierig. Sie hat zum Ergebnis, daß geladene Teilchen aufgrund der weiträumigen Verteilung ihrer elektromagnetischen Masse in inhomogenen Schwerefeldern anders fallen als ungeladene.

Auch gleich schwere geladene (Punkt-) Teilchen können in einem inhomogenen Schwerefeld unterschiedlich schnell fallen, wenn die Verhältnisse und Orientierungen von Multipolmomenten gleicher Ordnung nicht übereinstimmen und die Feldenergie daher auf unterschiedliche Weise im Raum verteilt ist. (Unterscheiden sich alle Multipolmomente bei gleicher Orientierung nur um denselben Faktor, dann handelt es sich um gleich geformte und gleich orientierte Teilchen, und diese fallen gleich schnell.) Man kann das kurz zu der Aussage zusammenfassen: *Unterschiedlich geformte Ladungsträger fallen im allgemeinen unterschiedlich schnell.*

Genau genommen fallen auch zwei gleich geformte und gleich schwere geladene Teilchen unterschiedlich schnell, wenn sich ihre Vorgeschichten unterscheiden. Wurde das eine vor sehr langer Zeit an den Ort im Schwerefeld gebracht, von dem aus man es fallen läßt, das zweite jedoch schnell und kurz zuvor, dann ist das elektromagnetische Feld des ersten schon weitgehend nachgekommen, während das des zweiten zu großen Teilen erst noch nachrücken muß. Ein – allerdings ziemlich kleiner – Teil der im Feld enthaltenen Masse des zweiten ist dann viel weiter weg als beim ersten und wird in einem inhomogenen Schwerefeld dementsprechend anders beschleunigt.[9] Zu beiden Effekten muß allerdings gesagt werden, daß sie extrem schwach sind und weit unterhalb der Meßbarkeitsschwelle liegen.

8.4 Folgerungen aus dem Äquivalenzprinzip

8.4.1 Metrik der ART

Lokales Minkowski-System

Nach dem Äquivalenzprinzip existiert in jedem Punkt der Raum-Zeit ein lokales Koordinatensystem, in dem die Gesetze der SRT gelten. Daraus folgt insbesondere, daß es Systeme $\widetilde{S}|\xi$ (Abkürzung für Sytem $\widetilde{S}$ mit Koordinaten ξ^μ) geben muß, in denen die

---

9 Der Frage, ob auch Energie des Gravitationsfeldes ähnliche Konsequenzen für ungeladene Teilchen haben kann, wird im Exkurs 10.1 nachgegangen.

Metrik $\tilde{g}_{\mu\nu}(\tilde{\xi})$ zumindest in einem Punkt, für den wir $\tilde{\xi}^\mu = 0$ setzen, pseudo-euklidisch ist,

$$ds^2 = \tilde{g}_{\mu\nu}(\tilde{\xi})\, d\tilde{\xi}^\mu\, d\tilde{\xi}^\nu \qquad \text{mit} \qquad \tilde{g}_{\mu\nu}(0) = \eta_{\mu\nu}\,. \tag{8.21}$$

($\eta_{\mu\nu}$ ist der pseudo-euklidische metrische Tensor (3.109).) Systeme mit der Eigenschaft (8.21) werden als **lokale Minkowski-Systeme** bezeichnet. (Wir werden später sehen, daß es im allgemeinen noch keine Systeme sind, in denen die Gesetze der SRT gelten.)

Nun wurde in Abschn. 8.1.3 (Satz 3) gezeigt, daß die Metrik eine Raumes pseudo-riemannsch ist, wenn in jedem seiner Punkte ein lokal pseudo-euklidisches Koordinatensystem existiert. Daher muß die physikalische Raum-Zeit der ART in beliebigen Koordinaten x^μ eine pseudo-riemannsche Metrik mit dem Linienelement

$$\boxed{ds^2 = g_{\mu\nu}(x)\, dx^\mu\, dx^\nu} \tag{8.22}$$

besitzen. Die $g_{\mu\nu}$ dürfen natürlich von den Koordinaten x^μ abhängen, was durch die Notation $g_{\mu\nu} = g_{\mu\nu}(x)$ zum Ausdruck gebracht ist. Dabei kann angenommen werden, daß die metrischen Koeffizienten $g_{\mu\nu}$ in μ und ν symmetrisch sind,

$$\boxed{g_{\mu\nu} = g_{\nu\mu}\,.} \tag{8.23}$$

Wenn das nämlich nicht der Fall wäre, könnten wir mit

$$ds^2 = g_{\mu\nu}\, dx^\mu\, dx^\nu \overset{\mu\leftrightarrow\nu}{=} g_{\nu\mu}\, dx^\nu\, dx^\mu = g_{\nu\mu}\, dx^\mu\, dx^\nu = \frac{1}{2}\,(g_{\mu\nu}+g_{\nu\mu})\, dx^\mu\, dx^\nu$$

statt $g_{\mu\nu}$ die symmetrische Metrik $\frac{1}{2}\,(g_{\mu\nu}+g_{\nu\mu})$ benutzen, ohne dadurch irgendetwas an ds^2 zu ändern. Das Ergebnis (8.22) impliziert wie in Abschn. 8.1.3, daß Raum und Zeit punktal isotrop sind, daß also durch die Werte von $g_{\mu\nu}$ in einem Punkt keine Raum- oder Zeitrichtung ausgezeichnet wird.

Beim Übergang von den Koordinaten x^μ zu Koordinaten x'^μ transformiert sich das Linienelement gemäß

$$ds^2 = g_{\mu\nu}\, dx^\mu\, dx^\nu = g_{\mu\nu} \frac{\partial x^\mu}{\partial x'^\alpha} \frac{\partial x^\nu}{\partial x'^\beta}\, dx'^\alpha\, dx'^\beta = g'_{\alpha\beta}\, dx'^\alpha\, dx'^\beta\,,$$

wobei zuletzt

$$g'_{\alpha\beta}(x') = g_{\mu\nu}(x) \frac{\partial x^\mu}{\partial x'^\alpha} \frac{\partial x^\nu}{\partial x'^\beta} \tag{8.24}$$

gesetzt wurde. Die Invarianz

$$ds^2 = g_{\mu\nu}\, dx^\mu\, dx^\nu = g'_{\alpha\beta}\, dx'^\alpha\, dx'^\beta$$

der Form von ds^2 gegenüber beliebigen Koordinatentransformationen ist also eine einfache Folgerung des Transformationsverhaltens der Koordinaten und keine Folgerung physikalischer Prinzipien wie in der SRT, wo sie aus der Konstanz der Lichtgeschwindigkeit bzw. der Homogenität und Isotropie der Raum-Zeit gefolgert wurde.

Wendet man (8.24) auf den – stets möglichen – Übergang von beliebigen Koordinaten x^μ zu den Koordinaten $\bar{\xi}^\mu$ eines lokalen Minkowski-Systems an ($x'^\mu \to \bar{\xi}^\mu$), so erhält man

$$\eta_{\alpha\beta} = \bar{g}_{\alpha\beta}(0) = \left(g_{\mu\nu} \frac{\partial x^\mu}{\partial \bar{\xi}^\alpha} \frac{\partial x^\nu}{\partial \bar{\xi}^\beta} \right)\bigg|_{\bar{\xi}=0} . \tag{8.25}$$

(Dieser Übergang entspricht der Kombination von Kongruenztransformationen, die in Abschn. 8.1.3 beim Beweis von Satz 1 von $ds^2{=}g_{ik}\,dx^i dx^k$ zu $ds^2{=}\delta_{ik}\,dx'^i\,dx'^k$ geführt haben, nur daß es sich hier um eine Raum-Zeit von vier Dimensionen handelt.) Geht man von den Koordinaten x^μ durch die lineare Transformation

$$x^\mu = X^\mu + \frac{\partial x^\mu}{\partial \bar{\xi}^\alpha}\bigg|_{\bar{\xi}=0} \hat{\xi}^\alpha \tag{8.26}$$

auf Koordinaten $\hat{\xi}^\alpha$ über, wobei $x^\mu = X^\mu$ der Punkt $\bar{\xi}^\mu = 0$ ist, so erhält man in diesen wegen

$$\frac{\partial x^\mu}{\partial \hat{\xi}^\alpha}\bigg|_{\hat{\xi}=0} = \frac{\partial x^\mu}{\partial \bar{\xi}^\alpha}\bigg|_{\bar{\xi}=0}$$

bei $\hat{\xi}^\mu = 0$ nach (8.25) ebenfalls die Metrik $\eta_{\mu\nu}$, d. h. $\widehat{S}|\hat{\xi}^\mu$ ist bei $\hat{\xi}^\alpha = 0$ ebenfalls ein lokales Minkowski-System. Dies zeigt, daß sich der Übergang zu einem lokalen Minkowski-System stets durch eine lineare Koordinatentransformation erreichen läßt.

Sind die $g_{\mu\nu}$ dimensionslos, ist $g_{00}{>}0$ und $g_{\underline{l}\underline{l}}{<}0$, so bezeichnet man in Anlehnung an die SRT x^0 als **Zeitkoordinate**, $t{=}x^0/c$ mit c = Vakuumwert der Lichtgeschwindigkeit der SRT als **Koordinatenzeit** und die x^l als **räumliche Koordinaten**. Für den Raumpunkt $x^l{=}X^l$ folgt aus (8.26) $(\partial x^l/\partial\bar{\xi}^0)\hat{\xi}^0{+}(\partial x^l/\partial\bar{\xi}^m)\hat{\xi}^m{=}0$, er bewegt sich in $\widehat{S}|\hat{\xi}^\mu$ mit derjenigen **Koordinatengeschwindigkeit** $d\hat{\xi}^l/dt{=}c\,(d\hat{\xi}^l/d\hat{\xi}^0)$, die aus dem System der drei Gleichungen

$$a^l{}_k \frac{d\hat{\xi}^k}{d\hat{\xi}^0} = -a^l{}_0 , \quad l = 1,2,3 \qquad \text{mit} \quad a^\mu{}_\alpha = \frac{\partial x^\mu}{\partial \bar{\xi}^\alpha}\bigg|_{\bar{\xi}=0}$$

folgt. Die Koordinatengeschwindigkeit ist im allgemeinen von null verschieden. (Sie unterscheidet sich von der für physikalische Zwecke im allgemeinen brauchbareren Vierergeschwindigkeit (10.15).) Dagegen ergibt sich die **Koordinatenbeschleunigung** $d^2\hat{\xi}^l/dt^2{=}c^2\,(d^2\hat{\xi}^l/(d\hat{\xi}^0)^2)$ des Punktes $x^l{=}X^l$ gegenüber $\widehat{S}|\hat{\xi}^\mu$ aus

$$a^l{}_k \frac{d^2\hat{\xi}^k}{(d\hat{\xi}^0)^2} = 0$$

wegen $\det(a^l{}_k){\neq}0$ zu null. ($\det(a^l{}_k){\neq}0$ folgt aus (8.25) mit $\det(\eta_{\alpha\beta}){\neq}0$.) Dies bedeutet, daß sich der Punkt $\hat{\xi} = 0$ des lokalen Minkowski-Systems $\widehat{S}|\hat{\xi}^\mu$ gegenüber dem Punkt X^μ des System S unbeschleunigt bewegt. Die Koordinaten x^l und $\hat{\xi}^l$ können allerdings um den Punkt X^l bzw. $\hat{\xi}^l$ rotieren.

Daß in jedem Punkt der Raum-Zeit ein lokales Minkowski-System existiert, ist eine Folge des Äquivalenzprinzips. Tatsächlich gibt es lokale Koordinatensysteme, die den Inertialsystemen der SRT noch viel ähnlicher sind.

Lokal ebenes System

In der SRT gilt: Ein Maßstab, auf den keine Kräfte einwirken, verändert bei Verschiebungen seine Länge nicht. Nach dem Äquivalenzprinzip muß es auch in der ART lokale Koordinatensysteme geben, in denen das zumindest für Maßstäbe infinitesimaler Länge gilt. (Analoge Überlegungen gelten für zeitliche Abstände.)

In der SRT ist es möglich, die Konstanz der Länge direkt in Koordinaten auszudrücken: $\Delta\xi^\mu$ bleibt bei einer Verschiebung konstant, wenn ξ^μ pseudo-euklidische Koordinaten sind. Wenn in der ART dasselbe für infinitesimale Abstände in einem lokalen Minkowski-System mit den Koordinaten ξ^μ gelten würde – also Konstanz der $d\xi^\mu$ bei einer kleinen Verschiebung – müßten aus

$$\frac{\partial}{\partial\xi^\lambda}\,ds^2\bigg|_{\xi=0} = \frac{\partial}{\partial\xi^\lambda}\big(g_{\mu\nu}\,d\xi^\mu\,d\xi^\nu\big)\bigg|_{\xi=0} = 0 \tag{8.27}$$

die Gleichungen $\partial(g_{\mu\nu}\,d\xi^\mu\,d\xi^\nu)/\partial\xi^\lambda = (\partial g_{\mu\nu}/\partial\xi^\lambda)d\xi^\mu\,d\xi^\nu = 0$ und aus diesen wegen der Beliebigkeit der $d\xi^\mu$ die Gleichungen

$$\frac{\partial g_{\mu\nu}}{\partial\xi^\lambda}\bigg|_{\xi=0} = 0 \tag{8.28}$$

folgen. Ein Koordinatensystem $S|\xi^\mu$, für das im Punkt $\xi^\mu = 0$ gleichzeitig die Bedingungen (8.21), $g_{\mu\nu}(0) = \eta_{\mu\nu}$, und (8.28) erfüllt sind, bezeichnet man als **lokal ebenes System**. Wir beweisen dazu den folgenden Satz.

Satz. *In jedem Punkt der Raum-Zeit mit Ausnahme singulärer Punkte existiert ein lokal ebenes Koordinatensystem.*

Mit singulären Punkten sind Punkte gemeint, in denen ds^2 divergiert. Ein singulärer Punkt wird uns später bei der Schwarzschild-Metrik begegnen.

Beweis: Zum Beweis gehen wir mit dem Reihenansatz

$$\xi^\mu = \tilde{\xi}^\mu + \frac{1}{2}\,\tilde{\Gamma}^\mu_{\rho\sigma}\tilde{\xi}^\rho\tilde{\xi}^\sigma + \cdots\,, \tag{8.29}$$

in dem an die konstanten Koeffizienten $\tilde{\Gamma}^\mu_{\rho\sigma}$ analog zu (8.23) die Symmetriebedingungen

$$\tilde{\Gamma}^\mu_{\rho\sigma} = \tilde{\Gamma}^\mu_{\sigma\rho} \tag{8.30}$$

gestellt werden können, von einem lokalen Minkowski-System $\tilde{S}|\tilde{\xi}^\mu$ mit der Metrik $\tilde{g}_{\mu\nu}(\tilde{\xi})$ zu einem System $S|\xi^\mu$ mit der Metrik $g_{\mu\nu}(\xi)$ über. Aus $ds^2 = g_{\mu\nu}d\xi^\mu d\xi^\nu = \tilde{g}_{\alpha\beta}d\tilde{\xi}^\alpha d\tilde{\xi}^\beta$ folgt wie (8.24)

$$g_{\mu\nu}\frac{\partial\xi^\mu}{\partial\tilde{\xi}^\alpha}\frac{\partial\xi^\nu}{\partial\tilde{\xi}^\beta} = \tilde{g}_{\alpha\beta}\,.$$

Setzen wir hierin die Entwicklung (8.29) bzw.

$$\begin{aligned}\frac{\partial\xi^\mu}{\partial\tilde{\xi}^\alpha} &= \delta^\mu{}_\alpha + \frac{1}{2}\,\tilde{\Gamma}^\mu_{\rho\sigma}\,(\delta^\rho{}_\alpha\tilde{\xi}^\sigma + \tilde{\xi}^\rho\delta^\sigma{}_\alpha) + \cdots = \delta^\mu{}_\alpha + \frac{1}{2}\,\tilde{\Gamma}^\mu_{\alpha\sigma}\tilde{\xi}^\sigma + \frac{1}{2}\,\tilde{\Gamma}^\mu_{\rho\alpha}\tilde{\xi}^\rho + \cdots\\ &\overset{(8.30)}{=} \delta^\mu{}_\alpha + \tilde{\Gamma}^\mu_{\rho\alpha}\tilde{\xi}^\rho + \cdots\end{aligned}$$

ein ($\delta^\mu{}_\nu$ ist das Kronecker-Symbol) und behalten nur Terme nullter und erster Ordnung, so erhalten wir in der Nachbarschaft von $\xi = 0$

$$g_{\mu\nu}\left(\delta^\mu{}_\alpha\delta^\nu{}_\beta + \tilde{\Gamma}^\mu_{\rho\alpha}\tilde{\xi}^\rho\delta^\nu{}_\beta + \delta^\mu{}_\alpha\tilde{\Gamma}^\nu_{\rho\beta}\tilde{\xi}^\rho\right) = g_{\alpha\beta} + \left(g_{\mu\beta}\tilde{\Gamma}^\mu_{\rho\alpha} + g_{\alpha\nu}\tilde{\Gamma}^\nu_{\rho\beta}\right)\tilde{\xi}^\rho = \tilde{g}_{\alpha\beta}\,. \quad (8.31)$$

Für $\tilde{\xi}^\mu = \xi^\mu = 0$ folgt hieraus zunächst mit (8.25)

$$g_{\alpha\beta}(0) = \eta_{\alpha\beta}\,, \quad (8.32)$$

d. h. auch in S haben wir bei $\xi^\mu = 0$ eine Minkowski-Metrik. Jetzt differenzieren wir (8.31) nach ξ^λ und stellen die Forderung (8.28), in der Hoffnung, sie durch geeignete Wahl der $\tilde{\Gamma}^\lambda_{\mu\nu}$ erfüllen zu können. Mit der aus (8.29) folgenden Beziehung

$$\frac{\partial}{\partial\tilde{\xi}^\lambda} = \frac{\partial\xi^\rho}{\partial\tilde{\xi}^\lambda}\frac{\partial}{\partial\xi^\rho} = \left(\delta^\rho{}_\lambda + \mathcal{O}(\tilde{\xi})\right)\frac{\partial}{\partial\xi^\rho} = \frac{\partial}{\partial\xi^\lambda} + \mathcal{O}(\tilde{\xi})$$

erhalten wir dann am Ort $\xi^\mu = 0$, indem wir noch (8.32) benutzen,

$$\eta_{\mu\beta}\tilde{\Gamma}^\mu_{\lambda\alpha} + \eta_{\alpha\nu}\tilde{\Gamma}^\nu_{\lambda\beta} = \left.\frac{\partial}{\partial\tilde{\xi}^\lambda}\tilde{g}_{\alpha\beta}\right|_{\tilde{\xi}=0}. \quad (8.33)$$

Aus diesen Gleichungen lassen sich die $\tilde{\Gamma}^\lambda_{\mu\nu}$ tatsächlich eindeutig berechnen: Durch zyklische Vertauschung der Indizes α, β, λ erhält man aus (8.33) zunächst die weiteren Gleichungen

$$\eta_{\mu\alpha}\tilde{\Gamma}^\mu_{\beta\lambda} + \eta_{\lambda\nu}\tilde{\Gamma}^\nu_{\beta\alpha} = \left.\frac{\partial}{\partial\tilde{\xi}^\beta}\tilde{g}_{\lambda\alpha}\right|_{\tilde{\xi}=0}, \qquad \eta_{\mu\lambda}\tilde{\Gamma}^\mu_{\alpha\beta} + \eta_{\beta\nu}\tilde{\Gamma}^\nu_{\alpha\lambda} = \left.\frac{\partial}{\partial\tilde{\xi}^\alpha}\tilde{g}_{\beta\lambda}\right|_{\tilde{\xi}=0}.$$

Deren Linearkombination mit (8.33) führt mit der Umbenennung von Summationsindizes und unter Verwendung von (8.30) zu

$$\left.\left(\frac{\partial}{\partial\tilde{\xi}^\beta}\tilde{g}_{\lambda\alpha} + \frac{\partial}{\partial\tilde{\xi}^\alpha}\tilde{g}_{\beta\lambda} - \frac{\partial}{\partial\tilde{\xi}^\lambda}\tilde{g}_{\alpha\beta}\right)\right|_{\tilde{\xi}=0} = 2\,\eta_{\lambda\nu}\tilde{\Gamma}^\nu_{\alpha\beta}\,.$$

Multipliziert man diese Gleichung noch mit $\eta^{\mu\lambda}$ und benutzt $\eta^{\mu\lambda}\eta_{\lambda\nu} = \delta^\mu{}_\nu$, so erhält man schließlich bei $\tilde{\xi}=0$

$$\tilde{\Gamma}^\mu_{\alpha\beta} = \frac{1}{2}\,\eta^{\mu\lambda}\left(\frac{\partial}{\partial\tilde{\xi}^\beta}\tilde{g}_{\lambda\alpha} + \frac{\partial}{\partial\tilde{\xi}^\alpha}\tilde{g}_{\beta\lambda} - \frac{\partial}{\partial\tilde{\xi}^\lambda}\tilde{g}_{\alpha\beta}\right). \quad (8.34)$$

Man überzeugt sich leicht davon, daß die in (8.30) angenommene Symmetrie der $\tilde{\Gamma}^\mu_{\alpha\beta}$ tatsächlich besteht. □

Das mit dem lokal ebenen System $S|\xi^\mu$ durch die Transformation (8.29), (8.34) verknüpfte lokale Minkowski-System $\widetilde{S}|\tilde{\xi}^\mu$ ist zwar gegenüber dem letzteren im allgemeinen beschleunigt, allerdings zur Zeit $t = 0$ bei Relativgeschwindigkeit null. Der Raumpunkt $\xi^l = 0$ von S erfüllt nach (8.29) in $\widetilde{S}$ nämlich die drei Gleichungen

$$\tilde{\xi}^l + \frac{1}{2}\tilde{\Gamma}^l_{00}(\tilde{\xi}^0)^2 + \tilde{\Gamma}^l_{0s}\tilde{\xi}^0\tilde{\xi}^s + \frac{1}{2}\tilde{\Gamma}^l_{rs}\tilde{\xi}^r\tilde{\xi}^s + \cdots = 0\,,$$

die eine Lösung der Form $\tilde{\xi}^l = \tilde{\xi}^l(\tilde{\xi}^0)$ besitzen. Für $\tilde{\xi}^0 = 0$ und $\tilde{\xi}^s = 0$ folgt für diese jedoch

$$\frac{d\tilde{\xi}^l}{d\tilde{\xi}^0} = -\tilde{\Gamma}^l_{00}\tilde{\xi}^0 - \tilde{\Gamma}^l_{0s}\left(\tilde{\xi}^s + \tilde{\xi}^0\frac{d\tilde{\xi}^s}{d\tilde{\xi}^0}\right) - \frac{1}{2}\tilde{\Gamma}^l_{rs}\left(\frac{d\tilde{\xi}^r}{d\tilde{\xi}^0}\tilde{\xi}^s + \tilde{\xi}^r\frac{d\tilde{\xi}^s}{d\tilde{\xi}^0}\right) = 0\,.$$

Für die Beschleunigung $c^2\,(d^2\xi^l/(d\xi^0)^2)$ findet man dagegen einen endlichen Wert. Für spätere Zwecke sei noch angemerkt: Aus $ds^2 = g_{\mu\nu}dx^\mu dx^\nu = \eta_{\alpha\beta}d\xi^\alpha d\xi^\beta$ folgt Zwischen der Metrik $\eta_{\alpha\beta}$ des lokal ebenen Systems und der Metrik $g_{\mu\nu}$ in beliebigen Koordinaten x^μ lokal der Zusammenhang

$$\boxed{g_{\mu\nu} = \eta_{\alpha\beta}\frac{\partial\xi^\alpha}{\partial x^\mu}\frac{\partial\xi^\beta}{\partial x^\nu}\,.} \tag{8.35}$$

Ein lokal ebenes Koordinatensystem stellt die beste Annäherung an ein global ebenes System dar, die in einem riemannschen Raum im allgemeinen überhaupt möglich ist. Bei dem Versuch, Koordinaten ξ^μ so zu bestimmen, daß auch noch die zweiten Ableitungen $\partial^2 g_{\mu\nu}/(\partial\xi_\rho\partial\xi_\sigma)$ verschwinden, stößt man nämlich auf 100 Gleichungen für nur 80 Koeffizienten der Terme dritter Ordnung in (8.29). Hieraus folgt, daß im allgemeinen 20 Ableitungen zweiter Ordnung nicht verschwinden. Es sind diese, die im eigentlichen Sinn die lokale Struktur der Raum-Zeit ausmachen. Wir werden sie später in geeigneter Weise im **Riemannschen Krümmungstensor** zusammenfassen.

Nach den Überlegungen, die zum Äquivalenzprinzip geführt haben, sind die Koordinatensysteme, die den Inertialsystemen der SRT am nächsten kommen, schwerefrei. Da ein hinreichend kleines System, das in einem inhomogenen Schwerefeld ohne zu rotieren frei fällt, ebenfalls praktisch schwerefrei ist, können wir ein lokal ebenes System mit einem frei fallenden lokalen Inertialsystem identifizieren, das rechtwinklige Raumkoordinaten besitzt. In der SRT haben wir Naturgesetze wie die Maxwell-Gleichungen in globalen Minkowski-Systemen formuliert. Da diese am besten durch lokal ebene Koordinatensysteme approximiert werden, präzisieren wir das (superstarke) Äquivalenzprinzip jetzt wie folgt.

Äquivalenzprinzip. *Die in globalen Minkowski-Systemen gültigen Naturgesetze der SRT gelten in derselben Form auch* ***in allen lokal ebenen Systemen*** *der ART.*

In manchen Büchern[10] findet man die folgende Variante.

Variante des Äquivalenzprinzips. *Die Gleichungen der ART müssen eine kovariante Form besitzen der Art, daß sie bei Abwesenheit von Gravitation* ***in einem globalen Minkowski-Raum*** *die Form der SRT annehmen.*

Zu Gunsten dieser Definition läßt sich anführen, daß die SRT ja in globalen Minkowski-Systemen formuliert ist und man deshalb auch nicht mehr fordern muß als Übereinstimmung der Naturgesetze in diesen. Für die lokale Definition spricht dagegen, daß alle Experimente, also insbesondere auch die, aus denen die SRT gefolgert wurde, in der realen Raum-Zeit ausgeführt werden, die eben nicht global pseudo-euklidisch ist. Die lokale Definition hat zudem den Vorteil, daß sich aus ihr die physikalischen Gesetze der ART im allgemeinen in eindeutiger Weise ergeben, während sich nach der globalen Definition Eindeutigkeit erst dann ergibt, wenn man zusätzlich noch die Forderung nach

10 z. B. in S. Weinberg, *Gravitation and Cosmology*, Wiley, New York (1972)

größtmöglicher Einfachheit der Gleichungen stellt (siehe Abschn. 9.6). Andererseits ist die Anwendung der lokalen Variante auf Punktladungen mühsamer als die der globalen. Es ist daher sinnvoll, bei der Auswahl des Äquivalenzprinzips für eine spezielle Anwendung flexibel zu sein; man muß nur darauf achten, daß sich keine Widersprüche ergeben.

Lokales Inertialsystem

In einer global pseudo-euklidischen Raum-Zeit kann man auch ein Inertialsystem mit krummlinigen Koordinaten benutzen. Damit dabei der inertiale Charakter des Systems gewahrt ist, müssen nur alle räumlichen Koordinatenpunkte unbeschleunigt sein. Analog muß auch ein lokales Inertialsystem weder lokal eben noch ein lokales Minkowski-System sein, allerdings muß sein Ursprung dauernd mit dem eines lokalen ebenen Systems zusammenfallen, es muß dieselbe Zeitachse wie dieses besitzen, und seine räumlichen Koordinaten müssen sich relativ zu denen eines lokal ebenen Systems in Ruhe befinden. Ein derartiges System bezeichnet man als **lokales Inertialsystem**. Seine Metrik geht aus der eines lokal ebenen Systems $S|\xi$ hervor, indem man die Zeitkoordinate ξ^0 untransformiert läßt und von den räumlichen Koordinaten ξ^i eine Transformation $\xi^i = \xi^i(x^1, x^2, x^3)$ zu beliebigen Raum-Koordinaten x^i durchführt. Aus

$$ds^2 = \eta_{00}(d\xi^0)^2 + \eta_{ik}\, d\xi^i\, d\xi^k = (d\xi^0)^2 + \eta_{ik}\frac{\partial\xi^i}{\partial x^l}\frac{\partial\xi^k}{\partial x^m}\, dx^l\, dx^m$$

erhält man mit der Umbenennung $\xi^0 \to x^0$ als **Metrik eines lokalen Inertialsystems**

$$ds^2 = (dx^0)^2 + g_{lm}(x^1, x^2, x^3)\, dx^l\, dx^m\,, \qquad g_{lm} = \eta_{ik}\frac{\partial\xi^i}{\partial x^l}\frac{\partial\xi^k}{\partial x^m}\,. \tag{8.36}$$

Koeffizienten des affinen Zusammenhangs

Aus der Reihenentwicklung (8.29) folgt durch zweifache Ableitung nach $\bar{\xi}^\rho$

$$\bar{\Gamma}^\mu_{\rho\sigma} = \left.\frac{\partial^2\xi^\mu}{\partial\bar{\xi}^\rho\partial\bar{\xi}^\sigma}\right|_{\bar{\xi}=0} \qquad \text{oder auch} \qquad \bar{\Gamma}^\lambda_{\rho\sigma} = \left.\left(\frac{\partial\bar{\xi}^\lambda}{\partial\xi^\mu}\frac{\partial^2\xi^\mu}{\partial\bar{\xi}^\rho\partial\bar{\xi}^\sigma}\right)\right|_{\bar{\xi}=0},$$

da $\partial\bar{\xi}^\lambda/\partial\xi^\mu|_{\bar{\xi}=0} = \delta^\lambda{}_\mu$ ist. Die auf der rechten Seite stehende Kombination von Ableitungen tritt auch in beliebigen Koordinaten x^μ immer wieder auf. Man definiert daher für ein beliebiges System $S|x$ im Punkt x

$$\boxed{\Gamma^\lambda_{\mu\nu}(x) = \frac{\partial x^\lambda}{\partial\xi^\sigma}\frac{\partial^2\xi^\sigma}{\partial x^\mu\partial x^\nu}}\,, \tag{8.37}$$

wobei $\xi^\mu = 0$ dem Punkt x entspricht und ξ^μ die Koordinaten des bei x^μ lokal ebenen Koordinatensystem sind. Die Größen $\Gamma^\lambda_{\mu\nu}$ werden als **Koeffizienten des affinen**

Zusammenhangs bezeichnet. Offensichtlich gilt, daß *in lokal ebenen Koordinatensystemen* ($x^\mu \to \xi^\mu$) *alle* $\Gamma^\lambda_{\mu\nu}$ *verschwinden.* Aus der Definition (8.37) folgt außerdem die Symmetrie

$$\boxed{\Gamma^\lambda_{\mu\nu} = \Gamma^\lambda_{\nu\mu}\,.} \tag{8.38}$$

Durch Multiplikation von (8.37) mit $\partial\xi^\alpha/\partial x^\lambda$ erhält man die Gleichung

$$\frac{\partial^2\xi^\alpha}{\partial x^\mu \partial x^\nu} = \frac{\partial\xi^\alpha}{\partial x^\lambda}\Gamma^\lambda_{\mu\nu}(x)\,. \tag{8.39}$$

Aus dieser folgt, daß in der Umgebung eines beliebigen Punktes $x = X$ der Raum-Zeit der Zusammenhang

$$\xi^\alpha = a^\alpha + b^\alpha{}_\beta(x^\beta - X^\beta) + \frac{1}{2}\,b^\alpha_\lambda\Gamma^\lambda_{\beta\gamma}(X)(x^\beta - X^\beta)(x^\gamma - X^\gamma) + \mathcal{O}\big((x-X)^3\big) \tag{8.40}$$

$$\text{mit} \qquad a^\alpha = \xi^\alpha(X)\,, \qquad b^\alpha{}_\beta = \frac{\partial\xi^\alpha}{\partial\xi^\beta}\bigg|_X$$

zwischen lokal ebenen Koordinaten ξ^α und beliebigen Koordinaten x^α besteht, wobei die Koeffizienten a^α beliebig vorgegeben werden können, während die Koeffizienten $b^\alpha{}_\beta$ nach (8.35) die Gleichungen

$$\eta_{\alpha\beta}\, b^\alpha{}_\mu\, b^\beta{}_\nu = g_{\mu\nu}(X) \tag{8.41}$$

erfüllen müssen und durch diese bis auf Lorentz-Transformationen $b'^\alpha{}_\beta = \Lambda^\alpha{}_\rho\, b^\rho{}_\beta$ festgelegt werden.

Beweis: Die beiden ersten Terme der Reihe (8.40) stimmen mit den beiden ersten der Taylor-Reihe

$$\xi^\alpha(x) = \xi^\alpha(X) + \frac{\partial\xi^\alpha}{\partial\xi^\beta}\bigg|_X (x^\beta - X^\beta) + \frac{1}{2}\,\frac{\partial^2\xi^\alpha}{\partial x^\beta\partial x^\gamma}\bigg|_X (x^\beta - X^\beta)(x^\gamma - X^\gamma) + \ldots$$

überein, außerdem folgt aus (8.40)

$$\frac{\partial\xi^\alpha}{\partial x^\nu} = b^\alpha{}_\nu + b^\alpha{}_\lambda\Gamma^\lambda_{\mu\nu}(X)(x^\mu - X^\mu) + \mathcal{O}\Big((x-X)^2\Big)\,, \quad \frac{\partial^2\xi^\alpha}{\partial x^\mu\partial x^\nu}\bigg|_X = b^\alpha{}_\lambda\Gamma^\lambda_{\mu\nu}(X) = \left(\frac{\partial\xi^\alpha}{\partial x^\lambda}\Gamma^\lambda_{\mu\nu}\right)\bigg|_X\,,$$

so daß bei X, wie zu fordern, auch Gleichung (8.39) erfüllt wird. Die Werte $\xi^\alpha(X)$ können offensichtlich frei vorgegeben werden. Bei (8.41) handelt es sich wegen der Symmetrie $g_{\mu\nu} = g_{\nu\mu}$ nur um 10 unabhängige Gleichungen für 16 Koeffizienten, die mit $b^\alpha{}_\beta$ auch von $b'^\alpha{}_\beta = \Lambda^\alpha{}_\rho\, b^\rho{}_\beta$ erfüllt werden, denn es gilt

$$\eta_{\alpha\beta}\, b'^\alpha{}_\mu b'^\beta{}_\nu = \eta_{\alpha\beta}\Lambda^\alpha{}_\rho\Lambda^\beta{}_\sigma\, b^\rho{}_\mu b^\sigma{}_\nu \overset{(3.110a)}{=} \eta_{\rho\sigma}\, b^\rho{}_\mu b^\sigma{}_\nu\,.$$

□

Hiermit ist gezeigt, daß in der Umgebung jedes Punktes X lokal ebene Koordinaten bis auf Freiheiten in der Wahl des Ursprungs und Lorentz-Transformationen bis zur Ordnung $\mathcal{O}\left((x-X)^2\right)$ durch die $g_{\mu\nu}(X)$ und $\Gamma^\lambda_{\mu\nu}(X)$ festgelegt werden.

8.4.2 Relativitätsprinzip der ART

Nach dem Äquivalenzprinzip kann jede Beschleunigung so aufgefaßt werden, als würde ein Gravitationsfeld wirken. Kräfte, die beim Übergang von lokal ebenen zu beliebigen Koordinaten auf Grund von Beschleunigungen auftreten, können daher als Auswirkung eines Gravitationsfeldes interpretiert werden.

Ein einfaches Beispiel soll dies illustrieren. In einem lokal ebenen Koordinatensystem $S|\xi^\mu$ lautet die Gleichung für die kräftefreie Bewegung eines Massenpunktes nach dem Äquivalenzprinzip

$$m_0\, d^2\xi^\alpha \,/d\tau^2 = 0\,.$$

Dabei ist $d\tau = \sqrt{\eta_{\mu\nu}\, d\xi^\mu\, d\xi^\nu}/c$ die Eigenzeit und m_0 die Ruhemasse des Massenpunktes. Durch Transformation auf beliebige Koordinaten x^μ erhält man wie in Kapitel 6

$$\frac{d\xi^\alpha}{d\tau} = \frac{\partial\xi^\alpha}{\partial x^\mu}\frac{dx^\mu}{d\tau}\,, \qquad m_0\frac{d^2\xi^\alpha}{d\tau^2} = m_0\left(\frac{\partial^2\xi^\alpha}{\partial x^\mu \partial x^\nu}\frac{dx^\mu}{d\tau}\frac{dx^\nu}{d\tau} + \frac{\partial\xi^\alpha}{\partial x^\mu}\frac{d^2x^\mu}{d\tau^2}\right) = 0\,.$$

Multipliziert man die letzte Gleichung mit $\partial x^\lambda/\partial\xi^\alpha$ und benutzt

$$\frac{\partial x^\lambda}{\partial\xi^\alpha}\frac{\partial\xi^\alpha}{\partial x^\mu} = \frac{\partial x^\lambda}{\partial x^\mu} = \delta^\lambda{}_\mu\,,$$

so folgt mit (8.37) schließlich

$$\boxed{\frac{d^2x^\lambda}{d\tau^2} + \Gamma^\lambda_{\mu\nu}\frac{dx^\mu}{d\tau}\frac{dx^\nu}{d\tau} = 0\,.} \tag{8.42}$$

Da das lokal ebene System gegenüber $S|x^\mu$ beschleunigt sein kann – es befindet sich dann im freien Fall –, enthält (8.42) sämtliche Effekte eines eventuell in S vorhandenen Gravitationsfeldes. Da man andererseits in jedem gegebenen Gravitationsfeld zunächst lokal ebene Koordinaten ξ^μ einführen und anschließend auf beliebige Koordinaten x^μ transformieren kann, ist (8.42) die **allgemeine Form der Bewegungsgleichungen eines Massenpunktes in einem Gravitationsfeld**.

Die Anwesenheit eines Gravitationsfeldes drückt sich teils in den $\Gamma^\lambda_{\mu\nu}$ und teils in den benutzten Koordinaten aus, eine differenzierte Zuordnung ist jedoch nicht möglich. Es gibt Fälle, in denen einige $\Gamma^\lambda_{\mu\nu} \neq 0$ sind und trotzdem kein Gravitationsfeld vorhanden ist. So ist z. B. in einem global pseudo-euklidischen Inertialsystem (kein Gravitationsfeld!) bei Verwendung von Zylinderkoordinaten r, φ, z mit $x = r\cos\varphi$, $y = r\sin\varphi$ der Koeffizient

$$\Gamma^\varphi_{r\varphi} = \frac{\partial\varphi}{\partial x}\frac{\partial^2 x}{\partial r\,\partial\varphi} + \frac{\partial\varphi}{\partial y}\frac{\partial^2 y}{\partial r\,\partial\varphi} + \frac{\partial\varphi}{\partial z}\frac{\partial^2 z}{\partial r\,\partial\varphi} = \frac{1}{r}\,,$$

also von null verschieden. Andererseits lautet die Bewegungsgleichung für einen Massenpunkt, der von einem schwachen Gravitationsfeld auf einer Kreisbahn gehalten wird, in Zylinderkoordinaten

$$d^2r/dt^2 = 0\,, \quad d^2\varphi/dt^2 = 0\,, \quad d^2z/dt^2 = 0\,,$$

d. h. es liegt ein Schwerefeld vor, und trotzdem treten in den Gleichungen keine $\Gamma^{\lambda}_{\mu\nu}$ auf.

Wir stellen fest, daß unsere Bewegungsgleichung (8.42) in allen Koordinatensystemen dieselbe Form annimmt, d. h. sie erfüllt ein Relativitätsprinzip. Ganz ähnlich kann man, wie wir später noch im einzelnen sehen werden, bei allen anderen Gleichungen der Physik verfahren. Dies bedeutet, daß das Äquivalenzprinzip ein sehr allgemeines Relativitätsprinzip zur Folge hat.

Relativitätsprinzip. *Alle Naturgesetze lassen sich so formulieren, daß sie in jedem beliebigen Koordinatensystem dieselbe Form annehmen.*

Das Relativitätsprinzip der ART impliziert zusammen mit dem Äquivalenzprinzip die Gültigkeit des Relativitätsprinzips der SRT: Unter der Gesamtheit aller beliebigen Koordinatensysteme befinden sich nämlich auch sämtliche lokal ebenen (die relativ zueinander unbeschleunigt sind). Wenn nun in diesen alle Naturgesetze nach dem Äquivalenzprinzip die Form der SRT annehmen, ist natürlich auch deren Relativitätsprinzip erfüllt.

Wir halten aber fest, daß das Relativitätsprinzip der ART für sich genommen prinzipiell von ganz anderer Art ist als die Relativitätsprinzipien der Newtonschen Theorie oder der SRT. Es wäre nämlich denkbar, daß im Äquivalenzprinzip für lokal ebene Systeme die Invarianz aller Naturgesetze gegenüber Galilei-Transformationen gefordert wird, am Relativitätsprinzip der ART würde sich hierdurch nichts ändern. Während das Relativitätsprinzip der Newtonschen Theorie bzw. das der SRT eine Forderung an die Form der Naturgesetze stellt, macht das der ART nur eine Aussage über die Wirkung der Gravitation.

8.5 Grundlagen der Gravitationstheorie

Der letzte Abschnitt befaßte sich damit, welche Bedingungen die Naturgesetze in Anwesenheit eines als gegeben angesehenen Gravitationsfeldes erfüllen müssen. Dieser Abschnitt beschäftigt sich mit den Grundlagen, die uns zur Aufstellung des Gesetzes führen werden, welches dieses Feld festlegt, des Gravitationsgesetzes.

Die schwere Masse m besitzt nicht nur die Eigenschaft, daß sie durch ein Schwerefeld $\boldsymbol{g}$ eine Kraft erfährt, wie das in der Newtonschen Kraftformel

$$\boldsymbol{F} = m\boldsymbol{g} \tag{8.43}$$

zum Ausdruck kommt, sondern sie erzeugt auch selbst ein Schwerefeld. Dies hat zur Folge, daß man neben dem Unterschied zwischen träger und schwerer Masse bei der letzteren auch noch zwischen **aktiver** – also Schwerkraft erzeugender – und **passiver** schwerer Masse – der Masse, auf die die Schwerkraft einwirkt – unterscheiden muß. Die Konsequenzen des Newtonschen Fernwirkungsgesetzes *actio = reactio* für gravitative Wechselwirkungskräfte werden in die ART in der lokalen Form

$$\textit{aktive Masse} = \textit{passive Masse}$$

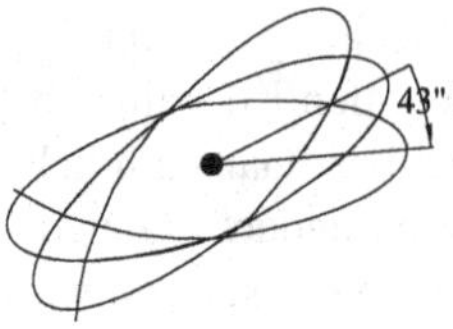

Abb. 8.10: Periheldrehung des Merkur.

übernommen. Neben dem Gravitationsgesetz $\boldsymbol{F} = m\boldsymbol{g}$ für die passive Masse stellte Newton auch das Gravitationsgesetz

$$\Delta\Phi = 4\pi G\varrho \tag{8.44}$$

für die aktive Masse (Dichte ϱ) auf, wobei das Schwerefeld $\boldsymbol{g}$ und dessen Potential Φ durch $\boldsymbol{g} = -\nabla\Phi$ verbunden sind.

Die klassischen Gravitationsgesetze haben sich für die Berechnung der Planetenbahnen im allgemeinen hervorragend bewährt. Wo scheinbare Widersprüche auftraten, stellte sich in den meisten Fällen heraus, daß die gravitative Einwirkung anderer Himmelskörper nicht berücksichtigt worden war. So wurde die Existenz des Planeten Neptun sogar aus Irregularitäten der Bahn von Uranus vorhergesagt, die schließlich zu seiner Entdeckung führten. Da das klassische Gravitationsgesetz (8.44) so genaue Voraussagen ermöglicht, kann es durch die ART nicht völlig außer Kraft gesetzt werden. Wir erwarten daher, daß es unter bestimmten Umständen zumindest näherungsweise aus dem Gravitationsgesetz der ART folgt.

Wir fanden im Abschn. 8.3.4, daß in einem inhomogenen Schwerefeld nur noch lokale Inertialsysteme existieren. Dies bedeutet, daß in größeren Gebieten der Raum-Zeit die Metrik global von der Minkowski-Metrik der SRT abweicht. Das klassische Gravitationsgesetz sollte aber näherungsweise dann gelten, wenn die $g_{\mu\nu}$ in etwa die Eigenschaften der SRT aufweisen, d. h. wenn es Koordinaten x^μ gibt, in denen die $g_{\mu\nu}$ sich global nur wenig von den $\eta_{\mu\nu}$ unterscheiden. Nach aller experimentellen Erfahrung können Raumgebiete, in denen ein inhomogenes Gravitationsfeld hinreichend schwach ist, näherungsweise als Inertialsysteme aufgefaßt werden. Diese Erfahrung führt uns zu der folgenden Forderung.

Forderung. *Die Gravitationsgleichungen der ART sollen unter statischen Bedingungen in die Newtonsche Gravitationsgleichung übergehen, wenn die Stärke des Gravitationsfeldes gegen null strebt.*

Umgekehrt steht zu erwarten, daß sehr konzentrierte Massen Gravitationsfelder erzeugen, die nicht mehr durch das Newtonsche $1/r^2$-Gesetz beschrieben werden.

Wir haben in der *Mechanik*, Abschn. 4.1.6, gesehen, daß sich nur bei einem exakten $1/r^2$-Gesetz für die Anziehungskraft einer die Sonne repräsentierenden Punktmasse als Planetenbahnen Ellipsen ergeben. Jede Abweichung davon (z. B. $F \sim 1/r^{2+\varepsilon}$ mit $\varepsilon \ll 1$) führt zu einer Periheldrehung der Planetenbahnen. Tatsächlich wurde beim Planeten Merkur eine verbleibende Periheldrehung von 43 Bogensekunden im Jahrhundert festgestellt (Abb. 8.10), die nicht auf die Abplattung der Sonne oder Störungen durch andere Himmelskörper zurückgeführt werden kann. Wie wir sehen werden, kann dieser Anteil an der Periheldrehung des Merkur durch die ART erklärt werden.

8.6 ART und Machsches Prinzip

Wir wenden uns zum Abschluß unserer bisher überwiegend qualitativen Betrachtungen zu den Grundlagen der ART der Frage zu, inwieweit die Forderungen des Machschen Prinzips in diese Grundlagen eingegangen sind.

Die in irgendeinem Raum-Zeit-Punkt herrschende Schwerkraft wird nach der ART von allen Massen erzeugt, die im Weltall verteilt sind. Da die Naturgesetze in einem lokalen frei fallenden Inertialsystem formuliert werden und dieses durch die Schwerkraft bestimmt wird, geht in sie tatsächlich die Verteilung aller Massen ein, wenn auch nur in indirekter Form. Durch die Forderung *aktive Masse = passive Masse* gibt es auch eine Rückwirkung jedes Körpers auf sämtliche im Weltall verteilten Massen. Wir können diesen Tatbestand auch anders formulieren: Die von allen übrigen Massen erzeugte Raum-Zeit-Struktur in der Umgebung eines Raum-Zeit-Punktes bestimmt das Bewegungsgesetz für einen dort befindlichen Massenpunkt, was noch in etwa der Situation der Newtonschen Mechanik entspricht; da der Massenpunkt aber auch Gravitation erzeugt und damit auf die Raum-Zeit-Struktur zurückwirkt, erfüllt die ART eine der wesentlichen Forderungen Machs und beseitigt damit einen der schwerwiegendsten Einwände gegen die Newtonsche Theorie. Das Machsche Prinzip wäre tatsächlich vollständig erfüllt, wenn die Verteilung der Massen die Raum-Zeit-Struktur eindeutig festlegen würde, denn dann wäre für die Bewegungsgesetze tatsächlich nur noch die relative Verteilung der Massen von Belang. Dies wird von der ART jedoch nicht allgemein garantiert, sondern nur dann, wenn gewisse Symmetrien vorliegen. Die Trägheit von Massen wird durch die Verteilung aller Massen im Weltall zwar beeinflußt, aber im allgemeinen nicht eindeutig festgelegt (siehe dazu auch Abschn. 10.7). Es scheint daher so, daß die ART durch gewisse Zusatzforderungen ergänzt werden muß, damit das Machsche Prinzip allgemein erfüllt wird. Diese Frage ist jedoch noch nicht vollständig geklärt.

Aufgaben

8.1 $ds^2 = a(u,v)\,du^2 + b(u,v)\,du\,dv + c(u,v)\,dv^2$ sei die Metrik in einem zweidimensionalen Unterraum der vierdimensionalen Raum-Zeit. Zeigen Sie, daß sich ds^2 unter geeigneten Voraussetzungen an die Koeffizienten a, b und c stets entweder auf die Form $ds^2 = -d\xi^2 - d\eta^2$ oder $ds^2 = d\xi^2 - d\eta^2$ transformieren läßt. Wie lauten die Voraussetzungen?

8.2 Zeigen Sie, daß die durch $ds^2 = du\,dv - dy^2 - dz^2$ gegebene Metrik global pseudo-euklidisch ist, indem Sie eine geeignete Koordinatentransformation angeben.

8.3 Im einem System S sei die pseudo-euklidische Metrik $\eta_{\mu\nu}$ gegeben. Wie lautet die Metrik im System S': $x' = x$, $y' = y$, $z' = z - gt^2/2$, $t' = t$? Wie hängt $ds/c = (g'_{00})^{1/2}\,dt'$ mit der Eigenzeit eines gegenüber S mit der Geschwindigkeit $u_z = gt$ bewegten Systems zusammen?

9 Mathematische Grundlagen der ART

Viele Gesetze der Physik lassen sich als Beziehungen zwischen Skalaren, Vektoren oder Tensoren formulieren.[1] In diesem Kapitel werden die aus der SRT geläufigen Definitionen dieser Größen so verallgemeinert, daß mit ihnen in riemannschen Räumen unter Benutzung beliebiger Koordinaten gerechnet werden kann. Neben der Tensoralgebra wird uns dabei vor allem auch die Tensoranalysis interessieren. Ausdrücklich sei darauf hingewiesen, daß in diesem Kapitel nur das mathematische Werkzeug der ART bereitgestellt wird; an keiner Stelle werden neue physikalische Konzepte eingeführt.

9.1 Koordinatenabhängige Definition von Vektoren und Tensoren

Wie in der SRT definieren wir Skalare, Vektoren und Tensoren durch das Transformationsverhalten ihrer Komponenten, nur betrachten wir jetzt Transformationen zwischen beliebigen Koordinatensystemen $S|x^\mu$ und $S'|x'^\mu$. Dabei nehmen wir an, daß ein eineindeutiger Zusammenhang

$$x'^\mu = x'^\mu(x) \tag{9.1}$$

mit nirgends verschwindender Funktionaldeterminante besteht. Die Koordinaten x^μ bzw. x'^μ können in ganz beliebiger Weise mit lokal ebenen Koordinaten ξ^μ zusammenhängen. Dies bedeutet, daß ihnen keine spezifische physikalische Bedeutung zukommen muß; insbesondere muß sich unter den x^μ keine Koordinate befinden, die sich als Zeitkoordinate auffassen ließe. Zum Beispiel könnten wir in einem globalen Minkowski-Raum mit den Koordinaten ct, x, y, z ohne weiteres zu $x'^0 = ct+x+y+z$, $(x'^1, x'^2, x'^3) = (x, y, z)$ übergehen.

Skalarfelder. Als Skalarfelder, kürzer Skalare, bezeichnet man reelle Funktionen der Koordinaten x^i, die bei allen Koordinatentransformationen in jedem Punkt der Raumzeit ihren Wert beibehalten,

$$\boxed{\varphi'(x') = \varphi'(x'(x)) = \varphi(x)\,.} \tag{9.2}$$

1 Es gibt noch wichtige Größen anderer Art, z. B. Spinoren. Mit diesen werden wir uns hier jedoch nicht befassen.

Vektorfelder. Durch ein Vektorfeld, kürzer Vektor, wird jedem Raum-Zeit-Punkt ein Quadrupel von Zahlen – die Komponenten des Vektors – zugeordnet. Dieses muß bei Wechsel des Koordinatensystems ein ganz bestimmtes Transformationsverhalten aufweisen, damit es sich um ein Vektorfeld handelt.

Wir haben in der SRT im Detail besprochen, wie man in einer koordinatenunabhängigen Darstellung jedem Raum-Zeit-Punkt zunächst vier ko- und vier kontravariante Basisvektoren zuordnet und zwischen diesen ein Skalarprodukt definiert. Allgemeine ko- bzw. kontravariante Vektoren wurden als Linearkombinationen der entsprechenden Basisvektoren definiert. Die Koeffizienten dieser Linearkombinationen wurden als Komponenten des Vektors bezeichnet. In ähnlicher Weise wurden Tensoren erklärt. In analoger Weise kann man Vektoren und Tensoren in riemannschen Räumen einführen. Ein davon abweichender modernerer Weg der koordinatenunabhängigen Einführung von Vektoren und Tensoren wird im Exkurs 9.1 verfolgt. Da wir bei unseren physikalischen Rechnungen zur ART jedoch mit der koordinatenabhängigen Darstellung auskommen, wollen wir uns an dieser Stelle nur mit den Komponenten beschäftigen. Und wie in der SRT werden wir schon diese selbst als Vektoren bzw. Tensoren bezeichnen, sofern sie das entsprechende Transformationsverhalten aufweisen. In diesem Sinne definiert man jedes Quadrupel von Zahlen, das sich wie die Differentiale der Koordinaten, also gemäß

$$dx'^{\mu} = \frac{\partial x'^{\mu}}{\partial x^{\nu}}\, dx^{\nu} \tag{9.3}$$

transformiert, als **kontravarianten Vektor**. (Natürlich wird hier wieder die Einsteinsche Summenkonvention benutzt!) Sind A^{μ} die Komponenten des Vektors in S, so sind seine Komponenten in S' also

$$\boxed{A'^{\mu} = \frac{\partial x'^{\mu}}{\partial x^{\nu}}\, A^{\nu}\,.} \tag{9.4}$$

Da kontravariante Vektoren durch obere Indizes gekennzeichnet werden, haben wir für die Koordinaten ebenfalls obere Indizes benutzt, damit die Differentiale dx^{μ} automatisch als kontravariante Vektoren erkennbar sind. (Man beachte dabei, daß jeder Vektor wegen der Raum-Zeit-Abhängigkeit der Transformationsmatrix einem bestimmten Raum-Zeit-Punkt zugeordnet ist und daher nicht frei verschoben werden kann.)

Als **kovarianten Vektor** V_{μ} bezeichnet man jedes Quadrupel von Zahlen, das sich wie die Ableitung eines Skalarfeldes $\varphi(x)$ transformiert. Mit der uns schon geläufigen Kurznotation

$$\varphi_{,\mu} := \frac{\partial \varphi}{\partial x^{\mu}} \tag{9.5}$$

folgt aus (9.2) die Transformationsformel

$$\varphi'_{,\mu} = \frac{\partial \varphi'}{\partial x'^{\mu}} = \frac{\partial x^{\nu}}{\partial x'^{\mu}} \frac{\partial \varphi}{\partial x^{\nu}} = \frac{\partial x^{\nu}}{\partial x'^{\mu}}\, \varphi_{,\nu}\,,$$

und das Transformationsgesetz für kovariante Vektoren lautet

$$\boxed{A'_{\mu} = \frac{\partial x^{\nu}}{\partial x'^{\mu}}\, A_{\nu}\,.} \tag{9.6}$$

(Wir hätten dieses Transformationsgesetz natürlich auch postulieren können und hätten anschließend gefunden, daß $\varphi_{,\mu}$ ein kontravarianter Vektor ist.)

Tensoren. Ein Tensorfeld $T^{\mu_1 \ldots \mu_m}_{\nu_1 \ldots \nu_n}(x)$ ordnet jedem Raumpunkt ein n-Tupel von Zahlen zu, bei dem jeder Index die Zahlenwerte 0, 1, 2, 3 annehmen kann, und das sich wie das Produkt der Vektoren $V_1{}^{\mu_1} \cdots V_m{}^{\mu_m} V^1{}_{\nu_1} \cdots V^n{}_{\nu_n}$ transformiert,

$$\boxed{T'^{\mu_1 \ldots \mu_m}_{\nu_1 \ldots \nu_n} = \frac{\partial x'^{\mu_1}}{\partial x^{\alpha_1}} \cdots \frac{\partial x'^{\mu_m}}{\partial x^{\alpha_m}} \frac{\partial x^{\beta_1}}{\partial x'^{\nu_1}} \cdots \frac{\partial x^{\beta_n}}{\partial x'^{\nu_n}} T^{\alpha_1 \ldots \alpha_m}_{\beta_1 \ldots \beta_n} .} \tag{9.7}$$

Der Tensor $T^{\mu_1 \ldots \mu_m}_{\nu_1 \ldots \nu_n}$ heißt kontravariant in den oberen Indizes $\mu_1, \ldots, \mu_m$ und kovariant in den unteren Indizes $\nu_1, \ldots, \nu_n$.

Als Beispiele seien die Tensoren $T^{\mu\nu}$, $T^{\mu}{}_{\nu}$ und $T_{\mu\nu}$ angeführt. Das allgemeine Transformationsgesetz (9.7) liefert

$$\boxed{T'^{\mu\nu} = \frac{\partial x'^{\mu}}{\partial x^{\alpha}} \frac{\partial x'^{\nu}}{\partial x^{\beta}} T^{\alpha\beta} , \quad T'_{\mu\nu} = \frac{\partial x^{\alpha}}{\partial x'^{\mu}} \frac{\partial x^{\beta}}{\partial x'^{\nu}} T_{\alpha\beta} , \quad T'^{\mu}{}_{\nu} = \frac{\partial x'^{\mu}}{\partial x^{\alpha}} \frac{\partial x^{\beta}}{\partial x'^{\nu}} T^{\alpha}{}_{\beta} .} \tag{9.8}$$

Aus (9.7) folgt unmittelbar:

Satz. *Ein Tensor verschwindet in allen Koordinatensystemen, wenn er in einem einzigen verschwindet.*

Die durch (8.37) definierten Koeffizienten des affinen Zusammenhangs $\Gamma^{\lambda}_{\mu\nu}$ sind keine Tensoren. Zunächst einmal gilt

$$\begin{aligned} \Gamma'^{\lambda}_{\mu\nu} &= \frac{\partial x'^{\lambda}}{\partial \xi^{\alpha}} \frac{\partial^2 \xi^{\alpha}}{\partial x'^{\mu} \partial x'^{\nu}} = \frac{\partial x'^{\lambda}}{\partial x^{\rho}} \frac{\partial x^{\rho}}{\partial \xi^{\alpha}} \frac{\partial}{\partial x'^{\mu}} \left(\frac{\partial x^{\tau}}{\partial x'^{\nu}} \frac{\partial \xi^{\alpha}}{\partial x^{\tau}} \right) \\ &= \frac{\partial x'^{\lambda}}{\partial x^{\rho}} \frac{\partial x^{\rho}}{\partial \xi^{\alpha}} \left[\frac{\partial^2 x^{\tau}}{\partial x'^{\mu} \partial x'^{\nu}} \frac{\partial \xi^{\alpha}}{\partial x^{\tau}} + \frac{\partial x^{\tau}}{\partial x'^{\nu}} \frac{\partial x^{\sigma}}{\partial x'^{\mu}} \frac{\partial^2 \xi^{\alpha}}{\partial x^{\sigma} \partial x^{\tau}} \right] \\ &= \frac{\partial x'^{\lambda}}{\partial x^{\rho}} \frac{\partial x^{\rho}}{\partial \xi^{\alpha}} \frac{\partial^2 x^{\tau}}{\partial x'^{\mu} \partial x'^{\nu}} \frac{\partial \xi^{\alpha}}{\partial x^{\tau}} + \frac{\partial x'^{\lambda}}{\partial x^{\rho}} \frac{\partial x^{\sigma}}{\partial x'^{\mu}} \frac{\partial x^{\tau}}{\partial x'^{\nu}} \Gamma^{\rho}_{\sigma\tau} . \end{aligned}$$

Mit $(\partial x^{\rho}/\partial \xi^{\alpha})(\partial \xi^{\alpha}/\partial x^{\tau}) = \delta^{\rho}{}_{\tau}$ ergibt sich hieraus

$$\Gamma'^{\lambda}_{\mu\nu} = \frac{\partial x'^{\lambda}}{\partial x^{\rho}} \frac{\partial x^{\sigma}}{\partial x'^{\mu}} \frac{\partial x^{\tau}}{\partial x'^{\nu}} \Gamma^{\rho}_{\sigma\tau} + \frac{\partial x'^{\lambda}}{\partial x^{\rho}} \frac{\partial^2 x^{\rho}}{\partial x'^{\mu} \partial x'^{\nu}} . \tag{9.9}$$

Das Auftreten des zweiten Terms auf der rechten Seite verhindert, daß sich $\Gamma^{\lambda}_{\mu\nu}$ wie ein Tensor transformiert.

9.2 Tensoralgebra

Wir beweisen zunächst einige Regeln, wie aus gegebenen Tensoren neue gewonnen werden können.

Satz. *Jede Linearkombination*

$$T^{\mu_1 \dots \mu_m}_{\nu_1 \dots \nu_n} = a\, A^{\mu_1 \dots \mu_m}_{\nu_1 \dots \nu_n} + b\, B^{\mu_1 \dots \mu_m}_{\nu_1 \dots \nu_n}$$

von Tensoren $A^{\cdots}_{\cdots}$ und $B^{\cdots}_{\cdots}$ gleicher Stufe liefert einen Tensor T, wenn a und b Skalare sind.

Beweis: Der Beweis der Behauptung ergibt sich daraus, daß die Transformationskoeffizienten für $A^{\cdots}_{\cdots}$ und $B^{\cdots}_{\cdots}$ gleich sind und vor die Summe gezogen werden können. □

Bei der Linearkombination ist darauf zu achten, daß diese aus den Tensorkomponenten am selben Ort gebildet wird. Die mit dem Vektorfeld $U^\lambda(x^\mu)$ gebildete Differenz $U^\lambda(x^\mu + \Delta x^\mu) - U^\lambda(x^\mu)$ liefert z. B. keinen Vektor (siehe Abschn. 9.3).

Satz. *Das direkte Produkt*

$$T^{\mu_1 \dots \mu_m\, \rho_1 \dots \rho_r}_{\nu_1 \dots \nu_n\, \sigma_1 \dots \sigma_s} = A^{\mu_1 \dots \mu_m}_{\nu_1 \dots \nu_n}\, B^{\rho_1 \dots \rho_r}_{\sigma_1 \dots \sigma_s}$$

zweier Tensoren $A^{\cdots}_{\cdots}$ und $B^{\cdots}_{\cdots}$ liefert einen Tensor T, dessen Gesamtzahl oberer bzw. unterer Indizes gleich der Summe der oberen bzw. unteren Indizes von $A^{\cdots}_{\cdots}$ und $B^{\cdots}_{\cdots}$ ist.

Beweis: $A^{\cdots}_{\cdots}$ transformiert sich wie das Produkt $V_1{}^{\mu_1} \cdots V_m{}^{\mu_m}\, V^1{}_{\nu_1} \cdots V^n{}_{\nu_n}$ von Vektoren $V_i{}^\mu$ und $V^j{}_\nu$, und analog transformiert sich $B^{\cdots}_{\cdots}$. Daher transformiert sich auch T wie ein Produkt von Vektoren. □

Satz. *Setzt man in dem Tensor $T^{\mu_1 \dots \mu_m}_{\nu_1 \dots \nu_n}$ einen oberen und unteren Index gleich und summiert nach der Einsteinschen Summenkonvention, so ist die entstehende Summengröße $T^{\mu_1 \dots \mu \dots \mu_m}_{\nu_1 \dots \mu \dots \nu_n}$ wieder ein Tensor, der als **Verjüngung** des ursprünglichen Tensors bezeichnet wird.*

Wir führen den Beweis für ein spezielles Beispiel, der allgemeine Beweis läuft völlig analog.

Beweis: $T^{\mu\nu} = A^{\mu\nu\rho}_\rho$ ist eine Verjüngung des Tensors $A^{\mu\nu\rho}_\sigma$. Für diesen gilt das Transformationsgesetz

$$A'^{\mu\nu\rho}_\sigma = \frac{\partial x'^\mu}{\partial x^\alpha} \frac{\partial x'^\nu}{\partial x^\beta} \frac{\partial x'^\rho}{\partial x^\gamma} \frac{\partial x^\delta}{\partial x'^\sigma} A^{\alpha\beta\gamma}_\delta \,.$$

Hieraus folgt

$$T'^{\mu\nu} = \frac{\partial x'^\mu}{\partial x^\alpha} \frac{\partial x'^\nu}{\partial x^\beta} \frac{\partial x'^\rho}{\partial x^\gamma} \frac{\partial x^\delta}{\partial x'^\rho} A^{\alpha\beta\gamma}_\delta = \frac{\partial x'^\mu}{\partial x^\alpha} \frac{\partial x'^\nu}{\partial x^\beta} \delta^\delta_\gamma A^{\alpha\beta\gamma}_\delta = \frac{\partial x'^\mu}{\partial x^\alpha} \frac{\partial x'^\nu}{\partial x^\beta} T^{\alpha\beta} \,,$$

d. h. $T^{\alpha\beta}$ erfüllt das Transformationsgesetz für Tensoren. □

9.2.1 Invarianz von Symmetrien

Satz. *Ist ein Tensor $T^{\mu\nu}$ in einem Koordinatensystem symmetrisch, $T^{\mu\nu} = T^{\nu\mu}$, so gilt dieselbe Symmetrie auch in jedem anderen Koordinatensystem.*

Beweis: $T^{\nu\mu} - T^{\mu\nu}$ ist ein Tensor, der in allen Koordinatensystemen verschwindet, wenn er das in einem tut. □

Analog beweist man die Invarianz der Symmetrien

$$T_{\mu\nu} = T_{\nu\mu}\,, \qquad T^{\mu\nu} = -T^{\nu\mu}\,, \qquad T_{\mu\nu} = -T_{\nu\mu}\,, \qquad \text{etc.}$$

9.2.2 Übertragung von Symmetrien

Satz. *Ist $s^{\mu\nu} = s^{\nu\mu}$ ein symmetrischer Tensor und $a^{\mu\nu} = -a^{\nu\mu}$ ein antisymmetrischer Tensor, so gilt für jeden beliebigen Tensor $T_{\mu\nu}$*

$$s^{\mu\nu} T_{\mu\nu} = s^{\mu\nu} T^{(s)}_{\mu\nu}\,, \qquad a^{\mu\nu} T_{\mu\nu} = a^{\mu\nu} T^{(a)}_{\mu\nu}\,, \tag{9.10}$$

wobei

$$T^{(s)}_{\mu\nu} := \tfrac{1}{2}(T_{\mu\nu} + T_{\nu\mu}) = T^{(s)}_{\nu\mu} \quad \text{und} \quad T^{(a)}_{\mu\nu} := \tfrac{1}{2}(T_{\mu\nu} - T_{\nu\mu}) = -T^{(a)}_{\nu\mu} \tag{9.11}$$

der symmetrische bzw. antisymmetrische Anteil des Tensors $T_{\mu\nu}$ ist,

$$T_{\mu\nu} = T^{(s)}_{\nu\mu} + T^{(a)}_{\nu\mu}\,. \tag{9.12}$$

Die Symmetrie des multiplizierenden Tensors wird durch die Multiplikation also auf den multiplizierten Tensor übertragen, quasi vererbt.

Beweis: Unter Ausnutzung der Symmetrie von $s^{\mu\nu}$ ergibt sich

$$s^{\mu\nu} T_{\mu\nu} \overset{\mu\leftrightarrow\nu}{=} s^{\nu\mu} T_{\nu\mu} = s^{\mu\nu} T_{\nu\mu} \quad \Rightarrow \quad s^{\mu\nu}(T_{\mu\nu} - T_{\nu\mu}) = 2 s^{\mu\nu} T^{(a)}_{\mu\nu} = 0$$
$$\Rightarrow \qquad s^{\mu\nu} T_{\mu\nu} = s^{\mu\nu}\left(T^{(s)}_{\nu\mu} + T^{(a)}_{\nu\mu}\right) = s^{\mu\nu} T^{(s)}\,.$$

(9.10b) ergibt sich analog. □

Es sei darauf hingewiesen, daß beim Beweis die Tensoreigenschaften der involvierten Größen nicht benutzt wurden. Daher gelten die Ergebnisse (9.10) auch für indizierte Größen, die keine Tensoren sind. Es ist unmittelbar einsichtig, wie sie zu verallgemeinern sind, wenn $T^{\cdots}_{\cdots}$ mehr als zwei Indizes oder untere statt oberer Indizes besitzt.

9.2.3 Quotientenkriterium

Satz. *Ist $A^{\mu_1\ldots\mu_m}_{\nu_1\ldots\nu_n} b^{\nu_1}$ für jeden beliebigen Vektor b^{ν_1} oder $A^{\mu_1\ldots\mu_m}_{\nu_1\ldots\nu_n} b_{\mu_1}$ für jeden beliebigen Vektor b_{μ_1} ein Tensor, so ist $A^{\mu_1\ldots\mu_m}_{\nu_1\ldots\nu_n}$ ein Tensor.*

Wir führen den Beweis nur für den Spezialfall, daß $A^{\mu\nu}\,b_\mu$ für jeden Vektor b_μ ein Vektor ist. Der allgemeine Fall läßt sich analog beweisen.

Beweis: Ist $A^{\mu\nu}\,b_\mu$ ein Vektor, so gilt

$$A'^{\mu\nu}\,b'_\mu = \frac{\partial x'^\nu}{\partial x^\beta}\,A^{\alpha\beta}\,b_\alpha\,.$$

Wird b_α hierin noch mit Hilfe des Transformationsgesetzes (9.6) bzw. dessen Umkehrung $b_\alpha = (\partial x'^\mu/\partial x^\alpha)\,b'_\mu$ ausgedrückt, so ergibt

$$\left(A'^{\mu\nu} - \frac{\partial x'^\mu}{\partial x^\alpha}\frac{\partial x'^\nu}{\partial x^\beta}\,A^{\alpha\beta}\right)b'_\mu = 0\,.$$

Nach Voraussetzung gilt dies für jeden beliebigen Vektor b'_μ, und daher muß die Klammer verschwinden, d. h. $A^{\mu\nu}$ erfüllt die Transformationsgleichung (9.8a). □

Für spätere Zwecke sei angemerkt, daß der Beweis auch dann richtig bleibt, wenn $A^{\mu\nu}$ von b_μ abhängt.

9.2.4 Folgerungen aus dem Quotientenkriterium

Satz. *Ist $A^{\mu\nu}X_\mu Y_\nu$ (oder $A_\mu{}^\nu X^\mu Y_\nu$) für beliebige Vektoren X_μ, Y_ν (oder X^μ, Y_ν) ein Skalar, so ist $A^{\mu\nu}$ (oder $A_\mu{}^\nu$) ein Tensor.*

Beweis: Aus dem Quotientenkriterium folgt zunächst, daß $A^{\mu\nu}Y_\nu$ (bzw. $A_\mu{}^\nu Y_\nu$) ein Vektor ist. Da dies für jeden beliebigen Vektor Y_ν gilt, liefert die nochmalige Anwendung des Quotientenkriteriums die Tensoreigenschaften von $A^{\mu\nu}$ (bzw. von $A_\mu{}^\nu$). □

Die Verallgemeinerung auf Tensoren höherer Stufe unter Verwendung zusätzlicher beliebiger Vektoren ist offensichtlich.

Satz. *Ist $A^{\mu\nu}X_\mu X_\nu$ (oder $A^\mu{}_\nu X_\mu X^\nu$ mit $X^\nu = g^{\nu\rho}X_\rho$, siehe (9.16)) für jeden beliebigen Vektor X_μ ein Skalar, so ist $A^{\mu\nu}$ (oder $A^\mu{}_\nu$) ein Tensor.*

Beweis: Nach dem Quotientenkriterium und der im Anschluß an dessen Beweis gebrachten Anmerkung ist $A^{\mu\nu}X_\nu$ (bzw. $A^\mu{}_\nu X^\nu$) ein Vektor. Dies gilt für jeden beliebigen Vektor X_ν bzw. X^ν. (Auch X^ν kann beliebig vorgegeben werden, denn nach (9.15a) muß dazu nur $X_\lambda = \delta_\lambda{}^\rho X_\rho = g_{\lambda\nu}g^{\nu\rho}X_\rho = g_{\lambda\nu}X^\nu$ gewählt werden.) Nochmalige Anwendung des Quotientenkriteriums ergibt dann, daß $A^{\mu\nu}$ (bzw. $A^\mu{}_\nu$) ein Tensor ist. □

9.2.5 Spezielle Tensoren

1. Das in sämtlichen Koordinatensystemen einheitlich durch das Kronecker-Symbol

$$\delta_\mu{}^\nu = \begin{cases} 1 & \text{für } \mu = \nu \\ 0 & \text{für } \mu \neq \nu \end{cases} \tag{9.13}$$

definierte Koeffizientenschema definiert einen Tensor, den sogenannten **Einheitstensor**.

Der Tensorcharakter von $\delta_\mu{}^\nu$ folgt aus der in Abschn. 9.2.4 bewiesenen Folge des Quotientenkriteriums, daß $\delta_\mu{}^\nu X^\mu Y_\nu = X^\nu Y_\nu$ als Verjüngung des Tensors $X^\mu Y_\nu$ für beliebigen Vektoren X^μ , Y_ν ein Skalar ist.

2. Die in (8.22) mit (8.23) eingeführten metrischen Koeffizienten $g_{\mu\nu}$ bilden nach (8.24) und (9.8b) einen symmetrischen Tensor, der als **metrischer Tensor** bezeichnet wird.

3. Die in Analogie zu (8.35) definierten Größen

$$g^{\lambda\mu} = \frac{\partial x^\lambda}{\partial \xi^\alpha}\frac{\partial x^\mu}{\partial \xi^\beta}\,\eta^{\alpha\beta} \tag{9.14}$$

bilden einen symmetrischen Tensor mit den Eigenschaften

$$\boxed{g^{\lambda\mu} g_{\mu\nu} = \delta^\lambda{}_\nu\,, \qquad g^{\nu\mu} g_{\mu\nu} = g^{\mu\nu} g_{\mu\nu} = 4 \qquad \text{und} \qquad g'^{\lambda\mu} = \frac{\partial x'^\lambda}{\partial x^\rho}\frac{\partial x'^\mu}{\partial x^\sigma}\,g^{\rho\sigma}\,.} \tag{9.15}$$

Beweis: Die Symmetrie von $g^{\lambda\mu}$ ist unmittelbar evident und folgt auch aus der Invarianz der Symmetrie von $\eta^{\alpha\beta}$. Der Tensorcharakter (9.8a) bzw. (9.15b) folgt aus

$$g'^{\lambda\mu} = \frac{\partial x'^\lambda}{\partial \xi^\alpha}\frac{\partial x'^\mu}{\partial \xi^\beta}\,\eta^{\alpha\beta} = \frac{\partial x'^\lambda}{\partial x^\rho}\frac{\partial x'^\mu}{\partial x^\sigma}\frac{\partial x^\rho}{\partial \xi^\alpha}\frac{\partial x^\sigma}{\partial \xi^\beta}\,\eta^{\alpha\beta} \stackrel{(9.14)}{=} \frac{\partial x'^\lambda}{\partial x^\rho}\frac{\partial x'^\mu}{\partial x^\sigma}\,g^{\rho\sigma}\,.$$

Gleichung (9.15a) folgt schließlich aus $g^{\mu\nu} = \eta'^{\mu\nu}$, $g_{\mu\nu} = \eta'_{\mu\nu}$ und der Tatsache, daß es sich um eine Tensorgleichung handelt, die in lokal ebenen Systemen nach (3.119) erfüllt ist. □

9.2.6 Heben und Senken von Indizes, Skalarprodukt

Überschiebt man den Vektor $Y^\mu = g^{\mu\nu} X_\nu$ mit $g_{\lambda\mu}$, so kommt man zum Vektor X_μ zurück:

$$g_{\lambda\mu} Y^\mu = g_{\lambda\mu} g^{\mu\nu} X_\nu \stackrel{(9.15a)}{=} \delta_\lambda{}^\nu X_\nu = X_\lambda\,.$$

Es ist deshalb üblich, X_μ und Y^μ als ko- bzw. kontravariante Komponenten desselben Vektors X aufzufassen, und man schreibt dementsprechend

$$\boxed{X^\mu = g^{\mu\nu} X_\nu\,, \qquad X_\lambda = g_{\lambda\mu} X^\mu\,.} \tag{9.16}$$

Die dabei involvierten Operationen werden als **Heben und Senken** bzw. **Herauf- und Herunterziehen des Index** bezeichnet. Die Größe

$$X_\mu X^\mu = g_{\mu\nu} X^\mu X^\nu = g^{\mu\nu} X_\mu X_\nu$$

bezeichnet man als Quadrat der **Länge des Vektors** X. Analog definiert man zu zwei Vektoren X und Y das **Skalarprodukt**

$$\boxed{X_\mu Y^\mu = g_{\mu\nu} X^\mu Y^\nu = g^{\mu\nu} X_\mu Y_\nu = X^\nu Y_\nu\,.} \tag{9.17}$$

Entsprechend verfährt man bei Tensoren höherer Stufe. z. B. definiert man zum Tensor $T_{\mu\nu}$ die zugehörigen Tensoren

$$T^\mu{}_\nu = g^{\mu\lambda} T_{\lambda\nu}\,, \quad T_\mu{}^\nu = T_{\mu\rho} g^{\rho\nu}\,, \quad T^{\mu\nu} = T^\mu{}_\lambda g^{\lambda\nu} = g^{\mu\lambda} T_\lambda{}^\nu = g^{\mu\lambda} T_{\lambda\rho} g^{\rho\nu}\,.$$

Durch Herabziehen der Indizes von $T^{\mu\nu}$ gelangt man wieder zum Tensor $T_{\alpha\beta}$ zurück:

$$g_{\alpha\mu} g_{\beta\nu} T^{\mu\nu} = g_{\alpha\mu} g^{\mu\lambda} g_{\beta\nu} g^{\rho\nu}\, T_{\lambda\rho} = \delta_\alpha{}^\lambda \delta_\beta{}^\rho\, T_{\lambda\rho} = T_{\alpha\beta}\,.$$

Das Herauf- und Herunterziehen von Indizes begründet auch die verschobene Indexstellung in Tensoren wie $T^\mu{}_\nu$. Auf diese muß geachtet werden, denn ist der Tensor $T_{\mu\nu}$ z. B. antisymmetrisch, $T_{\mu\nu} = -T_{\nu\mu}$, so gilt

$$T^\mu{}_\nu = g^{\mu\lambda} T_{\lambda\nu} = -T_{\nu\lambda} g^{\lambda\mu} = -T_\nu{}^\mu \neq T_\nu{}^\mu\,.$$

Für symmetrische Tensoren gilt dagegen $T^\mu{}_\nu = T_\nu{}^\mu$.

9.2.7 Eigenschaften des metrischen Tensors $g_{\mu\nu}$

In der SRT gibt es wegen der Indefinitheit der Metrik $\eta_{\mu\nu}$ raumartige ($ds^2 < 0$) und zeitartige ($ds^2 > 0$) Abstände zwischen Punkten der Raum-Zeit. Analog ist auch die Bezeichnung von Abständen in der ART:

$$\boxed{ds^2 = g_{\mu\nu}\, dx^\mu\, dx^\nu \begin{cases} > 0 & \text{zeitartig}\,, \\ < 0 & \text{raumartig}\,. \end{cases}} \tag{9.18}$$

Wie in der SRT gibt es zu jedem Punkt der Raum-Zeit eine zeitartige und drei raumartige Richtungen. Genauer gilt der folgende Satz:

Satz. *Unabhängig von dem gewählten Koordinatensystem besitzt der Tensor $g_{\mu\nu}$ in jedem Punkt der Raum-Zeit drei negative und einen positiven Eigenwert.*

Beweis: Nach (8.35) entsteht der Tensor $g_{\mu\nu}$ aus $\eta_{\mu\nu}$ durch eine Kongruenztransformation. Daher existiert auch immer eine Umkehrtransformation, die $g_{\mu\nu}$ in $\eta_{\mu\nu}$ überführt. Nach der vierdimensionalen Verallgemeinerung von Gleichung (8.14) muß sich $\eta_{\mu\nu}$ daher in der Klasse der Matrizen mit den Komponenten

$$d_{\mu\nu} = \frac{g_{\underline{\mu}}}{|g_{\underline{\mu}}|}\, \delta_{\mu\nu}$$

befinden, wobei g_μ die Eigenwerte der Matrix $\mathbf{g}$ sind. Hieraus folgt sofort, daß von diesen einer negativ und drei positiv sind. □

Die Größe

$$s = \sum_\nu \frac{g_\nu}{|g_\nu|} \tag{9.19}$$

wird als **Signatur der Metrik** bezeichnet; die Signatur eines pseudo-riemannschen Raumes ist

$$s = \eta_{00} + \eta_{11} + \eta_{22} + \eta_{33} = -2\,. \tag{9.20}$$

Es sei darauf hingewiesen, daß von den Alternativen *alle vier Koordinaten raumartig* und *alle vier Koordinaten zeitartig* beide möglich sind, außerdem auch sämtliche Zwischenstufen mit teils raumartigen und teils zeitartigen Koordinaten. Insbesondere können auch einige oder alle Koordinatenachsen auf dem Lichtkegel verlaufen. In einer global pseudo-euklidischen Raum-Zeit gibt es nämlich auf dem Lichtkegel vier linear unabhängige Vektoren (z. B. Vektoren in Richtung der Geraden $x = \pm ct$, $y = ct$, $z = ct$), und man kann diese einzeln oder in Gruppen stetig in den Innen- oder Außenraum des Lichtkegels drehen, ohne daß sie dabei linear abhängig werden. Daraus folgt, daß alle angegebenen Möglichkeiten in einer global pseudo-euklidischen Raum-Zeit jeweils mit einem einheitlichen, also von den Punkten der Raum-Zeit unabhängigen Satz von vier Richtungsvektoren global bestehen. Auch in einer pseudo-riemannschen Raum-Zeit bestehen sie global, wenn man die Koordinatenrichtungen lokal den gegebenen Verhältnissen anpaßt.

9.2.8 Orthogonale, zeitorthogonale und synchrone Koordinaten

Aus den Betrachtungen des letzten Abschnitts geht hervor, daß man die Metrik der Raum-Zeit durch eine Kongruenztransformation punktal immer auf Diagonalform bringen kann. Die entsprechenden Koordinaten mit der Metrik

$$g_{\mu\nu} = g_{\underline{\mu}}\delta_{\underline{\mu}\nu} \tag{9.21}$$

bezeichnet man als **lokal orthogonal**. Eine Transformation auf global orthogonale Koordinaten, also Koordinaten, in denen (9.21) global erfüllt ist, wird im allgemeinen nicht existieren. Dies zeigt die folgende Betrachtung: Seien x^μ Koordinaten, in denen die Metrik nicht global orthogonal ist. Versucht man, durch eine Transformation

$$x^\mu = x^\mu(x')$$

zu **global orthogonalen Koordinaten** x'^ρ ((9.21) gilt dann global) überzugehen, so müssen die vier Funktionen $x^\mu(x')$ nach (8.24) die Gleichungen

$$g_{\mu\nu}\frac{\partial x^\mu}{\partial x'^\alpha}\frac{\partial x^\nu}{\partial x'^\beta} = g'_{\alpha\beta} = g'_{\underline{\alpha}}\delta_{\underline{\alpha}\beta}$$

erfüllen. Unter Berücksichtigung der Symmetrie $g'_{\alpha\beta}=g'_{\beta\alpha}$ sind das 10 Differentialgleichungen für die vier Funktionen $x^\mu(x')$, in denen allerdings die vier Funktionen $g'_\alpha(x')$ bis auf die Vorzeichenbedingung (9.20) frei wählbar sind. Letzteres kann so geschehen, daß die vier Gleichungen, welche die $g'_\alpha(x')$ enthalten, zunächst nicht berücksichtigt werden, in der Hoffnung, sie später durch entsprechende Wahl der $g'_\alpha(x')$ automatisch erfüllen zu können. Dann verbleiben aber noch immer sechs Differentialgleichungen zur Bestimmung von vier Funktionen, und im allgemeinen ist nicht zu erwarten, daß diese eine Lösung besitzen. Wir werden später allerdings ein Beispiel kennen lernen, bei dem auf Grund besonderer Symmetrien der Raum-Zeit global orthogonale Koordinaten existieren. Die Existenz solcher Koordinaten stellt aber eine Ausnahme dar, die stets mit besonderen Eigenschaften der Raum-Zeit verbunden ist.

Ein Satz von Koordinaten wird als *zeitorthogonal* bezeichnet, wenn die Metrik in ihnen die Form

$$ds^2 = g_{00}(dx^0)^2 + g_{ik}\,dx^i\,dx^k \qquad \text{mit} \quad g_{00} > 0 \tag{9.22}$$

annimmt. **Zeitorthogonale Koordinaten** werden also durch die Beziehungen

$$g_{00} > 0\,, \quad g_{0l} = 0 \qquad \overset{\text{s.u.}}{\text{bzw.}} \qquad g^{00} > 0\,, \quad g^{0l} = 0$$

charakterisiert. Dabei folgen die letzten zwei Beziehungen aus den beiden ersten und Gleichung (9.15a), genauer aus $1 = \delta^0{}_0 = g^{0\mu}g_{\mu 0} = g^{00}g_{00} + g^{0l}g_{l0} = g^{00}g_{00}$ und $0 = \delta_0{}^l = g_{0\mu}g^{\mu l} = g_{00}g^{0l} + g_{0m}g^{ml} = g_{00}g^{0l}$. Falls die angegebenen Beziehungen von den Koordinaten x^μ nicht erfüllt werden, transformiert man auf Koordinaten x'^μ und stellt die Forderungen

$$g'^{0l} \overset{(9.8a)}{=} \frac{\partial x'^0}{\partial x^\rho}\frac{\partial x'^l}{\partial x^\sigma}\,g^{\rho\sigma} = 0\,, \qquad l = 1, 2, 3\,.$$

Wird die Funktion $x'^0(x)$ unter Berücksichtigung der Bedingung

$$g'^{00} = \frac{\partial x'^0}{\partial x^\rho}\frac{\partial x'^0}{\partial x^\sigma}\,g^{\rho\sigma} > 0$$

ansonsten beliebig vorgegeben, so hat man drei lineare partielle Differentialgleichungen zur Bestimmung der drei Funktionen $x'^l(x)$. Aus der Theorie partieller Differentialgleichungen ist bekannt, daß diese unter recht schwachen Bedingungen an die Koeffizienten $g^{\rho\sigma}$ stets eine Lösung besitzen. *Es ist also immer möglich, auf zeitorthogonale Koordinaten zu transformieren.*

Da eine zeitorthogonale Metrik (9.22) durch eine (lokale) Transformation der x^1, x^2 und x^3 alleine auf Diagonalgestalt gebracht werden kann, ist $g_{00} > 0$ ein Eigenwert von $g_{\mu\nu}$. Da $g_{\mu\nu}$ andererseits drei negative Eigenwerte besitzen muß, sind die Eigenwerte der Untermatrix g_{ik} alle negativ, und dementsprechend ist $g_{ik}\,dx^i\,dx^k \leq 0$. Alle Abstände ds mit $dx^0 = 0$ sind daher raumartig.

Die bei der Transformation zu zeitorthogonalen Koordinaten noch im wesentlichen frei verfügbar gebliebene Funktion $x'^0(x)$ kann stets so gewählt werden, daß $g'^{00} = 1$ gilt. Die dadurch erhaltene Metrik mit dem Linienelement

$$ds^2 = c^2dt^2 + g_{ij}(\boldsymbol{x}, t)\,dx^i dx^j \tag{9.23}$$

wird als **synchron** bezeichnet, die zugehörigen Koordinaten heißen **synchrone Koordinaten** oder **Gaußsche Normalkoordinaten**.

9.2.9 Skalare und tensorielle Dichten

Für Integrale über Gebiete der Raum-Zeit ist das Transformationsverhalten des vierdimensionalen Volumenelements

$$d^4x = dx^0 dx^1 dx^2 dx^3 \tag{9.24}$$

von Bedeutung. In der SRT erwies sich dieses als Invariante bezüglich eigentlicher Lorentz-Transformationen.

Zur Ableitung seines Verhaltens bei Transformationen zwischen beliebigen Koordinatensystemen gehen wir von der Transformationsgleichung (8.24) für den metrischen Tensor aus. Wenden wir auf diese den Multiplikationssatz für Determinanten an, so erhalten wir

$$g' = \left[\det\left(\frac{\partial x^\alpha}{\partial x'^\beta}\right)\right]^2 g \qquad \text{mit} \qquad g = \det\left(g_{\mu\nu}\right) . \tag{9.25}$$

Für die spezielle Transformation zwischen $S|x^\mu$ und einem lokalen Minkowski-System $M|\xi^\mu$ liefert (9.25) mit $g_{\alpha\beta}\to\eta_{\alpha\beta}$ und $g'_{\mu\nu}\to g_{\mu\nu}$ insbesondere

$$g = -\left[\det\left(\frac{\partial \xi^\alpha}{\partial x^\beta}\right)\right]^2 ,$$

da die Determinante des metrischen Tensors des lokalen Minkowski-Systems den Wert $\det(\eta_{\mu\nu}) = -1$ besitzt. Dies bedeutet, daß g und nach (9.25) daher auch g' negativ sind. Durch Ziehen der Quadratwurzel erhält man damit aus (9.25)

$$\sqrt{-g'} = \left|\det\left(\frac{\partial x^\alpha}{\partial x'^\beta}\right)\right| \sqrt{-g} . \tag{9.26}$$

Nach dem Satz von Jacobi gilt

$$d^4x = \det\left(\frac{\partial x^\alpha}{\partial x'^\beta}\right) d^4x' .$$

Multiplizieren wir diese Gleichung mit $\sqrt{-g}$ und benutzen (9.26), so erhalten wir unter der Voraussetzung, daß die Jacobi-Determinante positiv ist, schließlich

$$\boxed{\sqrt{-g'}\, d^4x' = \sqrt{-g}\, d^4x .} \tag{9.27}$$

Die Größe $\sqrt{-g}\ d^4x$ ist also ein Skalar, der als **Invariante des Volumens** bezeichnet wird.

$\sqrt{-g}$ transformiert sich bis auf die Jacobi-Determinante $\det(\partial x^\mu/\partial x^\nu) = d^4x/d^4x'$ als Faktor wie ein Skalar. Eine Größe ϱ, die sich gemäß der Gleichung

$$\varrho' = \varrho \left(\frac{d^4x}{d^4x'}\right)^\alpha \tag{9.28}$$

transformiert, wird als **skalare Dichte vom Gewicht** α bezeichnet. Für eine skalare Dichte vom Gewicht 1 gilt mit (9.27) insbesondere

$$\frac{\varrho'}{\sqrt{-g'}} = \frac{\varrho}{\sqrt{-g}} \qquad \text{und} \qquad \varrho'\, d^4x' = \varrho\, d^4x\,, \tag{9.29}$$

d. h. $\varrho\, d^4x$ ist ein Skalar. Auch $\sqrt{-g}$ ist eine skalare Dichte vom Gewicht 1.

Allgemeiner wird eine Größe $t^{\mu_1\ldots\mu_m}_{\nu_1\ldots\nu_n}$ als **Tensordichte vom Gewicht** α bezeichnet, wenn sie sich gemäß der Formel

$$t'^{\mu_1\ldots\mu_m}_{\nu_1\ldots\nu_n} = \left(\frac{d^4x}{d^4x'}\right)^{\alpha} \frac{\partial x'^{\mu_1}}{\partial x^{\alpha_1}} \cdots \frac{\partial x'^{\mu_m}}{\partial x^{\alpha_m}} \frac{\partial x^{\beta_1}}{\partial x'^{\nu_1}} \cdots \frac{\partial x^{\beta_n}}{\partial x'^{\nu_n}}\, t^{\alpha_1\ldots\alpha_m}_{\beta_1\ldots\beta_n} \tag{9.30}$$

transformiert. Für eine Tensordichte $t^{\mu\nu}$ vom Gewicht 1 gilt demnach

$$t'^{\mu\nu}\, d^4x' = \frac{\partial x'^{\mu}}{\partial x^{\alpha}} \frac{\partial x'^{\nu}}{\partial x^{\beta}}\, t^{\alpha\beta}\, d^4x \quad \stackrel{(9.27)}{\Longrightarrow} \quad \frac{t'^{\mu\nu}}{\sqrt{-g'}} = \frac{\partial x'^{\mu}}{\partial x^{\alpha}} \frac{\partial x'^{\nu}}{\partial x^{\beta}} \frac{t^{\alpha\beta}}{\sqrt{-g}}\,, \tag{9.31}$$

d. h. $t^{\mu\nu}$ ist eine Tensordichte vom Gewicht 1, wenn $t^{\mu\nu}\, d^4x$ bzw. $t^{\mu\nu}/\sqrt{-g}$ ein Tensor ist. Analoge Aussagen gelten für Tensordichten $t_{\mu\nu}$, $t_{\mu}{}^{\nu}$ etc.

9.3 Tensoranalysis

Der Begriff des kovarianten Vektors wurde so definiert, daß die Ableitung eines Skalars einen kovarianten Vektor liefert. Die Ableitung eines Vektors bzw. Tensors ergibt jedoch im allgemeinen keinen Tensor mehr. Dies zeigt das folgende Beispiel:

$$V'_{\mu,\nu} = \frac{\partial V'_{\mu}}{\partial x'^{\nu}} \stackrel{(9.6)}{=} \frac{\partial}{\partial x'^{\nu}} \left(\frac{\partial x^{\alpha}}{\partial x'^{\mu}}\, V_{\alpha}\right) = \frac{\partial^2 x^{\alpha}}{\partial x'^{\mu}\partial x'^{\nu}}\, V_{\alpha} + \frac{\partial x^{\alpha}}{\partial x'^{\mu}} \frac{\partial x^{\beta}}{\partial x'^{\nu}}\, V_{\alpha,\beta}\,.$$

Der Term mit der zweiten Ableitung von x^{α} zerstört den Tensorcharakter von $V_{\mu,\nu}$. Da Naturgesetze wie die Maxwell-Gleichungen Ableitungen von Vektoren und Tensoren enthalten, benötigen wir jedoch eine Differentialoperation, die aus Vektoren und Tensoren wieder Größen dieses Charakters erzeugt.

9.3.1 Kovariante Ableitung

Um später auf einfache Weise die Forderungen des Äquivalenzprinzips erfüllen zu können, erklären wir eine neue Differentialoperation in beliebigen Koordinaten derart, daß sie aus Tensoren wieder Tensoren erzeugt und sich in jedem lokal ebenen Koordinatensystem auf die gewöhnliche Ableitung reduziert.

Definition. *Der Tensor* $T^{\mu_1\ldots\mu_m}_{\nu_1\ldots\nu_n\,;\alpha}$, *der in allen lokal ebenen Systemen durch*

$$T^{\mu_1\ldots\mu_m}_{\nu_1\ldots\nu_n\,;\alpha} = T^{\mu_1\ldots\mu_m}_{\nu_1\ldots\nu_n\,,\alpha}$$

erklärt ist – dabei bezeichnet $_{,\alpha} = \partial/\partial x^\alpha$ *die gewöhnliche Ableitung und* $_{;\alpha}$ *die kovariante – und in allen anderen Koordinatensystemen hieraus durch das Transformationsgesetz für Tensoren hervorgeht, wird als* ***kovariante Ableitung*** *des Tensors* $T^{\mu_1\ldots\mu_m}_{\ \nu_1\ldots\nu_n}$ *bezeichnet.*

Wir zeigen im folgenden anhand einiger Beispiele, wie sich die kovariante Ableitung in beliebigen Koordinaten berechnen läßt.

Explizite Berechnung von $V_{\mu;\nu}$ und $V^\mu{}_{;\nu}$

Wir behandeln als erstes den Fall eines kovarianten Vektors. Er besitze in einem lokal ebenen System $\widetilde{S}|\xi^\mu$ die Komponenten $\widetilde{V}_\mu$ und in einem beliebigen System $S|x^\mu$ die Komponenten V_μ. In $\widetilde{S}$ gilt

$$\widetilde{V}_{\alpha;\beta} = \widetilde{V}_{\alpha,\beta} = \frac{\partial \widetilde{V}_\alpha}{\partial \xi^\beta}\,.$$

Da $V_{\mu;\nu}$ ein Tensor ist, erhalten wir in S nach (9.8b)

$$\begin{aligned} V_{\mu;\nu} &= \frac{\partial \xi^\alpha}{\partial x^\mu}\frac{\partial \xi^\beta}{\partial x^\nu}\frac{\partial \widetilde{V}_\alpha}{\partial \xi^\beta} = \frac{\partial \xi^\alpha}{\partial x^\mu}\frac{\partial \widetilde{V}_\alpha}{\partial x^\nu} \overset{(9.6)}{=} \frac{\partial \xi^\alpha}{\partial x^\mu}\frac{\partial}{\partial x^\nu}\left(\frac{\partial x^\lambda}{\partial \xi^\alpha}V_\lambda\right) \\ &= \frac{\partial \xi^\alpha}{\partial x^\mu}\frac{\partial x^\lambda}{\partial \xi^\alpha}\frac{\partial V_\lambda}{\partial x^\nu} + V_\lambda\frac{\partial \xi^\alpha}{\partial x^\mu}\frac{\partial}{\partial x^\nu}\left(\frac{\partial x^\lambda}{\partial \xi^\alpha}\right) \\ &= \frac{\partial x^\lambda}{\partial x^\mu}\frac{\partial V_\lambda}{\partial x^\nu} + V_\lambda\left[\frac{\partial}{\partial x^\nu}\left(\frac{\partial \xi^\alpha}{\partial x^\mu}\frac{\partial x^\lambda}{\partial \xi^\alpha}\right) - \frac{\partial x^\lambda}{\partial \xi^\alpha}\frac{\partial^2 \xi^\alpha}{\partial x^\mu \partial x^\nu}\right]. \end{aligned}$$

Mit $\partial x^\lambda/\partial x^\mu = \delta^\lambda_\mu$ und der Definition (8.37) folgt hieraus schließlich

$$\boxed{V_{\mu;\nu} = V_{\mu,\nu} - \Gamma^\lambda_{\mu\nu}V_\lambda\,.} \tag{9.32}$$

Mit $\widetilde{V}^\alpha = (\partial\xi^\alpha/\partial x^\lambda)\,V^\lambda$ gemäß (9.4) erhalten wir analog

$$\begin{aligned} V^\mu{}_{;\nu} &= \frac{\partial x^\mu}{\partial \xi^\alpha}\frac{\partial \xi^\beta}{\partial x^\nu}\frac{\partial \widetilde{V}^\alpha}{\partial \xi^\beta} = \frac{\partial x^\mu}{\partial \xi^\alpha}\frac{\partial \widetilde{V}^\alpha}{\partial x^\nu} = \frac{\partial x^\mu}{\partial \xi^\alpha}\frac{\partial}{\partial x^\nu}\left(\frac{\partial \xi^\alpha}{\partial x^\lambda}V^\lambda\right) \\ &= \frac{\partial x^\mu}{\partial \xi^\alpha}\frac{\partial \xi^\alpha}{\partial x^\lambda}\frac{\partial V^\lambda}{\partial x^\nu} + \frac{\partial x^\mu}{\partial \xi^\alpha}\frac{\partial^2 \xi^\alpha}{\partial x^\nu \partial x^\lambda}V^\lambda \end{aligned}$$

bzw.

$$\boxed{V^\mu{}_{;\nu} = V^\mu{}_{,\nu} + \Gamma^\mu_{\nu\lambda}V^\lambda\,.} \tag{9.33}$$

Explizite Berechnung von $T^{\mu\nu}{}_{;\lambda}$

Völlig analog findet man als kovariante Ableitung der Tensoren $T^{\mu\nu}$, $T^{\mu}{}_{\nu}$ und $T_{\mu\nu}$

$$\begin{aligned} T^{\mu\nu}{}_{;\lambda} &= T^{\mu\nu}{}_{,\lambda} + \Gamma^{\mu}_{\lambda\rho} T^{\rho\nu} + \Gamma^{\nu}_{\lambda\rho} T^{\mu\rho} \,, \\ T_{\mu\nu;\lambda} &= T_{\mu\nu,\lambda} - \Gamma^{\rho}_{\mu\lambda} T_{\rho\nu} - \Gamma^{\rho}_{\nu\lambda} T_{\mu\rho} \,, \\ T^{\mu}{}_{\nu;\lambda} &= T^{\mu}{}_{\nu,\lambda} + \Gamma^{\mu}_{\lambda\rho} T^{\rho}{}_{\nu} - \Gamma^{\rho}_{\nu\lambda} T^{\mu}{}_{\rho} \,. \end{aligned} \tag{9.34}$$

Der Vergleich mit (9.32) und (9.33) zeigt, daß auf jeden Tensorindex die Rechenregel für die kovariante Ableitung des entsprechenden Vektors angewandt wird. Wir bilden in diesem Sinne noch die Ableitung eines Tensors dritter Stufe:

$$T^{\lambda}_{\mu\nu;\rho} = T^{\lambda}_{\mu\nu,\rho} + \Gamma^{\lambda}_{\rho\alpha} T^{\alpha}_{\mu\nu} - \Gamma^{\alpha}_{\mu\rho} T^{\lambda}_{\alpha\nu} - \Gamma^{\alpha}_{\nu\rho} T^{\lambda}_{\mu\alpha} \,. \tag{9.35}$$

Rechenregeln für die kovariante Ableitung

1. *Die kovariante Ableitung einer Linearkombination von Tensoren ist gleich der Linearkombination der kovarianten Ableitungen*, z. B.

$$(aA^{\mu\nu} + bB^{\mu\nu})_{;\lambda} = aA^{\mu\nu}{}_{;\lambda} + bB^{\mu\nu}{}_{;\lambda} \,, \tag{9.36}$$

falls a und b konstante Skalare sind.

2. *Für die kovariante Ableitung von Tensorprodukten gilt die Produktregel*, z. B.

$$(A^{\mu} B_{\nu})_{;\lambda} = A^{\mu}{}_{;\lambda} B_{\nu} + A^{\mu} B_{\nu;\lambda} \,. \tag{9.37}$$

3. *Die kovariante Ableitung der Verjüngung eines Tensors ist gleich der Verjüngung der kovarianten Ableitung*, z. B.

$$(T^{\mu}{}_{\mu\nu})_{;\rho} = T^{\mu}{}_{\mu\nu;\rho} \,. \tag{9.38}$$

Beweise: Bei dem für die zweite Regel angegebenen Beispiel gilt in einem lokalen ebenen System

$$(A^{\mu} B_{\nu})_{;\lambda} - (A^{\mu}{}_{;\lambda} B_{\nu} + A^{\mu} B_{\nu;\lambda}) = (A^{\mu} B_{\nu})_{,\lambda} - (A^{\mu}{}_{,\lambda} B_{\nu} + A^{\mu} B_{\nu,\lambda}) = 0$$

Wenn der links stehende Tensor aber in einem speziellen Koordinatensystem verschwindet, muß er das auch in allen anderen tun, und die Regel ist für das spezielle Beispiel bewiesen.

Ganz analog müssen alle übrigen Regeln allgemein gültig sein, da sie offensichtlich in einem lokalen Inertialsystem erfüllt sind. □

4. Da die gewöhnliche Ableitung eines Skalars schon ein Vektor ist, muß die kovariante Ableitung eines Skalars nach der am Anfang dieses Abschnitts gegebenen Definition mit der gewöhnlichen Ableitung übereinstimmen,

$$\boxed{\varphi_{;\mu} = \varphi_{,\mu} \,.} \tag{9.39}$$

Man erhält dieses Ergebnis auch aus den obigen Rechenregeln, indem man beispielsweise $\varphi = A^\mu B_\mu$ setzt:

$$(A^\mu B_\mu)_{;\lambda} = A^\mu{}_{;\lambda} B_\mu + A^\mu B_{\mu;\lambda}$$
$$= A^\mu{}_{,\lambda} B_\mu + A^\mu B_{\mu,\lambda} + \Gamma^\mu_{\lambda\rho} A^\rho B_\mu - \Gamma^\rho_{\mu\lambda} A^\mu B_\rho = (A^\mu B_\mu)_{,\lambda} \,.$$

5. Die kovariante Ableitung des metrischen Tensors verschwindet,

$$\boxed{g_{\mu\nu;\lambda} \equiv 0 \qquad \text{bzw.} \qquad g^{\mu\nu}{}_{;\lambda} \equiv 0 \,.} \tag{9.40}$$

Nach (8.28) verschwinden beide Tensoren nämlich in einem lokal ebenen System. Aus (9.40), $g^{\mu\alpha} g_{\alpha\nu} = \delta^\mu{}_\nu$ und der Produktregel folgt auch sofort

$$\boxed{\delta^\mu{}_{\nu;\lambda} \equiv 0 \,.} \tag{9.41}$$

6. Für die kovarianten Ableitungen der Vektoren V^μ und V_μ folgen aus (9.16), der Produktregel und (9.40) die Gleichungen

$$V_{\mu;\lambda} = g_{\mu\nu} V^\nu{}_{;\lambda} \,, \qquad V^\mu{}_{;\lambda} = g^{\mu\nu} V_{\nu;\lambda} \,. \tag{9.42}$$

Dieses Ergebnis ist für die Brauchbarkeit des Konzeptes, $V_\mu = g_{\mu\nu} V^\nu$ und $V^\mu = g^{\mu\nu} V_\nu$ als ko- bzw. kontravariante Komponenten desselben Vektors aufzufassen, von entscheidender Wichtigkeit. Es besagt nämlich, daß es gleichgültig ist, ob man erst die kovariante Ableitung bildet und dann durch Herauf- oder Herunterziehen des Index zum anderen Vektortyp übergeht, oder umgekehrt.

Kovariante Ableitung von Vektoren nach gegebener Richtung

$x^\nu(s)$ sei eine durch die (skalare) Bogenlänge $s = \int_{s_0}^s \sqrt{g_{\mu\nu}\, dx^\mu\, dx^\nu}$ parametrisierte Kurve in der Raum-Zeit. Die analog zu den Vektorgradienten $V_{\mu,\nu}\, \dot{x}^\nu$ und $V^\mu{}_{,\nu}\, \dot{x}^\nu$ gebildeten Größen

$$\frac{DV_\mu}{Ds} = V_{\mu;\nu}\, \dot{x}^\nu(s) \,, \qquad \frac{DV^\mu}{Ds} = V^\mu{}_{;\nu}\, \dot{x}^\nu(s) \tag{9.43}$$

sind Vektoren ($V^\mu{}_{;\nu}$ bzw. $V_{\mu;\nu}$ sind Tensoren, $\dot{x}^\nu(s) = dx^\nu/ds$ ist das Produkt des Skalars $1/ds$ mit dem Vektor dx^ν), die in einem lokal ebenen System mit den Vektorgradienten übereinstimmen und daher die Ableitungen der Vektoren V^μ und V_μ nach der Richtung $\dot{x}^\nu$ angegeben. Man bezeichnet sie als kovariante Ableitungen dieser Vektoren in Richtung $\dot{x}^\nu$ bzw. längs der Kurve $x^\nu(s)$. Durch Einsetzen der Beziehungen (9.32) bzw. (9.33) erhält man auch

$$\boxed{\frac{DV^\mu}{Ds} = \frac{dV^\mu}{ds} + \Gamma^\mu_{\nu\lambda} V^\lambda \dot{x}^\nu \,, \qquad \frac{DV_\mu}{Ds} = \frac{dV_\mu}{ds} - \Gamma^\lambda_{\mu\nu} V_\lambda \dot{x}^\nu \,.} \tag{9.44}$$

Weist $\dot{x}^\nu$ in die Richtung einer der Koordinatenachsen, so kommt man auf die Definitionen (9.32) bzw. (9.33) zurück. Man beachte übrigens, daß die Einzelterme der rechten Seiten in (9.44) keine Vektoren sind und nur ihre Summe Vektorcharakter besitzt.

Aus den beiden letzten Beziehungen wird ersichtlich, daß die Vektoren V^μ bzw. V_μ gar nicht im ganzen Raum definiert sein müssen, um die kovarianten Ableitungen längs der Kurve $x^\nu(s)$ berechnen zu können, es genügt, wenn sie nur längs dieser definiert sind.

9.3.2 Parallelität im Kleinen und Paralleltransport

In einem globalen Minkowski-Raum bezeichnet man die Vektoren eines Vektorfeldes $V^\mu(x)$ bzw. $V_\mu(x)$ in verschiedenen Punkten der Raum-Zeit als parallel, wenn ihre Komponenten konstant sind,

$$V^\mu{}_{,\nu} \equiv 0 \qquad \text{bzw.} \qquad V_{\mu,\nu} \equiv 0\,.$$

In einem riemannschen Raum kann dies als Definition der Parallelität von Vektoren im Kleinen übernommen werden: Die Vektoren eines Vektorfeldes heißen in der Nachbarschaft eines Punktes P parallel, wenn sie in einem zu P gehörigen, lokal ebenen System die Gleichungen

$$V^\mu{}_{,\nu} = 0 \qquad \text{bzw.} \qquad V_{\mu,\nu} = 0$$

erfüllen.

$V^\mu{}_{,\nu}$ bzw. $V_{\mu,\nu}$ sind die Komponenten der Tensoren $V^\mu{}_{;\nu}$ bzw. $V_{\mu;\nu}$ im lokal ebenen System. Da ein Tensor generell verschwindet, wenn er das in einem speziellen Koordinatensystem tut, lautet die Verallgemeinerung der Definition von **Parallelität im Kleinen** auf beliebige Koordinaten

$$V^\mu{}_{;\nu} = 0 \qquad \text{bzw.} \qquad V_{\mu;\nu} = 0\,. \tag{9.45}$$

Die Brauchbarkeit dieser Definition setzt natürlich voraus, daß die Vektorfelder in einer vierdimensionalen Nachbarschaft des Punktes erklärt sind. Falls sie nur auf einer Kurve $x^\nu(s)$ definiert sind, heißen sie auf dieser im Kleinen parallel, wenn sie den Gleichungen

$$\frac{DV^\mu}{Ds} = 0 \qquad \text{bzw.} \qquad \frac{DV_\mu}{Ds} = 0 \tag{9.46}$$

genügen.

Unsere Definition der Parallelität im Kleinen kann ohne weiteres auf Kurvenstücke endlicher Länge übertragen werden. Wir bezeichnen das Vektorfeld $V^\mu(s)$ bzw. $V_\mu(s)$ als auf der Kurve $x^\nu(s)$ als parallel, falls in jedem Punkt der Kurve Parallelität im Kleinen besteht. Aus (9.46) mit (9.44) bekommen wir hierfür die Bedingung, daß die Differentialgleichungen

$$\frac{dV^\mu}{ds} + \Gamma^\mu_{\nu\lambda} V^\lambda \dot{x}^\nu = 0 \qquad \text{bzw.} \qquad \frac{dV_\mu}{ds} - \Gamma^\lambda_{\mu\nu} V_\lambda \dot{x}^\nu = 0 \tag{9.47}$$

erfüllt sein müssen. Von den Lösungsvektoren $V^\mu(s)$ und $V_\mu(s)$ sagt man, sie gingen aus ihren Anfangswerten $V^\mu(s_0)$ bzw. $V_\mu(s_0)$ durch **Paralleltransport** hervor. In diesem Sinne ist es auch möglich, einen Vektor, der nur in einem einzigen Punkt der Kurve $x^\nu(s)$ erklärt ist, parallel zu verschieben.

Aus der Euklidischen Geometrie sind wir es gewohnt, die Parallelität von Vektoren als etwas Absolutes anzusehen. Von dieser Vorstellung müssen wir uns in der Riemannschen Geometrie trennen. Es wird sich nämlich herausstellen, daß der aus dem Paralleltransport von einem Punkt P_1 nach P_2 resultierende Vektor nicht eindeutig definiert ist, sondern vom Weg abhängt, längs dessen der Paralleltransport durchgeführt wurde.

9.3.3 Skalarprodukt und Paralleltransport

Werden zwei Vektoren U^μ und V^μ längs derselben Kurve $x^\nu(s)$ parallel verschoben, so folgt für ihr Skalarprodukt aus (9.47)

$$\frac{d}{ds}(U^\mu V_\mu) = \frac{dU^\mu}{ds}V_\mu + U^\mu\frac{dV_\mu}{ds} = -\Gamma^\mu_{\nu\lambda}U^\lambda\dot{x}^\nu V_\mu + U^\mu\Gamma^\lambda_{\mu\nu}V_\lambda\dot{x}^\nu\,.$$

Mit der Umbenennung $\mu \leftrightarrow \lambda$ im ersten Term der rechten Seite und der Symmetrie (8.38) erhalten wir hieraus

$$\frac{d}{ds}(U^\mu V_\mu) = \Gamma^\lambda_{\mu\nu}(U^\mu V_\lambda - U^\mu V_\lambda)\dot{x}^\nu = 0\,. \tag{9.48}$$

Das Skalarprodukt bleibt bei der Parallelverschiebung also konstant, wie wir das aus der Euklidischen Geometrie kennen. Für $U^\mu = V^\mu$ ergibt sich hieraus als Sonderfall die **Konstanz der Länge von Vektoren bei der Parallelverschiebung**, was nach (8.27) zu erwarten war.

9.3.4 Anschauliche Deutung der kovarianten Ableitung

Die gewöhnliche Ableitung des Vektorfeldes $V^\mu(x)$ im Punkt x ist durch den Grenzwert

$$V^\mu{}_{,\nu}\big|_x = \lim_{\Delta x^{\underline{\nu}}\to 0}\frac{1}{\Delta x^{\underline{\nu}}}\Big[V^\mu(x+\Delta x^{\underline{\nu}}) - V^\mu(x)\Big]$$

erklärt. Um $V^\mu{}_{,\nu}$ zu erhalten, bildet man also die Differenz der Vektoren des Feldes $V^\mu(x)$ in den Punkten x und $x+\Delta x^{\underline{\nu}}$, teilt durch den Abstand $\Delta x^{\underline{\nu}}$ und läßt $\Delta x^{\underline{\nu}}\to 0$ gehen.

Mit Hilfe des Begriffs der Parallelverschiebung von Vektoren läßt sich eine ähnlich anschauliche Deutung der kovarianten Ableitung geben. Hierzu verschiebt man den Vektor $V^\mu(x)$ längs der $x^{\underline{\nu}}$ -Achse parallel nach $x+\Delta x^{\underline{\nu}}$, subtrahiert den hierdurch erhaltenen Vektor $\widetilde{V}^\mu(x+\Delta x^{\underline{\nu}})$ vom dortigen Feldvektor $V^\mu(x+\Delta x^{\underline{\nu}})$, teilt durch $\Delta x^{\underline{\nu}}$ und läßt wieder $\Delta x^{\underline{\nu}}\to 0$ gehen (Abb. 9.1). Auf diese Weise erhält man die kovariante Ableitung des Vektors $V^\mu(x)$:

$$V^\mu{}_{;\nu}\big|_x = \lim_{\Delta x^{\underline{\nu}}\to 0}\frac{1}{\Delta x^{\underline{\nu}}}\Big[V^\mu(x+\Delta x^{\underline{\nu}}) - \widetilde{V}^\mu(x+\Delta x^{\underline{\nu}})\Big]. \tag{9.49}$$

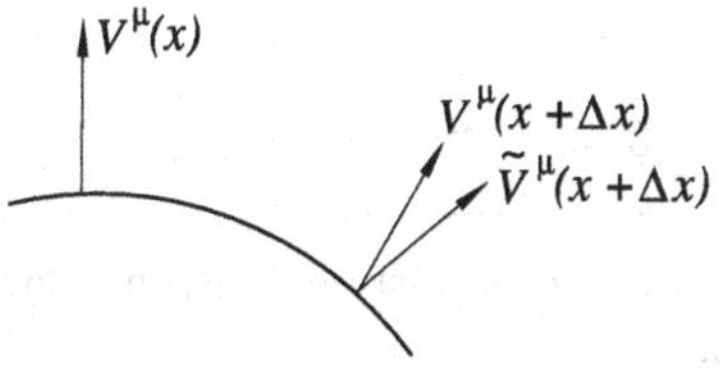

Abb. 9.1: Anschauliche Deutung der kovarianten Ableitung: $\widetilde{V}^\mu(x^\nu+\Delta x^\nu)$ entsteht aus $V^\mu(x^\nu)$ durch Parallelverschiebung, $V^\mu(x^\nu+\Delta x^\nu)$ ist das lokale Vektorfeld.

$V_{\mu;\nu}$ kann völlig analog definiert werden.

Beweis: Zum Beweis von (9.49) entwickelt man $V^\mu(x+\Delta x^{\underline{\nu}})$ und $\widetilde{V}^\mu(x+\Delta x^{\underline{\nu}})$ jeweils in eine Taylor-Reihe um den Punkt x,

$$
\begin{aligned}
V^\mu(x+\Delta x^{\underline{\nu}}) &= V^\mu(x) + V^\mu{}_{,\underline{\nu}}\,\Delta x^{\underline{\nu}} + \cdots\,, \\
\widetilde{V}^\mu(x+\Delta x^{\underline{\nu}}) &= \widetilde{V}^\mu(s_0+s-s_0) = V^\mu(x) + \frac{d\widetilde{V}^\mu}{ds}(s-s_0) + \cdots \\
&\overset{(9.47)}{=} V^\mu(x) - \Gamma^\mu_{\nu\lambda}V^\lambda \dot{x}^\nu(s-s_0) = V^\mu(x) - \Gamma^\mu_{\underline{\nu}\lambda}V^\lambda\,\Delta x^{\underline{\nu}} + \cdots\,,
\end{aligned}
$$

setzt die Ergebnisse in der rechten Seite von (9.49) ein und erhält (9.33). □

9.3.5 Zusammenhang zwischen $\Gamma^\lambda_{\mu\nu}$ und $g_{\mu\nu}$

Zwischen den $\Gamma^\lambda_{\mu\nu}$ und den $g_{\mu\nu}$ wurde in einem lokalen Minkowski-System der Zusammenhang (8.34) gefunden. Da die $\Gamma^\lambda_{\mu\nu}$ und $g_{\mu\nu,\lambda}$ keine Tensoren sind, kann nicht unmittelbar ersehen werden, ob sich dieser verallgemeinern läßt, was aber tatsächlich der Fall ist. Um das zu erkennen, berechnen wir zunächst mit (9.34b)

$$g_{\rho\mu;\nu} + g_{\rho\nu;\mu} - g_{\mu\nu;\rho} = g_{\rho\mu,\nu} + g_{\rho\nu,\mu} - g_{\mu\nu,\rho} - 2g_{\rho\sigma}\Gamma^\sigma_{\mu\nu}\,.$$

Dabei haben sich auf der rechten Seite vier Terme gegenseitig weggehoben, wobei die Symmetrie der $\Gamma^\lambda_{\mu\nu}$ bzw. $g_{\mu\nu}$ in den Indizes μ, ν benutzt wurde. Multiplizieren wir die erhaltene Gleichung mit $g^{\lambda\rho}/2$, so erhalten wir mit (9.15a)

$$\frac{1}{2}g^{\lambda\rho}\left(g_{\rho\mu,\nu} + g_{\rho\nu,\mu} - g_{\mu\nu,\rho}\right) - \Gamma^\lambda_{\mu\nu} = \frac{1}{2}g^{\lambda\rho}\left(g_{\rho\mu;\nu} + g_{\rho\nu;\mu} - g_{\mu\nu;\rho}\right)\,. \tag{9.50}$$

Der erste Term der linken Seite wird üblicherweise mit $\left\{ {\lambda \atop \mu\nu} \right\}$ abgekürzt und als **Christoffel-Symbol** bezeichnet:

$$\left\{ {\lambda \atop \mu\nu} \right\} := \frac{1}{2}g^{\lambda\rho}\left(g_{\rho\mu,\nu} + g_{\rho\nu,\mu} - g_{\mu\nu,\rho}\right)\,. \tag{9.51}$$

Benutzen wir jetzt die Identitäten (9.40), so erhalten wir aus (9.50) schließlich

$$\boxed{\Gamma^{\lambda}_{\mu\nu} = \left\{ {\lambda \atop \mu\nu} \right\} = \frac{1}{2}\, g^{\lambda\rho} \left(g_{\rho\mu,\nu} + g_{\rho\nu,\mu} - g_{\mu\nu,\rho} \right) .} \tag{9.52}$$

Entscheidend für die Allgemeingültigkeit dieses Ergebnisses ist die Tatsache, daß die Differenz $\left\{ {\lambda \atop \mu\nu} \right\} - \Gamma^{\lambda}_{\mu\nu}$ nach (9.50) ein Tensor ist.

Setzt man (9.52) in die Bewegungsgleichung (8.42) eines Massenpunktes im Schwerefeld ein, so erkennt man, daß die Wirkung der Gravitation vollständig durch die Koordinaten und die zugehörige Raum-Zeit-Metrik ausgedrückt werden kann.

9.3.6 Kovariante Rotation

Die gewöhnliche Rotation des kovarianten Vektorfeldes $V_\mu(x)$ besitzt die Komponenten $V_{\mu,\nu} - V_{\nu,\mu}$. Die kovariante Verallgemeinerung hiervon bildet der Tensor $V_{\mu;\nu} - V_{\nu;\mu}$. Setzen wir hierin (9.32) und eine entsprechende Beziehung für $V_{\nu;\mu}$ ein, so erhalten wir mit (8.38) für die **kovariante Rotation**

$$\boxed{V_{\mu;\nu} - V_{\nu;\mu} = V_{\mu,\nu} - V_{\nu,\mu} .} \tag{9.53}$$

9.3.7 Kovariante Divergenz von Vektoren und Gaußscher Satz

Die kovariante Verallgemeinerung der gewöhnlichen Divergenz $V^{\mu}{}_{,\mu}$ eines Vektors V^μ ist

$$\boxed{V^{\lambda}{}_{;\lambda} = V^{\lambda}{}_{,\lambda} + \Gamma^{\mu}_{\mu\lambda} V^{\lambda} .} \tag{9.54}$$

Nach (9.52) ist hierin

$$\Gamma^{\mu}_{\mu\lambda} = \tfrac{1}{2} g^{\mu\rho} g_{\rho\mu,\lambda} , \tag{9.55}$$

da wegen $g^{\mu\rho} = g^{\rho\mu}$ gilt: $g^{\mu\rho}\left(g_{\rho\lambda,\mu} - g_{\mu\lambda,\rho}\right) \overset{\text{z.T.}\mu\leftrightarrow\nu}{=} g^{\mu\rho} g_{\rho\lambda,\mu} - g^{\rho\mu} g_{\rho\lambda,\mu} = 0$. Um hiermit aus (9.54) eine kovariante Form des Gaußschen Satzes abzuleiten, beweisen wir zunächst die Gültigkeit der Beziehung

$$\boxed{\Gamma^{\mu}_{\mu\lambda} = \frac{1}{\sqrt{-g}} \frac{\partial \sqrt{-g}}{\partial x^{\lambda}} .} \tag{9.56}$$

Beweis: Die Koeffizienten einer Matrix $\mathbf{M}$ seien Funktionen einer Variablen x. Dann gilt

$$\begin{aligned} \det \mathbf{M}(x + dx) &= \det\left[\mathbf{M}(x) + \mathbf{M}'(x)\, dx\right] = \det\left[\mathbf{M} \cdot \left(\mathbf{1} + \mathbf{M}^{-1} \cdot \mathbf{M}'(x)\, dx\right)\right] \\ &= (\det \mathbf{M})\, \det\left(\mathbf{1} + \mathbf{M}^{-1} \cdot \mathbf{M}'(x)\, dx\right) . \end{aligned}$$

Betrachten wir zuerst $\det(\mathbf{1} + \mathsf{M}^{-1} \cdot \mathsf{M}'(x)\,dx)$. Nach dem allgemeinen Entwicklungssatz für Determinanten ist der einzige der Terme, aus deren Summe sich die Determinante zusammensetzt und der nur Diagonalelemente enthält, das Produkt sämtlicher Diagonalelemente, und seine Entwicklung bis zur linearen Ordnung in dx liefert mit $a_{ik} = \big(\mathsf{M}^{-1} \cdot \mathsf{M}'(x)\big)_{ik}$

$$(1{+}a_{11}\,dx) \cdot \ldots \cdot (1{+}a_{nn}\,dx) {=} 1 + (a_{11}{+}\ldots{+}a_{nn})dx{+}\ldots {=} 1{+}dx\ \mathrm{Sp}\Big(\mathsf{M}^{-1} \cdot \mathsf{M}'(x)\Big) + \ldots .$$

Alle anderen Terme der Determinantenentwicklung enthalten mindestens zwei Nichtdiagonalelemente und sind daher mindestens von der Ordnung dx^2. Damit erhalten wir

$$\det \mathsf{M}(x{+}dx) - \det \mathsf{M}(x) {=} \det \mathsf{M} \Big[\det\Big(\mathbf{1}{+}\mathsf{M}^{-1} \cdot \mathsf{M}'(x)\,dx\Big) - 1\Big] {=} dx(\det \mathsf{M})\ \mathrm{Sp}\Big(\mathsf{M}^{-1} \cdot \mathsf{M}'(x)\Big)$$

und hieraus

$$\frac{d}{dx} \det \mathsf{M} = (\det \mathsf{M})\ \mathrm{Sp}\Big(\mathsf{M}^{-1} \cdot \mathsf{M}'(x)\Big)\,. \tag{9.57}$$

Hängt M von mehreren Variablen x^μ ab, so ist d/dx durch $\partial/\partial x^\mu$ zu ersetzen.

Wenden wir dieses Ergebnis nun auf die Matrix $g_{\mu\nu}$ an. Mit der aus (9.15a) folgenden Beziehung $(g_{\mu\nu})^{-1} = (g^{\mu\nu})$ und $\mathsf{M}^{-1} \cdot \mathsf{M}'(x) \to g^{\mu\rho} g_{\rho\nu,\lambda}$ sowie $\det(g_{\mu\nu}) = g$ erhalten wir aus (9.57)

$$\frac{\partial g}{\partial x^\lambda} = g\, g^{\mu\rho} g_{\rho\mu,\lambda} \qquad \Rightarrow \qquad \frac{\partial\sqrt{-g}}{\partial x^\lambda} = \frac{-\partial g/\partial x^\lambda}{2\sqrt{-g}} = \frac{\sqrt{-g}}{2} g^{\mu\rho} g_{\rho\mu,\lambda} \tag{9.58}$$

und mit (9.55) also (9.56). □

Mit (9.56) ergibt sich für die **kovariante Divergenz** (9.54) sofort

$$\boxed{V^\lambda{}_{;\lambda} = \frac{1}{\sqrt{-g}} \frac{\partial}{\partial x^\lambda}\Big(\sqrt{-g}\, V^\lambda\Big)\,.} \tag{9.59}$$

Integrieren wir dieses Ergebnis mit dem invarianten Volumenelement $\sqrt{-g}\,dx$ (siehe (9.27)) über die Raum-Zeit, so erhalten wir

$$\int V^\lambda{}_{;\lambda} \sqrt{-g}\, d^4x = \int \frac{\partial}{\partial x^\lambda}\Big(\sqrt{-g}\, V^\lambda\Big)\, d^4x\,. \tag{9.60}$$

Mit Hilfe des Gaußschen Satzes in vier Dimensionen, folgt hieraus

$$\boxed{\int_G V^\lambda{}_{;\lambda} \sqrt{-g}\, d^4x = \int_{\partial G} V^\lambda \sqrt{-g}\, df_\lambda} \tag{9.61}$$

mit ∂G = Oberfläche des Gebietes G. (Die Richtung n_λ des Oberflächenelements $df_\lambda = n_\lambda\, df$ ist bei raumartigen Vektoren V^λ so zu wählen, daß sie aus dem Integrationsgebiet G des Volumenintegrals herausweist; siehe auch die Ausführungen vor Gleichung (5.20).) Da die linke Seite dieser Gleichung ein Skalar ist, muß auch die rechte Seite einer sein, und da V^λ ein Vektor ist, ist nach dem Quotientenkriterium auch $\sqrt{-g}\, df_\lambda$ einer, df_λ alleine jedoch keiner. Wenn V^λ im Unendlichen hinreichend schnell verschwindet, folgt daraus

$$\int_G V^\lambda{}_{;\lambda} \sqrt{-g}\, d^4x = 0\,. \tag{9.62}$$

9.3.8 Kovariante Ableitung von Tensoren

Mit (9.56) folgt aus (9.34a)

$$T^{\mu\nu}{}_{;\mu} = T^{\mu\nu}{}_{,\mu} + \frac{T^{\rho\nu}}{\sqrt{-g}}\frac{\partial\sqrt{-g}}{\partial x^\rho} + \Gamma^\nu_{\mu\rho}T^{\mu\rho} = \frac{1}{\sqrt{-g}}\frac{\partial\left(T^{\rho\nu}\sqrt{-g}\right)}{\partial x^\rho} + \Gamma^\nu_{\mu\rho}T^{\mu\rho}\,.$$

Für $T^{\mu\rho} = -\,T^{\rho\mu}$ gilt (mit $\Gamma^\nu_{\mu\rho}T^{\rho\mu} = \Gamma^\nu_{\rho\mu}T^{\mu\rho}$)

$$\Gamma^\nu_{\mu\rho}T^{\mu\rho} = \frac{\Gamma^\nu_{\mu\rho}}{2}\left(T^{\mu\rho} - T^{\rho\mu}\right) = \frac{T^{\mu\rho}}{2}\left(\Gamma^\nu_{\mu\rho} - \Gamma^\nu_{\rho\mu}\right) \overset{(8.38)}{=} 0\,,$$

und wir erhalten aus dem ersten Ergebnis mit $\rho \to \nu$

$$T^{\mu\nu}{}_{;\mu} = \frac{1}{\sqrt{-g}}\frac{\partial\left(T^{\mu\nu}\sqrt{-g}\right)}{\partial x^\mu} \qquad \text{für} \qquad T^{\mu\nu} = -\,T^{\nu\mu}\,. \tag{9.63}$$

Aus Gleichung (9.34b) folgt für $T_{\mu\nu} = -\,T_{\nu\mu}$ durch zyklische Permutation der Indizes und Addition der durch Permutation erhaltenen Gleichungen

$$T_{\mu\nu;\lambda} + T_{\lambda\mu;\nu} + T_{\nu\lambda;\mu} = T_{\mu\nu,\lambda} + T_{\lambda\mu,\nu} + T_{\nu\lambda,\mu} \qquad \text{für} \qquad T_{\mu\nu} = -\,T_{\nu\mu}\,. \tag{9.64}$$

9.4 Geodätische Linien

Geodätische Linien (Geodäten) sind Kurven, deren Länge im Vergleich zur Länge aller durch dieselben Endpunkte laufenden Nachbarkurven einen Extremwert annimmt. In einem euklidischen Raum sind die Geodäten Geraden, was die Bedeutung illustriert, die Geodäten für eine Geometrie besitzen.

Um die geodätischen Linien der Raum-Zeit mathematisch zu beschreiben, benutzen wir für eine beliebige in dieser verlaufende Kurve zunächst die Parameterdarstellung $x^\mu(p)$. Dabei ist der Kurvenparameter p eine beliebige skalare Größe, die für alle Vergleichskurven in den gemeinsamen Endpunkten P_1 und P_2 dieselben Werte p_1 bzw. p_2 annehmen soll. Die mathematische Formulierung der Geodätenbedingung lautet dann mit (8.22)

$$\delta\int_{p_1}^{p_2} ds = \delta\int_{p_1}^{p_2}\sqrt{\pm g_{\mu\nu}\,\dot{x}^\mu(p)\,\dot{x}^\nu(p)}\,dp = 0\,, \qquad \delta x^\mu(p_1) = \delta x^\mu(p_2) = 0\,. \tag{9.65}$$

(Das Vorzeichen unter der Wurzel ist so zu wählen, daß diese reell wird.) (9.65) ist ein Hamiltonsches Variationsproblem mit der Lagrange-Funktion

$$L = \sqrt{\pm g_{\mu\nu}\dot{x}^\mu\dot{x}^\nu}\,. \tag{9.66}$$

Seine Lösungen müssen die Euler-Gleichungen

$$\begin{aligned}\frac{d}{dp}\left(\frac{\partial L}{\partial\dot{x}^\alpha}\right) - \frac{\partial L}{\partial x^\alpha} &= \pm\left[\frac{d}{dp}\left(\frac{g_{\alpha\nu}\dot{x}^\nu}{L}\right) - \frac{1}{2}\frac{g_{\mu\nu,\alpha}\dot{x}^\mu\dot{x}^\nu}{L}\right]\\ &= \pm\frac{1}{L}\left[g_{\alpha\nu,\mu}\dot{x}^\nu\dot{x}^\mu + g_{\alpha\nu}\ddot{x}^\nu - g_{\alpha\nu}\dot{x}^\nu\frac{1}{L}\frac{dL}{dp} - \frac{1}{2}g_{\mu\nu,\alpha}\dot{x}^\mu\dot{x}^\nu\right] = 0\end{aligned}$$

erfüllen, und umgekehrt sind alle Lösungen von diesen auch Lösungen des Variationsproblems (9.65). Wir können die Variationsgleichungen noch vereinfachen, indem wir den Parameter p proportional zur Bogenlänge s auf der Lösungskurve setzen,[2]

$$p = s/\alpha$$

mit konstantem α. Auf dieser gilt dann $ds = L\,dp$ und $\alpha = ds/dp = L$, d. h. L wird auf ihr konstant, und sie erfüllt die zuletzt erhaltene Gleichung ohne den Term $\sim dL/dp$. Multiplizieren wir die auf diese Weise erhaltene reduzierte Gleichung mit $g^{\sigma\alpha}$ und benutzen $g_{\alpha\nu,\mu}\dot{x}^\nu\dot{x}^\mu = \frac{1}{2}(g_{\alpha\mu,\nu} + g_{\alpha\nu,\mu})\dot{x}^\nu\dot{x}^\mu$ sowie (9.52), so erhalten wir zur Bestimmung der Geodäten die Differentialgleichung zweiter Ordnung

$$\frac{D}{Dp}\left(\frac{dx^\sigma}{dp}\right) = \frac{d^2x^\sigma}{dp^2} + \Gamma^\sigma_{\mu\nu}\frac{dx^\mu}{dp}\frac{dx^\nu}{dp} = 0\,. \tag{9.67}$$

Dabei wurde die Operation D/Dp in Analogie zu (9.44) durch

$$\frac{DV^\mu}{Dp} = V^\mu{}_{;\nu}\dot{x}^\nu(p) = \alpha\frac{DV^\mu}{Ds}$$

definiert. (9.67) geht in einem lokal ebenen System wegen $\Gamma^\sigma_{\mu\nu} = 0$ (siehe hinter (8.37)) in die Geradengleichung $d^2\xi^\sigma/dp^2 = 0$ über.

Für manche Zwecke ist es bequemer, ein etwas modifiziertes, aber (9.65) äquivalentes Variationsprinzip zu benutzen. Mit der zuletzt getroffenen Parameterwahl $p = s/\alpha$ gilt mit einer beliebigen differenzierbaren monotonen Funktion $F(L)$ für die Lösungskurve des Variationsproblems wegen der Konstanz von $L = \alpha$ auf dieser

$$\delta\int_{p_1}^{p_2} F(L)\,dp = \int_{p_1}^{p_2} F'(L)\,\delta L\,dp = F'(\alpha)\,\delta\int_{p_1}^{p_2} L\,dp = 0\,.$$

Hieraus folgt, daß das Variationsproblem

$$\delta\int_{p_1}^{p_2} F(L)\,dp = 0\,, \qquad \delta x^\mu(p_1) = \delta x^\mu(p_2) = 0 \tag{9.68}$$

mit den Euler-Gleichungen

$$\frac{d}{dp}\left(\frac{\partial F(L)}{\partial\dot{x}^\alpha(p)}\right) - \frac{\partial F(L)}{\partial x^\alpha} = 0 \tag{9.69}$$

---

2 Wir sind den etwas mühsameren Weg über eine allgemeine Parameterdarstellung $x^\mu(p)$ gegangen, um später auch den Fall von „Null-Geodäten" betrachten zu können, auf denen $ds = 0$ ist. Daß man auch Nachbarkurven $y^\mu(s_y)$ (Bogenlänge s_y) der Lösungskurve $x^\mu(s)$ (Bogenlänge s) mit der Bogenlänge der letzteren bzw. proportional zu dieser parametrisieren kann, sieht man so: Ist Δs die Bogenlänge der Lösungskurve zwischen den Punkten P_1 und P_2 und Δs_y die der Nachbarkurve, so kann man auf der letzteren die Punkte mit dem Abstand $s_y = s\Delta s_y/\Delta s$ bzw. dem Parameterabstand $s_y = s\Delta s_y/(\alpha\Delta s)$ von P_1 den Punkten der Lösungskurve mit dem Abstand s bzw. dem Parameterabstand s/α von P_1 zuordnen – der Abstand bzw. Parameterabstand der Punkte P_1 und P_2 bleibt dabei erhalten – und erhält $y^\mu(s_y) = y^\mu(s\Delta s_y/\Delta s) = \tilde{y}^\mu(s)$ etc.

dem ursprünglichen Variationsproblem (9.65) äquivalent ist. (9.69) liefert natürlich dieselben Geodäten wie (9.67).

Eine eindeutige Lösung von (9.67) erhält man erst durch die Vorgabe eines Anfangspunktes und einer Anfangsrichtung. Dementsprechend läuft von jedem Punkt nach jeder beliebigen Richtung eine Geodäte weg. Unserer Ableitung gemäß ist die Größe $L^2 = g_{\mu\nu}\dot{x}^\mu\dot{x}^\nu$ auf jeder Geodäten konstant – in der Mechanik würde man sagen: sie ist ein Bewegungsintegral –, und da alle Richtungen $\dot{x}^\mu$ möglich sind, kann $g_{\mu\nu}\dot{x}^\mu\dot{x}^\nu$ positiv, null oder negativ sein. Man unterscheidet dementsprechend zwischen **zeitartigen** ($g_{\mu\nu}\dot{x}^\mu\dot{x}^\nu > 0$), **raumartigen** ($g_{\mu\nu}\dot{x}^\mu\dot{x}^\nu < 0$) und **Null-Geodäten** ($g_{\mu\nu}\dot{x}^\mu\dot{x}^\nu = 0$). Zu den letzteren sei angemerkt, daß man sie als Grenzfälle von raum- oder zeitartigen Geodäten erhält, indem man in der Proportionalitätsbeziehung $p = s/\alpha$ die Konstante $\alpha \to 0$ gehen läßt.

Mit Hilfe der Geodäten wird es möglich, auch für Ereignisse endlicher Entfernung einen Abstand zu definieren. Dazu bestimmt man zunächst die Geodäte, welche die beiden Ereignisse verbindet. Handelt es sich um eine raumartige Geodäte, so ist der Abstand die Bogenlänge der verbindenden Geodäte. Handelt es sich um eine zeitartige Geodäte, so ist der Zeitabstand gleich der durch c dividierten Bogenlänge.

Die Eigenschaft einer Kurve, Geodäte zu sein, ist von der Wahl des Koordinatensystems unabhängig. Dies folgt einmal daraus, daß das Variationsproblem (9.65) invariant ist (ds und $\int ds$ transformieren sich wie Skalare). Außerdem ist die Geodätengleichung (9.67) offensichtlich eine Vektorgleichung (dx^σ/dp und $D(dx^\sigma/dp)/Dp$ sind Vektoren).

Geodätische Linien sind die geradesten Linien, die zwei Punkte verbinden können. Wie bei den Geraden der euklidischen Geometrie gehen ihre Tangentenvektoren zu verschiedenen Punkten nämlich auseinander durch Paralleltransport hervor. Wir erkennen das, indem wir in Gleichung (9.47a) $s = \alpha p$ und für V^μ den Tangentenvektor $\dot{x}^\mu(p)$ einsetzen. (9.47) wird dadurch unmittelbar in (9.67) überführt.

Dem aufmerksamen Leser wird nicht entgangen sein, daß die Bewegung von Massenpunkten im Schwerefeld auf den geodätischen Linien der Raum-Zeit erfolgt (vgl. (8.42) und (9.67) mit $p \to \tau$). Null-Geodäten werden uns später als Ausbreitungslinien für das Licht wiederbegegnen.

9.5 Krümmungstensor

Ist in beliebigen Koordinaten x^μ eine Metrik $g^{\mu\nu}(x)$ vorgegeben, so kann die Frage, ob der Raum global pseudo-euklidisch ist, oder ob es sich um einen echten pseudoriemannschen Raum handelt, im allgemeinen nicht ohne weiteres entschieden werden. Für jemanden, der mit Kugelkoordinaten nicht vertraut ist, wäre es z. B. schon mühsam, zu erkennen, daß $ds^2 = c^2dt^2 - dr^2 - r^2(d\vartheta^2 + \sin^2\vartheta\, d\varphi^2)$ in das Linienelement eines globalen Minkowski-Raumes transformiert werden kann. Noch schwieriger wäre das, wenn man von ct, x, y, z und $g_{\mu\nu} \equiv \eta_{\mu\nu}$ mit Hilfe komplizierterer Transformationsfunktionen neue Koordinaten eingeführt hätte.

Wir hatten in Abschn. 8.4.1 erkannt, daß der wesentliche Unterschied zwischen einem global pseudo-euklidischen Raum und einem echt pseudo-riemannschen Raum erst in den zweiten Ableitungen der $g_{\mu\nu}$ zutage tritt, die in einem lokal ebenen System gebildet werden. Von einem Kriterium, das die Frage nach der Raum-Zeit-Struktur in einfacher Weise zu beantworten erlaubt, erwarten wir, daß es koordinatenunabhängig ist und sich daher in Tensorform formulieren läßt. Die Vermutung liegt nahe, daß $g_{\kappa\lambda;\mu;\nu}$ einen für das Problem brauchbaren Tensor abgibt. Es zeigt sich aber, daß die kovarianten Ableitungen nach x^μ und x^ν im Gegensatz zu den gewöhnlichen nicht vertauschbar sind, so daß es bei dem vorgeschlagenen Tensor auf die Reihenfolge der Ableitungen ankäme.

Wir beweisen diese im allgemeinen vorliegende Unvertauschbarkeit der kovarianten Ableitungen am einfacheren Beispiel eines Vektors und werden dabei automatisch auf einen Tensor vierter Stufe geführt, der das gesuchte Kriterium zu formulieren gestattet. Im folgenden kann nämlich gezeigt werden:

Satz. *Für jedes zweimal differenzierbare Vektorfeld $V^\kappa(x)$ gilt*

$$\boxed{V^\kappa_{;\mu;\nu} - V^\kappa_{;\nu;\mu} = R^\kappa_{\lambda\mu\nu} V^\lambda\,,} \tag{9.70}$$

wobei

$$\boxed{R^\kappa_{\lambda\mu\nu} := \Gamma^\kappa_{\lambda\mu,\nu} - \Gamma^\kappa_{\lambda\nu,\mu} + \Gamma^\rho_{\lambda\mu}\Gamma^\kappa_{\rho\nu} - \Gamma^\rho_{\lambda\nu}\Gamma^\kappa_{\rho\mu}} \tag{9.71}$$

ein Tensor ist, der als ***Riemannscher Krümmungstensor*** *bezeichnet wird.*

Beweis: Nach (9.33) – (9.34) ist

$$\begin{aligned}
V^\kappa_{;\mu;\nu} &= \left(V^\kappa_{;\mu}\right)_{;\nu} = V^\kappa_{;\mu,\nu} + \Gamma^\kappa_{\nu\rho}V^\rho_{;\mu} - \Gamma^\rho_{\mu\nu}V^\kappa_{;\rho} \\
&= (V^\kappa_{,\mu} + \Gamma^\kappa_{\mu\lambda}V^\lambda)_{,\nu} + \Gamma^\kappa_{\nu\rho}\left(V^\rho_{,\mu} + \Gamma^\rho_{\mu\lambda}V^\lambda\right) - \Gamma^\rho_{\mu\nu}\left(V^\kappa_{,\rho} + \Gamma^\kappa_{\rho\lambda}V^\lambda\right) \\
&= V^\kappa_{,\mu,\nu} + \Gamma^\kappa_{\mu\lambda,\nu}V^\lambda + \Gamma^\kappa_{\mu\lambda}V^\lambda_{,\nu} + \Gamma^\kappa_{\nu\rho}V^\rho_{,\mu} + \Gamma^\kappa_{\nu\rho}\Gamma^\rho_{\mu\lambda}V^\lambda - \Gamma^\rho_{\mu\nu}V^\kappa_{,\rho} - \Gamma^\rho_{\mu\nu}\Gamma^\kappa_{\rho\lambda}V^\lambda\,, \\
V^\kappa_{;\nu;\mu} &= V^\kappa_{,\nu,\mu} + \Gamma^\kappa_{\nu\lambda,\mu}V^\lambda + \Gamma^\kappa_{\nu\lambda}V^\lambda_{,\mu} + \Gamma^\kappa_{\mu\rho}V^\rho_{,\nu} + \Gamma^\kappa_{\mu\rho}\Gamma^\rho_{\nu\lambda}V^\lambda - \Gamma^\rho_{\nu\mu}V^\kappa_{,\rho} - \Gamma^\rho_{\nu\mu}\Gamma^\kappa_{\rho\lambda}V^\lambda\,.
\end{aligned}$$

Bei der Differenzbildung heben sich alle Terme bis auf die zweiten und fünften gegenseitig weg, und unter Berücksichtigung der Symmetrie der $\Gamma^\kappa_{\lambda\mu}$ erhalten wir gerade (9.70) mit (9.71).

Daß $R^\kappa_{\lambda\mu\nu}$ tatsächlich ein Tensor ist, ergibt sich aus dem Quotientenkriterium: Da die linke Seite von (9.70) für jedes beliebige Vektorfeld V^λ ein Tensor ist, gilt das auch für die rechte Seite, und daher ist $R^\kappa_{\lambda\mu\nu}$ ein Tensor. □

Wie die $\Gamma^\kappa_{\lambda\mu}$ ist auch der Krümmungstensor vollständig durch die Metrik bestimmt. Nach (9.52) ist er aus ersten und zweiten Ableitungen der $g_{\mu\nu}$ aufgebaut. Es ist unmittelbar einsichtig, daß das Verschwinden des Krümmungstensor, $R^\kappa_{\lambda\mu\nu} \equiv 0$, eine notwendige Bedingung für eine global pseudo-euklidische Metrik darstellt. In einem System mit $g_{\mu\nu} \equiv \eta_{\mu\nu}$ verschwinden nämlich alle $\Gamma^\lambda_{\mu\nu}$ mitsamt ihren Ableitungen, und infolgedessen tut das auch $R^\kappa_{\lambda\mu\nu}$; da das Verschwinden eines Tensors aber eine koordinatenunabhängige Eigenschaft ist, verschwindet $R^\kappa_{\lambda\mu\nu}$ dann generell.

Später wird gezeigt werden, daß auch die Umkehrung dieser Aussage gilt: Wenn der Krümmungstensor in einem pseudo-riemannschen Raum überall verschwindet, ist dieser global pseudo-euklidisch. Zur Vorbereitung des Beweises dieser Aussage betrachten wir den Paralleltransport auf geschlossenen Kurven.

9.5.1 Paralleltransport auf geschlossenen Kurven

In einem globalen Minkowski-Raum wird ein Vektor in sich selbst zurückgeführt, wenn man ihn längs einer geschlossenen Kurve parallel zu sich selbst verschiebt (Abb. 9.2 (a)). In einem echt pseudo-riemannschen Raum ist das – wie bei dem in Abb. 9.2 (b) dargestellten Fall des Paralleltransports auf einer Kugelfläche im $\mathbb{R}^3$ – nicht mehr der Fall: Bei seiner Rundreise auf einer kleinen geschlossenen Kurve $x^\nu(s)$, die durch den Punkt X führt, erfährt der Vektor V_λ vielmehr die Änderung (Abb. 9.2 (c))

$$\Delta V_\lambda \approx \frac{1}{2}\,(R^\kappa_{\lambda\mu\nu} V_\kappa)\big|_X \oint x^\nu\, dx^\mu\,. \tag{9.72}$$

Dabei sei gleich angemerkt, daß (9.72) die Möglichkeit zu einer Messung des Krümmungstensors bietet.

Beweis: Für die Änderung des Vektors V_λ bei der Parallelverschiebung längs der geschlossenen Kurve $x^\mu(s)$ erhalten wir durch Integration der Gleichung (9.47b)

$$\Delta V_\lambda = \oint \frac{dV_\lambda}{ds}\, ds = \oint \Gamma^\kappa_{\lambda\nu} V_\kappa \dot{x}^\nu\, ds = \oint \frac{d}{ds}(\Gamma^\kappa_{\lambda\nu} V_\kappa x^\nu)\, ds - \oint x^\nu \frac{d}{ds}(\Gamma^\kappa_{\lambda\nu} V_\kappa)\, ds\,.$$

Lassen wir die Umlaufintegration im Punkt X^ν der Kurve $x^\nu(s)$ beginnen und aufhören, so ergibt sich

$$\oint \frac{d}{ds}(\Gamma^\kappa_{\lambda\nu} V_\kappa x^\nu)\, ds = \Gamma^\kappa_{\lambda\nu}(X)\, X^\nu\, \Delta V_\kappa = \oint X^\nu \frac{d}{ds}(\Gamma^\kappa_{\lambda\nu} V_\kappa)\, ds\,,$$

und daher gilt auch

$$\Delta V_\lambda = -\oint (x^\nu - X^\nu) \frac{d}{ds}(\Gamma^\kappa_{\lambda\nu} V_\kappa)\, ds = -\oint (x^\nu - X^\nu) \left[\Gamma^\kappa_{\lambda\nu,\mu} \dot{x}^\mu V_\kappa + \Gamma^\rho_{\lambda\nu} \frac{dV_\rho}{ds}\right] ds\,.$$

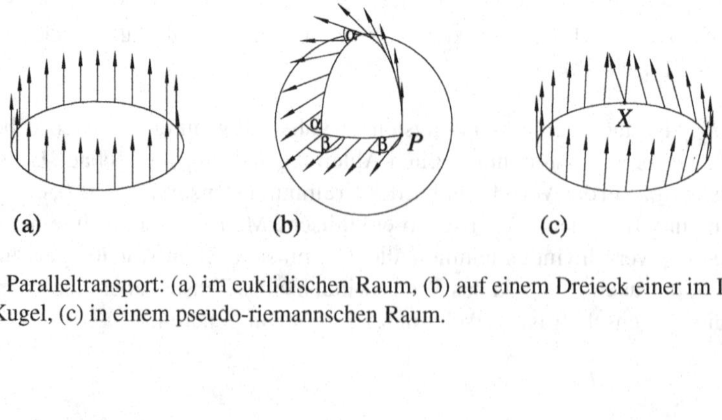

Abb. 9.2: Paralleltransport: (a) im euklidischen Raum, (b) auf einem Dreieck einer im $\mathbb{R}^3$ eingebetteten Kugel, (c) in einem pseudo-riemannschen Raum.

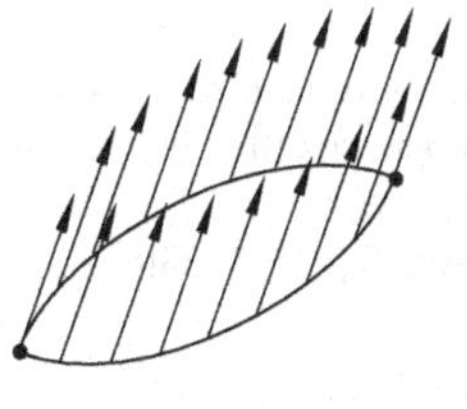

Abb. 9.3: Wegunabhängigkeit der Parallelverschiebung für $R^{\kappa}_{\lambda\mu\nu} \equiv 0$.

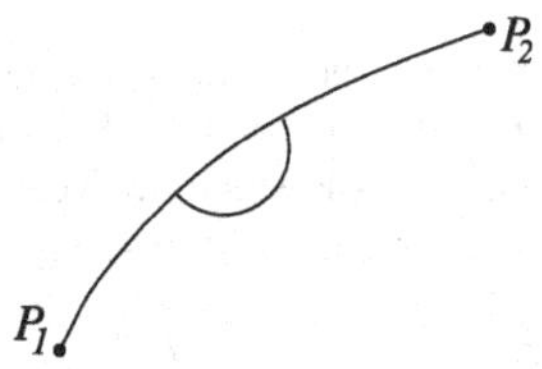

Abb. 9.4: Schritt aus einer Sequenz von Kurvenverbiegungen.

Berücksichtigen wir jetzt nochmals (9.47), so erhalten wir

$$\Delta V_\lambda = -\oint (x^\nu - X^\nu)\Big[(\Gamma^{\kappa}_{\lambda\nu,\mu} + \Gamma^{\rho}_{\lambda\nu}\Gamma^{\kappa}_{\rho\mu})V_\kappa\Big]dx^\mu .$$

Soweit gilt alles noch für geschlossene Kurven beliebiger Länge und Ausdehnung. Jetzt nehmen wir an, daß die Kurve $x^\nu(s)$ in unmittelbarer Nachbarschaft des Punktes X^ν verläuft, und nähern das Integral, indem wir den Integranden bis zu linearen Termen in $x^\nu - X^\nu$ entwickeln. Dies bedeutet, daß wir für die eckige Klammer den Wert bei X^ν nehmen dürfen. Wegen $\oint X^\nu\, dx^\mu = X^\nu \oint dx^\mu = 0$ (man beachte aber: $\oint x^\nu\, dx^\mu = \int\!\!\int dx^\nu dx^\mu \neq 0$) erhalten wir dann die Näherung

$$\Delta V_\lambda \approx -\Big[(\Gamma^{\kappa}_{\lambda\nu,\mu} + \Gamma^{\rho}_{\lambda\nu}\Gamma^{\kappa}_{\rho\mu})V_\kappa\Big]\Big|_X \oint x^\nu\, dx^\mu .$$

Wegen $\oint x^\nu\, dx^\mu = \oint d(x^\nu x^\mu) - \oint x^\mu\, dx^\nu = -\oint x^\mu\, dx^\nu$ und (9.10) trägt hierin nur der antisymmetrische Anteil des Ausdrucks in eckigen Klammern bei, so daß wir mit (9.71) unmittelbar (9.72) erhalten. □

Aus (9.72) folgt sofort, daß der Vektor V_λ beim infinitesimalen Paralleltransport in sich selbst zurückgeführt wird, falls der Krümmungstensor verschwindet. Damit liefert in diesem Fall auch die auf verschiedenen infinitesimalen Kurvenstücken erfolgende Parallelverschiebung von einem Punkt zu einem infinitesimal benachbarten dasselbe Ergebnis (Abb. 9.3).

Ist in einem endlichen, einfach zusammenhängenden Teilgebiet G der Raum-Zeit $R^{\kappa}_{\lambda\mu\nu} \equiv 0$, so führt die Parallelverschiebung eines Vektors von P_1 nach P_2 sogar auf allen Kurven, die P_1 mit P_2 verbinden und ganz in G liegen, zum selben Ergebnis. Der Beweis hierfür ergibt sich daraus, daß jede beliebige Kurve über eine Sequenz von Zwischenkurven in jede andere Kurve derart verbogen werden kann, daß die unterschiedlichen Segmente aufeinanderfolgender Zwischenkurven nur ein winziges Flächenelement umranden (Abb. 9.4). Ist nur dafür gesorgt, daß alle Kurven der Sequenz ganz in G verlaufen, so gilt die Aussage für je zwei Nachbarkurven der Sequenz und damit für alle.

Um endlich den ins Auge gefaßten Beweis der globalen Pseudo-Euklidizität bei verschwindendem Krümmungstensor führen zu können, benötigen wir noch einen Satz.

Satz. *Die Gleichungen $V_{\mu;\nu} = 0$ besitzen in einem einfach zusammenhängenden Gebiet G zu jedem Anfangswert $V_\mu(X) = \widehat{V}_\mu$ genau dann eine eindeutige Lösung, wenn in G überall $R^{\kappa}_{\lambda\mu\nu} = 0$ ist.*

Beweis:

1. Nehmen wir zuerst an, überall in G sei $R^{\kappa}_{\lambda\mu\nu} = 0$. Wird dann der Vektor $\widehat{V}_\mu$ in G von X aus parallel zu sich in alle anderen Punkten von G verschoben, so erhält man ein eindeutiges Vektorfeld $V_\mu(x)$, da das Resultat der Verschiebung nach dem vorherigen Ergebnis vom gewählten Weg unabhängig ist. Auf jeder beliebigen Kurve in G erfüllt $V_\mu(x)$ die Gleichung

$$\frac{DV_\mu}{Ds} = \left(V_{\mu,\nu} - \Gamma^{\lambda}_{\mu\nu} V_\lambda\right) \dot{x}^\nu = 0\,,$$

und weil $\dot{x}^\nu$ in jedem Punkt x beliebig gewählt werden kann, ist $V_\mu(x)$ eine Lösung der Gleichung

$$V_{\mu,\nu} - \Gamma^{\lambda}_{\mu\nu} V_\lambda = V_{\mu;\nu} = 0$$

zum Anfangswert $\widehat{V}_\mu$. Da jede andere Lösung auf jeder beliebigen Kurve $x^\nu(s)$ die Gleichung $DV_\mu/Ds = 0$ erfüllen müßte, diese aber als gewöhnliche Differentialgleichung erster Ordnung zum Anfangswert $\widehat{V}_\mu$ nur eine einzige Lösung besitzt, ist $V_\mu(x)$ die einzige Lösung und damit eindeutig.

2. Jetzt werde vorausgesetzt, daß die Gleichungen $V_{\mu;\nu} = 0$ eine eindeutige Lösung $V_\mu(x)$ zum Anfangswert $V^\mu(x) = \widehat{V}^\mu$ besitzen. Nach (9.43a) und (9.44a) erfüllt das Vektorfeld $V^\mu(x)$ dann auf jeder beliebigen Kurve von G die Gleichung (9.46) für den Paralleltransport. Aus der Eindeutigkeit von $V_\mu(x)$ ergibt sich auf allen ganz in G verlaufenden geschlossenen Kurven als Änderung von ΔV_λ über einen vollen Umlauf $\Delta V_\lambda = 0$. Insbesondere gilt daher für infinitesimale geschlossene Kurven nach (9.72)

$$R^{\kappa}_{\lambda\mu\nu} V_\kappa \Big|_X \oint x^\nu \, dx^\mu = 0\,.$$

Da das für beliebig geformte und beliebig orientierte Kurven gilt, $\oint x^\nu \, dx^\mu$ für jedes zulässige Wertepaar $\mu\nu$ daher bis auf einen Faktor jeden beliebigen Wert annehmen kann, und da außerdem V_κ für jedes zulässige κ in jedem Punkt als Anfangswert beliebig vorgegeben werden kann, folgt $R^{\kappa}_{\lambda\mu\nu} = 0$. □

9.5.2 Global pseudo-euklidischer Raum

Die am Anfang von Abschn. 9.5 aufgestellte Behauptung kann nunmehr bewiesen werden und wird dazu nochmals als Satz in Erinnerung gerufen:

Satz. *Ein Raum ist genau dann global pseudo-euklidisch, wenn $R^{\kappa}_{\lambda\mu\nu} \equiv 0$ gilt und der metrische Tensor einen positiven sowie drei negative Eigenwerte besitzt.*

Beweis: Die Notwendigkeit des Verschwindens von $R^{\kappa}_{\lambda\mu\nu}$ für globale Pseudo-Euklidizität wurde schon gezeigt. Jetzt beweisen wir das Hinreichen des Verschwindens, d. h. wir gehen davon aus, daß $R^{\kappa}_{\lambda\mu\nu} \equiv 0$ ist, und nehmen an, daß die hinsichtlich der $g_{\mu\nu}$ gemachten Voraussetzungen erfüllt sind. Das Koordinatensystem wählen wir so, daß der metrische Tensor $g_{\mu\nu}$ im Punkt X Diagonalgestalt besitzt, wobei $g_{00} > 0$ und $g_{ii} < 0$ für $i = 1, 2, 3$ gelten soll. Falls das zunächst nicht der Fall sein sollte, kann ein solches System immer mit Hilfe einer Orthogonaltransformation gefunden werden (siehe Abschn. 9.2.8).

Zum Beweis benutzen wir die im vorigen Abschnitt bewiesene Tatsache, daß die Gleichungen $V_{\mu;\nu} = 0$ wegen $R^{\kappa}_{\lambda\mu\nu} \equiv 0$ zu gegebenen Anfangswerten $V_\mu(X)$ eine eindeutige Lösung $V_\mu(x)$

besitzen, und nehmen an, daß die vier Lösungen $V_\mu^{(\nu)}(x)$ zu den Anfangsbedingungen

$$V_\mu^{(\nu)}(X) = \frac{\delta_\mu^{(\nu)}}{\sqrt{|g^{\underline{\nu}\underline{\nu}}(X)|}}, \qquad \nu = 0, 1, 2, 3, \tag{9.73}$$

in denen $\delta_\mu^{(\nu)}$ das Kronecker-Symbol ist, bekannt sind. Wegen $V_{\mu;\nu} = 0$ und $V_{\nu;\mu} = 0$ gilt nach (9.53) $V_{\mu,\nu} - V_{\nu,\mu} = 0$. Hieraus folgt wie in der gewöhnlichen Vektoranalysis, daß sich jedes der Felder $V_\mu^{(\nu)}(x)$ als Gradient einer skalaren Funktion $\varphi^{(\nu)}(x)$ darstellen läßt,

$$V_\mu^{(\nu)}(x) = \frac{\partial\varphi^{(\nu)}(x)}{\partial x^\mu}. \tag{9.74}$$

Mit den Funktionen $\varphi^{(\nu)}(x)$, die sich als Lösungen der Gleichungen (9.74) zu den Anfangsbedingungen $\partial\varphi^{(\nu)}/\partial x^\mu = V_\mu^{(\nu)}(X)$ mit (9.73) ergeben, führen wir die Transformation

$$x'^\nu(x) = \varphi^{(\nu)}(x) \tag{9.75}$$

durch. In den Koordinaten x'^ν besitzen die Vektorfelder $V_\mu^{(\nu)}(x)$ die Komponenten

$$V_\mu'^{(\nu)}(x') = \frac{\partial x^\rho}{\partial x'^\mu} V_\rho^{(\nu)}(x) = \frac{\partial x^\rho}{\partial\varphi^{(\mu)}} \frac{\partial\varphi^{(\nu)}(x)}{\partial x^\rho} = \frac{\partial\varphi^{(\nu)}}{\partial\varphi^{(\mu)}} = \delta_\mu^{(\nu)}. \tag{9.76}$$

Dieses Ergebnis wurde für beliebige Punkte x bzw. x' abgeleitet, gilt also für alle, und daher sind die $V_\mu'^{(\nu)}(x')$ konstant.

Jetzt berechnen wir die kovarianten Ableitungen der Skalare $g'^{\mu\nu}\, V_\mu'^{(\alpha)}\, V_\nu'^{(\beta)}$ – es handelt sich um 16 Stück, da α und β jeweils die Werte 0 bis 3 durchlaufen. Weil diese nach (9.39) mit den gewöhnlichen Ableitungen übereinstimmen, erhalten wir

$$\begin{aligned}\left(g'^{\mu\nu}\, V_\mu'^{(\alpha)}\, V_\nu'^{(\beta)}\right)_{,\lambda} &= \left(g'^{\mu\nu}\, V_\mu'^{(\alpha)}\, V_\nu'^{(\beta)}\right)_{;\lambda} \\ &= g'^{\mu\nu}{}_{;\lambda}\, V_\mu'^{(\alpha)}\, V_\nu'^{(\beta)} + g'^{\mu\nu}\, V_{\mu;\lambda}'^{(\alpha)}\, V_\nu'^{(\beta)} + g'^{\mu\nu}\, V_\mu'^{(\alpha)}\, V_{\nu;\lambda}'^{(\beta)} = 0,\end{aligned}$$

wobei (9.40) sowie die Tatsache benutzt wurde, daß $V_{\mu;\lambda} = 0$ als Tensorgleichung in jedem beliebigen Koordinatensystem gilt. Mit (9.76) folgt hieraus

$$\left(g'^{\mu\nu}\, V_\mu'^{(\alpha)}\, V_\nu'^{(\beta)}\right)_{,\lambda} = \left(g'^{\mu\nu}\, \delta_\mu^{(\alpha)}\, \delta_\nu^{(\beta)}\right)_{,\lambda} = g'^{\alpha\beta}{}_{,\lambda} = 0,$$

d. h. in den Koordinaten x'^μ ist die Metrik konstant. Für den Punkt X' ergibt sich mit (9.8)

$$\begin{aligned} g'^{\mu\nu} &= \frac{\partial x'^\mu}{\partial x^\alpha}\frac{\partial x'^\nu}{\partial x^\beta} g^{\alpha\beta} \overset{(9.75)}{=} \frac{\partial\varphi^{(\mu)}}{\partial x^\alpha}\frac{\partial\varphi^{(\nu)}}{\partial x^\beta} g^{\alpha\beta} \overset{(9.74)}{=} V_\alpha^{(\mu)}\, V_\beta^{(\nu)}\, g^{\alpha\beta} \\ &\overset{(9.73)}{=} \frac{\delta_\alpha^{(\mu)}}{\sqrt{|g^{\underline{\mu}\underline{\mu}}|}}\frac{\delta_\beta^{(\nu)}}{\sqrt{|g^{\underline{\nu}\underline{\nu}}|}} g^{\alpha\beta} = \frac{g^{\mu\nu}}{\sqrt{|g^{\underline{\mu}\underline{\mu}}|}\sqrt{|g^{\underline{\nu}\underline{\nu}}|}} = \eta^{\mu\nu},\end{aligned}$$

wobei zuletzt einging, daß $g_{\mu\nu}$ und damit $g^{\mu\nu}$ im Punkt X Diagonalgestalt besitzen. Da die $g'^{\mu\nu}$ konstant sind, ist die Metrik in den Koordinaten x'^ν in einer ganzen Umgebung des Punktes X' bzw. X pseudo-euklidisch. Diese Umgebung erstreckt sich so weit, wie die Koordinatentransformationen (9.75) regulär sind. Damit das der Fall ist, muß $\det(\partial x'^\nu/\partial x^\mu) \neq 0$ gelten. Im Punkt X ist es wegen

$$\det\left(\frac{\partial x'^\nu}{\partial x^\mu}\right) = \det\left(\frac{\partial\varphi^{(\nu)}}{\partial x^\mu}\right) = \det V_\mu^{(\nu)} = \det \frac{\delta_\mu^{(\nu)}}{\sqrt{|g^{\underline{\nu}\underline{\nu}}|}}$$

sicher erfüllt, und aus Stetigkeitsgründen gilt es auch für eine endliche Nachbarschaft von X. Das Ergebnis $g'^{\mu\nu} \equiv \eta^{\mu\nu}$ ist zunächst auf diese Nachbarschaft beschränkt. Da der Punkt X jedoch beliebig war, kann es für eine ganze Nachbarschaft jedes beliebigen Punktes abgeleitet werden, und daher gilt es im ganzen Raum. □

9.5.3 Eigenschaften des Krümmungstensors

Der Krümmungstensor besitzt insgesamt $4 \cdot 4 \cdot 4 \cdot 4 = 256$ Komponenten, die aus den ersten und zweiten Ableitungen der $g_{\mu\nu}$ aufgebaut sind. Da es unter diesen nach Abschn. 8.4.1 höchstens 20 für die Struktur der Raum-Zeit signifikante Größen geben kann, steht zu erwarten, daß $R^\kappa_{\ \lambda\mu\nu}$ von Haus aus eine Reihe von Bedingungen erfüllt. Am einfachsten läßt sich das für den vollständig kovarianten Krümmungstensor

$$\boxed{R_{\kappa\lambda\mu\nu} = g_{\kappa\sigma} R^\sigma_{\ \lambda\mu\nu}} \tag{9.77}$$

zeigen. Dessen Darstellung durch die metrischen Koeffizienten ist

$$\boxed{R_{\kappa\lambda\mu\nu} = \frac{1}{2}\left(g_{\kappa\mu,\lambda,\nu} + g_{\lambda\nu,\kappa,\mu} - g_{\lambda\mu,\kappa,\nu} - g_{\kappa\nu,\lambda,\mu}\right) + g_{\rho\sigma}\left(\Gamma^\rho_{\kappa\mu}\Gamma^\sigma_{\lambda\nu} - \Gamma^\rho_{\kappa\nu}\Gamma^\sigma_{\lambda\mu}\right),} \tag{9.78}$$

wobei im zweiten Klammerterm der rechten Seite der besseren Übersichtlichkeit halber die Christoffelsymbole stehen gelassen wurden und mit Hilfe von (9.52) durch die $g_{\mu\nu}$ und deren Ableitungen ausgedrückt werden können.

Beweis: Wir benutzen die Identitäten $g_{\kappa\sigma;\nu} \equiv 0$ bzw. deren ausführlichere Form (vgl. (9.34)) $g_{\kappa\sigma,\nu} = \Gamma^\rho_{\kappa\nu} g_{\rho\sigma} + \Gamma^\rho_{\sigma\nu} g_{\rho\kappa}$ sowie (9.52) zur Umformung einiger Terme in $R_{\kappa\lambda\mu\nu}$ bzw. $R^\kappa_{\ \lambda\mu\nu}$:

$$\begin{aligned}
g_{\kappa\sigma}\Gamma^\sigma_{\lambda\mu,\nu} &= (g_{\kappa\sigma}\Gamma^\sigma_{\lambda\mu})_{,\nu} - \Gamma^\sigma_{\lambda\mu} g_{\kappa\sigma,\nu} \\
&\overset{(9.52)}{=} \frac{1}{2}\Big[g_{\kappa\sigma} g^{\sigma\rho}\Big(g_{\rho\lambda,\mu} + g_{\rho\mu,\lambda} - g_{\lambda\mu,\rho}\Big)\Big]_{,\nu} - \Gamma^\sigma_{\lambda\mu}\Big(\Gamma^\rho_{\kappa\nu} g_{\rho\sigma} + \Gamma^\rho_{\sigma\nu} g_{\rho\kappa}\Big) \\
&= \frac{1}{2}\Big(g_{\kappa\lambda,\mu,\nu} + g_{\kappa\mu,\lambda,\nu} - g_{\lambda\mu,\kappa,\nu}\Big) - g_{\rho\sigma}\Gamma^\rho_{\kappa\nu}\Gamma^\sigma_{\lambda\mu} - g_{\rho\kappa}\Gamma^\rho_{\sigma\nu}\Gamma^\sigma_{\lambda\mu}\,, \\
g_{\kappa\sigma}\Gamma^\sigma_{\lambda\nu,\mu} &= \frac{1}{2}\Big(g_{\kappa\lambda,\nu,\mu} + g_{\kappa\nu,\lambda,\mu} - g_{\lambda\nu,\kappa,\mu}\Big) - g_{\rho\sigma}\Gamma^\rho_{\kappa\mu}\Gamma^\sigma_{\lambda\nu} - g_{\rho\kappa}\Gamma^\rho_{\sigma\mu}\Gamma^\sigma_{\lambda\nu}\,.
\end{aligned}$$

Setzt man dies in (9.77) mit (9.71) ein, so folgt

$$\begin{aligned}
R_{\kappa\lambda\mu\nu} = \frac{1}{2}\Big[&\underbrace{g_{\kappa\lambda,\mu,\nu}}_{(1)} + g_{\kappa\mu,\lambda,\nu} - g_{\lambda\mu,\kappa,\nu} - \underbrace{g_{\kappa\lambda,\nu,\mu}}_{(1)} - g_{\kappa\nu,\lambda,\mu} + g_{\lambda\nu,\kappa,\mu}\Big] \\
&- g_{\rho\sigma}\Gamma^\rho_{\kappa\nu}\Gamma^\sigma_{\lambda\mu} - \underbrace{g_{\rho\kappa}\Gamma^\rho_{\sigma\nu}\Gamma^\sigma_{\lambda\mu}}_{(2)} + g_{\rho\sigma}\Gamma^\rho_{\kappa\mu}\Gamma^\sigma_{\lambda\nu} + \underbrace{g_{\rho\kappa}\Gamma^\rho_{\sigma\mu}\Gamma^\sigma_{\lambda\nu}}_{(3)} \\
&+ \underbrace{g_{\kappa\sigma}\Gamma^\rho_{\lambda\mu}\Gamma^\sigma_{\rho\nu}}_{(2)} - \underbrace{g_{\kappa\sigma}\Gamma^\rho_{\lambda\nu}\Gamma^\sigma_{\rho\mu}}_{(3)}\,.
\end{aligned}$$

Die durch geschweifte Klammern gekennzeichneten Terme heben sich entsprechend der angegebenen Numerierung gegenseitig weg, und der Rest ergibt (9.78). □

Aus der Darstellung (9.78) folgen unmittelbar die Symmetrierelationen

$$\begin{aligned}
R_{\kappa\lambda\mu\nu} &= R_{\mu\nu\kappa\lambda}\,, \\
R_{\kappa\lambda\mu\nu} &= -R_{\lambda\kappa\mu\nu} = -R_{\kappa\lambda\nu\mu} = R_{\lambda\kappa\nu\mu}\,, \\
R_{\kappa\lambda\mu\nu} &+ R_{\kappa\mu\nu\lambda} + R_{\kappa\nu\lambda\mu} = 0\,.
\end{aligned} \tag{9.79}$$

Es kann gezeigt werden, daß dies 236 Bedingungen an die 256 Komponenten von $R_{\kappa\lambda\mu\nu}$ sind, so daß sich die Zahl unabhängiger Komponenten tatsächlich auf maximal 20 reduziert (Aufgabe 9.3). Da der Krümmungstensor aus differenzierten Größen aufgebaut ist, muß damit gerechnet werden, daß er noch gewisse Differentialbeziehungen erfüllt, ähnlich wie $\boldsymbol{a} = \operatorname{rot}\boldsymbol{b}$ die Gleichung $\operatorname{div}\boldsymbol{a} = 0$ zur Folge hat. Von L. Bianchi wurden diesbezüglich die heute sogenannten **Bianchi-Identitäten**

$$\boxed{R_{\kappa\lambda\mu\nu;\alpha} + R_{\kappa\lambda\alpha\mu;\nu} + R_{\kappa\lambda\nu\alpha;\mu} \equiv 0} \tag{9.80}$$

gefunden.

Beweis: Da die linke Seite von (9.80) ein Tensor ist, genügt es, den Beweis in einem lokal ebenen System zu erbringen. Weil darin alle $\Gamma^{\lambda}_{\mu\nu}$ verschwinden, die kovarianten Ableitungen in die gewöhnlichen übergehen und die Ableitungen der Terme mit Γ-Produkten wie $(g_{\rho\sigma}\Gamma^{\rho}_{\kappa\mu}\Gamma^{\sigma}_{\lambda\nu})_{,\alpha} = g_{\rho\sigma,\alpha}\Gamma^{\rho}_{\kappa\mu}\Gamma^{\sigma}_{\lambda\nu} + g_{\rho\sigma}\Gamma^{\rho}_{\kappa\mu,\alpha}\Gamma^{\sigma}_{\lambda\nu} + g_{\rho\sigma}\Gamma^{\rho}_{\kappa\mu}\Gamma^{\sigma}_{\lambda\nu,\alpha}$ wegen $g_{\rho\sigma,\alpha} = 0$ und $\Gamma^{\cdots}_{\cdots} = 0$ verschwinden, gilt z. B.

$$R_{\kappa\lambda\mu\nu;\alpha} = \frac{1}{2}\Big(g_{\kappa\mu,\lambda,\nu,\alpha} + g_{\lambda\nu,\kappa,\mu,\alpha} - g_{\lambda\mu,\kappa,\nu,\alpha} - g_{\kappa\nu,\lambda,\mu,\alpha}\Big)\,.$$

Addiert man dies zu entsprechenden Ausdrücken für $R_{\kappa\lambda\alpha\mu;\nu}$ und $R_{\kappa\lambda\nu\alpha;\mu}$, so heben sich alle Terme der rechten Seite gegenseitig weg, und man erhält unmittelbar (9.80). □

9.5.4 Ricci-Tensor und Krümmungsskalar

Durch Verjüngung des Tensors $R^{\kappa}_{\lambda\mu\nu}$ erhält man den nach G. Ricci-Curbastro benannten **Ricci-Tensor**

$$\boxed{R_{\mu\nu} = R^{\sigma}_{\mu\sigma\nu} = g^{\rho\sigma}R_{\rho\mu\sigma\nu}\,,} \tag{9.81}$$

der als Folge von (9.79a) die Symmetrie

$$R_{\mu\nu} = R_{\nu\mu} \tag{9.82}$$

aufweist. Seine Darstellung durch die metrischen Koeffizienten ergibt sich aus (9.78) mit (9.52) zu

$$\boxed{\begin{aligned} R_{\mu\nu} = {}& \tfrac{1}{2}\,g^{\rho\sigma}\left(g_{\rho\sigma,\mu,\nu} + g_{\mu\nu,\rho,\sigma} - g_{\mu\sigma,\rho,\nu} - g_{\rho\nu,\mu,\sigma}\right) \\ &+ g^{\rho\sigma}g_{\alpha\beta}\left(\Gamma^{\alpha}_{\rho\sigma}\Gamma^{\beta}_{\mu\nu} - \Gamma^{\alpha}_{\rho\nu}\Gamma^{\beta}_{\mu\sigma}\right)\,. \end{aligned}} \tag{9.83}$$

Bis auf das Vorzeichen ist $R_{\mu\nu}$ der einzige nichttriviale Tensor zweiter Stufe, der aus $R_{\kappa\lambda\mu\nu}$ durch Hochziehen eines Index und anschließende Verjüngung gebildet werden kann. Aus den Antisymmetrierelationen (9.79b) folgt nämlich

$$R_{\mu\nu} = g^{\rho\sigma} R_{\rho\mu\sigma\nu} = -g^{\rho\sigma} R_{\mu\rho\sigma\nu} = -g^{\rho\sigma} R_{\rho\mu\nu\sigma} = g^{\rho\sigma} R_{\mu\rho\nu\sigma} \,,$$

während die zyklische Symmetriebedingung (9.79c) zu

$$g^{\rho\sigma} R_{\mu\nu\rho\sigma} \overset{(9.79)a}{=} g^{\rho\sigma} R_{\rho\sigma\mu\nu} = -g^{\rho\sigma}\left(R_{\rho\mu\nu\sigma} + R_{\rho\nu\sigma\mu}\right) \overset{(9.79b)}{=} R_{\mu\nu} - R_{\nu\mu} = 0$$

führt. Damit sind alle sechs Möglichkeiten, die überhaupt bestehen – Verjüngung von $R_{\kappa\lambda\mu\nu}$ nach $\kappa\lambda$, $\kappa\mu$, $\kappa\nu$, $\lambda\mu$, $\lambda\nu$, $\mu\nu$ –, ausgeschöpft.

Aus $R_{\mu\nu}$ erhält man durch Heben eines Index und anschließende Verjüngung den **Krümmungsskalar**

$$\boxed{R = g^{\mu\nu} R_{\mu\nu} = R^{\mu}{}_{\mu} \,.} \qquad (9.84)$$

Offensichtlich ist R bis aufs Vorzeichen der einzige Skalar, der aus $R_{\kappa\lambda\mu\nu}$ durch Verjüngungsprozesse gebildet werden kann. Aus (9.80) folgen die **Bianchi-Identitäten für den Ricci-Tensor**

$$\boxed{\left(R^{\mu\nu} - \tfrac{1}{2}\, g^{\mu\nu} R\right)_{;\mu} \equiv 0 \,.} \qquad (9.85)$$

Beweis: Wir multiplizieren (9.80) mit $g^{\alpha\beta} g^{\kappa\mu} g^{\lambda\nu}$ und beachten, daß dieses Produkt wegen (9.40b) und der Gültigkeit der Produktregel unter die kovariante Ableitung gezogen werden darf. Mit der Definition von $R_{\mu\nu}$, (9.81), und den Antisymmetrierelationen (9.79b) erhalten wir

$$\left(g^{\alpha\beta} g^{\lambda\nu} R_{\lambda\nu}\right)_{;\alpha} - \left(g^{\alpha\beta} g^{\lambda\nu} R_{\lambda\alpha}\right)_{;\nu} - \left(g^{\alpha\beta} g^{\kappa\mu} R_{\kappa\alpha}\right)_{;\mu} = \left(g^{\alpha\beta} R\right)_{;\alpha} - R^{\nu\beta}{}_{;\nu} - R^{\mu\beta}{}_{;\mu} = 0 \,,$$

und die Umbenennungen $\alpha \to \mu$, $\beta \to \nu$, $\nu \to \mu$ lassen hieraus sofort (9.85) folgen. □

9.6 Kovariante Formulierung von Naturgesetzen mit Hilfe von Tensoren

Ist ein Tensor in einem speziellen Koordinatensystem gleich null, so folgt aus dem Transformationsgesetz für Tensoren, daß er in jedem beliebigen Koordinatensystem verschwindet. Kann daher ein Naturgesetz durch das Verschwinden eines Tensors ausgedrückt werden, so ist für dieses eine invariante Formulierung gefunden. Da der betrachtete Tensor selbst Summe oder Differenz mehrerer Tensoren sein oder in eine solche zerlegt werden kann, ist es auch möglich, das Naturgesetz invariant als Gleichung zwischen Tensoren zu schreiben, z. B.

$$A^{\mu\nu} - B^{\mu\nu} = 0 \qquad \text{oder} \qquad A^{\mu\nu} = B^{\mu\nu} \,.$$

Die betreffende Gleichung hat dann in allen Koordinatensystemen dieselbe Form – z. B. gilt dann $A^{\mu\nu} = B^{\mu\nu} \;\Leftrightarrow\; A'^{\mu\nu} = B'^{\mu\nu}$ – und wird als **kovariante Gleichung** bezeichnet.

Das Äquivalenzprinzip und das Relativitätsprinzip der ART werden erfüllt, wenn es gelingt, ein Naturgesetz so als Tensorgleichung zu formulieren, daß es in einem lokal ebenen System die Form der SRT annimmt. Die dadurch erzielte Verallgemeinerung einer Gleichung der SRT auf die ART ist im allgemeinen eindeutig. Es gibt jedoch Fälle, in denen zwei verschiedene, aber äquivalente SRT-Formulierungen desselben physikalischen Gesetzes bei ihrer Verallgemeinerung zu ART-Gleichungen führen, die nicht äquivalent sind. In solchen Fällen muß nach physikalischen Kriterien dafür gesucht werden, welche Verallgemeinerung die richtige ist.

Man erkennt jetzt übrigens, daß die in Anmerkung 10 von Kap. 8 angegebene Formulierung des schwachen Äquivalenzprinzips noch viele verschiedene Möglichkeiten einer Verallgemeinerung auf die ART zuläßt. In jeder aus dem starken Äquivalenzprinzip abgeleiteten kovarianten Gleichung können nämlich noch beliebige Terme hinzugefügt werden, die z. B. mit R, $R_{\mu\nu}$, $R^{\kappa}_{\lambda\mu\nu}$ oder Produkten dieser Größen multipliziert sind und daher in einer global pseudo-euklidischen Metrik verschwinden. Erst die Zusatzforderung nach größtmöglicher Einfachheit läßt solche Terme ausscheiden.

Exkurs 9.1: Koordinatenunabhängige Einführung von Vektoren und Tensoren

Obwohl von dem hier folgenden Zugang zum Vektor- und Tensorbegriff im weiteren Verlauf kein Gebrauch gemacht wird, soll er doch einigermaßen ausführlich besprochen werden, einerseits, weil er interessant ist, und andererseits, um das Lesen weiterführender Bücher zu erleichtern. Der dabei eingeführte Begriff von Kovektoren wird sich auch in der Quantentheorie als nützlich erweisen.

Tangentialraum kovarianter Vektoren

Der Raum der SRT ist ein dreidimensionaler Vektorraum, und auch die Raum-Zeit der SRT hat die Struktur eines Vektorraumes. Vektoren, die in der SRT zur physikalischen Beschreibung benutzt werden, können daher so behandelt werden, als lägen sie in der Raum-Zeit selbst. Diese Möglichkeit geht in gekrümmten Räumen verloren. Dennoch muß und kann man auch in diesen mit gerichteten Größen rechnen. Dabei handelt es sich dann um lokale Größen, die man sich zunächst ähnlich wie bei der koordinatenabhängigen Definition als infinitesimale Verschiebungsvektoren vorstellen kann. Daß der Raum derartiger „Tangentialvektoren" nicht die Raum-Zeit selbst ist, erkennt man am Beispiel einer im $\mathbb{R}^3$ eingebetteten Kugelfläche (Abb. 9.5 (a)). Offensichtlich ist es nicht mehr auf einfache und eindeutige Weise möglich, die zu verschiedenen Punkten der Raum-Zeit gehörigen Vektoren wie in der SRT miteinander zu verknüpfen, also sie beispielsweise zu addieren.

In der ART muß die Möglichkeit zugelassen werden, daß die betrachtete Raum-Zeit nicht in einen pseudo-euklidischen Raum höherer Dimension eingebettet werden kann. Daher benötigt man eine Definition von Tangentialvektoren, die nur auf innere Eigenschaften der Raum-Zeit Bezug nimmt. Wir können uns dazu an geeigneten Konzepten in einem euklidischen Raum $\mathbb{R}^n$ mit den euklidischen Koordinaten x^i orientieren. Dort definiert der Vektor $\boldsymbol{t}$ mit den Komponen-

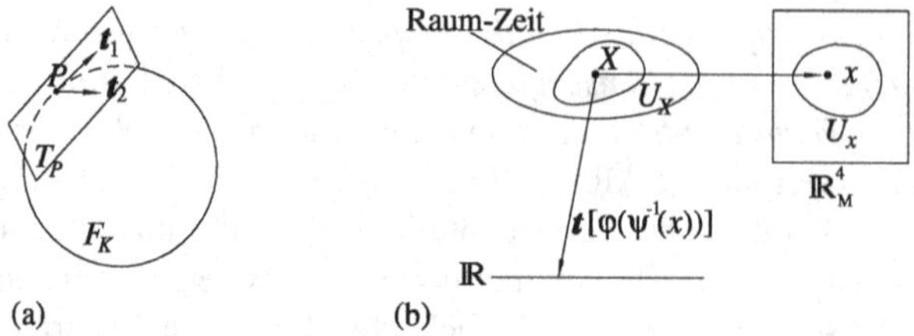

Abb. 9.5: (a) Tangentialvektoren t_1 und t_2 im Punkt P an eine Kugelfläche F_K des $\mathbb{R}^3$ liegen in der Tangentialebene T_P, die mit F_K nur den Punkt P gemeinsam hat. (b) Definition von Tangentialvektoren $\boldsymbol{t}$ durch die Abbildung von Funktionen: $\psi(X)$ vermittelt eine Abbildung einer Umgebung U_X der Raum-Zeit (Punkte X) auf eine Umgebung U_x im Minkowski-Raum $\mathbb{R}^4_{\mathrm{M}}$ (Punkte x), durch die Koordinaten x definiert werden, $\boldsymbol{t}[\varphi(\psi^{-1}(x))]$ eine Abbildung der Funktionen φ auf den Raum $\mathbb{R}$ der reellen Zahlen. Der zur Definition der Koordinaten herangezogene Minkowski-Raum $\mathbb{R}^4_M$ kann gleichzeitig als Tangentialraum aufgefaßt werden, also als der Raum, in dem die Tangentialvektoren liegen.

ten $t^i = dx^i/d\lambda$ eine Richtungsableitung

$$\frac{d\varphi}{d\lambda} = \sum_1^n t^i \frac{\partial\varphi}{\partial x^i} \qquad \text{mit} \qquad t^i = \frac{dx^i}{d\lambda}, \tag{9.86}$$

und umgekehrt wird durch diese ein **Tangentialvektor** $\boldsymbol{t}$ mit den Komponenten $dx^i/d\lambda$ definiert. Dieser bewirkt eine Abbildung der im Raum $\mathbb{R}^n$ erklärten Funktionen $\{\varphi(x)\}$ auf den Raum $\mathbb{R}$ der reellen Zahlen:

$$\boldsymbol{t} : \{\varphi\} \to \mathbb{R} \qquad \text{mit} \qquad \boldsymbol{t}[\varphi] \in \mathbb{R}, \tag{9.87}$$

wobei die Notation $\boldsymbol{t}[\varphi]$ „Wirkung von $\boldsymbol{t}$ auf $\varphi(x)$" bedeutet und eine durch diese Wirkung erzeugte skalare Größe darstellt.

Dieses Konzept läßt sich in koordinatenunabhängiger Weise auf eine gekrümmte Raum-Zeit übertragen (Abb. 9.5 (b)). Dazu übernimmt man die Definition (9.87) und ersetzt (9.86) durch die – von (9.86) erfüllte – Forderung, daß $\boldsymbol{t}$ die Eigenschaften

$$\begin{aligned} &\text{(a)} & \boldsymbol{t}[\varphi_1\varphi_2] &= \boldsymbol{t}[\varphi_1]\,\varphi_2 + \varphi_1\,\boldsymbol{t}[\varphi_2], \\ &\text{(b)} & \boldsymbol{t}[a_1\varphi_1 + a_2\varphi_2] &= a_1\boldsymbol{t}[\varphi_1] + a_2\boldsymbol{t}[\varphi_2], \\ &\text{(c)} & (c_1\boldsymbol{t}_1 + c_2\boldsymbol{t}_2)[\varphi] &= c_1\boldsymbol{t}_1[\varphi] + c_2\boldsymbol{t}_2[\varphi] \end{aligned} \tag{9.88}$$

besitzen soll. Der als **Tangentialraum** bezeichnete Raum der auf diese Weise erklärten Tangentialvektoren erfüllt die Axiome für einen Vektorraum.

Überzeugen wir uns als erstes davon, daß die Forderungen (9.88) auf (9.86) zurückführen. Dazu nehmen an, daß in der Umgebung U_X eines Punktes X der Raum-Zeit durch

$$x = \psi(X), \qquad X = \psi^{-1}(x),$$

ein Satz von Koordinaten x eingeführt ist – dabei kann es sich um pseudoeuklidische oder beliebige andere Koordinaten handeln –, und betrachten Funktionen $\varphi(X(x)) = \varphi(\psi^{-1}(x))$, für die wir – in etwas salopper Schreibweise – einfach wieder $\varphi(x)$ schreiben. In der Nähe eines Punktes x_0 nähern wir jetzt unter Benutzung der Summenkonvention

$$\varphi(x) = \varphi|_0 + \left(x^a - x_0^a\right) \partial\varphi/\partial x^a\big|_0 + \cdots$$

und erhalten damit unter Anwendung von (9.88)

$$\boldsymbol{t}[\varphi] = \boldsymbol{t}\left[\varphi|_0\right] + \boldsymbol{t}\left[x^\alpha - x_0^\alpha\right] \partial\varphi/\partial x^\alpha\big|_0 + \left(x^\alpha - x_0^\alpha\right)\, \boldsymbol{t}\left[\partial\varphi/\partial x^\alpha\big|_0\right] + \cdots. \tag{9.89}$$

Für konstante Funktionen $\varphi = C$ folgt einerseits aus (9.88b) $\boldsymbol{t}[\varphi^2] = \boldsymbol{t}[C\varphi] = C\,\boldsymbol{t}[\varphi]$, andererseits aus (9.88a) $\boldsymbol{t}[\varphi^2] = \varphi\,\boldsymbol{t}[\varphi] + \boldsymbol{t}[\varphi]\,\varphi = 2C\,\boldsymbol{t}[\varphi]$, und die zwei unterschiedlichen Ergebnisse sind nur miteinander verträglich, wenn $\boldsymbol{t}[\varphi] = \boldsymbol{t}[C] = 0$ gilt. Da dies für alle Konstanten gilt, fallen auf der rechten Seite von (9.89) der erste und der letzte Term weg, und wir erhalten im Grenzfall $x \to x_0$, wo unsere Näherung exakt wird,

$$\boldsymbol{t}[\varphi] = t^\alpha\, \partial\varphi/\partial x^\alpha\big|_0 \qquad \text{mit} \qquad t^\alpha = \lim_{x \to x_0} \boldsymbol{t}\left[x^\alpha - x_0^\alpha\right]. \tag{9.90}$$

Zur Ableitung dieses Ergebnisses wurden nur die für beliebige Vektoren $\boldsymbol{t}$ gültigen Eigenschaften (9.88) benutzt, auch $\varphi(x)$ ist eine beliebige Funktion, und daher müssen auch die Größen t^α beliebig sein, d. h. die für diese abgeleiteten Gleichungen (9.90) beschreiben eine Eigenschaft, legen sie aber nicht fest. Zu ihrer Festlegung betrachten wir jetzt eine Kurve $x(\lambda)$ durch den Punkt $x_0 = x(\lambda_0)$ und definieren im Einklang mit den Forderungen (9.88) einen **Tangentenvektor** an die Kurve durch

$$\boldsymbol{t}\left[\varphi(x(\lambda))\right]\Big|_0 = \left.\frac{d\varphi(x(\lambda))}{d\lambda}\right|_0 = \left.\frac{\partial\varphi}{\partial x^\alpha}\right|_0 \left.\frac{dx^\alpha}{d\lambda}\right|_0. \tag{9.91}$$

Der Vergleich mit (9.90) zeigt, daß wir in diesem Fall $t^\alpha = dx^\alpha/d\lambda|_0$ haben und damit auf (9.86) zurückkommen. Die speziellen Kurven, bei denen eine Koordinate mit λ identifiziert wird (z. B. $x^\alpha = \lambda$) und alle anderen festgehalten werden, definiert einen Satz von **Basisvektoren $\boldsymbol{e}_\alpha$** durch

$$\boldsymbol{e}_\alpha[\varphi] = \left.\frac{\partial\varphi(x)}{\partial x^\alpha}\right|_{x_0}, \tag{9.92}$$

von denen es für die Raum-Zeit insgesamt vier gibt. Unsere Sprechweise hinsichtlich der Tangentialvektoren $\boldsymbol{t}$ war manchmal schon so, als würde es sich um Operatoren handeln. Diesen Gesichtspunkt kann man noch stärker zum Ausdruck bringen, indem man in (9.90) und (9.92) das Argument $[\varphi]$ wegläßt und

$$\boldsymbol{t} = t^\alpha \boldsymbol{e}_\alpha = t^\alpha \boldsymbol{\partial}_\alpha \qquad \text{mit} \qquad \boldsymbol{\partial}_\alpha = \frac{\partial}{\partial \boldsymbol{x}^\alpha} := \boldsymbol{e}_\alpha \tag{9.93}$$

schreibt. Es ist zwar etwas ungewohnt, eine Basis von Tangentialvektoren als Differentialoperatoren zu definieren. Diese Definition hat jedoch den Vorteil, daß sie den Vektorcharakter unmittelbar zum Ausdruck bringt, während das in Gleichung (9.92) nur indirekt geschieht, und es stellt sich heraus, daß dadurch keinerlei Schwierigkeiten entstehen. In modernen Darstellungen wird daher häufig (9.93) als Definition benutzt.

Die in (9.90) bzw. (9.93) auftretenden Größen t^α werden als **Komponenten des Vektors $\boldsymbol{t}$** in der zu den Koordinaten x gehörigen Basis $\{\boldsymbol{e}_\alpha\}$ bezeichnet. Werden andere Koordinaten eingeführt, so erhält man statt (9.93) die Basisvektoren $\boldsymbol{e}'_\alpha = \boldsymbol{\partial}'_\alpha = \partial/\partial \boldsymbol{x}'^\alpha$. Mit den alten Basisvektoren besteht wegen $\partial/\partial x'^\alpha = (\partial x^\beta/\partial x'^\alpha)\,\partial/\partial x^\beta$ bzw. $\partial/\partial x^\alpha = (\partial x'^\beta/\partial x^\alpha)\,\partial/\partial x'^\beta$ der offensichtliche Zusammenhang

$$\boldsymbol{e}'_\alpha = \frac{\partial x^\beta}{\partial x'^\alpha}\, \boldsymbol{e}_\beta, \qquad \boldsymbol{e}_\alpha = \frac{\partial x'^\beta}{\partial x^\alpha}\, \boldsymbol{e}'_\beta. \tag{9.94}$$

In beiden Darstellungen gilt (9.93a), d. h. $\boldsymbol{t} = t'^\alpha \boldsymbol{e}'_\alpha = t^\beta \boldsymbol{e}_\beta = t^\beta (\partial x'^\alpha/\partial x^\beta)\, \boldsymbol{e}'_\alpha$. Hieraus folgt für die Vektorkomponenten das Transformationsgesetz

$$t'^\alpha = \frac{\partial x'^\alpha}{\partial x^\beta}\, t^\beta, \qquad t^\alpha = \frac{\partial x^\alpha}{\partial x'^\beta}\, t'^\beta, \tag{9.95}$$

das, wie es sein muß, mit unserem früheren Transformationsgesetz (9.4) übereinstimmt.

Hat dx^α die übliche Bedeutung des Koordinatenunterschieds zweier eng benachbarter Punkte der Raum-Zeit, so kann der durch

$$dx = dx^\alpha e_\alpha \tag{9.96}$$

definierte Vektor als differentieller Abstandsvektor aufgefaßt werden, denn seine Anwendung auf eine Funktion $\varphi(x)$ liefert mit (9.92) $dx\,[\varphi] = dx^\alpha e_\alpha[\varphi] = dx^\alpha(\partial\varphi/\partial x^\alpha) = d\varphi$, also gerade den Unterschied der Funktion $\varphi(x)$ zwischen Punkten im Koordinatenabstand dx^α.

Dualraum der Kovektoren

Mißt man in der Physik ein Vektorfeld, also z. B. die Geschwindigkeit einer Strömung, so benötigt man ein geeignetes Meßgerät, das in alle möglichen Richtungen orientiert werden kann, und erhält für jede von diesen als Meßwert für die Strömungsgeschwindigkeit in dieser Richtung einen bestimmten reellen Zahlenwert. Dies bedeutet eine Abbildung des Richtungsvektors auf die reellen Zahlen.

In analoger Weise können wir durch eine Abbildung unserer Tangentialvektoren t auf den Raum $\mathbb{R}$ vektorartige Größen $\tilde{v}$ definieren, wobei t der Strömungsgeschwindigkeit v, $\tilde{v}$ dem Richtungsvektor n und die Elemente von $\mathbb{R}$ den Meßwerten entsprechen. Da der Meßwert der Geschwindigkeit linear von der Richtung abhängt ($v_n = n\cdot v$), genügt es, wenn man ihn für drei linear unabhängige Richtungen bestimmt, um ihn dann für jede beliebige andere Richtung berechnen zu können. Um diese Eigenschaft zu übernehmen, verlangen wir auch von unserer Abbildung $\tilde{v} : \{t\} \to \mathbb{R}$ der Tangentialvektoren, für die wir die Notation $\tilde{v}\,[t] = \langle \tilde{v}, t\rangle \in \mathbb{R}$ benutzen, daß sie eine lineare Funktion der letzteren ist und linear superponiert werden kann,

$$\begin{aligned} &\text{(a)} \qquad \tilde{v}[a_1 t_1 + a_2 t_2] = a_1 \tilde{v}[t_1] + a_2 \tilde{v}[t_2]\,, \\ &\text{(b)} \quad (c_1\tilde{v}_1 + c_2\tilde{v}_2)\,[t] = c_1\tilde{v}_1[t] + c_2\tilde{v}_2[t]\,. \end{aligned} \tag{9.97}$$

Die Größen $\tilde{v}$ werden als **Einsformen**, kürzer **1-Formen** oder auch $\binom{0}{1}$**-Formen** bezeichnet und erfüllen die Axiome für einen Vektorraum. Daher werden die $\tilde{v}$ auch als **Kovektoren** oder **kovariante Vektoren** und der von ihnen aufgespannte Raum als **dualer Vektorraum** zum Tangentialraum der Vektoren t oder als **Kotangentialraum** bezeichnet.

Setzt man für t die Basisvektoren e_α ein, so erhält man die Zahlen

$$v_\alpha := \tilde{v}[e_\alpha]\,, \tag{9.98}$$

die als **Komponenten der Einsform** bezeichnet werden, und es gilt

$$\tilde{v}[t] \overset{(9.93)}{=} \tilde{v}[t^\alpha e_\alpha] \overset{(9.97)}{=} t^\alpha \tilde{v}[e_\alpha] = t^\alpha v_\alpha\,. \tag{9.99}$$

Da die Einsformen einen Vektorraum bilden, gibt es für die Raum-Zeit eine Basis von vier linear unabhängigen Einsformen $\tilde{\omega}^\alpha$, und man verlangt, daß die Komponenten v_α der Größe $\tilde{v}$ auch deren Zerlegung nach den **Basis-Einsformen** gemäß

$$\tilde{v} = v_\alpha \tilde{\omega}^\alpha \tag{9.100}$$

bestimmen. Damit das der Fall ist, muß

$$\tilde{\omega}^\alpha[e_\beta] = \delta^\alpha{}_\beta \tag{9.101}$$

gelten, denn damit wird $\tilde{v}[t] = v_\alpha \tilde{\omega}^\alpha [t^\beta e_\beta] = v_\alpha t^\beta \tilde{\omega}^\alpha [e_\beta] = v_\alpha t^\alpha$. Die Gleichungen (9.101) können deshalb erfüllt werden, weil die Kovektoren $\tilde{v}$ in den linearen homogenen Bedingungen (9.97) nur bis auf einen konstanten Faktor festgelegt sein müssen.

Bei einem Wechsel des Koordinatensystems gilt

$$v'_\beta = \tilde{v}[e'_\beta] \overset{(9.94)}{=} \tilde{v}\left[\frac{\partial x^\alpha}{\partial x'^\beta} e_\alpha\right] \overset{(9.97a)}{=} \frac{\partial x^\alpha}{\partial x'^\beta} \tilde{v}[e_\alpha] \overset{(9.98)}{=} \frac{\partial x^\alpha}{\partial x'^\beta} v_\alpha ,$$

d. h. die Komponenten von $\tilde{v}$ transformieren sich nach dem früheren Transformationsgesetz (9.6) für kovariante Vektoren. Hiermit folgen aus (9.100), $\tilde{v} = v_\alpha \tilde{\omega}^\alpha = v'_\beta \tilde{\omega}'^\beta = (\partial x^\alpha / \partial x'^\beta)\, v_\alpha \tilde{\omega}'^\beta$, die Transformationsformeln

$$\tilde{\omega}^\alpha = \frac{\partial x^\alpha}{\partial x'^\beta} \tilde{\omega}'^\beta \qquad \text{und} \qquad \tilde{\omega}'^\alpha = \frac{\partial x'^\alpha}{\partial x^\beta} \tilde{\omega}^\beta . \tag{9.102}$$

Beispiel 9.1: *Vektorgradient als Einsform*

Wir haben jetzt zwei Möglichkeiten, den Vektoren t des Tangentialraums Zahlen zuzuordnen, erstens durch (9.90) unter Zuhilfenahme einer Funktion $\varphi(x)$ und zweitens durch (9.99) unter Zuhilfenahme einer Einsform. Da beide Zuordnungen lineare Funktionen auf dem Raum der Vektoren t sind, können wir sie miteinander identifizieren und erhalten

$$t^\alpha v_\alpha = \tilde{v}[t] = t[\varphi] = t^\alpha \frac{\partial \varphi}{\partial x^\alpha} \tag{9.103}$$

mit der Folge

$$v_\alpha = \frac{\partial \varphi}{\partial x^\alpha} = \varphi_{,\alpha} . \tag{9.104}$$

Die Einsform $\tilde{v}$ besitzt in diesem Fall also dieselben Komponenten wie der Gradient von φ, und es ist üblich, hierfür die Notation

$$\tilde{d}\varphi := \tilde{v} \tag{9.105}$$

zu benutzen, d. h. man hat $\tilde{d}\varphi[t] = t^\alpha \varphi_{,\alpha}$. Ist t tangential zur Kurve $X(x(\lambda))$, so ergibt sich daraus mit (9.91) bzw. $t^\alpha = dx^\alpha / d\lambda$

$$\tilde{d}\varphi[t] = \varphi_{,\alpha} \frac{dx^\alpha}{d\lambda} = \frac{d\varphi}{d\lambda} .$$

Dieses Ergebnis bildet die Grundlage der üblichen graphischen Darstellung von Einsformen. $\tilde{d}\varphi$ gibt ähnlich wie das Differential $d\varphi = \varphi_{,\alpha}\, dx^\alpha$ (zur Definition von Differentialen siehe *Mechanik*, Kapitel 2, Fußnote 2) für die vollständige vierdimensionale Nachbarschaft des Punktes x_0 an, wie sich φ als Funktion des Ortes verhält, also nicht nur für die Punkte einer Linie, die eine bestimmte Richtung definiert. Diese Angabe macht man am besten, indem man die Niveauflächen $\varphi = \text{const}$ aufzeichnet und sie wegen der Beschränkung auf die unmittelbare Nachbarschaft des Punktes x_0 linearisiert, also als Ebenen zeichnet. Auf diese Weise erhält man für $\tilde{d}\varphi$ die Darstellung der Abb. 9.6. Je größer $\tilde{d}\varphi$, umso enger liegen die Niveauflächen. Erst durch die Verknüpfung mit der Richtung t erhält man daraus, wie sich φ in Richtung von t verändert.

Zerlegt man $\tilde{d}\varphi$ gemäß (9.100) in die zugehörigen Basisformen, so ergibt sich mit (9.104)

$$\tilde{d}\varphi = \varphi_{,\alpha}\, \tilde{\omega}^\alpha . \tag{9.106}$$

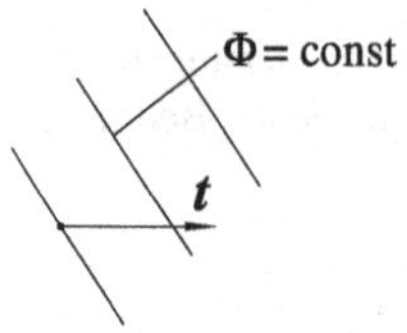

Abb. 9.6: Darstellung der Einsform $\tilde{d}\varphi$ durch Niveauflächen $\varphi = \text{const}$. Ihre Verknüpfung mit dem Richtungsvektor $\boldsymbol{t}$ liefert die Richtungsableitung $d\varphi/d\lambda$.

Setzt man insbesondere $\varphi = x^\beta$, so ergibt sich daraus

$$\tilde{d}x^\beta = \frac{\partial x^\beta}{\partial x^\alpha}\,\tilde{\omega}^\alpha = \tilde{\omega}^\beta\,, \tag{9.107}$$

und damit können wir auch

$$\tilde{d}\varphi = \frac{\partial \varphi}{\partial x^\alpha}\,\tilde{d}x^\alpha \tag{9.108}$$

schreiben. Dies ist die moderne Darstellung von Differentialen, wobei es sich nicht, wie oft bei den Differentialen angenommen, um Größen handelt, die möglichst klein sein sollten. (Selbst $\tilde{d}\varphi[\boldsymbol{t}]$ ist im allgemeinen keine kleine Größe.)

$\binom{1}{0}$-Vektoren

So, wie wir Kovektoren durch lineare Vektorfunktionen $\tilde{\boldsymbol{v}} : \{\boldsymbol{t}\} \to \mathbb{R}$ definiert haben, können wir auch Vektoren durch lineare Funktionen $\boldsymbol{t} : \{\tilde{\boldsymbol{v}}\} \to \mathbb{R}$ von Einsformen definieren. Die hierdurch entstehenden Zahlen, für die wir die Notation $\boldsymbol{t}[\tilde{\boldsymbol{v}}] = \langle \boldsymbol{t}, \tilde{\boldsymbol{v}} \rangle$ benutzen, werden als $\binom{1}{0}$-Vektoren bezeichnet und sollen wieder lineare Funktionen beider Argumente sein (vgl. (9.97)). Fordert man in Analogie zu (9.101)

$$\boldsymbol{e}_\alpha[\tilde{\omega}^\beta] = \delta_\alpha{}^\beta\,, \tag{9.109}$$

so ergibt sich

$$\langle \boldsymbol{t}, \tilde{\boldsymbol{v}} \rangle = \boldsymbol{t}[\tilde{\boldsymbol{v}}] \overset{(9.93)}{\underset{(9.100)}{=}} t^\alpha v_\beta\, \boldsymbol{e}_\alpha[\tilde{\omega}^\beta] = t^\alpha v_\alpha \overset{(9.99)}{=} \tilde{\boldsymbol{v}}[\boldsymbol{t}] = \langle \tilde{\boldsymbol{v}}, \boldsymbol{t} \rangle\,.$$

$\binom{0}{2}$-Tensoren

Ein $\binom{0}{2}$-Tensor (zweifach kovarianter Tensor) wird durch eine bilineare Funktion $\widetilde{\mathsf{T}}[\boldsymbol{a}, \boldsymbol{b}]$ zweier Vektoren $\boldsymbol{a}$ und $\boldsymbol{b}$ definiert, die diese auf die reellen Zahlen abbildet, $\widetilde{\mathsf{T}} : \{\boldsymbol{a}, \boldsymbol{b}\} \to \mathbb{R}$, mit

$$\left(c_1\widetilde{\mathsf{T}}_1 + c_2\widetilde{\mathsf{T}}_2\right)[\boldsymbol{a}, \boldsymbol{b}] = c_1\widetilde{\mathsf{T}}_1[\boldsymbol{a}, \boldsymbol{b}] + c_2\widetilde{\mathsf{T}}_2[\boldsymbol{a}, \boldsymbol{b}]\,, \tag{9.110}$$

$$\widetilde{\mathsf{T}}[c_1\boldsymbol{a}_1 + c_2\boldsymbol{a}_2, \boldsymbol{b}] = c_1\widetilde{\mathsf{T}}[\boldsymbol{a}_1, \boldsymbol{b}] + c_2\widetilde{\mathsf{T}}[\boldsymbol{a}_2, \boldsymbol{b}] \tag{9.111}$$

und einer der letzten entsprechenden Gleichung für das zweite Argument. Als **Komponenten des Tensors** werden in Analogie zu (9.98) die Größen

$$T_{\alpha\beta} = \widetilde{\mathsf{T}}[\boldsymbol{e}_\alpha, \boldsymbol{e}_\beta] \tag{9.112}$$

bezeichnet, von denen es 16 unabhängige gibt. Dementsprechend müssen 16 **Basistensoren** existieren, die wir mit $\tilde{\omega}^{\alpha\beta}$ bezeichnen und für die wir in Anlehnung an (9.100)

$$\widetilde{\mathsf{T}} = T_{\alpha\beta}\tilde{\omega}^{\alpha\beta} \tag{9.113}$$

fordern. Damit erhalten wir

$$\begin{aligned}
\tilde{\mathsf{T}}[\boldsymbol{a},\boldsymbol{b}] &\overset{(9.93),(9.111)}{=} a^\alpha b^\beta \tilde{\mathsf{T}}[\boldsymbol{e}_\alpha,\boldsymbol{e}_\beta] \overset{(9.112)}{=} a^\alpha b^\beta T_{\alpha\beta} = a^\alpha b^\beta T_{\gamma\delta}\delta^\gamma{}_\alpha\delta^\delta{}_\beta\,,\\
\tilde{\mathsf{T}}[\boldsymbol{a},\boldsymbol{b}] &= a^\alpha b^\beta \tilde{\mathsf{T}}[\boldsymbol{e}_\alpha,\boldsymbol{e}_\beta] \overset{(9.113)}{=} a^\alpha b^\beta T_{\gamma\delta}\,\tilde{\boldsymbol{\omega}}^{\gamma\delta}[\boldsymbol{e}_\alpha,\boldsymbol{e}_\beta]\,,\\
\Rightarrow \qquad & \tilde{\boldsymbol{\omega}}^{\gamma\delta}[\boldsymbol{e}_\alpha,\boldsymbol{e}_\beta] = \delta^\gamma{}_\alpha\delta^\delta{}_\beta \overset{(9.101)}{=} \tilde{\boldsymbol{\omega}}^\gamma[\boldsymbol{e}_\alpha]\,\tilde{\boldsymbol{\omega}}^\delta[\boldsymbol{e}_\beta]\,. \qquad (9.114)
\end{aligned}$$

Die zuletzt erhaltenen Gleichungen können erfüllt werden, weil alle Tensoren in den linearen und homogenen Bedingungen (9.110)–(9.111) nur bis auf einen gemeinsamen konstanten Faktor festgelegt sein müssen. Das Ergebnis (9.114) motiviert die (rein formale) Notation

$$\tilde{\boldsymbol{\omega}}^{\gamma\delta} = \tilde{\boldsymbol{\omega}}^\gamma \otimes \tilde{\boldsymbol{\omega}}^\delta\,, \qquad (9.115)$$

bei der $\tilde{\boldsymbol{\omega}}^\gamma \otimes \tilde{\boldsymbol{\omega}}^\delta$ die Bedeutung einer Verknüpfung der Vektoren $\tilde{\boldsymbol{\omega}}^\gamma$ und $\tilde{\boldsymbol{\omega}}^\delta$ hat. Mit dieser erhält (9.113) die Form

$$\tilde{\mathsf{T}} = T_{\alpha\beta}\,\tilde{\boldsymbol{\omega}}^\alpha \otimes \tilde{\boldsymbol{\omega}}^\beta\,. \qquad (9.116)$$

Beim Übergang zu einer neuen Vektorbasis $\{\boldsymbol{e}'_\alpha\}$ ergibt sich aus (9.112)

$$T_{\alpha\beta} \overset{(9.94)}{=} \tilde{\mathsf{T}}\left[\frac{\partial x'^\gamma}{\partial x^\alpha}\boldsymbol{e}'_\gamma\,,\ \frac{\partial x'^\delta}{\partial x^\beta}\boldsymbol{e}'_\delta\right] = \frac{\partial x'^\gamma}{\partial x^\alpha}\frac{\partial x'^\delta}{\partial x^\beta}\,\tilde{\mathsf{T}}[\boldsymbol{e}'_\gamma\,,\boldsymbol{e}'_\delta] = \frac{\partial x'^\gamma}{\partial x^\alpha}\frac{\partial x'^\delta}{\partial x^\beta}\,T'_{\gamma\delta}\,, \qquad (9.117)$$

also das gewohnte Transformationsgesetz (9.8). Mit der Zerlegung (9.113) induziert dies gemäß $\tilde{\mathsf{T}} = T_{\alpha\beta}\,\tilde{\boldsymbol{\omega}}^{\alpha\beta} = (\partial x'^\gamma/\partial x^\alpha)(\partial x'^\delta/\partial x^\beta)\,T'_{\gamma\delta}\,\tilde{\boldsymbol{\omega}}^{\alpha\beta} = T'_{\gamma\delta}\,\tilde{\boldsymbol{\omega}}'^{\gamma\delta}$ den Übergang zu neuen Basistensoren

$$\tilde{\boldsymbol{\omega}}'^{\gamma\delta} = \frac{\partial x'^\gamma}{\partial x^\alpha}\frac{\partial x'^\delta}{\partial x^\beta}\,\tilde{\boldsymbol{\omega}}^{\alpha\beta}\,, \qquad \tilde{\boldsymbol{\omega}}^{\gamma\delta} = \frac{\partial x^\gamma}{\partial x'^\alpha}\frac{\partial x^\delta}{\partial x'^\beta}\,\tilde{\boldsymbol{\omega}}'^{\alpha\beta}\,, \qquad (9.118)$$

den wir formal auch aus der Darstellung (9.116) erhalten, wenn wir in dieser (9.102) einsetzen und $\tilde{\boldsymbol{\omega}}^\alpha \otimes \tilde{\boldsymbol{\omega}}^\beta$ als bilineare Funktion der beiden Kovektoren auffassen:

$$\tilde{\boldsymbol{\omega}}^\gamma \otimes \tilde{\boldsymbol{\omega}}^\delta = \left(\frac{\partial x^\gamma}{\partial x'^\alpha}\tilde{\boldsymbol{\omega}}'^\alpha\right) \otimes \left(\frac{\partial x^\delta}{\partial x'^\beta}\tilde{\boldsymbol{\omega}}'^\beta\right) = \frac{\partial x^\gamma}{\partial x'^\alpha}\frac{\partial x^\delta}{\partial x'^\beta}\,\tilde{\boldsymbol{\omega}}'^\alpha \otimes \tilde{\boldsymbol{\omega}}'^\beta\,. \qquad (9.119)$$

Es bleibt anzumerken, daß generell $\tilde{\boldsymbol{\omega}}^\alpha \otimes \tilde{\boldsymbol{\omega}}^\beta \neq \tilde{\boldsymbol{\omega}}^\beta \otimes \tilde{\boldsymbol{\omega}}^\alpha$ für $\alpha \neq \beta$ und daß im allgemeinen $\tilde{\mathsf{T}}[\boldsymbol{a},\boldsymbol{b}] \neq \tilde{\mathsf{T}}[\boldsymbol{b},\boldsymbol{a}]$ gilt. Ist jedoch

$$\tilde{\mathsf{T}}[\boldsymbol{a},\boldsymbol{b}] = \tilde{\mathsf{T}}[\boldsymbol{b},\boldsymbol{a}]\,,$$

so folgt mit (9.112) auch $T_{\alpha\beta} = T_{\beta\alpha}$, denn es gilt $\tilde{\mathsf{T}}[\boldsymbol{b},\boldsymbol{a}] = b^\beta a^\alpha T_{\beta\alpha} q = a^\alpha b^\beta T_{\beta\alpha}$ sowie $\tilde{\mathsf{T}}[\boldsymbol{a},\boldsymbol{b}] = a^\alpha b^\beta T_{\alpha\beta}$, und der Tensor heißt gemäß unserer früheren Definition **symmetrisch**.

Metrischer Tensor und Skalarprodukt von Vektoren

Den Tensor, dessen Komponenten die gewohnten Eigenschaften des metrischen Tensors besitzen, bezeichnen wir mit $\tilde{\mathbf{g}}$. Aus der Symmetrie $g_{\alpha\beta} = g_{\beta\alpha}$ können wir schließen, daß es ein symmetrischer Tensor sein muß. Mit $\tilde{\mathbf{g}}$ definieren wir als **Skalarprodukt** zweier Vektoren $\boldsymbol{a}$ und $\boldsymbol{b}$

$$\tilde{\mathbf{g}}\,[\boldsymbol{a},\boldsymbol{b}] = a^\alpha b^\beta\,\tilde{\mathbf{g}}\,[\boldsymbol{e}_\alpha\,,\boldsymbol{e}_\beta] \overset{(9.112)}{=} g_{\alpha\beta}\,a^\alpha b^\beta \qquad (9.120)$$

und dementsprechend als **Quadrat eines Vektors** $\boldsymbol{a}$

$$\tilde{\mathbf{g}}\,[\boldsymbol{a},\boldsymbol{a}] = g_{\alpha\beta}\,a^\alpha a^\beta\,. \qquad (9.121)$$

Als Quadrat des in (9.96) definierten Abstandsvektors zweier eng benachbarter Ereignisse erhalten wir damit

$$\tilde{\mathbf{g}}[d\boldsymbol{x}, d\boldsymbol{x}] = \tilde{\mathbf{g}}\,[dx^\alpha \boldsymbol{e}_\alpha, dx^\beta \boldsymbol{e}_\beta] = dx^\alpha dx^\beta\, \tilde{\mathbf{g}}\,[\boldsymbol{e}_\alpha\,, \boldsymbol{e}_\beta] = g_{\alpha\beta}\, dx^\alpha dx^\beta = ds^2\,. \qquad (9.122)$$

Dies ist das übliche Ergebnis, wenn wir noch verlangen, daß die Matrix $g_{\alpha\beta}$ einen positiven und drei negative Eigenwerte besitzt. $ds^2 = \tilde{\mathbf{g}}[d\boldsymbol{x}, d\boldsymbol{x}]$ gilt für jeden Satz von Basisvektoren und ist daher eine koordinatenunabhängige Darstellung des metrischen Abstandes. Mit (9.116) haben wir für $\tilde{\mathbf{g}}$ die Zerlegung $\tilde{\mathbf{g}} = g_{\alpha\beta}\,\tilde{\boldsymbol{\omega}}^\alpha \otimes \tilde{\boldsymbol{\omega}}^\beta$, die sich mit (9.107) in der Form

$$\tilde{\mathbf{g}} = g_{\alpha\beta}\, \tilde{\boldsymbol{d}}x^\alpha \otimes \tilde{\boldsymbol{d}}x^\beta$$

schreiben läßt. Zur Angleichung an die übliche Schreibweise $ds^2 = g_{\alpha\beta}\, dx^\alpha dx^\beta$ des metrischen Abstandes wird mitunter die Notation $\widetilde{\mathbf{ds}^2} := \tilde{\mathbf{g}}$ eingeführt. Mit dieser erhält die letzte Gleichung die Form

$$\widetilde{\mathbf{ds}^2} = g_{\alpha\beta}\, \tilde{\boldsymbol{d}}x^\alpha \otimes \tilde{\boldsymbol{d}}x^\beta\,. \qquad (9.123)$$

Metrische Abbildung zwischen Vektoren und Kovektoren

Läßt man in dem mit dem metrischen Tensor $\tilde{\mathbf{g}}$ gebildeten Skalarprodukt (9.120) einen Platz offen, so erhält man ein Gebilde $\tilde{\mathbf{g}}[\boldsymbol{a},\,\cdot\,]$, dessen Anwendung auf einen zweiten Vektor, z. B. $\boldsymbol{b}$, einen Skalar liefert. Vergleicht man dies mit (9.99), so erkennt man, daß $\tilde{\mathbf{g}}[\boldsymbol{a},\,\cdot\,]$ dasselbe wie ein Kovektor leistet und daher als solcher interpretiert werden kann, d. h. wir dürfen

$$\tilde{\mathbf{g}}\,[\boldsymbol{a},\,\cdot\,] = \tilde{\boldsymbol{a}}[\,\cdot\,] \qquad (9.124)$$

setzen. Dabei wurde die Bezeichnung $\tilde{\boldsymbol{a}}$ gewählt, um anzuzeigen, daß $\tilde{\boldsymbol{a}}$ vom Vektor $\boldsymbol{a}$ induziert wurde, diesem assoziiert ist. Der Vektor $\boldsymbol{a}$ besitzt die Komponenten a^α, der Kovektor $\tilde{\boldsymbol{a}}$ die Komponenten a_α (die unterschiedliche Indexstellung genügt zur Unterscheidung). Der Zusammenhang zwischen den Komponenten ergibt sich aus der Gleichung

$$\tilde{\mathbf{g}}\,[\boldsymbol{a}, \boldsymbol{b}] = a^\alpha b^\beta\, \tilde{\mathbf{g}}\,[\boldsymbol{e}_\alpha\,, \boldsymbol{e}_\beta] \overset{(9.112)}{=} a^\alpha b^\beta g_{\alpha\beta} \overset{(9.124)}{=} \tilde{\boldsymbol{a}}[\boldsymbol{b}] = b^\beta \tilde{\boldsymbol{a}}[\boldsymbol{e}_\beta] \overset{(9.98)}{=} b^\beta a_\beta\,,$$

die für alle b^β gelten muß und daher $a_\beta = a^\alpha g_{\alpha\beta}$ zur Folge hat. Die Zuordnung $\tilde{\boldsymbol{a}} \leftrightarrow \boldsymbol{a}$ durch (9.124) liefert also den gewohnten Zusammenhang zwischen den Vektorkomponenten und ist eins zu eins. Dies zeigt, daß dasselbe, was wir durch die Einführung von Kovektoren erreicht haben, auch durch Benutzung des metrischen Tensors erreicht werden kann. Es macht die Einführung von Kovektoren im Prinzip überflüssig und ist auch der Grund dafür, warum die Benutzung eigener Kovektoren in der Physik relativ selten ist. (In der SRT, Exkurs 3.1, haben wir ebenfalls die Metrik zu einer einfacheren Einführung von Kovektoren benutzt.) Sie ist jedoch dann nützlich und auch angebracht, wenn man von der Existenz einer Metrik keinen Gebrauch machen oder z. B. feststellen möchte, welche Eigenschaften einer räumlichen Struktur sich ohne die Vorgabe einer Metrik erkennen lassen. Z. B. das Konzept von Geodäten und sogar das der Raumkrümmung kann ohne die Benutzung einer Metrik eingeführt werden, was hier allerdings aus Platzgründen nicht gezeigt werden kann. Ein Hinweis darauf ist, daß in den Gleichungen für die Geodäten und die Raumkrümmung die Christoffel-Symbole auftreten, die ohne Benutzung einer Metrik definiert wurden.

Verallgemeinerung auf $\binom{m}{n}$-Tensoren

Genauso wie Vektorpaare $\{\boldsymbol{a}, \boldsymbol{b}\}$ (letzter Abschnitt) können natürlich auch Kovektorpaare $\{\tilde{\boldsymbol{a}}, \tilde{\boldsymbol{b}}\}$ oder gemischte Paare $\{\tilde{\boldsymbol{a}}, \boldsymbol{b}\}$ und $\{\boldsymbol{a}, \tilde{\boldsymbol{b}}\}$ auf die Zahlengerade abgebildet werden. Dabei entstehen im ersten Fall $\binom{2}{0}$- und in den beiden anderen $\binom{1}{1}$-Tensoren. Da alles wie im Falle der $\binom{0}{2}$-Tensoren berechnet werden kann, begnügen wir uns damit, die (9.112), (9.116), (9.117) und (9.119) entsprechenden Ergebnisse anzugeben:

$$\mathsf{T}[\tilde{\boldsymbol{a}}, \tilde{\boldsymbol{b}}] = T^{\alpha\beta} \boldsymbol{e}_\alpha \otimes \boldsymbol{e}_\beta[\tilde{\boldsymbol{a}}, \tilde{\boldsymbol{b}}] \qquad \text{mit} \qquad T^{\alpha\beta} = \mathsf{T}[\tilde{\boldsymbol{\omega}}^\alpha, \tilde{\boldsymbol{\omega}}^\beta]\,, \tag{9.125}$$

$$T'^{\alpha\beta} = \frac{\partial x'^\alpha}{\partial x^\gamma}\frac{\partial x'^\beta}{\partial x^\delta} T^{\gamma\delta}\,, \qquad \boldsymbol{e}'_\alpha \otimes \boldsymbol{e}'_\beta = \frac{\partial x^\gamma}{\partial x'^\alpha}\frac{\partial x^\delta}{\partial x'^\beta} \boldsymbol{e}_\alpha \otimes \boldsymbol{e}_\beta\,, \tag{9.126}$$

$$\mathsf{T}[\tilde{\boldsymbol{a}}, \boldsymbol{b}] = T^\alpha{}_\beta\, \boldsymbol{e}_\alpha \otimes \tilde{\boldsymbol{\omega}}^\beta [\tilde{\boldsymbol{a}}, \boldsymbol{b}] \qquad \text{mit} \qquad T^\alpha{}_\beta = \mathsf{T}[\tilde{\boldsymbol{\omega}}^\alpha, \boldsymbol{e}_\beta]\,, \tag{9.127}$$

$$T'^\alpha{}_\beta = \frac{\partial x'^\alpha}{\partial x^\gamma}\frac{\partial x^\delta}{\partial x'^\beta} T^\gamma{}_\delta\,, \qquad \boldsymbol{e}'_\alpha \otimes \tilde{\boldsymbol{\omega}}'^\beta = \frac{\partial x^\gamma}{\partial x'^\alpha}\frac{\partial x'^\delta}{\partial x^\beta} \boldsymbol{e}_\alpha \otimes \tilde{\boldsymbol{\omega}}^\beta \tag{9.128}$$

und entsprechende Gleichungen für $\mathsf{T}[\boldsymbol{a}, \tilde{\boldsymbol{b}}]$.

Ein $\binom{m}{n}$-Tensor T bildet m Kovektoren $\tilde{\boldsymbol{a}}_i$ und n Vektoren $\boldsymbol{b}_i$ durch eine multi-lineare Abbildung $\{\tilde{\boldsymbol{a}}_1, \dots, \tilde{\boldsymbol{a}}_m, \boldsymbol{b}_1, \dots, \boldsymbol{b}_n\} \to \mathbb{R}$ auf die reellen Zahlen ab. Dabei bedeutet multi-linear

$$\mathsf{T}[\dots, \alpha\tilde{\boldsymbol{a}} + \gamma\,\tilde{\boldsymbol{c}}, \dots] = \alpha\mathsf{T}[\dots, \tilde{\boldsymbol{a}}, \dots] + \gamma\,\mathsf{T}[\dots, \tilde{\boldsymbol{c}}, \dots]$$
$$(c_1\mathsf{T}_1 + c_2\mathsf{T}_2)[\,\cdot\,] = c_1\mathsf{T}_1[\,\cdot\,] + c_2\mathsf{T}_2[\,\cdot\,]$$

und eine entsprechende Gleichung für die Linearität in den Vektoren $\boldsymbol{b}_i$. T kann formal in

$$\mathsf{T} = T_{\alpha_1\dots\alpha_m}^{\beta_1\dots\beta_n}\, \tilde{\boldsymbol{\omega}}^{\alpha_1} \otimes \dots \otimes \tilde{\boldsymbol{\omega}}^{\alpha_m} \otimes \boldsymbol{e}_{\beta_1} \otimes \dots \otimes \boldsymbol{e}_{\beta_n} \tag{9.129}$$

zerlegt werden. Die Basistensoren $\tilde{\boldsymbol{\omega}}^{\alpha_1} \otimes \dots \otimes \tilde{\boldsymbol{\omega}}^{\alpha_m} \otimes \boldsymbol{e}_{\beta_1} \otimes \dots \otimes \boldsymbol{e}_{\beta_n}$ transformieren sich wie die entsprechenden Produkte der Basisvektoren und -kovektoren, die Komponenten $T_{\alpha_1\dots\alpha_m}^{\beta_1\dots\beta_n}$ wie früher gemäß (9.7). Dem Heben und Senken der Indizes von Tensorkomponenten entsprechen die Übergänge

$$\mathsf{T}[\dots, \tilde{\boldsymbol{a}}, \dots] \to \mathsf{T}[\dots, \boldsymbol{a}, \dots] \qquad \text{bzw.} \qquad \mathsf{T}[\dots, \boldsymbol{b}, \dots] \to \mathsf{T}[\dots, \tilde{\boldsymbol{b}}, \dots]\,.$$

Aufgaben

9.1 (a) Zeigen Sie, daß die geodätischen Linien einer pseudo-euklidischen Metrik Geraden sind!

(b) Beweisen Sie anhand des Beispiels der pseudo-euklidischen Metrik, daß in pseudo-riemannschen Räumen die kürzesten Verbindungslinien von Punkten der Raum-Zeit im allgemeinen nicht geodätisch sind!

Anleitung: Besonders einfach wird der Beweis von (b), wenn man eine Gerade mit einer aus zwei Geradenstücken zusammengesetzten Kurve vergleicht.

9.2 Bestimmen Sie die Gleichungen für die Geodäten einer Kugeloberfläche in Kugelkoordinaten und lösen Sie diese.
Anleitung: Stellen Sie zunächst ein Variationsproblem auf und bestimmen Sie die dazu gehörigen Euler-Gleichungen. Es empfiehlt sich, die Bogenlänge s als Parameter zu wählen. Benutzen Sie bei der Integration Erhaltungssätze.

9.3 Zeigen Sie, daß

$$\begin{array}{llllll} R_{0101} & R_{0202} & R_{0303} & R_{1212} & R_{1313} & R_{2323} \\ R_{0102} & R_{0203} & R_{0312} & R_{1213} & R_{1323} & \\ R_{0103} & R_{0212} & R_{0313} & R_{1223} & & \\ R_{0112} & R_{0213} & R_{0323} & & & \\ R_{0113} & R_{0223} & & & & \end{array}$$

einen möglichen Satz unabhängiger und nicht verschwindender Komponenten des Krümmungstensors darstellt.
Anleitung: Überlegen Sie zunächst, welche Komponenten des Krümmungstensors auf Grund der Antisymmetriebedingungen (9.79b) verschwinden. Achten Sie dabei darauf, was aus den letzteren folgt, wenn bestimmte Indizes gleich sind. Welche Struktur haben die nicht verschwindenden Komponenten? Welche Komponenten treten auf Grund der Symmetriebedingung (9.79a) zweimal auf? Was liefert die Bedingung (9.79c), wenn mindestens zwei Indizes gleich sind? Schreiben Sie die nichttrivialen Fälle der Symmetriebedingung (9.79c) an.

9.4 Beweisen Sie, daß die Metrik in einem lokal ebenen System $S|\xi$ für kleine ξ in der Form

$$g_{\mu\nu} = \eta_{\mu\nu} + \frac{1}{3} R_{\mu\alpha\nu\beta}\, \xi^\alpha \xi^\beta + \mathcal{O}(\xi^3)$$

geschrieben werden kann.
Anleitung: Entwickeln Sie $g_{\mu\nu}(\xi)$ um $\xi = 0$ und benutzen Sie alle Eigenschaften des lokal ebenen Systems in der Definitionsgleichung (9.78) für $R_{\mu\alpha\nu\beta}$.

10 Physikalische Grundgesetze in der ART

Nach unserem Ausflug in die Mathematik mit seinem ausgiebigen Training im Heben und Senken von Indizes sowie dem Verjüngen von Tensoren kehren wir nun zur Physik zurück. In diesem Kapitel wollen wir herausfinden, wie die Grundgesetze der Physik in der ART lauten. Dabei ergibt sich eine deutliche Zweiteilung. In den meisten Naturgesetzen – denen der Mechanik, Elektrodynamik usw. – taucht die Raum-Zeit-Metrik nur quasi als Begleiterscheinung auf, d. h. sie wird durch jene nicht festgelegt. Wir können uns bei der Formulierung dieser Gesetze in den Abschnitten 10.2–10.5 daher auf den Standpunkt stellen, daß die metrischen Koeffizienten $g_{\mu\nu}$ vorgegebene Funktionen der Koordinaten x^μ sind. Andererseits muß es aber ein Naturgesetz geben, das die $g_{\mu\nu}(x)$ und damit das Schwerefeld festlegt. Zu diesem Zweck formulierte Einstein die heute nach ihm benannten Feldgleichungen. In diesen muß natürlich eine entscheidende Rolle spielen, wie die Materie bzw. die dieser äquivalente Energie im Raum verteilt ist. Da sich diese Verteilung aber aufgrund der übrigen Naturgesetze zeitlich verändert, muß zwischen den letzteren und den Feldgleichungen eine Kopplung bestehen. Es ist eine Überraschung besonderer Art, wie diese Kopplung in den Feldgleichungen realisiert wird.

Bei der Aufstellung der Feldgleichungen werden wir so vorgehen, daß wir zunächst untersuchen, welche Form sie außerhalb aller Materie im Vakuum annehmen (Abschn. 10.6), und erst im Anschluß daran werden wir ihre Form im materieerfüllten Teil des Raumes bestimmen (Abschn. 10.7). Schließlich werden wir in Abschn. 10.11.1 ihre wichtigsten Eigenschaften diskutieren.

Alle Naturgesetze werden erst durch Messungen überprüfbar, und die Messung sämtlicher physikalischen Größen wird letztlich auf das Messen von Längen und Zeiten reduziert. Dieses gehört daher mit zu den Grundlagen der Physik, und wir wollen deshalb im Rahmen der ART-Formulierung der Naturgesetze mit diskutieren, wie man dazu bei Benutzung beliebiger Koordinaten vorgehen muß. Diese Diskussion stellen wir an den Anfang dieses Kapitels, wobei wir die Metrik ebenfalls als gegeben voraussetzen können.

10.1 Messung von Zeiten und Längen in der ART

Nach dem Äquivalenzprinzip in seiner verschärften Form gelten in einem lokal ebenen System $\widetilde{S}|\xi$ – dieses befindet sich gegenüber einem eventuell in $S|x$ vorhandenen Schwerefeld in freiem Fall – die Gesetze der SRT. Das bedeutet insbesondere, daß der Abstand infinitesimal benachbarter Punkte der Raum-Zeit in $\widetilde{S}$ wie in der SRT durch $ds^2 = \eta_{\mu\nu} d\xi^\mu d\xi^\nu$ gegeben ist. Betrachten wir zwei Ereignisse mit den Koordinaten ξ^μ

und $\xi^\mu + d\xi^\mu$. Falls sie auf der Weltlinie einer bewegten Uhr liegen – diese muß zeitartig sein, $ds^2 > 0$ –, vergeht auf der Uhr zwischen den beiden Ereignissen die Zeit

$$d\tau = \frac{ds}{c} = \frac{1}{c}\sqrt{\eta_{\mu\nu}\,d\xi^\mu d\xi^\nu} = \sqrt{c^2 + \eta_{mn}\,\frac{d\xi^m}{dt}\frac{d\xi^n}{dt}}\,\frac{dt}{c} = \sqrt{1-\frac{v^2}{c^2}}\,dt\,, \tag{10.1}$$

wobei $v^m = d\xi^m/dt$ gesetzt wurde. Der Spezialfall einer in $\widetilde{S}$ ruhenden Uhr ist hierin mit

$$d\tau = \frac{ds}{c}\bigg|_{d\xi^l=0} = \frac{d\xi^0}{c} = dt \tag{10.2}$$

enthalten. Bei einem räumlichen Abstand der beiden Ereignisse ($ds^2 < 0$) ergibt sich dessen metrischer Wert zu

$$dl = \sqrt{-ds^2} = \sqrt{-\eta_{\mu\nu}\,d\xi^\mu d\xi^\nu}\,. \tag{10.3}$$

Hierin kann $dt \neq 0$ sein, wobei dann nach Abschn. 3.4.2 (siehe nach (3.87)) ein relativ zu $\widetilde{S}|\xi$ momentan mit konstanter Geschwindigkeit bewegtes System $\widetilde{S}'|\xi'$ existiert, in welchem $dt' = d\xi'^0/c = 0$ ist und dl als Länge eines ruhenden Maßstabs aufgefaßt werden kann. (Auf die Angabe einer dem letzten Schritt in (10.1) entsprechenden Beziehung zwischen der in $\widetilde{S}'$ und in $\widetilde{S}$ gemessenen Länge des Maßstabs, die im Prinzip aus (3.51a) gewonnen werden könnte und die Lorentz-Kontraktion enthält, wurde in (10.3) verzichtet, weil wir ihre ART-Verallgemeinerung nicht benötigen werden.) Die Länge eines in $\widetilde{S}|\xi$ ruhenden Maßstabs ergibt sich aus (10.3) mit $dt = d\xi^0/c = 0$ zu

$$dl = \sqrt{-ds^2}\big|_{d\xi^0=0}\,. \tag{10.4}$$

10.1.1 Messung in Nichtinertialsystemen

Wir setzen im folgenden voraus, daß in dem ansonsten beliebigen System $S|x$ die Koordinate x^0 zeitartig ist und die Dimension einer Länge besitzt, während die Koordinaten x^1, x^2, x^3 raumartig sein sollen, d. h.

$$g_{00} > 0\,, \qquad g_{\underline{l}\underline{l}} < 0\,. \tag{10.5}$$

Zeitmessungen

Die Gleichung, aus der hervorgeht, welche Zeit eine in einem beliebigen Koordinatensystem $S|x$ bewegte Uhr anzeigt, muß nach dem Äquivalenzprinzip in einem frei fallenden lokalen Inertialsystem in (10.1) übergehen. Die Beziehung

$$\boxed{d\tau = \frac{ds}{c} = \frac{1}{c}\,\sqrt{g_{\mu\nu}dx^\mu dx^\nu} = \frac{1}{c}\,\sqrt{g_{\mu\nu}\dot{x}^\mu(t)\dot{x}^\nu(t)}\;dt\,,} \tag{10.6}$$

die nur für $ds^2 > 0$ sinnvoll ist (Zeitartigkeit der Weltlinie der Uhr), besitzt die geforderte Eigenschaft und gibt daher unter Voraussetzung der Gültigkeit des Äquivalenzprinzips die **Eigenzeit** der Uhr in S an, dt ist das Differential der **Koordinatenzeit**

$$t = x^0/c \tag{10.7}$$

des Systems S. In einem – gegebenenfalls der Schwerkraft unterworfenen – System $S|x$, in welchem die Uhr ruht, folgt aus (10.6) mit der Ruhebedingung $dx^l = 0$ unmittelbar

$$\boxed{d\tau = \sqrt{g_{00}}\, dt\,.} \tag{10.8}$$

Unter Vorwegnahme der für schwache Gravitationsfelder gültigen Näherung (10.52) folgt daraus

$$d\tau = \sqrt{1+2\Phi/c^2}\, dt\,. \tag{10.9}$$

Stammt das Gravitationspotential Φ von einer ganz im Endlichen gelegenen Massenverteilung, so gilt $\Phi \to 0$ für $|\boldsymbol{r}| \to \infty$ und $dt = d\tau|_{|\boldsymbol{r}|\to\infty}$, d. h. die Koordinatenzeit t ist die Eigenzeit auf einer von der Massenverteilung weit entfernt ruhenden Uhr. Für eine kugelsymmetrisch um $\boldsymbol{r}=0$ plazierte oder – näherungsweise – in sehr weiter Entfernung von einer auf einen endlichen Bereich konzentrierten Massenverteilung gilt $\Phi = -GM/r$, und aus (10.9) wird

$$d\tau = \sqrt{1-\frac{2GM}{c^2 r}}\, dt\,. \tag{10.10}$$

Dies bedeutet, daß im Schwerefeld ruhende Uhren langsamer gehen, es kommt zu einer **gravitativen Zeitdilatation**.

Längenmessungen und Geschwindigkeiten

Wenn der Abstand zweier Weltpunkte x^μ und $x^\mu + dx^\mu$ raumartig ist ($ds^2 < 0$), bildet

$$\boxed{dl = \sqrt{-g_{\mu\nu}\, dx^\mu dx^\nu}} \tag{10.11}$$

die kovariante Verallgemeinerung von (10.3) und gibt daher den metrischen Abstand raumartiger Punkte an.

Die Anwendung von (10.11) auf einen in $S|x$ ruhenden Maßstab ist komplizierter, als es die Anwendung von (10.6) auf eine in S ruhende Uhr war, weil jetzt die Bedingung des Ruhens nicht mehr nur einen Punkt, sondern alle Punkte des Maßstabs betrifft. Da wir jedoch nur einen Maßstab infinitesimaler Länge behandeln, genügt die Betrachtung seiner beiden Endpunkte. Wir untersuchen den Maßstab zunächst in einem frei fallenden Inertialsystem $\widetilde{S}|\xi$, das so gewählt ist, daß er auch in diesem ruht. Die Bedingung, daß seine beiden Endpunkte sowohl in $\widetilde{S}$ als auch in S ruhen, hat für den zwischen den Koordinaten ξ^μ des Systems $\widetilde{S}$ und den Koordinaten x^μ des Systems S gültigen Zusammenhang (8.40) die Folge

$$b^l{}_0 = b^0{}_l = 0\,. \tag{10.12}$$

Beweis: Einen der beiden Endpunkte des Maßstabs legen wir in S nach $x^l = X^l$ und in $\widetilde{S}$ nach $\xi^l = a^l = \xi^l(X)$. Aus (8.40) folgt für diesen dann mit $x^l - X^l = 0$

$$\xi^0 = a^0 + b^0{}_0\left(x^0 - X^0\right), \qquad \xi^l = a^l + b^l{}_0\left(x^0 - X^0\right). \tag{10.13}$$

Bei fortschreitender Zeit x^0/c bzw. ξ^0/c gilt $d\xi^0 = b^0{}_0\,dx^0$ und $d\xi^l = b^0{}_l\,dx^l$, woraus sich in $\widetilde{S}$ als Geschwindigkeit des Punktes $c\,d\xi^l/d\xi^0 = c\,b^l{}_0/b^0{}_0$ ergibt. Da dieser aber nach Voraussetzung auch in $\widetilde{S}$ ruht, folgt (10.12a).

Die in (10.4) angegebene Meßbedingung $d\xi^0 = 0$ kann in kovarianter Weise verallgemeinert werden, indem man für den zweiten Endpunkt des Maßstabs in S durch

$$\boxed{U^\mu = \frac{dx^\mu(\tau)}{d\tau}, \qquad U_\mu = g_{\mu\nu}U^\nu} \tag{10.14}$$

eine **Vierergeschwindigkeit** und den dazu gehörigen kovarianten Vektor U_μ definiert, wobei $x^\mu(\tau)$ dessen mit der im momentanen Ruhesystem gemessenen und durch (10.8) gegebenen Eigenzeit parametrisierte Weltlinie ist. Ein dazu gehöriger **Viererimpuls** wird durch

$$\boxed{p^\mu = m_0 U^\mu, \qquad p_\mu = g_{\mu\nu}\,p^\nu} \tag{10.15}$$

definiert. Die ART-Verallgemeinerung von Gleichung (4.9) lautet

$$\boxed{U_\alpha U^\alpha = g_{\alpha\beta}U^\alpha U^\beta = c^2 \qquad \Rightarrow \qquad p_\alpha\, p^\alpha = m_0{}^2c^2.} \tag{10.16}$$

Für die kovariante Verallgemeinerung der Bedingung $d\xi^0 = 0$ ergibt sich

$$U_\mu dx^\mu = c\,d\xi^0 = 0, \tag{10.17}$$

denn in $\widetilde{S}$ ist $\{U^\mu\} = \{c d\xi^\mu/d\xi^0\} = \{c, 0, 0, 0\}$. Aus (10.17) folgt im System S die Bedingung $dx^0 = -U_l dx^l/U_0$, und weil dort auch die Geschwindigkeit des zweiten Endpunktes verschwinden soll, $U_l = 0$, erhalten wir die Forderung $dx^0 = 0$. Hiermit folgt aus der ursprünglichen Form der Meßbedingung $d\xi^0 = b^0{}_0\,dx^0 + b^0{}_l\,dx^l = b^0{}_l\,dx^l = 0$, und weil alle drei Orientierungen $\{dx^l\} = \{dx^1, 0, 0\}, \{0, dx^2, 0\}, \{0, 0, dx^3\}$ des Maßstabs möglich sein müssen, erhalten wir schließlich (10.12b). □

Nach (8.40) sind die Gleichungen (10.12) gleichwertig damit, daß im Punkt $x^l = X^l$ die Beziehungen $\partial\xi^0/\partial x^l = 0$ und $\partial x^l/\partial\xi^0 = 0$ gelten. Aus

$$ds^2 = \eta_{\alpha\beta}\,d\xi^\alpha d\xi^\beta = \eta_{\alpha\beta}\frac{\partial\xi^\alpha}{\partial x^\mu}\frac{\partial\xi^\beta}{\partial x^\nu}\,dx^\mu dx^\nu$$

ergibt sich damit die zeitorthogonale Metrik

$$ds^2 = \eta_{00}\,(d\xi^0)^2 + \eta_{lm}\frac{\partial\xi^l}{\partial x^i}\frac{\partial\xi^m}{\partial x^k}\,dx^i dx^k = g_{00}\,(dx^0)^2 + g_{ik}\,dx^i dx^k. \tag{10.18}$$

Mit (10.11) erhalten wir schließlich als Länge des in S ruhenden Maßstabs

$$\boxed{dl = \sqrt{-g_{lm}\,dx^l dx^m} = \sqrt{-ds^2}\big|_{dx^0=0}.} \tag{10.19}$$

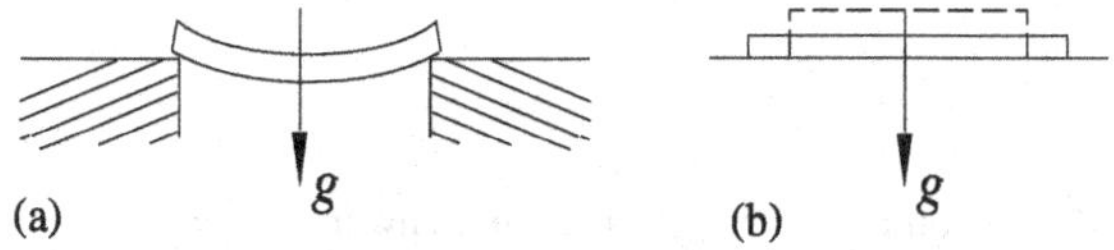

Abb. 10.1: Lagerung eines Maßstabs im Schwerefeld (a) Verbiegung, (b) Quetschung.

Das System $S|x$, auf das wir durch die Forderung nach Ruhen des Maßstabs gekommen sind, scheint dadurch, daß wir die Bedingungen (10.12) gestellt haben, recht speziell zu sein. Tatsächlich ist jedoch in jedem System $S|x$ mit zeitorthogonaler Metrik die Länge eines ruhenden Maßstabs durch (10.19) gegeben.

Beweis: In System $S|x$ sei $ds^2 = g_{00}\,(dx^0)^2 + g_{ik}\,dx^i dx^k$ mit beliebigen Koeffizienten $g_{00}(x) > 0$ und $g_{ik}(x)$, wobei die 3×3 Matrix g_{ik} drei negative Eigenwerte besitzen soll, und für die beiden Endpunkte des Maßstabs sei $dx^0 = 0$ erfüllt. Nach Abschn. 8.1.3 und Abschn. 9.2.7 ist es immer möglich, im Punkt $x^l = X^l$ durch eine lineare Transformation

$$x^l = x^l(\xi^m) \tag{10.20}$$

für die ξ^m die Metrik η_{ik} zu erhalten, und mit $\xi^0 = \sqrt{g_{00}(X)}\,(x^0 - X^0)$ erreicht man auch noch $g_{00}(X) \to \eta_{00}$. Dies bedeutet, daß von $S|x$ immer der Übergang zu einem System $\widetilde{S}|\xi$ mit einer lokalen Minkowski-Metrik möglich ist. (10.20) und $\xi^0 = f(x^0)$ haben zur Folge, daß die Bedingungen (10.12) und (10.17) erfüllt sind. Jetzt erweitert man die lineare Transformation zwischen den Systemen $\widetilde{S}|\xi$ und $S|x$ noch um die nichtlinearen Terme aus (8.40), so daß $\widetilde{S}|\xi$ ein lokal ebenes System wird. Dann bestehen zwischen $\widetilde{S}$ und S alle Beziehungen, die bei der Ableitung von (10.18)–(10.19) vorausgesetzt wurden. □

Das Messen mit Uhren und Maßstäben kann in starken Gravitationsfeldern praktisch gesehen zu erheblichen Schwierigkeiten führen. Wir diskutieren diesen Sachverhalt durch den Vergleich der Meßergebnisse in einem lokalen Minkowski-System $\widetilde{S}|\tilde{\xi}^\mu$, das der Schwerkraft ausgesetzt ist ($\tilde{g}_{\mu\nu,\lambda} \neq 0$), mit denen in dem frei fallenden Inertialsystem $S|\xi^\mu$, das aus $\widetilde{S}|\tilde{\xi}^\mu$ durch die Transformation (8.29) hervorgeht. Nach (8.25) und (8.32) gilt bei $\xi^\mu = 0$

$$ds^2 = \eta_{\mu\nu}\,d\tilde{\xi}^\mu d\tilde{\xi}^\nu = \eta_{\mu\nu}\,d\xi^\mu d\xi^\nu$$

und nach (8.29) außerdem $d\tilde{\xi}^\mu = d\xi^\mu$. Obwohl die beiden Systeme – bei Relativgeschwindigkeit null – relativ zueinander beschleunigt sind, erhalten wir daraus sowohl bei Zeit- als auch Längenmessungen in beiden identische Ergebnisse. Dies bedeutet: *Paare relativ zueinander ruhender gleichartiger Meßgeräte, von denen eines frei fällt und das zweite im Schwerefeld fixiert ist, zeigen dieselben Längen und Zeiten an.*

Das frei fallende Meßgerät ist – bei hinreichend kleiner Ausdehnung – kräftefrei. Das im Schwerefeld fixierte Meßgerät ist zwar der Schwerkraft ausgesetzt, damit es aber darin ruhen bleibt, müssen an ihm Gegenkräfte angreifen, die die Wirkung der Schwerkraft gerade kompensieren. Das muß sogar Punkt für Punkt der Fall sein, damit es nicht durch die Einwirkung von Kräften verändert – z. B. verbogen oder gequetscht – wird. Im Idealfall ist daher auch das zweite Meßgerät insgesamt völlig kräftefrei, d. h. die beiden Meßgeräte sind für das infinitesimale Zeit- bzw. Längenintervall der Messung – wenigstens im Prinzip – völlig gleichwertig.

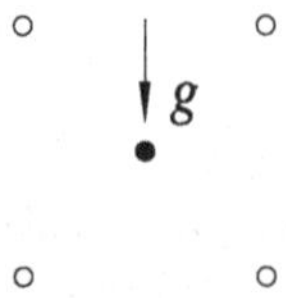

Abb. 10.2: Atome eines Festkörpers im Schwerefeld.

Der oben geschilderte Idealfall einer Lagerung, bei der die Schwerkraft Punkt für Punkt exakt kompensiert wird, läßt sich praktisch nur näherungsweise verwirklichen, und das auch nur in hinreichend schwachen Schwerefeldern. Betrachten wir zur Illustration die Lagerung eines Maßstabs im Schwerefeld: Wird dieser nur an seinen beiden Enden gelagert, so wird er in der Mitte durchgebogen, und das Meßergebnis wird verfälscht (Abb. 10.1 (a)). Wird er dagegen durch eine Unterlage in allen Punkten seiner Unterseite gestützt, so wird er gequetscht (Abb. 10.1 (b)). In extrem starken Schwerefeldern kann diese Quetschung ebenfalls zu erheblichen Meßverfälschungen führen. In Abschn. 12.5 werden wir einer weiteren Möglichkeit der Verfälschung von Längenmessungen mit Maßstäben begegnen.

Bei der Zeitmessung mit mechanischen Uhren im Schwerefeld wird der Druck auf die Lager drehender Achsen erhöht und damit die Reibung verstärkt. Am besten erscheint in dieser Hinsicht noch das Messen mit Atomuhren. Aber auch hier können Verfälschungen auftreten. Betrachten wir ein Atom in einem Festkörper, der im Schwerefeld gelagert ist (Abb. 10.2). Das schwarz markierte Atom werde als Meßatom benutzt. Die Kräfte, die es im Schwerefeld halten, gehen von Nachbaratomen aus und sind elektrischer Natur. Diese Kräfte haben nicht genau dieselbe räumliche Struktur wie das zu kompensierende Schwerefeld und führen deshalb in starken Schwerefeldern zu einer Verformung des Atoms, die eine Änderung der zur Messung benutzten Energieniveaus zur Folge hat. Die Verhältnisse sind hier jedoch günstiger als bei mechanischen Uhren und Maßstäben, die Meßverfälschung wird erst bei sehr viel stärkeren Gravitationsfeldern auftreten.

Natürlich lassen sich Längenmessungen in der ART genauso wie in der SRT durch die Benutzung von Lichtsignalen auf Zeitmessungen zurückführen. Daher können Längenmessungen in nichtinertialen Systemen mit derselben Präzision wie die Zeitmessung durchgeführt werden. Die geschilderten Schwierigkeiten bei der Messung in nichtinertialen Systemen lassen sich im Prinzip umgehen, indem man auf die dazu äquivalente Messung in frei fallenden Systemen zurückgreift.

Um die vorangegangenen Betrachtungen zu illustrieren und zu vertiefen, untersuchen wir im folgenden den Einfluß von Schwerefeldern, die in einer global pseudo-euklidischen Raum-Zeit beim Übergang zu beschleunigten Bezugssystemen auftreten, auf Uhren und Maßstäbe. Es sei darauf hingewiesen, daß sich die betrachteten Beispiele im Prinzip auch schon mit Hilfe der SRT behandeln ließen.

Beispiel 10.1: *Gleichförmig rotierendes Bezugssystem*

Durch den Übergang von den räumlichen Koordinaten x, y, z zu Zylinderkoordinaten r, φ, z erhält man für die Metrik einer global pseudo-euklidischen Raum-Zeit

$$ds^2 = c^2dt^2 - (dr^2 + r^2d\varphi^2 + dz^2)\,. \tag{10.21}$$

Mit

$$r = r', \quad \varphi = \varphi' + \omega t', \quad z = z', \quad t = t'$$

gehen wir auf die Koordinaten eines gleichmäßig rotierenden Bezugssystems S' über, in dem die Metrik wegen $d\varphi = d\varphi' + \omega\, dt'$

$$ds^2 = \left(1 - \frac{\omega^2 r'^2}{c^2}\right) c^2 dt'^2 - 2r'^2 \omega\, d\varphi'\, dt' - (dr'^2 + r'^2 d\varphi'^2 + dz'^2)\,. \tag{10.22}$$

lautet. Um den störenden Mischterm $\sim d\varphi'\, dt'$ loszuwerden, ergänzen wir

$$\begin{aligned}&\left(1 - \frac{\omega^2 r'^2}{c^2}\right) c^2 dt'^2 - 2r'^2 \omega\, d\varphi'\, dt' \\ &= \left(1 - \frac{\omega^2 r'^2}{c^2}\right) c^2 \left(dt' - \frac{\omega\, r'^2/c^2}{1 - \omega^2 r'^2/c^2}\, d\varphi'\right)^2 - \left(\frac{\omega^2 r'^2/c^2}{1 - \omega^2 r'^2/c^2}\right) r'^2 d\varphi'^2\,,\end{aligned}$$

setzen

$$dt^* = dt' - \frac{\omega\, r'^2/c^2}{1 - \omega^2 r'^2/c^2}\, d\varphi' \tag{10.23}$$

und erhalten damit aus (10.22) schließlich

$$ds^2 = \left(1 - \frac{\omega^2 r'^2}{c^2}\right) c^2 (dt^*)^2 - \left(dr'^2 + \frac{r'^2 d\varphi'^2}{1 - \omega^2 r'^2/c^2} + dz'^2\right) \tag{10.24}$$

als Metrik des Systems $S^* | ct^*, r', \varphi', z'$. Diese Einführung zeitorthogonaler Koordinaten ist allerdings nichtholonom, d. h. sie gilt nur momentan, da der Ausdruck für dt^* kein totales Differential ist. (Für eine holonome Transformation $dt^* = \alpha\, dt' + \beta\, d\varphi' + \gamma\, dr'$ müßte $\alpha = \partial t^*/\partial t'$, $\beta = \partial t^*/\partial \varphi'$, $\gamma = \partial t^*/r'$ mit der Folge $\partial\alpha/\partial r' = \partial\gamma/\partial t'$ etc. gelten, was hier nicht erfüllt ist. Auf die Einführung holonomer zeitorthogonaler Koordinaten, die nach Abschn. 9.2.8 stets möglich ist, wurde hier der Einfachheit halber verzichtet). Die Zeit $d\tau' = ds/c$, die eine bei r', φ', z' fixierte Uhr (für diese gilt $dr' = dz' = 0$ und $d\varphi' = 0$) nach Ablauf der Koordinatenzeit dt^* anzeigt, ergibt sich aus (10.24) zu

$$d\tau' = \sqrt{1 - \frac{\omega^2 r'^2}{c^2}}\, dt^* = \sqrt{1 - \frac{v^2}{c^2}}\, dt^*\,. \tag{10.25}$$

Dabei wurde zuletzt benutzt, daß $v = \omega\, r'$ die Rotationsgeschwindigkeit des betrachteten Punktes ist. Eine bei $r' = 0$ ruhende Uhr zeigt nach (10.25) die Zeit $d\tau'|_0 = dt^* = dt' = dt$ an. Ihr gegenüber weist die bewegte Uhr die Zeitdilatation

$$dt = \frac{d\tau'}{\sqrt{1 - v^2/c^2}} \tag{10.26}$$

auf, ein Ergebnis, das man auch schon mit (10.22) erhalten hätte, weil die für die Zeitmessung benutzte Metrik nicht zeitorthogonal sein muß. Es wurde hier mit Hilfe der für die ART entwickelten Methoden abgeleitet. Daß es, wie zu fordern, mit der Zeitdilatation der SRT übereinstimmt, bestärkt unser Vertrauen in die Methoden der ART.

Für einen festen Zeitpunkt t^* (Folge $dt^* = 0$) erhält man als Zusammenhang zwischen der Länge $dl^* = (-ds^2)^{1/2}|_{dt^*}$ eines in S^* ruhenden Maßstabs und den Koordinatendifferentialen mit $(1-\omega^2 r'^2/c^2)^{1/2} = (1-v^2/c^2)^{1/2}$ aus der zeitorthogonalen Metrik (10.24) die Ergebnisse

$$\begin{aligned} dr' &= dl^* && \text{für} \quad r'd\varphi' = 0\,, \quad dz' = 0\,, \\ dz' &= dl^* && \text{für} \quad dr' = 0\,, \quad r'd\varphi' = 0\,, \\ r'd\varphi' &= \sqrt{1-v^2/c^2}\,dl^* && \text{für} \quad dr' = 0\,, \quad dz' = 0\,. \end{aligned} \tag{10.27}$$

Andererseits sind aber $dr' = dr$, $dz' = dz$ und $r'd\varphi' = r\,d\varphi$ die zu einem festen Zeitpunkt t ($dt' = dt = 0$) im ursprünglichen Inertialsystem gemessenen Längen. Für Maßstäbe, die in dem rotierenden System S^* senkrecht zur Rotationsgeschwindigkeit ausgelegt sind, ergibt sich also keine Maßstabsveränderung, für parallel ausgelegte Maßstäbe ergibt sich die Lorentz-Kontraktion der SRT. Die Längenkontraktion erfolgt senkrecht zur Zentrifugalkraft. Da diese in der ART als Schwerkraft interpretiert wird, haben wir hier also eine Längenkontraktion senkrecht zur Schwerkraft. Wir werden allerdings am nächsten Beispiel erkennen, daß diese Richtungsverhältnisse nicht allgemein bestehen und die Kontraktion auch parallel zur Schwerkraft erfolgen kann. Der Übergang zu der zeitorthogonalen Metrik (10.24) für die Längenmessung war übrigens unerläßlich: Hätte man die Länge aus (10.22) mit $dl = (-ds^2)^{1/2}|_{dt'=0}$ bestimmt, so hätte man für $dr' = dz' = 0$ das falsche Ergebnis $dl = r'd\varphi'$ erhalten.

In (10.26) und (10.27c) sind dt bzw. $r'd\varphi'$ nur für $v = \omega r' \leq c$ reell. Für $\omega r' > c$ ist die betrachtete Transformation zwar mathematisch zulässig, aber physikalisch nicht realisierbar, weil sich ein realer Beobachter nur mit $v = \omega r' < c$ bewegen kann.

Unsere Ergebnisse liefern noch einen interessanten Hinweis auf das zuvor diskutierte Meßproblem in starken Gravitationsfeldern. Die Zentrifugalkraft am Radius r' ist $Z' = v^2/r' = \omega^2 r'$, und das Potential dieser Kraft ist

$$\Phi' = -\int_0^{r'} \omega^2 x\,dx = -\frac{\omega^2 r'^2}{2} = -\frac{Z'}{2}r' = -\frac{v^2}{2}\,. \tag{10.28}$$

Damit können wir die Zeitdilatation (10.25) und die Maßstabskontraktion (10.27) in der Form

$$dt^* = \frac{d\tau}{\sqrt{1+2\Phi'/c^2}}\,, \qquad r'd\varphi' = \sqrt{1+2\Phi'/c^2}\,dl' \tag{10.29}$$

angeben. Hieraus wird klar, daß der Effekt der ART nicht direkt durch die „Schwerkraft" Z', sondern durch deren Potential $\Phi' = -Z'r'/2$ bewirkt wird. Eine schwache Kraft Z' (kleines ω) bei großem r' hat demnach denselben Effekt wie eine starke Kraft bei kleinem r'. Damit wird es möglich, die von der ART vorausgesagten Maßstabsveränderungen in Gravitationsfeldern nachzuweisen, die so schwach sind, daß keine wesentliche Beeinträchtigung der Meßapparaturen erfolgt.

Aus (10.27) kann noch ein wichtiger Sachverhalt abgelesen werden: Für den Umfang U^* eines Kreises im System S^* ergibt sich

$$\frac{U^*}{r'} = \frac{1}{r'}\oint dl^* = \frac{1}{r'}\oint \frac{r'd\varphi'}{\sqrt{1-\omega^2 r'^2/c^2}} = \frac{2\pi}{\sqrt{1-\omega^2 r'^2/c^2}} > 2\pi\,.$$

Dies bedeutet, daß die räumliche Metrik des rotierenden Systems nicht euklidisch ist. Da sich die globale Euklidizität der gesamten Raum-Zeit beim Übergang auf das rotierende System S^* jedoch nicht ändern kann – die Gleichung $R^{\kappa}_{\lambda\mu\nu} = 0$ ist transformationsinvariant – muß auch das rotierende Bezugssystem eine global pseudo-euklidische Raum-Zeit-Metrik besitzen. Offensichtlich bedeutet das aber nicht, daß deshalb auch der von den räumlichen Koordinaten aufgespannte Unterraum euklidisch sein muß. Dies entspricht der Tatsachte, daß es in einem euklidischen Raum von drei Dimensionen natürlich zweidimensionale Unterräume (Flächen) mit nichteuklidischer Metrik gibt.

Beispiel 10.2: *Gleichförmig beschleunigtes Bezugssystem*

In einer global pseudo-euklidischen Raum-Zeit gehen wir jetzt vom System S mit den Koordinaten ct, x, y, z zuerst mit

$$x = x', \quad y = y', \quad z = z' + \frac{1}{2} g t'^2, \quad t = t'$$

zu einem gleichförmig beschleunigten Bezugssystem $S'|ct', x', y', z'$ mit der Metrik

$$ds^2 = (1 - g^2 t'^2/c^2)\, c^2 dt'^2 - (dx'^2 + dy'^2 + dz'^2) - 2gt'\, dz'\, dt' \tag{10.30}$$

über und von diesem mit der nichtholonomen Transformation

$$dt^* = dt' - \frac{gt'/c^2}{1 - g^2 t'^2/c^2}\, dz' \tag{10.31}$$

zum System S^* mit der zeitorthogonalen Metrik

$$ds^2 = \left(1 - \frac{g^2 t'^2}{c^2}\right) c^2 dt^{*2} - \left(dx'^2 + dy'^2 + \frac{dz'^2}{1 - g^2 t'^2/c^2}\right). \tag{10.32}$$

Hieraus ergibt sich für eine bei x', y', z' ruhende Uhr ($dz' = 0$) mit $v = gt'$ = Relativgeschwindigkeit der Systeme S und S' bzw. S^* – gegenüber S haben S' und S^* dieselbe Geschwindigkeit – die Zeitdilatation

$$dt = dt' = dt^* = \frac{d\tau'}{\sqrt{1 - v^2/c^2}} \qquad \text{mit} \qquad d\tau' = \left.\frac{ds}{c}\right|_{dx'=dy'=dz'=0},$$

die wie im letzten Beispiel auch schon in S' berechnet werden kann.

Aus diesem Ergebnis kann die Zeitdilatation in einem homogenen Schwerefeld abgeleitet werden. Da sich aus $\ddot{z}(t) = 0$ in S im beschleunigten System S' die Beschleunigung $\ddot{z}'(t') = -g$ ergibt, ist S' einem System äquivalent, in welchem die Schwerkraft $\boldsymbol{g}' = -g\boldsymbol{e}_{z'}$ mit dem Potential $\Phi(z') = gz'$ wirkt. Ist $d\tau'$ die Zeit, die von einer bei $z' = 0$ ruhenden Uhr angezeigt wird, so folgt mit $z = gt'^2/2$ und $v^2 = g^2 t'^2 = 2gz = -2\Phi(z)$ (in der Funktion $\Phi(z)$ wird als Argument die zeitabhängige Funktion $z(t') = gt'^2/2$ eingesetzt, die die Position des Punktes $z' = 0$ in S angibt) aus dem letzten Ergebnis

$$dt = \frac{d\tau'}{\sqrt{1 - 2gz/c^2}} = \frac{d\tau'}{\sqrt{1 + 2\Phi/c^2}}. \tag{10.33}$$

Wenn auf der Uhr im Schwerefeld die Zeit $d\tau'$ verstreicht, vergeht auf einer in S bei z ruhenden Uhr – diese befindet sich gegenüber der in S' bei $z' = 0$ ruhenden Uhr im freien Fall – die längere Zeit dt, d. h. Uhren im Schwerefeld gehen langsamer. Für $gz/c^2 \ll 1$ ergibt sich näherungsweise $dt = d\tau'(1 + gz/c^2)$, woraus für den Gangunterschied die Näherungsformel

$$dt - d\tau' = \frac{g\, d\tau'}{c^2}\, z \tag{10.34}$$

folgt.

Ein in S^* parallel zur z'-Achse liegender Maßstab hat nach (10.19) und (10.32) mit $gt' = v$ die Länge

$$dl^* = \frac{dz'}{\sqrt{1 - v^2/c^2}}. \tag{10.35}$$

Für einen in S parallel zur z-Achse ruhenden Maßstab gilt $dl=\sqrt{-ds^2}|_{dt=0}=dz$, und aus den Transformationsgleichungen von S nach S' folgt $dt'=dt=0$, $dz'=dz$, womit wir schließlich

$$dl = dz = dz' = \sqrt{1 - v^2/c^2}\, dl^*\,,$$

erhalten, d. h. der in S^* ruhende Maßstab erscheint in S lorentz-kontrahiert, wobei die Längskontraktion diesmal parallel zum Schwerefeld erfolgt.

10.1.2 Endliche Eigenzeitintervalle

$x^\mu = x^\mu(p)$ sei eine durch die skalare Größe p parametrisierte, zeitartige Weltlinie, d. h. für alle p gelte

$$ds^2 = g_{\mu\nu}\, dx^\mu dx^\nu = g_{\mu\nu}\, \dot{x}^\mu(p)\, \dot{x}^\nu(p)\, dp^2 > 0\,.$$

Wird das von $x^\mu(p_1)$ nach $x^\mu(p_2)$ führende Stück dieser Weltlinie von einer Standarduhr durchlaufen, so ist auf dieser nach (10.6) die Zeit

$$\Delta\tau = \int_{\tau_1}^{\tau_1} d\tau = \frac{ds}{c}\int_1^2 \frac{ds}{c} = \frac{1}{c}\int_{p_1}^{p_2} \sqrt{g_{\mu\nu}\, \dot{x}^\mu(p)\, \dot{x}^\nu(p)}\, dp \tag{10.36}$$

verstrichen. Da $ds = \sqrt{g_{\mu\nu}\, dx^\mu dx^\nu}$ im allgemeinen kein totales Differential ist, kann durch (10.36) keine globale metrische Zeit eingeführt werden: Wenn man in der Raum-Zeit vom Punkt x_1 zum Punkt x_2 geht, hängt die nach (10.36) berechnete Eigenzeit vom Weg ab, der die beiden Punkte verbindet, d. h. am Ort $\boldsymbol{x}_2$ erhält man zur Koordinatenzeit t_2 je nach dem von der Uhr durchlaufenen Weg verschiedene Werte von τ_2, was übrigens auch schon in einer global pseudo-euklidischen Raum-Zeit der Fall ist.

Ein typische Beispiel für das Letztere bietet das Zwillingsparadoxon, das wir jetzt noch einmal kurz mit dem Formalismus der ART untersuchen wollen. Wir nehmen an, daß die Raum-Zeit global pseudo-euklidisch ist, und rechnen in dem globalen Inertialsystem $S|\xi^\mu$, in welchem der zurückbleibende Zwilling ruht. Seine Weltlinie verläuft längs der ct-Achse (Abb. 10.3 (a)). Die Weltlinie des fortreisenden Zwillings verläuft über den Punkt 3 nach 2. Die Koordinatenzeit des ruhenden Inertialsystems kann so gewählt werden, daß sie mit der Eigenzeit des zurückbleibenden Zwillings übereinstimmt. Auf dessen Weltlinie vergeht dann bis zum Wiedersehen die Eigenzeit

$$\Delta\tau = \int_1^2 \frac{ds}{c} = \frac{1}{c}\int_{t_1}^{t_2} c\, dt = t_2 - t_1\,.$$

Längs der Weltlinie $\xi^\mu(t)$ des fortreisenden Zwillings gilt

$$\begin{aligned}\Delta\tau' &= \frac{1}{c}\int_1^2 ds = \frac{1}{c}\int_1^2 \sqrt{\eta_{\mu\nu}\, d\xi^\mu d\xi^\nu} = \frac{1}{c}\int_1^2 \sqrt{\eta_{\mu\nu}\frac{d\xi^\mu}{dt}\frac{d\xi^\nu}{dt}}\, dt \\ &= \frac{1}{c}\int_1^2 \sqrt{c^2 - v^2(t)}\, dt = \int_1^2 \sqrt{1 - \frac{v^2(t)}{c^2}}\, dt\,.\end{aligned} \tag{10.37}$$

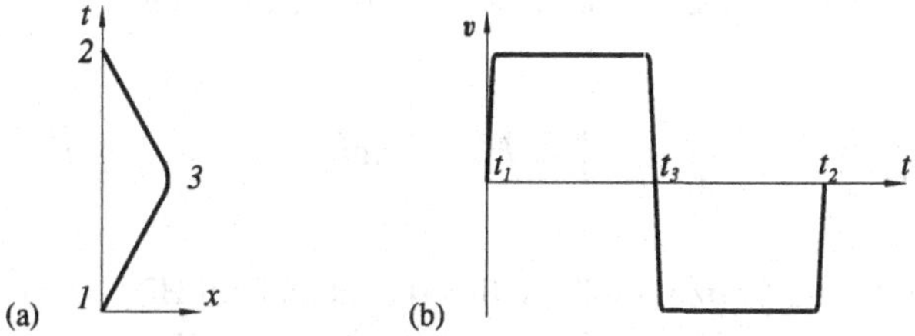

Abb. 10.3: Zwillingspardoxon: (a) Im Inertialsystem des zurückbleibenden Zwillings verläuft dessen Weltlinie längs der ct-Achse von 1→2. Die Weltlinie des fortreisenden Zwillings hat den Verlauf 1→3→2. (b) Geschwindigkeit $v = v(t)$ des fortreisenden Zwillings.

Die Funktion $v(t)$ hat dabei den Verlauf der Abb. 10.3 (b): v wächst zunächst von null auf die Reisegeschwindigkeit, um dann beim Umkehrpunkt auf die negative Reisegeschwindigkeit überzugehen. Schließlich geht sie zur Rückkunftzeit t_2 auf den Wert null zurück. Während der ganzen Reise ist $1 - v^2/c^2 < 1$, mit Ausnahme kleiner Zeitintervalle um die Zeitpunkte t_1, t_3 und t_2. Hieraus folgt

$$\Delta\tau' < \int_1^2 dt = \Delta\tau ,$$

d. h. auf der Uhr des reisenden Zwillings ist weniger Zeit vergangen als auf der des zurückbleibenden Zwillings.

Im Gegensatz zur Eigenzeit definiert eine global zeitartige Koordinate x^0 eine für alle Raumpunkte einheitlich definierte Zeit, und Integrale über dx^0 sind vom Weg unabhängig. Es macht daher Sinn, zu sagen: Zwei Ereignisse an verschiedenen Raumpunkten haben zur selben Koordinatenzeit stattgefunden. Diese Eigenschaft bietet für praktische Rechnungen große Vorteile, allerdings muß ein Beobachter, um die Koordinatenzeit interpretieren zu können, deren Zusammenhang mit der auf seiner Uhr vergangenen metrischen Zeit kennen.

10.2 Mechanik

10.2.1 Bewegungsgleichung für Massenpunkte

Die allgemeine Gleichung für die Bewegung eines Punktteilchens[1] der Ruhemasse m_0 unter dem Einfluß einer beliebigen Kraft kann genau so abgeleitet werden, wie wir das im Rahmen der SRT im Fall beschleunigter Bezugssysteme getan haben. In einem lokal ebenen Koordinatensystem $\widetilde{S}|\xi$ haben wir zunächst

$$m_0 \frac{d^2\xi^a}{d\tau^2} = \widetilde{F}^a . \tag{10.38}$$

1 Zum Konzept von Punktteilchen in der ART beachte man die im Anschluß an diesen Abschnitt folgende Anmerkung.

Durch Übergang zu beliebigen Koordinaten x^μ erhalten wir hieraus analog zu (6.4)

$$m_0\left(\frac{d^2x^\lambda}{d\tau^2}+\Gamma^\lambda_{\mu\nu}\frac{dx^\mu}{d\tau}\frac{dx^\nu}{d\tau}\right)=F^\lambda \qquad \text{mit} \qquad F^\lambda=\frac{\partial x^\lambda}{\partial\xi^\alpha}\widetilde{F}^\alpha\,, \tag{10.39}$$

wobei die $\Gamma^\lambda_{\mu\nu}$ durch (6.3) bzw. (8.37) definiert sind und mit Hilfe von (9.52) durch die $g_{\mu\nu}$ ausgedrückt werden können; die in (10.39) definierte Kraft F^λ ist offensichtlich ein Vektor, und $d\tau$ ist durch (10.6) gegeben. (10.39) ist mit der Bewegungsgleichung (6.4) der SRT formal identisch. Ein wesentlicher Unterschied besteht nur darin, daß die in $d\tau$ und den $\Gamma^\lambda_{\mu\nu}$ auftretenden metrischen Koeffizienten $g_{\mu\nu}$ in der SRT die Bedingung $R^\kappa_{\lambda\mu\nu}\equiv 0$ erfüllen, während $R^\kappa_{\lambda\mu\nu}$ in der ART aus den Feldgleichungen berechnet wird und im allgemeinen von null verschieden ist. Außerdem wird man in der ART Beschleunigungskräfte, die in der SRT wie in der Newtonschen Theorie als Scheinkräfte aufgefaßt werden, im Sinne des Machschen Prinzips als gravitative Wirkungen ansehen, die von den die Metrik festlegenden Körpern ausgehen.

Mit (9.44), (10.14) und (10.15) können wir unsere Bewegungsgleichung auch in der manifest invarianten Form

$$\boxed{\frac{Dp^\lambda}{D\tau}=m_0\frac{DU^\lambda}{D\tau}=m_0\left(\frac{dU^\lambda}{d\tau}+\Gamma^\lambda_{\mu\nu}U^\mu U^\nu\right)=F^\lambda} \tag{10.40}$$

schreiben. Für $F^\lambda=0$ wird (10.40) zur Gleichung für die ansonsten kräftefreie Bewegung eines Teilchens im Schwerefeld. Der Vergleich mit (9.67) zeigt, daß diese wegen $d\tau=ds/c$ und $ds=\alpha\,dp$ (mit $\alpha=\text{const}$) *auf Geodäten der Raum-Zeit erfolgt*.

Die Herleitung dieses Ergebnis ist eine erneute Demonstration für die Gültigkeit des Relativitätsprinzips der ART, denn man hätte (10.40) auch direkt aus diesem ableiten können: Dazu muß man ja nur eine Vektorgleichung angeben, die in einem lokal ebenen System in (10.38) übergeht, und das ist bei (10.40) offensichtlich der Fall.

Auf folgendes sei hingewiesen: dx^λ ist ein Vektor, $d\tau$ ein Skalar und daher $U^\lambda=dx^\lambda/d\tau$ wie in der SRT ein Vektor. Der Beschleunigungsvektor $a^\lambda=dU^\lambda/d\tau$ der SRT ist allerdings kein Vektor der ART, da $\Delta U^\lambda=U^\lambda(x^\mu+\Delta x^\mu)-U^\lambda(x^\mu)$ kein Vektor ist (siehe Abschn. 9.2).

Anmerkung:

Wir werden in Abschn. 11.1.4 sehen, daß ein Punktteilchen der Ruhemasse m_0 im Zentrum eines schwarzen Loches vom (Koordinaten-) Radius $r_s=2Gm_0/c^2$ sitzt, was bedeutet, daß das Konzept von Punktteilchen in der ART streng genommen seinen Sinn verliert. Da der Radius r_s aber für Teilchen wie das Elektron, Proton oder Neutron extrem klein ist, können wir es als Idealisierung, die es ohnedies schon aus anderen Gründen ist, beibehalten.

□

10.2.2 Physikalische Impulse und Geschwindigkeiten

Am Ende von Absbchn. 8.2.2 wurde festgestellt, daß die Komponenten physikalischer Größen wie der Vierergeschwindigkeit und des Viererimpulses im allgemeinen schon aus Dimensionsgründen nicht die übliche physikalische Bedeutung haben können. So hat z. B. die Vierergeschwindigkeit U^μ in einer ungekrümmten Raum-Zeit in räumlichen Polarkoordinaten die Komponenten $\{c, \dot{r}(t), \dot{\varphi}(t), \dot{\vartheta}(t)\}$, während die physikalischen Winkelgeschwindigkeiten $v_\varphi = r\,\sin\vartheta\,\dot{\varphi}(t)$ und $v_\vartheta = r\dot{\vartheta}(t)$ sind. Zur Definition physikalischer Geschwindigkeiten beschränken wir uns auf den Spezialfall zeitorthogonaler Koordinaten ($ds^2 = g_{00}(dx^0)^2 + g_{ik}\,dx^i\,dx^k$) und definieren als deren Betrag

$$v = \frac{dl}{d\tau} = \sqrt{-g_{ik}\,\frac{dx^i}{d\tau}\,\frac{dx^k}{d\tau}} = \sqrt{-g_{ik}\,U^i U^k}\,. \tag{10.41}$$

Der zu $p^\mu = m_0 U^\mu$ gehörige Impuls ist analog dazu durch

$$p = \sqrt{-g_{ik}\,p^i p^k} = m_0\sqrt{-g_{ik}\,U^i U^k} = m_0 v \tag{10.42}$$

gegeben.

v ist im wesentlichen die übliche Geschwindigkeit, nur daß die Zeit nicht die des gewählten Koordinatensystems, sondern die Eigenzeit ist. Die im System der Koordinaten x^μ gemessene Zeit ist

$$dt = (ds|_{x^i=\text{const}_i})/c = \sqrt{g_{00}}\,dx^0/c\,, \tag{10.43}$$

und die auf diese bezogene physikalische Geschwindigkeit ist

$$\tilde{v} = \sqrt{-g_{ik}\,\frac{dx^i}{dt}\,\frac{dx^k}{dt}} = \frac{dl}{dt} = \frac{dl}{d\tau}\frac{d\tau}{dt} = v\,\frac{d\tau}{dt}\,. \tag{10.44}$$

Der Zusammenhang zwischen τ und t ist

$$c^2 d\tau^2 = \left[g_{00}\left(\frac{dx^0}{dt}\right)^2 + g_{ik}\frac{dx^i}{dt}\frac{dx^k}{dt}\right]dt^2 \overset{(10.43)}{\underset{(10.44)}{=}} (c^2 - \tilde{v}^2)\,dt^2 \quad\Rightarrow\quad \frac{d\tau}{dt} = \sqrt{1-\tilde{v}^2/c^2}\,,$$

aus (10.44d) ergibt sich damit $\tilde{v} = v\,\sqrt{1-\tilde{v}^2/c^2}$, und hiermit folgt aus (10.42)

$$\boxed{p = \frac{m_0\tilde{v}}{\sqrt{1-\tilde{v}^2/c^2}}\,.} \tag{10.45}$$

p geht nicht nur bei Abwesenheit von Gravitation in den Impuls der SRT über, sondern stimmt mit diesem sogar generell überein. Dies verdeutlicht die Korrektheit unserer Definition (10.42) des physikalischen Impulses.

10.2.3 Newtonscher Grenzfall für Einzelteilchen im Schwerefeld

Es erweist sich für die spätere Ableitung der Einsteinschen Feldgleichungen als nützlich, den Zusammenhang zwischen einem schwachen Gravitationsfeld und der zugehörigen Raum-Zeit-Metrik abzuleiten. Zu diesem Zweck untersuchen wir die Bewegung eines Teilchens in einem schwachen Gravitationsfeld, das statisch und inhomogen ist.

Zunächst gehen wir jedoch von einer global pseudo-euklidischen Raum-Zeit (ohne Schwerkraft!) mit den pseudo-euklidischen Koordinaten ξ^μ aus. Für hinreichend kleine Teilchengeschwindigkeiten ist

$$\left|d\xi^l/d\tau\right| \approx |v^l| \ll c \approx \left|d\xi^0/d\tau\right| . \tag{10.46}$$

Jetzt stellen wir uns vor, daß in dieses System die Materieverteilung eingebracht wird, die das (schwache) Schwerefeld erzeugt. Dabei werden einerseits die Koordinaten ein wenig verändert, $\xi^\mu \to x^\mu$, wobei aber weiterhin $x^0 = ct$ die Zeitkoordinate bleibt und aus Stetigkeitsgründen

$$\left|dx^i/d\tau\right| \ll \left|dx^0/d\tau\right| \tag{10.47}$$

gelten wird. Zum anderen wird die Metrik in

$$\begin{aligned} g_{\mu\nu}(x) &= \eta_{\mu\nu} + \varepsilon_{\mu\nu}(x) \qquad \text{mit} \qquad |\varepsilon_{\mu\nu}| \ll 1\,, \\ g^{\mu\nu}(x) &= \eta^{\mu\nu} + \tilde{\varepsilon}^{\mu\nu}(x) \qquad \text{mit} \qquad |\tilde{\varepsilon}^{\mu\nu}| \ll 1 \end{aligned} \tag{10.48}$$

abgeändert. Nun benutzen wir die Abschätzung (10.47) zu einer Näherung der Bewegungsgleichung für ein im Schwerefeld frei fallendes Teilchen ((10.39) mit $F^\lambda = 0$) und erhalten

$$\frac{d^2x^\lambda}{d\tau^2} + \Gamma^\lambda_{00}\left(\frac{dx^0}{d\tau}\right)^2 = 0\,. \tag{10.49}$$

Aus (9.52) folgt wegen der vorausgesetzten Zeitunabhängigkeit des Gravitationsfeldes und damit der $g_{\mu\nu}$ (d. h. $g_{\mu\nu,0} = 0$) unter Vernachlässigung von Termen zweiter Ordnung in den $\varepsilon_{\mu\nu}$ bzw. $\tilde{\varepsilon}^{\mu\nu}$

$$\Gamma^\lambda_{00} = -\frac{1}{2}g^{\lambda\rho}g_{00,\rho} \overset{(10.48)}{=} -\frac{1}{2}\eta^{\lambda\rho}\varepsilon_{00,\rho} = \begin{cases} 0 & \text{für } \lambda = 0\,, \\ \frac{1}{2}\varepsilon_{00,\lambda} & \text{für } \lambda = 1,2,3\,. \end{cases}$$

Hiermit erhalten wir aus (10.49)

$$\frac{d^2x^0}{d\tau^2} = 0 \qquad \Rightarrow \qquad \frac{dx^0}{d\tau} = c\,\frac{dt}{d\tau} = \text{const}$$

und

$$\frac{d^2x^m}{dt^2} = -\frac{c^2}{2}\frac{\partial\varepsilon_{00}}{\partial x^m}\,, \qquad m = 1,2,3\,, \tag{10.50}$$

wobei zuletzt die Konstanz von $dt/d\tau$ und

$$\frac{d^2x^m}{d\tau^2} = \left(\frac{dt}{d\tau}\right)\frac{d}{dt}\left(\frac{dt}{d\tau}\frac{dx^m}{dt}\right) = \left(\frac{dt}{d\tau}\right)^2\frac{d^2x^m}{dt^2}$$

benutzt wurde. (10.50) hat genau die Newtonsche Form der Bewegungsgleichung für ein Teilchen im Schwerepotential Φ, wenn wir $\varepsilon_{00} = 2\Phi/c^2 + \text{const}$ setzen. Ist Φ das Potential einer lokalisierten Massenverteilung, so erwarten wir, daß die Metrik in weiter Entfernung von dieser mit $\Phi \to 0$ in eine pseudo-euklidische Metrik übergeht. Nach (10.48) erwarten wir also $\varepsilon_{00} \to 0$ für $\Phi \to 0$, und unser Ergebnis für ε_{00} reduziert sich mit dieser Forderung auf

$$\varepsilon_{00} = 2\Phi/c^2 \,. \tag{10.51}$$

Insgesamt erhalten wir damit für die Metrik das Ergebnis

$$g_{00} = 1 + 2\Phi/c^2 \,, \tag{10.52}$$

das gemäß unserer Ableitung nur in einem hinreichend schwachen statischen Gravitationsfeld gilt.

10.2.4 Erhaltungssätze beim freien Fall

Die Bewegungsgleichung für den freien Fall, (10.40) mit $F^\lambda = 0$ bzw. $DU^\lambda/D\tau = 0$, kann auch in der Form

$$\frac{DU_\lambda}{D\tau} = \frac{dU_\lambda}{d\tau} - \Gamma^\mu_{\lambda\nu}\, U_\mu U^\nu = 0 \tag{10.53}$$

geschrieben werden, denn in einem lokal ebenen System folgt aus $dU^\mu/d\tau = 0$

$$\frac{dU_\lambda}{d\tau} = \frac{d}{d\tau}\left(g_{\lambda\mu} U^\mu\right) = g_{\lambda\mu,\nu} U^\mu U^\nu \overset{(8.28)}{=} 0,$$

und (10.53) ist die ART-Verallgemeinerung dieser Gleichung. Mit (9.52) ergibt sich aus (10.53)

$$\frac{dU_\lambda}{d\tau} = \frac{1}{2} g_{\rho\nu,\lambda} U^\rho U^\nu \,, \tag{10.54}$$

denn in

$$\Gamma^\mu_{\lambda\nu} U_\mu U^\nu = \frac{g^{\mu\rho}}{2}\left(g_{\rho\lambda,\nu} + g_{\rho\nu,\lambda} - g_{\lambda\nu,\rho}\right) U_\mu U^\nu = \frac{1}{2}\left(g_{\rho\lambda,\nu} - g_{\nu\lambda,\rho} + g_{\rho\nu,\lambda}\right) U^\rho U^\nu$$

liefert nur der in den Indizes ρ und ν symmetrische Anteil des Klammerterms einen Beitrag. Aus (10.54) folgt $dU_\lambda/d\tau = 0$ oder $U_\lambda = \text{const}$ für $g_{\rho\nu,\lambda} = 0$. Im Fall einer zeitunabhängigen Metrik z. B. gilt $g_{\rho\nu,0} = 0$, und es folgt der Erhaltungssatz

$$U_0 = \text{const}\,. \tag{10.55}$$

Um diesen zu interpretieren, betrachten wir die ART-Verallgemeinerung von (4.9),

$$g_{\mu\nu}\frac{U^\mu U^\nu}{c^2} = g_{00}\left(\frac{U^0}{c}\right)^2 + 2g_{0l}\frac{U^0 U^l}{c^2} + g_{lm}\frac{U^l U^m}{c^2} = 1\,,$$

im eben betrachteten Newtonschen Grenzfall und vernachlässigen $g_{0l}U^l/c = \varepsilon_{0l}U^l/c$ gegen $g_{00}U^0/c$ sowie $\varepsilon_{lm}U^l U^m/c^2$ gegen $\eta_{\underline{l}\,\underline{l}}U^{\underline{l}}U^{\underline{l}}/c^2$. Unter Benutzung von

$\sum_l \eta_{\underline{l}\,\underline{l}} U^{\underline{l}} U^{\underline{l}} = -\,v^2$ erhalten wir auf diese Weise

$$\left(\frac{U^0}{c}\right)^2 \approx \frac{1+v^2/c^2}{g_{00}} \overset{(10.52)}{\approx} \frac{1+v^2/c^2}{1+2\Phi/c^2} \approx \left(1+\frac{v^2}{c^2}-\frac{2\phi}{c^2}\right)$$

und daraus

$$U^0 \approx c\left(1+\frac{v^2}{2c^2}-\frac{\Phi}{c^2}\right).$$

Hieraus folgt

$$U_0 = g_{0\alpha}U^\alpha \approx g_{00}U^0 \approx c\left(1+\frac{2\Phi}{c^2}\right)\left(1+\frac{v^2}{2c^2}-\frac{\Phi}{c^2}\right) \approx c\left(1+\frac{\Phi}{c^2}+\frac{v^2}{2c^2}\right),$$

und (10.55) reduziert sich auf den vertrauten Energie-Erhaltungssatz

$$m_0c^2 + m_0\Phi + \frac{m_0v^2}{2} = \text{const}.$$

Falls eine räumliche Symmetrie wie z. B. Axialsymmetrie vorliegt und φ den Winkel um die Symmetrieachse darstellt, gilt $g_{\mu\nu,\varphi} = 0$, und aus (10.54) folgt $U_\varphi = \text{const}$. Im Newtonschen Grenzfall ist $g_{\mu\nu}$ eine Korrektur der SRT-Metrik in Zylinderkoordinaten,

$$ds^2 = c^2dt^2 - dr^2 - r^2d\varphi^2 - dz^2,$$

und es folgt

$$U_\varphi = g_{\varphi\lambda}U^\lambda \approx g_{\varphi\varphi}U^\varphi \approx -r^2\frac{d\varphi}{dt} = \text{const},$$

also der Drehimpuls-Erhaltungssatz.

10.2.5 Relativbewegung im inhomogenen Schwerefeld

In einem homogenen Newtonschen Schwerefeld halten zwei benachbarte Teilchen voneinander konstanten Abstand, wenn ihre anfängliche Relativgeschwindigkeit null war. Ein inhomogenes Schwerefeld führt dagegen zu einer Relativbewegung. Das gilt auch in der ART, und es stellt sich heraus, daß die Relativbewegung in dieser direkt durch den Krümmungstensor ausgedrückt werden kann.

Wir untersuchen zuerst die Relativbewegung, die sich aus der Newtonschen Theorie ergibt. In dieser lautet die Bewegungsgleichung für ein Punktteilchen

$$\frac{d^2\mathbf{x}}{dt^2} = -\nabla\Phi \qquad \Rightarrow \qquad \frac{d^2x^i}{dt^2} = \partial^i\Phi\,, \tag{10.56}$$

weil $\{\partial_i\Phi\} = \{\nabla\Phi\}$ und $\{\partial^i\Phi\} = -\,\{\nabla\Phi\}$ gilt. Nun betrachten wir zwei benachbarte Bahnen $x_i(t)$ und $\tilde{x}_i(t)$, die beide der Bewegungsgleichung (10.56b) genügen. Für die Differenz $\eta_i(t) = \tilde{x}_i(t) - x_i(t)$ ergibt sich aus dieser mit

$$\partial^i\Phi\big|_{x+\eta} = \partial^i\Phi\big|_x + \left.\frac{\partial\left(\partial^i\Phi\right)}{\partial x^k}\right|_x \eta^k + \cdots$$

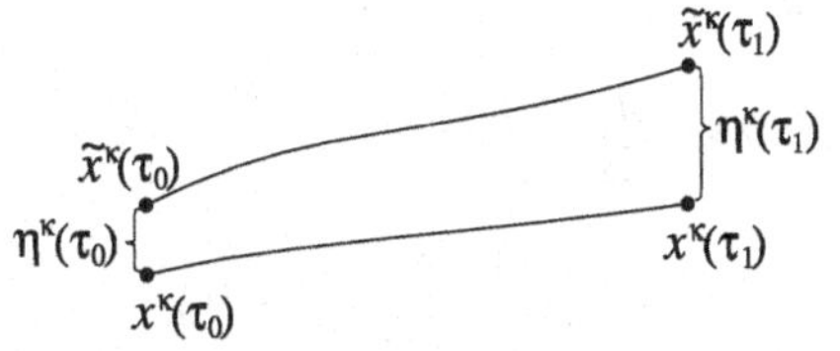

Abb. 10.4: Definition des Abstandsvektors $\eta^\kappa(\tau)$ zweier Teilchenbahnen.

die Differentialgleichung

$$\frac{d^2\eta^i}{dt^2} = \partial^i \partial_k \Phi = \Phi^{,i}{}_{,k}\, \eta^k\,. \tag{10.57}$$

Wenden wir uns jetzt demselben Problem in der ART zu und betrachten zwei mit ihrer Eigenzeit parametrisierte Bahnen von Punktteilchen, $x^\kappa(\tau)$ und $\tilde{x}^\kappa(\tilde{\tau})$. Die Startpunkte x^κ und $\tilde{x}^\kappa$ seien eng benachbart und die Uhren so gestellt, daß die Bahnen durch die Startpunkte zur Zeit $\tau{=}\tilde{\tau}{=}\tau_0$ hindurchführen. Die Geschwindigkeiten in den Startpunkten seien so gewählt, daß sie auseinander durch Parallelverschiebung auf einer kurzen Verbindungsstrecke hervorgehen (keine notwendige Bedingung), so daß die Bahnen eine Zeitlang eng beisammen bleiben. Nun ordnen wir einander diejenigen Punkte der beiden Bahnen zu, für die $\tau{=}\tilde{\tau}$ gilt, und definieren

$$\eta^\kappa(\tau) = \tilde{x}^\kappa(\tau) - x^\kappa(\tau)\,. \tag{10.58}$$

als Abstandsvektor der Bahnen (Abb. 10.4).

Da außer der Schwerkraft keine anderen Kräfte wirken sollen, genügen beide Bahnen der Bewegungsgleichung (10.39) mit $F^\lambda = 0$. Die Differenz der beiden Bahngleichungen liefert mit $\tilde{\tau}{=}\tau$

$$\frac{d^2\eta^\kappa}{d\tau^2} + \Gamma^\kappa_{\lambda\mu}(x+\eta)\frac{d}{d\tau}(x^\lambda + \eta^\lambda)\frac{d}{d\tau}(x^\mu + \eta^\mu) - \Gamma^\kappa_{\lambda\mu}(x)\frac{dx^\lambda}{d\tau}\frac{dx^\mu}{d\tau} = 0\,.$$

Ist η^κ dem Betrage nach viel kleiner als der Abstand, über den sich die $\Gamma^\kappa_{\lambda\mu}$ wesentlich ändern, so erhalten wir hieraus durch Entwicklung nach η bis zu Termen $\mathcal{O}(\eta)$

$$\frac{d^2\eta^\kappa}{d\tau^2} + \Gamma^\kappa_{\lambda\mu,\nu}\frac{dx^\lambda}{d\tau}\frac{dx^\mu}{d\tau}\eta^\nu + \Gamma^\kappa_{\lambda\mu}\left(\frac{dx^\lambda}{d\tau}\frac{d\eta^\mu}{d\tau} + \frac{d\eta^\lambda}{d\tau}\frac{dx^\mu}{d\tau}\right) = 0\,. \tag{10.59}$$

Hierin drücken wir $d^2\eta^\kappa/d\tau^2$ durch die kovariante Ableitung längs der Bahn $x^\lambda(\tau)$ aus,

$$\begin{aligned}
\frac{D^2\eta^\kappa}{D\tau^2} &= \frac{d}{d\tau}\left(\frac{d\eta^\kappa}{d\tau} + \Gamma^\kappa_{\lambda\mu}\eta^\lambda\frac{dx^\mu}{d\tau}\right) + \Gamma^\kappa_{\rho\sigma}\left(\frac{d\eta^\rho}{d\tau} + \Gamma^\rho_{\lambda\mu}\eta^\lambda\frac{dx^\mu}{d\tau}\right)\frac{dx^\sigma}{d\tau} \\
&= \frac{d^2\eta^\kappa}{d\tau^2} + \Gamma^\kappa_{\lambda\mu,\nu}\eta^\lambda\frac{dx^\mu}{d\tau}\frac{dx^\nu}{d\tau} + \Gamma^\kappa_{\lambda\mu}\frac{d\eta^\lambda}{d\tau}\frac{dx^\mu}{d\tau} \\
&\quad + \Gamma^\kappa_{\lambda\mu}\eta^\lambda\frac{d^2x^\mu}{d\tau^2} + \Gamma^\kappa_{\rho\sigma}\frac{d\eta^\rho}{d\tau}\frac{dx^\sigma}{d\tau} + \Gamma^\kappa_{\rho\sigma}\Gamma^\rho_{\lambda\mu}\eta^\lambda\frac{dx^\mu}{d\tau}\frac{dx^\sigma}{d\tau}\,.
\end{aligned}$$

Benutzen wir dabei noch die Bahngleichung für $x^\mu(\tau)$, so erhalten wir

$$\frac{D^2\eta^\kappa}{D\tau^2} + \Gamma^\kappa_{\lambda\mu,\nu}\frac{dx^\lambda}{d\tau}\frac{dx^\mu}{d\tau}\eta^\nu - \Gamma^\kappa_{\lambda\mu,\nu}\frac{dx^\mu}{d\tau}\frac{dx^\nu}{d\tau}\eta^\lambda$$
$$+ \Gamma^\kappa_{\lambda\mu}\Gamma^\mu_{\rho\sigma}\frac{dx^\rho}{d\tau}\frac{dx^\sigma}{d\tau}\eta^\lambda - \Gamma^\kappa_{\rho\sigma}\Gamma^\rho_{\lambda\mu}\frac{dx^\mu}{d\tau}\frac{dx^\sigma}{d\tau}\eta^\lambda = 0\,,$$

hieraus durch geeignete Umbenennung der Indizes

$$\frac{D^2\eta^\kappa}{D\tau^2} = \left(\Gamma^\kappa_{\lambda\mu,\nu} - \Gamma^\kappa_{\mu\nu,\lambda} + \Gamma^\rho_{\mu\lambda}\Gamma^\kappa_{\rho\nu} - \Gamma^\rho_{\mu\nu}\Gamma^\kappa_{\rho\lambda}\right)\eta^\lambda\,\frac{dx^\mu}{d\tau}\frac{dx^\nu}{d\tau}$$

und schließlich mit (9.71)

$$\boxed{\frac{D^2\eta^\kappa}{D\tau^2} = R^\kappa_{\ \mu\lambda\nu}\eta^\lambda\,\frac{dx^\mu}{d\tau}\frac{dx^\nu}{d\tau}\,.} \tag{10.60}$$

Die Lösung $\eta^\kappa(\tau)$ dieser Gleichung wird als **geodätische Abweichung** bezeichnet.

10.2.6 Mechanik idealer Flüssigkeiten

In der SRT definierten wir für eine ideale Flüssigkeit isotropen Drucks mit Hilfe der Ruhedichte ϱ_0, des Drucks p und der Vierergeschwindigkeit U^μ einen Energie-Impuls-Tensor

$$T^{\mu\nu} = \left(\varrho_0 + \frac{p}{c^2}\right)U^\mu U^\nu - p\,g^{\mu\nu} \tag{10.61}$$

mit $g^{\mu\nu} = \eta^{\mu\nu}$. Die Erhaltungssätze für Masse und Impuls ließen sich damit in der Form $T^{\mu\nu}{}_{,\nu} = 0$ schreiben (Abschn. 4.12.2). Um die Verallgemeinerung dieser Gleichung auf die ART zu erhalten, müssen wir nur ϱ_0 und p als Skalare, U^μ als Vektor in Bezug auf beliebige Koordinatentransformationen und $g^{\mu\nu}$ als den metrischen Tensor der ART auffassen. Dann ist die durch (10.61) definierte Größe $T^{\mu\nu}$ ein Tensor, der in einem lokal ebenen System mit dem Energie-Impuls-Tensor der SRT übereinstimmt, und als kovariante Verallgemeinerung von $T^{\mu\nu}{}_{,\nu} = 0$ auf die ART ergibt sich

$$\boxed{T^{\mu\nu}{}_{;\nu} = 0\,.} \tag{10.62}$$

10.3 Elektrodynamik

10.3.1 Maxwell-Gleichungen der ART

Es ist erstaunlich einfach, die Gleichungen der Elektrodynamik auf die ART zu verallgemeinern. In einem lokal ebenen Koordinatensystem haben wir entweder unter Benutzung des Viererpotentials $\widetilde{A}^\alpha = \{-\widetilde{\phi}/c\,, -\widetilde{\boldsymbol{A}}\}$ die Gleichungen

$$\Box\widetilde{A}^\alpha = \eta^{\mu\nu}\widetilde{A}^\alpha{}_{,\mu,\nu} = -\mu_0\widetilde{j}^\alpha\,, \qquad \widetilde{A}^\alpha{}_{,\alpha} = 0$$

mit dem Viererstrom $\widetilde{J}^\mu = \{\widetilde{\varrho}_{\rm el}c\,,\,\widetilde{j}\}$ und $c = 1/\sqrt{\varepsilon_0\mu_0}$ (siehe Abschn. 5.1). Wenn wir dagegen den Feldstärketensor

$$\widetilde{F}_{\alpha\beta} = \widetilde{A}_{\beta,\alpha} - \widetilde{A}_{\alpha,\beta}$$

zur Beschreibung der Felder benutzen, haben wir die Gleichungen

$$\widetilde{F}^{\alpha\beta}{}_{,\beta} = \mu_0 \widetilde{J}^\alpha\,, \qquad \widetilde{F}_{\alpha\beta,\gamma} + \widetilde{F}_{\beta\gamma,\alpha} + \widetilde{F}_{\gamma\alpha,\beta} = 0\,.$$

Alle diese Gleichungen können ohne Benutzung des Relativitätsprinzips auf beliebige Koordinaten umgeschrieben werden, wie im Kapitel 6 der SRT am Beispiel der Lorenz-Eichung gezeigt wurde. Für die letztere wurde die allgemeine Form (6.5) erhalten, die mit (9.33) und (9.59) noch einfacher als

$$\boxed{A^\gamma{}_{;\gamma} = \frac{1}{\sqrt{-g}}\frac{\partial}{\partial x^\gamma}\left(\sqrt{-g}\,A^\gamma\right) = 0} \tag{10.63}$$

geschrieben werden kann. Bei den anderen Gleichungen ersparen wir uns die entsprechende Rechnung und gehen vom Relativitätsprinzip aus. Da in einem lokal ebenen System die kovariante Ableitung in die gewöhnliche und $g_{\mu\nu}$ in $\eta_{\mu\nu}$ übergeht, müssen wir in den Gleichungen der SRT nur überall die gewöhnliche durch die kovariante Ableitung und $\eta_{\mu\nu}$ durch $g_{\mu\nu}$ ersetzen, um deren ART-Form zu erhalten. Damit lauten die **Wellengleichung für das Vektorpotential**

$$\boxed{g^{\mu\nu}A^\alpha{}_{;\mu;\nu} \overset{(9.10)}{=} \frac{1}{2}g^{\mu\nu}\left(A^\alpha{}_{;\mu;\nu} + A^\alpha{}_{;\nu;\mu}\right) = -\mu_0 J^\alpha} \tag{10.64}$$

und die **Maxwell-Gleichungen**

$$\boxed{F^{\alpha\beta}{}_{;\beta} = \mu_0 J^\alpha\,, \qquad F_{\alpha\beta;\gamma} + F_{\beta\gamma;\alpha} + F_{\gamma\alpha;\beta} = 0 \qquad \text{mit} \qquad F_{\alpha\beta} = A_{\beta;\alpha} - A_{\alpha;\beta}\,,} \tag{10.65}$$

wobei A^α, J^α und $F^{\alpha\beta}$ durch gewöhnliche Vektor- und Tensortransformation aus den entsprechenden Größen in einem lokal ebenen Systemen zu berechnen sind. Mit (9.63), (9.64) und (9.53) können sie unter Benutzung gewöhnlicher Ableitungen wegen der aus (10.65c) folgenden Antisymmetrie von $F_{\alpha\beta}$ und $F^{\alpha\beta}$ in der Form

$$\boxed{\frac{\partial\left(F^{\alpha\beta}\sqrt{-g}\right)}{\partial x^\beta} = \mu_0\sqrt{-g}\,J^\alpha\,, \quad F_{\alpha\beta,\gamma} + F_{\beta\gamma,\alpha} + F_{\gamma\alpha,\beta} = 0 \quad \text{mit} \quad F_{\alpha\beta} = A_{\beta,\alpha} - A_{\alpha,\beta}} \tag{10.66}$$

geschrieben werden. Die Stromdichte J^α erfüllt die **Kontinuitätsgleichung**

$$\boxed{J^\alpha{}_{;\alpha} = \frac{1}{\sqrt{-g}}\frac{\partial}{\partial x^\alpha}\left(\sqrt{-g}\,J^\alpha\right) = 0\,,} \tag{10.67}$$

was entweder direkt aus (10.63) abgeleitet werden kann, oder aber einfach daraus folgt, daß in allen lokal ebenen Systemen $J^\alpha{}_{,\alpha}=0$ gilt. Gemäß (10.66a) enthalten die Maxwell-Gleichungen der ART Ableitungen der $g_{\mu\nu}$, d. h. das elektromagnetische Feld wird durch das Gravitationsfeld beeinflußt. Das ist anschaulich klar, denn die im elektromagnetischen Feld gespeicherte Energie besitzt Masse, die der Schwerkraft unterliegt. Für die **Ausbreitung von Licht** gilt (3.6) entsprechend

$$\boxed{ds^2 = g_{\mu\nu}dx^\mu dx^\nu = 0\,.} \tag{10.68}$$

Zur Berechnung der Lichtgeschwindigkeit gehen wir zu zeitorthogonalen Koordinaten der Metrik (9.22), $ds^2{=}g_{00}(dx^0)^2{+}g_{ik}\,dx^i\,dx^k$, über, was nach Abschn. 9.2.8 stets möglich ist. Mit einer am Ort x im Schwerefeld postierten Uhr mißt man die differentielle Zeit (10.8), $d\tau{=}\sqrt{g_{00}}\;dt$, und für eine vom Licht zurückgelegte infinitesimale Strecke mißt man die Länge (10.19), $dl{=}\sqrt{-g_{lm}\,dx^l dx^m}$. Mit $dx^0{=}c\,dt$ liefert die für die Lichtausbreitung gültige Beziehung $ds^2{=}0$ also die Gleichung $c^2d\tau^2{-}dl^2 = 0$. Hieraus ergibt sich die Lichtausbreitungsgeschwindigkeit

$$\boxed{\frac{dl}{d\tau} = c\,.} \tag{10.69}$$

Auch in Gravitationsfeldern besitzt die Vakuumlichtgeschwindigkeit überall den lokalen Wert $c=1/\sqrt{\varepsilon_0\mu_0}$ *der SRT.* Unter lokalem Wert ist dabei zu verstehen, daß die Geschwindigkeitsmessung unmittelbar am Ort der Lichtausbreitung erfolgt.

10.3.2 Ladungserhaltung

Auch in der ART gilt ein Erhaltungssatz für die in Raumgebieten endlicher Ausdehnung enthaltene Gesamtladung. Dieser kann allerdings nicht direkt aus der SRT übernommen werden, weil die Gesamtladung eine nichtlokale Größe ist, wir aber nur zur Übertragung lokaler Größen ein einfaches Rezept haben. Seine Ableitung kann aber ganz in Analogie zur SRT vollzogen werden und führt zugleich in natürlicher Weise zu der erforderlichen Verallgemeinerung der Definition der Gesamtladung. Aus der Kontinuitätsgleichung (10.67) erhält man mit dem Gaußschen Satz (9.61)

$$\int_{\partial G} J^\lambda \sqrt{-g}\,df_\lambda = 0\,, \tag{10.70}$$

wobei $\sqrt{-g}\,df_\lambda$ ein kovarianter Vektor ist (siehe nach (9.60)). Wir integrieren diese Gleichung über die Oberfläche ∂G eines Gebiets G, das sich ähnlich wie in Abb. 5.1 seitlich in Bereiche erstreckt, die stromfrei sind, und das an den Stirnflächen durch zeitartige Koordinatenflächen $x^0=\text{const}$ bzw. $x'^0=\text{const}$ begrenzt wird. Daraus folgt dann für $x'^0=x^0+\Delta x^0$, daß die Größe

$$Q = \frac{1}{c}\int_{x^0=\text{const}} J^0\sqrt{-g}\,df_0 \tag{10.71}$$

einen zeitlichen Erhaltungssatz erfüllt, $Q(x_0) = Q(x_0 + \Delta x_0)$. Wenn x'^0 dagegen die zeitartige Fläche eines neuen Koordinatensystems darstellt, erhalten wir mit

$$Q' = Q$$

die Transformationsinvarianz der Größe Q beim Wechsel des Koordinatensystems. Die durch (10.71) definierte Größe Q erweist sich damit als Skalar und bildet die natürliche **Verallgemeinerung der Ladung auf die ART**. Wegen ihres nichtlokalen Charakters konnten wir zu ihrer Definition nicht auf unsere starke Fassung des Äquivalenzprinzips zurückgreifen. (10.71) erfüllt aber die Forderungen der auf S. 193 gebrachten Variante des starken Äquivalenzprinzips, denn in einem global ebenen System ($\sqrt{-g} = 1$) kommen wir auf die Definition der SRT zurück.

10.4 Kopplung von Mechanik und Elektrodynamik

Als Bewegungsgleichung für ein Punktteilchen (siehe Anmerkung zu Abschn. 10.2.1) der Ladung q im elektromagnetischen Feld erhalten wir in der ART aus (5.51) und (10.40)

$$\boxed{m_0 \frac{DU^\alpha}{D\tau} = -q F^\alpha{}_\beta U^\beta \,.} \qquad (10.72)$$

Dem äquivalent ist die kovariante Verallgemeinerung

$$\boxed{T^{\alpha\beta}{}_{;\beta} = -F^\alpha{}_\beta J^\beta} \qquad (10.73)$$

von (5.58), in der $T^{\alpha\beta}$ aus der Darstellung (4.62) in lokal ebenen Systemen durch Tensortransformation hervorgeht.

Für ein System von Punktteilchen ist die Stromdichte J^α durch die ART-Verallgemeinerung von Gleichung (5.54) gegeben. Für diese benötigen wir die ART-Form der durch

$$\int f(x)\, \delta^4(x-y)\, d^4x = f(y)$$

definierten vierdimensionalen Deltafunktion. $f(x)$ ist ein Skalar, und nach (9.27) ist auch $\sqrt{-g(x)}\, d^4x$ ein solcher. Aus der Umformung

$$f(y) = \int f(x)\, [-g(x)]^{-1/2} \delta^4(x-y) \sqrt{-g(x)}\, d^4x$$

können wir ablesen, daß auch $[-g(x)]^{-1/2}\, \delta^4(x-y)$ ein Skalar ist. Wenn wir jetzt

$$\boxed{J^\alpha(x) = c \sum_n q_n \int [-g(x_n)]^{-1/2}\, \delta^4(x-x_n)\, dx_n^\alpha} \qquad (10.74)$$

setzen – die Integration nach dx_n^α erstreckt sich über die Trajektorie des n-ten Teilchens –, haben wir eine kovariante Beziehung, die im Grenzfall der SRT mit $g(x) = -1$ in Gleichung (5.54) übergeht.

Beispiel 10.3: *In statischem Schwerefeld ruhende Punktladung.*

Das Äquivalenzprinzip kann leicht zu Mißverständnissen führen und zu Fehlschlüssen verleiten. Die Transformation auf ein beschleunigtes Bezugssystem wird aus Gründen der Einfachheit meist so vollzogen, daß bis ins Unendliche reichende Flächen mit beschleunigt werden (Beispiel: $x \to x' = x - gt^2/2$, $y' = y$, $z' = z$). Das führt dann zur Äquivalenz mit Schwerefeldern (im angeführten Beispiel zu einem homogenen Schwerefeld), die es gar nicht gibt und in denen Phänomene auftreten, die in realen Gravitationsfeldern nicht möglich sind. Nach den Überlegungen des Abschnitts 5.11.3 müßte eine in ihrem Ruhesystem nicht-gravitativ gleichförmig in x-Richtung beschleunigte Punktladung einer Ladung äquivalent sein, die in einem homogenen Schwerefeld durch Einwirken einer Gegenkraft in Schwebe gehalten wird. Da die beschleunigte Ladung Strahlung abgibt, müßte das auch für die im Schwerefeld ruhende Ladung gelten, und ein darin frei fallender Beobachter müßte diese wahrnehmen können. Angesichts dieses Fehlschlusses ist es illustrativ, den Fall einer in einem statischen inhomogenen Schwerefeld ruhenden Punktladung zu untersuchen und sich davon zu überzeugen, daß es eine strahlungsfreie Gleichgewichtslösung mit einem statischen elektrischen Feld gibt.

Zu diesem Zweck sehen wir ein Schwerefeld als gegeben an, das ziemlich stark ist. (Die dieses erzeugende Masse, z. B. die Erde, kann die mit der Ladung verbundene Masse um viele Größenordnungen übertreffen.) Die letzte Annahme, die übrigens auch in die gleich zu benutzende Bewegungsgleichung (10.40) eingeht, stellt eine erhebliche Vereinfachung dar: Das Schwerefeld wird dann nämlich durch die Anwesenheit der Ladung fast überall (mit Ausnahme von deren unmittelbarer Umgebung, weil sich Punktteilchen in der ART generell in einem schwarzen Loch befinden) so schwach beeinflußt, daß es nicht, wie sonst erforderlich, simultan mitbestimmt werden muß.

Als erstes leiten wir die mechanische Gleichgewichtsbedingung für die Punktladung ab. Gleichgewicht bedeutet $dx^l/d\tau = U^l = 0$. Aus (10.16) folgt damit

$$g_{\alpha\beta}U^\alpha U^\beta = g_{00}(U^0)^2 = c^2 \qquad \Rightarrow \qquad U^0 = c/\sqrt{g_{00}}\,, \tag{10.75}$$

und aus der Zeitunabhängigkeit des Gravitationsfeldes folgt $dU^0/d\tau = 0$. Damit und mit $U^l = 0$ folgt aus der Bewegungsgleichung (10.40)

$$m_0 \Gamma^\lambda_{00}\,(U^0)^2 = m_0\, c^2 \Gamma^\lambda_{00}/g_{00} = F^\lambda\,.$$

Aus (9.52) folgt wegen der vorausgesetzten Zeitunabhängigkeit der $g_{\alpha\beta}$

$$\Gamma^\lambda_{00} = \frac{1}{2}\, g^{\lambda\rho}(2g_{\rho 0,0} - g_{00,\rho}) = -\frac{1}{2}\, g^{\lambda\rho} g_{00,\rho} = -\frac{1}{2}\, g^{\lambda r} g_{00,r}\,,$$

und wir erhalten schließlich die Gleichgewichtsbedingung

$$-\frac{m_0 c^2 g^{\lambda r} g_{00,r}}{2g_{00}} = F^\lambda\,.$$

Bei Benutzung zeitorthogonaler Koordinaten gilt $g_{0r} = 0$ und daraus folgend $g^{0r} = 0$, denn die Bestimmungsgleichungen $g_{\mu\alpha} g^{\alpha\nu} = \delta_\mu^\nu$ für die $g^{\alpha\nu}$ bei den gegebenen $g_{\mu\alpha}$ haben die Lösung

$g^{00}=1/g_{00}$, $g^{0r}=g^{r0}=0$ und g^{ij} = Lösung von $g_{ij}\,g^{jk}=\delta_i^k$. Hiermit folgt $F^0=0$, und es verbleiben nur noch drei Gleichgewichtsgleichungen.

Falls die Kraft elektrischer Natur ist, ergibt sich aus Gleichung (10.72)

$$F^l = -q\,F^l{}_0 U^0 = -qc\,F^l{}_0/\sqrt{g_{00}}\,,$$

und aus den verbliebenen drei Gleichgewichtsbedingungen wird

$$m_0\,c\,g^{lr}\,g_{00,r} = 2q\sqrt{g_{00}}\,F^l{}_0\,. \tag{10.76}$$

Diese Gleichung muß um die Maxwell-Gleichungen (10.66) ergänzt werden, in denen wir die Zeitableitungen (Ableitungen nach x^0) gleich null setzen. Zunächst berechnen wir die Stromdichte J^λ. Nach Gleichung (10.74) gilt

$$J^\lambda(x) = cq\int[-g(x_*)]^{-1/2}\,\delta^4(x-x_*)\,dx_*^\lambda \overset{\text{s.u.}}{=} \begin{cases} cq\,[-g(\boldsymbol{x})]^{-1/2}\,\delta^3(\boldsymbol{x}-\boldsymbol{x}_*) & \text{für } \lambda=0\,,\\ 0 & \text{für } \lambda=l\,,\end{cases}$$

wobei $\boldsymbol{x}_*$ der aus (10.76) zu berechnende Ort der Punktladung ist, wegen der Zeitunabhängigkeit $g(x)=g(\boldsymbol{x})$ geschrieben und $\delta(x^0-x^0_*)=0$ benutzt wurde. Der Zusammenhang (5.11) der SRT zwischen $F_{\alpha\beta}$ und den Feldern $\boldsymbol{E}$ und $\boldsymbol{B}$ legt es nahe, auch in der ART nur die Komponenten $F_{0l}=-F_{l0}$ von $F_{\alpha\beta}$ ungleich null anzusetzen, denen in der SRT das elektrische Feld entspricht. Mit $F_{lm}=0$, $F_{lm,0}=0$ und $F_{m0,l}=-F_{0m,l}$ sowie unserem Ergebnis für J^λ erhalten wir dann aus (10.66) die Gleichungen

$$\frac{\partial\left(F^{0l}\sqrt{-g}\right)}{\partial x^l}=\mu_0\sqrt{-g}\,J^0=\mu_0 c\,q\,\delta^3(\boldsymbol{x}-\boldsymbol{x}_*)\,, \qquad F_{0l,m}-F_{0m,l}=0\,. \tag{10.77}$$

Die zweite Gleichung kann mit dem Ansatz $F_{0l}=\phi_{,l}/c$ gelöst werden, und aus der ersten wird damit

$$\partial_l\left(\varepsilon\,\partial^l\phi\right) = q\,\delta^3(\boldsymbol{x}-\boldsymbol{x}_*) \qquad \text{mit} \qquad \varepsilon=\varepsilon_0\,g^{00}\sqrt{-g}\,, \tag{10.78}$$

denn

$$F^{0l} = g^{0\alpha}g^{l\beta}F_{\alpha\beta} = g^{00}g^{lm}F_{0m} + g^{0m}g^{l0}F_{m0} = g^{00}g^{lm}F_{0m} = g^{00}g^{lm}\phi_{,m}/c = g^{00}\phi^{,l}/c\,.$$

Gleichung (10.78) stimmt mit der Gleichung für eine Punktladung in einem Dielektrikum mit ortsabhängigem ε überein (Band *Elektrodynamik*, Kapitel 4, Gleichung (4.180)) und kann wie diese gelöst werden. (Die explizite Berechnung der Lösung wird dadurch erschwert, daß wegen des Schwerefelds keine Kugelsymmetrie besteht.) Die Lösung ist im ganzen Raum zeitunabhängig, und daher gibt es nirgends eine Abstrahlung.

Um herauszufinden, wie die Situation von einem im Schwerefeld frei fallenden Beobachter beurteilt wird, ist es unnötig, die Lösung des Problems erneut in dessen Bezugssystem zu berechnen. Die Kovarianz aller benutzten Gleichungen führt dazu, daß die im Ruhesystem der Ladung erhaltene Lösung einfach in dessen Bezugssystem transformiert werden darf. (Im folgenden Abschnitt wird allerdings gezeigt, daß das bei der Lorentz-Dirac-Gleichung nicht möglich ist.) Weil sich die Ladung von dem Beobachter entfernt, werden von ihm zwar zeitliche Veränderungen des elektrischen Feldes und ein dadurch induziertes Magnetfeld festgestellt. Dabei handelt es sich aber um Veränderungen, die durch die starre Verschiebung des wie $1/r^2$ abfallenden elektrostatischen Feldes bedingt werden, und nicht um ein Strahlungsfeld, das wie $1/r$ abfallen würde. Wie wir in Abschn. 5.11.3 der SRT gesehen haben, sind seine Beobachtungen ganz andere als diejenigen, die ein inertialer Beobachter an einer beschleunigten Ladung macht.

Wenn wir auf der linken Seite von (10.73) den Energie-Impuls-Tensor einer Flüssigkeit mit isotropem Druck einsetzen, ergeben sich auch gleich die richtigen Bewegungsgleichungen für isotrope Gase und Flüssigkeiten, die Ladung und Strom führen. In der SRT lauten die Komponenten von (10.73) nach (4.147)–(4.148) und (5.59))

$$\begin{aligned}\partial_t\left(\frac{\varrho_0+p/c^2}{1-\boldsymbol{u}^2/c^2}-\frac{p}{c^2}\right)+\mathrm{div}\left(\frac{\varrho_0+p/c^2}{1-\boldsymbol{u}^2/c^2}\,\boldsymbol{u}\right)&=\boldsymbol{j}\cdot\boldsymbol{E}/c^2\,,\\ \partial_t\left(\frac{\varrho_0+p/c^2}{1-\boldsymbol{u}^2/c^2}\,\boldsymbol{u}\right)+\partial_k\left(\frac{\varrho_0+p/c^2}{1-\boldsymbol{u}^2/c^2}\,u^k\boldsymbol{u}\right)+\nabla p&=\varrho_{\mathrm{el}}\boldsymbol{E}+\boldsymbol{j}\times\boldsymbol{B}\,,\end{aligned} \tag{10.79}$$

und im nichtrelativistischen Grenzfall ergeben sich daraus die Gleichungen

$$\partial_t\varrho+\mathrm{div}(\varrho\boldsymbol{u})=0\,,\qquad \partial_t(\varrho\boldsymbol{u})+\partial_k\left(\varrho\boldsymbol{u}u^k\right)=-\nabla p+\varrho_{\mathrm{el}}\boldsymbol{E}+\boldsymbol{j}\times\boldsymbol{B}$$

der Magnetohydrodynamik kompressibler Flüssigkeiten (ohne Ohmsches Gesetz), was bedeutet, daß (10.73) deren ART-Verallgemeinerung darstellt. Gleichung (10.79a) trägt der Tatsache Rechnung, daß die Energiezufuhr $\boldsymbol{j}\cdot\boldsymbol{E}$ durch den Strom $\boldsymbol{j}$ im elektrischen Feld $\boldsymbol{E}$ mit einer lokalen Massenzunahme $\boldsymbol{j}\cdot\boldsymbol{E}/c^2$ verbunden ist.

Die in (5.65) für global ebene Systeme vollzogene Umformung der rechten Seite von (10.73) in die Divergenz des elektromagnetischen Energie-Impuls-Tensors $T_{\mathrm{em}}^{\alpha\beta}$ ist unabhängig davon, ob Strom und Felder durch Punktteilchen oder eine elektrisch leitfähige Flüssigkeit erzeugt werden. Durch kovariante Verallgemeinerung von (5.65) erhalten wir daher für die Bewegungsgleichung eines Systems von Punktteilchen oder einer elektrisch leitfähigen Flüssigkeit statt (10.73) auch

$$\boxed{\left(T^{\alpha\beta}+T_{\mathrm{em}}^{\alpha\beta}\right)_{;\beta}=0\,.} \tag{10.80}$$

10.5 Lorentz-Dirac-Gleichung der ART

Bei der Verallgemeinerung der Lorentz-Dirac-Gleichung (5.99) auf die ART könnte man versucht sein, einfach $d/d\tau$ durch die kovariante Ableitung $D/D\tau$ und alle Vektoren durch ihre ART-Verallgemeinerungen zu ersetzen. Die so erhaltene Gleichung würde in einem lokal ebenen System in die SRT-Form (5.99) übergehen und damit das starke Äquivalenzprinzip erfüllen. Dieser Weg der Verallgemeinerung ist aber nicht zulässig, denn wir haben gesehen, daß die Lorentz-Dirac-Gleichung nichtlokale Züge aufweist. Daher ist zu ihrer Verallgemeinerung das starke Äquivalenzprinzip nicht anwendbar. Der richtige Weg besteht darin, die in Abschn. 5.1 skizzierte Ableitung der SRT im Rahmen der ART nachzuvollziehen. Wir begnügen uns auch hier wieder mit einer kurzen Skizze, für Einzelheiten wird auf die Literatur verwiesen.[2]

2 Siehe B. S. DeWitt und R. Brehme, Ann. Phys. **9**, 220 (1960).

Man geht von der ART-Verallgemeinerung von (5.98) aus und macht wieder die Zerlegung (5.100), wobei $T_{\text{em}}^{\alpha\beta}(\overline{F},\overline{F})$ erneut keinen Beitrag zur Bewegungsgleichung liefert. Mit den ART-Verallgemeinerungen von (5.101) und (5.102) erhält man die Bewegungsgleichung

$$m_0 \frac{Dv^\alpha}{D\tau} = -q\left(F_{\text{ext}}^{\alpha\beta} + F_-^{\alpha\beta}\right)v_\beta \qquad \text{mit} \qquad F_-^{\alpha\beta} = \frac{1}{2}\left(F_{\text{ret}}^{\alpha\beta} - F_{\text{av}}^{\alpha\beta}\right), \tag{10.81}$$

wobei die Felder $F_{\text{ret}}^{\alpha\beta}$ und $F_{\text{av}}^{\alpha\beta}$ ART-Verallgemeinerungen der retardierten und avancierten SRT-Lösungen sind, die wie $F_{\text{ext}}^{\alpha\beta}$ die Maxwell-Gleichungen (10.65) erfüllen müssen. Die Auswertung von $F_-^{\alpha\beta}$ am Teilchenort führt zu

$$F_-^{\alpha\beta} = \frac{q\mu_0}{6\pi c^3}\left(v^\alpha \frac{Dv^\beta}{D\tau} - v^\beta \frac{Dv^\alpha}{D\tau}\right) + \Phi_-^{\alpha\beta}, \tag{10.82}$$

also einen Term, der sich in einem lokal ebenen System auf (5.48) reduziert, und einen Zusatzterm

$$\Phi_-^{\alpha\beta} = \int_{-\infty}^{\tau} f_\gamma^{\alpha\beta}\big(z(\tau), z(\tau')\big)v^\gamma(\tau')\,d\tau', \tag{10.83}$$

in dem $f_\gamma^{\alpha\beta}\big(z(\tau), z(\tau')\big)$ vom Wert des Krümmungstensors am Teilchenort $z^\mu(\tau)$ zu den Zeiten τ und τ' abhängt und mit diesem verschwindet. Einsetzen von (10.82) in (10.81) führt schließlich zu der Bewegungsgleichung

$$m_0 \frac{Dv^\alpha}{D\tau} = -qF_{\text{ext}}^{\alpha\beta}v_\beta + \frac{q^2\mu_0}{6\pi c}\left(\frac{Da^\alpha}{D\tau} + \frac{a_\lambda a^\lambda}{c^2}v^\alpha\right) - q\Phi_-^{\alpha\beta}v_\beta, \tag{10.84}$$

in der $a^\alpha = Dv^\alpha/D\tau$ ist. (10.84) ist die **Lorentz-Dirac-Gleichung der ART**. In einer global ebenen Raum-Zeit geht sie in (5.99) über. Analog zur SRT muß sie durch asymptotische Bedingungen,

$$\lim_{\tau\to\pm\infty} \frac{Dv^\alpha}{D\tau} = 0, \tag{10.85}$$

ergänzt werden.

Der Zusatzterm $-q\Phi_-^{\alpha\beta}v_\beta$ hängt vom Bahnverlauf in der Vergangenheit ab und bringt gegenüber der SRT ein weiteres nichtlokales Element ins Spiel. Er kann auf Streuungen des Strahlungsfeldes an „Unebenheiten" der Raum-Zeit zurückgeführt werden, die auf die Teilchenbewegung zurückwirken. Und in impliziter Weise enthält Gleichung (10.84) noch ein weiteres nichtlokales Element: Der elektromagnetische Anteil $m_0 - m_0^*$ der Teilchenmasse ist im Raum so, wie die Energiedichte des elektromagnetischen Feldes, lokalisiert, und daher wird er durch das Gravitationsfeld auch in nichtlokaler Weise beeinflußt.

Es ist interessant, Gleichung (10.84) mit (10.85) auf den freien Fall eines geladenen Teilchens im inhomogenen Schwerefeld anzuwenden. $F_{\text{ext}}^{\alpha\beta}$ muß dann verschwinden, die übrigen Terme der rechten Seite verschwinden aber nur in einer global ebenen Raum-Zeit. Nur in dieser erhält man also die Bewegungsgleichung $Dv^\alpha/D\tau = 0$ für den freien Fall eines ungeladenen Teilchens. Wir haben damit das Ergebnis, *daß geladene Teilchen in einem inhomogenen Schwerefeld anders fallen als ungeladene.*

10.6 Einsteinsche Feldgleichungen im Vakuum

Wie wir in dem einführenden Kapitel zur ART gesehen haben, gibt es in der SRT keine Feldgleichungen für das Gravitationsfeld. Bei der Suche nach solchen müssen wir daher prinzipiell anders als bei den bisher behandelten physikalischen Theorien vorgehen.

Es gibt sinnvolle physikalische Forderungen, die von möglichen Feldgleichungen erfüllt werden müssen. Diese sollten z. B. in all den Fällen in die Newtonschen Feldgleichungen übergehen, wo sich jene bewährt haben, was sicher auf zeitunabhängige, hinreichend schwache Gravitationsfelder zutrifft. Wir werden uns zuerst mit heuristischen Methoden Gleichungen verschaffen, die diese Forderung erfüllen. Nachträglich wird sich aber herausstellen, daß diese nicht die einzigen derartigen Feldgleichungen sind. Erst durch die Forderung zusätzlicher Eigenschaften, und zwar letztlich der nach größtmöglicher Einfachheit, läßt sich die gewünschte Eindeutigkeit erzielen.

Wir suchen zunächst nur nach Feldgleichungen, die außerhalb aller materieerfüllten Raumgebiete, also im Vakuum, gelten. (Da das elektromagnetische Feld Energie, Impuls und damit auch Masse trägt, impliziert dies, daß die betrachteten Raumgebiete auch frei von elektromagnetischen Feldern sein müssen.) Unsere obige Forderung bedeutet dann, daß die gesuchten Gleichungen für gegen null gehende Feldstärke und bei Stationarität die Gleichung

$$\Delta\Phi = \partial^i\partial_i\Phi = \Phi^{,i}{}_{,i} = 0 \tag{10.86}$$

für das Newtonsche Gravitationspotential Φ zur Folge haben sollen.

Zum Auffinden der gesuchten Feldgleichungen erweist es sich als hilfreich, das Ergebnis (10.60) für die Relativbewegung zweier benachbarter Teilchen im inhomogenen Schwerefeld mit dessen klassischem Grenzfall (10.57) zu vergleichen. Die Newtonsche Vakuumfeldgleichung (10.86) erhält man dadurch, daß man den Koeffizienten von η^κ in (10.57) verjüngt und gleich null setzt. Dasselbe verlangen wir in der ART für den Koeffizienten von η^λ in (10.60),

$$R^\lambda_{\mu\lambda\nu}\frac{dx^\mu}{d\tau}\frac{dx^\nu}{d\tau} = 0\,.$$

Da die Feldgleichungen von den Eigenschaften spezieller Teilchenbahnen unabhängig sein sollten, müßte die letzte Gleichung für beliebige $dx^\mu/d\tau$ gültig sein, was zu

$$R_{\mu\nu} = R^\lambda_{\mu\lambda\nu} = 0 \tag{10.87}$$

führt. (10.87) sind die Gleichungen, die Einstein für das Vakuumfeld vorgeschlagen hat.

Offensichtlich ist auch ein völlig gravitationsfreier Raum mit einer global ebenen Metrik eine Lösung dieser Gleichungen, denn aus $R^\kappa_{\lambda\mu\nu} \equiv 0$ folgt die Gültigkeit von (10.87). Wir überzeugen uns jetzt davon, daß (10.87) im Grenzfall schwacher stationärer Felder die klassische Feldgleichung (10.86) zur Folge hat. Dazu machen wir wieder den Ansatz (10.48) und berechnen mit diesem zunächst den Krümmungstensor (9.78) bis zu linearen Termen in $\varepsilon_{\mu\nu}$. Da die $\Gamma^\lambda_{\mu\nu}$ wegen der Konstanz der $\eta_{\mu\nu}$ nach (9.52) in den $\varepsilon_{\mu\nu}$ mindestens linear sind, können wir in (9.81) die Γ-Produkte vernachlässigen und erhalten in niedrigster Ordnung der $\varepsilon_{\mu\nu}$

$$R_{\mu\nu} = -\frac{1}{2}\Delta\varepsilon_{\mu\nu} + \frac{1}{2}\eta^{\rho\sigma}\left(\varepsilon_{\rho\sigma,\mu,\nu} - \varepsilon_{\mu\sigma,\rho,\nu} - \varepsilon_{\rho\nu,\mu,\sigma}\right). \tag{10.88}$$

Dabei wurde die vorausgesetzte Stationarität des Feldes, $\varepsilon_{\mu\nu,0} = 0$, und

$$\eta^{\rho\sigma}\,\varepsilon_{\mu\nu,\rho,\sigma} = \varepsilon_{\mu\nu,0,0} - \left(\varepsilon_{\mu\nu,1,1} + \varepsilon_{\mu\nu,2,2} + \varepsilon_{\mu\nu,3,3}\right) = -\Delta\varepsilon_{\mu\nu}$$

benutzt. Mit (10.88), (10.51) bzw. $\varepsilon_{00} = 2\Phi/c^2$ und mit $\varepsilon_{\rho\sigma,0} = 0$ etc. folgt aus (10.87)

$$R_{00} = -\frac{1}{2}\Delta\varepsilon_{00} = -\frac{1}{c^2}\Delta\Phi = 0 \tag{10.89}$$

und damit (10.86). Die restlichen Feldgleichungen werden z. B. mit $\varepsilon_{\mu\nu} = 0$ für $(\mu\,,\nu) \neq (0\,,0)$ befriedigt.

Bei der Aufstellung der Feldgleichungen in materieerfüllten Gebieten erweist sich die (10.87) äquivalente Umformulierung

$$G^{\mu\nu} := R^{\mu\nu} - \frac{1}{2}g^{\mu\nu}R = 0 \tag{10.90}$$

der Feldgleichungen als nützlich. Aus (10.87) folgt natürlich auch $R^{\mu\nu} = 0$, $R^{\mu}{}_{\nu} = 0$ und $R = R^{\mu}{}_{\mu} = 0$, d. h. (10.90) ist eine Folge von (10.87). Umgekehrt folgt aus (10.90) durch Verjüngung

$$R^{\mu}{}_{\mu} - \frac{1}{2}g^{\mu}{}_{\mu}R \overset{(9.15b)}{=} R - 2R = -R = 0\,,$$

damit $R^{\mu\nu} = 0$ und (10.87). Der in (10.90) definierte Tensor $G^{\mu\nu}$ besitzt aufgrund der Bianchi-Identitäten (9.85) die Eigenschaft

$$G^{\mu\nu}{}_{;\nu} = 0 \tag{10.91}$$

10.7 Einsteinsche Feldgleichungen mit Materie

Wir suchen jetzt nach den Feldgleichungen, die innerhalb materieerfüllter Raumgebiete gelten. Diese sollten einerseits bei gegen null gehender Materiedichte in die Vakuumfeldgleichungen übergehen, andererseits im klassischen Grenzfall statischer Felder die klassische Feldgleichung (7.1b),

$$\Delta\Phi = 4\pi G\varrho\,, \tag{10.92}$$

zur Folge haben. Zur Beschreibung der Materie benutzen wir hier das einfachste Modell: ungeladene, druckfreie Materie mit dem Energie-Impuls-Tensor (10.61) für $p = 0$. Dieser enthält als Komponente T^{00} im klassischen Grenzfall ($U^0U^0 \to c^2$)

$$T^{00} = \varrho_0 c^2\,. \tag{10.93}$$

Weiterhin gilt im klassischen Grenzfall nach (10.89) $R^{00} = R_{00} = -\,\Delta\Phi/c^2$, und daher kann die klassische Gleichung (10.92) in der Form

$$R^{00} = -\frac{4\pi G}{c^2}\frac{T^{00}}{c^2} \tag{10.94}$$

geschrieben werden. Definieren wir als **Materietensor**

$$\boxed{M^{\mu\nu} := \frac{1}{c^2} T^{\mu\nu} = M^{\nu\mu}\,,} \tag{10.95}$$

so legt dieses Ergebnis die Feldgleichungen $R^{\mu\nu} = -\,4\pi G M^{\mu\nu}/c^2$ nahe. ($R^{\mu\nu}$ und $M^{\mu\nu}$ sind symmetrisch.) Sie ergeben im materiefreien Raum die richtigen Vakuumgleichungen und erfüllen offensichtlich die Bedingung für den klassischen Grenzfall. Dennoch müssen wir sie verwerfen! Aus den mechanischen Erhaltungssätzen (10.62) würde sich aus diesen Feldgleichungen für $R^{\mu\nu}$ nämlich die Forderung ${R^{\mu\nu}}_{;\nu} = 0$ bzw. ${R^{\mu\nu}}_{;\mu} = 0$ ergeben (wegen $R^{\mu\nu} = R^{\nu\mu}$). Mit den Bianchi-Identitäten (9.85) und ${g^{\mu\nu}}_{;\lambda} \equiv 0$ hätte das $R_{;\mu} = R_{,\mu} = 0$ zur Folge, und aus den Feldgleichungen ergäbe sich daraus an $M = g_{\mu\nu} M^{\mu\nu}$ die Forderung $M_{,\mu} = 0$. Diese ist jedoch im allgemeinen nicht erfüllt! Für unsere druckfreie Flüssigkeit z. B. gilt nach (10.61)

$$M = \frac{1}{c^2} \varrho_0 U_\mu U^\mu = \varrho_0 \tag{10.96}$$

(der Skalar $U_\mu U^\mu = c^2$ kann in einem lokal ebenen System berechnet werden), und die Ruhedichte kann natürlich räumlich wie zeitlich variieren.

Die (10.87) äquivalenten Vakuumfeldgleichungen (10.90) lassen aber auch einen Ansatz der Form

$$R^{\mu\nu} - \frac{1}{2} g^{\mu\nu} R = -\kappa M^{\mu\nu} \tag{10.97}$$

(auf beiden Seiten stehen symmetrische Tensoren) plausibel erscheinen, in welchem κ eine noch zu bestimmende Konstante ist. Der Vergleich der Bianchi-Identitäten (9.85) mit den Erhaltungssätzen (10.62) für den Energie-Impuls-Tensor zeigt, daß mit diesem Ansatz unsere letzte Schwierigkeit automatisch behoben ist. Weiterhin folgen für $M^{\mu\nu} = 0$ die Vakuum-Feldgleichungen in der Form (10.90). Wir müssen also nur noch nachweisen, daß sich bei geeigneter Wahl von κ der richtige klassische Grenzfall ergibt. Hierzu ist es bequem, (10.97) etwas umzuformen. Durch Verjüngung (Multiplikation mit $g_{\mu\nu}$) erhalten wir zunächst

$$R = \kappa M\,, \tag{10.98}$$

und damit können wir (10.97) auch in der Form

$$R^{\mu\nu} = -\kappa \left(M^{\mu\nu} - \frac{1}{2} g^{\mu\nu} M \right) \tag{10.99}$$

schreiben. Für den klassischen Grenzfall ergibt sich aus dieser mit (10.89), (10.93) und (10.95), also $M^{00} = \varrho_0$, (10.96) sowie $g^{00} \to 1$ die Gleichung

$$-\frac{1}{c^2} \Delta \Phi = -\kappa \left(\varrho_0 - \frac{1}{2} \varrho_0 \right) = -\frac{\kappa}{2} \varrho_0\,.$$

Wenn wir jetzt

$$\kappa = \frac{8\pi G}{c^2} \tag{10.100}$$

setzen, wird die geforderte Übereinstimmung mit dem klassischen Grenzfall erreicht. Der Ansatz (10.97) erfüllt alle gestellten Forderungen, und mit (10.100) erhalten wir die beiden äquivalenten Formulierungen der von Einstein 1915 aufgestellten und heute nach ihm benannten **Einsteinschen Feldgleichungen** des Gravitationsfeldes

$$\boxed{\begin{aligned} &\text{(a)} \quad R^{\mu\nu} - \frac{1}{2} g^{\mu\nu} R = -\frac{8\pi G}{c^2} M^{\mu\nu} \,, \\ &\text{(b)} \quad R^{\mu\nu} \qquad\qquad = -\frac{8\pi G}{c^2} \left(M^{\mu\nu} - \frac{1}{2} g^{\mu\nu} M \right) . \end{aligned}} \tag{10.101}$$

Von unserem Modell der druckfreien Flüssigkeit wollen wir uns jetzt lösen. Wir tun das, indem wir die rechten Seiten in (10.101) von jetzt an so verstehen, daß sie nicht nur den mechanischen Materietensor enthalten, sondern alle Gravitation erzeugenden Ursachen. *Insbesondere müssen sie also alle Felder berücksichtigen, die Energie und Impuls tragen;* ***ausgenommen*** *davon ist* ***das Gravitationsfeld****, das in der ART eine Sonderrolle spielt* (siehe dazu auch den Exkurs 10.1). Bei einer elektrisch leitfähigen Flüssigkeit z. B. würden wir also

$$M^{\mu\nu} = \frac{1}{c^2} \left(T^{\mu\nu} + T^{\mu\nu}_{\text{em}} \right) \tag{10.102}$$

setzen. Aus den Feldgleichungen ergibt sich für den Materietensor die Symmetrieforderung

$$M^{\mu\nu} = M^{\nu\mu} \,, \tag{10.103}$$

sowie der lokale Erhaltungssatz

$$\boxed{M^{\mu\nu}{}_{;\mu} = 0 \,.} \tag{10.104}$$

Wegen der Symmetrie von $R^{\mu\nu}$ und $g^{\mu\nu}$ muß nämlich auch $M^{\mu\nu}$ symmetrisch sein, und aus den Bianchi-Identitäten (9.85) folgt (10.104). Die Kopplung der Materie an das Gravitationsfeld ist also dergestalt, daß sich die mechanischen Bewegungsgesetze, z. B. (10.62) für Materie mit Druck oder (10.80) für elektrisch leitfähige Flüssigkeiten, zwangsläufig ergeben und die Rolle von Integrabilitätsbedingungen spielen. Falls der Materietensor Felder wie das elektromagnetische Feld enthält, müssen die Einsteinschen Feldgleichungen simultan mit den Gleichungen gelöst werden, welche die dynamische Entwicklung dieser Felder beschreiben, also z. B. simultan mit (10.65) oder der ART-Verallgemeinerung $(n_0 U^\alpha)_{;\alpha} = 0$ von (4.150) im Fall einfacher Flüssigkeiten mit isotropem Druck.

Es muß bemerkt werden, daß der Weg, der uns zur Aufstellung der vollen Feldgleichungen führte, keine Ableitung darstellt, sondern bei Erfüllung einiger Forderungen noch eine gewisse Willkür enthielt. Ihre eigentliche Rechtfertigung können die Feldgleichungen daher erst durch ihre experimentelle Bestätigung erfahren. Man kann allerdings zeigen, daß es die einzigen Gleichungen sind, die folgende Eigenschaften besitzen:[3]

1. Es handelt sich um Tensorgleichungen, die nur von den $g^{\mu\nu}$, deren Ableitungen und dem Materietensor abhängen.
2. Sie enthalten die zweiten Ableitungen der $g^{\mu\nu}$ und den Materietensor nur linear, die ersten Ableitungen der $g^{\mu\nu}$ nur quadratisch.
3. Sie haben die Bewegungsgleichungen $M^{\mu\nu}{}_{;\nu} = 0$ für Materie zur Folge.
4. Im klassischen Grenzfall statischer Felder folgt aus ihnen $\Delta\Phi = 4\pi G\varrho_0$.

Die Feldgleichungen (10.101) besitzen keine statische Lösung für ein gleichmäßig gekrümmtes Universum. Um dies zu ermöglichen, postulierte Einstein später Feldgleichungen der Form

$$\boxed{R^{\mu\nu} - \frac{1}{2}Rg^{\mu\nu} + \Lambda g^{\mu\nu} = -\frac{8\pi G}{c^2}M^{\mu\nu}\,.} \tag{10.105}$$

mit einer Naturkonstanten Λ, die als **kosmologische Konstante** bezeichnet wird – der Term $\Lambda g^{\mu\nu}$ wird als **kosmologisches Glied** bezeichnet. Die Gleichungen (10.105) besitzen wie (10.101) die Eigenschaften 1–3, letztere wegen (9.40), nur die Eigenschaft 4 wird von ihnen nicht mehr erfüllt. Da sich die Gleichung $\Delta\Phi = 4\pi G\varrho_0$ bei schwachem Gravitationsfeld hervorragend bewährt hat, jedoch für $\Lambda \neq 0$ nicht mehr als klassischer Grenzfall erhalten wird, muß Λ ganz außerordentlich klein sein. Nur für

$$0 \leq |\Lambda| \lesssim 10^{-54}\,\text{m}$$

ergeben sich in schwachen Gravitationsfeldern keine Widersprüche zu ihr. Aufgrund dieses außerordentlich kleinen Wertes von Λ kann das kosmologische Glied in allen lokalen Rechnungen weggelassen werden, es spielt allenfalls in kosmologischen Modellen eine Rolle.

Außer den genannten kosmologischen Gründen bewog Einstein zur Einführung des kosmologischen Gliedes auch, daß die Gleichungen (10.105) besser in Einklang mit dem Machschen Prinzip zu stehen schienen: Während die Gleichungen (10.101) bei völliger Abwesenheit von Materie (Materiedichte $\varrho \equiv 0$) noch die Lösung $g^{\mu\nu} \equiv \eta^{\mu\nu}$ zulassen und bei Anwesenheit einer einzigen Punktmasse die später zu diskutierende Schwarzschild-Lösung besitzen, bei der die $g^{\mu\nu}$ in großem Abstand gegen die $\eta^{\mu\nu}$ gehen – dies bedeutet, daß die Masse eine vom bloßen Raum hervorgerufene Trägheit besitzt –, scheinen die Gleichungen (10.105) etwas derartiges auszuschließen. (Für $\varrho \equiv 0$ ist $g^{\mu\nu} \equiv \eta^{\mu\nu}$ keine Lösung von diesen!) Wenig später wurde für sie jedoch von W. de Sitter eine Lösung mit $\varrho \equiv 0$ gefunden, und Einsteins Lösung für ein statisches Universum erwies sich als instabil und damit physikalisch unbrauchbar. Außerdem rückte Einstein mehr und mehr von der Meinung ab, daß das Machsche Prinzip in all seinen Konsequenzen erfüllt sein müsse. Nachdem E. Hubble die Rotverschiebung weit entfernter Sterne entdeckt und damit den Boden zur Anerkennung dynamischer Modelle

3 Für einen Beweis siehe Abschn. 7.1 des in Fußnote 10 von Kapitel 8 angegebenen Buches von S. Weinberg.

des Weltalls bereitet hatte, die 1922 von A. Friedmann gefunden worden waren, distanzierte sich Einstein schließlich im Jahre 1931 offiziell vom kosmologischen Glied, das er ohnehin immer „als theoretisch unbefriedigend" empfunden hatte, und bezeichnete dessen Einführung als „größte Eselei meines Lebens".

Ironischerweise haben neuere Entwicklungen in der Kosmologie, auf die wir im Teil *Kosmologie* dieses Buches zu sprechen kommen werden, dazu geführt, das kosmologische Glied doch wieder zu benutzen. Außerdem ergeben sich in der Elementarteilchentheorie gewisse Hinweise auf seine Existenz.

10.7.1 Freiheiten bei der Lösung der Feldgleichungen

Die Einsteinschen Feldgleichungen bilden ein System partieller Differentialgleichungen, von denen nur zehn voneinander unabhängig sind, weil ihre beiden Seiten symmetrische Tensoren sind. Sie dienen einerseits zur Bestimmung der metrischen Koeffizienten $g^{\mu\nu}$, von denen wegen der Symmetrie $g^{\mu\nu} = g^{\nu\mu}$ ebenfalls nur zehn voneinander unabhängig sind; da aus ihnen der Erhaltungssatz (10.104) folgt, legen sie andererseits auch die Dynamik der Materie fest.

Betrachten wir zunächst den Fall der Vakuum-Feldgleichungen, also den Fall $M^{\mu\nu} \equiv 0$. In diesem sind nur die zehn unabhängigen metrischen Koeffizienten zu bestimmen, und da es genauso viele Unbekannte wie unabhängige Gleichungen gibt, würde man erwarten, daß die $g^{\mu\nu}$ bei Vorgabe geeigneter Randbedingungen vollständig festgelegt sind. Da sich die $g^{\mu\nu}$ bei einem Koordinatenwechsel gemäß (9.15b) ändern, die zu erfüllenden Gleichungen jedoch ihre Form beibehalten, gäbe es bei der Wahl von Koordinaten keinerlei Freiheit mehr. Nun gelten jedoch die vier Bianchi-Identitäten (9.85), was bedeutet, daß tatsächlich sogar nur sechs der Vakuum-Feldgleichungen voneinander unabhängig sind. Bei deren Lösung verbleiben also noch vier Freiheitsgrade, und infolgedessen sind die $g^{\mu\nu}$ nur bis auf eine Transformation (8.24) mit vier beliebigen Funktionen $x'^{\mu} = x'^{\mu}(x)$ festgelegt.

Im Fall $M^{\mu\nu} \not\equiv 0$ ergeben sich in der Wahl der Lösungen dieselben Freiheiten, allerdings mit etwas veränderter Begründung. Aus den zehn unabhängigen Feldgleichungen folgen mit Hilfe der Bianchi-Identitäten jetzt die vier Erhaltungsgleichungen (10.104), die außer Größen zur Beschreibung der Materie auch noch die metrischen Koeffizienten $g^{\mu\nu}$ enthalten. Sind die letzteren vorgegebenen, so lassen sich durch die vier Erhaltungssätze vier die Dynamik der Materie beschreibende Größen bestimmen, z. B. die Materiedichte ϱ und die drei räumlichen Komponenten der Vierergeschwindigkeit. Wird die Dynamik der Materie durch mehr als vier Größen beschrieben, dann müssen die Feldgleichungen durch weitere Gleichungen für die Materie ergänzt werden. Wir beschränken unsere Betrachtung jedoch auf vier derartige Größen und gehen von dieser Anzahl auch für den Fall aus, daß die $g^{\mu\nu}$ nicht vorgegeben sind, sondern simultan mit diesen bestimmt werden müssen. Die 10 Feldgleichungen enthalten dann 14 Unbekannte. Wieder sind die $g^{\mu\nu}$ nur bis auf eine Transformation (8.24) mit vier Funktionen $x'^{\mu} = x'^{\mu}(x)$ festgelegt,die beliebig gewählt werden können.

Aus dem Obigen folgt insbesondere: *Wurde in einem Koordinatensystem eine Lösung der Feldgleichungen gewonnen, so erhält man aus dieser in jedem beliebigen anderen Koordinatensystem eine Lösung, indem man die für* $g^{\mu\nu}$ *und den Materieten-*

sor $M^{\mu\nu}$ erhaltene Lösung mit dem Transformationsgesetz für Tensoren transformiert.

Die Freiheit in der Wahl des Koordinatensystems kann dazu genutzt werden, bei der Lösung der Feldgleichungen noch Zusatzbedingungen zu stellen, um die Lösung eindeutig zu machen, ähnlich wie man in der Maxwell-Theorie zur eindeutigen Bestimmung des Vektorpotentials z. B. die Eichbedingung $A^{\alpha}{}_{;\alpha}=0$ stellen kann. Eine derartige Möglichkeit besteht z. B. darin, die – nicht kovariante – Bedingung

$$\Gamma^{\lambda} := g^{\mu\nu}\Gamma^{\lambda}_{\mu\nu} \overset{(9.52)}{=} \frac{1}{2}g^{\mu\nu}g^{\lambda\rho}\left(g_{\rho\mu,\nu}+g_{\rho\nu,\mu}-g_{\mu\nu,\rho}\right)=0 \tag{10.106}$$

zu stellen (Γ^{λ} ist kein Vierervektor, weil $\Gamma^{\lambda}_{\mu\nu}$ kein Tensor ist), die sich in die kompakte Form

$$\frac{\partial}{\partial x^{\rho}}\left(g^{\lambda\rho}\sqrt{-g}\right)=0 \tag{10.107}$$

bringen läßt (Beweis unten, Teil 1.). Das sieht zunächst wie eine Bedingung an die $g^{\mu\nu}$ aus. Tatsächlich ist es jedoch eine Bedingung an die Koordinaten, weil sie nur in einem Koordinatensystem erfüllbar ist. Falls das in dem momentan benutzten Koordinatensystem nicht der Fall sein sollte, geht man mit (9.9) zu einem neuen System $S'|x'$ über, in dem

$$\Gamma'^{\lambda} = \frac{\partial x'^{\lambda}}{\partial x^{\rho}}\,\Gamma^{\rho} - g^{\alpha\beta}\,\frac{\partial^2 x'^{\lambda}}{\partial x^{\alpha}\partial x^{\beta}} \tag{10.108}$$

gilt (Beweis unten, Teil 2.), und die vier partiellen Differentialgleichungen für $x'^{\lambda}(x)$, die aus der Forderung $\Gamma'^{\lambda}=0$ entstehen, haben zumindest in Teilbereichen der Raum-Zeit stets eine Lösung. Koordinaten, in denen die Bedingungen $\Gamma^{\lambda}=0$ gelten, erfüllen

$$\Box x^{\lambda}=0$$

(Beweis unten, Teil 3.) und werden als **harmonische Koordinaten** bezeichnet. Dabei ist $\Box$ die ART-Verallgemeinerung des Wellenoperators $\Box=\eta^{\mu\nu}\partial_{\mu}\partial_{\nu}$ der SRT,

$$\Box\phi = g^{\mu\nu}\phi_{;\mu;\nu}\,,$$

und die Wirkung des Operators $\Box$ auf x^{λ} wird so aufgefaßt, daß er auf jede einzelne Komponente x^{λ} wie auf einen Skalar ϕ wirkt.

Beweis: **1.** Aus (9.15a) ergibt sich

$$(g^{\lambda\rho}g_{\rho\mu})_{,\nu}=0 \qquad\Rightarrow\qquad g^{\lambda\rho}g_{\rho\mu,\nu}=-g_{\rho\mu}g^{\lambda\rho}{}_{,\nu}\,,\quad g^{\lambda\rho}g_{\rho\nu,\mu}=-g_{\rho\nu}g^{\lambda\rho}{}_{,\mu}\,.$$

Hiermit und mit (9.58b) folgt aus (10.106)

$$\Gamma^{\lambda} = -\frac{1}{2}g^{\mu\nu}\left(g_{\rho\mu}g^{\lambda\rho}{}_{,\nu}+g_{\rho\nu}g^{\lambda\rho}{}_{,\mu}\right)-\frac{g^{\lambda\rho}}{\sqrt{-g}}\frac{\partial\sqrt{-g}}{\partial x^{\rho}} = -\frac{1}{2}\left(\delta^{\nu}_{\rho}g^{\lambda\rho}{}_{,\nu}+\delta^{\mu}_{\rho}g^{\lambda\rho}{}_{,\mu}\right)-\frac{g^{\lambda\rho}}{\sqrt{-g}}\frac{\partial\sqrt{-g}}{\partial x^{\rho}}$$

$$= -g^{\lambda\rho}{}_{,\rho}-\frac{g^{\lambda\rho}}{\sqrt{-g}}\frac{\partial\sqrt{-g}}{\partial x^{\rho}} = -\frac{1}{\sqrt{-g}}\frac{\partial}{\partial x^{\rho}}\left(g^{\lambda\rho}\sqrt{-g}\right)=0 \qquad\Rightarrow\quad (10.107)\,.$$

2. Aus (9.9) folgt

$$\Gamma'^{\lambda} = g'^{\mu\nu}\,\Gamma'^{\lambda}_{\mu\nu} = g'^{\mu\nu}\frac{\partial x'^{\lambda}}{\partial x^{\rho}}\left(\frac{\partial x^{\sigma}}{\partial x'^{\mu}}\frac{\partial x^{\tau}}{\partial x'^{\nu}}\,\Gamma^{\rho}_{\sigma\tau} + \frac{\partial^2 x^{\rho}}{\partial x'^{\mu}\partial x'^{\nu}}\right)$$

$$\stackrel{(9.8)}{=} \frac{\partial x'^{\lambda}}{\partial x^{\rho}}\left(g^{\sigma\tau}\,\Gamma^{\rho}_{\sigma\tau} + g^{\alpha\beta}\frac{\partial x'^{\mu}}{\partial x^{\alpha}}\frac{\partial x'^{\nu}}{\partial x^{\beta}}\frac{\partial^2 x^{\rho}}{\partial x'^{\mu}\partial x'^{\nu}}\right).$$

Mit

$$\frac{\partial x'^{\mu}}{\partial x^{\alpha}}\frac{\partial x'^{\nu}}{\partial x^{\beta}}\frac{\partial^2 x^{\rho}}{\partial x'^{\mu}\partial x'^{\nu}} = \frac{\partial x'^{\nu}}{\partial x^{\beta}}\frac{\partial}{\partial x^{\alpha}}\left(\frac{\partial x^{\rho}}{\partial x'^{\nu}}\right) = \frac{\partial}{\partial x^{\alpha}}\left(\frac{\partial x'^{\nu}}{\partial x^{\beta}}\frac{\partial x^{\rho}}{\partial x'^{\nu}}\right) - \frac{\partial x^{\rho}}{\partial x'^{\nu}}\frac{\partial^2 x'^{\nu}}{\partial x^{\alpha}\partial x^{\beta}}$$

$$= -\frac{\partial x^{\rho}}{\partial x'^{\nu}}\frac{\partial^2 x'^{\nu}}{\partial x^{\alpha}\partial x^{\beta}}\,,$$

$g^{\sigma\tau}\,\Gamma^{\rho}_{\sigma\tau} = \Gamma^{\rho}$ und $(\partial x'^{\lambda}/\partial x^{\rho})(\partial x^{\rho}/\partial x'^{\nu}) = \delta^{\lambda}{}_{\nu}$ ergibt sich (10.108).

3. Wegen $\phi_{;\mu} = \phi_{,\mu}$ gilt

$$\Box\phi = g^{\mu\nu}\phi_{,\mu;\nu} \stackrel{(9.34)}{=} g^{\mu\nu}\phi_{,\mu,\nu} - g^{\mu\nu}\,\Gamma^{\lambda}_{\mu\nu}\phi_{,\lambda} = g^{\mu\nu}\phi_{,\mu,\nu} - \Gamma^{\lambda}\phi_{,\lambda}\,.$$

Für $\phi = x^{\lambda}$ ist $\phi_{,\mu,\nu} = 0$, und für $\Gamma^{\lambda} = 0$ folgt $\Box x^{\lambda} = 0$. □

10.8 Materietensor für ein System geladener Punktteilchen

Bei der Beschreibung von Materie durch den Materietensor muß darauf geachtet werden, daß die Gravitation erzeugenden Ursachen im Fall geladener Teilchen nicht zweimal gezählt werden. Würde man den Energie-Impulstensor $T^{\alpha\beta} + T^{\alpha\beta}_{\text{em}}$ aus (4.62) und (5.64) entnehmen, so hätte man

$$T^{00} + T^{00}_{\text{em}} = \varrho_0 c^2 + \frac{\varepsilon_0 E^2}{2} + \frac{B^2}{2\mu_0}\,, \qquad \varrho_0 = \sum_n m_n\,\delta^3(\boldsymbol{x} - \boldsymbol{x}_n(t))\,.$$

Der elektromagnetische Anteil der Masse würde dann zweimal gezählt, da $T^{\alpha\beta}_{\text{em}}$ die Eigenfelder der Teilchen und damit deren elektromagnetische Massen enthält. Außerdem müßte man, um keine unendlichen Massen zu erhalten, ausgedehnte Ladungen annehmen. Die Teilchenmassen werden richtig behandelt, wenn man im Materietensor $T^{\alpha\beta}$ nur die „nackten" Massen m_n^* berücksichtigt und dementsprechend

$$\varrho_0 = \sum_n m_n^*\,\delta^3(\boldsymbol{x} - \boldsymbol{x}_n(t)) \tag{10.109}$$

ansetzt. Bei Punktteilchen (siehe Anmerkung zu Abschn. 10.2.1) müssen diese negativ und unendlich groß gewählt werden, derart, daß für jedes Teilchen die Summe aus nackter Ruhemasse m_n^* und elektromagnetischer Ruhemasse m_n^{em} gerade die beobachtete Ruhemasse m_n liefert, $m_n^* + m_n^{\text{em}} = m_n$. Aus (10.109), (4.66), der ART-Verallgemeinerung von (5.63) und (10.95) ergibt sich dann

$$M^{\mu\nu} = \frac{1}{c}\sum_{n=1}^{N} m_n^* \int \frac{dX_n^{\mu}}{d\sigma}\frac{dX_n^{\nu}}{d\sigma}\frac{\delta^4(X - X_n(\sigma))}{\sqrt{-g}}\,d\sigma + \frac{1}{\mu_0 c^2}\left(F^{\mu}{}_{\rho}F^{\rho\nu} + \frac{1}{4}g^{\mu\nu}F_{\rho\sigma}F^{\rho\sigma}\right).$$

(Der Faktor $1/\sqrt{-g}$ kommt dadurch zustande, daß die Integration der δ-Funktion über das invariante Volumenelement (9.27) eins ergeben muß.) Die Integrabilitätsbedingung (10.104) liefert zwar die Bewegungsgleichung für die nackten und elektromagnetischen Massen. (Letzteres erkennt man daran, daß (10.104) auch im Fall $T^{\mu\nu}=0$ für $T^{\mu\nu}_{\mathrm{em}}$ alleine gelten muß, insbesondere übrigens auch für ein reines Strahlungsfeld.) Dies genügt jedoch nicht, um die zeitliche Entwicklung der Felder $F^{\mu\nu}$ vollständig festzulegen. Die Einsteinschen Feldgleichungen müssen vielmehr simultan mit den Maxwell-Gleichungen der ART, (10.65), gelöst werden. Da auf diese Weise die volle Rückwirkung des Feldes auf die Ladungen erfaßt wird, muß (10.104) schon die Strahlungsdämpfung der Bewegung mit enthalten. Im Fall eines reinen Strahlungsfeldes wird (10.104) übrigens eine Folge der Maxwell-Gleichungen der ART, was zeigt, daß schon diese z. B. den freien Fall eines reinen Strahlungsfeldes im Gravitationsfeld beschreiben.

10.9 Hilbertsches Variationsprinzip

Zu den meisten Grundgleichungen der Physik hat man äquivalente Variationsprinzipien gefunden. Hilbert ist dies für die Einsteinschen Feldgleichungen gelungen (1915).[4] Sein Variationsprinzip, bei dem die metrischen Koeffizienten $g_{\mu\nu}$ variiert werden, lautet

$$\boxed{\delta \int_G (-R + \kappa L)\sqrt{-g}\, d^4x = 0\,,} \tag{10.110}$$

wobei die Variationen auf dem (festen) Rand ∂G des Integrationsgebiets G die Bedingungen

$$\boxed{\delta g_{\mu\nu} = 0\,, \qquad \delta g_{\mu\nu,\lambda} = 0} \tag{10.111}$$

erfüllen müssen. R ist der Krümmungsskalar, κ durch (10.100) definiert, und L ist eine von den $g_{\mu\nu}$ und deren Ableitungen $g_{\mu\nu,\lambda}$ abhängige skalare Funktion, welche die Materieverteilung beschreibt (siehe unten).

Die formale Struktur dieses Variationsprinzips ist einleuchtend: Damit es invariant ist, muß ein Skalar mit der Volumeninvarianten $\sqrt{-g}\, d^4x$, (9.27), integriert werden. Und daß sich dieser additiv aus separaten Bestandteilen, $-R$ für das Gravitationsfeld und L mit einer Kopplungskonstante κ für die Materie, zusammensetzt, wird durch die Struktur der Newtonschen Gravitationsgleichungen nahegelegt. Der Ricci-Skalar R ist schließlich die einfachste skalare Größe, welche die für das Gravitationsfeld charakteristischen zweiten Ableitungen der metrischen Koeffizienten enthält.

Wir überzeugen uns jetzt davon, daß das Hilbertsche Variationsprinzip bei geeigneter Wahl von L den Einsteinschen Feldgleichungen äquivalent ist. Wenden wir uns

4 Hilbert machte seine Entdeckung zur selben Zeit, wie Einstein seine Feldgleichungen aufstellte, kannte die letzteren also nicht. Er war aber von Einstein über dessen jahrelange Bemühungen um die ART und die dabei erzielten Ergebnisse voll informiert.

zuerst der Variation der Gravitationswirkung $\int R\sqrt{-g}\,d^4x$ zu. Da der Rand des Integrationsgebietes festgehalten wird, darf die Variation unter das Integral gezogen werden. Mit $R=g^{\mu\nu}R_{\mu\nu}$ erhalten wir

$$\delta\big(R\sqrt{-g}\big) = \sqrt{-g}\left(R_{\mu\nu}\,\delta g^{\mu\nu} + g^{\mu\nu}\,\delta R_{\mu\nu}\right) + R\,\delta\sqrt{-g}\,. \tag{10.112}$$

Aus $g_{\alpha\beta}g^{\beta\nu}=\delta_\alpha{}^\nu$ folgt $g^{\beta\nu}\,\delta g_{\alpha\beta}+g_{\alpha\beta}\,\delta g^{\beta\nu}=0$ und hieraus nach Multiplikation mit $g^{\mu\alpha}$

$$\delta g^{\mu\nu} = -g^{\mu\alpha}g^{\beta\nu}\,\delta g_{\alpha\beta}\,. \tag{10.113}$$

Die Variation der Definitionsgleichung (9.81a) mit (9.71) liefert

$$\begin{aligned}\delta R_{\mu\nu} &= \delta\Gamma^\rho_{\mu\rho,\nu} - \delta\Gamma^\rho_{\mu\nu,\rho} + (\delta\Gamma^\sigma_{\mu\rho})\,\Gamma^\rho_{\sigma\nu} + \Gamma^\sigma_{\mu\rho}\,\delta\Gamma^\rho_{\sigma\nu} - (\delta\Gamma^\sigma_{\mu\nu})\,\Gamma^\rho_{\sigma\rho} - \Gamma^\sigma_{\mu\nu}\,\delta\Gamma^\rho_{\sigma\rho}\\ &= \left(\delta\Gamma^\rho_{\mu\rho,\nu} - \Gamma^\sigma_{\mu\nu}\,\delta\Gamma^\rho_{\sigma\rho}\right) - \left(\delta\Gamma^\rho_{\mu\nu,\rho} + \Gamma^\rho_{\rho\sigma}\,\delta\Gamma^\sigma_{\mu\nu} - \Gamma^\sigma_{\mu\rho}\,\delta\Gamma^\rho_{\sigma\nu} - \Gamma^\sigma_{\nu\rho}\,\delta\Gamma^\rho_{\mu\sigma}\right).\end{aligned}$$

Wenn die Variationen $\delta\Gamma^\lambda_{\mu\nu}$ Tensoren wären, könnte $\delta R_{\mu\nu}$ nach (9.32) und (9.35) als Differenz kovarianter Ableitungen geschrieben werden:

$$\delta R_{\mu\nu} = \left(\delta\Gamma^\rho_{\mu\rho}\right)_{;\nu} - \left(\delta\Gamma^\rho_{\mu\nu}\right)_{;\rho}\,. \tag{10.114}$$

Das ist tatsächlich der Fall, d. h. die $\delta\Gamma^\lambda_{\mu\nu}$ sind Tensoren, denn in der Transformationsgleichung (9.9) fallen bei der Variation die das Tensorverhalten verhindernden Zusatzterme weg, da sie von den $g_{\mu\nu}$ unabhängig sind. Gleichung (10.114) ist als **Identität von A. Palatini** bekannt. Mit (9.40) erhalten wir aus ihr

$$\sqrt{-g}\,g^{\mu\nu}\delta R_{\mu\nu} = \sqrt{-g}\left[\left(g^{\mu\nu}\,\delta\Gamma^\rho_{\mu\rho}\right)_{;\nu} - \left(g^{\mu\nu}\,\delta\Gamma^\rho_{\mu\nu}\right)_{;\rho}\right] \tag{10.115}$$

Bei der in (10.110) vorgenommenen Integration über die Raum-Zeit kann der Beitrag von $\delta R_{\mu\nu}$ mit Hilfe des Gaußschen Satzes (9.61) in Oberflächenintegrale überführt werden, die wegen der Variationsbedingungen (10.111) verschwinden. (Das ist der Grund dafür, warum die Variation der Gravitationswirkung trotz ihrer Abhängigkeit von zweiten Ableitungen der $g_{\mu\nu}$ keine Differentialgleichungen dritter Ordnung als Variationsgleichungen liefert.) Schließlich erhalten wir analog zu (9.58) mit $dg_{\rho\mu,\lambda}\,dx^\lambda{=}dg_{\rho\mu}{\to}\delta g_{\rho\mu}$

$$\delta\sqrt{-g} = \frac{\sqrt{-g}}{2}\,g^{\alpha\beta}\,\delta g_{\alpha\beta}\,. \tag{10.116}$$

Einsetzen von (10.112) mit (10.113), (10.115) und (10.116) in (10.110) ergibt

$$\delta\int\left(-R\sqrt{-g}\right)d^4x = \int\left(R^{\alpha\beta} - \frac{1}{2}g^{\alpha\beta}R\right)\delta g_{\alpha\beta}\sqrt{-g}\,d^4x\,. \tag{10.117}$$

Wenden wir uns jetzt dem Wirkungsintegral $\int\kappa L\sqrt{-g}\,d^4x$ für die Materie zu. Wenn L von den $g_{\mu\nu}$ und deren ersten Ableitungen abhängt, ist

$$\begin{aligned}\delta(\sqrt{-g}L) &= \frac{\partial(\sqrt{-g}L)}{\partial g_{\mu\nu}}\,\delta g_{\mu\nu} + \frac{\partial(\sqrt{-g}L)}{\partial g_{\mu\nu,\alpha}}\,\delta g_{\mu\nu,\alpha}\\ &= \left[\frac{\partial(\sqrt{-g}L)}{\partial g_{\mu\nu}} - \left(\frac{\partial(\sqrt{-g}L)}{\partial g_{\mu\nu,\alpha}}\right)_{,\alpha}\right]\delta g_{\mu\nu} + \left(\frac{\partial(\sqrt{-g}L)}{\partial g_{\mu\nu,\alpha}}\,\delta g_{\mu\nu}\right)_{,\alpha}.\end{aligned}$$

Mit der als **Variationsableitung** bezeichneten Notation

$$\frac{\delta f}{\delta g_{\mu\nu}} := \frac{\partial f}{\partial g_{\mu\nu}} - \left(\frac{\partial f}{\partial g_{\mu\nu,\alpha}}\right)_{,\alpha} \tag{10.118}$$

können wir dafür auch kürzer

$$\delta(\sqrt{-g}L) = \frac{\delta(\sqrt{-g}L)}{\delta g_{\mu\nu}}\,\delta g_{\mu\nu} + \left(\frac{\partial(\sqrt{-g}L)}{\partial g_{\mu\nu,\alpha}}\,\delta g_{\mu\nu}\right)_{,\alpha}$$

schreiben. Bei der Integration über die Raum-Zeit kann der zweite Term wieder in ein Oberflächenintegral verwandelt werden, das wegen (10.111a) verschwindet. Damit und mit (10.117) folgt aus (10.110) schließlich

$$\int \left(R^{\alpha\beta} - \frac{1}{2}g^{\alpha\beta}R + \frac{\kappa}{\sqrt{-g}}\,\frac{\delta(\sqrt{-g}L)}{\delta g_{\alpha\beta}}\right)\delta g_{\alpha\beta}\,\sqrt{-g}\,d^4x = 0\,.$$

Da die $\delta g_{\alpha\beta}$ beliebig gewählt werden können, muß

$$R^{\alpha\beta} - \frac{1}{2}g^{\alpha\beta}R = -\kappa M^{\alpha\beta} \tag{10.119}$$

sein, wobei wir zuletzt

$$M^{\alpha\beta} = \frac{1}{\sqrt{-g}}\,\frac{\delta(\sqrt{-g}L)}{\delta g_{\alpha\beta}} \tag{10.120}$$

gesetzt haben. (10.119) sind die Einsteinschen Feldgleichungen, sofern (10.120) den Materietensor liefert. Wenn dieser bekannt ist, muß L entsprechend bestimmt werden. Das ist bei den gängigen Theorien der Materie wie Hydrodynamik, Elektrodynamik etc. ohne weiteres möglich. Manchmal tritt auch der Fall ein, daß der Materietensor nicht bekannt ist, jedoch ein Ansatz für das Wirkungsintegral nahegelegt wird. Dann kann (10.120) zur Definition des Materietensors benutzt werden.

10.10 Energie des Gravitationsfeldes in der Newton-Theorie

Wir hatten in Abschn. 10.7 festgestellt, daß das Gravitationsfeld prinzipiell anders als andere Felder behandelt werden muß insofern, als bei seiner Berechnung keine eigene Feldenergie berücksichtigt werden darf. In der Newtonschen Gravitationstheorie läßt sich jedoch eine Energie des Gravitationsfeldes definieren, die nützliche Anwendungen besitzt. Auch in der ART läßt sich dem Gravitationsfeld Energie zuweisen, womit wir uns im nächsten Abschnitt befassen werden. Die entsprechenden Betrachtungen der Newton-Theorie sind jedoch viel einfacher und weisen besonders in einer speziellrelativistischen Modifikation große Ähnlichkeiten mit denen der ART auf, weshalb sie im folgenden mit einiger Ausführlichkeit behandelt werden.

10.10.1 Reine Newton-Theorie

Im klassischen Grenzfall statischer Gravitationsfelder, in dem die Newtonsche Feldgleichung (10.92) gilt, läßt sich ähnlich, wie in der Elektrodynamik für statische elektrische Felder, eine Energiedichte des Gravitationsfeldes definieren. Die Kraft auf einen Massenpunkt der Masse m im Gravitationspotential $\Phi(\boldsymbol{r})$ der Massenverteilung $\varrho(\boldsymbol{r})$ ist $\boldsymbol{F} = -m\nabla\Phi$, die Kraft auf eine Punktladung q im elektrischen Potential $\phi(\boldsymbol{r})$ der Ladungsverteilung $\varrho_{\mathrm{el}}(\boldsymbol{r})$ ist $\boldsymbol{F} = -q\nabla\phi$. In Analogie zur Gleichung (4.10) der *Elektrodynamik* für die Energie eines statischen elektrischen Feldes, $W_{\mathrm{e}} = \frac{1}{2}\int_{\mathbb{R}^3} \varrho_{\mathrm{el}}(\boldsymbol{r})\,\phi(\boldsymbol{r})\,d^3\boldsymbol{x}$, ist die Energie des Gravitationsfeldes

$$W_{\mathrm{g}} = \frac{1}{2}\int_{\mathbb{R}^3} \varrho(\boldsymbol{r})\,\Phi(\boldsymbol{r})\,d^3\boldsymbol{x}$$

(siehe auch (8.20)). Mit Gleichung (10.92) bzw. $\varrho = \Delta\Phi/(4\pi G)$ ergibt sich daraus durch partielle Integration in Analogie zur Gleichung (4.11) der *Elektrodynamik*

$$W_{\mathrm{g}} = \int_{\mathbb{R}^3} w_{\mathrm{g}}\,d^3\boldsymbol{x} \le 0 \qquad \text{mit} \qquad w_{\mathrm{g}} = -\frac{(\nabla\Phi)^2}{8\pi G} \overset{r\to\infty}{\longrightarrow} -\frac{G^2M^2}{8\pi G\,r^4} \le 0\,. \tag{10.121}$$

Die Newtonsche Energiedichte statischer Gravitationsfelder und damit auch deren Gesamtenergie ist negativ.

10.10.2 Speziellrelativistisch modifizierte Newton-Theorie

Allgemeiner Fall

Nach der Einsteinschen Beziehung $E = mc^2$ läßt sich der Energiedichte w_{g} des Gravitationsfeldes eine Massendichte $\varrho_{\mathrm{g}} = w_{\mathrm{g}}/c^2$ zuweisen, die ihrerseits ein Gravitationsfeld hervorruft. (In der SRT ist das nicht nur zulässig, sondern auch sinnvoll, weil in dieser das Gravitationsfeld nicht durch eine Krümmung der Raum-Zeit beschrieben wird. Auch die ART-Untersuchungen des nächsten Abschnitts liefern eine Rechtfertigung für diese Vorgehensweise.) Aus der Gravitationsgleichung (10.92) wird dementsprechend

$$\Delta\Phi = 4\pi G\left(\varrho + \frac{w_{\mathrm{g}}}{c^2}\right) \qquad \text{mit} \qquad w_{\mathrm{g}} = -\frac{(\nabla\Phi)^2}{8\pi G}\,. \tag{10.122}$$

Die durch diese Gleichung beschriebene Selbstwechselwirkung des Gravitationsfeldes stellt eine erste nützliche Anwendung des im letzten Abschnitt eingeführten Konzepts der Gravitationsfeldenergie dar. Weitere nützliche Anwendungen wären z. B. die Bewegung eines Massenpunktes in dem hierdurch modifizierten Gravitationsfeld.

Anmerkung: (10.122) ist der zeitunabhängige Spezialfall der kovarianten Gleichung

$$\Box\Phi + 4\pi G\varrho + (\partial^\mu\Phi)(\partial_\mu\Phi)/(2c^2) = 0\,. \tag{10.123}$$

Trotz ihrer speziellrelativistischen Kovarianz stellt diese keine Alternative zu den Einsteinschen Feldgleichungen dar, weil sie in zwei wichtigen Aspekten versagt. 1. Sie enthält zwar über den ϱ-Term eine Wirkung aller übrigen materiellen Felder auf das Gravitationsfeld, aber keine Rückwirkung des Gravitationsfeldes auf die Materie: Dies bedeutet eine Verletzung des Prinzips *actio = reactio*, das Einstein seiner Theorie als tragende Säule zugrundelegte. 2. Nach der Quantenfeldtheorie vermitteln Bosonen geradzahligen Spins anziehende und Bosonen ungeradzahligen Spins abstoßende Kräfte. Da das Gravitationsfeld anziehend wirkt, müssen seine Feldquanten also geradzahligen Spin haben. Würde das Graviton gemäß der Newton-Theorie durch ein skalares Potential Φ beschrieben, so wäre sein Spin null (siehe Abbschn. 4.2 des Bandes *Relativistische Quantenmechanik, Quantenfeldtheorie und Elementarteilchentheorie* dieses Lehrbuchs). Die quantenfeldtheoretische Untersuchung der Lichtablenkung im Schwerefeld zeigt jedoch, daß Spin 0 ausgeschlossen werden muß. Einsteins Theorie liefert dagegen in Übereinstimmung mit den genannten Erfordernissen Spin 2. □

Wir gehen davon aus, daß die Materieverteilung $\varrho(\boldsymbol{x})$ auf einen (Innen-) Bereich I endlicher Ausdehnung beschränkt ist. Nun definieren wir

$$M_{\mathrm{f}} := \int_I \varrho \, d^3\boldsymbol{x} = \int_{\mathbb{R}^3} \varrho \, d^3\boldsymbol{x} \tag{10.124}$$

als **freie Masse** und (mit ∂I = Randfläche von I und unter Anwendung des Gaußschen Satzes)

$$M_{\mathrm{I\,eff}} := \int_I \left(\varrho + \frac{w_{\mathrm{g}}}{c^2}\right) d^3\boldsymbol{x} \overset{(10.122a)}{=} \int_I \frac{\Delta\Phi}{4\pi G}\, d^3\boldsymbol{x} = \int_{\partial I} \frac{\nabla\Phi \cdot d\boldsymbol{f}}{4\pi G} \tag{10.125}$$

als **effektive innere Masse** sowie

$$W_{\mathrm{gi}} := \int_I w_{\mathrm{g}}\, d^3\boldsymbol{x} \overset{\substack{(10.124a)\\(10.125a)}}{=} (M_{\mathrm{I\,eff}} - M_{\mathrm{f}})\, c^2 \tag{10.126}$$

als **innere Gravitationsfeldenergie** und (mit $A = \mathbb{R}^3 - I$)

$$W_{\mathrm{ga}} := \int_A w_{\mathrm{g}}\, d^3\boldsymbol{x} \overset{\text{s.u.}}{=} (M_\infty - M_{\mathrm{I\,eff}})\, c^2 \tag{10.127}$$

als **äußere Gravitationsfeldenergie**. Dabei wurde zuletzt die Definition einer **effektiven Gesamtmasse**

$$M_\infty := \int_{\mathbb{R}^3} \left(\varrho + \frac{w_{\mathrm{g}}}{c^2}\right) d^3\boldsymbol{x} = \int_I \left(\varrho + \frac{w_{\mathrm{g}}}{c^2}\right) d^3\boldsymbol{x} + \int_A \frac{w_{\mathrm{g}}}{c^2}\, d^3\boldsymbol{x} \overset{\substack{(10.125a)\\(10.127a)}}{=} M_{\mathrm{I\,eff}} + \frac{W_{\mathrm{ga}}}{c^2} \tag{10.128}$$

benutzt. Aus (10.126) und (10.127) folgt für die **gesamte Gravitationsfeldenergie**

$$W_{\mathrm{g}} := W_{\mathrm{gi}} + W_{\mathrm{ga}} = \int_{\mathbb{R}^3} w_{\mathrm{g}}\, d^3\boldsymbol{x} = (M_\infty - M_{\mathrm{f}})\, c^2 . \tag{10.129}$$

Homogene Materieverteilung in einer Kugel

Wir wollen jetzt die oben definierten Größen für eine kugelsymmetrische Materieverteilung der Dichte $\varrho = \text{const}$ für $r \leq R$ und $\varrho = 0$ für $r > R$ berechnen. Mit $\nabla\Phi = \Phi'(r)\, \boldsymbol{e}_r$

und $\Delta\Phi = \Phi''(r) + 2\Phi'(r)/r$ wird aus Gleichung (10.122)

$$\Phi''(r) + \frac{2\Phi'(r)}{r} + \frac{\Phi'^2(r)}{2c^2} = 4\pi G\varrho\,. \tag{10.130}$$

Die Transformation

$$\Phi'(r) = \frac{2c^2 u'(r)}{u} \tag{10.131}$$

überführt (10.130) in

$$r^2 u''(r) + 2ru'(r) - a^2 r^2 u^2 = 0 \qquad \text{mit} \qquad a = \sqrt{2\pi G\varrho/c^2}\,. \tag{10.132}$$

Innere Lösung: Für $a \neq 0$ ist (10.132a) eine Verwandte der Besselschen Differentialgleichung[5] mit der Lösung $u = Z_{\frac{1}{2}}(\mathrm{i}\,ar)/\sqrt{r}$. Wie man am besten durch Einsetzen verifiziert, ist der Realteil

$$u(r) = \frac{\sinh(ar)}{r} \tag{10.133}$$

von deren bei $r = 0$ regulärem Anteil die gesuchte Lösung, und aus (10.131) folgt damit

$$\Phi'(r) = 2\,c^2[a\coth(ar) - 1/r] \quad \overset{(10.122b)}{\Longrightarrow} \quad w_{\mathrm{g}} = -\frac{4\,c^4[a\coth(ar) - 1/r]^2}{8\pi G}\,. \tag{10.134}$$

Äußere Lösung: Außerhalb der Kugel ist $a = 0$, und hierfür findet man sofort die Lösung

$$u(r) = A - B/r \qquad \Rightarrow \qquad u'(r) = B/r^2\,.$$

Aus (10.131) folgt damit

$$\Phi'(r) = \frac{2c^2 C}{r^2(1 - C/r)} \qquad \text{mit} \qquad C = B/A\,. \tag{10.135}$$

Aus (10.128) ergibt sich mit (10.122a)

$$M_\infty = \int_{\mathbb{R}^3} \frac{\Delta\Phi}{4\pi G}\,d^3\boldsymbol{x} = \int_\infty \frac{\nabla\Phi\cdot d\boldsymbol{f}}{4\pi G} = \lim_{r\to\infty} \frac{4\pi r^2\,\Phi'(r)}{4\pi G} \overset{(10.135)}{=} \frac{2c^2 C}{G}$$

oder $2c^2 C = GM_\infty$, und aus $\Phi'(r)$ wird

$$\Phi'(r) = \frac{GM_\infty}{r^2[1 - r_{\mathrm{s}}/(4r)]} = \frac{r_{\mathrm{s}}\,c^2}{2r^2[1 - r_{\mathrm{s}}/(4r)]} \qquad \text{mit} \qquad r_{\mathrm{s}} = \frac{2GM_\infty}{c^2}\,. \tag{10.136}$$

Der hier als Abkürzung eingeführte *Schwarzschild-Radius* r_{s} wird sich später als der Radius herausstellen, bei dem die entsprechende ART-Lösung singulär wird. Auch hier ergibt sich eine Singularität, allerdings bei $r = r_{\mathrm{s}}/4$, wo $\Phi'(r)$ unendlich wird. Die Energiedichte (10.122b) des Gravitationsfeldes im Vakuum ergibt sich mit (10.136) zu

$$w_{\mathrm{g}} = -\frac{G^2 M_\infty^2}{8\pi G\,r^4\,[1 - r_{\mathrm{s}}/(4r)]^2} = -\frac{r_{\mathrm{s}}^2\,c^4}{32\pi G\,r^4\,[1 - r_{\mathrm{s}}/(4r)]^2}\,. \tag{10.137}$$

---

5 Siehe E. Kamke, *Differentialgleichungen, Lösungsmethoden und Lösungen*, B.G. Teubner, Stuttgart, 9. Aufl. (1977), S. 440, 2.162, (Ia).

Anschlußbedingung. Die innere und äußere Lösung für $\Phi'(r)$ müssen bei $r = R$ stetig aneinander schließen, was nach (10.134a) und (10.136) die Bedingung

$$\frac{r_s/(4R)}{1-r_s/(4R)} = aR\coth(aR) - 1 \qquad \Rightarrow \qquad \frac{r_s}{4R} = 1 - \frac{\tanh(aR)}{aR}$$

liefert. Mit der Definition (10.136b) folgt daraus

$$M_\infty = \frac{2Rc^2}{G}\left(1 - \frac{\tanh(aR)}{aR}\right). \tag{10.138}$$

Aus (10.124) ergibt sich für die hier untersuchte Materieverteilung

$$M_f = \frac{4\pi R^3 \varrho}{3} \qquad \Rightarrow \qquad \varrho = \frac{3M_f}{4\pi R^3}.$$

Hiermit und mit (10.132b) erhalten wir

$$aR = \sqrt{\frac{3GM_f}{2c^2R}}. \tag{10.139}$$

Wird das in (10.138) eingesetzt und $\tanh(aR)$ in eine Reihe entwickelt, so ergibt sich

$$M_\infty = M_f + M_f\left[-\frac{3}{5}\left(\frac{GM_f}{c^2R}\right) + \frac{51}{140}\left(\frac{GM_f}{c^2R}\right)^2 - \ldots\right]. \tag{10.140}$$

Im Grenzfall schwacher Gravitationsfelder, $M_f \to M_\infty \to 0$ bzw. $r_s/R \to 0$, folgt daraus durch Entwicklung nach M_f

$$M_f = \left(1-\frac{3}{5}\frac{GM_f}{c^2R}\right)^{-1} M_\infty = \left(1+\frac{3}{5}\frac{GM_f}{c^2R}\right) M_\infty \overset{M_f \to M_\infty}{=} \left(1+\frac{3}{5}\frac{GM_\infty}{c^2R}\right) M_\infty,$$

und mit (10.136c) ergibt sich schließlich

$$M_f = \left(1+\frac{3r_s}{10R}\right) M_\infty \qquad \Rightarrow \qquad M_f - M_\infty = \frac{3r_s}{10R} M_\infty. \tag{10.141}$$

aR ist nach (10.139) eine mit M_f monoton wachsende Funktion, $\tanh(aR)/(aR)$ nimmt dagegen mit wachsendem aR monoton ab. Daher nimmt M_∞ nach (10.138) mit zunehmendem M_f monoton zu und erreicht für $M_f \to \infty$ den Maximalwert $2Rc^2/G$, weil $\tanh(aR)/(aR)$ für $aR \to \infty$ gleich null wird. Die Anschlußbedingung zwischen innerer und äußerer Lösung hat also

$$M_\infty \le 2Rc^2/G \qquad \overset{(10.136b)}{\Rightarrow} \qquad R \ge r_s/4 \tag{10.142}$$

zur Folge. M_∞ bleibt für $R \to r_s/4$ bzw. $M_f \to \infty$ begrenzt und geht gegen den endlichen Wert $2Rc^2/G$.

Feldenergien: Wir wollen W_{gi} und W_{ga} mit Hilfe von (10.126b) bzw. (10.127b) berechnen und bestimmen daher zunächst mit Hilfe von (10.125c)

$$M_{\mathrm{I\,eff}} = \int_{r=R} \frac{\Phi'(r)\,df}{4\pi G} = \frac{R^2\Phi'(R)}{G} \overset{(10.136b)}{=} \frac{r_{\mathrm{s}}\,c^2}{2G[1-r_{\mathrm{s}}/(4R)]} \overset{(10.136c)}{=} \frac{M_\infty}{1-r_{\mathrm{s}}/(4R)}\,. \tag{10.143}$$

Aus (10.127b) folgt damit

$$W_{\mathrm{ga}} = -\frac{r_{\mathrm{s}} M_\infty c^2}{4R\,[1-r_{\mathrm{s}}/(4R)]} = -\frac{G M_\infty^2}{2R\,[1-r_{\mathrm{s}}/(4R)]}\,. \tag{10.144}$$

Der Bereich möglicher Werte von W_{ga} ist

$$-\infty \le W_{\mathrm{ga}} \le W_{\mathrm{ga}}^{(s)} \qquad \text{mit} \qquad W_{\mathrm{ga}}^{(s)} = -\frac{G M_\infty^2}{2R}\,, \tag{10.145}$$

wobei der obere Grenzwert für $r_{\mathrm{s}}/(4R) \to 0$ (schwaches Gravitationsfeld) und der untere für $r_{\mathrm{s}}/(4R) \to 1$ angenähert wird.

Aus (10.126b) ergibt sich mit (10.143)

$$\frac{W_{\mathrm{gi}}}{c^2} = \frac{r_{\mathrm{s}} c^2}{2G\,[1-r_{\mathrm{s}}/(4R)]} - M_{\mathrm{f}} = \frac{M_\infty}{1-r_{\mathrm{s}}/(4R)} - M_{\mathrm{f}}\,. \tag{10.146}$$

Hierin muß man sich entweder M_∞ durch M_{f} oder M_{f} durch M_∞ mit Hilfe von Gleichung (10.138) ausgedrückt denken. Für $M_{\mathrm{f}} \to 0$ ergibt sich aus (10.142) $M_\infty \to 0$ und damit $r_{\mathrm{s}}/(4R) \to 0$, und aus (10.146) folgt

$$\frac{W_{\mathrm{gi}}}{c^2} \to 1+\frac{r_{\mathrm{s}}}{4R} M_\infty - M_{\mathrm{f}} \overset{(10.136c)\,(10.142)}{=} M_\infty + \frac{G M_\infty^2}{2Rc^2} - \frac{3G M_{\mathrm{f}}^2}{5Rc^2} + \ldots \overset{M_\infty = M_{\mathrm{f}}+\ldots}{=} -\frac{G M_\infty^2}{10Rc^2}\,.$$

Für $M_{\mathrm{f}} \to \infty$ folgt aus (10.138) mit (10.139) und mit $\tanh x \to 1$ für $x \to \infty$

$$M_\infty \to \frac{2Rc^2}{G}\left(1 - \sqrt{\frac{2c^2R}{3GM_{\mathrm{f}}}}\right),$$

mit (10.136b) ergibt sich hieraus durch Auflösung nach M_{f}

$$M_{\mathrm{f}} \to \frac{2c^2R}{3G\,[1-r_{\mathrm{s}}/(4R)]^2}\,,$$

und damit erhalten wir für $R \to r_{\mathrm{s}}/4$

$$\frac{W_{\mathrm{gi}}}{c^2} \to \frac{r_{\mathrm{s}}\,c^2}{2G[1-r_{\mathrm{s}}/(4R)]} - \frac{2c^2R}{3G\,[1-r_{\mathrm{s}}/(4R)]^2} = \frac{2c^2R}{G\,[1-r_{\mathrm{s}}/(4R)]^2}\left[\frac{r_{\mathrm{s}}}{4R}\left(1-\frac{r_{\mathrm{s}}}{4R}\right) - \frac{1}{3}\right]$$

$$\to -\frac{c^2 r_{\mathrm{s}}}{6G[1-r_{\mathrm{s}}/(4R)]^2} \to -\infty\,.$$

Der Bereich möglicher Werte von W_{gi} ist demnach

$$-\infty \le W_{\mathrm{gi}} \le W_{\mathrm{gi}}^{(s)} \qquad \text{mit} \qquad W_{\mathrm{gi}}^{(s)} = -\frac{G M_\infty^2}{10R}\,, \tag{10.147}$$

wobei der obere Grenzwert für $r_s/(4R) \to 0$ (schwaches Gravitationsfeld) und der untere für $r_s/(4R) \to 1$ angenähert wird. Mit dem gleichen Annäherungsverhalten ergibt sich für $W_g = W_{gi} + W_{ga}$ aus den Ungleichungen (10.145) und (10.147)

$$-\infty \leq W_g \leq W_g^{(s)} \qquad \text{mit} \qquad W_g^{(s)} = -\frac{3GM_\infty^2}{5R}\,. \tag{10.148}$$

Der nach der relativistisch modifizierten Newton-Theorie erlaubte Grenzfall gegen unendlich gehender Gravitationsfeldenergie bedeutet, daß eine extrem große Masse im Zentrum einer Anordnung durch die Selbstwechselwirkung des Gravitationsfeldes nach außen so stark abgeschirmt wird, daß sie in weiterer Entfernung wie eine ganz kleine Masse wirkt. Wir werden jedoch in Abschn. 13.1 sehen, daß diese Möglichkeit unter Berücksichtigung von Druckkräften nicht besteht.

10.11 Energie-Impuls-Komplex

Der Einsteinschen Theorie liegt das superstarke Äquivalenzprinzip zugrunde, und dieses hat zur Folge, daß das Gravitationsfeld auf sich selbst zurückwirkt. Mathematisch kommt das darin zum Ausdruck, daß die Feldgleichungen in den $g_{\mu\nu}$ nichtlinear sind. Sie unterscheiden sich hierin z. B. von den Maxwell-Gleichungen, die linear sind: Das Maxwell-Feld wird zwar von Ladungen erzeugt, trägt aber selbst keine Ladung. Die Art der Rückwirkung des Schwerefeldes auf sich selbst erkennt man am besten an einer interessanten Umformulierung der Feldgleichungen. Bei dieser wird der metrische Tensor $g_{\mu\nu}$ in einen Anteil $\eta_{\mu\nu}$, der sich für einen völlig schwerefreien Raum ergeben würde, und einen Rest

$$h_{\mu\nu} = h_{\nu\mu} := g_{\mu\nu} - \eta_{\mu\nu} \tag{10.149}$$

zerlegt. Der letztere muß gegenüber den $\eta_{\mu\nu}$ nicht überall klein sein, wir treffen jedoch folgende, die Wahl des Koordinatensystems einschränkende Annahme.
Voraussetzung: *In großem Abstand von der untersuchten Materieverteilung sollen die Koordinaten in Minkowski-Koordinaten übergehen,*

$$g_{\mu\nu}(x) \to \eta_{\mu\nu} \qquad \text{für} \qquad r = |\boldsymbol{x}| \to \infty\,. \tag{10.150}$$

Der in den „Störungen" $h_{\mu\nu}$ lineare Anteil $R^{(1)}_{\mu\nu}$ des Ricci-Tensors ergibt sich aus (9.83) mit $g_{\mu\nu} = \eta_{\mu\nu} + h_{\mu\nu}$ wegen der Konstanz der $\eta_{\mu\nu}$ (die $\Gamma^\lambda_{\mu\nu}$ sind nach (9.52) mindestens linear in den $h_{\mu\nu}$) zu

$$R^{(1)}_{\mu\nu} := (\eta^{\rho\sigma}/2)\left(h_{\rho\sigma,\mu,\nu} + h_{\mu\nu,\rho,\sigma} - h_{\mu\sigma,\rho,\nu} - h_{\rho\nu,\mu,\sigma}\right) = R^{(1)}_{\nu\mu}\,, \tag{10.151}$$

und der entsprechende Anteil des Krümmungsskalars ist

$$R^{(1)} := \eta^{\mu\nu} R^{(1)}_{\mu\nu} \overset{(10.151)}{=} h^{\rho,\lambda}_{\rho,\lambda} - h^{\rho\lambda}{}_{,\rho,\lambda}\,. \tag{10.152}$$

Man beachte, daß sich $h_{\mu\nu}$, $R^{(1)}_{\mu\nu}$ und $R^{(1)}$ im allgemeinen nicht wie Tensoren transformieren. Setzen wir nun die Zerlegungen

$$R_{\mu\nu} = R^{(1)}_{\mu\nu} + \left(R_{\mu\nu} - R^{(1)}_{\mu\nu}\right), \qquad R = R^{(1)} + \left(R - R^{(1)}\right)$$

und (10.149) in die Feldgleichungen (10.101a) ein, so erhalten wir

$$R^{(1)}_{\mu\nu} - \frac{1}{2}\eta_{\mu\nu}R^{(1)} = -\kappa M_{\mu\nu} - \left(R_{\mu\nu} - R^{(1)}_{\mu\nu}\right) + \frac{1}{2}\Big[R^{(1)}\left(g_{\mu\nu} - \eta_{\mu\nu}\right) + \left(R - R^{(1)}\right)\eta_{\mu\nu} + \left(R - R^{(1)}\right)\left(g_{\mu\nu} - \eta_{\mu\nu}\right)\Big].$$

Nach dem gegenseitigen Wegheben einiger Terme ergibt sich mit (10.100) schließlich

$$\boxed{R^{(1)}_{\mu\nu} - \frac{1}{2}\eta_{\mu\nu}R^{(1)} = -\frac{8\pi G}{c^2}\left(M_{\mu\nu} + \frac{t_{\mu\nu}}{c^2}\right)} \tag{10.153}$$

mit

$$\boxed{t_{\mu\nu} = \frac{c^4}{8\pi G}\left[R_{\mu\nu} - R^{(1)}_{\mu\nu} + \frac{1}{2}\left(\eta_{\mu\nu}R^{(1)} - g_{\mu\nu}R\right)\right].} \tag{10.154}$$

Die Größe $t_{\mu\nu}$ enthält alle in den $h_{\mu\nu}$ nichtlinearen Anteile des Schwerefeldes. Sie wird als **Energie-Impuls-Komplex des Gravitationsfeldes** bezeichnet, da sie sich im allgemeinen nicht wie ein Tensor transformiert. Gleichung (10.153) ist zwar nicht kovariant, weil es sich nicht um eine Gleichung zwischen Tensoren handelt. Dennoch können die Feldgleichungen in jedem beliebigen Koordinatensystem in die Form (10.153) gebracht werden, denn unsere Ableitung war nirgends an ein spezielles Koordinatensystem gebunden. (Allerdings wird die Voraussetzung (10.150) nicht in jedem Koordinatensystem erfüllt sein.)

In einem lokal ebenen System gilt $g_{\mu\nu} = \eta_{\mu\nu}$, $g^{\mu\nu} = \eta^{\mu\nu}$, $\Gamma^{\rho}_{\kappa\mu} = 0$ und damit

$$\begin{aligned} R_{\kappa\lambda\mu\nu} &\overset{(9.78)}{=} \left(h_{\kappa\mu,\lambda,\nu} + h_{\lambda\nu,\kappa,\mu} - h_{\lambda\mu,\kappa,\nu} - h_{\kappa\nu,\lambda,\mu}\right)/2\,, \\ R_{\mu\nu} &= \eta^{\rho\sigma}R_{\rho\mu\sigma\nu} = R^{(1)}_{\mu\nu}\,, \qquad R = \eta^{\mu\nu}R_{\mu\nu} = \eta^{\mu\nu}R^{(1)}_{\mu\nu} = R^{(1)}\,, \end{aligned} \tag{10.155}$$

außerdem fällt die kovariante mit der gewöhnlichen Ableitung zusammen. Wir erkennen damit, daß die in (10.153) angegebene Form der Feldgleichungen global dieselbe ist wie die in einem lokal ebenen System, nur daß auf ihrer rechten Seite zum Materietensor $M_{\mu\nu}$ noch die vom Schwerefeld herrührende und in diesem nichtlineare Größe $t_{\mu\nu}/c^2$ hinzukommt, welche die Rückwirkung des Gravitationsfeldes auf sich selbst beschreibt. $t_{\mu\nu}/c^2$ spielt bezüglich des Einflusses auf den linearen Anteil des Gravitationsfeldes die gleiche Rolle wie $M_{\mu\nu}$, d. h. hier gilt nicht die Einschränkung der Einsteinschen Feldgleichungen, daß zur Gravitationswirkung alle Energien, jedoch nicht die des Gravitationsfeldes beitragen. Es kann vorkommen, daß entweder die linearen (linke Seite von (10.153)) oder die nichtlinearen Anteile (d. h. $t_{\mu\nu}$) des Gravitationsfeldes überall verschwinden (siehe Exkurs 13.1). In diesen Fällen ist Gleichung (10.153) nur eine Reproduktion der Einsteinschen Feldgleichungen.

Bislang haben wir bei der Einführung nicht-tensorieller Größen wie $h_{\mu\nu}$ nur untere Indizes benutzt. Um im weiteren Verlauf die Summenkonvention in ihrer üblichen Form (siehe kurz nach Gleichung (3.93) der SRT) benutzen zu können, benötigen wir auch obere Indizes. Zu diesem Zweck *vereinbaren wir für den restlichen Teil* *dieses Abschnitts und für den nächsten, daß Indizes mit den $\eta^{\mu\nu}$ bzw. $\eta_{\mu\nu}$ herauf oder heruntergezogen werden,* also z. B.

$$h^{\mu\nu} \overset{\text{s.u.}}{=} \eta^{\mu\alpha}\eta^{\nu\beta}h_{\alpha\beta}\,, \quad h^{\mu}{}_{\nu} = \eta^{\mu\alpha}h_{\alpha\nu}\,, \quad \varphi^{,\lambda} = \eta^{\lambda\rho}\varphi_{,\rho}\,. \tag{10.156}$$

Hierin beziehen wir auch die Komponenten des Ortsvektors $\boldsymbol{x}$ mit ein, indem wir

$$\{x^1, x^2, x^3\} = \{x, y, z\}\,, \quad x_i = \eta_{ij}x^j = -x^i \tag{10.157}$$

definieren. Man beachte dabei, daß für echte Tensoren wie $R_{\mu\nu}$, die in den neu eingeführten, nicht-tensoriellen Größen auftreten, z. B. $\eta^{\mu\alpha}\eta^{\nu\beta}R_{\alpha\beta} \neq R^{\mu\nu} = g^{\mu\alpha}g^{\nu\beta}R_{\alpha\beta}$ gilt. *Es ist also zwingend erforderlich, in Gleichungen mit oberen Indizes wie (10.163) nur echte Tensoren mit unteren Indizes zu benutzen* und obere Indizes ausschließlich über (10.156) einzuführen.[6]

Wir überzeugen uns zuerst davon, daß die linke Seite von (10.153) die **linearisierten Bianchi-Identitäten**

$$\left(R^{(1)\mu\nu} - \frac{1}{2}\eta^{\mu\nu}R^{(1)}\right)_{,\mu} = 0 \tag{10.158}$$

erfüllt. Zu deren Beweis benutzen wir die als **Superpotential** bezeichnete Größe

$$Q^{\lambda\mu\nu} := \frac{1}{2}\Big[\eta^{\lambda\nu}\left(h^{\rho,\mu}_{\rho} - h^{\rho\mu}{}_{,\rho}\right) + \eta^{\mu\nu}\left(h^{\rho\lambda}{}_{,\rho} - h^{\rho,\lambda}_{\rho}\right) + h^{\mu\nu,\lambda} - h^{\lambda\nu,\mu}\Big] = -Q^{\mu\lambda\nu}\,, \tag{10.159}$$

mit der sich aus (10.151) und (10.152)

$$R^{(1)\,\mu\nu} - \frac{1}{2}\eta^{\mu\nu}R^{(1)} = Q^{\lambda\mu\nu}{}_{,\lambda} \tag{10.160}$$

ergibt und die sich auch noch für andere Zwecke als nützlich erweisen wird.

Beweis: Aus (10.159) folgt

$$Q^{\lambda\mu\nu}_{,\lambda} = \frac{1}{2}\Big[h^{\rho,\mu,\nu}_{\rho} - h^{\rho\mu,\nu}_{,\rho} + \eta^{\mu\nu}\left(h^{\rho\lambda}_{,\rho,\lambda} - h^{\rho,\lambda}_{\rho,\lambda}\right) + h^{\mu\nu,\lambda}_{,\lambda} - h^{\lambda\nu,\mu}_{,\lambda}\Big]\,,$$

und aus (10.151)–(10.152) erhalten wir

$$R^{(1)\,\mu\nu} - \frac{1}{2}\eta^{\mu\nu}R^{(1)} = \frac{1}{2}\Big[h^{\rho,\mu,\nu}_{\rho} + h^{\mu\nu,\rho}_{,\rho} - h^{\mu\rho,\nu}_{,\rho} - h^{\nu,\mu,\rho}_{\rho}\Big] - \frac{1}{2}\eta^{\mu\nu}\left(h^{\rho,\lambda}_{\rho,\lambda} - h^{\rho\lambda}_{,\rho,\lambda}\right).$$

Durch Vergleich ergibt sich mit $h^{\nu,\mu,\rho}_{\rho} = h^{\nu,\mu,\lambda}_{\lambda} = h^{\lambda\nu,\mu}_{,\lambda}$ und der Umbenennung einiger Summationsindizes die Gültigkeit von Gleichung (10.160). Differenziert man die aus der Antisymmetrie von $Q^{\lambda\mu\nu}$ folgende Gleichung $Q^{\lambda\mu\nu} + Q^{\lambda\nu\mu} = 0$ nach λ und μ, so folgt aus der Vertauschbarkeit der gewöhnlichen Ableitungen

$$0 = \left(Q^{\lambda\mu\nu} + Q^{\mu\lambda\nu}\right)_{,\lambda,\mu} = Q^{\lambda\mu\nu}{}_{,\lambda,\mu} + Q^{\lambda\mu\nu}{}_{,\mu,\lambda} = 2\,Q^{\lambda\mu\nu}{}_{,\lambda,\mu}$$

und daraus mit (10.160) sofort (10.158). □

6 Im Prinzip könnte man die vorgestellte Theorie auch so formulieren, daß echte Tensoren nur mit oberen Indizes auftreten. Dann müßte man in Gleichung (10.149) von den $g^{\mu\nu}$ ausgehen. Bei praktischen Anwendungen kennt man jedoch im allgemeinen nur die $g_{\mu\nu}$, müßte die $g^{\mu\nu}$ erst mühsam berechnen und bekäme für diese sehr unhandliche Ausdrücke.

10.11.1 Lokale und globale Erhaltungssätze

In der SRT ist die SRT-Form von (10.104) der lokale Satz für die Erhaltung von Energie bzw. Masse und Impuls. Unsere Rechnung in Abschn. 10.2.4 hat gezeigt, daß in der ART bei der Energieerhaltung die Wirkung der Gravitation mit einbezogen wird. In der SRT war es möglich, aus dem lokalen einen globalen Erhaltungssatz abzuleiten (siehe Abschn. 5.7). Das ist in der kovarianten Formulierung der ART nicht mehr machbar, weil es in dieser für Tensoren keinen Satz gibt, der dem Gaußschen Satz (9.61) für Vektoren entspricht.

Etwas ähnliches gelingt jedoch mit Hilfe der Form (10.153) der Feldgleichungen. Nach dem Heraufziehen der Indizes gemäß (10.156) folgt aus deren Ableitung aufgrund der linearisierten Bianchi-Identitäten (10.158) unmittelbar, daß der in den Indizes μ und ν symmetrische **Gesamt-Energie-Impuls-Komplex**

$$\tau^{\mu\nu} = \tau^{\nu\mu} = t^{\mu\nu} + \eta^{\mu\alpha}\eta^{\nu\beta}T_{\alpha\beta} \qquad \text{mit} \qquad t^{\mu\nu} := \eta^{\mu\alpha}\eta^{\nu\beta}t_{\alpha\beta} \tag{10.161}$$

(es gilt $T_{\alpha\beta} = M_{\alpha\beta}\,c^2$) den **lokalen Erhaltungssatz**

$$\boxed{\tau^{\mu\nu}{}_{,\mu} = 0} \tag{10.162}$$

erfüllt. Der Vergleich von (10.153) mit (10.160) zeigt, daß $\tau^{\mu\nu}$ die Darstellung

$$\boxed{\tau^{\mu\nu} = -\frac{c^4}{8\pi G}\,Q^{\lambda\mu\nu}{}_{,\lambda}} \tag{10.163}$$

besitzt, was die Begründung für die Bezeichnung von $Q^{\lambda\mu\nu}$ als Superpotential liefert. Die Komponenten $M^{0\mu\nu}$ und $M^{i\mu\nu}$ der durch

$$M^{\lambda\mu\nu} = \tau^{\lambda\nu}x^{\mu} - \tau^{\lambda\mu}x^{\nu} = -M^{\lambda\nu\mu} \tag{10.164}$$

definierten Größe $M^{\lambda\mu\nu}$ können als **Dichte und Fluß eines Gesamtdrehimpulses** aufgefaßt werden. Mit (10.162) und der Symmetrieeigenschaft (10.161a) folgt, daß sie den **lokalen Erhaltungssatz**

$$\boxed{M^{\lambda\mu\nu}{}_{,\lambda} = 0} \tag{10.165}$$

erfüllen.

Durch Integration $\int d^3x$ mit $d^3x = dx^1\,dx^2\,dx^3$ über ein dreidimensionales räumliches Gebiet G mit der Oberfläche ∂G und der aus dem Integrationsgebiet herausweisenden Oberflächennormalen n_i (siehe Anmerkung nach Gleichung (5.65)) folgen aus den lokalen Erhaltungssätzen (10.162) und (10.165) unter Benutzung des Gaußschen Satzes die integralen Erhaltungssätze

$$\frac{\partial}{\partial t}\int_G \tau^{0\nu}\,d^3x = -c\int_{\partial G}\tau^{i\nu}\,df_i\,, \qquad \frac{\partial}{\partial t}\int_G M^{0\mu\nu}\,d^3x = -c\int_{\partial G}M^{i\mu\nu}\,df_i \tag{10.166}$$

mit $df_i = n_i\,df$. Diese legen es nahe,

$$\boxed{P^{\nu} := \int_{\mathbb{R}^3}\tau^{0\nu}\,d^3x \qquad \text{und} \qquad J^{\mu\nu} = -J^{\nu\mu} := \int_{\mathbb{R}^3}M^{0\mu\nu}\,d^3x} \tag{10.167}$$

als **Gesamt-Energie-Impuls-Vektor** bzw. als **Gesamt-Drehimpuls-Tensor** zu deuten. Damit die Integrale konvergieren, muß angenommen werden, daß $\tau^{0\nu}$ und $M^{0\mu\nu}$ für $r = |\boldsymbol{x}| \to \infty$ schneller als $1/r^3$ gegen null gehen. Wenn $\tau^{i\nu}$ bzw. $M^{i\mu\nu}$ für $r \to \infty$ schneller als $1/r^2$ gegen null geht, verschwinden in (10.166) für $G \to \mathbb{R}^3$ die Oberflächenintegrale, und dann sind P^ν bzw. $J^{\mu\nu}$ Erhaltungsgrößen. Beim Gesamt-Drehimpuls-Tensor sind nur die räumlichen Komponenten J^{ij} physikalisch bedeutsam, denn es gilt $J^{00} = 0$, und J^{0j} kann durch geeignete Wahl des Koordinatensystems zum verschwinden gebracht werden.

Einsetzen von (10.163)–(10.164) in (10.167) und nochmalige Anwendung des Gaußschen Satzes liefert mit $Q^{00\nu} = 0$ (nach (10.159), $Q^{\lambda\mu\nu} = -Q^{\mu\lambda\nu}$)

$$P^\nu = -\frac{c^4}{8\pi G}\int_{\mathbb{R}^3} Q^{\lambda 0\nu}{}_{,\lambda}\, d^3x = -\frac{c^4}{8\pi G}\int_{\mathbb{R}^3} Q^{i0\nu}{}_{,i}\, d^3x = -\frac{c^4}{8\pi G}\int_{\partial G\to\infty} Q^{i0\nu}\, df_i$$

und mit $x^\mu Q^{k0\nu}{}_{,k} = (x^\mu Q^{k0\nu})_{,k} - Q^{k0\nu}\delta^\mu_k = (x^\mu Q^{k0\nu})_{,k} - Q^{\mu 0\nu}$ etc.

$$\begin{aligned} J^{\mu\nu} &= -\frac{c^4}{8\pi G}\int_{\mathbb{R}^3}\left(x^\mu Q^{\lambda 0\nu}{}_{,\lambda} - x^\nu Q^{\lambda 0\mu}{}_{,\lambda}\right) d^3x = -\frac{c^4}{8\pi G}\int_{\mathbb{R}^3}\left(x^\mu Q^{k0\nu}{}_{,k} - x^\nu Q^{k0\mu}{}_{,k}\right) d^3x \\ &= \frac{c^4}{8\pi G}\left[\int_{\mathbb{R}^3}\left(Q^{\mu 0\nu} - Q^{\nu 0\mu}\right) d^3x - \int_{\partial G\to\infty}\left(x^\mu Q^{k0\nu} - x^\nu Q^{k0\mu}\right) df_k\right]. \end{aligned}$$

Dabei kann das Oberflächenintegral über eine Kugel vom Radius $r \to \infty$ erstreckt und dementsprechend $df_k = n_k\, df = n_k r^2\, d\Omega$ mit $d\Omega = \sin\vartheta\, d\vartheta\, d\varphi$ gesetzt werden. Setzt man in die zuletzt erhaltenen Beziehungen noch (10.159) ein, so erhält man die nützliche Darstellung

$$\begin{aligned} P^0 &= -\frac{c^4}{16\pi G}\int_{r\to\infty}\left(h^{ij}{}_{,j} - h_j^{j,i}\right) n_i\, r^2\, d\Omega\,, \\ P^j &= -\frac{c^4}{16\pi G}\int_{r\to\infty}\left[\eta^{ij}\left(h_\rho^{\rho,0} - h^{\rho 0}{}_{,\rho}\right) + h^{0j,i} - h^{ij,0}\right] n_i\, r^2\, d\Omega \qquad (10.168) \\ J^{ij} &= -\frac{c^4}{16\pi G}\int_{r\to\infty}\left[x^i\left(h^{0j,k} - h^{jk,0}\right) - x^j\left(h^{0i,k} - h^{ik,0}\right) - \eta^{ik}h^{0j} + \eta^{jk}h^{0i}\right] n_k\, r^2\, d\Omega\,. \end{aligned}$$

Beweis: 1. Mit $\eta^{i0} = 0$, $h^{00} = \eta^{0\lambda}h^0_\lambda = \eta^{00}h_{00} = h_{00}$ und $h^{i0,0} = h^{0i,0} = \eta^{0\lambda}h^{0i}{}_{,\lambda} = h^{0i}{}_{,0}$ folgt aus (10.159)

$$\begin{aligned} Q^{i00} &= \frac{1}{2}\left[\eta^{i0}\left(h_\rho^{\rho,0} - h^{\rho 0}_{,\rho}\right) + \eta^{00}\left(h^{\rho i}_{,\rho} - h_\rho^{\rho,i}\right) + h^{00,i} - h^{i0,0}\right] \\ &= \frac{1}{2}\left(h^{ji}{}_{,j} - h_j^{j,i}\right) \overset{h^{ji}=h^{ij}}{=} \frac{1}{2}\left(h^{ij}{}_{,j} - h_j^{j,i}\right). \end{aligned} \qquad (10.169)$$

2. Bei der Berechnung von P^j wurde $\eta^{0j} = 0$ benutzt. 3. Bei der Berechnung der räumlichen Komponenten J^{ij} von $J^{\mu\nu}$ wird im Volumenintegral $Q^{i0j} - Q^{j0i}$ benötigt. Hierin heben sich

nach Einsetzen von (10.159) die zu η^{ij} proportionalen Terme (erster Term von (10.159) mit runden Klammern) gegenseitig weg, die zu η^{0j} proportionalen Terme (zweiter Term von (10.159) mit runden Klammern) verschwinden wegen $\eta^{0j}=0$, und damit ergibt sich

$$\int_{\mathbb{R}^3}\left(Q^{i0j}-Q^{j0i}\right)d^3x = \frac{1}{2}\int_{\mathbb{R}^3}\left(h^{0j,i}-h^{ij,0}-h^{0i,j}+h^{ji,0}\right)d^3x$$

$$= \frac{1}{2}\int_{\mathbb{R}^3}\left(\eta^{ik}h^{0j}-\eta^{jk}h^{0i}\right)_{,k}d^3x = \frac{1}{2}\int_{r\to\infty}\left(\eta^{ik}h^{0j}-\eta^{jk}h^{0i}\right)n_k\, r^2\, d\Omega\,.$$

Weiterhin ergibt sich wegen $\eta^{0j}=\eta^{0i}=0$

$$x^i Q^{k0j}-x^j Q^{k0i}=\frac{1}{2}\Big[\left(x^i\eta^{kj}-x^j\eta^{ki}\right)\left(h_\rho^{\rho,0}-h^{\rho 0}{}_{,\rho}\right)+x^i\left(h^{0j,k}-h^{kj,0}\right)-x^j\left(h^{0i,k}-h^{ki,0}\right)\Big].$$

Für $r\to\infty$ gilt $n^i=-x^i/r$ (siehe (13.41)) und

$$\left(x^i\eta^{kj}-x^j\eta^{ki}\right)n_k = x^i n^j - x^j n^i = \left(-x^i x^j + x^j x^i\right)/r = 0\,,$$

und die Zusammenfassung der erhaltenen Teilergebnisse liefert schließlich die angegebene Darstellung von J^{ij}. □

Es wurde schon darauf hingewiesen, daß $t_{\mu\nu}$ und $\tau^{\mu\nu}$ keine Tensoren sind, und daher sind (10.166) keine kovarianten Erhaltungssätze. Sie können aber in jedem Koordinatensystem in der angegebenen Form formuliert werden, wobei allerdings möglich ist, daß sie in unterschiedlichen Koordinatensystemen unterschiedliche Bedeutung haben. Außerdem folgt aus der Verknüpfung (10.156) von oberen und unteren Indizes sowie der Form (10.162) und (10.165) bzw. (10.166) der Erhaltungssätze für Energie, Impuls und Drehimpuls deren Lorentz-Kovarianz. Weiterhin kann noch gezeigt werden:
P^0 und P^i sind invariant gegenüber allen Transformationen, die für $r\to\infty$ in die identische Transformation übergehen, und P^μ transformiert sich bei allen Transformationen, welche die Metrik im Unendlichen unverändert lassen, wie ein echter Vierervektor, $P'^\mu=(\partial x'^\mu/\partial x^\nu)\,P^\nu$.[7]

Bei der physikalischen Interpretation von $t^{\mu\nu}$ bzw. $\tau^{\mu\nu}$ als Energie-Impuls-Dichten entstehen gewisse Probleme: Zu $Q^{\lambda\mu\nu}$ kann ein beliebiger „Tensor" $q^{\lambda\mu\nu}$ mit den Antisymmetrieeigenschaften (10.159b) von $Q^{\lambda\mu\nu}$ addiert werden, ohne daß sich an dem Erhaltungssatz (10.162) etwas ändern würde – dieser folgte allein aus der Antisymmetrie von $Q^{\lambda\mu\nu}$. Der Energie-Impuls-Komplex ist daher nicht eindeutig definiert, ähnlich wie das bei der Energiedichte des elektromagnetischen Feldes der Fall ist (siehe Band *Elektrodynamik*, Abschn. 7.9.2 dieses Lehrbuchs). Daß der gravitative Anteil $t^{\mu\nu}$ von $\tau^{\mu\nu}$ nach (10.154) in einem lokal ebenen System wegen $R^{\mu\nu}=R^{(1)}_{\mu\nu}$ und $R=R^{(1)}$ verschwindet, verdeutlicht nach dem auf die Gleichungen (9.8) folgenden Satz seinen nicht-tensoriellen Charakter und deutet ebenfalls daraufhin, *daß die punktuelle Lokalisierbarkeit von Energie und Impuls im allgemeinen problematisch oder sogar unmöglich ist.* Schließlich können die in (10.167) auftretenden Integrale divergieren. *Im allgemeinen gibt es daher auch keine nicht-lokalen Größen Energie und Impuls, denen*

7 Der nicht besonderes schwierige Beweis findet sich z. B. auf S. 169-170 des in Fußnote 10 von Kapitel 8 angegebenen Buches von S. Weinberg.

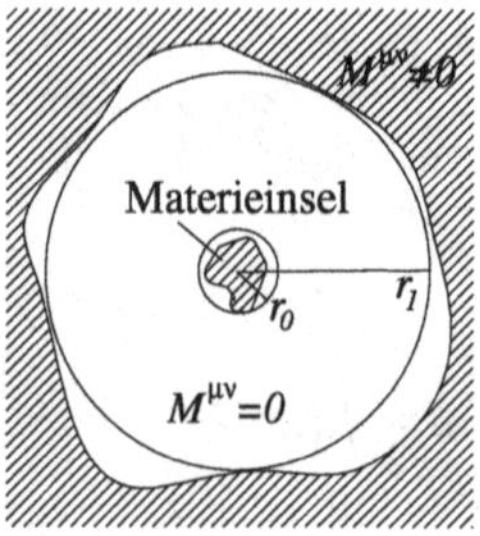

Abb. 10.5: Inselartige Materieverteilung mit Minkowski-artigem Fernfeld.

man in sinnvoller Weise einen Erhaltungssatz zuordnen könnte. All das belegt, daß es sich bei Energie und Impuls letztlich um Hilfsgrößen handelt, die in gewissen Fällen nützlich sind, in anderen aber keinen Sinn ergeben.

Wenn eine Materieverteilung besondere Eigenschaften aufweist, ändert sich die Situation. Wir betrachten im folgenden eine **inselartige Materieverteilung**, z. B. einen Stern oder eine Galaxie, die durch große Vakuumbereiche von der übrigen Welt abgetrennt ist ($M^{\mu\nu}=0$ für $r_0 \leq r \leq r_1$ und $r_1 \gg r_0$, siehe Abb.10.5). Außerdem nehmen wir an, daß es einen **Fernfeldbereich** $r_a \leq r \leq r_b$ mit $r_a \gg r_0$ und gegebenenfalls (s.u.) $r_b \ll r_1$ gibt, in dem die Metrik von der eines Minkowski-Raums nur um Terme $\sim 1/r$ oder höherer Ordnung in $1/r$ abweicht, also

$$h_{\mu\nu} \sim 1/r \to 0\,, \qquad g_{\mu\nu} \to \eta_{\mu\nu} \qquad \text{für} \quad r \to \infty\,. \tag{10.170}$$

Hierzu darf die Materieinsel keine keine Quellen enthalten, die permanent Gravitationswellen abstrahlen. Außerdem muß die bei $r \geq r_1$ befindliche Materie hinreichend weit entfernt oder so verteilt sein (z. B. isotrop), daß sie im Fernfeldbereich der Materieinsel vernachlässigbare oder keine Gravitation erzeugt. Aus (10.170) und der obigen Annahme bzgl. $M_{\mu\nu}$ folgt $t_{\mu\nu}\sim 1/r^4$, $\tau_{\mu\nu}\sim 1/r^4$, wodurch gewährleistet wird, daß die in (10.167) auftretenden Integrale für Energie und Impuls gegen endliche Werte konvergieren. Erst 1968 wurde die **Positivität der Energie** inselartiger Materie- bzw. Energieverteilungen mit Minkowski-artigem Fernfeld bewiesen,[8] genauer

$$E = P^0 \begin{cases} > 0 & \text{für } M^{\mu\nu} \neq 0\,, \\ = 0 & \text{für } M^{\mu\nu} \equiv 0\,. \end{cases} \tag{10.171}$$

Zerfällt eine Materieinsel I so in Unterinseln I^n, daß die Metriken $\eta^n_{\mu\nu} + h^n_{\mu\nu}$, die jede dieser Unterinseln für sich allein genommen erzeugen würde, die Bedingungen

$$|h^n_{\mu\nu}| \ll |h^m_{\mu\nu}| \qquad \text{in } I^m \quad \text{für alle } n \neq m$$

erfüllen, dann kann jeder von diesen ein separater Energie-Impuls-Vektor P^ν_n zugeordnet werden, und es gilt

$$P^\nu = \sum_n P^\nu_n$$

8 siehe D. Brill, S. Deser, Phys. Rev. Letters, **20**, 8 (1968).

für den Energie-Impuls-Vektor der gesamten Insel I. Dieses Ergebnis beinhaltet eine gewisse Lokalisierung von Energie und Impuls. Für den Beweis der angeführten Aussagen wird auf die in der Fußnote angegebene Literatur verwiesen.

10.11.2 Definition von Massen und Feldenergien.

In Analogie zu den Definitionen (10.124) – (10.129) der relativistisch modifizierten Newton-Theorie definieren wir in der ART die Massen

$$M_{\mathrm{f}} \overset{\text{s.u.}}{:=} \frac{1}{c^2}\int_I T_{00}\,d^3x\,, \qquad M_{\mathrm{I\,eff}} := \frac{1}{c^2}\int_I \tau^{00}\,d^3x \overset{(10.163)}{=} -\frac{c^2}{8\pi G}\int_{\partial I} Q^{i00}n_i\,df \tag{10.172}$$

und

$$M_\infty := \frac{1}{c^2}\int_{\mathbb{R}^3} \tau^{00}\,d^3x \overset{(10.163)}{=} -\frac{c^2}{8\pi G}\int_{r\to\infty} Q^{i00}n_i\,r^2\,d\Omega\,. \tag{10.173}$$

Dabei wurde eine auf einen Bereich I endlicher Ausdehnung beschränkte inselartige Materieverteilung $\varrho(x)$ angenommen und in Gleichung (10.172a) unter Beachtung der zu (10.156) vereinbarten und in (10.161) eingegangenen Indizes-Vorschriften $\eta^{0\alpha}\eta^{0\beta}T_{\alpha\beta} = (\eta^{00})^2 T_{00} = T_{00}$ benutzt. Weiterhin definieren wir die Gravitationsfeldenergien

$$W_{\mathrm{gi}} := \int_I t^{00}\,d^3x\,, \qquad W_{\mathrm{ga}} := \int_A t^{00}\,d^3x\,, \qquad W_{\mathrm{g}} = W_{\mathrm{gi}} + W_{\mathrm{ga}} \tag{10.174}$$

mit $A = \mathbb{R}^3 - I$. Unter Benutzung des Spezialfalls $\tau^{00} \overset{\text{s.o.}}{=} T_{00} + t^{00}$ von Gleichung (10.161) ergibt sich auch hier die Gültigkeit der Beziehungen (10.126b), (10.127b) und (10.129c),

$$W_{\mathrm{gi}} = (M_{\mathrm{I\,eff}} - M_{\mathrm{f}})\,c^2, \qquad W_{\mathrm{ga}} = (M_\infty - M_{\mathrm{I\,eff}})\,c^2, \qquad W_{\mathrm{g}} = (M_\infty - M_{\mathrm{f}})\,c^2\,. \tag{10.175}$$

Anwendungen der Theorie des Energie-Impuls-Komplexes und der zuletzt eingeführten Größen folgen später in Kapitel 13, Abschn. 13.1.4 und Exkurs 13.1.

10.12 Symmetrie und Erhaltungssätze

In Bezug auf Erhaltungssätze besteht eine günstigere Situation, wenn in dem betrachteten System Symmetrien vorliegen. Um das zu erkennen, nehmen wir an, daß ein Vektorfeld $\xi_\nu(x)$ existiert, für das die Beziehung

$$\left(T^{\mu\nu}\xi_\nu\right)_{;\mu} \equiv 0 \tag{10.176}$$

erfüllt ist. Auf den Vektor $V^\mu = T^{\mu\nu}\xi_\nu$ kann dann der Gaußsche Satz (9.61) angewandt werden, dieser liefert

$$\int_{\partial G} T^{\mu\nu}\xi_\nu\,\sqrt{-g}\,df_\mu = 0\,,$$

und unter gewissen Voraussetzungen an das Vektorfeld $\xi_\nu(x)$ kann daraus ähnlich, wie die Ladungserhaltung (10.71) aus (10.70) folgte, ein zeitlicher Erhaltungssatz der Form

$$\int_{x_0=\text{const}} T^{0\nu}\xi_\nu\,\sqrt{-g}\,d^3x = \text{const} \tag{10.177}$$

abgeleitet werden. Dieser ist sogar ART-kovariant, und je nachdem, ob $\xi_\nu(x)$ ein zeit- oder raumartiges Vektorfeld ist, kann er als Energie oder Impuls- bzw. Drehimpulssatz gedeutet werden. Wegen

$$T^{\mu\nu}\xi_{\nu;\mu} \overset{(10.104)}{=} \left(T^{\mu\nu}\xi_\nu\right)_{;\mu} \overset{\mu\leftrightarrow\nu}{=} \left(T^{\nu\mu}\xi_\mu\right)_{;\nu}$$

$$\overset{(10.103)}{=} \left(T^{\mu\nu}\xi_\mu\right)_{;\nu} = T^{\mu\nu}\xi_{\mu;\nu} = \frac{1}{2}T^{\mu\nu}\left(\xi_{\mu;\nu} + \xi_{\nu;\mu}\right)$$

ist es für die Gültigkeit von (10.176) ausreichend, daß $\xi_\nu(x)$ die Gleichung

$$\xi_{\mu;\nu} + \xi_{\nu;\mu} = 0$$

erfüllt. Vektorfelder $\xi_{\mu;\nu}(x)$, die der letzten Gleichung genügen, werden als **Killing-Felder** bezeichnet, und wir werden in Abschn. 16.1 der *Kosmologie* sehen, daß gewisse Symmetrien der Raum-Zeit vorliegen müssen, damit solche Felder existieren. Dementsprechend müssen Symmetrien vorliegen, damit ein Erhaltungssatz der Form (10.177) gilt. Solche Symmetrien sind in Sternen und auf hinreichend großen Skalen auch für die Verteilung der Materie im Weltall gegeben.

Exkurs 10.1: Ungeladene Teilchen in inhomogenen Schwerefeldern*

Zu den Einsteinschen Feldgleichungen wurde ausdrücklich angemerkt, daß bei den Quellen des Gravitationsfeldes alle Felder außer dem Gravitationsfeld selbst berücksichtigt werden müssen. Mit anderen Worten: das Gravitationsfeld liefert keinen Beitrag zum Massentensor $M^{\mu\nu}$. Im allgemeinen wäre das auch gar nicht realisierbar, weil in vielen Fällen keine lokalisierbare Energie des Gravitationsfeldes existiert. Allerdings bedeutet das nicht, daß das Gravitationsfeld einer Massenverteilung keinen Einfluß auf deren Gravitationswirkung hat. Wir werden z. B. in Abschn. 13.1.3 sehen, daß Sterne im Gleichgewicht einen Massendefekt aufweisen, der im Grenzfall schwacher Gravitationsfelder gerade der Energie entspricht, die sich für das Gravitationsfeld aus der Newton-Theorie ergibt. Bei der Berechnung des Massendefekts muß die Gravitationsfeldenergie allerdings nicht berücksichtigt werden, vielmehr ergibt sich dieser von selbst aus den Feldgleichungen, die aufgrund ihrer Nichtlinearität automatisch Selbstwechselwirkungen des Gravitationsfeldes enthalten. Andererseits muß angemerkt werden, daß die Theorie des Energie-Impuls-Komplexes zwar auch eine Gravitationsfeldenergie liefert, diese sich aber im Grenzfall schwacher Felder von dem Newtonschen Wert unterscheidet (siehe Abschn. 13.1.5). In Übereinstimmung mit dem, was zu den Energie-Impuls-Erhaltungssätzen des letzten Abschnitts gesagt wurde, ist demnach nicht eindeutig festgelegt, was unter der Energie des Gravitationsfeldes zu verstehen ist.

Betrachten wir nun den freien Fall eines Teilchens im Gravitationsfeld einer externen Massenverteilung. Müßte man im Gravitationsfeld des fallenden Teilchens enthaltene Energie bei dessen Schwerebeschleunigung mit berücksichtigen, dann wäre unmittelbar klar, daß die Fallgeschwindigkeit ungeladener Teilchen in inhomogenen Schwerefeldern wie die geladener Teilchen (siehe Ende von Abschn. 8.3.4) von ihrer Form und Vorgeschichte abhängt. Bei einer vollständigen kovarianten ART-Behandlung darf die mit dieser Energie verbundene Masse jedoch nicht dem Massentensor $M^{\mu\nu}$ zugeschlagen werden. Alle anderen Massen, sowohl die des fallenden Teilchens als auch alle externen Massen, müssen dagegen in diesen eingetragen werden, und mit dem derart bestückten Massentensor müssen die Einsteinschen Feldgleichungen gelöst werden. Aus diesen folgt dann als Integrabilitätsbedingung auch eine Bewegungsgleichung für das frei fallende Teilchen, die an die Stelle der Gleichung (10.40) tritt. Alternativ können mit demselben Massentensor auch die Gleichungen (10.154) gelöst werden. Da diese den Einsteinschen Feldgleichungen äquivalent sind, muß auch aus ihnen eine entsprechende Bewegungsgleichung folgen. In dieser ist aufgrund der beim Energie-Impuls-Komplex vorgenommenen Zerlegung des Gravitationsfeldes im letzteren enthaltene Energie bzw. Masse separat berücksichtigt. (Gleichung (10.40) läßt sich vermutlich aus dieser Gleichung als Näherung ableiten, und bei dem Näherungsprozeß müßte sich ergeben, ob und gegebenenfalls wie auch bei ihr im Gravitationsfeld enthaltene Masse zu berücksichtigen ist.) Aus dem Vorangegangenen geht hervor, daß bei der kovarianten Formulierung Selbstwechselwirkungsprozesse des Gravitationsfeldes die gleiche Wirkung haben wie die Berücksichtigung im Schwerefeld enthaltener Massenanteile bei einer nicht kovarianten, jedoch vollständigen ART-Behandlung.

Es ist offensichtlich, daß die Gravitationsanziehung nahezu punktförmiger ungeladener Teilchen von den Multipolmomenten ihrer Massenverteilung und deren relativer Orientierung abhängt. (Zwei stabförmige Teilchen werden sich bei paralleler Orientierung anders anziehen als bei senkrechter Orientierung.) Und ein Teilchen, das erst kürzlich zu einem Fallversuch in ein inhomogenes Schwerefeld gebracht wurde, wird etwas anders fallen als ein gleichartiges zweites Teilchen, das schon länger dort verweilte, weil es das einwirkende externe Schwerefeld anders beeinflußt hat. Man kann jedoch sagen, daß die unterschiedlich schnell fallenden Teilchen nicht in identischen Schwerefeldern fallen, weil diese von den Teilchen in unterschiedlicher Weise beeinflußt werden. Würde man die Felder so nachkorrigieren, daß sie im wesentlichen (d. h. mit Ausnahme der unmittelbaren Teilchenumgebung) gleich sind, ergäben sich womöglich die gleichen Fallgeschwindigkeiten.

Aufgaben

10.1 Zeigen Sie: $ds^2 = (1+2\Phi/c^2)\,c^2dt^2 - (1-2\Phi/c^2)\,(dx^2+dy^2+dz^2)$ ist eine Lösung für ds^2 im Grenzfall schwacher statischer Gravitationsfelder.

10.2 Ein Massenpunkt bewegt sich unter der Einwirkung einer Kraft F^λ im Schwerefeld. Führen Sie $s = \int_0^s ds' = \int_{x(0)}^{x(s)} \sqrt{g_{\mu\nu}\,dx^\mu dx^\nu}$ als generalisierte Koordinate ein und leiten Sie unter der Annahme bekannter Bahngeometrie $x^\lambda = x^\lambda(s)$ eine Bewegungsgleichung für $s(\tau)$ ab. Wie lautet der zugehörige Energiesatz?

10.3 Zeigen Sie, daß in einem von der Koordinatenzeit x^0/c unabhängigen Gravitationsfeld mit $x^\mu(\tau)$ auch $\tilde{x}^\mu(\tau) = x^\mu(\tau-\tau_0)$ eine Lösung der Bewegungsgleichungen für den freien Fall eines Massenpunktes ist, wobei τ die Eigenzeit längs der Bahn und $\tau = 0$ eindeutig der Systemzeit t_0 am Ort $x^\mu(0)$ zugeordnet ist. *Anleitung:* Betrachten Sie zuerst die Parameterdarstellung $x^\mu(p)$ der Bahn und in dieser die Bahnen $\{x^0(p), x^l(p)\}$ sowie $\{x^0(p)+\text{const}, x^l(p)\}$. Was läßt sich über die Eigenzeit sagen, mit der äquivalente Bahnstücke durchlaufen werden?

10.4 Welcher Gleichung genügt die geodätische Abweichung $\eta^\kappa(\tau)$ von zwei Nachbarpunkten derselben Bahn in einem zeitunabhängigen Gravitationsfeld?

11 Einfache Anwendungen der ART

Wegen der Nichtlinearität der Einsteinschen Feldgleichungen ist es im allgemeinen sehr schwierig, für diese Lösungen zu finden. Für hinreichend schwache Felder kann man durch Linearisieren Näherungslösungen erhalten. Exakte Lösungen der vollen Gleichungen kann man finden, wenn diese aufgrund von Symmetrien besonders einfach werden. Das wichtigste Beispiel hierfür bildet räumliche Kugelsymmetrie, also die Symmetrie, die man für das Gravitationsfeld in der Umgebung eines kugelförmigen Himmelskörpers erwartet. Dies ist auch der erste Fall, der exakt gelöst wurde (Schwarzschild 1916), und er bildet den hauptsächlichen Gegenstand dieses Kapitels (Abschn. 11.1).

Wir werden zunächst in geeigneten Koordinaten die allgemeine Metrik mit räumlicher Kugelsymmetrie aufsuchen. In dieser sind einige Koeffizienten noch unbestimmte Funktionen, die mit Hilfe der Feldgleichungen bestimmen werden können. Im Anschluß daran werden wir eine Reihe physikalischer Phänomene wie die Bahn eines Teilchens (Abschn. 11.2) oder den Weg von Lichtstrahlen in dem berechneten Gravitationsfeld untersuchen (Abschn. 11.3). Dabei werden wir zu theoretischen Ergebnissen gelangen, deren praktische Bestätigung zu den wichtigsten Belegen für die Gültigkeit der Einsteinschen Theorie geführt hat: Die Periheldrehung von Planeten, insbesondere des Merkur, die Ablenkung von Licht im Schwerefeld der Sonne und die gravitative Verzögerung von Radarsignalen.

11.1 Schwarzschild-Lösung

11.1.1 Allgemeine Metrik mit räumlicher Kugelsymmetrie

Die Eigenschaften räumlicher Kugelsymmetrie lassen sich besonders einfach ausdrücken, wenn man geeignete Koordinaten einführt. Wir benutzen eine zeitartige Koordinate T und als räumliche Koordinaten eine Radialkoordinate r mit der Eigenschaft, daß ihre Niveauflächen $r = \text{const}$ Kugeln beschreiben, sowie zwei Winkel ϑ und φ. Kugelsymmetrie bedeutet, daß keine der beiden Winkelrichtungen ausgezeichnet wird. Insbesondere muß das Linienelement gegenüber den Ersetzungen $d\vartheta \to -d\vartheta$, $d\varphi \to -d\varphi$ invariant sein. Das ist nur möglich, wenn es keine gemischten Produkte wie $dT\,d\varphi$, $dr\,d\varphi$ etc. enthält. Außerdem läßt sich die innere Geometrie der Kugelflächen $T = \text{const}$, $r = \text{const}$ durch nichts von der einer euklidischen Kugelfläche unterscheiden. Bei geeigneter Definition der Koordinaten r, ϑ, φ muß sich ds^2 daher für $c\,dT = dr = 0$ auf $r^2(d\vartheta^2 + \sin^2\vartheta\, d\varphi^2)$ reduzieren. Insgesamt können wir daher

$$ds^2 = A^2 dT^2 + B\,dT\,dr - C^2 dr^2 - r^2\left(d\vartheta^2 + \sin^2\vartheta\, d\varphi^2\right)$$

ansetzen, wobei A, B und C nur von r und T abhängen dürfen, damit ds^2 für $d\vartheta = d\varphi = 0$ winkelunabhängig wird. Durch eine geeignete Transformation $t = t(T, r)$ auf eine neue Zeit t können wir auch noch die Zeitorthogonalität der Metrik erreichen. Hierzu setzen wir mit einer noch zu bestimmenden Funktion $\nu = \nu(r, t)$

$$A\,dT + \frac{B}{2A}\,dr =: \mathrm{e}^{\nu/2}\,c\,dt\,. \tag{11.1}$$

$\mathrm{e}^{\nu/2}$ bildet dabei einen integrierenden Nenner und kann stets so aus A und B bestimmt werden, daß $c\,dt$ ein totales Differential ist.

Beweis: Damit $dt = (A\,dT + b\,dr)/N$ ein totales Differential ist, muß

$$\frac{A}{N} = \frac{\partial t}{\partial T}\,, \quad \frac{b}{N} = \frac{\partial t}{\partial r} \quad \Rightarrow \quad \frac{\partial}{\partial r}\left(\frac{A}{N}\right) = \frac{\partial}{\partial T}\left(\frac{b}{N}\right), \quad A\,\frac{\partial N}{\partial r} - b\,\frac{\partial N}{\partial T} = N\left(\frac{\partial A}{\partial r} - \frac{\partial b}{\partial T}\right)$$

gelten. Aus der zuletzt angegebenen partiellen Differentialgleichung kann N in Abhängigkeit von A und b bestimmt werden. □

Mit (11.1), $A^2 dT^2 + B\,dT\,dr = \mathrm{e}^{\nu}\,(d\,ct)^2 - B^2/(4A^2)\,dr^2$ und der Definition

$$C^2 + B^2/(4A^2) =: \mathrm{e}^{\lambda(r,t)} \tag{11.2}$$

erhalten wir schließlich

$$\boxed{ds^2 = \mathrm{e}^{\nu(r,t)} c^2\,dt^2 - \mathrm{e}^{\lambda(r,t)} dr^2 - r^2\big(d\vartheta^2 + \sin^2\!\vartheta\,d\varphi^2\big)} \tag{11.3}$$

als **Standardform des Linienelements bei räumlicher Kugelsymmetrie**. Als Flächenmaß der Kugeloberfläche r = const ergibt sich aus (11.3) $4\pi r^2$. Dies definiert die physikalische Bedeutung der Koordinate r ; ϑ und φ haben dieselbe Bedeutung wie auf einer euklidischen Kugel.

Zur Ableitung von (11.3) wurden nur Symmetrieargumente benutzt. Die noch offen gebliebenen Funktionen $\nu(r, t)$ und $\lambda(r, t)$ müssen mit Hilfe der Einsteinschen Feldgleichungen bestimmt werden. Dabei wird sich herausstellen, daß die durch die Art des Ansatzes formal als positiv angesetzten metrischen Koeffizienten e^{ν} und e^{λ} in bestimmten Raumgebieten negativ werden. Dies wird dort zu einer Uminterpretation der physikalischen Bedeutung der Koordinaten führen, stellt aber keinen Widerspruch zu unserem Ansatz dar. Technisch gesehen bedeutet es, daß A, B und C imaginär bzw. ν und λ komplex werden. Für $\nu = \nu_{\mathrm{r}} + \mathrm{i}\pi$ mit reellem ν_{r} erhalten wir nämlich $\mathrm{e}^{\nu} = \mathrm{e}^{\nu_{\mathrm{r}}}\mathrm{e}^{\mathrm{i}\pi} = \mathrm{e}^{\nu_{\mathrm{r}}}\cos\pi = -\,\mathrm{e}^{\nu_{\mathrm{r}}}$.

Wenden wir uns noch kurz dem offen gebliebenen Zusammenhang zwischen $\nu(r, t)$, A und B zu. Aus (11.1) folgt $c\,\mathrm{e}^{\nu/2}\,\partial t/\partial T = A$, $c\,\mathrm{e}^{\nu/2}\,\partial t/\partial r = B/(2A)$ mit Integrabilitätsbedingung $\partial^2 t/(\partial r\,\partial T) = \partial^2 t/(\partial t\,\partial r)$ bzw. $\partial(A\,\mathrm{e}^{-\nu/2})/\partial r = \partial[B\,\mathrm{e}^{-\nu/2}/(2A)]/\partial T$. Aus dieser folgt die partielle Differentialgleichung

$$2\,\frac{\partial A}{\partial r} - \frac{\partial}{\partial T}\left(\frac{B}{A}\right) + \frac{B}{2A}\frac{\partial \nu}{\partial T} - A\,\frac{\partial \nu}{\partial r} = 0\,,$$

welche die – im allgemeinen jedoch uninteressante – Berechnung von A und B ermöglicht, wenn zuvor $\nu(r, t)$ wie im folgenden Abschnitt bestimmt wurde.

11.1.2 Christoffel-Symbole und Ricci-Tensor bei Kugelsymmetrie

Um die in der Metrik (11.3) noch unbestimmt gebliebenen Funktionen $\nu(r,t)$ und $\lambda(r,t)$ aus den Einsteinschen Feldgleichungen zu berechnen, müssen wir zuerst die Christoffel-Symbole und anschließend den Ricci-Tensor durch ν und λ ausdrücken. Ersteres könnte im Prinzip mit Hilfe von (9.52) geschehen. Es ist jedoch viel einfacher, die Christoffel-Symbole aus der Differentialgleichung (9.69) für geodätische Linien abzulesen. Man erspart sich dadurch die Berechnung von 28 Christoffel-Symbolen, die in der Geodätengleichung nicht auftreten und daher verschwinden. Indem wir die Koeffizienten der Metrik (11.3) in (9.66) einsetzen, in (9.69) $F = L^2/2$ wählen und die Identifizierungen

$$x^0 = ct\,, \quad x^1 = r\,, \quad x^2 = \vartheta\,, \quad x^3 = \varphi \tag{11.4}$$

vornehmen, erhalten wir mit

$$F = \frac{1}{2}\left[\mathrm{e}^{\nu(t,r)}c^2\dot{t}^2 - \mathrm{e}^{\lambda(t,r)}\dot{r}^2 - r^2\left(\dot{\vartheta}^2 + \sin^2\vartheta\,\dot{\varphi}^2\right)\right],$$
$$\frac{d}{dp}\left(\frac{\partial F}{\partial c\dot{t}}\right) = \frac{d}{dp}\left(\mathrm{e}^{\nu}c\dot{t}\right) = \mathrm{e}^{\nu}\left(c\ddot{t} + \frac{\partial\nu}{\partial ct}c^2\dot{t}^2 + \frac{\partial\nu}{\partial r}c\dot{t}\,\dot{r}\right),$$
$$\frac{\partial F}{\partial ct} = \frac{1}{2}\mathrm{e}^{\nu}c^2\dot{t}^2\frac{\partial\nu}{\partial ct} - \frac{1}{2}\mathrm{e}^{\lambda}\dot{r}^2\frac{\partial\lambda}{\partial ct}$$

etc. als Komponenten der Geodätengleichung (9.69)

$$\begin{aligned}
&c\ddot{t} + \frac{1}{2}\frac{\partial\nu}{\partial ct}c^2\dot{t}^2 + \frac{\partial\nu}{\partial r}c\dot{t}\,\dot{r} + \frac{1}{2}\mathrm{e}^{(\lambda-\nu)}\frac{\partial\lambda}{\partial ct}\dot{r}^2 = 0\,,\\
&\ddot{r} + \frac{1}{2}\mathrm{e}^{(\nu-\lambda)}\frac{\partial\nu}{\partial r}c^2\dot{t}^2 + \frac{\partial\lambda}{\partial ct}c\dot{t}\,\dot{r} + \frac{1}{2}\frac{\partial\lambda}{\partial r}\dot{r}^2 - r\mathrm{e}^{-\lambda}\dot{\vartheta}^2 - r\mathrm{e}^{-\lambda}\sin^2\vartheta\,\dot{\varphi}^2 = 0\,,\\
&\ddot{\vartheta} + \frac{2}{r}\dot{r}\,\dot{\vartheta} - \sin\vartheta\cos\vartheta\,\dot{\varphi}^2 = 0\,, \qquad \ddot{\varphi} + \frac{2}{r}\dot{r}\,\dot{\varphi} + 2\cot\vartheta\,\dot{\vartheta}\,\dot{\varphi} = 0\,.
\end{aligned}\tag{11.5}$$

Der Vergleich mit (9.67) liefert sofort

$$\begin{aligned}
&\Gamma^0_{00} = \frac{1}{2}\frac{\partial\nu}{\partial ct}\,, \quad \Gamma^0_{01} = \frac{1}{2}\frac{\partial\nu}{\partial r}\,, \quad \Gamma^0_{11} = \frac{1}{2}\mathrm{e}^{(\lambda-\nu)}\frac{\partial\lambda}{\partial ct}\,,\\
&\Gamma^1_{00} = \frac{1}{2}\mathrm{e}^{(\nu-\lambda)}\frac{\partial\nu}{\partial r}\,, \quad \Gamma^1_{01} = \frac{1}{2}\frac{\partial\lambda}{\partial ct}\,, \quad \Gamma^1_{11} = \frac{1}{2}\frac{\partial\lambda}{\partial r}\,,\\
&\Gamma^1_{22} = -r\mathrm{e}^{-\lambda}\,, \quad \Gamma^1_{33} = -r\mathrm{e}^{-\lambda}\sin^2\vartheta\,,\\
&\Gamma^2_{12} = \frac{1}{r}\,, \quad \Gamma^2_{33} = -\sin\vartheta\cos\vartheta\,, \quad \Gamma^3_{13} = \frac{1}{r}\,, \quad \Gamma^3_{23} = \cot\vartheta\,, \quad \Gamma^\lambda_{\mu\nu} = 0 \quad \text{sonst}.
\end{aligned}\tag{11.6}$$

Dabei kommt der Faktor 1/2 vor gemischten Termen wie Γ^0_{01} dadurch zustande, daß in (9.67) Summen wie $(\Gamma^0_{01} + \Gamma^0_{10})\,c\dot{t}\,\dot{r}$ auftreten und die $\Gamma^\lambda_{\mu\nu}$ in den unteren Indizes symmetrisch sind (siehe (8.38)). Für den Ricci-Tensor folgt aus (9.71) und (9.81) zunächst

$$R_{\alpha\beta} = R^\sigma_{\ \alpha\sigma\beta} = \Gamma^\sigma_{\alpha\sigma,\beta} - \Gamma^\sigma_{\alpha\beta,\sigma} + \Gamma^\rho_{\alpha\sigma}\Gamma^\sigma_{\rho\beta} - \Gamma^\rho_{\alpha\beta}\Gamma^\sigma_{\rho\sigma}\,. \tag{11.7}$$

Mit unseren Ergebnissen für die $\Gamma^\lambda_{\mu\nu}$ erhalten wir daraus z. B.

$$R^0_{\alpha 0\beta} = \Gamma^0_{\alpha 0,\beta} - \Gamma^0_{\alpha\beta,0} + \Gamma^\rho_{\alpha 0}\Gamma^0_{\rho\beta} - \Gamma^\rho_{\alpha\beta}\Gamma^0_{\rho 0}\,.$$

Hierin ist $\Gamma^\rho_{\alpha 0}\Gamma^0_{\rho\beta} = \Gamma^0_{\alpha 0}\Gamma^0_{0\beta} + \Gamma^1_{\alpha 0}\Gamma^0_{1\beta}$ und $\Gamma^\rho_{\alpha\beta}\Gamma^0_{\rho 0} = \Gamma^0_{\alpha\beta}\Gamma^0_{00} + \Gamma^1_{\alpha\beta}\Gamma^0_{10}$, da es keine von null verschiedenen $\Gamma^2_{\alpha\beta}$ bzw. $\Gamma^3_{\alpha\beta}$ gibt, bei denen ein unterer Index null ist, und keine von null verschiedenen $\Gamma^0_{\alpha\beta}$, bei denen ein unterer Index 2 oder 3 ist. Aus dem zuletzt angegebenen Grunde folgt auch, daß $\Gamma^0_{\alpha 0,\beta} - \Gamma^0_{\alpha\beta,0}$ nur für $\{\alpha,\beta\} = \{0,1\}$ und $\{1,1\}$ von null verschieden ist.

$$\Gamma^\rho_{\alpha 0}\Gamma^0_{\rho\beta} - \Gamma^\rho_{\alpha\beta}\Gamma^0_{\rho 0} = \Gamma^0_{\alpha 0}\Gamma^0_{0\beta} + \Gamma^1_{\alpha 0}\Gamma^0_{1\beta} - \Gamma^0_{\alpha\beta}\Gamma^0_{00} - \Gamma^1_{\alpha\beta}\Gamma^0_{10}$$

ist nur für $\{\alpha,\beta\} = \{0,1\}, \{1,1\}, \{2,2\}$ und $\{3,3\}$ ungleich null, weil die Terme in allen anderen Fällen verschwinden bzw. sich für $\{\alpha,\beta\} = \{0,0\}$ und $\{1,0\}$ gegenseitig wegheben. (Man überprüft das am besten der Reihe nach für $\{\alpha,\beta\} = \{0,\beta\}, \{1,\beta\}, \{2,\beta\}$ und $\{3,\beta\}$ unter Verwendung von (11.6).) $R^0_{\alpha 0\beta}$ ist die Summe der angeführten nicht verschwindenden Terme und ist daher auch nur für die angegebenen Indexpaare $\{\alpha,\beta\}$ ungleich null. Analog läßt sich zeigen, daß auch $R^1_{\lambda 1\nu}$, $R^2_{\lambda 2\nu}$ und $R^3_{\lambda 3\nu}$ nur für $\{\alpha,\beta\} = \{0,0\}, \{0,1\}, \{1,1\}, \{2,2\}$ und $\{3,3\}$ von null verschieden sind, so daß im Ricci-Tensor nur die Komponenten R_{00}, R_{11}, R_{22}, R_{33} und $R_{01} = R_{10}$ nicht verschwinden.

Wir wollen hier nur exemplarisch R_{00} berechnen und uns bei den übrigen Komponenten von $R_{\alpha\beta}$ mit der Angabe des Ergebnisses zufrieden geben. Nach (11.7) ist

$$R_{00} = \Gamma^\sigma_{0\sigma,0} - \Gamma^\sigma_{00,\sigma} + \Gamma^\rho_{0\sigma}\Gamma^\sigma_{\rho 0} - \Gamma^\rho_{00}\Gamma^\sigma_{\rho\sigma}\,,$$

und mit $\Gamma^2_{02} = \Gamma^3_{03} = \Gamma^2_{00} = \Gamma^3_{00} = 0$ und (11.4) ist

$$\begin{aligned}\Gamma^\sigma_{0\sigma,0} - \Gamma^\sigma_{00,\sigma} &= \Gamma^1_{01,0} - \Gamma^1_{00,1} = \frac{1}{2}\frac{\partial^2\lambda}{\partial(ct)^2} - \frac{1}{2}\frac{\partial}{\partial r}\left(e^{(\nu-\lambda)}\frac{\partial\nu}{\partial r}\right)\\ &= \frac{1}{2}\frac{\partial^2\lambda}{\partial(ct)^2} - \frac{1}{2}e^{(\nu-\lambda)}\left[\left(\frac{\partial\nu}{\partial r}\right)^2 - \frac{\partial\lambda}{\partial r}\frac{\partial\nu}{\partial r} + \frac{\partial^2\nu}{\partial r^2}\right].\end{aligned}$$

Weiterhin erhalten wir im Restterm von R_{00} für $\rho=0$ wegen $\Gamma^2_{00}=\Gamma^3_{00}=\Gamma^2_{02}=\Gamma^3_{03}=0$

$$\Gamma^0_{0\sigma}\Gamma^\sigma_{00} - \Gamma^0_{00}\Gamma^\sigma_{0\sigma} = \Gamma^0_{01}\Gamma^1_{00} - \Gamma^0_{00}\Gamma^1_{01} = \frac{1}{4}e^{(\nu-\lambda)}\left(\frac{\partial\nu}{\partial r}\right)^2 - \frac{1}{4}\frac{\partial\lambda}{\partial\, ct}\frac{\partial\nu}{\partial\, ct}\,,$$

für $\rho = 1$ wegen $\Gamma^1_{02} = \Gamma^1_{03} = 0$

$$\begin{aligned}\Gamma^1_{0\sigma}\Gamma^\sigma_{10} - \Gamma^1_{00}\Gamma^\sigma_{1\sigma} &= \Gamma^1_{01}\Gamma^1_{10} - \Gamma^1_{00}\Gamma^1_{11} - \Gamma^1_{00}\Gamma^2_{12} - \Gamma^1_{00}\Gamma^3_{13}\\ &= \frac{1}{4}\left(\frac{\partial\lambda}{\partial ct}\right)^2 - \frac{1}{2}e^{(\nu-\lambda)}\frac{\partial\nu}{\partial r}\left(\frac{1}{2}\frac{\partial\lambda}{\partial r} + \frac{2}{r}\right)\end{aligned}$$

und für $\rho = 2$ sowie $\rho = 3$ wegen $\Gamma^2_{0\sigma} = \Gamma^3_{0\sigma} = \Gamma^2_{00} = \Gamma^3_{00} = 0$

$$\Gamma^2_{0\sigma}\Gamma^\sigma_{20} - \Gamma^2_{00}\Gamma^\sigma_{2\sigma} = \Gamma^3_{0\sigma}\Gamma^\sigma_{30} - \Gamma^3_{00}\Gamma^\sigma_{3\sigma} = 0\,.$$

Durch Addition der Teilergebnisse erhält man R_{00}, und die übrigen von null verschiedenen Komponenten von $R_{\mu\nu}$ berechnet man analog. Das Ergebnis dieser Rechnungen ist

$$
\begin{aligned}
R_{00} &= \frac{1}{2}\frac{\partial^2\lambda}{\partial(ct)^2}+\frac{1}{4}\left(\frac{\partial\lambda}{\partial ct}\right)^2-\frac{1}{4}\frac{\partial\lambda}{\partial ct}\frac{\partial\nu}{\partial ct}-e^{(\nu-\lambda)}\left[\frac{1}{2}\frac{\partial^2\nu}{\partial r^2}+\frac{1}{4}\left(\frac{\partial\nu}{\partial r}\right)^2-\frac{1}{4}\frac{\partial\lambda}{\partial r}\frac{\partial\nu}{\partial r}+\frac{1}{r}\frac{\partial\nu}{\partial r}\right],\\
R_{11} &= \frac{1}{2}\frac{\partial^2\nu}{\partial r^2}+\frac{1}{4}\left(\frac{\partial\nu}{\partial r}\right)^2-\frac{1}{4}\frac{\partial\lambda}{\partial r}\frac{\partial\nu}{\partial r}-\frac{1}{r}\frac{\partial\lambda}{\partial r}-e^{(\lambda-\nu)}\left[\frac{1}{2}\frac{\partial^2\lambda}{\partial(ct)^2}+\frac{1}{4}\left(\frac{\partial\lambda}{\partial ct}\right)^2-\frac{1}{4}\frac{\partial\lambda}{\partial ct}\frac{\partial\nu}{\partial ct}\right],\\
R_{22} &= e^{-\lambda}\left[1+\frac{r}{2}\left(\frac{\partial\nu}{\partial r}-\frac{\partial\lambda}{\partial r}\right)\right]-1\,,\qquad R_{33}=R_{22}\sin^2\vartheta\,,\qquad R_{01}=R_{10}=-\frac{1}{r}\frac{\partial\lambda}{\partial ct}\,.
\end{aligned}
\tag{11.8}
$$

11.1.3 Lösung der Vakuum-Feldgleichungen

Zur Bestimmung der Funktionen $\lambda(t,r)$ und $\nu(t,r)$ haben wir nach (10.87) die fünf Vakuumfeldgleichungen

$$R_{00}=R_{11}=R_{22}=R_{33}=R_{01}=0\,,$$

in denen die Ergebnisse (11.8) einzusetzen sind. Aus $R_{01}=0$ folgt sofort

$$\lambda=\lambda(r)\,. \tag{11.9}$$

$R_{22}=0$ führt zu der Gleichung

$$\frac{\partial\nu}{\partial r}=\frac{\partial\lambda}{\partial r}+\frac{2}{r}\left(e^{\lambda}-1\right)\,,$$

deren rechte Seite wie λ nur von r abhängt. $\nu(t,r)$ besitzt daher die Struktur

$$\nu(t,r)=\nu(r)+g(t)\,. \tag{11.10}$$

Mit (11.9)–(11.10) lautet das Linienelement (11.3)

$$ds^2=e^{\nu(r)}\left(e^{g(t)/2}d\,ct\right)^2-e^{\lambda(r)}dr^2-r^2\left(d\vartheta^2+\sin^2\!\vartheta\,d\varphi^2\right)\,.$$

Führen wir jetzt durch die Transformation

$$t'=t'(t)\qquad\text{mit}\qquad\frac{dt'}{dt}=e^{g(t)/2}$$

eine neue Zeitkoordinate t' ein, so erhalten wir mit der Umbenennung $t'\to t$

$$ds^2=e^{\nu(r)}(d\,ct)^2-e^{\lambda(r)}dr^2-r^2(d\vartheta^2+\sin^2\!\vartheta\,d\varphi^2)\,. \tag{11.11}$$

Damit haben wir das wichtige, 1923 von G.D. Birkhoff gefundene und als **Birkhoff-Theorem** bezeichnete Ergebnis: *Die räumlich kugelsymmetrische Lösung der Vakuum-Feldgleichungen ist zeitunabhängig; die zugehörige Metrik ist die Schwarzschild-Metrik (11.17).* Dieses gilt allerdings nur insoweit, wie ct als Zeitkoordinate interpretiert werden kann. (Siehe dazu die Diskussion der Metrik (11.17).) Dieses Ergebnis hat zur Konsequenz, daß eine zeitabhängige kugelsymmetrische Massenverteilung innerhalb eines begrenzten Gebietes – diese kann pulsieren oder auch von einem zusammenstürzenden Stern herrühren – in ihrem Außenraum ein zeitunabhängiges Gravitationsfeld erzeugt. Insbesondere strahlt sie also keine Gravitationswellen ab. (Dies entspricht dem Befund der Elektrodynamik, daß von einer pulsierenden kugelsymmetrischen Ladungsverteilung keine elektromagnetischen Wellen ausgehen.)

Mit dem Ergebnis (11.11) können wir uns in (11.3) auf statische Funktionen $\lambda = \lambda(r)$ und $\nu = \nu(r)$ beschränken. Da die Gleichung $R_{01} = 0$ schon berücksichtigt ist und $R_{33} = 0$ nach (11.8) mit $R_{22} = 0$ automatisch erfüllt wird, verbleiben uns noch die drei Gleichungen $R_{00} = R_{11} = R_{22} = 0$ bzw.

$$\frac{d^2\nu}{dr^2}+\frac{1}{2}\left(\frac{d\nu}{dr}\right)^2-\frac{1}{2}\frac{d\lambda}{dr}\frac{d\nu}{dr}+\frac{2}{r}\frac{d\nu}{dr}=0\,,\qquad \frac{d^2\nu}{dr^2}+\frac{1}{2}\left(\frac{d\nu}{dr}\right)^2-\frac{1}{2}\frac{d\lambda}{dr}\frac{d\nu}{dr}-\frac{2}{r}\frac{d\lambda}{dr}=0\,,$$
$$\mathrm{e}^{-\lambda}\left[1+\frac{r}{2}\frac{d}{dr}(\nu-\lambda)\right]-1=0\,. \tag{11.12}$$

Aus den beiden ersten ergibt sich durch Subtraktion

$$\frac{d(\nu+\lambda)}{dr}=0 \qquad \Rightarrow \qquad \nu+\lambda=a$$

mit einer Konstanten a, und damit wird aus (11.11)

$$ds^2=\mathrm{e}^{-\lambda}\left(\mathrm{e}^{a/2}\,d\,ct\right)^2-\mathrm{e}^{\lambda}dr^2-r^2\left(d\vartheta^2+\sin^2\vartheta\,d\varphi^2\right).$$

Durch eine erneute Zeittransformation $\mathrm{e}^{a/2}d\,ct = d\,ct'$ kann der Faktor $\mathrm{e}^{a/2}$ eliminiert werden, was damit gleichbedeutend ist, die Integrationskonstante gleich null zu setzen. Dann gilt aber $\lambda = -\nu$, und wir erhalten aus der letzten der Gleichungen (11.12) die gewöhnliche Differentialgleichung $r\,d\lambda/dr = 1-\mathrm{e}^{\lambda}$, die durch

$$\mathrm{e}^{-\lambda}=\mathrm{e}^{\nu}=1-\frac{r_\mathrm{s}}{r} \tag{11.13}$$

(r_s = Integrationskonstante) gelöst wird. Man überzeugt sich leicht davon, daß hiermit auch die noch verbleibenden Gleichungen (11.13) erfüllt werden.

Die physikalische Bedeutung der als *Schwarzschild-Radius* bezeichneten Integrationskonstante r_s kann aus dem asymptotischen Verhalten der Metrik für $r \to \infty$ abgelesen werden. Dort gilt

$$g_{00}=\mathrm{e}^{\nu}=1-\frac{r_\mathrm{s}}{r}\to 1 \qquad \text{und} \qquad g_{11}=\mathrm{e}^{\lambda}=\frac{1}{(1-r_\mathrm{s}/r)}\to 1$$

d. h. die Metrik wird beinahe pseudo-euklidisch, das Gravitationsfeld schwach, und daher gilt nach (10.52)

$$g_{00}=1-\frac{r_\mathrm{s}}{r}\to 1+\frac{2\Phi}{c^2}\,. \tag{11.14}$$

Bezeichnen wir den Radialabstand der pseudo-euklidischen Metrik mit R, so wird für $r \to \infty$

$$dr = dR\,, \qquad r = R + \text{const} \qquad \text{und} \qquad \lim_{r\to\infty} \frac{r}{R} = 1\,. \tag{11.15}$$

In der Newtonschen Theorie ist das kugelsymmetrische Vakuumfeld Φ durch

$$\Phi = -\frac{GM}{R}$$

gegeben. Damit erhalten wir aus (11.14) und (11.15)

$$\lim_{r\to\infty} \frac{r_s}{r} = \lim_{r\to\infty} \frac{2GM}{R\,c^2} \qquad \text{bzw.} \qquad \lim_{r\to\infty} \frac{r_s c^2}{2GM} \frac{R}{r} = \frac{r_s c^2}{2GM} = 1\,,$$

d. h. der **Schwarzschild-Radius** ist durch

$$\boxed{r_s = \frac{2GM}{c^2}} \tag{11.16}$$

gegeben. Als Ergebnis ((11.11) mit (11.13)) halten wir fest

$$\boxed{ds^2 = \left(1 - \frac{r_s}{r}\right) c^2 dt^2 - \frac{1}{(1 - r_s/r)}\, dr^2 - r^2(d\vartheta^2 + \sin^2\!\vartheta\, d\varphi^2)\,.} \tag{11.17}$$

Die hierdurch definierte Metrik wird als **Schwarzschild-Metrik** bezeichnet.

Der Vergleich mit der Newtonschen Theorie bei großen Radien erlaubt es, die Schwarzschild-Metrik als Metrik im Außenraum einer kugelsymmetrischen Massenverteilung der Gesamtmasse M zu interpretieren. Dabei ist diese nicht als Integral über die die Metrik erzeugenden Gravitationsquellen definiert, sondern durch ihre Anziehung in weiter Ferne, also gewissermaßen durch die Teilchenbahnen, zu denen sie dort führt, so daß sich keine Rückschlüsse auf die in der Anordnung gespeicherte Energie ziehen lassen (siehe dazu auch Abschn. 13.2.3).

Die metrischen Koeffizienten g_{00} und g_{11} der Schwarzschild-Metrik erleiden beim Durchgang durch den Schwarzschild-Radius einen Vorzeichenwechsel. Diese Möglichkeit, die im Ansatz (11.3) noch offengehalten wurde, bedeutet physikalisch, daß r und ct beim Übergang von $r > r_s$ nach $r < r_s$ die Rollen tauschen: r wird zur Zeit- und ct zu einer räumlichen Koordinate. Dies hat zur Folge, daß die Metrik (11.17) nur im Bereich $r > r_s$ zeitunabhängig ist, *für $r < r_s$ wird sie dagegen zeitabhängig.*

Bei $r = 0$ und $r = r_s$ wird die Schwarzschild-Metrik singulär, es gilt $g_{00} \to -\infty$ für $r \to 0$ und $g_{11} \to \pm\infty$ für $r \to r_s$. Die Singularität bei $r = r_s$ ist eine Konsequenz der Nichtlinearität der Feldgleichungen – sie würde bei einer linearen homogenen Differentialgleichung, in der höchstens zweite Ableitungen nach r vorkommen, nicht auftreten –, und man war lange Zeit der Meinung, daß ihr eine physikalische Singularität der Raum-Zeit entsprechen würde. Es gibt jedoch hebbare **Koordinatensingularitäten**, die nur durch die Koordinatenwahl zustande kommen und beim Übergang zu anderen Koordinaten verschwinden.

Beispiel 11.1: *Hebbare Koordinatensingularität*

Das Linienelement

$$ds^2 = \frac{d\xi^2}{\xi} + 4\xi\, d\varphi^2$$

mit einer Singularität bei $\xi = 0$ geht durch die Transformation $\xi = r^2/4$ in das Linienelement

$$ds^2 = dr^2 + r^2 d\varphi^2$$

einer euklidischen Ebene in Polarkoordinaten über, d. h. es besitzt eine hebbare Koordinatensingularität.

Dafür, daß auch in der Schwarzschild-Metrik bei $r = r_s$ nur eine Koordinatensingularität vorliegt, gibt es mehrere Indizien: Sowohl die Determinante $g = \det g_{\mu\nu} = -\,r^4 \sin^2\vartheta$ als auch der Krümmungsskalar $R = g^{\mu\nu} R_{\nu\mu}$ und noch weitere, aus dem Krümmungstensor gebildete Invarianten bleiben beim Schwarzschild-Radius endlich. Koordinaten, in denen die Singularität bei r_s tatsächlich völlig verschwindet, werden wir im nächsten Abschnitt kennen lernen.

Daß beim Schwarzschild-Radius keine physikalische Singularität der Raum-Zeit vorliegt, muß nicht bedeuten, daß diesem überhaupt keine physikalische Bedeutung zukäme. Bei Wechselwirkungen, die zwischen verschiedenen Raumelementen eines Schwarzschild-Feldes stattfinden, sei es durch den Austausch von Materie oder die Ein- und Ausstrahlung von Licht, spielt der Schwarzschild-Radius eine wichtige Rolle, obwohl ein – als Punkt idealisierter – Beobachter bei dessen Passieren keinerlei Besonderheiten feststellen würde. Wir werden hierauf später im Zusammenhang mit schwarzen Löchern zurückkommen.

Im Normalfall ist der Radius eines Himmelskörpers sehr viel größer als sein Schwarzschild-Radius – der letztere beträgt bei der Sonne 2.96 km und bei der Erde 0.9 cm. Die Schwarzschild-Singularität tritt daher gar nicht auf, da die Vakuum-Feldgleichungen innerhalb von Materie nicht mehr gültig sind. Auch bei Elementarteilchen meßbarer Ausdehnung liegt der Schwarzschild-Radius weit in deren Innerem: Beim Proton z. B. ist $r_s \approx 10^{-50}$ cm gegenüber $r_p \approx 10^{-13}$ cm. Dies bedeutet, daß das Problem der Schwarzschild-Singularität für die meisten Objekte keine Rolle spielt. Beim gravitativen Kollaps eines Sternes kann es allerdings bedeutsam werden, denn die Dichte der Materie kann dabei so groß werden, daß der Schwarzschild-Radius – allerdings nur für einen mit der Materie fallenden Beobachter – außerhalb der Materie zu liegen kommt (siehe Abschn. 13.2).

Bei der Ableitung von Gleichung (11.17) wurden keinerlei Annahmen über die radiale Abhängigkeit der kugelsymmetrischen Massenverteilung gemacht. Sie gilt daher einerseits im Fall 1 einer bei $r{=}0$ gelegene Punktmasse für alle $r{>}0$, wobei wir annehmen, daß $r_s{=}2GM_0/c^2$ ist. Andererseits gilt sie auch, wenn die Punktmasse M_0 von einer Hohlkugel umgeben ist, deren Masse kugelsymmetrisch in einem Gebiet $r_1{\leq}r{\leq}r_2$ verteilt ist (Fall 2), in den Bereichen $0{<}r{\leq}r_1$ und $r{\geq}r_2$. Im Außenbereich $r{\geq}r_2$ ist zur Berechnung von r_s die Gesamtmasse M einzusetzen. Diese kann nicht linear aus der Punktmasse M_0 und der Masse der Hohlkugel superponieren werden, was aber nicht stört, da wir ihren Wert nicht benötigen. Damit r_1 als räumliche Koordinate interpretiert werden kann, nehmen wir an, daß r_1 größer als der mit der Gesamtmasse M berechnete Schwarzschild-Radius ist. Für $0<r\leq r_1$ ist in beiden Fällen 1 und 2 in ds^2 der Wert $r_s=2GM_0/c^2$ einzusetzen, weil sich die Metrik von Fall 1 ergeben muß, wenn die Masse der Hohlkugel gegen null geht. Lassen wir im Fall 2 die Masse $M_0\to 0$ gehen, so erhalten wir den Fall einer **Hohlkugel**. Für deren Innenbereich $0<r\leq r_1$ ergibt sich daher (11.17) mit $r_s=0$, also die Metrik einer pseudo-euklidischen Raum-Zeit in Polarkoordinaten. Damit haben wir auch in der ART das Ergebnis, daß *eine Hohlkugel in ihrem Inneren kein Gravitationsfeld erzeugt.*

11.1.4 Kruskal-Form der Schwarzschild-Metrik

Es gibt eine Reihe von Koordinatentransformationen, durch welche die Singularität der Schwarzschild-Metrik am Schwarzschild-Radius behoben wird. Die erste dieser Art wurde 1924 von A.S. Eddington entdeckt. Wie bei einigen später gefundenen Transformationen wird durch sie allerdings nur ein bestimmter Teilausschnitt des Schwarzschild-Feldes erfaßt. Wir untersuchen hier eine 1960 von M. Kruskal angegebene Transformation, welche die Raum-Zeit voll überdeckt und sogar erweitert. Diese transformiert von den Koordinaten t, r, ϑ, φ der Schwarzschild-Metrik auf neue (dimensionslose) Koordinaten $t', r', \vartheta', \varphi'$ durch

$$t'^2 - r'^2 = (1 - r/r_s)\,e^{r/r_s}\,, \qquad \vartheta' = \vartheta\,, \qquad \varphi' = \varphi\,, \tag{11.18}$$

$$\frac{t'}{r'} = \tanh\left(\frac{ct}{2r_s}\right) \qquad \text{für} \qquad -\infty \leq t \leq \infty\,,\ r\geq r_s\,, \tag{11.19}$$

$$\frac{r'}{t'} = \tanh\left(\frac{ct}{2r_s}\right) \qquad \text{für} \qquad -\infty \leq t \leq \infty\,,\ r\leq r_s\,. \tag{11.20}$$

Aus (11.18a) folgt

$$dr = (2r_s^2/r)\,e^{-r/r_s}\,(r'dr' - t'dt')\,, \tag{11.21}$$

aus (11.19)

$$\begin{aligned}\frac{r'dt' - t'dr'}{r'^2} &= \left[1 - \tanh^2\left(\frac{ct}{2r_s}\right)\right]\frac{c\,dt}{2r_s} = \frac{r'^2 - t'^2}{r'^2}\,\frac{c\,dt}{2r_s}\\ &\overset{(11.18a)}{=} -\left(1 - \frac{r}{r^s}\right)\frac{e^{r/r_s}}{2\,r_s\,r'^2}\,c\,dt = -\frac{r\,e^{r/r_s}}{2\,r_s^2\,r'^2}\left(\frac{r_s}{r} - 1\right)c\,dt\end{aligned}$$

bzw.

$$c\,dt = \frac{2\,r_s^2\,e^{-r/r_s}}{r(1 - r_s/r)}\,(r'dt' - t'dr')\,, \tag{11.22}$$

und aus (11.20) erhält man in analoger Weise dasselbe Ergebnis. Mit (11.20)–(11.22) ergibt sich für beide Teiltransformationen (11.19) und (11.20) das einheitliche Ergebnis

$$\left(1-\frac{r_s}{r}\right)c^2\,dt^2-\frac{dr^2}{1-r_s/r}=\frac{4r_s^4\,e^{-2r/r_s}}{r^2(1-r_s/r)}\left[r'^2dt'^2+t'^2dr'^2-r'^2dr'^2-t'^2dt'^2\right]$$

$$=\frac{4r_s^4e^{-2r/r_s}}{r^2(r/r_s-1)}\,(r'^2-t'^2)(dt'^2-dr'^2)\overset{(11.18a)}{=}\frac{4\,r_s^3\,e^{-r/r_s}}{r}\,(dt'^2-dr'^2)\,.$$

Insgesamt erhält man damit aus (11.17) als **Kruskal-Form der Schwarzschild-Metrik**

$$ds^2=\frac{4r_s^3\,e^{-r(r',t')/r_s}}{r(r',t')}\left(dt'^2-dr'^2\right)-r^2(r',t')\left(d\vartheta'^2+\sin^2\vartheta'd\varphi'^2\right)\,, \tag{11.23}$$

wobei die Funktion $r=r(r',t')$ in impliziter Form durch (11.18a) gegeben ist.

In der Kruskal-Form wird die Schwarzschild-Metrik zeitabhängig. Die Singularität bei $r=r_s$ ist verschwunden, die bei $r=0$ geblieben. Offensichtlich ist die Koordinate t' durchwegs zeitartig, r' durchwegs raumartig, und beide Koordinaten können sowohl negative als auch positive Werte annehmen. ϑ' und φ' sind nach wie vor Winkel auf Flächen mit Kugelsymmetrie. Weil die – nicht hebbare – Singularität bei $r=0$ nicht überschritten werden kann, sind die Werte von r' und t' so einzuschränken, daß r nicht negativ wird. Wegen $d(t'^2-r'^2)/dr=-(r/r_s^2)e^{r/r_s}\leq 0$ für $r\geq 0$ nimmt $t'^2-r'^2$ seinen größten Wert bei $r=0$ an, was nach (11.18a) zu der Einschränkung

$$t'^2-r'^2\leq 1$$

führt. Für $r\to\infty$ eignet sich die Kruskal-Form weniger, weil in ihr nicht ersichtlich wird, daß die Raum-Zeit dort praktisch pseudo-euklidisch ist.

Wir betrachten nun die Koordinaten r und t in einem r', t'-Diagramm (Abb. 11.1). Die Kurven $t=\text{const}$ sind darin Geraden, die für (11.19) die Form $t'=r'\tanh(ct/(2r_s))$ haben (Steigung zwischen -1 und 1) und die im Teilbild (b) definierten Ausschnitte I und I' der r', t'-Ebene überdecken. Für (11.20) haben sie die Form $r'=t'\tan(ct/(2r_s))$ (Steigung wieder zwischen -1 und 1) und überdecken die komplementären Ausschnitte II und II'. Die Kurven $r=\text{const}$ sind nach (11.18a) Hyperbeln,

$$t'^2-r'^2=(1-r/r_s)\,e^{r/r_s}=\text{const}\,,$$

die für $r\leq r_s$ die zulässigen Ausschnitte ($r\geq 0$) der Teilgebiete II + II' und für $r\geq r_s$ die Teilgebiete I + I' erfüllen. Dies bedeutet, daß der Bereich $-\infty\leq t\leq\infty$, $r\geq r_s$ des Schwarzschild-Feldes (Teiltransformation (11.19)) auf die Teilgebiete I und I' und der Bereich $-\infty\leq t\leq\infty$, $r\leq r_s$ (Teiltransformation (11.20)) auf die Ausschnitte in II und II' abgebildet wird. Insgesamt überdeckt also die Kruskal-Metrik das gesamte Schwarzschild-Feld, und zwar sogar jeden Teil zweimal, da die Gebiete I und I' bzw. II und II' denselben Teil der Schwarzschild-Metrik erfassen.

Der Schwarzschild-Radius weist in der Kruskal-Metrik keinerlei lokale Besonderheiten auf. Global definiert er jedoch, wie in der Schwarzschild-Metrik, die Punkte ohne Wiederkehr (engl. point of no return). Da die Kruskal-Metrik die Bereiche $r>r_s$ und $r<r_s$ stetig und glatt verbindet, können wir jetzt besser Ereignisse untersuchen,

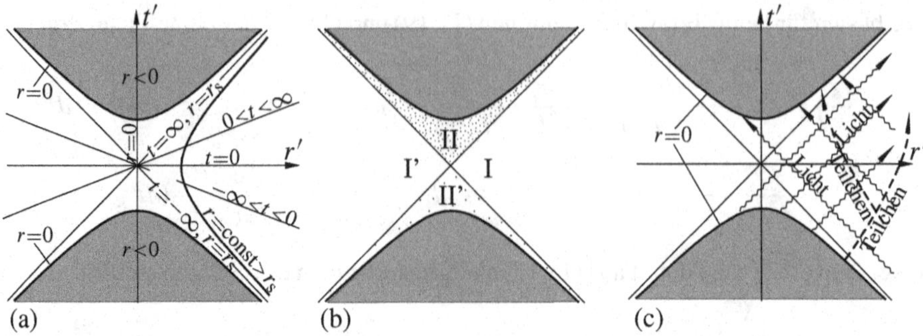

Abb. 11.1: r', t'-Diagramm für die Kruskal-Form der Schwarzschild-Metrik. (a) Linien $t = \text{const}$ und Singularität $r = 0$, (b) Definition der Teilgebiete I, II, I' und II', (c) radiale Lichtstrahlen und Teilchentrajektorien, die zur Singularität $r = 0$ des schwarzen Lochs (Teilgebiet II) hin- bzw. von der Singularität $r = 0$ des weißen Lochs (Teilgebiet II') wegführen.

bei denen der Schwarzschild-Radius r_s überschritten wird. Bei radialen Bewegungen ($d\vartheta' = d\varphi' = 0$) lautet das Linienelement

$$ds^2 = \frac{4r_s^3\,e^{-r/r_s}}{r}\,(dt'^2 - dr'^2)\,.$$

Die rein radialen Geodäten der Schwarzschild-Form gibt es auch in der Kruskal-Form der Metrik, und daher genügt es, zur Untersuchung der Lichtausbreitung auf diesen alleine die dynamische Gleichung $ds^2 = 0$ zu betrachten. Aus dieser folgt

$$dt'^2 - dr'^2 = 0\,, \qquad \frac{dt'}{dr'} = \pm 1,$$

d.h. die radiale Lichtausbreitung erfolgt im r', t'–Diagramm auf Geraden, die unter $\pm 45°$ geneigt sind. Für nicht radial verlaufende Lichtstrahlen folgt aus $ds^2 = 0$

$$dt'^2 - dr'^2 = \frac{r^3\,e^{r/r_s}}{4r_s^3}(d\vartheta'^2 + \sin^2\vartheta'\,d\varphi'^2) > 0\,, \qquad \left|\frac{dt'}{dr'}\right| > 1\,.$$

Da die Weltlinien bewegter Massenpunkte zeitartig sind, ist für deren radiale Bewegungen $ds^2 > 0$ mit der Folge $|dt'/dr'| > 1$, was erst recht für nichtradiale Bewegungen gilt. Da die Zeit nur zunehmen kann, laufen Weltlinien $dt'/dr' \geq 1$ von links nach rechts, und Weltlinien $dt'/dr \leq -1$ von rechts nach links. Damit ergibt sich folgendes Bild (Abb. 11.1 (c)):

Von der **Innenwelt** (II+II') gelangen nur Teilchen und Photonen aus II' in die **Außenwelt** I. Andererseits können Teilchen und Photonen aus der Außenwelt I, die r_s überschreiten, nur nach II gelangen und enden dort zwangsläufig an der Singularität $r = 0$. Es gibt keine Weltlinien, die von I' oder II nach I führen. Damit existiert keinerlei Verbindung zwischen den Außenwelten I und I', es handelt sich um 2 Welten, zwischen denen keine Kommunikation möglich ist.

Alle Weltlinien, die aus II' nach I führen, überschreiten bei $r = r_s$ zwangsläufig die Zeitachse $t = -\infty$. Damit Partikel (Teilchen oder Photonen) aus II' in I beobachtet werden können, müßte das Gebiet II', in Zeiteinheiten des Gebietes I gemessen, schon undendlich lange bestanden haben, und die Partikel müßten schon unendlich lange unterwegs sein. Da es nur Weltlinien gibt, die von II' nach I führen, aber keine, die von I nach II' führen, bezeichnet man II' von I aus gesehen als **weißes Loch**. Um weiße Löcher sehen zu können, müssen diese nach dem eben Gesagten schon unendlich lange existieren, was in einer durch Urknall entstandenen Welt endlicher Vergangenheit nicht möglich ist.

Beim Innenbereich II gibt es nur Weltlinien, die in ihn hineinführen, selbst Photonen können ihn nicht verlassen. Man kann also prinzipiell nicht in ihn hineinsehen und bezeichnet ihn daher als **schwarzes Loch**. Trotz ihrer Unsichtbarkeit lassen sich schwarze Löcher indirekt durch Wirkungen des Gravitationsfeldes nachweisen, das die in ihrem Inneren verschwundene Masse im Außenbereich hervorruft.

Abschließend sei noch bemerkt, daß der Schwarzschild-Radius eines Punktteilchens der – durch sein Gravitationsfeld in unendlich weitem Abstand definierten – Ruhemasse m_0 den endlichen Wert $r_s{=}2Gm_0/c^2$ besitzt. Jedes Punktteilchen mit kugelsymmetrischem Gravitationsfeld befindet sich daher innerhalb eines schwarzen Loches.

11.2 Bewegung eines Punktteilchens im Schwarzschild-Feld

Das Gravitationsfeld in der Umgebung eines Sternes besitzt Kugelsymmetrie, sofern dessen Massenverteilung kugelsymmetrisch ist und andere Sterne oder Planeten als unendlich weit entfernt angesehen werden dürfen. Beide Annahmen sind natürlich nur näherungsweise erfüllt, hierdurch bedingte Abweichungen von der Kugelsymmetrie des Feldes und deren Auswirkungen lassen sich jedoch in vielen Fällen abschätzen. Mit dieser Einschränkung wollen wir das Gravitationsfeld in der Umgebung eines Sternes durch die Schwarzschild-Lösung beschreiben.

Die Bewegungsgleichungen für ein Punktteilchen im Schwarzschild-Feld erhält man durch Einsetzen der Schwarzschild-Lösung (11.13) in das System der Gleichungen (11.5). Wir benutzen zunächst aber nur die Tatsache, daß ν und λ nur von r abhängen, und erhalten, indem wir die Ableitung nach p mit einem Punkt und die nach r mit einem Strich kennzeichnen, mit (11.4)

$$c\ddot{t}+\nu'\,\dot{r}c\dot{t}=0\,,\qquad \ddot{r}+\frac{1}{2}\mathrm{e}^{(\nu-\lambda)}\nu'c^2\dot{t}^2+\frac{1}{2}\lambda'\dot{r}^2-r\mathrm{e}^{-\lambda}\dot{\vartheta}^2-r\mathrm{e}^{-\lambda}\sin^2\!\vartheta\,\dot{\varphi}^2=0, \tag{11.24}$$

$$\ddot{\vartheta}+\frac{2}{r}\,\dot{r}\,\dot{\vartheta}+\dot{\varphi}^2\sin\vartheta\cos\vartheta=0\,,\qquad \ddot{\varphi}+\frac{2}{r}\,\dot{r}\,\dot{\varphi}+2\,\dot{\vartheta}\,\dot{\varphi}\cot\vartheta=0\,. \tag{11.25}$$

Durch eine geeignete Drehung des Koordinatensystems kann stets erreicht werden, daß die Winkelbewegung am Äquator $\vartheta=\pi/2$ in Richtung des Äquators ($\dot{\vartheta}=0$) beginnt. Aus (11.25a) folgt dann $\ddot{\vartheta}\equiv 0$, was bedeutet, daß sie diesen nicht mehr verläßt: Wie in der Newtonschen Mechanik verläuft die Bewegung in einer geodätischen Fläche ($\vartheta=\pi/2$), die durch das Gravitationszentrum hindurchgeht. Damit entfällt ϑ als dynamische Variable, und das System der Bewegungsgleichungen vereinfacht sich mit $e^\nu \nu' \dot{r} = (e^\nu)^{\cdot}$ auf

$$e^\nu \ddot{t} + (e^\nu)^{\cdot}\dot{t} = \frac{d}{dp}\left(e^\nu \dot{t}\right) = 0\,, \quad \ddot{r} + \frac{1}{2}e^{(\nu-\lambda)}\nu' c^2 \dot{t}^2 + \frac{1}{2}\lambda' \dot{r}^2 - r e^{-\lambda}\dot{\varphi}^2 = 0\,, \tag{11.26}$$

$$\ddot{\varphi} + \frac{2}{r}\,\dot{r}\,\dot{\varphi} = \frac{1}{r^2}\frac{d}{dp}(r^2\dot{\varphi}) = 0\,. \tag{11.27}$$

(11.26a) und (11.27) können sofort integriert werden und liefern die Bewegungsintegrale

$$e^\nu\,\dot{t} = \frac{1}{c}\,, \qquad r^2\dot{\varphi} = \frac{L}{c}\,. \tag{11.28}$$

Dabei wurde über die Freiheit in der Wahl des Bahnparameters p in (11.28a) so verfügt, daß die Integrationskonstante gerade $1/c$ ergibt. Aus (11.28a) folgt für $e^\nu \to 1$, was $r \to \infty$ bedeutet, der Zusammenhang $dp = c\,dt$, d. h. dp/c erhält damit nach (11.11) die Bedeutung der Eigenzeit eines bei $r = \infty$ ruhenden Beobachters. In (11.28b) wurde der Faktor $1/c$ hinzugefügt, damit L die Dimension eines Drehimpulses pro Masse bekommt.

Die Multiplikation von (11.26b) mit $\dot{r}e^\lambda$ führt zu

$$\frac{d}{dp}\left(e^\lambda \frac{\dot{r}^2}{2}\right) + \frac{c^2}{2}(e^\nu)^{\cdot}\dot{t}^2 - r\,\dot{r}\,\dot{\varphi}^2 = 0\,,$$

und mit $(e^{-\nu})^{\cdot} = (1/e^\nu)^{\cdot} = -\,(1/e^\nu)^2(e^\nu)^{\cdot} = -c^2\dot{t}^2(e^\nu)^{\cdot}$ erhält man hieraus durch Einsetzen der Bewegungsintegrale (11.28)

$$\frac{d}{dp}\left(e^\lambda \dot{r}^2 - e^{-\nu} + \frac{L^2}{r^2c^2}\right) = 0 \qquad \Rightarrow \qquad e^\lambda\,\dot{r}^2 - e^{-\nu} + \frac{L^2}{r^2c^2} = \frac{2E}{c^2} - 1\,. \tag{11.29}$$

Die Integrationskonstante $2E/c^2 - 1$ wurde dabei der von klassischen Bahnen angepaßt. (Um das einzusehen, vergleiche man (11.31) mit (11.32).)

Für die weitere Diskussion der Bewegung erweist es sich als zweckmäßig, mit

$$r = \frac{1}{u}\,, \qquad \dot{r} = -\frac{\dot{u}}{u^2}$$

auf eine neue Radialkoordinate u überzugehen. Wenn wir jetzt noch (11.13) benutzen, erhalten wir aus (11.29)

$$\dot{u} = \pm\frac{u^2}{c}\sqrt{2E + \left(1 - 2E/c^2\right)c^2\,r_{\rm s}u - L^2\,u^2 + L^2\,r_{\rm s}u^3}\,. \tag{11.30}$$

Mit $d\varphi/du = \dot{\varphi}/\dot{u}$ erhält man aus (11.28b) und (11.29) zur Bestimmung der Bahngeometrie die Gleichung

$$\frac{d\varphi}{du} = \pm\frac{L}{\sqrt{2E + \left(1 - 2E/c^2\right)c^2\,r_{\rm s}u - L^2\,u^2 + L^2\,r_{\rm s}u^3}}\,. \tag{11.31}$$

Die entsprechende Formel der klassischen Mechanik ergibt sich aus dem Drehimpulssatz $r^2\dot{\varphi} = L$ und dem Energiesatz $(\dot{r}^2 + r^2\dot{\varphi}^2)/2 - GM/r = E$ (E = Energie pro Masse) mit der Definition (11.16) zu

$$\left(\frac{d\varphi}{du}\right)_{\text{klass}} = \pm\frac{L}{\sqrt{2E + c^2 r_s u - L^2 u^2}} . \tag{11.32}$$

Für einen auf einer Geodäten mitbewegten Beobachter ergibt sich aus (11.11) mit (11.28)–(11.29) und $\vartheta \equiv \pi/2$ die Eigenzeit

$$d\tau^2 = \frac{ds^2}{c^2} = \frac{1}{c^2}\left(e^{\nu}c^2\dot{t}^2 - e^{\lambda}\dot{r}^2 - r^2\dot{\varphi}^2\right)dp^2 = \left(1 - \frac{2E}{c^2}\right)\frac{dp^2}{c^2} . \tag{11.33}$$

Damit eine geodätische Linie von materiellen Teilchen durchlaufen werden kann, muß sie zeitartig sein, d. h. es muß $ds^2 > 0$ und daher $E < c^2/2$ gelten. Für Photonen wird dagegen $ds = 0$ und $E = c^2/2$.

11.2.1 Periheldrehung gebundener Bahnen

In der klassischen Mechanik wurde gezeigt, daß gebundene Teilchenbahnen in einem Zentralfeld $\Phi(r)$ nur für $\Phi \sim r^2$ und $\Phi \sim 1/r$ geschlossen sind. Der Zusatz $-2E/c^2$ zu dem in $u = 1/r$ linearen Term unter der Wurzel in (11.31) stellt eine Korrektur der SRT dar, ändert aber nichts an der r-Abhängigkeit des effektiven Potentials und läßt die Bahnen daher geschlossen. Dagegen wird deren Geschlossenheit durch den in u kubischen Term, der auf die geänderte Raum-Zeit-Metrik zurückzuführen ist, zerstört.

Auf gebundenen Bahnen nimmt u einen minimalen und einen maximalen Wert u_0 bzw. u_1 an, und die durch den u^3-Term hervorgerufene Periheldrehung $\Delta\varphi$ der Bahnen (Abb. 11.2) ist

$$\Delta\varphi = 2\Big[\,\varphi(u_1) - \varphi(u_0) - \pi\,\Big] = \int_{u_0}^{u_1} \frac{2\,L du}{\sqrt{2E + \left(1 - 2E/c^2\right) c^2 r_s u - L^2 u^2 + L^2 r_s u^3}} - 2\pi . \tag{11.34}$$

Wir wollen für diese eine Näherung ableiten. Bei u_0 und u_1 wird $du/d\varphi = 0$, weshalb die Wurzel in (11.34) mindestens zwei Nullstellen besitzt. Da das unter ihr stehende Polynom dritten Grades ist, können wir sogar

$$\begin{aligned} 2E + \left(1 - E/c^2\right) c^2 r_s u - L^2 u^2 + L^2 r_s u^3 &= \alpha\,(u - u_0)(u - u_1)(u - u_2) \\ &= -\alpha\, u_0 u_1 u_2 + \alpha u\,(u_0 u_1 + u_0 u_2 + u_1 u_2) - \alpha u^2 (u_0 + u_1 + u_2) + \alpha u^3 . \end{aligned}$$

ansetzen, und durch den Vergleich der Koeffizienten von u^3 und u^2 erhalten wir

$$\alpha = L^2 r_s , \qquad u_2 = \frac{1}{r_s} - (u_0 + u_1)$$

und damit

$$\varphi(u_1) - \varphi(u_0) = \int_{u_0}^{u_1} \frac{du}{\sqrt{(u - u_0)(u_1 - u)\left[1 - \delta\,(u_0 + u_1 + u)/u_0\right]}} , \tag{11.35}$$

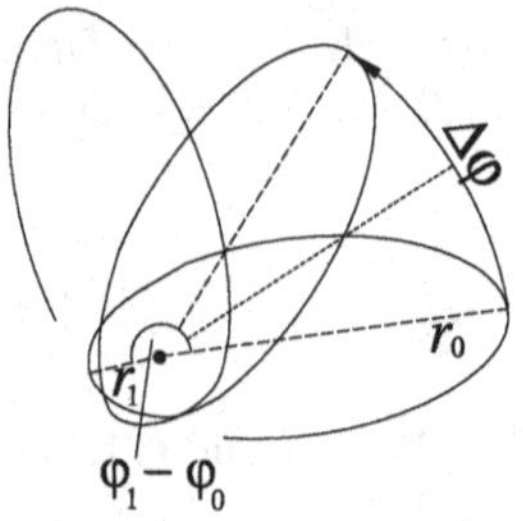

Abb. 11.2: Periheldrehung $\Delta\varphi$: $r_0 = 1/u_0$ ist der maximale, $r_1 = 1/u_1$ der minimale Bahnradius.

wobei

$$\delta = u_0 r_s = r_s/r_0 \tag{11.36}$$

gesetzt wurde. $r_0 = 1/u_0$ ist der größte Zentralabstand der betrachteten Bahn. Da der Schwarzschild-Radius der Sonne nur knapp 3 km beträgt, ist δ für die Planeten des Sonnensystems eine winzige Größe. Indem wir das Integral in (11.35) nach dieser entwickeln, erhalten wir näherungsweise

$$\varphi(u_1) - \varphi(u_0) \approx \int_{u_0}^{u_1} \frac{1 + (\delta/2)(u_0 + u_1 + u)/u_0}{\sqrt{(u - u_0)(u_1 - u)}}\, du\,,$$

wobei für u_0 und u_1 die Werte der klassischen Ellipsenbahnen genommen werden können. Mit der Substitution

$$u = \frac{1}{2}(u_0 + u_1) + \frac{1}{2}(u_1 - u_0)\sin\psi\,,$$

bei der die Integrationsgrenzen u_0 in $-\pi/2$ und u_1 in $+\pi/2$ übergehen, erhalten wir

$$(u - u_0)(u_1 - u) = \left[\frac{1}{2}(u_1 - u_0)\cos\psi\right]^2, \qquad du = \frac{1}{2}(u_1 - u_0)\cos\psi\, d\psi$$

und nach einfacher Rechnung

$$\varphi(u_1) - \varphi(u_0) = \int_{-\pi/2}^{\pi/2} \left[1 + \frac{\delta}{2u_0}(u_0 + u_1 + u)\right] d\psi = \left[1 + \frac{3(u_0 + u_1)\delta}{4u_0}\right]\pi\,.$$

Damit, mit (11.34), (11.36) und

$$u_0 = \frac{1}{r_0} = \frac{1}{a\,(1+\varepsilon)}\,, \qquad u_1 = \frac{1}{r_1} = \frac{1}{a\,(1-\varepsilon)}$$

(a = große Halbachse, ε = Exzentrizität der klassischen Ellipsenbahn) erhalten wir für die Periheldrehung die Näherung

$$\boxed{\Delta\varphi \approx \frac{3\pi\, r_s}{a\,(1-\varepsilon^2)}\,.} \tag{11.37}$$

$\Delta\varphi$ wächst stark mit zunehmender Bahnexzentrizität ε und fällt bei zunehmendem Bahnabstand $\sim 1/a$ ab.

In unsere Ergebnisse (11.34) bzw. (11.37) für die Periheldrehung gingen zwei Gesetzmäßigkeiten der ART ein: Das Bewegungsgesetz für Punktteilchen im Schwerefeld und die Einsteinschen Feldgleichungen. Das erstere basiert im Grunde nur auf der Äquivalenz von träger und schwerer Masse, und diese wurde schon durch andere Experimente hervorragend bestätigt. Daher darf man die Periheldrehung als Test für die Gültigkeit der Einsteinschen Feldgleichungen auffassen. Beim Vergleich mit den Beobachtungsdaten ist zu berücksichtigen, daß auch Störungen durch andere Planeten und eine Abplattung der Sonne zur Periheldrehung beitragen. Da alle Effekte klein sind, dürfen die durch sie bewirkten Anteile zur Periheldrehung in linearer Näherung einfach addiert werden. Nach Abzug der – größeren – nichtrelativistischen Effekte ergeben sich für einige ausgewählte Planeten die Werte der Tabelle 11.1.

	Periheldrehung pro Jahrhundert	
	berechnet	gemessen
Erde	$3.8''$	$5.0'' \pm 1.2''$
Venus	$8.6''$	$8.4'' \pm 4.8''$
Merkur	$43.03''$	$43.11'' \pm 0.45''$

Tabelle 11.1: Berechnete und gemessene Werte der Periheldrehung pro Jahrhundert für verschiedene Planeten.

Die Merkur-Daten liefern die bisher beste Bestätigung der Einsteinschen Feldgleichungen und favorisieren diese auch gegenüber allen anderen Gravitationstheorien (z. B. der Brans-Dicke-Theorie, einer Modifikation der Einsteinschen Theorie durch C. Brans und R.H. Dicke). Da der relativistische Effekt so klein ist, können systematische Fehler nicht ganz ausgeschlossen werden, so daß die Übereinstimmung zwischen Theorie und Beobachtung auch schlechter sein kann, als in der Tabelle angegeben ist.

11.2.2 Eigenzeit in einem Satelliten

Wir wollen im folgenden einen Zeitvergleich zwischen der Uhr in einem um die Erde kreisenden Satelliten und einer auf der Erde (am Nordpol) stationierten Uhr durchführen, wobei wir das Gravitationsfeld der Erde durch die Schwarzschild-Metrik beschreiben. Um das Problem so einfach wie möglich zu gestalten, lassen wir den Satelliten auf einer Kreisbahn ($r = \text{const}$, $\vartheta = \pi/2$) umlaufen. Mit $\ddot{r} = 0$, $\dot{r} = 0$ und (11.13) erhalten wir dafür aus der Radialgleichung (11.26b) nach deren Multiplikation mit $e^{\lambda}/\dot{t}^2$

$$\left(\frac{d\varphi}{dt}\right)^2 = \frac{1}{2r}\,(e^{\nu})'\,c^2 = \frac{c^2 r_s}{2r^3}\,. \tag{11.38}$$

Hieraus ergibt sich als die für einen vollen Bahnumlauf benötigte Koordinatenzeit (Integration über φ von 0 bis 2π)

$$T = \frac{2\pi r}{c}\sqrt{\frac{2r}{r_s}}\,. \tag{11.39}$$

Die Eigenzeit im Satelliten wird nach (11.17) mit $\vartheta \equiv \pi/2$ und $dr = 0$ durch

$$d\tau^2 = \frac{ds^2}{c^2} = \left[1 - \frac{r_s}{r} - \frac{r^2}{c^2}\left(\frac{d\varphi}{dt}\right)^2\right] dt^2$$

bestimmt. Mit (11.38) erhält man daraus für einen vollen Umlauf

$$\tau = \sqrt{1 - \frac{r_s}{r} - \frac{v^2}{c^2}}\, T = \sqrt{1 - \frac{3}{2}\frac{r_s}{r}}\, T\,, \tag{11.40}$$

wobei $v = r\,d\varphi/dt$ wegen der Schwäche des Gravitationsfeldes im wesentlichen die Rotationsgeschwindigkeit des Satelliten ist.

Auf einer am Nordpol der Erde ruhenden Uhr ($r = r_E$, $dr = r\,d\varphi = r\,d\vartheta = 0$) vergeht währenddessen nach (11.17) die Zeit

$$\tau_E = \sqrt{1 - r_s/r_E}\; T\,. \tag{11.41}$$

Der Vergleich von (11.40) und (11.41) zeigt, daß die Uhr im Satelliten langsamer geht, wenn r nicht wesentlich größer als r_E ist. Wegen

$$\frac{r_s}{r_E} > \frac{r_s}{r}$$

ist zwar die rein gravitationsbedingte Zeitverzögerung auf der Erde größer als im Satelliten. Dafür kommt im Satelliten jedoch noch eine Zeitverzögerung durch die Rotationsbewegung hinzu (Term $-v^2/c^2 = -r_s/(2r)$).

Bemerkenswert an unserem Ergebnis (11.40) ist auch noch folgendes: Ein bei $r = \infty$ ruhender Beobachter befindet sich wie der Satellit in einem Inertialsystem und mißt die Zeit T. Er könnte den durch die Bewegung v des Satelliten hervorgerufenen Anteil der Zeitdilatation im Satelliten als Effekt der SRT deuten. Dieser ist aber nicht, wie in der SRT, reziprok, denn im Satelliten beobachtet man keine entsprechende Zeitdilatation auf der Uhr des unendlich fernen Beobachters. Außerdem kommt im Satelliten noch eine zusätzliche Zeitdilatation hinzu, die umso größer wird, je näher die Bahn am Schwarzschild-Radius liegt.

11.2.3 Freier Fall in radialer Richtung

Beim freien Fall eines Punktteilchens in radialer Richtung ist $\dot\varphi = 0$, $L = 0$ (siehe (11.28b)), und aus (11.29) wird mit (11.13)

$$\dot r^2(p) = \frac{r_s}{r}\left(1 - \frac{2E}{c^2}\right) + \frac{2E}{c^2}\,. \tag{11.42}$$

Unter Benutzung von (11.28a) und (11.13) ergibt sich daher nach Ziehen der Wurzel und Wahl des Vorzeichens für die zeitliche Abnahme des Radius

$$\frac{dr}{dt} = \frac{\dot r(p)}{\dot t(p)} = -c\left(1 - \frac{r_s}{r}\right)\sqrt{\frac{r_s}{r}\left(1 - \frac{2E}{c^2}\right) + \frac{2E}{c^2}}\,. \tag{11.43}$$

Wie beurteilt ein bei festem $r = R > r_s$ postierter Beobachter den freien Fall? Nach (11.17) sind die metrischen Zeit- bzw. radialen Längenintervalle für ihn durch

$$dt_+ = \sqrt{1 - r_s/R}\,dt\,, \qquad dl_+ = \frac{dr}{\sqrt{1 - r_s/R}} \tag{11.44}$$

gegeben – (11.17) besitzt die zur Anwendung von (10.19) erforderliche Zeitorthogonalität – und die Geschwindigkeit daher durch

$$v_+ = \frac{dl_+}{dt_+} = \frac{1}{1 - r_s/R}\,\frac{dr}{dt} \overset{(11.43)}{=} -c\,\frac{1 - r_s/r}{1 - r_s/R}\sqrt{\frac{r_s}{r}\left(1 - \frac{2E}{c^2}\right) + \frac{2E}{c^2}}\,. \tag{11.45}$$

Für $R \gg r_s$, also für einen weit vom Schwarzschild-Radius entfernten Beobachter wie z. B. einen Astronomen auf der Erde, der die Vorgänge in der Umgebung eines schwarzen Loches beobachtet, ergibt sich daraus $v_+ \approx \dot{r}(t)$. Für ein bei ihm (also bei $r = R \to \infty$) mit $v_+ = 0$ startendes Punktteilchen wird $2E/c^2 \approx 0$, $dt_+ \approx dt$, und für $r \ll R$ ergibt sich damit

$$v_+ = -c\,(1-r_s/r)\sqrt{r_s/r} \quad\Rightarrow\quad dv_+/dt_+ = \ddot{r}(t) = -r_s c^2 (1-r_s/r)\,(1-3r_s/r)/(2r^2).$$

Das Teilchen fällt erst mit zunehmender Geschwindigkeit, bis diese bei $r = 3r_s$ wegen $dv_+/dt_+ = 0$ ein Maximum erreicht, anschließend wird es immer langsamer. Die Annäherung an r_s dauert unendlich lange, weil v_+ bei r_s wie $(1 - r_s/r)$ verschwindet. Zum Durchlaufen der endlichen Strecke

$$l = \int_{r_s}^{r_0} \sqrt{-g_{rr}}\,dr = \int_{r_s}^{r_0} \frac{dr}{\sqrt{1 - r_s/r}} \tag{11.46}$$

von r_0 bis r_s benötigt das Teilchen für den weit entfernten Beobachter die Zeit

$$t = \frac{1}{c}\int_{r_s}^{r_0} \frac{dr}{(1 - r_s/r)\sqrt{(r_s/r)\left(1 - 2E/c^2\right) + 2E/c^2}} = \infty\,. \tag{11.47}$$

Um die Art der Annäherung an den Schwarzschild-Radius besser zu erkennen, setzen wir $r = r_s + a$ und betrachten kleine Werte von a/r_s. Mit

$$\frac{r_s}{r} = \frac{1}{1 + a/r_s} = 1 - \frac{a}{r_s} + \ldots$$

ergibt sich aus (11.43) unter Vernachlässigung quadratischer Terme in a/r_s

$$\frac{da}{dt} = -\frac{ca}{r_s} \qquad\Rightarrow\qquad a = a_0\,\mathrm{e}^{-tc/r_s}\,, \qquad r = r_s + a_0\,\mathrm{e}^{-tc/r_s}\,. \tag{11.48}$$

Für den Übergang $a_0 \to a_0/\mathrm{e}$ wird nur die im allgemeinen sehr kurzen Zeit $T = r_s/c$ benötigt; dann verlangsamt sich die Radiusabnahme zunehmend, und die Annäherung an r_s erfolgt exponentiell langsam. Die Eigenzeit des frei fallenden Teilchens hat gegenüber (11.47) nur den endlichen Wert

$$\tau \overset{(11.17)}{=} \int_{r_s}^{r_0} \sqrt{\left(1-\frac{r_s}{r}\right)\left(\frac{dt}{dr}\right)^2 - \frac{1}{c^2}\left(1-\frac{r_s}{r}\right)^{-1}}\, dr$$
$$\overset{(11.43)}{=} \frac{1}{c}\int_{r_s}^{r_0} \frac{\sqrt{1-2E/c^2}\, dr}{\sqrt{r_s/r\,(1-2E/c^2)+2E/c^2}}\,. \tag{11.49}$$

Ein in der Nähe des Schwarzschild-Radius bei $R \gtrsim r_s$ postierter Beobachter sieht das Teilchen mit der Geschwindigkeit

$$|v_+| = c\sqrt{\frac{r_s}{R}\left(1-\frac{2E}{c^2}\right)+\frac{2E}{c^2}} \lesssim c\,, \tag{11.50}$$

also beinahe mit Lichtgeschwindigkeit an sich vorbeifliegen (dies folgt aus (11.45) mit $r = R$ und $R \approx r_s$). Aber auch für ihn dauert dessen Annäherung an den Schwarzschild-Radius unendlich lange, weil v_+ für $R > r \to r_s$ nach (11.45) gegen null geht. (11.50) ist auch die Geschwindigkeit, die ein frei fallendes Raumschiff relativ zu dem bei $r = R$ postierten Beobachter messen würde. Nach Abschn. 10.1.1 mißt ein bei r frei fallender Beobachter nämlich ebenfalls diese Geschwindigkeit, wenn seine Relativgeschwindigkeit gegenüber dem bei $r = R$ fixierten Beobachter gleich null ist. Da er sich, wie das vorbeifallende Raumschiff, in einem frei fallenden lokalen Inertialsystem befindet, ist die Relation seines Systems zum Raumschiff-System wie die zweier Lorentz-Systeme der SRT. Dies bedeutet aber, daß im Raumschiff dieselbe Relativgeschwindigkeit v_+ gemessen wird, und damit ist, wie behauptet, (11.50) auch dessen Geschwindigkeit gegenüber dem im Schwerefeld fixierten Beobachter.

Unterhalb des Schwarzschild-Radius vertauschen r und ct ihre Rolle. Für einen durch den Schwarzschild-Radius hindurch frei im Schwerefeld nach innen fallenden Beobachter muß r aus Stetigkeitsgründen zunächst weiter abnehmen. Da r dann aber Zeitkoordinate wird und die Richtung des Zeitablaufs durch kein wie auch immer geartetes Manöver umgedreht werden kann, muß r solange abnehmen, bis die (echte) Singularität $r = 0$ erreicht wird. (Man kann zeigen, daß dann $R_{\kappa\lambda\mu\nu}R^{\kappa\lambda\mu\nu} \sim 1/r^6$ wird.) Der Sturz in diese ist beim freien Fall also unausweichlich – jedenfalls nach der klassischen ART. Allerdings ist anzunehmen, daß im Bereich der Singularität Quanteneffekte wichtig werden und die ART durch eine – noch nicht existierende – Quantentheorie der Gravitation ersetzt werden muß, in der es möglicherweise keine Singularität mehr gibt.

Zeit- und Längenmessungen für $r < r_s$ ergeben

$$dt_- = \frac{-dr}{c\sqrt{r_s/r-1}}\,, \quad dl_- = \sqrt{r_s/r-1}\,c\,dt\,, \quad v_- := \frac{dl_-}{dt_-} = \frac{(r_s/r-1)\,c^2}{dr/dt}\,, \tag{11.51}$$

und mit (11.43) erhalten wir die Fallgeschwindigkeit

$$v_- = c\Big/\sqrt{\frac{r_s}{r}\left(1-\frac{2E}{c^2}\right)+\frac{2E}{c^2}}\,. \tag{11.52}$$

(Dabei wurde das Vorzeichen der Wurzel von (11.43) so gewählt, daß sich bei $r = r_s$ ein stetiger Übergang $v_+ \to v_-$ ergibt, was wegen $v_+ \to \pm c$, $v_- \to \pm c$ für $r \to r_s$, „+" Zeichen für radialen Absturz, möglich ist.) Hieraus ergibt sich $v_- \lesssim c$ für $r \lesssim r_s$ und $v_- \to c\sqrt{r}/\sqrt{r_s(1-2E/c^2)} \to 0$ für $r \to 0$. (v_- bleibt reell, da nach (11.33) $2E/c^2 \leq 1$ gilt.)

Die in einem Raumschiff beim freien Fall vom Schwarzschild-Radius bis zum Erreichen der Singularität $r = 0$ vergangene Eigenzeit ist auch, wenn dabei dr/c die Rolle einer Koordinatenzeit übernimmt, durch (11.49) gegeben, nur daß jetzt von 0 bis r_s über r integriert wird. Es ergibt sich

$$\tau = \frac{1}{c\sqrt{\alpha}} \int_0^{r_s} \left(1 + \frac{r_s}{\alpha r}\right)^{-1/2} dr = \frac{r_s}{c\alpha^{3/2}} \int_{1/\alpha}^{\infty} \frac{du}{u^2\sqrt{1+u}}$$

$$= \frac{r_s}{c\alpha^{3/2}} \left[\sqrt{\alpha(1+\alpha)} + \frac{1}{2} \ln \frac{\sqrt{1+\alpha} - \sqrt{\alpha}}{\sqrt{1+\alpha} + \sqrt{\alpha}}\right] \quad \text{mit} \quad \alpha = \frac{2E/c^2}{1-2E/c^2}, \tag{11.53}$$

wobei die Substitution $u = r_s/(\alpha r)$ durchgeführt und

$$\int \frac{du}{u^2\sqrt{1+u}} = -\frac{\sqrt{1+u}}{u} - \frac{1}{2} \ln \frac{\sqrt{1+u} - \sqrt{u}}{\sqrt{1+u} + \sqrt{u}}$$

benutzt wurde. Für $0 < E \ll c^2/2$ bzw. $0 < \alpha \ll 1$ erhält man daraus

$$\tau \approx 2r_s/(3c), \tag{11.54}$$

d. h. es vergeht in etwa die Zeit, die das Licht zum Durchlaufen einer Strecke von der Länge des Schwarzschild-Radius braucht. Für $E \to c^2/2$ bzw. $\alpha \to 0$ geht die benötigte Eigenzeit dagegen wie

$$\tau \approx r_s \big/ \left(c\sqrt{\alpha}\right) \tag{11.55}$$

gegen null. Unter Zuhilfenahme von Zusatzkräften läßt sich übrigens sowohl $v_- \equiv 0$ als auch eine Umkehr der Geschwindigkeit v_- erreichen. Aus (11.17) ergibt sich mit (11.51) nämlich

$$ds^2 = \left(1 - \frac{r_s}{r}\right) c^2 dt^2 - \frac{dr^2}{1 - r_s/r} = -\,dl_-^2 + c^2 dt_-^2 = \left(1 - \frac{v_-^2}{c^2}\right) c^2 dt_-^2 = \frac{(1 - v_-^2/c^2)\, dr^2}{r_s/r - 1},$$

und für physikalisch zulässige Trajektorien ist nur Zeitartigkeit, also $ds^2 > 0$, zu fordern, was sowohl für $v_- \equiv 0$ als auch beim Vorzeichenwechsel von v_- erfüllt ist. (Man kann sich allerdings überlegen, daß ein Raumfahrer, der durch den Schwarzschild-Radius gefallen ist, sein außerhalb von diesem stationär geparktes Raumschiff auch bei einer Richtungsumkehr immer kleiner werden sieht.) Dennoch läßt sich die Begegnung mit der Singularität bei $r = 0$ nach der klassischen ART (keine Berücksichtigung möglicher Quanteneffekten) nicht vermeiden, da diese ein rein zeitliches Ereignis darstellt.

Realität beim Sturz in ein schwarzes Loch

Ein Zwillingspaar befindet sich in einem Raumschiff oberhalb des Schwarzschild-Radius auf einer stationären Umlaufbahn um ein schwarzes Loch. Zu Reparatur-

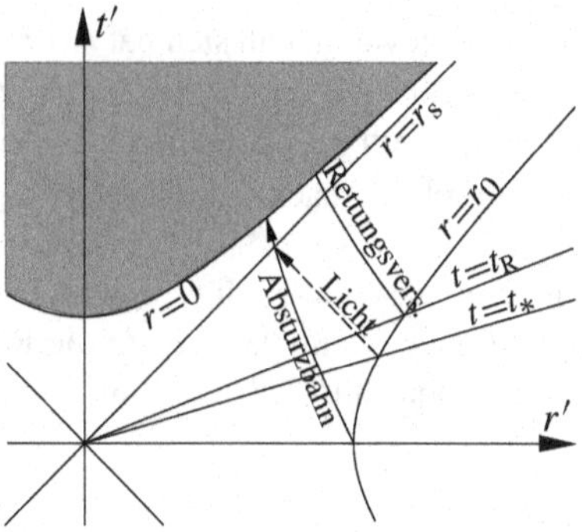

Abb. 11.3: Absturz in ein schwarzes Loch und Unmöglichkeit einer Rettung nach Ablauf der Zeit t_* trotz unendlich langer Verweildauer vor $r=r_S$ aus externer Sicht. Ein zur Zeit $t=t_R$ startender Rettungsversuch läßt den Retter selbst in die Singularität stürzen, wenn er nicht ohne den Bruder vor dem Schwarzschild-Radius umkehrt.

zwecken verläßt einer der Zwillinge das Raumschiff. Bei einem Manöver verwechselt er einen Bedienungsknopf seiner Antriebsdüse, wird vom Raumschiff abgetrieben und gerät in eine Absturzbahn. Diese läßt ihn nach der Zeit τ_S seiner Uhr in die Singularität des schwarzen Loches stürzen. Muß der im Raumschiff verbliebene Zwilling, nachdem auf seiner Uhr die Zeit τ_S abgelaufen ist, den Tod des Bruders betrauern? Oder kann er sich damit trösten, daß dieser noch am Leben sein muß, weil er aus seiner Sicht den Schwarzschild-Radius erst nach unendlich langer Zeit überschreiten wird?

Die Frage, welche dieser beiden Sichtweisen die Realität beschreibt, kann eindeutig beantwortet werden. Um der Alternative „noch am Leben" irgendeine Realität zumessen zu können, müßte der im Raumschiff gebliebene Zwilling auch noch zu einem beliebigen Zeitpunkt t_R nach Ablauf der Zeit τ_S auf seiner Uhr eine erfolgreiche Rettungsaktion starten können. Daß das unmöglich ist, erkennt man am besten anhand des Kruskal-Diagramms der Abb. 11.3. In diesem ist die Bahn des verunglückten Zwillings vom Startradius $r_0 > r_S$ bis zur Singularität $r=0$ eingetragen. Der potentielle Retter kann dem Verunglückten höchstens mit Lichtgeschwindigkeit nacheilen und muß diesen für eine erfolgreiche Rettungsaktion noch vor Erreichen des Schwarzschild-Radius abfangen. Dazu muß er aber spätestens zu dem Zeitpunkt t_* starten, zu dem Licht abgesandt werden muß, das den abstürzenden Zwilling gerade beim Erreichen des Schwarzschild-Radius einholt. Der zurückgebliebene Zwilling muß seine Trauer also spätestens zur Zeit t_* beginnen. Ob nun $t_* < \tau_S$, $t_* = \tau_S$ oder $t_* > \tau_S$ gilt, ist eine quantitative Frage, die durch reines Betrachten der Abb. 11.3 nicht entschieden werden kann. Ihre Beantwortung wird dem Leser überlassen (Aufg. 11.3).

Die Sicht des im Raumschiff verbliebenen Zwillings, nach der sich sein Bruder noch unendlich lange vor dem Schwarzschild-Radius befindet, ist mit der Beobachtung von Überlichtgeschwindigkeiten vergleichbar, die ein im Schwerefeld postierter Beobachter an weit entfernten Objekten feststellen kann (siehe Abschn. 11.4.1). Die wahre Realität spielt sich jedoch am Ort des Geschehens und im Takt von dessen Eigenzeit ab. Durch die zwischen diesem und dem Ort ferner Beobachtung liegenden Gravitationsfelder wird die Realität so verzerrt, daß wie in dem betrachteten Beispiel nur Teile oder ein verfälschtes Bild von ihr erkennbar werden. Realistisch ist es daher, wenn der Zwilling im Raumschiff nach Ablauf der Zeit t_* den Tod des Bruders betrauert. Das, was er danach noch von diesem zu sehen bekommt – er kann noch unendlich lange Notsignale von der bis zum Erreichen des Schwarzschild-Radius währenden sichtbaren

Absturzphase empfangen – muß er als gravitativ verzögerte Informationen über längst vergangenes Geschehen auffassen.

11.2.4 Schwerebeschleunigung im Schwarzschild-Feld

Um eine Vorstellung davon zu bekommen, wie das Newtonsche Gravitationsgesetz in der ART abgewandelt wird, berechnen wir die Beschleunigung eines im Schwarzschild-Feld frei fallenden Punktteilchens, erstens aus der Sicht eines mit dem Teilchen frei fallenden Beobachters, zweitens aus der Sicht eines im Unendlichen relativ zum Schwerefeld ruhenden Beobachters und drittens aus der Sicht eines in endlichem Abstand vom Schwarzschild-Radius fixierten Beobachters. Zur Vermeidung speziell relativistischer Zeitdilatations-Effekte nehmen wir an, daß die beobachtete Beschleunigung jeweils aus dem Zustand der Ruhe heraus erfolgt.

1. Die Geschwindigkeit $\dot{r}(\tau)$, die ein mit dem Teilchen frei fallender Beobachter an diesem feststellt, ergibt sich aus Gleichung (11.42) und der auch für rein radialen Fall gültigen Beziehung (11.33), $dp/d\tau = c\,(1-2E/c^2)^{-1/2}$, zu

$$\dot{r}(\tau) = \frac{dr}{dp}\,\frac{dp}{d\tau} = -c\sqrt{\frac{r_s}{r(\tau)} + \frac{2E/c^2}{1-2E/c^2}}\,. \tag{11.56}$$

Zur Festlegung der Integrationskonstanten E stellen wir die Forderung, daß $\dot{r}(\tau)=0$ für $r=R$ gilt. Mit dieser ergibt sich

$$\frac{2E/c^2}{1-2E/c^2} = -\frac{r_s}{R} \qquad \Longleftrightarrow \qquad \frac{2E}{c^2} = -\frac{r_s/R}{1-r_s/R}\,, \tag{11.57}$$

und aus $\dot{r}(\tau)$ wird damit

$$\dot{r}(\tau) = -c\sqrt{\frac{r_s}{R}}\sqrt{\frac{R}{r(\tau)}-1}\,. \tag{11.58}$$

Nochmalige Ableitung nach τ liefert

$$\ddot{r}(\tau) = \frac{c\,\sqrt{r_s/R}\;R\,\dot{r}(\tau)}{2\,r^2\,\sqrt{R/r-1}} \overset{(11.58)}{=} -\frac{c^2\,r_s}{2\,r^2}\,.$$

Mit (11.16) folgt daraus schließlich

$$\ddot{r}(\tau) = -\frac{GM}{r^2}\,, \tag{11.59}$$

also formal gerade das Ergebnis der Newton-Theorie. Einschränkend muß allerdings bemerkt werden, daß dr nur für große Werte von r in den metrischen Abstand der Newton-Theorie übergeht und daß z. B. der Abstand zum Schwarzschild-Radius nach (11.46) größer als der Abstand $r-r_s$ der Newton-Theorie ist. Eine gewisse Vergleichbarkeit mit deren Ergebnis kommt allerdings dadurch zustande, daß die Kugelfläche $r=\text{const}$, auf die sich $\ddot{r}(\tau)$ bezieht, in dieser und der ART die gleiche Fläche $4\pi r^2$ besitzt.

2. Für einen im Unendlichen ruhenden Beobachter ist die Geschwindigkeit durch Gleichung (11.43) gegeben. Die Bedingung $v=0$ bei $r=R$ liefert erneut (11.57), und damit wird

$$v = -\frac{c\sqrt{r_s/R}}{(1-r_s/R)^{1/2}}\left(1-\frac{r_s}{r(t)}\right)\sqrt{\frac{R}{r(t)}-1}\,.$$

Hieraus erhalten wir durch Zeitableitung nach einigen Umformungen und unter Benutzung von $\dot r(t)=v$ sowie von (11.16)

$$\frac{dv}{dt} = -\frac{(1-r_s/r)\,(1+2r_s/R-3r_s/r)}{(1-r_s/R)}\,\frac{GM}{r^2}\,. \tag{11.60}$$

Die Beschleunigung aus dem Zustand der Ruhe ergibt sich daraus mit $R=r$ zu

$$\frac{dv}{dt} = -(1-r_s/r)\,\frac{GM}{r^2}\,. \tag{11.61}$$

3. Die Beschleunigung, die von einem im Schwerefeld ruhenden Beobachter festgestellt wird, ist dv_+/dt_+. Dabei ist v_+ durch Gleichung (11.45) gegeben, und mit derselben Anfangsbedingung wie oben bzw. der daraus folgenden Gleichung (11.57) wird

$$v_+ = -\frac{c\sqrt{r_s/R}}{(1-r_s/R)^{3/2}}\left(1-\frac{r_s}{r(t)}\right)\sqrt{\frac{R}{r(t)}-1}\,.$$

Mit (11.44a) folgt daraus

$$\frac{dv_+}{dt_+} = -\frac{c\sqrt{r_s/R}}{(1-r_s/R)^2}\frac{d}{dt}\left[\left(1-\frac{r_s}{r(t)}\right)\sqrt{\frac{R}{r(t)}-1}\,\right] = -\frac{(1-r_s/r)(1+2r_s/R-3r_s/r)GM}{r^2(1-r_s/R)^{5/2}}\,.$$

Mit $R=r$ ergibt sich daraus als Beschleunigung aus dem Zustand der Ruhe heraus

$$\boxed{\frac{dv_+}{dt_+} = -\frac{1}{\sqrt{1-r_s/r}}\,\frac{GM}{r^2}\,.} \tag{11.62}$$

Für $r\to r_s$ wird diese zunehmend stärker als in der Newton-Theorie, und für $r=r_s$ divergiert sie.

11.3 Ausbreitung von Licht im Schwarzschild-Feld

11.3.1 Grundgleichungen

Wir haben schon in Abschn. 4.7 gesehen, daß Licht im Schwerefeld abgelenkt wird. Dort wurde die Ablenkung darauf zurückgeführt, daß Lichtquanten die Masse $m=h\nu/c^2$ besitzen, die wie jede andere Masse durch Gravitationskräfte beeinflußt wird. Es gibt dafür jedoch noch eine weitere Ursache, nämlich die Raumkrümmung. Die gemeinsame Wirkung beider Ursachen soll in diesem Abschnitt untersucht werden.

Wir wollen hier speziell die Ablenkung von Licht an einer kugelsymmetrischen Zentralmasse untersuchen und das Resultat auf die Ablenkung von Licht an der Sonne anwenden. Hinsichtlich der Beschreibung des Gravitationsfeldes der Sonne durch das Schwarzschild-Feld gelten dieselben Einschränkungen, die in Abschn. 11.2 bei der Berechnung von Planetenbahnen gemacht wurden.

Genau genommen müßten wir jetzt eigentlich wellenartige Lösungen der Maxwell-Gleichungen (10.65) im Schwarzschild-Feld aufsuchen. Wenn die Wellenlänge des Lichtes jedoch klein ist gegenüber der Länge, über die typische Änderungen des Gravitationsfeldes (d. h. der metrischen Koeffizienten) auftreten, können wir die Lichtausbreitung genau wie in der klassischen Elektrodynamik durch die Näherung der geometrischen Optik beschreiben. Hierzu müssen wir nur deren Aussagen – eine geometrische und eine dynamische – mit Hilfe des Äquivalenzprinzips auf die ART übertragen.

Die geometrische Aussage der geometrischen Optik lautet: *Im Vakuum breiten sich Lichtstrahlen auf Geraden aus.* Diese Aussage muß nach dem Äquivalenzprinzip in allen lokal ebenen Systemen der ART gültig bleiben. Da sich die (kovariante) Geodätengleichung (9.67) in lokal ebenen Systemen auf die Geradengleichung $d^2\xi^\sigma/dp^2 = 0$ reduziert, ist (9.67) die ART-Formulierung der geometrischen Aussage.

Die dynamische Aussage der geometrischen Optik lautet: *Die Ausbreitungsgeschwindigkeit von Licht im Vakuum ist $c = 1/\sqrt{\varepsilon_0\mu_0}$.* Ihre formelmäßige Darstellung im Rahmen der SRT ist $ds^2 = \eta_{\mu\nu}\, d\xi^\mu d\xi^\nu = 0$. Die kovariante Verallgemeinerung davon, die sich in jedem lokal ebenen System hierauf reduziert, ist offensichtlich

$$ds^2 = g_{\mu\nu}\, dx^\mu dx^\nu = 0\,. \tag{11.63}$$

Da die Geodätengleichung (9.67) mit der Bewegungsgleichung für Punktteilchen identisch ist, können wir ihre Form im Schwarzschild-Feld aus Abschn. 11.2 übernehmen (Gleichungen (11.26)–(11.27)).

Die dynamische Gleichung (11.63) wird nach (11.33) erfüllt, wenn in den für Geodäten abgeleiteten Gleichungen

$$E = c^2/2 \tag{11.64}$$

eingesetzt wird. (Siehe auch die an Gleichung (11.63) anschließende Bemerkung.) Mit dieser Maßgabe können alle für Punktteilchen abgeleiteten Ergebnisse auf die Lichtausbreitung übertragen werden. Als Konsequenz daraus ergibt sich die uns schon bekannte Tatsache (siehe Gleichung (10.69)), daß ein im Schwarzschild-Feld fixierter Beobachter als Lichtgeschwindigkeit lokal den Vakuumwert c mißt: Für radiale Lichtstrahlen ergibt sich das aus Gleichung (11.45) mit (11.64); für die Lichtausbreitung tangential zu Kugelflächen $r =$ const liefert das eine einfache analoge Rechnung (Aufgabe 11.4). In Abschn. 11.4.1 wird gezeigt, daß sich für die Ausbreitungsgeschwindigkeit von Licht auch Werte $>c$ oder $<c$ ergeben können, wenn diese nicht lokal, also am Ort der Lichtausbreitung, sondern von einem entfernten Ort aus bestimmt wird.

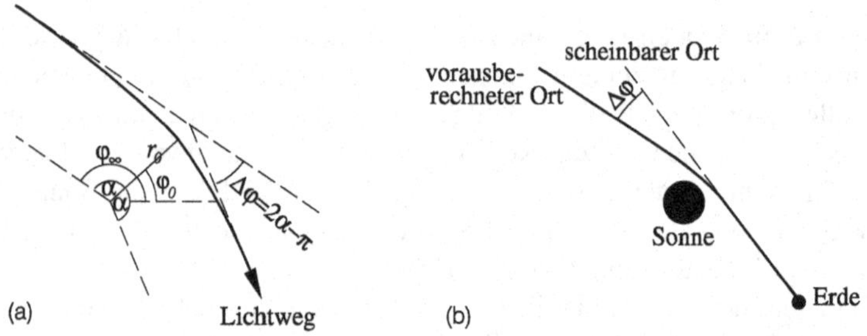

Abb. 11.4: (a) Winkel der Lichtablenkung im Zentralfeld. (b) Lichtablenkung an der Sonne.

11.3.2 Lichtablenkung

Die Bahngeometrie eines Lichtstrahls kann unter der in Abschn. 11.2 begründeten Annahme $\vartheta = \pi/2$ durch eine Funktion $\varphi = \varphi(r)$ beschrieben werden. Aus (11.28b) und (11.29) erhalten wir zu deren Bestimmung mit (11.13) und (11.64) die Gleichung

$$\frac{d\varphi}{dr} = \pm \frac{e^{\lambda/2}}{r\sqrt{c^2 r^2 \, e^{\lambda}/L^2 - 1}} \,. \tag{11.65}$$

Hieraus kann die in Abb. 11.4 (a) definierte Ablenkung $\Delta\varphi$ eines Lichtstrahls berechnet werden, der von $r = \infty$, $\varphi = \varphi_\infty$ kommend dem Gravitationszentrum bei $r = r_0$, $\varphi = \varphi_0$ am nächsten kommt und von dort aus wieder nach $r = \infty$ läuft. Der Radius größter Annäherung an das Gravitationszentrum ist durch $dr/d\varphi = 0$ charakterisiert und kann daher nach (11.65) aus

$$L^2 = c^2 r_0^2 e^{\lambda(r_0)} \tag{11.66}$$

berechnet werden. Am Bahnpunkt $r_0\,, \varphi_0$ muß in (11.65) von dem Zweig mit dem „+" Zeichen auf den mit dem „−" Zeichen übergegangen werden, was zu der in Abb. 11.4 (a) dargestellten Symmetrie des Bahnverlaufs führt. Indem wir jetzt mit Hilfe von (11.66) den Bahnparameter L durch r_0 ersetzen, erhalten wir aus (11.65)

$$\frac{d\varphi}{dr} = \pm \frac{e^{\lambda(r)/2}}{r\sqrt{(r/r_0)^2 \, e^{\lambda(r)-\lambda(r_0)} - 1}} \,. \tag{11.67}$$

Aufgrund der Bahnsymmetrie erhalten wir aus Abb. 11.4 (a) für die Winkelablenkung $\Delta\varphi$ die Beziehung $\Delta\varphi = (\varphi_\infty - \varphi_0) - \pi$ Points und durch Integration von (11.67)

$$\Delta\varphi = 2\int_{r_0}^{\infty} \frac{e^{\lambda/2}}{r\sqrt{(r/r_0)^2 \, e^{\lambda-\lambda_0} - 1}}\, dr - \pi \,. \tag{11.68}$$

$\Delta\varphi$ kann im Prinzip durch elliptische Integrale ausgedrückt werden. Wir begnügen uns jedoch auch hier wieder mit einer Näherung, indem wir nach dem als klein angenommenen Parameter

$$\varepsilon = \frac{r_s}{2r_0} \overset{(11.16)}{=} \frac{GM}{r_0 c^2} \tag{11.69}$$

entwickeln und zur Integration die Substitution $x = r/r_0$ einführen. Mit den aus (11.13) bzw. $e^{-\lambda}=1-2\varepsilon/x$ und $e^{-\lambda_0}=1-2\varepsilon$ folgenden Reihenentwicklungen

$$e^{\lambda/2} = 1 + \frac{\varepsilon}{x} + \cdots, \qquad e^{\lambda-\lambda_0} = 1 + 2\varepsilon\left(\frac{1}{x} - 1\right) + \cdots,$$

$$\left(\frac{r}{r_0}\right)^2 e^{\lambda-\lambda_0} - 1 = (x^2-1)\left(1 - 2\varepsilon\,\frac{x}{x+1}\right) + \cdots$$

nach ε erhalten wir bis zu linearen Termen in ε

$$\begin{aligned}\Delta\varphi+\pi &= 2\int_1^\infty \frac{1+\varepsilon/x}{x\sqrt{x^2-1}\sqrt{1-2\varepsilon x/(1+x)}}\,dx = 2\int_1^\infty \frac{(1+\varepsilon/x)[1+\varepsilon x/(1+x)]}{x\sqrt{x^2-1}}\,dx \\ &= 2\int_1^\infty \frac{dx}{x\sqrt{x^2-1}} + 2\varepsilon\left[\int_1^\infty \frac{dx}{x^2\sqrt{x^2-1}} + \int_1^\infty \frac{dx}{(1+x)\sqrt{x^2-1}}\right].\end{aligned}$$

Mit den aus Formelsammlungen zu entnehmenden Integralen

$$\int_1^\infty \frac{dx}{x\sqrt{x^2-1}} = \frac{\pi}{2}, \qquad \int_1^\infty \frac{dx}{x^2\sqrt{x^2-1}} = 1, \qquad \int_1^\infty \frac{dx}{(1+x)\sqrt{x^2-1}} = 1$$

und (11.69) folgt schließlich

$$\boxed{\Delta\varphi \approx \frac{4GM}{r_0 c^2}.} \tag{11.70}$$

Zum Vergleich berechnen wir auch noch die Ablenkung, die sich schon alleine aus der SRT ergibt. Nach dieser besitzt ein Lichtquant der Energie $h\nu$ die Masse $m = h\nu/c^2$. Deren Ablenkung im Schwerefeld berechnen wir mit den Formeln der gewöhnlichen Mechanik, wobei wir als Geschwindigkeit $v = c$ setzen und die Veränderung der Masse, die sich auch schon nach der SRT durch die Frequenzveränderung des Lichts im Schwerefeld ergibt (siehe (7.6)), als Effekt höherer Ordnung vernachlässigen.[1]

Die allgemeine Lösung für die Bahngleichung eines Massenpunktes der Masse m im Potential $V = -\alpha/r$ ist nach der klassischen Mechanik

$$r = \frac{p}{1 + e\cos\varphi}, \qquad p = \frac{L^2}{m\alpha}, \qquad e = \sqrt{1 + \frac{2EL^2}{m\alpha^2}}.$$

Dabei ist L der Drehimpuls und E die Energie des Teilchens. Für ungebundene Teilchenbahnen ($e > 1$) folgt hieraus in einfacher Weise (siehe *Mechanik*, Abschn. 4.1.6, Gleichung (4.69)) die Streuformel

$$\tan\frac{\Delta\varphi}{2} = \frac{\alpha}{Lv_\infty}, \tag{11.71}$$

1 Eine Ablenkung von Lichtkorpuskeln im Schwerefeld wurde erstmals 1801 von J.G. Soldner berechnet. (Ein Nachdruck der Arbeit findet sich in Ann. Phys. **65**, 593 (1921).)

wobei $\Delta\varphi$ wie in Abb. 11.4 (a) definiert ist und v_∞ die Teilchengeschwindigkeit bei $r = \infty$ ist. Für L können wir

$$L = mr_0v_0\,, \tag{11.72}$$

setzen, wobei r_0 wieder der kleinste auf der Bahn angenommene Wert von r ist. Mit $\alpha = GmM$, $v_0 = v_\infty = c$, (11.72) und (11.69) liefert (11.71)

$$\tan\frac{\Delta\varphi}{2} = \frac{GM}{r_0c^2} = \varepsilon\,.$$

Wenn wir wieder $\varepsilon \ll 1$ annehmen, erhalten wir daraus die Näherung

$$\Delta\varphi = \frac{2GM}{r_0c^2}\,, \tag{11.73}$$

also gerade die Hälfte des Wertes der ART. Der Faktor $1/2$ kann nicht daher rühren, daß wir die Abhängigkeit der Masse des Lichtquants vom Potential vernachlässigt haben. Die Berücksichtigung dieses Effekts müßte nämlich einen von r_0 abhängigen Faktor liefern, der für $r_0 \to \infty$ gegen 1 geht.

Das unterschiedliche Ergebnis von SRT und ART ist darauf zurückzuführen, daß die letztere zusätzlich zum Effekt der SRT einen durch die Lösung der Einsteinschen Feldgleichungen bewirkten Raumkrümmungseffekt enthält. Damit wird die experimentelle Überprüfung der Lichtablenkungs-Formel zu einem weiteren Test für die Einsteinschen Feldgleichungen.

Bei der Lichtablenkung an der Sonne wird der Ablenkungswinkel am größten für Lichtstrahlen, die den Sonnenrand gerade streifen. Für diese ergibt sich der Ablenkungswinkel $\Delta\varphi = 1.75''$. Zur Messung des Effekts vergleicht man während einer Sonnenfinsternis Sterne, die gerade am Rande der verdeckten Sonne erscheinen, mit deren durch gewöhnliche Nachtaufnahmen vorausberechneten Position (Abb. 11.4 (b)).

Experimentell gemessene Ablenkungswinkel schwanken zwischen $\approx 1.5''$ und $2.2''$, wobei für die Abweichung die verschiedensten Ursachen angegeben werden. Man kann sagen: Eine Ablenkung wird definitiv gemessen, aber die Meßgenauigkeit ist leider noch immer ziemlich schlecht, jedenfalls nicht gut genug, um bei der Auswahl zwischen verschiedenen Gravitationstheorien alleine aufgrund dieser Messung eine Entscheidung zugunsten von einer treffen zu können.

Durch das Gravitationsfeld der Sonne wird nicht nur die Bahngeometrie von Lichtstrahlen beeinflußt, sondern auch die Zeit, die ein Lichtsignal für den Weg zwischen verschiedenen Punkten des Feldes benötigt. Sendet man von der Erde zu einem der inneren Planeten wie Merkur ein Radarsignal, so kann das reflektierte Signal auf der Erde empfangen werden. Läuft das Signal dabei sehr nahe an der Sonne vorbei, so ist die Zeit, die es bis zu seiner Rückkunft benötigt, gegenüber der Zeit, die es in einer flachen Raum-Zeit benötigen würde, verzögert (Aufgabe 11.5). Diese auf ART-Effekten beruhende **Radarechoverzögerung** kann berechnet und mit Meßergebnissen verglichen werden. Trotz erheblicher Schwierigkeiten in den Details haben auch entsprechende Experimente dieser Art zu einer glänzenden Bestätigung der ART geführt.

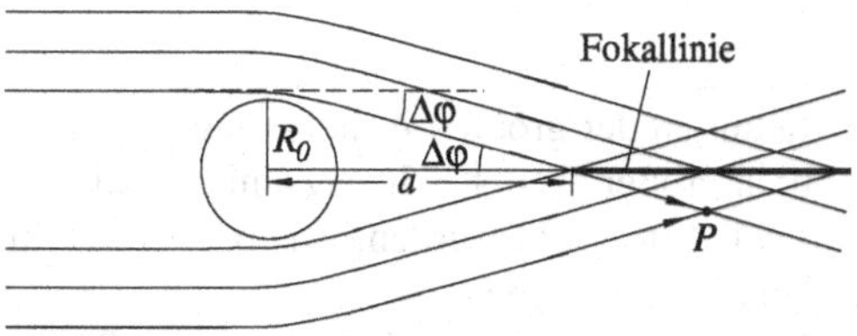

Abb. 11.5: Gravitationslinse: Es gilt $R_0/a = \tan\Delta\varphi$ oder $a \approx R_0/\Delta\varphi$.

11.3.3 Gravitationslinsen

Als Folge der Lichtablenkung wird ein auf ein kugelsymmetrisches Gravitationszentrum zulaufendes Parallellichtbündel in der Weise fokussiert, wie das in Abb. 11.5 dargestellt ist, d. h. das Gravitationsfeld wirkt ähnlich wie eine Sammellinse. Allerdings werden die Lichtstrahlen nicht in einem Brennpunkt vereinigt, sondern in einer sogenannten *Fokallinie*, neben der sich ein Gebiet anschließt, in der sich Strahlen aus zwei verschiedenen Richtungen überlappen. Ein solches Parallellichtbündel könnte z. B. Licht sein, das von einem weit entfernten Stern kommt.

In einem Punkt P des Überlappungsbereiches außerhalb der Fokallinie würde man das Licht des Sterns aus zwei verschiedenen Richtungen kommen sehen, d. h. man würde zwei statt eines Sterns sehen. In einem Beobachtungspunkt auf der Fokallinie würde man aus Symmetriegründen sogar ein kreisförmiges Bild des Sterns erwarten. Tatsächlich versagt dort aber die geometrische Optik, und genauere wellenoptische Rechnungen zeigen, daß man dort nur eine Lichtpunkt verstärkter Intensität zu sehen bekommt.

Wenn man sich in dem Überlappungsbereich eines Gravitationszentrums befindet, wo Doppelbilder auftreten, bezeichnet man dieses als **Gravitationslinse**. Der Überlappungsbereich beginnt nach Abb. 11.5 im Abstand

$$A = R_0/\Delta\varphi \tag{11.74}$$

vom Gravitationszentrum. Für die Sonne beginnt er wegen

$$\Delta\varphi = 1.75'' = 0.85 \cdot 10^{-5}\ \text{arc}$$

erst bei einem Abstand von etwa 120 000 Sonnenradien.

Mittlerweile hat man Doppelquasare entdeckt, deren Zentren so nahe beisammen liegen und Licht so ähnlicher Spektralverteilung aussenden, daß man sie für Doppelbilder ein und desselben Quasars hält. Die Rolle der Gravitationslinse spielt dabei eine Galaxie.

Interessanterweise wurde der Gravitationslinsen-Effekt schon im Jahre 1912 von Einstein selbst entdeckt, Jahre bevor er die endgültige Formulierung der ART gefunden hatte. (Dies war möglich, weil die Berechnung der Ausbreitung von Licht in einem gegeben Feld $g_{\mu\nu}(x)$ ohne Kenntnis der Feldgleichungen möglich ist, und weil die Ablenkung von Licht in einem Gravitationsfeld zum Teil schon aus der SRT folgt.) Der Effekt erschien Einstein jedoch zunächst so fantastisch und jenseits aller Realität, daß er auf eine Publikation verzichtete und sich dazu erst 1936 überreden ließ. Die Entdeckung einer realen Gravitationslinse ließ danach noch bis zum Jahre 1979 auf sich warten.

11.3.4 Einfang von Licht

Wir haben bisher angenommen, daß der Radius r_0 der größten Annäherung des Lichtstrahls an das Gravitationszentrum wesentlich größer als der Schwarzschild-Radius ist ($\varepsilon = r_s/(2r_0) \ll 1$). In diesem Abschnitt soll untersucht werden, was passiert, wenn Lichtstrahlen dem Schwarzschild-Radius sehr nahe kommen.

Als erstes überzeugen wir uns davon, daß es in der Nähe des Schwarzschild-Radius kreisförmige Nullgeodäten gibt, also Kreise, auf denen Lichtstrahlen umlaufen können. Für $\vartheta \equiv \pi/2$ und $dr = 0$ folgt einerseits aus der dynamischen Gleichung $ds^2 = 0$ nach (11.17)

$$r^2(d\varphi/dt)^2 = (1 - r_s/r)c^2 ,$$

andererseits aus der Geodätengleichung (11.26b) mit (11.13)

$$r^2(d\varphi/dt)^2 = (r/2)\,e^\nu \nu' c^2 = (r/2)\,(e^\nu)' c^2 = (r_s/2r)\,c^2 .$$

Diese Gleichungen werden für $r = r_e = (3/2)r_s$ miteinander verträglich, d. h. Kreise vom Radius $(3/2)\,r_s$ um das Gravitationszentrum sind mögliche Lichtbahnen.[2]

Die hiermit gefundenen kreisförmigen Lichtbahnen erweisen sich allerdings als instabil (siehe unten). Dennoch besitzt der „Einfangradius" r_e eine wichtige Bedeutung für den möglichen Verlauf von Lichtstrahlen. Um das zu erkennen, betrachten wir die reziproke Gleichung (11.65)

$$dr/d\varphi = \pm r\sqrt{r^2c^2/L^2 - e^{-\lambda}} .$$

Mit den Definitionen $\rho = r/r_s$ und $\alpha^2 = c^2r_s^2/L^2$ erhält sie die Form

$$\frac{d\rho}{d\varphi} = \pm\rho\sqrt{f(\rho)} \qquad \text{mit} \qquad f(\rho) = \frac{1}{\rho} + \alpha^2\rho^2 - 1 . \tag{11.75}$$

Bei $\rho = 1/\sqrt[3]{2\alpha^2}$ nimmt $f(\rho)$ den Minimalwert

$$\min f(\rho) = \frac{3}{2}\sqrt[3]{2\alpha^2} - 1$$

an, der für $\alpha^2 = 4/27$ gleich null wird. Daher besitzt $d\rho/d\varphi$ für $\alpha^2 > 4/27$ keine Nullstellen, für $\alpha^2 = 4/27$ genau eine Nullstelle bei $\rho = 3/2$ bzw. $r = (3/2)\,r_s = r_e$, und für $\alpha^2 < 4/27$ zwei Nullstellen $\rho_1 < 3/2 < \rho_2$, wobei diese Ungleichung deshalb gilt, weil

$$f(3/2) = 2/3 + 9\alpha^2/4 - 1$$

monoton mit α^2 fällt und für $\alpha^2 < 4/27$ negativ wird. Betrachten wir nun den Lichtstrahlenverlauf in den verschiedenen Fällen.

---

2 Ein um den Faktor 3 falsches Ergebnis kann schon aus der SRT abgeleitet werden: Ein Lichtquant der Energie $h\nu$ erleidet im Gravitationsfeld die Anziehungskraft $K = GM(h\nu/c^2)/r^2$, und wir erhalten eine stationäre Kreisbahn, wenn diese gleich der Zentrifugalkraft $Z = (h\nu/c^2)\,c^2/r$ ist, also für $c^2/r = GM/r^2$ bzw.

$$r = GM/c^2 = r_s/2 .$$

Der Fehler rührt wieder daher, daß die SRT die Raumkrümmung nicht berücksichtigt.

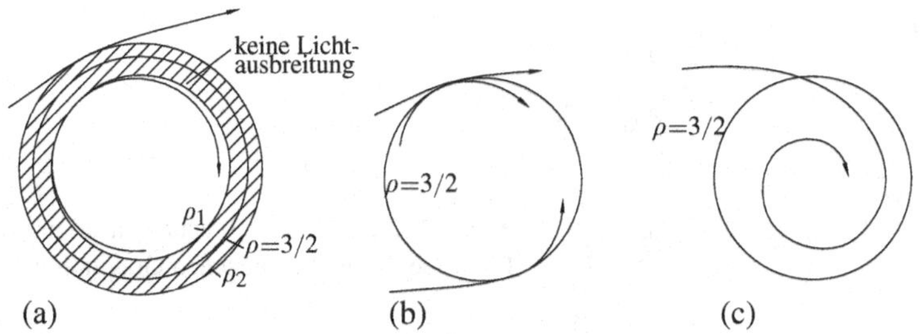

Abb. 11.6: Mögliche Lichtstrahlen (a) für $\alpha^2 < 4/27$, (b) für $\alpha^2 = 4/27$ und (c) für $\alpha^2 > 4/27$.

Fall $\alpha^2 < 4/27$: Im Bereich $\rho_1 < \rho < \rho_2$ ist $f(\rho)$ negativ, $d\rho/d\varphi$ imaginär, und daher gibt es dort überhaupt keine Lichtstrahlen. Im Bereich $\rho \geq \rho_2$ nimmt ρ mit φ monoton ab oder zu, je nachdem, ob man sich auf dem Zweig mit negativem oder positivem Vorzeichen von $d\rho/d\varphi$ befindet, und auf beiden Zweigen wird $d\rho/d\varphi = 0$ bei $\rho = \rho_2$. Man erhält daher eine vollständige Lösung mit dem qualitativen Aussehen des in Abb. 11.6 (a) dargestellten Lichtstrahlverlaufs, indem man bei $\rho = \rho_2$ zwei Lösungszweige zu verschiedenen Vorzeichen von $d\rho/d\varphi$ aneinandersetzt. Analog kann man im Bereich $\rho \leq \rho_1$ verfahren, wobei sich die erhaltenen Lösungen aber nur für $\rho > 1$ als Bahnen deuten lassen.

Fall $\alpha^2 = 4/27$: In diesem Fall wird $\rho_1 = \rho_2 = 3/2$, und dort wird $d\rho/d\varphi = 0$ sowie

$$\frac{d^2\rho}{d\varphi^2} = \frac{d\rho}{d\varphi}\frac{d}{d\rho}\left(\frac{d\rho}{d\varphi}\right) = \rho\left(f(\rho) + \frac{\rho}{2}f'(\rho)\right) = 0\,.$$

Die möglichen Lichtstrahlen ergeben sich analog wie im vorher betrachteten Fall und sind in Abb. 11.6 (b) dargestellt. Bei $\rho = 3/2$ können auch Lösungszweige $\rho \leq 3/2$ mit Lösungszweigen $\rho \geq 3/2$ stetig hinsichtlich ρ, $d\rho/d\varphi$ und $d^2\rho/d\varphi^2$ verbunden werden, d. h. es besteht z. B. sowohl die Möglichkeit der Ablenkung als auch des Einfangs eines auf r_e zulaufenden Lichtstrahls.

Unter den möglichen Lichtstrahlen befinden sich auch die Kreise $\rho = 3/2$. Die kleinste Störung wird einen solchen Lichtstrahl jedoch in einen nach außen oder innen davonlaufenden Lichtstrahl überführen, d. h. diese sind instabil.

Fall $\alpha^2 > 4/27$: Hier nimmt ρ z. B. auf dem negativen Zweig permanent ab, die Bahn durchstößt den Einfangradius $\rho = 3/2$ mit endlicher Steigung $d\rho/d\varphi < 0$ und wird vollständig eingefangen (Abb. 11.6 (c)).

Zusammenfassend läßt sich sagen: Auf das Gravitationszentrum zulaufende Lichtstrahlen werden gestreut, wenn sie diesem nicht näher als bis zum Einfangradius r_e kommen. Wenn sie diesen jedoch überschreiten, werden sie eingefangen und laufen spiralförmig auf das Gravitationszentrum zu. Lichtstrahlen, die innerhalb des Einfangradius, aber außerhalb des Schwarzschild-Radius, nach außen laufen, können für $\alpha^2 \geq 4/27$ nach $\rho > 3/2$ entweichen, für $\alpha^2 < 4/27$ werden sie bei ρ_1 zurückgelenkt und bleiben gefangen.

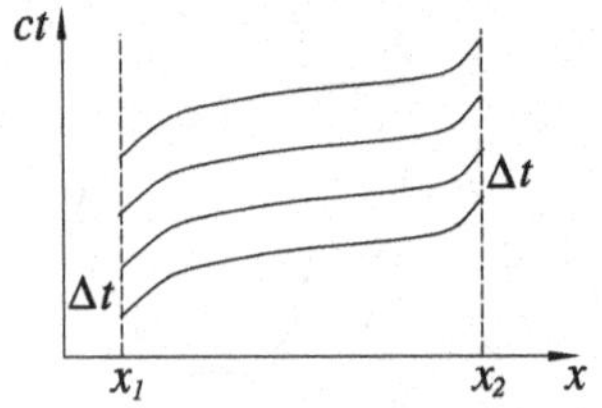

Abb. 11.7: Zeitverschiebungsinvarianz der Licht-Geodäten im statischen Gravitationsfeld.

11.4 Rotverschiebung von Spektrallinien im Gravitationsfeld

In dem Zusammenhang (10.8) zwischen der Eigenzeit einer bei x^l im Schwerefeld ruhenden Uhr und der Koordinatenzeit $dt = dx^0/c$ kann die letztere als Eigenzeit einer in einem schwerefreien Gebiet befindlichen Normaluhr gedeutet werden ($d\tau = dx^0/c$ für $g_{00} \equiv 1$). Dementsprechend bedeutet (10.8) eine Zeitdilatation im Schwerefeld. Allerdings kann diese nicht am Ort x^l selbst gemessen werden, da jede Normaluhr dieselbe Zeitverzögerung erleiden würde, wenn man sie zu Vergleichszwecken nach x^l brächte. Sobald jedoch ein Ereignis, das an einem Ort $\boldsymbol{x}_1$ im Schwerefeld stattfindet, von einem anderen Ort $\boldsymbol{x}_2$ aus beobachtet wird, kommt es zu einer meßbaren Zeitverschiebung bzw. einer Dilatation oder Kontraktion von Zeitintervallen und insbesondere zu einer Frequenzverschiebung der Spektrallinien von Atomen und Molekülen.

Zu deren Ableitung setzen wir ein statisches Schwerefeld voraus. An einem festen Ort $\boldsymbol{x}_1$ dieses Feldes befinde sich ein Atom, das Wellen der Frequenz

$$\nu_1 = 1/\Delta\tau_1 \tag{11.76}$$

aussendet. Dabei ist $\Delta\tau_1$ die mit einer bei $\boldsymbol{x}_1$ ruhenden Normaluhr gemessene Dauer einer Schwingungsperiode. Nach (10.8) ist die während einer Periode vergangene Koordinatenzeit

$$\Delta t_1 = \frac{1}{c}\Delta x^0 = \frac{\Delta\tau_1}{\sqrt{g_{00}(\boldsymbol{x}_1)}}\,. \tag{11.77}$$

Wir beobachten nun das vom Ort $\boldsymbol{x}_1$ weggesandte Licht an einem zweiten festen Punkt $\boldsymbol{x}_2$ des Gravitationsfeldes. Wegen der Zeitunabhängigkeit des Feldes besteht für die Lichtausbreitung Zeitverschiebungsinvarianz, d. h. zwei Signale, die bei $\boldsymbol{x}_1$ um die Zeit Δt verschoben abgesandt werden, durchlaufen Bahnen, die überall um Δt zeitverschoben sind, und kommen deshalb auch bei $\boldsymbol{x}_2$ mit derselben Koordinatenzeitverschiebung Δt an (Abb. 11.7). Insbesondere ist auch die Ankunftszeit zweier Wellenmaxima bei $\boldsymbol{x}_2$ um Δt_1 verschoben. Bei $\boldsymbol{x}_2$ mißt man mit einer dort ruhenden Normaluhr als Dauer des Koordinatenzeitintervalls Δt_1 die Eigenzeit

$$\Delta\tau_2 = \sqrt{g_{00}(\boldsymbol{x}_2)}\,\Delta t_1$$

und damit die Frequenz

$$\nu_2 = \frac{1}{\Delta\tau_2} = \frac{1}{\sqrt{g_{00}(\boldsymbol{x}_2)}\,\Delta t_1}\,. \tag{11.78}$$

Setzt man hierin (11.77) und (11.76) ein, so erhält man schließlich

$$\boxed{\nu_2 = \sqrt{\frac{g_{00}(\boldsymbol{x}_1)}{g_{00}(\boldsymbol{x}_2)}}\,\nu_1} \tag{11.79}$$

als am Ort $\boldsymbol{x}_2$ beobachtete Frequenz von Licht, das am Ort $\boldsymbol{x}_1$ mit der Frequenz ν_1 emittiert wurde.

Sind $g_{00}(\boldsymbol{x}_1)$ und $g_{00}(\boldsymbol{x}_2)$ voneinander verschieden, so sieht der bei $\boldsymbol{x}_2$ ruhende Beobachter also eine andere Frequenz als der am Absendungsort ruhende Beobachter. (11.79) ist die exakte Formel für die **gravitative Rotverschiebung** von Spektrallinien, die trotz ihres Namens je nach den Gravitationsverhältnissen auch eine Verschiebung zu kürzeren Wellenlängen hin sein kann. Ihre Anwendung auf das Schwarzschild-Feld liefert nach (11.17) das Ergebnis

$$\frac{\nu_2}{\nu_1} = \sqrt{\frac{1 - r_s/r_1}{1 - r_s/r_2}}\,. \tag{11.80}$$

Licht, das am Schwarzschild-Radius emittiert wird ($r_1 = r_s$), erfährt demnach eine unendliche Rotverschiebung ($\nu_2 = 0$) und wird bei jedem Radius $r_2 > r_s$ unsichtbar. Für $r_1 \gg r_s$ und $r_2 \gg r_s$ wird (11.80) durch

$$\frac{\nu_2}{\nu_1} \approx 1 + \frac{r_s}{2}\left(\frac{1}{r_2} - \frac{1}{r_1}\right) \tag{11.81}$$

angenähert. Für die auf der Erde beobachtete Rotverschiebung des Lichts, das von Atomen der Sonnenoberfläche ausgesandt wird, ergibt sich hieraus mit $r_1 \approx 7 \cdot 10^5$ km, $r_s \approx 3$ km und $1/r_2 \ll 1/r_1$ der Wert $\nu_2/\nu_1 \approx 1 - 2.1 \cdot 10^{-6}$. Dieselbe Doppler-Verschiebung bewirken nach (2.10) schon Gasströmungen auf der Sonne mit einer Geschwindigkeit von weniger als 1 km/s, was die Messung der gravitativen Rotverschiebung sehr erschwert. Dennoch konnte der berechnete Wert mittlerweile mit einer Genauigkeit von etwa 10% nachgemessen werden.

In schwachen Gravitationsfeldern liefert (11.79) mit der Näherung (10.52) und der Entwicklung

$$\sqrt{\frac{1 + 2\Phi_1/c^2}{1 + 2\Phi_2/c^2}} \approx \left(1 + \frac{\Phi_1}{c^2}\right)\left(1 - \frac{\Phi_2}{c^2}\right) \approx 1 + \frac{\Phi_1 - \Phi_2}{c^2}$$

die Näherungsformel

$$\nu_2 = \left[1 - (\Phi_2 - \Phi_1)/c^2\right]\nu_1\,, \tag{11.82}$$

die für ein Zentralfeld $\Phi = -GM/r$ mit (11.81) übereinstimmt. Beobachtet man an einem Ort $\boldsymbol{x}_2$, an dem das Gravitationspotential Φ_2 verschwindet, so erhält man insbesondere

$$\nu_2 = \left(1 + \Phi_1/c^2\right)\nu_1 < \nu_1\,,$$

da Φ_1 bei der Normierung $\Phi = 0$ in unendlichem Abstand von den gravitierenden Massen negativ ist. Die Spektrallinien der Atome eines schweren Sterns erscheinen also aus weiter Entfernung gesehen stets zum Roten hin verschoben, wie auch schon aus (11.81) zu erkennen war.

Sehr viel genauer als die Rotverschiebung des von der Sonne oder von Sternen emittierten Lichts konnte die Rotverschiebung an γ -Strahlen aus dem Spektrum von Atomkernen nachgewiesen werden, die sich aus (11.82) im Potential des Erdschwerefeldes bei einem Höhenunterschied von nur etwa 20 m ergibt. Obwohl sich hierfür nur eine Frequenzverschiebung von etwa $2.5 \cdot 10^{-15}$ errechnet, konnte dieser Wert mittlerweile in einem Experiment[3], das den *Mößbauer-Effekt* zu Hilfe nimmt, mit einer Genauigkeit von weniger als 1 Prozent bestätigt werden. Da sich die Näherungsergebnisse (11.81) und (11.82) jedoch mit ähnlichen Überlegungen, wie wir sie in Abschn. 10.1 durchgeführt hatten, schon ohne Benutzung der Feldgleichungen allein aus dem Äquivalenzprinzip ableiten lassen, stellt die experimentelle Bestätigung der gravitativen Rotverschiebung nur einen Test des Äquivalenzprinzips dar. Zu einem Test der Feldgleichungen wird sie erst durch die Bestätigung des genaueren Ergebnisses (11.80).

11.4.1 Beobachtung von Unter- und Überlichtgeschwindigkeiten

In diesem Abschnitt überzeugen wir uns davon, daß sich für die Ausbreitungsgeschwindigkeit von Licht auch Werte $>c$ oder $< c$ ergeben können, wenn diese an einem vom Ort der Ausbreitung entfernten Standort bestimmt wird. Wir nehmen an, daß ein im Schwazschild-Feld nahe dem Schwarzschild-Radius bei festem $r = r_{\rm B}$ postierter Beobachter senkrecht zum Schwerefeld ein Lichtsignal aussendet, das in einiger Entfernung von ihm an einem Spiegel so reflektiert wird, daß es zu ihm zurückkehrt. Nach (11.17) ist der vom Licht zurückgelegte Weg unter der zusätzlichen Annahme $d\varphi\equiv 0$ und für hinreichend kurze Lichtwege durch $\Delta s \approx 2r_{\rm B}\Delta\vartheta$ gegeben, und zwar sowohl für den (lokalen) Beobachter nahe dem Schwarzschild-Radius als auch für einen weit entfernt bei $r\to\infty$ ruhenden Beobachter. Für den erstgenannten ist Ausbreitungsgeschwindigkeit des Lichts gleich c und die Laufzeit des Signals daher $\Delta\tau \approx 2r_{\rm B}\Delta\vartheta/c$. Der Beobachter bei $r\to\infty$ mißt nach (11.17) die viel längere Laufzeit $\Delta t \approx \Delta\tau/\sqrt{1-r_{\rm B}/r_{\rm S}}$ und errechnet daraus als Ausbreitungsgeschwindigkeit $\Delta s/\Delta t \approx 2r_{\rm B}\Delta\vartheta/\Delta t \approx c\Delta\tau/\Delta t \approx \sqrt{1-r_{\rm B}/r_{\rm S}}\,c < c$. Umgekehrt würde man im Schwerefeld (z. B. nahe dem Schwarzschild-Radius) unter Benutzung desselben Zusammenhangs zwischen der Zeit $\Delta\tau$ nahe dem Schwarzschild-Radius und der Zeit Δt weit weg von diesem urteilen, daß sich Licht außerhalb des Schwerefeldes (also in weiter Entfernung vom Schwarzschild-Radius) lateral mit einer Geschwindigkeit $> c$ ausbreitet. Der Grund, warum hier nicht wie bei der Zeitdilatation der SRT für beide Beobachter dasselbe Ergebnis gilt, liegt darin, daß sich die SRT-Beobachter in unterschiedlichen Koordinatensystemen befinden, während sich hier, in der ART, beide Beobachter auf dasselbe Koordinatensystem beziehen können und daher dieselbe Formel benutzen dürfen.

---

3 Das erste derartige Experiment führten 1960 R.V. Pound und G.A. Rebka aus.

Aufgaben

11.1 Bei welchem Radius wird nach der Newtonschen Theorie die Fluchtgeschwindigkeit, die ein Punktteilchen der Masse m benötigt, um aus dem Gravitationsfeld einer Punktmasse M ins Unendliche zu entkommen, gleich der Lichtgeschwindigkeit?

11.2 Berechnen Sie die Zeit, die ein in 500 km Höhe über der Erdoberfläche auf einer Kreisbahn umlaufender Satellit für eine Erdumkreisung benötigt! Welchen Eigenzeitgewinn/verlust erfährt er bei einer Umrundung gegenüber einem am Nordpol der Erde ruhenden Beobachter?

11.3 Finden Sie heraus, ob bei dem in Abb. 11.3 dargestellten Problem der Rettung eines Zwillingsbruders $t_* < \tau_s$, $t_* = \tau_s$ oder $t_* > \tau_s$ gilt.
Anleitung: Nehmen Sie zur Vereinfachung an, daß der verunglückte Zwilling auf einer rein radialen Bahn abstürzt und den Sturz mit der Anfangsgeschwindigkeit $v = 0$ beginnt. (Diese Bahn wird durch Gleichung (11.58) beschrieben.)

11.4 Zeigen Sie, daß ein im Schwarzschild-Feld fixierter Beobachter am Beobachtungsort (lokal) als Ausbreitungsgeschwindigkeit von Licht tangential zu Kugelflächen $r = \text{const}$ den Vakuumwert c mißt.

11.5 *Radarechoverzögerung.* Berechnen Sie die Laufzeit, die ein von der Erde abgesandtes Radarsignal benötigt, wenn es nahe an der Sonne vorbei zu einem Nachbarplaneten läuft und nach seiner Reflexion an diesem denselben Weg zurück zur Erde nimmt. Welcher Laufzeitunterschied ergibt sich gegenüber der Laufzeit in einem pseudo-euklidischen Raum?
Anleitung: Zur Zeitmessung werde eine in weiter Entfernung vom Sonnenzentrum ruhende Uhr benutzt. Auf der Geodäten, die das Radarsignal als Weg benutzt, ändert sich zwar mit dem Radius r auch der Winkel φ; die Laufzeit kann aber schon aus der Radialbewegung alleine bestimmt werden. Es empfiehlt sich, eine Integrationskonstante durch den Minimalwert r_0 des Radius r auszudrücken. Entwickeln Sie nach dem kleinen Parameter $\varepsilon = r_s/r_0$ bis zu linearen Termen!

12 Linearisierte Feldgleichungen und Gravitationswellen

Wir betrachten in diesem Kapitel schwache Gravitationsfelder, die wir durch

$$g_{\mu\nu} = \eta_{\mu\nu} + h_{\mu\nu} \qquad \text{mit} \qquad |h_{\mu\nu}| \ll 1\,, \tag{12.1}$$

definieren. Es erscheint sinnvoll, die Einsteinschen Feldgleichungen in diesem Fall in den kleinen Größen $h_{\mu\nu} = g_{\mu\nu} - \eta_{\mu\nu} = g_{\nu\mu} - \eta_{\nu\mu} = h_{\nu\mu}$ zu linearisieren und die dabei erhaltenen linearen Gleichungen als Näherung zu benutzen.

12.1 Linearisierung der Feldgleichungen

Am einfachsten läßt sich die Linearisierung an der Form (10.153) der Feldgleichungen durchführen, da deren linke Seite nach (10.151) und (10.152) nur lineare Terme enthält. Bei der Linearisierung der rechten Seite darf der Tensor $t_{\mu\nu}$ ganz weggelassen werden, da in diesem gerade alle in den $h_{\mu\nu}$ nichtlinearen Terme aufsummiert wurden. Indem wir den verbleibenden Materietensor nach den $h_{\mu\nu}$ entwickeln, erhalten wir zunächst

$$R^{(1)}_{\mu\nu} - \frac{1}{2}\eta_{\mu\nu}R^{(1)} = -\frac{8\pi G}{c^2}\left(M_{\mu\nu}\big|_0 + \frac{\partial M_{\mu\nu}}{\partial h_{\rho\sigma}}\bigg|_0 h_{\rho\sigma} + \cdots\right),$$

wobei $M_{\mu\nu}|_0$ bedeutet, daß $M_{\mu\nu}$ bei $h_{\rho\sigma} = 0$ ausgewertet wird, etc. Jetzt betrachten wir eine Schar von Materieverteilungen $M_{\mu\nu} = \lambda \widetilde{M}_{\mu\nu}(x)$, die für $\lambda = 0$ auf $M_{\mu\nu} \equiv 0$ und $g_{\mu\nu} \equiv \eta_{\mu\nu}$ bzw. $h_{\mu\nu} \equiv 0$ führt. Unserer letzten Gleichung ist zu entnehmen, daß die $h_{\mu\nu}$ wegen $R^{(1)}_{\mu\nu} \sim h_{\mu\nu}$ die Größenordnung von λ haben. Daraus folgt aber, daß der in den $h_{\rho\sigma}$ lineare Term der rechten Seite von der Ordnung λ^2 ist und daher bei der Linearisierung weggelassen werden darf. Damit erhalten wir schließlich die **linearisierten Feldgleichungen**

$$\boxed{R^{(1)}_{\mu\nu} - \frac{1}{2}\eta_{\mu\nu}R^{(1)} = -\frac{8\pi G}{c^2}M^{(0)}_{\mu\nu}\,,} \tag{12.2}$$

wobei $M^{(0)}_{\mu\nu}$ der Term niedrigster Ordnung in der Entwicklung des Materietensors nach den $h_{\mu\nu}$ ist. Gleichung (10.61) zeigt, daß der Materietensor für druckfreien Staub wegen seiner Unabhängigkeit von den $g_{\mu\nu}$ voll in die linearisierten Feldgleichungen eingeht, während in dem für ideale Flüssigkeiten mit isotropen Druck $g^{\mu\nu}$ durch $\eta^{\mu\nu}$ ersetzt werden muß. (In beiden Fällen sind ϱ_0 und U^μ als Näherungen niedrigster Ordnung aufzufassen.)

Die linke Seite der linearisierten Feldgleichungen erfüllt die linearisierten Bianchi-Identitäten (10.158), weshalb $M^{(0)\,\mu\nu} = \eta^{\mu\rho}\eta^{\nu\sigma}M^{(0)}_{\rho\sigma}$ die Kontinuitätsgleichung

$$M^{(0)\,\mu\nu}{}_{,\mu} = 0 \tag{12.3}$$

der SRT erfüllen muß. Dies folgt auch aus der Kontinuitätsgleichung (10.104): Mit $M^{\mu\nu} = M^{(0)\,\mu\nu} + \lambda M^{(1)\,\mu\nu}$, (9.34a) und

$$\Gamma^{\lambda}_{\mu\nu} \overset{(9.52)}{=} \frac{1}{2}\eta^{\lambda\rho}\left(h_{\rho\mu,\nu} - h_{\rho\nu,\mu} - h_{\mu\nu,\rho}\right) + \cdots =: \lambda\Gamma^{(0)\lambda}{}_{\mu\nu} + \mathcal{O}(\lambda^2) \tag{12.4}$$

ergibt sich aus dieser nämlich

$$M^{\mu\nu}{}_{;\mu} = M^{(0)\,\mu\nu}{}_{,\mu} + \lambda\left(M^{(1)\,\mu\nu}{}_{,\mu} + \Gamma^{(0)\mu}{}_{\lambda\rho}M^{(0)\,\rho\nu} + \Gamma^{(0)\nu}{}_{\lambda\rho}M^{(0)\,\mu\rho}\right) + \mathcal{O}(\lambda^2)\,,$$

und in niedrigster Ordnung folgt daraus (12.3). Überschieben von (12.2) mit $\eta^{\rho\sigma}$ und Verjüngen nach beiden Indizes liefert

$$R^{(1)} - 2R^{(1)} = -R^{(1)} = -\frac{8\pi G}{c^2}\eta^{\mu\nu}M^{(0)}_{\mu\nu} =: -\frac{8\pi G}{c^2}M^{(0)}\,,$$

und damit erhält man aus Gleichung (12.2) die dieser äquivalente Gleichung

$$\boxed{R^{(1)}_{\mu\nu} = -\frac{8\pi G}{c^2}\left(M^{(0)}_{\mu\nu} - \frac{1}{2}\eta_{\mu\nu}M^{(0)}\right)} \tag{12.5}$$

der linearisierten Feldgleichungen.

Da die Kontinuitätsgleichung (12.3) im Gegensatz zu (10.104) nur mit der gewöhnlichen Ableitung gebildet wird, entfällt in der linearisierten Theorie die Rückwirkung des Gravitationsfeldes auf seine Quellen. Diese Eigenschaft hat zur Folge, daß man Lösungen der linearisierten Feldgleichungen mit großer Vorsicht betrachten muß. Sicher wird man strenge Lösungen der exakten Feldgleichungen mit guter Näherung durch Lösungen der linearisierten Gleichungen in Raumgebieten annähern können, wo die Metrik beinahe flach ist. Zu einer Lösung der linearisierten Gleichungen muß aber nicht umgekehrt eine strenge Lösung gehören, die sie approximiert. Denn selbst, wenn die felderzeugenden Massen so klein sind, daß die Voraussetzungen der linearisierten Theorie auch im Bereich der Quellen gelten, können sich deren Ergebnisse noch immer aufgrund ganz anderer Massenbewegungen – es fehlt ja die Rückwirkung des Gravitationsfeldes auf die Massen – entscheidend von strengen Lösungen unterscheiden. Daher wird man sich auf die Aussagen der linearisierten Theorie nur in den Fällen verlassen können, wo die Materiebewegung wie z. B. in unserem Planetensystem gut bekannt ist. Eine andere Möglichkeit besteht darin, die Linearisierungslösungen zur Überprüfung ihrer Qualität in (10.104) einzusetzen und zu festzustellen, ob die gegenüber (12.3) auftretenden Korrekturterme klein bleiben. Dies stellt allerdings nur eine notwendige Forderung dar, hinreichend wäre erst die Konvergenz eines Iterationsverfahrens, das sukzessiv nichtlineare Korrekturen berechnet.

Wir wollen jetzt die linearisierten Feldgleichungen noch in eine etwas bequemere Form bringen, indem wir die bei der Gesamtlösung von (12.5) auftretende Freiheit in der Wahl der homogenen Lösung[1] zu einer geeigneten Eichung ausnutzen. Die zu (12.5) gehörige homogene Gleichung

$$R^{(1)}_{\mu\nu} = 0 \tag{12.6}$$

wird nach H. Weyl für jedes beliebige **erzeugende Vektorfeld** $\xi_\mu(x)$ durch

$$h_{\mu\nu} = \xi_{\mu,\nu} + \xi_{\nu,\mu} \tag{12.7}$$

gelöst. Durch Einsetzen von (12.7) in (12.6) erhält man mit (10.151) nämlich

$$\begin{aligned} R^{(1)}_{\mu\nu} = \frac{\eta^{\rho\sigma}}{2} \Big(& \underbrace{\xi_{\rho,\sigma,\mu,\nu}}_{1} + \underbrace{\xi_{\rho,\sigma,\nu,\mu}}_{2} + \underbrace{\xi_{\mu,\nu,\rho,\sigma}}_{3} + \underbrace{\xi_{\nu,\mu,\rho,\sigma}}_{4} \\ & - \underbrace{\xi_{\mu,\sigma,\rho,\nu}}_{3} - \underbrace{\xi_{\nu,\sigma,\rho,\mu}}_{4} - \underbrace{\xi_{\rho,\nu,\mu,\sigma}}_{1} - \underbrace{\xi_{\rho,\mu,\nu,\sigma}}_{2} \Big) , \end{aligned}$$

wobei sich die mit 1, 2, 3, bzw. 4 markierten Terme wegen der Vertauschbarkeit der Ableitungen gegenseitig wegheben. Mit

$$\begin{aligned} \eta^{\rho\sigma} h_{\mu\nu,\rho,\sigma} &= \left(\frac{1}{c^2}\frac{\partial^2}{\partial t^2} - \Delta\right) h_{\mu\nu} = \Box h_{\mu\nu} , \\ \eta^{\rho\sigma} h_{\rho\nu,\mu,\sigma} &\overset{\rho\leftrightarrow\sigma}{=} \eta^{\sigma\rho} h_{\sigma\nu,\mu,\rho} = \eta^{\rho\sigma} h_{\sigma\nu,\mu,\rho} = \eta^{\rho\sigma} h_{\sigma\nu,\rho,\mu} \end{aligned}$$

läßt sich (10.151) in

$$R^{(1)}_{\mu\nu} = \frac{1}{2}\left(\Box h_{\mu\nu} + \left[\eta^{\rho\sigma}\left(\tfrac{1}{2}h_{\rho\sigma,\mu} - h_{\sigma\mu,\rho}\right)\right]_{,\nu} + \left[\eta^{\rho\sigma}\left(\tfrac{1}{2}h_{\rho\sigma,\nu} - h_{\sigma\nu,\rho}\right)\right]_{,\mu}\right) \tag{12.8}$$

umschreiben. Zu jeder Lösung $\tilde{h}_{\mu\nu}$ der inhomogenen Gleichungen (12.5) können wir nun eine Lösung (12.7) der zugehörigen homogenen Gleichungen finden derart, daß für die inhomogene Lösung

$$h_{\mu\nu} = \tilde{h}_{\mu\nu} - \left(\xi_{\mu,\nu} + \xi_{\nu,\mu}\right)$$

die beiden eckigen Klammern der rechten Seite von (12.8) verschwinden. (In Aufgabe 12.1 soll gezeigt werden, daß der Übergang von $\tilde{h}_{\mu\nu}$ zu $h_{\mu\nu}$ auch durch eine geeignete Koordinatentransformation zustande kommt.) Wenn wir vereinbaren, daß in der linearisierten Theorie Indizes generell mit $\eta^{\mu\nu}$ bzw. $\eta_{\mu\nu}$ herauf- und heruntergezogen werden, erhält man für die erste der eckigen Klammern mit $\eta^{\rho\sigma}\xi_{\rho,\sigma,\mu} = \eta^{\sigma\rho}\xi_{\sigma,\rho,\mu} = \eta^{\rho\sigma}\xi_{\sigma,\rho,\mu}$ nämlich

$$\begin{aligned} \frac{1}{2}h^{\rho}{}_{\rho,\mu} - h^{\rho}{}_{\mu,\rho} &= \frac{1}{2}\tilde{h}^{\rho}{}_{\rho,\mu} - \tilde{h}^{\rho}{}_{\mu,\rho} - \eta^{\rho\sigma}\left(\frac{1}{2}\xi_{\rho,\sigma,\mu} + \frac{1}{2}\xi_{\sigma,\rho,\mu} - \xi_{\sigma,\mu,\rho} - \xi_{\mu,\sigma,\rho}\right) \\ &= \frac{1}{2}\tilde{h}^{\rho}{}_{\rho,\mu} - \tilde{h}^{\rho}{}_{\mu,\rho} + \Box\xi_\mu , \end{aligned} \tag{12.9}$$

1 Diese Freiheit entspricht der Freiheit, die in dem Übergang zu anderen Koordinaten $x'^\mu = x'^\mu(x)$ steckt.

und diese verschwindet für

$$\Box\xi_\mu = \tilde{h}^\rho{}_{\mu,\rho} - \frac{1}{2}\tilde{h}^\rho{}_{\rho,\mu}\,. \tag{12.10}$$

Dies ist eine inhomogene Wellengleichung mit bekannter Inhomogenität zur Bestimmung von ξ_μ, die immer eine Lösung besitzt (siehe unten). Da die zweite Klammer mit $\mu \to \nu$ aus der ersten hervorgeht, verschwindet sie mit derselben Wahl des Vektors ξ_μ.

Mit (12.8)–(12.10) erhalten wir aus (12.5) die einfacheren linearen Feldgleichungen

$$\Box h_{\mu\nu} = -\frac{16\pi G}{c^2}\left(M^{(0)}_{\mu\nu} - \frac{1}{2}\eta_{\mu\nu}M^{(0)}\right) =: -\frac{16\pi G}{c^2}S_{\mu\nu}\,, \qquad h^\mu{}_{\nu,\mu} = \frac{1}{2}h^\mu{}_{\mu,\nu}\,. \tag{12.11}$$

Wenn $M^{(0)}_{\mu\nu}(x)$ als Lösung der Bewegungsgleichung (12.3) gegeben ist, stellt (12.11a) eine inhomogene Wellengleichung für das Gravitationsfeld $h_{\mu\nu}$ dar. (12.11b) ist eine **Eichgleichung**, welche zusätzlich zur Gravitationsgleichung erfüllt sein muß und deren einfache Form erzwingt.

12.2 Lösung der inhomogenen Gravitationswellengleichung

Eine spezielle Lösung der inhomogenen Wellengleichung (12.11a) für $h_{\mu\nu}$ ist die retardierte Lösung

$$\boxed{h_{\mu\nu} = \frac{4G}{c^2}\int \frac{S_{\mu\nu}(\boldsymbol{x}', ct - |\boldsymbol{x} - \boldsymbol{x}'|)}{|x - x'|}\,d^3\boldsymbol{x}'\,.} \tag{12.12}$$

Man leitet sie genauso ab wie die retardierten Potentiale der Elektrodynamik. Aus der Definitionsgleichung (12.11a) für $S_{\mu\nu}$ folgt

$$S^\mu{}_\nu = M^{(0)\,\mu}{}_\nu - \frac{1}{2}\delta^\mu{}_\nu M^{(0)}\,, \qquad S^\nu{}_\nu = M^{(0)} - 2M^{(0)} = -M^{(0)}$$

und damit

$$M^{(0)\,\mu}{}_\nu = S^\mu{}_\nu - \frac{1}{2}\delta^\mu{}_\nu S^\lambda{}_\lambda\,.$$

Als Konsequenz der Bewegungsgleichung (12.3) gilt daher $S^\mu{}_{\nu,\mu} = \frac{1}{2}S^\mu{}_{\mu,\nu}$. Hieraus ergibt sich sofort, daß die retardierten Lösungen (12.12) die Eichbedingung (12.11b) erfüllen, denn die Ableitungen können unter das Integral gezogen werden.

Wie in der Elektrodynamik folgt aus der Form der Lösung (12.12), daß sich Änderungen der $h_{\mu\nu}$ mit Lichtgeschwindigkeit ausbreiten. Diese ist also auch die Ausbreitungsgeschwindigkeit des Gravitationsfeldes.

12.3 Ebene Gravitationswellen

Wir suchen jetzt nach ebenen Wellenlösungen der linearisierten Vakuumfeldgleichungen, also der Gleichungen (12.11) mit $M^{(0)}_{\mu\nu} \equiv 0$,

$$\Box h_{\mu\nu} = 0\,, \qquad h^{\mu}{}_{\nu,\mu} = \frac{1}{2} h^{\mu}{}_{\mu,\nu}\,. \tag{12.13}$$

Dazu machen wir den komplexwertigen Ansatz

$$h_{\mu\nu} = a_{\mu\nu} \mathrm{e}^{\mathrm{i}k_\lambda x^\lambda} \tag{12.14}$$

mit konstanten reellen Koeffizienten $a_{\mu\nu}$, welche als Folge von $h_{\mu\nu} = h_{\nu\mu}$ die Symmetrie

$$a_{\mu\nu} = a_{\nu\mu} \tag{12.15}$$

aufweisen müssen. Da die Gleichungen (12.13) linear sind, können wir den Realteil oder Imaginärteil von $h_{\mu\nu}$ für sich als Lösung nehmen. Einsetzen von (12.14) in (12.13) liefert die Gleichungen

$$a_{\mu\nu}\eta^{\rho\sigma}\partial_{\rho\sigma}\mathrm{e}^{\mathrm{i}k_\lambda x^\lambda} = -a_{\mu\nu}\eta^{\rho\sigma}k_\rho k_\sigma \mathrm{e}^{\mathrm{i}k_\lambda x^\lambda} = 0\,, \quad a^{\mu}{}_{\nu}\partial_\mu \mathrm{e}^{\mathrm{i}k_\lambda x^\lambda} = \mathrm{i}\,a^{\mu}{}_{\nu}k_\mu \mathrm{e}^{\mathrm{i}k_\lambda x^\lambda} = \frac{\mathrm{i}}{2} a^{\mu}{}_{\mu}k_\nu \mathrm{e}^{\mathrm{i}k_\lambda x^\lambda}$$

mit den Konsequenzen

$$k_\rho k^\rho = 0\,, \qquad k_\mu a^{\mu}{}_{\nu} = \frac{1}{2} k_\nu a^{\mu}{}_{\mu}\,. \tag{12.16}$$

Durch (12.16b) werden nur vier von zehn unabhängigen Koeffizienten $a_{\mu\nu}$ festgelegt, so daß noch sechs davon unbestimmt bleiben. Aber auch zur Lösung (12.14) können wir noch eine homogene Lösung der Struktur (12.7) hinzufügen und dabei

$$\xi_\mu = \mathrm{i}\,b_\mu \mathrm{e}^{\mathrm{i}k_\lambda x^\lambda} \qquad \Rightarrow \qquad \xi_{\mu,\nu} = -b_\mu k_\nu \mathrm{e}^{\mathrm{i}k_\lambda x^\lambda}$$

mit konstantem reellem b_μ ansetzen. Die vier Komponenten des Vektors b_μ wählen wir so, daß die neuen Koeffizienten $\widetilde{a}_{\mu\nu} = a_{\mu\nu} - b_\mu k_\nu - b_\nu k_\mu$, die wir wieder in $a_{\mu\nu}$ umbenennen, die vier Beziehungen

$$a_{\nu 0} = 0\,, \quad \nu = 1, 2, 3\,, \qquad a^{\mu}{}_{\mu} = 0 \tag{12.17}$$

erfüllen. Dann folgt aus (12.16b)

$$k_\mu a^{\mu}{}_{\nu} = k^\mu a_{\mu\nu} = 0\,, \tag{12.18}$$

insbesondere also $k^\mu a_{\mu 0} = k^0 a_{00} = 0$ für $\nu = 0$ mit der Folge

$$a_{00} = 0\,. \tag{12.19}$$

Jetzt spezialisieren wir unsere Betrachtung auf ebene Wellen in x^1-Richtung, setzen also

$$k_2 = k_3 = 0 \tag{12.20}$$

und erhalten aus (12.16a) $k_0k^0 + k_1k^1 = (k_0)^2 - (k_1)^2 = 0$, was wir mit

$$k_0 = -k_1 = k \tag{12.21}$$

erfüllen. Weiterhin folgt aus (12.18) $k^0 a_{0\nu} + k^1 a_{1\nu} = k\, a_{1\nu} = 0$ mit der Konsequenz

$$a_{1\nu} = a_{\nu 1} = 0\,, \qquad \nu = 0, 1, 2, 3\,. \tag{12.22}$$

Aus (12.17b) ergibt sich damit und mit (12.17a) sowie (12.19) $a_{33} = -\,a_{22}$. Insgesamt sind also von den $a_{\mu\nu}$ nur $a_{22} = -\,a_{33}$ und $a_{32} = a_{23}$ nicht null. Setzen wir jetzt $x^1 = x$, $x^2 = y$, $x^3 = z$, $a_{22} = a_{yy}$ und $a_{23} = a_{yz}$, so erhalten wir aus (12.1), (12.14) und (12.20)–(12.21) mit $k_\lambda x^\lambda = k_0 ct + k_1 x = k(ct - x)$ die Metrik

$$ds^2 = c^2dt^2 - dx^2 - (1 - h_{yy})\,dy^2 + 2h_{yz}\,dy\,dz - (1 + h_{yy})\,dz^2 \tag{12.23}$$

$$\text{mit} \qquad h_{yy} = a_{yy}\cos k(ct - x)\,, \qquad h_{yz} = a_{yz}\cos k(ct - x)\,. \tag{12.24}$$

Die metrischen Koeffizienten ändern sich in dem gewählten Koordinatensystem periodisch mit dem Ort und mit der Zeit, d. h. wellenförmig. Die Phasengeschwindigkeit der Wellen ist c, also die Vakuumlichtgeschwindigkeit der SRT. (Dabei ist schon berücksichtigt, daß die x-Koordinate nach (12.23) metrisch ist, d. h. $dl_x = dx$.) Da sich nur die metrischen Koeffizienten der senkrecht zur Wellenausbreitung gerichteten Koordinaten ändern, sind die gefundenen Gravitationswellen transversal. Es gibt zwei linear unabhängige Polarisationszustände, da entweder $a_{yy} = 0$ oder $a_{yz} = 0$ gesetzt werden kann.

Die abgeleitete einfache Form einer Gravitationswelle mit nur zwei unabhängigen Freiheitsgraden ergab sich im Prinzip durch die Ausnutzung sämtlicher Freiheiten in der Wahl der Koordinatensystems. (Siehe Fußnote 1 von S. 328 und Aufgabe 12.1.) In einem weniger günstig gewählten Koordinatensystem würden sich scheinbar noch mehr Freiheitsgrade und andere Wellentypen ergeben. Dabei handelt es sich aber um reine „Koordinatenwellen“.

Nur angemerkt sei, daß es auch ebene Wellenlösungen der exakten Feldgleichungen gibt, deren Linearisierung Wellenpakete aus Wellen der linearisierten Theorie liefert.[2]

12.4 Zur Energie von Gravitationswellen

Nach der Newton-Theorie ist die Energie statischer Gravitationsfelder negativ (Gleichung (10.134b) und (10.137)), und dasselbe ergibt sich auch in der ART (siehe Abschnitt 13.1.4 und Gleichung (13.70). Man könnte deshalb erwarten, daß das auch für die Energie von Gravitationswellen gilt, insbesondere, wenn man damit die Vorstellung verbindet, daß diese aus dem Gravitationsfeld der die Gravitationswellen abstrahlenden Materieverteilung stammt. Wir werden gleich sehen, daß dem nicht so ist.

Ähnlich, wie in der Elektrodynamik die von einer räumlich eng lokalisierten, zeitabhängigen Ladungsverteilung als Dipol- , Quadrupol- oder Multipolstrahlung in Form

2 Siehe z. B. H. Stephani, *Allgemeine Relativitätstheorie*, VEB Deutscher Verlag der Wissenschaften, Berlin, 1980.

elektromagnetischer Wellen abgestrahlte Energie berechnet wurde, kann man auch bei der Untersuchung der Emission von Gravitationswellen vorgehen. Die diesbezüglichen, etwas mühsamen Rechnungen sollen hier nicht nachvollzogen werden,[3] es sei nur darauf hingewiesen, daß sich die Energie der Wellen als positiv herausstellt.

Ein einfacher, wenn auch etwas formaler Beweis ergibt sich mit Hilfe des in Abschnitt 10.11.1 aus der Fachliteratur zitierten Ergebnisses, daß die Energie inselartiger Materie- bzw. Energieverteilungen mit Minkowski-artigem Fernfeld positiv ist. Wir wenden dieses Ergebnis auf einen Gravitationswellenzug endlicher Ausdehnung an, der hinreichend weit von allen Materieansammlungen entfernt ist. Es handelt sich dann um eine inselartige Ansammlung von Energie, auf die die zitierte Aussage anwendbar ist. Die Energie dieser Energieansammlung, also der Gravitationswelle, ist demnach positiv.

Zum Abschluß sei noch ein physikalisch sehr anschaulicher Beweis vorgestellt. Der Einfachheit halber berufen wir uns dabei auf bereits besprochene Ergebnisse der Newton-Theorie (Abschn. 10.10) und begnügen uns mit dem Hinweis, daß derselbe Beweis auch mit Ergebnissen der ART geführt werden kann, die in Abschn. 13.1.4 abgeleitet werden. Wir betrachten dazu zwei identische materielle Kugeln konstanter Dichte vom Radius R. Zunächst seien die Kugeln unendlich weit voneinander entfernt. Das Gravitationsfeld jeder der beiden Kugeln ist dann, unbeeinflußt vom Feld der anderen, ein reines Radialfeld. Die Gesamtenergie jeder Kugel ist gleich der Summe aus freier Energie $M_{\mathrm{f}}c^2$ und Gravitationsfeldenergie W_{g}. Im Grenzfall schwacher Gravitationsfelder ist die letztere durch Gleichung (10.148b) gegeben, und es gilt $M_{\mathrm{f}} = M_\infty$. Die Gesamtenergie des von beiden Kugeln gebildeten Systems ist demnach

$$W_{\mathrm{ges}}^{(1)} = 2\left(M_\infty c^2 - \frac{3{M_\infty}^2 G}{5R}\right).$$

Wenn die Kugeln losgelassen werden, bewegen sie sich aufgrund ihrer gegenseitigen Gravitationsanziehung zuerst sehr langsam und dann mit zunehmender Geschwindigkeit aufeinander zu, bis sie aufeinander treffen. Der Einfachheit halber nehmen wir an, daß sie sich wechselwirkungsfrei durchdringen können. Die Kugeln führen dann lineare Schwingungen um den gemeinsamen Schwerpunkt aus. Durch die Abstrahlung von Gravitationswellen (Quadrupol- oder Multipolstrahlung höherer Ordnung) werden diese gedämpft, solange, bis die Kugeln im Zustand vollständiger gegenseitiger Durchdringung zum Stillstand kommen und sie eine einzige Kugel vom Radius R mit der doppelten freien Masse bilden. In diesem Zustand ist die Gesamtenergie des von beiden Kugeln gebildeten Systems

$$W_{\mathrm{ges}}^{(2)} = 2M_\infty c^2 - \frac{3\,(2M_\infty)^2 G}{5R} = 2M_\infty c^2 - \frac{12{M_\infty}^2 G}{5R}.$$

Hieraus folgt

$$W_{\mathrm{ges}}^{(2)} = W_{\mathrm{ges}}^{(1)} - \frac{6{M_\infty}^2 G}{5R},$$

durch die Emission von Gravitationswellen hat die Energie des Systems abgenommen. Dies bedeutet, daß die Gravitationswellen positive Energie davongetragen haben. Natür-

---

3 Der interessierte Leser wird auf die Fachliteratur verwiesen, z. B. das in Fußnote 10 von Kapitel 8 angegebene Buch von S. Weinberg.

lich wurde dieses Ergebnis durch die Annahme präjudiziert, daß die Schwingungsamplitude durch die Emission von Gravitationswellen abnimmt. Aber diese Annahme ist nicht nur plausibel, sondern wird auch durch astronomische Beobachtungen gestützt: Die mehrjährige Beobachtung des 1974 entdeckten Doppelpulsars PSR 1913+16 hat erwiesen, dass die Umlaufbahnen der beiden Pulsare nach innen laufende Spiralbahnen sind, auf denen sich diese im Laufe der Zeit allmählich näher kommen.

12.5 Wirkung von Gravitationswellen auf Probeteilchen

Wir betrachten jetzt die physikalischen Auswirkungen ebener Gravitationswellen auf Probeteilchen, indem wir in die Bewegungsgleichung (10.39) für $F^\lambda = 0$, also

$$\frac{d^2x^\lambda}{d\tau^2} + \Gamma^\lambda_{\mu\nu}\frac{dx^\mu}{d\tau}\frac{dx^\nu}{d\tau} = 0\,, \qquad d\tau = \frac{ds}{c} \tag{12.25}$$

die Metrik (12.23)–(12.24) einsetzen. Nach (12.4), (12.17a) und (12.19) gilt

$$\Gamma^\lambda_{00} = \eta^{\lambda\rho}\left(h_{\rho0,0} + h_{\rho0,0} - h_{00,\rho}\right)/2 = 0\,.$$

Damit wird

$$x^0 = c\tau\,, \qquad x^m = \alpha^m \tag{12.26}$$

mit Konstanten α^1, α^2, α^3 zu einer Lösung der Geodätengleichung (12.25), denn aus (12.26) folgt

$$\frac{d^2x^\lambda}{d\tau^2} = 0\,, \qquad \Gamma^\lambda_{\rho\sigma}\frac{dx^\rho}{d\tau}\frac{dx^\sigma}{d\tau} = \Gamma^\lambda_{00}\left(\frac{dx^0}{d\tau}\right)^2 = 0\,,$$

und wegen $dx^m = 0$, $dx^0 = c d\tau$ ist längs der Geodäten auch

$$d\tau = ds/c = \sqrt{g_{00}}\,dx^0/c = dx^0/c\,.$$

(12.26) ist die (eindeutige) Lösung der Geodätengleichung (12.25) zu den Anfangsbedingungen $x^m = \alpha^m$, $dx^m/d\tau = 0$ für ruhende Teilchen. Wir haben also das Ergebnis, daß ruhende Teilchen beim Durchgang einer linearen Gravitationswelle ihre Lage relativ zu den hier benutzten Koordinaten gar nicht verändern. Was sich aber dennoch ändert, sind die relativen Teilchenabstände. In einer linear polarisierten Gravitationswelle mit $a_{yz} = 0$ ergibt sich als Abstand zweier auf der x-, y- bzw. z-Achse ruhenden Teilchen nach (10.19) und (12.23)–(12.24)

$$\Delta l_x = \Delta x \quad \Delta l_y = \sqrt{1-a_{yy}\cos k(ct-x)}\,\Delta y\,, \quad \Delta l_z = \sqrt{1+a_{yy}\cos k(ct-x)}\,\Delta z\,.$$

Freie Teilchen, die vor Durchgang der Welle auf einem Kreis in der y,z-Ebene angeordnet waren, erleiden deshalb bei deren Durchgang die in Abb. 12.1 dargestellten Veränderungen der gegenseitigen Abstände. Diese müßten sich – zumindest im Prinzip – mit den üblichen Methoden der Längenmessung nachweisen lassen. Betrachten wir als Beispiel die Messung mit Licht, das von einem freien Teilchen z. B. parallel zur z-Achse

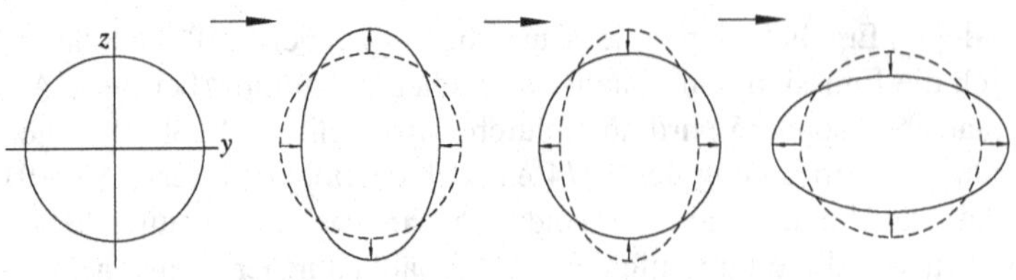

Abb. 12.1: Verformung der Abstände kreisförmig angeordneter Teilchen bei Durchgang einer linear polarisierten Gravitationswelle.

zu einem anderen geschickt und dann zurückreflektiert wird. Nach (11.63) mit (12.23) erfolgt die Lichtausbreitung mit der Koordinatengeschwindigkeit

$$dz/dt = \pm c\big/\sqrt{1+h_{yy}}\,.$$

Beim Koordinatenabstand Δz der Teilchen ergibt sich damit als Laufzeit des Lichts

$$\Delta\tau = \Delta t = 2\sqrt{1+h_{yy}}\,\Delta z/c\,,$$

wenn Δz so klein gewählt ist, daß sich die Phase der Gravitationswelle während des Lichtdurchgangs nur wenig ändert und näherungsweise konstant gesetzt werden kann. (Die Koordinatenzeit t ist nach (12.23) bei festem Ort x, y, z gleich der Eigenzeit τ.) Der hieraus abgeleitete Abstand $\Delta l_z = c\Delta\tau/2$ erfährt beim Durchgang der Gravitationswelle periodische Schwankungen.

Auch die Messung mit üblichen Maßstäben sollte dieses Ergebnis liefern. Zwar wirken auf die einzelnen Maßstabselemente dieselben gravitativen Verformungskräfte wie auf freie Teilchen. In einem idealen Maßstab sollten diese aber durch innere Reaktionsspannungen so kompensiert werden, daß keinerlei Verformungen auftreten. Nach (12.23) bedeutet dies, daß sich die Koordinaten der Maßstabsmarkierungen so verändern müßten, daß alle Längen erhalten bleiben. Dies hat zur Folge, daß sich freie Probeteilchen bei Durchgang der Gravitationswelle relativ zu Maßstäben, die in der y, z-Ebene ausgelegt sind, bewegen müßten.

Reale Maßstäbe werden den Verformungskräften allerdings etwas nachgeben, damit sich die Reaktionsspannungen überhaupt aufbauen können. Dies führt zu einer – im allgemeinen äußerst geringfügigen – Verfälschung der Längenmessung, wie wir sie ähnlich schon in Abschn. 10.1.1 kennengelernt haben.

12.6 Experimente zum Nachweis von Gravitationswellen

Das Aufbauen innerer Reaktionsspannungen in „starren Körpern" ist ein physikalischer Mechanismus, über den man den Nachweis von Gravitationswellen auch praktisch versucht hat. Dazu wurden geeignet dimensionierte Aluminiumzylinder so aufgestellt, daß sie von Gravitationswellen kosmischen Ursprungs resonant zu Eigenschwingungen angeregt werden konnten. Mit Piezosonden versuchte man, die Reaktionsspannungen zu messen. Die ersten Messungen dieser Art wurden 1958 von J. Weber durchgeführt, der tatsächlich Gravitationswellen detektiert haben will. (Um lokale Störungen ausschließen zu können, hatte er zwei identische Apparaturen im Abstand von etwa 1000 km aufgestellt.) Bisher konnten Webers Messungen allerdings nicht reproduziert werden.

Moderne Gravitationswellendedektoren sind im Prinzip hochempfindliche Michelson-Interferometer. Man versucht mit ihnen, durch Gravitationswellen kosmischen Ursprungs verursachte Veränderungen der Interferenz von Laserstrahlen nachzuweisen, die in langen, evakuierten Tunneln hin- und herlaufen. In den USA wurde 1992 das LIGO-Experiment (Laser Interferometer Gravitational Wave Observatory) mit zwei in Livingston und Hanford befindlichen Observatorien gestartet, an dem mittlerweile viele Wissenschaftler aus der ganzen Welt beteiligt sind. Mit dem LIGO sind auch der 1995 in Nähe von Hannover begonnene Gravitationswellendetektor GEO600 (ein in Zusammenarbeit mit englischen Universitäten betriebenes Michelson-Interferometer mit 600 m Schenkellänge) und der in der Nähe von Pisa aufgebaute französich-italienische Detektor Virgo (Michelson-Interferometer mit 3000 m langen Armen) in der LIGO-Virgo-Science-Collaboration (LVC) zusammengeschlossen.

Allen Versuche des direkten Nachweises von Gravitationswellen ist bisher jedoch der Erfolg versagt geblieben. Der Grund dafür ist, daß es sich bei der Gravitation um eine extrem schwache Wechselwirkung handelt. Bei der Rotation der Erde um die Sonne wird z. B. nur eine Leistung von etwa 300 W durch Gravitationswellen abgestrahlt. GEO600 ist daher z. B. so ausgelegt, daß noch Längendifferenzen von einem Tausendstel des Protondurchmessers gemessen werden können. Man hofft, in absehbarer Zeit die von den stärksten kosmischen Gravitationswellenstrahlern (Pulsaren, Supernova-Explosionen, sich umkreisenden schwarzen Löchern oder Neutronensternen kurz vor deren Kollision und Verschmelzung) emittierten Wellen nachweisen zu können. Diese müssen sich auch in hinreichender Nähe zu uns befinden, und da sind kosmische Ereignisse mit starker Gravitationswellenemission äußerst selten.

12.7 Existenz und indirekter Nachweis von Gravitationswellen

Im Zusammenhang mit der Frage nach der Existenz von Gravitationswellen hat man bislang zwei Eigenschaften nachgewiesen, welche die Voraussetzung dafür bilden, daß man überhaupt von einem Wellenphänomen sprechen kann: Erstens wurde die theoretische Existenz freier Gravitationswellen nachgewiesen, und zwar sowohl mit Hilfe der linearisierten als auch mit Hilfe der vollen nichtlinearen Feldgleichungen. Zweitens gibt es zumindest in der linearen Theorie einen Erzeugungsmechanismus für Gravitationswellen. Die linearisierten Feldgleichungen (12.11a) besitzen nämlich einen Quellterm, und für einen räumlich lokalisierten sowie zeitlich periodischen Quellterm $S_{\mu\nu}$ liefert die retardierte Lösung (12.12) in weiter Entfernung asymptotisch die ebenen Wellen (12.14) mit (12.16)–(12.19).

Nun enthalten die linearisierten Wellen jedoch nicht die Rückwirkung des Feldes auf die Quellen. Wir können uns aber vorstellen, daß kleine Massen durch andere als gravitative Kräfte auf gegebene Koordinatenbahnen gezwungen werden. Dazu müssen die nichtgravitativen Kräfte so stark sein, daß sie die gravitative Rückwirkung kompensieren und zusätzlich die gewünschte Bahn erzwingen. Unter solchen Umständen erwartet man, daß die linearisierten Feldgleichungen das richtige Ergebnis und damit auch den gewünschten Abstrahlungsmechanismus liefern.

Um Gravitationswellen nachweisbarer Stärke zu erzeugen, müßten jedoch sehr große Massen von der Größenordnung von Himmelskörpern bewegt werden. Hier gibt es jedoch keine anderen als gravitative Kräfte zur Beeinflussung der Bahn, da Materie die Eigenschaft besitzt, alle anderen Wechselwirkungskräfte auf große Entfernungen abzuschirmen. In dieser Situation ist es nach Abschn. 12.1 aber gerade fraglich, ob es überhaupt Lösungen der nichtlinearen Feldgleichungen gibt, die durch die Abstrahlungslösung (12.12) approximiert werden. Um diese Frage eindeutig beantworten zu können, müßte man exakte Lösungen der nichtlinearen Feldgleichungen angeben können, die mit Wellenabstrahlung verbunden sind. Hierzu stehen jedoch Antworten noch aus, in der ART wurde noch nicht einmal das Zweikörperproblem gelöst.

Ein weiterer Gesichtspunkt bei der Charakterisierung eines physikalischen Phänomens als Welle ist der, daß von echten Wellen Energie transportiert wird, wie das z. B. beim Elektromagnetismus der Fall ist. Untersucht man die nichtlinearen Feldgleichungen unter diesem Gesichtspunkt, so kommt man auch hier zu keiner befriedigenden Antwort. Wohl kann man bei speziellen Lösungen oder für bestimmte Raumgebiete in geeigneten Koordinaten einen Energiesatz formulieren. Allgemein und für den vollen Raum gibt es jedoch überhaupt keine invariante Größe Energie, von deren Erhaltung oder Nichterhaltung man reden könnte.

Damit gibt es in der Beantwortung der Frage nach der Existenz von Gravitationswellen noch Lücken. Von seiten der Theorie ist noch eine Reihe von Problemen zu klären, die zum Teil damit zusammenhängen, wie man den Begriff Gravitationswelle überhaupt definiert. Auf der experimentellen Seite ist der direkte Nachweis von Gravitationswellen trotz intensiver Bemühungen bisher noch nicht gelungen. Indirekt wurde die Existenz von Gravitationswellen aber mittlerweile nachgewiesen: Rotieren die beiden Partner eines Doppelsterns um einander, so sollten sie Gravitationswellen abstrahlen, deren Energie der Rotationsenergie entzogen wird. An dem 1974 entdeckten Doppelpulsar PSR 1913+16 (ein Pulsar ist ein Neutronenstern, der in periodischen Zeitabständen intensive elektromagnetische Strahlung emittiert) hat man über viele Jahre hinweg eine Abnahme der gegenseitigen Umlauffrequenz festgestellt, und die mit dieser Frequenzabnahme verbundene Abnahme der Rotationsenergie steht in sehr guter Übereinstimmung (nur 1 Prozent Ungenauigkeit) mit der Energieabnahme, die sich theoretisch aus der Abstrahlung von Gravitationswellen errechnet, wenn man die Bahn nicht konsistent aus den Feldgleichungen mitbestimmt, sondern der Beobachtung entsprechend vorgibt. Die von R. A. Hulse und J. H. Taylor erhaltenen diesbezüglichen Ergebnisse wurden 1993 mit dem Nobelpreis honoriert. Neuerdings wurden noch bessere Ergebnisse an einem im Quasar OJ 287 nachgewiesenen binären schwarzen Loch (zwei schwarze Löcher, von denen das kleinere das größere umkreist) erzielt.

Aufgaben

12.1 Beweisen Sie: Ist $\tilde{g}_{\mu\nu} = \eta_{\mu\nu} + \tilde{h}_{\mu\nu}$ die Metrik des Systems $\tilde{S}|\tilde{x}$, dann liefert die Transformation $\tilde{x}^\mu = x^\mu - \xi^\mu(x)$ mit beliebigem Vektorfeld $\xi^\mu(x) = \mathcal{O}(h_{\mu\nu})$ im System $S|x$ die Metrik $h_{\mu\nu} = \eta_{\mu\nu} + h_{\mu\nu}$ mit $h_{\mu\nu} = \tilde{h}_{\mu\nu} - (\xi_{\mu,\nu} + \xi_{\nu,\mu})$.

13 Radialsymmetrische Lösungen der Feldgleichungen mit Materie

Nachdem wir uns bisher nur mit Lösungen der Einsteinschen Feldgleichungen im Vakuum befaßt haben, suchen wir in diesem Kapitel nach kugelsymmetrischen Lösungen in Anwesenheit von Materie. Solche Lösungen existieren auf jeden Fall, wenn die Materie kugelsymmetrisch verteilt ist. Da Sterne durch ihre eigene Schwerkraft zusammengehalten werden und mit guter Näherung kugelsymmetrisch sind, bilden sie ein gutes Anwendungsbeispiel. Ein weiteres interessantes Beispiel würde das Gravitationsfeld einer extrem konzentrierten kugelsymmetrischen Ladungsverteilung darstellen. Wir werden uns hier jedoch auf neutrale Materie und ausgedehnte makroskopische Objekte wie Sterne beschränken.

Bei normalen Sternen wie der Sonne sind die Effekte der ART praktisch vernachlässigbar. Damit sie wichtig werden, muß der Radius des Sterns von der Größenordnung des Schwarzschild-Radius sein. Eine qualitativ richtige Abschätzung einiger aus dieser Forderung folgender Konsequenzen ergibt sich schon, wenn man die Masse des Sterns mit Hilfe der in einem euklidischen Raum gültigen Formel $M = (4\pi/3)r^3\varrho$ berechnet. (ϱ ist die mittlere Massendichte und r der Radius des Sterns.) Setzt man darin $r = r_s$, so erhält man als erforderliche Dichte

$$\varrho \approx \frac{3M}{4\pi r_s^3}\,.$$

Um eine Vorstellung von der Größenordnung zu bekommen, setzen wir diese Dichte ins Verhältnis zur mittleren Dichte $\varrho_\odot = 3M_\odot/(4\pi r_\odot^3) \approx 1{,}4\cdot 10^3\,\text{kg/m}^3$ der Sonne:

$$\frac{\varrho}{\varrho_\odot} \approx \frac{M}{M_\odot}\left(\frac{r_\odot}{r_s}\right)^3 = \frac{M}{M_\odot}\left(\frac{r_\odot}{r_{s,\odot}}\right)^3\left(\frac{r_{s,\odot}}{r_s}\right)^3$$

($r_{s,\odot}$ = Schwarzschild-Radius der Sonne). Unter Benutzung der Beziehung (11.16) für r_s und $r_{s,\odot}$ und mit $r_\odot \approx 7\cdot 10^8\,\text{m}$, $r_{s,\odot} \approx 3\cdot 10^3\,\text{m}$ ergibt sich daraus

$$\varrho \approx 1{,}3 \cdot 10^{16}\,\varrho_\odot \left(\frac{M_\odot}{M}\right)^2\,. \tag{13.1}$$

Ein Stern mit der Masse der Sonne muß also etwa 10^{16}mal dichter sein als diese, damit die ART-Effekte wichtig werden.

Gibt es derartige Sterne? Wenn in einem Stern alle möglichen Kernfusionsreaktionen erloschen sind, sinkt mit der Temperatur auch der Druck, und der Stern zieht sich zusammen. Dabei werden die Gravitationskräfte immer stärker, bis alle Atome und

Ionen zerquetscht sind und er schließlich aus einem – entarteten – Plasma von Atomkernen und Elektronen besteht. Der Fermi-Druck der Elektronen kann so stark werden, daß er schließlich den Gravitationskräften die Waage hält, und es entsteht ein neues Gleichgewicht. Der Stern befindet sich dann im Stadium eines **weißen Zwerges**, das durch

$$r/r_s \approx 2000\,, \qquad \varrho \approx 2 \cdot 10^7\, \varrho_\odot$$

charakterisiert ist. Die Masse des Sterns muß dazu allerdings unter einem als **Chandrasekar-Grenze** bezeichneten Maximalwert $M_C \approx 1{,}4\, M_\odot$ liegen, weil die Gravitationkräfte bei zu großer Materiedichte so groß werden, daß sie nicht mehr vom Fermi-Druck kompensiert werden können.

Wenn die Masse eines Sterns über der Chandrasekar-Grenze liegt, kommt es bei seinem Schrumpfen nach Verlöschen der Fusionsreaktionen nicht zum Gleichgewicht eines weißen Zwerges, und der Druck wächst weiter an. Dabei werden die Elektronenenergien immer höher, was dazu führt, daß der Wirkungsquerschnitt der Reaktion $\mathrm{p} + \mathrm{e}^- \to \mathrm{n} + \nu_\mathrm{e}$ – der Umkehrreaktion zum Betazerfall des Neutrons – immer größer wird. Durch das Verschwinden der Elektronen wird der Elektronendruck abgebaut, und es kommt zu einem Gravitationskollaps des Sterns, der erst dadurch zum Stillstand gebracht werden kann, daß die Neutronen einen hinreichend hohen Fermi-Druck entwickeln. In diesem vehementen Prozeß wird ein großer Teil der Sternmasse explosionsartig in den Weltraum abgestoßen, wobei die Leuchtkraft des Sterns innerhalb weniger Stunden um einige Größenordnungen zunimmt – am Himmel sieht man eine *Supernova*. Wenn der Stern anfänglich hinreichend groß war ($M \gtrsim 10 M_\odot$), kann am Ende im Zentrum ein nur aus Neutronen bestehender Stern übrig bleiben, bei dem der Fermi-Druck der Neutronen mit den Gravitationskräften im Gleichgewicht steht. Derartige **Neutronensterne** sind durch

$$r/r_s \approx 3\,, \qquad \varrho \approx 4 \cdot 10^{15}\, \varrho_\odot$$

charakterisiert, was bedeutet, daß für sie ART-Effekte wichtig werden. Ihre Dichte ist vergleichbar mit der Materiedichte in Atomkernen, so daß man sie als riesige Atomkerne auffassen kann. Auch bei Neutronensternen gibt es eine Massenobergrenze, die **Oppenheimer-Volkoff-Masse**, oberhalb deren der Fermi-Druck die Gravitationskräfte nicht mehr kompensieren kann. (Diese ist sogar ungefähr gleich der Chandrasekar-Masse der weißen Zwerge.)

Wenn die Masse des Sterns mehr als etwa 30 Sonnenmassen beträgt, kann sich nach dem Erlöschen der Fusionsreaktionen weder ein weißer Zwerg noch ein Neutronenstern bilden. Es kommt zu einem Gravitationskollaps, der durch nichts mehr aufgehalten wird, und es bildet sich ein schwarzes Loch.

Wir werden im folgenden zuerst die Gleichungen für das Gleichgewicht eines relativistischen Sterns aufstellen und diese für einen besonders einfachen Spezialfall lösen. Anschließend werden wir die Gleichungen für den radialsymmetrischen Kollaps eines Sterns, wiederum nur für einen besonders einfachen Fall, aufstellen und lösen. Den Abschluß dieses Kapitels bilden einige mehr qualitative Betrachtungen zur Existenz und zu den Eigenschaften schwarzer Löcher.

13.1 Sterngleichgewicht

Wir stellen als erstes die Gleichungen für das statische Gleichgewicht von Sternen auf und lösen diese dann für den besonders einfachen Fall konstanter Dichte. Schließlich vergleichen wir die Masse M, welche die Schwarzschild-Metrik des äußeren Vakuumfeldes bestimmt, mit einer physikalisch definierten freien Masse M_f und berechnen daraus einen Massendefekt $\Delta M = M_\text{f} - M$.

13.1.1 Gleichungen für statisches Gleichgewicht

Da wir nach zeitunabhängigen Lösungen suchen, können wir bei der Metrik von dem allgemeinen Ansatz (11.3) für Kugelsymmetrie ausgehen und $\nu = \nu(r)$, $\lambda = \lambda(r)$ setzen,

$$ds^2 = \mathrm{e}^{\nu(r)} c^2\, dt^2 - \mathrm{e}^{\lambda(r)} dr^2 - r^2 \big(d\vartheta^2 + \sin^2\vartheta\, d\varphi^2\big)\,. \tag{13.2}$$

Den Energie-Impuls-Tensor wählen wir in der Form (10.61) für Gase oder Flüssigkeiten mit isotropem Druck, wobei aufgrund der Zeitunabhängigkeit und der Kugelsymmetrie $p = p(r)$ und $\varrho = \varrho(r)$ gelten muß – wir schreiben für die Ruhedichte ϱ statt ϱ_0. Da sich die Materie in Ruhe befinden soll, ist $U^l = dx^l/d\tau = 0$ und $U^0 = dx^0/d\tau$ mit $d\tau = ds/c = g_{00}^{1/2}\, dx^0/c$, was $U^0 = g_{00}^{-1/2} c$ und $U_0 = g_{0\nu} U^\nu = g_{00} U^0 = g_{00}^{1/2} c$ zur Folge hat, so daß wir mit $g_{00} = \mathrm{e}^{\nu(r)}$ schließlich

$$\{U_\lambda\} = \{\mathrm{e}^{\nu/2} c, 0, 0, 0\} \tag{13.3}$$

haben. Aus (10.61) folgt damit

$$T_{00} = g_{00}\,(\varrho c^2 + p) - g_{00}\, p = \mathrm{e}^\nu\, \varrho c^2\,, \tag{13.4}$$

weiterhin $T_{0l} = T_{l0} = 0$ sowie $T_{lm} = T_{ml} = 0$ für $l \neq m$ wegen $U_l = 0$ und $g_{0l} = g_{l0} = 0$ sowie $g_{lm} = g_{ml} = 0$ für $l \neq m$, und schließlich ist

$$\{T_{11}, T_{22}, T_{33}\} = -p\,\{g_{11}, g_{22}, g_{33}\} = p\,\{\mathrm{e}^\lambda, r^2, r^2 \sin^2\vartheta\}\,. \tag{13.5}$$

Aus (9.15a), $g^{\lambda\mu} g_{\mu\nu} = \delta^\lambda{}_\nu$, folgt $g^{0\mu} g_{\mu 0} = g^{00} g_{00} = 1$ bzw. $g^{00} = 1/g_{00}$ und ähnlich $g^{ll} = 1/g_{ll}$. Damit sowie mit (13.5) erhalten wir

$$T = g^{\lambda\mu} T_{\lambda\mu} = \sum_l g^{ll} T_{ll} = \sum_l T_{ll}/g_{ll} = \varrho c^2 - 3p\,, \tag{13.6}$$

und aus (13.4)–(13.6) ergeben sich für den Tensor $S_{\mu\nu} := T_{\mu\nu} - (g_{\mu\nu}/2) T$ als einzige von null verschiedene Komponenten

$$\{S_{00}, S_{11}, S_{22}, S_{33},\} = \frac{1}{2}\big\{(\varrho c^2 + 3p)\mathrm{e}^\nu, (\varrho c^2 - p)\mathrm{e}^\lambda, (\varrho c^2 - p) r^2, (\varrho c^2 - p) r^2 \sin^2\vartheta\big\}\,.$$

Dies setzen wir in die Feldgleichungen (10.101b) ein und erhalten aus diesen mit $\partial_t \equiv 0$ und den auch hier gültigen Beziehungen (11.8) für R_{00}, R_{11} und R_{22} in der angegebenen

Reihenfolge

$$\nu'' + \frac{1}{2}\nu'^2 - \frac{1}{2}\lambda'\nu' + \frac{2}{r}\nu' = \frac{8\pi G}{c^4}(\varrho c^2 + 3p)\,\mathrm{e}^\lambda\,, \tag{13.7}$$

$$\nu'' + \frac{1}{2}\nu'^2 - \frac{1}{2}\lambda'\nu' - \frac{2}{r}\lambda' = -\frac{8\pi G}{c^2}(\varrho c^2 - p)\,\mathrm{e}^\lambda\,, \tag{13.8}$$

$$\nu' - \lambda' = \frac{2(\mathrm{e}^\lambda - 1)}{r} - \frac{8\pi G}{c^4}(\varrho c^2 - p)\,r\mathrm{e}^\lambda\,. \tag{13.9}$$

Die Gleichungen mit R_{01} und R_{33} konnten dabei weggelassen werden, weil die erstere zu $0=0$ führt und die zweite wegen $R_{33} = R_{22}\sin^2\vartheta$ und $S_{33} = S_{22}\sin^2\vartheta$ mit (13.9) übereinstimmt. Wird (13.8) von (13.7) abgezogen, so folgt nach Multiplikation mit $r/2$

$$\nu' + \lambda' = \frac{8\pi G}{c^4}(\varrho c^2 + p)\,r\mathrm{e}^\lambda\,. \tag{13.10}$$

Aus (13.9) und (13.10) kann ν' oder λ' eliminiert werden, und man erhält die Gleichungen

$$\nu' = \left(1 + \frac{8\pi G}{c^4}r^2 p\right)\frac{\mathrm{e}^\lambda}{r} - \frac{1}{r}\,, \tag{13.11}$$

$$\lambda' = \frac{1}{r} - \left(1 - \frac{8\pi G}{c^2}r^2\varrho\right)\frac{\mathrm{e}^\lambda}{r} \qquad \Rightarrow \qquad \left(r\mathrm{e}^{-\lambda}\right)' = 1 - \frac{8\pi G}{c^2}r^2\varrho\,. \tag{13.12}$$

Gleichung (13.12b) kann zu

$$r\mathrm{e}^{-\lambda} \overset{\text{s.u.}}{=} r - \frac{2GM(r)}{c^2} \qquad \text{mit} \qquad M(r) := 4\pi\int_0^r \varrho(r')\,r'^2\,dr' \tag{13.13}$$

integriert werden, wobei eine Integrationskonstante gleich null gesetzt wurde, damit $g^{11} = 1/g_{11} = \mathrm{e}^{-\lambda}$ (die für orthogonale Koordinaten gültige Beziehung $g^{11}\,g_{11} = 1$ folgt aus (9.15a)) für $r \to 0$ endlich bleibt, so daß wir schließlich

$$\mathrm{e}^\lambda = \left(1 - \frac{2GM(r)}{c^2 r}\right)^{-1} \tag{13.14}$$

erhalten. Aus (13.11) folgt damit

$$\nu' = \frac{2G\,[M(r) + 4\pi r^3 p/c^2]}{c^2 r^2\,[1 - 2GM(r)/(c^2 r)]}\,.$$

Wir nehmen an, daß sich der Stern bis zum Radius $r = R$ erstreckt, was

$$\varrho = 0 \qquad \text{und} \qquad p = 0 \qquad \text{für} \qquad r > R$$

bedeutet. Für $r \to \infty$ verlangen wir, daß die Metrik pseudo-euklidisch wird, also $\nu \to 0$, integrieren die letzte Gleichung von r bis ∞ und erhalten

$$\nu(r) = -\frac{2G}{c^2}\int_r^\infty \frac{M(r') + 4\pi r'^3 p/c^2}{r'^2\,[1 - 2GM(r')/(c^2 r')]}\,dr'\,. \tag{13.15}$$

Für $r \geq R$ folgt daraus

$$\nu(r) = -\int_r^\infty \frac{2GM\,dr'}{c^2r'^2\,[1-2GM/(c^2r')]} \overset{\text{s.u.}}{=} \int_1^x \frac{dx'}{x'} = \ln\left(1-\frac{2GM}{c^2r}\right), \qquad (13.16)$$

wobei die Substitution $x = 1 - 2GM/(c^2r)$ vorgenommen wurde, und

$$\mathrm{e}^{\nu(r)} = 1 - \frac{2GM}{c^2r} \qquad \text{mit} \qquad M = M(R)\,. \qquad (13.17)$$

Aus (13.14) und (13.17) folgt, daß die Metrik (13.2) für $r > R$ in die Schwarzschild-Metrik (11.17) übergeht. Dabei ist mit der aus (13.13b) folgenden Beziehung

$$M = M(R) = 4\pi \int_0^R \varrho(r)\,r^2\,dr \overset{\text{s.u.}}{=} M_\infty \qquad (13.18)$$

eine Definition der Masse gefunden, welche nach (11.17) die Metrik im äußeren Gravitationsfeld (Schwarzschild-Feld) des Sterns charakterisiert. Es handelt sich um die früher zum Teil mit M_∞ bezeichnete Masse, mit der der Stern gravitativ ins Unendliche wirkt. Trotz formaler Übereinstimmung mit der freien Masse (10.124) der Newton-Theorie handelt es sich hier nicht um die freie Masse, weil r der Koordinatenradius und nicht der metrische Radius ist (siehe dazu auch Abschn. 13.1.3).

Damit der Beitrag $-\mathrm{e}^{\lambda(r)}dr^2$ zur ds^2 in (13.2) raumartig – also negativ – ist, muß $\mathrm{e}^{\lambda(r)} > 0$ für alle r, insbesondere also auch $r = R$ gelten. Hieraus folgt

$$M < \frac{c^2R}{2G}\,. \qquad (13.19)$$

Das ist eine notwendige Bedingung für die Existenz eines statischen Sterngleichgewichts. Im nächsten Abschnitt wird dafür eine noch etwas schärfere Bedingung abgeleitet.

Es bleibt noch Gleichung (13.7) zu erfüllen. Da $\lambda(r)$ und $\nu(r)$ mit (13.14) und (13.15) schon durch $\varrho(r)$ und $p(r)$ festgelegt sind, ergibt sich aus ihr eine Verknüpfung zwischen den letzten beiden Größen: Eliminieren wir aus ihr ν'' mit Hilfe der aus (13.11) folgenden Beziehung

$$\nu'' = \left(\lambda' - \frac{1}{r}\right)\frac{\mathrm{e}^\lambda}{r} + \frac{1}{r^2} + \frac{8\pi G}{c^2}\left(r^2p' + rp + r^2p\lambda'\right)\frac{\mathrm{e}^\lambda}{r}$$

sowie ν' und λ' mit Hilfe von (13.11) und (13.12a), so ergibt sich die **Oppenheimer-Tolman-Volkoff-Gleichung**

$$\boxed{p'(r) = -\frac{GM\varrho\,\left[1 + p/(c^2\varrho)\right]\left[1 + 4\pi r^3p/(c^2M)\right]}{r^2\left[1 - 2GM/(c^2r)\right]}\,.} \qquad (13.20)$$

In dem durch $p/(c^2\varrho) \ll 1$, $4\pi r^3p/(c^2M) \ll 1$ und $2GM/(c^2r) \ll 1$ charakterisierten nichtrelativistischen Grenzfall geht diese in die Gleichung $p'(r) = -GM\varrho/r^2$ über, die das Gleichgewicht zwischen gravitativer Anziehung und druckbedingter Abstoßung verlangt.

Die Oppenheimer-Tolman-Volkoff-Gleichung ist zusammen mit der aus (13.13b) folgenden Gleichung

$$M'(r) = 4\pi r^2 \varrho(r) \tag{13.21}$$

und einer Zustandsgleichung, die den Druck mit der Dichte verknüpft, zu lösen, z. B. der Polytropengleichung

$$p/p_0 = (\varrho/\varrho_0)^\gamma \,. \tag{13.22}$$

Als Randbedingungen sind zu stellen

$$M(0) = 0\,, \qquad p(R) = 0\,. \tag{13.23}$$

13.1.2 Gleichgewichtslösung für konstante Dichte

Wir lösen die Gleichungen (13.20)–(13.23) hier nur für den etwas künstlichen Fall konstanter Dichte

$$\varrho = \begin{cases} \varrho_0 = \text{const} & \text{für} \quad 0 \leq r \leq R\,, \\ 0 & \text{für} \quad r > R\,. \end{cases} \tag{13.24}$$

Die Gleichung $\varrho = \text{const}$ ersetzt die Zustandsgleichung (13.22) bzw. sie entspricht deren Grenzfall für $\gamma \to \infty$. Für $M(r)$ ergibt sich aus (13.21) mit (13.24)

$$M(r) = \begin{cases} (r/R)^3 M & \text{für } 0 \leq r \leq R\,, \\ M & \text{für } r > R\,. \end{cases} \qquad \text{mit} \qquad M = M(R) = \frac{4\pi}{3}\varrho_0 R^3\,, \tag{13.25}$$

(M ist nach (13.18) die im Unendlichen wirksame Masse) und aus (13.20) wird

$$\begin{aligned} \frac{2\varrho_0 c^2 p'}{(p+\varrho_0 c^2)(3p+\varrho_0 c^2)} &= -\frac{d}{dr}\ln\left(\frac{p+\varrho_0 c^2}{3p+\varrho_0 c^2}\right) \\ &= \frac{1}{2}\frac{d}{dr}\ln\left(1 - \frac{8\pi G\varrho_0 r^2}{3c^2}\right) = -\frac{8\pi G\varrho_0 c^2 r}{3c^4\left[1-8\pi G\varrho_0 r^2/(3c^2)\right]}\,. \end{aligned}$$

Durch Integration über r von r bis R erhält man daraus mit der Randbedingung $p(R)=0$

$$\frac{p + \varrho_0 c^2}{3p + \varrho_0 c^2} = \sqrt{\frac{1 - 8\pi G\varrho_0 R^2/(3c^2)}{1 - 8\pi G\varrho_0 r^2/(3c^2)}}\,.$$

Die Auflösung dieser Beziehung nach p ergibt

$$p(r) = \varrho_0 c^2\,\frac{\sqrt{1 - r_s r^2/R^3} - \sqrt{1 - r_s/R}}{3\sqrt{1 - r_s/R} - \sqrt{1 - r_s r^2/R^3}} \overset{\text{s.u.}}{=} \frac{3c^4}{32\pi G R^2}\left(\frac{r_s}{R}\right)^2\left(1-\frac{r^2}{R^2}\right) + \mathcal{O}\left(\frac{r_s^3}{R^3}\right), \tag{13.26}$$

wobei mit der Definition (11.16) und (13.25b) der Schwarzschild-Radius

$$r_s = \frac{2GM}{c^2} = \frac{8\pi G \varrho_0 R^3}{3c^2} \tag{13.27}$$

eingeführt und zuletzt nach r_s/R entwickelt wurde.

Aus (13.20) folgt $p'(r) = 0$ für $M(r)/r^2 \sim r = 0$, d. h. der Druck wird im Zentrum des Sterns maximal, und aus (13.26) ergibt sich der Maximalwert zu

$$p(0) = \varrho_0 c^2 \, \frac{1 - \sqrt{1 - r_s/R}}{3\sqrt{1 - r_s/R} - 1} \, . \tag{13.28}$$

Der Nenner der rechten Seite verschwindet für $R = 9r_s/8$, d. h. $p(0) \to \infty$ für $R \to 9r_s/8$, und für $R < 9r_s/8$ wird der Druck in der Umgebung des Zentrums imaginär. Zur Existenz einer Gleichgewichtslösung muß daher die Bedingung

$$\boxed{\frac{r_s}{R} < \frac{8}{9} \quad \overset{(11.16)}{\Longrightarrow} \quad M < \frac{4\,c^2 R}{9\,G}} \tag{13.29}$$

erfüllt sein. Bei gegebenem Radius ist demnach die Masse des Sterns, für die ein Gleichgewicht existiert, begrenzt, und umgekehrt muß der Radius bei gegebener Masse dazu eine gewisse Mindestgröße haben. Wenn in einem sehr großen Stern z. B. der Kernbrennstoff verbraucht ist und sein Gasdruck mit der Temperatur abnimmt, zieht er sich auf ein kleineres Volumen zusammen, und falls die Bedingung (13.29) überschritten wird, findet er keine neue Gleichgewichtslage. In diesem Fall kommt es zu einem Kollaps, den wir in Abschn. 13.2 untersuchen werden. Das Auftreten einer Existenzbedingung für Gleichgewichte ist nicht etwa darauf zurückzuführen, daß wir mit $\varrho = \text{const}$ ein zu einfaches Modell benutzt hätten. Aus (13.20) folgt nämlich, daß generell $p'(r) \sim -p^2$ für $p/(c^2\varrho) \gg 1$ wird. Dies bedeutet eine durch die relativistischen Terme hervorgerufene Selbstverstärkung der Druckzunahme zum Zentrum hin, die zur Divergenz des Druckes führen kann. *Man kann zeigen, daß (13.29) bei beliebiger Dichteverteilung $\varrho(r)$ und unabhängig von den speziellen Annahmen über die Zustandsgleichung eine generelle Grenze darstellt.*[1]

13.1.3 Massendefekt

In (13.13b) wurde die Masse M so definiert, als würde sich die Materie in einem Raum euklidischer Metrik befinden. Sie ist keine Invariante gegenüber Koordinatentransformationen, und um sie interpretieren zu können, müssen wir sie mit einer Masse vergleichen, die sich physikalisch deuten läßt.

Für einen relativistischen Stern ist die Gesamtmasse wie die Gesamtenergie keine wohldefinierte Größe. Bei einem Punktteilchen ist T^{00}/c^2 in einem frei fallenden Inertialsystem die Ruhemasse. Daher wäre der aus dem Tensor $T^{\mu\nu}$ und dem Vektor

---

1 Siehe z. B. Kap. 11.6 des in Fußnote 10 von Kapitel 8 angegebenen Buches von S. Weinberg.

$(-g)^{1/2}df_\mu$ (siehe (10.70)) gebildete Vektor $\int (T^{\mu\nu}/c^2)(-g)^{1/2}df_\mu$ dazu geeignet, um aus ihm durch Multiplikation mit einem geeigneten zweiten Vektor eine skalare Größe zu definieren, die sich als Masse deuten läßt. Allerdings wäre es schwierig, die so gewonnene Größe physikalisch zu interpretieren.

Eine anschaulichere Gesamtmasse erhält man, indem man die Ruhemassen m_0, welche die Elementarbausteine des Sterns in einem frei fallenden Inertialsystem besitzen – der Einfachheit halber nehmen wir an, daß es von diesen nur eine Sorte gibt –, mit deren Gesamtzahl N multipliziert,

$$M_\mathrm{f} = N m_0 \,. \tag{13.30}$$

Die so erhaltene Masse erhielte man physikalisch, wenn sich alle Bausteine unendlich weit voneinander entfernt im Unendlichen in Ruhe befänden, und man kann sie daher als **freie Masse des Sterns** bezeichnen. Zum Zusammenfügen des Sterns werden die Massen der Reihe nach von ihrem Platz im Unendlichen an ihre Position im Stern gebracht, ähnlich, wie das in der Elektrodynamik bei der Definition der Energie des elektrischen Feldes mit den felderzeugenden Ladungen getan wurde. Da hierbei Gravitationsenergie frei gesetzt wird, hat der zusammengefügte Stern eine geringere Energie und damit Masse, es kommt zu einem *Massendefekt.*

Ist n_0 die Ruhedichte der Teilchen in einem frei fallenden System, dann ist $J^\mu = n_0 U^\mu$ der Vierervektor des Teilchenflusses, die Größe $n_0 U^\mu(-g)^{1/2}df_\mu/c$ bildet nach (9.60) einen Skalar, der sich im lokal frei fallenden Ruhesystem der Teilchen auf die Teilchenzahl $n_0\,d^3x$ reduziert, und daher ist

$$N = \frac{1}{c}\int n_0 U^\mu \sqrt{-g}\,df_\mu \tag{13.31}$$

eine kovariante Darstellung der Gesamtteilchenzahl. Für das relativ zu den Koordinaten der Metrik (13.2) ruhende Gas ergibt sich daraus mit $U^0 = dx^0/d\tau = g_{00}^{-1/2}c$, $U^l = 0$ und $(-g)^{1/2} = (-g_{00}\,g_{11}\,g_{22}\,g_{33})^{1/2}$

$$\begin{aligned} N &= \int n_0\sqrt{-g_{11}\,g_{22}\,g_{33}}\,d^3x \overset{(13.2)}{=} \int_0^R\int_0^\pi\int_0^{2\pi} n_0\,\mathrm{e}^{\lambda/2}\,r^2\sin\vartheta\,dr\,d\vartheta\,d\varphi \\ &\overset{(13.14)}{=} 4\pi\int_0^R \frac{n_0 r^2\,dr}{\sqrt{1-2GM(r)/(c^2r)}}\,. \end{aligned}$$

Mit $\varrho = m_0 n_0$ und (13.31) erhalten wir schließlich

$$M_\mathrm{f} = 4\pi\int_0^R \frac{\varrho\,r^2\,dr}{\sqrt{1-2GM(r)/(c^2r)}} \overset{(13.2)}{\underset{(13.14)}{=}} \int_0^R\int_0^\pi\int_0^{2\pi} \varrho(r)\,\sqrt{g_{11}\,g_{22}\,g_{33}}\,dr\,d\vartheta\,d\varphi\,. \tag{13.32}$$

Die freie Masse ist demnach das Integral der Dichte ϱ über das metrische Volumen des Sterns. Aus (13.13b) und (13.32) ergibt sich der **Massendefekt**

$$\Delta M := M_\mathrm{f} - M = 4\pi\int\left(\frac{1}{\sqrt{1-2GM(r)/(c^2r)}} - 1\right)\varrho r^2\,dr\,. \tag{13.33}$$

Da $M = M(R)$, wie bei Gleichung (13.18) angemerkt, die im Unendlichen wirksame Masse M_∞ ist, gilt nach (10.129) der Zusammenhang

$$B = \Delta M\, c^2 \tag{13.34}$$

zwischen der Gesamtbindungsenergie $B = (M_\mathrm{f} - M_\infty)\, c^2 = -W_\mathrm{g}$ (mit W_g = Energie des Gravitationsfeldes) und dem Massendefekt ΔM. Für $M_\infty = M(R) \to c^2 R/(2G)$ würde die Bindungsenergie mit M_f gegen ∞ gehen, was wegen der Bedingung (13.29) jedoch nicht möglich ist. Für $M(R) \to 4c^2 R/(9G)$ kann sie jedoch deutlich größer als der klassische Newtonsche Wert (8.20) werden.

Im Newtonschen Grenzfall $\varepsilon = 2GM(r)/(c^2 r) \ll 1$ folgt aus (13.33) durch Entwicklung nach ε

$$\Delta M\, c^2 = 4\pi G \int_0^R M(r)\, \varrho(r)\, r\, dr\,.$$

Spezialfall $\varrho = \varrho_0 = \mathrm{const}$. In dem Spezialfall konstanter Dichte ϱ können die allgemeinen Ergebnisse (13.32) und (13.33) analytisch ausgewertet werden. Mit $\varrho = \varrho_0 = \mathrm{const}$ und dem zugehörigen $M(r)$ aus (13.25) haben wir das Integral

$$\int_0^R \frac{r^2\, dr}{\sqrt{1 - \alpha (r/R)^2}} \qquad \text{mit} \qquad \alpha = \frac{2GM}{Rc^2} = \frac{r_\mathrm{s}}{R}$$

zu berechnen. Mit der Substitution $x = r/R$ ergibt sich

$$\begin{aligned} M_\mathrm{f} &= 4\pi \varrho_0 R^3 \int_0^1 \frac{x^2\, dx}{\sqrt{1-\alpha x^2}} = \frac{4\pi \varrho_0 R^3}{2\alpha} \left[\frac{\arcsin(\sqrt{\alpha}\, x)}{\sqrt{\alpha}} - x\sqrt{1-\alpha x^2} \right] \Bigg|_0^1 \\ &\overset{(13.18)}{=} \frac{3M}{2\alpha} \left[\frac{\arcsin(\sqrt{\alpha})}{\sqrt{\alpha}} - \sqrt{1-\alpha} \right] = M \left(1 + \frac{3\alpha}{10} + \frac{9\alpha^2}{56} + \ldots \right). \end{aligned}$$

Im Newtonschen Grenzfall schwacher Gravitationsfelder, $r_\mathrm{s}/R \ll 1$, ergibt sich hieraus der klassische Newtonsche Wert (8.20),

$$\Delta M\, c^2 = \frac{3GM^2}{5R}\,. \tag{13.35}$$

Aus der Existenzbedingung (13.29) für Gleichgewicht, $r_\mathrm{s}/R = \alpha < 8/9$, ergibt sich aufgrund der monotonen Abhängigkeit der freien Masse von α

$$M_\mathrm{f} < 1{,}64\, M\,. \tag{13.36}$$

Für die Gesamtbindungsenergie $B = (M_\mathrm{f} - M)\, c^2$ folgt damit $B < 0{,}64\, Mc^2$.

13.1.4 Energie-Komplex und Gravitationsfeldenergie des Sterns*

In diesem Abschnitt werden für das Innere und das Äußere eines im Gleichgewicht befindlichen Sterns der Energie-Komplex τ^{00} (aus (10.163)) und die in Abschn. 10.11.2 definierten globalen Größen berechnet. Wir beginnen mit den einfacheren Rechnungen für das Außenfeld, ein reines Gravitationsfeld mit Schwarzschild-Metrik. Wo nichts anderes gesagt wird, gelten die dabei erzielten Ergebnisse auch, wenn im Inneren kein Gleichgewicht herrscht, also auch im Außenbereich eines schwarzen Loches.

Gravitationsenergie des Schwarzschild-Feldes

Die Rechnungen dieses Teilabschnitt gelten nur im Bereich $r > r_{\rm s}$ eines Schwarzschild-Feldes.

Metrik. Mit den Definitionen

$$\mathrm{e}^{\lambda} = \frac{1}{1-r_{\rm s}/r}\,, \qquad g(r) := \mathrm{e}^{\lambda} - 1 = \frac{r_{\rm s}}{r-r_{\rm s}} \tag{13.37}$$

und mit

$$dr^2 + r^2\,d\vartheta^2 + r^2 \sin^2\vartheta\,d\varphi^2 \stackrel{\text{s.u.}}{=} d\boldsymbol{x}^2\,,$$

wobei in kartesischen Koordinaten $d\boldsymbol{x} = \{dx, dy, dz\}$ gilt, schreiben wir das Quadrat des Schwarzschild-Linienelements (11.17) in der Form

$$ds^2 = \mathrm{e}^{-\lambda}(dx_0)^2 - g(r)\,dr^2 - d\boldsymbol{x}^2\,. \tag{13.38}$$

In der Notation (10.157) gilt

$$d\boldsymbol{x}^2 = d\boldsymbol{x}\cdot d\boldsymbol{x} = -\eta_{ij}\,dx^i\,dx^j\,, \qquad r = \sqrt{x^2+y^2+z^2} = \sqrt{-\eta_{ij}x^i x^j}\,, \tag{13.39}$$

und mit $x_i = \eta_{ij}x^j$ folgt aus der letzten Beziehung $dr = -\eta_{ij}x^j\,dx^i/r = -\,x_i\,dx^i/r$ bzw.

$$dr^2 = \frac{x_i x_j\,dx^i\,dx^j}{r^2} \stackrel{\text{s.u.}}{=} n_i n_j\,dx^i\,dx^j\,.$$

Dabei wurde zuletzt im Hinblick auf die spätere Anwendung des Gaußschen Satzes und in Übereinstimmung mit den vor Gleichung (10.166) angegebenen Richtungsvorschriften durch

$$n_k = \frac{\partial r}{\partial x^k} \stackrel{(13.39a)}{=} -\frac{x_k}{r} \qquad \Rightarrow \qquad n_i\,n^i = \frac{x_i\,x^i}{r^2} = -1 \tag{13.40}$$

die vom Zentrum $r = 0$ nach außen gerichtete Flächennormale n_k von Kugelflächen $r = \text{const}$ eingeführt. Aus dieser ergibt sich

$$n^i = \eta^{ik}n_k = -\frac{\eta^{ik}x_k}{r} = -\frac{x^i}{r}\,. \tag{13.41}$$

Aus dem Quadrat des Linienelements (13.38) wird mit den obigen Definitionen und Umformungen

$$ds^2 = \mathrm{e}^{-\lambda}(dx_0)^2 + \big[\eta_{ij} - g(r)\,n_i n_j\big]\,dx^i\,dx^j\,, \tag{13.42}$$

und für die durch Gleichung (10.149) definierten Größen h_{ij} ergibt sich

$$h_{00} = \mathrm{e}^{-\lambda} - 1\,, \qquad h_{0i} = h_{i0} = 0\,, \qquad h_{ij} = -g(r)\,n_i n_j\,. \tag{13.43}$$

Berechnung von τ^{00}. Wegen $T_{\alpha\beta}=0$ für $r>r_s$ ist $\tau^{00}=t^{00}$ nach (10.161) und (10.154) die Energiedichte des Gravitationsfeldes. Aus (10.163) mit (10.159c) und (10.169) ergibt sich für sie

$$\tau^{00}=-\frac{c^4}{8\pi G}\,Q^{\lambda 00}{}_{,\lambda}=-\frac{c^4}{8\pi G}\,Q^{i00}{}_{,i}=-\frac{c^4}{16\pi G}\,\left(h^{ij}{}_{,j}-h_j^{j,i}\right)_{,i}\,. \tag{13.44}$$

Die Auswertung dieser Beziehung liefert

$$\boxed{\tau^{00}=-\frac{c^4\,r_s^2}{8\pi G\,r^4\,(1-r_s/r)^2}=-\frac{G^2M_\infty^2}{2\pi G\,r^4\,(1-r_s/r)^2}\,.} \tag{13.45}$$

Beweis: Zur Berechnung von $h^{ij}{}_{,j}$ und $h_j^{j,i}$ benötigen wir

$$n^i{}_{,k}\overset{(13.41)}{=}-\partial_k\frac{x^i}{r}=-\left(\frac{\delta^i_k}{r}-\frac{x^i\,r_{,k}}{r^2}\right)\overset{(13.40a)}{=}-\left(\frac{\delta^i_k}{r}+\frac{x^i x_k}{r^3}\right)=-\left(\frac{\delta^i_k+n^i n_k}{r}\right),$$

$$\left(n^i n^j\right)_{,k}=n^i{}_{,k}n^j+n^i n^j{}_{,k}=-\left(\delta^i_k n^j+n^i n_k n^j+n^i\delta^j_k+n^i n^j n_k\right)/r$$

und daraus folgend

$$\left(n^i n^j\right)_{,j}=-\left(\delta^i_j n^j+n^i n_j n^j+n^i\delta^j_j+n^i n^j n_j\right)/r=-\left(4n^i-2n^i\right)/r=-2n^i/r\,.$$

Aus (13.43) erhalten wir damit sowie mit $h^j_j=-g(r)\,n^j n_j=g(r)$ und (13.40a)

$$h^{ij}_{,j}=-g'(r)\,r_{,j}\,n^i n^j-g(r)\,(n^i n^j)_{,j}=-g'(r)\,n_j\,n^i n^j+\frac{2g(r)\,n^i}{r}=g'(r)\,n^i+\frac{2g(r)\,n^i}{r}\,,$$

$$h_j^{j,i}=\eta^{ik}h^j_{j,k}=\eta^{ik}g'(r)\,r_{,k}=\eta^{ik}g'(r)\,n_k=g'(r)\,n^i$$

und daraus folgend

$$h^{ij}{}_{,j}-h_j^{j,i}=\frac{2g(r)\,n^i}{r}=\frac{2\,r_s\,n^i}{r\,(r-r_s)}\,, \tag{13.46}$$

$$\begin{aligned}\left(h^{ij}{}_{,j}-h_j^{j,i}\right)_{,i}&=\left(\frac{2g(r)\,n^i}{r}\right)_{,i}=\left(\frac{2g'(r)}{r}-\frac{2g(r)}{r^2}\right)r_{,i}\,n^i+\frac{2g(r)}{r}n^i{}_{,i}\\&\overset{\text{s.u.}}{=}-2\,\frac{rg'(r)-g(r)}{r^2}-\frac{4g(r)}{r^2}=-2\,\frac{rg'(r)+g(r)}{r^2}\overset{(13.37)}{=}\frac{2\,r_s^2}{r^2\,(r-r_s)^2}\,.\end{aligned} \tag{13.47}$$

Dabei wurde erneut (13.40) und die aus dem weiter oben für $n^i{}_{,k}$ erhaltenen Resultat folgende Beziehung $n^i{}_{,i}=-2/r$ benutzt. Mit den letzten Ergebnissen folgt aus (13.44) schließlich (13.45). □

Vergleich mit der Newton-Theorie. τ^{00} ist mit der durch Gleichung (10.137) gegebenen Energiedichte w_g des speziell relativistisch modifizierten Newtonschen Gravitationsfeldes vergleichbar. Für $r\to\infty$ gilt

$$w_g\to-\frac{G^2M_\infty^2}{8\pi G\,r^4}\overset{\text{s.u.}}{=}-\frac{g^2}{8\pi G}\,,\qquad \tau^{00}\to-\frac{G^2M_\infty^2}{2\pi G\,r^4}=-\frac{(2\,g)^2}{8\pi G}=4\,w_g\,, \tag{13.48}$$

wobei die Newtonsche Schwerkraft $g = -GM_\infty/r^2$ eingeführt wurde. Für $r \to \infty$ ist τ^{00} viermal so groß wie w_{g}, und der Vergleich von (13.45) mit (10.137) zeigt, daß der Radius, bei dem die Energiedichte singulär wird, bei τ^{00} viermal so groß ist wie bei w_{g}. Die vorletzte Form des für τ^{00} in (13.48) angegebenen Ergebnisses läßt erkennen, daß der Unterschied der beiden Theorien gut mit dem in Abschn. 11.3.2 gefundenen Befund zusammenpaßt, daß die Lichtablenkung im Newton-Potential nach der ART doppelt so groß ist wie nach der SRT. Auch hier sieht es so aus, als käme zu der Newtonschen Feldstärke ein gleich großer Beitrag von der Raum-Zeit-Krümmung hinzu.

Der Zusammenhang (13.48b) zwischen w_{g} und g bleibt nach (10.122b) wegen $\Phi'(r) = -g$ auch für endliche r gültig. Damit dasselbe auch auf den Zusammenhang (13.48d) zwischen τ^{00} und $2g$ zutrifft, müßte in der ART nach (13.48d) und (13.45)

$$g_{\mathrm{ART}} = 2g \qquad \text{mit} \qquad g = -\frac{G\,M_\infty}{r^2\,(1-r_{\mathrm{s}}/r)} \overset{\text{s.u.}}{\underset{(13.51b)}{=}} -\frac{GM_{\mathrm{eff}}(r)}{r^2} \tag{13.49}$$

gelten. Keine der drei in Abschn. 11.2.4 berechneten Schwerebeschleunigungen ((11.59), (11.61) oder (11.62)) kommt dafür infrage, weil die in r_{s} auftretende Masse M gleich der im Unendlichen wirksamen Masse M_∞ ist. Man kann die letzte Gleichung jedoch als weitere Definitionsgleichung für eine durch die Feldenergie definierte Schwerkraft auffassen, die besonders durch die letzte, unter Vorgriff auf Gleichung (13.51) abgeleitete Beziehung nahegelegt wird.

Globale Größen. Die Gesamtenergie des Sterns inklusive des ihn umgebenden Gravitationsfeldes ist die Nullkomponente der durch (10.167a) definierten Größe P^ν. Aus (10.168a) mit (13.46b) und $\int d\Omega = 4\pi$ ergibt sich für sie

$$P^0 = -\frac{c^4}{16\pi G}\int\limits_{r\to\infty} \frac{2\,r_{\mathrm{s}}\,n^i}{r\,(r-r_{\mathrm{s}})}\,n_i\,r^2 d\Omega \overset{(13.40b)}{=} \lim_{r\to\infty} \frac{c^4\,r_{\mathrm{s}}}{2G\,(1-r_{\mathrm{s}}/r)} \overset{(11.16)}{=} M_\infty\,c^2. \tag{13.50}$$

Um den Übergang vom Volumenintegral (10.167a) zum Oberflächenintegral (10.168a) vollziehen zu können, muß vorausgesetzt werden, das der Integrand des ersteren überall regulär ist. Das ist aber bei einer reinen Schwarzschild-Lösung ohne Stern nicht der Fall, insbesondere würde ein Volumenintegral über den Bereich $r \leq r_{\mathrm{s}}$ wegen der Vorzeichenwechsel in den metrischen Koeffizienten keinen Sinn machen. Die Benutzung des Oberflächenintegrals ist dagegen zulässig, wenn der Schwarzschild-Radius innerhalb eines im Gleichgewicht befindlichen Sterns liegt und die innerhalb von diesem gültige Metrik am Rand stetig an die Schwarzschild-Metrik anknüpft. Das für P^0 erhaltene Ergebnis besagt dann, daß der Stern ins Unendliche mit der effektiven Masse M_∞ wirkt. Da sich das gleiche Ergebnis auch direkt aus der Schwarzschild-Lösung ablesen läßt, sieht es so aus, als könnte diese in unsere Betrachtung mit einbezogen werden. Wir werden jedoch sehen, daß das aus anderen Gründen ausgeschlossen werden muß.

Wenn man das Integral in (13.50) nicht für $r \to \infty$, sondern für endliches $r \geq R$ auswertet, erhält man die innerhalb der Kugel vom Radius r befindliche Energie, oder nach Teilen durch c^2 die bei r wirksame effektive Masse,

$$M_{\mathrm{eff}}(r) = \frac{c^2\,r_{\mathrm{s}}}{2G\,(1-r_{\mathrm{s}}/r)} = \frac{M_\infty}{1-r_{\mathrm{s}}/r} \overset{(10.143c)}{\Longrightarrow} M_{\mathrm{I\,eff}} = \frac{1-r_{\mathrm{s}}/(4R)}{1-r_{\mathrm{s}}/R}\,M_{\mathrm{I\,eff}}\big|_{\mathrm{Newton}}\,. \tag{13.51}$$

Ein Unterschied zwischen ART und Newton-Theorie macht sich nach (13.51c) erst bei hinreichend großen Werten von $r_s/(4R)$ bemerkbar.

Die durch (10.174b) definierte äußere Gravitationsfeldenergie ist nach (10.175b)

$$W_{ga} = (M_\infty - M_{I\,eff})\,c^2 = -\frac{r_s/R}{1-r_s/R}\,M_\infty\,c^2 = -\frac{2G\,M_\infty^2}{R\,(1-r_s/R)} \overset{\frac{r_s}{R}\to 0}{\longrightarrow} -\frac{2GM_\infty^2}{R}\,. \tag{13.52}$$

Ihr Wert im Grenzfall $r_s/R \to 0$ schwacher Gravitationsfelder ist wie die Energiedichte viermal so groß wie der ihr entsprechende Wert (10.145b) der Newton-Theorie.

Weil der in (13.52b) vor M_∞ stehende Faktor mit zunehmendem r_s/R monoton abnimmt, ist der ART-Wert für alle $r_s/R > 0$ kleiner als der Grenzwert (13.52d), und mit zunehmendem r_s/R wird er immer kleiner. Für $r_s/R \to 1$ gilt $W_{ga} \to -\infty$ und $M_{I\,eff} \to \infty$. Das Auftreten dieser Singularitäten schließt die Anwendbarkeit der erzielten Ergebnisse auf das reine Schwarzschild-Feld und damit auf schwarze Löcher aus.

Für Sterngleichgewichte folgt aus der Existenzbedingung (13.29) und (13.52b) $W_{ga} > -8M_\infty\,c^2$. Reguläre Gleichgewichtslösungen sind daher auf den Bereich

$$-8M_\infty\,c^2 < W_{ga} < -(r_s/R)\,M_\infty\,c^2\big|_{r_s/R\ll 1} \tag{13.53}$$

eingeschränkt.

Gravitationsfeldenergie des Sterninneren

Die Berechnungen für das Sterninnere lassen sich wegen des Integrals (13.15) nur im Grenzfall schwacher Gravitationsfelder analytisch auswerten. Außerdem beschränken wir uns hier von vornherein auf die durch (13.24) gegebene Materieverteilung.

Metrik sowie Berechnung von τ^{00}, t^{00} und M_f. Die Metrik im Inneren des Sterns ist durch das Linienelement der Gleichung (13.2) definiert. In Analogie zu (13.38) schreiben wir

$$ds^2 = e^{\nu(r)}(dx_0)^2 - g(r)\,dr^2 - d\boldsymbol{x}^2\,, \tag{13.54}$$

wobei $\nu(r)$ duch (13.15) mit (13.26) gegeben ist, und nach (13.14) mit (13.25a) und (13.27) gilt analog zu (13.37)

$$g(r) = e^\lambda - 1 = \left[1 - \frac{2GM\,(r/R)^3}{c^2 r}\right]^{-1} - 1 = \frac{r_s r^2}{R^3 - r_s r^2}\,. \tag{13.55}$$

Weil (13.54) und (13.38) bis auf den g_{00}-Term formal übereinstimmen und dieser in die Berechnung von τ^{00} nicht eingeht, können die in Abschn. 13.1.4 durchgeführten Rechnungen bis unmittelbar vor der Stelle übernommen werden, an der für die in (13.37b) eingeführte Größe $g(r)$ der für das Vakuumfeld gültige Wert eingesetzt wird. Wir können also Gleichung (13.44c) benutzen und für den Klammerterm das vorletzte der in (13.47) für diesen erhaltenen Zwischenergebnisse,

$$\tau^{00} = -\frac{c^4}{16\pi G}\left(h^{ij}{}_{,j} - h_j^{j,i}\right)_{,i} = \frac{c^4}{8\pi G}\,\frac{rg'(r)+g(r)}{r^2}\,.$$

In dieser Beziehung ist $g(r)$ aus Gleichung (13.55) einzusetzen, und mit einfacher Rechnung ergibt sich

$$\tau^{00} = \frac{c^4}{8\pi G}\,\frac{r_s\,(3R^3 - r_s r^2)}{(R^3 - r_s r^2)^2}\,. \tag{13.56}$$

Hiermit und mit (13.4b), $T_{00} = e^\nu \varrho\, c^2$, erhalten wir aus (10.161a) für die Energiedichte des Gravitationsfeldes im Sterninneren

$$t^{00} = \tau^{00} - T_{00} \overset{\text{s.u.}}{=} \frac{r_s c^4}{8\pi G}\left(\frac{3R^3 - r_s r^2}{(R^3 - r_s r^2)^2} - \frac{3\,e^{\nu(r)}}{R^3}\right), \tag{13.57}$$

wobei zuletzt $\varrho = \varrho_0 = 3M/(4\pi R^3)$ und (11.16) bzw. $M = r_s c^2/(2G)$ benutzt wurde. Für $\nu(r)$ ist Gleichung (13.15) einzusetzen, für $p(r)$ Gleichung (13.26). Aus (10.172) ergibt sich mit (13.61b)

$$M_f = \int_{r \le R} \varrho_0\, e^\nu\, d^3x = 4\pi\, \varrho_0 \int_0^R r^2\, e^\nu\, dr\,. \tag{13.58}$$

Die weitere Auswertung wird auf den Fall schwacher Gravitationsfelder beschränkt und liefert

$$t^{00} = \frac{r_s^2 c^4}{16\pi G R^4}\left(9 + 7\frac{r^2}{R^2}\right), \qquad M_f = M\left(1 - \frac{6\,r_s}{5R}\right). \tag{13.59}$$

Beweis: Schwache Gravitationsfelder implizieren kleine Werte von r_s/R. Dementsprechend entwickeln wir alle Größen nach r_s bis zu Termen $\sim r_s$ und beginnen mit der Berechnung von $\nu(r)$ sowie $e^{\nu(r)}$. Aus (13.15) folgt mit $\int_r^\infty = \int_r^R + \int_R^\infty$ sowie (13.16c) und (11.16) zunächst

$$\nu(r) = I(r) + \ln\left(1 - \frac{r_s}{r}\right) \tag{13.60}$$

mit

$$I(r) = -\frac{2G}{c^2}\int_r^R \frac{M(r') + 4\pi r'^3 p/c^2}{r'^2\,[1 - 2GM(r')/(c^2 r')]}\,dr'\,.$$

Mit (13.25a),

$$M(r) = \left(\frac{r}{R}\right)^3 M \overset{(13.27)}{=} \left(\frac{r}{R}\right)^3 \frac{c^2 r_s}{2G}\,,$$

und (13.26b) erhalten wir für den Zähler des Integrals $I(r)$

$$\frac{2G}{c^2}\left(M(r) + 4\pi r^3 p/c^2\right) = \left(\frac{r}{R}\right)^3 r_s + \ldots\,.$$

Da wir ν nur bis zu Termen $\sim r_s$ berechnen wollen und die Berücksichtigung des zweiten Terms in der eckigen Klammer des Nenners einen in r_s quadratischen Beitrag liefern würde, können wir die Klammer gleich 1 setzen und erhalten damit

$$I(r) = -\int_r^R \left(\frac{r'}{R}\right)^3 \frac{r_s\,dr'}{r'^2} + \ldots = -\frac{r_s}{2R}\left(1 - \frac{r^2}{R^2}\right) + \ldots\,.$$

Durch Einsetzen dieses Ergebnisses in (13.60) und Entwickeln von $e^{\nu(r)}$ nach r_s ergibt sich bis zu Termen $\sim r_s$

$$\nu = -\frac{r_s}{2R}\left(1 - \frac{r^2}{R^2}\right) + \ln\left(1 - \frac{r_s}{r}\right), \qquad e^\nu = 1 - \frac{3r_s}{2R} + \frac{r_s r^2}{2R^3}\,. \tag{13.61}$$

Aus (13.57b) und (13.58b) erhalten wir durch Einsetzen von (13.61b), Entwicklung nach r_s und Benutzen der Beziehung (13.25) schließlich die Ergebnisse (13.59). □

Die Ergebnisse (13.59) sind beide physikalisch unbefriedigend: Die Energiedichte des Gravitationsfeldes t^{00} ist positiv, und die freie Masse M_f ist kleiner als die im Unendlichen wirksame Masse M, woraus mit (10.175c) folgt, daß auch die gesamte Gravitationsfeldenergie W_g positiv ist. Dies bedeutet, daß die in (10.153) vorgenommene Zerlegung des Gravitationsfeldes trotz der aus ihr folgenden Erhaltungssätze und auch unter Einhaltung der Koordinatenbedingung (10.150) zwar richtige, aber nicht immer physikalisch brauchbare Ergebnisse liefert. Im nächsten Abschnitt wird gezeigt, wie man durch abgeänderte Definitionen der freien Masse und der Energie des Gravitationsfeldes doch noch zu physikalisch sinnvollen Ergebnissen gelangt.

13.1.5 Neudefinition der Bestandteile des Energie-Impuls-Komplexes*

Freie Masse. Wenn man von der Einbindung der freien Masse M_f in die Theorie des Energie-Impulskomplexes absieht, ist die Definition

$$\widetilde{M}_f = \frac{1}{c^2}\int_I T^{00}\,d^3x \tag{13.62}$$

nicht weniger einleuchtend als die Definition (10.172a). Wir werten daher auch diese Formel für den Grenzfall schwacher Gravitationsfelder aus. Aus $g_{00}=e^{\nu}$ und $g_{00}\,g^{00}=g_{0\alpha}\,g^{\alpha 0}=\delta_0{}^0=1$ nach (13.2) folgt $g^{00}=e^{-\nu}$ und

$$T^{00} = g^{0\alpha}g^{0\beta}T_{\alpha\beta} = \left(g^{00}\right)^2 T_{00} \overset{(13.4b)}{=} \mathrm{e}^{-\nu}\varrho_0 c^2 \quad\Rightarrow\quad \widetilde{M}_f = 4\pi\,\varrho_0\int_0^R r^2\mathrm{e}^{-\nu}\,dr\,. \tag{13.63}$$

Mit

$$\mathrm{e}^{-\nu} \overset{(13.61b)}{=} \frac{1}{1-\frac{3r_s}{2R}+\frac{r_s r^2}{2R^3}}+\ldots = 1+\frac{3r_s}{2R}-\frac{r_s r^2}{2R^3}+\ldots \tag{13.64}$$

und (13.25b) ergibt sich daraus bis zu Termen $\sim r_s$

$$\widetilde{M}_f = \left(1+\frac{6r_s}{5R}\right)M\,. \tag{13.65}$$

Dieses Ergebnis ist wegen $\widetilde{M}_f > M$ viel plausibler als (13.59b), außerdem ist der Massendefekt $\widetilde{M}_f - M = 6r_sM/(5R)$ wie W_{ga} gerade viermal so groß wie der entsprechende Wert (10.141b) der Newton-Theorie – allerdings auch viermal so groß wie der ART-Wert (13.35). Das Manko, daß die Definition (13.62) nicht in eine Theorie eingebunden ist, in der $\widetilde{M}_f c^2$ mit Gravitationsfeldenergien verknüpft werden kann und in der Erhaltungssätze wie (10.162) gelten, läßt sich beheben.

Energie-Impuls-Dichte des Gravitationsfeldes. Wir nehmen eine Umdefinition der in den Erhaltungssatz (10.162) eingehenden Größen $t^{\mu\nu}$ und $\eta^{\mu\alpha}\eta^{\nu\beta}T_{\alpha\beta}$ (siehe (10.161)) vor, derart, daß dieser unverändert gültig bleibt. Dazu zerlegen wir $\tau^{\mu\nu}$ gemäß

$$\tau^{\mu\nu} = t^{\mu\nu} + \eta^{\mu\alpha}\eta^{\nu\beta}T_{\alpha\beta} - T^{\mu\nu} + T^{\mu\nu} = \tilde{t}^{\mu\nu} + T^{\mu\nu}$$

mit

$$\boxed{\tilde{t}^{\mu\nu} = t^{\mu\nu} + \eta^{\mu\alpha}\eta^{\nu\beta}T_{\alpha\beta} - T^{\mu\nu}\,.} \tag{13.66}$$

Da $\tau^{\mu\nu}$ nicht verändert wurde, gelten nach wie vor die Gleichungen (10.162) und (10.163) sowie alle aus diesen abgeleiteten Konsequenzen. Im Vakuumbereich $r > R$ gilt $T^{\mu\nu} = T_{\mu\nu} = 0$ und $\tilde{t}^{\mu\nu} = t^{\mu\nu}$, so daß auch dieser in die neue Theorie mit einbezogen werden kann.

Berechnung von $\tilde{t}^{00}$. Aus (13.66) folgt für den von uns betrachteten Spezialfall

$$\tilde{t}^{00} = t^{00} + \left(\eta^{00}\right)^2 T_{00} - T^{00} = t^{00} + T_{00} - T^{00} \overset{(13.4b)}{\underset{(13.63c)}{=}} t^{00} + \left(\mathrm{e}^{\nu} - \mathrm{e}^{-\nu}\right)\varrho_0 c^2.$$

Mit (13.61b) und (13.64b) sowie (13.4b), (13.63c) und (13.27b) ergibt sich

$$\mathrm{e}^{\nu} - \mathrm{e}^{-\nu} = -\frac{r_{\mathrm{s}}}{R}\left(3 - \frac{r^2}{R^2}\right), \qquad T_{00} - T^{00} = -\frac{6c^4 r_{\mathrm{s}}^2}{16\pi G R^4}\left(3 - \frac{r^2}{R^2}\right)$$

und

$$\boxed{\tilde{t}^{00} = -\frac{c^4 r_{\mathrm{s}}^2}{16\pi G R^4}\left(9 - 13\frac{r^2}{R^2}\right).} \tag{13.67}$$

$\tilde{t}^{00}$ ist die **neue Energiedichte des Gravitationsfeldes** im Grenzfall schwacher Gravitationsfelder. Für $0 \le r < 3/\sqrt{13}$ ist sie negativ, für $3/\sqrt{13} < r \le R$ positiv.

Feldenergien. In Analogie zu (10.174a) definieren wir

$$\widetilde{W}_{\mathrm{gi}} := \int_I t^{00}\, d^3x\,. \tag{13.68}$$

Mit (13.67) ergibt sich in dem betrachteten Spezialfall

$$\widetilde{W}_{\mathrm{gi}} = 4\pi \int_0^R r^2\, \tilde{t}^{00}\, dr = -\frac{c^2 r_{\mathrm{s}}^2}{10\pi G} \overset{(13.27a)}{=} -\frac{r_{\mathrm{s}}}{5R} M c^2\,. \tag{13.69}$$

Hiermit und mit (13.52d) bzw. $W_{\mathrm{ga}} = -(r_{\mathrm{s}}/R)Mc^2$ sowie mit $W_{\mathrm{ga}} = \widetilde{W}_{\mathrm{ga}}$ erhalten wir schließlich

$$\widetilde{W}_{\mathrm{g}} = \widetilde{W}_{\mathrm{gi}} + \widetilde{W}_{\mathrm{ga}} = -\frac{6r_{\mathrm{s}}}{5R} M c^2. \tag{13.70}$$

(Für die Erde z. B. ergibt sich hieraus $|\widetilde{W}_{\mathrm{g}}|/(Mc^2) = 1{,}7 \cdot 10^{-9}$.) Wie zu fordern ist Gleichung (10.175c) erfüllt, es gilt $M - \widetilde{M}_{\mathrm{f}} = -6r_{\mathrm{s}}M/(5R) = \widetilde{W}_{\mathrm{g}}/c^2$. Alle Gravitationsfeldenergien sind viermal so groß wie in der Newton-Theorie, was sich wie bei der Energiedichte τ^{00} im Vakuum erklären läßt.

13.2 Kugelsymmetrischer Gravitationskollaps

Wenn von einer kugelsymmetrischen Materieansammlung die in (13.29) angegebene Obergrenze für die Existenz von Gleichgewichten überschritten wird, kann es nur noch zeitabhängige Lösungen der Feldgleichungen geben, bei Sternen kommt es zum **Sternkollaps**. Zur Vereinfachung des Problems werden wir bei deren Berechnung den Materiedruck vernachlässigen. Da dieser nicht mehr ausreicht, um der Gravitationskraft das Gleichgewicht zu halten, ist die durch ihn ausgeübte Kraft kleiner als jene, und daher stellt seine Vernachlässigung eine brauchbare Näherung dar. Noch besser zu rechtfertigen ist seine Vernachlässigung, wenn man den radialsymmetrischen Sturz einer größeren Zahl kugelsymmetrisch verteilter Sterne in das von diesen erzeugte Gravitationszentrum betrachtet, wobei man die Sterne als Teilchen eines idealen Gases auffassen kann, deren thermische Bewegungen vernachlässigt werden.

Bevor wir die Feldgleichungen für eine zeitabhängige kugelsymmetrische Materieverteilung ableiten, führen wir andere Koordinaten ein, die dem Problem besser angepaßt sind.

13.2.1 Übergang zu mitbewegten Koordinaten

Unseren Ausgangspunkt bildet wieder der allgemein bei Kugelsymmetrie gültige Ansatz (11.3) für die Metrik, von dem wir zu *mitbewegten Koordinaten* übergehen. Die Winkelkoordinaten ϑ und φ werden dabei mit gleicher Bedeutung wie in (11.3) beibehalten, und eine neue Radialkoordinate r' sowie eine neue Zeit t' werden derart eingeführt, daß für ein im Gravitationsfeld frei fallendes Teilchen $r'(t') = \text{const}$ gilt und t' die von in radialer Richtung frei fallenden Uhren angezeigte Eigenzeit ist. Durch die Transformation $r, t \to r', t'$ erhält das Linienelement (11.3) mit $dr = (\partial r/\partial t')dt' + (\partial r/\partial r')dr'$ und $dt = (\partial t/\partial t')dt' + (\partial t/\partial r')dr'$ die Form

$$ds^2 = A(t',r')c^2\,dt'^2 + B(t',r')c\,dt'\,dr' + C(t',r')\,dr'^2 - r^2(t',r')\left(d\vartheta^2 + \sin^2\vartheta\,d\varphi^2\right).$$

Weil für ein in radialer Richtung frei fallendes Teilchen $dr' = 0$ und $d\vartheta = d\varphi = 0$ gilt und t' die Eigenzeit frei fallender Uhren ist, folgt hieraus für die letzteren $dt' = ds/c = (A)^{1/2}\,dt'$, und daher muß $A(r',t') \equiv 1$ gelten. In den neuen Koordinaten lautet die Bewegungsgleichung für den freien Fall in radialer Richtung nach (9.69), wenn als Bahnparameter die Eigenzeit t' gewählt wird, $d(\partial F/\partial \dot{r}')/dt' - \partial F/\partial r' = 0$. Setzen wir $F = (ds/dt')^2 = c^2 + Bc\dot{r}'(t') + C\dot{r}'^2(t')$, so ergibt das

$$\frac{d}{dt'}\left(Bc + 2C\dot{r}'\right) = c\,\frac{\partial B}{\partial t'} + c\,\frac{\partial B}{\partial r'}\dot{r}' + 2\frac{\partial C}{\partial t'}\dot{r}' + 2\frac{\partial C}{\partial r'}\dot{r}'^2 + 2C\ddot{r}' = c\,\frac{\partial B}{\partial r'}\dot{r}' + \frac{\partial C}{\partial r'}\dot{r}'^2\,.$$

Damit $r'(t') = \text{const}$ Lösung dieser Gleichung ist, muß $\partial B/\partial t' = 0$ bzw. $B = B(r')$ gelten. Nun gehen wir mit der Transformation $\tau = t' - f(r')$ zu einer neuen Zeitkoordinate über. Mit $dt' = d\tau + (df/dr')\,dr'$ erhalten wir dann im Linienelement einen Mischterm der Form $(cB + 2c^2 df/dr')\,d\tau\,dr'$, den wir durch die Wahl $df/dr' = -\,B(r')/(2c)$ bzw. $f(r') = -\,(1/2c)\int B(r')\,dr'$ der Funktion $f(r')$ zum Verschwinden bringen. Mit $A \equiv 1$ und den Definitionen

$$U(\rho,\tau) := -\,C(t',r') - cB(t',r')(df/dr') - c^2(df/dr')^2\,, \quad V(\rho,\tau) := r^2(t',r')$$

sowie der Umbenennung $r' \to \rho$ erhält das Linienelement schließlich die Form

$$ds^2 = c^2 d\tau^2 - U(\rho, \tau)\, d\rho^2 - V(\rho, \tau)\left(d\vartheta^2 + \sin^2\vartheta\, d\varphi^2\right) \tag{13.71}$$

Gaußscher Normalkoordinaten (siehe (9.23). Offensichtlich ist auch ρ eine mitbewegte Koordinate und τ die Eigenzeit im radial frei fallenden System.

13.2.2 Feldgleichungen für den Kollaps eines druckfreien Gases konstanter Dichte

Wir betrachten den Gravitationskollaps für das besonders einfache Modell eines druckfreien Gases (Staub), das durch (10.61) mit $p=0$ beschrieben wird, in den mitbewegten Koordinaten bis zum Radius R eine räumlich konstante Dichte $\varrho(\tau)$ besitzt und von Vakuum umgeben ist, also

$$\varrho = \begin{cases} \varrho(\tau) & \text{für} \quad 0 \leq \rho \leq R\,, \\ 0 & \text{für} \quad \rho > R\,. \end{cases} \tag{13.72}$$

(Man beachte den Unterschied zwischen der Dichte ϱ und der Radialkoordinate ρ!) Da auf das Gas keine Druckkräfte wirken, unterliegt es alleine der Schwerkraft, seine Elemente sind frei fallend, und daher verschwinden die räumlichen Komponenten der Gasgeschwindigkeit in den mitbewegten Koordinaten, $\{U_\mu\} = \{c, 0, 0, 0\}$. Der Tensor $T_{\mu\nu}$ hat infolgedessen als einzige nichtverschwindende Komponente $T_{00} = \varrho c^2$, und es folgt $T = g^{\lambda\mu} T_{\lambda\mu} = g^{00} T_{00} = T_{00} = \varrho c^2$. Die einzigen nichtverschwindenden Komponenten des Tensors $S_{\mu\nu} = T_{\mu\nu} - (g_{\mu\nu}/2)T$ sind

$$\{S_{00}, S_{11}, S_{22}, S_{33}\} = \frac{\varrho c^2}{2}\,\{1, U, V, V\sin^2\vartheta\}\,. \tag{13.73}$$

Die Berechnung der Komponenten des zur Metrik (13.71) gehörigen Ricci-Tensors kann genauso durchgeführt werden, wie das in Abschn. 11.1 bei der Schwarzschild-Metrik geschehen ist: Man schreibt als erstes die Gleichungen für Geodäten an, entnimmt diesen die nichtverschwindenden Christoffel-Symbole und berechnet aus den letzteren und den $g_{\mu\nu}$ mit Hilfe von (9.83) die $R_{\mu\nu}$. Wir geben hier gleich das Ergebnis an (Aufgabe 13.1) und kombinieren dieses mit (13.73), (10.95) und (10.101b) zu den Feldgleichungen

$$R_{00} = \frac{1}{c^2}\left[\frac{\partial_{\tau\tau}U}{2U} + \frac{\partial_{\tau\tau}V}{V} - \frac{(\partial_\tau U)^2}{4U^2} - \frac{(\partial_\tau V)^2}{2V^2}\right] = -\frac{4\pi G}{c^2}\,\varrho\,, \tag{13.74}$$

$$R_{11} = \frac{1}{c^2}\left[-\frac{\partial_{\tau\tau}U}{2} + \frac{(\partial_\tau U)^2}{4U} - \frac{(\partial_\tau U)(\partial_\tau V)}{2V}\right] + \frac{\partial_{\rho\rho}V}{V} - \frac{(\partial_\rho V)^2}{2V^2} - \frac{(\partial_\rho U)(\partial_\rho V)}{2UV} = -\frac{4\pi G}{c^2}\,\varrho U\,,$$

$$R_{22} = -1 - \frac{1}{c^2}\left[\frac{\partial_{\tau\tau}V}{2} + \frac{(\partial_\tau U)(\partial_\tau V)}{4U}\right] + \frac{\partial_{\rho\rho}V}{2U} - \frac{(\partial_\rho U)(\partial_\rho V)}{4U^2} = -\frac{4\pi G}{c^2}\,\varrho V,$$

$$R_{01} = \frac{1}{c}\left[\frac{\partial_{\tau\rho} V}{V} - \frac{(\partial_\tau V)(\partial_\rho V)}{2V^2} - \frac{(\partial_\tau U)(\partial_\rho V)}{2UV}\right] = 0\,.$$

Dabei wurde eine Gleichung für R_{33} weggelassen, da sie bis auf den Faktor $\sin^2\vartheta$ mit der Gleichung für R_{22} identisch ist.

13.2.3 Lösung der Feldgleichungen

(13.74) ist ein System von vier Gleichungen für die drei unbekannten Funktionen $U(\rho,\tau)$, $V(\rho,\tau)$ und $\varrho(\tau)$. Mit dem Separationsansatz

$$U(\rho,\tau) = A^2(\tau)\,h(\rho)\,, \qquad V(\rho,\tau) = S^2(\tau)\,g(\rho) \tag{13.75}$$

werden es Gleichungen für fünf unbekannte Funktionen, was dazu führt, daß bei der Lösung noch eine gewisse Freiheit besteht. Mit (13.75) folgt aus (13.74d) die Gleichung $\dot{A}(\tau)/A = \dot{S}(\tau)/S$, die mit $A(\tau) = \text{const}\, S(\tau)$ gelöst wird. Durch eine Umdefinition der Funktionen $h(\rho)$ und $g(\rho)$ kann stets erreicht werden, daß die Konstante in dieser Beziehung gleich 1 wird, so daß

$$S(\tau) = A(\tau) \tag{13.76}$$

gilt. Gehen wir nun mit $\rho'^2 = g(\rho)$ zu einer neuen Radialkoordinate über, dann ist $h(\rho)\,d\rho^2 = f(\rho')\,d\rho'^2$, und indem wir ρ' gleich wieder in ρ umbenennen, erhalten wir eine Metrik der Form (13.71) mit

$$U(\rho,\tau) = A^2(\tau)\,f(\rho)\,, \qquad V(\rho,\tau) = A^2(\tau)\,\rho^2\,. \tag{13.77}$$

Auch aus dieser folgt wieder das Gleichungssystem (13.74), wobei die letzte Gleichung schon erfüllt ist. Nach Einsetzen von (13.77) verbleiben noch die Gleichungen

$$3\,\ddot{A}(\tau)\,A + 4\pi G\,\varrho A^2 = 0\,, \tag{13.78}$$

$$\ddot{A}(\tau)\,A + 2\,\dot{A}^2(\tau) - 4\pi G\,\varrho A^2 = -\frac{c^2 f'(\rho)}{\rho f^2}\,, \tag{13.79}$$

$$\ddot{A}(\tau)\,A + 2\,\dot{A}^2(\tau) - 4\pi G\,\varrho A^2 = c^2\left[-\frac{1}{\rho^2} + \frac{1}{\rho^2 f} - \frac{f'(\rho)}{2\rho f^2}\right]. \tag{13.80}$$

Eliminiert man aus (13.79)–(13.80) die Funktion $A(\tau)$, so erhält man für $f(\rho)$ die Differentialgleichung $f'(\rho) = 2f(f-1)/\rho$, die durch

$$f(\rho) = \frac{1}{1 - K\rho^2} \tag{13.81}$$

mit einer Integrationskonstanten K gelöst wird. Damit wird aus (13.79) oder (13.80)

$$\frac{\ddot{A}A}{2} + \dot{A}^2 - 2\pi G\,\varrho A^2 + Kc^2 \overset{(13.78)}{=} 2\ddot{A}A + \dot{A}^2 + Kc^2 = 0\,, \tag{13.82}$$

und es verbleibt, diese Gleichung zusammen mit (13.78) zu lösen. Elimination von $\ddot{A}$ aus (13.78) und (13.82) liefert die Gleichung

$$\dot{A}^2 + Kc^2 = \frac{8\pi G \varrho A^2}{3}. \tag{13.83}$$

Multipliziert man diese mit A und differenziert anschließend nach τ, so ergibt sich

$$\frac{d(\varrho A^3)}{d\tau} = \frac{3\dot{A}}{8\pi G}(2\ddot{A}A + \dot{A}^2 + Kc^2) \overset{(13.82)}{=} 0 \quad \Rightarrow \quad \varrho A^3 = \varrho_0 A_0^3 = \text{const}, \tag{13.84}$$

und damit

$$\dot{A}^2 - \frac{8\pi G \varrho_0 A_0^3}{3A} = -Kc^2. \tag{13.85}$$

Wir beschränken uns bei der Suche nach Lösungen auf den Fall, daß der Kollaps aus einem statischen Anfangszustand heraus erfolgt ($\dot{A} = 0$ für $A = A_0 = A(0)$), und erhalten dafür als Wert der Integrationskonstanten

$$K = \frac{A_s}{A_0} \qquad \text{mit} \qquad A_s = \frac{8\pi G \rho_0 A_0^3}{3c^2}. \tag{13.86}$$

Gleichung (13.85) kann damit in die Form

$$\dot{A}^2 = Kc^2 \frac{A_0 - A(\tau)}{A(\tau)} \tag{13.87}$$

gebracht werden und hat die implizite Lösung

$$A(\tau) = \frac{A_0}{2}(1 + \cos\theta), \qquad c\tau = \frac{A_0}{2\sqrt{K}}(\theta + \sin\theta). \tag{13.88}$$

(Man wählt (13.88a) als Lösungsansatz und erhält damit für θ eine Differentialgleichung, die durch (13.88b) gelöst wird.) Die Funktion $A(\tau)$ ist eine Zykloide (Abb. 13.1). Aus (13.88) folgt $c\,d\tau = A_0(1+\cos\theta)\,d\theta/(2\sqrt{K}) = A(\tau)\,d\theta/\sqrt{K}$ oder

$$\theta = \frac{\sqrt{K}}{A_0}\eta \qquad \text{mit} \qquad \eta = cA_0 \int_0^\tau \frac{d\tau'}{A(\tau')}, \tag{13.89}$$

d. h. θ ist bis auf einen konstanten Faktor gleich der als **konforme Zeit** bezeichneten Größe η.

Mit (13.77) und (13.81) wird aus dem Linienelement (13.71)

$$ds^2 = c^2 d\tau^2 - A^2(\tau)\left(\frac{d\rho^2}{1 - K\rho^2} + \rho^2 d\vartheta^2 + \rho^2 \sin^2\vartheta\, d\varphi^2\right). \tag{13.90}$$

Die Radialkoordinate ρ wird in unserer Rechnung nur bis auf eine Konstante festgelegt – wenn man in (13.77) die Ersetzungen $\rho \to \alpha\rho$, $A \to A/\alpha$ und $f(\alpha\rho)/\alpha^2 \to f(\rho)$ mit $\alpha = \text{const}$ vornimmt, erhält man für $f(\rho)$ und $A(\tau)$ dieselben Gleichungen und Lösungen wie zuvor. Diese Freiheit nutzen wir, um festzulegen, daß ρ dimensionslos wird und der Sternrand nach $\rho = 1$ zu liegen kommt (A erhält dann die Dimension einer Länge). Die (erfüllbare) Forderung, daß die Metrik im Inneren des Sternes überall regulär ist, führt damit zu $K\rho^2 \leq K < 1$ oder mit (13.86) zu

$$A_0 > A_s\,. \tag{13.91}$$

Der metrische Abstand des Sternrandes $\rho = 1$ vom Gravitationszentrum $\rho = 0$ ist nach (13.90) und (10.19) mit $\int_0^\rho d\rho/\sqrt{1-K\rho^2} = K^{-1/2}\arcsin(\rho\sqrt{K})$

$$d_\rho(\tau) = \frac{\arcsin(\sqrt{K})}{\sqrt{K}}\,A(\tau)\,. \tag{13.92}$$

Er geht für $A(\tau)\to 0$ gegen null, was nach (13.88) für $\theta = \pi$ bzw. nach der endlichen Eigenzeit

$$T = \frac{\pi A_0}{2c\sqrt{K}} \overset{(13.86)}{=} \frac{\pi A_0^{3/2}}{2c\sqrt{A_s}} = \frac{\pi\, t_s}{2}\left(\frac{A_0}{A_s}\right)^{3/2} \qquad \text{mit} \qquad t_s := \frac{A_s}{c} \tag{13.93}$$

passiert. Die Dichte $\varrho(t)$ geht dabei nach (13.84b) gegen unendlich.

Im Vakuumbereich außerhalb des Sterns gilt die Schwarzschild-Metrik (11.17), und diese muß am Sternrand $\rho = 1$ durch geeignete Anschlußbedingungen mit der Metrik (13.90) verknüpft sein. Eine – etwas mühsame – Möglichkeit zu deren Bestimmung besteht darin, das Linienelement (13.90) in die Standardform (11.3) zurückzutransformieren, in der sich auch das Linienelement (11.17) befindet, und die Forderung zu stellen, daß es am Sternrand mit diesem übereinstimmt. Die daraus folgenden Bedingungen erhält man jedoch auch einfacher.

Eine Anschlußbedingung besteht darin, daß die Oberfläche des Sterns in beiden Metriken gleich groß sein muß,

$$F = 4\pi r^2 = 4\pi\rho^2 A^2(\tau)\big|_{\rho=1} = 4\pi\, A^2(\tau)\,. \tag{13.94}$$

Hieraus folgt, daß der Sternrand in den Koordinaten der Schwarzschild-Metrik durch

$$r = A(\tau) \tag{13.95}$$

gegeben ist. Eine weitere Bedingung liefert die Forderung, daß die Geschwindigkeit, mit der ein am Sternrand befindlicher Beobachter diesen nach innen stürzen sieht, von innen und außen gesehen gleich groß ist.

Wir betrachten die Situation zuerst **von außen**. Die Materie am Sternrand befindet sich wie alle Materieelemente des Sterns im freien Fall und folgt daher einer radialen Geodäten der Schwarzschild-Metrik. Die Fallgeschwindigkeit zu den Anfangsbedingungen $\dot{r}(0) = 0$ und $r(0) = R = \alpha\, r_s$ ist nach (11.58) bzw. (11.43)

$$\dot{r}(\tau) = -\frac{c}{\sqrt{\alpha}}\sqrt{\frac{\alpha\, r_s}{r} - 1} \qquad \text{bzw.} \qquad \dot{r}(t) = -\frac{c\,(1-r_s/r)}{\sqrt{\alpha-1}}\sqrt{\frac{\alpha\, r_s}{r} - 1}\,. \tag{13.96}$$

Aus der letzten Gleichung ergibt sich durch Integration in den Koordinaten der externen Schwarzschild-Metrik die implizite Lösung

$$t = t_0 + \frac{\sqrt{\alpha-1}}{c}\int_{r(t)}^{r_0} \frac{dr'}{(1-r_s/r')\sqrt{\alpha\, r_s/r'-1}}\,. \tag{13.97}$$

Von innen gesehen ergibt sich für die Dynamik des Sternrands aus (13.87) mit (13.86a) und (13.95) sowie der an die äußere Lösung angepaßten Anfangsbedingung $A_0 = r(0) = \alpha\, r_s$ die Bestimmungsgleichung

$$\dot{r}(\tau) = -\dot{A}(\tau) = -c\sqrt{\frac{A_s}{\alpha\, r_s}}\sqrt{\frac{\alpha\, r_s}{A(\tau)}-1} = -c\sqrt{\frac{A_s}{\alpha\, r_s}}\sqrt{\frac{\alpha\, r_s}{r(\tau)}-1}\,. \tag{13.98}$$

Dabei ist τ die der Metrik des Sterninneren zugrundeliegende Zeitkoordinate. Da in dieser die Trajektorien frei fallender Materieelemente durch $\rho = \text{const}$ gegeben sind, handelt es sich nach (13.90) um die Eigenzeit frei fallender Sternelemente. Weil das auch für den Sternrand gilt, ist dieses τ identisch mit der Eigenzeit τ der äußeren Lösung für den Sternrand. Die geforderte Übereinstimmung der äußeren und inneren Geschwindigkeit des Sternrands, (13.96a) bzw. (13.98), führt zu der Bedingung

$$A_s = r_s \stackrel{(11.16)}{=} \frac{2GM}{c^2}\,, \tag{13.99}$$

wobei M die im Unendlichen wirksame Masse des Sterns ist, und mit (13.86b) folgt daraus

$$M = \frac{4\pi\,\varrho_0\, A_0^3}{3} = M_0\,. \tag{13.100}$$

Ein kollabierender Stern der betrachteten Art wirkt mithin permanent, also auch nach starker Kontraktion, mit seiner Anfangsmasse M_0 nach außen, die dementsprechend als seine freie Masse angesehen werden kann. Das ist anders als bei einem im statischen Gleichgewicht befindlichen Stern, der gemäß Gleichung (13.33) nach außen nur mit der um den Massendefekt reduzierten Masse wirkt, und erklärt sich dadurch, daß die kinetische Energie der frei fallenden Sternmaterieelemente nicht in Strahlung verwandelt und abgegeben wird, sondern im Stern enthalten ist und nach außen gravitativ mitwirkt. r_s ist der M zugeordnete übliche Schwarzschild-Radius. Seine Bedeutung für den Sternkollaps wird durch das Folgende klar.

In Abb. 13.1 ist die zeitliche Entwicklung des Sternrandes sowohl aus der Sicht eines weit entfernten externen Beobachters ($r(t)$ aus Gleichung (13.97)) als auch aus der Sicht eines im Stern postierten Beobachters ($A(\tau) = \sqrt{K}\, d_\rho(\tau)/\arcsin(\sqrt{K})$ nach (13.92) für $\rho = 1$) aufgetragen. Mit dem Ergebnis (13.99a) bedeutet die Bedingung (13.91), daß zu Beginn des Kollaps $r = A_0 > r_s$ gelten, der Schwarzschild-Radius also innerhalb des Sternes liegen muß. In seiner Eigenzeit τ gemessen kollabiert der Stern mit zunehmender Geschwindigkeit. Der Sternrand überschreitet nach endlicher Zeit $\tau < T$ den Schwarzschild-Radius und ist nicht viel später vollständig kollabiert, $A(T) = 0$. Von außen ist nur der Teil des Kollaps zu sehen, der den Sternrand bist zu Schwarzschild-Radius führt, und er dauert unendlich lange. Wie beim Absturz in ein schwarzes Loch (siehe Abschn. 11.2.3) stellt diese verzögerte Sicht der Vorgänge jedoch eine durch starke Gravitationsfelder hervorgerufene Verzerrung der Realität dar, die sich in Wirklichkeit in der Eigenzeit des Sterns abspielt. Die den Außenbereich des Sterns beschreibende Schwarzschild-Metrik ist nur in dem Sinne zeitunabhängig, daß sie sich für $r > a(\tau)$ nicht ändert; der Bereich, in dem sie gilt, wird jedoch mit abnehmenden $A(\tau)$ immer größer.

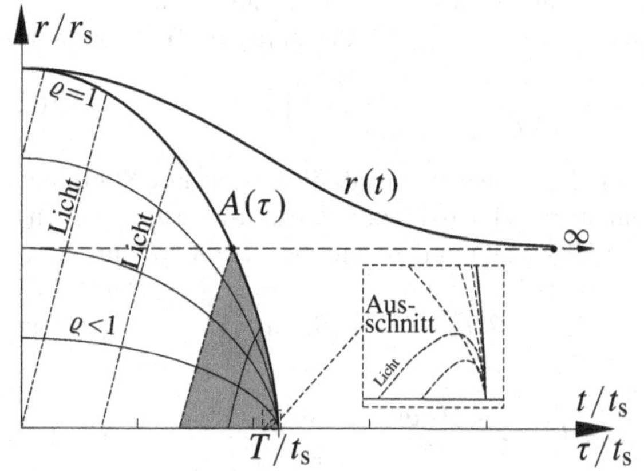

Abb. 13.1: Sternkollaps. $r(t)$ ist der Sternrand aus weit entfernter, $A(\tau)$ aus lokaler Sicht. $\rho = \text{const} < 1$ sind Trajektorien radial fallender Sternelemente. Die strichpunktierten Linien sind radial aufsteigende Lichttrajektorien, die in dem vergrößerten Ausschnitt zum Zentrum zurückfallen. Die Punkte markieren die externe Zeit t bzw. die Eigenzeit τ, zu der der Sternrand den Schwarzschild-Radius erreicht bzw. überschreitet. Ereignisse innerhalb des dunkel schattierten Bereichs sind von außen nie wahrnehmbar.

In Abb. 13.1 sind außer dem Sternrand auch noch die Trajektorien weiter innen befindlicher Sternelemente $\rho = \text{const} < 1$ dargestellt, deren metrische Radien in Analogie zu (13.92) durch $d_\rho(\tau) = A(\tau)\,\arcsin(\rho\sqrt{K})/\sqrt{K}$ gegeben sind, außerdem auch noch vom Sternzentrum radial nach außen laufende Lichtstrahlen. Aus der Gleichung $ds^2 = 0$ für die mit Lichtgeschwindigkeit erfolgende Signalausbreitung im Stern ergibt sich mit (13.90) für radial nach außen laufende Lichtsignale

$$\frac{d\rho}{\sqrt{1-K\rho^2}} = \frac{c\,d\tau}{A(\tau)} \overset{(13.88)}{=} \frac{d\theta}{\sqrt{K}} \qquad \Rightarrow \qquad \rho(\tau) = \frac{1}{\sqrt{K}}\,\sin(\theta(\tau)-\theta_0)\,.$$

Für den metrischen Abstand der Lichtfront vom Koordinatenursprung ergibt sich hieraus mit (13.92) und (13.88)

$$d(\tau) = \frac{(\theta-\theta_0)\,A(\tau)}{\sqrt{K}} = \frac{A_0}{2\sqrt{K}}\,(\theta(\tau)-\theta_0)\,[1+\cos\theta(\tau)]\,, \tag{13.101}$$

wobei $\theta(\tau)$ implizit durch Gleichung (13.88b) gegeben ist. Um die Größenverhältnisse im Relation zum Sternrand richtig zu erfassen, ist wie bei diesem sowohl bei den Materietrajektorien als auch bei den Lichtstrahlen statt des metrischen Abstands $d_\rho(\tau)$ die Funktion

$$r(\tau) = \frac{\sqrt{K}}{\arcsin(\sqrt{K})}\,d(\tau)$$

aufgetragen. Alle Lichtstrahlen, die den Sternrand erreichen, bevor dieser über den Schwarzschild-Radius hinaus gestürzt ist, tun das aus weiter Entfernung gesehen zu einer endlichen Zeit und können daher anschließend noch bis zu einem externen Beobachter vordringen. Alle später emittierten Strahlen bleiben für diesen unsichtbar, d. h. alle Vorgänge in dem dunkel schattierten Bereich der Abb. 13.1, der erst einige Zeit nach Beginn des Kollaps im Zentrum des Sterns entsteht und sich dann mit Lichtgeschwindigkeit bis zum Sternrand ausbreitet, bleiben für einen externen Beobachter für immer unsichtbar. Kurz vor Abschluss des Kollaps wird das Schwerefeld im Inneren des

Sterns so stark, daß radial nach außen laufende Lichtstrahlen zur Umkehr gezwungen werden und mit der Sternoberfläche zusammen ins Zentrum des Sterns stürzen.

Das Linienelement (13.90) und Gleichung (13.83) werden durch die Transformation

$$\tau = t\,, \qquad \rho \overset{\text{s.u.}}{=} \frac{r}{\sqrt{|K|}}\,, \qquad A = \sqrt{|K|}\,a \tag{13.102}$$

– r wird hier in Hinblick auf die kosmologische Notation als dimensionslose Koordinate neu definiert und darf nicht mit dem oben und in der Schwarzschild-Metrik benutzten r (Dimension Länge) verwechselt werden – und mit der Definition $k = K/|K|$ in

$$ds^2 = c^2 dt^2 - a^2(t)\left(\frac{dr^2}{1-kr^2} + r^2\,d\vartheta^2 + r^2\,\sin^2\vartheta\,d\varphi^2\right) \tag{13.103}$$

bzw.

$$\dot a^2(t) + kc^2 = \frac{8\pi G\,\varrho a^2}{3} \tag{13.104}$$

überführt. Dabei kann $k = 0$ oder $k = \pm 1$ sein, solange das Vorzeichen von K nicht wie in (13.86a) durch Anfangsbedingungen festgelegt ist. Das Linienelement (13.103) hat eine **Robertson-Walker-Metrik**, wie wir sie in der Kosmologie im Mittel für das gesamte Weltall finden werden, und (13.104) hat die Form einer Friedmann-Gleichung, die in der Kosmologie die Expansion des Universums beschreibt. Unsere Wahl der Anfangsbedingung zur Lösung von Gleichung (13.85) hat $K > 0$ und damit $k = 1$ zur Folge. (Man beachte, daß der Sternrand bei einem $r < 1$ liegen muß, weil die Metrik für $r = 1$ singulär wird.) Für andere Anfangsbedingungen werden auch die Fälle $k = 0$ und $k = -1$ möglich. Die zugehörigen Lösungen werden in der Kosmologie abgeleitet und sind in den Teilbildern 2.2 bzw. 2.1 der Abb. 19.1 dargestellt, wobei die Lösungen für einen kollabierenden Stern aus den kosmologischen Lösungen durch Zeitumkehr, $a(\tau) \to a(-\tau)$, hervorgehen.

Exkurs 13.1: Energiekomplex kollabierender Sterne und Energie des Gravitationsfeldes*

Das Linienelement der in einem kollabierenden „Staub-Stern“ gültigen Robertson-Walker-Metrik ist nach (13.103) *in dem besonders einfachen Fall $k = 0$, auf den wir uns hier beschränken wollen*, nach Übergang von Polarkoordinaten r, ϑ und φ zu kartesischen Koordinaten $x = r\sin\vartheta\cos\varphi$, $y = r\sin\vartheta\sin\varphi$ und $z = r\cos\vartheta$ durch

$$ds^2 = c^2dt^2 - a^2\,d\boldsymbol{x}^2 = g_{\mu\nu}\,dx^\mu\,dx^\nu \qquad \text{mit} \qquad g_{00} = 1\,, \quad g_{0j} = g_{j0} = 0\,, \quad g_{ij} = a^2(t)\,\eta_{ij} \tag{13.105}$$

gegeben. Weil r nach (13.102b) in Übereinstimmung mit der Konvention der Kosmologie als dimensionslose Koordinate eingeführt wurde, sind auch x, y und z dimensionslos. Infolgedessen hat a die Dimension einer Länge und g_{ij} nach (13.105) die Dimension von a^2. In der gleich anzuwendenden Gleichung (10.149), $h_{\mu\nu} = g_{\mu\nu} - \eta_{\mu\nu}$, ist dagegen vorausgesetzt, daß g_{ij} dieselbe Dimension wie η_{ij} besitzt und dementsprechend dimensionslos ist. Wir müssen daher von den dimensionslosen Ortskoordinaten x, y und z zu Koordinaten mit der Dimension einer Länge übergehen und tun das, indem wir $\hat x^0 = x^0 = ct$ und $\hat{\boldsymbol{x}} = a_0\,\boldsymbol{x}$ setzen. Damit und mit der Definition

$$\hat a = a/a_0 \qquad \text{mit} \qquad a_0 = a(t_0) \tag{13.106}$$

ergibt sich aus (13.105)

$$ds^2 = \hat{g}_{\mu\nu}\, d\hat{x}^\mu\, d\hat{x}^\nu \qquad \text{mit} \qquad \hat{g}_{00} = 1\,, \quad \hat{g}_{0j} = \hat{g}_{j0} = 0\,, \quad \hat{g}_{ij} = \hat{a}^2(t)\, \eta_{ij}\,. \tag{13.107}$$

Der Einfachheit halber und auch wegen der besseren Vergleichbarkeit mit Ergebnissen der Kosmologie *nehmen wir für den Rest dieses Exkurses die Umbenennung $\hat{a} \to a$ vor.* In allen Formeln, die im folgenden abgeleitet werden, aber auch in denen, die weiter unten aus der Kosmologie übernommen werden, ist also unter a die Größe $\hat{a} = a/a_0$ zu verstehen.

Aus (10.149) ergibt sich damit und mit (13.107)

$$h_{00} = 0\,, \qquad h_{0j} = h_{j0} = 0\,, \qquad h_{ij} = (a^2 - 1)\,\eta_{ij}\,.$$

Mit

$$\eta^{\rho\sigma} h_{\rho\sigma,0,0} = \eta^{ij} h_{ij,0,0} = c^{-2}\eta^{ij}\eta_{ij}\, d^2(a^2-1)/dt^2 = 6(\dot{a}^2 + a\ddot{a})/c^2\,,$$

$h_{0\sigma} = h_{\rho 0} = 0$, $\eta_{00} = 1$ und der Tatsache, daß alle $h_{\mu\nu}$ ortsunabhängig sind, folgt aus (10.151) und (10.152)

$$\begin{aligned}
R^{(1)}_{00} &= \frac{\eta^{\rho\sigma}}{2}\Big(h_{\rho\sigma,0,0} - h_{0\sigma,\rho,0} - h_{\rho 0,0,\sigma}\Big) = \frac{\eta^{\rho\sigma}}{2} h_{\rho\sigma,0,0} = 3(\dot{a}^2 + a\ddot{a})/c^2\,,\\
R^{(1)}_{0j} &= \frac{\eta^{\rho\sigma}}{2}\Big(h_{\rho\sigma,0,j} + h_{0j,\rho,\sigma} - h_{0\sigma,\rho,j} - h_{\rho j,0,\sigma}\Big) = -\frac{\eta^{\rho\sigma}}{2} h_{\rho j,0,\sigma} = -\frac{\eta^{00}}{2} h_{\rho 0,0,0} = 0\,,\\
R^{(1)}_{ij} &= \frac{\eta^{\rho\sigma}}{2}\Big(h_{\rho\sigma,i,j} + h_{ij,\rho,\sigma} - h_{i\sigma,\rho,j} - h_{\rho j,i,\sigma}\Big) = \frac{\eta^{\rho\sigma}}{2} h_{ij,\rho,\sigma} = \frac{\eta^{00}}{2} h_{ij,0,0}\\
&= [\eta_{ij}/(2c^2)]\, d^2(a^2-1)/dt^2 = (\dot{a}^2 + a\ddot{a})\,\eta_{ij}/c^2\,,\\
R^{(1)} &= R^{(1)}{}_{00} + \eta^{ij}\, R^{(1)}{}_{ij} = 6\,(\dot{a}^2 + a\ddot{a})/c^2\,.
\end{aligned}$$

Mit den erzielten Ergebnissen erhalten wir

$$R^{(1)}_{00} - \frac{\eta_{00}}{2} R^{(1)} = 0\,, \qquad R^{(1)}_{0j} - \frac{\eta_{0j}}{2} R^{(1)} = 0\,, \qquad R^{(1)}_{ij} - \frac{\eta_{ij}}{2} R^{(1)} = -\frac{2\eta_{ij}}{c^2}\,(\dot{a}^2 + a\ddot{a})\,.$$

Aus Kapitel 19 der Kosmologie übernehmen wir jetzt für den Ricci-Tensor und -Skalar die Ergebnisse (19.7a), (19.8) und (19.9),

$$R_{00} = 3\ddot{a}/(c^2 a)\,, \quad R_{0j} = 0\,, \quad R_{ij} \overset{\text{s.u.}}{=} (a\ddot{a} + 2\dot{a}^2)\,\eta_{ij}/c^2\,, \quad R = 6\,(a\ddot{a} + \dot{a}^2)/(c^2 a^2)\,,$$

wobei für R_{ij} nochmals (13.105c) benutzt wurde. Aus (10.61) folgt mit $\{U_\mu\} = \{c, 0, 0, 0\}$ (siehe nach (13.72))

$$T_{00} = \varrho\, c^2\,, \qquad T_{0j} = T_{ij} = 0 \qquad \text{für} \qquad p = 0\,. \tag{13.108}$$

Hiermit und mit den vorher erhaltenen Ergebnissen folgt aus (10.154)

$$t_{00} = \frac{c^4}{8\pi G}\Big(R_{00} - \frac{g_{00}}{2} R\Big) = \frac{c^4}{8\pi G}\left(\frac{3\ddot{a}}{c^2 a} - \frac{3(a\ddot{a} + \dot{a}^2)}{c^2 a^2}\right),$$

$t_{0j} = 0$ und

$$t_{ij} = \frac{c^2\,\eta_{ij}}{8\pi G}\Big[a\ddot{a} + 2\dot{a}^2 - 3(a\ddot{a} + \dot{a}^2) + 2\,(\dot{a}^2 + a\ddot{a})\Big]$$

bzw.

$$t_{00} = -\frac{3\,\dot{a}^2\, c^2}{8\pi G\, a^2}\,, \qquad t_{ij} = \frac{c^2\,\dot{a}^2}{8\pi G}\,\eta_{ij}\,. \tag{13.109}$$

Jetzt betrachten wir den Erhaltungssatz (10.162). Weil alle Ortsableitungen verschwinden, reduziert sich dieser auf

$$\tau^{0\nu}{}_{,0} = 0 \qquad \Rightarrow \qquad \partial_t \tau^{0\nu} = 0\,. \tag{13.110}$$

Aus (10.161) folgt mit $\eta^{\rho 0} = 0$ für $\rho \neq 0$

$$\tau^{00} = \eta^{0\rho}\eta^{0\sigma}\Big(T_{\rho\sigma} + t_{\rho\sigma}\Big) = \eta^{00}\eta^{00}\Big(T_{00} + t_{00}\Big) = T_{00} + t_{00}$$

bzw. mit (13.108) und (13.109a)

$$\tau^{00} = \left(\varrho - \frac{3\,\dot{a}^2}{8\pi\,G\,a^2}\right)c^2 \tag{13.111}$$

sowie mit $\eta^{00} = 1$ und $\eta^{j\sigma} = 0$ für $j \neq \sigma$

$$\tau^{0j} = \eta^{0\rho}\eta^{j\sigma}\Big(T_{\rho\sigma} + t_{\rho\sigma}\Big) = \eta^{00}\eta^{j\sigma}\Big(T_{0\sigma} + t_{0\sigma}\Big) = \eta^{jj}\Big(T_{0j} + t_{0j}\Big) = 0\,.$$

Aus Gleichung (13.104) geht hervor, daß auch $\tau^{00} \equiv 0$ gilt. Der Erhaltungssatz für den Energie-Impuls-Komplex liefert also nichts neues, sondern reproduziert nur die 0,0-Komponente der Einsteinschen Feldgleichungen.

Aus (13.109) und (13.111) geht hervor, daß

$$\boxed{\varrho_{\rm g} = -\frac{3\,\dot{a}^2}{8\pi\,G\,a^2}} \tag{13.112}$$

als **Massendichte des Gravitationsfeldes** interpretiert werden kann, und $\varrho_{\rm g}c^2$ dementsprechend als dessen Energiedichte.

Offensichtlich sind die frei fallenden Koordinaten der Metrik (13.103) nicht das geeignete Bezugssystem für ein mit der Energiedichte $w_{\rm g} = -(\nabla\Phi)^2/(8\pi\,G)$ der Newton-Theorie vergleichbares Ergebnis. Man kann jedoch auch in dieser zu frei fallenden Koordinaten übergehen (siehe Abschn. 15.1.2 der Kosmologie), und weil in diesen das Schwerefeld wegtransformiert ist, würde man in ihnen $\varrho_{\rm g} = 0$ erwarten. Aus (13.111) und $\tau^{00} = 0$ geht hervor, daß die Annahme (13.112) im Grenzfall gegen null gehender Materiedichte ϱ mit diesem Ergebnis zusammenpaßt. Daß sich bei endlicher Materiedichte nicht ebenfalls $\varrho_{\rm g} = 0$ ergibt, könnte ein mit der Krümmung der Raum-Zeit verbundener ART-Effekt sein. Diese ermöglicht im Fall der durch (13.103) gegebenen Metrik nach Gleichung (19.17) der Kosmologie (Ricci-Skalar $R = 8\pi\,G\varrho/c^2$ für $p = 0$) nämlich die Darstellung

$$\varrho_{\rm g} = -\frac{3\,\dot{a}^2}{8\pi\,G\,a^2} = -\varrho = -\frac{c^2}{8\pi\,G}\,R\,.$$

13.3 Schwarze Löcher

Für einen beim Sternkollaps mit der Sternmaterie frei fallenden Beobachters schrumpft der Abstand des Sternrandes vom Sternzentrum während der in (13.93) angegebenen, im allgemeinen sehr kurzen Zeit T von seinem Ausgangswert auf null, während der Abstand des Schwarzschild-Radius von Zentrum endlich bleibt. Die Situation am Ende des Kollaps ist dieselbe, wie durch eine im ganzen Raum gültige Schwarzschild-Metrik mit Singularität im Nullpunkt beschrieben wird.

Welche Beobachtungen macht ein bei einem Radius $r \to \infty$ der Schwarzschild-Metrik postierter ruhender Beobachter beim Sternkollaps? Im Stern vorhandene ionisierte Teilchen oder Atomkerne, die durch die in der Nähe des Schwarzschild-Radius auftretenden Zerreißkräfte (siehe Aufgabe 13.2) ionisiert werden, erfahren bei Annäherung an den Schwarzschild-Radius eine extreme Gravitationsbeschleunigung, die bei $r \approx 3r_s$ am größten (siehe vor (11.46)) wird und zur Emission von elektromagnetischer Strahlung führt. (Die Abschätzung $r \approx 3r_s$ folgt aus Gleichung (11.43), gilt also im Vakuum oberhalb der Sternoberfläche, kann jedoch auch im Stern zumindest in der Nähe des Sternrandes als grobe Näherung benutzt werden.) Der Beobachter sieht daher den Stern zunächst aufleuchten. Allerdings werden die Frequenzen des emittierten Lichts bei der Annäherung des Sternrandes an r_s nach (11.80) mit $r_1 \to r(t)$ und $r_2 \to \infty$ gemäß $\nu_\infty = (1 - r_s/r(t))^{1/2}\nu$ zunehmend rotverschoben. (Die Position $r(t)$ ist zwar nicht, wie bei der Ableitung von (11.80) vorausgesetzt, zeitunabhängig. Da der freie Fall bis zum Radius r_s nach (11.47) aber unendlich lange dauert (Kurve $r(t)$ in Abb. 13.1), kann die durch die endliche Geschwindigkeit $\dot{r}(t)$ hinzukommende Doppler-Verschiebung für $r(t) \approx r_s$ vernachlässigt werden.) Mit zunehmender Rotverschiebung verringert sich die Energie der Lichtquanten und die Lichtintensität, die auch dadurch noch abgeschwächt wird, daß $\dot{r}(t)$ für $r(t) \to r_s$ immer kleiner wird. Nach einem ersten Aufleuchten des Sterns wird dessen Licht also – nach (11.48b) innerhalb einer kurzen Zeit von der Größenordnung (r_s/c) – röter und schwächer, bis der Stern verblaßt und der Sicht entschwindet. (Es kommt zwar immer noch Licht nach $r = \infty$, aber dieses ist so schwach, daß es unter der Nachweisgrenze liegt.) Die Existenz des kollabierenden Sterns kann dann nur noch indirekt durch dessen Gravitationswirkung auf Nachbarsterne nachgewiesen werden, deren Rotation um ein unsichtbares Gravitationszentrum sich durch eine periodisch wechselnde Doppler-Verschiebung seiner Spektrallinien bemerkbar macht. Da es für unseren Beobachter unendlich lange dauert, bis der Sternrand den Schwarzschild-Radius erreicht, befindet sich der letztere zu allen endlichen Zeiten innerhalb des Sterns. Dasselbe gilt sogar für jeden im Schwerefeld des Sterns fixierten externen Beobachter, auch wenn er dem Stern sehr nahe ist. Aus der Sicht eines solchen Beobachters gibt es demnach keine schwarzen Löcher – es sei denn, im Universum existieren nackte schwarze Löcher, die als solche schon im Urknall erschienen sind. Wie wir am Ende von Abschn. 11.2.3 gesehen haben, macht es dennoch Sinn, auch kollabierende Materie, die sich erst in unendlich ferner Zukunft zu einem schwarzen Loch zu entwickeln scheint, als schwarzes Loch zu bezeichnen, insbesondere nachdem sie in der oben geschilderten Weise praktisch unsichtbar geworden ist.

Außer dem im letzten Abschnitt untersuchten Gravitationskollaps eines Riesensterns ($M \gtrsim 30M_\odot$) gibt es noch andere Mechanismen, die zur Entwicklung eines schwarzen Loches führen können. Wie wir in Abschn. 12.7 gesehen haben, emittieren die sich umkreisenden Partner eines Doppelsterns Gravitationsstrahlung und kommen sich dabei auf einer Spiralbahn immer näher, bis sie nach endlicher Zeit zusammenzustoßen. Wenn es sich dabei um zwei Neutronensterne handelt, kann sich nach ihrem Verschmelzen möglicherweise kein neues Sterngleichgewicht mehr einstellen, weil ihre Gesamtmasse die Oppenheimer-Volkoff-Masse überschreitet, und es kommt auch hier zu einem Gravitationskollaps und der Entstehung eines schwarzen Loches.

Eine weitere Ausgangssituation, aus der sich durch Gravitationskollaps ein schwarzes Loch entwickeln kann, bildet ein **relativistisches Sterncluster**. Nach (13.1) kann die Materiedichte, bei der ART-Effekte wichtig werden, relativ klein sein, wenn M entsprechend groß ist. Diese Situation ist gegeben, wenn sich sehr viele Sterne nahe beieinander befinden.

Beispiel 13.1:

Betrachten wir als Beispiel eine Ansammlung von 10^{10} Sternen der Masse $M_\odot$. (Typische Galaxien haben ca. 10^{11} Sterne.) Dann ist $M = 10^{10} M_\odot$, und aus (13.1) ergibt sich als kritische Dichte

$$\varrho \approx 1{,}3 \cdot 10^{-4}\, \varrho_\odot \approx 1{,}3 \cdot 10^{-4}\, M_\odot / R_\odot^3 \,.$$

Um diese Dichte zu erhalten, müssen die Sterne einen mittleren Abstand d voneinander haben, der sich aus

$$M_\odot / d^3 \approx \varrho \approx 1{,}3 \cdot 10^{-4}\, M_\odot / R_\odot^3$$

ergibt, zu

$$d \approx (1{,}3)^{-1/3} \cdot 10^{4/3}\, R_\odot \approx 20\, R_\odot \,.$$

Es gibt Galaxien, in denen diese Umstände herrschen, und man nimmt an, daß im Zentrum vieler Galaxien ähnliche Verhältnisse bestehen. Man kann die Sterne näherungsweise wie ein ideales druckfreies Gas behandeln, und wenn man den Idealfall einer kugelsymmetrischen Sternverteilung zugrunde legt, lassen sich genau dieselben Rechnungen wie im letzten Abschnitt durchführen, d. h. es kommt zu einem Kollaps und der Bildung eines schwarzen Loches. Auch wenn die Sternverteilung nicht kugelsymmetrisch ist oder wenn die Sterne um ein gemeinsames Zentrum rotieren, kann sich ein schwarzes Loch entwickeln. Für eine rotierende Massenverteilung mit Zylindersymmetrie wurde von R.P. Kerr die nach ihm benannte *Kerr-Metrik* gefunden, die im Zentrum eine ähnliche Singularität wie die Schwarzschild-Metrik aufweist; und nach *Singularitätentheoremen* von S.W. Hawking und R. Penrose können sich Singularitäten auch dann entwickeln, wenn die Materieverteilung keine Symmetrien aufweist.

Ein sehr massives schwarzes Loch wird alle in seiner Nachbarschaft befindliche Materie wie ein großer Staubsauger ansaugen. Ionisierte Materie wird dabei vor Erreichen des Schwarzschild-Radius in der oben geschilderten Weise intensive Lichtstrahlung abgeben. Wenn das Ansaugen der Materie kontinuierlich erfolgt, wird die Abstrahlung über längere Zeit anhalten, da Materie, die schon zu nahe zum Schwarzschild-Radius vorgedrungen ist und nur noch sehr schwach leuchtet, weiter außen permanent durch neue Materie ersetzt wird. Bei der in Form von Strahlung abgegebenen Energie handelt es sich im wesentlichen um umgewandelte kinetische Energie, welche die Materie durch Beschleunigung im Gravitationsfeld gewonnen hatte, und sie trägt zu dem Massendefekt der kollabierten Sternmaterie bei. Dieser kann bei einem sehr massiven schwarzen Loch über 50 Prozent betragen, und theoretisch können etwa 10 Prozent der Masse in Strahlungsenergie umgewandelt werden. Massive schwarze Löcher können daher zu einer extrem intensiven Lichtquelle werden, und man vermutet, daß sich die extreme Leuchtkraft von **Quasaren** (quasistellaren Radioquellen) auf diese Weise erklären läßt.

13.3.1 Hawking-Strahlung schwarzer Löcher

Wenden wir uns abschließend noch einmal dem Problem der Unsichtbarkeit von schwarzen Löchern zu. Da aus dem Gebiet $r \leq r_S$ weder Teilchen noch Strahlung entweichen, können Energie und Masse eines schwarzen Loches nicht abnehmen, sondern allenfalls durch den Einfang von Teilchen zunehmen, wodurch das Loch immer größer und schwerer würde. Diese Ergebnis beruht aber ganz auf den sämtliche Effekte der Quantenmechanik vernachlässigenden klassischen Theorien, die all unseren Betrachtungen zugrunde lagen. 1974 entdeckte Hawking, daß schwarze Löcher aufgrund von Quanteneffekten permanent Strahlung abgeben und dadurch leichter werden! Wie das zustande kommt, kann hier nur ganz knapp qualitativ skizziert werden.

Nach der Quantenfeldtheorie gibt es im Vakuum permanent Fluktuationen von Quantenfeldern, bei denen Teilchen-Antiteilchen-Paare für extrem kurze Zeiten zu einer „virtuellen" Existenz gelangen, um sich gleich darauf wieder gegenseitig zu annihilieren. Wir betrachten das Beispiel des elektromagnetischen Feldes, bei dem Photonenpaare mit den Viererimpulsen $\{E/c, -\boldsymbol{p}\}$ und $\{-E/c, \boldsymbol{p}\}$ erzeugt werden können. Die beiden Viererimpulse addieren sich zu null, so daß insgesamt die Eigenschaften des Vakuumzustandes gewahrt bleiben. Die Existenz des Photons mit der negativen Energie ist auf die aus der Energie-Zeit-Unschärferelation $\Delta t\, \Delta E \geq \hbar$ für diesen Prozeß folgende Zeit $t \leq \hbar/|E|$ beschränkt, wodurch garantiert wird, daß die Gesetze der Quantentheorie nicht verletzt werden. Prozesse dieser Art finden überall im Vakuum statt, insbesondere auch in der Nachbarschaft des Schwarzschild-Radius. Wenn ein derartiges Photonenpaar nun knapp außerhalb von diesem erzeugt wird, kann es vorkommen, daß das Photon mit der negativen Energie innerhalb der ihm zur Verfügung stehenden Zeit $t \leq \hbar/|E|$ den Schwarzschild-Radius überquert. (Wir hatten in Abschn. 11.1.4 festgestellt, daß sich dort keine physikalische Singularität befindet, so daß das ohne weiteres möglich ist.) Nun tauschen aber beim Übergang von $r > r_S$ nach $r < r_S$ die Koordinaten r und ct ihre Rolle, was dazu führt, daß die – für längere Zeiten verbotene – negative Zeitkomponente $-E/c$ des Viererimpulses zu einer – zulässigen – negativen räumlichen Komponente und damit zu einem Impuls wird, während die – positive – räumliche Komponente p_r zu einer – zulässigen – positiven Zeitkomponente E/c wird, die einer positiven Energie entspricht. Das Photon kann sich daher innerhalb des schwarzen Loches ungehindert weiterbewegen, ohne daß eine Notwendigkeit zur Annihilation mit dem anderen Photon besteht. Das letztere besitzt von Haus aus nur zulässige Eigenschaften, und da sein Impuls $-\boldsymbol{p}$ dem des ersten Photons entgegengerichtet ist und der ganze Vorgang außerhalb des schwarzen Lochs begonnen hat, fliegt es in Richtung zunehmender r-Werte von dem schwarzen Loch weg. Weil es eine positive Energie mit sich trägt, während das schwarze Loch von außen gesehen ein Teilchen negativer Energie aufgenommen hat, nehmen bei dem Prozeß Energie und Masse M des schwarzen Loches ab. Die genauere Untersuchung zeigt, daß dieses permanent Strahlung mit einer Planckschen Strahlungsverteilung der Temperatur $T \sim 1/M$ abgibt, außerdem auch andere Teilchen wie z. B. Neutrinos. Dadurch wird die Masse des schwarzen Loches immer kleiner, sofern sein Materieverlust nicht durch den Einfang von Materie ausgeglichen wird. Für $M \to 0$ geht $T \to \infty$, was – in nicht unmittelbar einsichtiger Weise – dazu führt, daß die Auflösung schwarzer Löcher am Ende explosionsartig vor sich geht.

Wir gehen zum Abschluß noch der folgenden Frage nach: Wie ist der Prozeß der Hawking-Strahlung mit der Tatsache zu vereinbaren, daß sich bei einem durch Gravitationskollaps entstehenden schwarzen Loch die einstürzende Materie für einen externen Beobachter vor dem Schwarzschild-Radius aufstaut und unendlich lange braucht, um über diesen hinwegzukommen? Betrachten wir dazu einen Radius $r = R > r_s$, der so nahe bei r_s liegt, daß das Entstehen eines Photon/Antiphotonpaares aus einer Vakuumfluktuation zu den oben geschilderten Konsequenzen führen würde. Nach (11.50) stürzt die kollabierende Materie an dieser Stelle beinahe mit Lichtgeschwindigkeit vorbei, und daher hat auch der Rand des kollabierenden Sterns diese sehr schnell passiert, so daß dort tatsächlich schon nach kurzer Zeit das für den Prozeß notwendige Vakuum herrscht. Daß der Sternrand nach (11.45) auch von dieser Stelle aus gesehen noch unendlich lange braucht, bis er r_s überquert hat, spielt keine Rolle, denn für das ihm folgende Antiphoton, das bis zur Überquerung nur die Zeit $t \leq \hbar/E$ zur Verfügung hat, ist nicht die bei $r = R$ gemessene Zeit maßgeblich, sondern die dafür benötigte, extrem kurze Eigenzeit. Ein sehr weit entfernter Beobachter könnte im Prinzip gleichzeitig Photonen beobachten, die von der am Schwarzschild-Radius aufstauten Materie emittiert werden, und etwas oberhalb davon emittierte Photonen der Hawking-Strahlung. Er sieht das in der Entstehung begriffene schwarze Loch also aufgrund der Hawking-Strahlung kleiner werden und schließlich zerplatzen, bevor es zu einem echten (nackten) schwarzen Loch geworden ist.

Aufgaben

13.1 Berechnen Sie den Ricci-Tensor $R_{\mu\nu}$ der Metrik (13.71)!

13.2 Beim Schwarzschild-Radius und in dessen Umgebung treten auf materielle Körper infolge der Inhomogenität des Gravitationsfeldes extreme Zerreißkräfte auf.

(a) Welche Trennungskräfte wirken auf zwei Massenpunkte von je 40 kg, die sich im Abstand von 1 m befinden, im Feld einer Punktmasse von der Größe der Erdmasse am Schwarzschild-Radius ein?

(b) Wie groß muß die Zentralmasse der Schwarzschild-Metrik sein, damit durch die Zerreißkräfte am Schwarzschild-Radius ein Wasserstoffatom ionisiert wird?

Anleitung: Die richtige Größenordnung erhält man schon mit Hilfe der klassischen Formel für das Gravitationsfeld einer Punktmasse. Auch die Anziehungskraft des Kerns auf das Elektron im Wasserstoffatom kann mit Hilfe der klassischen Beziehungen abgeschätzt werden.

III Einführung in die Kosmologie

14 Einführung

Kosmologie, die Lehre vom Kosmos, ist Physik unseres Universums als Ganzen. Sie unterscheidet sich in zwei wichtigen Aspekten von der üblichen Physik:

1. Das untersuchte Objekt ist einmalig.
2. Alle Erfahrungen, die wir an diesem Objekt sammeln können, stammen von Messungen, die aus einem winzigen Teilbereich heraus vorgenommen werden.

Dies führt dazu, daß wir bei der Bildung von Modellen – einer Vorgehensweise, die uns von der Untersuchung anderer physikalischer Objekte wohlvertraut ist – in besonderem Maße auf plausible Hypothesen angewiesen sind.

Zu den wichtigsten Hypothesen der modernen Kosmologie gehört, daß unsere Position im Weltall in keiner Weise ausgezeichnet, sondern vielmehr typisch ist. Diese Annahme hat im Falle ihrer Richtigkeit zur Folge, daß die Eigenschaften, die wir an unserer Nachbarschaft im Universum feststellen, auf das ganze Universum übertragen werden dürfen. Damit sind allerdings nicht Feinheiten gemeint wie z. B. die Zahl der Planeten, mit denen der uns nächste Stern, die Sonne, umgeben ist, ja nicht einmal Besonderheiten wie die Struktur der Milchstraße. Vielmehr bezieht sich das auf Eigenschaften, die durch Mittelung über hinreichend große Gebiete festgestellt werden. Wie groß diese Gebiete zu wählen sind, lehrt allein die Erfahrung. Diese zeigt, daß es sich dabei um Gebiete handeln muß, die ganze Galaxienhaufen umfassen (Größenordnung 100 Mpc bzw. einige 10^8 Lichtjahre Durchmesser).

Es ist nicht selbstverständlich, daß diese Vorgehensweise sinnvoll ist. Zu Beginn des 20. Jahrhunderts wurde von C. V. I. Charlier ein Modell des Universums vorgeschlagen, nach welchem dieses aus einer Hierarchie ineinander geschachtelter Haufen von Haufen von Galaxienhaufen bestehen soll, deren Struktur auf jeder Hierarchiestufe neue Elemente ins Spiel bringt. Alle Beobachtungen lassen jedoch darauf schließen, daß eine derartige hierarchische Struktur höchstens bis zu Haufen von Galaxienhaufen reicht – in noch größeren Raumdimensionen erscheint die geschilderte Mittelung in Hinblick auf eine einheitliche Beschreibung des Universums erfolgreich. Anders würde es auch kaum gelingen, mit Hilfe der aus unserer begrenzten Perspektive gewonnenen Daten die wesentlichen Eigenschaften und Parameter relevanter Weltmodelle festzulegen. Wenn man aber erst einmal ein einfaches Modell gefunden hat, das die großskaligen Eigenschaften des Universums vernünftig beschreibt, kann man hoffen, von diesem ausgehend auch Feinheiten wie z. B. die Formation von Galaxien beschreiben zu können.

Zu der Hypothese, daß unsere Position im Weltall bis auf Feinheiten der Struktur unserer Umgebung gleichwertig mit allen anderen Positionen ist, kommt noch hinzu, daß Beobachtungen keinen Anhalt für die Annahme bieten, irgendeine Richtung im Weltall könnte ausgezeichnet sein. Diese beiden Gesichtspunkte begründen das der modernen Kosmologie zugrunde liegende kosmologische Prinzip. Von diesem kursieren viele verschiedene Versionen. Wir werden uns in diesem Buch auf die folgenden zwei beziehen.

Kosmologisches Prinzip, 1. Version. *Auf hinreichend großer Skala sind die Eigenschaften des Universums ⟨unter gleichen Bedingungen⟩ für alle Beobachter gleich.*

(Der in spitze Klammern gesetzte Einschub ist ein Zusatz zu der üblichen Formulierung dieser Version.)

Kosmologisches Prinzip, 2. Version. *Es existieren Koordinatensysteme, in denen das – durch geeignete Mittelung geglättete – Universum aus Sicht von jedem seiner Punkte als räumlich homogen und isotrop erscheint.*[1]

Beide Versionen sind hier noch etwas vage, weil nicht genauer spezifiziert ist, was unter gleichen Bedingungen zu verstehen ist bzw. welche Koordinatensysteme gemeint sind. All das wird später bei der Anwendung nachgeholt. Die zweite Version ist, zumindest in Bezug auf die direkte Anwendung, etwas eingeschränkter als die erste, weil nur für spezielle Koordinatensysteme eine Aussage getroffen wird.

Das kosmologische Prinzip impliziert auch, daß überall im Universum dieselben Naturgesetze mit denselben Naturkonstanten gelten. Wenn das auch nach aller Erfahrung für das heutige Universum gilt, stellt sich doch die Frage, ob es schon immer so gewesen ist. Dies ist eine Fragestellung der *Kosmogonie* (Entstehung des Weltalls), zu der es ausführliche Untersuchungen gibt,[2] mit der wir uns aus Platzgründen jedoch nicht befassen können. Vielmehr werden wir uns ausschließlich mit Modellen beschäftigen, welche die durch das kosmologische Prinzip vorgegebenen Symmetrien besitzen. Über die oben geschilderte räumliche Allgemeingültigkeit der Naturgesetze hinausgehend werden wir annehmen, daß diese auch zeitunabhängig sind. Durch die geschilderten Erkenntnissen und Hypothesen ist auch schon vorgezeichnet, wie in den kosmologischen Modellen mit der im Weltall verteilte Materie umgegangen wird: Sie wird wie ein gleichmäßig in diesem verteiltes Gas behandelt, wobei ganze Galaxien die Rolle von Atomen bzw. Molekülen übernehmen.

Eine zweite, wichtige Grundlage der Kosmologie ist die aus der Beobachtung einer Fluchtbewegung weit entfernter Galaxien abgeleitete Hypothese, daß das Universum expandiert. Diese hat zur Folge, daß wir nicht in einem statischen, sondern einem dynamischen Universum leben. Die Dynamik der im Weltall verteilten Massen wird durch deren Wechselwirkungskräfte bestimmt, und da wir uns nur für die Dynamik in großen Dimensionen interessieren, kommen nur langreichweitige Wechselwirkungskräfte in Betracht. Die Kraft der schwachen Wechselwirkung und die Kernkräfte sind extrem kurzreichweitig, und die elektromagnetischen Kräfte werden durch die Tendenz von Materie zu Ladungsneutralität auf größere Distanzen vollständig abgeschirmt. Daher ist für die großen Entfernungen, mit denen wir es in der Kosmologie zu tun haben, nur die

---

1 „aus Sicht von" ist dabei als Einschränkung zu verstehen und bedeutet, daß Homogenität und Isotropie auf den Vergangenheitskegel des jeweiligen Punktes beschränkt sein können.

2 Siehe z. B. das in Fußnote 10 von Kapitel 8 angegebene Buch von S. Weinberg.

gravitative Wechselwirkungskraft von Bedeutung. Diese wird jedoch in den Dimensionen des Universums nur von der ART korrekt erfaßt, die daher die Grundgleichungen für alle kosmologischen Modelle liefert. Erst nachdem man für diese eine Fülle verschiedener Lösungen, insbesondere auch solcher mit einer Expansion des Weltalls, gefunden hatte, wurde entdeckt, daß man dieselben Gleichungen auch aus der Newtonschen Mechanik und Gravitationstheorie erhalten kann, wobei allerdings Interpretationsunterschiede bestehen. Dieser einfache, wenn auch nicht vollständige Zugang zur mathematischen Beschreibung kosmologischer Modelle erscheint wegen seiner Unkompliziertheit so attraktiv, daß wir uns zuerst mit ihm beschäftigen werden (Kapitel 15).

In diesem Kapitel werfen wir erst noch einen kurzen Blick auf die historische Entwicklung der Kosmologie und führen uns einige empirische Fakten über die Struktur des Universums vor Augen. In diesem Zusammenhang werden wir uns auch damit beschäftigen, wie man zu glaubwürdigen Aussagen über Objekte kommt, die extrem weit von uns entfernt sind. In Kapitel 16 werden wir uns ausführlich damit befassen, welche Metriken der Raum-Zeit mit dem kosmologischen Prinzip verträglich sind. Schon mit der Kenntnis der Form dieser Metriken lassen sich eine Reihe wichtiger und interessanter Aussagen statischer oder kinematischer Natur machen. Diese faßt man unter dem Obergriff *Kosmographie* zusammen, mit der wir uns in Kapitel 17 beschäftigen werden. Erst, wenn wir uns in Kapitel 19 der Dynamik des Kosmos zuwenden, müssen schließlich die Einsteinschen Feldgleichungen herangezogen werden. Hierbei werden einige einfache Tatsachen aus der allgemein relativistischen Hydrodynamik, Thermodynamik und Elektrodynamik benötigt, die in Kapitel 18 bereitgestellt werden. Nach einer Diskussion der Lösungen, deren Klassifizierung und einer Auswahl derjenigen Lösungen, die zur Beschreibung unseres Universums besonders geeignet erscheinen, werden wir uns in Kapitel 21 dessen Entstehung und Entwicklung zuwenden. Kapitel 22 befaßt sich mit Objekten, die nicht der kosmischen Expansion unterliegen. In Kapitel 23 beschäftigen wir uns ausführlich mit der inflationären Expansion des Universums in seiner Frühphase. Das letzte Kapitel, 24, ist schließlich einer Diskussion der kausalen Zusammenhänge bei der Entwicklung des Universums gewidmet.

14.1 Historischer Rückblick

Wenn wir hier einen kurzen und sehr unvollständigen Blick auf einige Marksteine in der historischen Entwicklung der Kosmologie werfen, soll das zum Teil unter dem Gesichtspunkt geschehen, schon etwas über unser Thema zu lernen. Ansonsten beschränken wir uns im wesentlichen auf die Angabe des Entdeckungsjahres von Ideen oder Fakten, die für das Weitere von Bedeutung sind. Für weitergehende historische Betrachtungen wird auf die Literatur verwiesen.[3]

Es ist anzunehmen, daß die in antiken Mythen zu findenden Geschichten um Erde, Sonne, Mond und Sterne ein Abbild der Vorstellungen sind, die sich die Menschen

3 Siehe z. B. O. Heckmann, *Sterne, Kosmos, Weltmodelle – Erlebte Astronomie*, Piper, 1976, oder J. D. North, *The Measure of the Universe. A History of Modern Cosmology*, Clarendon Press, Oxford, 1965.

in vor- und frühgeschichtlichen Zeiten über die Welt gemacht haben. Die Sonne als ein auf einem Wagen loderndes Feuer, der vom Sonnengott Helios mit einem Pferdegespann über das Himmelsgewölbe gezogen wird, und das Himmelsgewölbe als eine Kugel, die von dem Riesen Atlas auf den Schultern getragen wird, dem diese Aufgabe vorübergehend sogar von einem, wenn auch sehr starken, Mann, dem Menschen und Halbgott Herkules, abgenommen werden kann – sie sprechen von einem Bild des Universums, das sehr menschliche Dimensionen besitzt und nach heutigen Maßstäben geradezu winzig ist.

Im geschichtlichen Altertum gab es dann allerdings schon recht fortschrittliche Vorstellungen über die Welt, wobei häufige Wechsel zwischen dem geo- und heliozentrischen Standpunkt stattfanden. Pythagoras (580–500 v. Chr.) war die Kugelgestalt der Erde klar, er nahm an, daß diese rotiert und ein „Zentralfeuer" umkreist. Bei den „Sternen" hatte man zu seiner Zeit schon erkannt, daß sich einige (die Planeten) schneller bewegen als andere, und verknüpfte damit die Vorstellung, es würde sich um Lichter handeln, die an verschiedenen und unterschiedlich bewegten Kuppeln befestigt sind. Plato (427–367 v. Chr.) sah die Erde dagegen ruhen und nahm an, sie würde von der Sonne und den Planeten auf Kreisbahnen umlaufen. Für Aristarch von Samos (um 280 v. Chr.) war die Welt dann wieder heliozentrisch. Er nahm an, daß sowohl die Erde als auch die Planeten um die Sonne kreisen, daß diese viel größer als die Erde ist, und daß die Sterne sehr weit von uns entfernt sind. Erathostenes von Cyrene, Vorsteher der Bibliothek von Alexandria, bestimmte um 240 v. Chr. den Erdumfang aus Unterschieden im Schattenwurf der Mittagssonne an Orten verschiedener geographischer Breite und aus deren Abstand zu rund 40 000 km. Etwa 150 Jahre v. Chr. verfaßte Hipparchos von Nikia einen sehr präzisen Sternkatalog, der noch bis ins 16. Jahrhundert n. Chr. benutzt wurde. Als Entfernung des Mondes von der Erde gab er 30 Erddurchmesser an, was unter Zugrundelegung des von Erathostenes angegebenen Erdumfangs zu dem hervorragend genauen Wert von 380 000 km führt. Um 150 n. Chr. verfaßte Ptolemäus in Alexandria ein stark von aristotelischen Denkweisen geprägtes Handbuch der Astronomie in 13 Bänden, das weitgehend auf den Beobachtungen des Hipparch beruhte und später unter dem arabischen Namen *Almagest* bekannt wurde. Dabei kehrte er wieder zum geozentrischen Weltbild zurück und gab für den Erdumfang nurmehr 30 000 km an. (Diese Fehlberechnung führte angeblich noch 1496 n. Chr. dazu, daß Columbus bei seinem Versuch, Indien auf dem Westweg zu erreichen, die Entfernung unterschätzte und sein Ziel nicht erreichte, aber stattdessen Amerika entdeckte.)

Bis zum Mittelalter gab es dann keine wesentliche Weiterentwicklung mehr, die Erde wurde wieder zum Nabel der Welt, alles Wissen erstarrte in der Lehre des Aristoteles, und fortschrittlichere Erkenntnisse anderer gerieten in Vergessenheit. Die Gründe dafür waren übergroße Autoritätsgläubigkeit (Aristoteles!), der restriktive Einfluß der Kirche, vor allem aber, daß es noch keine geeigneten Beobachtungs- und Meßinstrumente gab.

Um 1440 äußerte Nikolaus von Cusa, das Weltall sei unendlich und bei den Sternen handle es sich um von Planeten umgebene Sonnen – er wurde als Phantast abgetan.

N. Copernicus (1473–1543) rückte die Sonne wieder ins Zentrum der Welt. Allerdings waren auch für ihn die Sterne an einer Kristallkugel befestigt, in deren Zentrum die Sonne steht.

1519 machte Magellan als erster Europäer auf die heute nach ihm benannte große

Magellansche Wolke, eine Zwerggalaxie nahe der Milchstraße, aufmerksam. Vor ihm (etwa 964) war sie schon von dem persischen Astronomen Abt Al-Rahman Al Sufi entdeckt worden, und 1504 wurde sie in einem Reisebericht von Amerigo Vespucci erwähnt.

1576 brachte Th. Digges (erneut) die Idee eines unendlichen Kosmos auf, in welchem gleichmäßig unendlich viele Sterne verteilt sind. Als Zentrum dieses Universums sah er aber noch die Sonne. G. Bruno hatte im wesentlichen dieselben Vorstellungen, betrachtete die Sonne aber schon als einen unter vielen Sternen.

1609 gab J. Kepler seine Planetengesetze bekannt. Auf diese schloß er aufgrund (für damalige Verhältnisse) sehr genauer Messungen der Planetenbahnen durch den dänischen Astronomen Tycho Brahe, dessen Assistent er kurz vor dessen Tod geworden war. Noch im selben Jahr erfand G. Galilei das Fernrohr (etwa zeitgleich mit dem holländischen Brillenschleifer J. Lipperhey) und entdeckte damit auf dem Mond Gebirge, den Saturnring, die Jupitermonde und Sonnenflecken.

1690 leitete Sir I. Newton die Planetengesetze aus seinen Bewegungsgleichungen und dem von ihm entdeckten Gravitationsgesetz ab. Damit wurde auch klar, daß kein Unterschied zwischen himmlischer und irdischer Materie besteht und daß überall dieselben physikalischen Gesetze gelten.

1692 führte Newton zugunsten des Modells eines unendlichen und gleichmäßig mit Sternen gefüllten Universums an, daß ein endliches Universum in sein Zentrum zusammenstürzen müsse. Die in einem unendlichen Universum verteilte Materie könne sich dagegen in vielen Zentren ansammeln, was bedeuten würde, daß die Sterne entstanden sind und nicht schon immer da waren (Beginn einer Evolutionstheorie!). Offensichtlich dachte Newton, daß sich ein gleichmäßig mit unendlich vielen Sternen bestücktes Universum im Gleichgewicht befände, wobei er angenommen haben mag, daß sich bei jedem herausgegriffenen Stern die Kraftwirkungen aller übrigen Sterne aus Symmetriegründen gegenseitig wegheben. Wie wir gleich sehen werden, ist das jedoch nicht der Fall. Dagegen kann der von Newton befürchtete Kollaps eines endlichen Universums zum einen durch die Annahme einer Rotation vermieden werden, zum anderen aber auch dadurch, daß man einen **Urknall**[4] (engl. big bang) annimmt, bei dem die Massen des Universums auseinanderfliegen und durch die wechselseitige Gravitation allmählich abgebremst werden. (Bei hinreichend kleiner Anfangsfluchtgeschwindigkeit kann das Universum allerdings später wieder zusammenstürzen.)

Um zu verstehen, warum ein unendlich ausgedehntes Universum mit unendlich vielen, gleichmäßig verteilten Sternen nach der Newtonschen Theorie nicht stationär sein kann, greifen wir aus diesem eine große Kugel heraus, die sehr viele Sterne enthält. In ihr heben sich nach der Newtonschen Gravitationstheorie die Gravitationswirkungen aller außerhalb befindlichen Sterne gegenseitig weg, so daß auf die in ihr befindlichen Sterne nur deren wechselseitigen Anziehungskräfte wirken. Diese führen aber offensichtlich zu einem Gravitationskollaps im Zentrum der Kugel. Der letztere ließe sich nur durch eine Abwandlung des Gravitationsgesetzes $\Delta\Phi = 4\pi G\varrho$ vermeiden, z. B. dergestalt, daß durch die außerhalb der Kugel befindlichen Sterne eine Gravitationskraft ausgeübt wird, welche die gegenseitige Anziehung der Sterne in der Kugel gerade kompen-

4 Der Begriff Urknall wurde von Fred Hoyle eingeführt, der ein Gegner der Urknalltheorie war und den Begriff ironisch benutzte.

siert. Zu diesem Zweck wurde 1896 von C.G. Neumann der Ansatz $\Phi \sim \exp(-\sqrt{\lambda}\, r)/r$ für das Gravitationspotential einer Punktmasse vorgeschlagen. Dasselbe bewirkt die von Einstein zur Ermöglichung eines statischen Universums eingeführte kosmologische Konstante Λ.

Um 1700 wurde man sich in etwa über die Größe des Sonnensystems klar und berechnete den Durchmesser der Erdumlaufbahn zu etwa 300 Mio km. Newton hatte auch schon die richtige Vorstellung von der enormen Entfernung der Sterne und schätzte ab, daß der nächste Nachbarstern der Sonne von uns mindestens 100 000 mal weiter als diese entfernt sein müsse (die richtige Zahl ist 270 000).

1718 entdeckte der englische Astronom E. Halley, daß sich drei der hellsten Sterne nicht mehr auf den in der Antike angegebenen Positionen befanden. Damit wurde klar, daß die Sterne nicht am Himmel „fixiert" sind, sondern sich bewegen. (Allerdings wurde die Auffassung, daß die Sterne an einem Himmelsgewölbe befestigte leuchtende Objekte seien, noch bis um etwa 1800 weitgehend akzeptiert.) Durch seine korrekte Vorhersage der Wiederkehr des heute nach ihm benannten Halleyschen Kometen im Jahre 1758 verhalf Halley der Newtonschen Theorie, aus der er seine Vorhersage abgeleitet hatte, zu besonderer Anerkennung.

1744 diskutierte der Schweizer Astronom J. P. L. de Chesaux ein vor ihm bereits von Halley erwähntes Paradoxon, das wahrscheinlich auch Kepler schon kannte. Es wurde später (1826) noch einmal unabhängig davon und präziser von dem Bremer Arzt H. W. M. Olbers formuliert und wird heute nach diesem benannt.

Das **Olberssche Paradoxon** besagt, daß der Nachthimmel in einem unendlich ausgedehnten und gleichmäßig mit Sternen bestückten statischen Universum gleißend hell sein müßte. Um das zu verstehen, betrachten wir die Lichtintensität, die von den Sternen eines solchen Universums am Ort eines Beobachters auf der Erde hervorgerufen wird. Zur Vereinfachung nehmen wir an, daß alle Sterne dieselbe *Luminosität* L (= *absolute Leuchtkraft* = gesamte abgestrahlte Leistung) besitzen, für die wir den über viele Sterne gebildeten Mittelwert einsetzen können. Wenn sich ein Stern im Abstand r vom Beobachtungsort befindet, ist der an diesem gemessene *Strahlungsstrom* (bei Vernachlässigung von Absorptionsprozessen)

$$\ell = \frac{L}{4\pi r^2}\,. \tag{14.1}$$

ℓ wird auch als *scheinbare Luminosität* oder *Flußdichte* bezeichnet und ist definiert als Strahlungsleistung pro Fläche, die am Beobachtungsort durch eine senkrecht zur Sichtlinie verlaufende Fläche hindurchgeht. In einer Kugelschale der Dicke dr im Abstand r vom Beobachter befinden sich $4\pi n\, r^2 dr$ Sterne (n = mittlere Sterndichte) und erzeugen am Beobachtungsort den Strahlungsstrom $\ell\, 4\pi n\, r^2 dr$. Die gesamte Flußdichte des Universums am Beobachtungsort scheint daher den Wert $\ell_{\text{tot}} = Ln \int_0^\infty dr = \infty$ zu besitzen, was keinen Sinn ergibt. Chesaux und Olbers nahmen zur Auflösung des Paradoxons an, daß ein interstellares Medium den größten Teil der Strahlung absorbiert. Das ist aber nicht richtig, denn in einem statischen Universum wäre das interstellare Medium durch die Strahlung so stark aufgeheizt, daß es genauso viel Strahlung abgäbe, wie es absorbiert. Tatsächlich wird allerdings ein großer Teil der Strahlung der weiter entfernten von davorstehenden Sternen absorbiert. Doch auch dieses Argument hilft nicht entscheidend weiter, denn in einem unendlich ausgedehnten Universum mit unendlich vielen Sternen

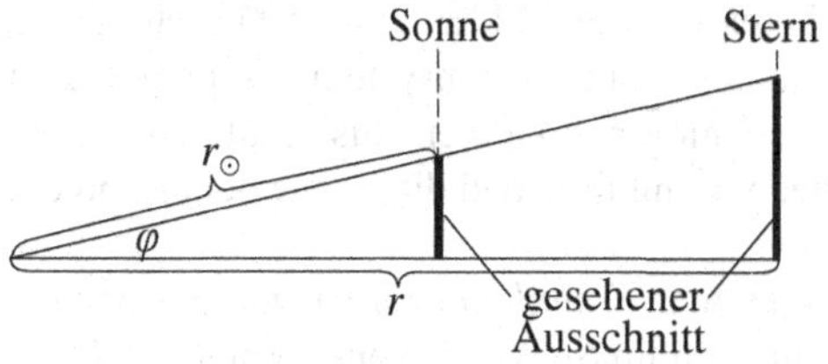

Abb. 14.1: Zum Olbersschen Paradoxon. Das von der Sonne kommende Licht ist zwar um den Faktor $r^2/r_\odot^2$ intensiver, dafür kommt aber das unter dem Winkel φ gesehene Licht aus einem gegenüber dem Stern um den Faktor $r_\odot^2/r^2$ reduzierten Ausschnitt der als Scheibe behandelten Oberfläche.

endet der Blick des Beobachters in jeder Richtung schließlich in irgendeiner Entfernung auf der Oberfläche eines Sterns. Unter der Annahme gleicher absoluter Helligkeit aller Sterne sieht er dann aus dieser Richtung dieselbe Intensität wie von der Sonne kommen. Der Nachthimmel ist damit zwar nicht mehr unendlich hell, aber immer noch so gleißend wie die Sonne. Um das einzusehen, betrachten wir das aus einem sehr kleinen Raumwinkel φ kommende Licht (Abb. 14.1): Dessen Intensität ist zwar um den Faktor $r_\odot^2/r^2$ schwächer als die des Sonnenlichts ($r_\odot$ = Abstand Erde-Sonne), aber dafür kommt in ihm das Licht eines um den Faktor $r^2/r_\odot^2$ größeren Ausschnitts der Sternoberfläche an. Zur richtigen Auflösung des Paradoxons tragen folgende Effekte bei:

1. In einem Urknalluniversum wird die Erde zum heutigen Zeitpunkt nicht vom Licht sämtlicher, sondern nur vom Licht derjenigen Sterne erreicht, deren Entfernung nicht größer ist als der maximale Laufweg, den Licht seit Bestehen des Universums zurücklegen konnte.
2. Die durch die Expansion des Universums bewirkte Rotverschiebung des Sternenlichts reduziert die Energie $E = h\nu$ der einzelnen Lichtquanten.
3. Jeder Stern hat nur einen endlichen Brennstoffvorrat für die in ihm ablaufenden Kernfusionsreaktionen und verlöscht, nachdem dieser verbraucht ist. Der Blick des Beobachters endet daher in vielen Richtungen auf bereits erloschenen Sternen. (Dieser Effekt ist von den dreien der wirksamste.)

1750 beschrieb Th. Wright die Milchstraße als ein System von Sternen, die im wesentlichen in einer Ebene um ein gemeinsames Zentrum rotieren.

1755 veröffentlichte Kant eine „Naturgeschichte und Theorie des Himmels“, in der er die flache Scheibenform der Milchstraße richtig erklärte und elliptische Nebel nicht, wie damals üblich, als Gaswolken innerhalb der Milchstraße deutete, sondern als von der Seite betrachtete Scheibengalaxien weit außerhalb von dieser. In der Vorstellung, daß es außer der Milchstraße noch andere „Weltinseln“ geben müsse, wurde er auch von H. Lambert unterstützt.

1783 wies J. Michell darauf hin, daß von hinreichend dichten Sternen mit Einschluß von Licht nichts mehr entkommen könne. Dieselbe Entdeckung „schwarzer Löcher“ aufgrund klassischer Vorstellungen und der damals üblichen Korpuskulartheorie des Lichts wurde auch von P. S. de Laplace gemacht, der 1796 schrieb: „Ein leuchtender Stern von der Dichte der Sonne, dessen Durchmesser 250 mal größer wäre, würde infolge seiner Anziehung keinem seiner Lichtstrahlen erlauben, uns zu erreichen. Es wäre aus diesem Grund möglich, daß die größten Körper im Weltall unsichtbar sind."

1785 durchsuchte Sir W. Herschel mit einem (von Newton erfundenen) Reflektorteleskop die Milchstraße, wies mit diesen Untersuchungen deren Scheibenform auch praktisch nach und bestimmte ihren Durchmesser (viel zu klein) zu 7500 Lichtjahren. Die Mitte dieser Scheibe fiel nicht mehr ganz mit dem Sonnensystem zusammen, aber dadurch, daß Herschel mit seinen Messungen nur einen kleinen Ausschnitt der Milchstraße in unserer Nachbarschaft erfaßt hatte, entging ihm, daß die Sonne dem Rand der Milchstraße näher ist als deren Zentrum.

1814 fand J. Fraunhofer die nach ihm benannten *Fraunhofer-Linien* im Sonnenspektrum, und 1823 entdeckte er ähnliche Linien auch im Spektrum von Sternen.

1838 sichtete der deutsche Mathematiker und Astronom F. W. Bessel einen der uns nächsten Sterne, 61 Cygni (11 Lichtjahre entfernt). Kurz darauf wurde auch unser unmittelbarer Nachbarstern *Proxima Centauri* (4,2 Lichtjahre entfernt, auch Alpha Centauri C genannt) aufgespürt.

1842 entdeckte Chr. Doppler den heute nach ihm benannten *Doppler-Effekt*. Dieser spielt eine fundamentale Rolle bei der Deutung der Sternspektren und kann zur Bestimmung der Geschwindigkeit von Sternen, der Rotation von Galaxien und zur Messung von deren Fluchtgeschwindigkeiten benutzt werden.

Das Jahr 1859 wird oft als Geburtsjahr der Astrophysik bezeichnet. In ihm begründeten R. Bunsen und G. Kirchhoff die Spektralanalyse und konnten damit die Fraunhofer-Linien deuten. Erst durch diese erhalten wir wesentliche Informationen über die materielle Zusammensetzung der Bausteine des Universums.

1912 und in den darauf folgenden Jahren entdeckte und untersuchte V. M. Slipher die systematische Rotverschiebung des Lichts ferner Galaxien. Ebenfalls 1912 fand die Astronomin H. S. Leavitt die Periode-Leuchtkraft-Beziehung veränderlicher Sterne bei den δ-Cepheiden (Zusammenhang zwischen der Periode von Lichtschwankung und der Leuchtkraft: Je heller der Stern, um so langsamer pulsiert sein Licht). Diese spielt eine wichtige Rolle bei der Bestimmung mittlerer kosmischer Distanzen. Mit ihr wurde auch entdeckt, daß sich die Magellansche Wolke außerhalb der Milchstraße befindet und eine eigenständige Galaxie bildet. Aber noch um 1920 kannte man außer der Milchstraße nur zwei weitere Galaxien.

1913 legten E. Hertzsprung und H. N. Russel mit ihrem *Hertzsprung-Russel-Diagramm* die Grundlage zu einer genaueren Entfernungsbestimmung der Sterne aufgrund von deren scheinbarer Helligkeit.

1915 stellte A. Einstein die Grundgleichungen der ART auf und legte damit den Grundstein zur modernen theoretischen Kosmologie. 1917 leitete er aus diesen unter Hinzufügen des kosmologischen Terms die Lösung für ein statisches Universum ab. 1931 distanzierte er sich allerdings vom kosmologischen Glied und bezeichnete es als „die größte Eselei" seines Lebens.

Erst 1919 wurde durch Messungen von H. Shapley klar, daß sich das Sonnensystem weit weg vom Zentrum der Milchstraße etwa bei zwei Dritteln des galaktischen Radius befindet.

1922 leitete der russische Mathematiker und Physiker A. Friedmann aus den Einsteinschen Feldgleichungen die heute nach ihm benannte Friedmann-Gleichung für ein dynamisches Universum ab und untersuchte als erster das Modell eines expandierenden Weltalls mit endlicher Vergangenheit.

1925 entdeckte E. Hubble mit Hilfe des 1918 auf dem Mount Wilson installierten 2,5 m Teleskops die δ-Cepheiden im Andromeda-Nebel und konnte damit dessen extragalaktische Entfernung nachweisen. In den Folgejahren untersuchte er die Rotverschiebung immer weiter entfernter Galaxien, bis er 1929 sein berühmtes Expansionsgesetz

$$\boldsymbol{v} = H\boldsymbol{r} \tag{14.2}$$

formulierte ($\boldsymbol{v}$ = Fluchtgeschwindigkeit der Galaxie, $\boldsymbol{r}$ = der zu dieser führende Radiusvektor), nach dem sich alle Galaxien mit einer Geschwindigkeit von uns fortbewegen, die proportional zu ihrer Entfernung ist. (Vor ihm hatte schon C. Wirtz im Jahre 1924 eine systematische Zunahme der Rotverschiebung mit der Entfernung festgestellt.) Für die nach ihm benannte *Hubble-Konstante H* fand er den – heute allerdings als viel zu hoch angesehenen – Wert $H = 540\ \mathrm{km\,s^{-1}/Mpc}$.[5] Die Expansion des Weltalls legt die Existenz eines Anfangszeitpunkts nahe, zu dem die Expansion des Weltalls explosionsartig begonnen hat, denn es muß angenommen werden, daß die Geschwindigkeit der Expansion allmählich durch Gravitation abgebremst wurde.

1934 formulierten E. A. Milne und W. H. McCrea eine Newtonsche Theorie des Universums, aus der sich dieselben Gleichungen ergeben, die Friedmann aus der ART abgeleitet hatte.

1935 formulierte Milne das kosmologische Prinzip.

1935–36 leiteten H. Robertson und A. Walker die nach ihnen benannte *Robertson-Walter-Metrik* aus dem kosmologischen Prinzip ab. Dabei handelt es sich um drei Klassen von Metriken, die als einzige mit dem kosmologischen Prinzip verträglich sind und die Grundlage für unsere Behandlung der Dynamik des Universums bilden werden.

1946–1949 erarbeitete G. Gamow mit seinen Mitarbeitern R. Alpher und R. Herman eine Theorie des Urknalls und der darauf folgenden Elementsynthese. Sie schlossen aus dieser Theorie auf die Existenz einer ursprünglich sehr heißen Mikrowellen-Hintergrundstrahlung, für deren heutige Temperatur sie 5 K berechneten. Da sie aber Zweifel äußerten, ob diese Strahlung bis heute überleben konnte, wurde diese Vorhersage vergessen.

1952 wurde von W. Baade gezeigt, daß die Milchstraße eine ganz durchschnittliche Galaxie ist und keine zentrale Position einnimmt. Dies bedeutete den endgültigen Abschied von einem anthropozentrischen Weltbild.

1964 entdeckten A. A. Penzias und R. W. Wilson bei der Untersuchung des Rauschuntergrundes einer Antenne für den Empfang von Satellitensignalen durch Zufall eine Strahlung, die sie zuerst für einen „Dreckeffekt“ hielten. (Sie wählten für ihre Untersuchungen ein vermeintlich ruhiges Fenster des Spektralbereichs zwischen der Synchrotronstrahlung aus unserer Galaxis und Strahlung kürzerer Wellenlänge aus der Erdatmosphäre und trafen damit gerade das Gebiet der kosmischen Hintergrundstrahlung – siehe Abb. 18.1.) Kurz nach ihrer Publikation (1965) wurde diese von R. Dicke und Mitarbeitern als Rest der im Urknall erzeugten Schwarzkörper-Strahlung identifiziert, womit die Richtigkeit der Ideen von Gamov und Mitarbeitern bestätigt wurde. Als Temperatur dieser thermischen Gleichgewichtsstrahlung wird heute 2,7 K angenommen. Deren hochgradige Isotropie ist eine starke Stütze für das kosmologische Prinzip, wobei sogar

---

5 $1\ \mathrm{pc} = 3 \cdot 10^{16}\ \mathrm{m}$ = 3,26 Lichtjahre.

gerade die Hochgradigkeit gewisse Deutungsschwierigkeiten bereitet hat.

1962/63 wurden von M. Schmidt die Quasare (Abkürzung für Quasistellar Radio Source) entdeckt. Dabei handelt es sich um sehr weit entfernte Galaxien (Rotverschiebung bis über den Faktor 3) mit extrem hoher Leuchtkraft (100–1000 faches der Leuchtkraft durchschnittlicher Galaxien im optischen und Radiofrequenz-Bereich), von denen nur die weißen Zwerge sichtbar und die nur schwer von Sternen unterscheidbar sind.

1960–2010. Für die Kosmogenese, insbesondere die Frühphase des Universums kurz nach dem Urknall, spielen die in den letzten 50 Jahren gemachten Entdeckungen der Elementarteilchenphysik eine entscheidende Rolle, denn in dieser Phase standen auf natürliche Weise Energien einer Größenordnung und Konzentration zur Verfügung, wie sie nur in den größten Beschleunigern erzeugt werden können, und noch weit darüber.

1981 stellte A. H. Guth die Hypothese einer **inflationären Expansion** auf, welche die Anfangsphase des Urknalls, also den eigentlichen „Knall", ersetzt und eine Erklärung für eine Reihe bis dahin ungelöste Probleme der Kosmologie liefert.

1998 wurde durch Beobachtungen an weit entfernten Supernovae vom Typ Ia[6] festgestellt, daß etwa seit der Hälfte der vom Urknall bis heute vergangenen Zeit eine beschleunigte Expansion des Universums stattfindet.

Unser kurzer historischer Überblick läßt erkennen, daß die physikalische Expansion des Universums eine historische Parallele besitzt: Das Bild vom Weltall im Bewußtsein des Menschen wurde innerhalb von 2500 Jahren kosmologischer Theorie und Forschung immer ausgedehnter, wobei man im 20. Jahrhundert von einem geradezu inflationären Wachstum sprechen kann.

14.2 Zur empirischen Struktur des Universums

Wir wollen uns hier nur einen kurzen und mehr qualitativen Überblick darüber verschaffen, was wir aufgrund von Messungen über die im Weltall befindliche Materie und Strahlung wissen[7] und welche Schlußfolgerungen wir daraus über dessen Struktur, Dynamik und Vergangenheit ziehen können. Dabei erwarten wir natürlich eine Bestätigung des kosmologischen Prinzips.

Da wir es im folgenden viel mit Entfernungen zu tun haben, werden hier zunächst einige Maßeinheiten und typische Entfernungen angegeben. Legen wir die Lichtgeschwindigkeit $c = 2{,}998 \cdot 10^8\ \mathrm{m/s}$ zugrunde, so benutzt man zur Entfernungsangabe

$$
\begin{aligned}
&1\ \text{Lichtsekunde (Ls)} &&= 2{,}998 \cdot 10^{8}\,\mathrm{m}\,, \\
&1\ \text{Lichtminute (L min)} &&= 1{,}799 \cdot 10^{10}\,\mathrm{m}\,, \\
&1\ \text{Lichtjahr (Lj)} &&= 0{,}946 \cdot 10^{16}\,\mathrm{m} &&= 0{,}31\ \mathrm{pc}\,, \\
&1\ \text{Parsec (pc)} &&= 3{,}086 \cdot 10^{16}\,\mathrm{m} &&= 3{,}26\ \mathrm{Lj}\,.
\end{aligned}
$$

6 Diese entstehen aus Doppelsternsystemen, die aus einem weißen Zwerg und einem roten Riesen bestehen. Der weiße Zwerg zieht von seinem Begleiter solange Masse ab, bis er zu kollabieren beginnt. Der Kollaps zum Neutronenstern wird jedoch durch eine rapide einsetzende Kernfusion von Kohlenstoff verhindert, die den weißen Zwerg explodieren läßt.

7 Für eine sehr viel ausführlichere Darstellung siehe z. B. A. Unsöld, B. Baschek: *Der Neue Kosmos*, Springer, Berlin, Heidelberg, 1988.

Erdradius	$=$	6 370 km	$=$	0,02 Ls,
Mittlere Entfernung Erde–Mond	$=$	384 000 km	$=$	1,28 Ls,
Sonnendurchmesser	$=$	696 000 km	$=$	2,32 Ls,
Mittlere Entfernung Erde–Sonne	$=$	$0,15 \cdot 10^9$ km	$=$	8,3 L min,
Entfernung des nächsten Sterns (Alpha Centauri)	$\approx$	4 Lj	$\approx$	1,2 pc,
Durchmesser der Milchstraße	$\approx$	10^5 Lj	$\approx$	$3 \cdot 10^4$ pc,
Entfernung der nächsten Galaxie (Magellansche Wolke)	$\approx$	$2 \cdot 10^6$ Lj	$\approx$	$6 \cdot 10^5$ pc,
Durchmesser eines Galaxienhaufens	$\approx$	$3{-}16 \cdot 10^6$ Lj	$\approx$	$1{-}5 \cdot 10^6$ pc,
Durchmesser eines Galaxiensuperhaufens	$\approx$	$16 \cdot 10^7$ Lj	$\approx$	$5 \cdot 10^7$ pc,
Durchmesser großer Hohlräume	$\approx$	$16 \cdot 10^7$ Lj	$\approx$	$5 \cdot 10^7$ pc,
Abstand vom Rand des beobachtbaren Universums (siehe auch Tabelle 20.4)	$\approx$	$47,5 \cdot 10^9$ Lj	$\approx$	$7,3 \cdot 10^9$ pc.

Tabelle 14.1: Typische Entfernungen.

Dabei ist 1 Parsec (Abkürzung aus Parallaxe und Sekunde) die Entfernung eines Sterns, von dem aus gesehen der Radius der Erdbahn um die Sonne unter dem Winkel $1''$ erscheint. Typische Entfernungen sind in Tabelle 14.1 angegeben.

Mit dem bloßen Auge kann man etwa 7000 Sterne erkennen. Unsere Milchstraße enthält etwa $2 \cdot 10^{11}$ (200 Milliarden) Sterne, was etwa der Zahl von Sternen in typischen Galaxien entspricht. Der mittlere Abstand der Sterne in ihr beträgt etwa 10 Lj. Der typische Durchmesser von Galaxien ist $3 \cdot 10^4$ Lj, der typische Abstand zwischen Galaxien $3 \cdot 10^6$ Lj. Die Zahl aller sichtbaren Galaxien beträgt etwa 10^{11} (100 Milliarden). Auch Galaxien sind nicht gleichmäßig verteilt, sondern treten in *Gruppen* (zwei bis einige zig Galaxien) oder *Haufen* (bis zu 10 000 Galaxien) auf. Galaxienhaufen finden sich zu gravitativ gebundenen *Superhaufen* mit Durchmessern bis zu $3 \cdot 10^8$ Lj zusammen, die durch fast ebenso große Lücken („voids“) getrennt sein können. Diese bilden wie die Hohlräume eines Schwamms eine Art *Blasenstruktur*, in deren „Trennwällen“ sich die Galaxien befinden.

Galaxien bilden die „Atome“ des Gases, dessen globale Struktur und Dynamik in der Kosmologie untersucht wird. (Dabei sei schon hier angemerkt, daß diese „Atome“ die Expansion des Weltalls nicht mit vollziehen – siehe Kapitel 22). An dieser Stelle sei nur darauf hingewiesen, daß die Expansion gar nicht festgestellt werden könnte, wenn sie alle Objekte im Weltall, also Atomkerne, Atome, Moleküle, mesoskopische Objekte wie z. B. Maßstäbe, Sterne, Galaxien und schließlich das ganze Weltall in gleichem Maße beträfe.) Als eine sehr wichtige Größe wird sich die Massendichte dieses Gases herausstellen. Zu ihrer Bestimmung muß man die mittlere Masse der einzelnen Gaselemente und die Dichte ihrer Verteilung kennen.

An einem einfachen Beispiel sei demonstriert, wie man auf die Masse einer Galaxie schließen kann. Wir betrachten dazu eine Spiralgalaxie, deren Massen sich annähernd auf Kreisen um ein Zentrum bewegen. Bei der Kreisbewegung halten sich die gravitative Anziehung in Richtung Zentrum und die entgegengerichtete Zentrifugalkraft das Gleichgewicht. Am Rand der Scheibe gilt dann $\Delta m\, v^2/r \approx G\,\Delta m M_{\mathrm{G}}/r^2$ oder

$$M_{\mathrm{G}} \approx r v^2/G\,,$$

wobei M_{G} die Gesamtmasse der Galaxie und Δm die Masse eines rotierenden Massenelements ist. M_{G} enthält dabei außer der leuchtenden Masse von Sternen auch noch unsichtbare Massen wie Staub, bereits erkaltete Sterne, evtl. schwarze Löcher und anderes. Mißt man v und r, so kann M_{G} berechnet werden. Für die Masse andersartiger Galaxien, z. B. elliptischer, gibt es ebenfalls Berechnungsmethoden, die z. B. den Virialsatz der Mechanik benutzen und zu einem ähnlichen Ergebnis führen. Als typische Masse von Galaxien findet man $M_{\mathrm{G}} \approx 10^{11}\mathrm{M}_{\odot}$.

Zur Bestimmung der Massendichte der Galaxien benötigt man noch deren Anzahldichte n_{G}, die wir in grober Näherung auf folgende Weise erhalten: Zur Vereinfachung nehmen wir wieder an, daß sämtliche Galaxien dieselbe absolute Leuchtkraft L besitzen. Dann dürfen alle Galaxien, die am Beobachtungsort Erde eine Flußdichte $\ell \geq \ell_*$ erzeugen, von diesem nach (14.1) höchstens den Abstand $r_* = [L/(4\pi\ell_*)]^{1/2}$ besitzen und müssen sich daher in einer Kugel vom Radius r_* befinden, in deren Zentrum der Beobachtungsort liegt. Ihre Anzahl ist

$$N_{\mathrm{G}}(\ell_*) = n_{\mathrm{G}}\,\frac{4\pi r_*^3}{3} = \frac{n_{\mathrm{G}} L^{3/2}}{3\sqrt{4\pi}}\,\ell_*^{-3/2} \tag{14.3}$$

und kann empirisch bestimmt werden. Da L bekannt ist und ℓ_* vorgegeben wird, kann n_{G} aus (14.3) berechnet werden, und damit erhält man auch $\varrho_{\mathrm{G}} = n_{\mathrm{G}} M_{\mathrm{G}}$. Zu einer genaueren Dichtebestimmung muß (14.1) relativistisch korrigiert werden; außerdem muß man berücksichtigen, daß Galaxien unterschiedliche Leuchtkraft besitzen. Auf diese Weise findet man den Wert

$$\varrho_{\mathrm{G}} \approx 1{,}5 \cdot 10^{-28}\,\frac{\mathrm{kg}}{\mathrm{m}^3}\left(\frac{H_0}{70\,\mathrm{km\,s^{-1}/Mpc}}\right)^2,$$

wobei $70\,\mathrm{km\,s^{-1}/Mpc}$ ein plausibler Richtwert für die gegenwärtige **Hubble-Zahl** und H_0 deren wahrer Wert ist (wir bevorzugen das Wort Hubble-Zahl anstelle von Hubble-Konstante, da es sich um eine zeitlich veränderliche Größe handelt).

Galaxien machen nicht die Gesamtmasse des Weltalls aus, zwischen ihnen können sich noch Wolken aus Staub, Wasserstoff u. ä. befinden. Außerdem gibt es im Universum auch noch sehr viele Neutrinos, von denen lange nicht klar war, ob sie eine Ruhemasse besitzen. Diese Frage ist heute in positivem Sinne entschieden, allerdings werden wir den Beitrag der Neutrinos zur Massendichte meist vernachlässigen. Weiterhin könnten im Kosmos auch noch Gravitationswellen eine Rolle spielen, deren Energiedichte wegen $m = E/c^2$ einen Beitrag zur Massendichte liefern würde. Für das Auftreten größerer Mengen von Antimaterie im Universum gibt es keine Anhaltspunkte.

Wir werden später sehen, daß die mittlere Massendichte auch eine ganz entscheidende Rolle für die Topologie des Universums spielt: Ihr Wert entscheidet, ob das Universum eine positive, verschwindende oder negative Krümmung besitzt bzw. ob es offen oder geschlossen ist. Die kritische Dichte, bei welcher der Übergang von einem offenen

($\varrho < \varrho_{\text{krit}}$) zu einem geschlossenen Universum ($\varrho > \varrho_{\text{krit}}$) stattfindet, beträgt

$$\varrho_{\text{krit}} = 0{,}9 \cdot 10^{-26}\,\frac{\text{kg}}{\text{m}^3}\left(\frac{H_0}{70\,\text{km}\,\text{s}^{-1}/\text{Mpc}}\right)^2 .$$

Der für leuchtende Materie gemessene Wert von ϱ liegt etwa um den Faktor 50 unter dieser Grenze, was nicht besonders viel ist, wenn man bedenkt, daß im Prinzip jeder beliebige Wert in Frage käme. Er wird daher vielfach als nicht zufällig angesehen, und man hat versucht, seine Nähe zum kritischen Wert theoretisch zu erklären.

Wenden wir uns nun der Frage nach der Homogenität und Isotropie der Materieverteilung zu. Unsere Nachbargalaxien sind nicht homogen und isotrop um uns verteilt. Je weiter man jedoch ins Weltall hinausschaut und je mehr Galaxien man in die Betrachtung mit einbezieht, um so homogener und isotroper wird die Verteilung. Dabei ist Isotropie leichter festzustellen als Homogenität, da man zwar gleich gut in alle Richtungen schauen kann, bei der Überprüfung der Homogenität aber sehr weit entfernte Gebiete mit unserer Nachbarschaft vergleichen muß. Starke Stützen für die Annahme der Isotropie sind, daß man in allen Himmelsrichtungen die gleiche Verteilung von Fluchtgeschwindigkeiten feststellt. Weiterhin sind die fernen Galaxien, Quasare und die bei uns empfangenen Strahlungshintergründe (Infrarot, Radiowellen, Röntgenstrahlen) sehr isotrop verteilt. Die stärkste Stütze brachte die Entdeckung der Mikrowellen-Hintergrundstrahlung und deren geradezu verblüffende Isotropie. Nach Abzug des Effekts der Doppler-Verschiebung, die sich aus der Rotation der Erde um die Sonne, der Bewegung der Sonne um das Zentrum der Galaxis und dessen Bewegung im lokalen Haufen ergibt und sich in einer dipoalartigen Abweichung von einer isotropen Verteilung bemerkbar macht, betragen die relativen Schwankungen der in verschiedenen Richtungen gemessenen Strahlungstemperatur nur 10^{-4}. (Die kosmische Hintergrundstrahlung bildet ein Referenzsystem, dem gegenüber Bewegungen festgestellt werden können, und kann daher als eine Art „Äther" aufgefaßt werden, nach dem man zu Ende des 19. Jahrhunderts vergeblich gesucht hatte. Die Erde bewegt sich gegenüber diesem mit einer Geschwindigkeit von etwa 550 km/s.) Wenn wir die von unserer Position aus festgestellte Isotropie des Universums mit der Annahme kombinieren, daß unser Platz im Weltall nicht außergewöhnlich, sondern typisch ist, folgt daraus, daß dieses von überall aus unter gleichen Beobachtungsbedingungen gesehen isotrop erscheinen muß. Wie wir später erkennen werden, folgt daraus auch die Homogenität des Universums.

Man möchte den letzten Tatbestand auch gerne durch Messungen überprüfen. Dabei treten zwei Schwierigkeiten auf: Zum einen werden unsere Beobachtungen mit zunehmender Entfernung immer ungenauer, wobei gleichzeitig auch die Entfernungsbestimmung immer schwieriger und ungenauer wird. (Auf den letzten Punkt werden wir gleich zurückkommen). Zum anderen sehen wir beim Blick auf weit entfernte Galaxien nur, wie diese vor langer Zeit ausgesehen haben. Um Vergleiche mit unserer Galaxie anstellen zu können, bräuchte man daher verläßliche Modelle über die Evolution von Galaxien, ein Problem, das leider noch nicht vollständig verstanden ist. Wir hatten festgestellt, daß Homogenität erst bei der Mittelung über Superhaufen von Galaxien beobachtet wird, also über Gebiete von mehr als etwa $3 \cdot 10^8$ Lj Durchmesser, was mehr als ein Fünfzigstel vom heutigen Durchmesser des beobachtbaren Universums ausmacht. Der Vergleich von Gebieten dieser Größenordnung, der nur in unserer näheren Umgebung möglich ist, bestätigt einigermaßen die Annahme von Homogenität.

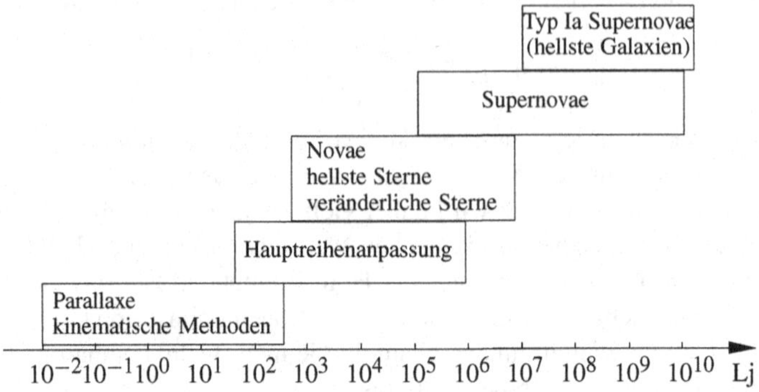

Abb. 14.2: Kosmische Entfernungsleiter.

Wenden wir uns jetzt den angesprochenen Schwierigkeiten bei der Entfernungsbestimmung zu. Zur Bestimmung immer weiterer Entfernungen müssen die Meßmethoden mehrfach gewechselt werden, so daß man von den **Stufen einer kosmischen Entfernungsleiter** spricht (Abb. 14.2). Die wichtigsten von diesen werden im folgenden kurz erläutert.

1. *Parallaxe und kinematische Methoden*: Bei nahen Entfernungen D mißt man die *Parallaxe*, d. h. den Maximalwert des halben Winkels, unter dem ein Stern von zwei gegenüberliegenden Punkten der Umlaufbahn der Erde um die Sonne (Radius r_{E}) aus gesehen erscheint. Wegen $r_{\mathrm{E}} \ll D$ gilt mit guter Näherung $D = r_{\mathrm{E}}/\psi$ (Abb. 14.3 (a)). Mit dieser Methode kommt man aber, begrenzt durch das Auflösungsvermögen der besten Teleskope, nur bis zu Entfernungen von etwa 100 pc und erfaßt dabei einige tausend Sterne unserer unmittelbaren Nachbarschaft in der Milchstraße. Auch aus den Geschwindigkeiten der Bewegung von Sternhaufen kann man deren Entfernung bestimmen.

2. Auf der zweiten Stufe der Leiter bestimmt man die Entfernung mit Hilfe des Zusammenhangs (14.1) zwischen der absoluten Leuchtkraft L eines Hauptreihensterns und der auf der Erde gemessenen Flußdichte ℓ. Dabei erhält man L aus dem bei nahen Sternen (Entfernungsbestimmung mit Hilfe kinematischer Methoden) gefundenen Zusammenhang zwischen der absoluten Leuchtkraft und der Oberflächentemperatur (genauer: dem Spektraltyp), der dem *Hertzsprung-Russel-Diagramm* (Abb. 14.3 (b)) entnommen werden kann. Mit dieser Methode kommt man bis zu Entfernungen von etwa $4 \cdot 10^4$ pc.

3. Entfernungen bis zu etwa 10^7 pc kann man bei *veränderlichen Sternen* (Cepheiden) aufgrund der Periode-Leuchtkraft-Beziehung messen. Aus der beobachteten Periode schließt man auf die absolute Leuchtkraft. Mit dieser Methode kommt man knapp aus unserer Galaxie heraus. Weiterhin können zur Entfernungsbestimmung bis etwa $3 \cdot 10^7$ pc *Novae* herangezogen werden, von denen es in jeder Galaxie pro Jahr etwa 40 gibt. Dabei handelt es sich um Doppelsternsysteme mit plötzlichen Helligkeitseruptionen, die dadurch zustandekommen, daß Materie von einem kühlen Hauptreihenstern auf einen massereichen weißen Zwerg überfließt. Hierdurch steigt die Helligkeit innerhalb weniger Tage um einen Faktor 10^4 bis 10^6 an, um daraufhin wieder mehr oder

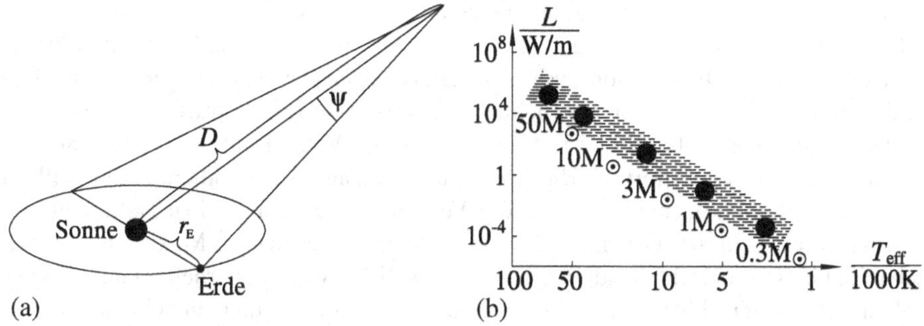

Abb. 14.3: (a) Parallaxen-Methode zur Entfernungsbestimmung von Sternen. (b) Hertzsprung-Russel-Diagramm (schematisch). Das eingezeichnete Band repräsentiert die Hauptreihe mit jungen Sternen der angegebenen Massen.

weniger schnell zurückzugehen. Die maximal erreichte Helligkeit $L_{\rm max}$ ist mit der Zeit korreliert, nach der die Nova um zwei Größenordnungen verblaßt. Nach Eichen dieser Beziehung an Novae bekannter Entfernung läßt sich der Abstand einer weit entfernten Nova durch die Messung ihrer maximalen Flußdichte $\ell_{\rm max}$ und der Geschwindigkeit ihres Verblassens bestimmen.

Bei den Galaxien unserer näheren Umgebung hat sich herausgestellt, daß es für die Helligkeit ihrer Sterne eine allen gemeinsame Maximalgrenze gibt, so daß man davon ausgehen kann, daß die hellsten Sterne in allen Galaxien dieselbe absolute Leuchtkraft besitzen. Diese besonders hellen Sterne können daher zur Entfernungsbestimmung von Galaxien herangezogen werden. Bei Entfernungen jenseits von etwa 10^7 pc wird es allerdings schwierig, Sterne von anderen Lichtquellen ähnlicher Helligkeit zu unterscheiden, so daß die Methode bei etwa $3 \cdot 10^7$ pc ihre Grenze findet.

4. Auch bei den *Supernovae* kommt es wie bei den Novae zu einem eruptiven Anwachsen der Helligkeit um viele Größenordnungen mit darauf folgendem Verblassen, wobei wieder eine zur Entfernungsbestimmung benutzbare Korellation zwischen der Geschwindigkeit des Verblassens und der vorher erreichten maximalen Helligkeit besteht, nur daß die letztere wesentlich größer ist als bei den Novae.

Von den Supernovae kennt man im wesentlichen zwei Typen: Beim Typ I fließt wie in den gewöhnlichen Novae in einem Doppelsternsystem Materie von einem kühlen Hauptreihenstern auf einen massereichen weißen Zwerg über, dessen Kern im wesentlichen aus Kohlenstoff und Sauerstoff besteht. Durch das Anwachsen des Kerns aufgrund von Wasserstoff- und Heliumverbrennung sowie den Zufluß an Masse vom Begleitstern wird schließlich eine Stabilitätsgrenze überschritten, die den Kern kollabieren läßt. Dabei kommt es zu einer explosiven Verbrennung des Kohlenstoffs, die den ganzen Stern zerreißt. Beim Typ II handelt es sich um ursprünglich schwerere Sterne, in deren Innerem sich nach Abschluß aller Kernfusionsprozesse durch gravitativen Kollaps ein Neutronenstern ausbildet. Bei diesem Prozeß entsteht eine nach außen laufende Stoßwelle, welche die Sternhülle und mit ihr einen Großteil der Masse des Sterns explosionsartig abstößt und den nackten Neutronenkern zurückläßt.

5. Zur Bestimmung der größten Entfernungen werden Supernovae vom Typ Ia (siehe

Abbschn. 20.3.4) oder ganze Galaxien herangezogen. Man nimmt an, daß es eine scharfe obere Grenze für die Leuchtkraft von Galaxien gibt, und daß diese in größeren Galaxienhaufen auch stets von einigen Galaxien erreicht wird. Auf dieser Annahme basierend bestimmt man erst zur Eichung die maximale Leuchtkraft von Galaxien in großen Haufen bereits bekannter Entfernung (z. B. im Virgo-Haufen). Zur Abstandsbestimmung eines weit entfernten Haufens genügt es dann, die Flußdichte ℓ der hellsten Galaxie im Haufen zu messen. Falls die Verteilung der galaktischen Helligkeiten in einem Haufen nicht, wie üblicherweise angenommen, jenseits ihres Maximums an einer scharfen Grenze abbricht, sondern einen „Maxwell-Schwanz" überheller Galaxien enthalten sollte, unterschätzt man die gemessenen Entfernungen, da man bei zunehmender Entfernung zur Messung immer größere Haufen heranzieht und die hellsten Galaxien in diesen immer heller würden. Ob es diesen 1957 in die Diskussion gebrachten, nach der Mathematikerin E.L. Scott benannten *Scott-Effekt* wirklich gibt, ist bis heute umstritten. Die Entfernungsbestimmung mit Hilfe hellster Galaxien ist heute allerdings von der mit Hilfe von Typ Ia Supernovae weitgehend verdrängt worden.

Die fünf angegebenen Stufen der kosmischen Entfernungsleiter sind wirklich Stufen in dem Sinn, daß jede von ihnen durch die darunterliegenden Stufen abgesichert wird: In jeder wird die Meßmethode durch Anwendung auf bekannte Entfernungen in darunter liegenden Stufen geeicht. Ungenauigkeiten in den tieferen Stufen übertragen sich automatisch auf die höheren, so daß die Unsicherheiten mit zunehmender Entfernung immer größer werden. Dies kommt auch in der historischen Entwicklung der Entfernungsangaben zum Ausdruck, am drastischsten in dem an Ortsmessungen gekoppelten Wert der Hubble-Zahl, deren Wert sich seit Hubble bis heute von 540 $\mathrm{km\,s^{-1}/Mpc}$ auf etwa 70 $\mathrm{km\,s^{-1}/Mpc}$ verringert hat.

Wie wir schon bei unserem kurzen Blick auf die Geschichte der Kosmologie festgestellt haben, hat die Entdeckung der Fluchtbewegung der Galaxien und die der kosmischen Mikrowellen-Hintergrundstrahlung das Modell eines statischen Universums ausgeschlossen und einem dynamischen Modell zum Durchbruch verholfen, wobei heute im wesentlichen ein Modell mit Urknall und endlicher Lebensdauer des Universums favorisiert wird. Dies führt unmittelbar zu der Frage nach dem Alter des Universums. Wir wissen ziemlich genau, daß die Erde etwa 4,5 Mrd. Jahre alt ist, was das Alter des Universums nach unten begrenzt. Theorien der Entwicklung von Sternhaufen lassen auf ein Alter von mindestens 12 Mrd. Jahren schließen.

Eine hiervon völlig unabhängige Altersangabe erhält man aus der im Sonnensystem festgestellten relativen Häufigkeit der Zerfallsprodukte langlebiger radioaktiver Elemente. Auf diese Weise erhält man aus der relativen Häufigkeit von ^{232}Th zu ^{238}U ein Alter von 6–15 Mrd. Jahren, der von ^{235}U zu ^{238}U ein Alter von 6–10 Mrd. Jahren und der von ^{187}Os zu ^{187}Re ein Alter von 7–20 Mrd. Jahren. Die gute Übereinstimmung dieser unabhängig voneinander gewonnenen Zahlen untereinander auf der einen und den aus völlig andersartigen Messungen gewonnenen Zahlen auf der anderen Seite ist zumindest ein Hinweis auf die richtige Größenordnung. Eine weitere Altersabschätzung erhält man auch aus der Hubble-Zahl H bzw. der Expansionsgeschwindigkeit. Wäre die Expansion immer mit der heutigen Geschwindigkeit erfolgt, so müßte sie vor etwa 12–15 Mrd. Jahren begonnen haben.

15 Newton- und SRT-Kosmologie

15.1 Newtonsche und pseudo-Newtonsche Kosmologie

Bei der theoretischen Beschreibung des Universums wenden wir uns als erstes einer auf den Newtonschen Bewegungsgleichungen und dem Newtonschen Gravitationsgesetz basierenden Theorie zu, die 1934 von E. A. Milne und W. H. McCrea in Anlehnung an die ART-Kosmologie entwickelt und später von O. Heckmann und E. Schücking verfeinert wurde. Wir wählen diesen Einstieg, weil er zum einen auf sehr einfache Weise schon zu der von Friedmann aus der ART abgeleiteten Friedmann-Gleichung führt. Zum anderen erlaubt er auch eine sehr anschauliche Deutung von deren Lösungen, die allerdings bei der relativistischen Behandlung modifiziert werden muß.

15.1.1 Grundgleichungen und Hubblesches Expansionsgesetz

Wir legen unseren Betrachtungen, den Modellüberlegungen des letzten Kapitels entsprechend, ein den ganzen $\mathbb{R}^3$ ausfüllendes geglättetes Universum zugrunde, in dem die euklidische Geometrie gilt und die mit stetiger (Ruhemassen-) Dichte $\varrho_{\mathrm{m}}(\boldsymbol{r}, t)$ verteilte Materie mit der Geschwindigkeit $\boldsymbol{v}(\boldsymbol{r}, t)$ strömt. ϱ_{m} und $\boldsymbol{v}$ sollen dem aus der Newton-Theorie folgenden hydrodynamischen Gleichungssystem

$$\partial_t \varrho_{\mathrm{m}} + \operatorname{div}(\varrho_{\mathrm{m}} \boldsymbol{v}) = 0\,, \tag{15.1}$$

$$\partial_t \boldsymbol{v} + \boldsymbol{v} \cdot \nabla \boldsymbol{v} = -\frac{1}{\varrho_{\mathrm{m}}} \nabla p_{\mathrm{m}} + \boldsymbol{f} \tag{15.2}$$

aus **Kontinuitätsgleichung** und **Euler-Gleichung** genügen. $\boldsymbol{f}(\boldsymbol{r}, t)$ ist eine Kraft pro Masse, die anteilig die Newtonsche Gravitationskraft $\boldsymbol{g} = -\nabla \Phi$ enthält, und das Gravitationspotential Φ soll das Newtonsche Gravitationsgesetz

$$\Delta \Phi = -\operatorname{div} \boldsymbol{g} = 4\pi G \varrho_{\mathrm{m}} \tag{15.3}$$

erfüllen. Wir würden für das durch die geglätteten Größen p_{m}, ϱ_{m} und $\boldsymbol{v}$ beschriebene **kosmische Substrat** (lat. substratum = das zugrunde Liegende, Gesamtheit der materiellen Bestandteile des Universums) gerne die Gültigkeit unserer zweiten Version des kosmologischen Prinzips fordern. Alle das Substrat beschreibenden Größen sollten demnach homogen und in allen Punkten isotrop sein. Nun gibt es aber kein homogenes und in allen Punkten isotropes Vektorfeld: Ein homogenes Vektorfeld würde jedem Raumpunkt denselben Vektor zuordnen, und da dieser eine bestimmte Raumrichtung auszeichnen würde, könnte nicht zusätzlich Isotropie gefordert werden. (In

Abschn. 16.4 wird diese Aussage noch einmal formal im Rahmen der ART abgeleitet.) Andererseits setzt die Anwendbarkeit der Newtonschen Theorie zwangsläufig die Benutzung der Vektorfelder $\boldsymbol{v}(\boldsymbol{r},t)$, $\boldsymbol{f}(\boldsymbol{r},t)$ und $\boldsymbol{g}(\boldsymbol{r},t)$ voraus. Wir benutzen daher die erste Version des kosmologischen Prinzips, da diese die Benutzung von Vektoren zuläßt. Im Nachhinein werden wir uns dann davon überzeugen, daß auch die zweite durch Übergang zu einem geeigneten Koordinatensystem erfüllt werden kann.

Da die Zeit in der Newtonschen Theorie absolut ist, gehen wir davon aus, daß in Bezug auf vom Bewegungszustand unabhängige (skalare) Eigenschaften wie Dichte oder Temperatur in allen Punkten des Universums zur gleichen Zeit t die gleichen Bedingungen herrschen. Aus der ersten Version des kosmologischen Prinzips folgt dann, daß alle skalaren Funktionen nicht vom Ort abhängen dürfen. Zeitabhängig dürfen sie allerdings noch sein, d. h. $\varrho_{\rm m} = \varrho_{\rm m}(t)$ und $p_{\rm m} = p_{\rm m}(t)$. Der Druck taucht nur in Gleichung (15.2) auf und fällt aufgrund der geforderten Ortsunabhängigkeit aus den kosmologischen Gleichungen völlig heraus. In der ART-Kosmologie ist das nicht der Fall, allerdings zeigt sich in dieser, daß $p_{\rm m}$ bei nichtrelativistischen thermischen Geschwindigkeiten gegenüber der Energiedichte $\varrho_{\rm m} c^2$ vernachlässigt werden darf. Weil wir in einer Newton-Theorie nichtrelativistische Verhältnisse annehmen müssen, werden wir daher den Druck in dieser vernachlässigen. Für Φ stellen wir die Forderung $\Phi = \Phi(t)$ nicht, da in der Newtonschen Theorie nur $\boldsymbol{g} = -\nabla\Phi$ eine direkte physikalische Bedeutung besitzt, so daß auch nur $\boldsymbol{g}$ das kosmologische Prinzip erfüllen muß (siehe unten).

Wenden wir uns jetzt der Frage zu, welche Bedingungen an das Vektorfeld $\boldsymbol{v}(\boldsymbol{r},t)$ zu stellen sind. $S|\{\boldsymbol{r},t\}$ sei das Ruhesystem eines bei $\boldsymbol{r} = 0$ befindlichen Beobachters. Damit dieser gemäß unserer ersten Version des kosmologischen Prinzips in allen Richtungen im gleichen Abstand von ihm dasselbe beobachtet, muß das Geschwindigkeitsfeld $\boldsymbol{v}(\boldsymbol{r},t)$ aus seiner Sicht ein kugelsymmetrisches Radialfeld sein,

$$\boldsymbol{v}(\boldsymbol{r},t) = H(r,t)\,\boldsymbol{r}\,. \tag{15.4}$$

Hieraus folgt, daß an seinem Standort $\boldsymbol{v}(0,t) \equiv 0$ gilt, was bedeutet, daß sich das kosmische Substrat ihm gegenüber nicht bewegt bzw. er sich nicht gegenüber diesem. Aus Sicht anderer, bei $\boldsymbol{r} \neq 0$ befindlicher Beobachter ist das System $S|\{\boldsymbol{r},t\}$ im allgemeinen kein Inertialsystem, weil sein Ursprung sich mit dem Substrat mitbewegt und daher in der Regel eine beschleunigte Bewegung ausführt. Dennoch kann $S|\{\boldsymbol{r},t\}$ von dem im Ursprung ruhenden Beobachter als Inertialsystem aufgefaßt werden, weil auch in der Newton-Theorie nach Abschn. 8.3.4 der ART durch Beschleunigungen hervorgerufene Scheinkräfte als Beiträge zur Schwerkraft interpretiert werden können. Die Behandlung des Systems $S|\{\boldsymbol{r},t\}$ als Inertialsystem ist nicht nur möglich, sondern auch notwendig, um in ihm die – nur in Inertialsystemen gültigen – Gleichungen (15.1)–(15.3) anwenden zu können. Alle durch Beschleunigungen hervorgerufenen Scheinkräfte müssen dementsprechend im Kraftfeld $\boldsymbol{f}$ enthalten sein.

Damit für einen weiter außen befindlichen zweiten Beobachter die gleichen Bedingungen wie für den ersten herrschen, muß sich dieser wie der erste mit dem kosmischen Substrat mitbewegen bzw. sich gegenüber diesem in Ruhe befinden. Im System $S|\{\boldsymbol{r},t\}$ des ersten Beobachters bewegt er sich auf einer Linie $\boldsymbol{r}_0(t)$ mit der Geschwindigkeit

$$\boldsymbol{v}_0(t) := \dot{\boldsymbol{r}}_0(t) = \boldsymbol{v}(\boldsymbol{r}_0(t),t)\,. \tag{15.5}$$

In seinem eigenen Inertialsystem $S'|\{\boldsymbol{r}', t\}$ muß das Strömungsfeld nach der ersten Version des kosmologischen Prinzips durch

$$\boldsymbol{v}'(\boldsymbol{r}', t) = H(r', t)\,\boldsymbol{r}' \tag{15.6}$$

mit derselben Funktion $H(x, y)$ wie in (15.4) gegeben sein. Zwischen den Ortsvektoren in S und S' gilt der Zusammenhang

$$\boldsymbol{r}' = \boldsymbol{r} - \boldsymbol{r}_0(t)\,. \tag{15.7}$$

Da im allgemeinen $\ddot{\boldsymbol{r}}_0(t) \neq 0$ gilt, handelt es sich bei der zeitabhängigen Transformation $\boldsymbol{r} \to \boldsymbol{r}'$ im allgemeinen um den Übergang zu einem nichtinertialen System. Allerdings muß auch ein am Ursprung $\boldsymbol{r}' = 0$ des Systems $S'|\{\boldsymbol{r}', t\}$ ruhender Beobachter aufgrund des kosmologischen Prinzips mit derselben Begründung wie der in S ruhende Beobachter sein Ruhesystem S' als Inertialsystem auffassen können.

Zwischen den Geschwindigkeiten $\boldsymbol{v}$ in S und $\boldsymbol{v}'$ in S' gilt nach dem klassischen Superpositionsgesetz für Geschwindigkeiten der Zusammenhang

$$\boldsymbol{v}'(\boldsymbol{r}', t) = \boldsymbol{v}(\boldsymbol{r}, t) - \boldsymbol{v}(\boldsymbol{r}_0(t), t)\,. \tag{15.8}$$

Setzen wir (15.4)–(15.7) in (15.8) ein, so ergibt sich

$$H(|\boldsymbol{r}-\boldsymbol{r}_0|, t)\,(\boldsymbol{r}-\boldsymbol{r}_0) = H(r, t)\,\boldsymbol{r} - H(r_0, t)\,\boldsymbol{r}_0$$

bzw.

$$\big[H(|\boldsymbol{r}-\boldsymbol{r}_0|, t) - H(r, t)\big]\,\boldsymbol{r} = \big[H(|\boldsymbol{r}-\boldsymbol{r}_0|, t) - H(r_0, t)\big]\,\boldsymbol{r}_0\,.$$

Da $\boldsymbol{r}$ und $\boldsymbol{r}_0$ unabhängig voneinander beliebig gewählt werden können, folgt hieraus

$$H(|\boldsymbol{r}-\boldsymbol{r}_0|, t) = H(r, t) = H(r_0, t)\,,$$

was bedeutet, daß H von r unabhängig ist. Mit diesem Ergebnis erhalten wir aus (15.4) das **Hubblesche Expansionsgesetz**

$$\boxed{\boldsymbol{v} = H(t)\,\boldsymbol{r}\,,} \tag{15.9}$$

das sich damit als unmittelbare Folge des kosmologischen Prinzips erweist. Für spätere Zwecke sei nochmals darauf hingewiesen, daß die Funktion $H(t)$ unabhängig davon ist, welcher mitbewegte Punkt der kosmischen Strömung als Ursprung des Koordinatensystems S gewählt wird.

Aus dem kosmologischen Prinzip folgt auch, daß die Gleichungen (15.1)–(15.3) für die beiden gleichwertigen Beobachter in den Systemen S und S' dieselbe Form haben, also gegenüber den Transformationen (15.7)–(15.8) invariant sein müssen. Aus (15.7) folgt $\nabla' = \nabla$, für den rein zeitabhängigen Skalar $\varrho_{\rm m}(t)$ gilt $\varrho'_{\rm m}(t) = \varrho_{\rm m}(t)$, und damit erhalten wir

$$\partial_t \varrho'_{\rm m} + \nabla' \cdot (\varrho'_{\rm m}\boldsymbol{v}') = \partial_t \varrho_{\rm m} + \nabla \cdot \big[\varrho_{\rm m}\,(\boldsymbol{v} - \boldsymbol{v}_0)\big] = \partial_t \varrho_{\rm m} + \nabla \cdot (\varrho_{\rm m}\boldsymbol{v}) = 0\,,$$

d. h. die Kontinuitätsgleichung erfüllt die geforderte Invarianzbedingung. Zur Transformation des Impulssatzes benutzen wir die Beziehung $\boldsymbol{v}\cdot\nabla\boldsymbol{v}_0(t)=\boldsymbol{v}_0\cdot\nabla\boldsymbol{v}_0(t)=0$, und mit $\nabla'=\nabla$ (siehe oben) erhalten wir zunächst

$$\partial_t|_{\boldsymbol{r}'}\,\boldsymbol{v}'+\boldsymbol{v}'\cdot\nabla'\boldsymbol{v}' \overset{(15.8)}{=} \partial_t|_{\boldsymbol{r}'}\,\boldsymbol{v}(\boldsymbol{r},t)-\partial_t|_{\boldsymbol{r}'}\,\boldsymbol{v}(\boldsymbol{r}_0(t),t)+\boldsymbol{v}\cdot\nabla\boldsymbol{v}-\boldsymbol{v}_0\cdot\nabla\boldsymbol{v}\,.$$

Nun gilt

$$\partial_t|_{\boldsymbol{r}'}\,\boldsymbol{v}(\boldsymbol{r},t) \overset{(15.7)}{=} \partial_t|_{\boldsymbol{r}'}\,\boldsymbol{v}(\boldsymbol{r}'+\boldsymbol{r}_0(t),t)=\partial_t|_{\boldsymbol{r}}\,\boldsymbol{v}(\boldsymbol{r},t)+\dot{\boldsymbol{r}}_0\cdot\nabla\boldsymbol{v}(\boldsymbol{r},t)\,,$$

$$\partial_t|_{\boldsymbol{r}'}\,\boldsymbol{v}(\boldsymbol{r}_0(t),t) \overset{(15.7)}{=} \partial_t|_{\boldsymbol{r}'}\,\boldsymbol{v}(\boldsymbol{r}-\boldsymbol{r}',t)=\big[\partial_t|_{\boldsymbol{r}}\,\boldsymbol{v}(\boldsymbol{r},t)+(\partial_t|_{\boldsymbol{r}'}\boldsymbol{r})\cdot\nabla\boldsymbol{v}\big]\big|_{\boldsymbol{r}_0}\,,$$

aus (15.7) bzw. $\boldsymbol{r}=\boldsymbol{r}'+\boldsymbol{r}_0(t)$ folgt $\partial_t|_{\boldsymbol{r}'}\boldsymbol{r}=\dot{\boldsymbol{r}}_0(t)=\boldsymbol{v}_0$, und damit, mit $\boldsymbol{v}_0\nabla\boldsymbol{v}|_{\boldsymbol{r}_0}=\boldsymbol{v}\nabla\boldsymbol{v}|_{\boldsymbol{r}_0}$ sowie $\boldsymbol{f}_0=\boldsymbol{f}(\boldsymbol{r}_0(t),t)$ erhalten wir

$$\begin{aligned}&\partial_t|_{\boldsymbol{r}'}\,\boldsymbol{v}'+\boldsymbol{v}'\cdot\nabla'\boldsymbol{v}'-\boldsymbol{f}'\\&=\partial_t|_{\boldsymbol{r}}\,\boldsymbol{v}(\boldsymbol{r},t)+\boldsymbol{v}\cdot\nabla\boldsymbol{v}-\big[\partial_t|_{\boldsymbol{r}}\,\boldsymbol{v}(\boldsymbol{r},t)+\boldsymbol{v}\cdot\nabla\boldsymbol{v}\big]\big|_{\boldsymbol{r}_0}-\boldsymbol{f}' \overset{(15.2)}{=} \boldsymbol{f}-\boldsymbol{f}_0-\boldsymbol{f}'\,.\end{aligned}$$

Invarianz besteht genau dann, wenn sich die Kraft pro Masse gemäß

$$\boldsymbol{f}'(\boldsymbol{r}',t)=\boldsymbol{f}(\boldsymbol{r},t)-\boldsymbol{f}(\boldsymbol{r}_0(t),t)\,, \tag{15.10}$$

also wie die Geschwindigkeit (siehe (15.8)) transformiert. Da das Kraftfeld $\boldsymbol{f}$ das Schwerefeld entweder anteilig enthält oder mit ihm zusammenfällt, muß angenommen werden, daß $\boldsymbol{g}$ dasselbe Transformationsgesetz erfüllt. Hiermit folgt dann

$$\operatorname{div}'\boldsymbol{g}'-4\pi G\varrho'_{\mathrm{m}}=\operatorname{div}\big(\boldsymbol{g}-\boldsymbol{g}_0(t)\big)-4\pi G\varrho_{\mathrm{m}}=\operatorname{div}\boldsymbol{g}-4\pi G\varrho_{\mathrm{m}}=0\,,$$

d. h. die Invarianz des Newtonschen Gravitationsgesetzes. Umgekehrt folgt aus der Forderung nach dessen Invarianz für $\boldsymbol{g}$ die Gültigkeit von (15.10) (Aufgabe 15.1).

Aus dem Transformationsgesetz für die Kraft pro Masse und dem kosmologischen Prinzip ergibt sich genau wie bei der Geschwindigkeit

$$\boldsymbol{f}=f(t)\,\boldsymbol{r}\,,\qquad \boldsymbol{g}=g(t)\,\boldsymbol{r}\,. \tag{15.11}$$

(Hätte man die Invarianz des Potentials Φ gefordert, so hätte man $\boldsymbol{g}=\nabla\Phi(t)=0$ erhalten.) Da (15.11) sowohl in $S|\{\boldsymbol{r},t\}$ als auch in $S'|\{\boldsymbol{r}',t\}$ gilt, haben wir im Punkt $\boldsymbol{r}'=\boldsymbol{r}-\boldsymbol{r}_0(t)=0$

$$\boldsymbol{f}=f(t)\,\boldsymbol{r}=f(t)\,\boldsymbol{r}_0(t)\qquad\text{und}\qquad \boldsymbol{f}'=0\,.$$

Dies zeigt, daß die im Punkt $\boldsymbol{r}_0(t)$ des Systems S herrschende Kraft (bzw. Schwerkraft) im System S' durch Scheinkräfte weggehoben ist.

Mit den Ergebnissen (15.9) und (15.11) vereinfachen sich unsere Grundgleichungen (15.1)–(15.3) wegen $\operatorname{div}\boldsymbol{r}=3$ und $\boldsymbol{r}\cdot\nabla\boldsymbol{r}=\boldsymbol{r}$ ganz beträchtlich zu

$$\boxed{\dot{\varrho}_{\mathrm{m}}(t)+3\varrho_{\mathrm{m}}H(t)=0\,,\quad \dot{H}(t)+H^2=f(t)\,,\quad g(t)=-\frac{4\pi G}{3}\varrho_{\mathrm{m}}(t)} \tag{15.12}$$

mit $f(t)=g(t)+\ldots$.

15.1.2 Übergang zu mitbewegten Koordinaten

Die Trajektorie $\boldsymbol{r}(t)$ (in Abschn. 15.1.1 mit $\boldsymbol{r}_0(t)$ bezeichnet) eines mit der Strömung $\boldsymbol{v}(\boldsymbol{r},t)=H(t)\,\boldsymbol{r}$ des kosmischen Substrats mitbewegten Objekts erfüllt die Beziehung $\dot{\boldsymbol{r}}(t)=H(t)\,\boldsymbol{r}(t)$. Wegen $d\boldsymbol{r}\sim\boldsymbol{r}\,dt$ behält $\boldsymbol{r}(t)$ im ganzen Verlauf seine Richtung bei, d. h. wir können

$$\boldsymbol{r}(t)=\frac{a(t)}{a(t_0)}\,\boldsymbol{r}_0 \quad \text{bzw.} \quad r(t)=|\boldsymbol{r}(t)|=\frac{a(t)}{a(t_0)}\,r_0 \qquad \text{mit} \qquad \boldsymbol{r}_0=\boldsymbol{r}(t_0) \tag{15.13}$$

setzen, wobei wir t_0 *als heutigen Zeitpunkt festlegen.* (Die Division durch $a(t_0)$ ist im Prinzip unnötig und erfolgt aus Dimensionsgründen, s.u.) Einsetzen von (15.13) in $\dot{\boldsymbol{r}}=H\,\boldsymbol{r}$ führt nach Herauskürzen von $\boldsymbol{r}_0/a(t_0)$ zu

$$\frac{\dot{a}(t)}{a(t)}=H(t) \qquad \Rightarrow \qquad a(t)=a_0\,\mathrm{e}^{-\int_t^{t_0}H(t')\,dt'} \qquad \text{mit} \qquad a_0=a(t_0)\,. \tag{15.14}$$

(Im weiteren Verlauf wird der untere Index $_0$ im allgemeinen den heutigen Wert der betrachteten Größe bezeichnen.) $a(t)$ ist nach (15.14b) entweder durchwegs positiv oder durchwegs negativ. Physikalisch spielt das Vorzeichen keine Rolle, und wir entscheiden uns für das positive Vorzeichen. In der ART-Kosmologie (siehe Gleichung (16.43)) wird sich $a(t)$ in den Fällen $k=\pm1$ der Gleichung (15.31) als Krümmungsradius des – in der Newton-Kosmologie stets ungekrümmten – Universums erweisen.

Jetzt vollziehen wir mit der zeitabhängigen Transformation

$$\chi=\frac{r}{a(t)} \qquad \text{bzw.} \qquad r=a(t)\,\chi \tag{15.15}$$

den Übergang von Polarkoordinaten $r=|\boldsymbol{r}|,\vartheta$ und φ zu **mitbewegten Koordinaten** χ,ϑ und φ. Der Größe $a(t)$, deren Dimension bei ihrer Einführung in Gleichung (15.13a) wegen der Division durch $a(t_0)$ noch offen geblieben war, geben wir jetzt die Dimension einer Länge und erreichen damit, daß die neue Radialkoordinate χ dimensionslos wird.

In den neuen Koordinaten lautet die Trajektoriengleichung (15.13b)

$$\chi(t)\equiv\frac{r_0}{a_0}=\text{const}\,. \tag{15.16}$$

Dies bedeutet, daß das kosmische Substrat in dem neuen Koordinatensystem ruht oder, umgekehrt gesehen, daß sich die Koordinaten mit dem Substrat mitbewegen – daher der Name „mitbewegte Koordinaten". Aus dem Quadrat $ds^2=dr^2+r^2\,(d\vartheta^2+\sin^2\vartheta\,d\varphi^2)$ des räumlichen Linienelements wird[1]

$$ds^2=a^2(t)\left[d\chi^2+\chi^2\,(d\vartheta^2+\sin^2\vartheta\,d\varphi^2)\right]. \tag{15.17}$$

1 Man beachte, daß es in der Newtonschen Theorie kein invariantes raum-zeitliches Linienelements gibt. Da die Zeit in der Newtonschen Theorie absolut ist und bei Abstandsmessungen festgehalten wird, gilt $dt=0$ und damit $dr=a(t)\,d\chi+\chi\,\dot{a}(t)\,dt=a(t)\,d\chi$.

ds ist das räumliche Linienelement einer Robertson-Walker-Metrik für den Fall verschwindender Raumkrümmung (siehe Gleichung (17.2) und (17.3)).

Da die dynamischen Gleichungen (15.12) nicht von den Ortskoordinaten abhängen, bleiben sie bei der Transformation (15.15) zu mitbewegten Koordinaten unverändert. Indem wir $H(t)$ mit Hilfe von (15.14) durch $a(t)$ ausdrücken, ergibt sich aus ihnen für den Fall $f(t)=g(t)$ nach einfacher Umrechnung

$$\frac{d}{dt}(\varrho_{\mathrm{m}}a^3) = 0 \qquad \text{und} \qquad \ddot{a}(t) = -\frac{4\pi G}{3}\,\varrho_{\mathrm{m}}a\,. \tag{15.18}$$

Die zweite Gleichung besagt, daß die Expansionsbewegung des kosmischen Substrats durch seine Eigengravitation abgebremst wird.

Die Eigenschaften des kosmischen Substrats werden jetzt vollständig durch die zwei skalaren Größen $a(t)$ und $\varrho_{\mathrm{m}}(t)$ sowie die Metrik (15.17) festgelegt. Zu seiner Beschreibung werden keine vektoriellen Größen mehr benötigt, und daher ist jetzt auch die zweite Version des kosmologischen Prinzips erfüllt.

15.1.3 Ableitung der kosmologischen Gleichungen in mitgeführten Koordinaten

In der ART-Kosmologie werden die Gleichungen (15.18) von vornherein in mitgeführten Koordinaten abgeleitet. Auch in der Newton-Theorie wird ihre Ableitung in diesen besonders einfach und anschaulich. Dabei geht es nicht um die kinematische Gleichung $\chi = \text{const}$ bzw. $\dot{\chi} = 0$, welche die mitgeführten Koordinaten definiert, sondern um die dynamischen Gleichungen (15.18).

Wir betrachten die Kugel $\chi \leq \chi_{\mathrm{K}}$. Deren Rand $\chi = \chi_{\mathrm{K}}$ hat vom Zentrum $\chi = 0$ nach (15.17) den Abstand $s_\chi(t) = a(t)\,\chi_{\mathrm{K}}$, d. h. $s_\chi(t)$ ist nach (15.15) der metrische Radius $r(t)$ der Kugel. Die innerhalb der Kugel befindliche Masse M_{K} des kosmischen Substrats befindet sich relativ zu den mitbewegten Koordinaten in Ruhe und ist daher eine Erhaltungsgröße. Mit der üblichen Formel für das Kugelvolumen erhalten wir nach dessen Multiplikation mit der Dichte den Massenerhaltungssatz

$$M_{\mathrm{K}} = \frac{4\pi\,\chi_{\mathrm{K}}{}^3}{3}\,\varrho_{\mathrm{m}}(t)\,a^3(t) = \text{const} \qquad \Rightarrow \qquad \frac{d}{dt}\left(\varrho_{\mathrm{m}}\,a^3\right) = 0\,.$$

Auf ein Massenelement dm am Rand der betrachteten Kugel wirkt nur die gravitative Anziehung aller Massenelemente aus dem Kugelinneren, weil eine ansonsten homogene Massenverteilung innerhalb einer in ihr befindlichen Hohlkugel keine Gravitationskräfte ausübt. Die an der Oberfläche der Kugel wirkende Schwerkraft ist genauso groß wie die eines Massenpunkts gleicher Masse im Ursprung. Als Bewegungsgleichung des Massenelements ergibt sich daher

$$dm\,\ddot{r}(t) = -G\,\frac{dm\,M_{\mathrm{K}}}{r^2} = -G\,\frac{dm\,4\pi r^3}{3\,r^2} \quad \overset{r=a(t)\,\chi_{\mathrm{K}}}{\Rightarrow} \quad \ddot{a}(t) = -\frac{4\pi G}{3}\,\varrho_{\mathrm{m}}a\,.$$

15.1.4 Interpretation und Gültigkeitsgrenzen

Sieht man davon ab, daß die individuellen Geschwindigkeiten einzelner Galaxien von der mittleren Galaxiengeschwindigkeit leicht abweichen können, dann bleiben die (mitbewegten) Koordinaten χ, ϑ und φ einer Galaxie unverändert. Gleichung (15.17) besagt dann, daß der Abstand Δs zweier Galaxien gemäß

$$\Delta s = a(t) \int \sqrt{d\chi^2 + \chi^2\,(d\vartheta^2 + \sin^2\vartheta\, d\varphi^2)} \tag{15.19}$$

zu- oder abnimmt. Diese Abstandsveränderung kann in dem hier betrachteten mitbewegten Koordinatensystem zweierlei bedeuten. Sie kann 1. darauf beruhen, daß sich die Galaxien in einem unveränderlichen Raum voneinander entfernen, oder 2. darauf, daß der Raum, in dem sich die Galaxien befinden, expandiert beziehungsweise kontrahiert. Welche der beiden Möglichkeiten zutrifft, kann aus der durch die Gleichungen (15.18) und (15.17) beschriebenen Dynamik alleine nicht erschlossen werden. Im Newtonschen Weltbild ist der $\mathbb{R}^3$ ein absoluter, unveränderlicher Raum, der seine Eigenschaften auch nicht durch den Übergang zu einem anderen – hier mitbewegten – Koordinatensystem verlieren sollte. Dies bedeutet, daß die erste Alternative zutreffen müßte. In der ART-Kosmologie wird sich dagegen die zweite Alternative als richtig erweisen. In Abschn. 17.3 wird gezeigt, daß in der Newton-Kosmologie beide Interpretationen möglich sind und miteinander nicht im Widerspruch stehen.

Es mag verblüffen, daß die aus klassischen Vorstellungen gewonnenen Gleichungen (15.18) exakt mit den entsprechenden Gleichungen der ART-Kosmologie übereinstimmen. Eine kurze Überlegung zeigt jedoch, daß damit zu rechnen war. Die aus (15.1)–(15.3) folgenden Gleichungen (15.18) gelten insbesondere im Inneren einer im Koordinatenursprung zentrierten Kugel, deren Radius gegen null geht. Das Gravitationsfeld rührt dort ausschließlich von der in dieser befindlichen Materie her, die außen befindliche (kugelsymmetrische) Materieverteilung übt in ihr keine Gravitationskräfte aus. Mit dem Kugelradius gehen die in der Kugel befindliche Masse und das von dieser erzeugte Gravitationsfeld gegen null, und dasselbe gilt nach dem Hubbleschen Expansionsgesetz (15.9) auch für die Fluchtgeschwindigkeit der Galaxien. Das ist aber gerade der Grenzfall, in dem die Einsteinschen ART-Gleichungen in die Newtonschen Bewegungsgleichungen und das Newtonsche Gravitationsgesetz übergehen, d.h. in der Umgebung des Koordinatenursprungs müssen aus der Newton-Theorie die entsprechenden Gleichungen der ART-Kosmologie folgen. Mit $H(t)$ sind auch die durch Gleichung (15.14b) definierte Funktion $a(t)$ und die von dieser zu erfüllenden Gleichungen (15.18) von der Wahl des Koordinatenursprungs unabhängig. Außerdem war unsere Ableitung so geartet, daß die Erfüllung der auf das System S' bezogenen Gleichungen (15.18) im Punkt $\boldsymbol{r}'=0$ die Befriedigung der auf das System S bezogenen (identischen) Gleichungen (15.18) im Punkt $\boldsymbol{r}=\boldsymbol{r}_0(t)$ zur Folge hat. Zusammengenommen bedeutet dies, daß die Gleichungen (15.18) nicht nur in einer infinitesimalen Umgebung des Koordinatenursprungs, sondern überall allgemeinrelativistisch korrekt sind.

Aus dem Hubble-Gesetz (15.9) bzw. aus (15.19) folgt allerdings, daß mit unseren Gleichungen doch noch etwas nicht in Ordnung zu sein scheint. Wird nämlich r bzw. $\int(d\chi^2 + \chi^2\,(d\vartheta^2 + \sin^2\vartheta\, d\varphi^2))^{1/2}$, also der Abstand zweier Galaxien, hinreichend groß, so können sich diese relativ zueinander mit Überlichtgeschwindigkeit bewegen, was nach der SRT unzulässig ist. Wir werden später (Abschn. 17.2) jedoch sehen, daß die nichtlokalen Relativgeschwindigkeiten, um die es sich hier handelt, auch bei Überschreiten der Lichtgeschwindigkeit nicht gegen die ART verstoßen.

Im folgenden sollen die Bedingungen für die Anwendbarkeit der Newtonschen Interpretation der Newton-Kosmologie noch etwas genauer spezifiziert werden. Zum einen müssen die auftretenden Geschwindigkeiten wesentlich kleiner als die Lichtgeschwindigkeit sein, d. h. nach (15.9) muß $Hr \ll c$ gelten bzw.

$$r \ll r_{\mathrm{H}} \quad \text{mit} \quad r_{\mathrm{H}} = c/H\,. \tag{15.20}$$

r_{H} wird als **Hubble-Radius** bezeichnet. Mit $H \approx 70\ \mathrm{km\,s^{-1}/Mpc} \approx 7{,}15 \cdot 10^{-11}\,\mathrm{a}^{-1}$ ergibt sich

$$r_{\mathrm{H}} \approx \frac{10^{11} c\,\mathrm{a}}{7,15} \approx 14 \cdot 10^9\,\mathrm{Lj}\,.$$

Die Einsteinschen Feldgleichungen dürfen durch das Newtonsche Gravitationsgesetz ersetzt werden, wenn der **Schwarzschild-Radius** $r_{\mathrm{S}} = 2GM/c^2$ der innerhalb des Radius r befindlichen Masse $M = 4\pi r^3 \varrho_{\mathrm{m}}/3$ viel kleiner als r ist, also für $(2G/c^2)\,4\pi r^3 \varrho_{\mathrm{m}}/3 \ll r$ bzw.

$$r \ll \left(\frac{3c^2}{8\pi G \varrho_{\mathrm{m}}}\right)^{1/2}. \tag{15.21}$$

Wir werden später (in Kapitel 20) feststellen, daß die Dichte ϱ_{m} in der Nähe der in (15.37b) definierten kritischen Dichte $\varrho_{\mathrm{krit}} = 3H^2/(8\pi G)$ liegt und wahrscheinlich sogar mit dieser übereinstimmt. In diesem Fall folgt aus (15.21) $r \ll r_{\mathrm{H}}$, also erneut die Bedingung (15.20).

Wir interessieren uns noch für den Schwarzschild-Radius der innerhalb der Kugel $r \leq r_{\mathrm{H}}$ befindlichen Masse,

$$r_{\mathrm{S}} = \left(\frac{2G}{c^2}\right)\left(\frac{4\pi\, {r_{\mathrm{H}}}^3 \varrho_{\mathrm{m}}}{3}\right).$$

Für $\varrho_{\mathrm{m}} = \varrho_{\mathrm{krit}} = 3H^2/(8\pi G)$ ergibt sich daraus $r_{\mathrm{S}} = c/H = r_{\mathrm{H}}$, d. h. in der Newtonschen Theorie fallen r_{S} und r_{H} für $\varrho_{\mathrm{m}} = \varrho_{\mathrm{krit}}$ zusammen.

15.1.5 Kosmologische Kraft

Die kosmologischen Gleichungen (15.18) besitzen keine statische Lösung, und daran ändert sich auch nichts in der ART. Einstein hat seine Feldgleichungen daher um das kosmologische Glied $\Lambda\, g^{\mu\nu}$ erweitert. In der Newtonschen Kosmologie entspricht dem die Einführung einer zusätzlichen Kraft $\boldsymbol{f}_\Lambda$, deren (massenspezifische) Dichte die Form (15.11) haben muß,

$$\boxed{\boldsymbol{f}_\Lambda = \frac{\Lambda c^2}{3}\,\boldsymbol{r}\,.} \tag{15.22}$$

Der Faktor bei Λ wurde so gewählt, daß die mit diesem Ansatz erzielten Ergebnisse mit den entsprechenden ART-Ergebnissen zusammenpassen bzw. übereinstimmen. Λ kann daher mit der kosmologischen Konstanten Einsteins identifiziert werden. Für $\Lambda > 0$

wirkt die Kraftdichte f_Λ abstoßend, also der Schwerkraft entgegen, und wir werden sehen, daß das eine statische Lösung ermöglicht. Die durch Einführung von f_Λ modifizierte Theorie bezeichnen wir als pseudo-Newtonsch.

Für die Dichte f der Gesamtkraft ergibt sich mit (15.22)

$$f = \frac{\Lambda c^2}{3} \boldsymbol{r} + \boldsymbol{g} \overset{(15.11b)}{\underset{(15.12c)}{=}} \left(\frac{\Lambda c^2}{3} - \frac{4\pi G}{3} \varrho_{\mathrm{m}} \right) \boldsymbol{r} \quad \overset{(15.11a)}{\Rightarrow} \quad f(t) = \frac{\Lambda c^2}{3} - \frac{4\pi G}{3} \varrho_{\mathrm{m}} \,. \tag{15.23}$$

Wie mit jedem Kraftfeld ist auch mit f_Λ eine Energie- bzw. Massendichte ϱ_Λ verbunden. Die zugehörige Energie wird als **dunkle Energie** bezeichnet. Es könnte sich dabei um **Vakuumenergie** handeln (siehe Abschn. 8.2.1 von Band *Relativistische Quantenmechanik, Quantenfeldtheorie und Elementarteilchentheorie* dieses Lehrbuchs), wenn auch das Zustandekommen der in Frage kommenden Energiedichte völlig unverstanden ist. Wie bei anderen Feldern ist anzunehmen, daß zwischen ϱ_Λ und f_Λ ein monotoner Zusammenhang besteht. (Da Λ konstant ist, folgt daraus $\varrho_\Lambda = \mathrm{const.}$) Zur genaueren Festlegung dieses Zusammenhangs verlangen wir, daß sich die dunkle Energie formal wie übliche Materie behandeln läßt, d. h. daß sie beschreibende Größen wie ϱ_Λ in den kosmologischen Gleichungen an den gleichen Stellen mit den gleichen Vorfaktoren auftreten wie die entsprechenden Größen der üblichen Materie. Etwas anders gesagt verlangen wir eine Austauschsymmetrie der Art, daß sich die kosmologischen Gleichungen bei Vertauschungen $\varrho_{\mathrm{m}} \leftrightarrow \varrho_\Lambda$ und anderen Größen dieser Art nicht verändern. (Auch in der ART muß diese Forderung gestellt werden.)

Als erstes fragen wir danach, wie der Erhaltungssatz (15.1) für die Masse bei Anwesenheit von dunkler Energie modifiziert werden muß. Wir gehen davon aus, daß keine Umwandlung von dunkler Energie in gewöhnliche Materie und umgekehrt stattfindet (siehe dazu aber Abschn. 23.4.1), was bedeutet, daß Gleichung (15.1) von beiden Komponenten separat erfüllt werden muß. Zunächst erscheint das allerdings als nicht möglich, denn aus (15.1) folgt für $\varrho_{\mathrm{m}} \to \varrho_\Lambda$ wegen $\varrho_\Lambda = \mathrm{const}$ mit (15.9), $\boldsymbol{v} = H\,\boldsymbol{r}$, der Zusammenhang $\mathrm{div}(\varrho_\Lambda\, \boldsymbol{v}) = \varrho_\Lambda \, \mathrm{div}\, \boldsymbol{v} = 3H\varrho_\Lambda \neq 0$. Jetzt erinnern wir uns daran, daß (15.1) nach Multiplikation mit c^2 zu einem Energieerhaltungssatz wird. Außerdem haben wir bei der gewöhnlichen Materie in Gleichung (15.1) den Druck vernachlässigt, was sich bei der dunklen Energie als unzulässig herausstellen wird. Um die richtige Erhaltungsgleichung für diese zu bekommen, benutzen wir daher den thermodynamischen Erhaltungssatz für die innere Energie (siehe *Thermodynamik*, Kapitel 3, Gleichung (3.192) mit $p_{ik} = p\,\delta_{ik}$ und $j_i = 0$),

$$\partial_t(\varrho\, u) + \mathrm{div}(\varrho\, u\, \boldsymbol{v}) = -p \, \mathrm{div}\, \boldsymbol{v} \quad \text{mit} \quad u = 3kT/(2m)\,.$$

u ist die innere Energie pro Masse und ϱu daher die innere Energie pro Volumen. Bei der dunklen Energie ist die innere Energie pro Volumen $\varrho_\Lambda c^2$. Durch die Ersetzung $\varrho u \to \varrho_\Lambda c^2$ erhalten wir aus dem obigen Erhaltungssatz nach Division durch c^2

$$\partial_t \varrho_\Lambda + \mathrm{div}(\varrho_\Lambda\, \boldsymbol{v}) = -(p_\Lambda/c^2)\, \mathrm{div}\, \boldsymbol{v}\,. \tag{15.24}$$

Mit $\varrho_\Lambda = \mathrm{const}$ folgt hieraus nach Division durch $\mathrm{div}\, \boldsymbol{v}$

$$\boxed{p_\Lambda = -\varrho_\Lambda/c^2\,.} \tag{15.25}$$

Mit der Dichte ϱ_Λ ist also ein negativer Druck p_Λ verbunden, und dieser kann wegen der Gültigkeit der Beziehung (15.25) auch nicht, wie bei gewöhnlicher Materie ($p \ll \varrho_\mathrm{m} c^2$), vernachlässigt werden. (Bei Berücksichtigung des Drucks würde auch die gewöhnliche Materie statt (15.1) eine Gleichung der Form (15.24) erfüllen, die dann allerdings relativistisch wäre.) Damit ist erreicht, daß ϱ_Λ und p_Λ Gleichungen der gleichen Form wie ϱ_m und p_m erfüllen, nur daß p_m im Gegensatz zu p_Λ vernachlässigt werden darf.

15.1.6 Kosmologische Gleichungen mit kosmologischer Kraft

Wir wollen jetzt die kosmologischen Gleichungen ableiten, die bei Einbeziehen einer kosmologischen Kraft gelten, also aus (15.12) mit (15.23c) hervorgehen. Einsetzen von (15.14a) und (15.23c) in (15.12b) liefert die Gleichung

$$\dot{H} + H^2 = \frac{\ddot{a}}{a} = -\frac{4\pi G}{3}\left(\varrho_\mathrm{m} - \frac{\Lambda c^2}{4\pi G}\right) . \tag{15.26}$$

Aus (15.12a) mit (15.14a) folgte Gleichung (15.18a) bzw.

$$\boxed{\varrho_\mathrm{m}\, a^3 = \mathrm{const} = \varrho_{\mathrm{m}0}\, a_0{}^3 .} \tag{15.27}$$

Dieses Ergebnis läßt sich dazu benutzen, Gleichung (15.26) zu integrieren. Dazu multiplizieren wir diese mit $a\dot{a}$ und erhalten mit

$$\varrho_\mathrm{m}\, a\, \dot{a} = \varrho_\mathrm{m}\, a^3\, \frac{\dot{a}}{a^2} = -\varrho_\mathrm{m}\, a^3 \left(\frac{1}{a}\right)^{\cdot} = -\left(\varrho_\mathrm{m}\, a^2\right)^{\cdot} , \qquad a\,\dot{a} = \left(\frac{a^2}{2}\right)^{\cdot}$$

die Gleichung

$$\frac{d}{dt}\left(\frac{\dot{a}^2}{2}\right) = \frac{4\pi G}{3}\,\frac{d}{dt}\left(\varrho_\mathrm{m}\, a^2 + \frac{\Lambda c^2}{8\pi G}\, a^2\right) ,$$

die sofort zu

$$\dot{a}^2 = \frac{8\pi G}{3}\left(\varrho_\mathrm{m} + \frac{\Lambda c^2}{8\pi G}\right) a^2 + \alpha\, c^2$$

mit einer Integrationskonstanten α weiterintegriert werden kann. Aus unserer Forderung nach Gleichartigkeit des Auftretens von ϱ_m und ϱ_Λ läßt sich dieser Gleichung unmittelbar

$$\boxed{\varrho_\Lambda = \frac{\Lambda c^2}{8\pi G}} \tag{15.28}$$

entnehmen, so daß sie die symmetrische Form

$$\dot{a}^2 = \frac{8\pi G}{3}\,(\varrho_\mathrm{m} + \varrho_\Lambda)\, a^2 + \alpha\, c^2 \tag{15.29}$$

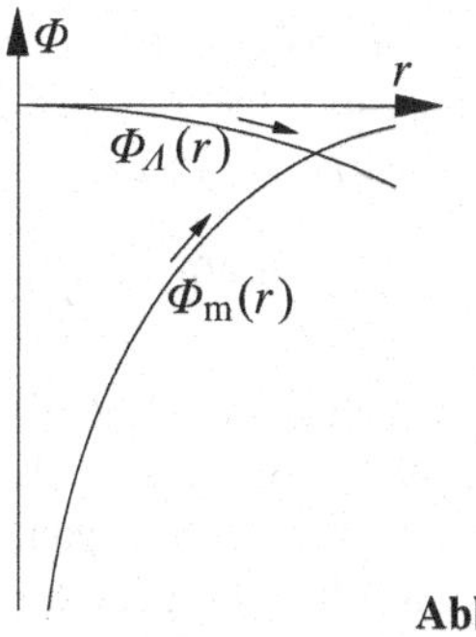

Abb. 15.1: Potentiale $\Phi_m(r)$ und $\Phi_\Lambda(r)$.

annimmt. Mit (15.25) und (15.28) läßt sich Gleichung (15.26b) in die Form

$$\boxed{\ddot{a}(t) = -\frac{4\pi G}{3}\left(\varrho_m + \varrho_\Lambda + \frac{3p_\Lambda}{c^2}\right) a} \qquad (15.30)$$

bringen. Wenn man berücksichtigt, daß p_Λ wegen $p_m = 0$ durch $p_\Lambda + p_m$ ersetzt werden kann – in der ART wird sich das auch für $p_m \neq 0$ als richtig herausstellen –, dann weist diese Gleichung die geforderte Austauschsymmetrie bezüglich Materie und dunkler Energie auf. Die zu $|\boldsymbol{f}|$ proportionale rechte Seite der Gleichung läßt erkennen, daß die kosmologische Kraft neben dem antigravitativen Beitrag $\sim p_\Lambda$ auch einen zu ϱ_Λ proportionalen Beitrag zur Schwerkraft enthält, der allerdings wegen $\varrho_\Lambda + 3p_\Lambda/c^2 = -2\varrho_\Lambda < 0$ vom ersteren dominiert wird.

Gleichung (15.30) wurde so abgeleitet, daß $\boldsymbol{f} = \boldsymbol{g} + \boldsymbol{f}_\Lambda$ und

$$\boldsymbol{g} = -\frac{4\pi G}{3}\varrho_m \boldsymbol{r} = -\nabla\Phi_m \quad \text{mit} \quad \Delta\Phi_m = 4\pi G\,\varrho_m\,, \qquad \boldsymbol{f}_\Lambda = \frac{\Lambda c^2}{3}\boldsymbol{r} = \frac{8\pi G}{3}\varrho_\Lambda \boldsymbol{r}$$

gilt. Dieselbe Gesamtkraft $\boldsymbol{f}$ ergibt sich auch, wenn man stattdessen die austauschsymmetrische Zerlegung

$$\boldsymbol{g} = -\frac{4\pi G}{3}\left(\varrho_m + \varrho_\Lambda\right)\boldsymbol{r} = -\nabla\Phi \quad \text{mit} \quad \Delta\Phi = 4\pi G\left(\varrho_m + \varrho_\Lambda\right), \qquad \boldsymbol{f}_\Lambda = 4\pi G\,\varrho_\Lambda\,\boldsymbol{r}$$

benutzt. Für welche Zerlegung man sich entscheidet, ist Geschmackssache, beide führen zu den gleichen Lösungen.

Gleichung (15.29) läßt sich noch etwas vereinfachen. Im Fall $\alpha \neq 0$ teilen wir sie durch $|\alpha|$, führen eine neue Variable $\tilde{a} = a/\sqrt{|\alpha|}$ ein und erhalten damit unter Weglassen der Tilde und Einbeziehen des Falles $\alpha = 0$ die **Friedmann-Lemaître-Gleichung**

$$\boxed{\dot{a}^2 = \frac{8\pi G}{3}\left(\varrho_m + \varrho_\Lambda\right) a^2 - k\,c^2\,, \qquad k = -1, 0, +1\,.} \qquad (15.31)$$

Für $\varrho_\Lambda = 0$ wird diese als **Friedmann-Gleichung** bezeichnet. Durch die Gleichungen (15.27) und (15.31) werden die Lösungen $a(t)$ und $\varrho_m(t)$ vollständig festgelegt. Exakt dieselben Gleichungen ergeben sich auch in der ART-Kosmologie.

Trotz des symmetrischen Auftretens von ϱ_m und ϱ_Λ ergibt sich aus (15.31), daß der ϱ_m-Term anziehend und der ϱ_Λ-Term abstoßend wirkt. Um das zu verstehen, multiplizieren wir diese mit $\chi^2/2$ und erhalten mit (15.15b) und (15.27)

$$\frac{\dot{r}^2}{2} + \Phi_\mathrm{m} + \Phi_\Lambda = -\frac{kc^2\chi^2}{2} \qquad \text{mit} \quad \Phi_\mathrm{m} = -\frac{4\pi G\varrho_{\mathrm{m}0}{r_0}^3}{3r} \qquad \Phi_\Lambda = -\frac{4\pi G\varrho_\Lambda r^2}{3}\,.$$

Diese Gleichung hat die übliche Form eines mechanischen Energiesatzes mit kinetischer und zwei potentiellen Energien, die in Abb. 15.1 dargestellt sind. Bei einem expandierenden Universum ist $\dot{r}(t)$ positiv, $r(t)$ muß in dem von ϱ_m hervorgerufenen Potential Φ_m den Berg hochklettern und wird dadurch gebremst. Im dem von ϱ_Λ hervorgerufenen Potential Φ_Λ fällt $r(t)$ dagegen den Berg hinunter und wird dadurch beschleunigt.

15.1.7 Statische Lösung

Bei der Suche nach Lösungen der kosmologischen Gleichungen interessieren wir uns als erstes für eine statische Lösung, d. h. für den Fall $\dot{\varrho}_\mathrm{m} \equiv 0$, $\dot{H} \equiv 0$ und $\boldsymbol{v} \equiv 0$. Schon ohne die letzte Forderung folgt aus der Kontinuitätsgleichung (15.12a) $\varrho_\mathrm{m} H \equiv 0$, und um eine Lösung mit Materie, d. h. $\varrho_\mathrm{m} \not\equiv 0$, zu erhalten, muß man $H \equiv 0$ setzen, woraus sich auch nach dem Hubble-Gesetz $\boldsymbol{v} \equiv 0$ ergibt. Mit diesen Ergebnissen folgt aus dem Impulssatz (15.12b) $f(t) = 0$. Wenn wir nun als einzige Kraft nur die Schwerkraft zulassen, also $f(t) = g(t)$ fordern würden, ergäbe sich aus dem Gravitationsgesetz $\varrho_\mathrm{m}(t) \equiv 0$. Damit ist noch einmal explizit gezeigt, daß die rein Newtonschen Gleichungen kein statisches Universum zulassen.

Unter Einbeziehen einer kosmologischen Kraft kann die Gleichgewichtsforderung $f = 0$ erfüllt werden, aus dieser folgt mit (15.12c) und (15.28)

$$\varrho_\mathrm{m} = \varrho_{\mathrm{m}0} := 2\varrho_\Lambda = \mathrm{const}\,. \tag{15.32}$$

Leider ist diese Lösung auf inakzeptable Weise instabil. Um das zu erkennen, setzen wir in den Grundgleichungen (15.1)–(15.3)

$$\varrho_\mathrm{m}(\boldsymbol{r},t) = \varrho_{\mathrm{m}0} + \varrho_{\mathrm{m}1}(\boldsymbol{r},t)\,, \quad \boldsymbol{v}(\boldsymbol{r},t) = \boldsymbol{v}_0 + \boldsymbol{v}_1(\boldsymbol{r},t)\,, \quad \boldsymbol{f} = \boldsymbol{f}_0 + \boldsymbol{g}_1(\boldsymbol{r},t)$$

($\varrho_{\mathrm{m}0} = \mathrm{const}$, $\boldsymbol{v}_0 \equiv 0$ und $\boldsymbol{f}_0 \equiv 0$ sind die Gleichgewichtswerte; für die räumlich konstante kosmologische Kraftdichte ergibt sich durch die Fluktuationen $\varrho_{\mathrm{m}1}$ und $\boldsymbol{v}_1$ des kosmischen Substrats keine Störung) und linearisieren in den Störgrößen $\varrho_{\mathrm{m}1}$, $\boldsymbol{v}_1$ und $\boldsymbol{g}_1$. Auf diese Weise erhalten wir die Störungsgleichungen

$$\partial_t\varrho_{\mathrm{m}1} + \varrho_{\mathrm{m}0}\,\mathrm{div}\,\boldsymbol{v}_1 = 0\,, \quad \partial_t\boldsymbol{v}_1 = \boldsymbol{g}_1\,, \quad \mathrm{div}\,\boldsymbol{g}_1 = -4\pi G\varrho_{\mathrm{m}1}\,.$$

Mit dem Normalmodenansatz $\varrho_{\mathrm{m}1}(\boldsymbol{r},t) = \hat{\varrho}_{\mathrm{m}1}\,\mathrm{e}^{\mathrm{i}(\omega t - \boldsymbol{k}\cdot\boldsymbol{r})}$ etc. ergibt sich aus diesen

$$\mathrm{i}\omega\varrho_{\mathrm{m}1} - \mathrm{i}\varrho_{\mathrm{m}0}\,\boldsymbol{k}\cdot\boldsymbol{v}_1 = 0\,, \quad \mathrm{i}\omega\boldsymbol{v}_1 = \boldsymbol{g}_1\,, \quad \mathrm{i}\boldsymbol{k}\cdot\boldsymbol{g}_1 = 4\pi G\varrho_{\mathrm{m}1}$$

und hieraus $\omega^2\varrho_{\mathrm{m}1} = \omega\varrho_{\mathrm{m}0}\,\boldsymbol{k}\cdot\boldsymbol{v}_1 = -\mathrm{i}\varrho_{\mathrm{m}0}\,\boldsymbol{k}\cdot\boldsymbol{g}_1 = -4\pi G\varrho_{\mathrm{m}0}\,\varrho_{\mathrm{m}1}$ bzw.

$$\omega = \pm\mathrm{i}\sqrt{4\pi G\varrho_{\mathrm{m}0}} \overset{(15.32)}{\underset{(15.28)}{=}} \pm\mathrm{i}c\sqrt{\Lambda}\,.$$

Man erhält also für alle Wellenzahlen bzw. Wellenlängen durch die Partikularlösung $\varrho_{\mathrm{m}1} \sim \exp(c\sqrt{\Lambda}\,t)$ instabiles Verhalten. Auf kleine Wellenlängen beschränkte Instabilitäten wären akzeptabel, da sie die Bildung von Galaxien beschreiben könnten. Bei großen Wellenlängen handelt es sich aber um eine auf allen Längenskalen gleich schnelle ($\mathrm{i}\omega = c\sqrt{\Lambda}$) globale Instabilität, die das ganze Universum betrifft, und das ist inakzeptabel.

15.1.8 Stationäre Lösung

1948 schlugen von H. Bondi und T. Gold in Abwandlung der in Kapitel 14 besprochenen ersten Version des kosmologischen Prinzips und in Hinblick auf die jetzt zu besprechende stationäre Lösung das sogenannte **perfekte kosmologische Prinzip** vor. Nach diesem *sieht das Universum nicht nur an allen Orten und in allen Richtungen, sondern auch zu allen Zeiten gleich aus.*

Diesem Prinzip genügt nicht nur die zuletzt besprochene statische Lösung. Vielmehr ist es möglich, auch eine ihm genügende Expansionslösung anzugeben, wenn man außer der Einführung der kosmologischen Kraft noch eine weitere Modifikation der Grundgleichungen in Kauf nimmt: Da sich die Galaxien in einem expandierenden Universum immer weiter voneinander entfernen und die Dichte der bereits vorhandenen Galaxien daher abnimmt, kann die Dichte nur dann zeitlich konstant bleiben, wenn eine kontinuierliche Erzeugung von Materie (und damit Energie) aus dem Nichts zugelassen wird. Ein derartiges Modell wurde 1948 etwa gleichzeitig außer von den oben genannten Autoren auch von F. Hoyle vorgeschlagen. Die einzige Änderung unserer Grundgleichungen besteht darin, daß auf der rechten Seite der Kontinuitätsgleichung (15.1) noch eine spezifische Massenproduktionsrate σ hinzugefügt wird,[2]

$$\partial_t \varrho_{\mathrm{m}} + \mathrm{div}(\varrho_{\mathrm{m}} \boldsymbol{v}) = \sigma\,. \tag{15.33}$$

Da es sich hierbei um eine skalare Funktion handelt, gilt bei den in Abschn. 15.1.1 betrachteten Koordinatentransformationen $\sigma' = \sigma$, und damit erfüllt auch diese Gleichung wie (15.1) das kosmologische Prinzip. Statt der Gleichungen (15.12) erhalten wir mit diesem Zusatzterm, mit (15.23c) und $\partial_t \equiv 0$ die Gleichungen

$$3\varrho_{\mathrm{m}} H = \sigma\,, \qquad H^2 = \frac{\Lambda c^2}{3} - \frac{4\pi G}{3}\varrho_{\mathrm{m}}\,. \tag{15.34}$$

Durch Einsetzen von $H = \sigma/(3\varrho_{\mathrm{m}})$ aus der ersten in die zweite Gleichung wird diese zu einer Bestimmungsgleichung für ϱ_{m},

$$\frac{\sigma^2}{9\varrho_{\mathrm{m}}{}^2} + \frac{4\pi G}{3}\varrho_{\mathrm{m}} = \frac{\Lambda c^2}{3}\,. \tag{15.35}$$

Diese hat nur für $\Lambda > 0$, d. h. eine abstoßende kosmologische Kraft, Lösungen mit positiver Materiedichte ϱ_{m}. Werden diese in (15.34a) eingesetzt, so erhält man über H aus

2 Dieser Ansatz ist nicht so unnatürlich, wie es auf den ersten Blick erscheinen mag: Bei einer Expansion des Universums wird laufend neuer Raum erzeugt, und bei gleichzeitiger Erzeugung von Materie wird die Vorstellung realisiert, daß die Existenz von Raum auf Materie zurückzuführen ist.

Gleichung (15.9) das zugehörige Geschwindigkeitsfeld. Eine Stabilitätsanalyse zeigt, daß die Lösungen stabil sind, wenn Λ unterhalb eines kritischen Wertes Λ_{krit} liegt, oberhalb von diesem sind sie instabil (Aufgabe 15.2).

15.1.9 Rein Newtonsche Lösungen mit Urknall

$\Lambda = 0$ bzw. $\varrho_\Lambda = 0$ ist der Fall reiner Newton-Theorie. Aus (15.18b) und (15.31) ergibt sich in ihm mit (15.27)

$$\ddot{a} = -\frac{4\pi G\, \varrho_{\text{m0}}\, a_0{}^3}{3\, a^2}\,, \qquad \dot{a}^2 = \frac{8\pi G\, \varrho_{\text{m0}} a_0{}^3}{3\, a} - kc^2\,. \tag{15.36}$$

Nach der ersten Gleichung hat die Kurve $a = a(t)$ überall negative Krümmung, und nach der zweiten wird ihre Steigung für $a \to 0$ unendlich (Abb. 15.2). Dies hat zur Folge, daß jede Lösung $a(t)$ zu einer endlichen Zeit t_{a} zu $a = 0$ führen muß. Nach (15.27) wird dabei $\varrho_{\text{m}} = \infty$, und auch die Strömungsgeschwindigkeit $v = Hr = (\dot{a}/a)\, r$ (wir beschränken uns auf expandierende Lösungen, $\dot{a} > 0$) wird wegen $\dot{a} \sim 1/\sqrt{a}$ überall unendlich. Die Expansion beginnt also zur Zeit t_{a} mit unendlicher Dichte und unendlicher Fluchtgeschwindigkeit und geht dann in Zustände endlicher Dichten und Geschwindigkeiten über. Diese Lösung hätte auch schon von Newton oder Euler gefunden werden können.

Wir wollen uns noch die Rolle des Parameters k in Gleichung (15.36) verdeutlichen und beschränken uns dabei wieder auf anfänglich expandierende Lösungen ($\dot{a}(t) > 0$). In den Fällen $k = -1$ und $k = 0$ bleibt $\dot{a}$ für alle (als positiv vorausgesetzten) a positiv. $a(t)$ wächst daher bis unendlich, und zu allen endlichen Zeiten gilt $v = (\dot{a}/a)\, r > 0$, die Expansion kommt nie zum Stillstand (außer asymptotisch für $a \to \infty$ im Fall $k = 0$). Für $k = 1$ wird $\dot{a}$ dagegen schon bei einem $a < \infty$ gleich null, und um die Lösung zeitlich fortsetzen zu können, muß man zu dem Lösungszweig $\dot{a} \leq 0$ der Gleichung (15.36b) überwechseln, was zur Folge hat, daß die Strömung $v = (\dot{a}/a)\, r$ überall die Richtung umkehrt. Dies bedeutet, daß k zwischen den Fällen unterscheidet, in denen die Galaxien ihrer gegenseitigen Anziehung entkommen oder von ihr zurückgeholt werden.

Unter Benutzung von (15.14a) und (15.27) läßt sich Gleichung (15.36) in die Form

$$\frac{kc^2}{a^2} = \frac{8\pi G}{3}(\varrho_{\text{m}} - \varrho_{\text{krit}}) \qquad \text{mit} \qquad \varrho_{\text{krit}} = \frac{3H^2}{8\pi G} \tag{15.37}$$

bringen. Aus dieser folgt, daß die Dichte ϱ_{m} im Fall der Lösungen mit Umkehr der Expansion ($k = 1$) über der kritischen Dichte ϱ_{krit} liegen muß. In den Fällen permanen-

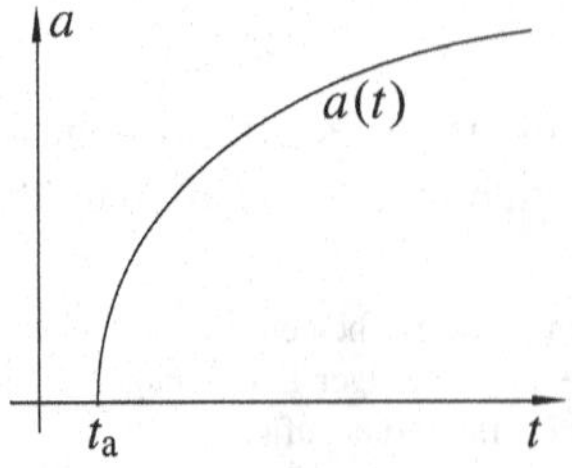

Abb. 15.2: Qualitativer Verlauf der rein Newtonschen Lösungen $a(t)$ mit Urknall.

ter Expansion muß sie dagegen unter dieser liegen ($k = -1$) bzw. gleich dieser sein ($k = 0$).

15.2 SRT-Modell von Milne

Man würde erwarten, daß sich aufgrund von Lorentz-Kontraktion und Zeitdilatation interessante neue Aspekte ergäben, wenn es gelänge, das auf den Newtonschen Bewegungsgleichungen beruhende Modell des Universums auf die SRT zu übertragen. Dem stehen aber die bekannten Schwierigkeiten mit dem Gravitationsgesetz entgegen (siehe ART Abschn. 7). Eine derartige Übertragung gelingt jedoch, wenn man die gravitativen Wechselwirkungen vernachlässigt bzw. Materie ohne Masse zugrundelegt.

Sehen wir zuerst, was sich unter diesen Annahmen in der rein Newtonschen Kosmologie ergibt. Dazu müssen wir in den entsprechenden Gleichungen nur $\Lambda = 0$ und $G = 0$ setzen sowie $\varrho_{\mathrm{m}} \to n$ als Teilchendichte interpretieren. Aus (15.27) und (15.31) wird dann

$$na^3 = n_0 a_0{}^3 \,, \qquad \dot{a}^2 = -kc^2 \,. \tag{15.38}$$

Hieraus folgt zunächst einmal, daß jetzt der Fall $k = 1$ ausgeschlossen werden muß. (Wegen der fehlenden Schwerkraft gibt es keine „zurückfallenden" Lösungen.) Für $k = 0$ ergibt sich $a = \mathrm{const}$ und damit $n = \mathrm{const}$, d. h. wir erhalten jetzt natürlich eine statische Lösung. Für $k = -1$ ergibt sich schließlich

$$a = ct \,, \qquad n = n_0 a_0{}^3/(ct)^3 \,,$$

und mit (15.14a) sowie (15.9) folgt $H = 1/t$ sowie $\boldsymbol{v} = \boldsymbol{r}/t$. Für $t \to 0$ geht sowohl die Dichte als auch die Geschwindigkeit überall gegen unendlich. Diejenigen Elemente des Substrats, die sich zur Zeit t am Ort r befinden und mit der Geschwindigkeit $v = r/t$ fliegen, sind zur Zeit $t = 0$ am Ort $r = 0$ mit derselben Geschwindigkeit losgeflogen. Dies bedeutet, daß zur Zeit $t = 0$ bei $r = 0$ Teilchen aller möglichen Radialgeschwindigkeiten gestartet sind.

Es wäre leicht möglich, all das auf die SRT zu übertragen. Wir betrachten stattdessen ein 1932 (also noch vor Entdeckung der Newtonschen Kosmologie) von E. A. Milne vorgeschlagenes Modell, bei dem der Urknall nicht, wie bei den Lösungen der Gleichungen (15.12), wegen $\varrho_{\mathrm{m}} = \varrho_{\mathrm{m}}(t)$ überall im Raum beginnt, sondern nur in einem einzigen Punkt $r = 0$. Wie beim obigen Modell starten dort bei unendlicher Teilchendichte Teilchen aller möglichen Radialgeschwindigkeiten, deren Werte jedoch jetzt, wo wir die Gültigkeit der SRT annehmen, durch die Lichtgeschwindigkeit c begrenzt sind. Alles soll sich in einer pseudo-euklidischen Raum-Zeit abspielen, und wir betrachten in dieser die Vorgänge aus einem Koordinatensystem S, in welchem sich der Urknall am Ort $r = 0$ zur Zeit $t = 0$ ereignet.

Es sieht so aus, als ließe sich das kosmologische Prinzip bei diesem Modell nicht erfüllen: Da die Teilchen höchstens mit Lichtgeschwindigkeit fliegen, wird der materieerfüllte Teil des Universums durch die sich aufblähende Kugelschale $r = ct$ begrenzt, und für Teilchen in der Nähe dieses Randes scheint das Universum anders auszusehen als für die im Zentrum. Die Transformationsgesetze der SRT sorgen jedoch dafür, daß dem nicht so ist.

Als erstes hat der Rand des Universums für alle Teilchen, also auch solche in Randnähe, dieselbe Entfernung ct. Um das einzusehen, gehen wir in das Ruhesystem eines Teilchens, das zur Zeit $t=0$ mit einer bestimmten Radialgeschwindigkeit $v_r < c$ vom Punkt $r=0$ aus davonfliegt. Zur Zeit t=0 fliegen auch für dieses alle anderen Teilchen radial mit konstanter Geschwindigkeit davon, die schnellsten mit Lichtgeschwindigkeit. Auch für dieses ist der Rand des Universums daher die Oberfläche einer Kugel, in deren Zentrum es selbst sitzt, und das gilt unabhängig davon, wie weit es sich schon von $r=0$ entfernt hat.

Für die Ortsabhängigkeit der Teilchengeschwindigkeiten in S gilt $\boldsymbol{v}=\boldsymbol{r}/t$, und dasselbe, $\boldsymbol{v}'=\boldsymbol{r}'/t'$, gilt im Ruhesystem S' jedes entweichenden Teilchens, da auch in diesem alle übrigen Teilchen unbeschleunigt, also mit konstanter Geschwindigkeit, radial von dem bei $\boldsymbol{r}'=0$ sitzenden Teilchen weg fliegen. Damit wird auch vom Geschwindigkeitsfeld das kosmologische Prinzip (erste Version) erfüllt.

Etwas komplizierter sind die Verhältnisse bei der Dichte. Diese ist durch die über das System getroffenen Annahmen noch nicht festgelegt. Wir nehmen an, daß im System S in jede Richtung gleich viele Teilchen gleicher Radialgeschwindigkeit davonfliegen. Wegen der damit erzielten Kugelsymmetrie gilt in S dann die (relativistische) Kontinuitätsgleichung

$$\frac{\partial n}{\partial t}+\operatorname{div}(n\boldsymbol{v})=\frac{\partial n}{\partial t}+\frac{1}{r^2}\frac{\partial}{\partial r}\left(r^2 n v_r\right)=\frac{\partial n}{\partial t}+\frac{1}{r^2}\frac{\partial}{\partial r}\left(\frac{nr^3}{t}\right)=0\,. \tag{15.39}$$

Aufgrund der Relativität der Zeit kann aus dem kosmologischen Prinzip jetzt aber nicht mehr $n=n(t)$ gefolgert werden. Es ist vielmehr zu fordern, daß in jedem Punkt die lokale Ruhedichte n_0 (in S' also die Dichte bei $r'=0$) dieselbe Funktion der seit dem Urknall vergangenen Eigenzeit τ ist, $n_0=n_0(\tau)$. Damit ergibt sich in S am Ort r aus der Invarianz der Teilchenzahl, $n\,\Delta V=n_0\Delta V'$, unter Berücksichtigung der Lorentz-Kontraktion $\Delta V=\sqrt{1-v^2/c^2}\,\Delta V'$ und von $v=r/t$

$$n=\frac{n_0(\tau)}{\sqrt{1-r^2/(c^2t^2)}}\,, \tag{15.40}$$

wobei τ über die Zeitdilatation

$$t=\frac{\tau}{\sqrt{1-r^2/(c^2t^2)}} \tag{15.41}$$

durch r und t ausgedrückt werden kann. Für $r\to 0$ erhalten wir $t\to\tau$, $n\to n_0$, und die Kontinuitätsgleichung (15.39) vereinfacht sich zu

$$\dot{n}_0(\tau)+\frac{3n_0}{\tau}=0 \quad\Rightarrow\quad n_0(\tau)=\frac{\alpha}{\tau^3}\,. \tag{15.42}$$

Wenn wir dies und (15.41) in (15.40) einsetzen, erhalten wir schließlich

$$n(r,t)=\frac{\alpha t}{\left(t^2-r^2/c^2\right)^2}\,. \tag{15.43}$$

Man überzeugt sich leicht davon, daß diese mit Hilfe des kosmologischen Prinzips abgeleitete Dichte die Kontinuitätsgleichung (15.39) erfüllt.

Unser Ergebnis zeigt, daß die erste Version des kosmologischen Prinzips in einer relativistischen Theorie nicht mehr zu einer im System des Beobachters räumlich konstanten Dichte führen muß, vielmehr hängt deren räumliche Verteilung von der gewählten Zeitskala ab. Für einen Beobachter, der die Koordinaten r und t des Systems S zugrunde legt, geht die Dichte bei dem gegenwärtig betrachteten Modell am Rand des Universums ($r \to ct$) sogar gegen unendlich! (Diese Divergenz kommt ersichtlich durch ein Zusammenwirken von Lorentz-Kontraktion und Zeitdilatation zustande.)

Es ist interessant, wenn man in dem zugrunde liegenden pseudo-euklidischen Raum von den Koordinaten r und t des Systems S der Metrik

$$ds^2 = c^2dt^2 - dr^2 - r^2\left(d\vartheta^2 + \sin^2\vartheta\, d\varphi^2\right) \tag{15.44}$$

zu der Eigenzeit τ und einer mitbewegten Koordinate ρ übergeht. (Da wir in diesem Abschnitt die Materie durch eine Teilchenzahldichte n beschreiben, ist eine Verwechslung mit der Massendichte ϱ nicht zu befürchten.) Bei τ handelt es sich um eine Zeit, die jeder mitbewegte Beobachter an der in seiner unmittelbaren Umgebung feststellbaren Ruhedichte $n_0 = \alpha/\tau^3$ „ablesen" kann. In diesem Sinne kann τ als eine Universalzeit oder kosmische Zeit aufgefaßt werden. Eine mögliche mitbewegte „Ortskoordinate" wäre $v = r/t$, denn v ist für jedes Teilchen konstant. Wir wählen stattdessen die von dieser abhängige Radialkoordinate

$$\rho = \frac{r}{ct\sqrt{1 - r^2/(c^2t^2)}} \,. \tag{15.45}$$

Aus (15.41) und (15.45) folgt

$$r = c\tau\,\rho\,, \qquad t = \sqrt{1+\rho^2}\,\tau\,, \tag{15.46}$$

und mit $dt = \sqrt{1+\rho^2}\,d\tau + \tau\rho\, d\rho/\sqrt{1+\rho^2}$ sowie $dr = c\tau\, d\rho + c\rho\, d\tau$ ergibt sich aus (15.44)

$$ds^2 = c^2d\tau^2 - c^2\tau^2\left[\frac{d\rho^2}{1+\rho^2} + \rho^2\left(d\vartheta^2 + \sin^2\vartheta\, d\varphi^2\right)\right] . \tag{15.47}$$

Wir werden später sehen, daß dies ein Spezialfall der **Robertson-Walker-Metrik** ist, die sich in der ART aus dem kosmologischen Prinzip ergibt.

Die Linien $\rho = \text{const}$ entsprechen $v = r/t = \text{const}$ und sind Weltlinien davonfliegender Teilchen in einem r, ct-Diagramm (Abb. 15.3). Auf dem Lichtkegel ($r = ct$) gilt $\rho = \infty$. Zu jeder konstanten Zeit t des Beobachters im Ursprung des Systems S ist das materielle Universum eine Kugel vom Radius ct, und die Dichte variiert räumlich gemäß (15.43). Eine feste kosmische Zeit $\tau = \tau_0$ wird nach (15.41) durch die Hyperbel

$$c^2t^2 - r^2 = \tau_0{}^2c^2$$

beschrieben. Für die Teilchendichte ergibt sich aus (15.42b), (15.43) und (15.46)

$$n(\rho, \tau) = n_0(\tau)\sqrt{1+\rho^2}\,. \tag{15.48}$$

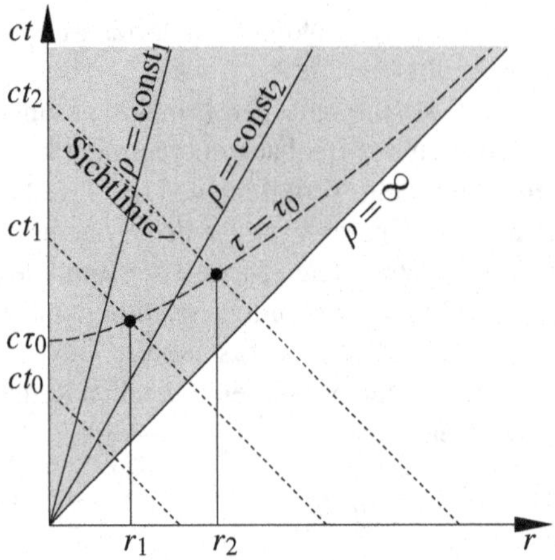

Abb. 15.3: Modell von Milne: Weltlinien $\varrho = \text{const}_i$ davonfliegender Teilchen, Sichtlinien und Linie konstanter kosmischer Zeit $\tau = \tau_0$ in einem r, ct-Diagramm.

Für $\rho = 0$ gilt $v = 0$ und $n(0, \tau) = n_0(\tau)$, und für $\rho \to \infty$ geht $n(\rho, \tau) \to \infty$. Der ganze Raum $0 \leq \rho \leq \infty$ (schattierter Bereich in Abb. 15.3) ist von Materie erfüllt, in den neuen Koordinaten ist das materieerfüllte Universum unendlich, und wir werden später sehen, daß es die negative räumliche Krümmung $-1/(c\tau)^2$ besitzt. (Man beachte aber, daß die Raum-Zeit ungekrümmt ist. Die räumliche Krümmung kommt dadurch zustande, daß die ungekrümmte 4-D-Raum-Zeit durch räumlich gekrümmte 3-D-Hyperflächen τ=const aufgespannt wird.) Dennoch ist dieses Universum nicht abgeschlossen, denn von außerhalb ($r > ct$) des mit dem Substrat gefüllten Gebiets $r \leq ct$ kann es Einwirkungen auf das letztere geben, z. B. könnte auch von außerhalb kommendes Licht gesehen werden.

Bei der Beobachtung mit dem Fernrohr sieht ein bei $r = 0$ ruhende Beobachter zur Zeit t_0 am Ort r_0 nicht die gemäß (15.40) berechnete Dichte $n(r_0, t_0)$, sondern $n(r_0, t_0 - r_0/c)$, also die auf der zu ihm führenden Sichtlinie herrschende Dichte. Von einer kosmischen Hintergrundstrahlung, die zu einer festen kosmischen Zeit τ_0 erzeugt wurde, würde er zur Zeit t_1 das Licht empfangen, das von einer Kugelschale im Abstand r_1 ausging (Abb. 15.3). Je später der Zeitpunkt t_i, desto größer die Entfernung r_i und die Geschwindigkeit v_i, bei der das Licht emittiert wurde, und desto größer daher auch dessen Rotverschiebung.

Aufgaben

15.1 Beweisen Sie die Gültigkeit von Gleichung (15.10) für $\boldsymbol{g}$, wenn die Invarianz des Newtonschen Gravitationsgesetzes gefordert wird.

15.2 Berechnen Sie den kritischen Wert Λ_{krit} der kosmologischen Konstanten Λ, oberhalb dessen die Lösung für ein stationäres Universum mit Materieproduktion instabil wird.

Anleitung: Setzen Sie für die Störgrößen $\varrho_{\text{m1}} = \hat{\varrho}_{\text{m1}}(t)\, \text{e}^{\text{i}\,\varphi(\boldsymbol{r},t)}$ etc. an.

Lösungen

15.2 Mit den Zerlegungen $\varrho_{\rm m}(\boldsymbol{r},t)=\varrho_{\rm m0}+\varrho_{\rm m1}(\boldsymbol{r},t)$ etc. in Gleichgewichts- und Störgrößen erhalten wir aus (15.33), (15.2)–(15.3) und (15.23) unter Linearisierung in den Störgrößen

$$\begin{aligned}\partial_t\varrho_{\rm m1}+{\rm div}(\varrho_{\rm m0}\boldsymbol{v}_0)+{\rm div}(\varrho_{\rm m0}\boldsymbol{v}_1)+{\rm div}(\varrho_{\rm m1}\boldsymbol{v}_0)&=\sigma\,,\\ \partial_t\boldsymbol{v}_1+\boldsymbol{v}_0\cdot\nabla\boldsymbol{v}_0+\boldsymbol{v}_0\cdot\nabla\boldsymbol{v}_1+\boldsymbol{v}_1\cdot\nabla\boldsymbol{v}_0&=(\Lambda c^2/3)\,\boldsymbol{r}+\boldsymbol{g}_0+\boldsymbol{g}_1\,,\\ {\rm div}\,\boldsymbol{g}_0+{\rm div}\,\boldsymbol{g}_1&=-4\pi G\varrho_{\rm m0}-4\pi G\varrho_{\rm m1}\,.\end{aligned}$$

Gleichgewicht: ${\rm div}(\varrho_{\rm m0}\boldsymbol{v}_0)=\sigma$, $\boldsymbol{v}_0\cdot\nabla\boldsymbol{v}_0=(\Lambda c^2/3)\boldsymbol{r}+\boldsymbol{g}_0$ und ${\rm div}\,\boldsymbol{g}_0=-4\pi G\varrho_{\rm m0}$, $\varrho_{\rm m0}$ ist räumlich und zeitlich konstant, $\boldsymbol{v}_0=H\boldsymbol{r}$ ist zeitlich konstant, außerdem

$$\begin{aligned}&{\rm div}(\varrho_{\rm m0}\boldsymbol{v}_1)=\varrho_{\rm m0}\,{\rm div}\,\boldsymbol{v}_1\,,\qquad \boldsymbol{v}_1\cdot\nabla\boldsymbol{v}_0=H\boldsymbol{v}_1\cdot\nabla\boldsymbol{r}=H\boldsymbol{v}_1\,,\\ &{\rm div}(\varrho_{\rm m1}\boldsymbol{v}_0)=\varrho_{\rm m1}\,{\rm div}(H\boldsymbol{r})+\boldsymbol{v}_0\cdot\nabla\varrho_{\rm m1}=3H\varrho_{\rm m1}+H\boldsymbol{r}\cdot\nabla\varrho_{\rm m1}\,.\end{aligned}$$

Mit alledem ergeben sich die Störungsgleichungen

$$\begin{aligned}&\partial_t\varrho_{\rm m1}+\varrho_{\rm m0}\,{\rm div}\,\boldsymbol{v}_1+3H\varrho_{\rm m1}+H\boldsymbol{r}\cdot\nabla\varrho_{\rm m1}=0\,,\\ &\partial_t\boldsymbol{v}_1+H\boldsymbol{r}\cdot\nabla\boldsymbol{v}_1+H\boldsymbol{v}_1=\boldsymbol{g}_1\,,\qquad {\rm div}\,\boldsymbol{g}_1=-4\pi G\varrho_{\rm m1}\,.\end{aligned}$$

Diese haben Koeffizienten, die zwar zeitlich, aber nicht räumlich konstant sind, so daß ein reiner Exponentialansatz zunächst nicht möglich ist. Durch Ansätze der Form $\varrho_{\rm m1}=\hat\varrho_{\rm m1}(t)\,{\rm e}^{{\rm i}\,\varphi(\boldsymbol{r},t)}$ werden die Gleichungen aber erheblich vereinfacht. Setzt man

$$\varphi(\boldsymbol{r},t)=-\boldsymbol{k}\cdot\boldsymbol{r}/a(t)\qquad\text{mit}\qquad \dot a(t)/a(t)=H={\rm const}\,,$$

so ergibt sich

$$\partial_t\varrho_{\rm m1}+H\boldsymbol{r}\cdot\nabla\varrho_{\rm m1}=\dot{\hat\varrho}_{\rm m1}(t)\,{\rm e}^{{\rm i}\varphi}\,,\qquad \partial_t\boldsymbol{v}_1+H\boldsymbol{r}\cdot\nabla\boldsymbol{v}_1=\dot{\hat{\boldsymbol{v}}}_1(t)\,{\rm e}^{{\rm i}\varphi}\,,$$

und die Störungsgleichungen reduzieren sich auf

$$\dot{\hat\varrho}_{\rm m1}-{\rm i}\varrho_{\rm m0}\boldsymbol{k}\cdot\hat{\boldsymbol{v}}_1/a+3H\hat\varrho_{\rm m1}=0\,,\quad \dot{\hat{\boldsymbol{v}}}_1+H\hat{\boldsymbol{v}}_1=\hat{\boldsymbol{g}}_1\,,\quad {\rm i}\boldsymbol{k}\cdot\hat{\boldsymbol{g}}_1/a=4\pi G\hat\varrho_{\rm m1}\,.$$

Werden hieraus $\hat{\boldsymbol{v}}_1$ und $\hat{\boldsymbol{g}}_1$ eliminiert – die erste Gleichung wird nach t differenziert und zur Elimination von $\boldsymbol{v}_1$ noch einmal undifferenziert benutzt –, so erhält man für $\hat\varrho_{\rm m1}$ die Gleichung

$$\ddot{\hat\varrho}_{\rm m1}+5H\dot{\hat\varrho}_{\rm m1}+(6H^2-4\pi G\varrho_{\rm m0})\hat\varrho_{\rm m1}=0\,.$$

Diese stimmt mit der Bewegungsgleichung für einen gedämpften harmonischen Oszillator der Federkonstanten $6H^2-4\pi G\varrho_{\rm m0}$ überein, und es ergeben sich exponentiell anwachsende Lösungen nur für $4\pi G\varrho_{\rm m0}>6H^2$. Mit (15.34b) ergibt sich daraus *für Instabilität die Bedingung*

$$\Lambda c^2=3H^2+4\pi G\varrho_{\rm m}>9H^2\quad\Rightarrow\quad \Lambda>\Lambda_{\rm krit}=(3H/c)^2\,.$$

16 Mathematische Grundlagen der ART-Kosmologie

In diesem Kapitel beginnen wir mit der ART-Kosmologie. Dieser liegen das kosmologische Prinzip und die Einsteinschen Feldgleichungen zugrunde. Die letzteren werden durch das kosmologische Prinzip stark vereinfacht, denn dieses hat sehr hohe Symmetrien zur Folge, welche die Zahl der zu bestimmenden metrischen Koeffizienten erheblich reduzieren. Eine derartige Reduktion ist auf heuristische Weise schon Friedmann gelungen, der die Metrik aus den Einsteinschen Feldgleichungen ableitete. Erst viele Jahre später, nach einer strengen Formulierung des kosmologischen Prinzips durch A. G. Walker, haben dieser und H. P. Robertson unabhängig voneinander fast gleichzeitig die Auswirkungen der im kosmologischen Prinzip enthaltenen Symmetrieforderungen an die Metrik systematisch untersucht, ohne die Feldgleichungen zu benutzen. Dabei konnten sie zeigen, daß die Geometrie des Universums schon weitgehend durch Symmetrien festgelegt wird. In diesem Kapitel werden die diesbezüglichen Überlegungen nachvollzogen. Diese sind mathematisch aufwendig und könnten Leser, die primär an den physikalischen Aspekten interessiert sind, möglicherweise abschrecken. Das wesentliche Ergebnis sind die Gleichungen (16.38) und (16.41). Wer auf den Nachweis verzichtet, daß mit diesen Ergebnissen die Gesamtheit aller Lösungen ausgeschöpft ist, kann die nächsten Abschnitte überspringen und gleich zu Gleichung (16.41) gehen. Diese wird auf einfache Weise in einem Anhang zu Abschn. 16.3.4 verifiziert.

16.1 Symmetrische Räume, Bewegungsgruppen und Killing-Vektoren

Die durch die Metrik $ds^2 = \eta_{\mu\nu}\, dx^x\, dx^\nu$ beschriebene global pseudoeuklidische Raum-Zeit ist homogen und isotrop. Diese Eigenschaften kommen in den Koordinaten x^μ darin zum Ausdruck, daß der metrische Tensor $\eta_{\mu\nu}$ konstant, also von sämtlichen Koordinaten unabhängig ist. Sie gehen jedoch verloren, wenn man mit $x^\mu \to x'^\mu(x)$ zu neuen Koordinaten übergeht. In diesen gilt

$$ds^2 = \eta_{\mu\nu}\, dx^\mu dx^\nu = \eta_{\mu\nu} \frac{\partial x^\mu}{\partial x'^\rho} \frac{\partial x^\nu}{\partial x'^\sigma}\, dx'^\rho dx'^\sigma = g'_{\rho\sigma}(x')\, dx'^\rho dx'^\sigma\,,$$

und an $g'_{\rho\sigma}(x')$ ist die Symmetrie im allgemeinen nicht mehr erkennbar. Eine schwächere Symmetrie der Raum-Zeit kann darin bestehen, daß es Koordinaten gibt, in denen der metrische Tensor z. B. auf einer Schar von Kurven oder Flächen, also einer kontinuierlichen Untermannigfaltigkeit der Raum-Zeit, konstant ist. (Beispiel: Bei Kugelsymmetrie ist g_{ik} auf Kugelflächen konstant.) Da man häufig nicht weiß, welche Koordinaten eine vorliegende Symmetrie erkennen lassen, stellt es eine wichtige Aufgabe dar, eine koordinatenunabhängige kovariante Beschreibung von Symmetrieeigenschaften zu finden.

Noch allgemeiner als oben beschrieben kann eine Symmetrie darin bestehen, daß sich die Metrik, also $ds^2 = g_{\mu\nu}\, dx^\mu\, dx^\nu$ und nicht $g_{\mu\nu}$ alleine, bei einer Bewegung

$$x^\mu \to x'^\mu(x) = x^\mu + \xi^\mu(x)$$

des Koordinatensystems, die jeden Punkt x^μ in einen Punkt x'^μ überführt (z. B. eine Verschiebung oder Drehung), nicht verändert. Diese Bewegung kann auch als Koordinatentransformation aufgefaßt werden, was wir im folgenden tun werden. Invarianz von ds^2 gegenüber der Transformation $x^\mu \to x'^\mu(x)$ bedeutet

$$g_{\alpha\beta}(x')\, dx'^\alpha\, dx'^\beta = g_{\mu\nu}(x)\, dx^\mu\, dx^\nu \qquad \text{für} \qquad x'^\mu = x'^\mu(x)\,. \tag{16.1}$$

Für die Umkehrung $x^\alpha = x^\alpha(x')$ der Transformation $x'^\mu = x'^\mu(x)$ gilt

$$g_{\mu\nu}(x)\, dx^\mu\, dx^\nu = g_{\mu\nu}(x)\, \frac{\partial x^\mu}{\partial x'^\alpha} \frac{\partial x^\nu}{\partial x'^\beta}\, dx'^\alpha\, dx'^\beta \overset{(8.24)}{=} g'_{\alpha\beta}(x')\, dx'^\alpha\, dx'^\beta\,.$$

Einsetzen in (16.1) liefert wegen der beliebigen Wählbarkeit von dx'^α

$$\boxed{g'_{\alpha\beta}(x') = g_{\alpha\beta}(x')\,.} \tag{16.2}$$

Diese Eigenschaft – die transformierten metrischen Koeffizienten $g'_{\alpha\beta}$ besitzen dieselbe funktionale Abhängigkeit von den neuen Koordinaten x' wie die $g_{\alpha\beta}$ von den ursprünglichen Koordinaten x – wird als **Forminvarianz** bezeichnet, der metrische Tensor selbst als **forminvariant**. Multipliziert man (16.2) mit $(\partial x'^\alpha/\partial x^\mu)\,(\partial x'^\beta/\partial x^\nu)$ und benutzt $g_{\mu\nu}(x) = g'_{\alpha\beta}(x')\,(\partial x'^\alpha/\partial x^\mu)\,(\partial x'^\beta/\partial x^\nu)$, so erhält man die äquivalente Beziehung

$$\boxed{g_{\mu\nu}(x) = g_{\alpha\beta}(x')\, \frac{\partial x'^\alpha}{\partial x^\mu} \frac{\partial x'^\beta}{\partial x^\nu}\,.} \tag{16.3}$$

Forminvarianz muß nicht für alle möglichen, sondern nur für spezielle Transformationen $x^\mu \to x'^\mu$ bestehen, die dann als **Isometrien** bezeichnet werden. Invarianz des metrischen Tensors selbst ist als Spezialfall in (16.3) enthalten: Für $x'_\alpha = x^\alpha + c^\alpha$ mit konstanten c^α gilt $\partial x'^\alpha/\partial x^\mu = \delta^\alpha_\mu$, und aus (16.3) folgt damit $g_{\mu\nu}(x) = g_{\mu\nu}(x')$.

Jede endliche Transformation $x'^\alpha = x'^\alpha(x)$ kann aus infinitesimalen Transformationen

$$x'^\alpha = x^\alpha + \varepsilon\, \xi^\alpha(x)\,, \qquad |\varepsilon| \ll 1 \tag{16.4}$$

zusammengesetzt werden, so daß wir uns auf diese beschränken können. Mit

$$\frac{\partial x'^\alpha}{\partial x^\mu} = \delta^\alpha{}_\mu + \varepsilon\, \xi^\alpha{}_{,\mu} \qquad \text{und} \qquad g_{\alpha\beta}(x + \varepsilon\xi) = g_{\alpha\beta}(x) + \varepsilon\, \xi^\lambda g_{\alpha\beta,\lambda}$$

($_{,\mu}$ etc. bedeutet wie in der ART die Ableitung nach x_μ) erhalten wir für sie aus (16.3) unter Vernachlässigung von Termen $\mathcal{O}(\varepsilon^2)$

$$\xi^\lambda g_{\mu\nu,\lambda} + g_{\alpha\nu}\xi^\alpha{}_{,\mu} + g_{\mu\beta}\xi^\beta{}_{,\nu} = 0\,. \tag{16.5}$$

Mit $\xi^\lambda g_{\mu\nu,\lambda} = \xi_\alpha g^{\alpha\lambda} g_{\mu\nu,\lambda}$, $g_{\alpha\nu}\xi^\alpha{}_{,\mu} = (g_{\alpha\nu}\xi^\alpha)_{,\mu} - \xi^\alpha g_{\alpha\nu,\mu} \overset{\alpha\to\lambda}{=} \xi_{\nu,\mu} - \xi_\rho g^{\rho\lambda} g_{\lambda\nu,\mu}$, einer entsprechenden Gleichung für $g_{\mu\beta}\xi^\beta{}_{,\nu}$ und mit (9.52) kann dies in

$$\xi_{\nu,\mu} + \xi_{\mu,\nu} - \xi_\rho g^{\rho\lambda}\big(-g_{\mu\nu,\lambda} + g_{\lambda\nu,\mu} + g_{\mu\lambda,\nu}\big) = \xi_{\nu,\mu} + \xi_{\mu,\nu} - 2\xi_\rho \Gamma^\rho_{\mu\nu} = 0$$

bzw. in die kovariante **Killing-Gleichung**

$$\boxed{\xi_{\mu;\nu} + \xi_{\nu;\mu} = 0} \tag{16.6}$$

umgeschrieben werden. (Dabei wurde zuletzt die Definition (9.30) benutzt.) Ein Vektorfeld $\xi^\lambda(x)$ bzw. $\xi_\mu(x)$, das Gleichung (16.5) oder (16.6) erfüllt, wird als Feld von **Killing-Vektoren** bezeichnet. Da es in jedem Koordinatensystem aus diesen Gleichungen berechnet werden kann, charakterisiert es in kovarianter Form eine Symmetrie der Raum-Zeit.

Ist in einem Koordinatensystem $\xi^\lambda(x) = \delta^\lambda{}_\rho$ für festes ρ ein Feld von Killing-Vektoren, so folgt aus (16.5) $g_{\mu\nu,\rho} = 0$, d. h. der metrische Tensor ist unabhängig von x^ρ.

In der pseudo-riemannschen Raum-Zeit bildet (16.6) ein System von 10 Gleichungen für die vier unbekannten Komponenten $\xi_\mu(x)$, und in einem N-dimensionalen Unterraum der Raum-Zeit ($N \leq 3$) ein System von $N(N+1)/2$ Gleichungen für N unbekannte Komponenten. Daraus geht hervor, daß die Existenz von Lösungen im allgemeinen nicht gegeben sein wird, sondern eine Besonderheit darstellt. Da (16.6) ein System linearer homogener Gleichungen für die Killing-Vektoren ist (man erkennt das am besten an (16.5)), liefert jede mit konstanten Koeffizienten gebildete Linearkombination von Killing-Feldern wieder ein Killing-Feld, d. h. es gilt ein **Superpositionsprinzip für Killing-Felder**. Zwei Killing-Felder $\xi^{(1)}_\mu(x)$ und $\xi^{(2)}_\mu(x)$ heißen linear unabhängig, wenn die Gleichung

$$C_1\xi^{(1)}_\mu(x) + C_2\xi^{(2)}_\mu(x) = 0 \qquad \text{für alle } x$$

mit konstanten C_i nur die Lösung $C_1 = C_2 = 0$ zuläßt.

Für die Lösbarkeit der Killing-Gleichung gibt es sehr **restriktive Integrabilitätsbedingungen**. Wir leiten diese her, indem wir die für beliebige Vektorfelder gültige Beziehung (9.69) auf das Killing-Feld $\xi_\mu(x)$ anwenden,

$$\xi_{\mu;\nu;\rho} - \xi_{\mu;\rho;\nu} = -R^\lambda_{\mu\nu\rho}\xi_\lambda\,, \tag{16.7}$$

alle hieraus durch zyklische Permutation von μ, ν und ρ hervorgehenden Gleichungen dazu addieren und die Identität (9.78c), also $R^\lambda_{\mu\nu\rho} + R^\lambda_{\rho\mu\nu} + R^\lambda_{\nu\rho\mu} = 0$, benutzen. Auf diese Weise erhalten wir

$$\frac{1}{2}\big(\xi_{\mu;\nu;\rho} - \xi_{\mu;\rho;\nu} + \xi_{\rho;\mu;\nu} - \xi_{\rho;\nu;\mu} + \xi_{\nu;\rho;\mu} - \xi_{\nu;\mu;\rho}\big) \overset{(16.6)}{=} \xi_{\mu;\nu;\rho} - \xi_{\mu;\rho;\nu} - \xi_{\rho;\nu;\mu} = 0\,,$$

setzen dies in (16.7) ein und bekommen

$$\xi_{\rho;\nu;\mu} = -R^{\lambda}_{\mu\nu\rho}\xi_\lambda \quad \Rightarrow \quad \xi_{\rho;\nu;\mu;\beta} = -R^{\lambda}_{\mu\nu\rho;\beta}\xi_\lambda - R^{\lambda}_{\mu\nu\rho}\xi_{\lambda;\beta}\,. \tag{16.8}$$

Demnach können die zweiten und dritten Ableitungen von ξ_ρ durch ξ_λ und $\xi_{\lambda;\beta}$ ausgedrückt werden, und durch sukzessives Weiterdifferenzieren der letzten Gleichung und Benutzung der vorletzten gelingt das auch für alle höheren Ableitungen.

Falls die Killing-Gleichung eine Lösung besitzt, führt deren Taylor-Entwicklung um den Punkt X daher durch geeignete Zusammenfassung von Termen zu der Form

$$\xi_\lambda(x) = A^{\beta}_{\lambda}(x,X)\,\xi_\beta(X) + B^{\rho\nu}_{\lambda}(x,X)\,\xi_{\rho;\nu}(X)\,, \tag{16.9}$$

in der $A^{\beta}_{\lambda}(x,X)$ und $B^{\rho\nu}_{\lambda}(x,X)$ von den Anfangswerten $\xi_\sigma(X)$ und $\xi_{\rho;\nu}(X)$ unabhängige und daher für alle Killing-Felder identische Koeffizientenfunktionen sind. (Diese hängen vom Riemannschen Krümmungstensor $R^{\lambda}_{\mu\nu\rho}$ und seinen Ableitungen im Punkt X ab.) Ein Killing-Feld wird also eindeutig durch seine Werte und Ableitungen in einem vorgegebenen Punkt X festgelegt. Dabei handelt es sich um N Anfangswerte $\xi_\lambda(X)$ des Feldes (z. B. $\xi_1(X)$, $\xi_2(X)$ und $\xi_3(X)$ für $N=3$, wobei $\xi_\lambda(X)$ dann in einen Unterraum der Raum-Zeit führt) und um $N(N-1)/2$ Anfangswerte der Ableitungen $\xi_{\rho;\nu}(X) = -\xi_{\nu;\rho}(X)$ für $\rho \neq \nu$ (es gilt $\xi_{\nu;\nu}(X)=0$, d. h. diese Werte können nicht frei vorgegeben werden), also insgesamt um $N(N+1)/2$ Größen. Diese fassen wir zu einem Zeilenvektor

$$\{\xi_\lambda(X), \xi_{\rho;\nu}(X)\} = \{\xi_1(X), \ldots, \xi_N(X), \xi_{1;2}(X), \ldots, \xi_{N-1;N}(X)\}$$

eines Raumes von $N(N+1)/2$ Dimensionen zusammen. In diesem gibt es höchstens $N(N+1)/2$ linear unabhängige Vektoren $\{\xi^{(n)}_\lambda(X), \xi^{(n)}_{\rho;\nu}(X)\}$. Für jede Zahl $M > N(N+1)/2$ existiert daher eine nichttriviale Lösung der Gleichung

$$\sum_{n=1}^{M} C_n\{\xi^{(n)}_\lambda(X),\ \xi^{(n)}_{\rho;\nu}(X)\} = 0 \quad (\rho > \nu)$$

oder, ausführlicher, des Gleichungssystems

$$\sum_{n=1}^{M} C_n\xi^{(n)}_\lambda(X) = 0\,, \qquad \sum_{n=1}^{M} C_n\xi^{(n)}_{\rho;\nu}(X) = 0 \quad (\rho > \nu) \tag{16.10}$$

für die Koeffizienten C_n. (Wir schreiben hier und im folgenden ausnahmsweise die Summen aus, um unterschiedliche Summationsgrenzen deutlich machen zu können). Daraus folgt aber unmittelbar, daß es nicht mehr als höchstens $N(N+1)/2$ linear unabhängige Killing-Felder

$$\xi^{(n)}_\sigma(x) = A^{\lambda}_{\sigma}(x,X)\,\xi^{(n)}_\lambda(X) + B^{\rho\nu}_{\sigma}(x,X)\,\xi^{(n)}_{\rho;\nu}(X) \tag{16.11}$$

geben kann, denn für die Lösungen C_n von (16.10) folgt sofort $\sum_{n=1}^{M} C_n\xi^{(n)}_\sigma(x) = 0$.

16.2 Homogenität, Isotropie und maximale Symmetrie

Ein Raum, auf dem $N(N+1)/2$ linear unabhängige Killing-Felder existieren, heißt **maximal symmetrisch**, und wir werden später sehen, daß der Fall maximaler Symmetrie realisiert werden kann. Andererseits stellt dieser eine Ausnahme dar, denn damit $N(N+1)/2$ linear unabhängige Anfangswert-Vektoren $\{\xi_\lambda^{(n)}(X), \xi_{\rho;\nu}^{(n)}(X)\}$ vorgegeben werden können, müssen deren Komponenten $\xi_1(X), .., \xi_N(X), \xi_{1;2}(X), .., \xi_{N-1;N}(X)$ unabhängig voneinander z. B. als $\{1,0,0,\ldots\}$, $\{0,1,0,,\ldots\}$, $\{0,0,1,0\ldots\}$ etc. wählbar sein. Das ist jedoch im allgemeinen nicht möglich, denn zwischen den Komponenten bestehen die linearen Abhängigkeitsrelationen

$$\left(R^\lambda_{\sigma\nu\rho;\mu} - R^\lambda_{\mu\nu\rho;\sigma}\right)\xi_\lambda + \left(R^\lambda_{\rho\mu\sigma}\delta^\kappa_\nu + R^\lambda_{\sigma\nu\rho}\delta^\kappa_\mu - R^\lambda_{\nu\mu\sigma}\delta^\kappa_\rho - R^\lambda_{\mu\nu\rho}\delta^\kappa_\sigma\right)\xi_{\lambda;\kappa} = 0\,. \quad (16.12)$$

Um das zu erkennen, setzen wir (16.8b) in die für beliebige Vektorfelder $\xi_\rho(x)$ gültige Beziehung

$$\xi_{\rho;\nu;\mu;\sigma} - \xi_{\rho;\nu;\sigma;\mu} = -R^\lambda_{\rho\mu\sigma}\xi_{\lambda;\nu} - R^\lambda_{\nu\mu\sigma}\xi_{\rho;\lambda} \quad (16.13)$$

ein, die ähnlich wie (9.77) bewiesen wird (Aufgabe 16.2). Auf diese Weise erhalten wir

$$\left(R^\lambda_{\sigma\nu\rho;\mu} - R^\lambda_{\mu\nu\rho;\sigma}\right)\xi_\lambda + R^\lambda_{\sigma\nu\rho}\xi_{\lambda;\mu} - R^\lambda_{\mu\nu\rho}\xi_{\lambda;\sigma} + R^\lambda_{\rho\mu\sigma}\xi_{\lambda;\nu} + R^\lambda_{\nu\mu\sigma}\xi_{\rho;\lambda} = 0\,,$$

und hieraus folgt unter Benutzung von (16.6) für den letzten Term unmittelbar (16.12).

Ein metrischer Raum heißt **homogen** um den Punkt X, wenn das zu seiner Darstellung benutzte (beliebig wählbare) Koordinatensystem von X aus in jede beliebige Richtung ein nicht verschwindendes infinitesimales Stück weit verschoben werden kann, ohne daß sich dabei in der infinitesimalen Umgebung von X die Metrik ändert. Dem gleichbedeutend ist die Existenz von Isometrien (16.4) mit (16.3), durch die der Punkt X in jeden beliebigen Punkt X' seiner infinitesimalen Nachbarschaft überführt werden kann.

Konkret müssen dazu auf einem Raum von N Dimensionen N Killing-Felder $\xi_\lambda^{(n)}(x)$ existieren, die so gewählt werden können, daß z. B.

$$\xi_\lambda^{(n)}(X) = \delta^n_\lambda\,, \qquad n = 1,\ldots,N \quad (16.14)$$

gilt. Da aus $\sum_n C_n\xi_\lambda^{(n)}(x) = 0$ für $x = X$ mit (16.14) sofort $C_\lambda = 0$ folgt, sind die Felder $\xi_\lambda^{(n)}(x)$ linear unabhängig.

Ein von X verschiedener Punkt Y kann durch die $\xi_\lambda^{(n)}(x)$ in jeden beliebigen Punkt Y' seiner infinitesimalen Nachbarschaft dann überführt werden, wenn die Gleichung

$$\sum_n C_n\xi_\lambda^{(n)}(Y) = a_\lambda$$

für jeden beliebigen Vektor a_λ eine Lösung besitzt, was für $\det\xi_\lambda^{(n)}(Y) \neq 0$ der Fall ist. Da aus (16.14) $\det\xi_\lambda^{(n)}(X) = 1$ folgt, trifft das aus Stetigkeitsgründen auf eine endliche Umgebung des Punktes X oder sogar den ganzen Raum zu. Aus der Homogenität um den Punkt X folgt daher die Homogenität in einer endlichen Umgebung oder im ganzen Raum. Es gibt allerdings Beispiele von Räumen, bei denen Homogenität nur in Teilbereichen vorliegt (z. B. eine Robertson-Walker-Metrik (16.41), an die sich ab einem gewissen Radius eine Schwarzschild-Metrik (11.17) anschließt.) Der ganze Raum heißt homogen, wenn er in der Umgebung jedes seiner Punkte homogen ist.

Ein metrischer Raum heißt **isotrop** um den Punkt X, wenn das ihn beschreibende (beliebig wählbare) Koordinatensystem um eine beliebig gerichtete Drehachse durch den Punkt X infinitesimal „gedreht" werden kann, ohne daß sich dabei in der infinitesimalen Umgebung von X die Metrik ändert. Dabei ist mit „Drehung" eine Bewegung gemeint, die den Punkt X unverändert läßt, bei den infinitesimalen Bewegungen (16.4) also $\xi_\lambda(X)=0$ erfüllt. In der Nähe von X gilt dann näherungsweise

$$\xi_\lambda(x) = (x^\mu - X^\mu)\,\xi_{\lambda,\mu}(X) = (x^\mu - X^\mu)\,\xi_{\lambda;\mu}(X)$$

(letztes Gleichheitszeichen wegen $\xi_\lambda(X)=0 \;\Rightarrow\; \Gamma^\rho_{\lambda\mu}\xi_\rho(X)=0$), und die Gesamtheit aller möglichen Drehungen um X wird ausgeschöpft, wenn $\xi_{\lambda;\mu}(X) = -\,\xi_{\mu;\lambda}(X)$ für $\lambda > \mu$ beliebig vorgegeben werden kann. Wegen der Killing-Gleichung (16.6), die natürlich auch im Punkt X erfüllt sein muß, bedeutet das in einem Raum von N Dimensionen, daß $N(N-1)/2$ linear unabhängige Killing-Vektorfelder $\xi_\lambda^{(lm)}(x)$, $l > m = 1,\ldots,N$, existieren müssen, die z. B. so gewählt werden können, daß

$$\xi_\lambda^{(lm)}(X) = 0\,, \quad \xi_{\lambda;\mu}^{(lm)}(X) = \delta^l_\lambda\delta^m_\mu - \delta^l_\mu\delta^m_\lambda\,, \qquad l > m = 1,\ldots,N \tag{16.15}$$

gilt. (Dabei wird die Antisymmetrieforderung (16.6) erfüllt.) Für den Fall, daß die die Isotropie beschreibenden Lösungen der Killing-Gleichung außerhalb eines endlichen Gebietes um den Punkt X verschwinden, gilt die Isotropie nur innerhalb dieses Gebietes.

Über den Zusammenhang von Homogenität, Isotropie und maximaler Symmetrie lassen sich eine Reihe von Sätzen beweisen, die entweder im ganzen Raum gelten oder nur in einem begrenzten Teilgebiet, sofern einige oder alle Killing-Felder außerhalb von diesem verschwinden. Unter dem Begriff Raum sollen in den folgenden Sätzen beide Möglichkeiten verstanden werden.

Satz 1. *Ein um jeden seiner Punkte isotroper Raum ist auch homogen.*

Beweis: Zu jedem Punkt X des Raumes existiert nach Voraussetzung ein Satz von Killing-Feldern $\xi_\lambda^{(lm)}(x, X)$ mit den Eigenschaften (16.15), und wegen des in Anschluß an Gleichung (16.6) bewiesenen Superpositionsprinzips für Killing-Felder sind auch

$$\xi_\lambda^{(m)}(x, X) = \frac{1}{N-1}\sum_{l=1}^{N}\frac{\partial\xi_\lambda^{(lm)}(x, X)}{\partial X^l}\,, \qquad m = 1,\ldots,N$$

Killing-Felder: $\partial\xi_\lambda^{(lm)}(x, X)/\partial X^l = \lim_{\Delta X^l\to 0}\left[\xi_\lambda^{(lm)}(x, X+\Delta X) - \xi_\lambda^{(lm)}(x, X)\right]/\Delta X^l$ ist nämlich proportional zur Differenz zweier Killing-Felder und daher selbst eines. Mit der aus $\xi_\lambda^{(lm)}(X, X) \equiv 0$ folgenden Beziehung

$$0 \equiv \frac{\partial\xi_\lambda^{lm}(X, X)}{\partial X^\mu} = \left.\frac{\partial\xi_\lambda^{(lm)}(x, X)}{\partial x^l}\right|_{x=X} + \left.\frac{\partial\xi_\lambda^{(lm)}(x, X)}{\partial X^l}\right|_{x=X}$$

und mit $\xi_{\lambda;\mu}(X) = \xi_{\lambda,\mu}(X)$ für $\xi_\lambda(X) = 0$ ergibt sich nun

$$\xi_\lambda^{(m)}(X, X) = \frac{1}{N-1}\sum_{l=1}^{N} \frac{\partial \xi_\lambda^{(lm)}(x, X)}{\partial X^l}\bigg|_{x=X} = -\frac{1}{N-1}\sum_{l=1}^{N} \frac{\partial \xi_\lambda^{(lm)}(x, X)}{\partial x^l}\bigg|_{x=X}$$

$$= -\frac{1}{N-1}\sum_{l=1}^{N} \xi_{\lambda;l}^{(lm)}(x, X)\bigg|_{x=X} \overset{(16.15b)}{=} -\frac{1}{N-1}\sum_{l=1}^{N}\left(\delta_\lambda^l \delta_l^m - \delta_l^l \delta_\lambda^m\right) = \delta_\lambda^m ,$$

d. h. die Killing-Felder $\xi_\lambda^{(m)}(x, X)$ erfüllen in allen Punkten X die für Homogenität des Raumes zu fordernden Anfangsbedingungen (16.14). □

Satz 2. *Ein um einen seiner Punkte homogener und isotroper Raum ist maximal symmetrisch.*

Beweis: Die die Symmetrieeigenschaften des Raums beschreibenden Killing-Felder $\xi_\lambda^{(n)}(x)$ und $\xi_\lambda^{(lm)}(x)$ mit $l > m$ bilden ein System von $N(N+1)/2$ linear unabhängigen Killing-Feldern: Aus der Gleichung

$$\sum_{n=1}^{N} C_n \xi_\lambda^{(n)}(x) + \sum_{l>m=1}^{N} C_{lm}\xi_\lambda^{(lm)}(x) = 0$$

folgt für $x = X$ mit (16.14) und (16.15a), daß $C_\lambda = 0$ gilt; aus ihrer Ableitung nach x_μ im Punkt X folgt mit $C_\lambda = 0$ und (16.15) $C_{\lambda\mu} = 0$ für $\lambda > \mu$ bzw. $-C_{\mu\lambda} = 0$ für $\lambda < \mu$. □

Jeder euklidische Raum ist homogen und isotrop und daher maximal symmetrisch. Damit ist erwiesen, daß maximale Symmetrie möglich ist.

Satz 3. *Ein um jeden seiner Punkte isotroper Raum ist maximal symmetrisch.*

Beweis: Aus der Isotropie um jeden Punkt folgt nach Satz 1 die Homogenität, und mit dieser folgt nach Satz 2 die maximale Symmetrie. □

Satz 4. *Jeder maximal symmetrische Raum ist homogen und isotrop.*

Beweis: In einem maximal symmetrischen Raum von N Dimensionen existieren $N(N+1)/2$ linear unabhängige Killing-Felder (16.11). Dann dürfen die $N(N+1)/2$ Gleichungen

$$\sum_{n=1}^{N(N+1)/2} C_n\, \xi_\lambda^{(n)}(X) = 0\,, \qquad \sum_{n=1}^{N(N+1)/2} C_n\, \xi_{\rho;\nu}^{(n)}(X) = 0 \quad (\rho > \nu)$$

keine nichttriviale Lösung für die Koeffizienten C_n besitzen, denn sonst würde sich aus (16.11) $\sum_n C_n \xi_\lambda^{(n)}(x) = 0$ ergeben. Daraus folgt, daß die Determinante der Koeffizientenmatrix dieser Gleichungen nicht verschwindet, was die Voraussetzung dafür ist, daß die Gleichungen

$$\sum_{n=1}^{N(N+1)/2} C_n\, \xi_\lambda^{(n)}(X) = a_\lambda\,, \qquad \sum_{n=1}^{N(N+1)/2} C_n\, \xi_{\rho;\nu}^{(n)}(X) = b_{\rho\nu} \quad (\rho > \nu)$$

für beliebig vorgegebene a_λ und $b_{\rho\nu}$ Lösungen besitzen. Dies bedeutet aber, daß wir durch eine geeignete Superposition der $\xi_\lambda^{(n)}(x)$ neue Killing-Felder konstruieren können, die in einem beliebigen Punkt X die für Homogenität erforderlichen Anfangsbedingungen (16.14) erfüllen – die dazugehörigen Werte $b_{\rho\nu}$ interessieren nicht –, sowie solche, welche den für Isotropie erforderlichen Bedingungen (16.15) genügen. □

Satz 5. *In einem maximal symmetrischen Raum der Dimension N gilt*

$$
\boxed{R_{\lambda\mu\rho\sigma} = \frac{R}{N(N-1)}\Big(g_{\lambda\rho}g_{\mu\sigma} - g_{\lambda\sigma}g_{\mu\rho}\Big)\,,} \tag{16.16}
$$

wobei der Krümmungsskalar R für N ≥ 2 konstant ist.

Beweis: Maximale Symmetrie ist gleichbedeutend damit, daß in einem Punkt X, auf den sich auch alle folgenden Rechnungen beziehen, zu beliebigen Anfangswerten $\xi_\lambda(X)$ und $\xi_{\lambda;\kappa}(X)$ ein Killing-Feld existiert. Nun muß im Punkt X auch die Integrabilitätsbedingung (16.12) erfüllt sein, und für die Wahl $\xi_{\lambda;\kappa}=0$, $\xi_\lambda \neq 0$ folgt aus dieser

$$
R^\lambda_{\ \sigma\nu\rho;\mu} - R^\lambda_{\ \mu\nu\rho;\sigma} = 0\,. \tag{16.17}
$$

Mit diesem Ergebnis und (16.6) folgt aus ihr weiterhin, daß der antisymmetrische Anteil des Koeffizienten von $\xi_{\lambda;\kappa}$ verschwinden muß (siehe (9.10)), also

$$
R^\lambda_{\ \rho\mu\sigma}\delta^\kappa_\nu - R^\kappa_{\ \rho\mu\sigma}\delta^\lambda_\nu + R^\lambda_{\ \sigma\nu\rho}\delta^\kappa_\mu - R^\kappa_{\ \sigma\nu\rho}\delta^\lambda_\mu - R^\lambda_{\ \nu\mu\sigma}\delta^\kappa_\rho + R^\kappa_{\ \nu\mu\sigma}\delta^\lambda_\rho - R^\lambda_{\ \mu\nu\rho}\delta^\kappa_\sigma + R^\kappa_{\ \mu\nu\rho}\delta^\lambda_\sigma = 0\,.
$$

Verjüngt man diese Beziehung bezüglich der Indizes κ und ν, so ergeben sich beim ersten, vierten und letzten sowie beim sechsten Term durch $\delta^\nu_\nu = N$, $R^\nu_{\ \sigma\nu\rho} = R_{\sigma\rho}$, (9.82) sowie $R^\nu_{\ \nu\mu\sigma}=0$ (Folge von $R^\nu_{\ \nu\mu\sigma} = g^{\nu\kappa}R_{\kappa\nu\mu\sigma} = -\,g^{\kappa\nu}R_{\nu\kappa\mu\sigma} = -\,R^\kappa_{\ \kappa\mu\sigma}$ wegen $R_{\kappa\nu\mu\sigma} = -\,R_{\nu\kappa\mu\sigma}$) Vereinfachungen, und man erhält

$$
N R^\lambda_{\ \rho\mu\sigma} - R^\lambda_{\ \rho\mu\sigma} + R^\lambda_{\ \sigma\mu\rho} - R_{\sigma\rho}\delta^\lambda_\mu - R^\lambda_{\ \rho\mu\sigma} - R^\lambda_{\ \mu\sigma\rho} + R_{\mu\rho}\delta^\lambda_\sigma = 0\,.
$$

Hierin heben sich nach (9.79c) mit $R^\lambda_{\ \sigma\mu\rho} = -\,R^\lambda_{\ \sigma\rho\mu}$ der dritte, fünfte und sechste Term gegenseitig weg, so daß sich nach Herunterziehen des Index λ

$$
R_{\lambda\rho\mu\sigma} = \frac{1}{(N-1)}\Big(R_{\sigma\rho}g_{\lambda\mu} - R_{\mu\rho}g_{\lambda\sigma}\Big) \tag{16.18}
$$

ergibt. Überschiebt man dieser Gleichung mit $g^{\rho\mu}$, so erhält man mit $g^{\mu\rho}R_{\mu\rho} = R$ sowie mit $g^{\mu\rho}R_{\lambda\rho\mu\sigma} = g^{\mu\rho}R_{\mu\sigma\lambda\rho} = -\,g^{\mu\rho}R_{\mu\sigma\rho\lambda} = -\,R_{\sigma\lambda} = -\,R_{\lambda\sigma}$

$$
R_{\lambda\sigma} = \frac{R}{N}\,g_{\lambda\sigma}\,. \tag{16.19}
$$

Einsetzen dieses Ergebnisses in (16.18) liefert mit der Vertauschung $\rho \leftrightarrow \mu$ das Ergebnis (16.16), wobei R aber noch variabel sein könnte. Nun verjüngen wir (16.17) bezüglich der Indizes λ, ν und erhalten daraus mit (16.19), $R_{;\mu} = R_{,\mu}$,und $g_{\sigma\rho;\mu} = 0$ zunächst

$$
R_{,\mu}g_{\sigma\rho} = R_{,\sigma}g_{\mu\rho}\,.
$$

Durch Überschieben mit $g^{\sigma\rho}$ folgt daraus schließlich

$$(N-1)\, R_{,\mu} = 0\,, \tag{16.20}$$

und da X jeder beliebige Punkt sein kann, diese sowie alle anderen abgeleiteten Beziehungen also überall gelten, ist R wie behauptet für $N \geq 2$ konstant. □

Satz 6. *Die Metrik eines maximal symmetrischen Raumes wird bis auf eine Koordinatentransformation eindeutig durch ihren Krümmungsskalar R und die Vorzeichen ihrer Eigenwerte festgelegt.*

Beweis: Etwas anders formuliert lautet die Behauptung des Satzes: Zwei Räume, deren Metriken $g_{\mu\nu}(x)$ und $g'_{\mu\nu}(x')$ dieselbe Anzahl positiver und negativer Eigenwerte besitzen und beide die Bedingung maximaler Symmetrie mit demselben konstanten Krümmungsskalar R erfüllen, für die also

$$R_{\kappa\lambda\mu\nu} = \frac{R}{N(N-1)}\left(g_{\kappa\mu}g_{\lambda\nu} - g_{\kappa\nu}g_{\lambda\mu}\right)$$

und

$$R'_{\kappa\lambda\mu\nu} = \frac{R}{N(N-1)}\left(g'_{\kappa\mu}g'_{\lambda\nu} - g'_{\kappa\nu}g'_{\lambda\mu}\right) \tag{16.21}$$

gilt, sind identisch. Dies bedeutet, daß eine Koordinatentransformation $x'^{\mu} = x'^{\mu}(x)$ existiert, für welche die beiden metrischen Tensoren und die beiden Krümmungstensoren durch die Tensortransformationen

$$g_{\alpha\beta}(x) = \frac{\partial x'^{\mu}}{\partial x^{\alpha}}\frac{\partial x'^{\nu}}{\partial x^{\beta}}\, g'_{\mu\nu}(x')\,, \qquad R_{\alpha\beta\gamma\delta}(x) = \frac{\partial x'^{\kappa}}{\partial x^{\alpha}}\frac{\partial x'^{\lambda}}{\partial x^{\beta}}\frac{\partial x'^{\mu}}{\partial x^{\gamma}}\frac{\partial x'^{\nu}}{\partial x^{\delta}}\, R'_{\kappa\lambda\mu\nu}(x') \tag{16.22}$$

auseinander hervorgehen.

Da R und N skalare Größen sind, reduziert sich die Bedingung (16.22b) mit (16.21) auf

$$g_{\alpha\gamma}\,g_{\beta\delta} - g_{\alpha\delta}g_{\beta\gamma} = \frac{\partial x'^{\kappa}}{\partial x^{\alpha}}\frac{\partial x'^{\lambda}}{\partial x^{\beta}}\frac{\partial x'^{\mu}}{\partial x^{\gamma}}\frac{\partial x'^{\nu}}{\partial x^{\delta}}\left(g'_{\kappa\mu}g'_{\lambda\nu} - g'_{\kappa\nu}g'_{\lambda\mu}\right) \tag{16.23}$$

und wird offensichtlich erfüllt, wenn das für (16.22a) zutrifft. Für unseren Beweis würde es also genügen, eine Transformation zu finden, welche die Gleichungen (16.22a) erfüllt. Diese fassen wir daher als ein System von Bestimmungsgleichungen für die Transformation auf. Allerdings besteht dieses für vorgegebene Funktionen $g_{\mu\nu}(x) = g_{\nu\mu}(x)$ und $g'_{\mu\nu}(x') = g'_{\nu\mu}(x')$ aus 10 Differentialgleichungen für die vier Funktionen $x'^{\mu}(x)$ und besitzt deshalb im allgemeinen keine Lösung. Daher müssen wir für den Beweis einen Weg finden, bei dem die Voraussetzungen (16.21) bzw. (16.22a) in entscheidender Weise eingehen.

Der im folgenden eingeschlagene Weg ist konstruktiver Natur. Wir machen für die Transformation $x'^{\mu} = x'^{\mu}(x)$ den Potenzreihenansatz

$$x'^{\rho}(x) = a^{\rho}{}_{\alpha}x^{\alpha} + \sum_{n=2}^{\infty}\frac{1}{n!}a^{\rho}{}_{\sigma_1\ldots\sigma_n}x^{\sigma_1}\cdots x^{\sigma_n} \tag{16.24}$$

und zeigen, wie die darin auftretenden Koeffizienten sukzessive bestimmt werden können. Zur Berechnung der $a^{\rho}{}_{\alpha}$ werten wir die Beziehung (16.22a) an der Stelle $x' = x = 0$ aus und erhalten die Gleichung

$$g_{\alpha\beta}(0) = a^{\mu}{}_{\alpha}\, g'_{\mu\nu}(0)\, a^{\nu}{}_{\beta}\,.$$

Diese besitzt unter der getroffenen Voraussetzung, daß $g_{\mu\nu}$ und $g'_{\mu\nu}$ dieselbe Anzahl positiver und negativer Eigenwerte haben, nach ART, Abschn. 8.1.3 (Trägheitsgesetz von Sylvester) eine Lösung $a^\mu{}_\alpha$.

Zur Bestimmung der Koeffizienten zweiter Ordnung leiten wir aus (16.22a) Bestimmungsgleichungen für die zweiten Ableitungen der Funktionen $x'^\mu(x)$ ab. Dazu differenzieren wir (16.22a) nach x^γ und setzen das Ergebnis

$$g_{\alpha\beta,\gamma} = g'_{\mu\nu}\frac{\partial x'^\mu}{\partial x^\alpha}\frac{\partial^2 x'^\nu}{\partial x^\beta \partial x^\gamma} + g'_{\mu\nu}\frac{\partial x'^\nu}{\partial x^\beta}\frac{\partial^2 x'^\mu}{\partial x^\alpha \partial x^\gamma} + g'_{\mu\nu,\lambda}(x')\frac{\partial x'^\mu}{\partial x^\alpha}\frac{\partial x'^\nu}{\partial x^\beta}\frac{\partial x'^\lambda}{\partial x^\gamma}$$

mit entsprechend angepaßten Indizes auf der linken Seite der aus (9.50) folgenden Identität

$$\frac{1}{2}\left(g_{\alpha\beta,\gamma} + g_{\alpha\gamma,\beta} - g_{\gamma\beta,\alpha}\right) = g_{\alpha\kappa}\Gamma^\kappa_{\beta\gamma}$$

ein. Unter Benutzung der entsprechenden Identität für gestrichene Größen und mit $g'_{\mu\nu}=g'_{\nu\mu}$ ergibt sich

$$g'_{\mu\nu}\frac{\partial x'^\mu}{\partial x^\alpha}\frac{\partial^2 x'^\nu}{\partial x^\beta \partial x^\gamma} + \frac{\partial x'^\mu}{\partial x^\alpha}\frac{\partial x'^\nu}{\partial x^\beta}\frac{\partial x'^\lambda}{\partial x^\gamma}g'_{\mu\kappa}\Gamma'^\kappa_{\nu\lambda} = g_{\alpha\kappa}\Gamma^\kappa_{\beta\gamma}\,.$$

Hieraus folgt durch Überschieben mit $(\partial x'^\rho/\partial x^\tau)\,g^{\tau\alpha}$ und Benutzen der (16.22a) äquivalenten Beziehungen

$$g'_{\mu\nu} = \frac{\partial x^\rho}{\partial x'^\mu}\frac{\partial x^\sigma}{\partial x'^\nu}g_{\rho\sigma}\,, \qquad \frac{\partial x'^\rho}{\partial x^\tau}\frac{\partial x'^\mu}{\partial x^\alpha}g^{\tau\alpha} = g'^{\rho\mu} \tag{16.25}$$

sowie $g'_{\mu\nu}g'^{\rho\mu} = g'_{\nu\mu}g'^{\mu\rho} = \delta^\rho_\nu$ etc. nach kurzer Rechnung die gesuchte Gleichung

$$\frac{\partial^2 x'^\rho}{\partial x^\beta \partial x^\gamma} = \frac{\partial x'^\rho}{\partial x^\tau}\Gamma^\tau_{\beta\gamma}(x) - \frac{\partial x'^\nu}{\partial x^\beta}\frac{\partial x'^\lambda}{\partial x^\gamma}\Gamma'^\rho_{\nu\lambda}(x')\,. \tag{16.26}$$

Mit unserem Ergebnis erster Ordnung für $x'^\mu(x)$ können wir die Terme nullter Ordnung der rechten Seite dieser Gleichungen bestimmen. Auf ihrer linken Seite tragen in nullter Ordnung erst die Terme zweiter Ordnung unserer Potenzreihe bei, die daher durch sie bestimmt werden können. Allerdings muß dafür garantiert sein, daß die notwendige und hinreichende Integrabilitätsbedingung

$$\frac{\partial^3 x'^\rho}{\partial x^\beta \partial x^\gamma \partial x^\delta} = \frac{\partial^3 x'^\rho}{\partial x^\beta \partial x^\delta \partial x^\gamma} \tag{16.27}$$

ebenfalls in nullter Ordnung erfüllt ist. Aus (16.26) ergibt sich nun mit etlichen Indexumbenennungen

$$\begin{aligned}
\frac{\partial^3 x'^\rho}{\partial x^\beta \partial x^\gamma \partial x^\delta} &= \frac{\partial^2 x'^\rho}{\partial x^\tau \partial x^\delta}\Gamma^\tau_{\beta\gamma} + \frac{\partial x'^\rho}{\partial x^\tau}\Gamma^\tau_{\beta\gamma,\delta} - \left(\frac{\partial^2 x'^\nu}{\partial x^\beta \partial x^\delta}\frac{\partial x'^\lambda}{\partial x^\gamma} + \frac{\partial x'^\nu}{\partial x^\beta}\frac{\partial^2 x'^\lambda}{\partial x^\gamma \partial x^\delta}\right)\Gamma'^\rho_{\nu\lambda} \\
&\quad - \frac{\partial x'^\nu}{\partial x^\beta}\frac{\partial x'^\lambda}{\partial x^\gamma}\frac{\partial x'^\mu}{\partial x^\delta}\Gamma'^\rho_{\nu\lambda,\mu} \\
&\overset{(16.26)}{=} \frac{\partial x'^\rho}{\partial x^\lambda}\left(\Gamma^\tau_{\beta\gamma}\Gamma^\lambda_{\tau\delta} + \Gamma^\lambda_{\beta\gamma,\delta}\right) - \frac{\partial x'^\lambda}{\partial x^\gamma}\frac{\partial x'^\mu}{\partial x^\delta}\frac{\partial x'^\nu}{\partial x^\beta}\left(\frac{\partial \Gamma'^\rho_{\nu\lambda}}{\partial x'^\mu} - \Gamma'^\rho_{\tau\lambda}\Gamma'^\tau_{\nu\mu} - \Gamma'^\rho_{\nu\tau}\Gamma'^\tau_{\lambda\mu}\right) \\
&\quad - \Gamma'^\rho_{\nu\lambda}\frac{\partial x'^\nu}{\partial x^\tau}\left(\frac{\partial x'^\lambda}{\partial x^\delta}\Gamma^\tau_{\beta\gamma} + \frac{\partial x'^\lambda}{\partial x^\gamma}\Gamma^\tau_{\beta\delta} + \frac{\partial x'^\lambda}{\partial x^\beta}\Gamma^\tau_{\gamma\delta}\right).
\end{aligned}$$

Setzen wir das letzte Ergebnis auf beiden Seiten von (16.27) ein, so heben sich alle von der letzten und zwei von der vorletzten Zeile stammenden Terme gegenseitig weg, und mit der Definition (9.70) ergibt sich schließlich nach Überschieben mit $\partial x^\alpha/\partial x'^\rho$ und Umbenennung der

Indizes Gleichung (16.22b). Diese erweist sich damit als Integrabilitätsbedingung für (16.22a) und nimmt mit (16.21) die Form (16.23) an. Diese Bedingung ist aber in nullter Ordnung erfüllt, wenn das, wie vorher gezeigt, für (16.22a) zutrifft, so daß die Reihe (16.24) bis zu Termen zweiter Ordnung bestimmt werden kann.

Jetzt können wir in Gleichung (16.26) die rechte Seite bis zu Termen erster Ordnung auswerten und aus ihr die Koeffizienten dritter Ordnung berechnen, sofern die Integrabilitätsbedingung (16.23) bis zu Termen erster Ordnung erfüllt ist. Das ist aber der Fall, da wir (16.22a) nunmehr bis zu Termen erster Ordnung befriedigt haben. Auf ähnliche Weise können wir alle Koeffizienten der Reihe (16.24) Ordnung für Ordnung bestimmen und erhalten so die Funktion $x'^{\mu}(x)$. □

16.3 Metrik maximal symmetrischer Räume

Wenn es uns auf irgendeine Art und Weise gelingt, die Metrik eines N-dimensionalen Raumes mit konstantem Krümmungsskalar R anzugeben, haben wir nach den Sätzen des letzten Abschnitts das Problem gelöst, einen maximal symmetrischen Raum von N Dimensionen zu finden. Wie man dazu vorgehen kann, zeigt das Beispiel von zwei Dimensionen: Offensichtlich ist die Metrik auf einer Kugelfläche homogen und isotrop und daher maximal symmetrisch.

In Analogie dazu untersuchen wir in einem $N+1$-dimensionalen euklidischen oder Minkowski-Raum (Koordinaten $x_1, \ldots, x_N$ und z) der Metrik

$$ds^2 = C_{\mu\nu}\, dx^\mu dx^\nu \pm dz^2 \qquad \text{mit} \qquad C_{\mu\nu} = C_{\nu\mu} = \begin{cases} \delta_{\mu\nu} & \text{für} \quad N \le 3 \\ \eta_{\mu\nu} & \text{für} \quad N = 4 \end{cases} \tag{16.28}$$

die Metrik auf der N-dimensionalen Hypersphäre bzw. Pseudohypersphäre

$$z^2 \pm C_{\mu\nu}\, x^\mu x^\nu = \rho^2\,. \tag{16.29}$$

Es erweist sich als nützlich, im Falle des oberen bzw. unteren Vorzeichens die „Krümmung“

$$K = \pm 1/\rho^2 \tag{16.30}$$

einzuführen, womit (16.29) die Form $z^2 = \rho^2(1 - K\, C_{\rho\sigma}\, x^\rho x^\sigma)$ annimmt. Auf der (Pseudo-) Kugelfläche gilt $dz = \mp\, C_{\rho\sigma}\, x^\rho dx^\sigma / z$, und damit ergibt sich aus (16.28) für die Metrik auf dieser

$$ds^2 = g_{\mu\nu}(x)\, dx^\mu dx^\nu \quad \text{mit} \quad g_{\mu\nu}(x) = C_{\mu\nu} + \frac{K\, C_{\mu\kappa} C_{\nu\lambda}\, x^\kappa x^\lambda}{1 - K\, C_{\rho\sigma}\, x^\rho x^\sigma}\,. \tag{16.31}$$

Diese besitzt $N(N+1)/2$ Isometrien, denn sowohl das Linienelement (16.28) als auch die (Pseudo-) Kugelfläche (16.29) sind invariant unter allen $N(N+1)/2$ starren Drehungen des $(N+1)$-dimensionalen Einbettungsraums um den Punkt $x_1 = \cdots = x_N = z = 0$.

Unter diesen befindet sich zum einen die Klasse aller Drehungen

$$x^\mu \to x'^\mu = R^\mu{}_\nu x^\nu\,, \quad z' = z \quad \text{mit} \quad C_{\mu\nu}\, x'^\mu x'^\nu = C_{\mu\nu}\, x^\mu x^\nu$$

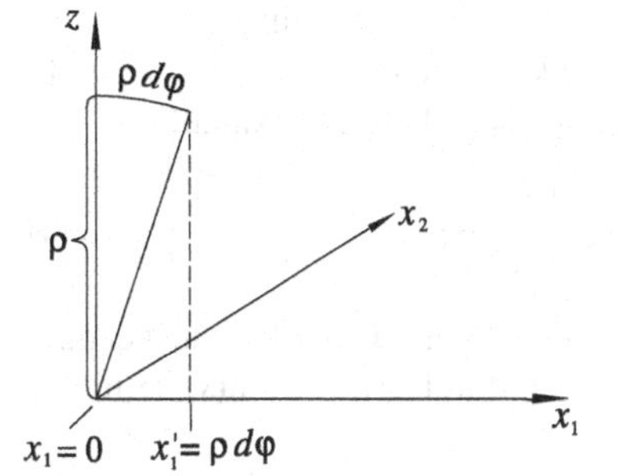

Abb. 16.1: Bei der Drehung um die x^2-Achse wird der Punkt $x^1 = x^2 = 0$, $z = \rho$ in $x^{1'} = \rho\, d\varphi$ usw. gedreht.

um die z-Achse. Hierbei handelt es sich um $N(N-1)/2$ Drehungen des Unterraums der $x_1, \cdots, x_N$ um den Punkt $x_1 = \cdots = x_N = 0$, und daher ist die Metrik (16.31) um diesen isotrop. Zum anderen gibt es noch die N voneinander unabhängigen Drehungen um die Achsen $x_1, x_2, \ldots$ und x_N, bei denen die z-Achse mit gedreht wird. Bei ihnen wird der Koordinatenursprung des Unterraums verschoben, wie in Abb. 16.1 am Beispiel der Drehung um die x^2-Achse demonstriert ist. Es besteht also eine Isometrie bezüglich N unabhängiger Bewegungen des Unterraums, bei denen der Ursprung in N verschiedene Richtungen (also in jede beliebige Richtung) verschoben wird. Hieraus folgt die Homogenität des Unterraums. Aus der Homogenität und Isotropie um den Punkt $x_1 = \cdots = x_N = 0$ folgt aber nach Satz 2 des vorigen Abschnitts, daß der durch die Metrik (16.31) beschriebene Raum maximal symmetrisch ist. Dementsprechend besitzt der aus (16.31) folgende Krümmungstensor die Eigenschaft (16.16) (Aufgabe 16.4).

16.3.1 Raumartige Räume maximaler Symmetrie

In diesem Abschnitt betrachten wir den Fall $C_{\mu\nu} = \delta_{\mu\nu}$, der rein raumartige Räume beschreibt, da alle Eigenwerte der Metrik das gleiche Vorzeichen haben. Nach (16.31) gilt $g_{\mu\nu}(0) = C_{\mu\nu}$, woraus folgt, daß die Eigenwerte der Metrik alle positiv sind – dies gilt zunächst nur für $x = 0$, überträgt sich aber wegen $g_{\mu\nu;\lambda} = 0$ bzw. wegen der Gleichwertigkeit aller Raumpunkte auf sämtliche x. In dimensionslosen Koordinaten

$$\tilde{\boldsymbol{x}} = \boldsymbol{x}/\rho\,, \qquad \tilde{z} = z/\rho \tag{16.32}$$

und mit den Notationen $\delta_{\mu\nu} a^\mu b^\nu = \boldsymbol{a} \cdot \boldsymbol{b}$ sowie $\boldsymbol{a} \cdot \boldsymbol{a} = \boldsymbol{a}^2$ erhalten wir aus (16.31) somit für raumartige Räume maximaler Symmetrie

$$ds^2 = \begin{cases} K^{-1}\left[(d\tilde{\boldsymbol{x}})^2 + \dfrac{(\tilde{\boldsymbol{x}}\cdot d\tilde{\boldsymbol{x}})^2}{1-\tilde{\boldsymbol{x}}^2}\right] & \text{für } K > 0\,, \\ (d\boldsymbol{x})^2 & \text{für } K = 0\,, \\ |K|^{-1}\left[(d\tilde{\boldsymbol{x}})^2 - \dfrac{(\tilde{\boldsymbol{x}}\cdot d\tilde{\boldsymbol{x}})^2}{1+\tilde{\boldsymbol{x}}^2}\right] & \text{für } K < 0\,. \end{cases} \tag{16.33}$$

Für $K > 0$ handelt es sich dabei um die innere Metrik der Kugelfläche $\tilde{z}^2 + \tilde{\boldsymbol{x}}^2 = 1$ in einem euklidischen Einbettungsraum der Metrik $ds^2 = K^{-1}[(d\tilde{\boldsymbol{x}})^2 + (d\tilde{z})^2]$. Die Koordinaten $\tilde{\boldsymbol{x}}$ (bzw. $\boldsymbol{x}$) sind auf den Bereich $\tilde{\boldsymbol{x}}^2 \leq 1$ (bzw. $\boldsymbol{x}^2 \leq \rho^2$) eingeschränkt, und zu jedem Koordinatenvektor $\tilde{\boldsymbol{x}}$ gibt es zwei Raumpunkte, einen mit $\tilde{z} = \sqrt{1-\tilde{\boldsymbol{x}}^2}$ und einen mit $\tilde{z} = -\sqrt{1-\tilde{\boldsymbol{x}}^2}$. Das Volumen der Hyperkugelfläche beträgt bekanntlich

$$ {}^{N}V = \frac{2\pi^{(N+1)/2}}{K^{N/2}\Gamma\big((N+1)/2\big)} \tag{16.34} $$

und ist natürlich endlich. Geodäten, die durch den Punkt $\boldsymbol{x} = 0$ laufen, genügen der Gleichung $\ddot{\boldsymbol{x}}(s) = -\boldsymbol{x}/\rho^2$ (Aufgabe 16.3) und sind durch $\boldsymbol{x} = \rho\, \boldsymbol{e} \sin(s/\rho)$ mit $|\boldsymbol{e}| = 1$ gegeben. Sie führen erst nach der Strecke

$$ L = 2\pi\rho = 2\pi \big/ \sqrt{K} \tag{16.35} $$

zum Ausgangspunkt zurück. Dies macht noch einmal deutlich, daß es sich um einen endlichen, aber unbegrenzten Raum handelt.

Für $K = 0$ ist (16.33) die Metrik eines flachen, euklidischen Raumes, der entweder unbegrenzt ist, oder aber begrenzt, sofern man durch geeignete Periodizitätsforderungen alle übrigen Raumgebiete mit einem Ausgangsgebiet identifiziert. Ein (zweidimensionales) Beispiel hierfür liefert die Metrik $ds^2 = \rho^2 d\varphi^2 + dz^2$ auf einem Zylinder, die offensichtlich flach ist. Die Punkte z, φ und z, $\varphi + 2\pi n$ sind identisch. Identifiziert man noch die Punkte z, φ und $z + Ln$, φ, so hat man mit $0 \leq \varphi \leq \pi$, $0 \leq z \leq L$ alle Punkte des Raumes überdeckt, dieser hat Krümmung null und ist dennoch geschlossen. Man beachte aber, daß Isotropie des Raumes nur noch als lokale und nicht mehr als globale Eigenschaft besteht.

Für $K < 0$ ist (16.33) die Metrik der Fläche $\tilde{z}^2 - \tilde{\boldsymbol{x}}^2 = 1$ in einem Einbettungsraum der Metrik $ds^2 = |K|^{-1}(d\tilde{\boldsymbol{x}}^2 - d\tilde{z}^2)$. Auf der betrachteten Fläche gibt es keine Einschränkung an die Koordinaten $\tilde{\boldsymbol{x}}$, d. h. der Raum ist unbegrenzt. (Allerdings kann man auch hier durch Einführung geeigneter Periodizitätsforderungen wieder zu einem abgeschlossenen Raum kommen, der aber wiederum nurmehr lokal isotrop ist.) Der Einbettungsraum ist nicht euklidisch, und man kann zeigen, daß der durch (16.33c) beschriebene Raum konstanter negativer Krümmung K zwar lokal, aber nicht global in einen euklidischen Raum eingebettet werden kann.

16.3.2 Maximal symmetrische Raum-Zeit

Wenden wir uns jetzt dem Fall zu, daß die gesamte Raum-Zeit maximal symmetrisch ist, wobei aber ausdrücklich angemerkt sei, daß das vom kosmologischen Prinzip (zweite Version) nicht verlangt wird. In der Metrik (16.31) müssen wir dann $N = 4$ sowie $C_{\mu\nu} = \eta_{\mu\nu}$ setzen und erhalten mit $x^0 = ct$, $\{x^i\} = \boldsymbol{x}$

$$ ds^2 = c^2dt^2 - d\boldsymbol{x}^2 + \frac{K\,(c^2t\,dt - \boldsymbol{x}\cdot d\boldsymbol{x})^2}{1 - K\,(c^2t^2 - \boldsymbol{x}^2)}\,. \tag{16.36} $$

Für $K < 0$ ergibt sich daraus mit der Transformation

$$ ct = \frac{\sqrt{-K}}{2}\left(\boldsymbol{x}'^2 - \frac{1}{K}\right)\mathrm{e}^{\tau'} - \frac{\mathrm{e}^{-\tau'}}{2\sqrt{-K}}\,, \quad \boldsymbol{x} = \boldsymbol{x}'\mathrm{e}^{\tau'} \qquad \text{mit} \quad \tau' = \sqrt{-K}\,ct' \tag{16.37} $$

für die Metrik die zeitorthogonale Form

$$ds^2 = c^2 dt'^2 - e^{2\sqrt{-K}\,ct'} d\boldsymbol{x}'^2 \tag{16.38}$$

mit einer flachen, aber zeitabhängigen Raum-Metrik (Aufgabe 16.6). Man beachte dabei, daß die Raum-Zeit die Krümmung K besitzt. Die Metrik (16.38) gilt in einem dem perfekten kosmologischen Prinzip genügenden stationären Universum und wird genauer in Abschn. 19.5 untersucht.

16.3.3 Homogenität und Isotropie in einem Unterraum

Die zweite Version des kosmologischen Prinzips besagt, daß das Weltall in geeignet gewählten Koordinaten räumlich homogen und isotrop ist. Nach Satz 2 von Abschn. 16.2 hat dies zur Folge, daß der von den drei räumlichen Dimensionen der Raum-Zeit aufgespannte Unterraum maximal symmetrisch ist, aber auch nur dieser und nicht, wie im zuletzt behandelten Beispiel, die ganze Raum-Zeit. Es gibt noch weitere wichtige Beispiele, bei denen nicht bezüglich aller, sondern nur der Koordinaten niedrigerdimensionaler Unterräume Homogenität und Isotropie besteht. So ist z. B. bei Kugelsymmetrie nur ein zweidimensionaler Unterraum der Raum-Zeit maximal symmetrisch. Für die Metrik derartiger Räume gilt der folgende Satz.

Zerlegungssatz. *In einem Raum bzw. in einer Raum-Zeit der Dimension N bestehe Homogenität und Isotropie bezüglich der M Koordinaten $\boldsymbol{x}$; die verbleibenden $N-M$ Koordinaten seien mit $\boldsymbol{v}$ bezeichnet. Dann gilt die Zerlegung*

$$ds^2 = g_{ab}(\boldsymbol{v})\, dv^a dv^b + f(\boldsymbol{v})\, d\sigma^2 , \tag{16.39}$$

wobei

$$d\sigma^2 = \tilde{g}_{ij}(\boldsymbol{x})\, dx^i dx^j$$

die Metrik eines maximal symmetrischen Raumes von M Dimensionen ist.

Beweis: Ohne alle Symmetrieannahmen hätte die Metrik des betrachteten Raumes die Form

$$ds^2 = g_{ab}(\boldsymbol{x},\boldsymbol{v})\, dv^a dv^b + \hat{g}_{ai}(\boldsymbol{x},\boldsymbol{v})\, dv^a dx^i + \tilde{\tilde{g}}_{ij}(\boldsymbol{x},\boldsymbol{v})\, dx^i dx^j .$$

1. Bei festgehaltenen Koordinaten v^a (d. h. $dv^a = 0$) muß die Metrik nach Voraussetzung in die Metrik eines maximal symmetrischen Raumes übergehen, dessen Krümmung allerdings noch von den Werten der festgehaltenen Koordinaten $\boldsymbol{v}$ abhängen darf. Diese Forderung wird aber nach (16.33) gerade durch

$$ds^2 = \tilde{\tilde{g}}_{ij}(\boldsymbol{x},\boldsymbol{v})\, dx^i dx^j = f(\boldsymbol{v}) \tilde{g}_{ij}(\boldsymbol{x})\, dx^i dx^j$$

erfüllt.

2. Für $dx^i = 0$ gilt

$$ds^2 = g_{ab}(\boldsymbol{x},\boldsymbol{v})\, dv^a dv^b .$$

Dies muß wegen der geforderten Homogenität bezüglich der Koordinaten $\boldsymbol{x}$ für alle dv^a von $\boldsymbol{x}$ unabhängig sein, d. h.

$$g_{ab} = g_{ab}(\boldsymbol{v}) .$$

3. Der Term

$$\hat{g}_{ai}\, dv^a dx^i = A_i dx^i = \boldsymbol{A} \cdot d\boldsymbol{x}$$

muß wegen der geforderten Isotropie des durch die $\boldsymbol{x}$ aufgespannten Unterraums für jeden Vektor dv^a verschwinden, da er andernfalls die Richtung $\boldsymbol{A}$ auszeichnen würde. ($\boldsymbol{A} \cdot d\boldsymbol{x}$ wird für $d\boldsymbol{x} \parallel \boldsymbol{A}$ maximal und verschwindet für $d\boldsymbol{x} \perp \boldsymbol{A}$.) Infolgedessen gilt $\hat{g}_{ai}(\boldsymbol{x}, \boldsymbol{v}) \equiv 0$, und damit ist die Zerlegung (16.39) bewiesen. □

Anmerkung: Die Zerlegung (16.39) läßt sich auch unter der schwächeren Voraussetzung beweisen, daß nur Homogenität und Isotropie der Metrik des Gesamtraums bezüglich der Koordinaten $\boldsymbol{x}$ bei festgehaltenen Koordinaten $\boldsymbol{v}$ gefordert wird.[1] Unsere Beweisschritte 2. und 3. sind dann nicht möglich, und der 2. ersetzende Beweisschritt verläuft im Prinzip ähnlich wie die Einführung zeitorthogonaler Koordinaten (siehe Abschn. ART 9.2.7); für den Fall, daß es nur eine v-Koordinate gibt, ist er sogar mit dieser identisch. □

16.3.4 Räumlich homogene und isotrope Raum-Zeit

Im Fall einer räumlich homogenen und isotropen Raum-Zeit, der unser hauptsächliches Interesse gilt, hat der maximal symmetrische Unterraum mit den Koordinaten $\boldsymbol{x}$ drei Dimensionen ($M = 3$), und zu diesen tritt wegen $N = 4$ nur eine (Zeit-) Koordinate v hinzu. Aus (16.33) und (16.39) erhalten wir für ihn

$$ds^2 \overset{\text{s.u.}}{=} g(v)\, dv^2 + f(v) \left((d\boldsymbol{x})^2 + \frac{k\, (\boldsymbol{x} \cdot d\boldsymbol{x})^2}{1 - k\boldsymbol{x}^2} \right), \quad k = \begin{cases} +1 & \text{für } K > 0\,, \\ 0 & \text{für } K = 0\,, \\ -1 & \text{für } K < 0\,. \end{cases} \tag{16.40}$$

Dabei haben wir in den Fällen $k = \pm 1$ über dem **dimensionslosen Vektor** $\boldsymbol{x}$ die Tilde weggelassen, den Faktor $|K|^{-1}$ in die Definition der Funktion $f(v)$ absorbiert und $\boldsymbol{x}$ auch im Fall $k = 0$ als dimensionslos aufgefaßt, indem wir die Dimension des Quadrats einer Länge in die Funktion $f(v)$ verschoben haben. Damit für zeitartige Abstände $ds^2 > 0$ und für raumartige $ds^2 < 0$ gilt, muß $g(v) > 0$ und $f(v) < 0$ sein. Gehen wir nun mit

$$\int_0^v \sqrt{g(v')}\, dv' = ct, \quad x^1 = r \sin\vartheta \cos\varphi, \quad x^2 = r \sin\vartheta \sin\varphi, \quad x^3 = r \cos\vartheta$$

von v, $\boldsymbol{x}$ zu den Koordinaten t, r, ϑ, φ über und definieren eine Größe $a(t)$ durch $a^2(t) = -f(v(t))$ – *man beachte, daß r eine dimensionslose Radialkoordinate ist, während a die Dimension einer Länge besitzt* –, so erhalten wir schließlich mit

1 Der ziemlich umfangreiche Beweis findet sich in Abschn. 13.5.5 des in Fußnote 10 von Kapitel 8 angegebenen Buches von S. Weinberg.

$d\boldsymbol{x}^2 = dr^2 + r^2 d\vartheta^2 + r^2 \sin^2\vartheta\, d\varphi^2$, $\boldsymbol{x} \cdot d\boldsymbol{x} = r\boldsymbol{e}_r \cdot d(r\boldsymbol{e}_r) = r\,dr$ und $\boldsymbol{x}^2 = r^2$ (= früheres $\tilde{\boldsymbol{x}}^2$) als – nicht kovariante – Form des Linienelements

$$\boxed{\begin{aligned} ds^2 &= c^2dt^2 - a^2(t)\left[(d\boldsymbol{x})^2 + \frac{k\,(\boldsymbol{x}\cdot d\boldsymbol{x})^2}{1-k\boldsymbol{x}^2}\right] \\ &= c^2dt^2 - a^2(t)\left(\frac{dr^2}{1-kr^2} + r^2d\vartheta^2 + r^2\sin^2\vartheta\, d\varphi^2\right) \end{aligned} \qquad \text{mit} \quad k{=}-1,0,1} \tag{16.41}$$

Dessen Metrik ist die **Robertson-Walker-Metrik**. (Im Anhang zu diesem Abschnitt wird unabhängig von der Ableitung in den vorangegangenen Abschnitten nochmals verifiziert, daß sie das kosmologische Prinzip erfüllt.)

Wir müssen uns noch davon überzeugen, daß die Robertson-Walker-Metrik vollständig ist, also sämtliche Metriken mit maximalsymmetrischem räumlichem Anteil umfaßt. Aufgrund des Zerlegungssatzes des letzten Abschnitts und der Definition der Zeit t muß dazu nur die Vollständigkeit des räumlichen Anteils (Gleichung (16.46)) bewiesen werden. Nach Satz 6 von Abschn. 16.2 wird dieser durch seinen Krümmungsskalar $R = R_{\text{Raum}}$ und die Vorzeichen seiner Eigenwerte eindeutig festgelegt. Die letzteren müssen wegen der geforderten Raumartigkeit alle negativ sein, und wir werden später (Gleichung (19.16)) sehen, daß $R_{\text{Raum}} = 6k/a^2$ gilt. Weil sowohl $k=0$ als auch $k=\pm 1$ möglich ist, kann R_{Raum} jeden beliebigen Wert annehmen, und damit ist die Vollständigkeit der Metrik bewiesen.

Ihre Auszeichnung des Punktes $r=0$ macht die Robertson-Walker-Metrik zur Beschreibung des Weltalls aus unserer irdischen Perspektive besonders geeignet, wenn wir den Koordinatenursprung auf die Erde legen. Da $a(t)$ nur quadratisch in sie eingeht, können für a positive und negative Werte zugelassen werden. Ein Übergang zwischen beiden ist im allgemeinen jedoch nicht möglich, da für $a=0$ Größen wie die Massendichte wie a^{-n} singulär werden. (Mit einer Ausnahme davon werden wir uns im ersten Teil des Exkurses 23.1 befassen.) Damit wird der Unterschied zwischen positiven und negativen Werten aber zu einer reinen Definitionsfrage, und wir können und *werden uns daher im weiteren meist auf* ***positive Werte von a*** *beschränken.*

Für

$$k = 0, \qquad a(t) \overset{\text{s.u.}}{=} a_0\, \mathrm{e}^{\sqrt{-K}\,ct}\,, \tag{16.42}$$

$t' = t$ und $r' = a_0\, r$ geht die Robertson-Walker-Metrik in die Metrik (16.38) einer maximal symmetrischen Raum-Zeit über, d. h. die letztere bildet, wie zu erwarten, einen Spezialfall von ihr. (K ist hier nicht die Krümmung des dreidimensionalen Raums mit der Metrik (16.40), sondern die Krümmung der vierdimensionalen Raum-Zeit mit der Metrik (16.28), Fall $N{=}4$.) Für $k = -1$ und $a(t) = ct$ sowie $\tau = t$ und $\rho = r$ erhalten wir aus Gleichung (16.41) die Metrik (15.47) des Modells von Milne. Diese erweist sich also im Nachhinein für die Zeitschnitte $\tau = \text{const}$ als räumlich maximal symmetrisch. Bei unserem jetzigen Zugang muß der durch die Koordinaten r, ϑ und φ aufgespannte Raum allerdings nicht als nichtabgeschlossener Teil eines umfassenderen Raumes aufgefaßt werden.

Vergleichen wir (16.41) mit (16.33), so finden wir den (16.30) entsprechenden

Zusammenhang

$$ {}^3K = \frac{k}{a^2(t)} \overset{(16.30)}{=} \frac{k}{\rho^2} \qquad \Rightarrow \qquad \rho = a(t)\,. \tag{16.43} $$

zwischen der – nach Aufgabe 16.5 (Lösung) zum Krümmungsskalar des Raumes proportionalen – dreidimensionalen Raumkrümmung ${}^3K$ und der Größe $a(t)$. Im Fall $k=1$ bezeichnet man den Raum als **sphärisch gekrümmt**, im Fall $k=-1$ als **hyperbolisch gekrümmt**. Im Fall $k=0$ ist der Raum zu jedem Zeitpunkt euklidisch, und man bezeichnet ihn als **flach**; man beachte aber, daß die Raum-Zeit bei veränderlichem $a(t)$ auch in diesem Fall gekrümmt ist (siehe Abschn. 19.2).

Für $k=-1$ und $k=0$ ist der Raum $t=\text{const}$ unendlich ausgedehnt, für $k=1$ ist er endlich, aber unbegrenzt. Im letzten Fall sind sein Umfang und sein Volumen nach (16.34)–(16.35) mit (16.30) durch

$$ {}^3L = 2\pi\, a(t) \qquad \text{und} \qquad {}^3V = 2\pi^2 a^3(t) \tag{16.44} $$

gegeben, und $a(t)$ kann dann in diesem Sinn als **Radius des Universums** aufgefaßt werden. In allen drei Fällen wird $a(t)$ als **kosmischer Skalenfaktor** bezeichnet, da er in allen dreien ein Maß für räumliche Abstände bildet.

Das metrische Volumen V eines festgehaltenen Gebiets G im System der (mitbewegten) Robertson-Walker-Koordinaten (Koordinatenvolumen V_{K}) ist nach (16.41)

$$ V(t) = V_{\text{K}}\, a^3(t) \qquad \text{mit} \qquad V_{\text{K}} = \int_G \frac{r^2 \sin\vartheta}{\sqrt{1-kr^2}}\, dr\, d\vartheta\, d\varphi\,. \tag{16.45} $$

Anhang: Kurzableitung der Robertson-Walker-Metrik

Zum Beweis dafür, daß die Metrik (16.41) das kosmologische Prinzip erfüllt, genügt es, zu zeigen, daß deren räumlicher Anteil

$$ -ds_{\text{r}}^2 = a^2(t) \left[(d\boldsymbol{x})^2 + \frac{k\,(\boldsymbol{x}\cdot d\boldsymbol{x})^2}{1-k\boldsymbol{x}^2} \right] \tag{16.46} $$

keinen Punkt und keine Richtung im Raum auszeichnet, also homogen und isotrop ist. Der Fall $k=0$ läßt sich am einfachsten behandeln: In ihm gilt $-ds_{\text{r}}^2 = a^2(t)\, d\boldsymbol{x}^2$, d. h. $-ds_{\text{r}}^2$ ist zu jedem festen Zeitpunkt eine euklidische Metrik und daher sowohl homogen als auch isotrop.

Im Fall $k=1$ gehen wir von der anschaulich evidenten Tatsache aus, daß die Metrik auf einer (zweidimensionalen) Kugelfläche im $\mathbb{R}^3$ homogen und isotrop ist. Dasselbe gilt dann auch für die in den $\mathbb{R}^4$ eingebettete dreidimensionale Kugeloberfläche

$$ \boldsymbol{x}^2 + z^2 = R^2 \qquad \Rightarrow \qquad z = \pm\sqrt{R^2 - \boldsymbol{x}^2} \tag{16.47} $$

mit Radius R. (Der formale Beweis für die Homogenität und Isotropie der Metrik wurde, auf höhere Dimensionen verallgemeinert, am Anfang von Abschn. 16.3 gegeben.) Mit $\partial/\partial\boldsymbol{x}=\nabla$ lautet die Metrik auf dieser

$$-ds_{\mathrm{r}}^2 = d\boldsymbol{x}^2 + dz^2 \qquad \text{mit} \qquad dz = \pm\frac{\partial\sqrt{R^2-\boldsymbol{x}^2}}{\partial\boldsymbol{x}}\cdot d\boldsymbol{x} = \mp\frac{\boldsymbol{x}\cdot d\boldsymbol{x}}{\sqrt{R^2-\boldsymbol{x}^2}}$$

bzw.

$$-ds_{\mathrm{r}}^2 = d\boldsymbol{x}^2 + \frac{(\boldsymbol{x}\cdot d\boldsymbol{x})^2}{R^2-\boldsymbol{x}^2}\,. \tag{16.48}$$

Mit $\boldsymbol{x}=R\tilde{\boldsymbol{x}}$ und $\tilde{\boldsymbol{x}}\to\boldsymbol{x}$ wird daraus

$$-ds_{\mathrm{r}}^2 = R^2\left(d\boldsymbol{x}^2 + \frac{(\boldsymbol{x}\cdot d\boldsymbol{x})^2}{1-\boldsymbol{x}^2}\right), \tag{16.49}$$

und mit $R\to a(t)$ – der Kugelradius darf zeitlich variieren – erhalten wir (16.46).

Im Fall $k=-1$ gehen wir in (16.47) und (16.48) mit $\boldsymbol{x}\to\mathrm{i}\,\boldsymbol{x}$ zu komplexwertigen räumlichen Koordinaten über. (Da alle Koordinaten gleichartig behandelt werden, bleiben dabei die Eigenschaften der Homogenität und Isotropie erhalten.) Aus Gleichung (16.49) wird damit

$$-ds_{\mathrm{r}}^2 = -R^2\left(d\boldsymbol{x}^2 - \frac{(\boldsymbol{x}\cdot d\boldsymbol{x})^2}{1+\boldsymbol{x}^2}\right). \tag{16.50}$$

und mit $R\to\mathrm{i}\,a(t)$ erhalten wir schließlich das Ergebnis (16.46) für $k=-1$.

16.4 Maximal forminvariante Tensoren in maximal symmetrischen Räumen

Bei der Untersuchung physikalischer Prozesse in einer durch die Robertson-Walker-Metrik beschriebenen Raum-Zeit werden wir uns überlegen müssen, welche Konsequenzen die Symmetrieforderungen des kosmologischen Prinzips (zweite Version) auf Größen wie die Geschwindigkeit oder den Energie-Impuls-Tensor haben. In Abschn. 17.1 wird sich dabei zeigen, daß jeder Tensor $T_{\mu\nu\ldots}(x)$ forminvariant gegenüber denjenigen Transformationen sein muß, für die Invarianz des metrischen Tensors besteht. Dabei heißt $T_{\mu\nu\ldots}(x)$ in Verallgemeinerung von (16.2) **forminvariant** gegenüber der Transformation $x\to x'(x)$, wenn gilt

$$T'_{\mu\nu\ldots}(y) = T_{\mu\nu\ldots}(y) \qquad \text{für alle } y\,.$$

(Die transformierten Tensorkomponenten $T'_{\mu\nu\ldots}$ besitzen dieselbe funktionale Abhängigkeit von den transformierten Koordinaten wie die untransformierten Tensorkomponenten $T_{\mu\nu\ldots}$ von den untransformierten Koordinaten.) Mit der Transformationsformel $T_{\mu\nu\ldots}(x)=T'_{\rho\sigma\ldots}(x')(\partial x'^{\rho}/\partial x^{\mu})\,(\partial x'^{\sigma}/\partial x^{\nu})\ldots$ kann die Bedingung der Forminvarianz auch in der Form

$$T_{\mu\nu\ldots}(x) = T_{\rho\sigma\ldots}(x')\,\frac{\partial x'^{\rho}}{\partial x^{\mu}}\frac{\partial x'^{\sigma}}{\partial x^{\nu}}\ldots$$

geschrieben werden. Für die infinitesimalen Transformationen $x'^{\mu} = x^{\mu} + \varepsilon\,\xi^{\mu}(x)$ reduziert sie sich in Analogie zu (16.5) auf

$$\xi^{\lambda} T_{\mu\nu\ldots,\lambda} + T_{\rho\nu\ldots}\xi^{\rho}{}_{,\mu} + T_{\mu\sigma\ldots}\xi^{\sigma}{}_{,\nu} + \cdots = 0\,. \tag{16.51}$$

Das Tensorfeld $T_{\mu\nu\ldots}(x)$ heißt **maximal forminvariant**, wenn der Raum, auf dem es definiert ist, maximal symmetrisch ist, und Gleichung (16.51) für alle $N(N+1)/2$ Killing-Vektoren des Raumes erfüllt wird.

Für ein Skalarfeld $s(x)$ reduziert sich (16.51) auf $\xi^{\lambda} s_{,\lambda} = 0$. Bei maximaler Forminvarianz ist der Raum der Punkte x, auf dem es definiert ist, homogen und isotrop, es gilt (16.14) bzw. $\xi^{\lambda}_{(n)}(X) = \delta^{\lambda}_{n}$ und damit $\delta^{\lambda}_{n} s_{,\lambda} = s_{,n} = 0$ für $n = 1, \ldots, N$. *Jeder maximal forminvariante Skalar ist daher eine Konstante.*

Tensoren maximal zweiter Stufe, auf die wir uns im weiteren Verlauf beschränken werden, erfüllen nach (16.51) die Gleichung

$$-\xi^{\lambda} T_{\mu\nu,\lambda} = T_{\alpha\nu}\xi^{\alpha}{}_{,\mu} + T_{\mu\alpha}\xi^{\alpha}{}_{,\nu} = g_{\alpha\beta}\left(\xi^{\alpha}{}_{,\mu} T^{\beta}{}_{\nu} + \xi^{\alpha}{}_{,\nu} T_{\mu}{}^{\beta}\right) = g_{\alpha\beta}\xi^{\alpha}{}_{,\tau}\left(\delta^{\tau}_{\mu} T^{\beta}{}_{\nu} + \delta^{\tau}_{\nu} T_{\mu}{}^{\beta}\right). \tag{16.52}$$

Setzen wir für ξ^{λ} ein Killing-Feld ein, das eine „Drehung“ um den Punkt X beschreibt, so gilt für dieses

$$\xi^{\lambda}(X) = 0 \quad \Rightarrow \quad g_{\alpha\beta}\xi^{\alpha}{}_{,\tau} = g_{\alpha\beta}\xi^{\alpha}{}_{;\tau} = (g_{\alpha\beta}\xi^{\alpha})_{;\tau} = \xi_{\beta;\tau}\,,$$

und aus (16.52) folgt

$$\xi_{\beta;\tau}\left(\delta^{\tau}_{\mu} T^{\beta}{}_{\nu} + \delta^{\tau}_{\nu} T_{\mu}{}^{\beta}\right) = 0\,. \tag{16.53}$$

Da der Raum maximal symmetrisch ist, kann $\xi_{\beta;\tau}$ eine beliebige antisymmetrische Matrix sein. Dann kann (16.53) aber nur erfüllt werden, wenn die Klammer in den Indizes β, τ symmetrisch ist,

$$\delta^{\tau}_{\mu} T^{\beta}{}_{\nu} + \delta^{\tau}_{\nu} T_{\mu}{}^{\beta} = \delta^{\beta}_{\mu} T^{\tau}{}_{\nu} + \delta^{\beta}_{\nu} T_{\mu}{}^{\tau}\,.$$

Durch Verjüngung bezüglich der Indizes τ, μ folgt daraus $N T^{\beta}{}_{\nu} + T_{\nu}{}^{\beta} = T^{\beta}{}_{\nu} + \delta^{\beta}_{\nu} T_{\mu}{}^{\mu}$ oder nach Herunterziehen der Indizes

$$(N-2)\,T_{\beta\nu} = g_{\beta\nu} T_{\mu}{}^{\mu} - (T_{\nu\beta} + T_{\beta\nu})\,. \tag{16.54}$$

Da die rechte Seite in den Indizes β, ν symmetrisch ist, muß das für $N \neq 2$ auch für die linke Seite gelten, d. h.

$$T_{\beta\nu} = T_{\nu\beta} \qquad \text{für } N \neq 2\,.$$

Für $N \geq 3$ folgt damit durch Einsetzen in (16.54)

$$T_{\beta\nu} = f(x)\,g_{\beta\nu} \quad \text{mit} \quad f = \frac{T_{\mu}{}^{\mu}}{N}\,. \tag{16.55}$$

Setzen wir das in (16.52a) ein und benutzen, daß ξ^{λ} die Killing-Gleichung (16.5) erfüllt, so erhalten wir

$$g_{\mu\nu}\xi^{\lambda} f_{,\lambda} = 0\,.$$

Nun kann ξ^λ wegen der vorausgesetzten Homogenität in einem vorgegebenen Punkt X jeder beliebige Vektor sein. Daher folgt $f_{,\lambda}(X)=0$, und da der Punkt X beliebig ist, muß f konstant sein. *Nach (16.55) stimmt daher für $N \geq 3$ jeder maximal forminvariante Tensor zweiter Stufe bis auf eine Konstante mit dem metrischen Tensor überein.*

Zu klären bleibt noch die Situation von Tensoren erster Stufe, also Vektoren. Mit $T_{\mu\nu} \to A_\mu$ erhalten wir dafür statt (16.53) die Gleichung

$$\xi_{\beta;\tau} A^\beta = 0\,,$$

die wegen der Beliebigkeit von $\xi_{\beta;\tau}$ und X die Folge $A^\beta \equiv 0$ hat: *In einem maximal symmetrischen Raum existiert kein maximal forminvarianter Vektor.*

Bei der Anwendung der abgeleiteten Ergebnisse auf die Kosmologie besteht die maximale Symmetrie nur bezüglich der drei Raumdimensionen bei festgehaltener Zeit, d. h. *die erzielten Ergebnisse gelten für Dreiervektoren und Dreiertensoren.* Dabei wird eine wesentliche Rolle spielen, welche Zeit festgehalten werden muß, damit der dreidimensionale Unterraum maximal symmetrisch ist.

Aufgaben

16.1 Lösen Sie die Killing-Gleichung (16.5) für den pseudo-euklidischen Raum. Wieviele freie Parameter enthält die Lösung?

16.2 Beweisen Sie die Beziehung (16.13).

16.3 Zeigen Sie, daß die zur Metrik (16.31) gehörigen Christoffel-Symbole im Fall eines euklidischen Einbettungsraums durch

$$\Gamma^\mu_{\alpha\beta} = K x^\mu g_{\alpha\beta}\,. \tag{16.56}$$

gegeben sind.

Anleitung: Berechnen Sie die Christoffel-Symbole durch den Vergleich mit der Geodätengleichung, deren Lösung Großkreise sein müssen.

16.4 Leiten Sie die Beziehung

$$R_{\lambda\mu\rho\sigma} = -K\left(g_{\lambda\rho}g_{\mu\sigma} - g_{\lambda\sigma}g_{\mu\rho}\right), \tag{16.57}$$

ab, indem Sie die in Aufgabe 16.3 abgeleitete Beziehung (16.56) in (9.69) einsetzen.

16.5 Zeigen Sie, daß (16.16) aus (16.57) folgt.

16.6 Zeigen Sie, daß (16.38) mit der Transformation (16.37) aus (16.36) folgt.

16.7 *Metrik mit räumlicher Kugelsymmetrie*: Bestimmen Sie die Metrik einer Raum-Zeit, die einen maximalsymmetrischen zweidimensionalen Unterraum mit positiver Krümmung und negativen Eigenwerten besitzt.

Lösungen

16.2 Bei (16.13) handelt es sich um den Kommutator der zweifachen kovarianten Ableitungen des Tensors $T_{\rho\nu} = \xi_{\rho;\nu}$. Aus den Definitionsgleichungen (9.34c) und (9.35) folgt

$$\begin{aligned}
T^\rho{}_{\nu;\mu;\sigma} - T^\rho{}_{\nu;\sigma;\mu} &= T^\rho{}_{\nu;\mu,\sigma} - T^\rho{}_{\nu;\sigma,\mu} + \Gamma^\rho_{\sigma\alpha} T^\alpha{}_{\nu;\mu} - \Gamma^\rho_{\mu\alpha} T^\alpha{}_{\nu;\sigma} \\
&\quad - \Gamma^\alpha_{\nu\sigma} T^\rho{}_{\alpha;\mu} + \Gamma^\alpha_{\nu\mu} T^\rho{}_{\alpha;\sigma} - \Gamma^\alpha_{\mu\sigma} T^\rho{}_{\nu;\alpha} + \Gamma^\alpha_{\sigma\mu} T^\rho{}_{\nu;\alpha} \\
&= T^\rho{}_{\nu,\mu,\sigma} - T^\rho{}_{\nu,\sigma,\mu} + \left(\Gamma^\rho_{\mu\lambda} T^\lambda{}_\nu - \Gamma^\lambda_{\nu\mu} T^\rho{}_\lambda\right)_{,\sigma} - \left(\Gamma^\rho_{\sigma\lambda} T^\lambda{}_\nu - \Gamma^\lambda_{\nu\sigma} T^\rho{}_\lambda\right)_{,\mu} \\
&\quad + \Gamma^\rho_{\sigma\alpha}\left(T^\alpha{}_{\nu,\mu} + \Gamma^\alpha_{\mu\lambda} T^\lambda{}_\nu - \Gamma^\lambda_{\nu\mu} T^\alpha{}_\lambda\right) - \Gamma^\rho_{\mu\alpha}\left(T^\alpha{}_{\nu,\sigma} + \Gamma^\alpha_{\sigma\lambda} T^\lambda{}_\nu - \Gamma^\lambda_{\nu\sigma} T^\alpha{}_\lambda\right) \\
&\quad - \Gamma^\alpha_{\nu\sigma}\left(T^\rho{}_{\alpha,\mu} + \Gamma^\rho_{\mu\lambda} T^\lambda{}_\alpha - \Gamma^\lambda_{\alpha\mu} T^\rho{}_\lambda\right) + \Gamma^\alpha_{\nu\mu}\left(T^\rho{}_{\alpha,\sigma} + \Gamma^\rho_{\sigma\lambda} T^\lambda{}_\alpha - \Gamma^\lambda_{\alpha\sigma} T^\rho{}_\lambda\right) \\
&= T^\lambda{}_\nu\left(\Gamma^\rho_{\lambda\mu,\sigma} - \Gamma^\rho_{\lambda\sigma,\mu} + \Gamma^\rho_{\sigma\alpha}\Gamma^\alpha_{\mu\lambda} - \Gamma^\rho_{\mu\alpha}\Gamma^\alpha_{\sigma\lambda}\right) \\
&\quad - T^\rho{}_\lambda\left(\Gamma^\lambda_{\nu\mu,\sigma} - \Gamma^\lambda_{\nu\sigma,\mu} + \Gamma^\alpha_{\nu\mu}\Gamma^\lambda_{\alpha\sigma} - \Gamma^\alpha_{\nu\sigma}\Gamma^\lambda_{\alpha\mu}\right) \\
&= T^\lambda{}_\nu R^\rho_{\lambda\mu\sigma} - T^\rho{}_\lambda R^\lambda_{\nu\mu\sigma}\,.
\end{aligned}$$

Durch Herunterziehen des Index ϱ folgt hieraus

$$T_{\rho\nu;\mu;\sigma} - T_{\rho\nu;\sigma;\mu} = T^\lambda{}_\nu R_{\rho\lambda\mu\sigma} - T_{\rho\lambda} R^\lambda_{\nu\mu\sigma} = -T^\lambda{}_\nu R_{\lambda\rho\mu\sigma} - T_{\rho\lambda} R^\lambda_{\nu\mu\sigma}$$

und

$$T_{\rho\nu;\mu;\sigma} - T_{\rho\nu;\sigma;\mu} = -T_{\lambda\nu} R^\lambda_{\rho\mu\sigma} - T_{\rho\lambda} R^\lambda_{\nu\mu\sigma}\,.$$

Mit $T_{\rho\nu} = \xi_{\rho;\nu}$ ergibt sich (16.13).

16.3 Die Lösungen der Geodätengleichung

$$\frac{d^2x^\mu}{ds^2} + \Gamma^\mu_{\alpha\beta}\frac{dx^\alpha}{ds}\frac{dx^\beta}{ds} = 0$$

sind Großkreise der Kugelfläche (16.29). Für die Bewegung eines Massenpunktes auf einer Kreisbahn vom Radius ρ gilt (nach Herauskürzen der Masse) mit $\boldsymbol{x} = \{x^1, \ldots, x^N\}$ und $\boldsymbol{\rho} = \{\boldsymbol{x}, z\}$

$$\ddot{\boldsymbol{\rho}}(t) = -\frac{v^2}{\rho}\frac{\boldsymbol{\rho}}{\rho}\,.$$

Hieraus folgt mit $\ddot{\boldsymbol{\rho}}(t) = (d^2\boldsymbol{\rho}/ds^2)\,v^2$ durch Projektion auf den Unterraum der $\boldsymbol{x}$

$$\frac{d^2x^\mu}{ds^2} + \frac{x^\mu}{\rho^2} = \frac{d^2x^\mu}{ds^2} + \frac{x^\mu}{\rho^2}\,g_{\alpha\beta}\frac{dx^\alpha}{ds}\frac{dx^\beta}{ds} = 0\,,$$

wobei die aus $ds^2 = g_{\alpha\beta}dx^\alpha dx^\beta$ folgende Identität

$$g_{\alpha\beta}\frac{dx^\alpha}{ds}\frac{dx^\beta}{ds} = 1$$

benutzt wurde. Durch Vergleich der ursprünglichen Geodätengleichung mit deren zuletzt erhaltenen Form folgt mit $K = 1/\rho^2$

$$\Gamma^\mu_{\alpha\beta} = Kx^\mu g_{\alpha\beta}\,.$$

(Dasselbe Ergebnis erhält man auch im Fall allgemeinerer $C_{\mu\nu}$ etwas mühsamer durch Einsetzen von (16.31) in (9.51)).

16.4 Aus (9.69) folgt mit (16.56)

$$R^{\kappa}_{\lambda\mu\nu} = K\left(\delta^{\kappa}_{\nu} g_{\lambda\mu} - \delta^{\kappa}_{\mu} g_{\lambda\nu}\right) + K x^{\kappa}\left(g_{\lambda\mu,\nu} - g_{\lambda\nu,\mu}\right) + K^2 x^{\kappa} x^{\rho}\left(g_{\lambda\mu} g_{\rho\nu} - g_{\lambda\nu} g_{\rho\mu}\right),$$

und aus (9.32b) folgt mit (9.38a)

$$g_{\lambda\mu,\nu} = g_{\lambda\rho}\Gamma^{\rho}_{\mu\nu} + g_{\rho\mu}\Gamma^{\rho}_{\lambda\nu} = K x^{\rho}\left(g_{\lambda\rho} g_{\mu\nu} + g_{\rho\mu} g_{\lambda\nu}\right)$$

sowie

$$g_{\lambda\nu,\mu} = g_{\lambda\rho}\Gamma^{\rho}_{\nu\mu} + g_{\rho\nu}\Gamma^{\rho}_{\lambda\mu} = K x^{\rho}\left(g_{\lambda\rho} g_{\nu\mu} + g_{\rho\nu} g_{\lambda\mu}\right).$$

Einsetzen der beiden letzten Beziehungen in die erste liefert

$$\begin{aligned} R^{\kappa}_{\lambda\mu\nu} &= K\left(\delta^{\kappa}_{\nu} g_{\lambda\mu} - \delta^{\kappa}_{\mu} g_{\lambda\nu}\right) + K^2 x^{\kappa} x^{\rho}\big(g_{\lambda\rho} g_{\mu\nu} + g_{\rho\mu} g_{\lambda\nu} \\ &\qquad - g_{\lambda\rho} g_{\nu\mu} - g_{\rho\nu} g_{\lambda\mu} + g_{\lambda\mu} g_{\rho\nu} - g_{\lambda\nu} g_{\rho\mu}\big) \\ &= K\left(\delta^{\kappa}_{\nu} g_{\lambda\mu} - \delta^{\kappa}_{\mu} g_{\lambda\nu}\right). \end{aligned}$$

Durch Herunterziehen des Index κ der letzten Beziehung folgt (16.57).

16.5 Aus (16.57) folgt zunächst

$$R^{\lambda}{}_{\mu\rho\sigma} = -K\left(\delta^{\lambda}_{\rho} g_{\mu\sigma} - \delta^{\lambda}_{\sigma} g_{\mu\rho}\right) \quad \text{und} \quad R_{\mu\sigma} = R^{\rho}{}_{\mu\rho\sigma} = -K\,(N-1) g_{\mu\sigma}.$$

Hieraus folgt

$$R = R^{\sigma}_{\sigma} = -K\,(N-1)\,\delta^{\sigma}_{\sigma} = -K\,N\,(N-1) \quad \text{bzw.} \quad K = -\frac{R}{N\,(N-1)}.$$

16.6 Die Rechnung ist ziemlich umfangreich, und wir benützen die Abkürzungen

$$\tau = \sqrt{|K|}\,ct, \quad \tau' = \sqrt{|K|}\,ct', \quad \boldsymbol{y} = \sqrt{|K|}\,\boldsymbol{x}, \quad \boldsymbol{y}' = \sqrt{|K|}\,\boldsymbol{x}'.$$

Mit diesen lauten (16.36), (16.37) und (16.38)

$$\begin{aligned} |K|\,ds^2 &= d\tau^2 - d\boldsymbol{y}^2 - \frac{(\tau\,d\tau - \boldsymbol{y}\cdot d\boldsymbol{y})^2}{1+\tau^2-\boldsymbol{y}^2}, \\ \tau &= \tfrac{1}{2}(\boldsymbol{y}'^2+1)\,\mathrm{e}^{\tau'} - \tfrac{1}{2}\mathrm{e}^{-\tau'}, \qquad \boldsymbol{y} = \boldsymbol{y}'\mathrm{e}^{\tau'}, \\ |K|\,ds^2 &= d\tau'^2 - \mathrm{e}^{2\tau'}\,d\boldsymbol{y}'^2. \end{aligned}$$

Es ist einfacher, die Umkehrtransformation $\tau', \boldsymbol{y}' \to \tau, \boldsymbol{y}$ zu betrachten und (16.36) aus (16.38) abzuleiten. Zur Bestimmung der Umkehrtransformation setzt man

$$\upsilon = \mathrm{e}^{\tau'} \quad \Rightarrow \quad \boldsymbol{y}' = \boldsymbol{y}/\upsilon$$

und erhält für υ die quadratische Gleichung

$$\tau = \frac{\upsilon}{2}\left(\boldsymbol{y}^2/\upsilon^2 + 1\right) - \frac{1}{2\upsilon}$$

mit

$$v = \mathrm{e}^{\tau'} = \tau + \sqrt{1 + \tau^2 - \boldsymbol{y}^2}$$

als Lösung der Eigenschaft $\tau' \to \infty$ für $\tau \to \infty$. Damit lautet die Umkehrtransformation

$$\tau' = \ln\left(\tau + \sqrt{1 + \tau^2 - \boldsymbol{y}^2}\right), \qquad \boldsymbol{y}' = \frac{\boldsymbol{y}}{\tau + \sqrt{1 + \tau^2 - \boldsymbol{y}^2}}\,.$$

Wir beschränken uns auf den – repräsentativen – Fall einer einzigen Raumdimension, $\boldsymbol{y} \to y$, und erhalten mit

$$\begin{aligned}\sqrt{1 + \tau^2 - y^2} &= v - \tau\,,\\ v^2 - \tau v + y^2 &= \tau^2 + 1 + \tau^2 - y^2 + 2\tau\sqrt{1 + \tau^2 - y^2} - \tau v + y^2\\ &= 2\tau^2 + 1 + 2\tau(v - \tau) - \tau v = 1 + \tau v\end{aligned}$$

und

$$\frac{\partial y'}{\partial y} = \frac{1}{v^2}\left(v + \frac{y^2}{v - \tau}\right) = \frac{1}{v^2}\,\frac{v^2 - \tau v + y^2}{v - \tau} = \frac{1 + \tau v}{v^2(v - \tau)}$$

für die Differentiale die Transformationsformeln

$$dy' = \alpha\, dy + \beta\, d\tau\,, \qquad d\tau' = \gamma\, dy + \delta\, d\tau$$

mit

$$\alpha = \frac{1 + \tau v}{v^2(v - \tau)}\,, \quad \beta = -\frac{y}{v(v - \tau)}\,, \quad \gamma = -\frac{y}{v(v - \tau)}\,, \quad \delta = \frac{1}{v - \tau}\,.$$

Dies ist einzusetzen in

$$|K|\, ds^2 = d\tau'^2 - \mathrm{e}^{2\tau'} dy'^2 = d\tau'^2 - v^2 dy'^2\,,$$

liefert

$$\begin{aligned}|K|\, ds^2 = {} & d\tau^2 - dy^2 + \left(\delta^2 - v^2\beta^2 - 1\right) d\tau^2\\ & + \left(\gamma^2 - v^2\alpha^2 + 1\right) dy^2 + 2\beta\left(\delta - v^2\alpha\right) dy\, d\tau\end{aligned}$$

und soll mit

$$|K|\, ds^2 = d\tau^2 - dy^2 - \frac{\tau^2}{(v - \tau)^2}\, d\tau^2 - \frac{y^2}{(v - \tau)^2}\, dy^2 + \frac{2\tau y}{(v - \tau)^2}\, d\tau\, dy$$

übereinstimmen. Die vorletzte und letzte Beziehung müssen dieselben Koeffizienten aufweisen, was bei $dy\, d\tau$ und $d\tau^2$ einfach zu verifizieren ist. Im Falle des Koeffizienten von dy^2 ergibt sich mit

$$v^2 = 1 - y^2 + 2\tau v$$

wie zu erwarten

$$\begin{aligned}\gamma^2 - v^2\alpha^2 + 1 &= \frac{y^2}{v^2(v - \tau)^2} - \frac{v^2(1 + \tau v)^2}{v^4(v - \tau)^2} + 1 = \frac{y^2 - 1 - 2\tau v + v^2 - v^2 y^2}{v^2(v - \tau)^2}\\ &= \frac{y^2 - 1 - 2\tau v + 1 - y^2 + 2\tau v - v^2 y^2}{v^2(v - \tau)^2} = -\frac{y^2}{(v - \tau)^2}\,.\end{aligned}$$

16.7 Der maximalsymmetrische Unterraum ist raumartig, seine Metrik ist durch die erste Zeile von (16.33) gegeben, und aus dem Zerlegungssatz (16.39) folgt damit

$$ds^2 = g_{ab}(\boldsymbol{v})\, dv^a dv^b - f(\boldsymbol{v}) \left[(d\tilde{\boldsymbol{x}})^2 + \frac{(\tilde{\boldsymbol{x}} \cdot d\tilde{\boldsymbol{x}})^2}{1 - \tilde{\boldsymbol{x}}^2} \right].$$

In (16.29) gilt das obere Vorzeichen und $C_{\mu\nu} = \delta_{\mu\nu}$, was $\tilde{z}^2 + \tilde{\boldsymbol{x}}^2 = 1$ und $\tilde{\boldsymbol{x}}^2 \leq 1$ zur Folge hat. Dies macht es möglich, die Winkelkoordinaten

$$\tilde{x}^1 = \sin\theta \, \cos\varphi\,, \qquad \tilde{x}^2 = \sin\theta \, \sin\varphi$$

einzuführen, womit

$$\tilde{\boldsymbol{x}}^2 = \sin^2\theta\,, \quad \tilde{\boldsymbol{x}} \cdot d\tilde{\boldsymbol{x}} = \sin\theta \, \cos\theta \, d\theta\,, \quad d\tilde{\boldsymbol{x}}^2 = \cos^2\theta \, d\theta^2 + \sin^2\theta \, d\varphi^2$$

und

$$d\tilde{\boldsymbol{x}}^2 + \frac{(\tilde{\boldsymbol{x}} \cdot d\tilde{\boldsymbol{x}})^2}{1 - \tilde{\boldsymbol{x}}^2} = d\theta^2 + \sin^2\theta \, d\varphi^2$$

folgt. Mit $\boldsymbol{v} \to \{t, r\}$ ergibt sich schließlich

$$ds^2 = g_{tt}(r,t)\, dt^2 + 2g_{rt}(r,t)\, dt\, dr + g_{rr}(r,t)\, dr^2 - f(r,t)\left(d\theta^2 + \sin^2\theta \, d\varphi^2\right)$$

mit $f(r,t) > 0$; die Matrix g_{ab} hat einen positiven und einen negativen Eigenwert.

17 Kosmographie

In der Robertson-Walker-Metrik (16.41), die in sich die Gesamtheit aller mit den Symmetrieforderungen der 2. Version des kosmologischen Prinzips verträglichen Metriken vereinigt (siehe Abschn. 17.1), sind nur noch die Größen k und $a(t)$ unbestimmt geblieben. Aus den Einsteinschen Feldgleichungen ergeben sich an diese Bedingungen, die sie allerdings immer noch nicht eindeutig festlegen, so daß es weiterhin eine Auswahl zwischen verschiedenen Modellen des Universums gibt. Es ist allerdings möglich, wichtige physikalische Fragestellungen zu klären, ohne diese Bedingungen untersucht zu haben. Dieses Vorgehen, bei dem die Größen k und $a(t)$ weiterhin offen gelassen werden, hat den Vorteil, daß die damit erzielten Ergebnisse von speziellen Annahmen (z. B. über die Form der zur Lösung der Feldgleichungen benutzten Zustandsgleichungen) oder von einer speziellen Parameterwahl zur Festlegung der Lösung unabhängig sind. Es handelt sich dabei um die als **Kosmographie** bezeichnete Untersuchung geometrischer Eigenschaften und physikalischer Prozesse wie der Bewegung von Teilchen oder der Ausbreitung von Licht. Diese kann bei vorgegebener Struktur der Raum-Zeit vorgenommen werden, weil Rückwirkungen auf die letztere vernachlässigt werden dürfen. Wir beginnen diese Untersuchung damit, uns zu überlegen, welche physikalische Bedeutung den in der Robertson-Walker-Metrik benutzten Koordinaten zukommt.

17.1 Kosmologisches Prinzip und Robertson-Walker-Metrik

Die 2. Version des kosmologische Prinzip besagt, daß das Weltall in geeigneten Koordinaten räumlich, also bei festgehaltener Zeit, homogen und isotrop ist. Aber welche Zeit soll festgehalten werden? Schon in der SRT hängt Gleichzeitigkeit und damit auch jeder raumartige Schnitt durch die Raum-Zeit vom Bewegungszustand der Uhr ab, mit der die Zeit gemessen wird. Das ist erst recht so in der ART, *Homogenität und Isotropie des Universums bestehen keineswegs in jedem Bezugssystem* (ein wichtiges Beispiel dafür bietet Abschn. 15.1). Befindet sich z. B. ein Beobachter in einem Bezugssystem, in welchem die kosmische Hintergrundstrahlung isotrop erscheint, so mißt ein gegenüber diesem bewegter Beobachter eine Rotverschiebung der hinter ihm herlaufenden und eine Blauverschiebung der auf ihn zukommenden Strahlung. Ein ähnliches Problem entsteht bei der Beantwortung der Frage: Was heißt homogen? Die Antwort „Hinreichend große Ausschnitte des Universums müssen äquivalent sein" ist unzureichend. Denn vergleichen wir unsere Umgebung im Universum mit einer gleich großen Umgebung an einer anderen Stelle, so müssen wir in einem zeitlich veränderlichen Universum fragen: Welche Zeitpunkte sollen für den Vergleich herangezogen werden?

Nach Walker ist das kosmologische Prinzip so zu verstehen: Überall im Universum gibt es Trajektorien, auf denen ein Beobachter seit Bestehen des Universums dieselbe Gesamtheit von Beobachtungen über Mittelwerte (Zeitverlauf der Galaxiendichte, der Expansionsrate des Universums, der Temperatur T_γ der Hintergrundstrahlung etc.) machen konnte. Ein derartiger **fundamentaler Beobachter** kann jede dieser Beobachtungsgrößen, die zeitlich monoton veränderlich ist, als Zeit benutzen, und zwar entweder direkt oder eine monotone Funktion davon, z. B. $t = f(T_\gamma)$. Die so definierte Zeit wird als **kosmische Standardzeit** bezeichnet. Homogenität und Isotropie des Universums bestehen für einen Zeitschnitt, bei dem die Standardzeit festgehalten wird. Der durch diesen Zeitschnitt definierte Raum ist maximal symmetrisch, und daher kann man die Wahl der Standardzeit t so treffen und in ihm Koordinaten r, ϑ und φ so wählen, daß die Metrik durch (16.41),

$$ds^2 = c^2dt^2 - a^2(t)\left(\frac{dr^2}{1-kr^2} + r^2d\vartheta^2 + r^2\sin^2\vartheta\, d\varphi^2\right), \tag{17.1}$$

gegeben ist. (Man beachte, daß das hier benutzte $r = |\boldsymbol{x}|$ (= früheres $|\tilde{\boldsymbol{x}}|$, siehe (16.32) und (16.40)) im Gegensatz zum r der Newton-Kosmologie dimensionslos ist.)

Wie kann man nun physikalisch feststellen, welches das Koordinatensystem ist, in dem die Metrik die Gestalt (17.1) annimmt? Die Kurven $t = \text{const}$ sind die Zeitschnitte, in denen das Universum maximal symmetrisch, d. h. homogen und isotrop ist. Dies bedeutet nach Abschn. 16.1, daß es von den Koordinaten r, ϑ und φ ausgehend Klassen anderer Koordinatensysteme geben muß, in denen die Metrik dieselbe Abhängigkeit von den Koordinaten wie in (17.1) besitzt. Diese Symmetrie muß allerdings nicht nur bezüglich des metrischen Feldes bestehen, sondern bezüglich aller physikalischen Felder $T_{kl\ldots}$, d. h. $T'_{kl\ldots}(y) = T_{kl\ldots}(y)$ für alle y und alle äquivalenten Koordinatensysteme S'. Andernfalls würden nämlich unter den äquivalenten Raumpunkten und Koordinatensystemen einige ausgezeichnet und mit diesen bestimmte Raumgebiete oder Richtungen. Daraus folgt, *daß alle physikalischen Felder in den Zeitschnitten* $t = \text{const}$ *maximal forminvariant sein müssen.*

Da jeder maximal forminvariante Tensor nach (16.55) für $N \geq 3$ bis auf einen Faktor $f = \text{const}$ mit dem metrischen Tensor übereinstimmt – im Fall $N = 3$ kann der Faktor f noch von der Zeit abhängen –, kann es also kein elektromagnetisches Feld geben, was der Erfahrung zu widersprechen scheint. Es sei jedoch daran erinnert, daß das kosmologische Prinzip und seine Konsequenzen nur für Mittelwerte über hinreichend große Raumgebiete gelten. Ausgeschlossen werden daher nur großräumig kohärente elektromagnetische Felder, lokale kann es dagegen geben. Inkohärente elektromagnetische Felder können sogar global existieren, sie treten in Form von Wärmestrahlung mehr oder weniger in allen Entwicklungsphasen des Universums auf.

Betrachten wir insbesondere das Feld $U^k(x)$ der Dreiergeschwindigkeit der Galaxien: Dieses muß nach den Ergebnissen des letzten Abschnitts in den Koordinaten maximaler Symmetrie verschwinden. Damit sind aber die räumlich maximal symmetrischen Zeitschnitte durch das Universum physikalisch definiert: In ihnen müssen die mittleren Galaxiengeschwindigkeiten verschwinden, und wegen $U^k = \{dr/dt,\ d\vartheta/dt,\ d\varphi/dt\} = 0$ sind r, ϑ und φ **mitbewegte Koordinaten**. (Bei der Ableitung des räumlichen Teils der Robertson-Walker-Metrik war die Wahl der räumlichen Koordinaten frei; bei einem Koordinatenwechsel waren allerdings nur

Transformationen zwischen diesen bei festgehaltener Zeit zugelassen. Dies bedeutet, daß alle äquivalenten Koordinaten relativ zu r, ϑ und φ fixiert und daher ebenfalls mitbewegt sind.) Auch für thermische Strahlung gibt es mitbewegte Koordinaten, die dadurch definiert sind, daß in ihnen der Energie-Impuls-Tensor der Strahlung maximal symmetrisch sein muß. Die kosmische Hintergrundstrahlung z. B. eignet sich besonders gut zu deren Bestimmung, weil sich jede Bewegung relativ zu ihnen durch eine dipolartige Störung der Isotropie der empfangenen Strahlung (Rot- bzw. Blauverschiebung in entgegengesetzten Richtungen) bemerkbar macht.

Es ist aufschlußreich, der Frage nachzugehen, wie das Ergebnis $U^k=0$ für die Galaxiengeschwindigkeiten mit dem Hubbleschen Expansionsgesetz $\boldsymbol{v}=H(t)\,\boldsymbol{r}$ in Einklang zu bringen ist. $U^k=0$ bedeutet nach dem oben gesagten, daß sich die Galaxien relativ zu den Koordinaten r, ϑ und φ nicht bewegen. Demgegenüber ist $\boldsymbol{v}$ die Relativgeschwindigkeit zweier fundamentaler Beobachter auf verschiedenen Galaxien, von denen wir zwei „infinitesimal" benachbarte betrachten wollen. Schreiben wir (17.1) in der Form $ds^2=c^2dt^2-a^2(t)\,d\sigma^2$, so ergibt sich für deren bei festgehaltener Standardzeit t gemessenen räumlichen Abstand $dl(t)=a(t)\,d\sigma$, $d\dot{l}(t)=\dot{a}(t)\,d\sigma$ und daraus $d\dot{l}(t)=H(t)\,dl(t)$ mit $H(t)=\dot{a}(t)/a(t)$, also das Hubble-Gesetz.

17.2 Abstands- und Zeitmessung

Gehen wir mit

$$r=r(\chi,k):=\begin{cases}\sin\chi & \text{für } k=\ \ 1\,,\\ \chi & \text{für } k=\ \ 0\,,\\ \sinh\chi & \text{für } k=-1\end{cases} \tag{17.2}$$

von r zu einer neuen Radialkoordinate χ über – für $k=0$ stimmt diese mit der in (15.15) eingeführten mitbewegten Radialkoordinate χ der Newton-Theorie überein –, so erhalten wir für alle k-Werte $dr=\sqrt{1-kr^2}\,d\chi$ (z. B. $dr=\cos\chi\,d\chi=(1-\sin^2\chi)^{1/2}\,d\chi$ für $k=1$), und die Robertson-Walker-Metrik erhält die Form

$$\boxed{ds^2=c^2dt^2-a^2(t)\left[d\chi^2+r^2(\chi,k)\big(d\vartheta^2+\sin^2\!\vartheta\,d\varphi^2\big)\right].} \tag{17.3}$$

(Damit ds^2 im Falle $k=1$ für $dt=0$ ein räumlicher Abstand wird, also der Ungleichung $ds^2\le 0$ genügt, muß nach (17.1) $r^2\le 1$ gelten, so daß die Transformation $r=\sin\chi$ keine Einschränkung bedeutet. Weil r in der Darstellung (17.1) von ds^2 nur als Quadrat vorkommt, darf r auch negativ werden, so daß im Falle $k=1$ für χ der Variabilitätsbereich $[0,2\pi]$ gewählt werden kann.) Aus Gleichung (17.3) ergibt sich mit $dt=0$ und $d\vartheta=d\varphi=0$ für den radialen metrischen Abstand vom Koordinatenursprung zum Koordinatenradius χ mit $dl_\chi=a\,d\chi$

$$d_\chi(t)=\int_0^\chi dl_\chi=a(t)\,\chi\,. \tag{17.4}$$

Allgemeiner gilt für den Abstand dl benachbarter Raumpunkte

$$dl = a(t)\,d\sigma \qquad \text{mit} \qquad d\sigma = \left[d\chi^2 + r^2(\chi,k)\,(d\vartheta^2 + \sin^2\!\vartheta\, d\varphi^2)\right]^{1/2}, \tag{17.5}$$

wobei $d\sigma$ zeitlich konstant ist. Integral gilt

$$d(t) = \int_1^2 dl = a(t)\int_{\sigma_1}^{\sigma_2} d\sigma \quad\Rightarrow\quad \dot d(t) = \dot a(t)\int_{\sigma_1}^{\sigma_2} d\sigma = \frac{\dot a(t)}{a(t)}\,d(t)\,. \tag{17.6}$$

Nimmt $a(t)$ mit t zu, so werden alle Längen größer, nimmt $a(t)$ dagegen ab, werden sie kleiner. Mit der schon in der Newton-Kosmologie (Gleichung (15.14a)) eingeführten Definition der **Hubble-Zahl**

$$\boxed{H(t) = \frac{\dot a(t)}{a(t)}} \tag{17.7}$$

ergibt sich auch in der ART die Gültigkeit des **Hubbleschen Expansionsgesetzes**

$$\boxed{\dot d(t) = H(t)\,d(t)\,.} \tag{17.8}$$

Dieses gilt für alle drei Werte von k und für beliebig große Abstände $d(t)$. Wie es in der ART zu deuten ist, wird im nächsten Abschnitt untersucht.

Aus Gleichung (17.8) folgt, daß sich mitbewegte Materie oder Galaxien mit einem Abstand

$$d > \frac{c}{H(t)} \tag{17.9}$$

schneller als mit Lichtgeschwindigkeit voneinander entfernen, in einem offenen Universum ($k=0$ oder $k=-1$) für $d=\int d\sigma \to \infty$ sogar unendlich schnell. Diese **Überlichtgeschwindigkeiten** stellen allerdings keine Verletzung der Relativitätstheorie dar: Sie kommen dadurch zustande, daß sie nicht lokal, also am Beobachtungsort, sondern ähnlich wie bei entsprechenden Beobachtungen im Schwerefeld (siehe ART, Abschn. 11.4.1) aus weiter Entfernung festgestellt werden. Mit der – gleich zu besprechenden – (lokalen) Ausbreitungsgeschwindigkeit von Licht haben sie nichts zu tun.

Die Ausbreitung von Licht wird nach der ART durch $ds^2=0$ beschrieben, woraus sich mit (17.3) und (17.5) das **lokale Lichtausbreitungsgesetz**

$$\boxed{\frac{dl}{dt} = \pm c \qquad \text{bzw.} \qquad \frac{d\sigma}{dt} = \pm\frac{c}{a(t)}} \tag{17.10}$$

ergibt. (Dieses ist lokal, weil nur die an dem betrachteten Raum-Zeit-Punkt der Lichtausbreitung gültige Zeit- und Längenmetrik eingeht.) Bei radialer Lichtausbreitung gilt $d\vartheta=d\varphi=0$ und nach (17.5b) sowie (17.10b) $d\sigma = d\chi = \pm c\,dt/a$. Für die **Laufzeit des Lichts**, $t_0 - t_{em}$, das zur Zeit t_{em} von einem beim Radius χ gelegenen Objekt emittiert wurde – das Wort Objekt wurde deshalb gewählt, weil der Zeitpunkt der Lichtemission so weit in der Vergangenheit liegen kann, daß es noch gar keine Galaxien gab –

und das zur Zeit t_0 am Koordinatenursprung $\chi=0$ ankommt, erhalten wir daraus die implizite Gleichung

$$\chi = c\int_{t_{em}}^{t_0}\frac{dt}{a(t)} = c\int_{t_{em}}^{t_{em}+(t_0-t_{em})}\frac{dt}{a(t)}\,. \tag{17.11}$$

(Offensichtlich hängt die Laufzeit t_0-t_{em} von t_{em} ab.) Der Abstand $d(t_*)=a(t_*)\,\chi$ des Objekts zur Zeit t_* ist mit der Laufzeit durch die Formel

$$d(t_*) = c\int_{t_{em}}^{t_{em}+(t_0-t_{em})}\frac{a(t_*)}{a(t)}\,dt \tag{17.12}$$

verknüpft. Was Zeitmessungen angeht, sei noch einmal daran erinnert, daß t die Eigenzeit τ bei festgehaltenen Koordinaten χ, ϑ und φ ist.

17.3 Expansion und Kontraktion des Weltalls

Die Galaxien befinden sich gegenüber den – mitbewegten – Robertson-Walker-Koordinaten – im wesentlichen, d.h. bis auf für die jetzigen Zwecke vernachlässigbare Individualgeschwindigkeiten – im Zustand der Ruhe. Nach Gleichung (17.6a) verändern sie dabei ihre gegenseitigen Abstände in Proportion zum „Weltradius" $a(t)$. In der Newton-Kosmologie (Abschn. 15.1.4) wurden hierfür zwei Interpretationen angegeben: Entweder die Galaxien bewegen sich relativ zueinander in einem unveränderlichen Raum, oder die Galaxien ruhen in einem Raum, der (bei Zunahme von $a(t)$) expandiert oder (bei Abnahme von $a(t)$) kontrahiert.

Im Fall $k=1$ eines endlichen Universums positiver Raumkrümmung nimmt dessen Gesamtvolumen nach (16.44b) mit der dritten Potenz des Skalenfaktors $a(t)$ zu. Das ist mit einer räumliche Expansion verbunden, die nach dem kosmologischen Prinzip gleichmäßig im ganzen Raum stattfinden und daher auch die zwischen Galaxien liegenden Raumgebiete erfassen muß. Für räumliche Abstände folgt aus ihr eine Expansion $\sim a(t)$, was bedeutet, daß die durch Gleichung (17.8) bzw. $\dot{d}=v=Hd=(\dot{a}/a)\,a\chi=\dot{a}\chi$ gegebene Fluchtgeschwindigkeit und die aus dieser folgende Zeitabhängigkeit des Abstands $d(t)=a(t)\chi$ ausschließlich auf eine Expansion des Raums zurückzuführen ist. Die Galaxienabstände verhalten sich ähnlich wie die Abstände von Punkten auf einem Luftballon, der aufgeblasen oder aus dem im Fall der Kontraktion Luft abgelassen wird.

Aus Analogiegründen ist anzunehmen, daß dasselbe auch in den Fällen $k=0$ und $k=-1$ gilt. Zwingend ist diese Annahme allerdings nicht, weil eine zum Fall $k=1$ analoge Argumentation in einem unendlich ausgedehnten Universum nicht möglich ist. Eine eindeutige Festlegung der gültigen Alternative wird jedoch möglich, wenn man noch andere physikalische Phänomene wie die Ausbreitung von Licht mit in die Betrachtung einbezieht.

Wir nehmen dazu an, daß eine im Koordinatensystem $\{\chi,\vartheta,\varphi\}$ bei festen Koordinatenwerten verankerte Galaxie zum Zeitpunkt $t=t_0$ Licht in Richtung eines bei $\chi=0$ postierten Beobachters sendet. Würden sich die Abstände $d_{\chi G}=a(t)\chi_G$ der Galaxien vom Ursprung nur darum verändern, weil sich diese in einem unveränderlichen Raum vom Koordinatenursprung entfernen, dann wäre die Geschwindigkeit, mit der sich das von ihnen aus emittierte Licht dem Ursprung nähert,

$$\dot{d}_\chi(t) = -c\,. \tag{17.13}$$

Daß sich die Galaxien im Moment der Lichtemission mit den Geschwindigkeiten $v_{\chi\mathrm{G}}=\dot{a}(t)\chi_\mathrm{G}=H\,d_{\chi\mathrm{G}}$ im Raum bewegen, würde dabei nach der Relativitätstheorie keine Rolle spielen.

Tatsächlich folgt aus Gleichung (17.10) für einen in radialer Richtung auf den Ursprung zulaufenden Lichtstrahl jedoch mit $d\sigma=d\chi$

$$a(t)\,\dot{\chi}(t) = -c\,. \tag{17.14}$$

Für den Abstand $d_\chi(t)$ der Lichtfront vom Koordinatenursprung ergibt sich damit $\dot{d}_\chi(t)=\dot{a}(t)\,\chi(t)+a(t)\,\dot{\chi}(t)=H\,d_\chi\,-\,c$ oder

$$\boxed{\dot{d}_\chi(t) = v_{\chi\mathrm{G}} - c \qquad \text{mit} \qquad v_{\chi\mathrm{G}} = H\,d_\chi\,.} \tag{17.15}$$

Gegenüber dem zuerst betrachteten Fall, Gleichung (17.13), gibt es hier einen Zusatzterm, der nur dadurch erklärbar ist, daß sich der Raum zwischen der Position des Lichtsignals und dem Ursprung in der Zeit dt um $\chi\dot{a}(t)\,dt=\chi\,da$ ausgedehnt hat. Die gegenüber (17.13) veränderte Geschwindigkeit, mit der sich ein Lichtsignal dem Ursprung nähert, führt also zu dem Ergebnis, daß alle Abstandsveränderungen von Galaxien, die bei festgehaltenen Koordinaten durch eine Veränderung des Skalenfaktors zustandekommen, als Raumexpansion zu deuten sind. (Man beachte, daß $\dot{d}_\chi(t)$ nicht die lokale Ausbreitungsgeschwindigkeit des Lichts ist, sondern die Geschwindigkeit, mit der sich der Abstand des Lichtsignals vom Ursprung verändert. Licht bewegt sich nach (17.10) gegenüber dem Raum lokal immer nur mit Lichtgeschwindigkeit.) Mutatis mutandis gilt dasselbe auch für angulare Lichtausbreitung. Wir betrachten dazu den Fall, daß ein Lichtstrahl durch geeignete optische Vorrichtungen auf dem Großkreis $\chi=\text{const}$, $\varphi=\text{const}$ herumgeführt wird. Für die Lichtausbreitung folgt mit (17.3) aus $ds^2=0$ die Beziehung $a(t)\,r(\chi,k)\,\dot{\vartheta}(t)=c$, und der Abstand $d_\vartheta(t)=\int_{\vartheta(t)}^{2\pi}dl_\vartheta=a(t)\,r(\chi,k)\,[2\pi-\vartheta(t)]$ des Lichtstrahls nach vorne hin zu seinem Ausgangspunkt ändert sich damit gemäß

$$\dot{d}_\vartheta(t) = \dot{a}(t)\,r(\chi,k)\,[2\pi-\vartheta(t)] - a(t)\,r(\chi,k)\,\dot{\vartheta}(t) = H d_\vartheta - c = v_{\vartheta\mathrm{G}} - c\,.$$

Die Deutung der ART-Kosmologie, daß die Zunahme der Galaxienabstände ausschließlich auf einer Expansion des Raums beruht, ist auf das System der mitbewegten Koordinaten χ, ϑ und φ, für das sie abgeleitet wurde, beschränkt. Auch in der ART-Kosmologie kann man Koordinaten benutzen, in denen sich die Galaxien gegenüber dem Raum bewegen. Insbesondere muß es im Fall hinreichend niedriger Galaxiendichte Koordinaten geben, in denen die Galaxiengeschwindigkeiten in der Nähe des Koordinatenursprungs durch das Ergebnis (15.9) der Newton-Theorie beschrieben werden. Die zugehörige Transformation besteht allerdings nicht einfach in einer Umkehrung der Transformation (15.15), weil aus dieser $d\chi = dr/a(t) - [r\dot{a}(t)/a^2(t)]dt$ folgen würde und für die Transformation des durch (17.2)–(17.3) gegebenen Linienelements ds nicht mehr $dt=0$ gesetzt werden dürfte. Außerdem ist noch folgendes zu beachten: Die Raum-Zeit der Newton-Theorie ist in allen Koordinatensystemen ungekrümmt. Die der Newton-Theorie mit den Gleichungen (15.18) und der räumlichen Metrik (15.17) entsprechende Raum-Zeit der ART besitzt die Metrik (17.2)–(17.3) mit $k=0$. Aus der später (Abschn. 19.2) abgeleiteten Gleichung (19.17) ergibt sich für sie die Krümmung $R=8\pi G\varrho/c^2$, d. h. es kommt zwangsläufig zu ART-Effekten, die in der Newton-Theorie natürlich nicht auftreten.

Man kann sich die für $\dot{a}(t)>0$ in mitbewegten Koordinaten stattfindende Expansion des Universums so vorstellen, daß in dem die Galaxien trennenden Raumgebiet zwischen den bereits vorhandenen Raumelementen permanent und überall neue (infinitesimale) Raumelemente entstehen, die den Abstand zwischen den Galaxien vergrößern. Wegen des kumulativen Effekts der Entstehung neuer Raumelemente ist diese Vergrößerung proportional zum Abstand der Galaxien. (Einschränkungen, die bei der Expansion bzw. Kontraktion zu beachten sind, werden im Kapitel 22 besprochen.) Mit dem Ballonmodell des Universums läßt sich das gut veranschaulichen. Die Anzahl der Moleküle auf der – im Kleinen natürlich stark zerklüfteten – Oberfläche des Ballons wächst mit deren Flächeninhalt. Wird der Ballon aufgeblasen, so werden überall Moleküle von unterhalb der Oberfläche in diese mit einbezogen. Für ein in der Ballonoberfläche beheimatetes Flachlebewesen, das nichts von der Einbettung des Ballons in den $\mathbb{R}^3$ weiß, scheinen diese aus dem Nichts zu kommen.

Abschließend wollen wir noch untersuchen, wie eine dem Kriterium (17.15) entsprechende Beziehung für das System der mitgeführten Koordinaten χ, ϑ und φ der Newtonschen Kosmologie aussieht. Aus Gleichung (15.17) kann keine der Beziehung (17.10) entsprechende Gleichung für die Ausbreitung von Licht abgeleitet werden, weil die Gleichung $ds^2 = 0$ der ART kein Newtonsches Analogon besitzt. Hier bietet sich natürlich die Möglichkeit an, einfach die Gleichung (17.14) der ART zu übernehmen. Für den Abstand der Lichtfront vom Koordinatenursprung ergibt sich dann wie in der ART die Gleichung (17.15). Im Rahmen einer Newtonschen Theorie kann aus dieser allerdings nicht auf eine Raumexpansion geschlossen werden. Vielmehr müßte man sie als Beleg für die Gültigkeit des Newtonschen Superpositionsprinzips für Geschwindigkeiten ansehen.

Im Beispiel 19.1 am Ende von Abschn. 19.3.3 wird untersucht, was sich in dem SRT-Modell von Milne bezüglich der Expansion ergibt.

17.4 Teilchen- und Ereignishorizont

Teilchenhorizont

In einem Universum mit Urknall ist seit dessen Entstehung bis heute nur eine endliche Zeitspanne vergangen, in der sich Licht nur eine endliche Strecke weit ausbreiten konnte. Daraus folgt, daß wir heute möglicherweise nur einen Teil des Universums sehen können. (Diese Möglichkeit besteht sogar bei einem schon unendlich lange existierenden Universum, wenn dieses immer größer wird, je weiter man in die Vergangenheit zurückgeht – siehe nach (17.22)).

Wir erhalten nur Informationen über Ereignisse, die in unserem **Vergangenheitskegel** stattgefunden haben, und nur von solchen können wir kausal beeinflußt worden sein. Schneidet dieser zur Zeit t_a der Entstehung des Universums (es gibt die Möglichkeiten $t_a > -\infty$ und $t_a = -\infty$) einen endlichen Teil des Universums aus, so können wir heute nur diesen beobachten. (Weiter unten wird erläutert, warum wir tatsächlich etwas weniger weit blicken können.) Der Rand des Gebiets, von dem wir bis zur Zeit t beeinflußt wurden bzw. in das wir bis zur Zeit t Einblick nehmen konnten, ist eine Kugelfläche mit Zentrum $\chi=0$. Diese wird als **Teilchenhorizont** oder **Beobachtungshorizont** bezeichnet. Sie stellt den **Rand des zur Zeit *t* beobachtbaren Universums** dar und dehnt sich im Laufe der Zeit immer weiter aus. Information vom Rand des heute beobachtbaren Universums hat vom Zeitpunkt der Entstehung des Universums bis heute gebraucht, um bis zu uns zu gelangen. Aufgrund der aus dem kosmologischen Prinzip folgenden Symmetrien – von jedem Punkt des Universums aus werden die gleichen Beobachtungen gemacht – kann umgekehrt auch unsere Position dort erst heute zum ersten Mal beobachtet werden. Hieraus folgt, daß sich der Teilchenhorizont wie Photonen bewegt, die zur Zeit t_a von unserer Position aus in alle Richtungen radial davongeflogenen sind. Dies bedeutet, daß die zu verschiedenen Zeitpunkten gehörigen Teilchenhorizonte auf dem Rand des zu $\chi=0$ und $t=t_a$ gehörigen **Zukunftskegels** liegen und diesen aufspannen (Abb. 17.1). Nach Gleichung (17.11a) ist die χ-Koordinate des zum Zeitpunkt t gehörigen Teilchenhorizonts durch

$$\chi_T(t) = c \int_{t_a}^{t} \frac{dt'}{a(t')} \overset{\text{s.u.}}{=} \frac{c}{a_0}\,(\eta - \eta_a) \tag{17.16}$$

mit $\eta=\eta(t)$ und $\eta_a=\eta(t_a)$ gegeben. Dabei wurde zuletzt durch

$$\boxed{\eta(t) = a_0 \int_0^t \frac{dt'}{a(t')}} \qquad \text{mit} \qquad a_0 = a(t_0) \tag{17.17}$$

eine neue Zeitkoordinate eingeführt, welche die Dimension einer Zeit besitzt und als **konforme Zeit** bezeichnet wird. Der zum Koordinatenabstand $\chi_T(t)$ gehörige metrische Abstand zwischen unserer Position und dem Rand des zur Zeit t beobachtbaren Universums ist im Falle einer endlichen Vorgeschichte des Universums nach (17.4) zur Zeit t durch

$$\boxed{d_T(t) = c\,a(t) \int_0^t \frac{dt'}{a(t')} = \frac{c}{a_0}\,\eta\,a(\eta)} \tag{17.18}$$

gegeben (dabei wurde $t_a=0$ und $\eta_a=0$ gesetzt). Der heutige metrische Abstand des heute beobachtbaren Universums ist dementsprechend $d_T(t_0)$.

Für spätere Zwecke sei auch noch der Koordinatenradius

$$\chi_V = \frac{c}{a_0}\,(\eta_0 - \eta) \tag{17.19}$$

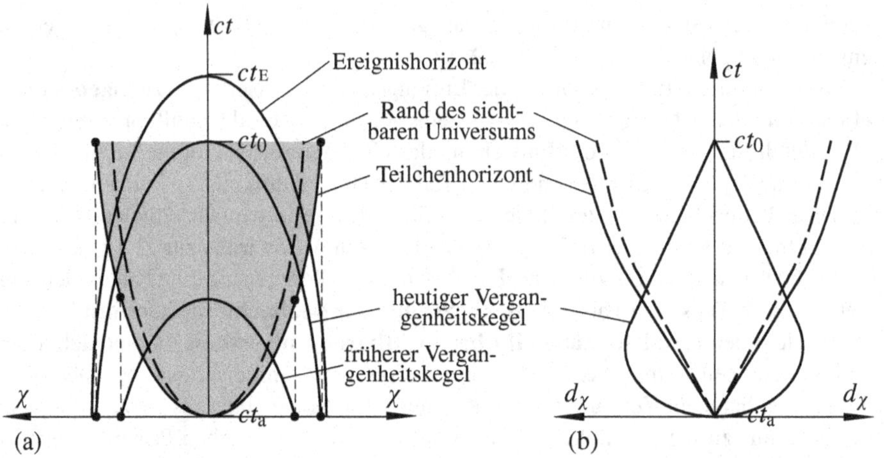

Abb. 17.1: Ereignishorizont, Rand des sichtbaren Universums, Teilchenhorizont und Vergangenheitskegel (a) in mitgeführten Koordinaten $\chi,..$ und (b) in metrischen Koordinaten $d_\chi = a(t)\,\chi, \ldots$ In (b) ist $a(t_\mathrm{a}) = 0$ angenommen. t_a = Anfangszeit, t_0 = heute und t_E = Endzeit.

der Oberfläche unseres heutigen **Vergangenheitskegels** angegeben. Da nach (17.16)

$$\chi_{\mathrm{T0}} := \chi_\mathrm{T}(t_0) = \frac{c}{a_0}\,(\eta_0 - \eta_\mathrm{a}) \qquad \Rightarrow \qquad \frac{c}{a_0} = \frac{\chi_{\mathrm{T0}}}{\eta_0 - \eta_\mathrm{a}}$$

gilt, kann für ihn auch

$$\chi_\mathrm{V} = \left(1 - \frac{\eta - \eta_\mathrm{a}}{\eta_0 - \eta_\mathrm{a}}\right) \chi_{\mathrm{T0}} \tag{17.20}$$

geschrieben werden.

Die Geschwindigkeit, mit der sich der Teilchenhorizont von uns entfernt, ergibt sich aus $\dot{d}_\mathrm{T}(t) = c\,\dot{a}(t)\int_0^t [1/a(t')]dt' + ca(t)/a(t) = (\dot{a}/a)\,d_\mathrm{T} + c$ mit (17.7) zu

$$\boxed{\dot{d}_\mathrm{T}(t) = H(t)\,d_\mathrm{T} + c\,.} \tag{17.21}$$

Nach Gleichung (17.8) ist $H(t)\,d_\mathrm{T}$ die Geschwindigkeit, mit der sich eine Galaxie im Abstand d_T von uns entfernt. Da d_T der Abstand unserer Position vom Rand des beobachtbaren Universums ist, bewegt sich dieser also gegenüber den dort befindlichen Objekten oder Galaxien aus unserer Sicht mit Lichtgeschwindigkeit.

Ein Teilchenhorizont existiert, d. h. nicht alle im Universum befindlichen Objekte sind beobachtbar, wenn die Werte der durch (17.16) definierten Funktion $\chi_\mathrm{T}(t)$ kleiner als der im Universum maximal mögliche Koordinatenabstand sind, also für

$$\chi_\mathrm{T}(t) < \begin{cases} \infty & \text{für } k = -1 \text{ oder } k = 0\,, \\ \pi & \text{für } k = +1\,. \end{cases} \tag{17.22}$$

In Urknall-Modellen ist $a(t_\mathrm{a}) = 0$, und (17.22) kann nach (17.16a) erfüllt werden, falls $a(t)$ für $t - t_\mathrm{a} \to 0$ langsamer als $t - t_\mathrm{a}$ gegen null geht; im Fall $t_\mathrm{a} = -\infty$ (schon ewig existierendes Universum) muß $a(t)$ hierfür dagegen mit $t \to -\infty$ schneller als $-t$ gegen unendlich gehen. Aus $a(t_a) = 0$ folgt, daß Licht von einem Objekt, das heute zum ersten Mal beobachtbar wäre und dementsprechend vom Rand des heute beobachtbaren Universums gekommen wäre, in einem Urknalluniversum unendlich stark rotverschoben wäre ($z = a(t_0)/a(t_a) - 1 = \infty$ nach (17.35)). In einem schon ewig existierenden Universum mit $a(-\infty) = \infty$ wäre es dagegen unendlich blauverschoben ($z = -1$).

Tatsächlich konnte vom Rand des beobachtbaren Universums kein Licht bis zu uns vordringen, weil es zu einer Zeit emittiert wurde, als das Universum noch sehr heiß und für Strahlung undurchlässig war. Erst als die Materie zur sogenannten *Entkopplungszeit* t_e (siehe Abschn. 20.3.2) so weit abgekühlt war, daß sie für Licht durchlässig wurde (siehe Abschn. 18.2.2 und 21.3.1), konnte Licht emittiert werden, das die Chance hatte, bis zu uns vorzudringen. Der **Rand des sichtbaren Universums** liegt daher in dem Abstand von uns, den Licht seit der Zeit t_e zurücklegen konnte,

$$\chi_s(t) = c \int_{t_e}^{t} \frac{dt'}{a(t')} = \frac{c}{a_0}(\eta - \eta_e), \qquad d_s(t) = a(t)\,\chi_s(t) = \frac{c}{a_0}\,a(t)(\eta - \eta_e). \tag{17.23}$$

Ereignishorizont

Licht von einer anderen Galaxie braucht für seinen Weg zu uns länger als zum Durchlaufen der Strecke, um die es zum Zeitpunkt seiner Emission von uns entfernt war, weil sein Ziel wegen der Expansion des Universums ständig vor ihm zurückweicht. Geht diese Flucht mit Überlichtgeschwindigkeit vonstatten, d. h. gilt für die das Licht emittierende Galaxie $v_G > c$, so entfernt sich das in unsere Richtung abgesandte Licht nach Gleichung (17.15), $\dot{d}_\chi(t) = v_{\chi G} - c = \dot{a}(t)\,\chi(t) - c$, sogar von uns. Im allgemeinen gilt das jedoch nur vorübergehend, denn nach (17.14) nimmt χ permanent ab, und bei gebremster Expansion gilt das erst recht für $d_\chi(t)$. Anschaulich bedeutet das: Das Licht kommt an Galaxien vorbei, die näher bei uns liegen und daher eine kleiner Fluchtgeschwindigkeit als die Emissionsgalaxie aufweisen. Es entfernt sich aber so lange von uns, bis es Galaxien erreicht, deren Fluchtgeschwindigkeit gleich der Lichtgeschwindigkeit ist, und $d_\chi(t)$ wegen $\dot{d}_\chi(t) = v_{\chi G} - c = 0$ einen Maximalwert erreicht. Von dann ab läuft es mit zunehmender Geschwindigkeit auf uns zu. Damit es uns schließlich erreicht, muß $\chi(t) = 0$ werden, und nach (17.14) bedeutet das, daß die Gleichung

$$\chi(t) = \chi(t_{em}) - c \int_{t_{em}}^{t} \frac{dt'}{a}(t') = 0 \quad \Rightarrow \quad c \int_{t_{em}}^{t} \frac{dt'}{a}(t') \overset{(17.17)}{=} \frac{c}{a_0}(\eta - \eta_{em}) = \chi(t_{em})$$

eine Lösung besitzen muß. Wir werden gleich sehen, daß das nicht immer der Fall ist.

Die lange Dauer, die von weit her kommendes Licht unterwegs ist, kann dazu führen, daß wir manches nie zu sehen bekommen, besonders wenn die Ankunft des Lichts noch durch Expansionseffekte verzögert wird. Insbesondere ist es möglich, daß die Expansion in einen Kollaps übergeht und das Universum in einem **Endknall** (engl. big crunch) endet, bevor uns solches Licht erreicht. Auch eine beschleunigte Expansion kann das bewirken. In beiden Fällen werden wir von gewissen Ereignissen nie etwas erfahren. Diese liegen außerhalb unseres zur Endzeit t_E des Universums gehörigen Vergangenheitskegels, wobei t_E auch unendlich sein kann. Die Oberfläche dieses Vergangenheitskegels wird als **Ereignishorizont** bezeichnet (Abb. 17.1) und ist in Analogie zu (17.19) durch

$$\boxed{\chi_{\mathrm{E}}(t) = c \int_t^{t_{\mathrm{E}}} \frac{dt'}{a(t')} = \frac{c}{a_0}\,(\eta_{\mathrm{E}} - \eta)} \tag{17.24}$$

gegeben. Ein Ereignishorizont existiert, wenn die Werte der Funktion $\chi_{\mathrm{E}}(t)$ kleiner als der im Universum maximal mögliche Koordinatenabstand sind, d. h. wenn für diese eine der Ungleichungen (17.22) gilt. Die hierfür an das Verhalten von $a(t)$ für $t \to t_{\mathrm{E}}$ zu stellenden Bedingungen entsprechen denen an $\chi_{\mathrm{T}}(t)$ für $t \to t_{\mathrm{a}}$. Offensichtlich nimmt $\chi_{\mathrm{E}}(t)$ im Falle seiner Existenz mit zunehmenden t ab. Falls sowohl ein Teilchen- als auch ein Ereignishorizont existieren, gibt es einen Zeitpunkt, zu dem beide zusammenfallen (Abb. 17.1).

Da sich der Ereignishorizont mit zunehmender Zeit immer mehr zusammenzieht, verschwinden aus ihm nach und nach alle Galaxien. Aber sie bleiben für immer sichtbar, weil das Licht, das sie bei seiner Überquerung aussandten, beim Beobachter zur Zeit t_{E} ankommt. Für $t_{\mathrm{E}} = \infty$ ist dieses wegen $a(t_{\mathrm{E}}) = \infty$ und $\lambda(t)/a(t) = \text{const}$ (siehe Gleichung (17.31) mit $\lambda = c/\nu$) unendlich rotverschoben. (Das ist ähnlich wie bei Licht, das vom Rand eines schwarzen Loches zu uns gelangt. Bei diesem stellt der Schwarzschild-Radius einen Ereignishorizont dar.) Ein endlicher Wert von t_{E} ergibt sich nur bei einer Umkehr der Expansionsbewegung mit anschließendem Kollaps und $a(t_{\mathrm{E}}) = 0$; in diesem Fall ist das beim Beobachter zur Zeit t_{E} ankommende Licht unendlich blauverschoben.

Ist der Teilchenhorizont in einem geschlossenen Universum größer als π geworden, so kann man über die Antipoden im Universum hinaus blicken und sehr helle Objekte womöglich zweimal sehen, einmal aus einer Richtung und noch einmal aus der entgegengesetzten Richtung. (Das Absuchen des Himmels nach identischen Quasaren in entgegengesetzten Himmelsrichtungen hat allerdings bisher keinen Erfolg gebracht.) Ist der Teilchenhorizont schließlich größer als 2π, so müßte man in einem geschlossenen Universum auch die eigene Galaxie in sehr großer Entfernung als Pünktchen wiedersehen, und das sogar in jeder Richtung, in die man schaut.

Es gibt Modelle des Universums, die sowohl einen Teilchen- als auch einen Ereignishorizont besitzen, Modelle, für die nur eine der beiden Möglichkeiten besteht, und Modelle ohne alle Horizonte. In Modellen mit Teilchenhorizont bleiben zwei beliebig herausgegriffene Galaxien so lange kausal unverknüpft, bis jede in den Teilchenhorizont der anderen eingetreten ist. In diesem Fall ist das Universum womöglich aus einem ursprünglich weniger homogenen und isotropen Anfangszustand hervorgegangen.

17.5 Bewegung von Teilchen

Wir wollen in diesem Abschnitt die Radialbewegung eines frei fallenden „Teilchens" untersuchen, wobei es sich aber nicht um eine Galaxie handeln muß, sondern auch um Teilchen (z. B. Photonen) handeln kann, die sich relativ zum Hintergrund der Galaxien bewegen. Am einfachsten geht man dazu gemäß Abschn. 9.4 und 10.2.1 der ART von dem Variationsprinzip $\delta \int g_{\mu\nu}\, \dot{x}^{\mu}(\tau)\dot{x}^{\nu}(\tau)\, d\tau = 0$ aus. Im Fall der Robertson-Walker-

Metrik lautet dieses

$$\delta \int L\, d\tau = 0 \quad \text{mit} \quad L = c^2\dot{t}^2(\tau) - a^2(t)\left[\dot{\chi}^2(\tau) + r^2(\chi,k)\left(\dot{\vartheta}^2(\tau) + \sin^2\vartheta\, \dot{\varphi}^2(\tau)\right)\right].$$

Die zugehörigen Euler-Gleichungen $d/d\tau\ (\partial L/\partial \dot{x}^\alpha) = \partial L/\partial x^\alpha$ liefern

$$c^2\ddot{t}(\tau) = -a\,\frac{da}{dt}\left[\dot{\chi}^2(\tau) + r^2\left(\dot{\vartheta}^2(\tau) + \sin^2\vartheta\, \dot{\varphi}^2(\tau)\right)\right], \tag{17.25}$$

$$\frac{d}{d\tau}\left(a^2\dot{\chi}(\tau)\right) = a^2 r\,\frac{dr}{d\chi}\left(\dot{\vartheta}^2(\tau) + \sin^2\vartheta\, \dot{\varphi}^2(\tau)\right), \tag{17.26}$$

$$\frac{d}{d\tau}\left(a^2r^2\dot{\vartheta}\right) = a^2r^2\dot{\varphi}^2(\tau)\sin\vartheta\cos\vartheta\,, \quad a^2r^2\dot{\varphi}(\tau)\,\sin^2\vartheta = A \tag{17.27}$$

mit einer Integrationskonstanten A. Wir interessieren uns nur für die reine „Radialbewegung“ $\dot{\vartheta} = \dot{\varphi} = 0$. Für diese sind die beiden Winkelgleichungen (17.27) mit $A = 0$ erfüllt, und aus (17.26) ergibt sich damit

$$a^2(t)\,\dot{\chi}(\tau) = \text{const}. \tag{17.28}$$

Die physikalische Radialgeschwindigkeit des Teilchens und der zugehörige physikalische Impuls sind nach Gleichung (10.41) und (10.42) der ART durch

$$v_\chi = dl_\chi/d\tau = a(t)\,\dot{\chi}(\tau) \qquad \text{und} \qquad p_\chi = m_0 v_\chi$$

gegeben. Damit folgt aus (17.28) der Erhaltungssatz

$$p\,a(t) \overset{\text{s.u.}}{=} \text{const}, \tag{17.29}$$

wobei wir bei p den Richtungsindex weggelassen haben, weil der Erhaltungssatz aufgrund des kosmologischen Prinzips natürlich auch für beliebig gerichtete Impulse gelten muß. Auch Gleichung (17.25) ist mit (17.28) erfüllt und muß nicht weiter berücksichtigt werden (Aufgabe 17.1).

17.6 Rotverschiebung

Die durch den Faktor $a(t)/a(t_0)$ beschriebene Expansion bzw. Kontraktion von Längen im Universum läßt vermuten, daß auch die Wellenlänge von Licht um den Faktor $a(t)/a(t_0)$ gestreckt bzw. gestaucht wird, daß also

$$\frac{\lambda_0}{\lambda_{em}} \overset{\text{s.u.}}{=} \frac{a(t_0)}{a(t_{em})} \tag{17.30}$$

gilt, wobei λ_0 die Wellenlänge zur Jetztzeit t_0 und λ_{em} die Wellenlänge zur Emissionszeit t_{em} ist. (In Kapitel 22 wird gezeigt, daß diese Annahme keineswegs selbstverständlich ist.) Mit $\lambda \sim 1/\nu$ folgt aus dieser Beziehung $a(t_{em})\,\nu_{em} = a(t_0)\,\nu_0$ oder

$$\nu\, a(t) = \text{const}, \tag{17.31}$$

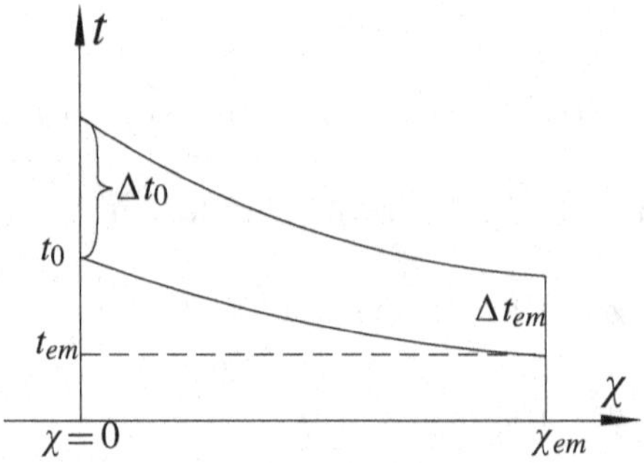

Abb. 17.2: Zur Ableitung der Rotverschiebung.

was mit der für Photonen gültigen Beziehung $h\nu = pc$ Gleichung (17.29) ergibt und damit den Nachweis für die Richtigkeit der angestellten Vermutung liefert.

Ein grundlegender Beweis dafür müßte von der ART-Formulierung der Maxwell-Gleichungen im Vakuum ausgehen. Gleichwertig damit ist die Zugrundelegung der aus diesen folgenden kovarianten Gleichung $ds^2 = 0$ für die Lichtausbreitung bzw. der daraus folgenden Gleichung (17.11) für die Lichtlaufzeit auf einer Radiallinie. Wir benutzen diese zur Berechnung der Laufzeiten zweier hintereinander herlaufender Amplitudenmaxima der Welle (Abb. 17.2). Sind t_{em} bzw. $t_{em} + \Delta t_{em}$ die Zeiten, zu denen das erste bzw. zweite Maximum bei χ_{em} emittiert wurde, und t_0 bzw. $t_0 + \Delta t_0$ die entsprechenden Ankunftszeiten bei $\chi = 0$, so gilt

$$\chi_{em} = c\int_{t_{em}}^{t_0} \frac{dt}{a(t)} = c\int_{t_{em}+\Delta t_{em}}^{t_0+\Delta t_0} \frac{dt}{a(t)} = c\left[\int_{t_{WM}}^{t_0} \frac{dt}{a(t)} + \frac{\Delta t_0}{a(t_0)} - \frac{\Delta t_{em}}{a(t_{em})}\right] \tag{17.32}$$

mit der Folge

$$\frac{\Delta t_0}{a(t_0)} = \frac{\Delta t_{em}}{a(t_{em})}\,. \tag{17.33}$$

Hieraus folgen mit $\Delta t \sim 1/\nu = \lambda/c$ wieder die Beziehungen (17.30) und (17.31). Aufgrund der ersteren kann man sich vorstellen, daß sich Licht im Universum so ausbreitet wie eine Kette von Käfern, die auf einem sich aufblähenden Luftballon hintereinander her krabbeln, wobei jedes Maximum der Lichtwelle mit einem Käfer besetzt ist.

Die relative Vergrößerung der Wellenlänge

$$z := \frac{\lambda_0 - \lambda_{em}}{\lambda_{em}} \tag{17.34}$$

wird als **Rotverschiebung** bezeichnet, und mit (17.30) erhalten wir für sie

$$\boxed{z = \frac{a(t_0)}{a(t_{em})} - 1\,.} \tag{17.35}$$

In Tabelle 17.1 sind die Rotverschiebungen einiger kosmischer Objekte angegeben.

Objekt	z
beschleunigte Expansion ab	0,67
Galaxien mit Fluchtgeschwindigkeit $v_G = c$ heute	1,42
Galaxien mit Fluchtgeschwindigkeit $v_G = c$ bei Emission	1,63
größte an Galaxien gemessene Rotverschiebung (2006)	7
Kosmische Hintergrundstrahlung	≈ 1000
Rand des beobachtbaren Universums	∞

Tabelle 17.1: Rotverschiebungen (siehe Abschn. 18.2.2, Abschn. 20.5 und Aufgabe 20.10). Galaxien mit der heutigen Fluchtgeschwindigkeit $v_G = c$ hatten zum Zeitpunkt der Lichtemission nur die Geschwindigkeit $v_G = 0{,}9\,c$.

17.6.1 Zusammenhang zwischen Rotverschiebung und Ort bzw. Zeit der Lichtemission

$z{=}z(t_0, t_{em})$ ist die Rotverschiebung, die zur Zeit t_0 – im allgemeinen also heute – an Licht beobachtet wird, das zur Zeit t_{em} emittiert wurde und in der Zeit $t_0{-}t_{em}$ vom Ort der Emission bis zum Beobachtungsort gelaufen ist. Es handelt sich also um Licht, das (eventuell sehr lange) vor dem Zeitpunkt der Beobachtung emittiert wurde, und an einem Ort, der umso weiter vom Ort der Beobachtung entfernt ist, je früher das Licht emittiert wurde. In einem permanent expandierenden Universum, $a(t_0){>}a(t_{em})$, ist z umso größer, je früher und je weiter entfernt das Licht emittiert wurde. (In Abschn. 18.2.2 wird gezeigt, daß die größte, und an Licht beobachtbare kosmische Rotverschiebung durch $z{\approx}1000$ gegeben ist.) Die Beobachtung von stark rotverschobenem Licht bedeutet also zugleich den Blick in weite Vergangenheit und in weite Ferne. Im folgenden werden Formeln abgeleitet, mit denen sich der Zeitpunkt und der Ort der Emission aus einem gegebenen Wert der Rotverschiebung berechnen lassen.

Kinematische Näherungsergebnisse

Bei kleinem Abstand der das Licht emittierenden Quelle vergeht nur wenig Zeit zwischen der Absendung und Ankunft des Lichtsignals. Dann kommt es nur zu einer kleinen Rotverschiebung, und mit der Reihenentwicklung

$$a(t) = a(t_0)\left[\,1 + H_0(t{-}t_0) + \frac{1}{2}\frac{\ddot{a}(t_0)}{a(t_0)}(t{-}t_0)^2 + \cdots\,\right] \tag{17.36}$$

von $a(t)$ nach $t - t_0$ folgt aus (17.35)

$$z = H_0\,(t_0{-}t_{em}) + \left(1 + \frac{q_0}{2}\right) H_0{}^2(t_0{-}t_{em})^2 + \cdots\,. \tag{17.37}$$

Dabei ist $H_0 = \dot{a}(t_0)/a(t_0)$ der Wert der Hubble-Zahl zur Zeit t_0 und

$$\boxed{q_0 = -\frac{\ddot{a}(t_0)}{H_0{}^2 a(t_0)}} \tag{17.38}$$

der sogenannte **Verzögerungsparameter**. ($q_0 > 0$ bedeutet $\ddot{a}(t_0) < 0$, d. h. im Falle einer Expansion, $\dot{a}(t_0) > 0$, wird die Expansionsgeschwindigkeit $\dot{a}(t_0)$ mit der Zeit kleiner.) Aus (17.11) und (17.12) erhalten wir mit (17.36) durch Entwicklung nach $t_0 - t_{em}$

$$\chi = \frac{c}{a(t_0)}\left[(t_0 - t_{em}) + \frac{H_0}{2}(t_0 - t_{em})^2 + \cdots\right], \tag{17.39}$$

$$d(t_0) = a(t_0)\,\chi = c\,(t_0 - t_{em}) + \frac{c H_0}{2}(t_0 - t_{em})^2 + \cdots. \tag{17.40}$$

Durch Inversion der letzten Reihe ergibt sich

$$t_0 - t_{em} = d/c - H_0\, d^2/(2c^2) + \cdots, \tag{17.41}$$

was in (17.37) eingesetzt schließlich zu

$$z = \frac{H_0}{c} d + \frac{1+q_0}{2}\left(\frac{H_0}{c}\right)^2 d^2 + \cdots \tag{17.42}$$

führt. In niedrigster Ordnung ist die Rotverschiebung also proportional zum gegenwärtigen Abstand d der Galaxie und kann mit dem Hubble-Gesetz (17.8) und $\dot{d} = v$ in der Form $z = v/c$ dargestellt werden.

Das in der SRT für die Doppler-Verschiebung erhaltene Ergebnis (2.10) gilt nach den in der ART auf Gleichung (8.35) folgenden Ausführungen auch in dem von uns benutzten, frei fallenden System mit Robertson-Walker-Metrik. Bei kleinen Werten von v/c kann es durch $\lambda_0/\lambda_{em} = \nu_{em}/\nu_0 = \nu/\nu' = [(1+v/c)/(1-v/c)]^{1/2} \approx 1 + v/c$ angenähert werden. Daran erkennen wir, daß sich die Rotverschiebung in niedrigster Ordnung auch als Doppler-Verschiebung aufgrund der Fluchtgeschwindigkeit interpretieren läßt. Dies bedeutet, daß in dieser Näherung nicht zwischen Fluchtbewegung der Galaxien in einem unveränderlichen Raum und reiner Raumexpansion ohne Galaxienflucht unterschieden werden kann. In der nächsthöheren Ordnung treten dann allerdings schon Unterschiede auf (Aufgabe 17.2). Da auch in der ART-Kosmologie Koordinaten benutzt werden können, in denen sich die Galaxien gegenüber dem Raum bewegen, lässt sich nicht sagen, daß die Rotverschiebung ausschließlich auf Raumexpansion beruht – das gilt nur in den mitbewegten Koordinaten. Genauso wenig läßt sich allerdings sagen, sie würde nur auf dem Doppler-Effekt beruhen, wie durch die Newton-Theorie nahegelegt wird. In dieser unterliegen die Galaxien nämlich der Einwirkung eines radialsymmetrischen Gravitationsfeldes (siehe ART Gleichung (15.2) mit (15.11)), und in dessen Potential erleidet das von ihnen emittierte Licht zusätzlich zu der Doppler-Rotverschiebung noch eine gravitative Blauverschiebung (siehe ART Gleichung (11.82); das Potential Φ_1 der das Licht emittierenden Galaxie ist höher als das Potential Φ_2 im Koordinatenursprung, weil das Gravitationsfeld auf den Koordinatenursprung zu gerichtet ist).

Genauere dynamische Ergebnisse

Für genauere Ergebnisse muß man die dynamische Entwicklung des Skalenfaktors $a(t)$ kennen. Dabei erweist es sich als nützlich, wenn man stattdessen den mit dem heutigen

Wert $a_0 = a(t_0)$ normierten **relativen kosmischen Skalenfaktor**

$$\boxed{x(t) = \frac{a(t)}{a_0} \overset{(17.6a)}{=} \frac{d(t)}{d(t_0)}} \tag{17.43}$$

benutzt, wobei gleich mit angegeben ist, daß dieser auch die expansionsbedingte Änderung von Abständen angibt. Gleichung (17.35) können wir damit und unter Weglassen des Index $_{em}$ in der Form

$$x = \frac{1}{1+z} \tag{17.44}$$

schreiben. Hieraus bzw. aus $1/x = 1+z$ folgt

$$-\dot{x}(t)\,dt = -dx = x^2\,dz\,. \tag{17.45}$$

Mit (17.7) bzw. der daraus mit (17.43) folgenden äquivalenten Definition

$$H(t) = \frac{\dot{x}(t)}{x(t)} \tag{17.46}$$

und mit der Notation $H(t) = H(t(z)) = \tilde{H}(z) \to H(z)$ wird daraus

$$dt = -\frac{x^2\,dz}{\dot{x}(t)} = -\frac{x\,dz}{H(t)} \overset{(17.44)}{=} -\frac{dz}{(1+z)\,H(z)}\,. \tag{17.47}$$

Berücksichtigen wir, daß aus Gleichung (17.44) $z \to \infty$ für $x \to 0$ folgt, und nehmen wir an, daß $x = 0$ für $t = 0$ gilt, so können wir diese Beziehung zu

$$\boxed{t(z) = \int_z^\infty \frac{dz'}{(1+z')\,H(z')}} \tag{17.48}$$

integrieren. (In Kapitel 19 werden Gleichungen für die dynamische Entwicklung des kosmischen Substrats abgeleitet, aus denen sich explizite Ergebnisse für die Funktion $H(z)$ ergeben.)

Für den Koordinatenabstand des Emissionspunktes vom Ursprung erhalten wir aus Gleichung (17.11) mit (17.47) und $z(t_0)=0$ die Beziehung

$$\chi(z) = c\int_t^{t_0} \frac{dt}{a(t)} = \frac{c}{a_0}\int_t^{t_0} \frac{dt}{x(t)} = \frac{c}{a_0}\int_0^z \frac{dz'}{H(z')}\,. \tag{17.49}$$

Aus (17.4) ergibt sich hiermit und mit (17.44) als metrischer Abstand des Emissionspunktes zum Zeitpunkt der Emission

$$\boxed{d_\chi(z) = \frac{c}{1+z}\int_0^z \frac{dz'}{H(z')}\,.} \tag{17.50}$$

Luminositätsabstand

Gleichung (17.42) ist im Prinzip dazu geeignet, die Größen H_0 und q_0 aus gemessenen Rotverschiebungen zu bestimmen, falls es gelingt, die zugehörigen Abstände d unabhängig davon auf andere Art und Weise zu bestimmen. Zu diesem Zweck drückt man d durch den über die klassische Beziehung (14.1) definierten **Luminositätsabstand**

$$d_L = \sqrt{\frac{L_{em}}{4\pi \ell_0}} \tag{17.51}$$

aus. Hierin ist L_{em} die auch als **absolute Leuchtkraft** (engl. absolute luminosity) bezeichnete Intensität der Quelle des zur Zeit t_{em} emittierten Lichts und ℓ_0 die am Empfangsort zur Zeit t_0 gemessene **Leuchtkraftdichte** (Flußdichte, engl. apparent luminosity). Wir betrachten der Einfachheit halber nur Photonen einer Frequenz. Werden zur Zeit t_{em} während des Zeitintervalls Δt_{em} von diesen dN_{em} Stück ausgesandt, so gilt

$$L_{em} = \frac{dN_{em}\, h\nu_{em}}{\Delta t_{em}} \quad \text{und} \quad \ell_0 = \frac{dN_0\, h\nu_0}{\Delta t_0 F_0}\,.$$

Dabei ist F_0 die Oberfläche der im Emissionspunkt zentrierten Kugel, durch die das Licht zur Zeit t_0 hindurchtritt. Die Anzahl der Photonen bleibt bei der Übertragung erhalten, d. h. es gilt $dN_{em} = dN_0$. Für die Frequenzänderung gilt (17.30) entsprechend $\nu_0/\nu_{em} = a(t_{em})/a(t_0)$, die im Zeitintervall Δt_{em} emittierten Photonen treffen nach (17.33) in dem veränderten Zeitintervall $\Delta t_0 = \big(a(t_0)/a(t_{em})\big)\, \Delta t_{em}$ ein und verteilen sich gemäß (17.1) auf der Kugelfläche

$$F_0 = \oint a_0 r_{em}\, d\vartheta\; a_0 r_{em} \sin\vartheta\, d\varphi = 4\pi {r_{em}}^2 {a_0}^2\,. \tag{17.52}$$

(r_{em} hängt mit dem Koordinatenabstand χ_{em} des Absendeortes gemäß Gleichung (17.2) zusammen.) Damit erhalten wir

$$\ell_0 = \frac{dN_{em}\, h\nu_{em}\, a^2(t_{em})}{\Delta t_{em}\, 4\pi {r_{em}}^2 a^4(t_0)} = \frac{L_{em}\, a^2(t_{em})}{4\pi {r_{em}}^2 a^4(t_0)}\,, \tag{17.53}$$

und aus (17.51) ergibt sich hiermit

$$d_L = \frac{a^2(t_0)\, r_{em}}{a(t_{em})}\,. \tag{17.54}$$

Nach (17.2) und (17.4) gilt bei kleinen Abständen für alle drei Werte von k bis auf Terme dritter Ordnung $r = \chi$ und damit $d(t_0) = a(t_0)\, r_{em}$. Damit ergibt sich aus der zuletzt abgeleiteten Formel die Beziehung

$$d_L(t_0) = \frac{a(t_0)}{a(t_{em})}\, d(t_0) \overset{(17.35)}{=} (1+z)\, d(t_0)\,, \tag{17.55}$$

die für $k = 0$ exakt ist. Setzen wir hierin die Entwicklung (17.42) ein, so erhalten wir bis auf Terme dritter Ordnung

$$d_L = d + \frac{H_0}{c}\, d^2 \qquad \text{bzw.} \qquad d = d_L - \frac{H_0}{c}\, d_L^2\,. \tag{17.56}$$

Einsetzen der letzten Beziehung in (17.42) liefert schließlich

$$\boxed{z = \frac{H_0 d_L}{c} + \frac{1-q_0}{2}\left(\frac{H_0 d_L}{c}\right)^2 + \cdots .} \tag{17.57}$$

Hieraus können im Prinzip H_0 und q_0 bestimmt werden, wenn für d_L und z Meßwerte gegeben sind. In der Praxis benutzt man statt der Näherung (17.57) eine genauere Beziehung und statt d_L eine aus ℓ abgeleitete *scheinbare bolometrische Helligkeit* m_B (siehe Abschn. 20.3.4 und Abb. 20.2). Da die Größe H_0 bereits im linearen Term auftaucht, kann sie schon aus relativ kleinen Rotverschiebungen $z \lesssim 0{,}1$ recht genau bestimmt werden. Aufgrund neuester Messungen läßt sie auf den Bereich

$$65 \text{ km s}^{-1}/\text{Mpc} \le H_0 \le 77 \text{ km s}^{-1}/\text{Mpc}$$

einschränken. Als Richtwert werden wir 70 km s^{-1}/Mpc benutzen.

Bestimmung des Verzögerungsparameters

Schwieriger ist die Bestimmung des Verzögerungsparameters q_0, der erst im quadratischen Term auftaucht. Da die Näherung (17.57) für alle Werte von k gilt, kann die Art der Krümmung nicht aus dem Vergleich von Messungen mit ihr erschlossen werden. (Mit der oben genannten genaueren Beziehung ist das jedoch möglich.) Im Prinzip kann q_0 auch aus Messungen des Lichts naher Galaxien gewonnen werden, für die nur Größen erster Ordnung im Abstand benötigt werden. Differenziert man nämlich (17.37) nach t_0 und berücksichtigt $H_0 = \dot{a}(t_0)/a(t_0)$ sowie die Tatsache, daß t_{em} bei festgehaltenen Koordinatenabstand χ der Galaxien gemäß (17.39) von t_0 abhängt, so erhält man in niedrigster Ordnung

$$\dot{z}(t_0) = \left(\frac{\ddot{a}(t_0)}{a(t_0)} - \frac{\dot{a}^2(t_0)}{a^2(t_0)}\right)(t_0 - t_{em}) + H_0\left(1 - \frac{dt_{em}}{dt_0}\right), \quad 1 - \frac{dt_{em}}{dt_0} = \frac{\chi\,\dot{a}(t_0)}{c} = H_0\,(t_0 - t_{em})$$

und daraus mit (17.38) sowie $(t_0 - t_{em}) = z/H_0$ aus (17.37)

$$\boxed{\frac{1}{z}\frac{dz}{dt_0} = -q_0 H_0 .} \tag{17.58}$$

Kennt man H_0, z und dz/dt_0, so läßt sich daraus q_0 bestimmen. (In Abschn. 20.5 wird eine genauere Beziehung für $\dot{z}(t_0)$ abgeleitet.) Allerdings ist die zeitliche Änderung der Rotverschiebung z zu klein, um mit den gegenwärtigen Methoden festgestellt werden zu können.

17.7 Zum Olbersschen Paradoxon

Wir wollen uns jetzt davon überzeugen, daß und wie in Weltmodellen mit Urknall das Olberssche Paradoxon vermieden wird. Bezeichnet $L(t)$ den räumlichen Mittelwert der absoluten Leuchtkraft von Galaxien und $n(t)$ deren Dichte, so erhalten wir für die Gesamtzahl aller Galaxien, die sich zur Zeit t_{em} in der Kugelschale zwischen den Kugelflächen r_{em} und $r_{em} + dr_{em}$ befinden, mit (17.1)

$$dN = n(t_{em})\, 4\pi\, a^2(t_{em})\, r_{em}{}^2 \frac{a(t_{em})\, dr_{em}}{\sqrt{1 - kr_{em}{}^2}}\,, \tag{17.59}$$

und für ihre gesamte Leuchtkraft das $L(t_{em})$-fache davon. Die hierdurch zur Jetztzeit t_0 bei uns erzeugte Flußdichte berechnet sich daraus mit (17.53b) zu

$$d\ell(t_0) = \frac{4\pi\, n(t_{em})\, a^3(t_{em})\, r_{em}{}^2 dr_{em}\, L(t_{em})}{\sqrt{1 - kr_{em}{}^2}} \frac{a^2(t_{em})}{4\pi\, r_{em}{}^2 a^4(t_0)}\,.$$

dr_{em} kann mit Hilfe der aus (17.1) mit $ds = 0$ folgenden Beziehung

$$\frac{a(t_{em})\, dr_{em}}{\sqrt{1 - kr_{em}{}^2}} = c\, dt_{em}$$

für die radiale Lichtausbreitung durch die für diesen Abstand benötigte Laufzeit dt_{em} des Lichts ausgedrückt werden – um diese mußte es bei $r_{em} + dr_{em}$ früher abgesandt werden, damit es bei uns gleichzeitig mit dem bei r_{em} abgesandten Licht ankommt. Hiermit erhalten wir

$$d\ell(t_0) = \frac{c\, n(t_{em})\, a^4(t_{em})\, L(t_{em})\, dt_{em}}{a^4(t_0)}$$

als Beitrag des während des Zeitintervalls dt_{em} bei t_{em} zu uns abgesandten Lichts zu der bei uns herrschenden Flußdichte. Durch Aufsummieren des von der Zeit t_a der Entstehung des Universums bis heute, t_0, abgesandten Lichts erhalten wir als Gesamtflußdichte

$$\ell(t_0) = \frac{c}{a^4(t_0)} \int_{t_a}^{t_0} n(t_{em})\, a^4(t_{em})\, L(t_{em})\, dt_{em}\,.$$

(Dabei kommen die von $t_{em} \approx t_0$ stammenden Beiträge von nahen und die von $t_{em} \approx t_a$ stammenden Beiträge von sehr fernen Galaxien.)

Wir können uns jetzt davon überzeugen, daß sich das Paradoxon eines unendlich hellen bzw. gleißend hellen Nachthimmels, das sich bei unserer früheren klassischen Betrachtung (Kapitel 14) ohne bzw. mit Berücksichtigung der Absorption des Lichts verdeckter Sterne ergab, unter vergleichbaren Bedingungen in einer durch die Robertson-Walker-Metrik beschriebenen Raumzeit vermieden wird. Dazu nehmen wir wie früher an, daß alle Sterne und mit ihnen die Galaxien während der ganzen Existenz des Universums vorhanden waren. (Tatsächlich wurden sie erst im Laufe der Evolution des Universums gebildet, aber unsere Überlegungen bleiben im wesentlichen richtig, wenn wir berücksichtigen, daß die Materie, aus der sie geschaffen wurden, eine entsprechende Dichte und Leuchtkraft besaß.) Da sie relativ zu den in (17.59) benutzten Koordinaten ruhen, ist dN konstant, und nach Herauskürzen aller zeitunabhängigen Faktoren folgt damit aus (17.59) der Erhaltungssatz

$$n(t_{em})\, a^3(t_{em}) = \text{const} = n(t_0)\, a^3(t_0)\,. \tag{17.60}$$

Hiermit kann unser letztes Ergebnis in

$$\boxed{\ell(t_0) = \frac{c\,n(t_0)}{a(t_0)} \int_{t_\mathrm{a}}^{t_0} a(t_{em})\,L(t_{em})\,dt_{em}} \tag{17.61}$$

überführt werden. In Modellen mit Urknall ist t_a endlich und $a(t_\mathrm{a}) = 0$. Wenn wir jetzt wie bei unseren früheren Überlegungen L als zeitlich konstant annehmen, und sogar dann, wenn wir nur die schwächere Voraussetzung $L(t_\mathrm{a}) < \infty$ treffen, liefert das Integral im Falle unberücksichtigter Absorption einen endlichen Wert statt des früher erhaltenen unendlichen Wertes. Selbst im Falle eines Universums mit unendlicher Vergangenheit konvergiert das Integral $\int_{-\infty}^{+\infty} a(t_{em})\,L(t_{em})\,dt_{em}$, sofern $t_{em}\,a(t_{em})\,L(t_{em}) \to 0$ für $t_{em} \to -\infty$ gilt. Wenn die Absorption des Lichts verdeckter Sterne berücksichtigt wird, ergibt sich eine erhebliche Reduktion des in (17.61) angegebenen Wertes von ℓ_0, der natürlich wesentlich kleiner ausfällt als der entsprechende klassische Wert.

Die oben aus Gründen der Vergleichbarkeit mit unseren früheren Überlegungen getroffenen Annahmen gelten nach dem Urknall nur so lange, wie Materie und Strahlung gekoppelt waren. Nach deren Entkopplung müssen die von den Galaxien emittierte Strahlung und die kosmische Hintergrundstrahlung getrennt behandelt werden, und es stellt sich heraus, daß die erstere schwächer ist als die letztere.

Aufgaben

17.1 Damit τ die Eigenzeit eines bewegten Teilchens ist, muß zu den Gleichungen (17.25)–(17.27) zusätzlich die Bedingung

$$d\tau^2 = ds^2/c^2 = dt^2 - a^2(t)\left[\dot\chi^2(t) + r^2(\chi,k)\left(\dot\vartheta^2(t) + \sin^2\!\vartheta\,\dot\varphi^2(t)\right)\right]dt^2/c^2$$

hinzugefügt werden. Zeigen Sie, daß aus dieser und (17.26) Gleichung (17.25) folgt.

17.2 Zeigen Sie, daß die Annahme, die Rotverschiebung sei auf den durch die Fluchtbewegung der Galaxien in einem unveränderlichen Raum hervorgerufene Doppler-Effekt zurückzuführen, in zweiter Ordnung von v/c zu einem Unterschied gegenüber dem ART-Resultat (17.37) führt.

Lösungen

17.1 Der Beweis wird auf den Fall $\dot\vartheta = \dot\varphi = 0$ beschränkt. Aus der angegebenen Bedingung folgt

$$\dot t(\tau) = \sqrt{1 + a^2\dot\chi^2(\tau)/c^2} \quad\Rightarrow\quad \ddot t = (a\dot a\dot\chi^2 + a^2\dot\chi\ddot\chi)/(c^2\dot t)\,.$$

Mit $\ddot\chi = -\,2\dot a\dot\chi/a$ aus (17.26) ergibt sich hieraus

$$\ddot t = -a\dot a\dot\chi^2/(c^2\dot t) = -a(da/dt)\dot\chi^2/c^2\,.$$

17.2 Aus der Formel $\lambda_0/\lambda_{em} = [(1+v/c)/(1-v/c)]^{1/2}$ für den Doppler-Effekt folgt

$$z = \frac{v}{c} + \frac{v^2}{2c^2} + \dots .$$

Für v ist dabei die durch

$$v_{em} = H(t_{em})\, d_{em}$$

gegebene Fluchtgeschwindigkeit der Galaxien zum Zeitpunkt der Emission einzusetzen. Unter der Annahme, daß es keine Raumexpansion gibt, braucht das Licht bis zum erreichen des Koordinatenursprungs die Zeit $t_0 - t_{em} = d_{em}/c$, d. h. es gilt

$$d_{em} = c\,(t_0 - t_{em})\,.$$

Für $H(t_{em})$ erhalten wir durch Reihenentwicklung um die Zeit t_0 mit $q = -\ddot{a}/(H^2 a)$ und

$$\dot{H} = \frac{d}{dt}\left(\frac{\dot{a}}{a}\right) = \frac{\ddot{a}}{a} - \frac{\dot{a}^2}{a^2} = \frac{\ddot{a}}{a} - H^2 = -(q+1)H^2$$

die Reihe

$$H(t_{em}) = H(t_0) + (t_{em} - t_0)\dot{H}(t_0) + \dots = H_0 + (q_0+1)H_0{}^2\,(t_0 - t_{em})\,,$$

und für v_{em} ergibt sich damit und mit $d_{em} = c\,(t_0 - t_{em})$

$$v_{em}/c = H_0(t_0 - t_{em}) + (q_0+1)H_0{}^2(t_0 - t_{em})^2 + \dots .$$

Hiermit folgt schließlich

$$\begin{aligned} z &= H_0(t_0 - t_{em}) + (q_0+1)H_0{}^2(t_0 - t_{em})^2 + [H_0(t_0 - t_{em})]^2/2 + \dots \\ &= H_0(t_0 - t_{em}) + (q_0+3/2)H_0{}^2(t_0 - t_{em})^2 + \dots . \end{aligned}$$

18 Hydro-, Thermo- und Elektrodynamik des kosmischen Substrats

In diesem Kapitel werden hydro- thermo- und elektrodynamische Eigenschaften des kosmischen Substrats untersucht, die für die ART-Behandlung von dessen Dynamik benötigt werden.

18.1 Hydrodynamik des kosmischen Substrats

In der Frühgeschichte des Universums ist das kosmische Substrat ein heißes, gasförmiges Gemisch aus Elementarteilchen, von denen viele elektrisch geladen sind und die sich – zumindest vorübergehend – ineinander umwandeln können. Die vielen Umwandlungsprozesse, die unter Einwirkung von Expansion und Abkühlung allmählich zu der heutigen Zusammensetzung des Universums geführt haben, werden in Kapitel 21 skizziert. Heute besteht das Universum zum großen Teil aus dunkler Energie und dunkler Materie, außerdem aus einem „Gas", dessen „Atome" die Galaxien bilden. Für manche Phänomene spielen auch normale Gase, Staub sowie Photonen und Neutrinos eine Rolle.

In den Einsteinschen Feldgleichungen wird das kosmische Substrat durch einen Energie-Impuls-Tensor $T^{\mu\nu}$ repräsentiert, der die Erhaltungsgleichung

$$T^{\mu\nu}{}_{;\nu} = 0 \tag{18.1}$$

erfüllen muß. Aufgrund der zweiten Version des kosmologischen Prinzips muß $T^{\mu\nu}$ im mitgeführten Koordinatensystem der Robertson-Walker-Metrik bezüglich seiner räumlichen Komponenten maximal forminvariant sein. Bei rein räumlichen Isometrie-Transformationen verhalten sich die Komponenten wie folgt: T^{00} wie ein Skalar, T^{0i} wie ein Dreiervektor und T^{ij} wie ein Dreiertensor. Nach Abschn. 16.4 gilt daher

$$T^{00} = \varrho(t)\,c^2\,, \qquad T^{0i} = 0\,, \qquad T^{ij} = -p(t)\,g^{ij}\,, \tag{18.2}$$

wobei die Skalare ϱ und p von der nur als Parameter eingehenden Zeit abhängen dürfen und vorerst noch ohne physikalische Bedeutung sind. (Da $T^{\mu\nu}$ eine Energiedichte ist, haben ϱ und p/c^2 die Dimension von Massendichten.) Der skalare Faktor c^2 in T^{00} wurde zunächst willkürlich eingeführt. Definieren wir als Vierervektor der Galaxiengeschwindigkeit

$$U^\mu = \{c\,,0\}\,, \tag{18.3}$$

so sind die Bedingungen erfüllt, die für diese in Abschn. 17.1 aus der zweiten Version des kosmologischen Prinzips abgeleitet wurden. Insgesamt können wir unsere Forderungen an die Komponenten von $T^{\mu\nu}$ in der kovarianten Form

$$T^{\mu\nu} = \left(\varrho + \frac{p}{c^2}\right) U^\mu U^\nu - p\, g^{\mu\nu} \tag{18.4}$$

zusammenfassen (es gilt $T^{00} = \varrho c^2 + p - p\, g^{00} = \varrho c^2$ wegen $g_{00} = g^{00} = 1$). Wir erhalten also für den Energie-Impuls-Tensor automatisch die Form (10.59) einer idealen, druckbehafteten Flüssigkeit, wenn wir ϱ mit deren Ruhedichte[1] und p mit deren Druck identifizieren. Zur Auswertung des Erhaltungssatzes (18.1) benutzen wir für den Anteil $\widetilde{T}^{\mu\nu} = (\varrho + p/c^2)\, U^\mu U^\nu$ die aus (9.34a) und (9.56) folgende Umformung

$$\widetilde{T}^{\mu\nu}{}_{;\nu} = \widetilde{T}^{\mu\nu}{}_{,\nu} + \Gamma^\nu_{\nu\lambda}\widetilde{T}^{\mu\lambda} + \Gamma^\mu_{\nu\lambda}\widetilde{T}^{\lambda\nu} = \frac{1}{\sqrt{-g}}\left(\sqrt{-g}\,\widetilde{T}^{\mu\nu}\right)_{,\nu} + \Gamma^\mu_{\nu\lambda}\widetilde{T}^{\lambda\nu} \tag{18.5}$$

und erhalten mit $(p\, g^{\mu\nu})_{;\nu} = g^{\mu\nu} p_{;\nu} = g^{\mu\nu} p_{,\nu}$ aus (18.1)

$$-g^{\mu\nu} p_{,\nu} + \frac{1}{\sqrt{-g}}\left[\sqrt{-g}\left(\varrho + \frac{p}{c^2}\right) U^\mu U^\nu\right]_{,\nu} + \Gamma^\mu_{\nu\lambda}\left(\varrho + \frac{p}{c^2}\right) U^\lambda U^\nu = 0\,. \tag{18.6}$$

Aus der später zu beweisenden Beziehung (19.4a), $\Gamma^\mu_{00} = 0$, sowie $U^i = 0$ und $p_{,i} = 0$ folgt, daß diese Gleichung für $\mu = 1, 2, 3$ erfüllt ist. Mit

$$g = \det(g_{\mu\nu}) = \prod_{\alpha=0}^{3} g_{\alpha\alpha} \overset{(17.1)}{=} -a^6(t)\, r^4 (1 - kr^2)^{-1} \sin^2\vartheta \tag{18.7}$$

liefert sie für $\mu = 0$

$$-\sqrt{-g}\; p_{,0} + \left[\sqrt{-g}\,(\varrho c^2 + p)\right]_{,0} \sim -a^3(t)\frac{dp}{dt} + \frac{d}{dt}\left[a^3(t)\,(\varrho(t) c^2 + p)\right] = 0$$

oder

$$\boxed{\frac{d}{dt}\left[\varrho a^3(t)\right] = -\frac{3p}{c^2}\, a^2(t)\,\dot{a}(t) \quad \overset{(17.7)}{\Rightarrow} \quad \dot{\varrho} + 3H\varrho = -\frac{3Hp}{c^2}\,.} \tag{18.8}$$

Wir wollen die erste dieser Gleichungen noch etwas umformen und bringen sie dafür zunächst mit $\dot{a}(t)\, dt = da$ in die Form $d(\varrho c^2 a^3) = -3pa^2 da = -p da^3$. Das metrische Volumen eines festgehaltenen Gebiets im System der mitgeführten Koordinaten ist nach (16.45) $V = V_\mathrm{K}\, a^3$, und die Energie des in V enthaltenen kosmischen Substrats ist $U = \varrho c^2 V$. Damit ergibt sich aus der zuletzt angegebenen Beziehung

$$\boxed{dU = -p\, dV\,,} \tag{18.9}$$

d. h. das kosmische Substrat erfüllt den ersten Hauptsatz der Thermodynamik (– der Druck leistet bei der Expansion Arbeit). ϱ und p stehen für sämtliche Komponenten des

1 Da wir bei allen Rechnungen im System des ruhenden Substrats bleiben, lassen wir der Einfachheit halber den in der Relativitätstheorie sonst üblichen Index $_0$ für die Ruhedichte weg.

kosmischen Substrats, z. B. baryonische Materie und Strahlung. Nach (18.9) kann der Druck einer Komponente des Substrats im Prinzip an jeder anderen Arbeit leisten. Diejenigen Komponenten, die sich auf diese Weise gegenseitig beeinflussen, sind **thermodynamisch gekoppelt**. Dem Hauptsatz (18.9) wird aber auch genüge getan, wenn ihn einige oder auch alle Komponenten separat erfüllen. Die entsprechenden Komponenten **koexistieren** dann, ohne thermodynamisch gekoppelt zu sein. Das gilt z. B. für Strahlung und Materie unterhalb einer Temperatur von etwa 2725 K (siehe Abschn. 19.4.2 und Kapitel 20).

Da die Massendichte ϱ in der Relativitätstheorie außer den Ruhemassen noch die durch c^2 dividierten kinetischen Energien mit enthält (siehe (4.149)), muß die Galaxiendichte n (siehe Fußnote 1) separat die Verallgemeinerung der Erhaltungsgleichung (4.135) der SRT auf die ART erfüllen. Mit (9.58) lautet diese

$$\left(nU^\lambda\right)_{;\lambda} = \frac{1}{\sqrt{-g}}\left(\sqrt{-g}\, nU^\lambda\right)_{,\lambda} = 0\,. \tag{18.10}$$

In einem Robertson-Walker-System reduziert sie sich auf $d\left(a^3(t)\, n(t)\right)/dt = 0$ und hat das Integral

$$a^3(t)\, n(t) = \text{const}\,. \tag{18.11}$$

Mit dem Zusammenhang

$$\varrho = n\left(m_0 + e_0/c^2\right) \tag{18.12}$$

zwischen der Ruhemassendichte und der Teilchendichte (m_0 ist die zeitlich konstante mittlere Ruhemasse und e_0 die nicht in m_0c^2 mitgezählte mittlere thermische Energie) und der (18.11) äquivalenten Gleichung $\dot{n} + 3n\dot{a}/a = \dot{n} + 3Hn = 0$ läßt sich (18.8) zu $n(t)\,\dot{e}_0(t) + 3Hp = 0$ vereinfachen. Hieraus kann man mit Hilfe von $\dot{n} + 3Hn = 0$ noch H eliminieren, so daß wir neben dem Erhaltungssatz (18.11) schließlich die Gleichung

$$n^2(t)\,\dot{e}_0(t) = p(t)\,\dot{n}(t) \tag{18.13}$$

erhalten.

Einbeziehen des kosmologischen Glieds

In den Einsteinschen Feldgleichungen mit kosmologischem Glied $\Lambda g^{\mu\nu}$ (siehe ART, Gleichung (10.105)) ist Λ eine Konstante. Der Grund dafür ist die Forderung nach Gültigkeit der Erhaltungsgleichung $M^{\mu\nu}{}_{;\nu} = 0$ an den Materietensor, die zusammen mit den Bianchi-Identitäten $(R^{\mu\nu} - \frac{1}{2}Rg^{\mu\nu})_{;\nu} = 0$ aus (19.10) die Gleichung

$$(\Lambda g^{\mu\nu})_{;\nu} = \Lambda_{,\nu} g^{\mu\nu} + \Lambda g^{\mu\nu}{}_{;\nu} \overset{(9.40)}{=} \Lambda_{,\nu} g^{\mu\nu} = 0 \tag{18.14}$$

und damit $\Lambda = \text{const}$ folgen läßt. Bei dieser Forderung wird das kosmologische Glied nicht nur formal, sondern auch bedeutungsmäßig als Element der die Raum-Zeit-Krümmung beschreibenden linken Seite der Feldgleichungen angesehen, und damit wird ihm eine rein geometrische Bedeutung zugesprochen.

Wir wollen Λ jetzt wie in der Newton-Kosmologie als Feld auffassen, dem eine Massendichte ϱ_Λ und ein Druck p_Λ zugewiesen werden können. Dann ist es nur konsequent, wenn wir das kosmologische Glied zu einem Bestandteil des Materietensors erklären und dementsprechend

$$T^{\mu\nu} = T^{\mu\nu}_{(\mathrm{m})} + T^{\mu\nu}_{(\Lambda)} \qquad \text{mit} \qquad T^{\mu\nu}_{(\Lambda)} \overset{(19.10)}{=} \frac{c^4 \Lambda}{8\pi G} \tag{18.15}$$

setzen, wobei $T^{\mu\nu}_{(\mathrm{m})}$ für den bisherigen Tensor $T^{\mu\nu}$ stehen soll. Da Λ dann nicht mehr Gleichung (18.14) erfüllen muß, sondern stattdessen mit in die kovariante Divergenzgleichung für den Materietensor (Gleichung (18.5)–(18.8)) aufgenommen wird, kann auch eine Zeitabhängigkeit von Λ zugelassen werden. Wenn wir das Feld $\Lambda(t)$ genauso wie alle anderen materiellen Bestandteile des kosmischen Substrats behandeln, müssen wir

$$T^{\mu\nu}_{(\Lambda)} = \left(\varrho_\Lambda + \frac{p_\Lambda}{c^2}\right) U^\mu U^\nu - p_\Lambda\, g^{\mu\nu} = \frac{c^4 \Lambda}{8\pi G}\, g^{\mu\nu}$$

setzen. Die 0,0-Komponente dieser Gleichung lautet $T^{00}_{(\Lambda)} = \varrho_\Lambda c^2 = c^4 \Lambda/(8\pi G)$ und liefert wie in der Newton-Kosmologie

$$\boxed{\varrho_\Lambda = \frac{\Lambda c^2}{8\pi G}\,.} \tag{18.16}$$

Die 0,i-Komponente liefert $0=0$, und aus der i,j-Komponente ergibt sich schließlich $T^{ij}_{(\Lambda)} = -\,p_\Lambda g^{ij} = c^4 \Lambda g^{ij}/(8\pi G) = \varrho_\Lambda c^2 g^{ij}$ oder

$$\boxed{p_\Lambda = -\varrho_\Lambda c^2\,.} \tag{18.17}$$

Für die Gesamtdichte $\varrho = \varrho_\Lambda + ..$ und den Gesamtdruck $p = p_\Lambda + ..$ gelten unverändert die Überlegungen und Beziehungen des letzten Teilabschnitts. Da zwischen der dunklen Energie und den übrigen Komponenten des kosmischen Substrats keine thermodynamische Kopplung feststellbar ist, muß Gleichung (18.8b) von der dunklen Energie separat erfüllt werden, $\dot\varrho_\Lambda + 3H\varrho_\Lambda = -\,3Hp_\Lambda/c^2$. (Durch das gemeinsame Auftreten in den Einsteinschen Feldgleichungen besteht allerdings immer noch eine gravitative Kopplung.) Mit (18.17) folgt hieraus

$$\varrho_\Lambda = \mathrm{const}\,, \tag{18.18}$$

d. h. ohne thermodynamische Kopplung an die Materie kann ϱ_Λ bzw. Λ nicht zeitabhängig sein. Für $U_\Lambda = \varrho_\Lambda c^2 V$ ergibt sich hiermit und mit (18.17)

$$dU_\Lambda = -p_\Lambda dV\,, \tag{18.19}$$

auch die dunkle Energie genügt dem ersten Hauptsatz der Thermodynamik.

Anmerkung: Wir werden im Abschn. 23.4 ein als Inflaton oder Quintessenz bezeichnetes Feld kennenlernen, dessen Eigenschaften denen der dunklen Energie sehr ähnlich sind und dessen Massendichte auch ohne thermodynamische Kopplung an die Materie zeitabhängig sein kann. □

18.2 Thermodynamik relativistischer Fluide

18.2.1 Zustandsgleichungen

Der Druck p des von den Galaxien gebildeten Gases wird durch thermische Bewegungen der Galaxien mit den Geschwindigkeiten $\boldsymbol{v}_k$ hervorgerufen. Wir werden uns bald zu der Annahme gezwungen sehen, daß es im Universum außer der Masse der Galaxien noch weitere Massen gibt; außerdem wollen wir bei Urknallmodellen auch frühe Zeitpunkte betrachten, zu denen die Galaxien noch gar nicht existiert haben. Für all diese Situationen treffen wir die Annahme, daß sämtliche Massen bei der Mittelung über hinreichend große Gebiete homogen und isotrop verteilt sind. Der Druck muß dann gegebenenfalls aus den thermischen Bewegungen kleinerer Objekte definiert werden.

Da der Druck und die Massendichte skalare Größen sind, können wir für sie die in einem frei fallenden System geltenden SRT-Ergebnisse benutzen. Treffen wir die (sicher nur näherungsweise gültige) Annahme, daß die Partikel des kosmischen Substrats Punktteilchen der Ruhemassen m_{0k} sind, deren individuelle Wechselwirkungen nur bei direkten Berührungsstößen stattfinden, so können wir für $T^{\mu\nu}$ außer der mit (18.4) identischen hydrodynamischen Gleichung (4.147) auch die kinetische Gleichung (4.65),

$$T^{\mu\nu} = \sum_k \frac{dX_k^\mu}{dt} P_k^\nu \, \delta^3\big(\boldsymbol{x}-\boldsymbol{x}_k(t)\big)\,, \tag{18.20}$$

heranziehen. Mit $P^\mu = \{E/c\,,\boldsymbol{p}\}$, $dX^\mu/dt = \{c\,,\boldsymbol{v}\}$ und der aus $E = mc^2$ und $\boldsymbol{p} = m\boldsymbol{v}$ folgende Beziehung $\boldsymbol{v} = \boldsymbol{p}\,c^2/E$, die nach (4.54) mit $v = c$ auch für Photonen gilt, ergibt sich durch den Vergleich von (18.4) und (18.20)

$$p = \sum_{i=1}^3 \frac{T^{ii}}{3} = \sum_k \frac{p_k^2 c^2}{3E_k} \, \delta^3\big(\boldsymbol{x}-\boldsymbol{x}_k(t)\big)\,, \qquad \varrho c^2 = T^{00} = \sum_k E_k \, \delta^3\big(\boldsymbol{x}-\boldsymbol{x}_k(t)\big)\,. \tag{18.21}$$

Die Anzahldichte der Teilchen ist

$$n = \sum_k \delta^3\big(\boldsymbol{x}-\boldsymbol{x}_k(t)\big)\,. \tag{18.22}$$

Nichtrelativistischer Grenzfall: Im nichtrelativistischen Grenzfall (kaltes Gas) folgt aus (18.21) mit $E \approx m_0 c^2 + m_0 u^2/2 \approx m_0 c^2 + \boldsymbol{p}^2/(2m_0)$ und $\boldsymbol{p}^2/(2m_0) \ll m_0 c^2$ bis zu Termen erster Ordnung in $\boldsymbol{p}^2/(2m_0)$

$$p_{\mathrm{m}} = \sum_k \frac{\boldsymbol{p}_k^2}{3m_{0k}} \, \delta^3\big(\boldsymbol{x}-\boldsymbol{x}_k(t)\big)\,, \quad \varrho_{\mathrm{m}} = \sum_k m_{0k} \, \delta^3\big(\boldsymbol{x}-\boldsymbol{x}_k(t)\big) + \sum_k \frac{\boldsymbol{p}_k^2}{2m_{0k}c^2} \, \delta^3\big(\boldsymbol{x}-\boldsymbol{x}_k(t)\big).$$

Setzen wir das Ergebnis für p in dem für ϱ ein und definieren mit $n \to n_{\mathrm{m}}$ durch

$$\sum_k m_{0k} \, \delta^3\big(\boldsymbol{x}-\boldsymbol{x}_k(t)\big) = m_0 \sum_k \delta^3\big(\boldsymbol{x}-\boldsymbol{x}_k(t)\big) \overset{(18.22)}{=} n_{\mathrm{m}} m_0 \tag{18.23}$$

eine mittlere Teilchen- bzw. Galaxienmasse m_0, so erhalten wir

$$p_{\mathrm{m}} = (2c^2/3)(\varrho_{\mathrm{m}} - n_{\mathrm{m}} m_0)\,. \tag{18.24}$$

Wie schon gesagt, kommt der Druck des kosmischen Substrats durch statistisch verteilte individuelle Bewegungen der einzelnen Galaxien gegenüber dem im System der Robertson-Walker-Koordinaten ruhenden Galaxiengas zustande. Aufgrund von dessen geringer Dichte kann die Gültigkeit des idealen Gasgesetzes,

$$p_{\mathrm{m}} = n_{\mathrm{m}} k_{\mathrm{B}} T_{\mathrm{m}}\,, \tag{18.25}$$

angenommen werden. Dabei werden wir im weiteren Verlauf unter ϱ_{m}, p_{m} und n_{m} statt der mit Deltafunktionen definierten kinetischen Größen räumlich geglättete Mittelwerte verstehen.

Für $p \ll \varrho c^2$ kann der Druck vernachlässigt werden, und wir erhalten

$$\varrho_{\mathrm{m}} = n_{\mathrm{m}} m_0\,. \tag{18.26}$$

Materie mit vernachlässigbarem Druck wird als **inkohärente Materie** oder **Staub** bezeichnet.

Extrem relativistischer Fall: Im extrem relativistischen Fall $|\boldsymbol{v}| \approx c$, der für ein reines Photonengas exakt wird, erhalten wir dagegen mit $|\boldsymbol{p}| = mv \approx mc = E/c$ und $E = mc^2 \gg m_0 c^2$ aus (18.21a) $p = \sum_k E_k \delta^3\big(\boldsymbol{x} - \boldsymbol{x}_k(t)\big)/3 \gg \sum_k m_{0k} c^2 \delta^3\big(\boldsymbol{x} - \boldsymbol{x}_k(t)\big)/3$ und daraus mit (18.21b)

$$p = \varrho c^2/3 \qquad \text{für} \quad p/c^2 \gg n m_0\,. \tag{18.27}$$

Diese Gleichung kann für ein strahlungsdominiertes Universum oder ein Universum, in dem relativistische Teilchen (z. B. Neutrinos oder Gravitonen) den wesentlichen Beitrag zur Massendichte liefern, als Zustandsgleichung benutzt werden. Aus (18.21a) folgt mit $|\boldsymbol{p}| \leq E/c$

$$0 \leq p \leq \varrho c^2/3\,, \tag{18.28}$$

d.h. im extrem relativistischen Fall (18.27) ergibt sich zu gegebener Dichte der maximal mögliche Druck.

Für Strahlung wird in Abschn. 18.2.2 die Beziehung (18.42),

$$\varrho_{\mathrm{s}} = a_{\mathrm{s}}\, T_{\mathrm{s}}{}^4 \quad \overset{(18.27)}{\Rightarrow} \quad p_{\mathrm{s}} = \frac{c^2 a_{\mathrm{s}}}{3}\, T_{\mathrm{s}}{}^4 \qquad \text{mit} \quad a_{\mathrm{s}} = \frac{\pi^2 k_{\mathrm{B}}{}^4}{15\, \hbar^3 c^5}\,, \tag{18.29}$$

(Index „s" für „Strahlung") abgeleitet.

Für relativistische Materie erhalten wir unter Vorgriff auf den nächsten Abschnitt aus (18.49a) mit (18.27), $dp/dT = 4p/T$, die Beziehungen

$$\varrho_{\mathrm{mr}} \overset{\text{s.u.}}{=} a_{\mathrm{mr}}\, T_{\mathrm{mr}}{}^4 \qquad \overset{(18.27)}{\Leftarrow} \qquad p_{\mathrm{mr}} = \frac{c^2 a_{\mathrm{mr}}}{3}\, T_{\mathrm{mr}}{}^4 \tag{18.30}$$

(Index „mr" für „relativistische Materie"). Dabei ist a_{mr} eine Konstante, die von der im jeweiligen Temperaturbereich im Universum vorherrschenden Teilchensorte abhängt. Um auch für relativistische Materie eine mit dem idealen Gasgesetz (18.25) vergleichbare Beziehung zu erhalten, benutzen wir die – noch abzuleitende – Gleichung (18.34).

Mit (18.27) folgt aus dieser

$$\frac{dn}{d\varrho} = \frac{3n}{4\varrho} \qquad \Rightarrow \qquad n_{\rm mr} = C_{\rm mr}\varrho_{\rm mr}{}^{3/4}, \tag{18.31}$$

wobei $C_{\rm mr}$ wieder eine von der Materiesorte abhängige Konstante ist. Hiermit ergibt sich aus den Beziehungen (18.30) schließlich

$$p_{\rm mr} = \gamma_{\rm mr}\, n_{\rm mr} k_{\rm B} T \qquad \text{mit} \qquad \gamma_m = \frac{c^2 a_{\rm mr}{}^{1/4}}{3\, k_{\rm B} C_{\rm mr}}\,. \tag{18.32}$$

Allgemeiner Fall: Die beiden Zustandsgleichungen (18.24) und (18.27) können zu der gemeinsamen Form

$$\boxed{p_{\rm mr} = (\gamma - 1)(\varrho_{\rm mr} - n_{\rm mr} m_0)c^2} \tag{18.33}$$

zusammengefaßt werden, wobei im nichtrelativistischen Fall $\gamma = 5/3$ und im extrem relativistischen $\gamma = 4/3$ sowie $nm_0 = 0$ gesetzt werden muß. Auch die Zustandsgleichung (18.17) wird mit $\gamma = 0$, $nm_0 = 0$ und $\varrho \to \varrho_\Lambda$ erfaßt. Gleichung (18.33) gilt noch allgemeiner und für allgemeinere Werte von γ, als aus unserer Ableitung hervorgeht.

Neben (18.33) muß noch die aus (18.9) folgende Beziehung

$$p = -dU/dV = -d(\varrho c^2 V)/dV$$

berücksichtigt werden. Aus dieser ergibt sich mit der aus der Erhaltung der Galaxienzahl $N = nV$ folgenden Beziehung $n\,dV = -\,V\,dn$ durch Ausführung der Differentiation die Differentialgleichung

$$\frac{d\varrho}{dn} = \frac{d\varrho/dV}{dn/dv} = \frac{p}{nc^2} + \frac{\varrho}{n} \tag{18.34}$$

für die Funktion $\varrho = \varrho(n)$. Ist p wie im extrem relativistischen Fall als Funktion $p(\varrho)$ gegeben, so kann (18.34) zu

$$\int \frac{dn}{n} = \int \frac{d\varrho}{p(\varrho)/c^2 + \varrho} \tag{18.35}$$

integriert werden (Aufgabe 18.3). In allgemeineren Fällen muß man versuchen, sie mit den üblichen Methoden der Theorie von Differentialgleichungen zu lösen.

18.2.2 Kosmische Hintergrundstrahlung

Wir werden in Abschn. 20.3.2 sehen, daß das Universum in seiner ultraheißen Frühphase von Strahlung dominiert wurde, d. h. diese hatte von allen Bestandteilen des kosmischen Substrats die weitaus größte Massendichte. Die Strahlung befand sich dabei in intensiver Wechselwirkung mit einem Plasma aus Leptonen und Baryonen, das am Ende dieser Phase und auch in einer gewissen Zeitspanne danach überwiegend von Elektronen und ionisiertem Wasserstoff sowie etwas ionisiertem Helium gebildet wurde. Die Strahlung konnte sich dabei nicht ungehindert ausbreiten, vielmehr wurde sie permanent absorbiert und emittiert, das Universum war undurchsichtig. Das änderte sich erst, als das Universum durch seine permanente Expansion so weit abgekühlt war, daß bei einer Temperatur von etwa 5000 K die Rekombination von Protonen und Elektronen zu neutralem Wasserstoff einsetzte. Dieser Prozeß der **Entkopplung von Strahlung und Materie** war etwa 442tausend Jahre nach dem Urknall bei der sogenannten **Entkopplungstemperatur** von ca. 2725 K (s.u.) im wesentlichen abgeschlossen. (Am Ende von Abschn. 20.3.2 wird eine Formel für die Entkopplungszeit t_e abgeleitet und ausgewertet.) Die Photonen hatten dann nicht mehr genügend Energie für Anregungs- oder Ionisierungsprozesse, sie koppelten sich von der Materie ab und konnten sich von da ab ungehindert ausbreiten: das Universum wurde durchsichtig.

Bis zu ihrer Entkopplung von der Materie befand sich die kosmische Strahlung mit dieser im thermodynamischen Gleichgewicht und hatte daher bis dahin eine Plancksche Strahlungsverteilung. Nach Gleichung (6.197) der *Thermodynamik und Statistik* beträgt die Volumendichte der Photonen mit einer Frequenz im Intervall $d\omega_e$ um ω_e zum Zeitpunkt der Entkopplung

$$n(\omega_e)\,d\omega_e = \frac{1}{\pi^2 c^3}\,\frac{{\omega_e}^2\,d\omega_e}{e^{\hbar\omega_e/(k_B T_{se})}-1}\,, \tag{18.36}$$

wobei k_B die Boltzmann-Konstante, $\hbar = h/(2\pi)$ und $T_{se} \approx 2725$ K ist. Seit dem Zeitpunkt der Entkopplung sind die Photonen im wesentlichen frei – wir vernachlässigen die wenigen, noch stattfindenden Absorptions- und Streuungsprozesse – und ändern ihre Frequenz gemäß (17.31) bzw. $\omega = \omega_e\, a(t_e)/a(t)$ mit Folge $d\omega = d\omega_e\, a(t_e)/a(t)$. Aus der Erhaltung der Photonenzahl, $dN = n_e\, d\omega_e\, V_e = n\, d\omega\, V$ (V = Volumen), folgt mit $V = V_e\,(a/a_e)^3$ die Gleichung $n\,d\omega = n_e\,d\omega_e\,(a_e/a)^3$. Mit diesen Ergebnissen ergibt sich aus (18.36)

$$\boxed{n(\omega)\,d\omega = \frac{1}{\pi^2 c^3}\,\frac{\omega^2\,d\omega}{e^{\hbar\omega/(k_B T_s)}-1} \qquad \text{mit} \qquad T_s = \frac{a_e}{a}\,T_{se}\,.} \tag{18.37}$$

Obwohl sich die Photonen nach ihrer letzten Streuung wechselwirkungsfrei ausbreiten, bleibt es also bei einer Planckschen Strahlungsverteilung, nur daß deren Strahlungstemperatur T_s mit zunehmendem a wie a^{-1} abnimmt.[2] Die entkoppelte kosmische Strahlung wird als **kosmische Hintergrundstrahlung** bezeichnet. Zum Zeitpunkt ihrer Entstehung, also dem Zeitpunkt ihrer letzten Streuung, hatte sie eine Strahlungstemperatur zwischen 2500 K und 3000 K. Durch die seit der Entkopplung stattgefundene Expansion des Universums wurde sie rotverschoben und damit abgekühlt – ihr Strahlungsdruck hat dazu Expansionsarbeit geleistet, wodurch ihre Energie erniedrigt wurde. Sehr genaue Messungen aus dem Satelliten COBE (Cosmic Background Explorer) haben gezeigt, daß sie unter allen bekannten Strahlungen (Hohlraumstrahlung, Strahlung der Sonne etc.) diejenige ist, die am genauesten durch eine Plancksche Strahlungskurve

2 Benutzt man für die gesamte Zeit $t \geq t_e$ die für $t \gtrsim t_0/2$ als grobe Näherung anzusehende Lösung (20.35), also $a \sim t^{2/3}$, so erhält man für die heutige Temperatur der Hintergrundstrahlung $T_{s0} = T_{se}\,(t_e/t_0)^{2/3}$. Dieses Ergebnis führt mit plausiblen Annahmen bezüglich t_e und t_0 in die Nähe des gemessenen Wertes von etwa 2,7 K. Gamow und Mitarbeiter erhielten so ähnlich vor mehr als einem halben Jahrhundert dafür etwa 5 K.

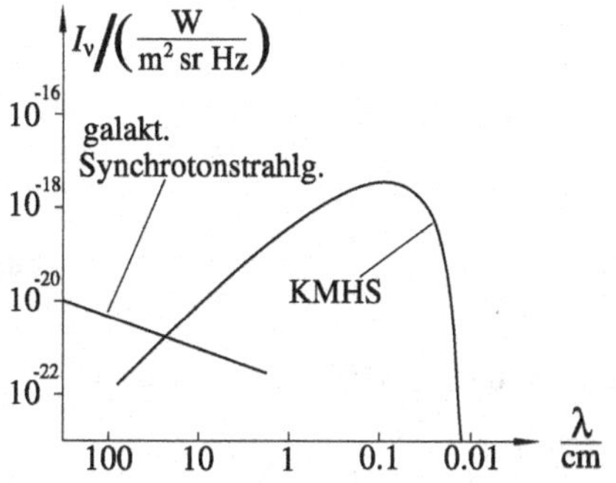

Abb. 18.1: Spektrum der kosmischen Mikrowellen-Hintergrundstrahlung (KMHS): eine Planck-Verteilung. Zusätzlich ist das Spektrum der aus der Milchstraße kommenden Synchrotronstrahlung dargestellt. sr (kurz für Steradiant) ist die abgeleitete SI-Einheit für Raumwinkel und entspricht dem Radianten als Einheit für ebene Winkel (voller Raumwinkel = 4π sr).

beschrieben wird (Abb. 18.1). Ihre heutige Strahlungstemperatur läßt sich sehr genau bestimmen und beträgt

$$\boxed{T_{s0} = 2,725\,\mathrm{K} \pm 0,002\,\mathrm{K}\,.} \tag{18.38}$$

Ihre Wellenlängen liegen heute im Mikrowellenbereich, weshalb sie auch als **Mikrowellen-Hintergrundstrahlung** bezeichnet wird.

Die Angaben für die Entkopplungstemperatur sind nicht einheitlich – häufig werden 3000 K genannt, man findet für sie aber auch 2500 K –, weil ihrer genaueren Festlegung eine gewisse Willkür zugrunde liegt. Wir wählen

$$\boxed{T_{se} = 2725\,\mathrm{K}} \tag{18.39}$$

weil sich mit diesem Wert und (18.38) aus (18.37b) für $x_e = x(t_e) \overset{(17.43)}{=} a(t_e)/a_0$ der bequeme Zahlenwert

$$\boxed{x_e = 10^{-3}} \tag{18.40}$$

ergibt. Bei 2725 K erreicht die freie Weglänge der Photonen in etwa den Wert des Hubble-Radius, und der Ionisationsgrad von Wasserstoff ist auf 7,6 Prozent abgesunken.

Die Photonenzahl- und Massendichte der Hintergrundstrahlung ergeben sich aus (18.37) zu

$$n_s = \int_0^\infty n(\omega)\,d\omega \overset{\text{s.u.}}{=} a_n T^3 \qquad \text{mit} \qquad a_n = \frac{2\,\zeta(3)\,k_B{}^3}{\pi^2\hbar^3c^3}\,, \tag{18.41}$$

$$\varrho_s = \frac{\hbar}{c^2}\int_0^\infty n(\omega)\,\omega\,d\omega \overset{\text{s.u.}}{=} a_s T^4 \qquad \text{mit} \qquad a_s = \frac{\pi^2 k_B{}^4}{15\,\hbar^3c^5}\,, \tag{18.42}$$

wobei in (18.42) die Dichte $n(\omega)$ mit der Photonenmasse $\hbar\omega/c^2$ multipliziert wurde.

Beweis: Die Integrale in (18.41) und (18.42) sind mit (18.37) ausführlicher durch

$$\int_0^\infty n(\omega)\,\omega^\nu\,d\omega = \frac{1}{\pi^2c^3}\int_0^\infty \frac{\omega^{\nu+2}\,d\omega}{e^{\hbar\omega/(k_BT)}-1} \overset{\omega=\frac{k_BTx}{\hbar}}{=} \frac{1}{\pi^2c^3}\left(\frac{k_BT}{\hbar}\right)^{\nu+3}\int_0^\infty \frac{x^{\nu+2}\,dx}{e^x-1}$$

mit $\nu = 0$ und $\nu = 1$ gegeben. In der mathematischen Literatur findet man

$$\int_0^\infty \frac{x^n\,dx}{e^x - 1} = n!\,\zeta(n+1)\,, \tag{18.43}$$

wobei $\zeta(z)$ die durch

$$\zeta(z) = \sum_{k=1}^{\infty} \frac{1}{k^z} \tag{18.44}$$

definierte **Riemannsche Zetafunktion** ist. Für die hier betrachteten Fälle folgt daraus

$$\int_0^\infty \frac{x^2\,dx}{e^x - 1} = 2\,\zeta(3) \qquad \text{und} \qquad \int_0^\infty \frac{x^3\,dx}{e^x - 1} = 3!\,\zeta(4) \overset{\text{s.u.}}{=} \frac{\pi^4}{15}\,,$$

wobei zuletzt benutzt wurde, daß die Reihe für die Zetafunktion für geradzahlige $z = 2n$ mit den Bernoulli-Zahlen B_ν gemäß

$$\zeta(2n) = -\frac{(-1)^{n+1}(2\pi)^{2n}B_{2n}}{2\,(2n)!} \qquad \Rightarrow \qquad \zeta(4) = \frac{\pi^4}{90}$$

zusammenhängt. Damit erhalten wir schließlich

$$\int_0^\infty n(\omega)\,d\omega = \frac{2\,\zeta(3)}{\pi^2 c^3}\left(\frac{k_B T}{\hbar}\right)^3, \qquad \int_0^\infty n(\omega)\,\omega\,d\omega = \frac{\pi^2}{15\,c^3}\left(\frac{k_B T}{\hbar}\right)^4. \qquad \square$$

Die zahlenmäßige Auswertung der Ergebnisse (18.41) und (18.42) für den heutigen Zeitpunkt liefert mit (18.38) und $\zeta(3) \overset{(18.44)}{=} 1{,}2..$

$$\boxed{n_s(t_0) = 4{,}16 \cdot 10^8\,\text{m}^{-3} = 416\,\text{cm}^{-3}\,, \qquad \varrho_s(t_0) = 4{,}7 \cdot 10^{-31}\,\text{kg}\,\text{m}^{-3}\,.} \tag{18.45}$$

Wegen der hohen Genauigkeit, mit der die kosmische Hintergrundstrahlung durch eine Planck-Verteilung beschrieben wird, und der hohen Präzision, mit der heute T_{s0} bestimmt werden kann, gehören diese Ergebnisse zu den genauesten der gesamten Kosmologie. Insbesondere sind sie nicht mit den Unsicherheiten bezüglich der Hubble-Zahl H_0 belastet.

Aus (17.35) und (18.37b) ergibt sich für die heute beobachtete Rotverschiebung der Hintergrundstrahlung $z_e = a(t_0)/a(t_e) - 1 = T_{se}/T_{s0} - 1 = 2725/2{,}725 - 1 \approx 1000$. Das ist die größte beobachtbare Rotverschiebung von Licht, weil das Universum vor der Entkopplung undurchsichtig war. (Der theoretisch höchste Wert der Rotverschiebung ist nach (17.35) und (23.4) $z_{\max} = 1/x_{\max} - 1 \approx 1/x(t_P) \approx 10^{31}$.)

Die Photonen der kosmischen Hintergrundstrahlung haben sich seit ihrer Entkopplung praktisch geradlinig ausgebreitet. Diejenigen von ihnen, die wir heute zu sehen bekommen, sind daher seitdem geradlinig auf uns zugeflogen und stammen von der sehr weit entfernten Kugeloberfläche – genauer handelt es sich um eine relativ dünne Kugelschale –, von der die Laufzeit des Lichts bis zu uns $t_0 - t_e$ beträgt. Diese definiert den **Rand des heute sichtbaren Universums**, da alles vor der Entkopplung emittierte Licht absorbiert wurde. Der **Rand des heute** (im Prinzip) **beobachtbaren Universums** ist noch etwas weiter von uns entfernt (um etwa 2 Prozent), nämlich um die – durch die Expansion des Universums vergrößerte – Strecke, die Licht in den ca. 442tausend Jahren zwischen Urknall und Entkopplung zurücklegen konnte.

18.2.3 Entropie und Entropiesatz

Verändert sich der Zustand der im Universum verteilten Energien so langsam, daß er eine Serie von thermodynamischen Gleichgewichtszuständen durchläuft, so gilt für die Änderung der Entropie S

$$T\,dS = dU + p\,dV\,. \tag{18.46}$$

Gleichung (18.9) wurde ohne jegliche Annahmen darüber abgeleitet, wie die Zustandsänderungen erfolgen. Sie kann daher in Gleichung (18.46) eingesetzt werden, aus der sich damit $dS=0$ ergibt. Die Entropie eines Volumens, in dem sich eine feste Menge von Galaxien bzw. Materie befindet, bleibt also konstant, *die Expansion des kosmischen Substrats erfolgt adiabatisch.*

Wir können über dieses Ergebnis hinausgehend auch noch berechnen, wie die Gleichgewichtsentropie von den Zustandsgrößen abhängt. Im Gleichgewicht ist die Anzahl $n\,dp'$ der Teilchen des kosmischen Gases mit einem Impuls im Intervall dp' um $p'=|\boldsymbol{p}'|$ eine Funktion, die nur von p' und der Temperatur T abhängt, d. h. $n=n(p',T)$.[3] Statt (18.21) erhalten wir dann

$$p = \frac{c^2}{3}\int \frac{\boldsymbol{p}'^2}{E(p')}\,n(p',T)\,dp' = p(T)\,, \qquad \varrho = \frac{1}{c^2}\int E(p')\,n(p',T)\,dp' = \varrho(T)$$

und können für (18.46)

$$T\,dS = d(\varrho c^2 V) + p\,dV = (\varrho c^2 + p)\,dV + c^2 V\,\frac{d\varrho}{dT}\,dT$$

schreiben, woraus

$$\frac{\partial S}{\partial V} = \frac{\varrho c^2 + p}{T}\,, \qquad \frac{\partial S}{\partial T} = \frac{c^2 V}{T}\,\frac{d\varrho}{dT} \tag{18.47}$$

folgt. Die erste dieser Gleichungen wird wegen $\varrho=\varrho(T)$ und $p=p(T)$ durch

$$S = \frac{(\varrho c^2 + p)\,V}{T} + g(T) \tag{18.48}$$

integriert, und die aus $\partial^2 S/(\partial V\partial T)=\partial^2 S/(\partial T\partial V)$ folgende Integrabilitätsbedingung der beiden Gleichungen lautet

$$\frac{dp}{dT} = \frac{\varrho c^2 + p}{T} \quad \stackrel{(18.48)}{\Longrightarrow} \quad \frac{\partial S}{\partial T} = \frac{c^2 V}{T}\,\frac{d\varrho}{dT} + \frac{dg}{dT}\,. \tag{18.49}$$

Der Vergleich von (18.49b) mit (18.47b) liefert $dg/dT=0$ bzw. $g=\text{const}$. Da die Integrationskonstante in S weggelassen werden darf, folgt aus (18.48) schließlich

$$\boxed{S = \frac{(\varrho c^2 + p)\,V}{T}\,.} \tag{18.50}$$

3 Zur näheren Begründung siehe Abschn. 15.6 des in Fußnote 10 von Kapitel 8 angegebenen Buches von S. Weinberg.

18.3 Skalenverhalten von Druck, Dichte und Temperatur

Das **Skalenverhalten** der verschiedenen Komponenten des kosmischen Substrats, d. h. ihre Abhängigkeit von Skalenfaktor $a(t)$, ergibt sich aus dem Energiesatz (18.8). Dabei ist es für die einzelne Komponente von entscheidender Bedeutung, ob sie an andere Komponenten gekoppelt oder ob sie entkoppelt ist. Gekoppelte Komponenten erfüllen den Energiesatz gemeinsam, entkoppelte separat.

18.3.1 Entkoppelte Strahlung und Materie

Nichtrelativistische Materie: In nichtrelativistischer Materie sind die individuellen Teilchengeschwindigkeiten viel kleiner als die Lichtgeschwindigkeit. Daher gilt für die Teilchen die in der klassischen Statistik idealer Gase abgeleitete Beziehung

$$k_B T = \frac{m_0 \langle v^2 \rangle}{3} = \frac{\langle \boldsymbol{p}^2 \rangle}{3m_0} \tag{18.51}$$

mit der Folge

$$\frac{p_m}{\varrho_m c^2} \overset{(18.25),(18.26)}{=} \frac{n_m k_B T_m}{n_m m_0 c^2} = \frac{m_0 \langle v^2 \rangle}{3 m_0 c^2} = \frac{\langle v^2 \rangle}{3c^2} .$$

Mit der Näherung $\langle v^2 \rangle \approx \langle v \rangle^2$ und dem Meßergebnis $\langle v \rangle \approx 10^{-3}c$ für die mittlere statistische Einzelgeschwindigkeit der Galaxien von heute ergibt sich daraus

$$\frac{p_m}{\varrho_m c^2} \approx 10^{-6} . \tag{18.52}$$

Dies bedeutet, daß der Druck im Drucktensor (18.4) zum heutigen Zeitpunkt vernachlässigt werden darf, das heutige Universum ist von inkohärenter Materie erfüllt.

Schreiben wir Gleichung (18.8a) in der Form $d(\varrho_m a^3)/da = -3p_m a^2/c^2$, so erhalten wir aus ihr unter Vernachlässigung des Drucks $\varrho_m a^3 = \text{const}$ bzw.

$$\boxed{\varrho_m \sim a^{-3} .} \tag{18.53}$$

Aus (18.51) folgt mit dem Ergebnis (17.29) für die Bewegung von Teilchen, das natürlich auch für Galaxien gilt, daß sich die Temperatur der Materie mit dem kosmischen Skalenfaktor a gemäß

$$\boxed{T_m \sim a^{-2}} \tag{18.54}$$

ändert. Für die Dichten $n_m = N_m/V$ und $\varrho_m = n m_0$ ergibt sich mit $V = \Delta l^3 \sim a^3$ das Skalenverhalten

$$\boxed{n_m \sim \varrho_m \sim a^{-3} ,} \tag{18.55}$$

das wir auch schon in (17.60) bzw. (18.53) erhalten hatten. Aus (18.54) und (18.55) erhalten wir mit $p_m = n_m k_B T_m$ das Skalenverhalten $p_m/(\varrho_m c^2) \sim a^{-2}$, das sich mit (18.52) in der Form

$$\frac{p_m}{\varrho_m c^2} \approx \left(\frac{10^3 a}{a_0}\right)^{-2} \tag{18.56}$$

zusammenfassen läßt. Hieraus läßt sich ablesen, daß der Druck berücksichtigt werden muß, solange $a/a_0 \lesssim 10^{-3}$ gilt, für $a/a_0 > 10^{-3}$ kann er vernachlässigt werden.

Strahlung und relativistische Materie: Für die Massen- und Teilchendichte sowie den Druck eines Photonengases erhalten wir mit $\varrho_s = N\langle h\nu/c^2\rangle/V$ und $n_s = N/V$ unter Benutzung der Beziehungen (16.45a), (17.31) und (18.27)

$$\boxed{\varrho_s = \sim a^{-4}\,, \quad n_s = \sim a^{-3}\,, \quad p_s = \sim a^{-4}\,.} \tag{18.57}$$

Da die Temperatur des Photonengases proportional zur Energie der Photonen ist, ergibt sich für die Strahlungstemperatur das Verhalten

$$\boxed{T_s \sim a^{-1}\,.} \tag{18.58}$$

Für relativistische Teilchen erhält man aus (18.8b) mit (18.27)

$$\boxed{\varrho_{mr} \sim a^{-4}\,.} \tag{18.59}$$

Der Vergleich mit (18.53) zeigt, daß die Massendichte in einem von Strahlung oder relativistischen Teilchen dominierten expandierenden Universum mit zunehmendem Alter und damit zunehmenden Weltradius a schneller abnimmt als in einem staubdominierten.

Mit der Temperaturdefinition $\frac{3}{2}k_B T = \langle E_{kin}\rangle$ sowie mit $E_{kin} = (m - m_0)c^2 \approx mc^2$ und der aus Gleichung (4.29) folgenden Beziehung $|\boldsymbol{p}| = (m^2 - m_0{}^2)^{1/2} c \approx mc$ erhält man für relativistische Teilchen $T_m \approx 2c\,\langle|\boldsymbol{p}|\rangle/(3k_B)$ und daraus mit (17.29)

$$\boxed{T_{mr} \sim a^{-1}\,.} \tag{18.60}$$

18.3.2 Gekoppelte Strahlung und Materie

In der Ära relativistischer Teilchen erfüllen sowohl die Strahlung als auch die mit dieser wechselwirkende Materie jeweils für sich und damit auch zusammen die Beziehung $T \sim x^{-1}$. Diese gilt in sehr guter Näherung, mit Ausnahme einer kurzen Unterbrechung gegen Ende der Leptonen-Ära, auch noch in der strahlungsdominierten Ära, also für $t \lesssim t_g$. Dabei gibt t_g den später (Gleichung 20.26a) zu berechnenden Zeitpunkt an, zu dem Strahlung und Materie gleiche Massendichte annehmen. Nach der Entkopplung erfüllt die Strahlung die Beziehung (18.37b) bzw. $T_s = T_{s0}/x$, die Materie nach (18.54) dagegen $T_m = T_{m0}/x^2$. Zum Zeitpunkt t_e der Entkopplung muß dabei $T_m = T_s$ gelten.

Offen ist noch das Skalenverhalten der Temperatur sowie der gekoppelten Dichten ϱ_m und ϱ_s im Zeitintervall $t_g \lesssim t \lesssim t_e$. Vor der Entkopplung befinden sich Strahlung und Materie im thermischen Gleichgewicht, was bedeutet, daß sie dieselbe Temperatur annehmen. Da das Weltall vor der Entkopplung undurchsichtig war, herrschten in ihm die gleichen Zustände wie in einem schwarzen Strahler, d. h. die Strahlung hatte eine Plancksche Dichteverteilung (18.37a) mit der Massendichte (18.42), die nach Gleichung (18.27) mit dem Druck $p_s = \varrho_s c^2/3$ verbunden ist,

$$\varrho_s = a_s T^4 , \qquad p_s = \frac{c^2 a_s}{3} T^4 \qquad \text{mit} \qquad a_s = \frac{\pi^2 k_B{}^4}{15\hbar^3 c^5} . \tag{18.61}$$

Für die Materie, die für $t \gtrsim t_g$ nichtrelativistisch ist, gelten die Beziehungen (18.24) und (18.25), nach einer Umformung von (18.24) also

$$\varrho_m = n_m m_0 + \frac{3 n_m k_B T}{2c^2} , \qquad p_m = n_m k_B T . \tag{18.62}$$

Das Gemisch aus Photonen und Teilchen kann in dem betrachteten Regime wie eine Mischung idealer Gase behandelt werden, d. h. die Partialdrucke p_m und p_s können einfach zu einem Gesamtdruck p addiert werden. Auf diese Weise und mit $\varrho = \varrho_m + \varrho_s$ erhalten wir

$$\varrho = n_m m_0 + \frac{3 n_m k_B T}{2c^2} + a_s T^4 , \qquad p = n_m k_B T + \frac{c^2 a_s}{3} T^4 . \tag{18.63}$$

Zur Ableitung des gesuchten Skalenverhaltens benötigen wir jetzt die aus den Feldgleichungen folgenden Beziehungen (18.8a) und (18.11) bzw. $n_m = n_{m0} x^{-3}$. (Daß unsere Rechnungen nur für das Zeitintervall $t_g \lesssim t \lesssim t_e$ gelten, muß uns nicht daran hindern, die Teilchendichte durch ihren heutigen Wert auszudrücken.) Einsetzen der letzten und der Beziehungen (18.63) in Gleichung (18.8a) liefert nach deren Division durch $a_0{}^2 \dot{a}$ und mit $x = a/a_0$

$$\frac{d}{dx}\left(n_{m0}\, m_0 + \frac{3 n_{m0} k_B T}{2c^2} + a_s T^4 x^3\right) = -\frac{3 n_{m0} k_B T x^{-1}}{c^2} - a_s T^4 x^2 .$$

Nach Ausführen der Ableitung und Herauskürzen des Faktors $3 n_{m0} k_B / c^2$ ergibt sich hieraus

$$\frac{x}{T}\frac{dT}{dx} = -\frac{2\,(1+\sigma)}{1+2\sigma} \qquad \text{mit} \qquad \sigma = \frac{4c^2 a_s T^3}{3 k_B n_m} . \tag{18.64}$$

Für $\sigma \ll 1$ und $\sigma \gg 1$ kann die Gleichung näherungsweise integriert werden und liefert

$$T = \begin{cases} \dfrac{T_e x_e{}^2}{x^2} & \text{für} \quad \sigma \ll 1 \\[2ex] \dfrac{T_0}{x} & \text{für} \quad \sigma \gg 1 . \end{cases} \tag{18.65}$$

Im zweiten Fall wird das Universum als **heißes Universum** bezeichnet. Aus der Definition von σ ergibt sich in diesem mit $n_m = n_{m0}\, x^{-3}$

$$\sigma = \frac{4c^2 a_s T_0{}^3}{3 k_B n_{m0}} , \tag{18.66}$$

also ein konstanter Wert. Dies bedeutet, daß σ im Laufe der kosmischen Evolution, also bei abnehmendem x, sehr groß bleibt, wenn es ursprünglich sehr groß war. Es ist dann auch garantiert, daß $T \sim x^{-1}$ solange gültig bleibt, wie Strahlung und Materie im thermischen Gleichgewicht sind, also bis zum Zeitpunkt der Entkopplung.

Um festzustellen, ob σ sehr groß ist, drücken wir $a_s T_0{}^3$ mit Hilfe der Beziehung (18.41) durch die Photonenzahldichte aus,

$$a_s T_0{}^3 = \frac{a_s}{a_n}\, a_n\, T_0{}^3 \overset{\substack{(18.41)\\(18.42)}}{=} \frac{k_B \pi^4}{30\,\zeta(3)\,c^2}\, n_{s0}\,,$$

und hiermit sowie mit $\zeta(3) \overset{(18.44)}{=} 1{,}2$ ergibt sich aus (18.66)

$$\sigma = \frac{4\pi^4 n_{s0}}{90\,\zeta(3)\, n_{m0}} = 3{,}6\,\frac{n_{s0}}{n_{m0}}\,. \tag{18.67}$$

Nach Gleichung (18.45a) gilt $n_{s0} = 4{,}2 \cdot 10^8\,\mathrm{m}^{-3}$. Am Temperaturgleichgewicht ist nur reguläre (baryonische) Materie beteiligt, dunkle Materie und dunkle Energie sind an diese nur gravitativ gekoppelt und gehen daher in Gleichung (18.61) ff. nicht ein. Zum Zeitpunkt der Entkopplung besteht die baryonische Materie überwiegend aus Wasserstoff und etwas Helium. Die Teilchenzahldichte n_m ist daher zum Zeitpunkt der Entkopplung etwas kleiner als die Zahlendichte der Nukleonen, deren Gesamtzahl von der Zeit der Entkopplung bis heute – wenn auch in veränderten Bindungszuständen – erhalten blieb. Deren heutige Zahlendichte erhält man, indem man ihre heutige Massendichte, nach (20.72) also $\varrho_{m0} \approx 0{,}1\,\varrho_{krit0} \approx 10^{-27}\,\mathrm{kg\,m}^{-3}$, durch die Nukleonenmasse $m = 1{,}7 \cdot 10^{-27}\,\mathrm{kg}$ teilt, d. h.

$$n_{m0} \approx 0{,}6\,\mathrm{m}^{-3}\,. \tag{18.68}$$

Für σ ergibt sich damit

$$\sigma \approx 7 \cdot 10^8\,,$$

d. h. die Bedingung $\sigma \gg 1$ für ein heißes Universum ist erfüllt. Bis zum Zeitpunkt der Entkopplung kann daher für Strahlung und Materie gemeinsam

$$\boxed{T = T_m = T_s \sim x^{-1}} \tag{18.69}$$

gesetzt werden, und bei der Strahlung kann diese Skalierung sogar durchgängig für alle Temperaturen benutzt werden. Aus (18.61a) und (18.62a) ergibt sich damit und mit (18.11) bzw. $n \sim x^{-3}$ für das Skalenverhalten der Massendichten während der Kopplungsphase

$$\varrho_s \overset{\text{s.u.}}{=} a_s T_{s0}^4\, x^{-4} = \varrho_{s0}\, x^{-4}\,, \qquad \varrho_m = n_{m0} m_0 \left(x^{-3} + \frac{3 k_B T_{s0}\, x^{-4}}{2 m_0\, c^2} \right). \tag{18.70}$$

Daß diese Ergebnisse nur bis zum Zeitpunkt der Entkopplung gelten, mußte uns nicht daran hindern, die Teilchendichten durch heutige Werte auszudrücken. Dabei wurde benutzt, daß die Strahlungstemperatur auch nach der Entkopplung $\sim x^{-4}$ skaliert.

18.4 Elektrische Ladung des Universums

Nach den Maxwell-Gleichungen (10.65a) genügt die elektrische Ladungsdichte $\varrho_{\rm el} = J^0/c$ (siehe (5.6b)) unter Anwendung der Umformung (18.5b) auf den Feldstärkentensor $F^{\mu\nu}$ der Gleichung

$$\varrho_{\rm el} = \frac{1}{\mu_0 c} F^{0\nu}{}_{;\nu} = \frac{1}{\mu_0 c}\left[\frac{1}{\sqrt{-g}}\left(\sqrt{-g}\,F^{0\nu}\right)_{,\nu} + \Gamma^0_{\nu\lambda}F^{\nu\lambda}\right].$$

$F^{\mu\nu}$ ist nach (10.65c) antisymmetrisch, $F^{\mu\nu} = - F^{\nu\mu}$, die Christoffel- Symbole sind nach (8.38) symmetrisch, $\Gamma^\mu_{\nu\lambda} = \Gamma^\mu_{\lambda\nu}$, daher gilt $\Gamma^0_{\nu\lambda}F^{\nu\lambda} \overset{\lambda\leftrightarrow\nu}{=} \Gamma^0_{\lambda\nu}F^{\lambda\nu} = - \Gamma^0_{\nu\lambda}F^{\nu\lambda}$ mit der Folge $\Gamma^0_{\nu\lambda}F^{\nu\lambda} = 0$. Weiterhin folgt aus der Antisymmetrie des Feldtensors $F^{00} \equiv 0$, womit wir

$$\varrho_{\rm el} = \frac{1}{\mu_0 c\sqrt{-g}}\left(\sqrt{-g}\,F^{0i}\right)_{,i} \tag{18.71}$$

erhalten. (Dieses Ergebnis wurde im wesentlichen auch schon in Gleichung (10.77) der ART erhalten.) Die Gesamtladung des Universums (Volumen V) ist nach (10.71) mit $J^0/c = \varrho_{\rm el}$

$$Q = \int_V \varrho_{\rm el}\sqrt{-g}\,d^3\tau = \frac{1}{\mu_0 c}\int_V \frac{\partial}{\partial x^i}\left(\sqrt{-g}\,F^{0i}\right)d^3\tau\,.$$

Das Volumenintegral läßt sich mit Hilfe des Gaußschen Satzes in ein Oberflächenintegral umwandeln. Da ein geschlossenes Universum eine verschwindende Oberfläche besitzt, ergibt sich für dieses $Q = 0$, *ein geschlossenes Universum ist ungeladen.*

Man kann sich dieses Ergebnis auch anschaulich plausibel machen. Wir betrachten dazu die von einer ruhenden Punktladung ausgehenden Feldlinien. In einem geschlossenen Universum schneiden sich diese alle wieder im Antipodenpunkt mit umgedrehter Feldrichtung, d. h. dort sitzt eine Ladung umgekehrten Vorzeichens. Dies bedeutet, daß alle Ladungen paarweise auftreten und sich daher paarweise annullieren.

Wir haben bei der obigen Ableitung nirgends das kosmologische Prinzip benutzt, d. h. auch ein geschlossenes Universum, das nicht homogen und isotrop ist, wäre zwangsläufig ungeladen. Benutzt man die aus der Homogenität und Isotropie folgenden Konsequenzen, so erhält man das noch weiter gehende Resultat: *Jedes homogene und isotrope Universum ist ungeladen, unabhängig davon, ob es offen oder geschlossen ist.* Dies folgt daraus, daß es in einem solchen Universum kein (mittleres) elektrisches oder magnetisches Feld geben darf, denn jedes dieser Felder würde eine Raumrichtung auszeichnen und damit die Isotropie verletzen.

Etwas formaler kommt man zu diesem Ergebnis auf folgende Weise: (18.4) ist die allgemeine Form eines räumlich maximal forminvarianten Tensors, d. h. auch der elektromagnetische Tensor $F^{\mu\nu}$ muß sich in diese Form bringen lassen (wobei dann ϱ und p anders zu deuten sind). Nun ist (18.4) jedoch ein in den Komponenten μ, ν symmetrischer Tensor, während $F^{\mu\nu}$ antisymmetrisch ist, was zur Folge hat, daß $F^{\mu\nu}$ und damit auch die Ladungsdichte verschwinden muß. (Genauer müssen nur die Mittelwerte $\langle F^{\mu\nu}(x)\rangle$ über hinreichend große Volumina verschwinden, da das kosmologische Prinzip nur im Großen gilt und auf kleinen Skalen verletzt werden darf. Das erklärt auch, warum es nach Abschn. 19.4.1 ein reines Strahlungsuniversum geben kann, was natürlich voraussetzt, daß lokal praktisch überall $F^{\mu\nu} \neq 0$ gilt. Für $\langle F^{\mu\nu}\rangle = 0$ muß $F^{\mu\nu}(x)$

dann räumlich nur in geeigneter Weise zwischen positiven und negativen Werten variieren.)

Aufgaben

18.1 1. Welche Abhängigkeit $p = p(a)$ ergibt sich aus (18.8a), wenn ϱ als beliebige Funktion von a vorgegeben wird? 2. Welcher Zusammenhang zwischen p und ϱ ergibt sich daraus für $\varrho \sim a^\nu$?

18.2 Bestimmen Sie aus (18.33) und (18.34) die Zustandsgleichungen $\varrho = \varrho(n)$ und $p = p(n)$.

18.3 Berechnen Sie für den Fall (18.27) eines relativistischen Gases die Energiedichte e_0 als Funktion von ϱ.

18.4 Strahlung, die sich mit der Materie im thermodynamischen Gleichgewicht befindet, hat eine Plancksche Strahlungsverteilung mit der Massendichte $\varrho_s = aT^4$ (siehe Abschn. 18.2.2). Welche Zustandsgleichung $T = T(n)$ erhält man aus (18.12), (18.27) und (18.34) für Materie und Strahlung zusammen, wenn für Materie die idealen Gasgesetze $p = nkT$ und $e_0 = kT/(\gamma - 1)$ angenommen werden? Behandeln Sie die erhaltene Differentialgleichung in den Fällen $\sigma \ll 1$ und $\sigma \gg 1$ mit $\sigma = 4ac^2T^3/(3nk)$.

18.5 In welchem Abstand von uns wurde die kosmische Hintergrundstrahlung emittiert?

18.6 Berechnen Sie den maximalen Winkel, unter dem zu uns kommende Mikrowellen-Hintergrundstrahlung ohne die Annahme einer inflationären Phase dieselbe Temperatur aufweisen sollte.

Anleitung: Betrachten Sie den Fall des Standardmodells mit $k = 0$ und fordern Sie kausale Verbundenheit der emittierenden Gebiete.

Lösungen

18.1 1. Mit $y := a^3$ lautet Gleichung (18.8a) $d(\varrho y)/dt = -(p/c^2)\,\dot{y}(t)$. Hieraus ergibt sich durch Multiplikation mit $c^2/\dot{y}(t)$

$$p = -c^2[\varrho + y\, d\varrho/dy]\,.$$

(Statt der Abhängigkeit von a wird hier eine Abhängigkeit von $y = a^3$ betrachtet.)
2. Für $\varrho = C\,a^\nu = C\,y^\alpha$ mit $\alpha = \nu/3$ ergibt sich

$$p = -c^2[C\,y^\alpha + y\alpha C\,y^{\alpha-1}] = -(\alpha+1)c^2\varrho\,.$$

18.2 Zu lösen ist die aus (18.33) und (18.34) folgende Differentialgleichung

$$d\varrho/dn = \gamma\,\varrho/n - (\gamma - 1)m_0\,.$$

Mit der Methode der Variation der Konstanten findet man leicht die Lösung

$$\varrho = nm_0 + \alpha n^\gamma \quad\Rightarrow\quad p = (\gamma - 1)\,\alpha c^2 n^\gamma \quad \text{mit} \quad \alpha = \text{const}\,.$$

18.3 Aus (18.34) ergibt sich mit (18.27) die Differentialgleichung $d\varrho/dn = 4\varrho/(3n)$ mit der Lösung $\varrho = \tilde{\alpha} n^{4/3}$ bzw. $n = \varrho^{3/4}/\alpha$ (α = Integrationskonstante). Einsetzen dieses Ergebnisses in (18.12) liefert das Ergebnis $e_0 = (\alpha\varrho^{1/4} - m_0)\,c^2$.

18.4 Aus der Massendichte $\varrho_s = aT^4$ der Strahlung ergibt sich mit (18.27) der Strahlungsdruck $p_s = ac^2T^4/3$, und da sich die Dichten und Drucke von Strahlung und Materie einfach addieren, erhalten wir mit (18.12)

$$\varrho = nm_0 + \frac{nkT}{(\gamma-1)c^2} + aT^4\,, \qquad p = nkT + ac^2T^4/3\,.$$

Aus der ersten Gleichung folgt

$$\frac{d\varrho}{dn} = m_0 + \frac{kT}{(\gamma-1)c^2} + \left(\frac{nk}{(\gamma-1)c^2} + 4aT^3\right)\frac{dT}{dn}\,,$$

und aus (18.34) ergibt sich damit und mit $p = \varrho c^2/3$ für $T(n)$ die Differentialgleichung

$$\frac{dT}{dn} = \frac{T}{3n}\,\frac{1+\sigma}{1/[3(\gamma-1)]+\sigma}\,.$$

Im Fall $\sigma \gg 1$ reduziert sich diese auf

$$dT/dn = 3T/n \quad \Rightarrow \quad T = \text{const}\cdot n^{1/3}\,.$$

Im Fall $\sigma \ll 1$ reduziert sie sich auf

$$dT/dn = (\gamma-1)T/n \quad \Rightarrow \quad T = \text{const}\cdot n^{\gamma-1}\,.$$

18.5 Das heute von uns gesehene Licht der kosmischen Hintergrundstrahlung wurde bei seiner letzten Streuung emittiert, und diese erfolgte etwa zur Zeit der Entmischung. $\Rightarrow$ In (17.35) ist $a(t_e)/a(t_0) = x_e$ zu setzen, und mit (18.40) ergibt sich

$$z = a(t_0)/a(t_e) - 1 \approx 1/x_e - 1 \approx 1000\,.$$

Nach Aufgabe 20.4 gilt unter Vernachlässigung der Neutrinos

$$d_0(z) = \frac{c}{H_0}\int_{\frac{1}{1+z}}^{1} \frac{dx}{\sqrt{\Omega_{s0}+\Omega_{m0}x+(1-\Omega_{m0}-\Omega_{s0}-\Omega_{\Lambda0})\,x^2+\Omega_{\Lambda0}\,x^4}}\,.$$

Nach der Entmischung ist das Universum materiedominiert, d. h. Ω_{s0} kann vernachlässigt werden, und mit $\Omega_{\Lambda0} = 0$ ergibt sich

$$d_0(z) = \frac{c}{H_0}\int_{\frac{dx}{1+z}}^{1} \frac{1}{\sqrt{\Omega_{m0}x + (1-\Omega_{m0})x^2}}\,.$$

Mit

$$\int \frac{dx}{\sqrt{\Omega_{m0}x + (1-\Omega_{m0})x^2}} = \frac{1}{\sqrt{1-\Omega_{m0}}}\ln\left[x + \frac{\Omega_{m0}/2}{1-\Omega_{m0}} + \sqrt{x^2 + \frac{\Omega_{m0}x}{1-\Omega_{m0}}}\,\right]$$

folgt

$$d_0(z) = \frac{c}{H_0\sqrt{1-\Omega_{\mathrm{m}0}}} \ln\left[\frac{(1-\Omega_{\mathrm{m}0}/2+\sqrt{1-\Omega_{\mathrm{m}0}})\,(1+z)}{1-\Omega_{\mathrm{m}0}+(1+z)\Omega_{\mathrm{m}0}/2+\sqrt{(1-\Omega_{\mathrm{m}0})(\Omega_{\mathrm{m}0}z+1)}}\right],$$

und unter Vernachlässigung von $\Omega_{\mathrm{m}0}$ gegen 1 und 1 gegen z ergibt sich

$$d_0(z) \approx \frac{c}{H_0} \ln\frac{2z}{1+\Omega_{\mathrm{m}0}z/2+\sqrt{1+\Omega_{\mathrm{m}0}z}} \approx \frac{c}{H_0} \ln\frac{4}{\Omega_{\mathrm{m}0}} \approx \frac{3\,c}{H_0}\,.$$

Für den Abstand zur Zeit der Entmischung ergibt sich daraus

$$d_{\mathrm{e}} = x_{\mathrm{e}}\, d_0(z) \approx 3\,c x_{\mathrm{e}}/H_0 \approx 4,2\cdot 10^7\ \mathrm{Lj}$$

18.6 Das Licht der kosmischen Hintergrundstrahlung blieb seit seiner letzten Streuung von aller Materie unbeeinflußt. Daher muß gefordert werden, daß eine kausale Verknüpfung der emittierenden Gebiete zur Zeit der letzten Streuung bzw. Entkopplung bestand. Das dabei emittierte Licht befand sich zur Zeit seiner Emission auf einer Kugelfläche, deren Koordinatenabstand χ sich nach Aufgabe 18.5 aus $d_{\mathrm{e}} = a_{\mathrm{e}}\chi$ zu

$$\chi = d_{\mathrm{e}}/a_{\mathrm{e}} \approx 4,2\cdot 10^7\ \mathrm{Lj}/a_{\mathrm{e}}$$

ergibt. Auf dieser waren zur Zeit t_{e} diejenigen Punkte kausal verbunden, deren Winkelabstand $\Delta\vartheta$ sich aus der Gleichung $ds^2 = 0$ mit $d\chi = 0$ und $d\varphi = 0$ durch Integration von $t = 0$ bis $t = t_{\mathrm{e}}$ ergibt, nach (17.3) mit (17.2), $r = \chi$, also

$$\Delta\vartheta = \frac{c}{\chi}\int_0^{t_{\mathrm{e}}} \frac{dt}{a(t)} = \frac{c}{a_0\chi}\int_0^{t_{\mathrm{e}}} \frac{dt}{x(t)} = \frac{c a_{\mathrm{e}}}{a_0 d_{\mathrm{e}}}\int_0^{t_{\mathrm{e}}} \frac{dt}{x(t)} = \frac{c x_{\mathrm{e}}}{d_{\mathrm{e}}}\int_0^{t_{\mathrm{e}}} \frac{dt}{x(t)}\,.$$

In der Zeit von $t = 0$ bis $t = t_{\mathrm{e}}$ war das Universum strahlungsdominiert, und nach (20.26) galt

$$x = \alpha\sqrt{t} \quad \text{mit} \quad \alpha = 2\sqrt{H_0}\left(\frac{\Omega_{\mathrm{m}0}\,x_{\mathrm{e}}}{3}\right)^{1/4}.$$

Damit ergibt sich

$$\Delta\vartheta = \frac{2c x_{\mathrm{e}} t_{\mathrm{e}}^{1/2}}{\alpha\, d_{\mathrm{e}}}\,.$$

Mit $\Omega_{\mathrm{m}0} = 0{,}28$, $x_{\mathrm{e}} = 10^{-3}$, $1/H_0 = 14\cdot 10^9$ a, $d_{\mathrm{e}} = 4{,}2\cdot 10^7$ Lj und $t_{\mathrm{e}} = 4{,}4\cdot 10^5$ a ergibt sich zahlenmäßig $\Delta\vartheta = 1{,}9\cdot 10^{-2}$. Die Umrechnung von Bogenmaß auf Winkel liefert

$$\Delta\tilde{\vartheta} = \Delta\vartheta\cdot 360^\circ/(2\pi) \approx 1^\circ\,.$$

19 Grundgleichungen und Lösungsmannigfaltigkeit

Wir wollen in diesem Kapitel die dynamische Entwicklung des kosmischen Skalenfaktors $a(t)$ untersuchen und werden dabei k weiterhin als offenen Parameter behandeln. Als erstes setzen wir die metrischen Koeffizienten der Robertson-Walker-Metrik und unsere Ergebnisse für den Energie-Impuls-Tensor in die Einsteinschen Feldgleichungen ein und vervollständigen so das System der bisher erhaltenen Gleichungen (nächster Abschnitt). In den anschließenden Abschnitten verschaffen wir uns einen Überblick über die Gesamtheit von dessen Lösungen.

19.1 Feldgleichungen der Robertson-Walker-Metrik

Nach (16.41a) sind die nicht-verschwindenden Koeffizienten der Robertson-Walker-Metrik

$$g_{00} = 1\,, \qquad g_{ij} = -a^2(t)\left(\delta_{ij} + k\,\frac{x_i x_j}{1-k\boldsymbol{x}^2}\right) \tag{19.1}$$

mit $\{x_1, x_2, x_3\} = \{x, y, z\} = \{x^1, x^2, x^3\}$). Diese Darstellung ist nicht kovariant und gilt nur in den Koordinaten der Robertson-Walker-Metrik. x^μ ist im Gegensatz zu dx^μ kein Vierervektor, und daher ist es auch nicht nötig, x_μ analog zu $dx_\mu = g_{\mu\nu}dx^\nu$ zu definieren. Wir haben $x_i = x^i$ gesetzt, um die Summenkonvention in der Form $\boldsymbol{x}\cdot d\boldsymbol{x} = x_i\,dx^i$ benutzen zu können.

Um die zur Metrik (19.1) gehörigen Einsteinschen Feldgleichungen aufstellen zu können, benötigen wir den Ricci-Tensor, der nach (9.70) und (9.82) durch

$$R_{\lambda\nu} = \Gamma^\kappa_{\lambda\kappa,\nu} - \Gamma^\kappa_{\lambda\nu,\kappa} + \Gamma^\rho_{\lambda\kappa}\Gamma^\kappa_{\rho\nu} - \Gamma^\rho_{\lambda\nu}\Gamma^\kappa_{\rho\kappa} \tag{19.2}$$

gegeben ist. Einige der $\Gamma^\kappa_{\lambda\mu}$ erhalten wir relativ einfach durch den Vergleich der Bewegungsgleichungen für den freien Fall von Massenpunkten, (23.28) mit $F^\lambda = 0$ bzw.

$$\ddot{x}^\lambda(\tau) + \Gamma^\lambda_{\mu\nu}\,\dot{x}^\mu(\tau)\,\dot{x}^\nu(\tau) = 0\,, \tag{19.3}$$

mit den Bewegungsgleichungen (17.25)–(17.27), die wir direkt aus dem zugehörigen Variationsprinzip gewonnen hatten und zur besseren Vergleichbarkeit hier nochmals mit $x^0 = ct$, $x^1 = \chi$, $x^2 = \vartheta$, $x^3 = \varphi$ und $\dot{} = d/d\tau$ in der Form

$$\ddot{x}^0 = -\frac{a\,da/dt}{c}\Big[(\dot{x}^1)^2 + r^2(x^1,k)\Big((\dot{x}^2)^2 + (\sin^2 x^2)\,(\dot{x}^3)^2\Big)\Big],$$

$$\ddot{x}^1 = -\frac{2\,da/dt}{ca}\,\dot{x}^0\dot{x}^1 + r\,dr/dx^1\Big((\dot{x}^2)^2 + (\sin^2 x^2)\,(\dot{x}^3)^2\Big)\,,$$

$$\ddot{x}^2 = \sin x^2 \cos x^2\,(\dot{x}^3)^2 - \frac{2\,da/dt}{ca}\,\dot{x}^0\dot{x}^2 - \frac{2\,dr/dx^1}{r(x^1)}\,\dot{x}^1\dot{x}^2\,,$$

$$\ddot{x}^3 = -2\left[\frac{da/dt}{ca}\,\dot{x}^0\dot{x}^3 + \frac{dr/dx^1}{r(x^1)}\,\dot{x}^1\dot{x}^3 + \frac{\cos x^2}{\sin x^2}\,\dot{x}^2\dot{x}^3\right]$$

wiederholen. Auf diese Weise erhalten wir

$$\Gamma^0_{00} = \Gamma^0_{0j} = \Gamma^i_{00} = 0\,, \quad \Gamma^0_{ij} = -\frac{\dot{a}(t)}{ca(t)}\,g_{ij}\,, \quad \Gamma^i_{0j} = \frac{\dot{a}(t)}{ca(t)}\,\delta^i_j\,. \tag{19.4}$$

(Man beachte, daß Γ^i_{0j} wegen $\Gamma^i_{0j} = \Gamma^i_{j0}$ in (19.3) zweimal vorkommt.) Die noch fehlenden Christoffel-Symbole erhält man einfacher anders. Aus (9.52) und (19.1) folgt

$$\Gamma^i_{jk} = \frac{1}{2}g^{i\rho}\left(g_{\rho j,k} + g_{\rho k,j} - g_{jk,\rho}\right) = \frac{1}{2}\tilde{g}^{ir}\left(\tilde{g}_{rj,k} + \tilde{g}_{rk,j} - \tilde{g}_{jk,r}\right) = \tilde{\Gamma}^i_{jk}\,, \tag{19.5}$$

wobei $\tilde{g}_{ij}$ bzw. $\tilde{\Gamma}^i_{jk}$ die Koeffizienten bzw. Christoffel-Symbole der zu

$$d\sigma^2 = \frac{dr^2}{1-kr^2} + r^2 d\vartheta^2 + r^2\sin^2\!\vartheta\; d\varphi^2 \overset{(16.40)}{=} \left(\delta_{ij} + k\,\frac{x_i x_j}{1-k\boldsymbol{x}^2}\right) dx^i\,dx^j \tag{19.6}$$

gehörigen Metrik sind, und $g_{ij} = -\,a^2(t)\,\tilde{g}_{ij}$ sowie die hieraus mit $g^{ij}g_{jk} = \tilde{g}^{ij}\,\tilde{g}_{jk} = \delta^i{}_k$ folgende Beziehung $g^{ij} = -\,\tilde{g}^{ij}/a^2(t))$ benutzt wurde. (Man beachte, daß die Indizes ^{k} und $_k$ nichts mit dem Parameter k der Metrik (19.6) zu tun haben.) Einsetzen von (19.4)–(19.5) in (19.2) liefert

$$R_{00} = \frac{3\ddot{a}}{c^2 a}\,, \quad R_{0i} = 0\,, \quad R_{ij} = \tilde{R}_{ij} - \frac{1}{c^2}\left(a\ddot{a} + 2\dot{a}^2\right)\tilde{g}_{ij} \quad \text{mit} \quad \tilde{R}_{ij} = -2k\tilde{g}_{ij}\,, \tag{19.7}$$

wobei $\tilde{R}_{ij}$ der Ricci-Tensor der zu (19.6) gehörigen Metrik ist.

Beweis:

1.

$$R_{00} = \Gamma^\kappa_{0\kappa,0} - \Gamma^\kappa_{00,\kappa} + \Gamma^\rho_{0\kappa}\Gamma^\kappa_{\rho 0} - \Gamma^\rho_{00}\Gamma^\kappa_{\rho\kappa} \overset{(19.4a)}{=} \Gamma^k_{0k,0} + \Gamma^r_{0k}\Gamma^k_{r0}$$
$$\overset{(19.4c)}{=} \left(\frac{3\dot{a}}{ca}\right)_{,0} + 3\left(\frac{\dot{a}}{ca}\right)^2 = \frac{3\ddot{a}}{c^2 a}\,.$$

2.

$$R_{0i} = \Gamma^\kappa_{0\kappa,i} - \Gamma^\kappa_{0i,\kappa} + \Gamma^\rho_{0\kappa}\Gamma^\kappa_{\rho i} - \Gamma^\rho_{0i}\Gamma^\kappa_{\rho\kappa} = \Gamma^k_{0k,i} - \Gamma^k_{0i,k} + \Gamma^r_{0k}\Gamma^k_{ri} - \Gamma^r_{0i}\Gamma^k_{rk}$$
$$= \left(\frac{3\dot{a}}{ca}\right)_{,i} - \left(\frac{\dot{a}}{ca}\,\delta^k_i\right)_{,k} + \frac{\dot{a}}{ca}\,\delta^r_k\Gamma^k_{ri} - \frac{\dot{a}}{ca}\,\delta^r_i\Gamma^k_{rk} = \frac{\dot{a}}{ca}\left(\Gamma^r_{ri} - \Gamma^k_{ik}\right) = 0\,,$$

wobei im vorletzten Schritt $_{,i}$ und $_{,k}$ als Ortsableitungen reiner Zeitfunktionen verschwanden.

3.
$$\begin{aligned}
R_{ij} &= \Gamma^{\kappa}_{i\kappa,j} - \Gamma^{\kappa}_{ij,\kappa} + \Gamma^{\rho}_{i\kappa}\Gamma^{\kappa}_{\rho j} - \Gamma^{\rho}_{ij}\Gamma^{\kappa}_{\rho\kappa} \\
&= \Gamma^{k}_{ik,j} - \Gamma^{0}_{ij,0} - \Gamma^{k}_{ij,k} + \Gamma^{0}_{ik}\Gamma^{k}_{0j} + \Gamma^{r}_{i0}\Gamma^{0}_{rj} + \Gamma^{r}_{ik}\Gamma^{k}_{rj} - \Gamma^{0}_{ij}\Gamma^{k}_{0k} - \Gamma^{r}_{ij}\Gamma^{k}_{rk} \\
&\overset{(19.5)}{=} \tilde{\Gamma}^{k}_{ik,j} - \tilde{\Gamma}^{k}_{ij,k} + \tilde{\Gamma}^{r}_{ik}\tilde{\Gamma}^{k}_{rj} - \tilde{\Gamma}^{r}_{ij}\tilde{\Gamma}^{k}_{rk} \\
&\quad + \left(\frac{\dot{a}}{ca}\, g_{ij}\right)_{,0} - \left(\frac{\dot{a}}{ca}\right)^2 \left(g_{ik}\delta^k_j + \delta^r_i g_{rj} - g_{ij}\delta^k_k\right) \\
&= \tilde{R}_{ij} - \left(\frac{a\dot{a}}{c^2}\right)^{\cdot} \tilde{g}_{ij} - \frac{\dot{a}^2}{c^2}\,\tilde{g}_{ij} = \tilde{R}_{ij} - \frac{1}{c^2}\left(a\ddot{a} + 2\dot{a}^2\right)\tilde{g}_{ij}\,.
\end{aligned}$$

4. Nach oben und (16.19) gilt

$$\tilde{R}_{ij} = \tilde{\Gamma}^{k}_{ik,j} - \tilde{\Gamma}^{k}_{ij,k} + \tilde{\Gamma}^{r}_{ik}\tilde{\Gamma}^{k}_{rj} - \tilde{\Gamma}^{r}_{ij}\tilde{\Gamma}^{k}_{rk} = \tilde{R}\,\tilde{g}_{ij}/3\,.$$

Da $\tilde{R}$ nach (16.20) räumlich konstant ist, genügt es, $\tilde{R}$ im Koordinatenursprung auszurechnen. Hierzu entwickeln wir die $\tilde{g}_{ij}$ und die aus ihnen zu berechnenden $\tilde{\Gamma}^i_{jk}$ nach den x_i. Aus (19.6b) folgt zunächst

$$\tilde{g}_{ij} = \delta_{ij} + k\,\frac{x_i x_j}{1-k\boldsymbol{x}^2} \qquad \text{und} \qquad \tilde{g}^{ij} = \delta^{ij} + \mathcal{O}(x^2)\,,$$

wobei sich die zweite Beziehung aus der ersten aufgrund von $\tilde{g}^{ij}\,\tilde{g}_{jk} = \delta^i{}_k$ ergibt. Die Ortsableitungen der $\tilde{g}_{ij}$ sind

$$\tilde{g}_{ij,k} = k\,(\delta_{ik}x_j + x_i\delta_{jk}) + \ldots\,,$$

und die $\tilde{\Gamma}^i_{jk}$ ergeben sich damit aus (19.5b) zu

$$\tilde{\Gamma}^i_{jk} = \frac{k}{2}\delta^{ir}\left(\delta_{rk}x_j + \delta_{jk}x_r + \delta_{rj}x_k + \delta_{kj}x_r - \delta_{rk}x_j - \delta_{jr}x_k\right) + \ldots = kx^i\delta_{jk} + \ldots\,.$$

Hiermit erhalten wir

$$\begin{aligned}
\tilde{R}_{ij} &= \tilde{\Gamma}^k_{ik,j} - \tilde{\Gamma}^k_{ij,k} + \ldots = k\left[\left(x^k\delta_{ik}\right)_{,j} - \left(x^k\delta_{ij}\right)_{,k}\right] + \ldots = k\left(\delta^k{}_j\delta_{ik} - \delta^k{}_k\delta_{ij}\right) + \ldots \\
&= -2k\,\delta_{ij} + \ldots
\end{aligned}$$

und

$$\tilde{R} = \tilde{g}^{ij}\,\tilde{R}_{ij}\Big|_{x=0} = -\delta^{ij}\,2k\,\delta_{ij} = -6k \qquad \Rightarrow \qquad \tilde{R}_{ij} = \tilde{R}\tilde{g}_{ij}/3 = -2k\,\tilde{g}_{ij}\,. \qquad \square$$

Mit $g_{ij} = -a^2(t)\,\tilde{g}_{ij}$ folgt aus (19.7c)

$$R_{ij} = -\left[\frac{1}{c^2}(a\ddot{a} + 2\dot{a}^2) + 2k\right]\tilde{g}_{ij} = \left[\frac{1}{c^2}(a\ddot{a} + 2\dot{a}^2) + 2k\right]\frac{g_{ij}}{a^2}\,, \tag{19.8}$$

und

$$R = g^{\alpha\beta}R_{\alpha\beta} = g^{00}R_{00} + g^{ij}R_{ij} \overset{(19.7)}{=} \frac{6}{a^2}\left[\frac{1}{c^2}(a\ddot{a} + \dot{a}^2) + k\right]. \tag{19.9}$$

Durch Einsetzen der Ergebnisse (19.7a), (19.8) und (19.9) in die Einsteinschen Feldgleichungen

$$R_{\mu\nu} - \frac{1}{2}Rg_{\mu\nu} = -\frac{8\pi G}{c^2}M_{\mu\nu} \tag{19.10}$$

– wir nehmen an, daß das kosmologische Glied durch Beiträge ϱ_Λ zu ϱ und p_Λ zu p im Materietensor berücksichtigt ist – erhalten wir mit $M_{\mu\nu} = T_{\mu\nu}/c^2$ und (18.4) für die 0, 0-Komponente

$$\frac{3\ddot{a}}{c^2 a} - \frac{3}{a^2}\left[\frac{1}{c^2}(a\ddot{a} + \dot{a}^2) + k\right] = -\frac{8\pi G}{c^2}\varrho$$

oder

$$\dot{a}^2 + kc^2 = \frac{8\pi G}{3}\varrho a^2, \tag{19.11}$$

und für die i, j-Komponente (mit $U^i = 0$ und nach Herauskürzen des Faktors g_{ij})

$$2\,a\ddot{a} + \dot{a}^2 + kc^2 = -\frac{8\pi G}{c^2}\,pa^2\,.$$

Mit (19.11) läßt sich die letzte Gleichung in

$$\boxed{\ddot{a} = -\frac{4\pi G}{3}\left(\varrho + \frac{3p}{c^2}\right)a} \tag{19.12}$$

überführen. Für $p = 0$ stimmt sie mit der Gleichung (15.26) der Newtonschen Kosmologie überein. Da die 0, 0-Komponente von $T_{\mu\nu}$ die Energie und die i, j-Komponenten den Impuls des kosmischen Substrats enthalten, kann (19.11) als eine Energie- und (19.12) als eine Impulsgleichung aufgefaßt werden. (Zu dieser Interpretation führte auch unsere Ableitung im Kapitel 15.)

Für Gleichung (19.12) gibt es mehrere **Interpretationsmöglichkeiten**.

1. In den mitbewegten Koordinaten der Robertson-Walker-Metrik gibt es keine vektoriellen, sondern nur tensorielle Kräfte mit der Wirkungsweise von Drücken oder Spannungen. Alle positiven Beiträge zu $\varrho + 3p/c^2$ (also auch positive Drücke) bewirken wegen des negativen Vorzeichens der rechten Seite eine Abbremsung der Expansion. Das ist wie in der Hydrodynamik kompressibler Gase, bei denen ein Druck $p > 0$ nach Gleichung (3.193) der *Thermodynamik und Statistik*,

$$\varrho\,\frac{d}{dt}\left(\frac{3k_{\rm B}T}{2m}\right) = -p\,\operatorname{div}\boldsymbol{U} \qquad (\boldsymbol{U} = \text{Geschwindigkeit})\,,$$

die Energie eines expandierenden Gases ($\operatorname{div}\boldsymbol{U} > 0$) reduziert. Auch die dunkle Energie wirkt mit ihrer Massendichte $\varrho_\Lambda > 0$ abbremsend. Durch ihren negativen Druck bewirkt sie jedoch wegen $\varrho_\Lambda + 3p_\Lambda/c^2 = -2\varrho_\Lambda$ insgesamt eine Beschleunigung der Expansion.

In diesem Zusammenhang sei auch kurz auf die Rolle des Drucks in dem beliebten Luftballon-Modell des Universums (siehe Abschn. 17.3) hingewiesen. Dieser ist primär über einen Gradienten (Druckunterschied zwischen Innerem und Äußerem des Ballons) wirksam. Der letztere induziert in der Luftballonhülle eine negative Spannung, läßt diese expandieren und entspricht daher dem negativen Druck der kosmologischen Kraft. Dagegen sind es die elastischen Spannungskräfte des Ballons, die wie der (positive) Druck und die Dichte des kosmischen Substrats der Expansion entgegenwirken.

2. Weil die Newton-Kosmologie in einer kleinen Umgebung des Koordinatenursprungs dieselben Ergebnisse wie die ART-Kosmologie liefert, kann auch sie zur Interpretation der Gleichung (19.12) herangezogen werden. In nicht mitbewegten Koordinaten wird die Beschleunigung $\ddot{\boldsymbol{r}}(t) = \ddot{a}\,\boldsymbol{r}_0/a_0$ (siehe (15.13a)) durch die vektoriellen

Kräfte (15.23) hervorgerufen, die bremsend (ϱ_m-Term) oder beschleunigend (Λ-Term) wirken. Die durch p_Λ bewirkte Abstoßungskraft kann in ihrer Wirkung auf Materie als eine Art negativer Gravitationskraft angesehen werden, da sie auf jede Art von Materie in Proportion zu deren Massendichte einwirkt.
3. Auch in der ART-Kosmologie kann die Ursache für die Beschleunigung $\ddot{a}$ durch anziehende oder abstoßende (vektorielle) Zentralkräfte erklärt werden. Hierzu betrachten wir das Hubble-Gesetz (17.8) mit (17.4),

$$\dot{d}_\chi(t) = H(t)\, d_\chi(t) = \dot{a}(t)\, \chi\,.$$

Für mitbewegte Objekte $\chi = \text{const}$ ergibt sich hieraus die Beschleunigung

$$\ddot{d}_\chi(t) = \ddot{a}\, \chi \overset{(19.12)}{=} -\frac{4\pi G}{3}\left(\varrho + \frac{3p}{c^2}\right) a\, \chi = -\frac{4\pi G}{3}\left(\varrho + \frac{3p}{c^2}\right) d_\chi\,.$$

Die rechte Seite läßt sich wie in der Newton-Kosmologie als eine die Beschleunigung $\ddot{d}_\chi(t)$ hervorrufende, in radialer Richtung wirkende Kraftdichte interpretieren, die wie f aus Gleichung (15.23) proportional zum Abstand vom Koordinatenursprung ist und die gleichen Auswirkungen wie diese hat. Ein Problem scheint sich nur im Fall eines geschlossenen Universums zu ergeben: $\ddot{d}_\chi(t)$ hat in einem solchen am gleichen Ort verschiedene Werte, weil d_χ die Werte $d_{\chi n} = d_{\chi 0} + nD_\chi$ für $n = 0, 1, 2, \ldots$ annehmen kann, wobei gilt: D_χ = Länge einer geschlossenen χ-Linie. Das ist jedoch sachgerecht, weil $\ddot{d}_\chi(t)$ keine lokale Eigenschaft beschreibt, sondern die Änderung des Abstands zweier Punkte, und weil in einem geschlossenen Universum jeder Punkt auf dem Umweg über seinen Antipoden einen Abstand von sich selbst besitzt.

Zeitableitung der Gleichung (19.11) und Vergleich mit der mit $2\dot{a}$ multiplizierten Gleichung (19.12) führt zu

$$\dot{\varrho} a^2 + 2\varrho a \dot{a} = -(\varrho + 3p/c^2)\, a\dot{a} \qquad \text{bzw.} \qquad \dot{\varrho} + 3(\varrho + p/c^2)\, \dot{a}/a = 0$$

also mit $\dot{a}/a = H$ zur Kontinuitätsgleichung (18.8b). Damit ist nochmals explizit gezeigt, daß diese eine Folge der Feldgleichungen ist. Umgekehrt ist Gleichung (19.12) außer im Fall $\dot{a} \equiv 0$ eine Folge von (19.11) und (18.8b) und kann daher im weiteren Verlauf (außer für $\dot{a} \equiv 0$) durch die Kontinuitätsgleichung ersetzt werden. Differenziert man nämlich (19.11) nach t und benutzt (18.8), so erhält man die mit $\dot{a}$ multiplizierte Gleichung (19.12). Dies bedeutet, daß die Impuls- und Energiegleichung (ähnlich wie z. B. die Gleichungen (4.26a)–(4.26b)) voneinander abhängig sind.

Im Fall $\dot{a} \equiv 0$ erhalten wir sofort das Ergebnis $a = a_0 = \text{const}$. Für $a_0 = 0$ liefert Gleichung (19.12) dann keine weitere Bedingung, während sie für $a_0 \neq 0$ neben (19.11) zu berücksichtigen ist.

Für $\dot{a} \not\equiv 0$ verbleiben insgesamt die **Friedmann-Lemaître-Gleichungen**

$$\boxed{\dot{a}^2(t) = \frac{8\pi G}{3}\varrho a^2 - kc^2\,, \qquad \frac{d}{dt}(\varrho a^3) = -\frac{p}{c^2}\frac{da^3}{dt}} \tag{19.13}$$

mit einer geeigneten Zustandsgleichung $p = p(\varrho)$ zu lösen. (Sie wurden 1922 und 1924 von A. Friedmann und unabhängig davon 1927 von G. Lemaître aus den Einsteinschen Feldgleichungen abgeleitet. Zur Kenntnis genommen wurden sie allerdings erst

1930/31, nachdem A. Eddington dafür gesorgt hatte, daß sie in den *Monthly Notices of the Royal Astronomical Society* veröffentlicht wurden.) Im Prinzip müßte auch noch Gleichung (18.11) hinzugenommen werden; diese kann jedoch im Nachhinein durch $n(t) = \text{const}/a^3(t)$ erfüllt werden, nachdem $a(t)$ aus den obigen Gleichungen bestimmt wurde.

19.2 Erste Folgerungen

19.2.1 Urknall

Es gibt Lösungen der Gleichungen (19.13), die zu einem endlichen Zeitpunkt t_a in der Vergangenheit mit $a = 0$ beginnen. Für $t \to t_\mathrm{a}$ geht mit $a \to 0$ die Materiedichte ϱ_m sowohl nach (18.53) als auch nach (18.59) gegen unendlich, und nach (18.33) gilt in beiden Fällen auch $p_\mathrm{m} \to \infty$ mit der Folge $T_\mathrm{m} \to \infty$. Aus den späteren Gleichungen (19.19) bzw. (19.44) ergibt sich, daß außerdem auch noch $\dot{a} \to \infty$ geht, d. h. die Expansion beginnt von $a = 0$ aus explosionsartig. Den von $a = 0$ ausgehenden explosiven Beginn des Universums bezeichnet man als **Urknall**. Wegen der Urknallsingularitäten ist eine Fortsetzung von Urknalllösungen zu negativen Werten von a nicht möglich, und man kann daher sagen, daß die Zeit durch den Urknall erst „erschaffen" wird. Für Urknalllösungen gilt das folgende Theorem.

Hawking-Penrose-Theorem. *Gilt für alle Zeiten die* ***starke Energiebedingung***

$$\varrho + 3p/c^2 > 0\,, \tag{19.14}$$

dann gab es vor endlicher Zeit einen Urknall.

Beweis: Wegen $H = \dot{a}/a$ gilt für sämtliche Lösungen zum heutigen Zeitpunkt $\dot{a}(t_0) = H_0 a_0$. Unter der Voraussetzung (19.14) ist die Steigung der aus (19.12) folgenden Lösungskurve $a = a(t)$ für alle $t < t_0$ steiler als die der Kurve $\tilde{a}(t) = a_0 + (t - t_0) H_0\, a_0$, die ebenfalls $\dot{\tilde{a}}(t_0) = H_0 a_0$ erfüllt und zur Zeit $t = t_0 - 1/H_0$ den Punkt $\tilde{a} = 0$ erreicht. Daher besitzt auch $a(t)$ eine Nullstelle, und der Zeitpunkt, zu dem das passiert, liegt kürzer zurück als die **Hubble-Zeit**

$$\boxed{t_\mathrm{H} = \frac{1}{H_0}\,.} \tag{19.15}$$

Diese stellt demnach eine obere Grenze des Weltalters für alle Modelle des Universums dar, welche die Bedingung (19.14) erfüllen. □

Für $\Lambda = 0$ ist die Bedingung (19.14) immer erfüllt. Alle kosmologischen Modelle ohne kosmologisches Glied, in denen das Universum zum heutigen Zeitpunkt expandiert (($H_0 > 0$), beginnen daher mit einem Urknall. Wie wir sehen werden, gibt es auch Lösungen mit Urknall, wenn die Bedingung (19.14) nicht immer erfüllt wird, und es zeigt sich, daß das heutige Weltalter dann auch höher als $1/H_0$ sein kann.

19.2.2 Raumkrümmung und Krümmung der Raum-Zeit.

Nach (19.7c) ist der räumliche Beitrag $g^{ij}\tilde{R}_{ij}$ zum Krümmungsskalar (19.9) mit $\tilde{g}^{ij}\tilde{R}_{ij} = \tilde{R} = -6k$ (siehe Schritt 4. im Beweis von Abschn. 19.1) durch

$$\boxed{R_{\text{Raum}} = g^{ij}\tilde{R}_{ij} = 6k/a^2} \tag{19.16}$$

gegeben. R_{Raum} ist zwar gegenüber rein räumlichen Koordinatentransformationen invariant, im allgemeinen jedoch nicht gegenüber Transformationen, bei denen auch die Zeit mit transformiert wird. Am Ende von Abschn. 19.3.3 wird anhand des SRT-Modells von Milne gezeigt, daß R_{Raum} in einem Koordinatensystem verschwinden und in einem anderen von null verschieden sein kann.

Der unter sämtlichen, insbesondere also auch raum-zeitlichen Transformationen invariante Krümmungsskalar R ist nach (19.9) mit (19.11) und (19.12) durch

$$\boxed{R = \frac{24\pi G}{c^4}\left(\frac{\varrho c^2}{3} - p\right)} \tag{19.17}$$

gegeben. Unter Berücksichtigung von (18.28) kann R für negative Werte von ϱ_Λ bzw. Λ null (und sogar negativ) werden. Da (19.17) auch für $k = 0$ gilt, sieht man andererseits, *daß die Raum-Zeit auch bei flachem Raum im allgemeinen gekrümmt ist.* Ein wichtiges Beispiel hierfür bildet der Fall k=0, p=0 und Λ=0. Aus (19.16) und (19.17) folgt in diesem R_{Raum}=0 und $R\neq 0$ für $\varrho\neq 0$. *Umgekehrt kann es Zeitpunkte geben, zu denen die Raum-Zeit flach wird, obwohl der Raum gekrümmt ist, es gilt $R = 0$ und $R_{\text{Raum}} \neq 0$.*

19.3 Druckfreie Lösungen der Friedmann-Lemaître-Gleichung

19.3.1 Umformung und Parameterabhängigkeit der Gleichung

Nach (18.52) darf der Druck p_{m} der im Universum verteilten Materie zum heutigen Zeitpunkt gegenüber $\varrho_{\text{m}}c^2$ vernachlässigt werden. Da das heutige Universum materiedominiert ist, gilt das erst recht für den Strahlungsdruck, und wir werden in Kapitel 20 sehen, daß die Vernachlässigung von p_{m} für alle Zeiten $t \gtrsim 4{,}4 \cdot 10^5$ a (mit a für Jahre) nach dem Urknall möglich ist. Unter diesen Umständen gilt dann (18.53) oder

$$\varrho_{\text{m}}\, a^3 = \varrho_{\text{m}0}\, a_0{}^3 \tag{19.18}$$

Führen wir mit

$$\tau = ct$$

noch eine neue Zeitvariable ein, so erhalten wir aus (19.11) unter expliziter Berücksichtigung einer kosmologischen Konstanten die **Friedmann-Lemaître-Gleichung**

$$\boxed{\dot{a}^2(\tau) = \frac{C}{a} + \frac{\Lambda a^2}{3} - k} \qquad \text{mit} \qquad C = \frac{8\pi G \varrho_{\mathrm{m}0}\, a_0{}^3}{3\, c^2}\,, \tag{19.19}$$

der wir schon in der Newton-Kosmologie begegnet sind. (Siehe Gleichung (15.31) mit (15.28); dort war k eine mit der Energie zusammenhängende Integrationskonstante. Für $k = -1$ lag die Galaxiengeschwindigkeit über der Fluchtgeschwindigkeit, für $k = 0$ war sie gleich dieser, und für $k = 1$ lag sie darunter; hier ist k dagegen ein Indikator für die Raumkrümmung.) Da (19.19) nur $\dot{a}^2$ und keine explizit von τ abhängigen Terme enthält, ist mit $a = f(\tau)$ auch $a = f(-\tau)$ eine Lösung, d. h. jede Lösung kann auch in umgekehrter Zeitrichtung durchlaufen werden. Insbesondere gibt es zu jeder expandierenden auch eine kontrahierende Lösung, für die wir uns jedoch meist nicht interessieren werden.

Die Integrationskonstante C ist zwar zeitunabhängig, hängt aber noch von anderen Parametern ab, insbesondere auch (implizit) von der kosmologischen Konstanten. Zur Ableitung dieser Abhängigkeit teilen wir Gleichung (19.11) durch a^2, benutzen die Definition (17.7) und werten die erhaltene Gleichung zur Jetztzeit t_0 aus,

$$H_0{}^2 = \frac{8\pi G}{3}\varrho_{\mathrm{m}0} + \frac{\Lambda c^2}{3} - \frac{kc^2}{a_0^2}\,.$$

Die Auflösung dieser Beziehung nach a_0 liefert

$$a_0 = \sqrt{\frac{3k}{8\pi G\varrho_{\mathrm{m}0}/c^2 + \Lambda - 3H_0{}^2/c^2}}\,. \tag{19.20}$$

Durch Einsetzen in die Definitionsgleichung (19.19b) von C erhält man

$$C = C(\Lambda, \varrho_{\mathrm{m}0}, H_0) = \frac{8\pi G\varrho_{\mathrm{m}0}}{3c^2}\left(\frac{3k}{8\pi G\varrho_{\mathrm{m}0}/c^2 + \Lambda - 3H_0{}^2/c^2}\right)^{3/2}\,. \tag{19.21}$$

Da C zwar von Λ abhängt, aber noch $\varrho_{\mathrm{m}0}$ und H_0 als unabhängige Parameter enthält, können wir bei der Behandlung der Gleichung (19.19) die drei Größen C, Λ und k in den meisten Fällen als unabhängige Parameter behandeln. Deren Wertebereiche sind

$$C > 0\,, \qquad -\infty < \Lambda < +\infty \qquad k = -1, 0, +1\,.$$

(Siehe dazu jedoch Aufgabe 19.3.)

Die allgemeine Lösung von Gleichung (19.19) läßt sich durch elliptische Funktionen ausdrücken. Wir beschränken die Angabe von Lösungen auf einfachere Spezialfälle.

19.3.2 Einsteins statische Lösung

Gleichung (19.19) besitzt für $\dot{a} \equiv 0$ eine statische Lösung, für die mit (19.18)

$$\frac{k}{a^2} = \frac{1}{3}\left(\Lambda + \frac{8\pi G\varrho_{\mathrm{m}}}{c^2}\right) \tag{19.22}$$

gilt. Gleichung (19.12) ist hier keine Folge von (19.11) bzw. (19.19) und muß daher separat erfüllt werden. Mit $p_{\rm m}=0$ ergibt sich aus ihr

$$0=\varrho+\frac{3p}{c^2}=\varrho_{\rm m}+\varrho_\Lambda+\frac{3p_\Lambda}{c^2}\overset{(18.17)}{=}\varrho_{\rm m}-2\varrho_\Lambda\overset{(18.16)}{=}\varrho_{\rm m}-\frac{\Lambda c^2}{4\pi G}\,.$$

Wegen $\varrho_{\rm m}>0$ ist $\Lambda>0$, und mit (19.22) erhalten wir somit

$$k=1\,,\qquad a=a_E:=\frac{c}{\sqrt{4\pi G\varrho_{\rm m}}}\,,\qquad \Lambda_E=\frac{1}{a_E{}^2}=\frac{4\pi G\varrho_{\rm m}}{c^2}\,. \tag{19.23}$$

(Mit a ist auch $\varrho_{\rm m}$ zeitlich konstant.) (19.23) ist die 1917 von Einstein angegebene statische Lösung, die nach der Entdeckung der Rotverschiebung aufgegeben wurde.

19.3.3 Lösungen ohne Materie

Für $\varrho_{\rm m}=0$ wird $C=0$, und (19.19) reduziert sich auf die Gleichung

$$\dot a^2(\tau)=\frac{\Lambda a^2}{3}-k \tag{19.24}$$

mit der allgemeinen Lösung

$$ct=\tau=\pm\int\frac{da}{\sqrt{\Lambda a^2/3-k}}\,. \tag{19.25}$$

Im Einzelnen ergibt sich hieraus bzw. aus (19.24) unter Berücksichtigung der in Abschn. 16.3.4 getroffenen Festlegung auf positive Werte von a:

1. $a=\text{const}$ für $\Lambda=0$ und $k=0$:

   Das ist die statische Lösung für einen (ungekrümmten) leeren Raum.
2. $a=\tau=ct$ für $\Lambda=0$ und $k=-1$:

   Einsetzen von $a=ct$ und $k=-1$ in (17.1), Umbenennung $t\to\tau$, $r\to\rho$ und Vergleich mit (15.47) zeigt, daß dies der Fall des **SRT-Modells von Milne** ist (siehe Beispiel 19.1).
3. $a(t)=a(0)\,{\rm e}^{\pm\sqrt{\Lambda/3}\,ct}$ für $\Lambda>0$ und $k=0$:

   Es folgt $H=\dot a/a=\pm\sqrt{\Lambda/3}$. Das ist die **de Sitter-Lösung** für ein stationäres Universum, dessen Raum-Zeit dem perfekten kosmologischen Prinzip genügt (siehe Abschn. 15.1.8, 16.3.2 und 19.5). Ein Blick auf Gleichung (19.19) zeigt, daß alle bis $a=\infty$ expandierenden Lösungen mit kosmologischem Glied, also auch solche mit nichtverschwindender Dichte, gegen diese Lösung konvergieren, denn für $a\to\infty$ dominiert auf der rechten Seite der Term $\Lambda a^2/3$.
4. $a=\sqrt{3/\Lambda}\,\cosh(\sqrt{\Lambda/3}\,\tau)$ für $\Lambda>0$ und $k=1$:

   Wenn τ von $-\infty$ bis $+\infty$ läuft, geht $a(\tau)$ zunächst monoton von sehr großen Werten bis auf den Minimalwert $a=\sqrt{3/\Lambda}$ zurück, den es zu Zeit $\tau=0$ erreicht. Anschließend wächst $a(\tau)$ monoton mit $a\to\infty$ für $\tau\to\infty$. Diese ebenfalls zuerst von de Sitter angegebene Lösung wird noch näher im Exkurs 23.1 besprochen.

5. $a = \sqrt{3/\Lambda}\ \sinh(\sqrt{\Lambda/3}\,\tau)$ für $\Lambda > 0$ und $k = -1$:
   Hier folgt auf einen Urknall ($a = 0$ zur Zeit $\tau = 0$) eine Expansion bis $a = \infty$. Auch diese Lösung wurde von de Sitter gefunden.
6. $a = \sqrt{3/|\Lambda|}\ \sin(\sqrt{|\Lambda|/3}\,\tau)$ für $\Lambda < 0$ und $k = -1$:
   Diese Lösung führt von einem Urknall zur Zeit $\tau = 0$ über den Maximalwert $a = (3/|\Lambda|)^{1/2}$ zu einem **Kollaps** oder **Endknall** („big crunch"), bei dem zum Zeitpunkt $\tau = (3/|\Lambda|)^{1/2}\pi$ erneut $a = 0$ wird.

Beispiel 19.1: *SRT-Modell von Milne*

Aus (17.3) mit (17.2) ergibt sich für die oben unter 2. erhaltene Lösung zum SRT-Modell von Milne mit der vorübergehenden Umbenennung $t \to \tau$

$$ds^2 = c^2 d\tau^2 - a^2(\tau)\left[d\chi^2 + \sinh^2\chi\left(d\vartheta^2 + \sin^2\vartheta\, d\varphi^2\right)\right] \qquad \text{mit} \qquad a(\tau) = c\tau\,.$$

Wie man durch Einsetzen leicht überprüft, überführt die Transformation

$$\tau = \frac{\sqrt{c^2t^2 - r^2}}{c}\,, \qquad \chi = \text{artanh}\,\frac{r}{ct} \qquad \Rightarrow \qquad t = \tau\,\cosh\chi\,, \quad r = c\tau\,\sinh\chi$$

ds^2 in die Form

$$ds^2 = c^2 dt^2 - \left(dr^2 + r^2\, d\vartheta^2 + r^2\,\sin^2\vartheta\, d\varphi^2\right)$$

des Linienelements einer pseudoeuklidischen Metrik.

In mitbewegten Koordinaten τ, χ etc. ergibt sich aus $ds^2 = 0$ für radiale Lichtausbreitung in Richtung Koordinatenursprung die Beziehung

$$\dot\chi(\tau) = -c/a = -1/\tau\,,$$

und der radiale Abstand $d_\chi = a(\tau)\,\chi(\tau)$ der Lichtfront vom Koordinatenursprung ändert sich damit gemäß

$$\dot d_\chi = \dot a\,\chi + a\,\dot\chi = c\chi - c \overset{\text{s.u.}}{=} v_S - c\,,$$

wobei die Geschwindigkeit v_S des Substrats gegenüber dem Ursprung mit $\chi = \text{const}$ aus $v_S = \dot d = \dot a\,\chi + a\,\dot\chi = \dot a\,\chi = c\chi$ folgt. Nach dem Kriterium (17.15) bedeutet dies, daß es in mitbewegten Koordinaten eine durch $a(\tau) = c\tau$ beschriebene räumliche Expansion gibt. Aus den Gleichungen (19.16) und (19.17) folgt $R_{\text{Raum}} = -6/a^2 = -6/(c^2\tau^2)$ und $R = 0$.

Im (pseudoeuklidischen) Minkowski-Raum gibt es keine räumliche Expansion, außerdem gilt $R_{\text{Raum}} = R = 0$. *Räumliche Expansion ist in dem hier betrachteten Fall demnach ein auf das benutzte Koordinatensystem bezogenes relatives Phänomen.*

19.3.4 Lösungen ohne kosmologische Kraft: Standardmodell

In dem als **Standardmodell** des Universums bezeichneten Fall $\Lambda = 0$ reduziert sich (19.19) auf

$$\dot a^2 = \frac{C}{a} - k\,. \tag{19.26}$$

Für $a \to 0$ gilt $\dot a \to \sqrt{C/a} \to \infty$, für alle drei Werte von k gibt es einen Urknall.

Fall $k=0$: Für diesen Fall findet man unmittelbar die Lösung

$$a(\tau) = (9C/4)^{1/3}\tau^{2/3}\,, \tag{19.27}$$

die mit $C = \dot{a}^2(\tau_0)\,a(\tau_0) = H_0{}^2 a_0{}^3/c^2$ die Form

$$a = a_0\left(\frac{3H_0\tau}{2c}\right)^{2/3} = a_0\left(\frac{3H_0\,t}{2}\right)^{2/3} \tag{19.28}$$

annimmt (Abb. 19.1, Teilbild 2.2). Das durch sie beschriebene Modell des Universums wird als **Einstein-de Sitter-Modell** bezeichnet. Wegen der einfachen Analytizität der Lösung werden wir es verschiedentlich exemplarisch heranziehen, ohne ihm damit eine Favoritenstellung einzuräumen. Das **Alter des Universums** ergibt sich aus (19.28) mit $a(t_0) = a_0$ zu

$$t_0 = 2/(3H_0)\,, \tag{19.29}$$

und Gleichung (19.28) erhält damit die Form

$$\boxed{a = a_0\,(t/t_0)^{2/3}\,.} \tag{19.30}$$

Fall $k=1$: In diesem Fall führt man mit

$$a = C\big(1-\cos\theta\big)/2 \tag{19.31}$$

einen *Entwicklungswinkel* θ ein, für den sich aus (19.26)

$$\frac{C}{2}\,\dot{\theta}\sin\theta = \dot{a} = \sqrt{\frac{C}{a}-1} = \sqrt{\frac{1+\cos\theta}{1-\cos\theta}} = \frac{\sqrt{(1-\cos\theta)(1+\cos\theta)}}{1-\cos\theta} = \frac{\sin\theta}{1-\cos\theta}$$

bzw.

$$\frac{d\tau}{d\theta} = \frac{C}{2}\big(1-\cos\theta\big) \quad\Rightarrow\quad \tau = \frac{C}{2}\big(\theta-\sin\theta\big) \tag{19.32}$$

ergibt. Die durch (19.31) und (19.32b) gegebene Kurve ist eine Zykloide (Abb. 19.1, Teilbild 2.3), das Universum beginnt zur Zeit $\tau=0$ mit einem Urknall und endet nach Durchschreiten eines maximalen Radius $a_{\max} = C$ zur Zeit $\tau = C\pi/2$ mit einem Kollaps zur Zeit $\tau = C\pi$.

Fall $k=-1$: Hier läßt sich in Analogie zum Fall $k=1$ mit

$$a = C\big(\cosh\phi-1\big)/2 \tag{19.33}$$

ein Entwicklungswinkel ϕ einführen, und (19.26) führt zu

$$\frac{C}{2}\dot{\phi}\sinh\phi = \dot{a} = \sqrt{\frac{C}{a}+1} = \sqrt{\frac{\cosh\phi+1}{\cosh\phi-1}} = \frac{\sinh\phi}{\cosh\phi-1}$$

bzw.

$$\frac{d\tau}{d\phi} = \frac{C}{2}\big(\cosh\phi-1\big) \quad\Rightarrow\quad \tau = \frac{C}{2}\big(\sinh\phi-\phi\big)\,. \tag{19.34}$$

(19.33)–(19.34) beschreibt eine monoton wachsende Kurve $a(\tau)$ (Abb. 19.1, Teilbild 2.1).

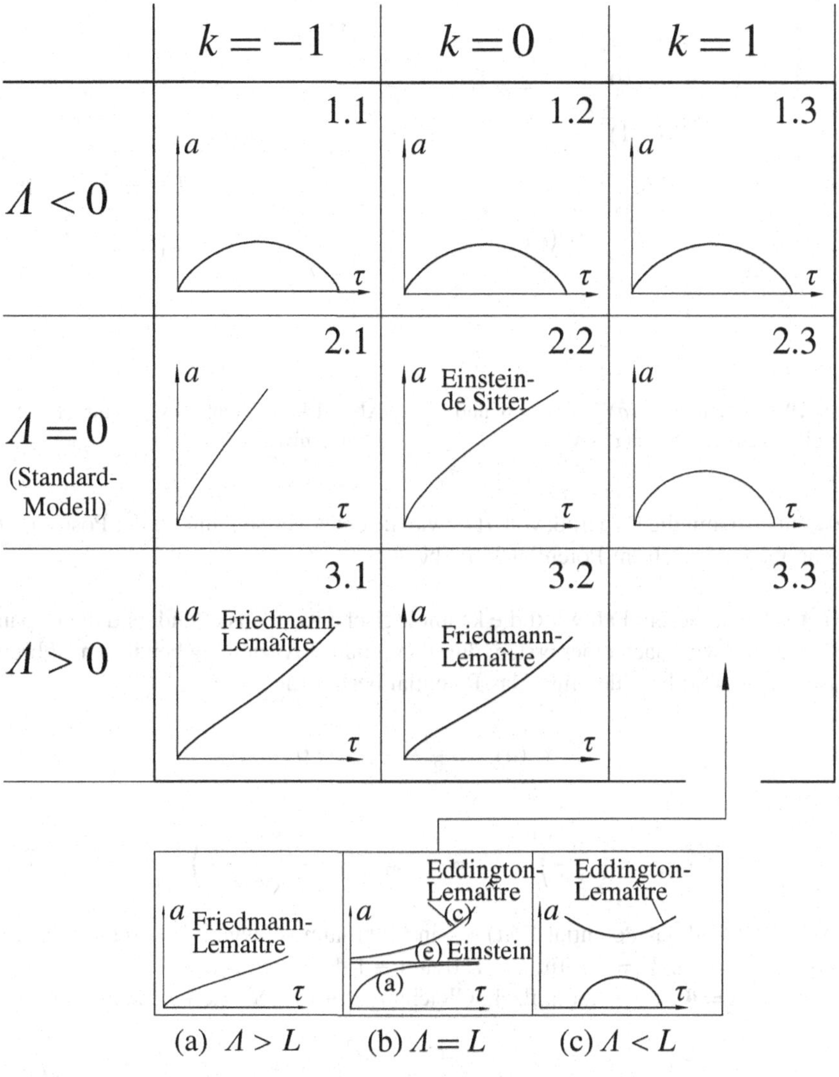

Abb. 19.1: Lösungen der Friedmann–Lemaître-Gleichung (19.19). Sie beschreiben druckfreie Modelle des Universums, die für Zeiten $t \gtrsim 4{,}4 \cdot 10^6$ a nach dem Urknall gültig sind. Jede Lösung kann auch rückwärts in der Zeit durchlaufen werden; daher gibt es z. B. zu jeder Lösung, die von $a = 0$ bis $a = \infty$ expandiert, auch eine – hier nicht dargestellte – Lösung, die von $a = \infty$ bis $a = 0$ kontrahiert. Umkehrende Lösungen gibt es für $\Lambda \geq 0$ nur in einem geschlossenen Universum, da die Umkehrbedingung $\dot{a} = 0$ nach (19.13a) nur für $k = 1$ erfüllt werden kann.

19.3.5 Lösungen mit Materie und kosmologischer Kraft

Für $\Lambda \neq 0$ schreiben wir Gleichung (19.19) in der Form

$$\dot{a}^2(\tau) + V(a) = -k \qquad \text{mit} \qquad V(a) = -\frac{C}{a} - \frac{\Lambda a^2}{3} \tag{19.35}$$

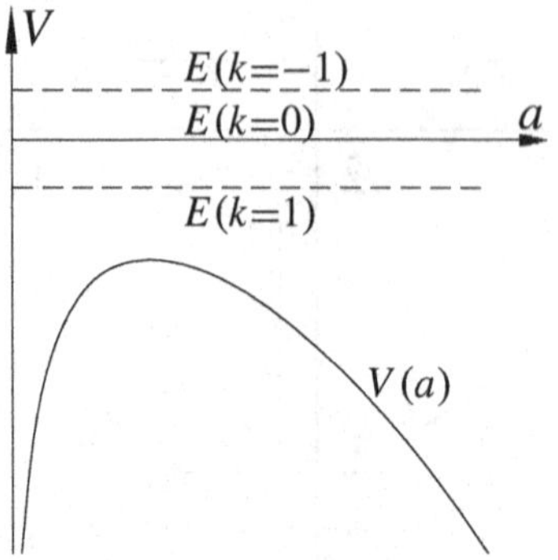

Abb. 19.2: Potential $V(a)$ für $\Lambda > 0$ und Energieniveaus $E(k){=}\dot{a}^2(\tau){+}V(a){=}{-}k$.

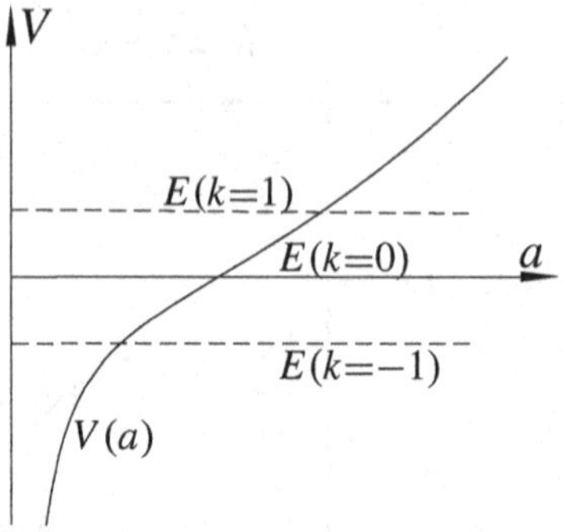

Abb. 19.3: Potential $V(a)$ für $\Lambda < 0$ und Energieniveaus $E(k)$.

und können damit die Dynamik von $a(\tau)$ wie die eines Massenpunktes der Position $a(\tau)$ beschreiben, der sich im Potential $V(a)$ bewegt.

Fall $\Lambda > 0$: In diesem Fall wirkt die kosmologische Kraft abstoßend, und die Expansionsbewegung wird nach einer ersten, durch gravitative Anziehung bewirkten Abbremsphase zunehmend beschleunigt. Das Potential besitzt für

$$V'(a) = \frac{C}{a^2} - \frac{2\Lambda a}{3} = 0\,,$$

ein Maximum bei

$$a_{\max} = \left(\frac{3C}{2\Lambda}\right)^{1/3} \quad\Rightarrow\quad V_{\max} = -\frac{3}{2}\left(\frac{2C^2\Lambda}{3}\right)^{1/3}. \tag{19.36}$$

In Abb. 19.2 sind das Potential $V(a)$ – sein Maximum ist negativ – und die Energieniveaus $E(k) := \dot{a}^2 + V = -k$ für $k = 1$, 0 und -1 dargestellt.

Im Fall $k = 0$ ist der Raum flach, Gleichung (19.19) reduziert sich auf

$$\dot{a}^2 = \frac{C}{a} + \frac{\Lambda a^2}{3}\,, \tag{19.37}$$

und durch Einsetzen verifiziert man leicht die Lösung

$$a(\tau) = \left[\frac{3C}{2\Lambda}\Big(\cosh\big(\sqrt{3\Lambda}\,\tau\big) - 1\Big)\right]^{1/3},$$

deren Verlauf in Abb. 19.1, Teilbild 3.2 dargestellt ist (Urknall zur Zeit $\tau = 0$).

Im Fall $k = -1$ startet die Bewegung, wenn wir $\tau = 0$ für $a = 0$ setzen, bei $a = 0$ mit $a \sim \tau^{2/3}$, läuft über das Maximum des Potentials $V(a)$ hinweg und führt für $\tau \to \infty$ zu $a = \infty$ (Abb 19.1, Teilbild 3.1).

Im Fall $k = 1$ kommt es darauf an, ob das Maximum des Potentials $V(a)$ wie in Abb. 19.2 unterhalb der Kurve $V = -1$ liegt, oder oberhalb von dieser. Aus der Definitionsgleichung (19.36b) ergibt sich

$$\Lambda \Big/ \left(\frac{4}{9C^2}\right) = |V_{\max}|^3 \,,$$

wobei nach (19.21) $C = C(\Lambda, \varrho_0, H_0)$ gilt. Mit der Definition

$$L(\Lambda, \varrho_0, H_0) := \frac{4}{9C^2(\Lambda, \varrho_0, H_0)} \tag{19.38}$$

folgt hieraus je nachdem, ob $|V_{\max}| > 1$, $= 1$ oder < 1 ist,

$$V_{\max} \begin{cases} < -1 \\ = -1 \\ > -1 \end{cases} \quad \text{für} \quad \frac{\Lambda}{L(\Lambda, \varrho_0, H_0)} \begin{cases} > 1\,, \\ = 1\,, \\ < 1\,. \end{cases} \tag{19.39}$$

In Aufgabe 19.3 wird untersucht, welche Konsequenzen sich aus den angegebenen Ungleichungen für Λ ergeben.

Für $\Lambda > L(\Lambda, \varrho_0, H_0)$ geht die Lösung immer noch über das Maximum hinweg bis nach $a = \infty$ (Abb. 19.1, Teilbild 3.3 (a)).

Für $\Lambda = L(\Lambda, \varrho_0, H_0)$ gibt es fünf Möglichkeiten:
(a) Die Lösung beginnt zu einer endlichen Zeit bei $a = 0$ und führt für $\tau \to \infty$ asymptotisch zu $a_{\max}$,
(b) die Lösung kommt für $\tau \to -\infty$ von $a_{\max}$ und führt für $\tau \to \infty$ zu $a = 0$,
(c) die Lösung kommt für $\tau \to -\infty$ von $a_{\max}$ und geht für $\tau \to \infty$ gegen $a = \infty$,
(d) die Lösung kommt für $\tau \to -\infty$ von $a = \infty$ und führt für $\tau \to \infty$ gegen $a_{\max}$,
(e) die Lösung liegt permanent beim Radius $a = a_{\max}$.
Fall (e) ist Einsteins statische Lösung, denn aus $\Lambda = L$, (19.38) und (19.36a) folgt durch Elimination von C die Beziehung $\Lambda = 1/a^2$, mit der sich aus (19.38) $a = 3C/2$ ergibt, und mit (19.18) führt das schließlich zu (19.23b). Im Teilbild 3.3 (b) der Abb. 19.1 sind die Lösungen (a), (c) und (e) dargestellt, die Lösungen (b) und (d) folgen aus (a) bzw. (c) durch Zeitinversion. Wir erkennen, daß Einsteins statische Lösung instabil ist, denn eine kleine Störung führt sie auf den Lösungszweig (b) oder (c).

Für $\Lambda < L(\Lambda, \varrho_0, H_0)$ gibt es zwei Möglichkeiten (Abb. 19.1, Teilbild 3.3 (c)): Entweder die Lösung beginnt bei $\tau = 0$ mit $a = 0$; dann kehrt $a(\tau)$ nach Erreichen eines Maximalwerts zu $a = 0$ zurück. Oder die Lösung kommt für $\tau \to -\infty$ von $a = \infty$, erreicht einen minimalen Wert von a und kehrt für $\tau \to +\infty$ zu unendlichen a-Werten zurück.

Unter den Lösungen zu $\Lambda > 0$ werden alle Urknalllösungen, bei denen $a(t)$ für $t \to \infty$ gegen unendlich geht, als **Friedmann-Lemaître-Modelle** des Universums bezeichnet. Da bei ihnen die Bewegung wie bei allen Lösungen für kleine a zunächst abgebremst, bei großen a wegen der Dominanz der kosmologischen Kraft jedoch wieder beschleunigt wird, besitzt ihre Bahn $a = a(t)$ einen Wendepunkt ($\ddot{a}(t^*) = 0$). Alle Lösungen mit $\Lambda > 0$ und $k = -1$ oder $k = 0$ sowie diejenigen mit $\Lambda > L(\Lambda, \varrho_0, H_0)$ und $k = 1$ gehören zur Klasse der Friedmann-Lemaître-Lösungen.

Lösungen mit $\Lambda > 0$, die eine unendlich lange Vergangenheit besitzen und bei denen $a(t)$ für $t \to \infty$ gegen unendlich geht, werden als **Eddington-Lemaître-Modelle** bezeichnet. Zu ihnen gehört eine der Lösungen mit $\Lambda = L(\Lambda, \varrho_0, H_0)$ und eine mit $\Lambda < L(\Lambda, \varrho_0, H_0)$.

Fall $\Lambda < 0$: In Abb. 19.3 ist das Potential $V(a)$ für $\Lambda < 0$ dargestellt. Alle Urknalllösungen beginnen in diesem Fall zur Zeit $\tau = 0$ mit $a = 0$, erreichen im Schnittpunkt der Kurven $V(a)$ und $V = E(k) = -k$ ein maximales a und kehren dann zu $a = 0$ zurück (Abb. 19.1, Teilbilder 1.1, 1.2 und 1.3). Dies kommt daher, daß die kosmologische Kraft für $\Lambda < 0$ anziehend wirkt, so daß die Expansion völlig abgebremst und in eine Kontraktion überführt wird, die schließlich mit einem Kollaps endet. Für $k = 0$ (flacher Raum) ist die Lösung der diesen Fall beschreibenden Gleichung (19.37)

$$a(\tau) = \left[-\frac{3C}{2\Lambda}\Big(1 - \cos\big(\sqrt{-3\Lambda}\,\tau\big)\Big)\right]^{1/3}.$$

19.4 Lösungen mit endlichem Druck und Λ=0

In der Frühphase des Universums kann der Druck nicht vernachlässigt werden, weshalb für diese die Gleichungen (19.13) herangezogen werden müssen. Der Druck kann dabei durch Strahlung, relativistische Materie oder beide zusammen erzeugt werden.

19.4.1 Strahlungsuniversum

In der Frühphase aller mit einem Urknall beginnenden Modelle des Universums wird dieses von Strahlung dominiert (siehe Kapitel 20). Im **strahlungsdominierten** Universum können Dichte und Druck von Materie und dunkler Energie vernachlässigt werden, d. h. es gilt $\varrho \approx \varrho_s$, und nach (18.57a) können wir

$$\varrho_s = \frac{A}{a^4} \qquad \text{mit} \qquad A = \text{const} \tag{19.40}$$

setzen. Durch Einsetzen dieser aus (19.13b) abgeleiteten Beziehung in (19.13a) erhalten wir für den Fall $\Lambda = 0$, auf den wir uns hier beschränken wollen,

$$\dot{a}^2(t) = \frac{8\pi GA}{3a^2} - kc^2\,. \tag{19.41}$$

Für $k = 0$ ergibt sich daraus

$$\dot{a}(t) = \sqrt{\frac{8\pi GA}{3}\,\frac{1}{a}} \quad \Rightarrow \quad a(t) = \left(\frac{32\pi GA}{3}\right)^{1/4} t^{1/2}\,. \tag{19.42}$$

Für $k = \pm 1$ setzen wir

$$\alpha = -kc^2\,, \qquad \beta = 8\pi GA/3$$

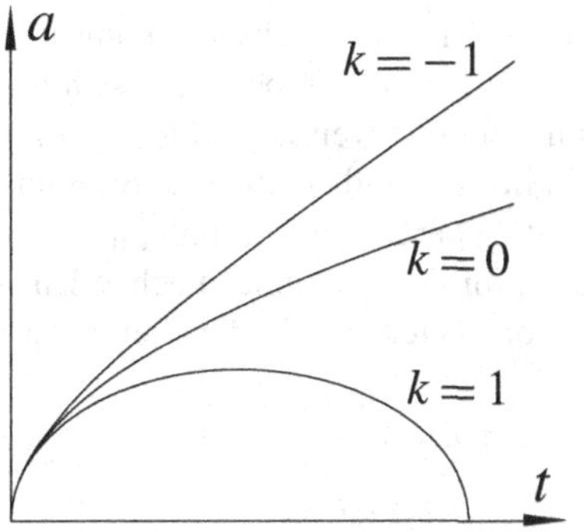

Abb. 19.4: Verlauf der Lösungen für ein Strahlungsuniversum.

und erhalten aus (19.41) mit der Substitution $a^2 = u$ zunächst $\dot{u} = 2\sqrt{\alpha u+\beta}$ und daraus

$$\frac{1}{2}\int_0^u \frac{du'}{\sqrt{\alpha u' + \beta}} = \frac{1}{\alpha}\sqrt{\alpha u + \beta} = t_0 + t \qquad \text{bzw.} \qquad \alpha u + \beta = \alpha^2 (t+t_0)^2 .$$

Die Integrationskonstante t_0 wählen wir so, daß u für $t=0$ verschwindet, also $\beta = \alpha^2 {t_0}^2$. Damit erhalten wir $u = \alpha\, t^2 + 2\,\alpha\, t_0 t = \alpha\, t^2 + 2\sqrt{\beta}\, t$ bzw.

$$a = \left(4\sqrt{\frac{2\pi GA}{3}}\, t - kc^2 t^2\right)^{1/2} \tag{19.43}$$

in den ursprünglichen Variablen. Es gibt einen Urknall, nach dem a zunächst $\sim t^{1/2}$ wächst, also schneller als in einem von kalter Materie dominierten Universum ($a \sim t^{2/3}$). Im Fall $k=1$ geht $a(t)$ nach Erreichen eines Maximalwerts wieder zurück und erreicht zur Zeit $t = (2/c^2)\,(8\pi GA/3)^{1/2}$ wieder den Wert null (Abb. 19.4). Die Existenz einer Lösung zu $k=1$ bedeutet, daß schon reine Strahlung für sich alleine durch ihre Gravitation ein geschlossenes Universum zusammenhalten kann.

19.4.2 Entkoppelte Strahlung und Materie

In der heißen Frühphase des Universums stehen Strahlung und (relativistische) Materie, die sich im Zustand eines voll ionisierten Plasmas befindet, in intensiver Wechselwirkung. Die Photonen werden permanent via Compton-Streuung (siehe Band II, Abschn. 2.2.3 und Beispiel 20.2) an den geladenen Materieteilchen gestreut; solange ihre Energie über der Ionisationsenergie von Wasserstoff (13,6 eV) liegt, verhindern sie außerdem durch Ionisationsstöße die Verbindung von Elektronen und Protonen zu neutralem Wasserstoff. Wird bei der durch die Expansion des Universums bewirkten Abkühlung die Ionisationsenergie des Wasserstoffs unterschritten, so verlieren immer mehr Photonen die Fähigkeit zur Ionisation, und mit zunehmender Zahl gebundener Proton-Elektron-Paare stehen auch immer weniger geladene Teilchen zur Compton-Streuung zur Verfügung. Allmählich kommen daher sämtliche Wechselwirkungen zum Erliegen, und wenn das eingetreten ist, bezeichnet man Strahlung und Materie als **entkoppelt**. (Die Materie ist dann für Strahlung transparent.) Wir werden in Kapitel 20 sehen, daß das für $t \gtrsim t_e \approx 442\,000\,\mathrm{a}$ der Fall ist. In der wechselwirkungsfreien Zeit nach t_e entwickeln sich Strahlung und Materie so, als wären beide für sich alleine im Universum. Die entkoppelte Materie ist dann schon so weit abgekühlt, daß ihr Druck vernachlässigt werden darf und daher (18.53) gilt, während entkoppelte Strahlung generell (18.57a) erfüllt. Wir können daher für $t > t_e$ separat $\varrho_s \sim a^{-4}$ und $\varrho_m \sim a^{-3}$ ansetzen, und statt (19.19) erhalten wir aus (19.13a) für den Fall eines flachen Universums ($k=0$) mit verschwindender kosmologischer Konstanten ($\Lambda=0$) die Gleichung

$$\dot{a}^2(\tau) = \frac{8\pi G}{3c^2}\,(\varrho_m + \varrho_s)\,a^2 \tag{19.44}$$

mit

$$\varrho_m = \frac{\varrho_{m0}\,a_0{}^3}{a^3}\,, \qquad \varrho_s = \frac{\varrho_{s0}\,a_0{}^4}{a^4}\,. \tag{19.45}$$

Gleichheit der Massendichte von Materie und Strahlung besteht für

$$\frac{\varrho_{m0}\,a_0{}^3}{a^3} = \varrho_m = \varrho_s = \frac{\varrho_{s0}\,a_0{}^4}{a^4} =: \varrho_g \qquad \Rightarrow \qquad a = a_g := \frac{\varrho_{s0}\,a_0}{\varrho_{m0}}\,, \quad \varrho_g = \frac{\varrho_{m0}{}^4}{\varrho_{s0}{}^3}\,.$$

Mit $\varrho_{m0}\,a_0{}^3 = \varrho_g\,a_g{}^3$, $\varrho_{s0}\,a_0{}^4 = \varrho_g\,a_g{}^4$ und der Definition $u = a/a_g \overset{(17.43)}{=} x/x_g$ ergibt sich aus (19.44)

$$\dot{u}^2(\tau) = \frac{8\pi G\varrho_g}{3c^2}\left(\frac{1}{u} + \frac{1}{u^2}\right) \qquad \Rightarrow \qquad \frac{u\dot{u}(\tau)}{\sqrt{1+u}} = \sqrt{\frac{8\pi G\varrho_g}{3c^2}}\,.$$

Integration der letzten Beziehung liefert

$$\int \frac{u\,du}{\sqrt{1+u}} = \frac{2(u-2)\sqrt{1+u}}{3} = \sqrt{\frac{8\pi G\varrho_g}{3c^2}}\,\tau + C\,.$$

Die Integrationskonstante C wird so bestimmt, daß $u=0$ für $\tau=0$gilt. Hiermit erhalten wir die implizite Lösung

$$\tau = \sqrt{\frac{3c^2}{8\pi G\varrho_g}}\left(\frac{4}{3} + \frac{2(u-2)\sqrt{1+u}}{3}\right).$$

Mit $\tau = ct$, $u = x/x_g$ und der aus der Definition (15.37b) für $t=t_0$ folgenden Beziehung $3/(8\pi G) = \varrho_{krit0}/H_0^2$ ergibt sich hieraus nach einigen Umformungen für die seit dem Urknall vergangene Zeit

$$t(x) = \frac{4}{3H_0}\left(\frac{\varrho_{krit0}}{\varrho_g}\right)^{1/2}\left[1 + \left(\frac{x}{2x_g} - 1\right)\sqrt{1 + x/x_g}\right]. \tag{19.46}$$

Für $x \to \infty$ folgt daraus

$$t(x) = \frac{2}{3H_0}\left(\frac{\varrho_{krit0}}{\varrho_g}\right)^{1/2}\left(\frac{x}{x_g}\right)^{3/2} \qquad \Rightarrow \qquad x \sim t^{2/3}\,, \tag{19.47}$$

also das Ergebnis (19.28) für nichtrelativistische (druckfreie) Materie, und für $x \to 0$ ergibt sich durch Entwicklung nach x

$$t(x) = \frac{1}{2H_0}\left(\frac{\varrho_{krit0}}{\varrho_g}\right)^{1/2}\left(\frac{x}{x_g}\right)^2 \qquad \Rightarrow \qquad x \sim t^{1/2}\,, \tag{19.48}$$

also das für Strahlung erhaltene Ergebnis (19.42b).

19.5 Stationäres Universum

Beim stationären Universum von Bondi und Gold ist die Geometrie der Raum-Zeit maximal symmetrisch und genügt dem perfekten kosmologischen Prinzip. Nach (16.38) und (16.42) gilt

$$k = 0 \quad \text{und} \quad a = a_0\, \mathrm{e}^{Ht} \qquad \text{mit} \qquad H = \dot{a}/a = \text{const} \quad \text{und} \quad q = -a\ddot{a}/\dot{a}^2 = -1\,. \tag{19.49}$$

Die Metrik (siehe (19.54)) ist dieselbe wie die eines inflationären Universums (siehe (23.12b), $x(t) \sim a(t) \sim \mathrm{e}^{Ht}$ mit $H = 1/t_{\Lambda 0}$). Allerdings ist die Deutung verschieden, denn bei gleicher Deutung müßte als Folge der Feldgleichungen wie bei jenem $p = -\varrho c^2$ gelten und entweder die Dichte oder der Druck negativ sein. Das Modell eines stationären Universums soll jedoch keinen extremen Materiezustand beschreiben, wie er in der Frühphase eines Urknall-Universums vorgelegen hat, sondern den heutigen, der in einem stationären Universum zeitlich konstant ist und daher schon immer bestanden hat. Dann sind aber für den Druck und die Dichte positive Werte zu fordern, was zur Folge hat, daß die Einsteinschen Feldgleichungen nicht mehr gelten können (siehe unten).

Wir haben schon in der Newton-Kosmologie (Abschn. 15.1.8) festgestellt, daß in einem expandierenden Universum die Dichte nur dann konstant bleiben kann, wenn permanent Materie bzw. Energie erzeugt wird. Die ART-Kosmologie führt zu demselben Schluß: Würde keine Materie erzeugt, so müßte die Galaxiendichte n_G Gleichung (18.10) erfüllen. Unter Benutzung der aus dem kosmologischen Prinzip folgenden räumlichen Homogenität gilt wegen der zeitlichen Konstanz von n_G jedoch

$$\left(n_\mathrm{G} U^\lambda\right)_{;\lambda} = \frac{1}{\sqrt{-g}} \frac{\partial}{\partial t}\left(\sqrt{-g}\, n_\mathrm{G}\right) = a^{-3} \frac{\partial}{\partial t}\left(a^3 n_\mathrm{G}\right) = \frac{3 n_\mathrm{G} \dot{a}}{a} = 3 n_\mathrm{G} H\,, \tag{19.50}$$

d. h. wir haben eine Materieerzeugungsrate der Stärke $3n_\mathrm{G}H$. Weiterhin folgt aus den Annahmen $\varrho(t) = \text{const}$ und $p(t) = \text{const}$ mit $\Gamma^\mu_{00} = 0$ und (18.7) in Analogie zu (18.6)

$$T^{0\nu}{}_{;\nu} = \frac{a^{-3}}{c} \frac{\partial}{\partial t}\left[a^3 \left(\varrho + \frac{p}{c^2}\right) c^2\right] = 3c \left(\varrho + \frac{p}{c^2}\right) H \neq 0\,, \tag{19.51}$$

d. h. die aus den Feldgleichungen folgende Bedingung $T^{\mu\nu}{}_{;\nu} = 0$ ist verletzt. Um das Modell eines stationären Universums aufrecht halten zu können, müssen also die Energieerhaltung aufgegeben und die Feldgleichungen modifiziert werden. Letzteres gelingt mit Hilfe des Ansatzes

$$R_{\mu\nu} - \frac{1}{2} g_{\mu\nu} R + C_{\mu\nu} = -\frac{8\pi G}{c^2} M_{\mu\nu}\,, \tag{19.52}$$

und eine Möglichkeit, für die aus den Bianchi-Identitäten (9.84) ein mit (19.50)–(19.51) verträglicher Energiesatz folgt, besteht in der Wahl (Aufgabe 19.6)

$$C_{\mu\nu} = -\frac{8\pi G}{c^2} \left(\varrho + \frac{p}{c^2}\right) \left(g_{\mu\nu} + U_\mu U_\nu\right). \tag{19.53}$$

Die aus den modifizierten Feldgleichungen folgende Erzeugungsrate (19.50) für Materie beträgt quantitativ nur etwa 10^{-16} Nukleonen im Kubikzentimeter pro Jahr. Im

Vergleich zur heutigen mittleren Dichte von 10^{-6} Nukleonen pro Kubikzentimeter ist das so wenig, daß die damit verbundene Nichterhaltung von Energie praktisch nicht feststellbar wäre. Allerdings gibt es beim Modell des stationären Universums keinen vernünftigen Mechanismus zur Erklärung der kosmischen Hintergrundstrahlung, deren plausibelste Erklärung aus Urknallmodellen kommt (siehe Abschn. 21.3). Hier wurde von den Verfechtern eines stationären Universums angenommen, es werde zusammen mit der Materie permanent Strahlung erzeugt, wobei allerdings nicht klar ist, warum das, wie beobachtet und aus Urknallmodellen gut erklärbar, in Form einer Planckschen Strahlungsverteilung geschehen sollte.

Aus dem Auftreten der wegen $U^0 = c$ bzw. $U_\mu U^\mu = c^2$ nichtverschwindenden Vierergeschwindigkeit U^μ in der auch für das stationäre Universum relevanten Gleichung (18.4) bzw. in (19.53) kann übrigens nicht geschlossen werden, daß das stationäre Universum hinsichtlich seiner physikalischen Eigenschaften nicht in der ganzen Raum-Zeit maximalsymmetrisch wäre (siehe dazu Abschn. 16.4). Der Vierervektor U^μ hat nämlich keine physikalische Bedeutung für dieses und wird nur formal zur Definition eines Tensors mit denselben Komponenten wie $U^\mu U^\nu$ benutzt. (Statt $U^\mu U^\nu$ hätte man zur Darstellung des Energie-Impuls-Tensors $T^{\mu\nu}$ auch einen beliebigen anderen Tensor benutzen können, der wie $U^\mu U^\nu$ die Eigenschaft besitzt, daß in mitbewegten Koordinaten nur die $0,0$-Komponente von null verschieden ist.)

Die Metrik des stationären Universums,

$$ds^2 = c^2 dt^2 - \mathrm{e}^{2Ht}\Big[dr^2 + r^2\big(d\vartheta^2 + \sin^2\!\vartheta\, d\varphi^2\big)\Big], \tag{19.54}$$

läßt sich mit der Transformation

$$t = T + \frac{1}{2H}\ln\left(1 - \frac{H^2R^2}{c^2}\right), \qquad r = \frac{R\,\mathrm{e}^{-HT}}{\sqrt{1 - H^2R^2/c^2}} \tag{19.55}$$

von t, r nach T, R in die interessante zeitunabhängige Form

$$ds^2 = \left(1 - \frac{H^2R^2}{c^2}\right)c^2 dT^2 - \frac{dR^2}{(1 - H^2R^2/c^2)} - R^2(d\vartheta^2 + \sin^2\!\vartheta\, d\varphi^2) \tag{19.56}$$

überführen (Aufgabe 19.7). Ähnlich wie bei der Schwarzschild-Metrik wechseln hier die Koeffizienten von dT^2 und dR^2 bei $R = c/H$ das Vorzeichen. Das Universum ist hier auf den Bereich $0 \le R \le c/H$ eingeschränkt, der zwar nur den endlichen Koordinatendurchmesser $2c/H$, aber den unendlichen metrischen Durchmesser $2\int_0^{c/H}(1 - H^2R^2/c^2)^{-1}\,dR$ besitzt. Wegen der Zeitunabhängigkeit der Metrik in den Koordinaten T, R, ... gibt es keine Expansion – dies ist ein weiteres Beispiel für die Relativität von Expansion –, dafür wirkt aber auf alle physikalischen Objekte in radialer Richtung nach außen eine Schwerkraft, die sie gegen $R = c/H$ treibt (Aufgabe 19.8). Wie bei der Schwarzschild-Metrik gibt es keine Möglichkeit, Signale von $R > c/H$ nach $R < c/H$ zu übermitteln, d. h. der Bereich $R > c/H$ wirkt wie ein das Universum umgebendes schwarzes Loch, das wie ein riesiger Staubsauger alle Materie an sich zieht.

Aufgaben

19.1 Zeigen Sie, daß eine zeitabhängige Dichte $\varrho(t) > 0$ eine Abstoßung bewirkt, wenn sie langsamer als $1/a^2(t)$ abfällt.

19.2 Zeigen Sie, daß das Standardmodell in allen drei Fällen $k=0$ und $k=\pm 1$ einen Teilchenhorizont, aber nur im Fall $k=1$ einen Ereignishorizont besitzt.

19.3 Welche Konsequenzen ergeben sich aus den in (19.39) angegebenen Ungleichungen für Λ?
Hinweis: Im Fall des statischen Universums, das unter den Lösungen des Falls $\Lambda = L$ enthalten ist, gilt $\Lambda = \Lambda_E$, wobei Λ_E durch (19.23b) definiert ist. Der durch die betrachteten Ungleichungen definierte Wertebereich von Λ soll hier mithilfe einer geeigneten Verallgemeinerung des statischen Wertes beschrieben werden. Es bietet sich an, Λ_E als Lösung der Gleichung

$$\Lambda = \frac{1}{a_0{}^2(\Lambda, \varrho_0, H_0)}$$

zu bestimmen. In der folgenden Aufgabe werden die Konsequenzen einer zweiten Definition untersucht. (Auf Einsteins statische Lösung treffen beide Definitionen zu.)

19.4 Zeigen Sie, daß sich die in Aufgabe 19.3 untersuchten Konsequenzen der Ungleichungen (19.39b) qualitativ nicht ändern, wenn statt der in Aufgabe 19.3 zugrunde gelegten Definition $\Lambda_E = 4\pi G\varrho_0/c^2$ mit $\varrho_0 = \varrho(t_0)$ benutzt wird.

19.5 Leiten Sie aus den Ungleichungen (19.39b) Ungleichungen zwischen Λ und Λ_E ab, indem Sie die Definition $\Lambda_E = 4\pi G\varrho_0/c^2$ benutzen.

19.6 Zeigen Sie mit Hilfe der Bianchi-Identitäten, daß aus (19.52)–(19.53) die Kontinuitätsgleichung (19.50) und der Energiesatz (19.51) folgen.

19.7 Zeigen Sie, daß (19.56) mit der Transformation (19.55) aus (19.54) folgt.

19.8 Zeigen Sie, daß bei der Metrik (19.56) alle physikalischen Objekte durch das Schwerefeld radial nach außen beschleunigt werden.

Lösungen

19.1 Aus (19.11) folgt ohne Benutzung von (18.8)

$$2\dot{a}\ddot{a} = \frac{8\pi G}{3}(\varrho a^2)^{\cdot} \quad \Rightarrow \quad \ddot{a} = \frac{4\pi G}{3}\frac{d(\varrho a^2)}{da}\,.$$

Hieraus folgt $\ddot{a}$ für $d(\varrho a^2)/da > 0$, und das ist für $\varrho \sim a^{-2+\varepsilon}$ mit $\varepsilon > 0$ der Fall.

19.3 Mit (19.20) erhalten wir in dem zur Diskussion stehenden Fall $k=1$ die Gleichung

$$\Lambda = \frac{8\pi G\varrho_0}{3c^2} + \frac{\Lambda}{3} - \frac{H_0{}^2}{c^2}\,,$$

deren Auflösung nach Λ die Definition

$$\Lambda_E := \frac{4\pi G\varrho_0}{c^2} - \frac{3H_0{}^2}{2c^2} \tag{19.57}$$

zur Folge hat. Drücken wir mithilfe dieser Beziehung ϱ_0 durch Λ_E aus, so erhalten wir aus (19.21)

$$C = \left(\frac{2\Lambda_E}{3} + \frac{H_0{}^2}{c^2}\right)\left(\frac{3}{2\Lambda_E + \Lambda}\right)^{3/2}$$

und damit aus (19.38)

$$L = \frac{\Lambda_E\,(2 + \Lambda/\Lambda_E)^3}{27\,\left[1 + 3H_0{}^2/(2c^2\Lambda_E)\right]^2}$$

bzw.

$$\left(\frac{\Lambda}{L}\right)^{1/3} = \frac{3\,\left[1 + 3H_0{}^2/(2c^2\Lambda_E)\right]^{2/3} z}{2 + z^3} \quad \text{mit} \quad z = \left(\frac{\Lambda}{\Lambda_E}\right)^{1/3}. \tag{19.58}$$

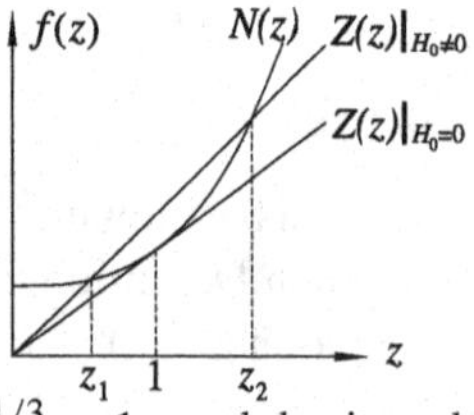

In der nebenstehenden Abbildung sind der Zähler Z und Nenner N dieses Ausdrucks als Funktionen von z angegeben. Für $H_0 = 0$, den Fall von Einsteins statischer Lösung, berühren sich die beiden Kurven im Punkt $z = 1$, und auch nur dieser Punkt ist möglich. Für $H_0 > 0$ ist der ganze Wertebereich $z > 0$ zulässig, und die den Zähler repräsentierende Gerade schneidet die Kurve $N(z)$ in zwei Punkten $z_1 < 1$ und $z_2 > 1$. In diesen Punkten gilt $(\Lambda/L)^{1/3} = 1$ und damit auch $(\Lambda/L) = 1$. Im Bereich der z-Werte zwischen den beiden Punkten gilt $(\Lambda/L)^{1/3} > 1$ und damit auch $(\Lambda/L) > 1$, links von z_1 und rechts von z_2 dagegen $(\Lambda/L)^{1/3} < 1$ und $(\Lambda/L) < 1$. Dies bedeutet beispielsweise, daß sich für den durch die Ungleichung $\Lambda/L > 1$ definierten Bereich der Friedmann-Lemaître-Lösungen Λ-Werte sowohl im Bereich $z_1 < \Lambda/\Lambda_E \leq 1$ als auch im Bereich $1 \leq \Lambda/\Lambda_E < z_2$ ergeben. Eine Eddington-Lemaître-Lösung, die durch die Bedingung $(\Lambda/L) = 1$ definiert wird, erhält man für die beiden Werte $\Lambda_1/\Lambda_E = z_1 < 1$ und $\Lambda_2/\Lambda_E = z_2 > 1$.

19.7 Hier wird nur der Beweis für den wichtigen Spezialfall $d\vartheta = d\varphi = 0$ erbracht. Mit $c \to 1$ und der Abkürzung $\alpha = 1 - H^2R^2$ findet man

$$dt = dT - HR\,dR/\alpha\,, \quad dr = \mathrm{e}^{-HT}(dR/\alpha - HR\,dT)/\sqrt{\alpha}\,, \quad \mathrm{e}^{2Ht} = \alpha\mathrm{e}^{2HT}\,,$$

und damit läßt sich der Rest leicht beweisen.

19.8 Beschleunigte Bewegungen im Schwerefeld erfolgen längs Geodäten. Bei der Form (19.54) der Metrik wirkt kein radiales Schwerefeld, was sich z. B. daran erkennen läßt, daß die integrierte Geodätengleichung (17.28) die Lösung $\chi = \text{const}$ mit der Folge $r = r_0 = \text{const}$ besitzt. Es ist am einfachsten, diese Lösung der Geodätengleichung mit (19.55b) auf die Koordinaten $R, T, \ldots$ zu transformieren. Man erhält

$$R = \frac{r_0\mathrm{e}^{HT}}{\sqrt{1 + (r_0{}^2H^2/c^2)\,\mathrm{e}^{2HT}}}\,.$$

Bei festem r_0 startet R für $T \to -\infty$ bei $R = 0$ und geht für $T \to \infty$ gegen $R = c/H$.

20 Auswahl realistischer Weltmodelle

In diesem Kapitel suchen wir aus der Vielfalt kosmologischer Lösungen der Feldgleichungen diejenigen heraus, die zur Beschreibung des realen Universums am geeignetsten erscheinen. Dabei geht es nicht nur um den Lösungstyp, sondern bei gegebenem Typ auch um die richtige Wahl von Lösungsparametern.

1927 wurde erstmals von Lemaître die durch alle Messungen bestätigte Hypothese aufgestellt, daß das heutige Universum expandiert, daß also $H_0 > 0$ bzw. $\dot{a}(t_0) = H_0 a_0 > 0$ gilt. Bei allen Lösungen mit zunehmendem $a(t)$ der in Abb. 19.1 dargebotenen Übersicht beginnt die Evolution zu einem endlichen Zeitpunkt in der Vergangenheit, für den wir $t = 0$ wählen, mit einem **Urknall** bei $a = 0$. Die einzigen Ausnahmen hiervon bilden die in den Teilbildern 3.3 (b) und 3.3 (c) dargestellten Eddington-Lemaître-Lösungen, wobei im Fall der letzteren angenommen werden müßte, daß sich der das heutige Universum repräsentierende Punkt auf deren expandierendem Zweig befindet. Beide Lösungen können jedoch ausgeschlossen werden, weil sie unter Zugrundelegung des kleinsten, mit der Beobachtung verträglichen Wertes der Materiedichte immer noch eine deutlich zu kleine Rotverschiebung der am weitesten entfernten Quasare liefern. Die den Lösungen in Abb. 19.1 zugrundeliegende Annahme verschwindenden Drucks stellt bis weit in die Vergangenheit des Universums hinein eine gute Näherung dar. Außerdem hatten wir festgestellt, daß sich durch die Berücksichtigung des Drucks qualitativ nichts wesentliches ändert, was durch die im letzten Kapitel betrachteten Beispiele belegt wird. *Damit wird die Auswahl konkurrenzfähiger Modelle auf Lösungen mit Urknall reduziert.* Da es hiervon aber noch immer viele verschiedene gibt, müssen noch weitere Auswahlkriterien gefunden werden.

20.1 Komponenten des kosmischen Substrats

Ausgehend von Extremtemperaturen kurz nach dem Urknall wurde das kosmische Substrat durch Expansion kontinuierlich abgekühlt (siehe Abb. 21.1). Welche Prozesse sich dabei abspielten, wird in Kapitel 21 skizziert. Hier geht es darum, die Konstituenten des kosmischen Substrats zu benennen, deren Massendichte in den kosmologischen Gleichungen berücksichtigt werden muß, und anzugeben, welche thermodynamischen Eigenschaften diese besitzen, sowie, welches Skalenverhalten für sie einzusetzen ist.

Die zu berücksichtigenden Konstituenten sind zusammen mit den für ihre Massendichte benutzten Bezeichnungen in Tabelle 20.1 zusammengestellt. Die Begründung für die Aufnahme sogenannter *dunkler Materie* wird später (Abschn. 20.6.3) nachgeliefert. Die Dichten von relativistischer Materie, Neutrinos und Strahlung werden wir wegen

Konstituent	Massendichte
nichtrelativistische Materie	ϱ_{m}
relativistische Materie	ϱ_{mr}
dunkle Materie	in ϱ_{m} bzw. ϱ_{mr} enthalten
Neutrinos	ϱ_{ν}
Strahlung (Photonen)	ϱ_{s}
dunkle Energie, Inflaton	ϱ_{Λ}, ϱ_{Φ}

Tabelle 20.1: Konstituenten des kosmischen Substrats.

ihres gleichartigen thermodynamischen Verhaltens meist zu

$$\varrho_{\mathrm{r}} = \varrho_{\mathrm{mr}} + \varrho_{\nu} + \varrho_{\mathrm{s}} \tag{20.1}$$

zusammenfassen. Außerdem benutzen wir die **Gesamtdichte**

$$\varrho = \varrho_{\mathrm{m}} + \varrho_{\mathrm{r}} + \varrho_{\Lambda} \,. \tag{20.2}$$

Die Zustandsgleichungen für die verschiedenen Komponenten wurden im Abschnitt 18.2.1 angegeben. Wir nehmen an, daß die dunkle Materie denselben Zustandsgleichungen wie gewöhnliche Materie genügt und daß sie wie die dunkle Energie von allen übrigen Komponenten des kosmischen Substrats thermodynamisch entkoppelt ist. Neutrinos sind als relativistische Teilchen zu behandeln.

Für das Skalenverhalten der verschiedenen Komponenten ist von entscheidender Bedeutung, ob sie thermodynamisch gekoppelt oder entkoppelt sind. Bei den Extremtemperaturen der ersten Phase nach dem Urknall gibt es nur relativistische Materie. Bis auf die dunkle Energie erfüllen daher alle Komponenten des kosmischen Substrats das Skalierungsgesetz $\varrho \sim a^{-4}$, sowohl separat als auch in der Summe. In dieser Phase spielt es daher keine Rolle, ob sie thermodynamisch gekoppelt sind oder nicht. Ähnlich einfach ist die Situation im Zeitraum zwischen etwa 442tausend Jahre nach dem Urknall und heute: In diesem gibt es außer Neutrinos keine relativistischen Teilchen, und alle Komponenten des kosmischen Substrats sind entkoppelt. Für jede Komponente kann daher ihr separates Skalenverhalten aus Abschn. 18.3 angesetzt werden. Zwischen den beiden Phasen mit einfachem liegt eine Zwischenphase mit komplizierterem Skalenverhalten. Am Anfang dieser Zwischenphase erfolgt der allmähliche Übergang der Materie von relativistischen zu nichtrelativistischen thermischen Teilchengeschwindigkeiten, und an ihrem Ende steht die Entkopplung von Strahlung und Materie.

20.2 Grundgleichung und relative Dichteparameter

Die Grundgleichung für alle in diesem Kapitel behandelten Urknalllösungen bildet die sämtliche Komponenten des kosmischen Substrats berücksichtigende Friedmann-

Lemaître-Gleichung

$$\dot{a}^2(t) = \frac{8\pi G}{3}(\varrho_{\rm m} + \varrho_{\rm mr} + \varrho_\nu + \varrho_{\rm s} + \varrho_\Lambda)\, a^2 - kc^2 = \frac{8\pi G}{3}\,\varrho a^2 - kc^2\,. \tag{20.3}$$

Es erweist sich verschiedentlich als nützlich, statt der Dichten $\varrho_{\rm m}$ etc. die mit der schon in der Newton-Kosmologie eingeführten **kritischen Dichte**

$$\varrho_{\rm krit}(t) = \frac{3\,\dot{a}^2(t)}{8\pi G a^2(t)} = \frac{3H^2(t)}{8\pi G} \tag{20.4}$$

normierten, zeitabhängigen und positiven **Dichteparameter**

$$\Omega_{\rm m} = \frac{\varrho_{\rm m}}{\varrho_{\rm krit}}\,, \quad \Omega_{\rm mr} = \frac{\varrho_{\rm mr}}{\varrho_{\rm krit}}\,, \quad \Omega_{\rm s} = \frac{\varrho_{\rm s}}{\varrho_{\rm krit}}\,, \quad \Omega_\nu = \frac{\varrho_\nu}{\varrho_{\rm krit}}\,, \quad \Omega_\Lambda = \frac{\varrho_\Lambda}{\varrho_{\rm krit}} \tag{20.5}$$

(Ω_Λ ist trotz der zeitlichen Konstanz von ϱ_Λ über $\varrho_{\rm krit}$ zeitabhängig) und

$$\Omega = \Omega_{\rm m} + \Omega_{\rm r} + \Omega_\Lambda \qquad \text{mit} \qquad \Omega_{\rm r} = \Omega_{\rm mr} + \Omega_\nu + \Omega_{\rm s} \tag{20.6}$$

zu benutzen. Die gegenwärtigen Werte dieser Größen bezeichnen wir mit $\Omega_{\rm m0}$ etc.. In der Literatur wird bisweilen auch noch statt des Krümmungsparameters k der (zeitabhängige) Parameter

$$\Omega_k = -\frac{kc^2}{a^2 H^2} \tag{20.7}$$

herangezogen. Division von Gleichung (20.3) durch $\dot{a}^2$ führt mit (20.4) zu der Identität

$$\Omega + \Omega_k \equiv 1\,. \tag{20.8}$$

Mit (20.7) folgt aus dieser

$$\frac{kc^2}{a^2} = H^2\,(\Omega - 1) \qquad \text{und} \qquad \frac{kc^2}{a_0^2} = H_0^2\,(\Omega_0 - 1)\,, \tag{20.9}$$

d. h. es gilt $k = 1$ für $\Omega > 1$, $k = 0$ für $\Omega = 1$ und $k = -1$ für $\Omega < 1$. *Der Dichteparameter Ω entscheidet also darüber, ob das Universum offen oder geschlossen ist.* Die in der Newtonschen Kosmologie aus der Friedmann-Gleichung abgeleitete Beziehung (15.37) bzw.

$$\varrho - \varrho_{\rm krit} = \frac{3kc^2}{8\pi G a^2} \tag{20.10}$$

gilt für $\Lambda = 0$ natürlich auch in der ART-Kosmologie. Das tut sie auch bei Einbeziehen einer kosmologischen Konstanten und ergibt sich dann mit $H = \dot{a}/a$ und (20.4) aus der durch a^2 geteilten Gleichung (20.3).

Für die folgenden Untersuchungen benutzen wir statt des Skalenfaktors $a(t)$ vielfach den in (17.43) eingeführten, mit $a_0 = a(t_0)$ normierten Faktor $x(t) = a(t)/a_0$; außerdem setzen wir die aus (20.4) für $t = t_0$ folgende Beziehung $8\pi G/3 = H_0^2/\varrho_{\rm krit0}$ ein und erhalten so aus Gleichung (20.3)

$$\dot{x}^2(t) = H_0^2\,(\varrho/\varrho_{\rm krit0})\,x^2 - kc^2/\,a_0^2\,.$$

Hubble-Zahl	$H_0 = h \cdot 100\,\mathrm{km\,s^{-1}/Mpc}$
	$= h \cdot 3{,}24 \cdot 10^{-18}\,\mathrm{s}^{-1}$
	mit $0{,}65 \leq h \leq 0,77$. Richtwert:
	$H_0 = 70\,\mathrm{km\,s^{-1}/Mpc}$
Hubble-Zeit	$t_{\mathrm{H0}} = 1/H_0 = h^{-1} \cdot 9{,}79 \cdot 10^9\,\mathrm{a}$
	für $h = 0,7$ erhaltener Richtwert:
	$t_{\mathrm{H0}} = 14,0 \cdot 10^9\,\mathrm{a}$
Alter des Universums	$t_0 = (13,5 \pm 1,3) \cdot 10^9\,\mathrm{a}$
	Richtwert:
	$t_0 = 13{,}7 \cdot 10^9\,\mathrm{a} = 43{,}2 \cdot 10^{16}\,\mathrm{s}$
Hubble-Radius	$r_{\mathrm{H0}} = c/H_0 = h^{-1} \cdot 9{,}79 \cdot 10^9\,\mathrm{Lj}$
Verzögerungsparameter	$q_0 = -0,58 \pm 0,06$
Mittlere Dichte leuchtender Materie	$\varrho_{l0} = 4 \cdot 10^{-28}\,\mathrm{kg\,m^{-3}}$
	$\Omega_{\mathrm{ml0}} = h^{-2} \cdot 2{,}1 \cdot 10^{-2}$
Kritische Dichte	$\varrho_{\mathrm{krit\,0}} = h^2 \cdot 1{,}9 \cdot 10^{-26}\,\mathrm{kg\,m^{-3}}$
Dichteparameter	$\Omega_{\mathrm{m0}} = 0{,}28$ (Richtwert)
	$\Omega_{\mathrm{r0}} = h^{-2} \cdot 4{,}2 \cdot 10^{-5}$
Massendichte der Neutrinos	$\varrho_{\nu 0} = 3{,}3 \cdot 10^{-31}\,\mathrm{kg\,m^{-3}}$
	$\Omega_{\nu 0} = h^{-2} \cdot 1{,}7 \cdot 10^{-5}$
Zeit des Materie-Strahlung-Gleichgewichts	$t_{\mathrm{g}} = 55 \cdot 10^3\,\mathrm{a} = 1{,}73 \cdot 10^{12}\,\mathrm{s}$
Massendichte der MHGS	$\varrho_{\mathrm{s0}} = 4{,}7 \cdot 10^{-31}\,\mathrm{kg\,m^{-3}}$
	$\Omega_{\mathrm{s0}} = h^{-2} \cdot 2{,}5 \cdot 10^{-5}$
Temperatur der MHGS	$T_{\mathrm{s0}} = (2{,}725 \pm 0{,}002)\,\mathrm{K}$
Entkopplungstemperatur Strahlung/Materie	Richtwert: $T_{\mathrm{e}} = 2725\,\mathrm{K}$
Entkopplungszeit	Richtwert: $t_{\mathrm{e}} = 442 \cdot 10^3\,\mathrm{a} = 1{,}40 \cdot 10^{13}\,\mathrm{s}$

Tabelle 20.2: Wichtige Meßwerte. MHGS = Mikrowellen-Hintergrundstrahlung. h ist ein Fitparameter. Der für H_0 angegebene Richtwert hat nach dem Stand des Jahres 2010 die höchste Wahrscheinlichkeit. Der für Ω_{m0} angegebene Richtwert enthält außer der Dichte leuchtender Materie auch noch hohe Anteile dunkler Materie (siehe Abschn. 20.6.3).

Mit (20.9b) läßt sich hieraus noch kc^2/a_0^2 eliminieren, und wir erhalten schließlich

$$\boxed{\dot{x}^2(t) = H_0^2\left(\frac{\varrho}{\varrho_{\text{krit}0}}x^2 + 1 - \Omega_0\right)}\,. \tag{20.11}$$

Um bei der Anwendung dieser Gleichung die Größenordnung verschiedener Terme abschätzen zu können, benötigen wir die Meßwerte einiger kosmologischer Größen, die in Tab. 20.2 angegeben sind. In dieser ist h ein Fitparameter (Anpassungsparameter), der im Bereich $0{,}65 \leq h \leq 0{,}77$ liegt. (Um Verwechslungen mit dem Planckschen Wirkungsquantum zu vermeiden, benutzen wir für dieses nur den durch 2π geteilten Wert $\hbar$). $\varrho_{\text{krit}\,0}$ ist die aus (20.4) mit dem in der Tabelle angegebenen Richtwert von H_0 berechnete kritische Dichte und ϱ_{s0} der mit der heutigen Strahlungstemperatur von 2,725 K (siehe Abschn. 18.2.2, Gleichung (18.38) und (18.45b)) ermittelte Wert. $\Omega_{\Lambda 0}$ benutzen wir als Parameter mit vorerst offen gelassenem Wert.

20.3 Separate Behandlung verschiedener Evolutionsphasen

In der heißen Anfangsphase des Universums verhielten sich alle Komponenten des kosmischen Substrats relativistisch und wiesen das gleiche Skalenverhalten $\varrho \sim x^{-4}$ auf. Im Zeitintervall zwischen einer zehntel Millisekunde bis etwa 5 Minuten nach dem Urknall und im Temperaturbereich zwischen etwa 10^{12} K bis 10^8 K erfolgte aufgrund der monotonen Abkühlung des Universums (siehe Abb. 21.1) der allmähliche **Übergang der Materie von relativistischen zu nichtrelativistischen thermischen Geschwindigkeiten** (Aufgabe 20.1). Wegen der bis zur Strahlungsentkopplung andauernden intensiven Wechselwirkung zwischen Strahlung und Materie kommt es in deren nichtrelativistischer Phase zu einem komplizierteren Skalenverhalten von ϱ. Wie wir weiter unten sehen werden, war das Universum in dieser Zwischenphase noch bis kurz vor deren Ende von Strahlung dominiert. Bei einer Temperatur von ca. 10^4 K (siehe Abschn. 20.3.1) wurde dann ein als **Materie-Strahlung-Gleichgewicht** bezeichneter Punkt erreicht, bei dem die Massendichte von Strahlung und Materie gleich groß war. Die **Entkopplung von Strahlung und Materie** begann bei etwa 5000 K und war beim Erreichen der **Entkopplungstemperatur** von ca. 2725 K im wesentlichen abgeschlossen. In der Phase nach dieser Entkopplung waren sämtliche Komponenten des kosmischen Substrats entkoppelt.

Im nächsten Abschnitt wird zunächst das in der Zwischenphase mit komplizierterem Skalenverhalten liegende Materie-Strahlung-Gleichgewicht berechnet. Im darauf folgenden Abschnitt wird die Friedmann-Lemaître-Gleichung den Gegebenheiten der verschiedenen Entwicklungsphasen des Universums angepaßt und gelöst.

20.3.1 Materie-Strahlung-Gleichgewicht

Das Materie-Strahlung-Gleichgewicht stellte sich vor der Entkopplung der Strahlung von der leuchtenden Materie ein, bei einer Temperatur weit unter den Temperaturen mit relativistischen thermischen Teilchengeschwindigkeiten. Für das Skalenverhalten der Mischung aus leuchtender Materie und Strahlung gelten daher die Ergebnisse (18.70),

$$\varrho_{\rm s} = \varrho_{\rm s0}\, x^{-4}\,, \qquad \varrho_{\rm ml} \overset{\rm s.u.}{=} n_{\rm ml0}\, m_0 \left(x^{-3} + \frac{3k_{\rm B}T_{\rm s0}}{2m_0c^2}\, x^{-4}\right). \tag{20.12}$$

Dabei unterscheiden wir hier zwischen leuchtender Materie (Dichte $\varrho_{\rm ml}$), die mit der Strahlung wechselwirkt, und wechselwirkungsfreier dunkler Materie (Dichte $\varrho_{\rm md}$). Aus der auch bei der heutigen Temperatur gültigen Gleichung (18.62a) folgt

$$n_{\rm ml0}\, m_0 = \varrho_{\rm ml0} \left(1 + \frac{3k_{\rm B}T_{\rm ml0}}{2m_0c^2}\right)^{-1}.$$

Wegen $T_{\rm ml} \sim x^{-2}$ und $T_{\rm s} \sim x^{-1}$ für $x > x_{\rm e}$ sowie $T_{\rm ml} = T_{\rm s}$ für $x = x_{\rm e}$ gilt einerseits $T_{\rm ml0} < T_{\rm s0}$. Andererseits ergibt sich durch Einsetzen der Zahlenwerte aus Tabelle 20.2 und mit $m_0 = 1{,}7 \cdot 10^{-27}$ kg (siehe vor Gleichung (18.68))

$$\frac{3k_{\rm B}T_{\rm s0}}{2m_0c^2} = 1,85 \cdot 10^{-13}\,. \tag{20.13}$$

Dies bedeutet, daß in der für $n_{\rm ml0}\, m_0$ erhaltenen Gleichung der $T_{\rm ml0}$-Term in sehr guter Näherung vernachlässigt werden darf, so daß wir

$$n_{\rm ml0}\, m_0 = \varrho_{\rm ml0} \tag{20.14}$$

setzen können.

Von den Komponenten des kosmischen Substrats müssen wir noch die Neutrinos berücksichtigen, die in dem betrachteten Temperaturbereich von allen anderen Komponenten entkoppelt sind und der Skalierung $\varrho_\nu \sim x^{-4}$ für relativistische Teilchen genügen, außerdem dunkle Materie, für die wir wegen ihrer Entkopplung die nichtrelativistische Skalierung $\varrho_{\rm md} \sim x^{-3}$ ansetzen. Da die Neutrinos dasselbe (relativistische) Skalenverhalten wie die (gekoppelte) Strahlung aufweisen, zählen wir sie beim **Materie-Strahlung-Gleichgewicht** zur Strahlung mit hinzu und definieren dieses durch

$$\boxed{\varrho_{\rm g} := \varrho_{\rm m} = \varrho_{\rm r}} \qquad \text{mit} \quad \varrho_{\rm m} = \varrho_{\rm m\mathit{l}} + \varrho_{\rm md} \quad \text{und} \quad \varrho_{\rm r} = \varrho_{\rm s} + \varrho_\nu\,. \tag{20.15}$$

Unter den getroffenen Annahmen erhalten wir

$$\varrho_{\rm r} = \varrho_{\rm r0}\, x^{-4} = \varrho_{\rm krit0}\, \Omega_{\rm r0}\, x^{-4} \qquad \text{mit} \qquad \Omega_{\rm r0} = \Omega_{\rm s0} + \Omega_{\nu 0} \tag{20.16}$$

und

$$\varrho_{\rm m} \overset{(20.12)}{\underset{(20.14)}{=}} \varrho_{\rm m0}\, x^{-3} + \varrho_{\rm ml0} \frac{3k_{\rm B}T_{\rm s0}}{2m_0c^2}\, x^{-4} = \varrho_{\rm krit0} \left(\Omega_{\rm m0}\, x^{-3} + \Omega_{\rm ml0} \frac{3k_{\rm B}T_{\rm s0}}{2m_0c^2}\, x^{-4}\right). \tag{20.17}$$

Einsetzen in die Definitionsgleichung für das Materie-Strahlung-Gleichgewicht liefert

$$\Omega_{\mathrm{m0}}\,x^{-3} = \left(\Omega_{\mathrm{r0}} - \Omega_{\mathrm{ml0}}\frac{3k_{\mathrm{B}}T_{\mathrm{s0}}}{2m_0c^2}\right)x^{-4}\,.$$

Mit $\Omega_{\mathrm{ml0}}/\Omega_{\mathrm{r0}} \approx 5\cdot 10^2$ nach Tabelle 20.2 und mit (20.13) ergibt sich für das Verhältnis von zweitem zu erstem Term in der Klammer etwa 10^{-10}, was bedeutet, daß der zweite Term wiederum mit sehr guter Näherung vernachlässigt werden darf. Durch Auflösung nach x erhalten wir schließlich für den Wert x_{g} des Skalenfaktors x im Materie-Strahlung-Gleichgewicht

$$\boxed{x_{\mathrm{g}} = \frac{\Omega_{\mathrm{r0}}}{\Omega_{\mathrm{m0}}} \stackrel{\text{s.u.}}{=} 3,06\cdot 10^{-4}\,,} \tag{20.18}$$

wobei nach Tabelle 20.2 $\Omega_{\mathrm{r0}} = \Omega_{\mathrm{s0}} + \Omega_{\nu 0} = 8{,}57\cdot 10^{-5}$ (für $h = 0{,}7$) und $\Omega_{\mathrm{m0}} = 0{,}28$ eingesetzt wurde.

Aus (20.16a) und (20.17a) folgt mit (20.15a) unter Vernachlässigung des Temperaturterms

$$\varrho_{\mathrm{g}}\,x_{\mathrm{g}}^4 = \varrho_{\mathrm{rg}}\,x_{\mathrm{g}}^4 = \varrho_{\mathrm{r}}\,x^4\,, \qquad \varrho_{\mathrm{g}}\,x_{\mathrm{g}}^3 = \varrho_{\mathrm{mg}}\,x_{\mathrm{g}}^3 = \varrho_{\mathrm{m}}\,x^3\,,$$

und hieraus ergibt sich

$$\varrho_{\mathrm{m}}/\varrho_{\mathrm{r}} = x/x_{\mathrm{g}} \qquad \Rightarrow \qquad \varrho_{\mathrm{m}} > \varrho_{\mathrm{r}} > \varrho_{\mathrm{s}} \quad \text{für} \quad x > x_{\mathrm{g}}\,. \tag{20.19}$$

Nach (18.58) und (18.69) bzw. nach (20.15a) und (20.16a) sowie mit den Zahlen aus Tabelle 20.2 ist die gemeinsame Temperatur von leuchtender Materie und Strahlung bzw. die zugehörige Massendichte im Moment des Materie-Strahlung-Gleichgewichts

$$T_{\mathrm{g}} = T_{\mathrm{s0}}\,x_{\mathrm{g}}^{-1} = 9530\,\mathrm{K}\,, \quad \varrho_{\mathrm{g}} = \varrho_{\mathrm{rg}} = \Omega_{\mathrm{r0}}\,\varrho_{\mathrm{krit0}}\,x_{\mathrm{g}}^{-4} = 0,91\cdot 10^{-16}\,\mathrm{kg\,m^{-3}}\,. \tag{20.20}$$

20.3.2 Die ersten zweieinhalb Milliarden Jahre

Wir befassen uns schon gleich mit der Phase zwischen Materie-Strahlung-Gleichgewicht und Entkopplung, weil sich herausstellen wird, daß die für diese abgeleitete Gleichung auch in der vorangehenden relativistischen Phase bis zum Urknall gültig ist. Einsetzen der Beziehung (20.2) mit (20.16a), (20.17) und (20.5e) bzw. $\varrho_\Lambda = \varrho_{\Lambda 0} = \varrho_{\mathrm{krit0}}\Omega_{\Lambda 0}$ in die Friedmann-Lemaître-Gleichung (20.11) liefert

$$\dot{x}^2(t) = H_0^2\left[\Omega_{\mathrm{m0}}\,x^{-1} + \left(\Omega_{\mathrm{r0}} + \Omega_{\mathrm{ml0}}\frac{3k_{\mathrm{B}}T_{\mathrm{s0}}}{2m_0c^2}\right)x^{-2} + \Omega_{\Lambda 0}\,x^2 + 1 - \Omega_0\right].$$

Mit denselben Argumenten wie bei der Berechnung des Materie-Strahlung-Gleichgewichts darf der Temperaturterm in runden Klammern wieder in sehr guter Näherung weggelassen werden. Weiterhin gilt mit den Tabellenwerten für Ω_{m0} und $\Omega_{\Lambda 0}$

$$\frac{\Omega_{\Lambda 0}\,x^2}{\Omega_{\mathrm{m0}}\,x^{-1}} \le \frac{5}{100} \qquad \text{für} \qquad x \le 0,27\,, \tag{20.21}$$

d. h. der Λ-Term darf für alle $x \leq 0{,}27$ weggelassen werden, wenn man bei der Lösung der – zunächst nur für die Phase bis zur Entkopplung angesetzten – Friedmann-Lemaître-Gleichung einen Fehler von maximal 5 Prozent zuläßt. Weiterhin ergibt sich

$$\frac{|1-\Omega_0|}{\Omega_{m0}\, x^{-1}} \leq \frac{5}{100} \qquad \text{für} \qquad x \leq 0,27 \quad \text{und} \quad |1-\Omega_0| \leq 0,05\,. \tag{20.22}$$

Da sich herausstellen wird, daß Ω_0 ziemlich nahe bei 1 liegen muß (Abschn. 20.6.2), können wir daher für $x \leq 0{,}27$ mit guter Näherung

$$\dot{x}^2(t) = H_0^2 \left(\frac{\Omega_{m0}}{x} + \frac{\Omega_{r0}}{x^2} \right) \tag{20.23}$$

setzen. Das ist dieselbe Gleichung wie für entkoppelte Strahlung und Materie, was bedeutet, daß sie auch über den Zeitpunkt der Entkopplung hinaus bis zum Erreichen von $x \approx 0{,}27$ benutzt werden darf. Aus (20.16a) und (20.17) folgt unter Vernachlässigung des Temperaturterms

$$\frac{\varrho_m}{\varrho_r} = \frac{\Omega_{m0}\, x}{\Omega_{r0}} \leq 10^{-3} \qquad \text{für} \qquad x \leq 2,9 \cdot 10^{-7}\,.$$

Die Massendichte der Materie beträgt demnach weniger als ein Promille der Massendichte von Strahlung und Neutrinos, bevor die ersten Teilchen relativistisch werden und ihre Dichte allmählich anfängt, mit der Temperatur so schnell zu wachsen wie die der Strahlung. Dies bedeutet, daß Gleichung (20.23) auch für alle $x \leq 2,9 \cdot 10^{-7}$ eine sehr gute Näherung darstellt, d. h. wir könne sie im ganzen Bereich $0 \leq x \leq 0{,}27$ benutzen.

Ihre Lösung wurde schon in Abschn. 19.4.2 abgeleitet, wir müssen nur in Gleichung (19.46) den in (20.18) angegebenen Wert $x_g = 3{,}06 \cdot 10^{-4}$ und die Parameterwerte aus Tabelle 20.2 ($\Omega_{r0} = 8,6 \cdot 10^{-5}$) einsetzen und erhalten damit

$$t(x) = \frac{4x_g^2}{3H_0\sqrt{\Omega_{r0}}} \left[1 + \left(\frac{x}{2x_g} - 1 \right) \sqrt{1 + \frac{x}{x_g}} \right] = 188{,}5 \cdot 10^3 \left[1 + \left(\frac{x}{2x_g} - 1 \right) \sqrt{1 + \frac{x}{x_g}} \right] \text{a.} \tag{20.24}$$

Für sehr frühe Zeiten gilt mit guter Näherung

$$t = \frac{x^2}{3H_0\sqrt{\Omega_{r0}}} \qquad \Rightarrow \qquad x = \left(3H_0\sqrt{\Omega_{r0}}\right)^{1/2} \sqrt{t} \quad \text{für} \quad x \ll x_g\,. \tag{20.25}$$

Für $x = 0{,}27$ ergibt sich $t(x) = 2{,}5 \cdot 10^9$ a, und für die **vom Urknall bis zum Materie-Strahlung-Gleichgewicht** bzw. **bis zur Entkopplung vergangenen Zeiten**

$$\boxed{t_g = 55 \cdot 10^3\,\text{a} \qquad \text{bzw.} \qquad t_e = 442 \cdot 10^3\,\text{a}\,.} \tag{20.26}$$

Der Wert von t_e ist wie die Temperatur T_e mit einer gewissen Willkür behaftet und wird dementsprechend unterschiedlich angegeben. Aus diesem Grund ist in Tabelle 20.3 die Zeit $t(x)$ für eine Reihe verschiedener Temperaturen angegeben.

T/K	10	2500	2600	2725	2800	2900	3000	3100	3200
$x\,/\,10^{-3}$	270	1,09	1,05	1	0,97	0,94	0,91	0,88	0,85
z	2,7	916	953	999	1027	1063	1100	1137	1173
$X\,/\,\%$		2,3	4,0	7,6	10,9	17,1	25,9	38,3	55,1
$t/(10^3\,\mathrm{a})$	$247{\cdot}10^4$	511	470	442	415	391	369	350	331

Tabelle 20.3: Expansionsfaktor x, Rotverschiebung z, Ionisationsgrad X von Wasserstoff und Weltalter $t\,(x)$ bei Temperaturen im Bereich der Strahlungsentkopplung. Zur Berechnung von $t\,(x)$ und X wurden für H_0, $\Omega_{\mathrm{r}0} = \Omega_{\mathrm{s}0}{+}\Omega_{\nu 0}$ und $\Omega_{\mathrm{m}0}$ die Richtwerte aus Tabelle 20.4 benutzt. Der Ionisationsgrad X wurde mit Hilfe der aus einer kinetischen Nichtgleichgewichtstheorie stammenden Formel (3.202) des in der Fußnote 1 von Kapitel 21 angegebenen Buches von V. Mukhanov berechnet.

Der Teilchenhorizont folgt aus (17.18) bzw. $d_{\mathrm{T}}(t) = cx(t)\int dt'/x(t')$ mit

$$\int_0^t \frac{dt}{x(t)} = \int_0^x \frac{du}{u\dot{u}} \overset{(20.23)}{=} \int_0^x \frac{du}{H_0\sqrt{\Omega_{\mathrm{r}0}{+}\Omega_{\mathrm{m}0}\,u}} = \frac{2\sqrt{\Omega_{\mathrm{r}0}}}{H_0\,\Omega_{\mathrm{m}0}}\left(\sqrt{1{+}\frac{\Omega_{\mathrm{m}0}\,x}{\Omega_{\mathrm{r}0}}}-1\right) \tag{20.27}$$

zu

$$d_{\mathrm{T}}(t) = \frac{2c\sqrt{\Omega_{\mathrm{r}0}}}{H_0\,\Omega_{\mathrm{m}0}}\left(\sqrt{1{+}\frac{\Omega_{\mathrm{m}0}\,x(t)}{\Omega_{\mathrm{r}0}}}-1\right)x(t)\,, \tag{20.28}$$

wobei $x(t)$ die Umkehrfunktion der in (20.24) angegebenen Funktion $t(x)$ ist. Aus (20.24) mit (20.18) und (20.28) ergibt sich

$$\boxed{d_{\mathrm{T}}(t) = f\big(x(t)\big)\,c\,t \quad \text{mit} \quad f(x) = \frac{3\Omega_{\mathrm{m}0}\left[\sqrt{1{+}\Omega_{\mathrm{m}0}\,x/\Omega_{\mathrm{r}0}}-1\right]x}{2\Omega_{\mathrm{r}0}\left[1+(x/(2x_{\mathrm{g}}){-}1)\sqrt{1{+}x/x_{\mathrm{g}}}\right]}\,,} \tag{20.29}$$

und hieraus folgt insbesondere

$$d_{\mathrm{T}}(t) = \begin{cases} 2\,c\,t & \text{für} \quad t \ll t_{\mathrm{g}}\,, \\ 2,23\,c\,t_{\mathrm{e}} & \text{für} \quad t = t_{\mathrm{e}}\,, \\ 3\,c\,t & \text{für} \quad t \gg t_{\mathrm{g}}\,. \end{cases} \tag{20.30}$$

20.3.3 Von der Strahlungsentkopplung bis $t = \infty$

Nach der Strahlungsentkopplung können für alle Komponenten des kosmischen Substrats die separaten Skalengesetze von Abschn. 18.3.1 benutzt werden, und aus Gleichung (20.11) wird

$$\dot{x}^2(t) = {H_0}^2\left(\frac{\Omega_{\mathrm{r}0}}{x^2} + \frac{\Omega_{\mathrm{m}0}}{x} + \Omega_{\Lambda 0}x^2 + 1 - \Omega_0\right) \quad \text{mit} \quad \Omega_{\mathrm{r}0} \overset{\mathrm{s.u.}}{=} \Omega_{\mathrm{s}0} + \Omega_{\nu 0}\,, \tag{20.31}$$

wobei bei den relativistischen Komponenten unterhalb der Entkopplungstemperatur keine Materie mehr berücksichtigt werden mußte. Ziehen der Wurzel, Auflösen nach

dt und Integrieren liefert für $x \geq 0$ und $t \geq t_e$ die implizite Lösung

$$t(x) = t_e + \frac{1}{H_0} \int_{x_e}^{x} \frac{dx}{\sqrt{\Omega_{r0}/x^2 + \Omega_{m0}/x + \Omega_{\Lambda 0} x^2 + 1 - \Omega_0}} . \tag{20.32}$$

Wir wollen uns an dieser Stelle überlegen, welchen Wert der Parameter $a_0 = a(t_0)$ annimmt. Aus Gleichung (20.9b) ergibt sich für $k = \pm 1$ bei gegebenen Werten von Ω_0 und H_0

$$a_0 = \frac{c}{H_0} \frac{1}{\sqrt{|\Omega_0 - 1|}} . \tag{20.33}$$

Im Fall $k = 0$ folgt aus (20.9) dagegen $\Omega_0 = 1$, und die Größe a_0 bleibt unbestimmt. (Der aus (20.9) folgende Grenzwert $a_0 = \infty$ für $\Omega_0 \to 1$ ist unbrauchbar.) Wegen $\varrho_{m0} \sim M/V$ und Volumen $V \sim a_0^3$ sieht es so aus, als müßte man a_0 kennen, um $\Omega_{m0} = (8\pi G \varrho_{m0})/(3H_0{}^2)$ bestimmen zu können. Ω_{m0} ist im Fall $k = 0$ jedoch keine unabhängige Größe, sondern durch $\Omega_{m0} = 1 - \Omega_{r0} - \Omega_{\Lambda 0}$ festgelegt, wobei $\Omega_{\Lambda 0}$ einer zu bestimmenden Kraft entspricht und Ω_{r0} ohne Kenntnis von a_0 berechnet werden kann. Man kommt für die Dynamik des Universums daher mit der Größe $x = a/a_0$ aus, in der a_0 offen bleiben kann. Außerdem werden wir später (nach Gleichung (20.59)) sehen, daß V auf andere Art und Weise bestimmt werden kann. Auch der Abstand eines Quasars kann ohne Kenntnis von a_0 aus seiner Rotverschiebung erschlossen werden (Aufgabe 20.4). Um definierte Verhältnisse zu haben, ist eine Festlegung von a_0 dennoch wünschenswert, und der Blick auf (20.33) zeigt, daß z. B.

$$a_0 = c/H_0 \qquad \text{für} \qquad k = 0 \tag{20.34}$$

eine sinnvolle Wahl ist.

Die Gleichungen (20.31) und (20.32) können unter geringfügigem Verzicht auf Genauigkeit in bestimmten Entwicklungsphasen noch weiter vereinfacht werden, was in den folgenden Teilabschnitten geschehen soll.

Materiedominanz

Die Gültigkeit der Ungleichungen (20.21) und (20.22) ermöglicht es, die Lösung (20.24) auch noch im Bereich $x_e \leq x \leq 0{,}27$ zu benutzen. In diesem gilt nach (18.40) und (20.18) $x/x_g \geq 3{,}3$. Wenn wir in grober Vereinfachung statt (20.24a) die für große Werte x/x_g gültige Näherung (19.47) benutzen, erhalten wir mit (20.18a) und (20.20)

$$x = \left(\frac{3\, H_0 \sqrt{\Omega_{m0}}}{2} \right)^{2/3} t^{2/3} \qquad \text{bzw.} \qquad t(x) = \frac{2\, x^{3/2}}{3\, H_0 \sqrt{\Omega_{m0}}} . \tag{20.35}$$

Man erkennt fast unmittelbar, daß sich dieselbe Lösung ergibt, wenn man in Gleichung (20.31) alle Terme bis auf den Ω_{m0} enthaltenden Materieterm vernachlässigt, also die Gleichung

$$\dot{x}(t) = \frac{H_0 \sqrt{\Omega_{m0}}}{\sqrt{x}} \tag{20.36}$$

benutzt. Die durch (20.36) beschriebene Phase wird daher als Phase der **Materiedominanz** bezeichnet, sie erstreckt sich über den Zeitbereich $t_e \leq t \leq t_m \approx 2{,}5 \cdot 10^9$ a. Der Zeitpunkt t_m bezeichnet das Ende der materiedominierten Phase – danach wird der kosmologische Term immer wichtiger – und ergibt sich aus (20.35b) durch Einsetzen von $x = x_m = 0{,}27$. Die Lösung (20.35) ist bis auf den Faktor $\Omega_{m0}^{1/3} \approx 0,65$ identisch mit der Lösung (19.28) des **Standardmodells**, gilt jedoch nicht nur für $k = 0$, sondern darüber hinaus auch in den Fällen $k = \pm 1$, in denen sie bis zur Zeit $t = t_m$ eine gute Näherung an die Lösungen (19.31) mit (19.32b) bzw. (19.33) mit (19.34b) darstellt.

Gleichberechtigung von Ω_m- und Ω_Λ-Term

Für das Zeitintervall $t_m \leq t \leq t_0$ muß statt (20.36) die genauere Gleichung

$$\boxed{\dot{x}(t) = H_0 \sqrt{\Omega_{m0}/x + \Omega_{\Lambda 0}\, x^2 + 1 - \Omega_{m0} - \Omega_{\Lambda 0}}} \tag{20.37}$$

benutzt werden, die aus Gleichung (20.31) durch Vernachlässigung des Strahlungsterms hervorgeht. (Für $x \geq 0,27$ gilt $\Omega_{r0}x^{-2}/(\Omega_{m0}x^{-1}) \leq 1,1 \cdot 10^{-3}$). Sie gilt natürlich auch für $t_e \leq t \leq t_m$. In Analogie zu (20.32) ergibt sich aus ihr die implizite Lösung

$$\boxed{t(x) = t_e + \frac{1}{H_0} \int_{x_e}^{x} \frac{dx}{\sqrt{\Omega_{m0}/x + \Omega_{\Lambda 0}\, x^2 + 1 - \Omega_{m0} - \Omega_{\Lambda 0}}}\,.} \tag{20.38}$$

Zukünftige Entwicklung

Schon heute gilt $\Omega_{\Lambda 0} \approx 2{,}6\, \Omega_{m0}$. Wegen der schnellen Abnahme von $\varrho_m \sim x^{-3}$ mit zunehmendem x wird ϱ_Λ schon bald die weitere Entwicklung vollständig dominieren, sofern man die zeitliche Konstanz von Λ voraussetzen darf. Wir benutzen daher für $t > t_0$ statt (20.37) die Näherung

$$\dot{x}(t) = H_0 \sqrt{\Omega_{\Lambda 0}}\, x\,, \tag{20.39}$$

die mit zunehmendem x immer genauer wird. Aus dieser folgt

$$\boxed{x(t) = \mathrm{e}^{H_0 \sqrt{\Omega_{\Lambda 0}}\,(t - t_0)} \qquad \text{für} \qquad t > t_0\,.} \tag{20.40}$$

Weil die Expansion beschleunigt ist, $\ddot{x}(t) = H_0^2 \Omega_{\Lambda 0}\, x > 0$, gibt es einen Ereignishorizont, den wir in Abschn. 24.1 berechnen werden.

20.3.4 Einschränkungen des Parameterbereichs für $t \geq t_e$

Wenn man die Zeit in Vielfachen der Hubble-Zeit $t_H = 1/H_0$ angibt – wie H_0 bestimmt wird, werden wir weiter unten sehen –, verbleiben als Parameter der für $t \geq t_e$ gültigen

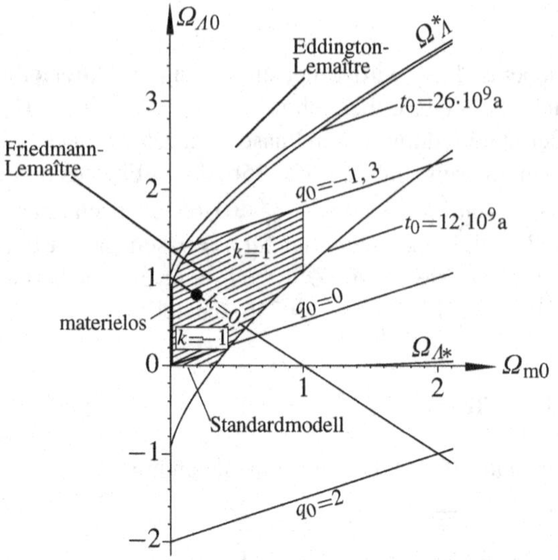

Abb. 20.1: Parameterebene Ω_{m0}, $\Omega_{\Lambda 0}$ für die Lösungen (20.38). Lösungen mit Urknall liegen unterhalb der Kurve Ω^*_Λ und oberhalb der Kurve $\Omega_{\Lambda *}$. (Beide Kurven wurden numerisch aus der vollen Beziehung (20.44) ermittelt.) Die in (20.48) angegebenen Einschränkungen reduzieren den Bereich realistischer kosmologischer Modelle auf das schraffierte Gebiet. Der schwarze Punkt markiert die wahrscheinlichste Position.

Lösung (20.38) nur noch Ω_{m0} und $\Omega_{\Lambda 0}$. Wir betrachten deren Lösungsmannigfaltigkeit daher in einer Ω_{m0}, $\Omega_{\Lambda 0}$-Ebene (Abb. 20.1). Nach (20.9) wird in dieser $k=0$ durch die Gerade $\Omega_{\Lambda 0} = 1 - \Omega_{m0}$ repräsentiert. Oberhalb von dieser ist $k=1$, unterhalb $k=-1$. Um den gegenwärtigen Wert des in (17.38) definierten Verzögerungsparameters q_0 zu bestimmen, differenzieren wir (20.37) nach t und erhalten zunächst

$$\ddot{x}(t) = \frac{H_0{}^2}{2}\left(-\frac{\Omega_{m0}}{x^2} + 2\Omega_{\Lambda 0}\, x\right). \tag{20.41}$$

Für $t{=}t_0$ ergibt sich daraus mit $q_0{=}-\ddot{a}(t_0)/(a_0 H_0{}^2){=}-\ddot{x}(t_0)/H_0{}^2$ und $x(t_0)=1$

$$\boxed{q_0 = \frac{\Omega_{m0}}{2} - \Omega_{\Lambda 0}\,.} \tag{20.42}$$

Hieraus folgt, daß die Kurven $q_0=n=\text{const}$ durch die Geraden $\Omega_{\Lambda 0} = \Omega_{m0}/2 - n$ gegeben sind, von denen in der Abbildung die Fälle $q_0 = -1{,}3$, $q_0 = 0$ und $q_0 = 2$ dargestellt sind.

Für die in Abschn. 19.3.5 untersuchten Friedmann-Lemaître-Lösungen mit einem Wendepunkt erhält man aus (20.41) mit (20.42) für den x-Wert des Wendepunkts, bei dem der Übergang von gebremster zu beschleunigter Expansion erfolgt,

$$x_* = \left(\frac{\Omega_{m0}}{2\Omega_{\Lambda 0}}\right)^{1/3}. \tag{20.43}$$

Damit die Lösung über den Wendepunkt hinwegläuft, muß die rechte Seite der Gleichung (20.37) an der Stelle x_* reell sein, d. h. es muß

$$\Omega_{m0}+\Omega_{\Lambda 0}-1 < \frac{\Omega_{m0}}{x_*}+\Omega_{\Lambda 0}x_*^2 = \Omega_{m0}\left(\frac{\Omega_{m0}}{2\Omega_{\Lambda 0}}\right)^{-1/3}+\Omega_{\Lambda 0}\left(\frac{\Omega_{m0}}{2\Omega_{\Lambda 0}}\right)^{2/3} = 3\Omega_{\Lambda 0}\left(\frac{\Omega_{m0}}{2\Omega_{\Lambda 0}}\right)^{2/3}$$

oder daraus folgend

$$\Omega_{\Lambda 0} > \frac{1}{2\Omega_{\mathrm{m}0}{}^2}\left[\frac{2(\Omega_{\mathrm{m}0}+\Omega_{\Lambda 0}-1)}{3}\right]^3 \tag{20.44}$$

gelten, was der früheren Bedingung $\Lambda > L$ (siehe (19.39)) entspricht. Die Auflösung der Ungleichung (20.44) nach einer der beiden Variablen $\Omega_{\mathrm{m}0}$ oder $\Omega_{\Lambda 0}$ erfordert die Lösung einer Gleichung dritten Grades und führt zu zwei Ungleichungen, $\Omega_{\Lambda 0} < \Omega_\Lambda^*(\Omega_{\mathrm{m}0})$ und $\Omega_{\Lambda 0} > \Omega_{\Lambda *}(\Omega_{\mathrm{m}0})$. In Aufgabe 20.5 werden dafür die Näherungen

$$\Omega_{\Lambda 0} < \Omega_\Lambda^* = 1 + 3(\Omega_{\mathrm{m}0}/2)^{2/3} - \Omega_{\mathrm{m}0} + 3(\Omega_{\mathrm{m}0}/2)^{4/3} + \cdots \tag{20.45}$$

und

$$\Omega_{\Lambda 0} > \Omega_{\Lambda *} = \frac{4}{27}(\Omega_{\mathrm{m}0}-1)^3 - \frac{8}{27}(\Omega_{\mathrm{m}0}-1)^4 + \frac{124}{243}(\Omega_{\mathrm{m}0}-1)^5 + \cdots \tag{20.46}$$

abgeleitet.

Friedmann-Lemaître-Lösungen erhält man im Parameterbereich $0 < \Omega_{\Lambda 0} < \Omega_{\Lambda 0}^*$ für $0 \le \Omega_{\mathrm{m}0} \le 1$ sowie $\Omega_{\Lambda *} < \Omega_{\Lambda 0} < \Omega_{\Lambda 0}^*$ für $\Omega_{\mathrm{m}0} \ge 1$. Die Lösungen des Standardmodells liegen auf der Geraden $\Omega_{\Lambda 0} = 0$. Die Lösungen für $\Omega_{\Lambda 0} < 0$ bzw. $\Omega_{\Lambda 0} < \Omega_{\Lambda *}$ entsprechen denen von Abschn. 19.3.5 für $\Lambda < 0$ bzw. $\Lambda < L$; bis auf die schon ausgeschlossenen Eddington-Lemaître-Lösungen beginnen sie mit $a = 0$ und führen nach Erreichen eines Maximalwerts von a zu $a = 0$ zurück.

Weitere Einschränkungen des Bereichs möglicher Parameterwerte ergeben sich auch aus dem **Weltalter**

$$t_0 = t_\mathrm{e} + \frac{1}{H_0}\int_{x_\mathrm{e}}^{1} \frac{dx}{\sqrt{\Omega_{\mathrm{m}0}/x + \Omega_{\Lambda 0}x^2 + 1 - \Omega_{\mathrm{m}0} - \Omega_{\Lambda 0}}}\,, \tag{20.47}$$

das man aus (20.38) erhält, indem man als obere Grenze des Integrals 1 wählt.

Zur Orientierung treffen wir die folgenden Einschränkungen.

$$\begin{aligned} &\max(0, \Omega_{\Lambda *}) \le \Omega_{\Lambda 0} \le \Omega_{\Lambda 0}^*\,, && -1{,}3 \le q_0 \le 0\,, \\ &12 \cdot 10^9\,\mathrm{a} \le t_0 \le 26 \cdot 10^9\,\mathrm{a}\,, && 0{,}01 \le \Omega_{\mathrm{m}0} \le 1\,. \end{aligned} \tag{20.48}$$

Diese bedeuten, daß 1. nur Friedmann-Lemaître-Lösungen und die Lösungen des Standardmodells zugelassen werden, 2. die kosmologische Kraft eine positive Energiedichte besitzen muß, 3. das Weltalter und der Verzögerungsparameter innerhalb (sehr großzügig) vorgegebener Grenzen liegen und 4. $\Omega_{\mathrm{m}0}$ nicht über den im Standardmodell für $k = 0$ angenommenen Wert $\Omega_{\mathrm{m}0} = 1$ hinausgeht. In Abb. 20.1 ist der durch diese Einschränkungen definierte Bereich der $\Omega_{\mathrm{m}0}$, $\Omega_{\Lambda 0}$-Ebene schraffiert, wobei die durch das Weltalter t_0 definierten Grenzen numerisch aus (20.47) ermittelt wurden. Außerdem ist die Lage des in Tab. 20.4 für $k = 0$ angegebenen Modells als Referenzpunkt eingetragen. Dieser kann so interpretiert werden, daß ihm die größte Wahrscheinlichkeit zukommt und daß die Wahrscheinlichkeit anderer Punkte mit zunehmenden Abstand von ihm abnimmt. Der Parameterbereich, in dem das Universum mit einiger Wahrscheinlichkeit anzutreffen ist, ist sicher deutlich kleiner als der schraffierte Bereich. Er liegt jedoch so, daß noch alle Möglichkeiten $k = -1$, 0 und 1 offenstehen, so daß sich aufgrund der

k	Ω_{m0}	$\Omega_{\Lambda 0}$	a_0	$d_{\chi 0}$	q_0	t_0
-1	0,3	0,6	$44{,}2 \cdot 10^9$ Lj	$45{,}2 \cdot 10^9$ Lj	$-0{,}45$	$13{,}0 \cdot 10^9$ a
0	0,28	0,72	—	$47{,}5 \cdot 10^9$ Lj	$-0{,}58$	$13{,}7 \cdot 10^9$ a
1	0,3	0,8	$44{,}2 \cdot 10^9$ Lj	$47{,}4 \cdot 10^9$ Lj	$-0{,}65$	$14{,}8 \cdot 10^9$ a

Tabelle 20.4: Werte von a_0, $d_{\chi 0}$, q_0 und t_0 in Abhängigkeit vom Krümmungsparameter k, ausgerechnet mit den $\Omega_{m0} = 0{,}28$ bzw. $\Omega_{m0} = 0{,}3$, $H_0 = 70\,\mathrm{km\,s^{-1}/Mpc}$ und einem Wert $\Omega_{\Lambda 0}$ in der Nähe von $0,7$.

heutigen Messungen nicht entscheiden läßt, ob das Universum offen oder geschlossen ist. Wir werden jedoch weiter unten sehen, daß einiges für ein offenes Universum mit $k = 0$ spricht.

Wenn das Universum geschlossen wäre, würde sich das möglicherweise dadurch bemerkbar machen, daß charakteristische Objekte wie Quasare, Stern- oder Galaxienkonstellationen mehrfach zu sehen sind, in einer Richtung und in der dazu entgegengesetzten. Die Milchstraße müßte man sogar in jeder beliebigen Richtung weit entfernt ein zweites Mal sehen können, wenn auch in einer deutlich früheren Entwicklungsphase als heute. Eine ausführliche Durchmusterung von Quasaren unter diesem Gesichtspunkt hat aber zu keinem positiven Ergebnis geführt. Allerdings ergibt sich im Fall $k = 1$ aus den Resultaten der Tabelle 20.4, daß der aus (16.44a) zu berechnende halbe Umfang des Universums mit $\pi a_0 = 138{,}9 \cdot 10^9$ Lj deutlich größer als der Teilchenhorizont $d_{\chi 0} = 47{,}4 \cdot 10^9$ Lj ist, so daß bei diesem Modell zum jetzigen Zeitpunkt keine Mehrfachbeobachtungen zu erwarten sind.

20.4 Bestimmung von H_0, Ω_{m0} und $\Omega_{\Lambda 0}$

Die in alle Ergebnisse dieses Abschnitts eingehende Hubble-Zahl kann durch Messung der Rotverschiebung der am weitesten entfernten, gerade noch sichtbaren Quasare bestimmt werden. Noch genauere Ergebnisse liefert die Rotverschiebung von Typ Ia Supernovae, wobei Werte bis $z \approx 0{,}1$ schon hinreichende Genauigkeit liefern (Abb. 20.2). Die Auswertung der Meßergebnisse kann dabei mit Hilfe der für $z \lesssim 0{,}1$ ausreichenden Näherungsbeziehung (17.57) erfolgen, wobei der Verzögerungsparameter q_0 im Bereich kleiner Rotverschiebungen keinen merklichen Einfluß hat.

Schwieriger ist die Bestimmung des Verzögerungsparameters q_0, weil dieser erst bei größeren Rotverschiebungen im Bereich von $z = 1$ zu meßbaren Unterschieden führt. Hier ist es auch sinnvoll, statt der aus rein kinematischen Betrachtungen abgeleiteten Näherung (17.57) eine exakte dynamische Lösung zu benutzen. Wir bestimmen diese zunächst im Fall $k = 0$. ist nach (17.49) Der Koordinatenabstand χ_{em} des Emissionsortes von Licht, das heute empfangen wird, ergibt sich nach (17.32) aus

$$\frac{a_0\,\chi_{em}}{c} = \int_{t_{em}}^{t_0} \frac{dt}{x(t)} = \int_{x_{em}}^{1} \frac{dx}{x\,\dot{x}} \overset{(17.46)}{=} \int_{x_{em}}^{1} \frac{dx}{x^2\,H(t(x))} \overset{\text{s.u.}}{=} \int_{x_{em}}^{1} \frac{dx}{H_0\sqrt{\Omega_{m0}\,x + \Omega_{\Lambda 0}\,x^4}}\,.$$

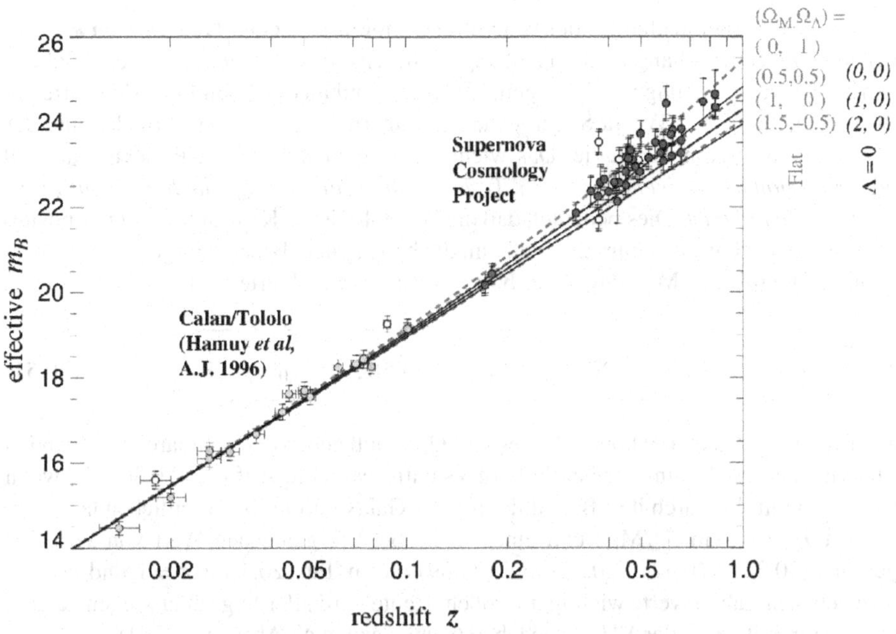

Abb. 20.2: Meßwerte der Rotverschiebung z von Typ Ia Supernovae des Supernova Cosmology Projekts und der Calán/Tololo Supernova Studie, mit engl. Beschriftung der Originalarbeit des S.-C.-Projekts[2] entnommen. Ω_M ist unser Ω_{m0}, Ω_Λ unser $\Omega_{\Lambda 0}$. Die durchgezogenen Linien sind theoretische bolometrische Helligkeitsmagnituden $m_B(z)$ des Standardmodells für verschiedene Werte von Ω_M. Die gestrichelten Linien repräsentieren ein flaches Universum ($k=0$) und entsprechen den Wertepaaren $(\Omega_M,\, \Omega_\Lambda) = (0,\, 1)$ oben, $(0,5,\, 0,5)$ in der Mitte und $(1,\, 0)$ unten.

Dabei wurde zuletzt (20.37) mit $1-\Omega_{m0}-\Omega_{\Lambda 0}=0$ für $k=0$ eingesetzt. Einsetzen in (17.54) liefert mit (17.35), $x_{em}=1/(1+z)$, und (17.2), $r_{em}=\chi_{em}$,

$$d_L(z) = \frac{c\,(1+z)}{H_0} \int_{\frac{1}{1+z}}^{1} \frac{dx}{\sqrt{\Omega_{m0}\, x + \Omega_{\Lambda 0}\, x^4}} \,. \tag{20.49}$$

Für $k = \pm 1$ ergibt sich mit analoger Rechnung (Aufgabe 20.6)

$$d_L(z) = \frac{c\,(1+z)}{H_0 \sqrt{|\Omega_0-1|}} \begin{Bmatrix} \sin \\ \sinh \end{Bmatrix} \left(\int_{\frac{1}{1+z}}^{1} \frac{\sqrt{|\Omega_0-1|}\;\; dx}{\sqrt{\Omega_{m0}\, x + (1-\Omega_0)\, x^2 + \Omega_{\Lambda 0}\, x^4}} \right) \text{ für } \begin{Bmatrix} k=1 \\ k=-1 \end{Bmatrix}. \tag{20.50}$$

Der Verzögerungsparameter q_0 ist in diesen Beziehungen implizit über den Zusammenhang (20.42), $q_0 = \Omega_{m0}/2 - \Omega_{\Lambda 0}$, enthalten.

In Abb. 20.2 sind für eine Reihe von Parameterkombinationen $(\Omega_{m0},\, \Omega_{\Lambda 0})$, die in der Abbildung mit $(\Omega_M,\, \Omega_\Lambda))$ bezeichnet werden, die mit den Luminositätsabständen

2 S. Perlmutter et al., Astrophys. J. **517**, 565 (1999) [astro-ph/9812133]

d_L monoton zusammenhängenden **scheinbaren bolometrischen Helligkeiten** $\boldsymbol{m_{\mathrm{B}}}$ (der genauere Zusammenhang wird im Anhang zu diesem Abschnitt abgeleitet) als Funktionen der Rotverschiebung z aufgetragen. Außerdem enthält die Abbildung Meßwerte der Rotverschiebung von Typ Ia Supernovae des Supernova Cosmology Projekts und der Calán/Tololo Supernova Studie. Das wichtigste Ergebnis des S.-C.-Projekts war, *daß die Expansion des Universums für* $z \gtrsim 0,7$ *bzw. für Zeiten* $t \gtrsim t_0/2$ *nicht gebremst, sondern beschleunigt ist.* Dies bedeutet, daß die kosmologische Konstante nicht nur positiv ist, sondern auch groß genug sein muß, um die beobachtete Beschleunigung erklären zu können. Die mit den Messungen am besten verträglichen Werte sind

$$\boxed{\Omega_{\Lambda 0} = 0{,}72 \quad \overset{(20.42)}{\Longrightarrow} \quad q_0 \approx -0{,}58\,, \quad \Omega_{\mathrm{m}0} = 0{,}28\,.} \qquad (20.51)$$

Zur Erklärung des relativ hohen Wertes von $\Omega_{\mathrm{m}0}$ muß neben der sichtbaren leuchtenden Materie auch noch dunkle Materie berücksichtigt werden. Auf diese läßt sich, wenn auch nur indirekt, durch ihre Beeinflussung der Galaxienrotationen schließen läßt.

Mit $H_0 = 70\,\mathrm{km\,s^{-1}/Mpc}$ und einem nahe bei 0,7 gelegenen Wert von $\Omega_{\Lambda 0}$ folgen aus (20.33), (20.42), (20.47) und (20.59) die in Tab. 20.4 für $k = 1$ und $k = -1$ angegebenen Zahlenwerte wichtiger Größen. Heute wird allerdings überwiegend einem Universum mit $k = 0$ der Vorzug gegeben (siehe dazu auch Abschn. 20.6.2).

Daß die Expansion des Universums heute beschleunigt ist, folgt auch aus Meßdaten, die vom Galaxy Evolution Explorer der NASA und mit einem anglo-australischen Teleskop auf dem Siding Spring Mountain im Südosten Australiens an 240tausend weit entfernten Galaxien gewonnen wurden. (2010 wurde darüber wurde in mehreren Artikeln der „Monthly Notices of the Royal Astronomical Society" berichtet.)

Anhang

Statt der in der Definition (17.51) des Luminositätsabstands d_L auftretenden Leuchtkraftdichte ℓ_0 und absoluten Leuchtkraft L werden in der Astronomie aus historischen Gründen sogenannte **bolometrische Helligkeitsmagnituden** m und M benutzt. Die **scheinbare bolometrische Helligkeitsmagnitude** m (in Abb. 20.2 mit m_{B} bezeichnet) hängt mit der Leuchtkraftdichte ℓ_0 über die Beziehung

$$\ell_0(m) = 10^{-2m/5} \cdot 2,52 \cdot 10^{-8}\,\mathrm{J\,m^{-2}}\,s^{-1}\,,$$

die **absolute bolometrische Helligkeitsmagnitude** M mit der absoluten Leuchtkraft L über

$$L(M) = 4\pi\, d_{L*}^2\, \ell_0(M) \qquad \text{mit} \qquad d_{L*} = 10\,\mathrm{pc}$$

zusammen. Der Zusammenhang zwischen m und ℓ bzw. d_{L} ergibt sich durch Einsetzen der obigen Definitionsgleichungen in Gleichung (17.51). Aus dieser folgt

$$d_L^2 = \frac{L}{4\pi\,\ell_0} = \frac{4\pi\, d_{L*}^2\, \ell_0(M)}{4\pi\,\ell_0(m)} = \frac{d_{L*}^2\,\ell_0(M)}{\ell_0(m)} = 10^{2(m-M)/5}\, d_{L*}^2\,,$$

und hieraus ergibt sich

$$m(d_L) = M + 5\,{}^{10}\!\log \frac{d_L}{d_{L*}} \qquad \text{mit} \qquad d_{L*} = 10\,\text{pc}\,. \tag{20.52}$$

Dabei gilt $M = m(d_{L*}) =$ scheinbare bolometrische Magnitude des leuchtenden Objekts, wenn dieses aus einer Entfernung von 10 pc betrachtet wird. Vielfach ist es auch üblich, den hier dimensionslos eingeführten Größen m und M eine Dimension zu geben, die in den Einheiten mag oder abgekürzt m gemessen wird.

20.5 Favorisiertes Modell

Aus Gründen, die in Abschn. 20.6.2 und im nächsten Kapitel dargelegt werden, ist man heute überwiegend der Ansicht, daß unser reales Universum räumlich ungekrümmt ist, d. h. $k = 0$ mit Folge $\Omega_{\text{m}0} + \Omega_{\Lambda 0} = 1$. In diesem Abschnitt werden die für diesen Fall gültigen Ergebnisse zusammengefaßt und zum Teil noch etwas erweitert. Dabei beschränken wir uns auf Zeiten $t \gtrsim t_{\text{e}}$.

Expansionsfaktor und Weltalter

Mit $\Omega_{\text{m}0} + \Omega_{\Lambda 0} = 1$ und (17.46) folgt aus Gleichung (20.37) zum einen

$$H = H_0 \sqrt{\frac{\Omega_{\text{m}0}}{x^3} + \Omega_{\Lambda 0}}\,. \tag{20.53}$$

Zum anderen ergibt sich aus ihr durch Integration

$$\begin{aligned} H_0\, t(x) :&= \int_0^x \frac{dx}{\sqrt{\Omega_{\text{m}0}/x + \Omega_{\Lambda 0}\, x^2}} = \int_0^x \frac{x^{1/2}\, dx}{\sqrt{\Omega_{\text{m}0} + \Omega_{\Lambda 0}\, x^3}} = \frac{2}{3} \int_0^x \frac{dx^{3/2}}{\sqrt{\Omega_{\text{m}0} + \Omega_{\Lambda 0}\, x^3}} \\ &= \frac{2}{3} \int_0^y \frac{dy}{\sqrt{\Omega_{\text{m}0} + \Omega_{\Lambda 0} y^2}} = \frac{2}{3\sqrt{\Omega_{\text{m}0}}} \int_0^y \frac{dy}{\sqrt{1 + (\Omega_{\Lambda 0}/\Omega_{\text{m}0}) y^2}} \\ &= \frac{2}{3\sqrt{\Omega_{\Lambda 0}}} \int_0^u \frac{du}{\sqrt{1+u^2}} \overset{u=\sinh v}{=} \frac{2}{3\sqrt{\Omega_{\Lambda 0}}} \int_0^{\operatorname{arsinh} v} dv = \frac{2}{3\sqrt{\Omega_{\Lambda 0}}} \operatorname{arsinh} v \end{aligned}$$

oder mit $v = \sqrt{\Omega_{\Lambda 0}/\Omega_{\text{m}0}}\, y = \sqrt{\Omega_{\Lambda 0}/\Omega_{\text{m}0}}\, x^{3/2}$ und $\operatorname{arsinh} v = \ln\left(v + \sqrt{1+v^2}\right)$

$$t(x) = \frac{2}{3H_0\sqrt{\Omega_{\Lambda 0}}} \operatorname{arsinh}\left(\sqrt{\frac{\Omega_{\Lambda 0}}{\Omega_{\text{m}0}}}\, x^{3/2}\right) = \frac{2}{3H_0\sqrt{\Omega_{\Lambda 0}}} \ln \frac{\sqrt{\Omega_{\Lambda 0}} x^{3/2} + \sqrt{\Omega_{\text{m}0} + \Omega_{\Lambda 0} x^3}}{\sqrt{\Omega_{\text{m}0}}}\,. \tag{20.54}$$

Dabei bezeichnet $t(x)$ die durch Integration erhaltene Funktion von x und gibt zunächst nicht das zur Expansion x gehörige Weltalter an; nach (20.47) gilt für dieses vielmehr

$$t = t_{\text{e}} - t(x_{\text{e}}) + t(x) \qquad \text{mit} \qquad t_{\text{e}} \neq t(x_{\text{e}})\,.$$

Mit (20.26), $t_e = 442 \cdot 10^3$ a, und den aus (20.54) folgenden Werten $t(x_e) = 550 \cdot 10^3$ a sowie $t(10\,x_e) = t(10^{-2}) = 17{,}6 \cdot 10^6$ a ergibt sich $|[t_e - t(x_e)]/t(x)| \leq 0{,}6 \cdot 10^{-2}$ für $x \geq 10\,x_e = 10^{-2}$, und unter dieser Voraussetzung können wir in guter Näherung als Weltalter $t = t(x)$ ansetzen. Im folgenden werden wir daher $x \geq 10\,x_e$ voraussetzen. Aus Gleichung (20.54) erhält man durch Auflösung nach x

$$\boxed{x(t) = \left(\frac{\Omega_{m0}}{1-\Omega_{m0}}\right)^{1/3} \sinh^{2/3}\tau \qquad \text{mit} \qquad \tau = \frac{3H_0\sqrt{1-\Omega_{m0}}}{2}\,t\,,} \tag{20.55}$$

und mit $x = 1$ sowie $\Omega_{\Lambda 0} = 1 - \Omega_{m0}$ ergibt sich aus (20.54) das **Weltalter**

$$\boxed{t_0 = \frac{2}{3H_0\sqrt{1-\Omega_{m0}}}\,\text{arsinh}\sqrt{\frac{1-\Omega_{m0}}{\Omega_{m0}}} = \frac{2}{3H_0\sqrt{1-\Omega_{m0}}}\ln\frac{1+\sqrt{1-\Omega_{m0}}}{\sqrt{\Omega_{m0}}}\,.} \tag{20.56}$$

Die Werte $\Omega_{m0} = 0{,}28$ und $1/H_0 = 14 \cdot 10^9$ a liefern für dieses den in Tab. 20.2 angegebenen Richtwert

$$\boxed{t_0 = 13{,}7 \cdot 10^9\,\text{a}\,.} \tag{20.57}$$

Das zu $10\,x_e < x < t_0$ gehörige, durch (20.54) gegebene Alter des Universums läßt sich mit (20.56) in der Form

$$\boxed{t(x) = \frac{\text{arsinh}\left(\sqrt{\dfrac{1-\Omega_{m0}}{\Omega_{m0}}}\,x^{3/2}\right)}{\text{arsinh}\left(\sqrt{\dfrac{1-\Omega_{m0}}{\Omega_{m0}}}\right)}\,t_0} \tag{20.58}$$

schreiben.

Der Wert des relativen Skalenfaktors x, bei dem der Übergang von gebremster zu beschleunigter Expansion erfolgt, ist in Gleichung (20.43) angegeben. Für $\Omega_{m0} = 0{,}28$ und $\Omega_{\Lambda 0} = 0{,}72$ ergibt sich $x_* = 0{,}58$. Gleichung (20.58) liefert als zugehöriges Weltalter $t(x_*) = 0{,}53\,t_0$, d. h. *bis zum Alter von etwa* $7{,}3 \cdot 10^9$ *Jahren verlief die Expansion des Universums gebremst, seitdem mit zunehmender Beschleunigung*. Die Rotverschiebung von Licht, das zur Zeit $t(x_*)$ emittiert wurde und heute bei uns ankommt, ergibt sich aus (17.35) zu $z_* = z(x_*) = 0{,}67$.

Teilchenhorizont

Der Rand des heute beobachtbaren Universums befindet sich nach (17.18) mit $x = a/a_0$ von uns im (heutigen) Abstand $d_T(t_0) = c\,x(t_0)\int_0^{t_0}[1/x(t)]\,dt$. Mit $x(t_0) = 1$ und (20.55) ergibt sich dafür, also für den metrischen Radius des Universums

$$d_T(t_0) = \frac{2c}{3H_0\,\Omega_{m0}^{1/3}(1-\Omega_{m0})^{1/6}}\int_0^{\tau_0}\frac{d\tau}{\sinh^{2/3}\tau} \qquad \text{mit} \quad \tau_0 = \frac{3H_0\sqrt{1-\Omega_{m0}}}{2}\,t_0\,. \tag{20.59}$$

Da in einem räumlich flachen Universum die euklidische Geometrie gilt, kann das heutige Volumen des heute beobachtbaren Universums gemäß $V_0 = 4\pi d_{\mathrm{T}}^3(t_0)/3$ berechnet werden. Zu seiner Ermittlung wird also der im Fall $k=0$ nicht genauer festgelegte Wert von a_0 gar nicht benötigt. Wie in Aufgabe 20.8 gezeigt wird, erfüllt $d_{\mathrm{T}}(t_0)$ die Beziehung $d_{\mathrm{T}}(t_0) > ct_0$. Für die in Tab. 20.2 angegebenen Richtwerte ergibt sich der in der mittleren Zeile von Tab. 20.4 angegebene Abstand

$$\boxed{d_{\mathrm{T}}(t_0) = 47{,}5 \cdot 10^9\,\mathrm{Lj} = 3{,}47\,c\,t_0\,.} \tag{20.60}$$

Der Abstand d_c, bei dem sich mitbewegte Materie oder Galaxien mit Lichtgeschwindigkeit vom Koordinatenursprung entfernen, ist nach (17.9) mit (20.53)

$$d_c(t) = \frac{c}{H_0\sqrt{\Omega_{\mathrm{m}0}/x^3 + 1 - \Omega_{\mathrm{m}0}}} \qquad \Rightarrow \qquad d_c(t_0) = \frac{c}{H_0} = 14 \cdot 10^9\,\mathrm{Lj} = 1{,}02\,ct_0\,. \tag{20.61}$$

Für die materiedominierte Phase des Universums, die mit $x \approx x_{\mathrm{m}} = 0{,}27$ zu Ende geht (siehe nach Gleichung (20.36)), folgt daraus $d_c(t) = c\,x^{3/2}/(H_0\sqrt{\Omega_{\mathrm{m}0}})$, und nach (20.30c) mit (20.35b) gilt in dieser $d_{\mathrm{T}} = 2cx^{3/2}/(H_0\sqrt{\Omega_{\mathrm{m}0}})$. Für das Verhältnis der beiden Abstände ergibt sich

$$\frac{d_c(t)}{d_{\mathrm{T}}(t)} = \frac{1}{2}\,.$$

Rotverschiebung

Für viele Zwecke erweist es sich als nützlich, den Expansionsfaktor x mit Hilfe der Beziehung (17.44) durch die zugehörige Rotverschiebung z auszudrücken. Das macht z. B. Sinn, wenn man die räumliche Homogenität der Dichte $\varrho_{\mathrm{m}}(t)$ in radialer Richtung überprüfen möchte. Da durch Licht übermittelte Informationen über die an weit entfernten Orten herrschende Dichte bei uns zeitlich verzögert eintreffen, nimmt die **beobachtete Dichte** mit der Entfernung zu. Weil sich der zugehörige Ort in der Zeit bis zum Eintreffen der Information bei uns aufgrund der räumlichen Expansion noch weiter entfernt hat, macht es wenig Sinn, die radiale Dichteverteilung als Funktion des radialen Abstands anzugeben. Dagegen besitzt die Funktion $\varrho_{\mathrm{m}}(t(z))$ eine viel anschaulichere Bedeutung. Sie läßt sich tatsächlich noch einfacher ermitteln, als erst $t(z)$ durch Einsetzen von (17.44) in (20.54) zu bestimmen. Man muß nur das für alle Zeiten $t \gtrsim t_{\mathrm{e}}$ gültige Skalierungsgesetz $\varrho_{\mathrm{m}} \sim x^{-3}$ benutzen und erhält mit (17.44) sofort $\varrho_{\mathrm{m}} = \varrho_{\mathrm{m}0}\,(1+z)^3$. Dieses Verteilungsgesetz ist allerdings nur anhand leuchtender Materie überprüfbar. Viel einfacher ist es natürlich, die angulare (laterale) Dichteverteilung zu messen, weil diese für alle Punkte derselben Kugeloberfläche die gleiche Zeitverzögerung aufweist. Außerdem werden wir im nächsten Teilabschnitt bei der Zahlendichte von Galaxien noch eine besser auf Meßbarkeit abgestimmte Definition kennenlernen.

Aus (20.53) ergibt sich mit Gleichung (17.44) und der für $k=0$ gültigen Beziehung $\Omega_{\mathrm{m}0} + \Omega_{\Lambda 0} = 1$

$$H(z) = H_0\sqrt{1 + 3\Omega_{\mathrm{m}0}(z + z^2 + z^3/3)}\,. \tag{20.62}$$

Für den metrischer Abstand des Emissionspunktes vom Ursprung zum Zeitpunkt der Lichtemission ergibt sich hiermit aus (17.50)

$$d_\chi(z) = \frac{c}{H_0\,(1+z)} \int_0^z \frac{dz'}{\sqrt{1+3\Omega_{\mathrm{m}0}(z'+z'^2+z'^3/3)}}\,. \tag{20.63}$$

Wir wollen jetzt für die Rotverschiebung einer fest gewählten Lichtquelle im Universum noch eine genauere Beziehung als (17.58) ableiten. Die Rotverschiebung ist ihrer Definition (17.35) zufolge eine Funktion zweier Zeiten, $z = z(t_0, t_{\mathrm{em}})$. Beobachtet man ein und dieselbe Lichtquelle über einen Zeitraum dt_0 hinweg, dann ändert sich mit t_0 auch t_{em}, nach Gleichung (17.11) gilt

$$\frac{d\chi}{c} = 0 = \frac{dt_0}{a(t_0)} - \frac{dt_{\mathrm{em}}}{a(t_{\mathrm{em}})} \qquad \Rightarrow \qquad \frac{dt_{\mathrm{em}}}{dt_0} = \frac{a(t_{\mathrm{em}})}{a(t_0)} \overset{(17.11)}{=} \frac{1}{1+z}\,.$$

Hiermit ergibt sich für die Zeitableitung von $z\big(t_0, t_{\mathrm{em}}(t_0)\big)$ nach t_0

$$\begin{aligned}\frac{dz\big(t_0, t_{\mathrm{em}}(t_0)\big)}{dt_0} &= \frac{\partial z(t_0, t_{\mathrm{em}})}{\partial t_0} + \frac{\partial z(t_0, t_{\mathrm{em}})}{\partial t_{\mathrm{em}}}\frac{dt_{\mathrm{em}}}{dt_0} = \frac{\dot a(t_0)}{a(t_{\mathrm{em}})} - \frac{a(t_0)\,\dot a(t_{\mathrm{em}})}{a^2(t_{\mathrm{em}})}\frac{dt_{\mathrm{em}}}{dt_0} \\ &= \frac{a(t_0)}{a(t_{\mathrm{em}})}\left[H_0 - H(t_{\mathrm{em}})\,\frac{dt_{\mathrm{em}}}{dt_0}\right] \overset{\text{s.u.}}{=} (1+z)\,H_0 - H(z)\,,\end{aligned}$$

wobei zuletzt $H(t_{\mathrm{em}}(z)) \to H(z)$ gesetzt wurde. Ein für alle k-Werte gültiges $H(z)$ ergibt sich aus (20.37) mit (17.44) nach Umsortieren von Termen zu

$$H(z) = (1+z)\,H_0\sqrt{1-\Omega_{\Lambda 0}+\Omega_{\mathrm{m}0}z+\Omega_{\Lambda 0}\,(1+z)^{-2}}\,. \tag{20.64}$$

Damit erhalten wir schließlich

$$\boxed{\left.\frac{dz}{dt_0}\right|_{\chi=\mathrm{const}} = (1+z)\,H_0\left(1-\sqrt{1-\Omega_{\Lambda 0}+\Omega_{\mathrm{m}0}z+\Omega_{\Lambda 0}\,(1+z)^{-2}}\right).} \tag{20.65}$$

Durch Entwicklung nach z bis zu Termen zweiter Ordnung ergibt sich daraus mit (20.42)

$$\left.\frac{\dot z(t_0)}{z}\right|_{\chi=\mathrm{const}} = -q_0 H_0\left[1+\left(1+\frac{3\Omega_{\Lambda 0}-q_0{}^2}{2q_0}\right)z\right].$$

Die für $\dot z(t_0)$ erhaltenen Gleichungen würden sich im Prinzip zur experimentellen Überprüfung kosmologischer Modelle eignen. Allerdings liegen die zeitlichen Veränderungen von $z(t_0)$ derzeit noch unter der Meßbarkeitsschwelle.

Galaxienzählung

Eine weitere Möglichkeit zur Überprüfung kosmologischer Modelle besteht darin, die Anzahl dN von Galaxien oder anderer sichtbarer kosmischer Objekte abzuzählen, die sich in einem gegebenen Raumwinkelelement $d\Omega$ befinden und deren Rotverschiebung im Intervall $[z, z+dz]$ liegt. Mit der Definition

$$\mathcal{N}(z) = \frac{dN}{d\Omega\, dz}, \tag{20.66}$$

dem für $k=0$ durch $dV = a^3\chi^2\, d\chi\, d\Omega$ mit $d\Omega = \sin\vartheta\, d\vartheta\, d\varphi$ gegebenen Volumenelement (siehe (17.3) mit (17.2)) und mit der Volumendichte $n = n(t) = n(t(z))$ der Galaxien gilt

$$\mathcal{N}(z)\, d\Omega\, dz = dN = n(t(z))\, a^3\chi^2\, d\chi\, d\Omega\,.$$

Hieraus ergibt sich mit (17.44) und mit der aus Gleichung (20.63) folgenden Beziehung $d\chi = c\,dz/(a_0 H(z))$

$$\boxed{\mathcal{N}(z) = \frac{n(t(z))\, c\, [a_0\chi(z)]^2}{(1+z)^3\, H(z)}}, \tag{20.67}$$

wobei $\chi(z)$ und $H(z)$ durch (17.49) und (20.62) gegeben sind. Diese Gleichung kann durch Auflösung nach $n(t(z))$ dazu benutzt werden, die räumliche Dichte $n(t(z))$ aus Meßwerten für $\mathcal{N}(z)$ zu bestimmen. Oder man ermittelt aus ihr einen theoretischen Verlauf von $\mathcal{N}(z)$ aus vorgegebenem Skalenverhalten von $n(t)$. Unter der Annahme, daß n der Gleichung (18.11) genügt, können wir in (20.67) $n\,x^3 = n/(1+z)^3 = n_0$ setzen und erhalten durch Entwicklung nach z die Näherung

$$\mathcal{N}(z) = n_0 \left(\frac{c}{H_0}\right)^3 \left[1 - 3\Omega_{\text{m}0} z + \frac{5\Omega_{\text{m}0}}{2}\left(\frac{27\Omega_{\text{m}0}}{8} - 1\right) z^2\right] z^2\,.$$

Mit den Zahlenwerten der Tabelle 20.4 ergibt sich

$$\mathcal{N}(z) = 2,7\cdot 10^{30}\, n_0\left(1 - 0,84z - 0,04z^2\right) z^2\,\text{Lj}^3\,. \tag{20.68}$$

Für manche kosmischen Objekte stellt das nur eine grobe Näherung dar, weil in $n \sim x^{-3}$ Evolutionsprozesse wie z. B. die Entstehung neuer und das Verlöschen älterer Sterne nicht berücksichtigt sind.

20.6 Probleme der Weltmodelle

In diesem Abschnitt werden nur Probleme der Weltmodelle besprochen, die durch das Urknallkonzept behoben werden können. Die Behandlung weiterer Probleme erfolgt in späteren Kapiteln.

20.6.1 Durch Urknall gelöste und im Rahmen von Urknallmodellen lösbare Probleme

Durch das Konzept eines dynamischen Universums mit Urknall wurde eine Reihe wesentlicher kosmologischer Probleme gelöst, die im folgenden noch einmal aufgelistet sind.

- Nichtexistenz einer stabilen statischen Gleichgewichtslösung,
- Olbers Paradoxon,
- Erklärung der Rotverschiebung,
- Nukleosynthese,
- Ursache der kosmischen Hintergrundstrahlung.

Weitere Probleme, von denen im Rahmen des Urknallkonzepts das zweite noch gelöst und das erste zumindest vermieden werden kann, sind das

- Flachheitsproblem,
- Problem der fehlenden Masse.

Diese werden in den folgenden zwei Teilabschnitten besprochen.

Durch das Urknallkonzept werden allerdings auch neue Probleme aufgeworfen. Eines davon ist das

- Problem der Anfangssingularität.

Ein erster Ansatz zu dessen Lösung, der das Urknallkonzept weitgehend unverändert läßt, wird zu Beginn des nächsten Kapitels vorgestellt (siehe Abschn. 21.1). Weitere, durch das Urknallkonzept herbeigeführte Probleme können jedoch nur durch eine merkliche Modifikation desselben behoben werden. Diese bildet den Inhalt des Kapitels 23.

20.6.2 Flachheitsproblem

Aus den beiden Gleichungen (20.9) folgt durch Elimination von k

$$\Omega - 1 = \frac{H_0^2\,(\Omega_0 - 1)}{x^2\,H^2}\,, \tag{20.69}$$

und für $t \lesssim t_e$ folgt aus (20.23) mit $\dot{x}/x = H$

$$\frac{H_0^2}{x^2\,H^2} = \frac{x^2}{\Omega_{r0}+\Omega_{m0}\,x}\,.$$

Hiermit ergibt sich aus (20.69)

$$\Omega - 1 = \frac{x^2}{\Omega_{r0}+\Omega_{m0}\,x}\,(\Omega_0 - 1)\,, \tag{20.70}$$

und mit (19.16) sowie der Definition (15.20b) folgt aus (20.9a) auch noch

$$\Omega - 1 = \frac{R_{\text{Raum}}}{6/r_{\text{H}}^2}\,. \tag{20.71}$$

Aus Messungen der Rotverschiebung extrem weit entfernter Supernovae ergab sich, daß die heutige Expansion des Universums beschleunigt ist (Abb. 20.2), d. h. es gilt $\ddot{a}_0 > 0$ bzw. $q_0 < 0$ (nach Gleichung (17.38)). Aus Gleichung (20.42) folgt damit, daß $\Omega_{\Lambda 0}$ mindestens gleich $\Omega_{m0}/2 \approx 0{,}15$ sein muß. Mit $\Omega_0 \approx \Omega_{m0} + \Omega_{\Lambda 0} \geq 0{,}15 + 0{,}3$ und $x_e \approx 10^{-3}$ ergibt sich aus (20.70) mit den Parameterwerten der Tabelle 20.2

$$|\Omega_e - 1| = \frac{{x_e}^2\,|\Omega_0 - 1|}{\Omega_{r0}+\Omega_{m0}\,x_e} \leq 1,4 \cdot 10^{-3}\,.$$

Ω besaß zur Zeit t_e also schon beinahe den Wert eins, und für $x \to 0$ mit $t \to 0$ ergeben sich noch viel kleinere Werte von $\Omega - 1$. Der Dichteparameter Ω hat demnach in den meisten Entwicklungsphasen des Universums extrem nahe bei eins gelegen und weicht nur heute möglicherweise etwas von eins ab.

Umgekehrt würden in dem heute beobachtbaren Teil des Universums kleine (zeitliche) Dichtefluktuationen zu früheren Zeiten schon durch einen geringfügig veränderten Startwert von Ω dazu geführt haben, daß Ω heute um viele Größenordnungen von eins abweicht: Aus Gleichung (20.70) folgt durch Auflösung nach $\Omega_0 - 1$

$$\Omega_0 - 1 = \frac{\Omega_{r0} + \Omega_{m0}\, x}{x^2}\,(\Omega - 1) \begin{cases} \gg 1 \text{ für } \Omega > 1 \text{ und } x \ll 1\,, \\ \approx 0 \text{ für } \Omega < 1 \text{ und } x \ll 1\,. \end{cases}$$

(Im Fall $\Omega < 1$ kann Ω für kleine x nur so weit von 1 abweichen, daß noch $\Omega > 0$ gilt.) Nach Gleichung (20.71) würde daraus $R_{\text{Raum}}(t_0) \approx -6/r_{\text{H0}}^2$ für $\Omega < 1$ bzw. $k = -1$ und $R_{\text{Raum}}(t_0) \gg 6/r_{\text{H0}}^2$ für $\Omega < 1$ bzw. $k = 1$ folgen. Wegen $R_{\text{Raum}}(t_0) = k/a_0^2$ wäre der heutige Krümmungsradius $\varrho_0 = a_0$ des Universums (siehe (16.43)) demnach höchstens gleich r_{H0} und müßte damit meßbar sein, was nicht der Fall ist. *Wenn $k \not\equiv 0$ bzw. $\Omega \not\equiv 1$ wäre, bedürfte es also einer unglaublichen* ***Feinabstimmung*** *der Bedingungen* ***in der Frühzeit des Universums****, damit Ω seinen heutigen, relativ nahe bei eins gelegenen Wert erhalten und das Universum so flach (d. h. seine Raumkrümmung so klein) werden konnte.* Das erscheint sehr unwahrscheinlich, und daher ist die Annahme naheliegend, daß $\Omega \equiv 1$ (und damit $k = 0$) gilt. Weil die Dichte der aus direkten und indirekten Messungen erschlossenen Massen im Universum inklusive dunkler Materie nur zu $\Omega_{m0} \approx 0{,}28$ führt, wurde aus dieser Annahme auf das Vorhandensein dunkler Energie höherer Dichte (für $k = 0$ muß $\Omega_{\Lambda 0} = 1 - \Omega_{m0} = 0{,}72$ gelten) geschlossen, als für eine beschleunigte Expansion notwendig wäre.

Durch die Annahme $k = 0$ wird das Flachheitsproblem im Rahmen der Urknallmodelle zwar vermieden, aber nicht wirklich gelöst, denn es ist nicht erwiesen, daß das Universum völlig ungekrümmt ist. Im Fall $k \not\equiv 0$ hat man dann aber das durch die beobachtete Flachheit des Universums hervorgerufene Problem einer extremen Feinabstimmung der Anfangsbedingungen.

20.6.3 Problem der fehlenden Masse und dunkle Materie

Das zukünftige Schicksal unseres Universums hängt in entscheidender Weise davon ab, ob $\varrho < \varrho_{\text{krit}}$ bzw. $k = -1$, $\varrho = \varrho_{\text{krit}}$ bzw. $k = 0$ oder $\varrho > \varrho_{\text{krit}}$ bzw. $k = 1$ ist. Nach Abb. 19.1 wird das Universum im ersten und zweiten Fall für immer expandieren (Voraussetzung $\Lambda \geq 0$), im letzten Fall dagegen, von etwas exotischen Ausnahmefällen abgesehen, nach vorangegangener Expansion kollabieren. Im letzten Abschnitt hatten wir starke Argumente für den zweiten Fall, $\varrho \equiv \varrho_{\text{krit}}$, gefunden. Doch wie gut passen dazu die empirischen Dichtewerte?

Die Bestimmung der Massendichte **leuchtender Materie**, die hauptsächlich in Sternen konzentrierter ist, führt zu $\Omega_{\text{ml0}} \approx 0{,}04$, also nur einem Bruchteil der kritischen Dichte. Man kann allerdings nicht damit rechnen, daß fast alle Materie in sichtbaren Sternen enthalten oder auf andere Weise sichtbar ist. In Galaxien-Clustern gibt es extrem heiße Gaswolken, die im Röntgenbereich emittieren. Dies legt den Schluß nahe, daß es auch bisher unentdeckte Materie in Form kalter Gase gibt. Schließlich muß man auch mit Sternen rechnen, die unsichtbar sind, weil ihre Masse wie beim Planeten Jupiter für die Zündung von Fusionsreaktionen nicht ausreicht, sogenannten **braunen Zwergen**. Dem Beitrag zu $\Omega_{\mathrm{m}0}$, der auf diese oder ähnliche Weise durch nicht sichtbare Materie zustandekommen kann, wird allerdings durch die genauere Theorie der in diesem Buch nur knapp gestreiften Nukleosynthese (Abschn. 21.3.1, Strahlungsära) eine recht niedrige Obergrenze gesetzt. Die beobachteten Elementhäufigkeiten lassen sich mit dieser Theorie nur vereinbaren, wenn der auf (aus Protonen, Neutronen und Elektronen aufgebauter) **baryonischer Materie** beruhende Beitrag zu $\Omega_{\mathrm{m}0}$ im Bereich

$$0{,}016 \leq \Omega_{\mathrm{B}0} \leq 0{,}15 \tag{20.72}$$

liegt. (In diesen ist die Unsicherheit der Hubble-Zahl mit eingegangen.)

Für das Vorhandensein größerer Mengen (nicht sichtbarer) **dunkler Materie** gibt es mittlerweile eine Reihe indirekter Beweise. Vor einiger Zeit hat man herausgefunden, daß Galaxien von sehr leuchtschwachen **Halos** (Halo = Hof um eine Lichtquelle) umgeben sind, was durch in diesen enthaltenen Wasserstoff nachgewiesen werden konnte. Die Existenz solcher Halos macht sich insbesondere dadurch bemerkbar, daß die Rotationsgeschwindigkeit der Galaxien vom Zentrum nach außen hin deutlich langsamer abnimmt, als das aufgrund ihrer sichtbaren Masse zu erwarten wäre. Aus dem Gleichgewicht zwischen zentrifugaler und gravitativer Anziehungskraft in rotierenden Scheibengalaxien, $v^2/r = GM(r)/r^2$ mit $M(r) =$ innerhalb des Radius r befindliche Masse der Galaxie, ergibt sich

$$v(r) = \sqrt{\frac{GM(r)}{r}}\,, \tag{20.73}$$

in der Nähe des Galaxienrandes also $v(r) \sim 1/\sqrt{r}$ wegen $M(r) \approx \text{const.}$ Tatsächlich findet man jedoch $v(r) \approx \text{const.}$ Die volle Berücksichtigung dieser Halos hat $\Omega_{\mathrm{B}0}$ auf den heute als wahrscheinlich angesehenen und noch mit der Ungleichung (20.72) für baryonische Materie verträglichen Wert 0,1 angehoben. In einem Universum, das $\Omega_0 \equiv 1$ erfüllen soll, würden dann noch immer 90 Prozent an Masse fehlen.

Die Untersuchung der durch ihre gravitativen Wechselwirkungen und damit durch ihre Massen bestimmten Relativbewegungen von Galaxien hat auf eine noch höhere Dichte dunkler Materie schließen lassen und führt zu $\Omega_{\mathrm{m}0} \approx 0{,}3$, also dem Doppelten des von der Nukleosynthese zugelassenen Maximalwerts. Um diesen hohen Wert zu rechtfertigen, wurde angenommen, daß dieser außer von baryonischer zu einem beträchtlichen Teil von nichtbaryonischer Materie hervorgerufen wird, die auch als **exotische Materie** bezeichnet wird.

Untersuchungen darüber, wie sich die im Universum beobachteten Strukturen – Galaxien, Galaxienhaufen, größere **Leergebiete** (engl. big voids) umgebende **Domänenwälle**, in denen sich Galaxien anhäufen, etc. – entwickeln konnten, haben gezeigt: Das heutige Alter des Universums wäre für eine auf der gravitativen Wechselwirkung baryonischer Materie basierende Entwicklung der Strukturen nicht hoch genug. Die Annahme eines im wesentlichen auf exotischer Materie beruhenden $\Omega_{\mathrm{m}0}$-Wertes von mindestens 0,3 löst dieses Problem, was ein weiteres Argument für deren Existent liefert.

Woraus kann dunkle Materie und insbesondere exotische Materie bestehen, die nicht der Ungleichung (20.72) unterworfen ist? In Frage kommen dafür aus heutiger Sicht entweder **kompakte astrophysikalische Objekte** oder **weiträumig verteilte Elementarteilchen** geeigneter Art.

In die erste Kategorie fallen **schwarze Löcher** und **MACHOs**. (MACHO ist ein Akronym für **MA**ssive **C**ompact **H**alo **O**bject.) Vor einigen Jahren wurde mit Hilfe hochauflösender Abbildungstechniken im Infrarotbereich, die durch große Dunkelwolken hindurch den Blick ins Zentrum unserer Milchstraße ermöglichen, die Existenz eines dort befindlichen schwarzen Lochs von etwa 4,3 Millionen Sonnenmassen nachgewiesen – das allerdings nur indirekt durch dessen Gravitationsanziehung auf benachbarte Sterne. Gewisse Indizien sprechen dafür, daß sich im Zentrum der meisten Galaxien schwarze Löcher befinden. Derartige, durch den Gravitationskollaps vieler Sterne entstandene schwarze Löcher wurden allerdings aus baryonischer Materie gebildet, die am Prozeß der Nukleosynthese beteiligt war, weshalb ihr Beitrag zur Masse des Universums der Ungleichung (20.72) unterworfen ist. Sogenannte **primordiale schwarze Löcher**, die schon in der Frühzeit des Universums vor der Nukleosynthese entstanden sind, könnten einen nicht durch diese begrenzten Beitrag liefern. Bei den MACHOS handelt es sich um Halo-artige massive Gebilde mit Massen im Größenordnungsbereich von Sternmassen, die aus baryonischer oder nichtbaryonischer Materie bestehen können. (Ein baryonisches Beispiel liefern braune Zwerge.) Ihre Existenz konnte durch den von ihnen ausgeübten Gravitationslinsen-Effekt nachgewiesen werden.

In die zweite Kategorie (weiträumig verteilte unsichtbare Elementarteilchen) würden z. B. Neutrinos fallen. Allerdings können sie aus theoretischen Gründen, die hier nicht weiter erörtert werden können, zu Ω_{m0} nur einen unwesentlichen Beitrag liefern. Theoretische, über das Standardmodell der Elementarteilchentheorie hinausgehende Überlegungen lassen die Existenz einer Reihe weiterer, bisher allerdings noch nicht entdeckter Teilchen wie Axions und Photinos erwarten, die ebenfalls zur Massendichte beitragen könnten und zur exotischen Materie zählen. Es ist denkbar, daß diese Teilchen mit baryonischer Materie nur gravitativ wechselwirken. In diesem Fall wären die Teilchen nicht einzeln, sondern nur in der Anhäufung zu einer großen Gesamtmasse und auch dann nur indirekt nachweisbar. Günstiger wäre, wenn sie an der schwachen Wechselwirkung beteiligt wären. Dann könnte man darauf hoffen, sie eines Tages wie Neutrinos einzeln nachweisen zu können. In beiden Fällen würden sie in den Galaxienhalos aufgrund fehlender Reibungskräfte nicht die flache Scheiben- oder Scheibenspiralform wie baryonische Materie annehmen, sondern die Form einer Kugel, in welche die sichtbaren Galaxienscheiben eingebettet sind.

Aufgaben

20.1 (a) Bestimmen Sie die Temperaturen T_{El} und T_{P}, bei denen Elektronen bzw. Protonen relativistisch werden. (b) Welches sind die entsprechenden Zeiten, die seit dem Urknall vergangen sind?
Anmerkung: Die Geschwindigkeit v, bei der ein Teilchen relativistisch wird, ist nicht genau festgelegt und kann als willkürlicher, aber merklicher Bruchteil von c gewählt werden, z. B. $v = 0{,}5\,c$.

20.2 Sind $\Omega >\,,\,=\,,\,<1$ zeitlich invariante Eigenschaften?

20.3 Berechnen Sie t_g und t_e mit Hilfe der Näherung (19.48) für $t(x)$.

20.4 In welcher Entfernung von uns befindet sich heute ein Quasar, dessen Licht die Rotverschiebung z aufweist? (Integral genügt.) Welches explizite Ergebnis erhält man daraus im Falle des Standardmodells mit $k=0$ unter Vernachlässigung der Strahlung ?

20.5 Beweisen Sie die Näherungen (20.45) und (20.46).

20.6 Beweisen Sie die Beziehungen (20.50).
Anmerkung: Da z. B. $a_0 \sin\chi$ statt $a_0\chi = d$ zu berechnen ist, muß für a_0 Gleichung (20.33) benutzt werden.

20.7 Beweisen Sie für $\Lambda=0$ und $t>t_e$ die Gültigkeit der Beziehung

$$\frac{\Omega_{\rm m}-1}{\Omega_{\rm m}} = \frac{\Omega_{\rm m0}-1}{\Omega_{\rm m0}}\,x\,.$$

20.8 Beweisen Sie die Ungleichung $d_{\rm T}(t_0) > ct_0$.

20.9 Für die Rotverschiebung $z=z(t_0,\,t_{\rm em})$ gibt es bei festgehaltener Jetztzeit t_0 ein dem Hubble'schen Expansionsgesetz nahe verwandtes „Expansionsgesetz". Wie lautet dieses?

20.10 1. Welche Rotverschiebung z weisen Galaxien auf, die sich heute beim Hubble-Radius befinden (heutige Fluchtgeschwindigkeit $v_{\rm G0}=c$), und wie groß war deren Fluchtgeschwindigkeit zum Zeitpunkt der Lichtemission? 2. Welches ist die Rotverschiebung von Galaxien, die sich zum Zeitpunkt der Lichtemission beim Hubble-Radius befanden (damalige Fluchtgeschwindigkeit $v_{\rm G}=c$)?

Lösungen

20.1 (a) Es gilt

$$E_{\rm kin} = (m-m_0)\,c^2 = \left(\frac{1}{\sqrt{1-v^2/c^2}}-1\right)m_0\,c^2 = \frac{3k_{\rm B}T}{2}\,.$$

Hieraus folgt

$$T = \left(\frac{1}{\sqrt{1-v^2/c^2}}-1\right)\frac{2m_0\,c^2}{3\,k_{\rm B}} = 10^{-1}\,\frac{m_0\,c^2}{k_{\rm B}} \qquad \text{für } v=0,5\,c\,.$$

Mit $m_{\rm El}=9{,}1\cdot10^{-31}\,$kg, $m_{\rm P}=1{,}7\cdot10^{-27}\,\text{kg}=1{,}9\cdot10^3\,m_{\rm El}$ und $k_{\rm B}=1{,}4\cdot10^{-23}\,$J/K ergibt sich daraus

$$T_{\rm El} = 5{,}9\cdot10^8\,\text{K}\,,\qquad T_{\rm P} = 1{,}1\cdot10^{12}\,\text{K}\,.$$

(b) Zunächst muß Gleichung (21.4) abgeleitet werden. Aus dieser folgt

$$t = (T_{\rm se}/T)^2\,t_{\rm e}\,.$$

Einsetzen der Temperaturen $T_{\rm El}$ und $T_{\rm P}$ liefert mit $T_{\rm se}=2725\,$K und $t_{\rm e}=1{,}40\cdot10^{13}\,$s

$$t\Big|_{T=T_{\rm El}} = 298\,\text{s}\,,\qquad t\Big|_{T=T_{\rm P}} = 86\cdot10^{-6}\,\text{s}\,.$$

20.2 Die zeitliche Invarianz folgt unmittelbar aus (20.9).

20.3 Mit (20.20) folgt aus (19.48)

$$t = \frac{x_g^2}{2H_0\sqrt{\Omega_{r0}}}\left(\frac{x}{x_g}\right)^2,$$

und mit den Richtwerten der Tabelle 20.2, insbesondere $\Omega_{r0} = 8,6 \cdot 10^{-5}$, sowie mit $x_g = 3{,}06 \cdot 10^{-4}$ und $x_e = 10^{-3}$ ergibt sich

$$t_g = 71 \cdot 10^3\,\mathrm{a}, \qquad t_e = 864 \cdot 10^3\,\mathrm{a}.$$

20.4 Nach (17.12) beträgt der heutige Abstand des Quasars

$$d_0 = c\int_{t_{em}}^{t_0} \frac{a(t_0)}{a(t)}\,dt = c\int_{t_{em}}^{t_0} \frac{dt}{x(t)}.$$

Damit, mit (20.31), $x_0 = 1$ und $x_{em} = 1/(1+z)$ ergibt sich

$$d_0(z) = c\int_{x_{em}}^{x_0} \frac{dx}{\dot{x}\,x} = \frac{c}{H_0}\int_{\frac{1}{1+z}}^{1} \frac{dx}{\sqrt{\Omega_{r0}+\Omega_{m0}x+(1-\Omega_{m0}-\Omega_{r0}-\Omega_{\Lambda 0})\,x^2+\Omega_{\Lambda 0}\,x^4}}.$$

Im Fall des Standardmodells und unter Vernachlässigung der Strahlung gilt $\Omega_{\Lambda 0} = 0$ und $\Omega_{r0} = 0$. Für $k = 0$ folgt dann aus (20.9) $\Omega_{m0} = 1$, und es wird

$$d_0(z) = \frac{c}{H_0}\int_{\frac{1}{1+z}}^{1} \frac{dx}{\sqrt{x}} = \frac{2c}{H_0}\left(1 - \frac{1}{\sqrt{1+z}}\right).$$

20.5 Wir setzen $\Omega_{\Lambda 0} = 1 + \varepsilon$ und betrachten kleine Werte von ε und Ω_{m0}. Aus (20.44) folgt damit

$$\varepsilon + \Omega_{m0} < 3(\Omega_{m0}/2)^{2/3}(1+\varepsilon)^{1/3},$$

und durch Reihenentwicklung nach ε ergibt sich daraus mit dem Ansatz $\varepsilon = \mathcal{O}\left(\Omega_{m0}^{2/3}\right)$ die Ungleichung $\varepsilon < 3(\Omega_{m0}/2)^{2/3} - \Omega_{m0} + 3(\Omega_{m0}/2)^{4/3}$ bzw.

$$\Omega_{\Lambda 0} < \Omega_\Lambda^* = 1 + 3(\Omega_{m0}/2)^{2/3} - \Omega_{m0} + 3(\Omega_{m0}/2)^{4/3} + \cdots.$$

Ähnlich liefert der Ansatz $\Omega_{m0} = 1 + \varepsilon$, der die Ungleichung (20.44) in

$$\Omega_{\Lambda 0} > \frac{4\,(\varepsilon + \Omega_{\Lambda 0})^3}{27\,(1+\varepsilon)^2}$$

überführt, für kleine Werte von ε und $\Omega_{\Lambda 0}$ mit dem Ansatz $\Omega_{\Lambda 0} = \mathcal{O}(\varepsilon^3)$ durch Entwicklung nach ε als deren zweiten Zweig näherungsweise

$$\Omega_{\Lambda 0} > \Omega_{\Lambda *} = \frac{4}{27}(\Omega_{m0}-1)^3 - \frac{8}{27}(\Omega_{m0}-1)^4 + \frac{124}{243}(\Omega_{m0}-1)^5.$$

20.6 Nach (17.54) gilt $d_L = a_0^2\,r_{em}/a(t_{em}) = (1+z)\,a_0\,r_{em}$ mit $r_{em} = \sin\chi_{em}$ für $k = 1$ und $r_{em} = \sinh\chi_{em}$ für $k = -1$ nach (17.2). Weiterhin gilt

$$\chi_{em} = c\int_{t_{em}}^{t_0} \frac{dt}{a(t)} = \frac{c}{a_0}\int_{x_{em}}^{1} \frac{dx}{x\,\dot{x}} \overset{\text{s.u.}}{=} \int_{\frac{1}{1+z}}^{1} \frac{\sqrt{|\Omega_0 - 1|}\;dx}{\sqrt{\Omega_{m0}\,x + (1-\Omega_0)\,x^2 + \Omega_{\Lambda 0}\,x^4}},$$

wobei (20.33) und (20.37) benutzt wurde. Einsetzen in $d_L = (1+z)\,a_0\,r_{em}$ und nochmalige Benutzung von (20.33) liefert das gesuchte Ergebnis.

20.7 Für $\Lambda = 0$ wird $\Omega_{\Lambda 0} = 0$, außerdem darf Ω_r für $t \gtrsim t_e$ vernachlässigt werden. Aus (20.6) folgt damit $\Omega = \Omega_m$ sowie $\Omega_0 = \Omega_{m0}$, und aus (20.31) folgt

$$x^2 H^2 = \dot{x}^2 = H_0{}^2 \left[\Omega_{m0} + (1 - \Omega_{m0}) x\right] / x \,.$$

Damit ergibt sich aus (20.69)

$$\Omega_m - 1 = \frac{H_0^2 (\Omega_{m0} - 1)}{x^2 H^2} = \frac{(\Omega_{m0} - 1)\, x}{\Omega_{m0} + (1 - \Omega_{m0}) x}$$

und

$$\Omega_m = \frac{\Omega_{m0}}{\Omega_{m0} + (1 - \Omega_{m0}) x} \,.$$

Die Division der vorletzten durch die letzte Gleichung liefert die behauptete Beziehung.

20.9 Mit $t_{em} \to t$ gilt

$$\dot{z}(t) = -\frac{\dot{x}(t)}{x^2(t)} \overset{(17.7)}{=} -\frac{H(t)}{x(t)} \overset{(17.44)}{=} -(1+z)\, H(t) \quad \Rightarrow \quad \frac{d}{dt}(1+z) = -H(z)\,(1+z) \,.$$

20.10 1. Aus dem Hubbleschen Expansionsgesetz (17.8) folgt

$$\begin{aligned} c &= v_{G0} = H_0\, d_{\chi 0} = H_0\, a_0\, \chi \overset{(17.49)}{=} c\, H_0 \int_0^z \frac{dz'}{H(z')} \\ &\overset{(20.62)}{=} c \int_0^z \frac{du}{\sqrt{1 + 3\Omega_{m0}(u + u^2 + u^3/3)}} \,. \end{aligned}$$

Das liefert für z die implizite Bestimmungsgleichung

$$\int_0^z \frac{du}{\sqrt{1 + 3\Omega_{m0}(u + u^2 + u^3/3)}} = 1 \,,$$

und deren numerische Auswertung ergibt für $\Omega_{m0} = 0{,}28$ den Wert $z = 1{,}42$.

Der Koordinatenabstand der Galaxien ist nach dem obigen $\chi = c/(H_0 a_0)$, und damit ergibt sich die Galaxiengeschwindigkeit zum Zeitpunkt der Emission aus

$$v_G = H\, d_\chi = H\, a\, \chi = H x c / H_0 \overset{(17.44)}{=} \frac{c\, H(z)}{H_0\,(1+z)} \overset{(20.62)}{=} \frac{\sqrt{1 + 3\Omega_{m0}(z + z^2 + z^3/3)}}{1+z}\, c$$

mit $z = 1{,}42$ zu $v_G = 0{,}895\, c$.

2. Aus dem Hubbleschen Expansionsgesetz (17.8) folgt für den Fall, daß die Fluchtgeschwindigkeit zum Zeitpunkt der Lichtemission $v_G = c$ betrug,

$$c = v_G = H\, d_\chi \overset{(20.62)\,(20.63)}{=} \frac{c H_0 \sqrt{1 + 3\Omega_{m0}(z + z^2 + z^3/3)}}{H_0\,(1+z)} \int_0^z \frac{du}{\sqrt{1 + 3\Omega_{m0}(u + u^2 + u^3/3)}}$$

bzw.

$$\int_0^z \frac{du}{\sqrt{1 + 3\Omega_{m0}(u + u^2 + u^3/3)}} - \frac{1+z}{\sqrt{1 + 3\Omega_{m0}(z + z^2 + z^3/3)}} = 0 \,.$$

Die numerische Auswertung liefert für $\Omega_{m0} = 0{,}28$ den Wert $z = 1{,}63$.

21 Frühes Universum und Umwandlungsprozesse im kosmischen Substrat

Die in Abschn. 20.3.4 vorgenommenen Einschränkungen des Parameterbereichs für die Lösungen der kosmologischen Gleichungen haben zwar viele Lösungen ausgeschlossen, aber dennoch zu keiner eindeutigen Festlegung des Lösungstyps geführt, denn es stehen noch alle drei Fälle $k = -1, 0$ und 1 zur Diskussion. Die Beantwortung der Frage, ob das Universum offen oder geschlossen ist, bleibt daher trotz der Favorisierung des Falls $k = 0$ im Prinzip unbeantwortet. Die mit allen drei Fällen verträgliche Festlegung auf ein Modell mit Urknall hat allerdings wichtige Konsequenzen für die Evolution des Universums. Diese sollen in diesem Kapitel – wenn auch nur skizzenhaft – besprochen werden.

21.1 Problem der Anfangssingularität

Alle Urknallösungen beginnen zu einem endlichen Zeitpunkt in unserer Vergangenheit, für den $t = 0$ gesetzt werden kann, mit einem singulären Zustand, in dem mit $a = 0$ nach (18.59), (19.19) und (18.58)

$$\varrho(0) = \infty\,, \qquad \dot{a}(0) = \infty\,, \qquad T(0) = \infty\,, \qquad M(0) \overset{\text{s.u.}}{=} \infty$$

wird. (Wegen $M = \varrho\, V$, $\varrho \sim a^{-4}$ und $V \sim d^3 \sim a^3$ nach (17.4) gilt $M \sim a^{-1} \to \infty$ für $a \to 0$.) Am gravierendsten erscheint dabei, daß die Anfangsmasse $M(0)$ des beobachtbaren Universums unendlich groß und wegen $a = 0$ noch dazu in einem einzigen Punkt konzentriert sein soll.

Nur im Fall $k = 1$ beschränkt sich die Singularität auf einen einzigen Raumpunkt, auf den das Volumen des Universums für $a \to 0$ zusammenschrumpft (vgl. (16.44)). Für $k = 0$ und $k = -1$ wird theoretisch jeder Punkt des ganzen unendlichen Raums von der Anfangssingularität erfaßt, wobei der beobachtbare Teil des Universums allerdings ebenfalls auf einen Punkt konzentriert ist. Das gleichzeitige Singulärwerden kausal unverknüpfter Punkte erscheint indes ziemlich unplausibel und ist eine Folge davon, daß die Gültigkeit des kosmologischen Prinzips im ganzen Weltall angenommen wurde. Wenn man dessen Gültigkeit jedoch auf das beobachtbare Universum oder ein dieses umfassendes endliches Raumgebiet einschränken könnte, würde man unter geeigneten Umständen auch in den Fällen $k = 0$ und $k = -1$ zu einer punktuellen Ausgangssingularität kommen. Die Metrik hätte dann nur innerhalb dieses Gebiets die Robertson-Walker-Form und dürfte von dieser außerhalb abweichen. Daß so etwas im Prinzip möglich ist, haben wir in der ART am Beispiel kollabierender „Staub-Sterne" gesehen: In deren Innerem liegt eine Robertson-Walker-Metrik vor, die weiter außen durch eine davon abweichende Metrik fortgesetzt wird (siehe *Allgemeine Relativitätstheorie*, Abschn. 13.2.3).

Die von uns benutzten Gleichungen gelten außerdem nur auf großen Skalen, und man könnte vermuten, lokale, mit dem kosmologischen Prinzip verträgliche Inhomogenitäten würden den Grenzübergang $a \to 0$ so beeinflussen, daß die Anfangssingularität vermieden wird. S. Hawking und R. Penrose haben jedoch in einer Reihe von **Singularitäten-Theoremen** gezeigt, daß das Auftreten der Anfangssingularität unter sehr allgemeinen Bedingungen von den getroffenen Symmetrieannahmen unabhängig ist. (Ein neuerer Beweis dafür findet sich in Abschn. 23.5.) Allerdings werden dann von den Singularitäten nicht, wie in Robertson-Walker–Modellen, sämtliche Raumpunkte erfaßt, sondern unter Umständen nur isolierte Punkte. (Auch das eröffnet in den Fällen $k=0$ und $k=-1$ die Möglichkeit zu einer punktuellen Anfangssingularität.)

In der Physik wird das Auftreten von Singularitäten in der Regel als Indiz dafür angesehen, daß entweder die zur Singularität führenden Gleichungen ihre Gültigkeitsgrenze überschreiten, oder, daß das die Realität abbildende physikalische Modell zusammenbricht. In unserem Fall haben beide Gesichtspunkte ihre Berechtigung. Der erste wird im nächsten Abschnitt verfolgt, der zweite in Kapitel 23.

21.2 Einfluß von Quanteneffekten

Wir können nicht erwarten, daß die von uns benutzten kosmologischen Gleichungen bis in die Anfangssingularität hinein gültig bleiben: Sie enthalten keine Quanteneffekte, und diese spielen bei den extrem dichten Materiezuständen in der Anfangsphase des Universums zweifellos eine wichtige Rolle. Wir wollen im folgenden den Zeitpunkt abschätzen, vor dem die benutzten Gleichungen wegen der Nichtberücksichtigung von Quanteneffekten voraussichtlich ungültig werden.

Die de Broglie-Wellenlänge λ eines Teilchens der Masse m und Geschwindigkeit v ist $mv = 2\pi\hbar/\lambda$ (mit $2\pi\hbar =$ Plancksches Wirkungsquantum). Im dem extrem heißen Anfangszustand des Universums gilt $v \approx c$ und daher $\lambda \approx \lambda_C = \hbar/mc$ (= Compton-Länge). Bei Abständen $\approx \lambda_C$ werden für das Teilchen Quanteneffekte wichtig, und bei Abständen, die in der Größenordnung seines Schwarzschild-Radius $r_S = 2Gm/c^2$ liegen, Gravitationseffekte. Für $r_S \approx \lambda_C$ erlangen beide Effekte gleichermaßen Bedeutung, und diese Bedingung wird erfüllt, wenn die Teilchenmasse m in etwa gleich der durch $m_P = \sqrt{\hbar c/G}$ definierten **Planck-Masse** ist. Die mit dieser verbundene Energie $E_P = m_P c^2 \approx 10^{19}\,\text{GeV}$ entspricht den thermischen Teilchenenergien bei der durch $k_B T_P = m_P c^2$ (mit k_B = Boltzmann-Konstante) definierten **Planck-Temperatur** $T_P = m_P c^2/k_B$, und die der Planck-Masse durch $\lambda = 2\pi\hbar/(m_P c)$ zugeordnete Compton-Länge ist – bis auf den Faktor 2π – die **Planck-Länge** $l_P = \sqrt{\hbar G/c^3}$. Weiterhin definieren wir eine **Planck-Zeit** durch $t_P = l_P/c = \sqrt{\hbar G/c^5}$ und eine **Planck-Dichte** durch $\varrho_P = m_P/l_P{}^3$. Die meisten dieser Größen hat M. Planck schon 1899 aufgrund von Dimensionsbetrachtungen eingeführt. Ihre Definitionen und die daraus folgenden

Zahlenwerte sind im folgenden noch einmal zusammengefaßt.

$$\boxed{\begin{aligned} m_\mathrm{P} &= \sqrt{\hbar c/G} &&= 2{,}18\cdot 10^{-8}\,\mathrm{kg}\,,\\ T_\mathrm{P} &= m_\mathrm{P}c^2/k_\mathrm{B} &&= 1{,}42\cdot 10^{32}\,\mathrm{K}\,,\\ l_\mathrm{P} &= \sqrt{\hbar G/c^3} &&= 1{,}62\cdot 10^{-35}\,\mathrm{m}\,,\\ t_\mathrm{P} &= \sqrt{\hbar G/c^5} &&= 5{,}31\cdot 10^{-44}\,\mathrm{s}\,,\\ \varrho_\mathrm{P} &= c^5/(\hbar G^2) &&= 5{,}16\cdot 10^{96}\,\mathrm{kg/m^3}\,. \end{aligned}} \tag{21.1}$$

Wenn wir in der Zeit so weit zurückgehen, bis die Dichte des Universums die Planck-Dichte erreicht, werden Quanten- und Gravitationseffekte gleich wichtig, und man würde eine *Theorie der Quantengravitation* benötigen, um derartige Zustände zu beschreiben. Leider gibt es noch keine vollständige Theorie dieser Art. (Als aussichtsreiche Kandidaten dafür werden Stringtheorien angesehen.)

Wir wollen überschlägig berechnen, zu welcher Zeit die Dichte des kosmischen Substrats gleich der Planck-Dichte wird. Dazu benutzen wir für $t < t_\mathrm{e}$ die Skalierung $\varrho \sim x^{-4}$ sowie die für sehr frühe Zeiten gültige Näherung (20.25), $x(t) \sim t^{1/2}$, und erhalten durch Kombination der beiden

$$\varrho(t)\,t^2 = \varrho(t_0)\,t_0{}^2\,. \tag{21.2}$$

Diese Gleichung gilt wegen $\varrho \sim x^{-3}$ und (19.28), $x \sim t^{2/3}$, auch später in der materiedominierten Phase. Der Einfachheit halber wenden wir sie für die ganze Zeit vom Urknall bis heute an, was für eine grobe Abschätzung genügt. Für die heutige Dichte des Universums setzen wir näherungsweise $\varrho \approx \varrho_\mathrm{krit}(t_0) = 3H_0{}^2/(8\pi G)$ und für das heutige Alter des Universums $t_0 \approx 1/H_0$. Damit ergibt sich aus (21.2) $\varrho(t) \approx 3/(8\pi G t^2)$ und daraus als Dichte zur Planck-Zeit

$$\varrho(t_\mathrm{P}) \approx \frac{3c^5}{8\pi\hbar G^2}\,.$$

Das ist in etwa die Planck-Dichte, und wir schließen daraus, daß die von uns benutzten Gleichungen erst für $t \gtrsim t_\mathrm{P}$ gültig sind. Wir können daher zwar annehmen, daß Dichte, Druck und Temperatur in der Frühphase des Universums extrem hoch waren, aber nicht mehr, daß sie für $t \to 0$ divergieren. Angemerkt sei, daß der Radius des Universums, bei dem die Planck-Dichte erreicht wird, etwa $2\cdot 10^{-2}$ mm beträgt und die Planck-Länge etwa um den Faktor 10^{30} übersteigt (Aufgabe 21.1).

Wir werden im nächsten Abschnitt sehen, daß extrem hohe Temperaturen von der Größenordnung der Planck-Temperatur mit den physikalischen Prozessen in der Anfangsphase des Universums gut vereinbar sind. Es erscheint jedoch nach wie vor problematisch, wie eine Masse des Universums entstanden sein soll, die dessen heutige Masse von ca. 10^{54} kg zur Planck-Zeit noch um den Faktor 10^{28} übersteigt ($M_\mathrm{P} = M_\mathrm{e}\,x_\mathrm{e}/x(t_\mathrm{P}) = M_0\,x_\mathrm{e}/x(t_\mathrm{P})$ wegen $M = \varrho_\mathrm{m}V \sim x^{-1}$ für $t \le t_\mathrm{e}$ und $M = \mathrm{const}$ für $t \ge t_\mathrm{e}$ sowie $x_\mathrm{e}/x(t_\mathrm{P}) = 1{,}6\cdot 10^{28}$ nach (18.40) und Aufgabe 21.1) und dabei auf eine Kugel von zwei hundertstel Millimetern Durchmesser konzentriert ist. Für dieses *Problem der Anfangsmasse* liefert erst die in Kapitel 23 behandelte Modifikation des Urknallmodells eine Lösung.

Die Überlegungen dieses Abschnitts besagen nur, daß die von uns benutzten Gleichungen nicht bis in die von ihnen vorausgesagte Singularität hinein gültig sind. Man kann lediglich vermuten, daß die Berücksichtigung von Quanteneffekten für $t \lesssim t_P$ nichtsinguläre Ergebnisse liefert. Überträgt man die Gesetze der Quantenmechanik auf die Kosmologie, dann sollte $a(t)$ bei kleinen Werten keine scharf definierte, sondern eine statistische Größe sein. Ähnlich, wie ein Elektron im Wasserstoffatom dessen Kern nicht beliebig nahe kommt (für den Erwartungswert $\langle r^2 \rangle$ des radialen Abstands r gibt es aufgrund der Unschärferelation eine untere Schranke), wird dann auch der Erwartungswert $\langle a^2 \rangle$ nach unten begrenzt. J. Hartle und S. Hawking ziehen daraus in einer als Vorstufe zu einer Theorie der Quantengravitation deutbaren Gedankenkette den Schluß, daß die Zeit für $t \to 0$ zu einer raumartigen Größe wird, so daß die Raumzeit für $t = 0$ eine vierdimensionale räumliche Mannigfaltigkeit bildet. Aus dieser entwickelt sich die Zeit für $t > 0$ allmählich und nicht abrupt, wie in der klassischen Theorie mit Anfangssingularität.

21.3 Evolutionsszenario

Bei der Evolution des Universums aus einem Urknall und den damit verbundenen Umwandlungsprozessen im kosmischen Substrat handelt es sich um ein Gebiet, das intensiv studiert wurde und wird. Sein genaueres Verständnis würde zum Teil ausgiebige Kenntnisse aus der Elementarteilchenphysik, Thermodynamik und Statistik voraussetzen und weit über den Rahmen dieser Einführung in die Kosmologie hinausgehen. Daher sind die diesbezüglichen Ausführungen ziemlich kurz gehalten, und wir müssen uns unter weitgehendem Verzicht auf Erklärungen im wesentlichen mit einer Aufzählung der wichtigsten Ereignisse begnügen. Der interessierte Leser wird auf ausführlichere Spezialliteratur hingewiesen.[1] Ausdrücklich sei darauf hingewiesen, daß die in Abschn. 21.3.1 dargestellten Ereignisse im frühen Universum (GUT-, Quark- und Hadronen-Ära) auf Theorien basieren, deren Gültigkeit nur zum Teil nachgewiesen ist. Diesbezügliche Darlegungen, die auch nicht unumstritten sind, müssen daher als spekulativ eingeschätzt werden.

21.3.1 Ära relativistischer Teilchen und der Strahlung

In der an die Planck-Zeit anschließenden Phase besteht das Universum, das zu deren Beginn etwa die Planck-Temperatur (21.1b) besitzt (siehe Abschn. 21.3.3), aus einem sehr dichten Plasma vielfältiger, miteinander wechselwirkender Elementarteilchen wie Leptonen, Quarks, W-, Z- und – sofern es diese gibt – X-Bosonen, der zugehörigen

---

1 Siehe z. B. S. Weinberg, *Gravitation and Cosmology*, Wiley, New York, 1972, Abschn. 15.6–15.11, S. Weinberg, *Cosmology*, Oxford University Press, 2008, M. Roos, *Introduction to Cosmology*, Wiley, Chichester, 1994, P.J.E. Peebles, *Principles of Physical Cosmology*, Princeton University Press, Princeton, 1993, A. Linde, *Elementarteilchen und inflationärer Kosmos*, Spektrum Verlag, Heidelberg, 1993, V. Mukhanov, *Physical Foundations of Cosmology*, Cambridge University Press, 2005.

Antiteilchen sowie Gluonen und Photonen. Zu den Wechselwirkungen gehören die Paarerzeugung und Paarvernichtung von Teilchen und zugehörigen Antiteilchen. Da die thermischen Energien sämtlicher Teilchen und der die Wechselwirkungen vermittelnden Feldquanten weit über den Ruheenergien liegen, können sich die Teilchen frei ineinander umwandeln und befinden sich vorübergehend nahe einem thermodynamischen Gleichgewicht. Bei abnehmender Temperatur gilt das für jede Sorte solange, wie ihre Reaktionsrate $\Gamma = \langle nv\sigma(E)\rangle$ (mit n = Teilchendichte, v = Teilchengeschwindigkeit, $\sigma(E)$ = von der Teilchenenergie E abhängiger Wirkungsquerschnitt und $\langle\ \rangle$ = statistischer Mittelwert) hinreichend groß im Vergleich zur Ausdehnungsrate $\dot{a}(t)/a(t) = H(t)$ des Universums ist, d. h. solange

$$\Gamma/H \geq 1 \tag{21.3}$$

gilt. (Falls diese Ungleichung nicht erfüllt ist, nimmt der Abstand reagierender Teilchen aufgrund der kosmischen Expansion schneller zu, als er aufgrund derjenigen individuellen Annäherungsgeschwindigkeiten abnimmt, die ohne Expansion zum Reaktionsstoß führen würden. Dieses Argument setzt für seine Gültigkeit allerdings die extremen Dichten der Phase nach dem Urknall voraus, so daß die in Kapitel 22 abgeleiteten Kriterien für Nichtexpansion nicht erfüllt sind.) Ist die Temperatur aufgrund der Expansion so weit abgesunken, daß für eine Teilchensorte $k_{\mathrm{B}}T < m_0c^2$ wird, dann können durch Paarvernichtung abhanden gekommene Teilchen nicht mehr durch Paarerzeugung nachgebildet werden – es müßte ja mindestens die den Ruhemassen entsprechende Energie aus thermischer Energie aufgebracht werden –, und die betreffende Teilchensorte stirbt aus. Auf diese Weise gehen mit abnehmender Temperatur nach und nach die meisten der ursprünglich vorhandenen Teilchen verloren.

GUT-Ära (10^{32} K $\geq T \geq 10^{27}$ K): Bei den angegebenen Temperaturen liegen die Teilchenenergien weit über dem in Experimenten zugänglichen Bereich, der bis zu Teilchenenergien reicht, die Temperaturen von etwa 10^{15} K entsprechen. Man ist daher auf Theorien angewiesen, die zum Teil hoch spekulativ sind. Wenn man von der Gültigkeit der GUTs (Grand Unified Theories, siehe auch Abschn. 23.2) ausgeht, würden deren Gesetzmäßigkeiten das Geschehen bestimmen. Die schwache, die elektrische und die starke Wechselwirkung wären dann unterschiedliche Ausprägungen einer einheitlichen, durch X-Bosonen der Masse $m_{\mathrm{X}} \approx 10^{14}\,\mathrm{GeV}/c^2$ vermittelten Kraft. Alle Wechselwirkungskräfte wären etwa gleich groß, alle Teilchen wären etwa gleich häufig und würden sich beständig ineinander umwandeln. Die Materiedichte wäre so hoch, daß sich die Quarks wie freie Teilchen bewegen würden. Da in den GUTs die Umwandlung von Quarks in Leptonen und umgekehrt möglich ist, hätten diese die Instabilität des Protons mit einer Halbwertszeit von mindestens 10^{32} Jahren zur Folge. Der – derzeit noch ausstehende – Nachweis dieses Zerfalls würde daher einen wichtigen Schlüssel zum Verständnis dieser frühen Phase des Universums liefern.

Würde *Supersymmetrie* (SUSY) vorliegen, dann würden in dieser Entwicklungsphase des Universums mindestens doppelt so viele Arten von Elementarteilchen auftreten wie im Standardmodell der Elementarteilchen. Etliche von diesen könnten aufgrund ihrer schwachen Wechselwirkung Bestandteile der dunklen Materie bilden. Wäre dunkle Energie oder ein kosmologisches Feld vorhanden, so würde das die Expansion des Universums inflationär beschleunigen.

Beim Unterschreiten von 10^{27} K werden zerfallene X-Bosonen nicht mehr nachgebildet, diese sterben aus, und die starke Wechselwirkung koppelt sich in einer Art Phasenübergang von den anderen Kräften ab. Damit beginnt die Quark-Ära.

Quark-Ära (10^{27} K $\geq T \geq 10^{13}$ K): Die Quarks bleiben weiterhin frei beweglich. Durch eine Unsymmetrie beim Zerfall der X-Bosonen könnte sich ein kleiner relativer Überschuß von Quarks gegenüber Antiquarks ergeben, der deren vollständige gegenseitige Paarvernichtung verhindert. Hierdurch würde das Vorhandensein der diese Phase überlebenden Baryonen erklärt, aus denen sich später die Materie der Galaxien entwickelt. Bei etwa 10^{15} K ($k_B T$ entspricht dann der Masse der die schwache Wechselwirkung vermittelnden $W^{\pm}$ und Z Bosonen) entkoppeln in einem weiteren Phasenübergang die elektromagnetische und die schwache Wechselwirkung.

Es ist schwierig, für die Quark-Ära eine Theorie des thermodynamischen Gleichgewichts zu entwickeln. Im wesentlichen gibt es zwei konkurrierende Theorien mit etwas unterschiedlichen Konsequenzen, die auch zu – allerdings geringfügigen – Unterschieden im Zeitverlauf von $a(t)$ führen. Eine von ihnen hat zur Folge, daß heute als Überbleibsel dieser Phase eine Hintergrundstrahlung von Gravitationswellen mit einer Temperatur von ≈ 1 K existieren müßte. Allerdings besteht derzeit keine Chance darauf, durch den Nachweis von deren Existenz oder Nichtexistenz eine Entscheidung zugunsten eines der beiden Modelle treffen zu können.

Hadronen-Ära (10^{13} K $\geq T \geq 10^{12}$ K): Beim Unterschreiten von etwa 10^{13} K können Quarks, Antiquarks und Gluonen nicht mehr als freie Teilchen existieren, sie schließen sich zu Hadronen zusammen. Diese gehen allmählich durch Paarvernichtung verloren, und zwar in der Reihenfolge Hyperonen, schwere Mesonen, Protonen, Neutronen und schließlich leichte Mesonen. Ein aus der Unsymmetrie im Zerfall der X-Bosonen resultierender, geringfügiger Überschuß von Protonen gegenüber Antiprotonen im Verhältnis $1 : (3 \cdot 10^9)$ verhindert, daß die Protonen vollständig durch Zerstrahlung verloren gehen. Die völlige Zerstrahlung der Antiprotonten erklärt das Fehlen von Antimaterie im Universum; aus der Geringfügigkeit des Protonenüberschusses folgt, daß die heute im Kosmos in Form von Atomkernen vorliegende baryonische Materie nur einen winzigen Bruchteil der ursprünglich vorhandenen darstellt.

Leptonen-Ära (10^{12} K $\geq T \geq 5 \cdot 10^9$ K): In dieser Phase enthält das Universum an Teilchen $\mu^{\pm}$, $e^{\pm}$, ν, γ sowie in gleicher, aber relativ sehr kleiner Anzahl p und n.(Neutronen zerfallen in Protonen, aber dieser Zerfall wird dadurch ausgeglichen, daß sich bei den hohen Temperaturen aufgrund schwacher Wechselwirkungsprozesse auch Protonen in Neutronen umwandeln.) Knapp unterhalb von 10^{12} K lassen Paarvernichtungsprozesse μ^+ und μ^- aus dem Substrat verschwinden.

Unterhalb von etwa 10^{11} K werden die Energien für schwache Wechselwirkungsprozesse allmählich zu niedrig, die Umwandlung von Protonen in Neutronen wird seltener und es entwickelt sich ein Überschuß von Protonen gegenüber Neutronen. Gleichzeitig entstehen durch Kernfusion zwischen Protonen und Neutronen leichte Elemente, die zunächst jedoch durch Photonen wieder desintegriert werden können. Bei weiterer Abkühlung werden diese Rückwandlungsprozesse seltener und die Fusionsreaktionen häufiger. Die Leptonen-Ära endet bei etwa $5 \cdot 10^9$ K mit der Zerstrahlung von Elektronen und Positronen, wobei nur ein kleiner Überschuß an Elektronen übrig bleibt. (Die thermische Energie $k_B T < m_{El} c^2$ reicht dann nicht mehr für den umgekehrten Prozeß der Elektron-Positron-Paarerzeugung aus.) Die dabei frei werdende Energie bewirkt zum Teil die mit der Expansion einhergehende Zunahme an Gravitationsenergie – was andernfalls zu Lasten der inneren Energie der kosmischen Materie geschehen müßte – und verhindert so vorübergehend deren weitere Abkühlung (Abb. 21.1).

Strahlungsära ($5 \cdot 10^9$ K $\geq T \geq 2 \cdot 10^3$ K): Durch die vielen Paarvernichtungsprozesse ist jetzt ein Übergewicht der Photonen gegenüber den wenigen verbliebenen Teilchen entstanden – leichten Kernen im ionisierten Zustand, Elektronen und Neutrinos.

Bei etwa 10^9 K entkoppeln die Neutrinos von den übrigen Teilchen, sie „frieren aus". (Genauer erfolgt die Abkopplung allmählich zwischen 10^{10} K und $3 \cdot 10^8$ K.) Da sie sich vorher mit diesen im thermischen Gleichgewicht befanden, haben sie zum Zeitpunkt der Entkopplung als thermische Energieverteilung eine Fermi-Dirac-Verteilung. Ähnlich, wie das in Abschn. 18.2.2 bei der Bose-Einstein-Verteilung der Hintergrundstrahlung gezeigt wurde, behalten sie ihre Verteilung bei, wobei die zugehörige Temperatur bei relativistischen Geschwindigkeiten $\sim x^{-1}$ und nach der Abkühlung auf nichtrelativistische Geschwindigkeiten $\sim x^{-2}$ abnimmt. Diese **Neutrino-Hintergrundstrahlung** sollte auch heute noch vorhanden sein und sich auf weit unter 2 K abgekühlt haben (bei verschwindender Ruhemasse wären es 2 K), also deutlich weiter als die kosmische Mikrowellen-Hintergrundstrahlung, die erst viel später von der Materie abkoppelt. Nachgewiesen werden konnte sie bisher allerdings noch nicht.

Von den Elektronen sind in der Strahlungsära gerade noch so viele vorhanden, daß die Ladung der verbliebenen Protonen ausgeglichen wird (auf ein Elektron kommen etwa 10^9 Photonen). Bei etwa 10^9 K wird der Abbau des Verhältnisses Neutronen zu Protonen zunehmend durch den β-Zerfall von Neutronen in Protonen beschleunigt. Die Fusionsreaktionen finden jetzt aber schon viel schneller als die Zerfälle statt, und da die Neutronen in den Kernen nicht zerfallen, blieben sie in dem damaligen Verhältnis von etwa einem Neutron auf sieben Protonen bis heute erhalten. Bei den Fusionsreaktionen werden ^{2}D, ^{3}He, ^{4}He und ^{7}Li gebildet (**Nukleosynthese**), wobei die Produktion von ^{4}He (≈ 27 Gewichtsprozente) bei weitem überwiegt, so daß das Universum überwiegend aus ^{1}H (≈ 73 Gewichtsprozente) und ^{4}He besteht. Es existiert kein Atomkern mit dem Atomgewicht $A = 5$, und alle Kerne mit dem Atomgewicht $A = 8$ sind instabil. Da die Bildung schwererer Kerne (wegen der relativ geringen Dichte sind nur Zweierstöße möglich) jedoch über die Zwischenstufen $A = 5$ und $A = 8$ laufen müßte und der ^{4}He-Kern andererseits besonders stabil ist, kommt die globale Nukleosynthese im Universum bei den angegebenen Kernen zum Stillstand. Schwerere Elemente werden erst später in den Sternen und bei deren Explosion gebildet (siehe unten).

Außer den (bereits entkoppelten) Neutrinos stehen alle übrigen Teilchen miteinander in Wechselwirkung – die Photonen dabei hauptsächlich mit den Elektronen über den Prozeß der Thomson-Streuung – und befinden sich im thermischen Gleichgewicht. Im Temperaturintervall zwischen 5000 K und 2500 K verbinden sich dann die freien Elektronen mit Wasserstoffkernen zu Wasserstoffatomen, und unterhalb von 2500 K gibt es praktisch keine freien Elektronen mehr. (Die Bindungsenergie des Elektrons im Wasserstoff entspricht zwar einer Temperatur von 158 000 K, aber schon bei wesentlich niedrigeren Temperaturen können wenige schnelle Elektronen den Wasserstoff vollständig ionisieren.) Damit entfällt die Thomson-Streuung der Photonen an freien Elektronen, ihre Streuung an Wasserstoffatomen ist praktisch vernachlässigbar, und das vorher optisch dicke Teilchenplasma wird für die Strahlung durchlässig. Im Durchschnitt erfahren die Photonen daher ihre letzte Streuung bei etwa 2725 K und fliegen von da an „geradlinig“ (auf Geodäten) durch das Universum, mit einer freien Weglänge, die den Hubble-Radius c/H_0 überschreitet. Die heute bei uns ankommenden Photonen der Hintergrundstrahlung tragen daher die Informationen über den Zustand der Materie im Frühstadium des Universums mit sich, die sie bei ihrer letzten Streuung an dieser erhalten haben. Dabei handelt es sich insbesondere um aufschlußreiche Informationen über räumliche Temperaturschwankungen, die durch Inhomogenitäten der Materieverteilung hervorgerufen wurden.

Nach der Entkopplung nimmt die Massendichte der Strahlung mit zunehmender Expansion schneller ($\sim x^{-4}$) als die der Materie ($\sim x^{-3}$) ab, und da sie nach (20.19) schon zur Zeit der Entkopplung etwas kleiner ist, beginnt kurz nach dieser die materiedominierte Ära.

21.3.2 Materiedominierte Ära

In der materiedominierten Ära kühlen sich Neutrinos und Strahlung – nunmehr beide von der Materie entkoppelt – langsamer als baryonische Materie ab. Bei dieser sind die wichtigsten Ereignisse die Entwicklung von Sternen und Galaxien sowie die Bildung schwerer Elemente.

Zur Entstehung der Galaxien und deren Anordnung: Bis heute gibt es keine abgeschlossene Theorie über die Entstehung von Galaxien, diese bildet noch immer ein sehr aktives Forschungsgebiet. Als grundlegenden Mechanismus nimmt man die durch gravitative Instabilitäten hervorgerufene Selbstverstärkung von Dichtefluktuationen an: Bildet sich in einem ursprünglich homogenen Substrat an einer Stelle durch zufällige Fluktuationen eine Verdichtung, so verstärkt das die gravitative Anziehung auf die Materie in Nachbargebieten, diese werden entleert, während die Dichte im Verdichtungsgebiet weiter zunimmt. In der strahlungsdominierten Ära wurde das Anwachsen derartiger Verdichtungen außer von einer expansionsbedingten Abbremsung auch noch stark von einer Dämpfung behindert, die durch die starke elektromagnetische Kopplung zwischen geladenen Teilchen und Strahlung hervorgerufen wird. Nach der Bildung von neutralem Wasserstoff entfiel mit dem Verschwinden aller freien Elektronen und dem Absinken des Strahlungsdrucks der zweite Hinderungsgrund. Die Dichtefluktuationen konnten dann ungehindert anwachsen, es sei denn, sie wurden daran durch eine beschleunigte Expansion gehindert, wie sie ein dominantes kosmologisches Feld (bzw. dunkle Energie) bewirkt. Hieraus kann abgeleitet werden, daß dessen heutige Dominanz frühestens nach der Hälfte des heutigen Weltalters einsetzen durfte.

Ein gravierendes Problem aller Theorien zur Galaxienentstehung besteht darin, Störungen zu finden, die zu der heute beobachteten räumlichen Struktur der Dichteinhomogenitäten (Anordnung der Galaxien in Haufen und Superhaufen) führen und dazu auch noch die passenden Wachstumsgeschwindigkeiten liefern. Um bessere Ergebnisse zu erzielen wurde der Einfluß unbekannter dunkler Materie herangezogen, die schon vor der normalen Materie von der Strahlung abkoppeln und Klumpen bilden konnte, Klumpen, die nach ihrer Entkopplung auch normale Materie an sich zogen.

Wegen der Schwierigkeiten, erklären zu können, wie in der kurzen zur Verfügung stehenden Zeit die Bildung von Galaxien und Galaxienclustern zustande kam, wurde auch folgendes Szenario in Betracht gezogen: In der GUT-Ära könnte ein Quantenfeld (z. B. ein dem Higgs-Feld verwandtes zeitabhängiges Skalarfeld, das als **Inflaton** oder **Quintessenz** bezeichnet wird (siehe Abschn. 23.4)), infolge der inflationsbedingten schnellen Abkühlung an verschiedenen Stellen des Universums aus einem gemeinsamen Anregungszustand höherer Energie in Grundzustände unterschiedlicher Energie übergegangen sein. Hierdurch wäre an Sprungstellen eine Konzentration von Feldenergie mit hoher äquivalenter Masse in ähnlicher Weise entstanden, wie sich Flußröhren in einem Supraleiter zweiter Art oder Wirbel in einer Supraflüssigkeit ausbilden. (Auf diese Weise stellt man sich auch die Entstehung magnetischer Monopole vor.) Diese könnten aufgrund ihrer hohen Masse zu Inhomogenitäten der Materieverteilung geführt und so „Keime“ für die späteren Galaxien gebildet haben.

Die beobachtete schwammartige Struktur der Galaxienverteilung mit leeren Blasen sowie diese umgebenden, die Galaxien enthaltenden lamellenartigen Schichten und Filamenten muß schon vor diesen entstanden sein. Man führt sie auf eine räumliche Wellenstruktur im Photonengas zurück, die kurz vor dessen Entkopplung von der Materie ausgebildet wurde und über den Mechanismus der Thomson-Streuung die Materie in den Gebieten dichter werden ließ, wo sich später die Wälle der Blasen befinden.

Sternentstehung und Bildung schwerer Elemente: Sterne entstehen durch den Gravitationskollaps interstellarer Gas- und Staubwolken, wobei aufgrund von Rotation und Zentrifugalkräften im allgemeinen viele Sterne gleichzeitig gebildet werden. Bei den ersten Sternbildungsprozessen besteht die Materie im wesentlichen aus den am Ende der relativistischen Ära allein verbliebenen baryonischen Elementen Wasserstoff und Helium. Mit Zunahme des Drucks im Zentrum des sich bildenden Sterns wird sie mehr und mehr verdichtet und aufgeheizt, bis die Bedingungen zur Fusion von Wasserstoff zu Helium erreicht werden. Wenn die Fusionsprozesse den Wasserstoffvorrat im Kern des Sterns aufgebraucht haben, schrumpft dieser, seine Temperatur und Dichte steigen noch weiter, bis die Fusion von Helium zu Kohlenstoff möglich wird, usw. Auf diese Weise entstehen in einer Abfolge von Fusionsprozessen, die auch gleichzeitig in einer Art Zwiebelschalenstruktur des Sterns ablaufen können, über Neon, Sauerstoff und Silizium immer schwerere Elemente bis hin zur Gruppe des Eisens. Hier bricht die nukleare Energieerzeugung und mit ihr die Bildung schwerer Elemente ab. Bei allen Fusionsprozessen bis zum Eisen wird nämlich Energie freigesetzt, so daß die Strahlungsverluste an der Sternoberfläche ausgeglichen werden können, ohne daß sich der Stern abkühlt. Da die Bindungsenergie pro Nukleon beim Eisen ein Maximum erreicht, müßte für die Fusion von Elementen jenseits des Eisens dagegen Energie zugesetzt werden, was den Stern kühler, statt wie erforderlich, noch heißer werden läßt.

Die Bildung der schweren Elemente erfolgt in den explosiven Prozessen der Supernovae (siehe Abschn. 14.2), wobei Neutronenanlagerung in Kernen und Kernumwandlungsprozesse eine wesentliche Rolle spielen. Die Überbleibsel von Supernova-Explosionen mit ihrem Gehalt an schweren Elementen durchmischen sich in großen

Gebieten mit interstellaren Gas- und Staubwolken, aus denen sich in einer Wiederholung der oben geschilderten Prozesse Sterne zweiter Generation bilden können. Einer von diesen ist unsere Sonne, und wenn wir auf der Erde schwere Elemente wie Gold oder Uran finden, verdanken diese ihren Ursprung einer Supernova-Explosion.

21.3.3 Temperaturentwicklung

Vom Urknall bis zum Zeitpunkt der Strahlungsentkopplung, also für $0 \leq t \leq t_e$, gilt bis auf eine kurze Unterbrechung am Anfang der Strahlungsära nach (18.58), (18.60) und (18.69) $T \sim x^{-1}$. Für $x(t)$ gilt während dieser Zeit, anfangs in sehr guter und später in grober Näherung, die Beziehung (20.25b), $x \sim t^{1/2}$, und damit folgt

$$T(x) = T_e x_e x^{-1}, \qquad T(t) = T_s(t) = T_e \sqrt{t_e/t}. \tag{21.4}$$

Zur Planck-Zeit (21.1d) ergibt sich hieraus mit $T_e = 2725\,\text{K}$ und $t_e \approx 1{,}4 \cdot 10^{13}\,\text{s}$ die Temperatur $T(t_P) \approx 10^{32}\,\text{K}$, also etwa die Planck-Temperatur.

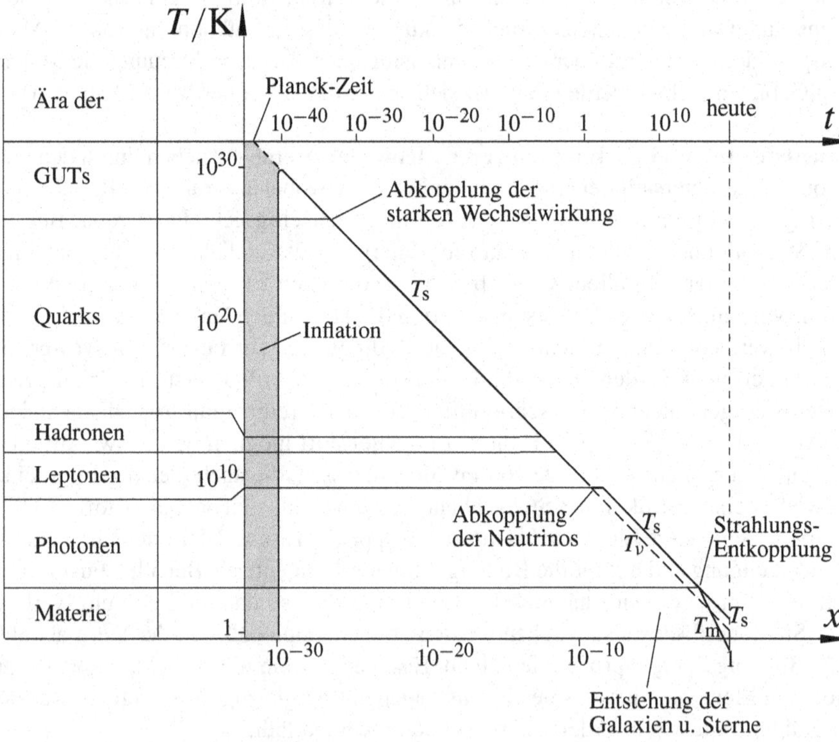

Abb. 21.1: Temperaturentwicklung des Universums, $T = T(x)$. Auf der oberen Abszisse sind die entsprechenden Zeiten für $H_0 = 70\,\text{km}\,\text{s}^{-1}/\text{Mpc}$ aufgetragen. Man beachte, daß sich die Temperaturen der Neutrinos bzw. der Strahlung nach ihrer Abkopplung separat weiterentwickeln.

In der materiedominierten Phase gelten die Beziehungen (20.35). Mit diesen und mit $T_{se} = T_{me} = T_e$ folgt aus (18.58) für die Temperaturentwicklung der Strahlung

$$T_s(x) = T_e\, x_e\, x^{-1}\,, \qquad T_s(t) = T_e\, x_e\, (3H_0\sqrt{\Omega_{m0}}/2)^{-2/3}\, t^{-2/3} \tag{21.5}$$

und aus (18.54) für die der Materie

$$T_m(x) = T_e\, x_e^2\, x^{-2}\,, \qquad T_m(t) = T_e\, x_e^2\, (3H_0\sqrt{\Omega_{m0}}/2)^{-4/3}\, t^{-4/3}\,. \tag{21.6}$$

In Abb. 21.1 sind die durch (21.4)–(21.6) gegebenen Temperaturentwicklungen dargestellt. Dabei wurden für die Phase zwischen Strahlungsentkopplung und Materiedominanz sowie die nach $t_0/2$ einsetzende Phase der Dominanz des kosmologischen Feldes Λ, die in der logarithmischen Darstellung der Abbildung kaum erkennbar ist, der Einfachheit halber ebenfalls die Gleichungen (21.5)–(21.6) benutzt. Zu den entsprechenden Zeiten bzw. x-Werten sind die wichtigsten Ereignisse in der Evolution des Universums eingetragen.

Aufgaben

21.1 Berechnen Sie den Radius und die Dichte eines Urknalluniversums zur Planck-Zeit. Wie verhalten sich diese zu den entsprechenden Planck-Größen?

Anleitung: Es empfiehlt sich, zuerst $x(t_P)$ zu berechnen.

Lösungen

21.1 Für $t \lesssim t_e \approx 4{,}4 \cdot 10^5$ a gilt nach (20.26b) $x \sim \sqrt{t}$ und daraus folgend

$$x(t_P) = \sqrt{\frac{t_P}{t_e}}\, x_e = \sqrt{\frac{5{,}3 \cdot 10^{-44}}{4{,}4 \cdot 10^5 \cdot 3,15 \cdot 10^7}}\, 10^{-3} = 6{,}2 \cdot 10^{-32}\,.$$

Nach Tabelle 20.4 ist der heutige Radius des heute beobachtbaren Universums (Fall $k = 0$) $d_{\chi 0} = 47{,}5 \cdot 10^9$ Lj $= 4{,}5 \cdot 10^{26}$ m. Daraus ergibt sich zur Zeit t_P der Radius

$$d_\chi(t_P) = x(t_P)\, d_{\chi 0} = 25{,}3 \cdot 10^{-6}\,\text{m} = 2{,}5 \cdot 10^{-2}\,\text{mm} = 1{,}6 \cdot 10^{30}\, l_P\,.$$

22 Nicht expandierende Objekte

Das Thema dieses Kapitels wurde in der Fachliteratur nur stiefmütterlich und in der Lehrbuchliteratur fast gar nicht behandelt und wird hier daher besonders ausführlich untersucht.

Schon früher (Abschn. 14.2) wurde darauf hingewiesen, *daß die Expansion des Universums nicht feststellbar wäre, wenn von ihr alle physikalischen Objekte, insbesondere also alle Atome und damit auch die zu Längenmessungen benutzten Maßstäbe betroffen wären.* Man könnte dazu neigen, dieses Argument schon als ausreichenden Beleg für die Nichtexpansion von Maßstäben anzusehen. Wir werden jedoch sehen, daß eine Untersuchung der Frage, welche Objekte unter welchen Umständen nicht an der Expansion des Universums beteiligt sind, nicht nur interessant ist, sondern auch die obige Schlußfolgerung hinfällig macht.

Plausibel machen läßt sich recht einfach, daß hinreichend kleine Objekte nicht expandieren: Unter geeigneten Umständen ruhen diese in einem frei fallenden System. In diesem verschwindet das von allen Massen des Universums ausgehende Gravitationsfeld in nullter und erster Ordnung, die Metrik ist bis auf Korrekturen zweiter Ordnung gleich $\eta_{\mu\nu}$, und bis auf vernachlässigbare Korrekturen gelten die Gesetze der SRT. Insbesondere ist daher der Radius von Atomen zeitunabhängig. Geht man davon aus, daß ein derartiges frei fallendes System auch für Objekte von der Größe des Sonnensystems oder unserer Galaxie existiert, so folgt, daß mit Hilfe der Newtonschen Theorie berechenbare Größen wie der Abstand Erde-Sonne oder der Durchmesser einer stationären Galaxie zeitunabhängig sind und daher die Expansion nicht mit vollziehen. Was an dieser Argumentation fehlt, ist eine Angabe, bis zu welcher Größe physikalische Objekte nicht an der Expansion beteiligt sind, und wie man sich den Übergang von nicht beteiligten zu beteiligten Objekten vorstellen kann. Für eine strengere Ableitung könnte man z. B. die Abweichungen der Metrik $g_{\mu\nu}$ von $\eta_{\mu\nu}$ (nur in einem Punkt gilt $g_{\mu\nu} = \eta_{\mu\nu}$ und $g_{\mu\nu,\lambda} = 0$) über die volle Ausdehnung des betrachteten Objektes abschätzen und untersuchen, wann diese gegenüber $\eta_{\mu\nu}$ vernachlässigt werden dürfen. Der im folgenden dargestellte Zugang ist jedoch einfacher.

22.1 Einstein-Strauss-Vakuole

Als erstes betrachten wir ein im Rahmen der ART exakt lösbares Modell, dessen Lösung 1945 von A. Einstein und E. Strauss gefunden wurde und das deshalb als **Einstein-Strauss-Vakuole** bezeichnet wird. Dieses Modell wird von einem kugelsymmetrischen Stern konstanter Massendichte gebildet, der sich innerhalb eines drucklosen, die Friedmann-Gleichung ((15.31) mit $\varrho_\Lambda = 0$) erfüllenden Friedmann-Universums in

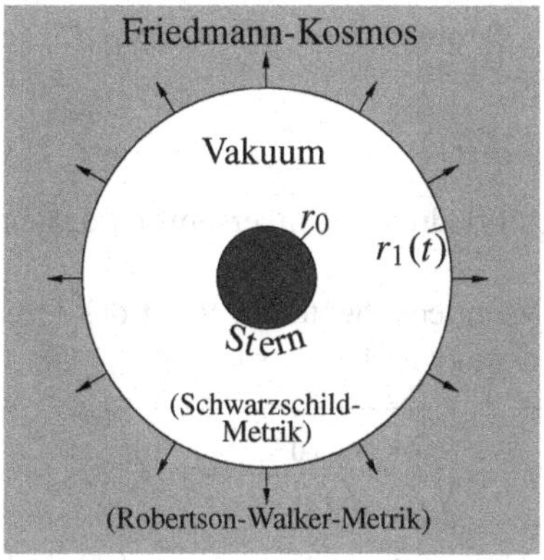

Abb. 22.1: Einstein-Strauss-Vakuole.

hinreichend weiter Entfernung von allen übrigen Sternen befindet. Der Stern ist von einem Vakuumgebiet umgeben, das von der Radialkoordinate r_0 (Sternrand) bis $r_1 \gg r_0$ reicht (Abb. 22.1). Um die Vereinfachungen von Kugelsymmetrie benutzen zu können, wird angenommen, daß die – um die Masse des betrachteten Sterns reduzierte – Masse des Weltalls homogen (also mit räumlich konstanter Dichte ϱ) in dem die Vakuole kugelsymmetrisch umgebenden Gebiet $r \geq r_1$ verteilt ist. Wir wollen uns davon überzeugen, daß es eine Lösung gibt, bei der sich der Stern im statischen Gleichgewicht befindet. Dazu muß gezeigt werden, daß sich die Lösungen für das Innere des Sterns, das anschließende Vakuumgebiet und den (kupierten) Friedmann-Kosmos so aneinanderfügen lassen, daß alle zu stellenden Übergangsbedingungen erfüllt werden.

Die in Abschn. 13.1.1 und 13.1.2 von Kapitel 13 erhaltene Lösung für das Sterninnere und -äußere kann unverändert übernommen werden, wenn die den Stern umgebende Masse des (kupierten) Friedmann-Universums keine gravitativen Wirkungen auf das Gebiet $r < r_1$ ausübt. In der Newtonschen Gravitationstheorie ist diese Bedingung erfüllt (siehe *Mechanik*, Aufg. 2.12). In der ART ist die Lösung für das Gravitationsfeld innerhalb einer in eine homogene Massenverteilung eingebetteten Vakuumkugel eine kugelsymmetrische Lösung der Vakuum-Feldgleichungen. Sie besitzt daher nach dem Birkhoff-Theorem (Abschn. 11.1.3 von Kapitel 11 der ART) eine Schwarzschild-Metrik (11.17), die wegen $M = 0$ bzw. $r_s = 0$ auf eine pseudoeuklidische Metrik reduziert ist. Das ist gleichbedeutend mit dem Verschwinden des Gravitationsfeldes. In einer derartigen, von äußeren Einwirkungen freien Vakuumkugel befindet sich der von uns betrachtete Stern. Dieser unterliegt also ausschließlich seinem eigenen Gravitationsfeld, was dazu berechtigt, die für ihn und das umgebende Vakuumgebiet erhaltene ART-Lösung zu übernehmen. Die Metrik im dem Ringgebiet $r_0 \leq r \leq r_1$ ist eine Schwarzschild-Metrik mit der nach außen wirkenden Sternmasse M, weshalb dieses mitunter als **Schwarzschild-Vakuole** bezeichnet wird. (Wir wollen demgegenüber unter Einstein-Strauss-Vakuole den Stern mit Vakuumumgebung verstehen.)

Die bei $r = r_1$ zu stellenden Übergangsbedingungen zwischen Schwarzschild- und Friedmann-Lösung können wie am Rand eines kollabierenden Sterns (siehe Abschn. 13.2.2 von Kapitel 13 der ART) erhalten werden: 1. Aus dem Vergleich der winkelabhängigen Terme der in der Vakuumumgebung gültigen Schwarzschild-Metrik (11.17) und der im Universum gültigen Robertson-Walker-Metrik (16.41b), in der wir zu Unterscheidung $r \to \rho$ setzen, also z. B. aus $ds_\vartheta = r\,d\vartheta = a(t)\,\rho\,d\vartheta$, folgt wie am Sternrand (siehe Gleichung (13.95))

$$r_1(t) = \rho_1 a(t)\,, \tag{22.1}$$

wobei ρ_1 der Wert der Radialkoordinate des Friedmann-Universums an dessen Innenrand ist.

2. Für die Geschwindigkeit frei fallender Materieelemente am Rand des Friedmann-Universums ergibt sich damit und mit Gleichung (19.19)

$$\dot r_1(t) = \rho_1\sqrt{\frac{8\pi G\varrho_{\rm m0}\,a_0{}^3}{3\,a} - kc^2} = \sqrt{\frac{8\pi G\varrho_{\rm m0}\,r_{10}^3}{3\,r_1} - k\rho_1^2c^2}\,.$$

Dabei ist $\varrho_{\rm m} = \varrho_{\rm m}(t)$ die Massendichte des Universums und $\varrho_{\rm m0} = \varrho_{\rm m}(t_0)$ ihr heutiger Wert. Auf der Vakuumseite ergibt sich aus der Radialgleichung (11.56) mit dem Pluszeichen für aufsteigende Lösungen und der Umbenennung $C := (2E/c^2)/(1-2E/c^2)$ die Expansionsgeschwindigkeit

$$\dot r_1(\tau) = c\sqrt{\frac{r_{\rm s}}{r_1} + C} \stackrel{(11.16)}{=} \sqrt{\frac{2GM}{r_1} + C\,c^2}\,. \tag{22.2}$$

Die Forderung, daß beide Geschwindigkeiten gleich sind, liefert $C = -k\rho_1^2$ und

$$M \stackrel{\text{s.u.}}{=} \frac{4\pi}{3}\,r_{10}^3\,\varrho_{\rm m0} =: M_{\rm U0}\,. \tag{22.3}$$

$r_{10} = r_1(t_0)$ ist zum einen die zur Schwarzschild-Metrik gehörige Radialkoordinate des Außenrands der Schwarzschild-Vakuole und zum anderen nach (22.1) der zum Koordinatenabstand ρ_1 gehörige, heutige metrische Abstand vom Koordinatenursprung eines Friedmann-Universums, das zur Zeit t_0 den ganzen Raum mit der Dichte $\varrho_{\rm m0}$ ausfüllt. $M_{\rm U0}$ ist die heutige Masse des kugelförmigen Teilgebiets dieses Universums, das sich vom Ursprung bis zum Koordinatenradius ρ_1 erstreckt. Dieses Ergebnis macht die Übergangsbedingungen (22.1) unmittelbar einsichtig: Der Stern muß mit seinem Außenfeld am Innenrand des Friedmann-Universums so wirken, als wäre seine externe Masse gleichmäßig in dem von ihm und seiner Schwarzschild-Vakuole besetzten Raumgebiet verteilt, wobei die dadurch erzielte Dichteverteilung die gleiche wie im umgebenden Universum sein muß. Erstreckt sich das umgebende Vakuum weiter, als es dem berechneten Vakuolenradius entspricht, so bildet das kein Problem, weil man das Modell eines Universums konstanter Dichte schon ab diesem beginnen lassen kann. Die mit dem zu kleinen Vakuolenradius berechnete Dichte ist dann größer als die für das Sterngleichgewicht notwendige Dichte. Aus dem Vorangegangenen leitet sich ein sehr anschauliches **Kriterium für die Existenz einer statischen Gleichgewichtslösung** ab: *Die mit der externen Sternmasse M gemäß $\varrho_* = 3M/(4\pi r_0^3)$ berechnete Massendichte des Sterns muß mindestens gleich der des Universums sein.*

Da $\varrho_{\rm m0}$ durch den heutigen Zustand des Universums festgelegt ist, ergibt sich $r_1(t_0)$ aus Gleichung (22.3a), wenn die nach außen wirkende Masse M des Sterns vorgegeben wird, zu

$$r_1(t_0) = \left(\frac{3M}{4\pi\,\varrho_0}\right)^{1/3}. \tag{22.4}$$

Als alternatives Kriterium für die Existenz eines Sterngleichgewichts folgt daraus für den Sternradius r_0 die Bedingung $r_0 \leq r_1(t_0)$. Geht man in die Vergangenheit zurück, so existiert die Gleichgewichtslösung nur unter der Bedingung $r_0 \leq r_1(t) = a(t)\rho_1$ bzw.

$$\boxed{\frac{a(t)}{a_0} \overset{\text{s.u.}}{\geq} \frac{r_0}{r_1(t_0)}}, \tag{22.5}$$

wobei zuletzt $r_1(t_0) = a_0\rho_1$ benutzt wurde. Die Existenz einer (statischen) Gleichgewichtslösung bedeutet, daß der Stern seinen Radius trotz Expansion des Universums nicht verändert. Der Sternradius kann daher als unveränderlicher Maßstab dienen, solange die mittlere Dichte des Universums hinreichend klein ist (Näheres dazu weiter unten.) Gleichzeitig haben wir allerdings das Ergebnis, *daß sich das den Stern umgebende Vakuumgebiet mit abnehmender Dichte $\varrho(t)$ des Universums nach (22.1a) wie das übrige Weltall gemäß $a(t) \sim \varrho^{-3}(t)$ ausdehnt, also die Expansion des restlichen Weltalls mit vollzieht.* Aus Stetigkeitsgründen ist es daher gerechtfertigt, zu sagen, *daß auch das vom Stern besetzte Raumgebiet expandiert*, was bedeutet, daß permanent Raumelemente durch den Rand des Sterns hindurch nach außen treten. Da das umgebende Weltall weder auf den Stern noch das diesen umgebende Vakuum einwirkt, muß der Stern ursächlich an dieser Expansion beteiligt sein, auch wenn er selbst nicht von ihr betroffen ist.

Die gravitative Wirkung einer räumlich begrenzten Materieverteilung ohne Kugelsymmetrie kann wie die elektrische Wirkung einer Ladungsverteilung durch eine Multipolentwicklung dargestellt werden (siehe *Elektrodynamik*, Kapitel 4, Abschn. 4.2.3), wobei in weiter Ferne der Beitrag des kugelsymmetrischen Monopolfeldes überwiegt. Die für einen Stern durchgeführten Überlegungen gelten daher auch für Systeme wie das Sonnensystem oder eine Galaxie, sofern sich diesen eine weit über sie hinausreichende Vakuole zuordnen läßt. Dies bedeutet, daß man die Planetenbahnen im Sonnensystem wie gewohnt mit Hilfe der Newtonschen Mechanik berechnet, dann mit (22.4) eine Näherung für den zugehörigen Vakuolenradius bestimmt und am Vakuolenrand eine Friedmann-Lösung anschließt. Für gravitativ gebundene Systeme wie die Erde, einen um die Sonne rotierenden Planeten oder eine rotierende Galaxie folgt dann wie bei dem oben betrachteten Stern die zeitliche Konstanz typischer Geometriegrößen wie Radius oder Durchmesser. Die Vakuolenradien der Erde, der Sonne und der Milchstraße sind in Tabelle 22.1 angegeben, wobei für ϱ_0 aus weiter unten besprochenen Gründen der heutige Wert der kritischen Dichte des Universums (Fall $h = 0{,}7$ der Tabelle 20.2) angesetzt wurde. Außerdem wurde für spätere Zwecke auch noch der (heutige) Vakuolenradius eines Protons und eines Lichtquants der Wellenlänge $\lambda = 500$ nm angegeben.

22.2 Berücksichtigung dunkler Energie*

Da man zu Einsteins Zeiten noch nichts von dunkler Materie und dunkler Energie wußte, sind diese wichtigen Komponenten des kosmischen Substrats in der Arbeit von Einstein und Strauss natürlich nicht berücksichtigt. Allerdings ist dunkle Energie

$\varrho_0=10^{-26}\,\text{kg}\,\text{m}^{-3}$	M/kg	r_0/m	$\varrho_*/(\text{kg}\,\text{m}^{-3})$	r_1/m	r_1/r_0
Erde	$6\cdot10^{24}$	$6{,}4\cdot10^{6}$	$5{,}5\cdot10^{3}$	$5{,}2\cdot10^{16}$	$8\cdot10^{9}$
Sonne	$2\cdot10^{30}$	$7\cdot10^{8}$	$1{,}4\cdot10^{3}$	$3{,}6\cdot10^{18}$	$5\cdot10^{9}$
Milchstraße	$1{,}4\cdot10^{42}$	$1{,}2\cdot10^{20}$	$2\cdot10^{-19}$	$3{,}2\cdot10^{22}$	$2{,}7\cdot10^{2}$
Proton	$1{,}7\cdot10^{-27}$	$7{,}5\cdot10^{-16}$	$9{,}6\cdot10^{17}$	$3{,}4\cdot10^{-1}$	$4{,}5\cdot10^{14}$
Photon (λ=500 nm)	$4{,}4\cdot10^{-36}$	$2{,}5\cdot10^{-7}$	$6{,}7\cdot10^{-17}$	$4{,}7\cdot10^{-4}$	$1{,}9\cdot10^{3}$

Tabelle 22.1: Vakuolenradien r_1 und andere Kenngrößen verschiedener Objekte. ϱ_* ist durch $\varrho_*=3M/(4\pi r_0^3)$ definiert, womit sich aus (22.4) $r_1/r_0=(\varrho_*/\varrho_0)^{1/3}$ ergibt. Der angegebene Radius der Milchstraße ist ein mittlerer Radius, der aus dem Vergleich ihres Volumens mit einem gleich großen Kugelvolumen berechnet wurde. Die – nicht exakt definierbaren und zur Berechnung von r_1 auch nicht benötigten – Werte von r_0 und ϱ_* beim Photon sind für Vergleichszwecke angegebene grobe Schätzwerte. Wegen $\varrho\sim x^{-3}$ für $t\geq t_e$ und $r_1(t)\sim\varrho^{-1/3}$ gilt $r_1(t_e)=x_e\,r_1(t_0)=10^{-3}\,r_1(t_0)$, woraus folgt, daß die Vakuole des betrachteten Photons auch noch zur Entkopplungszeit t_e über das vom Photon besetzte Volumen hinausragt.

sowohl im Stern als auch in dem diesen umgebenden Vakuum gleichmäßig verteilt. (Dasselbe gilt möglicherweise bei einigen Sternen auch für dunkle Masse, was hier jedoch nicht berücksichtigt werden soll.)

Bei einem Stern wie der Sonne ist das Verhältnis der Sterndichte zur Massendichte von dunkler Energie nach Tab. 22.1 von der Größenordnung 10^{-29}, was bedeutet, daß die letztere bei der inneren Lösung des Sterns vernachlässigt werden darf. Lokal darf sie das auch im umgebenden Vakuum. Allerdings kann die Aufsummierung einer kleinen Größe über ein hinreichend großes Gebiet einen merklichen Beitrag liefern, was bei unserem Beispiel der Fall ist. Wir erhalten jedoch eine brauchbare Näherung, wenn wir in der Schwarzschild-Lösung (11.17) die Konstante M durch eine Funktion $M(r)$ ersetzen, die bei jedem $r\in[r_0,r_1]$ gleich der Summe der Sternmasse und der bis zu diesem Radius aufsummierter Masse der dunklen Energie ist. Die Anschlußbedingung am Sternrand r_0 und Bedingung (22.1) bleiben dann unverändert, während (22.3) durch

$$M+\frac{4\pi}{3}r_1^3\Omega_\Lambda\,\varrho=\frac{4\pi}{3}r_1^3\varrho \quad\overset{\Omega_\Lambda=0{,}7}{\Longrightarrow}\quad M=0,3\,\frac{4\pi}{3}r_1^3\varrho$$

ersetzt werden muß. Nach (22.4) bedeutet das, daß in Tab. 22.1 die Werte von r_1 und r_1/r_0 jeweils mit dem Faktor $(0,3)^{1/3}=0,67$ multipliziert werden müssen.

Sonderfall Lichtwellen. Aus den oben erhaltenen Ergebnissen könnte man den Schluß ziehen, daß ein Objekt immer dann nicht mit expandiert, wenn es weit genug von anderen kompakten Objekten entfernt ist bzw. wenn sein Vakuolenradius weit über es selbst hinausragt. Durch das Beispiel von Licht werden solche Vermutungen jedoch widerlegt. Licht, das sehr weit von uns entfernt emittiert wurde und bis zu uns vorgedrungen ist, hat dabei weite Strecken durch große Leergebiete (big voids, siehe Abschn. 20.6.3) zurückgelegt. Bei hinreichend kleiner Wellenlänge war sein Vakuolenradius nach Tab. 22.1 auf dem ganzen Weg zu uns stets größer als seine Wellenlänge. Dennoch erfuhr es dabei nach (17.35) eine von der Wellenlänge unabhängige Rotverschiebung, von der gezeigt wurde, daß sie auch quantitativ richtig durch Expansion erklärt werden kann. Ein Gesichtspunkt ist bei der Expansion von Lichtwellen von entscheidender Bedeutung: Die Expansionsgeschwindigkeit ist extrem klein, so klein, daß sie zur Zeit noch weit unter der Meßbarkeitsschwelle liegt (siehe Abschn. 20.5). Erst durch die Summation über extrem lange Laufzeiten kommt ein meßbarer Effekt zustande.

Auch ein Stern im statischen Gleichgewicht befindet sich über lange Zeitspannen hinweg in einem expandierenden Raum. Bei ihm kommt es jedoch in Bezug auf seinen Radius zu keiner Summation kleiner Wirkungen, er behält diesen die ganze Zeit über bei.

22.2.1 Ursache von Nichtexpansion

Das Beispiel der Einstein-Strauss-Vakuole zeigt zwar, daß es im Universum Objekte gibt, die von der Expansion nicht betroffen sind, und liefert auch ein Kriterium dafür, unter welchen Umständen das der Fall ist. Die Ursache von Nichtexpansion wurde aber nicht wirklich aufgedeckt.

Beispiel 22.1:

Das folgende Analogon gibt einen Hinweis darauf, wie wir zu einem Verständnis der Ursache von Nichtexpansion gelangen können.
Betrachten wir einen Fisch, der kopfüber einen Wasserfall hinabfällt. Sobald das Wasser über den Klippenrand am oberen Ende des Wasserfalls hinausgetreten ist, wird es im Schwerefeld der Erde nach unten beschleunigt. Wasser unterhalb des Fischs wurde schon länger beschleunigt und ist daher schneller als darüber befindliches Wasser. Könnte man das Schwerefeld der Erde plötzlich abschalten, dann würden Wasserelemente unterschiedlicher Höhenlage aufgrund unterschiedlicher Geschwindigkeit immer noch auseinanderdriften, allerdings unbeschleunigt. Die den Fisch oben und unten umgebenden Wasserelemente – ab einer gewissen Fallhöhe handelt es sich um Tröpfchen in einem Sprühnebel, was die Ähnlichkeit mit der Situation im Universum noch erhöht, wenn man die Tröpfchen als Analoga der Galaxien ansieht – entfernen sich also voneinander, d. h. die Umgebung des Fischs expandiert. Der Fisch hingegen behält seine Länge bei, weil er von den elastischen Kräften seines Körpers zusammengehalten wird. Ohne diese würde auch der Fisch (längenmäßig) expandieren. (Dasselbe gilt auch für die Tröpfchen.)

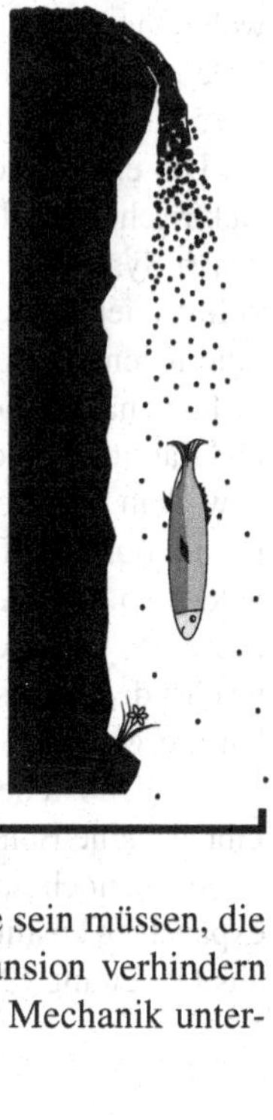

Das Beispiel zeigt, daß es Kräfte oder interne Impulsunterschiede sein müssen, die ein Objekt expandieren lassen, und daß Bindungskräfte seine Expansion verhindern können. Wir wollen dazu exemplarisch das Zweikörperproblem der Mechanik untersuchen.

Behandlung in Newtonscher Kosmologie. Angewandt auf die in kosmischen Maßstäben sehr kleinen Systeme, die wir betrachten, und bei der niedrigen Dichte des heutigen Universums stellt die Newtonsche Kosmologie (Abschn. 15.1) eine hervorragende Näherung dar. In ihr führt die Verteilung gewöhnlicher und dunkler Materie sowie dunkler Energie zu vektoriellen Kräfte, deren massenspezifische Dichte nach Gleichung (15.23) mit (15.28) durch

$$f = \frac{4\pi G}{3}\,(2\varrho_\Lambda - \varrho_\mathrm{m})\,\boldsymbol{r} \tag{22.6}$$

gegeben ist. Wir betrachten das System Erde-Sonne sowie ein gebundenes Proton-Elektron-System und legen die Sonne bzw. das Proton, die beide wegen ihrer viel größeren Masse als unbeweglich behandelt werden dürfen, in den Ursprung des Koordinatensystems. Die Gesamtkraft auf die Erde bzw. das Elektron ist dann

$$\boldsymbol{F}_{♁} \overset{\text{s.u.}}{=} G M_{♁}\left(-\frac{M_\odot \boldsymbol{r}}{r^3} + \frac{4\pi(2\varrho_\Lambda - \varrho_\mathrm{m})\,\boldsymbol{r}}{3}\right), \quad \boldsymbol{F}_\mathrm{e} \overset{\text{s.u.}}{=} -\frac{e^2 \boldsymbol{r}}{4\pi\varepsilon_0 r^3} + \frac{4\pi G\,(2\varrho_\Lambda - \varrho_\mathrm{m})\,m_\mathrm{e}\boldsymbol{r}}{3}, \tag{22.7}$$

wobei die massenspezifische Kraftdichte (22.6) noch mit der Masse der Erde bzw. des Elektrons multipliziert werden mußte. Dabei ist vorausgesetzt, daß andere kompakte Objekte so weit entfernt sind, daß von ihnen ausgehende vektorielle Kraftwirkungen vernachlässigt werden dürfen. Das Verhältnis V der expansiv wirkenden kosmologischen Kräfte zur jeweiligen Anziehungskraft ist

$$V_{♁} \overset{\text{s.u.}}{=} \frac{4{,}4\,\pi\,\varrho_\mathrm{kr}\,r^3}{3\,M_\odot}, \quad V_\mathrm{e} \overset{\text{s.u.}}{=} \frac{17{,}6\,\pi^2 G\,\varepsilon_0\,\varrho_\mathrm{kr}\,m_\mathrm{e}\,r^3}{3\,e^2},$$

wobei nach (20.51) $\varrho_\Lambda = 0{,}7\varrho_\mathrm{kr}$ und $\varrho_\mathrm{m} = 0{,}3\varrho_\mathrm{kr}$ gesetzt wurde. Im Abstand der Erde von der Sonne bzw. des Bohrschen Radius, also für $r = 1{,}5 \cdot 10^{11}$ m bzw. $r = 5{,}3 \cdot 10^{-11}$ m, ergibt sich das Verhältnis $V_{♁} = 8 \cdot 10^{-23}$ bzw. $V_\mathrm{e} = 1{,}8 \cdot 10^{-69}$.

Die expansiven kosmologischen Kräfte sind also gegenüber der gravitativen bzw. elektrischen Bindungskraft praktisch vernachlässigbar. Dennoch gibt es auch bei gebundenen Systemen unter extrem langer Einwirkung der extrem schwachen Expansionskräfte einen merklichen Summationseffekt: Je nach deren Vorzeichen kommt es zu einer minimalen Verkleinerung oder Vergrößerung des Bahnradius r – wir betrachten der Einfachheit halber die Erdbahn als Kreisbahn und die Elektronenbahn als klassische Bahn – und damit zu einer Verlängerung oder Verkürzung $t\,\Delta v$ der in der Zeit t von der Erde bzw. dem Elektron durchlaufenen Strecke $t\,v = t\,\sqrt{GM_\odot/r}$ bzw. $t\,v = t\,\sqrt{e/(4\pi\varepsilon_0 r)}$. Da die Bahn „aufgewickelt" ist, wirkt sich eine merkliche Veränderung der Bahnlänge jedoch so gut wie nicht auf die durch den Abstand r der Erde von der Sonne bzw. des Elektrons vom Kern definierte Größe des Systems aus. Bei zwei ungebundenen Massen wächst deren Abstand dagegen wie die Differenz der Bahnlängen $\int_0^t v(t')\,dt'$, und man hat die gleiche Situation wie beim Licht. (Bei einem statischen Gleichgewicht, z. B. zwei sich anziehenden Massen, die von einer Druckfeder auf Abstand gehalten werden, gibt es keine Bahn und daher auch keine Bahnverkürzung oder -verlängerung.)

Es ist noch interessant, zu bestimmen, wo die Stärke der Bindungskräfte auf die der expansiven kosmologischen Kräfte abgefallen ist. Beim Erde-Sonne-System folgt dafür aus Gleichung (22.7a) für $\varrho_\Lambda = 0$ die Bedingung

$$R = \left[3M_\odot/(4\pi\,\varrho_\mathrm{m})\right]^{1/3}, \tag{22.8}$$

also Gleichung (22.4). Das muß nicht verwundern, weil diese aus Stetigkeitsbedingungen an die metrischen Koeffizienten und deren Ableitungen folgt und diese quasi als Potentiale der Kräfte aufgefaßt werden können, deren Stetigkeit (22.8) zum Ausdruck bringt.

ART-Behandlung in mitgeführten Koordinaten. Wir wollen die Ursache für Nichtexpansion wenigstens qualitativ auch in den mitbewegten Koordinaten der Robertson-Walker-Metrik verstehen. Bei dieser sind alle von der Massen- bzw. Energieverteilung des kosmischen Substrats herrührenden Gravitations- und Antigravitationskräfte über den Skalenfaktor $a(t)$ in der Metrik absorbiert. In gebundenen Systemen treten zusätzlich vektorielle Kräfte auf. Die allgemeine Bewegungsgleichung der ART für ein Punktteilchen ist Gleichung (10.39), wobei für ein frei fallendes Teilchen $F^\lambda = 0$ gilt. In der Robertson-Walker-Metrik werden daraus die Gleichungen (17.25)–(17.27), in denen die rechten Seiten jeweils um einen F^λ entsprechenden Kraftterm zu ergänzen sind. Die räumliche Expansion kommt nur durch Terme mit einer Ableitung von $a(t)$ ins Spiel. Wenn diese hinreichend klein sind, ändern sie nichts an der Gebundenheit einer Bahn, sondern machen sich nur in einer kleinen Korrektur der Bahngeometrie bemerkbar. Diese Korrektur ist vernachlässigbar klein, wenn die vektoriellen Bindungskräfte hinreichend stark sind. Wegen $\dot{a}^2(t) \sim \varrho$ ist die Vernachlässigung mit abnehmender Dichte des Universums immer besser gerechtfertigt, was in gewisser Weise dem bei den Einstein-Strauss-Vakuolen erhaltenen Kriterium entspricht.

22.2.2 Zusammenwirken von Expansion und Nichtexpansion

Ein Universum, das in den kleineren Bereichen, wo die Materie stark konzentriert ist und durch starke Bindungskräfte zusammengehalten wird, nicht expandiert, in den viel größeren leeren Zwischenräumen jedoch expandiert, ist gut vorstellbar. Es würde sich ähnlich verhalten wie ein Luftballon, der aufgeblasen wird und dessen Expansion an vielen Stellen durch verhärtete Tropfen eines aufgebrachten Klebers verhindert wird.

Nach der im Anschluß an Gleichung (22.5) gemachten Bemerkung sollte man sich die Zusammenwirkung von Expansion und Nichtexpansion jedoch viel besser auf andere Weise vorstellen: *Das Universum expandiert überall, im Kleinen wie im Großen, nur gibt es Objekte, die durch starke Bindungskräfte daran gehindert werden, der Expansion zu folgen.* Dieses Bild ist auch dem Problem der Expansion der Wellenlänge von Licht viel besser angepaßt, denn Licht kann dann auch beim Passieren oder Durchqueren von Objekten (z. B. Galaxienhaufen) expandieren, die nicht an der Expansion teilnehmen.

22.3 Grenzen der Nichtexpansion*

Wenn der Vakuolenradius r_1 einer Einstein-Strauss-Vakuole kleiner als der Radius r_0 des Sterns wird, existiert für diesen keine Gleichgewichtslösung mehr. Daraus kann allerdings nicht gefolgert werden, daß die Sternmaterie dann die Expansion des Weltalls mit vollzieht, obwohl man das vermuten könnte. Nach dem in Abschn. 22.1 gefundenen Existenzkriterium für statisches Sterngleichgewicht ist $\varrho_* = \varrho = \varrho_\mathrm{m} + \varrho_\Lambda$ (mit $\varrho_* \approx$ Massendichte des Sterns nach Tab. 22.1) gleichbedeutend mit $r_1(t) = r_0$. Nun ist die Dichte eines Maßstabs mit einigen g/cm^3 in etwa dieselbe wie die mittlere Dichte der Sonne oder sonnenähnlicher Sterne. Dagegen liegt die mittlere Massendichte $\varrho_\mathrm{e} \approx \varrho_{\mathrm{krit}0}\, x_\mathrm{e}^{-3}$ des Universums zur Zeit der Entkopplung mit etwa $10^{-20}\,\mathrm{g/cm^3}$ (siehe Tabelle 20.2) noch weit unterhalb der Dichte von Festkörpern oder Sternmaterie. Die Temperatur ist allerdings schon so hoch, daß keine Festkörper mehr existieren, es gibt auch keine Sterne, und die Materie ist ganz gleichmäßig verteilt. Die Situation, daß der Vakuolenradius kleiner als der Sternradius wird, tritt also gar nicht auf. *Der Übergang von Nichtexpansion zu Expansion wird also nicht durch zu hohe Dichte, sondern zu hohe Temperatur des kosmischen Substrats bewirkt.* Schon unterhalb der Entkopplungstemperatur verlieren Körper ihre Festigkeit, und in Ermangelung von Rückhaltekräften folgen ihre Elemente unabhängig voneinander den kosmischen Expansionskräften.

Die Nichtexistenz von Festkörpern oder Sternen im statischen Gleichgewicht bedeutet allerdings noch immer nicht, daß es kein nichtexpandierendes Richtmaß gibt. Bis in die Hadronenära hinein gibt es Protonen, deren Dichte das Universum erst in dieser Ära erreicht, so daß sie bis dahin als unveränderliche Maßstäbe dienen können. Und noch in Teilen der Quarkära kann diese Aufgabe von Quarks übernommen werden.

Es kann sein, daß bei noch größerer Annäherung an den Urknall schließlich alle Maßstäbe verloren gehen. Ein eventuelle Nichtmeßbarkeit der Expansion während der frühesten Phase des Universums muß allerdings nicht bedeuten, daß in dieser auftretende physikalische Phänomene nicht konventionell beschrieben und gedeutet werden können. In der ART und ganz besonders in der ART-Kosmologie gibt es verschiedentlich prinzipiell nicht meßbare Phänomene (z. B. im Zusammenhang mit schwarzen Löchern), die aus einer in vielen anderen Details überprüfbaren oder überprüften Theorie folgen und daher sinnvoll sind.

23 Kosmische Inflation

Durch das Konzept des Urknalls wurde zwar eine Reihe kosmologischer Probleme gelöst (siehe Abschn. 20.6.1), es traten aber auch neue Probleme auf. Im folgenden Abschnitt werden diese aufgeführt und zum Teil ausführlicher vorgestellt. Sodann wird das Konzept der kosmischen Inflation eingeführt und ausgebaut. Dabei wird besprochen, wie sich die aufgeführten Probleme durch dieses lösen lassen. Nur das Strukturbildungsproblem kann aus Platzgründen im Rahmen dieser Einführung nicht behandelt werden.

23.1 Urknall-Probleme

Bei den durch den Urknall aufgeworfenen Problemen handelt es sich um das

- Horizontproblem
- Flachheitsproblem,
- Problem der Anfangsmasse,
- Problem der magnetischen Monopole,
- Strukturbildungsproblem bei Galaxien und Galaxienclustern.

23.1.1 Horizontproblem

Unser heutiger Abstand vom Rand des heute beobachtbaren Universums ist nach (20.60) $d_{T0} = 3{,}47\, ct_0$. Aufgrund der Expansion des Universums war dieser – zu einem festen Koordinatenabstand χ gehörige – Abstand früher kleiner und durch

$$d_0(t) := d_{T0}\, x(t) = 3,47\, ct_0\, x(t)$$

gegeben. Der Rand des kausal mit uns verknüpfte Gebiets, der sich gegenüber dem kosmischen Substrat mit Lichtgeschwindigkeit vom Koordinatenursprung entfernt, hatte von uns in der Frühphase des Universums nach (20.30a) den Abstand $d_{\text{kaus}} = d_{\text{T}} = 2ct$ und in der materiedominierten Phase nach (20.30c) den Abstand $d_{\text{kaus}} = 3ct$. Für die folgenden Abschätzungen von Größenordnungen ist es genau genug, wenn wir der Einfachheit halber für alle Zeiten $d_{\text{kaus}} = 3ct$ setzen. Damit erhalten wir die Näherung

$$\frac{d_0(t)}{d_{\text{kaus}}(t)} = \frac{t_0\, x(t)}{t}\,. \tag{23.1}$$

Die (genauere) zahlenmäßige Auswertung liefert mit $x_e = 10^{-3}$, $t_e = 4{,}43 \cdot 10^5$a, $t_0 = 13{,}7 \cdot 10^9$a (siehe (18.40)), $d_{T0} = 3{,}47\, ct_0$ und $d_{kaus}(t_e) = 2{,}23\, ct_e$ (siehe (20.30b))

$$\frac{d_0(t_e)}{d_{kaus}(t_e)} = \frac{3,47\, c\, t_0\, x_e}{2,23\, c\, t_e} = 48\,. \tag{23.2}$$

Hieraus errechnet sich mit $V \sim d^3$ das Verhältnis der Volumina, welches das heute beobachtbare Universum und das mit uns kausal verknüpfte Gebiet zur Zeit t_e der Entkopplung von Strahlung und Materie besaßen, zu

$$\frac{V(t_e)}{V_{kaus}(t_e)} = \left(\frac{d(t_e)}{d_{kaus}(t_e)}\right)^3 \approx 1{,}1 \cdot 10^5\,. \tag{23.3}$$

Da dieselbe Überlegung auch auf jeden anderen Punkt im Universum zutrifft, kann der heute beobachtbare Teil des Universums in etwa hunderttausend Teilgebiete zerlegt werden, die zur Zeit t_e nicht kausal miteinander verknüpft waren. Dieses Ergebnis macht es unverständlich, warum die kosmische Hintergrundstrahlung so isotrop ist – die beobachteten Helligkeitsschwankungen betragen maximal 10^{-5}. Hierfür wäre thermisches Gleichgewicht zwischen den verschiedenen Emissionsgebieten notwendig, was nur durch hinreichend lange währende Wechselwirkungen zustandekommen konnte und eine entsprechende kausale Verknüpfung voraussetzt.

Noch gravierender werden die Verhältnisse, wenn man bis zur Planck-Zeit zurückgeht. Mit

$$x(t_P) = \sqrt{\frac{t_P}{t_e}}\, x_e \approx 6{,}2 \cdot 10^{-32} \tag{23.4}$$

(siehe Aufgabe 21.1) und mit $d_{kaus}(t_P) = 2ct_P$ für $t \ll t_g$ nach (20.30a) gilt

$$\frac{d(t_P)}{d_{kaus}(t_P)} = \frac{3,47\, t_0\, x(t_P)}{2\, t_P} \overset{\text{s.u.}}{\approx} 8{,}7 \cdot 10^{29} \quad \Rightarrow \quad \frac{V(t_P)}{V_{kaus}(t_P)} = \left(\frac{d(t_P)}{d_{kaus}(t_P)}\right)^3 \approx 6,6 \cdot 10^{89}. \tag{23.5}$$

(Dabei wurde aus Tabelle 20.2 noch $t_0 = 4{,}3 \cdot 10^{17}$ s entnommen.) Dies bedeutet, daß zur Planck-Zeit rund 10^{90} kausal unverknüpfte Bereiche gleiche Temperatur und Dichte aufgewiesen haben müssen.

Nach (20.25b) gilt in der Frühphase des Universums $x \sim t^{1/2}$ und nach (20.35a) in der materiedominierten Phase $x \sim t^{2/3}$. Hieraus ergibt sich

$$\dot{x}(t) = \begin{cases} \dfrac{x}{2t} \quad \Rightarrow \quad \dfrac{x}{t} = 2\,\dot{x}(t) & \text{(Frühphase)}\,, \\[2ex] \dfrac{2\,x}{3\,t} \quad \Rightarrow \quad \dfrac{x}{t} = \dfrac{3\,\dot{x}(t)}{2}\,, \quad \dfrac{t_0}{x_0} = \dfrac{2}{3\,\dot{x}(t_0)} & \text{(mat.dom. Phase)}\,. \end{cases}$$

Unter Vernachlässigung der für unsere Zwecke unwichtigen Faktoren 2 und 3/2 entnehmen wir hieraus für die – auch schon genäherte – Beziehung (23.1) die Darstellung

$$\frac{d_0(t)}{d_{kaus}(t)} \approx \frac{\dot{x}(t)}{\dot{x}(t_0)}\,, \tag{23.6}$$

die wir näherungsweise für alle t benutzen werden und die sich für die Folgerungen aus dem Horizontproblem als besonders nützlich erweisen wird. Aus (23.5a) und (23.6) folgt, daß der Quotient $\dot{x}(t)/\dot{x}(t_0)$ bei Urknalllösungen zur Zeit $t = t_P$ etwa den Wert 10^{30} besitzt, also extrem groß ist.

23.1.2 Problem der magnetischen Monopole

Die GUTs sagen bei der Entkopplung der starken und schwachen Wechselwirkung die Entstehung einer riesigen Anzahl magnetischer Monopole voraus. Diese sind mit einer Masse von etwa $10^{15}\,\mathrm{GeV/c^2}$ extrem massiv. Ihre Dichte würde infolgedessen schon sehr früh nichtrelativistisches Verhaltens $\sim x^{-3}$ aufweisen, so daß sie schon bald die Oberhand gewinnen und schnell zu einer Abbremsung sowie Umkehr der Expansion des Universums führen würden. Eine zum heutigen Zustand des Universums führende Entwicklung wäre dann nicht möglich. Zur Erzeugung der Monopole muß mindesten die ihrer Ruhemasse entsprechende Energie aufgewendet werden, und dazu muß die Temperatur im Universum mindestens $10^{28}\,\mathrm{K}$ betragen (Aufg. 23.1). Dies bedeutet, daß die magnetischen Monopole spätestens gegen Ende der GUT-Ära gebildet werden. Wenn das durch sie aufgeworfene Problem nicht auf andere Weise gelöst werden könnte, müßte man die GUTs als falsch ansehen und aufgeben. Glücklicherweise bietet die Inflationstheorie auch für dieses Problem eine Lösung.

23.1.3 Umformulierung des Flachheitsproblems

Die Hubble-Zeit $t_H = 1/H$ stimmt grob gesehen mit dem Alter t des Universums überein. Gleichung (20.69) kann daher in der Form

$$\Omega - 1 = (\Omega_0 - 1)\,\frac{t_H^2}{t_{H0}^2\,x^2} \approx (\Omega_0 - 1)\left(\frac{t}{t_0\,x}\right)^2$$

geschrieben werden. Mit denselben Argumenten, die von (23.1) zu (23.6) geführt haben, ergibt sich hieraus mit $\dot{x}(t_P)/\dot{x}(t_0) \approx 10^{30}$

$$\Omega_0 - 1 \approx \left(\frac{\dot{x}(t)}{\dot{x}(t_0)}\right)^2 (\Omega - 1) \approx 10^{60}\,(\Omega(t_P) - 1)\,.$$

($\Omega - 1$ muß also für $\Omega_0 \approx 1$ in der Vergangenheit extrem klein gewesen sein.)

23.2 Konzept der kosmischen Inflation

Sowohl das Horizontproblem (Abschn. 23.1.1) als auch das Flachheitsproblem von Urknall-Lösungen (Abschn. 20.6.2) basieren auf der enormen Größe des Quotienten $\dot{x}(t_0)/\dot{x}(t_P) \approx 10^{30}$. Wenn dieser einen wesentlich kleineren Wert hätte, wären beide

Probleme behoben. In Urknallmodellen wird die Expansion jedoch bis weit nach der Entkopplungszeit abgebremst, sowohl aus (20.23) als auch aus (20.36) folgt $\ddot{a}(t) < 0$. Infolgedessen nimmt $\dot{x}(t)/\dot{x}(t_0)$ mit abnehmender Zeit t monoton zu und steuert unweigerlich auf einen riesigen Anfangswert zur Planck-Zeit zu (vgl. Abb. 23.1).

23.2.1 Beschleunigung der Expansion

1981 erkannte A. Guth, daß *eine als **inflationäre Expansion** bezeichnete, zu sehr hohen Expansionsgeschwindigkeiten führende Phase beschleunigter Expansion in der Frühzeit des Universums alle genannten Probleme lösen würde.* Guth machte als Ursache der Beschleunigung Prozesse verantwortlich, die sich im Rahmen einer der *großen vereinheitlichten Theorien* der Elementarteilchenphysik (kürzer *GUTs* von *Grand Unified Theories*) abspielen können: In der extrem heißen Frühphase des Universums, als dieses von einem Plasma miteinander wechselwirkender Elementarteilchen bevölkert wurde, soll der Grundzustand des Vakuums vorübergehend eine sehr hohe Energiedichte besessen haben. Seine Eigenschaften sollen denen des kosmologischen Feldes Λ ähneln: Wie wir wissen, hat dieses in der letzten, bis heute reichenden Entwicklungsphase des Universums zu einer Beschleunigung der Expansion geführt. In der Frühzeit des Universums sollen dabei auch Prozesse wie der Higgs-Mechanismus der Elementarteilchentheorie eine Rolle gespielt haben. Das ursprüngliche Modell Guths war kompliziert, durchlief eine Reihe von Modifikationen und wurde im Laufe der Zeit durch einfachere Ansätze ersetzt. Wir begnügen uns mit den einfachsten von diesen, da sie alle an eine inflationäre Expansion zu stellenden Anforderungen erfüllen.[1]

Aus den Gleichungen (18.16), (18.17) und (19.12) folgt, daß ein hinreichend großer positiver Wert der kosmologischen Konstanten eine Beschleunigung der Expansion bewirken kann. Um das zu erkennen, zerlegen wir die Gesamtdichte ϱ in Abänderung unserer früheren Nomenklatur gemäß

$$\varrho \to \varrho + \varrho_\Lambda \qquad \text{mit} \qquad \varrho = \varrho_{\rm m} + \varrho_{\rm r} = \varrho_{\rm m} + \varrho_{\rm mr} + \varrho_\nu + \varrho_{\rm s}\,. \tag{23.7}$$

ϱ ist jetzt also nicht mehr die Gesamtdichte, sondern Gesamtdichte minus ϱ_Λ. Mit der neuen Nomenklatur und $p_\Lambda = -\varrho_\Lambda c^2$ bzw. $\varrho_\Lambda = -p_\Lambda/c^2$ lautet Gleichung (19.12)

$$\ddot{a} = -\frac{4\pi G}{3}\left[\varrho + \varrho_\Lambda + \frac{3(p+p_\Lambda)}{c^2}\right] a = -\frac{4\pi G}{3}\left(\varrho + \frac{3p}{c^2} + \frac{2p_\Lambda}{c^2}\right) a\,. \tag{23.8}$$

Der mit positiver Dichte ϱ_Λ einhergehende Druck p_Λ ist negativ. Für $p_\Lambda < (\varrho c^2 + 3p)/2$ dominiert er über die abbremsende Wirkung des positiven Drucks p und der positiven Dichten $\varrho + \varrho_\Lambda$ und führt insgesamt zu einer Beschleunigung der Expansion. Weil p und ϱ zu Beginn der kosmischen Evolution extrem groß sind, müssen dazu auch er und ϱ_Λ entsprechend groß sein. Dies bedeutet, daß p_Λ und ϱ_Λ für eine beschleunigte Expansion in der Frühzeit des Universums ihre heutigen Werte um viele Größenordnungen übertreffen müssen.

---

1 Wer an der historischen Entwicklung interessiert ist, wird auf das lesenswerte Buch *Die Geburt des Kosmos aus dem Nichts* (Droemer 1999) von A. Guth hingewiesen, in dem diese Entwicklung ausführlich geschildert ist.

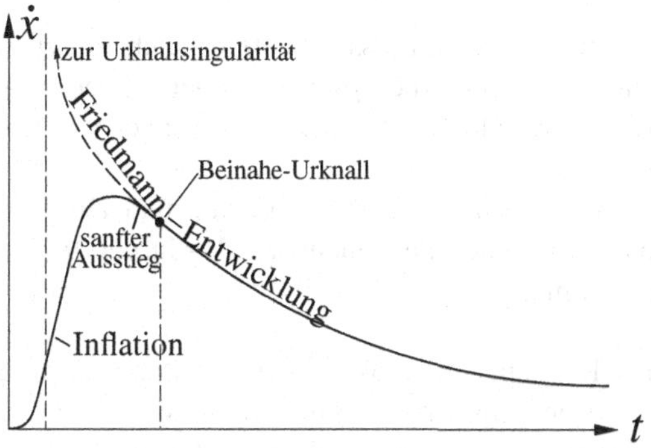

Abb. 23.1: Geschwindigkeit $\dot{x}(t)$ einer inflationären Expansion.

Durch eine anfängliche inflationäre Expansion dürfen allerdings die durch das Urknallmodell ermöglichten Problemlösungen nicht infrage gestellt werden, dieses darf allenfalls in geeigneter Weise modifiziert werden. Insbesondere muß die Inflation sehr frühzeitig beginnen und auch beizeiten zu Ende gehen. Dabei sollte sie sich einen **sanften Ausstieg** (engl. **graceful exit**) verschaffen, indem sie stetig, möglichst auch glatt und zur rechten Zeit in eine Friedmannsche Urknalllösung übergeht (Abb. 23.1).

Die letztere führt dann mit abnehmender Zeit nicht bis in die Urknallsingularität hinein, sondern nur bis zu einem Zustand nahe der Urknallsingularität, den man als **Beinahe-Urknall** bezeichnen kann. Vor diesem Zeitpunkt wird sie durch eine Inflationslösung ersetzt, von der wir an dieser Stelle nur wissen, wie sich die Expansionsgeschwindigkeit verhalten soll. Das Verhalten anderer Größen werden wir weiter unten untersuchen. Wenn das Inflationskonzept die beabsichtigten Wirkungen erzielt, insbesondere also das Horizontproblem löst, sollte die Inflation aus einem sehr kleinen, kausal verknüpften Gebiet, in welchem sich alle Temperaturunterschiede ausgeglichen haben, durch sehr schnelles (z. B. exponentielles) Wachstum in kürzester Zeit ein sehr großes Gebiet homogener Temperatur entstehen lassen, das nicht mehr kausal verknüpft zu sein braucht.

Eine extrem große kosmologische Konstante Λ bzw. eine dieser entsprechende hohe Energiedichte ϱ_Λ kann zwar die gewünschte Beschleunigung der Expansion herbeiführen. Bei dieser bleibt es dann aber, sie kommt zu keinem guten Ende mit rechtzeitigem, stetigem und glattem Übergang in eine Friedmann Lösung. Man darf erwarten, daß das möglich wird, wenn man eine Zeitabhängigkeit der kosmologischen Konstanten zuläßt. Diese ist dann allerdings keine Konstante mehr und wird dementsprechend besser als **kosmologischer Parameter** $\Lambda(t)$ bezeichnet. In Abschn. 18.1 wurde gezeigt, daß diese Annahme mit den Einsteinschen Feldgleichungen verträglich ist. Eine Zeitabhängigkeit von Λ ergab sich aber nur in dem unrealistischen Fall permanenter thermodynamischer Ankopplung an die Materie.

Eine dem Bedürfnis nach besserer physikalischer Fundierung schon näher kommende Alternative besteht darin, daß man eine Energiedichte des (falschen) Vakuums durch die Anwesenheit eines räumlich homogenen, reellen Skalarfelds $\Phi(t)$ erklärt. Die Dynamik dieses als **kosmisches Inflationsfeld**, **Inflaton** oder **Quintessenz** bezeichneten Feldes wird durch die Prinzipien der relativistischen Quantenmechanik geregelt.[2] Die der Energie des Feldes Φ entsprechende Massendichte bezeichnen wir mit ϱ_Φ, und es wird sich herausstellen, daß dieser ein Druck p_Φ zugeordnet ist, der negativ oder positiv sein kann. Die zugehörigen kosmologischen Grundgleichungen werden in Abschn. 23.4 abgeleitet.

In den meisten Fällen werden wir die Natur von Massendichte und Druck des (falschen) Vakuums – kosmologische Konstante oder Quantenfeld – in der Notation durch das Subskript $_\Lambda$ bzw. $_\Phi$ kenntlich machen.

Anmerkung: Der große Erfolg des Konzepts der kosmischen Inflation weist darauf hin, daß es in der Frühgeschichte des Universums aller Voraussicht nach eine beschleunigte Expansion mit allen Folgeerscheinungen gegeben hat. Die dieser eigentlich zugrundeliegende Physik ist jedoch weder experimentell, d. h. beobachtungsmäßig geklärt (siehe dazu Abschn. 24.3.2) noch ist sie theoretisch verstanden. Die Erforschung dieses Problemkreises zählt wohl zu den wichtigsten Aufgaben der Physik im 21ten Jahrhundert. □

Der relative Skalenfaktor $x(t) = a(t)/a_0$ muß während der Inflation grob gesehen etwa um den Faktor ansteigen, um den der ohne Inflation berechnete Abstand vom Rand des heute beobachtbaren Universums zur Planck-Zeit über dem kausalen Abstand lag – nach (23.5a) also etwa um den Faktor 10^{30}. (Ein genauerer Wert, $x = 10^{39}$, wird in den Abschnitten 23.2.2 und 23.2.3 berechnet.) Wir nehmen an, daß zur Planck-Zeit die Dichte ϱ von Strahlung, Neutrinos und Materie etwa so hoch wie die Planck-Dichte $\varrho_P \approx 5 \cdot 10^{96}\,\mathrm{kg/m^3}$ und die Temperatur etwa so hoch wie die Planck-Temperatur $T_P \approx 10^{32}\,\mathrm{K}$ war. Durch die Inflation fiel ϱ bzw. T wegen $\varrho \sim x^{-4}$ und $T \sim x^{-1}$ bis zum Erreichen von $T \approx 10^3\,\mathrm{K}$ und $x = 10^{19} x_a$ um den Faktor 10^{-116} bzw. 10^{-29} ab, und danach wegen $\varrho \sim x^{-3}$ und $T \sim x^{-2}$ bis zum Erreichen von $x = 10^{39} x_a$ nochmals um den Faktor 10^{-30} bzw. 10^{-20}. Insgesamt fiel ϱ also um den Faktor 10^{-146} bis auf $\varrho \approx 5 \cdot 10^{-50}\,\mathrm{kg/m^3}$ und T um den Faktor 10^{-49} bis auf $T \approx 10^{-17}\,\mathrm{K}$ ab. Das ist viel zu niedrig im Vergleich zu den Werten $\varrho \approx 10^{80}\,\mathrm{kg/m^3}$ bzw. $T \approx 10^{28}\,\mathrm{K}$ (siehe weiter unten), die notwendig sind, um an eine Friedmann-Lemaître-Entwicklung anschließen zu können, die zu den heutigen Werten von Dichte und Temperatur führt. Es muß daher eine Quelle geben, aus der die mit dieser hohen Materiedichte verbundene Energiedichte stammt. Hierfür bietet sich das Feld $\Phi(t)$ an: *Man nimmt an, daß die Energie des Inflatonfeldes $\Phi(t)$ durch eine Art **Phasenübergang** in Energie (Ruhemassenenergie und thermische Energie, siehe Abschn. 23.4.1, (Wieder-) Aufheizung) primordialer (uranfänglicher) Elementarteilchen umgewandelt wurde, was eine Überführung von ϱ_Φ in ϱ bedeutet.* Da nach heutiger Erkenntnis Quarks und Elektronen die Bausteine gewöhnlicher Materie bilden, sollten sie bei dieser Umwandlung entstanden sein.

2 Ursprünglich wurde dafür das von der Elementarteilchentheorie zur Erklärung der Elementarteilchenmassen geforderte skalare *Higgs-Feld* herangezogen. Weil an dessen Potential $V(\Phi)$ (siehe (23.27)) jedoch ganz andere Anforderungen gestellt werden müssen, neigt man heute dazu, für die Zwecke der Kosmologie ein eigenes Quantenfeld einzuführen. Dem Umstand, daß dessen Energiedichte von null verschieden ist, trägt man durch die Bezeichnung des Vakuums als **falsches Vakuum** Rechnung.

Beispiel 23.1:

Wir nehmen an, daß die durch (23.7) definierte Massendichte ϱ zur Planck-Zeit gleich der Planck-Dichte ϱ_P war und daß die mit der kosmologischen Konstanten verbundene Massendichte $\varrho_\Lambda = \text{const}$ einen vergleichbar hohen Wert besaß. Der Rand des heute sichtbaren Universums soll von unserer Position den Abstand einer Planck-Länge gehabt haben, $d_T(t_P) = l_P$. Mit (21.1c) und $d_{T0} = 47{,}5 \cdot 10^9\,\text{Lj} = 4{,}5 \cdot 10^{26}\,\text{m}$ ergibt sich aus dieser Annahme

$$x_P := l_P/d_{T0} \approx 3{,}6 \cdot 10^{-62}\,. \tag{23.9}$$

(x_P ist ganz anders als $x(t_P)$ in Gleichung (23.4) definiert und hat daher einen anderen Wert.)

In Gleichung (20.3a) können in der Frühphase des Universums nach Abschn. 20.3.2 der ϱ_m- und der k-Term vernachlässigt werden. Da alle anderen Dichten bis auf ϱ_Λ proportional zu x^{-4} skalieren, lautet die Evolutionsgleichung für die Frühphase dann mit $x = a/a_0$

$$\dot{x}^2(t) = \frac{8\pi G}{3}\left(\frac{\varrho_P {x_P}^4}{x^2} + \varrho_\Lambda\, x^2\right). \tag{23.10}$$

Wie man am einfachsten durch Einsetzen verifiziert, besitzt diese Gleichung zu der Anfangsbedingung $x(t_P) = x_P$ die Lösung

$$x(t) = x_P \left(\frac{\varrho_P}{\varrho_\Lambda}\right)^{1/4} \left(\frac{A\,\mathrm{e}^{2(t-t_P)/t_\Lambda} - A^{-1}\,\mathrm{e}^{-2(t-t_P)/t_\Lambda}}{2}\right)^{1/2}$$

mit

$$A = \frac{1 + \sqrt{1 + \varrho_P/\varrho_\Lambda}}{\sqrt{\varrho_P/\varrho_\Lambda}}\,, \qquad t_\Lambda = \sqrt{\frac{3}{8\pi G \varrho_\Lambda}}\,.$$

Mit $A = \mathrm{e}^{\ln A}$ läßt sich diese noch zu

$$x(t) = x_P \left(\frac{\varrho_P}{\varrho_\Lambda}\right)^{1/4} \sinh^{1/2}\left[\ln A + \frac{2(t-t_P)}{t_\Lambda}\right] \tag{23.11}$$

vereinfachen. Für hinreichend kleine bzw. große Zeiten ergeben sich die Näherungen

$$x(t) = \begin{cases} x_P \left[1 + \left(\dfrac{\varrho_P}{\varrho_\Lambda}\right)^{1/2} \dfrac{t-t_P}{t_\Lambda}\right] & \text{für} \quad t-t_P \ll t_\Lambda \\[2ex] \dfrac{x_P}{\sqrt{2}} \left(\dfrac{\varrho_P}{\varrho_\Lambda}\right)^{1/4} \mathrm{e}^{(t-t_P)/t_\Lambda} & \text{für} \quad t-t_P \gg t_\Lambda\,. \end{cases} \tag{23.12}$$

Die durch die letzte Gleichung beschriebene (exponentiell) inflationäre Aufblähung beginnt, wenn in (23.10) der zweite Term die Größe des ersten erreicht hat, also etwa ab $x = x_P\,(\varrho_P/\varrho_\Lambda)^{1/4}$.

Gleichung (23.11) beschreibt nur den Übergang in eine inflationäre Phase, nicht aber deren Beendigung. $x(t)$ muß jedoch in eine Friedmann-Entwicklung (20.26b) einmünden, aus der sich der heutige Zustand des Universums ergeben kann. Die durch (23.11) gegebene Kurve (Abb. 23.2) muß daher abbiegen, bevor sie die Kurve (20.26) schneidet, und in diese einmünden. Der Schnittpunkt der beiden Kurven, d. h. der durch

$$x_P^2 \left(\frac{\varrho_P}{\varrho_\Lambda}\right)^{1/2} \sinh\left[\ln A + \frac{2(t-t_P)}{t_\Lambda}\right] = 2H_0 t \sqrt{\frac{6\Omega_0 x_e}{5}}$$

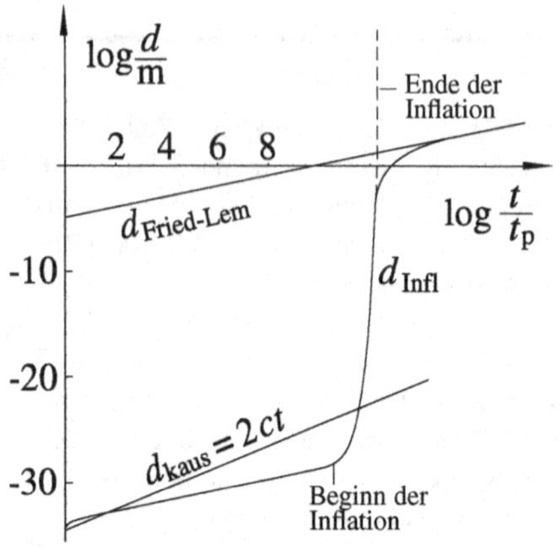

Abb. 23.2: Inflationäre Expansion. Dargestellt sind die Abstände d_{kaus} und d der Ränder des kausal mit uns verbundenen Gebietes und des heute sichtbaren Universums als Funktionen von t, letzterer mit Inflation (Kurve d_{Infl}) und ohne (Kurve $d_{\text{Fried-Lem}}$). In beiden Fällen gilt $d = 3ct_0x$, wobei für x mit Inflation (23.11) und ohne Inflation (20.25b) eingesetzt wurde. Zur Planck-Zeit t_{P} ist $d_{\text{Infl}} = d_{\text{kaus}}$ und $d_{\text{Fried-Lem}} \gg d_{\text{kaus}}$. Auch über die Inflationsphase hinweg wurde näherungsweise $d_{\text{kaus}}(t) = 2ct$ gesetzt.

definierte Zeitpunkt, gibt in etwa das Ende der inflationären Phase an. Dieser hängt noch von ϱ_Λ ab, und wir wählen ϱ_Λ so, daß die Inflation am Ende der GUT-Ära und damit vor Beginn der Quarkära abgeschlossen ist. (Aus (21.4b) ergibt sich $t \approx 10^{-34}$ s für $T = 10^{27}$ K. Damit sich die beiden Kurven zu diesem Zeitpunkt schneiden, muß $\varrho_\Lambda \approx 5 \cdot 10^{80}$ kg/m^3 (entsprechend $\Lambda \approx 10^{54}/\text{m}^2$) gewählt werden.

23.2.2 Mindestmaß inflationärer Expansion

In diesem Abschnitt suchen wir anhand des Horizont- und Monopolproblems eine Antwort auf die Frage, wieviel inflationäre Expansion mindestens nötig ist, damit die in Abschn. 23.1 aufgeführten Probleme behoben werden.

Die Galaxien oder Materieelemente, die wir heute sehen, liegen auf dem Rand des Vergangenheitskegels, (17.20) mit $\eta_{\text{a}} = 0$. Wir können nicht über den Koordinatenabstand

$$\chi_{\text{e}} = (1 - \eta_{\text{e}}/\eta_0)\, \chi_{\text{T0}} \overset{\text{s.u.}}{\approx} \chi_{\text{T0}} \tag{23.13}$$

hinausblicken, von dem wir die kosmische Hintergrundstrahlung herkommen sehen. (Beim letzten Schritt wurde unter Vorgriff auf (24.10a) $\tilde{\eta}_{\text{e}} = \eta_{\text{e}}/\eta_0 \approx 1{,}6 \cdot 10^{-2}$ benutzt und $1 - \eta_{\text{e}}/\eta_0 \approx 0{,}984 \approx 1$ gesetzt.) Diese ist zur konformen Zeit η_{e} im ganzen Gebiet $\chi \leq \chi_{\text{e}}$ entstanden. Wir sehen jedoch nur das vom Rand dieser Kugel kommende Licht, das Licht aus ihrem Innerem hat uns schon früher erreicht und ist entweder absorbiert worden oder über unsere Position hinaus gelaufen. Es ist möglich, daß die Hintergrundstrahlung in einem größeren als dem von uns einsehbaren Gebiet emittiert wurde – es wäre sogar ein höchst unwahrscheinlicher Zufall, wenn sie nur im letzteren entstanden wäre. Darüber läßt sich jedoch keine empirisch belegbare Aussage treffen, und für unsere weitere Betrachtung werden wir eine solche auch nicht benötigen.

Weil die Weltlinien von Materieelementen durch $\chi = \text{const}$ gegeben sind, ging die Kugel, in der die von uns gesehene Hintergrundstrahlung entstanden ist, aus einer früheren Kugel vom gleichen (mitbewegten) Koordinatenradius $\chi = \chi_{\text{e}}$ hervor. In Abb. 24.1 des nächsten Kapitels ist klar zu erkennen, daß dieses Gebiet viel größer ist als das

Gebiet, das von dem zur Zeit $\eta = 0$ bei $\chi = 0$ stattgefundenen Urknall kausal beeinflußt werden konnte. (In metrischen Koordinaten sind die Größenunterschiede noch viel krasser.)

Wir nehmen an, daß die Inflation zur (konformen) Zeit η_a im Gebiet $\chi \leq \chi_a$ anfing und zur (finalen) Zeit η_f aufhörte. Das Horizontproblem von Urknallmodellen kann nur dann vermieden werden, wenn alle Punkte des von uns einsehbaren Entstehungsgebiets $\chi \leq \chi_e$ der Hintergrundstrahlung von der Inflation in gleicher Weise erfaßt werden, und dafür muß

$$\chi_a \gtrsim \chi_e \tag{23.14}$$

gelten.[3] Außerdem nehmen wir an, daß der metrische Radius $d_{\chi a} = a_a \chi_a = a_0 x_a \chi_a$ gleich der Planck-Länge l_P ist, und setzen dementsprechend $\chi_a = l_P/(a_0 x_a)$. Aus der Bedingung (23.14) wird damit

$$x_a \lesssim \frac{l_P}{a_0\,\chi_e} \overset{(23.13b)}{\approx} \frac{l_P}{a_0\,\chi_{T0}} \approx \frac{l_P}{d_{\chi 0}} \overset{(23.9)}{\approx} 3.6 \cdot 10^{-62}\,. \tag{23.15}$$

Im Fall des Gleichheitszeichens bedeutet dieses Ergebnis, daß der heutige Rand des Universums aus dem zu Beginn der Inflation durch reine Expansion (ohne zusätzliche Bewegung gegenüber den mitbewegten Koordinaten) hervorgegangen ist.

Das Ausmaß der Inflation wird durch das Verhältnis x_f/x_a beschrieben. Dabei ist $x_f = x(t_f)$ mit dem heutigen Wert $x(t_0) = 1$ durch die Skalierungsgesetze $\varrho \sim x^3$ und $\varrho \sim x^4$ verknüpft, von denen grob gesehen das erste für $t \gtrsim t_g$ und das zweite für $t \lesssim t_g$ gilt. Ein üblicher Weg zur Bestimmung des Wertes x_f besteht in der Annahme, daß dieser mit (23.4) übereinstimmt,

$$x_f \approx 6{,}2 \cdot 10^{-32} \qquad \Rightarrow \qquad x_f/x_a \approx 1,7 \cdot 10^{30}\,. \tag{23.16}$$

Für $0 \lesssim t \leq t_g$ gilt $\varrho x^4 = \varrho_g x_g^4$. Damit und mit (20.20), $\varrho_g = 0,91 \cdot 10^{-16}\,\text{kg m}^{-3}$, folgt $\varrho_f = \varrho_g\, x_g^4/x_f^4 = 0{,}8 \cdot 10^{95}\,\text{kg m}^{-3}$. Für die Lösung des Problems magnetischer Monopole ist dieser Wert viel zu hoch. Will man erreichen, daß die Inflation außer dem Horizontproblem auch dieses Problem löst, dann darf sie frühestens beim Erreichen der Dichte $\varrho \approx 2 \cdot 10^{80}\,\text{kg m}^{-3}$, aber auch nicht viel später beendet sein. (Warum das so ist, wird am Ende von Abschn. 23.3 erläutert.) Mit $\varrho_f = 10^{80}\,\text{kg m}^{-3}$ sind beide Bedingungen erfüllt. Lösen wir die Beziehung $\varrho_f x_f^4 = \varrho_g x_g^4$ jetzt nach x_f auf, so erhalten wir mit $\varrho_f = 10^{80}\,\text{kg m}^{-3}$, $x_g = 3{,}06 \cdot 10^{-4}$ nach (20.18) und mit dem oben angegebenen Zahlenwert von ϱ_g

$$\boxed{x_f = x_g\,(\varrho_g/\varrho_f)^{1/4} = 3 \cdot 10^{-28}\,.} \tag{23.17}$$

Hieraus folgt mit (23.15) schließlich

$$x_f/x_a \gtrsim 0,8 \cdot 10^{34}\,, \tag{23.18}$$

3 Weil die Bestandteile des kosmischen Substrats erst am Ende der Inflation gebildet werden (siehe Ende von Absbchn. 23.4.1) und für deren Temperaturausgleich etwas Zeit benötigt wird, könnte es sein, daß die Bedingung (23.14) noch etwas verschärft werden muß. Wir werden jedoch im nächsten Teilabschnitt sehen, daß das auch noch aus anderen Gründen in ganz erheblichem Maße geschehen muß, so daß dieser Gesichtspunkt nicht weiter verfolgt werden muß.

d. h. durch die Inflation muß der Expansionsfaktor x bzw. der metrische Radius des Universums um mindestens 34 Größenordnungen angehoben werden, damit die kosmische Hintergrundstrahlung aus einem ursprünglich kausal verbundenen Gebiet hervorgeht und das Monopolproblem vermieden wird.

23.2.3 Vermeidung größerer Dichteinhomogenitäten

Die Temperatur der kosmischen Hintergrundstrahlung ist sehr isotrop. Ihre Schwankungen sind eine Folge von Dichteschwankungen der die Strahlung emittierenden Materie zum Zeitpunkt t_e ihrer Entkopplung bzw. der letzten Rekombination von Elektronen und Protonen. Für die beobachtete Isotropie dürfen die großräumigen relativen Dichteschwankungen $\Delta\varrho/\varrho$ zur Zeit t_e höchstens 10^{-5} betragen haben. Auch diese Forderung kann durch eine hinreichend starke Inflation erfüllt werden, führt allerdings zu einer Verschärfung der Bedingung (23.18).

Wir nehmen wieder an, daß die Inflation zur Zeit t_a beginnt und zur Zeit t_f endet. Die großräumigen relativen Dichteschwankungen zur Zeit t_a haben die Größenordnung

$$\left.\frac{\Delta\varrho}{\varrho}\right|_a = \left.\frac{|\nabla_\chi \varrho|}{\varrho}\right|_a \chi_a \overset{\text{s.u.}}{=} \mathcal{O}(1)\,, \tag{23.19}$$

wobei $|\nabla_\chi \varrho|$ die räumliche Ableitung nach mitbewegten Koordinaten bezeichnet und χ_a der Koordinatenradius des von der Inflation erfaßten Gebiets ist. Dabei haben wir angenommen, daß die räumlichen Dichtefluktuationen von der Größenordnung der Dichte sind. (Das wäre z. B. der Fall, wenn die Dichte von einem Maximalwert im Zentrum bis auf null zum Rand hin abfällt.) Analog gilt für die Dichteschwankungen zur Zeit t_e

$$\left.\frac{\Delta\varrho}{\varrho}\right|_e = \left.\frac{|\nabla_\chi \varrho|}{\varrho}\right|_e \chi_e\,, \tag{23.20}$$

wobei χ_e der Koordinatenradius des Gebiets ist, aus dem wir die Hintergrundstrahlung kommen sehen. Aus der linearen Störungstheorie für großräumige Dichtefluktuationen[4] geht hervor, daß sich $|\nabla_\chi \varrho|/\varrho$ während der Inflation nicht wesentlich verändert. Mit

$$\left.\frac{|\nabla_\chi \varrho|}{\varrho}\right|_e \approx \left.\frac{|\nabla_\chi \varrho|}{\varrho}\right|_a \overset{(23.19b)}{\approx} \frac{1}{\chi_a}$$

folgt aus (23.20) und der Forderung $(\Delta\varrho/\varrho)|_e \lesssim 10^{-5}$ die Bedingung

$$\chi_e/\chi_a \lesssim 10^{-5}\,. \tag{23.21}$$

Diese Bedingung bzw. $\chi_e \lesssim 10^{-5}\chi_a$ tritt an die Stelle von (23.14) bzw. $\chi_e \lesssim \chi_a$. Statt (23.15) folgt daher jetzt

$$x_a \lesssim 3,6 \cdot 10^{-67}\,, \tag{23.22}$$

4 Siehe z. B. das in Fußnote 1 von Kapitel 21 angegebene Buch von V. Mukhanov.

und als Mindestmaß der Inflation ergibt sich nunmehr bei unverändertem x_{f} statt (23.18)

$$\boxed{\frac{x_{\mathrm{f}}}{x_{\mathrm{a}}} \gtrsim 0,8 \cdot 10^{39}\,.} \tag{23.23}$$

23.3 Problemlösungen durch inflationäre Expansion

Wir haben schon gesehen, daß das Horizontproblem durch eine dem Beinahe-Urknall vorangehende Phase inflationärer Expansion gelöst wird. Im folgenden wird besprochen, wie dadurch auch die anderen, in Abschn. 23.1 aufgeführten Probleme behoben werden.

23.3.1 Lösung des Problems der Anfangsmasse.

Das Problem der Anfangsmasse wird durch das Inflationskonzept im wesentlichen schon dadurch gelöst, daß die Anfangsmasse eines inflationären Universums wegen des endlichen Anfangswerts der Dichte und des sehr kleinen Anfangsvolumens des beobachtbaren Bereichs, den wir als das Universum auffassen, ebenfalls ziemlich klein ist: Die Masse einer Kugel, deren Radius gleich der Planck-Länge und deren Dichte gleich der Planck-Dichte ist, hat die Größenordnung der Planck-Masse, beträgt also nur rund 10^{-8} kg. Die Nullpunktsenergie mc^2 des anfänglichen Universums kann grob durch die in der Quantenmechanik berechnete Nullpunktsenergie E_0 eines in einen Quader der Kantenlänge a eingesperrten Teilchens gleicher Masse m abgeschätzt werden. Nach Aufgabe 3.19 des Bandes *Quantenmechanik* dieses Lehrbuchs gilt für diese

$$E_0 \geq \frac{\hbar^2}{8\,m\,a^2}\,.$$

Mit $E_0 \to mc^2$ und $a \to l_{\mathrm{P}}$ folgt aus dieser Ungleichung durch Auflösung nach m

$$m \geq \frac{\hbar}{\sqrt{8}\,l_{\mathrm{P}}\,c} \approx 10^{-8}\,\mathrm{kg}\,.$$

Die Anfangsmasse des Universums entspricht also gerade der Nullpunktsenergie in einem Universums mit der Ausdehnung einer Planck-Länge. Dieses Ergebnis liefert eine brauchbare physikalische Erklärung für die Anfangsmasse des Universums. Man sollte sich allerdings nicht allzusehr über diese wundern, denn in die Definition der Planck-Größen l_{P} etc. gingen ja quantenmechanische Gesichtspunkte ein, und wir haben als Anfangswerte lauter Planck-Größen (z. B. $\varrho = \varrho_{\mathrm{P}}$) ausgewählt. Das Erstaunliche ist eher darin zu sehen, daß das Inflationsszenario die passende Wahl von Anfangswerten möglich macht.

Auf einen weiteren Punkt sei schon hier hingewiesen. Im Laufe der Inflation entwickelt sich aus der winzigen Anfangsmasse des Universums binnen kürzester Zeit eine

Masse, die noch viel größer als die Gesamtmasse des heute beobachtbaren Universums ist. Das kommt dadurch zustande, daß die Massendichte des Inflationsfeldes, ϱ_Λ oder ϱ_Φ, während der Inflation entweder konstant bleibt oder nur wenig abnimmt, während das Volumen des Universums um viele Größenordnungen anwächst. In Abschn. 24.4 wird der Frage nachgegangen, wie das mit der Gültigkeit eines Energiesatzes vereinbar ist.

23.3.2 Lösung des Flachheitsproblems

Ω_0 hängt mit dem Wert Ω_f am Ende der Inflation über die Beziehung (20.70) bzw. wegen $\Omega_{\mathrm{m}0}\, x_\mathrm{f} \ll \Omega_{\mathrm{r}0}$ über

$$\Omega_0 - 1 = \frac{\Omega_{\mathrm{r}0}}{x_\mathrm{f}^2}\,(\Omega_\mathrm{f} - 1) \tag{23.24}$$

zusammen und würde extrem von eins abweichen, wenn Ω_f das nur sehr wenig täte. Durch Inflation wird diese Situation entscheidend geändert. Wir betrachten der Einfachheit halber den Fall rein exponentieller Inflation, der sich beim Antrieb durch eine kosmologische Konstante nach Gleichung (23.12) schon bald nach $t = t_\mathrm{P}$ einstellt. Wir setzen dementsprechend $x = x_\mathrm{a}\, \mathrm{e}^{H\,(t-t_\mathrm{a})}$ mit $H = \dot{x}/x = \mathrm{const}$ an. Nach Gleichung (20.9a) gilt dann

$$\Omega_\mathrm{a} - 1 = \frac{k\,c^2}{a_\mathrm{a}^2\,H^2}\,, \quad \Omega_\mathrm{f} - 1 = \frac{k\,c^2}{a_\mathrm{f}^2\,H^2} \quad \Rightarrow \quad \Omega_\mathrm{f} - 1 = \left(\frac{x_\mathrm{a}}{x_\mathrm{f}}\right)^2 (\Omega_\mathrm{a} - 1)\,.$$

Einsetzen des letzten Ergebnisses in Gleichung (23.24) liefert

$$\Omega_0 - 1 = \frac{\Omega_{\mathrm{r}0}}{x_\mathrm{f}^2}\left(\frac{x_\mathrm{a}}{x_\mathrm{f}}\right)^2 (\Omega_\mathrm{a} - 1)\,. \tag{23.25}$$

Mit $\Omega_{\mathrm{r}0} = 8{,}6 \cdot 10^{-5}$, $x_\mathrm{f} = 3 \cdot 10^{-28}$ und $x_\mathrm{a}/x_\mathrm{f} = 1{,}3 \cdot 10^{-39}$ nach (23.17) bzw. (23.23) ergibt sich

$$\Omega_0 - 1 \approx 1{,}6 \cdot 10^{-27}\,(\Omega_\mathrm{a} - 1)\,. \tag{23.26}$$

Selbst wenn Ω_a erheblich von 1 abweicht, also für $k = -1$ sehr nahe bei null und für $k = 1$ um etliche Zehnerpotenzen über 1 liegt, ergibt sich für Ω_0 ein sehr nahe bei 1 liegender Wert. Damit ist das Problem einer Feinabstimmung der Anfangsbedingungen behoben.

23.3.3 Lösung des Monopol-Problems

Auch das Problem der magnetischen Monopole – durch diese bewirkte schnelle Abbremsung und Umkehr der Expansion – kann durch eine inflationäre Expansion behoben werden. Dazu muß diese nur während der Entstehungsphase der Monopole wirksam sein. Das ist der Fall, wenn sie am Ende zu einem Zustand mit einer Temperatur unterhalb der Entstehungstemperatur von $\approx 10^{28}$ K führt, und dementsprechend sollte die Massendichte nach der Inflation nicht mehr als $\approx 2 \cdot 10^{80}\,\mathrm{kg\,m^{-3}}$ betragen (Aufgabe 23.1). Andere Relikte der GUT-Ära können am Ende der Inflation noch tiefere Werte von Temperatur und Dichte erforderlich machen. Andererseits sollte die Inflation nicht allzu weit in die Quark-Ära hineinreichen, damit die im heutigen Universum angetroffene Materie auch entstehen konnte. Wie wir gesehen haben, können bezüglich der Monopole beide Bedingungen durch geeignete Wahl der Inflationsparameter erfüllt werden. Ihre durch inflationäre Expansion hervorgerufene extreme Verdünnung im kosmischen Substrat würde übrigens auch erklären, warum bisher noch keine magnetischen Monopole gefunden wurden.

23.4 Inflation mit skalarem Quantenfeld

Zur Realisierung einer inflationären kosmischen Expansion führen wir jetzt ein als **Inflatonfeld** bzw. einfach nur **Inflaton** bezeichnetes reelles, räumlich homogenes skalares Quantenfeld $\Phi(t)$ mit Higgs-Feld-artigen Eigenschaften ein (siehe auch Fußnote 2 dieses Kapitels), das alles durchdringt und mit allem in gleicher Weise wechselwirkt. Wird die Bildung von Strukturen wie z. B. Galaxien und Galaxienclustern oder die Entwicklung von Inhomogenitäten der kosmischen Hintergrundstrahlung untersucht, dann setzt man allgemeiner $\Phi = \Phi(\boldsymbol{x}, t)$. In Anlehnung an die Bezeichnung *quinta essentia* für ein neben Feuer, Wasser, Luft und Erde eingeführtes fünftes Element durch die Pythagoräer wird dieses Feld auch als **Quintessenz** bezeichnet.[5] Im Band *Relativistische Quantenmechanik, Quantenfeldtheorie und Elementarteilchentheorie* dieses Lehrbuchs ist dargelegt, wie ein **Higgs-Feld** zur Beschreibung von Elementarteilchenmassen benutzt und mathematisch dargestellt wird. Nach den dortigen Gleichungen (7.92) mit $\eta_r \to \Phi$ und $\Theta^{\alpha\beta} \to T^{\alpha\beta}$ sowie (15.61) mit $\Phi^* = \Phi$ führt das Feld $\Phi(t)$ zu einem Energie-Impuls-Tensor

$$T^{(\Phi)}_{\alpha\beta} = \frac{\hbar^2}{\mu}(\partial_\alpha \Phi)(\partial_\beta \Phi) - \mathcal{L}\, g_{\alpha\beta} \qquad \text{mit} \qquad \mathcal{L} = \frac{\hbar^2}{2\mu}(\partial^\rho \Phi)(\partial_\rho \Phi) - V(\Phi)\,. \quad (23.27)$$

Dabei wird $V(\Phi)$ üblicherweise als beliebige Funktion von Φ angesetzt. In einer renormierbaren Quantenfeldtheorie darf $V(\Phi)$ nur ein Polynom maximal vierten Grades sein – nach Abschn. 10.12 des oben angegebenen Lehrbuchbandes ist es allerdings fraglich, ob Renormierbarkeit eine physikalisch notwendige Forderung ist. μ ist ein freier Parameter mit der Dimension einer Masse. Da das Feld Φ nur von der Zeit abhängt, gilt

$$\mathcal{L} = \frac{\hbar^2 \dot{\Phi}^2(t)}{2\mu c^2} - V(\Phi)\,.$$

Auch der zum Feld $\Phi(t)$ gehörigen Energie-Impuls-Tensor $T^{(\Phi)}_{\alpha\beta}$ muß nach dem

5 Manche benutzen die Bezeichnung Quintessenz nur, wenn damit ein dynamisches Feld $\Phi(t)$ gemeint ist, das die heutige Inflation antreibt. Eine allgemeingültige Sprachregelung hat sich diesbezüglich jedoch noch nicht durchgesetzt.

kosmologischen Prinzip die Form (18.4) des zu einer idealen druckbehafteten Flüssigkeit gehörigen Tensors besitzen. Mit

$$T_{00}^{(\Phi)} = \frac{\hbar^2\dot{\Phi}^2(t)}{2\mu c^2} + V(\Phi)\,, \qquad T_{ij}^{(\Phi)} = -\mathcal{L}\, g_{ij} = -\left[\frac{\hbar^2\dot{\Phi}^2(t)}{2\mu c^2} - V(\Phi)\right] g_{ij}$$

ergeben sich dann aus dem Vergleich mit den Komponenten (18.2) der Darstellung (18.4) eine Massendichte $\varrho_\Phi(t)$ und ein Druck $p_\Phi(t)$ des Feldes $\Phi(t)$ gemäß

$$\boxed{\varrho_\Phi = \frac{\hbar^2\dot{\Phi}^2(t)}{2\mu c^4} + \frac{V(\Phi)}{c^2}\,, \qquad p_\Phi = \frac{\hbar^2\dot{\Phi}^2(t)}{2\mu c^2} - V(\Phi)\,.} \tag{23.28}$$

Nach Gleichung (23.8a) mit $\varrho_\Lambda \to \varrho_\Phi$ wirkt das Feld Φ alleine, also im Fall $\varrho c^2 = p = 0$, beschleunigend, wenn $\varrho_\Phi + 3p_\Phi/c^2 < 0$ gilt. Aus (23.28) ergibt sich dafür die Bedingung

$$\frac{p_\Phi}{\varrho_\Phi c^2} = \frac{\hbar^2\dot{\Phi}^2(t)/(2\mu c^2) - V(\Phi)}{\hbar^2\dot{\Phi}^2(t)/(2\mu c^2) - V(\Phi)} < -\frac{1}{3} \quad \Rightarrow \quad \frac{\hbar^2\,\dot{\Phi}^2(t)}{\mu c^2} < V(\Phi)\,. \tag{23.29}$$

Die Energie des Feldes Φ wird dann (also, wenn dieses beschleunigend wirkt) als **dunkle Energie** bezeichnet.

Aus der für den Tensor $T_{\alpha\beta}^{(\Phi)}$ in Analogie zu (18.1) zu fordernden Kontinuitätsgleichung $T^{(\Phi)\,\alpha\beta}{}_{;\beta} = 0$ folgt wieder Gleichung (18.8) mit $\varrho \to \varrho_\Phi$ und $p \to p_\Phi$. Werden in dieser die Gleichungen (23.28) eingesetzt, so ergibt sich nach Ausführung der Zeitableitung und Herauskürzen des Faktors $\hbar^2\dot{\Phi}/(\mu c^4)$ mit $\dot{a}/a = H$ und $dV(\Phi)/dt = V'(\Phi)\,\dot{\Phi}(t)$ für Φ die Gleichung $\ddot{\Phi}(t) + 3H\dot{\Phi}(t) + \mu c^2 V'(\Phi)/\hbar^2 = 0$. Die kosmologischen Gleichungen für ein Universum mit Materie, Strahlung, Neutrinos und durch das Feld $\Phi(t)$ beschriebener dunkler Energie sind dann mit (20.3)

$$\boxed{\begin{aligned} \dot{a}^2 &= \frac{8\pi G}{3}(\varrho_{\mathrm{m}} + \varrho_{\mathrm{s}} + \varrho_\nu + \varrho_\Phi)\, a^2 - kc^2 \\ \ddot{\Phi}(t) &+ 3H\dot{\Phi}(t) + \frac{\mu c^2}{\hbar^2}\, V'(\Phi) = 0\,. \end{aligned}} \tag{23.30}$$

Hierin sind für ϱ_Φ und p_Φ die Gleichungen (23.28) einzusetzen, für Neutrinos, Strahlung und relativistische Materie außerdem die früheren Zustandsgleichungen bzw. Skalierungsgesetze. Aus der Zeitableitung der Gleichung (23.30a) ergibt sich durch Elimination von $\ddot{\Phi}$ mit Hilfe der Gleichung (23.30b) und unter Benutzung der Gleichungen (23.28) nach Herauskürzen von Faktoren wieder Gleichung (19.12). Als Folge der Gleichungen (23.28)–(23.30) muß sie allerdings nicht in den Satz der Grundgleichungen aufgenommen werden.

Die Gleichung (23.30b) für die zeitliche Entwicklung des Feldes $\Phi(t)$ hat die gleiche Form wie die Gleichung $m\ddot{x}+r\dot{x}+V(x)=0$ für die eindimensionale Schwingung eines der linearen Reibungskraft $-rx$ unterworfenen Massenpunkts im Potential $V(x)$. Wegen der großen Werte des Hubble-Parameters H wird die "Geschwindigkeit" $\dot{\Phi}$ des

Feldes Φ im allgemeinen sehr schnell abgebremst, so daß der $\dot{\Phi}^2$-Term in den Gleichungen (23.28) für ϱ_Φ und p_Φ meist gegenüber $V(\Phi)$ vernachlässigt werden darf. Näherungsweise gilt daher meistens

$$p_\Phi = -V(\Phi) = -\varrho_\Phi \, c^2 ,$$

also dieselbe Zustandsgleichung, (18.17), wie zwischen Druck und Dichte des kosmologischen Feldes Λ.

23.4.1 Reines Inflatonfeld Φ

Wir betrachten in diesem und den folgenden Abschnitten eine inflationäre Anfangsphase des Universums, in der das kosmische Substrat in Abwesenheit von Strahlung, Neutrinos und Materie nur von einem Inflatonfeld $\Phi(t)$ gebildet wird. Außerdem nehmen wir an, die Massendichte ϱ_Φ sei so groß, daß der k-Term in Gleichung (23.30a) wie in der Anfangsphase von Urknalllösungen (siehe Gleichung (20.23)) vernachlässigt werden darf. Aus (23.28) und (23.30) folgen damit die Grundgleichungen

$$\boxed{H^2 = \frac{\dot{a}^2}{a^2} = \frac{8\pi G}{3}\,\varrho_\Phi\,, \quad \varrho_\Phi = \frac{\hbar^2\,\dot{\Phi}^2(t)}{2\mu c^4} + \frac{V(\Phi)}{c^2}\,, \quad \ddot{\Phi}(t) + 3H\dot{\Phi}(t) + \frac{\mu c^2}{\hbar^2}\,V'(\Phi) = 0.} \tag{23.31}$$

Die Zeitableitung der Gleichung (23.31a) liefert mit (23.31b)

$$2H\dot{H} = \frac{8\pi G}{3}\,\dot{\varrho}_\Phi(t) = \frac{8\pi G}{3}\left[\frac{\hbar^2\,\ddot{\Phi}(t)}{\mu c^4} + \frac{V'(\phi)}{c^2}\right]\dot{\Phi}(t) \overset{(23.30b)}{=} -\frac{8\pi G\hbar^2 H\dot{\Phi}^2(t)}{\mu c^4}.$$

Hieraus folgt

$$\frac{\dot{\varrho}_\Phi}{\sqrt{\varrho_\Phi}} = -\frac{2\hbar^2\sqrt{6\pi G}}{\mu c^4}\,\dot{\Phi}^2 \qquad \text{bzw.} \qquad \dot{H} = -\frac{4\pi G\hbar^2\,\dot{\Phi}^2(t)}{\mu c^4}\,. \tag{23.32}$$

Aus der ersten dieser Gleichungen ergibt sich

$$\sqrt{\varrho_\Phi(t)} = \sqrt{\varrho_\Phi(t_\mathrm{a})} - \frac{\hbar^2\sqrt{6\pi G}}{\mu c^4}\int_{t_\mathrm{a}}^{t}\dot{\Phi}^2(t')\,dt'\,. \tag{23.33}$$

Die Dichte $\varrho_\Phi(t)$ nimmt demnach während der Inflation monoton ab.

Aus Gleichung (23.31a) folgt nach Multiplikation mit a^3 durch Zeitableitung

$$\frac{d\left(\varrho_\Phi a^3(t)\right)}{dt} = \frac{3Ha^3}{8\pi G}\,(2\dot{H} + 3H^2)\,.$$

Mit (23.28), (23.31a) und (23.32b) ergibt sich daraus

$$\boxed{\frac{d\left(\varrho_\Phi a^3(t)\right)}{dt} = -\frac{3\,p_\Phi}{c^2}\,Ha^3\,,} \tag{23.34}$$

was bedeutet, daß der für Materie abgeleitete Zusammenhang (18.8a) zwischen Druck und Dichte auch für das Feld Φ gilt.

Um das Zeitverhalten der Energie des Feldes Φ zu bestimmen, die in einem bezüglich der mitbewegten kosmischen Koordinaten χ, ϑ und φ invarianten Gebiet G enthalten ist, benötigen wir das Zeitverhalten von dessen Volumen V, nach (16.45) $V(t) = V_\mathrm{K}\, a^3(t)$. Die in diesem Volumen enthaltene Energie ist

$$E_\Phi(t) = \varrho_\Phi(t)\, c^2\, V(t) = c^2 V_\mathrm{K}\, \varrho_\Phi(t)\, a^3(t)\,. \tag{23.35}$$

Multiplizieren wir Gleichung (23.34) mit $c^2 V_\mathrm{K}$, so erhalten wir damit

$$\frac{d E_\Phi(t)}{dt} = -3\, p_\Phi\, H\, V(t) \geq 0 \qquad \text{für} \qquad p_\Phi \leq 0\,. \tag{23.36}$$

Die in einem invarianten mitbewegten Koordinatengebiet G enthaltene Energie nimmt also zu, wenn der vom Feld $\Phi(t)$ ausgeübte Druck negativ ist.

In den folgenden Abschnitten werden unter speziellen Annahmen über das Potential $V(\Phi)$ Lösungen des Gleichungssystems (23.31) gesucht.

Nachträglich berechnetes Potential $V(\Phi)$

Unter der Annahme, daß der Zeitverlauf des Feldes Φ monoton ist, existiert zu $\Phi(t)$ eine eindeutige Umkehrfunktion $t(\Phi)$. Dann können wir H statt als Funktion von t auch als Funktion von Φ auffassen, $H(t) = H(t(\Phi)) = \tilde{H}(\Phi) \to H(\Phi)$, und es gilt $H'(\Phi) = \dot{H}(t)/\dot{\phi}(t)$. Damit erhalten wir aus Gleichung (23.32b) nach Multiplikation mit dem Faktor $\mu c^4/[4\pi G\hbar^2 \dot{\Phi}(t)]$

$$\dot{\Phi}(t) = -\frac{\mu c^4}{4\pi G\hbar^2}\, H'(\phi)\,. \tag{23.37}$$

Wenn wir jetzt nicht die Funktion $V(\phi)$, sondern die Funktion $H(\Phi)$ vorgeben, ist das eine Differentialgleichung zur Bestimmung der Funktion $\Phi(t)$ mit der impliziten Lösung

$$\boxed{t(\Phi) = -\frac{4\pi G\hbar^2}{\mu c^4} \int \frac{d\Phi}{H'(\Phi)} + \text{const}\,.} \tag{23.38}$$

Ist die Umkehrfunktion $\Phi(t)$ dieser Lösung bestimmt, so erhalten wir in

$$\frac{\dot{a}(t)}{a(t)} = H\big(\Phi(t)\big) \tag{23.39}$$

eine Differentialgleichung zur Bestimmung von $a(t)$ mit der Lösung

$$\boxed{a(t) = a(t_0)\, \mathrm{e}^{\int_{t_0}^{t} H(\Phi(t'))\, dt'}\,.} \tag{23.40}$$

Durch Einsetzen der Gleichungen (23.31b) und (23.37) in (23.31a) ergibt sich

$$V(\Phi) = \frac{3c^2}{8\pi G}\, H^2(\Phi) - \frac{\mu c^6}{32\pi^2 G^2 \hbar^2}\, [H'(\Phi)]^2\,, \tag{23.41}$$

also eine Gleichung, aus der $V(\Phi)$ bei gegebener Funktion $H(\Phi)$ bestimmt werden kann. Im folgenden wird ein konkretes Beispiel durchgerechnet.

Beispiel 23.2: *Intermediäre Inflation*

Wir setzen

$$H(\Phi) = C\,\Phi^{-\alpha} \qquad \text{mit} \qquad \alpha > 0 \quad \text{und} \quad C > 0 \tag{23.42}$$

und erhalten damit aus (23.37) zur Bestimmung von $\Phi(t)$ die Differentialgleichung

$$\dot{\Phi}(t) = \frac{\alpha A C}{\Phi^{\alpha+1}} \qquad \text{mit} \qquad A = \frac{\mu c^4}{4\pi G \hbar^2}\,. \tag{23.43}$$

Diese hat zur Anfangsbedingung $\Phi(0) = \Phi_0$ die Lösung

$$\Phi(t) = \left(\Phi_0^{\alpha+2} + D\,t\right)^{\frac{1}{\alpha+2}} = \Big[D\,(t_* + t)\Big]^{\frac{1}{\alpha+2}} \quad \text{mit} \quad D = \alpha(\alpha+2)AC \quad \text{und} \quad t_* = \Phi_0^{\alpha+2}/D. \tag{23.44}$$

Gleichung (23.39) lautet damit

$$\frac{\dot{a}(t)}{a(t)} = \frac{C}{\Phi^{\alpha}(t)} = C\Big[D\,(t_* + t)\Big]^{-\frac{\alpha}{\alpha+2}}$$

und wird durch

$$a(t) = a(0)\,\mathrm{e}^{\gamma\,[(t_*+t)^f - (t_*+t_0)^f]} \qquad \text{mit} \quad \gamma = \frac{(\alpha+2)\,C}{2D^{\alpha/(\alpha+2)}}\,, \quad f = \frac{2}{\alpha+2} \tag{23.45}$$

gelöst, wobei $0 < f < 1$ wegen $\alpha > 0$ gilt. Der Skalenfaktor $a(t)$ wächst für große t schneller als jede Potenz von t, aber langsamer als exponentiell, weshalb die Inflation als **intermediäre Inflation** bezeichnet wird. Statt α kann auch f vorgegeben werden, wobei der Zusammenhang $\alpha = 2\,(1/f - 1)$ besteht.

Das Potential $V(\Phi)$ ergibt sich aus (23.41) und (23.42) zu

$$V(\Phi) = \frac{3c^2 C^2}{8\pi G}\,\Phi^{-2\alpha} - \frac{\mu c^6 \alpha^2 C^2}{32\pi^2 G^2 \hbar^2}\,\Phi^{-2(\alpha+1)}\,. \tag{23.46}$$

Die Dichte ϱ_Φ folgt aus (23.31a) mit (23.42) und (23.44) zu

$$\varrho_\Phi(t) = \frac{3\,C^2}{8\pi G\,\Phi^{2\alpha}} = \frac{3\,C^2}{8\pi G\,[D\,(t_*+t)]^{2\alpha/(\alpha+2)}}\,. \tag{23.47}$$

Sie nimmt im Laufe der Zeit monoton ab, und ihr Anfangswert $\varrho_\Phi(0) = 3\,C^2/(8\pi G\,\Phi_0^{2\alpha})$ kann durch Wahl von Φ_0 beliebig vorgegeben werden.

Potential $V(\Phi) = \mu c^2 \Phi^2/2$

Im wichtigen Fall des Potentials

$$V(\Phi) = \frac{\mu c^2}{2}\,\Phi^2 \tag{23.48}$$

liefert die Kombination der Gleichungen (23.31a) und (23.31b)

$$H = \sqrt{A^2\,\dot{\Phi}^2 + B^2\,\Phi^2} \qquad \text{mit} \qquad A = \sqrt{\frac{4\pi G\hbar^2}{3\mu c^4}}\,, \quad B = \sqrt{\frac{4\pi G\mu}{3}}\,, \tag{23.49}$$

und Gleichung (23.31c) lautet

$$\ddot{\Phi} + 3\,\dot{\Phi}\,\sqrt{A^2\,\dot{\Phi}^2 + B^2\,\Phi^2} + C\,\Phi = 0 \qquad \text{mit} \qquad C = \frac{B^2}{A^2} = \left(\frac{\mu c^2}{\hbar}\right)^2. \tag{23.50}$$

Wie schon nach Gleichung (23.30b) festgestellt wurde, handelt es sich bei (23.50) um eine Schwingungsgleichung mit Reibungskraft. Die Natur der Lösungen läßt sich daher schon qualitativ vorhersagen. Ziemlich unabhängig von dem System mitgegebenen Anfangsschwung wird die „Bewegung“ schnell abgebremst, bis sich eine im wesentlichen konstante Geschwindigkeit $\dot{\Phi}$ einstellt. Das System folgt dem Potentialgefälle und gelangt schließlich zum tiefsten Punkt der Potentialmulde, hier also nach $\Phi = 0$, wobei es entweder in diesen Punkt aperiodisch gedämpft hineinläuft oder um ihn herum gedämpfte Schwingungen ausführt. Es ist für die durch das System beschriebene Inflation von entscheidender Bedeutung, welche Alternative zutrifft. Im Fall aperiodischer Dämpfung würden Φ und $\dot{\Phi}$ beim Erreichen der Talmulde gleichzeitig null, infolgedessen würde nach (23.31b) $\varrho_\Phi = 0$, und die Inflation könnte nicht in eine Friedmann-Entwicklung einmünden.

Gleichung (23.50a) ist eine nichtlineare Differentialgleichung zweiter Ordnung, für die es keine geschlossene Lösung gibt. Bevor wir uns mit dem Erarbeiten von Näherungslösungen befassen, ist es nützlich, wenn wir uns in einem Phasendiagramm einen qualitativen Überblick über die Natur der Lösungen verschaffen. Mit $y := \dot{\Phi}$ und $\ddot{\Phi} = y'(\Phi)\,\dot{\Phi} = yy'(\Phi)$ läßt sich (23.50) in die Form

$$y'(\Phi) = -3\sqrt{A^2\,y^2 + B^2\,\Phi^2} - \frac{C\,\Phi}{y} \tag{23.51}$$

bringen. Aus dem hierdurch gegebenen Richtungsfeld läßt sich der in Abb. 23.3 dargestellte qualitative Verlauf der Lösungen ableiten. Sowohl für $\Phi \leq 0$ als auch für $\Phi \geq 0$ gibt es eine **Attraktorlösung**, auf die alle übrigen Lösungen unabhängig von ihrer jeweiligen Anfangsbedingung zustreben. Auf dieser ist $y = \dot{\Phi}$ im wesentlichen konstant. (Das ist ähnlich wie bei einem Fallschirmspringer, der nach kurzer Beschleunigung mit einer von der Fallhöhe unabhängigen Geschwindigkeit zu Boden fliegt.) Alle Lösungen laufen schließlich auf den Punkt $y = 0$, $\Phi = 0$ zu, der spiralförmig umwunden wird. Wir leiten im folgenden für die drei geschilderten Phasen der dynamischen Entwicklung Näherungslösungen ab.

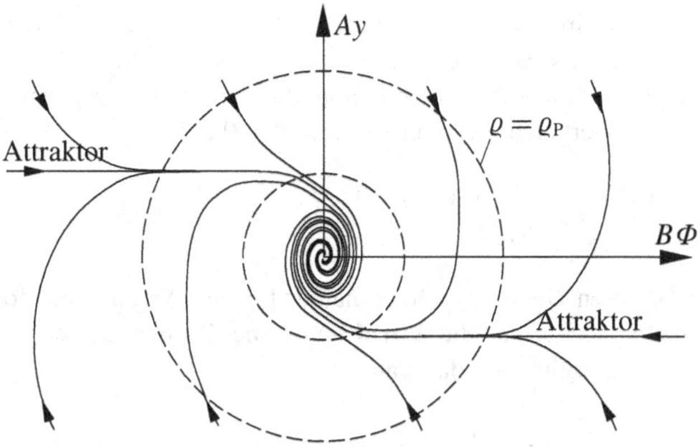

Abb. 23.3: Schematische Darstellung von Lösungen der Gleichung (23.51). Auf dem größeren der gestrichelten Kreise gilt $\varrho_\Phi = 3(A^2y^2+B^2\Phi^2)/(8\pi G) = \varrho_P$, innerhalb des kleineren liegt der oszillatorische Teil der Lösungen.

Startphase. In der Startphase betrachten wir die Lösungen bei so großem $\dot{\Phi}$, daß die Φ-Terme in Gleichung (23.50a) vernachlässigt werden dürfen. Hierfür liefern die Φ-Terme unter und neben der Wurzel je eine Bedingung,

$$|\dot{\Phi}| \gg B|\Phi|/A\,, \qquad |\dot{\Phi}| \gg \sqrt{C|\Phi|/(3A)}\,.$$

Wenn beide Bedingungen erfüllt sind, reduziert sich Gleichung (23.50) auf

$$\ddot{\Phi} = -3A|\dot{\Phi}|\,\dot{\Phi} = \begin{cases} -3A\,\dot{\Phi}^2 & \text{für} \quad \dot{\Phi} \geq 0 \\ 3A\,\dot{\Phi}^2 & \text{für} \quad \dot{\Phi} \leq 0\,. \end{cases}$$

Wir beschränken uns im weiteren auf den Bereich $y = \dot{\Phi} \geq 0$, weil es zu jedem Lösungszweig mit $\dot{\Phi} \leq 0$ einen gleichartigen mit $\dot{\Phi} \geq 0$ gibt (siehe Abb. 23.3). Mit $y = \dot{\Phi}$ erhalten wir für y die Gleichung $\dot{y}(t) = -3Ay^2$ und die für große Werte von y gültige Näherungslösung

$$\dot{\Phi} = y = \frac{1}{D+3At} \qquad \Rightarrow \qquad \Phi = \Phi_0 + \frac{1}{3A}\ln(1+3At/D)\,, \tag{23.52}$$

wobei D eine Integrationskonstante ist. Mit dem zweiten Ergebnis läßt sich das erste in der Form

$$\dot{\Phi} = (1/D)\,\mathrm{e}^{-3A(\Phi-\Phi_0)}$$

schreiben. Aus diesem folgt, daß $\dot{\Phi}$ bzw. y mit zunehmendem Φ viel schneller abfällt, als Φ zunimmt, d. h. die Lösungen nähern sich sehr schnell dem Attraktor (Abb. 23.3).

Anmerkung: Das asymptotische Ergebnis (23.52) erhält man aus den Gleichungen (23.31) auch für ganz allgemeine Potentiale $V(\Phi)$, sofern diese für alle endlichen Φ endlich sind und eine endliche Ableitung besitzen. □

Slow-Roll-Phase und inflationäre Expansion. Die Phase, in der $\dot{\Phi}$ beinahe konstant wird, bezeichnet man als **Slow-Roll** (engl. für: langsames Ausrollen). In Gleichung (23.50) kann jetzt $\ddot{\Phi}$ vernachlässigt werden, und unter der zusätzlichen Voraussetzung $|\Phi| \gg A|\dot{\Phi}|/B$ reduziert sich diese im Bereich $\Phi < 0$ auf

$$\dot{\Phi} = -\frac{C \operatorname{sign}\Phi}{3B} \overset{\Phi<0}{=} \frac{C}{3B} \overset{(23.50b)}{=} \frac{B}{3A^2} \qquad \Rightarrow \qquad \Phi \overset{\text{s.u.}}{=} \Phi_{\text{a}} + \frac{B\,t}{3A^2}, \tag{23.53}$$

wobei wir der besseren Übersichtlichkeit halber für den Anfang der Slow-Roll-Phase $t_{\text{a}} = 0$ gesetzt haben. (23.53) ist die **Attraktorlösung** des Bereichs $\Phi < 0$. Die Expansion des Universums ergibt sich dann aus

$$\frac{\dot{a}}{a} = H \overset{(23.49a)}{\approx} B|\Phi| = -B\left(\Phi_{\text{a}} + \frac{B\,t}{3A^2}\right) \tag{23.54}$$

zu

$$a(t) = a_{\text{a}}\,\mathrm{e}^{-B\,[\Phi_{\text{a}} + B\,t/(6A^2)]\,t}\,. \tag{23.55}$$

Diese inflationäre Expansion ist beendet, wenn der durch Gleichung (23.28b) gegebene Druck von negativem zu positivem Vorzeichen wechselt, also mit (23.48) und (23.50c) für

$$B^2\Phi^2 = A^2\dot{\Phi}^2 \overset{(23.53)}{=} \frac{B^2}{9A^2} \qquad \Rightarrow \qquad \Phi = \Phi_{\text{f}} := -\frac{1}{3A}\,. \tag{23.56}$$

Für die am Ende der Inflation erreichte Dichte ergibt sich hiermit sowie mit (23.49a) und (23.50b) aus (23.31a)

$$\varrho_{\text{f}} = \frac{6\,B^2\,\Phi_{\text{f}}^2}{8\pi G} = \frac{C}{12\pi G}\,. \tag{23.57}$$

Sanfter Ausstieg aus der Inflation. Bei Annäherung an $\dot{\Phi} = 0$ und $\Phi = 0$ erwarten wir aufgrund des Phasendiagramms ein oszillatorisches Verhalten. Um eine Näherungslösung zu gewinnen, überführen wir die Differentialgleichung zweiter Ordnung (23.50a) in ein System von zwei gekoppelten Differentialgleichungen erster Ordnung, indem wir die durch (23.49) gegebene Funktion H als erste und die durch

$$A\,\dot{\Phi} = H\,\sin\theta\,, \qquad B\,\Phi = H\,\cos\theta \tag{23.58}$$

definierte Größe θ als zweite abhängige Variable benutzen. Aus der zweiten dieser Gleichungen erhalten wir durch Zeitableitung und Vergleich mit der ersten die Kompatibilitätsbedingung

$$\dot{H}\,\cos\theta - H\dot{\theta}\,\sin\theta = \frac{BH}{A}\,\sin\theta\,, \tag{23.59}$$

und aus Gleichung (23.50a) wird mit (23.58) und (23.50b)

$$\dot{H}\,\sin\theta + H\dot{\theta}\,\cos\theta = -3H^2\,\sin\theta - \frac{BH}{A}\,\cos\theta\,. \tag{23.60}$$

Löst man das System der Gleichungen (23.59)–(23.60) nach $\dot{H}$ und $\dot{\theta}$ auf, so ergibt sich mit $\sin\theta\ \cos\theta = (1/2)\sin(2\theta)$ das gesuchte System

$$\boxed{\dot{H} = -3H^2 \sin^2\theta\,, \qquad \dot{\theta} = -\frac{B}{A} - \frac{3H}{2}\sin(2\theta)} \tag{23.61}$$

von zwei Differentialgleichungen erster Ordnung. (Man beachte, daß bisher noch keine Näherung durchgeführt wurde. Das System (23.61) ist also exakt und eignet sich daher gut zur Gewinnung numerischer Lösungen.)

Die Amplitude $3H/2$ des Sinusterms der zweiten Gleichung nimmt nach der ersten Gleichung mit der Zeit schnell ab, und wir können diesen Term vernachlässigen, sobald die Bedingung

$$H \ll \frac{2B}{3A} \tag{23.62}$$

erfüllt ist. Die zweite Gleichung läßt sich dann zu

$$\theta = -\frac{B}{A}\,t \tag{23.63}$$

integrieren, und aus der ersten erhalten wir damit

$$-\frac{1}{H} = \int \frac{dH}{H^2} = -3\int \sin^2\frac{B\,t}{A}\,dt = -3\left(\frac{t}{2} - \frac{A}{4B}\sin\frac{2Bt}{A}\right)$$

oder

$$H = \frac{2}{3t}\left(1 - \frac{A}{2Bt}\sin\frac{2Bt}{A}\right)^{-1}. \tag{23.64}$$

Aus Gleichung (23.58b) ergibt sich mit (23.63) und (23.64)

$$\Phi(t) = \frac{2\cos\dfrac{Bt}{A}}{3\,B\,t\left(1 - \dfrac{A}{2Bt}\sin\dfrac{2Bt}{A}\right)}\,. \tag{23.65}$$

$\Phi(t)$ oszilliert mit abnehmender Amplitude um $\Phi = 0$. Wenn $A/(2Bt) \ll 1$ bzw. $t \gg A/(2B)$ wird, können wir nach (23.64) $H \approx 2/(3t)$ setzen und erhalten damit aus $\dot{a}/a = H$ durch Integration

$$a = a_0 {t_0}^{-2/3}\,t^{2/3}\,, \tag{23.66}$$

also eine gebremste Expansion wie in einem materiedominierten druckfreien Universum (siehe (20.35a)).

Die Oszillationen um $\Phi = 0$ beginnen, wenn in (23.61b) die Amplitude des Sinusterms auf den Wert des ersten Terms abgesunken ist, also für $H \approx 2B/(3A) = 2\sqrt{C}/3$. Die Dichte hat dann den Wert

$$\varrho_{\text{oa}} \overset{(23.31a)}{=} \frac{3\,H^2}{8\pi G} = \frac{C}{6\pi G}\,, \tag{23.67}$$

und die zugehörige Amplitude von Φ ergibt sich aus (23.58b) zu

$$\Phi_{\text{oa}} = \frac{2}{3\,A}\,. \tag{23.68}$$

Der Vergleich von (23.67) und (23.68) mit (23.56) und (23.57) zeigt, daß die Inflationslösung fast unmittelbar in die Oszillationslösung übergeht, d. h. mit dem Ende der Inflation biegt die im wesentlichen geradlinig verlaufende Attraktorlösung in die spiralförmig verlaufende oszillatorische Lösung ab.

Forderung an die Masse μ. Durch die Forderung, daß ϱ_Φ am Anfang der Friedmann-Entwicklung den Wert $10^{80}\,\text{kg}\,\text{m}^{-3} \approx 0{,}2 \cdot 10^{-16}\,\varrho_{\text{P}}$ annehmen soll, kann die Ruhemasse μ der durch das Feld Φ beschriebenen Teilchen festgelegt werden. Da bei der im nächsten Teilabschnitt besprochenen Übertragung von Energie des Feldes Φ auf Teilchen des kosmischen Substrats Verluste auftreten können, fordern wir, daß ϱ_Φ am Ende der Inflation den etwas höheren Wert $5 \cdot 10^{82}\,\text{kg}\,\text{m}^{-3} \approx 10^{-14}\,\varrho_{\text{P}}$ annimmt. Aus (21.1e) und aus (23.57) mit (23.50b) ergibt sich dann

$$\frac{(\mu c^2/\hbar)^2}{12\pi G} = \varrho_{\text{f}} \overset{!}{=} 10^{-14}\,\varrho_{\text{P}} = \frac{10^{-14}\,c^5}{\hbar G^2}\,,$$

und hieraus folgt

$$\mu c^2 = 10^{-7}\,c^2 \sqrt{\frac{12\pi\hbar c}{G}} \approx 1200\,\text{J} \approx 10^{13}\,\text{GeV} \mathrel{\hat{=}} 10^{26}\,\text{K}\,. \tag{23.69}$$

Mit der getroffenen Wahl wird dafür gesorgt, daß das Problem der magnetischen Monopole nicht auftritt. Außerdem ist die Masse μ so groß, daß die thermische Energie des kosmischen Substrats während des größten Teils der Quarkära auch nicht zur Produktion von Inflaton-Teilchen ausreicht.

Ausmaß der Inflation. Nach (23.55) ist das Ausmaß der inflationären Expansion durch

$$\frac{a_{\text{f}}}{a_{\text{a}}} = e^{\gamma} \qquad \text{mit} \qquad \gamma = -B\left(\Phi_{\text{a}} + \frac{B\,t_{\text{f}}}{6A^2}\right) t_{\text{f}} \tag{23.70}$$

gegeben, wobei t_{f} wegen unserer früheren Annahme $t_{\text{a}} = 0$ die Gesamtdauer der Inflation ist. Aus Gleichung (23.54) folgt

$$H_{\text{a}} = -B\Phi_{\text{a}} \quad \text{und} \quad H_{\text{f}} = -B\left(\Phi_{\text{a}} + \frac{B\,t_{\text{f}}}{3A^2}\right) \quad \Rightarrow \quad t_{\text{f}} \overset{(23.50b)}{=} \frac{3\,(H_{\text{a}} - H_{\text{f}})}{C}\,, \tag{23.71}$$

und Einsetzen dieser Ergebnisse in den Exponenten γ liefert

$$\gamma = H_{\text{a}}\,t_{\text{f}} - \frac{(B\,t_{\text{f}})^2}{6A^2} \overset{(23.50b)}{=} H_{\text{a}}\,t_{\text{f}} - \frac{C\,t_{\text{f}}^2}{6} = \frac{3}{2C}\,(H_{\text{a}}^2 - H_{\text{f}}^2)\,. \tag{23.72}$$

Für $H_{\text{a}}^2 = 8\pi G\varrho_{\text{P}}/3$ nimmt γ den höchsten physikalisch sinnvollen Wert an, und für diesen gilt $H_{\text{f}}^2 \sim \varrho_{\text{f}} \ll \varrho_{\text{P}} \sim H_{\text{a}}^2$, so daß wir

$$\gamma_{\max} = \frac{3\,H_{\text{a}}^2}{2C} \overset{(23.50b)}{=} \frac{4\pi\hbar^2 G\varrho_{\text{P}}}{(\mu\,c^2)^2} \overset{(21.1e)}{\underset{(23.69)}{=}} 3 \cdot 10^{13}$$

erhalten. Hieraus folgt

$$\max\left(\frac{a_\text{f}}{a_\text{a}}\right) \approx e^{\,3\cdot 10^{13}} \approx 10^{10^{13}}\,. \tag{23.73}$$

Das geht weit über das erforderliche Ausmaß (23.23) hinaus und bedeutet, daß eine Lösung gewählt werden kann, die bei einem deutlich kleineren als dem zu $H_\text{a}^2 \sim \varrho_\text{P}$ gehörigen Wert von Φ in den Attraktor $\dot{\Phi} = \text{const}$ einmündet.

(Wieder-) Aufheizung. In der Quantenmechanik werden bewegte Teilchen mit dem Impuls $\boldsymbol{p} = \hbar\boldsymbol{k}$ durch eine Wellenfunktion $\sim \text{e}^{i\,(\boldsymbol{k}\cdot\boldsymbol{x}-\omega t)}$ beschrieben. Nach Gleichung (23.65) ist $\Phi(t)$ für $t \gtrsim t_\text{f}$ ein periodisch schwingendes Feld mit $\boldsymbol{k} = 0$. Dieses kann demnach so aufgefaßt werden, daß es Teilchen im Grundzustand beschreibt. Da es als Skalarfeld bosonisch ist und Teilchen nicht verschwindender Ruhemasse beschreibt, kann es als Bose-Einstein-Kondensat im Grundzustand aufgefaßt werden (siehe dazu Abschn. 6.4.3 des Bandes *Thermodynamik und Statistik* dieses Lehrbuchs).

Die Φ-Teilchen können in Wechselwirkung mit anderen Teilchen treten, was durch einen zusätzlichen Wechselwirkungsterm in der Lagrange-Funktion (23.27b), z. B. $\Delta_\text{ww} = -g\Phi\chi^2$ bei der Erzeugung und/oder Wechselwirkung mit χ-Bosonen, beschrieben wird. Bei der Erzeugung eines χ-Bosonenpaars erhalten dessen Teilchen wegen Impulserhaltung entgegengerichtete Impulse gleicher Stärke und kommen auf diese Weise zu kinetischen Energien, die nach ihrer (schnellen) Thermalisierung zu den hohen Temperaturen anfangs der Quarkphase führen können. Diesbezügliche Untersuchungen gehen über diese Einführung in die Kosmologie hinaus.[6] Der mit der Erzeugung von χ-Bosonen verbundene Entzug von Energie der Φ-Teilchen kann pauschal durch einen zusätzlichen Reibungsterm Γ beschrieben werden, der zugleich die Entstehung von χ-Teilchenpaaren regelt. Statt Gleichung (23.50a) und einer (19.50) entsprechenden Gleichung für die Erzeugung von χ-Bosonen, in der die Erzeugungsrate für Bosonenpaare durch $2\Gamma a^3\, n_\Phi$ gegeben ist, erhält man das Gleichungspaar

$$\ddot{\Phi} + (3\,H + \Gamma)\,\dot{\Phi} + C\,\Phi = 0\,, \qquad \frac{d(a^3\,n_\chi)}{dt} \overset{\text{s.u.}}{=} 2\Gamma a^3\, n_\Phi\,. \tag{23.74}$$

Dabei sind n_Φ und n_χ Teilchenzahldichten. Es zeigt sich, daß das Skalarfeld Φ schon in etwa 15 Schwingungsphasen fast seine gesamte Energie abgeben kann, wobei Resonanzeffekte zu einer erheblichen Beschleunigung der Energieabgabe führen können. Dadurch wird das Universum in kürzester Zeit von einem kalten Bose-Einstein-Kondensat zu einem ultraheißen Plasma aufgeheizt.

Falls das Universum schon zu Beginn der Inflation materielle Teilchen bei urknallartigen Temperaturen (10^{32} K) enthielt, werden diese von den am Ende der Inflation erreichten Tiefsttemperaturen (siehe kurz vor Ende von Abschn. 23.2.1) wiederaufgeheizt. Wenn man will, kann man den vor der Inflation herrschenden Extremzustand als Urknall bezeichnen, und man kann dann sagen, daß der Inflation ein Urknall voranging.

---

6 Der interessierte Leser wird auf das in Fußnote 1 von Kapitel 21 angegebene Buch von V. Mukhanov hingewiesen.

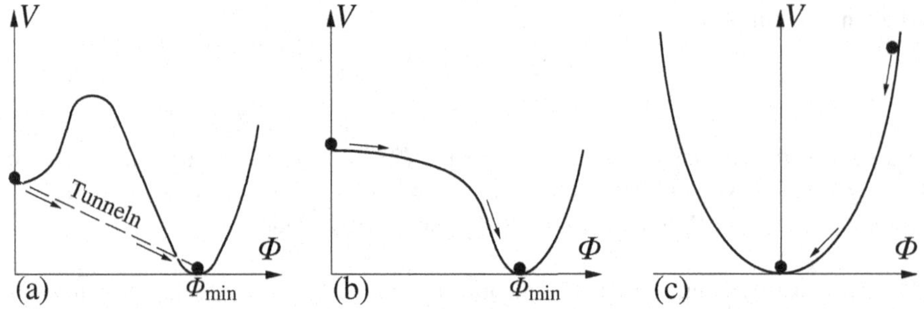

Abb. 23.4: Vollständige Inflationsszenarien: Potential $V(\Phi)$ des Inflatonfeldes für (a) alte Inflation, (b) neue Inflation und (c) chaotische Inflation. Die Zustände vor und nach der Inflation sind durch Punkte markiert.

23.4.2 Vollständige Inflationsszenarien

Ein vollständiges Inflationsszenario trifft Aussagen über den Zustand des Universums vor oder zu Beginn der Inflation, über die eigentliche Inflationsphase (beschleunigte Expansion) und über den Ausstieg aus der Inflation.

Bei dem in Abb. 23.4 (a) dargestellten und heute als **alte Inflation** bezeichneten ursprünglichen Szenario von Guth wird das Potential $V(\Phi)$ des ursprünglich heißen Universums unter starker Abkühlung desselben in einem Minimum $V(0) > 0$ (falsches Vakuum) bei $\Phi = 0$ gefangen. Während dieser Gefangenschaft gilt nach (23.31) $H = \sqrt{8\pi G\, V(0)/(3c^2)} = \text{const}$, und es kommt zu einer exponentiellen Inflation $a \sim e^{Ht}$. Außer bei $\Phi = 0$ gibt es ein zweites Minimum bei $\Phi_{\text{min}} > 0$ mit $V(\Phi)_{\text{min}} = 0$ (echtes Vakuum). Der Übergang zu diesem erfolgt durch quantenmechanisches Tunneln und beendet die Inflation. Er erfolgt allerdings nicht überall gleichzeitig, sondern an verschiedenen Stellen des Universums zu verschiedenen Zeiten in kleinen Blasen echten Vakuums, die sich sehr schnell aufblähen. Die genauere Untersuchung zeigt, daß es zu keiner erfolgreichen Wiederaufheizung – also dem Übergang in ein Friedmann-Universum – kommt, weil die Energie des falschen Vakuums beim Phasenübergang zum echten Vakuum nur in den Rändern der Blasen freigesetzt wird, und weil die Blasen sich nicht vereinigen und dabei die Energie verteilen.

Das Konzept der alten Inflation wurde später durch das in Abb. 23.4 (b) dargestellte Szenario der **neuen Inflation** ersetzt. Bei diesem hat das Potential $V(\Phi)$ bei $\Phi = 0$ ein sehr flaches Maximum, das mit zunehmendem Φ erst sehr langsam und dann relativ abrupt zu einem Minimum $V(\Phi_{\text{min}}) = 0$ führt. $V(\Phi)$ kann so gewählt werden, daß das Universum nur sehr langsam von $\Phi = 0$ wegdriftet und in dieser Slow-Roll-Phase exponentiell expandiert. Nach deren Abschluß fällt es schnell den dann erreichten steilen Potentialabhang herunter und vollzieht ähnlich, wie beim Potential $V = \mu c^2 \Phi^2/2$, einen mit erfolgreicher Wiederaufheizung verbundenen sanften Ausstieg aus der Inflation.

Schließlich gibt es noch das Szenario der **chaotischen Inflation** mit einem Potential der in Abb. 23.4 (c) dargestellten Form, für welches das oben ausführlich behandelte Potential $V = \mu c^2 \Phi^2/2$ ein spezielles Beispiel liefert und das sämtliche Phasen eines erfolgreichen Inflationsszenarios aufweist. Diese Art von Inflation wird wegen der großen Vielfalt möglicher Anfangsbedingungen – in Abb. 23.3 liegen diese in einem

Ringgebiet um den gestrichelten Kreis $\varrho = \varrho_P$ –, die in einem Multiversum (siehe Abschn. 24.3) alle in räumlicher und zeitlicher Unregelmäßigkeit zufallsbedingt realisiert werden, als **chaotisch** bezeichnet. In engem Zusammenhang mit ihr steht die in Abschn. 24.3 zu besprechende **ewige Inflation**.

23.5 Vorinflationäre Phase*

Wenn das Universum nicht in einem Endknall kollabiert, was bei den heute favorisierten Modellen des Universums nicht der Fall ist, hat es eine unendliche Zukunft. Wie steht es mit seiner Vergangenheit? Urknalluniversen haben eine endliche Vergangenheit, ihre Existenz beginnt erst im Moment des Urknalls, mit einer Singularität. Mit dem Konzept der Inflation schien das Singularitätenproblem behoben zu sein. Das traf zumindest auf die alte Inflation zu, allerdings zu dem Preis, daß Quanteneffekte (Tunneln) involviert werden mußten. Doch wie steht es damit bei der neuen und der chaotischen Inflation? Es kam für viele überraschend, als A. Borde, A. Guth und A. Vilenkin im Jahr 2003 ein als Kriterium formuliertes Theorem publizierten,[7] nach dem sich auch inflationäre Universen nicht unendlich weit in die Vergangenheit erstrecken. Im folgenden werden in leicht modifizierter und deutlich einfacherer Vorgehensweise teilweise dieselben Schlußfolgerungen gezogen. Dabei wird sich allerdings herausstellen, daß auch inflationäre Universen mit unendlicher Vergangenheit möglich sind.

In einem räumlich homogenen und isotropen – im weiteren Verlauf kurz als symmetrisch bezeichneten – Universum mit begrenzter Vergangenheit treten voraussichtlich Singularitäten auf. Man könnte vermuten, daß diese durch räumliche Inhomogenitäten unterdrückt werden können, weil dann nicht mehr alle Teilchentrajektorien bei ihrer Rückverfolgung in die Vergangenheit in einem einzigen Punkt zusammenstoßen. Das scheint jedoch, ähnlich wie bei Urknallsingularitäten (siehe Abschn. 21.1 und weiter unten), nicht der Fall zu sein. In der zitierten Arbeit von Borde et al. wurden auch noch allgemeinere kosmologische Modelle ohne Symmetrien (Homogenität und Isotropie) untersucht, und es wurde gezeigt, daß auch expandierende Trajektorienbündel nur eine begrenzte Vergangenheit besitzen. Um gleich die Frage mit behandeln zu können, ob Vergangenheitsgrenzen oder Singularitäten durch Inhomogenitäten vermieden werden, benutzen wir eine Expansionsrate, die auch auf Universen ohne Symmetrien angewandt werden kann.

23.5.1 Symmetrisches Universum

Das Objekt der folgenden Untersuchungen ist das **heute beobachtbare Universum**. $V(t_a)$ sei sein metrisches Gesamtvolumen zum Anfangszeitpunkt t_a der betrachteten Expansionsphase. Unter $V(t)$ verstehen wir das Volumen des Gebiets $G(t)$, welches das in $V(t_a)$ befindliche kosmische Substrat zur Zeit $t \geq t_a$ einnimmt. Während V, t und

7 A. Borde, A.H. Guth und A. Vilenkin, **Phys. Rev. Lett. 90**, 151301 (2003), arXiv:gr-qc/0110012v2

$V(t)$ bei einem symmetrischen Universum in Robertson-Walker-Koordinaten wohldefinierte Größen bzw. Funktionen sind, ist das bei einem unsymmetrischen Universum nicht von vornherein der Fall. Um den Gedankenfluß hier nicht unterbrechen zu müssen, werden die diesbezüglichen Überlegungen auf den nächsten Teilabschnitt verschoben.

Mit Hilfe der Funktion $V(t)$ definieren wir als **Expansionsrate** eines Universums bzw. eines mitbewegten Ausschnitts (mit Volumen $\Delta V(t)$) von diesem

$$E(t) = \frac{\dot{V}(t)}{3\,V(t)} \qquad \text{bzw.} \qquad E(t) = \frac{d\,\Delta V(t)/dt}{3\,\Delta V(t)}\,. \tag{23.75}$$

Im folgenden wird nur der Fall des vollen Universums (Volumen $V(t)$) weiterverfolgt, alle Schritte gelten jedoch genauso, wenn man V durch ΔV ersetzt. Im Fall eines symmetrischen Universums gilt $V(t) = V_{\rm K}\,a^3(t)$ (siehe (16.45)) und daraus folgend $E(t) = \dot{a}(t)/a(t) = H(t)$, d. h. $E(t)$ reduziert sich auf die übliche Expansionsrate. Zusätzlich zu $E(t)$ definieren wir noch eine **mittlere Expansionsrate** $\langle E \rangle$ durch den gewichteten zeitlichen Mittelwert (Gewichtsfaktor $V(t)/V(t_{\rm f}) \geq 0$)

$$\langle E \rangle = \frac{1}{t_{\rm f}-t_{\rm a}} \int_{t_{\rm a}}^{t_{\rm f}} E(t)\,\frac{V(t)}{V(t_{\rm f})}\,dt \stackrel{\text{s.u.}}{=} \frac{1-V_{\rm a}/V_{\rm f}}{3\,(t_{\rm f}-t_{\rm a})}\,, \tag{23.76}$$

wobei zuletzt die Umformung $3\int_{t_{\rm a}}^{t_{\rm f}} E\,V\,dt = \int_{t_{\rm a}}^{t_{\rm f}} \dot{V}\,dt = \int_{V_{\rm a}}^{V_{\rm f}} dV = V_{\rm f} - V_{\rm a}$ mit $V_i = V(t_i)$ benutzt wurde. Die Zeit $t_{\rm f} > t_{\rm a}$ kann dabei wie bisher für das Ende der Inflation stehen, wenn wir uns für die inflationäre Expansion interessieren. Sie kann aber auch gleich $t_{\rm e}$ oder t_0 gewählt werden, wenn die Expansion eines Urknalluniversums untersucht werden soll.

Wir bezeichnen ein Universum als **expansives Universum**, wenn

$$\boxed{V_{\rm f} > V_{\rm a}} \tag{23.77}$$

gilt. Unter dieser Voraussetzung folgt aus (23.76) $\langle E \rangle \geq 0$, wobei zeitweise auch $E(t) < 0$ gelten kann. (In der Arbeit von Borde et al. wird stattdessen $\langle E \rangle = \langle H \rangle > 0$ vorausgesetzt, und wir werden sehen, daß durch den Ausschluß des Gleichheitszeichens physikalisch zulässige Lösungen mit unendlicher Vergangenheit verloren gehen.) Aus (23.76) folgt

$$\boxed{t_{\rm f} - t_{\rm a} = \frac{1-V_{\rm a}/V_{\rm f}}{3\,\langle E \rangle}\,.} \tag{23.78}$$

Im Fall $\langle E \rangle > 0$ folgt aus (23.77) eine obere Schranke für $t_{\rm f}-t_{\rm a}$, d. h. das Universum besitzt nur eine endliche Vergangenheit. Hier interessiert, welchen Zustand es an der Vergangenheitsgrenze annimmt. Die Funktion $V(t)$ kann nur dann zu einem endlichen Zeitpunkt in der Vergangenheit abbrechen, wenn $dt = dV/\dot{V}(t) = 0$ bzw. $\dot{V}(t) = \infty$ wird. Das bedeutet aber, daß auch $E = \infty$ wird, *das Abbrechen der Funktion $V(t)$ ist also mit einer* ***Singularität der Expansionsrate*** *E verbunden.* Besteht zwischen H und der Dichte ein ähnlicher Zusammenhang wie bei der durch ein Skalarfeld Φ induzierten Inflation (Gleichung (23.31a)), dann wird im symmetrischen Fall mit H auch die Dichte singulär. Bei reinen Urknalllösungen für ein symmetrisches Universum ist die

Expansionsgeschwindigkeit $\dot{V}(t)$ in der Anfangsphase nach dem Urknall eine monoton fallende Funktion der Zeit (siehe Gleichung (20.23)). *In diesem, aber auch in dem viel allgemeineren Fall, daß* $EV = \dot{V}$ *vor einem Zeitpunkt* t_f *in der Vergangenheit ein Minimum* $\min \dot{V}(t) = \dot{V}_{\min} > 0$ *besitzt, gilt sowohl für ein symmetrisches als auch ein unsymmetrisches Universum* als Folge der Gleichung (23.76a) mit (23.75)

$$\langle E \rangle \geq \frac{\dot{V}_{\min}}{3\,V_f} > 0\,. \tag{23.79}$$

(Für Zeiten $t > t_f$ darf dann auch $E(t) < 0$ gelten.) *Das Universum besitzt dann eine Vergangenheitsgrenze, an der es singulär wird.* Dieses Ergebnis entspricht weitgehend dem **Singularitätentheorem von Hawking und Penrose**, auch wenn die Voraussetzungen hier andere sind. (Die entsprechende Situation ($\langle E \rangle > 0$) bei inflationären Universen wird weiter unten untersucht.) Man beachte, daß zur Ableitung des obigen Kriteriums keinerlei Annahmen über die Physik der Expansion oder Inflation getroffen wurden, dieses gilt unabhängig davon, wie die Expansionsbedingung (23.77) zustandekommt und folgt allein aus dem Konzept der Expansion. Der Raum kann dabei ungekrümmt oder gekrümmt sein, und Symmetrien können, müssen aber nicht vorliegen.

Fall $\langle E \rangle = 0$. Eine unendliche expansive Vergangenheit ist nur für $\langle E \rangle = 0$ möglich, und es gibt tatsächlich Lösungen der Inflationsgleichungen (23.30) oder (23.31) mit dieser Eigenschaft. Eine davon, bei der sich das System anfänglich in einer (instabilen) Gleichgewichtslage befindet, wird im Exkurs 23.1 behandelt. In klassischer Sichtweise kommt die unendliche Dauer dadurch zustande, daß es unendlich lange dauert, bis sich das System aus der instabilen Gleichgewichtslage gelöst hat. Aus quantenmechanischer Sicht verläßt das System die Gleichgewichtslage allerdings aufgrund der Unschärferelation sofort. Ein weiteres Beispiel wird gleich im nächsten Teilabschnitt besprochen. Realistischeren Beispiele für den Fall $\langle E \rangle = 0$, bei denen allerdings Physik involviert ist, die nicht von den Gleichungen (23.30) oder (23.31) erfaßt wird, werden in Abschn. 24.3 besprochen.

Von allen anderen Inflationslösungen erfüllen die meisten die stärkere Ungleichung $\langle E \rangle > 0$ und besitzen daher nur eine endliche Vergangenheit. Wir untersuchen das noch näher anhand der bereits ausführlich diskutierten Lösungen zu dem in Abb. 23.4 (c) dargestellten Potential.

Lösungen zum Potential $V(\Phi) = \mu c^2 \Phi^2/2$. Die am weitesten zurückliegende Vergangenheit der Lösungen zu dem betrachteten Potential wird außer bei der Attraktorlösung durch den für die Startphase erhaltenen Lösungszweig (23.52) beschrieben. Für $t \to -D/(3A)$ gehen sowohl $\dot{\Phi}$ als auch Φ dem Betrage nach gegen unendlich, und aus (23.31b) ergibt sich damit $\varrho_\Phi \to \infty$. Wie bei Urknalllösungen erreichen die Lösungen also nach endlicher Zeit eine Singularität, und nach der Anmerkung zur Lösung (23.52b) gilt das auch für viel allgemeinere Potentiale $V(\Phi)$.

Zur Untersuchung der Vergangenheit der Attraktorlösung benutzen wir Gleichung (23.33), die wir hier in der Form

$$\sqrt{\varrho_\Phi(t_a)} = \sqrt{\varrho_\Phi(t_f)} + \frac{\hbar^2\sqrt{6\pi G}}{\mu c^4} \int_{t_a}^{t_f} \dot{\Phi}^2(t')\, dt'$$

schreiben. Aus dieser folgt, daß $\varrho_\Phi(t_a)$ nur dann zu einem endlichen Zeitpunkt unendlich werden kann, wenn $\dot{\Phi}$ wie bei den Lösungen (23.52) schon zu einem endlichen

Zeitpunkt in der Vergangenheit unendlich wird. Bei der Attraktorlösung, (23.53d) und (23.55), ist das nicht der Fall, vielmehr gilt $\dot{\Phi} = B/(3A^2)$ mit der Folge

$$\sqrt{\varrho_\Phi(t_a)} = \sqrt{\varrho_\Phi(t_f)} + \frac{\hbar^2 B^2 \sqrt{6\pi G}}{9A^4 \mu c^4}\,(t_f - t_a)\,.$$

ϱ_Φ wird jedoch auch hier singulär, allerdings erst für $t_a \to -\infty$, bis wohin sich auch die Attraktorlösung erstreckt (aus (23.76b) folgt in Übereinstimmung damit $\langle E \rangle = 0$). Die Attraktorlösung liefert ein weiteres Beispiel für die Existenz physikalisch sinnvoller Inflationslösungen mit unendlicher Vergangenheit. Weiteren, besonders wichtigen Beispielen werden wir in Abschn. 24.3 begegnen, und auch im Exkurs 23.1 werden interessante Beispiele gebracht.

Wir haben gesehen, daß in allen Fällen begrenzter Vergangenheit an der Vergangenheitsgrenze Singularitäten auftreten. Borde et al. ziehen daraus den Schluß, daß zu einer vollständigen Beschreibung des Universums noch andere physikalische Prozesse außer Inflation herangezogen werden müssen, an die die Inflationsprozesse anschließen können. Das ist sehr plausibel, denn bevor die Dichte ϱ_Φ singulär wird, kommt sie bei Erreichen des Planck-Wertes ϱ_P in ein Regime, in dem Quantenphänomene berücksichtigt werden müssen. Da in diesem auch ART-Effekte von Bedeutung sind, muß eine neue, mit der ART verträgliche Quantentheorie herangezogen werden, die es noch gar nicht gibt. Kandidaten dafür sind die Stringtheorien.

23.5.2 Zeit und Volumen unsymmetrischer Universen*

Die Rechnungen und Schlußfolgerungen des letzten Abschnitts gelten sowohl für symmetrische als auch unsymmetrische Universen. Im letzten Fall ist nur nicht von vornherein klar, wie t und V definiert sind und wie die Funktion $V(t)$ bestimmt werden kann. Das zu klären ist das Ziel dieses Abschnitts.

Das heutige Universum ist im wesentlichen homogen und isotrop, wenn man über Gebiete mittelt, deren Durchmesser mindestens etwa 1 Prozent vom heutigen Durchmesser $d_T(t_0)$ des heute beobachtbaren Universums beträgt. (In früheren Entwicklungsphasen war es homogener.) Je kleiner die Mittelungsgebiete, desto größer werden die Inhomogenitäten. Erst bei der Mittelung über Gebiete mit Durchmessern von etwa $10^{-4}\, d_T(t_0)$ kommt man in die Größenordnung von Galaxienabständen, bei denen man zur Beschreibung des kosmischen Substrats statistische Methoden anwenden müßte. Dazwischen liegt ein Parameterbereich, in dem sich Inhomogenitäten wie im Fall des symmetrischen Universums noch sehr gut durch ein hydrodynamisches Modell beschreiben lassen. Auf diesen Fall werden wir uns im folgenden beschränken. Am besten betrachtet man ein inhomogenes Universum in Koordinaten, in denen es bei der Mittelung über hinreichend große Gebiete räumlich homogen und isotrop ist. (Alle Mittelwerte skalarer Größen sind dann vom Ort unabhängig, und alle Dreiergeschwindigkeiten verschwinden.)

Festlegung von Zeit und Volumen. Die Expansion eines unsymmetrischen Universums ist wie die eines symmetrischen in der Metrik enthalten. Nach Abschn. 10.7.1 der

ART sind die $g_{\mu\nu}$ nur bis auf Eichtransformationen festgelegt. Damit ein Volumen vernünftig definiert werden kann, benutzen wir die **synchrone Eichung**, in der die Metrik zeitorthogonal ist und $g_{00} \equiv 1$ erfüllt, d. h.

$$ds^2 = c^2\, dt^2 + g_{ik}\, dx^i\, dx^k\,. \tag{23.80}$$

(Im zugehörigen symmetrischen Universum gilt $ds^2 = c^2\, dt^2 + \langle g_{ik}\rangle\, dx^i\, dx^k$, wobei die Klammern den räumlichen Mittelwert über das Universum bedeuten.) t ist die kosmische Zeit, und das Volumen ist durch

$$V = \int_G \sqrt{-g^{(3)}}\, dx^1 dx^2 dx^3 \qquad \text{mit} \qquad g^{(3)} = \det(g_{ik}) \tag{23.81}$$

gegeben, und G ist das Integrationsgebiet.

Nach der Definition von V und t muß noch angegeben werden, wie die Funktionen $V(t)$ und $\Delta V(t)$ bestimmt werden können.

$V(t)$ eines materiellen kosmischen Substrats. In einem unsymmetrischen Universum hängen Druck, Dichte und Temperatur eines materiellen kosmischen Substrats nicht nur von der Zeit, sondern auch vom Ort ab. Außerdem enthält die Vierergeschwindigkeit U^μ nichtverschwindende räumliche Komponenten, die ebenfalls zeit- und ortsabhängig sind. Wie im symmetrischen Fall wird zur Anfangszeit t_a das Gebiet $G(t_\mathrm{a})$ vorgegeben, aus dem das spätere Universum durch Expansion hervorgeht. Die Trajektorien der zur Zeit t_a in $G(t_\mathrm{a})$ befindlichen Fluidelemente des kosmischen Substrats definieren das Volumen $V(t)$ für $t \geq t_a$. Zur Berechnung der Trajektorien muß zunächst das im Energie-Impuls-Tensor $T^{\alpha\beta}(x)$ enthaltene Geschwindigkeitsfeld $U^\alpha(x)$ bestimmt werden. Hierzu müssen die Einsteinschen Feldgleichungen in den zu (23.80) gehörigen Koordinaten unter Vorgabe geeigneter Anfangs- und Randbedingungen gelöst werden. Die Anfangsgeschwindigkeiten können z. B. aus einer Störungstheorie kommen. Dabei sollte sich bei der Mittelung über hinreichend große Gebiete zumindest zur Zeit t_a ein symmetrisches Universum in mitgeführten Robertson-Walker-Koordinaten ergeben (bei dem die mittleren Geschwindigkeiten verschwinden).

Die Trajektorien $x^i(t)$ erhält man dann aus

$$\frac{dx^\alpha}{d\tau} = U^\alpha(x)\,, \tag{23.82}$$

wobei die erste Gleichung, $dx^0/d\tau = c\, dt/d\tau$, den Zusammenhang zwischen der Eigenzeit τ und der kosmischen Zeit t liefert. Die Gesamtheit der Punkte, die von den zur Zeit t_a in $G(t_\mathrm{a})$ gestarteten Trajektorien zur Zeit t erreicht wird, bildet das in Gleichung (23.81) einzusetzende Gebiet $G(t)$.

Aus praktischer Sicht bildet die geschilderte Vorgehensweise ein sehr schwieriges Problem, das im allgemeinen nur numerisch zu bewältigen ist. Hier kommt es allerdings nur auf die prinzipielle und nicht auf die praktische Durchführbarkeit an.

$V(t)$ eines Inflatonfeldes Φ. Der Fall eines reinen Inflatonfeldes Φ scheint zunächst nicht in das für ein materielles Fluid angegebene Behandlungsschema zu passen, obwohl er sich in einem symmetrischen Universum ohne weiteres in mitbewegten Koordinaten behandeln ließ. Der zugehörige Energie-Impulstensor (23.27) kann jedoch ähnlich wie im symmetrischen Fall durch die geeignete Definition einer Dichte, eines Drucks und einer Vierergeschwindigkeit in die Form des Impulstensors (10.61) gebracht werden, der in der ART für ein ideales Fluid (Flüssigkeit, Gas oder Plasma) abgeleitet wurde. Damit kann dann das Feld Φ wie ein ideales Fluid behandelt werden.

Durch Gleichsetzen von (23.27) und (10.61) ergibt sich zunächst unter Weglassen des Index 0 an der Ruhedichte ϱ_0 die Gleichung

$$\frac{\hbar^2}{\mu}(\partial_\alpha\Phi)(\partial_\beta\Phi) - \left[\frac{\hbar^2}{2\mu}(\partial^\rho\Phi)(\partial_\rho\Phi) - V(\Phi)\right] g_{\alpha\beta} = \left(\varrho + \frac{p}{c^2}\right) U_\alpha U_\beta - p\, g_{\alpha\beta}\,.$$

Der Vergleich der Koeffizienten von $g_{\alpha\beta}$ liefert als erstes

$$\boxed{p = \frac{\hbar^2}{2\mu}(\partial^\rho\Phi)(\partial_\rho\Phi) - V(\Phi)\,.} \tag{23.83}$$

Aus der verbleibenden Gleichung ergibt sich durch Überschieben mit $g^{\alpha\beta}$ und (10.16), $g^{\alpha\beta}U_\alpha U_\beta = c^2$, zunächst

$$\varrho c^2 + p = \frac{\hbar^2}{\mu}(\partial^\alpha\Phi)(\partial_\alpha\Phi) \tag{23.84}$$

und daraus folgt mit (23.83)

$$\boxed{\varrho = \frac{\hbar^2}{2\mu}(\partial^\rho\Phi)(\partial_\rho\Phi) + V(\Phi)\,.} \tag{23.85}$$

Einsetzen von (23.84) in die verbliebene Ausgangsgleichung liefert nach kurzer Umformung die Gleichung

$$U_\alpha U_\beta = \frac{c^2(\partial_\alpha\Phi)(\partial_\beta\Phi)}{(\partial^\rho\Phi)(\partial_\rho\Phi)}\,,$$

und aus dieser folgt schließlich

$$\boxed{U_\alpha = \frac{c\,\partial_\alpha\Phi}{\sqrt{(\partial^\rho\Phi)(\partial_\rho\Phi)}}\,.} \tag{23.86}$$

Alles weitere, also die Berechnung des Geschwindigkeitsfeldes $U_\alpha(x)$ aus den Feldgleichungen und die der Trajektorien $x^i(t)$ aus (23.82), kann wie bei einem materiellen Fluid erfolgen.

Trajektorienbündel. Zuletzt sei noch erläutert, inwiefern unsere Überlegungen und Berechnungen auch für die Expansion eines begrenzten Trajektorienbündels herangezogen werden können, das zu einem gegebenen Zeitpunkt in der engeren Umgebung eines – nicht notwendig im Ursprung liegenden – Punktes startet. Man muß dazu nur in ein neues Koordinatensystem gehen, dessen Ursprung innerhalb dieser Umgebung liegt. Dann kann man im wesentlichen wie oben verfahren und muß nur nicht verlangen, daß aus dem Startgebiet das ganze heute beobachtbare Universum hervorgeht. (Diese Eigenschaft hat bei den obigen Überlegungen keine Rolle gespielt.)

Es ist denkbar, daß in einem unsymmetrischen Universum mit längerer oder sogar unendlicher Vergangenheit ein Trajektorienbündel verläuft, dessen Vergangenheit begrenzt ist und mit einer Singularität beginnt. (Ein konkretes Beispiel hierfür wird in Abschn. 24.3 angegeben.) Man kann annehmen, daß dort Quanteneffekte der am Ende des letzten Abschnitts geschilderten Art zum Tragen kommen.

Exkurs 23.1: Lösungen mit inflationärer Zwischenphase

In diesem Exkurs werden Lösungen mit einer inflationären Zwischenphase vorgestellt, die zu keinem der drei in Abschn. 23.4.2 geschilderten Inflationsszenarien passen. Auch wenn sie sich etwas außerhalb der vorherrschenden Interessenlage befinden, erscheinen sie zumindest für Studienzwecke interessant, insbesondere, weil sich bei ihnen interessante Sondergesichtspunkte ergeben.

1. Big-Bounce-Modell. Auch die drei in Abschn. 19.3.3 unter den Punkten 3., 4. und 5. angegebenen de Sitter-Lösungen sind Lösungen für ein reines Inflationsfeld, das jedoch konstant ist. Der Übersichtlichkeit halber werden sie hier (unter Abänderung des beliebigen Vorfaktors im Fall $k=0$) noch einmal angegeben:

$$a(t) = \begin{cases} \sqrt{3/\Lambda}\,\sinh(\sqrt{\Lambda/3}\,ct) & \text{für } k = -1\,, \\ \sqrt{3/4\Lambda}\,\exp(\sqrt{\Lambda/3}\,ct) & \text{für } k = 0\,, \\ \sqrt{3/\Lambda}\,\cosh(\sqrt{\Lambda/3}\,ct) & \text{für } k = +1\,. \end{cases} \tag{23.87}$$

Bei flüchtiger Betrachtung sieht es so aus, als wäre die Lösung für $k=-1$ eine Lösung mit endlicher Vergangenheit, die zur Zeit $t=0$ mit $a=0$ beginnt, ohne daß dabei eine Singularität auftritt. Sie erfüllt dabei jedoch $\dot{a}=c$ und läßt sich daher ohne weiteres in die Vergangenheit fortsetzen. Allerdings ist das nur zu negativen Werten von a möglich. Nach den in Anschluß an Gleichung (16.41) gemachten Bemerkungen ist das jedoch zulässig, sofern bei $a=0$ keine Singularitäten auftreten, was wegen $\varrho=\varrho_\Lambda=\text{const}$ nicht der Fall ist. Die Lösung beginnt daher tatsächlich schon zur Zeit $t=-\infty$ mit $a=-\infty$ und $\dot{a}=\infty$ und stimmt physikalisch gesehen weitgehend mit der noch zu besprechenden Big-Bounce-Lösung (23.87c) überein.

Die Lösung für $k=0$ beginnt zur Zeit $t=-\infty$ mit $a=0$ und $\dot{a}=0$. Sie besitzt also eine unendliche Vergangenheit, obwohl $E=H=\dot{a}/a=c\sqrt{\Lambda/3}=\text{const}>0$ gilt. Die Existenzbedingung (23.79) für eine Vergangenheitsgrenze ist nicht erfüllt, weil $\dot{V}\sim 3a^2\dot{a}\sim \mathrm{e}^{3Ht}\to 0$ für $t\to-\infty$ gilt.

Die zur Zeit $t=-\infty$ mit $a=\infty$ und $\dot{a}=-\infty$ beginnende Lösung (23.87c) (endliches Universum mit $k=1$) wurde von W. Priester und H. J. Blome als eine Alternative zu Urknallmodellen vorgeschlagen, welche die Urknallsingularität vermeidet. Es wird angenommen, daß im Universum nach Durchschreiten des Minimalwertes von $a(t)$ und durch diesen „big bounce" getriggert ein Phasenübergang stattfindet, bei dem genau wie nach der im vorigen Abschnitt besprochenen Inflationsphase die Energie des Vakuums in Energie von Materie umgewandelt wird. Dieser Übergang erfolgt wieder am Ende der GUT-Ära, wenn für ϱ_Λ wie bei unseren früheren Inflationslösungen ein Wert von etwa $10^{80}\,\text{kg/m}^3$ gewählt wird. Als minimaler Radius a des Weltalls ergibt sich in diesem Fall $a_{\text{min}}\approx 10^{-27}$ m.

2. „Urschwung" statt Urknall. Die im folgenden besprochene Alternative zu Urknallmodellen wurde vom Autor dieses Buches vorgeschlagen.[8] Den Ausgangspunkt bildet die Annahme, daß das Universum anfänglich sowohl eine sehr hohe Dichte $\varrho = \varrho_{\rm mr} + \varrho_{\rm s} + \varrho_\nu$ relativistischer Materie und Strahlung (inklusive Neutrinos) als auch eine sehr hohe Massendichte ϱ_Λ der Vakuumenergie besaß. Bezüglich der letzteren wird vorausgesetzt, daß sie konstant war und den Druck $p_\Lambda = -\varrho_\Lambda c^2$ erzeugte. Im Gegensatz zu unserer früheren Vorgehensweise beim frühen Universum (Abschn. 20.3.2) wird hier der Term $-kc^2$ nicht vernachlässigt, so daß sich aus (19.12)–(19.13) mit (23.7a) die Gleichungen

$$\ddot{a}(t) = -\frac{4\pi G}{3}\Big[\varrho + \varrho_\Lambda + 3(p + p_\Lambda)/c^2\Big]a \overset{\text{s.u.}}{=} -\frac{8\pi G}{3}(\varrho - \varrho_\Lambda)\,a\,, \tag{23.88}$$

$$\dot{a}^2(t) = \frac{8\pi G}{3}(\varrho + \varrho_\Lambda)\,a^2 - kc^2 \tag{23.89}$$

und

$$\frac{d}{dt}\left(\varrho\, a^3\right) = -\frac{\varrho}{3}\frac{da^3}{dt} \qquad \Rightarrow \qquad \varrho a^4 = \text{const} =: \varrho_* a_*^4 \tag{23.90}$$

ergeben. Dabei wurde für den gemeinsamen Partialdruck von Neutrinos, Strahlung und Materie die Zustandsgleichung (18.27), $p = \varrho c^2/3$, benutzt.

Als erstes suchen wir nach einer statischen Lösung. Aus der Forderung $\ddot{a} = 0$ ergibt sich mit (23.88) die Bedingung

$$\varrho = \varrho_\Lambda =: \varrho_*\,. \tag{23.91}$$

Sie bedeutet, daß in dem statischen Anfangszustand, aus dem heraus sich das hier diskutierte Universum entwickelte, eine Gleichverteilung zwischen der Energie des Vakuums und der Energie von Strahlung und Materie bestehen muß. Aus der weiteren Forderung $\dot{a} = 0$ folgt mit dem letzten Ergebnis und (23.89) zum einen $k = 1$ und zum anderen, daß a den konstanten Wert

$$a_* = c\sqrt{\frac{3}{16\pi G \varrho_\Lambda}} \tag{23.92}$$

besitzt. Natürlich ist diese Lösung wie Einsteins statische Lösung instabil (s.u.). Dadurch bietet sie allerdings die Möglichkeit, daß sich das heutige Universum aus ihr durch eine Instabilität entwickeln konnte. Wenn man statt einer kosmologischen Konstanten das Wirken eines Inflatonfeldes Φ mit der Massendichte ϱ_Φ annimmt, kann auch (Meta-) Stabilität des Gleichgewichts erreicht werden. Dazu muß man nur ein Potential $V(\Phi)$ mit einem relativen Minimum bei $\Phi = 0$ annehmen und $\Phi = 0$ als Gleichgewichtswert ansetzen. Das Gleichgewicht kann dann durch eine Fluktuation oder durch Tunneln verlassen werden.

Die Instabilität der Gleichgewichtslösung (23.91)–(23.92) ergibt sich aus der gleich zu beweisenden Existenz einer dynamischen Lösung, die für $t \to -\infty$ asymptotisch gegen die statische Lösung konvergiert. Für dynamische Lösungen muß Gleichung (23.88) nicht mehr berücksichtigt werden, da sie wegen $\dot{a} \neq 0$, wie in Abschn. 19.1 gezeigt, aus Gleichung (23.89) folgt. In der letzteren muß (23.90b) mit $\varrho_* = \varrho_\Lambda$ und (23.92) eingesetzt werden, damit die gestellte Forderung an das asymptotische Verhalten erfüllt werden kann. Für die weitere Rechnung ist es jedoch bequemer, wenn man stattdessen ϱ_Λ durch a_* ausdrückt, indem man die aus (23.92) folgende Ersetzung

$$\frac{8\pi G \varrho_\Lambda}{3} = \frac{c^2}{2a_*^2}$$

8 E. Rebhan, Astron. Astrophys. **353**, 1-9 (2000)

vornimmt. Aus (23.89) erhält man so mit $k = 1$ die Gleichung

$$\dot{a}^2 = \frac{c^2}{2}\left(\frac{a_*^2}{a^2} + \frac{a^2}{a_*^2} - 2\right) = \frac{c^2}{2}\left(\frac{a}{a_*} - \frac{a_*}{a}\right)^2 \quad \Rightarrow \quad \dot{a} = \pm\frac{c}{\sqrt{2}}\left(\frac{a}{a_*} - \frac{a_*}{a}\right). \tag{23.93}$$

Für die zuletzt angegebene Gleichung findet man leicht die Lösungen

$$a(t) = a_*\left(1 + \mathrm{e}^{-\sqrt{2}\,c(t-t_0)/a_*}\right)^{1/2} \qquad \text{und} \qquad a(t) = a_*\left(1 + \mathrm{e}^{\sqrt{2}\,c(t-t_0)/a_*}\right)^{1/2} \tag{23.94}$$

mit der Integrationskonstanten t_0. Wir interessieren uns hier nur für die expandierende zweite Lösung. Bei ihr existiert das Universum schon unendlich lange, es hat sich vor unendlich langer Zeit von der statischen Lösung (23.92) gelöst, indem es zunächst extrem langsam und dann zunehmend schneller expandierte, bis es bei Dominanz des Exponentialterms in eine inflationäre Entwicklung gemäß

$$a = a_* \mathrm{e}^{c(t-t_0)/(\sqrt{2}\,a_*)}$$

überging. Diese Lösung liefert ein weiteres Beispiel für ein Universum, in dem

$$H = \frac{\dot{a}}{a} \overset{(23.93)}{=} \frac{c\,(1-a_*{}^2/a^2)}{\sqrt{2}\,a_*} > 0 \qquad \text{für alle} \qquad t > -\infty$$

gilt und das dennoch eine unendliche Vergangenheit besitzt. Aus der vereinfachenden Annahme, daß die Lösung (23.94b) zur Zeit t_1 instantan den stetigen Übergang zu einer sich bis zum heutigen Zeitpunkt erstreckenden Friedmann-Lemaître-Lösung $a_{\mathrm{FL}}(t)$ mit $a_1 = a_{\mathrm{FL}}(t_1)$ vollzieht, ergibt sich

$$a_1 = a_*\left(1 + \mathrm{e}^{\sqrt{2}\,c(t_1-t_0)/a_*}\right)^{1/2}.$$

Diese Bedingung kann durch die Wahl

$$t_0 = t_1 - \frac{a_*}{\sqrt{2}\,c}\,\ln\left[(a_1/a_*)^2 - 1\right]$$

der Integrationskonstanten t_0 erfüllt werden.

Da bei der inflationären Entwicklung die ursprünglich vorhandene Strahlung und Materie gemäß Gleichung (23.90) so extrem verdünnt wird,[9] daß von ihr nach kürzester Zeit in einem endlichen Volumen fast nichts mehr übrig bleibt, muß auch hier wieder angenommen werden, daß die Vakuumenergiedichte $\varrho_\Lambda c^2$ durch einen Phasenübergang in Energiedichte von Materie umgewandelt wurde, die den Vorläufer der heute angetroffenen Materie bildete. Der sinnvollste Zeitpunkt hierfür muß wieder kurz vor dem Beginn der Quarkära liegen, jedoch so spät, daß keine nennenswerte Dichte von magnetischen Monopolen entstand. Das ist der Fall, wenn für ϱ_Λ wieder ein Wert von etwa $10^{80}\,\mathrm{kg/m^3}$ gewählt wird (Aufgabe 23.1). Als kleinster Radius des Weltalls ergibt sich in diesem Fall $a_* = a_{\min}/\sqrt{2}$, wobei $a_{\min}$ den minimalen Radius von $\approx 10^{-27}$ m des Big-Bounce-Modells bezeichnet. (Eine Alternative des Urschwung-Modells, bei der der Anfangsradius des Universums noch kleiner und die Anfangsdichte noch größer werden können, wird am Ende dieses Abschnitts besprochen.) In Abb. 23.5 ist die Zeitentwicklung des Weltradius a für das hiesige Modell, das Big-Bounce-Modell und für ein Urknallmodell dargestellt.

---

9 Mit der Verdünnung ist eine Abkühlung verbunden, und das hätte im Prinzip in Gleichung (23.93a) dadurch berücksichtigt werden müssen, daß die Beziehung (23.90b) ab einer gewissen Abkühlung durch $\varrho \sim a^{-3}$ ersetzt wird. Da der Materieterm in (23.89) bzw. (23.93a) jedoch sowieso sehr schnell gegenüber dem ϱ_Λ-Term vernachlässigt werden kann, spielt das keine Rolle.

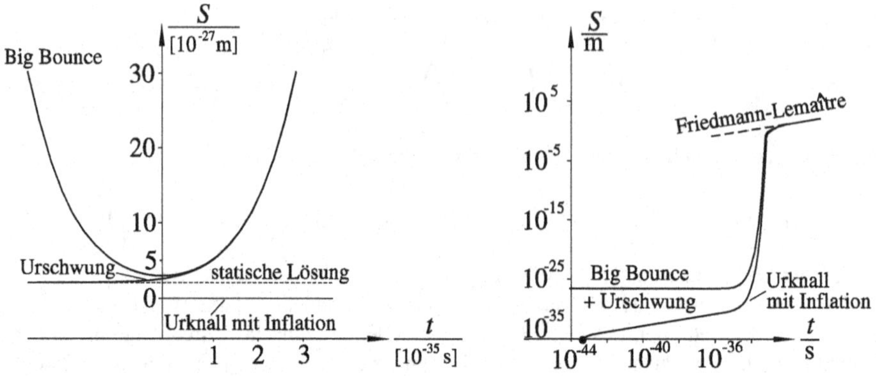

Abb. 23.5: Entwicklung des Weltradius $a(t)$ für das Big-Bounce-Modell, das Urschwung-Modell und das in Abb. 23.2 dargestellte Urknallmodell mit Inflation. Beim letzteren ist a während des im linken Teilbild aufgetragenen Zeitintervalls noch so klein, daß die zugehörige Kurve $a(t)$ praktisch horizontal verläuft. Im rechten Teilbild ist $a(t)$ in doppelt logarithmischer Auftragung über ein größeres Zeitintervall positiver Zeiten hinweg dargestellt. Wegen der gedrängten Darstellung und $t > 0$ sind das Big-Bounce-Modell und das Urschwung-Modell nicht mehr unterscheidbar. In allen drei Modellen mündet $a(t)$ nach einem Phasenübergang in dieselbe Entwicklung eines Friedmann-Lemaître-Modells.

Bemerkenswert an dem hier betrachteten Modell ist, daß sämtliche Singularitäten vermieden werden, daß wie im vorherigen Modell wegen $a_{\min} \gg l_{\mathrm{P}}$ der Gültigkeitsrahmen der Gravitationstheorie ohne Quanteneffekte nicht verlassen wird, sowie, daß die positive Raumkrümmung und damit die Geschlossenheit des Universums theoretisch erzwungen wird. Im Urzustand ist das Weltall ein geschlossenes Mikrouniversum, dessen Expansion aufgrund einer Instabilität mit der Geschwindigkeit $\dot{a} = 0$ beginnt, erst mit der Zeit an Schwung gewinnt und schließlich beim Übergang in die Friedmann-Lemaître-Entwicklung dieselbe Expansionsgeschwindigkeit wie in Urknallmodellen erreicht. Daher könnte man diese Art der Evolution als *Urschwung* oder *soft bang* bezeichnen. Weil $k = 1$ ist, muß nach der Phasenumwandlung ein mit $\varrho_{\mathrm{m}0}$ vergleichbarer Wert von ϱ_Λ übrigbleiben, da andernfalls nach (20.9b) entgegen allen Meßergebnissen $\Omega_{\mathrm{m}0} > 1$ gewählt werden müßte – eine von ϱ_Λ herrührende Beschleunigung der heutigen Expansion ergibt sich hier also schon aus theoretischen Gründen. Einer der Vorteile des vorgestellten Modells besteht darin, daß das Universum nicht, wie in allen Urknallmodellen, schon mit einer nicht weiter begründbaren Expansion „geboren" wird, sondern daß sich diese durch eine Instabilität in weiter Vergangenheit begründen läßt.

Daß der Anfangsradius a_* des Universums bei dem hier betrachteten Modell den Wert $10^{-27}/\sqrt{2}$ m annimmt, basiert auf zwei Annahmen: zum einen, daß der Phasenübergang bei der Dichte $\varrho_\Lambda = 10^{80}\,\mathrm{kgm}^{-3}$ erfolgen soll, und zum anderen, daß als Ursache der Inflation eine echte kosmologische Konstante Λ angenommen und dementsprechend $\varrho_\Lambda \equiv \mathrm{const}$ gesetzt wurde. (Dies hatte zur Folge, daß auch für die Anfangsdichten $\varrho_* = \varrho_{\Lambda *} = \varrho_\Lambda \ll \varrho_{\mathrm{P}}$ gilt.)

Wird für die Inflation statt Λ ein Inflatonfeld $\Phi(t)$ herangezogen, so können der Anfangsradius kleiner und die Anfangsdichte größer sein, ohne daß von der für den Phasenübergang gewählten Dichte abgegangen werden muß. Insbesondere gibt es auch eine singularitätenfreie Lösung, die sich aus einem Gleichgewicht mit den Gleichgewichtswerten $\varrho_* = \varrho_{\Lambda *} = \varrho_{\mathrm{P}}/2$ und $a_* \approx l_{\mathrm{P}}$ entwickelt. (Diese beginnt zwar an der Grenze zum Quantenregime, dennoch kann man diese Anfangswerte als natürlicher empfinden.) Im Gleichgewicht sind die Gleichungen (23.30) mit (23.28a) zu erfüllen. Hat $V(\Phi)$ bei $\Phi = 0$ ein Maximum oder Minimum, so erhalten wir statt der Gleichgewichtslösung (23.91)–(23.92) ein Gleichgewicht mit $\Phi \equiv \Phi_* = 0$ (Folge $\dot{\Phi} \equiv 0$) und $\varrho_\Phi \equiv \varrho_{\Phi *} = V(0) = \varrho_* \equiv \varrho = \varrho_\mathrm{P}/2$, wenn $V(0)$ entsprechend gewählt wird, und schließlich $a \equiv a_* = c[6/(16\pi G\varrho_\mathrm{P})]^{-1/2} \approx 0,6\, l_\mathrm{P}$. Daß im Falle eines Maximums eine von diesem Gleichgewicht abzweigende instabile Lösung bei $\varrho \approx 10^{80}\,\mathrm{kgm}^{-3}$ stetig an eine zum heutigen Zustand führende Friedmann-Lemaître-Lösung angeknüpft werden kann, ist leicht einzusehen und muß nicht weiter ausgeführt werden. Das Potential $V(\Phi)$ muß dazu nur einen ähnlichen Verlauf wie bei der neuen Inflation besitzen (Abb. 23.4 (b)). Nicht viel anders ist es, wenn $V(\Phi)$ bei $\Phi = 0$ ein nicht zu tiefes relatives Minimum besitzt, das aufgrund einer Fluktuation verlassen wird.

Wie wir im nächsten Kapitel sehen werden, bietet das Konzept der chaotischen Inflation in einem ungekrümmten Universum für wichtige Probleme eine bessere Lösung als die hier vorgestellten Modelle. Dennoch haben diese einen gewissen Wert als konsistente klassische Modelle: Werden sie in der Zeit zurückverfolgt, so durchlaufen sie nur Zustände, bei denen der Gültigkeitsbereich der zugrundeliegenden Gleichungen nicht verlassen wird.

Aufgaben

23.1 Berechnen Sie die Mindesttemperatur, bei der magnetische Monopole (Gewicht $10^{15}\,\mathrm{GeV/c^2}$) entstehen können, und die zugehörige Massendichte des kosmischen Substrats.

23.2 Wie verhält sich $d_\mathrm{kaus}(t)$ während einer reinen Inflationsphase?

Lösungen

23.1 Die Energie zur Erzeugung eines Monopols ist mindestens gleich der der Ruhemasse entsprechenden Energie, also gleich 10^{15} GeV, und muß aus der thermischen Energie $\approx k_\mathrm{B}T$ aufgebracht werden. Damit ergibt sich

$$T \approx \frac{10^{15}\,\mathrm{GeV}}{k_\mathrm{B}} \approx \frac{1,6\cdot 10^5\,\mathrm{J}}{1,4\cdot 10^{-23}\mathrm{J\,K^{-1}}} \approx 1,14\cdot 10^{28}\,\mathrm{K}\,.$$

Für Temperatur und Dichte gilt in Analogie zu (21.4a) bzw. nach (20.16a)

$$T = \frac{T_\mathrm{g}\,x_\mathrm{g}}{x} \quad \Rightarrow \quad x = \frac{T_\mathrm{g}\,x_\mathrm{g}}{T}\,, \qquad \varrho\, x^4 = \varrho_\mathrm{g}\, x_\mathrm{g}^4 \quad \Rightarrow \quad \varrho = \frac{\varrho_\mathrm{g}\,x_\mathrm{g}^4}{x^4} = \left(\frac{T}{T_\mathrm{g}}\right)^4 \varrho_\mathrm{g}\,.$$

Mit $\varrho_\mathrm{g} = 0{,}91\cdot 10^{-16}\,\mathrm{kg\,m^{-3}}$ und $T_\mathrm{g} = 9530\,\mathrm{K}$ nach (20.20) erhält man

$$\varrho = \left[1,14\cdot 10^{28}/(0,95\cdot 10^4)\right]^4 \cdot 0{,}91\cdot 10^{-16}\,\mathrm{kg\,m^{-3}} = 1,9\cdot 10^{80}\,\mathrm{kg\,m^{-3}}\,.$$

23.2

$$x(t) = x_\mathrm{a}\,\mathrm{e}^{H(t-t_\mathrm{a})} \quad \Rightarrow \quad d_\mathrm{kaus}(t) = c\,x\int_{t_\mathrm{a}}^{t}\frac{dt'}{x(t')} = \frac{c}{H}\left(\mathrm{e}^{H(t-t_\mathrm{a})} - 1\right).$$

24 Kausale Struktur des Universums

Die kausale Struktur von Modellen des Universums ergibt sich aus dem Verlauf von Teilchen- und Ereignishorizontes sowie der Weltlinien (Trajektorien) von Elementen des kosmischen Substrats. Sie läßt sich besonders gut in Diagrammen erkennen, in denen die konforme Zeit η von Ereignissen gegen die mitbewegte Radialkoordinate χ aufgetragen ist. Diese als **konforme Diagramme** bezeichneten χ,η-Diagramme weisen große Ähnlichkeit mit Minkowski-Diagrammen auf, weil auch in ihnen die Lichtausbreitung durch Geraden dargestellt wird: Aus dem lokalen Lichtausbreitungsgesetz (17.10) ergibt sich für die radiale Ausbreitung ($d\sigma = d\chi$) mit $a = a_0 x$

$$\frac{d\chi}{d\eta} = \frac{\dot{\chi}(t)}{\dot{\eta}(t)} \overset{(17.17)}{=} \pm\frac{c}{a_0} \qquad \Rightarrow \qquad \chi = \text{const} \pm \frac{c}{a_0}\,\eta\,. \tag{24.1}$$

24.1 Urknalluniversen ohne Inflation*

Für die konforme Darstellung von Horizonten und Weltlinien in einem Urknalluniversum benötigen wir die konforme Zeit η zu t_e, t_0 und $t_{max} = \infty$, wobei wir die aus (17.17) mit $H = \dot{a}/a = \dot{x}/x$ und $x(0) = 0$ folgende Beziehung

$$\eta(t) = \int_0^t \frac{dt'}{x(t')} = \int_0^{x(t)} \frac{dx}{x\,\dot{x}} = \int_0^{x(t)} \frac{dx}{x^2\,H(x)} \tag{24.2}$$

und die Richtwerte aus Tabelle 20.2 benutzen.

Für $t = t_e$ ergibt sich aus (24.2) und (20.27)

$$\eta_e = \int_0^{t_e} \frac{dt}{x(t)} = \frac{2\sqrt{\Omega_{r0}}}{H_0\,\Omega_{m0}}\left(\sqrt{1+\frac{\Omega_{m0}\,x_e}{\Omega_{r0}}} - 1\right) = 0,99 \cdot 10^9\,\text{a}\,, \tag{24.3}$$

für $t = t_0$ folgt aus (24.2) mit (20.53) und $x(t_0) = 1$

$$\eta_0 = \eta_e + \frac{1}{H_0}\int_{x_e}^1 \frac{dx}{\sqrt{\Omega_{m0}\,x + \Omega_{\Lambda 0}\,x^4}} = 46,9 \cdot 10^9\,\text{a} \tag{24.4}$$

und für $t = \infty$ ergibt sich aus (24.2) mit (20.53) und $x(\infty) = \infty$ für η der Maximalwert

$$\eta_{max} = \eta_0 + \int_1^\infty \frac{dx}{H_0\sqrt{\Omega_{m0}\,x + \Omega_{\Lambda 0}\,x^4}} \overset{x=\frac{1}{v}}{=} \eta_0 + \int_0^1 \frac{dv}{H_0\sqrt{\Omega_{m0}\,v^3 + \Omega_{\Lambda 0}}} = 62,7 \cdot 10^9\text{a}. \tag{24.5}$$

Die Einschränkung $\eta \leq \eta_{\rm max}$ bedeutet, daß unser Universum einen Ereignishorizont besitzt, der nach (17.24) durch

$$\boxed{\chi_{\rm E} = \frac{c}{a_0}\,(\eta_{\rm max} - \eta)} \tag{24.6}$$

gegeben ist. Sein heutiger Abstand von uns beträgt nach (24.4) und (24.5)

$$d_{\rm E}(t_0) = a_0\,\chi_{\rm E}(\eta_0) = c\,(\eta_{\rm max} - \eta_0) = 15,8 \cdot 10^9\,\text{Lj} \overset{(20.57)}{=} 1,15\,ct_0\,. \tag{24.7}$$

Der Rand des zur Zeit η beobachtbaren Universums befindet sich nach (17.16) mit $\eta_{\rm a} = 0$ bei

$$\chi_{\rm T} = \frac{c\,\eta}{a_0} \qquad \Rightarrow \qquad \chi_{\rm T0} = \frac{c\,\eta_0}{a_0}\,. \tag{24.8}$$

Konforme Diagramme werden besonders einfach, wenn in ihnen statt χ und η die mit $\chi_{\rm T0}$ normierte Radialkoordinate $\chi\,/\,\chi_{\rm T0}$ und die mit ihrem heutigen Wert η_0 normierte **relative konforme Zeit** η/η_0 benutzt werden. Hierzu führen wir die Bezeichnungen

$$\tilde{\chi} = \frac{\chi}{\chi_{\rm T0}}\,, \qquad \tilde{\eta} = \frac{\eta}{\eta_0} \tag{24.9}$$

ein. Aus (24.3)–(24.5) und (24.9a) folgt

$$\tilde{\eta}_{\rm e} \approx 1,6 \cdot 10^{-2}\,, \quad \tilde{\eta}_0 = \tilde{\chi}_{\rm T0} = 1\,, \quad \tilde{\eta}_{\rm max} \approx 1,3\,. \tag{24.10}$$

In dem konformen $\tilde{\chi}, \tilde{\eta}$-Diagramm der Abb. 24.1 sind der Teilchen- und der Ereignishorizont unseres Universums eingetragen, außerdem der zu $\tilde{\chi} = 0$ und $\tilde{\eta} = 1$ gehörige heutige Vergangenheitskegel $\chi_{\rm V} = (c/a_0)(\eta_0 - \eta)$ (siehe (24.1b)) und der heutige Zukunftskegel $\chi_{\rm Z} = (c/a_0)(\eta - \eta_0)$. In normierten konformen Koordinaten sind diese Linien der Reihe nach durch

$$\tilde{\chi}_{\rm T} = \tilde{\eta}\,, \quad \tilde{\chi}_{\rm E} = \tilde{\eta}_{\rm max} - \tilde{\eta}\,, \quad \tilde{\chi}_{\rm V} = 1 - \tilde{\eta}\,, \quad \tilde{\chi}_{\rm Z} = \tilde{\eta} - 1 \tag{24.11}$$

gegeben. Die Weltlinien von Galaxien bzw. Materieelementen werden durch vertikale Geraden dargestellt. Zusätzlich ist noch die Linie konstanter Galaxiengeschwindigkeit

$$v_{\rm G} = \dot{a}(t)\,\chi_{\rm G} = \text{const} \quad \Rightarrow \quad \chi_{\rm G} = \frac{v_{\rm G}}{a_0\,\dot{x}(t)} \quad \overset{\text{s.u.}}{\Longrightarrow} \quad \tilde{\chi}_{\rm G} = \frac{v_{\rm G}\,x}{c\,\eta_0\,x'(\eta)} = \frac{v_{\rm G}\,x\,\eta'(x)}{c\,\eta_0} \tag{24.12}$$

für den Wert $v_{\rm G} = c$ eingetragen. (Dabei wurde $\dot{x}(t) = x'(\eta)\,\dot{\eta}(t) = x'(\eta)/x$ benutzt.) Die Auswertung der zuletzt angegebenen Formel liefert mit $\tilde{\chi}_{\rm G} \to \tilde{\chi}$ und mit Näherungen

$$\tilde{\eta} = \begin{cases} (c/v_{\rm G})\,\tilde{\chi} & \text{für} \quad \tilde{\eta} < \tilde{\eta}_{\rm e}\,, \\ \tilde{\eta}_{\rm e} + (2\,c/v_{\rm G})\,\tilde{\chi} & \text{für} \quad \tilde{\eta}_{\rm e} \lesssim \tilde{\eta} < 1 \\ \tilde{\eta}_{\rm max} - (c/v_{\rm G})\,\tilde{\chi} & \text{für} \quad 1 < \tilde{\eta} \lesssim \tilde{\eta}_{\rm max}\,. \end{cases} \tag{24.13}$$

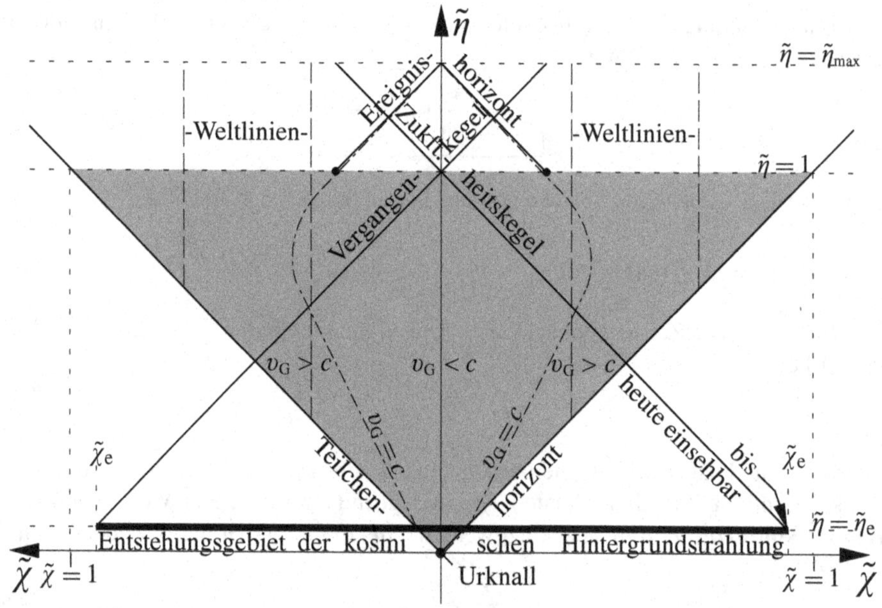

Abb. 24.1: $\tilde{\chi}, \tilde{\eta}$-Diagramm mit dem Teilchen- und Ereignishorizont sowie dem zu $\tilde{\chi} = 0$ und $\tilde{\eta} = 1$ gehörigen Vergangenheits- und Zukunftskegel unseres Universums. Das Gebiet, das von dem zur Zeit $\tilde{\eta}$ beobachtbaren Universum zur Zeit $\tilde{\eta}$ eingenommen wird, ist bis $\tilde{\eta} = 1$ grau schattiert. Der Abstand der horizontalen Linien $\tilde{\eta} = 0$ und $\tilde{\eta} = \tilde{\eta}_e$ ist zum Sichtbarmachen übertrieben groß dargestellt. Die lang gestrichelten vertikalen Linien sind Weltlinien von Elementen des kosmischen Substrats bzw. aus diesem entstandener Galaxien. Die zwei strichpunktierten Linien sind Linien konstanter Geschwindigkeit $v_G = c$ von Materieelementen oder Galaxien. Ihr Umbiegen vor $\tilde{\eta} = 1$ kommt durch den Übergang von gebremster zu beschleunigter Expansion zustande. Die durch Punkte markierten Schnittpunkte des Ereignishorizonts mit der Heute-Linie $\tilde{\eta} = 1$ grenzen den Teil des heutigen Universums ein, den man von unserer Position aus in Zukunft maximal sehen können wird.

Beweis: Für $x < x_e$ gilt mit hier nicht weiter benötigtem α

$$x = \alpha\sqrt{t} \qquad \Rightarrow \qquad \eta = \frac{1}{\alpha}\int_0^t \frac{dt'}{\sqrt{t'}} = \frac{2\sqrt{t}}{\alpha} = \frac{2x}{\alpha^2} = x\,\eta'(x)\,,$$

und aus (24.12c) folgt damit unmittelbar das für $\tilde{\eta} < \tilde{\eta}_e$ erhaltene Ergebnis. Für $\tilde{\eta}_e \lesssim \tilde{\eta} < 1$ benutzen wir durchgängig die Näherung (20.36), mit der sich aus (24.2)

$$\eta = \eta_e + \int_{x_e}^{x} \frac{dx'}{x'\dot{x}'} = \eta_e + \int_{x_e}^{x} \frac{dx'}{H_0\sqrt{\Omega_{m0}\,x'}} = \eta_e + \frac{2(\sqrt{x}-\sqrt{x_e})}{H_0\sqrt{\Omega_{m0}}}$$

und

$$x\eta'(x) = \frac{\sqrt{x}}{H_0\sqrt{\Omega_{\Lambda 0}}} = \frac{\eta-\eta_e}{2} + \frac{\sqrt{x_e}}{H_0\sqrt{\Omega_{m0}}} \approx \frac{\eta-\eta_e}{2}$$

ergibt. Gleichung (24.12c) liefert damit das für $\tilde{\eta}_e \lesssim \tilde{\eta} < 1$ erhaltene Ergebnis. Das letzte in (24.13) angegebene Ergebnis erhält man analog aus der Näherung (20.39). □

In dem Bereich um $\tilde{\eta}=1$, für den in (24.13) kein Ergebnis angegeben ist, kann (20.61b) bzw. $d_c(t_0)=0{,}29\,d_T(t_0)$ benutzt werden. Hieraus folgt, daß der Ort, an dem sich Galaxien mit Lichtgeschwindigkeit von uns entfernen, heute bei $\tilde{\chi}=0{,}29\tilde{\chi}_{T0}=0{,}29$ liegt.

Die von uns heute beobachtete kosmische Hintergrundstrahlung wurde zur (relativen) konformen Zeit $\tilde{\eta}_e$ in einer dünnen Kugelschale vom (relativen) mittleren Radius $\tilde{\chi}_e=1-\tilde{\eta}_e$ emittiert. Damit ihre Homogenität und die durch Beobachtungen belegte Gültigkeit des kosmologischen Prinzips für alle in unserem Vergangenheitskegel liegenden Objekte zustandekommen konnten, hätte in allen Punkten des Bereichs $\tilde{\chi}\leq 1$ der in der Raum-Zeit durch $\tilde{\eta}=0$ definierten Hyperfläche ein völlig gleichartiger Urknall stattfinden müssen. Das würde jedoch eine physikalisch nicht erklärbare Koordination kausal unverbundener Punkte eines ausgedehnten Raumgebiets erfordern. Ein allen Kausalitätsanforderungen genügender Urknall kann daher nur in einem Punkt der Raum-Zeit und in dessen unmittelbarer Nachbarschaft stattfinden.[1] Der Koordinatenradius $\tilde{\chi}_e$ des Entstehungsgebiets der kosmischen Hintergrundstrahlung (dunkler Balken in Abb. 24.1) ist offensichtlich viel größer als der Koordinatenradius der Kugel, die durch einen bei $\tilde{\chi}=\tilde{\eta}=0$ lokalisierten Urknall kausal beeinflußt werden konnte und von dessen Zukunftskegel $\tilde{\chi}=\tilde{\eta}$ (dessen Inneres in Abb. 24.1 schattiert ist) aus der Hyperfläche $\tilde{\eta}=\tilde{\eta}_e$ herausgeschnitten wird. (Auch in einem geschlossenen Universum (Fall $k=0$) besteht diese Diskrepanz.) Es ist unmittelbar einsichtig, daß das hierdurch aufgeworfene und in Abschn. 23.1.1 besprochene Horizontproblem gelöst wird, wenn der vom Anfang der kosmischen Evolution ausgehende Zukunftskegel weiter nach unten rückt und einen hinreichend großen Bereich aus der Hyperfläche $\tilde{\eta}=\tilde{\eta}_e$ herausschneidet. Wie wir im nächsten Abschnitt sehen werden, wird genau das von der kosmischen Inflation bewirkt.

Mit dem Konzept eines kausalitätskonformen eng lokalisierten Urknalls ist noch ein weiteres Problem verknüpft. Eine verbreitete Interpretation des Urknalls besteht darin, daß Raum und Zeit erst durch diesen erschaffen wurden. Auch die Teile des Entstehungsgebiets der für uns sichtbaren Hintergrundstrahlung, die nicht von ihm kausal beeinflußt wurden, müssen daher gleichzeitig mit ihm oder später entstanden sein. Für eine spätere Entstehung ist kein physikalisch plausibler Mechanismus ersichtlich, und die Möglichkeit, daß sie gleichzeitig in einem großräumigen koordinierten Urknall kreiert wurden, haben wir aus Kausalitätsgründen ausgeschlossen. Am Ende des nächsten Abschnitts wird besprochen, wie auch dieses Problem durch eine inflationäre Vorgeschichte abgemildert oder gelöst werden kann.

In Abb. 24.1 ist angezeigt, wie weit wir über unsere früheren Beobachtungs- bzw. Teilchenhorizonte (schattierter Bereich) hinausblicken können. Wegen der Intransparenz des Weltalls zu Zeiten $\tilde{\eta}\leq\tilde{\eta}_e$ ist unsere Sicht auf die Maximalentfernung $\tilde{\chi}_e=1-\tilde{\eta}_e$ beschränkt, also auf etwas weniger als die theoretische Beobachtungsgrenze $\tilde{\eta}=1$. Zu späteren Zeitpunkten als heute wird man von unserer Position aus noch weiter blicken können. Es ist im Prinzip denkbar, daß dann keine kosmische Hinter-

1 In den Urknalllösungen der Friedmann-Gleichungen für ein offenes Universum (Fälle $k=0$ und $k=-1$) findet der Urknall sogar gleichzeitig in allen Punkten eines unendlich ausgedehnten Raumes statt, was noch viel unphysikalischer ist. Man kann diese Lösungen allerdings so modifizieren bzw. interpretieren, daß sie zu jedem Zeitpunkt nur innerhalb des dann beobachtbaren Universums gültig sind, also nur innerhalb des mit dem Urknall kausal verbundenen, in Abb. 24.1 schattierten Gebiets.

grundstrahlung mehr zu sehen ist: Das wäre der Fall, wenn die Kugel, von der wir sie heute kommen sehen, nahe der Grenze ihres Erzeugungsgebiets läge, was allerdings eine sehr unwahrscheinliche Koinzidenz darstellen würde. Falls die heute beobachtete Beschleunigung der Expansion des Universums so abnähme, daß kein Ereignishorizont auftritt, könnte man mit zunehmender Zeit immer weiter über den derzeitigen Beobachtungshorizont hinaus blicken. Es würde immer wahrscheinlicher, daß man dann über den Rand des Gebiets hinaus sieht, in dem die Hintergrundstrahlung erzeugt wurde, was bedeutet, daß diese aus unserer Sicht verschwinden würde.

Als (heutiger) **Rand des Universums** wird üblicherweise die Kugelfläche angesehen, die unser Beobachtungshorizont aus der Hyperfläche $\tilde{\eta} = \tilde{\eta}_0 = 1$ ausschneidet, also der heutige Beobachtungshorizont. Wenn es allerdings bei der heutigen Beschleunigung der Expansion bleibt und der in Abb. 24.1 eingetragene Ereignishorizont tatsächlich existiert, wird der ganze Bereich des heutigen Universums, der außerhalb der vom diesem aus der Hyperfläche $\eta = \eta_0 = 1$ herausgeschnittenen Kugelfläche liegt – und das ist der deutlich größere Teil des heutigen Universums – für uns unsichtbar bleiben. Wir werden dann nie (direkt) überprüfen können, ob auch in ihm das kosmologische Prinzip gilt und ob dort dieselbe räumliche Expansion wie bei uns stattfindet. Infolgedessen ist die oben für den Rand des Universums eingeführte Definition mehr theoretischer Natur.

Die Weltlinie von Licht, das wir emittieren, liegt auf unserem Zukunftskegel und kann daher wie dieser unseren Ereignishorizont überschreiten. Die Weltlinien materieller Körper, die von uns wegfliegen, verlaufen etwas steiler als die von Licht, aber auch sie können den Ereignishorizont überqueren. Dies bedeutet, daß der Ereignishorizont keine unüberwindbare Grenze darstellt.

24.2 Urknalluniversen mit Inflation*

Wir verschieben im folgenden die Nullpunkte der Zeitachsen t und η so, daß $t = \eta = 0$ gilt, wenn $x(t) = x_\mathrm{f}$ wird, so daß die Inflation zur Zeit $t = \eta = 0$ beendet ist. Aus unserer bisherigen Definition (24.2) ergibt sich für diesen Zeitpunkt mit der Ersetzung $x_\mathrm{e} \to x_\mathrm{f}$ in der auch für η_f gültigen Beziehung (24.3) $\eta_\mathrm{f} = 4{,}5 \cdot 10^{-16}\,\mathrm{a}$, und mit (24.4) folgt daraus $\tilde{\eta}_\mathrm{f} = 0{,}96 \cdot 10^{-26}$. Unsere Verschiebung des Nullpunkts der relativen konformen Zeit ist wegen dieses kleinen Wertes nahezu unsichtbar, so daß das Diagramm 24.1 bei Einbeziehen einer inflationären Vorgeschichte für $\tilde{\eta} > 0$ praktisch unverändert bleibt. Es gilt dann

$$\eta(t) = \int_0^t \frac{dt}{x(t)} = -\int_t^0 \frac{dt}{x(t)} \leq 0 \qquad \text{für} \qquad t \leq t_\mathrm{f}\,.$$

Der Einfachheit halber betrachten wir eine rein exponentielle Inflation

$$x(t) = x_\mathrm{a}\, e^{H(t-t_\mathrm{a})} \qquad \text{mit} \qquad H = \text{const}\,.$$

Mit $\dot{x}(t) = H\, x(t)\,,\ x\,\dot{x} = H\, x^2\,,\ x(0) = x_\mathrm{f}$ und $\eta(0) = 0$ folgt dann

$$\eta_\mathrm{a} = -\int_{t_\mathrm{a}}^0 \frac{dt}{x(t)} = -\int_{x_\mathrm{a}}^{x_\mathrm{f}} \frac{dx}{x\,\dot{x}} = -\frac{1}{H}\int_{x_\mathrm{a}}^{x_\mathrm{f}} \frac{dx}{x^2} = \frac{1}{H}\left(\frac{1}{x_\mathrm{f}} - \frac{1}{x_\mathrm{a}}\right).$$

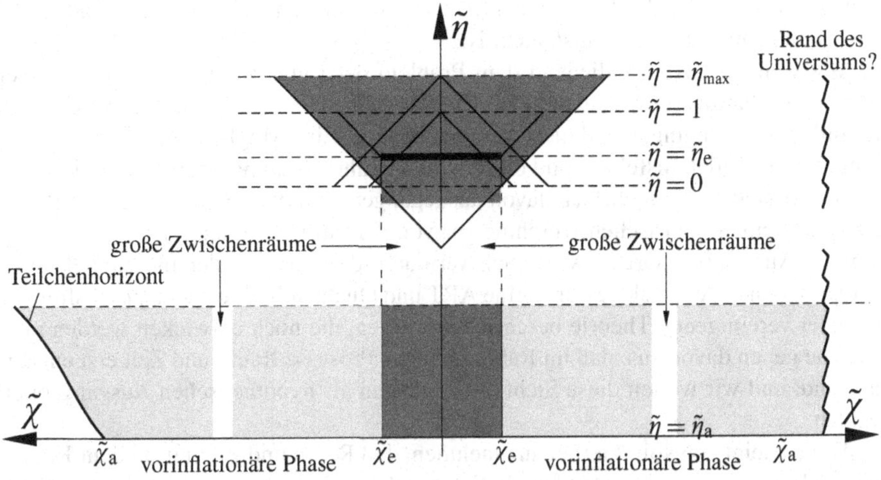

Abb. 24.2: $\tilde{\chi}, \tilde{\eta}$-Diagramm des Universums unter Einbeziehen einer anfänglichen Inflationsphase. Die Abbildung ist nur qualitativ richtig, da die Größenverhältnisse zum Sichtbarmachen drastisch verändert wurden. Das Koordinatengebiet, in dem die inflationäre Expansion beginnt, ist hellgrau schattiert. Für seine Begrenzung sind zwei Alternativen dargestellt: rechts ein Rand des Universums (s.u.), links ein Teilchenhorizont, der sich in einen bereits existenten Raum hinein ausbreitet. (Bei jeder Alternative muß man sich symmetrisch zu $\tilde{\chi} = 0$ eine zweite Begrenzung gleicher Art hinzu denken. Wie im Text erläutert ist der Teilchenhorizont keine Gerade.) Das Gebiet $0 \leq \chi \leq \chi_e$, in dem die für uns sichtbare Hintergrundstrahlung entstanden ist – sein Radius $\tilde{\chi}_e$ ist in Wirklichkeit viel kleiner, als hier dargestellt –, wurde für $\tilde{\eta} \leq \tilde{\eta}_e$ dunkelgrau schattiert. Ebenso schattiert ist der zum Zeitpunkt $\tilde{\eta} = 0$ gehörige Zukunftskegel des Gebiets $\tilde{\chi} \leq \tilde{\chi}_e$ (Vereinigung der Zukunftskegel aller Punkte des Gebiets), der für alle $\tilde{\eta} > 0$ auch den jeweiligen Rand des Universums definiert. Auch der Vergangenheitskegel dieses Gebiets ist dargestellt.

Nach (23.23) gilt $x_f \gg x_a$, und damit ergibt sich aus der zuletzt erhaltenen Beziehung

$$\eta_a \approx -\frac{1}{H\, x_a}\,.$$

Analog zu Gleichung (23.31a) gilt $H = \sqrt{8\pi G\, \varrho_\Lambda/3}$, mit $\varrho_\Lambda = \varrho_f = 10^{80}\,\mathrm{kg\,m^{-3}}$ (wegen $\varrho_\Lambda = \mathrm{const}$) wie vor Gleichung (23.17) erhalten wir daraus $H = 2{,}4 \cdot 10^{35}\,\mathrm{s^{-1}}$, und damit sowie mit $x_a \approx 3{,}6 \cdot 10^{-67}$ nach (23.22) ergibt sich

$$\eta_a = -1,2 \cdot 10^{31}\,\mathrm{s} = -3,8 \cdot 10^{23}\,\mathrm{a} \quad \overset{(24.4)}{\Longrightarrow} \quad \tilde{\eta}_a = -8 \cdot 10^{12}\,. \tag{24.14}$$

Der mit einer Inflation beginnende Anfang der kosmischen Evolution verschiebt sich in der relativen konformen Zeit $\tilde{\eta}$, wie erwartet, um ein gewaltiges Stück in die Vergangenheit, und das Diagramm der Abb. 24.1 geht in das der Abb. 24.2 über.

Aus der zur Vermeidung größerer Dichteinhomogenitäten abgeleiteten Bedingung (23.21) geht hervor, daß der Koordinatenradius χ_a der Kugel, in der die kosmische Expansion beginnt, und der in metrischen Einheiten nur eine Planck-Länge beträgt,

10^5mal größer ist als der Koordinatenradius χ_e des Gebiets, in dem die für uns sichtbare Hintergrundstrahlung entstanden ist.[2]

Wir wenden uns abschließend dem Problem der Entstehung von Raum und Zeit bei einem inflationären Universum zu. Hierbei geht es um die Frage, welche Prozesse der Inflation vorangingen und diese veranlaßt haben. Eine Möglichkeit besteht in Fluktuationen des Inflationsfeldes, und diese wird ausführlich im nächsten Abschnitt untersucht. Wir sind schon mehrfach davon ausgegangen, daß die Inflation in einem Raumgebiet mit einem metrischen Durchmesser von der Größenordnung der Planck-Länge beginnt. Aus diesem Grund wird auch vermutet, daß dort vor der Inflation Prozesse stattgefunden haben, welche durch eine ART und Quantentheorie widerspruchsfrei miteinander vereinigende Theorie beschrieben werden, die noch entwickelt werden muß. Manche gehen davon aus, daß im Rahmen dieser Prozesse Raum und Zeit erst entstanden sind, und wir wollen diese Sicht im folgenden als hypothetischen Ausgangspunkt wählen.

Es erscheint sinnvoll, hierbei anzunehmen, daß Raum und Zeit nur in dem Koordinatengebiet $0 \leq \chi \leq \chi_a$ entstanden sind, das sich später mehr oder weniger inflationär aufbläht. (Wegen Inhomogenitäten von ϱ_Λ wird die Expansionsrate außer von t auch noch von χ, ϑ und φ abhängen. Zur Definition einer einheitlichen konformen Zeit kann man dann die zu einem speziellen Trajektorienbündel gehörige Expansion heranziehen und für die Integration die durch (23.80) definierte synchrone Zeit benutzen. Am besten wählt dabei das Bündel, aus dem unser Universum hervorging. In weiter außen gelegenen Bereichen der $\tilde{\chi}$, $\tilde{\eta}$-Ebene wird die Lichtausbreitung dann nicht mehr durch Geraden dargestellt, was in Abb. 24.2 symbolisch berücksichtigt ist.) Dies bedeutet, daß es im Koordinatenraum einen Rand des Universums gibt, der sich im metrischen Raum aufgrund der kosmischen Expansion immer weiter von uns entfernt. Weil das Entstehungsgebiet $0 \leq \tilde{\chi} \leq \tilde{\chi}_e$ der von uns gesehenen Hintergrundstrahlung viel kleiner ist, entfällt jetzt die Notwendigkeit, daß mit dem Beginn der kosmischen Evolution oder nach diesem noch zusätzlicher Koordinatenraum entstehen muß. Wenn es einen Ereignishorizont gibt, wird man nie feststellen können, ob es einen Rand des Universums gibt, weil unser Blick auf diesen durch die kosmische Hintergrundstrahlung abgeschirmt wird und das voraussichtlich auch bis zum Erreichen von $\eta = \eta_{max}$ so bleiben wird. Falls es keinen Ereignishorizont gibt, müßte man die Existenz einer Begrenzung des Koordinatenraums in weiter Zukunft prinzipiell feststellen können.

24.3 Paralleluniversen in einem Multiversum und ewige Inflation

Dieser Abschnitt befaßt sich mit einer Entwicklungsphase des Universums, die vor der Phase inflationärer Expansion liegt und noch weniger erforscht ist als diese. Die folgen-

2 Aus Abb. 24.2 wird die Bedeutung der Einschränkung (23.21) besonders klar: Die anfänglichen Inhomogenitäten von ϱ_Λ können im Gebiet $0 \leq \chi \leq \chi_a$ die Größenordnung von max ϱ_Λ erreichen. Das Gebiet $0 \leq \chi \leq \chi_e$ ist ein so kleiner Teilbereich diese Gebiets, daß die darin enthaltenen Inhomogenitäten von ϱ_Λ verschwindend klein sind.

den Ausführungen sind dementsprechend auch noch weniger gesichert.

Wenn man das Konzept einer räumlichen Grenze des Universums (die man erst in weiter Zukunft oder sogar nie feststellen kann) ablehnt, muß man die Existenz von Raumgebieten annehmen, die unabhängig von dem Raum entstanden sind, den das beobachtbare Universum besetzt und in die hinein es sich ausbreitet. Von dieser Vorstellung ausgehend ist es nur noch ein kleiner Schritt zu einer Idee, die im Rahmen der Physik erstmals 1986 von A. Linde in einer **Theorie der chaotischen Inflation** vorgestellt wurde. Nach dieser ist unser Universum ein **Subuniversum**, also Teil eines als **Multiversum** bezeichneten, viel größeren Universum, das möglicherweise schon immer existiert hat, bis in alle Ewigkeit existieren wird und unendlich ausgedehnt ist. In diesem „Superuniversum" ist nicht nur unser Universum entstanden, sondern in ihm entstanden und entstehen immer wieder unzählig viele andere Universen. Dies wird nach Linde dadurch möglich, daß in dem Multiversum ein oder auch mehrere Inflationsfelder in zufälliger Weise räumlich und zeitlich variieren, nachdem sie unmittelbar oder auch schon längere Zeit zuvor im (echten) Vakuum durch Vakuumfluktuationen entstanden sind. Lindes Theorie liefert nicht nur einen präexistenten Raum, in dem Universen entstehen können, sondern auch die zusätzlichen Raumgebiete, in die hinein sie sich mit Lichtgeschwindigkeit ausbreiten können und die sie sich auf diese Weise einverleiben. Zur Entstehung eines Universums wie des unseren muß das zugehörige Inflationsfeld (ein skalares Inflaton oder auch ein komplizierteres inflationsfähiges Feld) nicht nur hinreichend stark sein, sondern auch hinreichend ausgedehnt (Durchmesser viele Planck-Längen), um im Inneren ein hinreichend homogenes und isotropes Teilgebiet zu enthalten, aus dem sich das eigentliche Universum entwickeln kann.

In einem inflationär expandierenden Gebiet kommt es nicht nur zum allmählichen Zerfall des Inflationsfeldes, vielmehr wird dieses auch an einigen Stellen durch Fluktuationen verstärkt. Dabei kann es auf seinen anfänglichen Maximalwert zurück oder sogar über diesen hinaus gebracht werden. Unter geeigneten Umständen ist die Erzeugungsrate solcher Stellen neu beginnender Inflation höher als die Zerfallsrate bereits vorhandener. Die Inflation selbst führt dann zu immer neuen Inflationsprozessen und wird in diesem Fall als **ewige Inflation** bezeichnet.

Doch wie steht es um die Verträglichkeit der hier geschilderten Vergangenheit des Universums mit Gleichung (23.78)? An der Stelle des Multiversums, an der unser oder irgend ein anderes Universum aus einer Vakuumfluktuation hervorgegangen ist, hat irgendwann vorher der Zustand echten Vakuums geherrscht. Wir betrachten im folgenden der Einfachheit halber den Spezialfall, daß das unmittelbar vorher war. Dies bedeutet, daß die Massendichte des Inflatons oder irgendeines anderen Inflationsfeldes, das nach der Fluktuation die Expansion des Universums antreibt, vor dieser gleich null war. Durch die Fluktuation wurde in einer mikroskopischen Umgebung der betrachteten Stelle Masse bzw. Energie erzeugt. Das von dieser Umgebung gebildete physikalische System wurde dabei in einer Nachbarschaft seines Zentrums oder eines Maximums in einen Zustand versetzt, der in der Beschreibung durch ein Inflatonfeld Φ einem im Potential $V(\phi)$ oberhalb des Minimums liegenden Zustand entspricht. Nach (23.31a) gilt $H = (8\pi G\varrho_\Phi/3)^{1/2}$, und aus der obigen Schilderung der physikalischen Prozesse ergibt sich der in Abb. 24.3 dargestellte qualitative Zeitverlauf von H. Vor Einsetzen der Vakuumfluktuation sind ϱ_Φ und H bis $t \to -\infty$ gleich null. Eine Ausnahme davon können kurze Zeitintervalle bilden, in denen am Ort des späteren Universums eine nicht zur

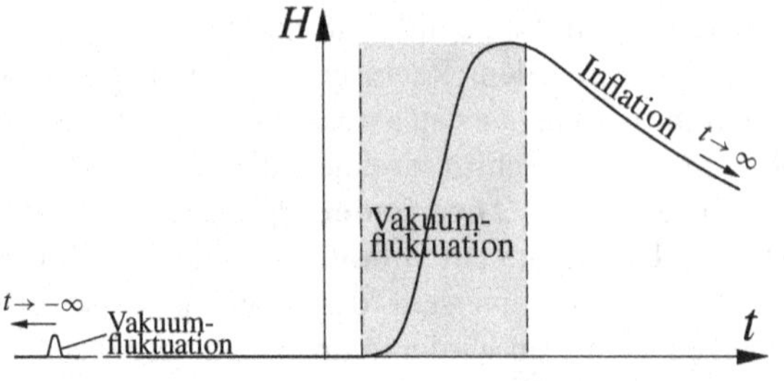

Abb. 24.3: Zeitliche Entwicklung der Expansionsrate $H = \alpha\sqrt{\varrho_\Phi}$ eines aus einer Vakuumfluktuation hervorgehenden Subuniversums. Die Fluktuationsphase ist schattiert. Links ist eine kleine erfolglose Fluktuation angedeutet.

Bildung eines Universums führende, „erfolglose" Vakuumfluktuation stattfand. Obwohl ϱ_Φ und H nie negativ werden, gilt $\langle H\rangle = \alpha\langle\sqrt{\varrho_\Phi}\rangle = 0$, weil beim Mittelwert die Zeitintervalle dominieren, in denen ϱ_Φ verschwindet. Das damit aus Gleichung (23.78) folgende Ergebnis $t_\mathrm{a} = -\infty$ steht im Einklang mit dem zugrundeliegenden Konzept der Einbettung des Universums in ein schon immer vorhandenes Multiversum.

Das Ergebnis $t_\mathrm{a} = -\infty$ kommt ohne konkrete Annahmen über die Inflationsphysik zustande. Man kann nicht erwarten, es auch aus den Inflationsgleichungen (23.31) ableiten zu können, denn nach diesen nimmt die Dichte aufgrund von Gleichung (23.33) permanent ab, während sie bei einer unendlichen Vergangenheit zwangsläufig eine Phase der Zunahme enthalten muß. Gegenüber den Gleichungen (23.31) muß also neue Physik ins Spiel kommen, und das kann durchaus eine Physik sein, wie sie im Zusammenhang mit Singularitäten in der Vergangenheit des Universums gefordert wurde.

24.3.1 Spielzeugmodelle für Fluktuationen*

Ein einfaches **Spielzeugmodell**[3] der geschilderten Vorgänge erhält man durch eine leichte Modifikationen der Inflationsgleichungen (23.31). Eine solche kann darin bestehen, daß man das Potential V zeitabhängig macht, $V(\Phi) \to V(\Phi, t)$, wofür in Abb. 24.4 (a) ein Beispiel angegeben ist. Das weiter oben definierte System geht mit zunehmendem Potential von einem echten Vakuumzustand in einen Zustand höherer Energie über, der z. B. im Potential der Abb. 23.4 (c) oberhalb des Minimums liegt. Wie bei einer Vakuumfluktuation wird dem System dabei externe (nicht aus dem System selbst kommende) Energie zugeführt. Nach Abschluß der zeitabhängigen Phase findet dann die übliche inflationäre Entwicklung statt. Eine zweite Möglichkeit ist in Abb. 24.4 (b) dargestellt. Hier fällt das Potential der Abb. 23.4 (b) linkerhand schnell auf den Wert null ab, und das System befindet sich vor Einsetzen der Vakuumfluktuation für alle t bis $t \to -\infty$ links von diesem Potentialanstieg im Zustand $V(\Phi) = 0$ und $\dot\Phi = 0$. Durch die Fluktuation wird dem Sytem in kurzer Zeit eine „kinetische Energie"

---

3 Als Spielzeugmodell (engl. toy model) bezeichnet man ein theoretisches Modell, mit dem physikalische Realität in groben Zügen simuliert werden kann, ähnlich wie ein Miniaturmodell oder manches Spielzeug einem realen Gegenstand wenn auch nicht in allen Details, so doch möglichst naturgetreu nachgebildet ist. Auch bei den Inflationsgleichungen (23.31) handelt es sich letztlich um ein Spielzeugmodell.

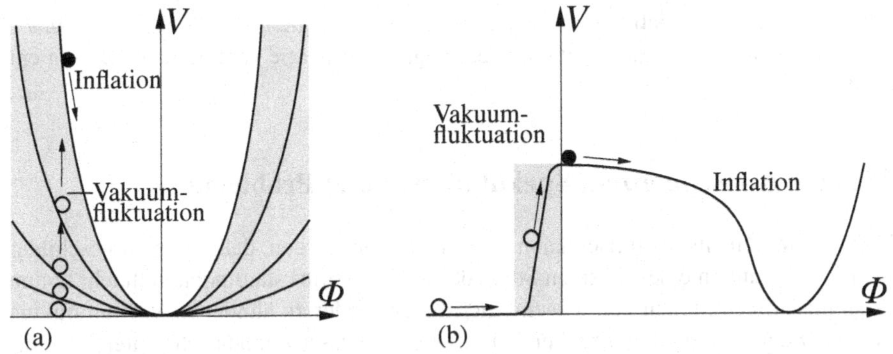

Abb. 24.4: Spielzeugmodelle zur Simulierung einer erfolgreichen Vakuumfluktuation, die zu einer inflationären Expansion und Entstehung eines Universums führt. Die Vakuumfluktuation erfolgt in dem schattierten Bereich.

der Dichte $\hbar^2\dot{\Phi}^2/(2\mu c^4)$ zugeführt, die so hoch ist, daß es unter Einrechnung von Reibungsverlusten den vor ihm liegenden Potentialberg erklimmen kann. Anschließend erfährt es die übliche inflationäre Entwicklung. Die Energiezufuhr kann durch Einfügen eines „Kraftterms" in Gleichung (23.31c) simuliert werden. Diese Kraft kann sogar ein Potential $\tilde{V}$ besitzen, das wie das Inflationspotential V von Φ abhängt. Im Gegensatz zum letzteren soll seine Zu- oder Abnahme jedoch nicht aus Energie des entstehenden Universums gespeist werden, die ja vor Beginn der Fluktuation gleich null ist. Dies bedeutet, daß $\tilde{V}$ zwar in Gleichung (23.31c) auftritt,

$$\ddot{\Phi}(t)+3H\dot{\Phi}(t)+\frac{\mu c^2}{\hbar^2}\,[V'(\Phi)+\tilde{V}'(\Phi)]=0\,, \qquad (24.15)$$

nicht jedoch in Gleichung (23.31b). In dem besonders einfachen Fall, daß die ganze externe Energiezufuhr im Bereich verschwindender potentieller Energie $V(\Phi)$ stattfindet, folgt aus der letzteren dann $H=2\hbar\sqrt{\pi G/(3\mu)}\,|\dot{\Phi}|/c^2$ und damit aus (24.15) nach Multiplikation mit $\dot{\Phi}$ und Integration nach t

$$\frac{\dot{\Phi}^2}{2}=-\frac{\mu c^2}{\hbar^2}\,\Delta\tilde{V}-\frac{2\hbar}{c^2}\sqrt{\frac{3\pi G}{\mu}}\int|\dot{\Phi}|^3\,dt\,.$$

Trotz der Reibungsverluste kann dem System durch eine hinreichend große Energiezufuhr $-\Delta\tilde{V}$ der zum Überwinden des Potentialbergs von $V(\phi)$ notwendige „Schwung" verliehen werden.

In beiden Fällen der Abb. 24.4 wird dem späteren Universum externe Energie zugeführt, die weder mit seiner kinetischen Energie $\sim\dot{\Phi}^2/2$ noch mit seiner potentiellen Energie $\sim V(\Phi)$ verrechnet wird. Dennoch kommt die Energie nicht aus dem Nichts. Aus der auch hier gültigen Gleichung (23.31a) wird im nächsten Abschnitt Gleichung (24.18a) abgeleitet, die sich hier auf

$$\varrho_\Phi c^2=-\varrho_{\rm g}c^2$$

reduziert. Sie besagt, daß die im Feld Φ enthaltene Energie $\varrho_\Phi c^2$ dadurch aufgebracht wird, daß gleichzeitig ein Gravitationsfeld negativer Energie vom gleichen Betrag entsteht.

24.3.2 Konsequenzen, Spekulationen und Probleme

Wahrscheinlichkeitstheoretisch kann ausgeschlossen werden, daß die oben geschilderten Prozesse nur an einer einzigen Stelle des Multiversums stattfinden,vielmehr kommt es an unzähligen Stellen von diesem und immer wieder zu ähnlichen Vakuumfluktuationen. Die aus diesen hervorgehenden Inflationsprozesse können sehr unterschiedlich ausfallen: Das Feld kann zu schwach oder zu stark sein oder die Geometrie nicht symmetrisch genug: Dann gibt es so gut wie keine Inflation, oder es gibt eine Inflation, die aber zu früh abbricht oder zu lange dauert, um zu einem ähnlichen Universum wie dem unseren zu führen. Bei der unendlichen Anzahl von Möglichkeiten, die es in einem unendlich großen Multiversum mit beliebig viel verfügbarer Zeit gibt, ist die Wahrscheinlichkeit gleich eins, daß immer wieder irgendwo und irgendwann ein Universum entsteht, das unserem ähnlich ist. Im Prinzip kann auch innerhalb eines Subuniversums wie des unseren, das seine Inflationsphase schon lange hinter sich hat, eine Vakuumfluktuation zur Entstehung eines Subsubuniversums führen. Das wäre einer der am Ende von Abschn. 23.5.2 angesprochenen Fälle, in denen ein Trajektorienbündel endlicher Vergangenheit in einem Universum mit längerer Vergangenheit auftaucht.

Über die Theorie des Standardmodells hinausgehende Elementarteilchentheorien wie zum Beispiel Stringtheorien eröffnen die Möglichkeit, daß die an verschiedenen Raum-Zeitpunkten zur Inflation führenden Prozesse Subuniversen mit unterschiedlichen physikalischen Gesetzen oder auch mit unseren Naturgesetzen, jedoch anderen Werten der Naturkonstanten, entstehen lassen. Dies würde die alte und wichtige Frage beantworten: Wie sind die Werte unserer Naturkonstanten zu erklären? Die einfache Antwort darauf wäre dann: durch Zufall. Wie kommt es aber, daß unsere Naturkonstanten zu einem Universum führen, in dem Leben möglich ist, während nur geringfügig andere Konstanten das nicht ermöglichen? Eine Antwort auf diese Frage zu geben versucht das im letzten Abschnitt besprochene anthropische Prinzip.

Wir haben im wesentlichen nur ein zu einem Multiversum führendes Inflationskonzept untersucht. Schon bei diesem haben unterschiedliche Annahmen über den Potentialverlauf $V(\Phi)$ unterschiedliche Eigenschaften des Multiversums zur Folge. Inflationskonzepte mit mehreren Skalarfeldern, anderen inflationsfähigen Feldern und insbesondere die Integration von Stringtheorien erweitern diese Möglichkeiten um ein Vielfaches.

Außer einem ewigen Multiversum unendlicher Ausdehnung wird auch noch ein einziges Universum endlicher Ausdehnung diskutiert, das eine zyklische Folge von Expansionen und Kontraktionen durchläuft und als **zyklisches Universum** bezeichnet wird. Auch bei ihm handelt es sich um ein Multiversum mit unendlich vielen Subuniversen, die zeitlich aufeinanderfolgen. Probleme früherer Konzepte eines zyklischen Universums können nach einem Vorschlag von P. Steinhardt und N. Turok dadurch gelöst werden, daß es sich bei unserem Universum um eine 3-Brane (dreidimensionale Membran der Stringtheorie) in einem höherdimensionalen (mindestens vierdimensionalen), als **Bulk-Universum** bezeichneten Super-Universum handelt. Dieses steht mit einer zweiten 3-Brane, einem Parallel- oder „Schattenuniversum", in gravitativer Wechselwirkung. Die beiden Branen ziehen sich gegenseitig an und durchlaufen dabei Expansions- und Kontraktionsphasen, während sie voneinander weg- bzw. aufeinander zulaufen. Bei dem mit dem Zusammenprall der beiden Branen verbundenen Umschwung von Kontraktion zu Expansion, einem big bounce, kommt es zu einem Beinahe-Urknall. Bei diesem wird zum einen Energie freigesetzt, welche Materie und Strahlung bei Höchsttemperaturen entstehen läßt – das Universum wird daher auch als **ekpyrotisches Universum** bezeichnet. Zum anderen wird Entropie, die sich in unserem Universum während des vorangegangenen Zyklus angehäuft hat und zu einer zunehmenden Verkürzung der Zyklusdauern führen würde, aus unserem Universum heraus in andere Branen entsorgt. Dabei wird das Universum auch so geglättet, daß eine Inflation nicht notwendig erscheint. Die kompizierte Physik des Übergangs von Kontraktion zu Expansion ist allerdings theoretisch noch nicht wirklich verstanden. In einem zyklischen Multiversum hat unser heutiges Universum schon viele Zyklen durchlaufen. Möglicherweise wurde die kosmologische Konstante dabei durch wiederholte Quantenübergänge immer kleiner, was ihren niedrigen heutigen Wert erklären könnte. Ihre abstoßende Wirkung beruht eventuell auf durch die vierte Raumdimension des Bulk-Universums hindurch wirkender Gravitationsanziehung.

In unserem Universum hinterlassen verschiedene Modelle über die Anregung von mehr oder weniger oder gar keinen Gravitationswellen und daraus hervorgehenden räumlichen Strukturen in der kosmischen Hintergrundstrahlung und der Materieverteilung des frühen Universums unterschiedliche und statistisch unterscheidbare Spuren. Man geht davon aus, daß es in wenigen Jahren gelingen wird, durch entsprechende Beobachtungen eine Auswahl zwischen verschiedenen Inflationskonzepten treffen zu können.

In einem Multiversum mit unendlich vielen Subuniversen wird alles realisiert, was möglich ist. Wenn es außerdem noch viele verschiedene String-Physiken gibt, ist beinahe alles möglich.[4] Je nach dem zugrundeliegenden Modell läuft das darauf hinaus, daß vieles oder fast alles von dem, was man sich ausdenken kann, auch irgendwo und irgendwann realisiert wird. Eine überraschende Konsequenz davon ist, daß es von unserem Universum unendlich viele, praktisch identische Kopien geben muß. Auch jeder Mensch hat in einem Multiversum unendlich viele **Doppelgänger**. Unter den möglichen Zuständen befinden sich auch ziemlich exotische Konfigurationen wie z. B. ein einzelnes denkendes Lebewesen mit einer lebenserhaltenden Umgebung. In unserem Universum sind die Wartezeiten, bis eine derartige Konfiguration durch Fluktuationen zustandekommt, allerdings viel zu lange im Vergleich zu der begrenzten Zeit, in der Leben möglich ist. (Diese begann nach der Bildung von Galaxien und ist spätestens dann zu Ende, wenn alle Sterne ihren Vorrat an fusionsfähigen Elementen in Kernfusionsprozessen aufgebraucht haben.)

---

4 Schon nach der klassischen Physik ist in einem abgeschlossenen System „beinahe alles" möglich: Aus dem Poincaréschen Rekurrenztheorems (siehe Abschn. 5.1.2 im Band *Thermodynamik und Statistik* dieses Lehrbuchs) folgt, daß ein abgeschlossenes System jedem möglichen Anfangszustand, der mit den klassischen Erhaltungssätzen (Energie, Impuls, Drehimpuls, Teilchenzahl, stoffliche Zusammensetzung) verträglich ist, im Laufe der Zeit immer wieder beliebig nahe kommt.

Zur Ausbildung exotischer Lebensformen bedarf es noch nicht einmal lebensbegünstigender Umstände wie in unserem derzeitigen Universum. Diese können vielmehr spontan aus einem Quantenzustand hervorgehen, der durch eine Vakuumfluktuation gebildet und mit ausreichender Energie ausgestattet wurde. In der Quantentheorie haben nämlich die Übergangswahrscheinlichkeiten zu allen nur denkbaren Zuständen, die unter Einhaltung aller quantenmechanischen Erhaltungssätze erreichbar sind, von null verschiedene Werte. Eine Konfiguration dieser Art hat dabei zu besonderer Beunruhigung geführt: das **Boltzmann-Gehirn**. Dabei kann es sich um ein einzelnes denkfähiges Lebewesen mit einer zum Überleben geeigneten Umwelt handeln, oder auch nur um ein denkfähiges Gehirn mit der für vorübergehendes Funktionieren benötigten Umgebung und Versorgung. Dieses kann sogar so entstehen, daß es dasselbe wie ein jetzt lebender Mensch sieht, hört, fühlt, erinnert und denkt, das alles jedoch virtuell. (Die hier vorgestellten Ideen entsprechen natürlich rein mechanistischen – aus nichtphysikalischer Sicht zweifellos angreifbaren – Vorstellungen vom Leben.) In unserem heutigen Universum ist das Auftreten unserer Art von Leben offensichtlich viel wahrscheinlicher. (Es verbleibt ein Restzweifel, ob wir nicht selbst Boltzmann-Gehirne mit einer nur eingebildeten Realität sind.) In ferner Zukunft, wenn alle Sterne erkaltet sind und das Universum aufgrund seiner fortgeschrittenen Expansion überwiegend aus Vakuum besteht, ist das Auftreten von Boltzmann-Gehirnen jedoch viel wahrscheinlicher. Deren Existenz wird von vielen als gravierender Einwand gegen Inflationstheorien angesehen, und manche lehnen sie darum sogar rundweg ab. Von anderen wurde das Problem der Boltzmann-Gehirne mit der Ultraviolettkatastrophe der Wärmestrahlung vor der Entdeckung der Quantentheorie verglichen. Zu seiner Lösung bedürfe es daher ähnlich grundlegender Neukonzeptionen.

Bei einem Multiversum stellt sich auch die Frage, wie groß die Wahrscheinlichkeit ist, unter den vielen Subuniversen eines von der Art des unseren anzutreffen. Ist dieses eines wie viele und damit typisch, oder handelt es sich um ein ganz seltenes, ausgefallenes Exemplar? Allgemeiner und etwas präziser stellt man die Frage nach der Wahrscheinlichkeit, mit der unter einer Reihe verschiedener, wohldefinierter Beobachtungen (von denen eine z.B. darin bestehen kann, den Wert der kosmologischen Konstanten in einem bestimmten Werteintervall anzutreffen) jede von diesen anzutreffen ist. Hier begegnen wir einem weiteren Problem der Inflationstheorien bzw. eines aus diesen folgenden Multiversums: Wie läßt sich die Wahrscheinlichkeit von Ereignissen vergleichen, die alle unendlich oft eintreten? Die relativen Häufigkeiten sind dann Quotienten unendlicher Größen und dementsprechend nicht wohldefiniert. Hier geht es darum, ein normierbares **Wahrscheinlichkeitsmaß** zu finden, das auch auf die Quantenzustände vor Beginn der Inflation anwendbar ist und nach Möglichkeit auch das Problem der Boltzmann-Gehirne löst. Dieses **Maßproblem** der Kosmologie ist trotz intensiver Bemühungen noch nicht zufriedenstellend gelöst, zum Umgehen der Unendlichkeiten behilft man sich mit schwer einschätzbaren Abschneidemethoden. Mit dem Maßproblem sind überdies noch weitere Probleme verbunden. Aufgrund der Additivität von Wahrscheinlichkeiten kann man davon ausgehen, daß die Wahrscheinlichkeit einer bestimmten Beobachtung in einem bestimmten Subuniversum proportional zu dessen metrischem Volumen ist. Dieses ist aber im allgemeinen nicht eindeutig definiert, sondern hängt von der Wahl der **Zeitscheiben** (räumliche 3D-Hyperflächen) ab, mit der die Raum-Zeit des Multiversums aufgefächert wird. Aber auch in einem Universum wie dem unseren, in dem das kosmologische Prinzip eine klare Wahl nahelegt, gibt es damit Probleme. Der heutige Wert der kosmologischen Konstanten wird in der Zukunft zu einer exponentiellen Zunahme des Volumens führen, und mit dem allmählichen Erkalten der Sterne wird dann auch die Wahrscheinlichkeit des Überwiegens von Boltzmann-Gehirnen exponentiell zunehmen.

Zuletzt soll noch der Frage nachgegangen werden, welchen Wert eine Theorie besitzt, die neben unserem Universum Paralleluniversen zuläßt, die wir (voraussichtlich) nie sehen oder deren Existenz wir nie nachweisen können, weil sie außerhalb unseres Beobachtungshorizonts liegen. (Eine Ausnahme davon würde der Fall bilden, daß unser Universum mit einem anderen kollidiert bzw. daß der Beobachtungshorizont eines anderen Universums in unseres eindringt.) In diesem Zusammenhang sei an schwarze Löcher erinnert, über welche die Theorie ebenfalls besagt, daß wir sie nie sehen werden. Allerdings können sie durch die Wechselwirkung mit sichtbaren Objekten unseres Universums indirekt nachgewiesen werden, was inzwischen auch geschehen ist. Ein weiteres Beispiel liefert die Wellenfunktion der Quantenmechanik, die ebenfalls nur indirekt nachweisbar ist. Das Wort „indirekt" ist dabei der Schlüssel zum Verständnis. Wenn eine Theorie neben Aussagen über Objekte oder Prozesse, die wir weder sehen noch je nachweisen können, wichtige und nachprüfbare Erklärungen für physikalische Gegebenheiten liefert, die auf andere Weise nicht verstanden werden können, dann ist es legitim, sie ernst zu nehmen und alle ihre Konsequenzen als real anzusehen. Für die nicht überprüfbaren hat man einen indirekten Beweis, wenn man von ihr durch eine Fülle nachweisbarer Konsequenzen überzeugt ist. (Diese Situation kann in gewisser Weise mit den Indizienbeweisen der Justiz verglichen werden.)

24.4 Globale Energieerhaltung*

Eine wichtige Frage, die in Zusammenhang mit der Entstehung des Universums und seiner kausalen Struktur gestellt werden kann, ist: Woher kommt die riesige Masse bzw. Energie des Universums? Die von reinen Urknallmodellen gegebene Antwort ist einfach: Sie war ganz plötzlich da, auf einen Schlag.

Anmerkung: Diese Antwort erklärt vielleicht, warum es relativ geringe Schwierigkeiten bereitet hat, das Konzept des Urknalls mit religiösen Vorstellungen in Einklang zu bringen: Man kann als Ursache des Urknalls ein Wirken Gottes annehmen. Wie in der Anmerkung am Ende des nächsten Abschnitts dargelegt wird, muß diese Sichtweise allerdings unter Berücksichtigung der Konzepte von Inflation und ewiger Inflation grundlegend modifiziert werden. □

Eine weiteres Problem, das im Zusammenhang mit der obigen Fragestellung zu klären ist, betrifft die Gültigkeit eines Energieerhaltungssatzes. Gleichung (19.13b) kann bei vernachlässigbarem Druck zu einem globalen Erhaltungssatz für die mit der Massendichte $\varrho_{\rm m}$ verbundene Energie integriert werden. Für $p_{\rm m}=0$ gilt $\varrho_{\rm m}\,a^3=\varrho_{\rm m0}\,a_0^3$, und daher ist die Energie einer festgehaltenen endlichen Materiemenge – diese füllt in den kosmischen Koordinaten χ, ϑ und φ ein zeitlich invariantes Gebiet G mit dem in

(16.45) angegebenen Volumen aus – durch

$$E_{\rm m} = \varrho_{\rm m0}\, c^2 a_0^3 V_{\rm K} \qquad \text{mit} \qquad V_{\rm K} = \int_G \frac{r^2 \sin\vartheta}{\sqrt{1-kr^2}}\, dr\, d\vartheta\, d\varphi \tag{24.16}$$

gegeben und konstant. Für $t \leq t_* \ll t_{\rm g}$ (siehe (20.26)) gilt allerdings $\varrho_{\rm m} \sim a^{-4}$ und daraus folgend

$$E_{\rm m} = \int_G \varrho_{\rm m} c^2 a^3(t)\, dV_{\rm K} = \frac{\varrho_{\rm m}(t_*)\, c^2 a^4(t_*) V_{\rm K}}{a(t)}\,. \tag{24.17}$$

In den vor t_* liegenden Phasen der kosmischen Evolution ist die Energie $E_{\rm m}$ der Materie also keine Erhaltungsgröße, sondern nimmt mit vorwärtsschreitender Zeit ab, und dasselbe gilt für $E_{\rm s}$ und E_ν sogar zu allen Zeiten.

Aus Gleichung (20.3) läßt sich jedoch ein allgemeinerer globaler Erhaltungssatz ableiten, wenn man in die energetische Betrachtung auch *Gravitationsenergie* mit einbezieht. Dazu multipliziert man Gleichung (20.3) mit $3c^2/(8\pi G a^2)$ und erhält mit $\varrho_\Lambda \to \varrho_\Phi$

$$\boxed{(\varrho_{\rm s} + \varrho_\nu + \varrho_{\rm m} + \varrho_\Phi + \varrho_{\rm g})\, c^2 = 0} \qquad \text{mit} \qquad \boxed{\varrho_{\rm g} = -\frac{3}{8\pi G}\left(\frac{\dot a^2}{a^2} + \frac{kc^2}{a^2}\right).} \tag{24.18}$$

Der Term $\varrho_{\rm g} c^2$ hat wie $\varrho_{\rm m} c^2$ die Dimension einer Energiedichte. Aus der Ableitung der Friedmann–Lemaître-Gleichung (19.13a) geht hervor, daß er von den die Krümmung der Raum-Zeit repräsentierenden Termen der Einsteinschen Feldgleichungen herrührt, die in der ART das Gravitationsfeld beschreiben. Er kann daher als **Energiedichte des (tensoriellen) kosmischen Schwerefeldes** interpretiert werden. Im Exkurs 13.1 der ART (Gleichung (13.112)) wurde gefunden, daß er den gravitativen Anteil t^{00} des Energie-Impuls-Komplexes darstellt. (Im Grenzfall schwacher Gravitationsfelder geht $\varrho_{\rm g}$ zwar nicht in die Newtonsche Energiedichte $w_{\rm g}$ über, die man durch formale Anwendung der Gleichung (10.122b) in mitbewegten Koordinaten erhält, weil in diesen das Gravitationsfeld und damit $w_{\rm g}$ verschwindet. Immerhin hängt $\varrho_{\rm g}$ aber in ähnlicher Weise von der Expansionsrate $H = \dot a/a$ und dem Krümmungsparameter k ab wie die Newtonsche Energiedichte $w_{\rm g}$ in nicht mitbewegten Koordinaten (Aufg. 24.1).) Der Erhaltungssatz (24.18) stellte sich als Erhaltungssatz $\tau^{00} \equiv \text{const} = 0$ für den Energie-Impuls-Komplex $\tau^{\mu\nu}$ heraus. Er erwies sich zwar nur als Reproduktion der 0,0-Komponente der Einsteinschen Feldgleichungen, liefert aber eine in vielen Fällen verständnisfördernde Interpretation von deren gravitativem Anteil.

Multiplizieren wir Gleichung (24.18a) mit dem metrischen Volumen $V(t) = a^3(t)\, V_{\rm K}$ eines zeitlich invarianten Koordinatenvolumens $V_{\rm K}$ – bei einem geschlossenen Universum ($k = 1$) kann V auch dessen Gesamtvolumen sein, nach Gleichung (16.44b) also $V(t) = 2\pi^2 a^3(t)$ –, so erhalten wir mit $E_i = \varrho_i V(t)$ den **globalen Energieerhaltungssatz**

$$\boxed{E_{\rm s}(t) + E_\nu(t) + E_{\rm m}(t) + E_\Phi(t) + E_{\rm g}(t) = 0\,.} \tag{24.19}$$

Dieser besagt, daß die Summe der Energien von Strahlung, Neutrinos, Materie, kosmologischem Feld und kosmischem Gravitationsfeld null ergibt. (Daß die Gesamtenergie nicht, der Ungleichung in (10.171) entsprechend, positiv ist, liegt wohl daran, daß die Koordinaten der Robertson-Walker-Metrik nicht die Voraussetzung (10.150) erfüllen.) Da die ersten vier Energien positiv sind, *muß die durch* $E_\mathrm{g} = \varrho_\mathrm{g} V_\mathrm{K}$ *definierte Energie des Gravitationsfeldes negativ sein.*

Bei der Anwendung des Erhaltungssatzes (24.19) untersuchen wir als erstes, wie sich die Gesamtmasse des heute beobachtbaren Universums während einer inflationären Phase verhält. In allen Inflationsmodellen, bei denen ϱ_Φ für $a(t) \to 0$ nicht singulär wird, insbesondere also bei der Entwicklung eines Subuniversums aus einer Inflaton-Fluktuation in einem Multiversum, geht mit $a(t) \to 0$ bzw. $V(t) \to 0$ auch $E_\Phi = \varrho_\Phi c^2 V(t) \to 0$. Die Inflation beginnt daher mit einem sehr kleinen Wert der Gesamtmasse. Für Näheres betrachten wir der Einfachheit halber den Fall, daß es in der Inflationsphase keine Strahlung und Materie gibt und daß die Inflation durch ein kosmologisches Feld Λ konstanter Stärke ($\varrho_\Lambda = \text{const}$) bewirkt wird. Analog zu (24.16) gilt dann

$$M = \int_G \varrho_\Lambda a^3(t)\, dV_\mathrm{K} = \varrho_\Lambda a^3(t)\, V_\mathrm{K} \qquad \text{mit} \qquad a = \mathrm{e}^{Ht}, \quad H = \sqrt{8\pi G \varrho_\Lambda / 3}\,. \tag{24.20}$$

Zu Beginn der Inflation gilt

$$M_\mathrm{a} = \frac{4\pi\, l_\mathrm{P}^3}{3}\, \varrho_\Lambda \approx \begin{cases} 1{,}8 \cdot 10^{-24}\,\mathrm{kg} & \text{für} \quad \varrho_\Lambda = 10^{80}\,\mathrm{kg\,m^{-3}} \\ 9{,}3 \cdot 10^{-8}\,\mathrm{kg} & \text{für} \quad \varrho_\Lambda = \varrho_\mathrm{P} = 5{,}2 \cdot 10^{96}\,\mathrm{kg\,m^{-3}}\,. \end{cases} \tag{24.21}$$

Die Anfangsmasse (und damit auch die Anfangsenergie) des beobachtbaren Universums war also winzig und ist erst im Laufe der Inflation zu

$$M_\mathrm{f} \overset{(23.23)}{\approx} \begin{cases} 0{,}9 \cdot 10^{93}\,\mathrm{kg} & \text{für} \quad \varrho_\Lambda = 10^{80}\,\mathrm{kg\,m^{-3}} \\ 4{,}7 \cdot 10^{109}\,\mathrm{kg} & \text{für} \quad \varrho_\Lambda = \varrho_\mathrm{P} = 5{,}2 \cdot 10^{96}\,\mathrm{kg\,m^{-3}} \end{cases} \tag{24.22}$$

angewachsen, einem Wert, der wegen des späteren Abfallens von $\varrho \sim a^{-4}$ weit über dem heutigen Wert (siehe unten (24.23a)) liegt. Ohne den Erhaltungssatz (24.19) müßte man sagen, daß die riesige Energie Mc^2 am Ende der Inflation aus dem Nichts entstanden ist; mit ihm läßt sich argumentieren, daß sie aus Gravitationsenergie stammt, die im gleichen Maße abnahm, wie Mc^2 zunahm. (Weil sich auch Gravitationsfelder nur mit Lichtgeschwindigkeit ausbreiten, würde man in einem Multiversum von außen solange nichts von der Entstehung des neuen Subuniversums merken, bis man von dessen Teilchenhorizont überrollt und in dieses einbezogen worden ist.) Am Ende der Inflation wird die Energie des Inflationsfeldes durch einen Phasenübergang in Energie von Strahlung und Materie überführt, ebenfalls in Übereinstimmung mit (24.19).

Im Laufe der mit permanenter Abkühlung verbundenen kosmologischen Entwicklung nahm die Energie von Strahlung und Materie zunächst ab. Der Erhaltungssatz (24.19) erlaubt es, zu sagen, daß sie in Gravitationsenergie umgewandelt wurde, die auf diese Weise zu weniger negativen Werten gelangte. Nachdem die Materie heute so weit abgekühlt ist, daß sie relativ gesehen keine wesentliche Menge an thermischer Energie mehr enthält bzw. abgeben kann, bleibt sie in kosmologischen Modellen mit $a(t) \to \infty$ für $t \to \infty$ auch weiterhin von den anderen Energien abgekoppelt, und im

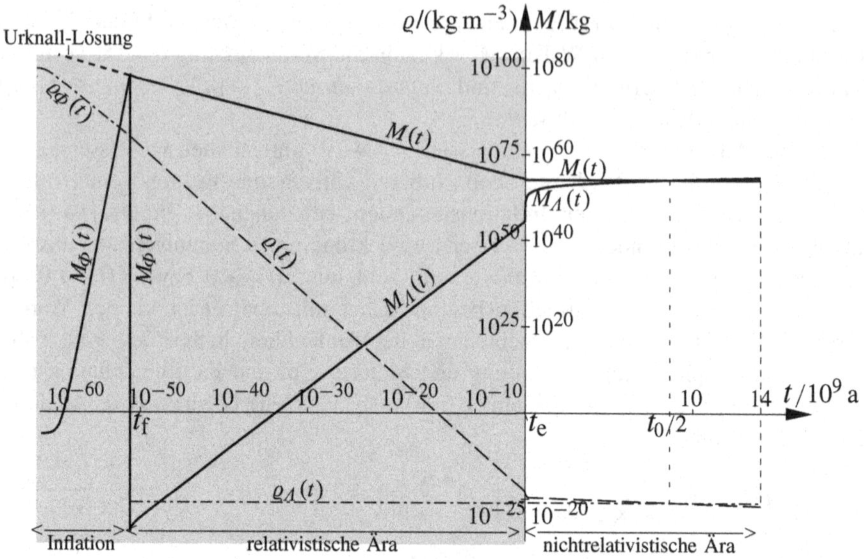

Abb. 24.5: Zeitentwicklung der im heute beobachtbaren Universum enthaltenen Dichten ϱ_Φ, ϱ_Λ und $\varrho = \varrho_m + \varrho_s$ (die Dichte ϱ_ν der Neutrinos wurde vernachlässigt) sowie der zugehörigen Gesamtmassen M_Φ, M_Λ und $M = M_m + M_s$. Man beachte, daß für die Zeitachse zwei verschiedene Skalen benutzt sind: In dem grau unterlegten Gebiet linker Hand ist die Zeit bis zum Zeitpunkt $t = t_e$ logarithmisch aufgetragen, rechts davon linear. Für Dichte und Masse ist durchgängig eine logarithmische Skala gewählt. Die gestrichelte Kurve links oben repräsentiert die Masse $M(t)$ einer reinen Urknall-Lösung (ohne Inflation) und divergiert im Urknall. In einem kurzen Zeitintervall um t_f erfolgt die fast vollständige Umwandlung von ϱ_Φ in die Massendichte primordialer Materie. Ab $t \approx t_0/2$ dominiert die Dichte ϱ_Λ dunkler Energie über die Dichte ϱ_m von Materie und führt unter der Annahme $\varrho_\Lambda = \text{const}$ allmählich zu einer spürbaren Zunahme der Gesamtmasse $M_m + M_\Lambda$.

Fall $\Lambda = 0$ bleibt außer ihr auch die Gravitationsenergie im wesentlichen (d. h. bei Vernachlässigung von E_s und E_ν) konstant.

Wie kommt es zu der geschilderten Zu- bzw. Abnahme von Energien? Bei der Strahlung und den Neutrinos kann der Druck wegen $p = \varrho c^2/3$ generell nicht vernachlässigt werden, und bei der Materie ist das nicht möglich, solange sie relativistisch ist. Der (positive) Druck von Strahlung (inklusive Neutrinos) und relativistischer Materie leistet bei der Expansion des Universums Arbeit, ähnlich wie ein Gas, das unter Druck steht und in ein größeres Volumen expandiert. Die geleistete Arbeit wird der Energie von Strahlung und Materie entzogen, und aus $\varrho_\Lambda = \text{const}$ sowie dem Erhaltungssatz (24.19) folgt, daß sie zu einer Erhöhung von E_g führt. Die auf der Zustandsgleichung $\varrho_m a^3 = \text{const}$ basierende Erhaltung der Energie nichtrelativistischer Materie kommt dadurch zustande, daß deren Druck p_m zu schwach ist, um noch merklich Arbeit zu leisten.

Mit Hilfe von Gleichung (24.16) und den Zahlenwerten aus den Tabellen 20.2 und 20.4 können die Gesamtenergie E_{m0} und Gesamtmasse $M_{m0} = E_{m0}/c^2$ des heute beobachtbaren Universums leicht berechnet werden. In dem derzeit favorisierten

Fall $k=0$ ergibt sich für $h=0,7$ mit $\varrho_{\mathrm{m}0}=0{,}28\,\varrho_{\mathrm{krit}\,0}=2{,}6\cdot 10^{-27}\,\mathrm{kg\,m^{-3}}$ und $d_{\chi 0}=47{,}5\cdot 10^{9}\,\mathrm{Lj}=4{,}5\cdot 10^{26}\,\mathrm{m}$

$$M_{\mathrm{m}0}=(4\pi/3)\,\varrho_{\mathrm{m}0}\,d_{\chi 0}^{3}\approx 10^{54}\,\mathrm{kg}\qquad \text{und}\qquad E_{\mathrm{m}0}=M_{\mathrm{m}0}\,c^{2}\approx 10^{71}\,\mathrm{J}\,. \qquad (24.23)$$

Dazu kommt noch je das 2,6fache vom Beitrag der dunklen Energie. Wegen $\varrho_{\mathrm{m}}\sim a^{-3}$ und $V=(4\pi/3)\,r^{3}\sim a^{3}$ hatten M_{m} und E_{m} auch früher bis zurück zum Zeitpunkt $t_{*}\ll t_{\mathrm{e}}$ den gleichen Wert wie heute. Vorher nahmen sie jedoch nach (24.17) wie $1/a$ zu. In Abb. 24.5 ist für ein typisches Inflationsmodell dargestellt, wie sich die Massendichten ϱ_{Φ}, ϱ_{Λ} und $\varrho=\varrho_{\mathrm{m}}+\varrho_{\mathrm{s}}$ sowie die zugehörigen Gesamtmassen vom Beginn der Inflation bis heute entwickelt haben.

24.5 Anthropisches Prinzip

Die Einsteinschen Feldgleichungen und das kosmologische Prinzip erlauben viele verschiedene Entwicklungsmöglichkeiten des Universums. Durch die Konzepte von Inflation und Einbettung des Universums in ein Multiversum wurde die Mannigfaltigkeit möglicher Lösungen noch dramatisch erweitert. Warum hat sich die Natur gerade für die in unserem Universum realisierte Möglichkeit entschieden?

Auch bei der von unserem Universum verwirklichten Lösung gibt es Phasen, in denen die Evolution entscheidend durch bestimmte Gegebenheiten beeinflußt wurde, die man sich auch anders vorstellen könnte. Manchmal hätten schon relativ kleine Abweichungen von den realisierten Verhältnissen (z. B. Dichtefluktuationen während der GUT-Ära oder, später, ein etwas anderes Stabilitätsverhalten der Isotope leichter Atomkerne) langfristig eine völlig andere Entwicklung zur Folge gehabt, die womöglich die Ausbildung von Sternen und Galaxien sowie die Entstehung von Leben und Menschen verhindert hätte. Ähnlich würden sich auch relativ geringfügige Abweichungen der Naturkonstanten von ihren tatsächlichen Werten auswirken. Eine Antwort auf die Frage, warum die Verhältnisse in unserem Universum gerade so sind, wie sie sind, versucht das anthropische Prinzip zu geben. Eine von J.D. Barrow und F.J. Tipler vorgeschlagene Version dieses Prinzips lautet: „Das Universum muss so beschaffen sein, dass in gewissen Phasen seiner Entwicklung die Entstehung von Leben möglich wird."
Eine plakative Formulierung lautet

Anthropisches Prinzip. *Daß die Welt so ist, wie sie ist, ergibt sich daraus, daß wir in ihr leben.*

Mit anderen Worten: Aus unserer Existenz ergibt sich an alle Parameter, die eine Schlüsselfunktion in der Entwicklung des Universums gespielt haben, eine wichtige Einschränkung: Sie müssen so realisiert sein, daß eine bis zu unserer Existenz hinführende Evolution möglich wurde.

Aus dem Konzept des Multiversums und der Annahme der Gültigkeit einer Theorie wie der Stringtheorie, die auch Modifikationen der physikalischen Grundgesetze zuläßt, folgt: In einem Multiversum können alle möglichen Varianten unseres Universums und eine schier unendliche Vielzahl von Universen mit gänzlich anderen Eigenschaften –

die meisten davon unbelebt – realisiert werden. Die in einem bestimmten Universum realisierten physikalischen Gesetze und Naturkonstanten oder die Ursachen für die Entstehung und Zusammensetzung der in diesem verteilten Massen sind dann ein reines Zufallsprodukt. Dies liefert eine recht plausible Erklärung für die Werte der in unserem Universum anzutreffenden Naturkonstanten: Sie wurden quasi ausgewürfelt.

Anmerkung: Ohne dabei die Existenz Gottes zu negieren, kamen S. Hawkings und L. Mlodinow[5] angesichts dieser Situation zu der Schlußfolgerung, daß es zur Erschaffung eines Universums nicht zwangsläufig eines Gottes bedarf. Außerdem erkennen sie in Elementen der kosmischen Evolution darwinistische Züge. Diese Sicht der Dinge soll im folgenden kurz kommentiert werden.

In einer Welt, deren Entstehung und Entwicklung in allen Phasen durch physikalische Gesetze – und seien es auch Zufallsgesetze – geregelt ist, würde alles, was unter einem Eingreifen Gottes verstanden oder erwünscht wird, gegen diese Gesetze verstoßen. Wenn auch die Inflation und besonders die der Inflation vorausgehenden Prozesse bei weitem noch nicht voll verstanden sind und daher Schlupflöcher für vielerlei Auslegungen offen lassen, ist die Annahme, daß auch sie durch – zum Teil noch unbekannte – physikalische Gesetze geregelt werden, naheliegend. Wie es allerdings zu den Naturgesetzen kam, steht auf einem anderen Blatt Papier: Es ist zweifelhaft, ob die Physik für die Beantwortung dieser Frage zuständig ist, und es erscheint nicht illegitim, wenn man dafür einen göttlichen Ursprung verantwortlich machen will. Es ist allerdings schwer vorstellbar, daß ein Gott von ihm erschaffenen Gesetzen ähnlich wie wir unterworfen ist, oder daß er sie bricht, um in das Weltgeschehen einzugreifen.

Noch gar nicht berücksichtigt ist bei derartigen Überlegungen, ob sich aus dem eher begrenzten und auf jeden Fall endlichen Erfahrungsschatz, auf den wir uns berufen können, überhaupt Gesetze mit dem Anspruch auf generelle Gültigkeit ableiten lassen. Die Physik kann zur Diskussion solcher Grenzfrage oder letzter Fragen und Probleme sicher wertvolle Beiträge liefern, wird durch diese aber auch an ihre Grenzen geführt.

Die – zum Teil aus dem Rahmen der Physik herausfallenden – Ausführungen dieser Anmerkung sollten nicht als fertige Deutung verstanden werden, sondern eher als Anstoß zu eigenem Nachdenken. □

Aufgaben

24.1 Berechnen Sie die Newtonsche Energiedichte $w_{\rm g}=-(\nabla\Phi)^2/(8\pi G)$ des kosmischen Gravitationsfeldes in den nicht mitbewegten Koordinaten von Abschn. 15.1.1 und drücken Sie diese durch die Expansionsrate $H=\dot a/a$ und den Krümmungsparameter k aus.

Lösungen

24.1 Nach (15.11b), (15.12c) und (15.31a) mit $\varrho_\Lambda=0$ gilt

$$|\nabla\Phi|=|\boldsymbol{g}|=\frac{4\pi G\,\varrho_{\rm m}r}{3}=\frac{r}{2}\left(\frac{\dot a^2}{a^2}+\frac{k\,c^2}{a^2}\right)\quad\Rightarrow\quad w_{\rm g}=\frac{r^2}{32\pi G}\left(\frac{\dot a^2}{a^2}+\frac{k\,c^2}{a^2}\right)^2.$$

5 S. Hawkings und L. Mlodinow, *The Grand Design, new answers to the ultimate questions of life*, Transworld Publishers, London (2010)

Sachregister

Symbolverzeichnis

$\left\{ {\lambda \atop \mu\nu} \right\}$ Christoffel-Symbol, 218
$\Box$ Quabla-Operator, 121
$_{,\alpha}$ gewöhnliche Ableitung, 212
$_{;\alpha}$ kovariante Ableitung, 212

$A(\tau)$ Radius eines kollabierenden Sterns, 355
$\boldsymbol{A}$ Vektorpotential, 120
A^α Viererbeschleunigung, 78
A^α el. magn. Viererpotential, 121
a kosmischer Skalenfaktor, 420
$\boldsymbol{a}$ Beschleunigung im $\mathbb{R}^3$, 78
a^α Viererbeschleunigung, 78

$\boldsymbol{B}$ magnetische Flußdichte, 120

χ mitgeführte Radialkoordinate, 430
c Lichtgeschwindigkeit, 4

δ^3 Deltafunktion im $\mathbb{R}^3$, 93
δ^4 Deltafunktion im pseudoeuklidischen $\mathbb{R}^4$, 93
δ_{kl} Kronecker-Symbol, 20
D/Ds kovariante Richtungsableitung, 214
$\boldsymbol{D}$ elektrische Verschiebungsdichte, 120
$d\boldsymbol{f}$ infinitesimales Oberflächenelement im $\mathbb{R}^3$, 136
df_α Vierer-Oberflächenelement, 125
d_L Luminositätsabstand, 444
ds Linienelement, 20
d_{T} Abstand des Beobachtungshorizonts, 435
dx^α Koordinatendifferentiale, 62
d^4x infinitesimales Volumenelement des pseudoeuklidischen $\mathbb{R}^4$, 210
$d^3\boldsymbol{x}$ infinitesimales Volumenelement des $\mathbb{R}^3$, 127

ε_0 Vakuum-Dielektrizitätskonstante, 11
η konforme Zeit, 435
$\eta_{\alpha\beta}$ metrischer Tensor des pseudoeuklidischen $\mathbb{R}^4$, 65
E Energie, 76
$\boldsymbol{E}$ elektrische Feldstärke, 120
e Elementarladung, 137
$\boldsymbol{e}$ Einheitsvektor im $\mathbb{R}^3$, 22

Φ Gravitationspotential, 161
Φ Inflatonfeld, 549
ϕ elektrisches Potential, 120
F^α Viererkraft, 79
$F_{\alpha\beta}$ elektromagnetischer Feldstärketensor, 121
$\boldsymbol{F}$ Kraftvektor, 182
$\boldsymbol{f}$ Kraftvektor, 74
$\boldsymbol{f}$ Kraft pro Masse, 385

$\Gamma^\lambda_{\mu\nu}$ Koeffizienten des affinen Zusammenhangs, 194
γ $= (1 - v^2/c^2)^{1/2}$, 27
γ Adiabatenkoeffizient, 455
G Gravitationskonstante, 161
g Determinante des metrischen Tensors, 210
g_{ik} metrische Koeffizienten, 168
$g_{\mu\nu}$ metrischer Tensor, 189
$\boldsymbol{g}$ Schwerefeld, 44

H Hamilton-Funktion, 98
H Hubble-Zahl, 380
$\boldsymbol{H}$ magnetische Feldstärke, 120
h Plancksches Wirkungsquantum, 91
$\hbar$ $= h/2\pi$, 493
$h_{\mu\nu}$ $= g_{\mu\nu} - \eta_{\mu\nu}$, 282, 326

J^α Viererstrom, 121
$\boldsymbol{j}$ elektrische Stromdichte, 120

K Krümmung, 414
k Signatur der Raumkrümmung, Krümmungsparameter, 418
k_{B} Boltzmann-Konstante, 454
$\boldsymbol{k}$ Kraft im $\mathbb{R}^3$, 80
$\boldsymbol{k}$ Wellenvektor, 91

$\mathcal{L}$ Lagrange-Dichte, 549

ℓ scheinbare Luminosität, 374
Λ kosmologische Konstante, 270
$\Lambda^{\alpha}{}_{\beta}$, $\bar{\Lambda}^{\alpha}{}_{\beta}$ Transformationsmatrizen der Lorentz-Transformation, 62
$\lambda(r,t)$ Bestandteil des Linienelements (24.3), 293
L Länge, 5
L Lagrange-Funktion, 97
L Leuchtkraft, Luminosität, 374
Lj Lichtjahr, 379
l Länge, 5
l_{P} Planck-Länge, 519

μ Masseparameter in $\mathcal{L}$, 549
μ_0 Vakuum-Permeabilität, 11
M Masse, 75
M_{f} freie Masse, 278, 339
M_{∞} im Unendlichen wirksame (Gesamt-) Masse 278
$M_{♁}$ Masse der Erde, 534
$M_{\odot}$ Masse der Sonne, 337
$M^{\mu\nu}$ Materietensor, 268
m Masse, 75
m_0 Ruhemasse, 79
m_{P} Planck-Masse, 519

ν Frequenz, 91
$\nu(r,t)$ Bestandteil des Linienelements (24.3), 293
N Maßzahl für Raumdimensionen, 407
n Teilchendichte, 115

Ω_{Λ} Dichteparameter $\varrho_{\Lambda}/\varrho_{\mathrm{krit}}$, 491
Ω_{m} Dichteparameter $\varrho_{\mathrm{m}}/\varrho_{\mathrm{krit}}$, 491
Ω_{s} Dichteparameter $\varrho_{\mathrm{s}}/\varrho_{\mathrm{krit}}$, 491
ω Kreisfrequenz, 47

P^{α} Viererimpuls, 81
p Kurvenparameter, 220
p Druck, 258
p_{m} Druck nichtrelat. Materie, 460
p_{Φ} Druck des Inflatonfeldes, 550
$\boldsymbol{p}$ Impulsvektor im $\mathbb{R}^3$, 81

Q Wärme, 85
Q elektr. Gesamtladung, 126
q elektrische Ladung, 129
q_0 Verzögerungsparameter, 441

ρ Radialkoordinate, 354

ϱ Massendichte , 114
ϱ_{Φ} Massendichte des Feldes Φ, 542
ϱ_{Λ} Massendichte des kosm. Feldes Λ, 492
ϱ_{ν} Massendichte der Neutrinos, 490
ϱ_0 Ruhemassendichte , 115
ϱ_{el} elektrische Ladungsdichte, 120
ϱ_{g} Massendichte des Gravitationsfeldes, 362
ϱ_{krit} kritischen Dichte, 381, 491
ϱ_{m} Massendichte nichtrelat. Materie, 460
ϱ_{P} Planck-Dichte, 519
ϱ_{s} Massendichte der Strahlung, 484
$\mathbb{R}$ Raum der reellen Zahlen, 232
$\mathbb{R}^3$ dreidimensionaler euklidischer Raum, 22
R Krümmungsskalar, 230
$R^{\kappa}_{\lambda\mu\nu}$ Riemannscher Krümmungstensor, 223
$R_{\mu\nu}$ Ricci-Tensor, 229
R_{Raum} räumliche Beitrag zum Krümmungsskalar, 474
r Betrag des Ortsvektors $\boldsymbol{r}$ bzw. $\boldsymbol{x}$
r Radius, 167
r dimensionslose Radialkoordinate, 429
r, ϑ, φ Kugelkoordinaten (sphärische Polarkoordinaten), 167
$\boldsymbol{r}$ Ortsvektor im $\mathbb{R}^3$, 14
$r_{\odot}$ Radius der Sonne, 337
r_{H} Hubble-Radius, 392
r_{s} Schwarzschild-Radius, 298

σ elektrische Leitfähigkeit, 127
S, S' Inertialsystem, 18
S Entropie, 459
$\boldsymbol{S}$ Poynting-Vektor, 135

Θ Streuwinkel, 110
$\Theta^{\alpha\beta}$ Energie-Impuls-Tensor, 94
τ Eigenzeit, 42
$\tau^{\mu\nu}$ Energie-Impuls-Komplex, 286
T kinetische Energie, 88
T Temperatur, 116
$T^{\alpha\beta}$ Energie-Impuls-Tensor, 94
$T^{\kappa\lambda\mu\ldots}_{\rho\sigma\tau\ldots}$ Tensor, 64
T_{e} Entkopplungstemperatur, 492
T_{P} Planck-Temperatur, 519
T_{s} Strahlungstemperatur, 461
T_{ik} Maxwellscher Spannungstensor, 135
t Zeit, 5
t_0 Weltalter, 492, 503

t_H Hubble-Zeit, 473
t_P Planck-Zeit, 519

U innere Energie, 450
U^α Vierergeschwindigkeit, 77
$\boldsymbol{u}$ Geschwindigkeitsvektor, 32

V Volumen, 36, 420
V Potential, 97
$V(\Phi)$ Potential des Inflatons, 549
v Geschwindigkeit, 5
$\boldsymbol{v}$ Geschwindigkeitsvektor, 18

W Energie, 137
W_g Gravitationsfeldenergie, 277
W_{ga} äußere Gravitationsfeldenergie, 279
W_{gi} innere Gravitationsfeldenergie, 279
w_g Energiedichte des Gravitationsfeldes, 277
w_{em} Energiedichte des elektromagnetischen Feldes, 136

ξ^μ Koordinaten eines lokalen Minkowski-Systems, 190
$\xi_\mu(x)$ Killing-Feld, 406
x, y, z kartesische Koordinaten, 7
x relativer kosmischer Skalenfaktor a/a_0, 443

X^α pseudoeuklidische Lagekoordinaten (nur in SRT), 76
x^α pseudoeuklidische Lagekoordinaten, 62

z Rotverschiebung, 440

SI-Basiseinheiten

Basisgröße	Basiseinheit Name	Zeichen	Definition
Länge	**Meter**	**m**	Das Meter ist die Länge der Strecke, die Licht im Vakuum während der Dauer von (1/299792458) Sekunden durchläuft.
Masse	**Kilogramm**	**kg**	Das Kilogramm ist die Einheit der Masse; es ist gleich der Masse des Internationalen Kilogrammprototyps.
Zeit	**Sekunde**	**s**	Die Sekunde ist das 9192631770-fache der Periodendauer der dem Übergang zwischen den beiden Hyperfeinstrukturniveaus des Grundzustandes von Atomen des Nuklids ^{133}Cs entsprechenden Strahlung.
elektrische Stromstärke	**Ampere**	**A**	Das Ampere ist die Stärke eines konstanten elektrischen Stromes, der, durch zwei parallele, geradlinige, unendlich lange und im Vakuum im Abstand von einem Meter voneinander angeordnete Leiter von vernachlässigbar kleinem, kreisförmigem Querschnitt fließend, zwischen diesen Leitern je einem Meter Leiterlänge die Kraft $2 \cdot 10^{-7}$ Newton hervorrufen würde.
Temperatur	**Kelvin**	**K**	Das Kelvin, die Einheit der thermodynamischen Temperatur, ist der 273,16te Teil der thermodynamischen Temperatur des Tripelpunktes des Wassers.
Stoffmenge	**Mol**	**mol**	Das Mol ist die Stoffmenge eines Systems, das aus ebensoviel Einzelteilchen besteht, wie Atome in 0,012 Kilogramm des Kohlenstoffnuklids ^{12}C enthalten sind. Bei Benutzung des Mol müssen die Einzelteilchen spezifiziert sein und können Atome, Moleküle, Ionen, Elektronen sowie andere Teilchen oder Gruppen solcher Teilchen genau angegebener Zusammensetzung sein.
Lichtstärke	**Candela**	**cd**	Die Candela ist die Lichtstärke in einer bestimmten Richtung einer Strahlungsquelle, die monochromatische Strahlung der Frequenz $540 \cdot 10^{12}$ Hertz aussendet und deren Strahlstärke in dieser Richtung (1/683) Watt durch Steradiant beträgt.

SI-Vorsätze

Potenz	Name	Zeichen
10^{24}	Yotta	Y
10^{21}	Zetta	Z
10^{18}	Exa	E
10^{15}	Peta	P
10^{12}	Tera	T
10^{9}	Giga	G
10^{6}	Mega	M
10^{3}	Kilo	k
10^{2}	Hekto	h
10^{1}	Deka	da

Potenz	Name	Zeichen
10^{-1}	Dezi	d
10^{-2}	Zenti	c
10^{-3}	Milli	m
10^{-6}	Mikro	μ
10^{-9}	Nano	n
10^{-12}	Piko	p
10^{-15}	Femto	f
10^{-18}	Atto	a
10^{-21}	Zepto	z
10^{-24}	Yocto	y

Naturkonstanten

Konstante	Symbol/Definition	Wert	Einheit
Avogadrosche Zahl	N_A	$6,02214199(47) \cdot 10^{23}$	mol^{-1}
Bohrscher Radius	a_0	$5,291772083(19) \cdot 10^{-11}$	m
Boltzmann-Konstante	k_B	$1,3806503(24) \cdot 10^{-23}$	$J K^{-1}$
Compton-Wellenlänge des Elektrons	$\lambda_C = h/(m_e c)$	$2,426310215(18) \cdot 10^{-12}$	m
Dielektrizitätskonstante des Vakuums	$\varepsilon_0 = 1/\mu_0 c^2$	$8,854187817 \ldots \cdot 10^{-12}$	$F m^{-1}$
Elektronenradius, klassischer	r_e	$2,817940285(31) \cdot 10^{-15}$	m
Elementarladung	e	$1,602176462(63) \cdot 10^{-19}$	C
Elektronenruhemasse	m_e	$9,10938188(72) \cdot 10^{-31}$	kg
Erdbeschleunigung	g	$9,807$	$m s^{-2}$
Gravitationskonstante	G	$6,673(10) \cdot 10^{-11}$	$m^3 kg^{-1} s^{-2}$
Lichtgeschwindigkeit	c	299792458	$m s^{-1}$
Loschmidtsche Zahl	$L = N_A$		mol^{-1}
Neutronenruhemasse	m_n	$1,67492716(13) \cdot 10^{-27}$	kg
Permeabilität des Vakuums	$\mu_0 = 4\pi \cdot 10^{-7} \frac{Vs}{Am}$	$12,566370614 \ldots \cdot 10^{-7}$	$N A^{-2}$
Plancksches Wirkungsquantum	h	$6,62606876(52) \cdot 10^{-34}$	J s
Plancksches Wirkungsquantum/(2π)	$\hbar$	$1,054571596(82) \cdot 10^{-34}$	J s
Protonenruhemasse	m_p	$1,67262158(13) \cdot 10^{-27}$	kg

Astronomische Größen

Größe	Symbol	Wert	Einheit
Abstand Erde Mond (mittlerer)		$3,844 \cdot 10^8$	m
Abstand Erde Sonne (mittlerer)		$1,4959787 \cdot 10^{11}$	m
Erdbeschleunigung (mittlere)	g	$9,81$	$m s^{-2}$
Erdradius (mittlerer)	$R_♁$	$6,378 \cdot 10^6$	m
Masse der Erde	$M_♁$	$5,98 \cdot 10^{24}$	kg
Masse des Mondes	$M_☾$	$7,36 \cdot 10^{22}$	kg
Masse der Sonne	$M_\odot$	$1,99 \cdot 10^{30}$	kg
Mondradius (mittlerer)	$R_☾$	$1,738 \cdot 10^7$	m
Sonnenradius (mittlerer)	$R_\odot$	$6,96 \cdot 10^8$	m
Temperatur der MHGS	T_{S0}	$2,725 \pm 0,002$	K

Abgeleitete Einheiten

Größe	Einheitenname	Zeichen	Beziehungen und Bemerkungen
Zeit	Minute	min	$1\,\text{min} = 60\,\text{s}$
	Stunde	h	$1\,\text{h} = 60\,\text{min} = 3.600\,\text{s}$
	Tag	d	$1\,\text{d} = 24\,\text{h} = 86.400\,\text{s}$
	Jahr	a	$1\,\text{a} = 365\,\text{d} = 31.536.000\,\text{s}$
Länge	Parsec	pc	$1\,\text{pc} = 3,0857 \cdot 10^{16}\,\text{m}$
	Lichtjahr	Lj	$1\,\text{Lj} = 9,460530 \cdot 10^{15}\,\text{m} = 0,30659\,\text{pc}$
	Ångström	Å	$1\,\text{Å} = 10^{-10}\,\text{m}$
ebener Winkel	Radiant	rad	$1\,\text{rad} = 1\,\text{m/m}$
	Grad	°	$1° = (\pi/180)\,\text{rad}$
	Minute	′	$1' = 1°/60$
	Sekunde	″	$1'' = 1'/60 = 1°/3600$
Masse	Gramm	g	$1\,\text{g} = 10^{-3}\,\text{kg}$
	Tonne	t	$1\,\text{t} = 10^3\,\text{kg}$
	atomare Masseneinheit	u	$1\,\text{u} = m_0(^{12}\text{C})/12 = 1,66053873(13) \cdot 10^{-27}\,\text{kg}$
Frequenz	Hertz	Hz	$1\,\text{Hz} = \text{s}^{-1}$
Kraft	Newton	N	$1\,\text{N} = 1\,\text{kg}\,\text{m}\,\text{s}^{-2}$
	Dyn	dyn	$1\,\text{dyn} = 10^{-5}\,\text{N}$
	Pond	p	$1\,\text{p} = 9,80665 \cdot 10^{-3}\,\text{N}$
Druck	Pascal	Pa	$1\,\text{Pa} = 1\,\text{N}\,\text{m}^{-2} = 1\,\text{kg}\,\text{m}^{-1}\,\text{s}^{-2}$
	Bar	bar	$1\,\text{bar} = 10^5\,\text{Pa} = 10^5\,\text{kg}\,\text{m}^{-1}\,\text{s}^{-2}$
	physik. Atmosphäre	atm	$1\,\text{atm} = 1,01325\,\text{bar}$
Energie, Arbeit,	Joule	J	$1\,\text{J} = 1\,\text{N}\,\text{m} = 1\,\text{W}\,\text{s} = 1\,\text{kg}\,\text{m}^2\,\text{s}^{-2}$
Wärmemenge	Elektronvolt	eV	$1\,\text{eV} = 1,6021892 \cdot 10^{-19}\,\text{J}$
	Erg	erg	$1\,\text{erg} = 10^{-7}\,\text{J}$
	Kalorie	cal	$1\,\text{cal} = 4,1868\,\text{J}$
Leistung	Watt	W	$1\,\text{W} = 1\,\text{J}\,\text{s}^{-1} = 1\,\text{N}\,\text{m}\,\text{s}^{-1} = 1\,\text{kg}\,\text{m}^2\,\text{s}^{-3}$
elektr. Spannung	Volt	V	$1\,\text{V} = 1\,\text{W}\,\text{A}^{-1} = 1\,\text{kg}\,\text{m}^2\,\text{A}^{-1}\,\text{s}^{-3}$
elektr. Ladung	Coulomb	C	$1\,\text{C} = 1\,\text{A}\,\text{s}$
elektr. Feldstärke		V/m	$1\,\text{V}\,\text{m}^{-1} = 1\,\text{kg}\,\text{m}\,\text{A}^{-1}\,\text{s}^{-3}$
magn. Fluß	Weber	Wb	$1\,\text{Wb} = 1\,\text{V}\,\text{s} = 1\,\text{T}\,\text{m}^2 = 1\,\text{A}\,\text{H} = 1\,\text{kg}\,\text{m}^2\,\text{A}^{-1}\,\text{s}^{-2}$
magn. Flußdichte	Tesla	T	$1\,\text{T} = 1\,\text{Wb}\,\text{m}^{-2} = 1\,\text{V}\,\text{s}\,\text{m}^{-2} = 1\,\text{kg}\,\text{A}^{-1}\,\text{s}^{-2}$
magn. Feldstärke		A/m	